Otto Opitz, Robert Klein

Mathematik – Lehrbuch

Otto Opitz, Robert Klein

Mathematik – Lehrbuch

für das Studium der Wirtschaftswissenschaften

11., aktualisierte Auflage

DE GRUYTER
OLDENBOURG

ISBN 978-3-11-036471-2
e-ISBN (PDF) 978-3-11-036472-9
e-ISBN (EPUB) 978-3-11-039920-2

Library of Congress Cataloging-in-Publication Data
A CIP catalog record for this book has been applied for at the Library of Congress.

Bibliografische Information der Deutschen Nationalbibliothek
Die Deutsche Nationalbibliothek verzeichnet diese Publikation in der Deutschen Nationalbibliografie; detaillierte bibliografische Daten sind im Internet über http://dnb.dnb.de abrufbar.

Lektorat: Dr. Stefan Giesen
Herstellung: Tina Bonertz, Cornelia Horn
Titelbild: eigene Darstellung der Autoren
Druck und Bindung: Beltz Bad Langensalza GmbH, Bad Langensalza
♾ Gedruckt auf säurefreiem Papier
Printed in Germany

www.degruyter.com

Vorwort zur elften Auflage

In der vorliegenden 11. Auflage ging es vor allem darum, kleinere Schreibfehler oder auch leicht missverständliche Formulierungen zu korrigieren. Im Übrigen weist die 11. Auflage keinerlei inhaltliche Änderungen gegenüber der 10. Auflage auf. Da die Anwendung mathematischer Methoden im Rahmen eines erfolgreichen Studiums der Wirtschaftswissenschaften jedoch nicht nur die Aneignung des grundlegenden Wissens, sondern vor allem intensives Üben erfordert, wurde im Rahmen dieser Neuauflage das begleitende Übungsbuch umfassend überarbeitet:

Opitz, O.; Klein, R.; Burkart, W.R.:
Mathematik – Übungsbuch für das Studium der Wirtschaftswissenschaften, 8. Auflage,
De Gruyter Oldenbourg, München, 2014

Es enthält jetzt 150 Verständnisfragen und 250 Übungsaufgaben mit ausführlichen Lösungen und orientiert sich in Aufbau und Gliederung am vorliegenden Manuskript.

Für die tatkräftige Unterstützung bei der Durchsicht der 10. Auflage des Lehrbuchs danken die Autoren den Mitarbeitern des Lehrstuhls, insbesondere Herrn Dr. Wolfgang Burkart, der schließlich auch die Änderungen in der aktuellen 11. Auflage vornahm.

Dem Verlag De Gruyter Oldenbourg, insbesondere Herrn Dr. Stefan Giesen, danken wir für die Aufgeschlossenheit in allen Fragen und die gute Zusammenarbeit.

Augsburg, im September 2014 — Otto Opitz und Robert Klein

Vorwort zur zehnten Auflage

Die Darstellung der für die Wirtschaftswissenschaften wichtigsten mathematischen Grundlagen ist das Anliegen dieses Buches, das mittlerweile in der 10. Auflage vorliegt.

Nach Emeritierung des Autors aller Vorgängerauflagen und Wiederbesetzung des Lehrstuhls durch den neuen Koautor zeichnen nun zwei Autoren verantwortlich für den Aufbau und den Inhalt dieses Lehrbuches. Diesbezügliche Gespräche führten zu dem Ergebnis, die Reihenfolge der Teilgebiete umzustellen, die Inhalte jedoch weitgehend zu erhalten. Die formale Erweiterung der Darstellung von früher 12 auf 24 Kapitel in der 10. Auflage stützt sich auf die Erfahrung, dass eine stärkere Untergliederung des Gesamtgebietes mit kürzeren Kapiteln und Unterkapiteln die Strukturierung des Stoffes besser zum Ausdruck bringt und damit das Studium der mathematischen Grundlagen für Ökonomen erleichtert.

Ein weiteres Ergebnis der Gespräche war die bewusste Entscheidung, nicht dem Trend zu folgen, ein vor allem auf die neuen Bachelorstudiengänge in den Wirtschaftswissenschaften ausgerichtetes Buch zu verfassen. Entsprechende Werke entstehen zurzeit vielfach, wobei zu Gunsten einer (zunächst) besseren Lesbarkeit auf eine streng formale Darstellung weitgehend verzichtet wird. Stattdessen soll das vorliegende Buch ein zuverlässiger Begleiter sowohl durch das Bachelor- als auch das Masterstudium sein und damit auch weiterführenden Ansprüchen genügen.

Wie in früheren Auflagen setzt sich diese Darstellung daher kapitelweise wiederkehrend aus bestimmten Grundbausteinen zusammen, die deutlich voneinander abgesetzt werden. Abgesehen von Kapitel 1, in dem einige elementare Grundlagen aus der Schule wiederholt werden, handelt es sich um folgende Bausteine:

- Beschreibung des mathematischen Problems
  und des entsprechenden ökonomischen Hintergrunds
- Definition relevanter mathematischer Begriffe
- Sätze über mathematische Zusammenhänge
- Beweis bzw. Beweisideen zu den angegebenen Sätzen
- Beispiele mit Anwendungen aus der Ökonomie
- Ergänzende Bemerkungen

Die Fülle an **Beispielen** wurde beibehalten. Relevante Beispiele fördern das generelle Verständnis der Theorie, die Einsicht in deren Anwendungsrelevanz sowie Fertigkeiten der numerischen Behandlung.

Inhaltlich unterscheidet sich das Buch nicht wesentlich von vergleichbaren Darstellungen. Dies wird aus dem Verzeichnis der Kapitelüberschriften deutlich. Abweichungen ergeben sich allenfalls in der Anordnung des dargebotenen Stoffes und in einer mehr oder weniger weit gefassten Eingrenzung der Teilgebiete. Zur Reihung der in diesem Lehrbuch behandelten Gebiete erfolgen daher einige Anmerkungen.

Am Anfang stehen Grundlagen, einmal in Kapitel 1 **elementare Grundlagen** der Schulmathematik, zum anderen in den Kapiteln 2, 3 und 4 einige **formale Grundlagen** der Aussagenlogik, Mengenlehre und binären Relationen. Ziel der **Aussagenlogik** ist die Erlernung einer mathematisch korrekten Argumentation und Beweisführung. Es geht gewissermaßen darum, die Spielregeln kennen zu lernen, mit denen das Gebäude der folgenden Kapitel erstellt wird. Bereits die Darstellung der elementaren **Mengenlehre** ist ohne Aussagenlogik nicht möglich. Kenntnisse der Mengenlehre sind andererseits für alle später folgenden Teilgebiete wichtig. Betrachtet man Zuordnungen von Elementen zweier Mengen unter gewissen Bedingungen, so kommt man zum Begriff der **Relation** und unter weiteren Bedingungen zum Begriff der **Abbildung** oder **Funktion**, deren Definitions- und Wertebereich wiederum Mengen sind. In der linearen Algebra geht es um die Einführung und Beschreibung von Punktmengen

n-dimensionaler Räume und darauf aufbauend um die Lösung linearer Gleichungssysteme und Optimierungsaufgaben.

Der folgende Teil des Lehrbuches, bestehend aus den Kapiteln 5 bis 10, befasst sich mit der **Analysis von reellen Funktionen einer Variablen**. Nach einigen Anmerkungen über generelle Eigenschaften diskutieren wir wichtige **elementare Funktionen**. Ein kurzer Exkurs über **Zahlenfolgen** und deren **Grenzwerte** führt zum Begriff der **Stetigkeit** und schließlich zur **Differentiation reeller Funktionen**, dem zentralen Gebiet der Analysis. Fragen des Änderungsverhaltens gegebener Funktionen sind hier zu diskutieren. Damit erweist sich die Differentialrechnung auch als wesentliche Voraussetzung für die **Kurvendiskussion** reeller Funktionen, also für Fragen der Monotonie, Konvexität und Extremwertbestimmung. Ist nur das Veränderungsverhalten einer Funktion bekannt, so kann mit Hilfe der **Integration** die Funktion explizit bestimmt werden. Damit kann die Integration reeller Funktionen als Umkehrung der Differentialrechnung gesehen werden.

Mit Fragen der **linearen Algebra** befassen sich nachfolgend die Kapitel 11 bis 18. Voraussetzung zur Behandlung dieses Gebietes sind die Begriffe der **Matrix** und des **Vektors** als spezieller Matrix sowie die relevanten Rechenregeln. Damit kann man **Punktmengen** des **n-dimensionalen Raumes**, insbesondere Teilräume, offene, abgeschlossene und konvexe Mengen in übersichtlicher Weise beschreiben. Einige Anmerkungen über **Vektorräume** verdeutlichen den Zusammenhang von Matrizeneigenschaften und Punktmengen n-dimensionaler Räume. Auf diesen Überlegungen basiert schließlich die Untersuchung von linearen Gleichungssystemen, Abbildungen und Optimierungsaufgaben. Für die Lösung **linearer Gleichungssysteme** steht ein auf Gauß zurückgehendes Verfahren im Vordergrund. Die Diskussion **linearer Abbildungen** führt zur Diskussion der Existenz **inverser Matrizen**, deren Berechnung ebenfalls mit Hilfe des Gaußverfahrens erfolgt. In der **linearen Optimierung** behandeln wir das Standardmaximum- und das Standardminimumproblem sowie den Simplexalgorithmus zur Lösung beider Optimierungsaufgaben. Zur Lösung spezieller Gleichungssysteme kann auch die Determinante einer Matrix benutzt werden. Zentrale Bedeutung erlangt die **Determinante** jedoch erst bei der Behandlung von **Eigenwertproblemen** quadratischer Matrizen und beim Nachweis von **Definitheitseigenschaften** dieser Matrizen. Einerseits gelingt es, mit Hilfe der Eigenwerttheorie gleichförmige ökonomische Verhaltens- und Wachstumsprozesse zu beschreiben, andererseits sind Kurvendiskussionen bei differenzierbaren Funktionen mehrerer Variablen eng mit Definitheitseigenschaften bestimmter Matrizen und damit auch mit Eigenwertproblemen verbunden. In der linearen Algebra werden damit alle Grundlagen für die Analysis von Funktionen mehrerer Variablen gelegt.

Die **Analysis von reellen Funktionen mehrerer Variablen** ist Gegenstand der Kapitel 19 bis 21. Unter Verweis auf entsprechende Kapitel der Analysis von Funktionen einer Variablen werden die Begriffe **Stetigkeit** und **Differenzierbarkeit** erweitert. Dabei geht es insbesondere um **partielles Differenzieren**, um **Richtungsableitungen** und das **totale Differential**. Im

Rahmen der **Kurvendiskussion** werden die Standardfragen der Monotonie, Konvexität und Extremwertbestimmung durch eine Einführung in die **Optimierung mit Gleichungen als Nebenbedingungen** ergänzt. Eine kurze Übersicht über einfache Grundlagen zur **Integration von Funktionen mehrerer Variablen** schließt diesen Teil des Buches ab.

Das für den Ökonomen sehr wichtige Gebiet der **Differenzen- und Differentialgleichungen** kann in Einführungsveranstaltungen oft nur knapp abgehandelt werden. Dennoch bietet dieses Gebiet für viele ökonomische Verhaltens- und Wachstumsprozesse geeignete Modelle. Aus diesem Grunde wurde in den Kapiteln 22 bis 24 auf eine strenge Theorie zugunsten von Beispielen verzichtet. Ferner erfolgte eine weitgehende Beschränkung auf **lineare Gleichungen** bzw. **Gleichungssysteme** mit **konstanten Koeffizienten**.

Eine zweckmäßige Abgrenzung der einzelnen Teilgebiete gegenüber Weiterungen ist in einem einführenden Lehrbuch nicht ganz leicht. So können in dieser Darstellung einige Teilgebiete ausgeklammert werden, ohne die Lesbarkeit nachfolgender Kapitel allzu sehr zu beeinträchtigen und ohne den Gesamtstoff zu stark einzuengen. Es sind dies die im Inhaltsverzeichnis mit einem Stern (*) versehenen Kapitel bzw. Abschnitte 4.3 bis 4.5, 16, 20.4, evtl. auch die Kapitel 22 bis 24. Dazu einige Anmerkungen:

Um reelle Funktionen einer oder mehrerer Variablen auf der Basis der Mengenlehre vernünftig diskutieren zu können, sollte auf einführende Ausführungen über binäre Relationen (Abschnitte 4.1, 4.2) nicht verzichtet werden. Im Anschluss daran befassen sich die Abschnitte 4.3 bis 4.5 mit **Klassen- und Ordnungseigenschaften** auf Mengen, um auf diese Weise in die Problematik einer allgemeinen Präferenztheorie einzuführen.

Nach einer recht ausführlichen Diskussion linearer Gleichungssysteme (Kapitel 14) und linearer Abbildungen (Kapitel 15) liegt es nahe, die wichtigsten **Standardformen der linearen Optimierung** (Kapitel 16) zu behandeln, da sich gerade hier zeigt, dass die allgemeine Lösung linearer Gleichungssysteme und linearer Optimierungsaufgaben auf einer einzigen Verfahrensidee beruht. Dennoch wird damit wohl der Rahmen einer einführenden Darstellung mathematischer Grundlagen für Ökonomen verlassen.

Gleiches gilt für den Abschnitt 20.4. Obwohl viele Probleme der Wirtschaftstheorie als **nichtlineare Optimierungsaufgaben mit Gleichungen als Nebenbedingungen** formuliert und mit Hilfe eines Ansatzes von **Lagrange** interpretiert werden, ist dieses Thema nur bedingt dem mathematischen Grundwissen von Ökonomen zuzurechnen.

In Kapitel 1 wurde u.a. eine Einführung in die **komplexen Zahlen** und ihre Rechenregeln gegeben. Der Grund liegt darin, dass man in den folgenden Kapiteln nicht ganz ohne komplexe Zahlen auskommt. Dieses Problem tritt etwa auf bei der Lösung von Differenzen- und Differentialgleichungen höherer Ordnung (Kapitel 23), bei der Bestimmung von Matrixeigenwerten (Kapitel 18, 24) oder einfach bei der Nullstellenbestimmung von Polynomen (Abschnitte 6.1, 6.2).

In der vorliegenden 10. Auflage erfuhr das Lehrbuch seine bisher größte Überarbeitung. Diese reicht von der Neugliederung bis zur Anpassung des Satzes unter Verwendung von Schmuckfarben. Eine solch umfassende Überarbeitung ist ohne tatkräftige Unterstützung nicht zu leisten. Unser besonderer Dank gilt dabei Herrn Dipl.-Wirtsch.-Inform. Oliver Faust, der das Manuskript mit akribischer Sorgfalt, aber auch dem nötigen Auge gesetzt hat und damit für das gelungene Design verantwortlich ist. Für das kritische Korrekturlesen sowie das Einarbeiten der Korrekturen wollen wir uns zudem bei den Herren Dipl.-Kfm. Dipl.-Math. oec. Michael Hassler und Dipl.-Kfm. Johannes Kolb bedanken.

Augsburg, im Februar 2011 Otto Opitz und Robert Klein

Inhaltsverzeichnis

1 Grundkenntnisse der Arithmetik und analytischen Geometrie

In diesem ersten Kapitel sollen die wesentlichen, für das Verständnis folgender Kapitel erforderlichen Grundkenntnisse der Mathematik bereitgestellt werden. Dazu gehören

- der Aufbau des Zahlensystems, die vier Grundrechenarten sowie das Rechnen mit Potenzen, Wurzeln und Logarithmen,
- das Rechnen mit dem Summen- und dem Produktsymbol, die Entwicklung von Formeln für arithmetische und geometrische Summen sowie Grundlagen der Kombinatorik,
- das Auflösen von einfachen Gleichungen und Ungleichungen mit einer Variablen, darunter auch einfache Wurzel-, Exponential- und Logarithmengleichungen,
- Grundlagen der analytischen Geometrie der Ebene,
- Grundlagen der Trigonometrie.

Bekanntlich ist eine quadratische Gleichung mit einer Variablen im Bereich der reellen Zahlen nicht immer lösbar, weil bei der Auflösung Wurzeln mit negativen Radikanden auftreten können. Diese Tatsache legt die Erweiterung der reellen Zahlen zum Bereich der komplexen Zahlen nahe, in dem auch negative Radikanden erklärt werden können. Mit Hilfe der komplexen Zahlen ist es schließlich möglich, generelle Aussagen zur Struktur der Lösungen einer Gleichung höheren Grades mit einer Variablen herzuleiten.

In Ergänzung zu den genannten Gebieten werden daher in zwei weiteren Unterkapiteln

- komplexe Zahlen,
- Gleichungen höheren Grades

behandelt.

Die gewonnenen Ergebnisse spielen für eine Reihe von Fragestellungen der linearen Algebra und der Analysis eine zentrale Rolle.

1.1 Zahlenbereiche, Grundrechenarten

Die Entwicklung des Zahlenbegriffs beginnt zweckmäßigerweise mit den **natürlichen Zahlen** $1, 2, 3, 4, 5, 6, 7, \ldots$ Man bezeichnet ihre Gesamtheit mit dem Symbol $\mathbb{N}$ und beschreibt sie geometrisch durch äquidistante Punkte auf einem Strahl, dem so genannten **Zahlenstrahl**. Nimmt man die Null dazu, so schreibt man $\mathbb{N}_0$. Die drei Punkte $\ldots$ nach der Zahl 7 deuten dabei an, dass die Aufzählung unendlich lang ist.

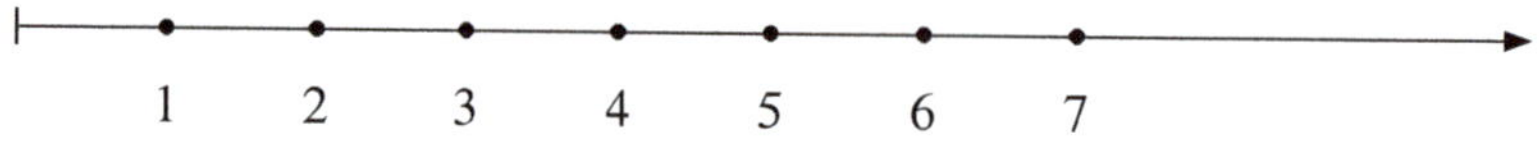

Figur 1.1: Zahlenstrahl und natürliche Zahlen

Im Bereich der natürlichen Zahlen lassen sich die Grundrechenarten der **Addition**, durch das Symbol $+$ beschrieben, und der **Multiplikation**, durch das Symbol $\cdot$ repräsentiert, durchführen. Für zwei natürliche Zahlen a, b sind auch die **Summe** $a + b$ und das **Produkt** $a \cdot b$ oder kürzer ab natürliche Zahlen.

Die Grundrechenarten der **Subtraktion**, durch das Symbol $-$ beschrieben, und der **Division**, durch das Symbol $:$ beschrieben, sind dagegen nicht generell im Bereich der natürlichen Zahlen durchführbar. Für zwei natürliche Zahlen a, b sind die **Differenz** $a - b$ und der **Quotient** $a : b$ bzw. $\frac{a}{b}$ oder a/b sehr oft nicht natürlich.

Im Allgemeinen bezeichnet man Rechenvorgänge wie die Addition, Multiplikation, Subtraktion, Division in der Mathematik auch als **Operationen**. Dabei werden die **Operatoren** $+, \cdot, -, :$ auf **Argumente** oder **Operanden** a, b angewandt. Die Zahlen a und b nennt man

- im Fall der Addition **Summanden**,
- im Fall der Multiplikation **Faktoren** bzw. **Multiplikator** und **Multiplikand**,
- im Fall der Subtraktion **Minuend** und **Subtrahend**,
- im Fall der Division **Dividend** und **Divisor**.

Als **Ergebnis** ergibt sich je nach Operation eine Summe $a + b$, ein Produkt ab, eine Differenz $a - b$ oder ein Quotient $a : b$.

Beispiel 1.1

Gegeben sind die natürlichen Zahlen $6, 8, 38$. Dann sind auch die Summen $6+8 = 14$, $6+38 = 44$, $8+38 = 46$ sowie die Produkte $6 \cdot 8 = 48$, $6 \cdot 38 = 228$, $8 \cdot 38 = 304$ natürlich, nicht aber die Differenzen $6-8$, $6-38$, $8-38$ oder die Quotienten $6 : 8$, $6 : 38$, $8 : 6$, $8 : 38$, $38 : 6$, $38 : 8$.

Erweitert man den Bereich der natürlichen Zahlen um die Null sowie um die negativen Zahlen $-1,-2,-3,-4,\ldots,$ so entsteht der Bereich der **ganzen Zahlen** $\ldots,-3,-2,-1,0,1,2,\ldots,$ den wir mit dem Symbol $\mathbb{Z}$ bezeichnen. Man beschreibt $\mathbb{Z}$ geometrisch durch äquidistante Punkte auf der **Zahlengeraden**.

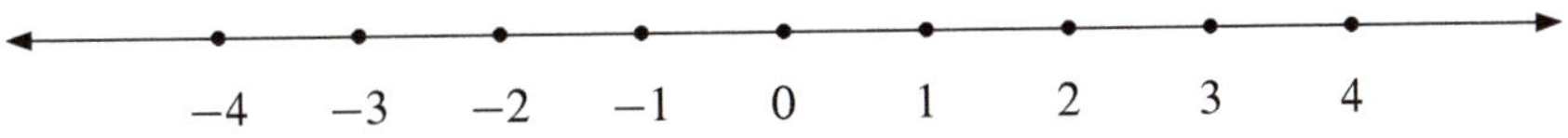

Figur 1.2: Zahlengerade und ganze Zahlen

In diesem Bereich sind die Grundrechenarten der Addition, Multiplikation und Subtraktion stets durchführbar, nicht jedoch die Division. Sind a, b zwei ganze Zahlen, so auch $a+b$, $a \cdot b$, $a-b$, im Allgemeinen aber nicht $a:b$.

Ist der Quotient $a:b=\frac{a}{b}$ zweier ganzer Zahlen a, b ganzzahlig, so heißt a durch b **ohne Rest teilbar**. Man bezeichnet b als **Teiler** von a und a als **Vielfaches** von b. Allgemein ergibt sich der **Rest** r für $a:b$ aus der Differenz von a und dem größten ganzzahligen Vielfachen von b, das kleiner oder gleich a ist. Der Rest r kann damit Werte von 0 bis $b-1$ annehmen. Die Bestimmung des Restes wird durch den so genannten **Modulo-Operator** mod beschrieben, dessen Bezeichnung vom Lateinischen *modulo* (Maß) abgeleitet ist. Damit gilt $r=a \,(\mathrm{mod}\ b)$.

Beispiel 1.2

Gegeben sind erneut die natürlichen Zahlen $6, 8, 38$, die paarweise nicht ohne Rest teilbar sind. Es gilt:

$$\begin{aligned}
6\ (\mathrm{mod}\ 8) &= 6\\
8\ (\mathrm{mod}\ 6) &= 2\\
6\ (\mathrm{mod}\ 38) &= 6\\
38\ (\mathrm{mod}\ 6) &= 2\\
8\ (\mathrm{mod}\ 38) &= 8\\
38\ (\mathrm{mod}\ 8) &= 6
\end{aligned}$$

Bei der Division der ganzen Zahlen a, b durch eine natürliche Zahl n ist es oft wichtig zu wissen, ob ein gleicher oder verschiedener Rest entsteht. Erhalten wir bei der Division $\frac{a}{n}$ und $\frac{b}{n}$ einen gleichen Rest, so ist $\frac{a-b}{n}$ ganzzahlig bzw. $a-b$ durch n ohne Rest teilbar. In diesem Fall heißen die ganzen Zahlen a, b **kongruent modulo** n, man schreibt:

$$a = b\ (\mathrm{mod}\ n)\,, \quad \text{falls } \frac{a-b}{n} \text{ ganzzahlig ist} \tag{1.1}$$

Die natürliche Zahl n heißt **Modul der Kongruenz**. Ist $r = 0, 1, \dots, n-1$ der Rest aus der Division $\frac{a}{n}$, so gilt auch $a = r\,(\text{mod } n)$. Eine ganze Zahl a, die durch n ganzzahlig teilbar ist, erfüllt $a = 0\,(\text{mod } n)$. In Beispiel 1.2 gilt damit auch

$$38 = 8\ (\text{mod } 6)\,,$$
$$38 = 6\ (\text{mod } 8)\,.$$

Eine natürliche von 1 verschiedene Zahl n heißt **Primzahl**, wenn sie nur durch 1 und n ohne Rest teilbar ist. Damit kann man jede natürliche von 1 verschiedene Zahl eindeutig in ein Produkt von Primzahlen zerlegen. Die Faktoren dieser Zerlegung heißen **Primfaktoren**.

Beispiel 1.3

a) Sei $a = b\,(\text{mod } n)$ mit $a = 7, n = 10$. Dann ist $b = -3, 7, -13, 17, -23, 27, \dots$

b) Für alle geraden natürlichen Zahlen a gilt $a = 0\,(\text{mod } 2)$, für alle ungeraden natürlichen Zahlen b entsprechend $b = 1\,(\text{mod } 2)$.

c) Gilt für eine natürliche Zahl a die Kongruenz $a = 0\,(\text{mod } n)$ nur für $n = 1$ oder $n = a$, so ist a eine Primzahl.

d) Für die natürlichen Zahlen 30030, 17712, 290377, 428571 und 999999 erhält man die folgende Zerlegung in Primfaktoren:

$$\begin{aligned}
30030 &= 2\cdot 3\cdot 5\cdot 7\cdot 11\cdot 13\\
17712 &= 2\cdot 2\cdot 2\cdot 2\cdot 3\cdot 3\cdot 3\cdot 41\\
290377 &= 17\cdot 19\cdot 29\cdot 31\\
428571 &= 3\cdot 3\cdot 3\cdot 3\cdot 11\cdot 13\cdot 37\\
999999 &= 3\cdot 3\cdot 3\cdot 7\cdot 11\cdot 13\cdot 37
\end{aligned}$$

Wir wollen nun den Bereich der ganzen Zahlen um die nicht ganzzahligen Quotienten $a : b$ erweitern, wobei a, b ganze Zahlen sind und b verschieden von 0 ist. Man erhält den Bereich der **rationalen Zahlen**, bezeichnet mit dem Symbol $\mathbb{Q}$. Auch jede rationale Zahl lässt sich auf der Zahlengeraden angeben.

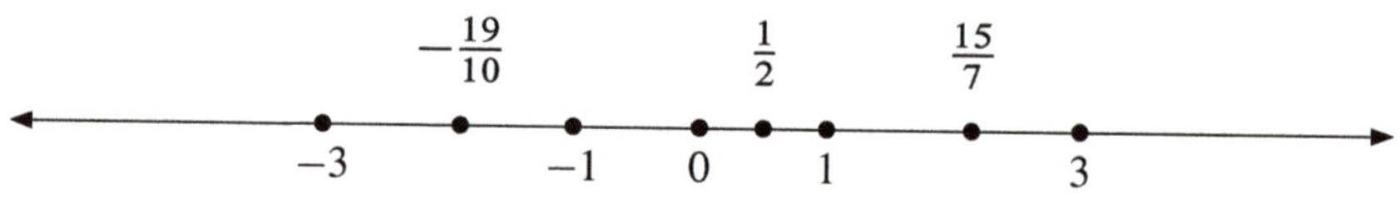

Figur 1.3: Zahlengerade und rationale Zahlen

Im Bereich der rationalen Zahlen sind nun alle vier Grundrechenarten durchführbar, ausgenommen die Division durch die Zahl 0.

Beispiel 1.4

Gegeben sind wieder die natürlichen Zahlen $6,\ 8,\ 38$.

Die Summen $6+8=14,\ 6+38=44,\ 8+38=46$ sowie die Produkte $6\cdot 8=48,\ 6\cdot 38=228,\ 8\cdot 38=304$ sind natürlich, damit auch ganz und rational.

Die Differenzen $6-8=-2,\ 6-38=-32,\ 8-38=-30$ sind ganz, also auch rational.

Die Quotienten $\frac{6}{8},\ \frac{6}{38},\ \frac{8}{38}$ sind rational, ebenso wie die Ergebnisse anderer Rechenoperationen mit den Zahlen $6,\ 8,\ 38$, beispielsweise

$$\frac{8-38}{38+6}=\frac{-30}{44}\,,\qquad 6-\frac{8\cdot 6}{38}=6-\frac{48}{38}=\frac{228-48}{38}=\frac{180}{38}\,.$$

Die Zahl $\frac{6\cdot 38}{6\cdot 8-8\cdot 6}$ ist wegen $6\cdot 8-8\cdot 6=0$ nicht definiert.

Der Quotient $\frac{a}{b}$ zweier rationaler Zahlen a,b ist also wieder rational, außer wenn $b=0$ ist. Man spricht von einem **ganzzahligen Bruch**, wenn $\frac{a}{b}$ ganzzahlig ist, und von einem **nicht ganzzahligen Bruch**, wenn $\frac{a}{b}$ nicht ganzzahlig ist. Rationale Zahlen können auch als **endliche** oder **unendlich-periodische Dezimalbrüche** oder **Dezimalzahlen** geschrieben werden. Dies bedeutet, dass die Darstellung in Dezimalschreibweise nach einer bestimmten Stelle abbricht oder eine endliche Folge von Ziffern sich unendlich oft wiederholt.

Beispiel 1.5

Für die rationalen Zahlen $\frac{3}{10},\ \frac{32}{25},\ \frac{6}{11},\ \frac{24}{7}$ ist

$$\frac{3}{10}=0.3=0+\frac{3}{10}\,,$$

$$\frac{32}{25}=1.28=1+\frac{28}{100}\,,$$

$$\frac{6}{11}=0.5454\ldots=0.\overline{54}=0+\frac{54}{99}=\frac{3\cdot 3\cdot 6}{3\cdot 3\cdot 11}\,,$$

$$\frac{24}{7} = 3.428571428571\ldots = 3.\overline{428571} = 3 + \frac{428571}{999999}$$

$$= 3 + \frac{3 \cdot 3 \cdot 3 \cdot 11 \cdot 13 \cdot 37 \cdot 3}{3 \cdot 3 \cdot 3 \cdot 11 \cdot 13 \cdot 37 \cdot 7}. \qquad \text{(Beispiel 1.3 d)}$$

Für die Zahlen $\frac{3}{10}$ und $\frac{32}{25}$ erhält man endliche, für die Zahlen $\frac{6}{11}$ und $\frac{24}{7}$ unendlich-periodische Dezimalbrüche, da sich die Ziffernfolge $5, 4$ bzw. $4, 2, 8, 5, 7, 1$ unendlich oft wiederholt; dies wird in der Dezimalschreibweise durch einen waagerechten Strich über der gesamten Ziffernfolge ausgedrückt.

Schließlich ist auch der Bereich der rationalen Zahlen noch nicht umfassend genug. Beispielsweise gibt es keine rationale Zahl, die mit sich selbst multipliziert die Zahl 2 ergibt. Mit der Dezimalzahl $a = 1.414213562\ldots$ kommt man der Lösung um so näher, je mehr Dezimalstellen ausgerechnet werden. Eine sich wiederholende Ziffernfolge kann dabei jedoch nicht festgestellt werden. Man spricht von einem **unendlich-nichtperiodischen Dezimalbruch** oder von einer **irrationalen Zahl**. Irrationale Zahlen sind beispielsweise die Eulersche Zahl $e = 2.71828\ldots$ und die Kreiszahl $\pi = 3.14159\ldots$

Erweitert man den Bereich der rationalen Zahlen um die irrationalen Zahlen, so entsteht der Bereich der **reellen Zahlen**, der mit dem Symbol $\mathbb{R}$ bezeichnet wird. In diesem Bereich sind die vier Grundrechenarten durchführbar, außer die Division durch 0. Ferner entspricht jeder reellen Zahl ein Punkt der Zahlengeraden und umgekehrt jedem Punkt der Zahlengeraden eine reelle Zahl.

Wir erhalten den folgenden hierarchischen Aufbau des Zahlensystems:

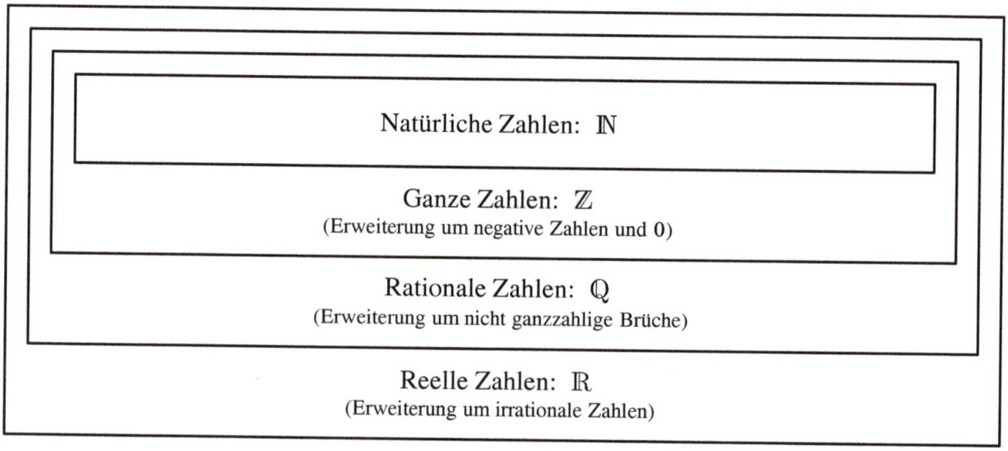

Figur 1.4: Hierarchischer Aufbau des Zahlensystems

Für die additive bzw. auch die multiplikative Verknüpfung von reellen Zahlen a, b, c gelten die folgenden Eigenschaften:

$$\begin{cases} a+b=b+a & \text{(Kommutativgesetz der Addition)} \\ (a+b)+c=a+(b+c) & \text{(Assoziativgesetz der Addition)} \\ \text{für alle } a \text{ gibt es eine Zahl } 0 \text{ mit } a+0=0+a=a & \\ \text{für alle } a, b \text{ gibt es eine Zahl } x \text{ mit } a+x=x+a=b & \end{cases} \tag{1.2}$$

$$\begin{cases} a \cdot b=b \cdot a & \text{(Kommutativgesetz der Multiplikation)} \\ (a \cdot b) \cdot c=a \cdot (b \cdot c) & \text{(Assoziativgesetz der Multiplikation)} \\ \text{für alle } a \text{ gibt es eine Zahl } 1 \text{ mit } a \cdot 1=1 \cdot a=a & \\ \text{für alle } a, b \text{ und } a \neq 0 \text{ gibt es eine Zahl } x \text{ mit } a \cdot x=x \cdot a=b & \end{cases} \tag{1.3}$$

$$a \cdot (b+c)=a \cdot b+a \cdot c \qquad \text{(Distributivgesetz)} \tag{1.4}$$

Hier ist auf folgende Regeln zu achten:

- Rechenoperationen in Klammern sind bevorzugt durchzuführen, beispielsweise gilt $2(3+5)=2 \cdot 8=16$ bzw. $2 \cdot 3+5=11$
- Multiplikation und Division haben Vorrang vor Addition und Subtraktion, z. B. $2 \cdot 3+2 \cdot 5=6+10=16$

Für das **Klammerrechnen** ergeben sich folgende Vorzeichenregeln:

$$-(a)=-a \quad \text{bzw.} \quad -(-a)=a$$

$$(a+b)=a+b \quad \text{bzw.} \quad -(a+b)=-a-b\,, \quad -(a-b)=-a+b$$

$$-(a \cdot b)=(-a) \cdot b=-a \cdot b \quad \text{bzw.} \quad (-a)(-b)=a \cdot b$$

Für das Rechnen mit **Brüchen** $\frac{a}{b}$ heißt a der **Zähler** und b der **Nenner** des Bruches. Unter der Voraussetzung, dass der Nenner jeweils verschieden von 0 ist, gelten zunächst die Regeln:

$$\frac{a}{b}=\frac{a \cdot c}{b \cdot c}$$

$$\frac{a}{b}+\frac{c}{b}=\frac{a+c}{b} \quad \text{bzw.} \quad \frac{a}{b}-\frac{c}{b}=\frac{a-c}{b}$$

Besitzen zwei Brüche unterschiedliche Nenner c und d, so ergeben sich folgende Regeln:

$$\frac{a}{b}+\frac{c}{d}=\frac{a\cdot d}{b\cdot d}+\frac{b\cdot c}{b\cdot d}=\frac{a\cdot d+b\cdot c}{b\cdot d} \quad \text{bzw.} \quad \frac{a}{b}-\frac{c}{d}=\frac{a\cdot d-b\cdot c}{b\cdot d}$$

$$\frac{a}{b}\cdot\frac{c}{d}=\frac{a\cdot c}{b\cdot d}$$

$$\frac{a}{b}:\frac{c}{d}=\frac{a\cdot d}{b\cdot c}$$

Beispiel 1.6

a)
$$\begin{aligned} & 5-\big(3+2-(4-6)+(5-2)-(3-(1-5)-2)\big) \\ &= 5-\big(5+2+3-(3+4-2)\big) \\ &= 5-(10-5)=5-5=0 \end{aligned}$$

b)
$$\begin{aligned} & \big(3(2+5)-6(5-2(6-4))\big)\cdot 3-4\big(-2(-3\cdot 2)\big) \\ &= \big(3\cdot 7-6(5-2\cdot 2)\big)\cdot 3-4\big(-2(-6)\big) \\ &= (21-6\cdot 1)\cdot 3-4\cdot 12 \\ &= (21-6)\cdot 3-48=15\cdot 3-48=-3 \end{aligned}$$

c)
$$\begin{aligned} & \frac{3}{2}\left(\frac{4}{5}-\frac{4}{15}\right)-\left(\frac{1}{3}\left(\frac{3}{8}+\frac{3}{16}\right)\right)+\left(\frac{2}{5}-\frac{19}{20}\right) \\ &= \frac{3}{2}\cdot\frac{12-4}{15}-\left(\frac{1}{3}\cdot\frac{6+3}{16}\right)+\frac{8-19}{20} \\ &= \frac{3}{2}\cdot\frac{8}{15}-\left(\frac{1}{3}\cdot\frac{9}{16}\right)-\frac{11}{20} \\ &= \frac{4}{5}-\frac{3}{16}-\frac{11}{20}=\frac{64-15-44}{80}=\frac{5}{80}=\frac{1}{16}=0.0625 \end{aligned}$$

Oft sind exakte Ergebnisse von Rechenoperationen in Dezimalschreibweise nicht erforderlich oder möglich (irrationale Zahlen). Dann beschränkt man sich im Ergebnis auf eine vorgegebene Anzahl von Nachkommastellen.

Gegebenenfalls ist dazu die auf die letzte interessierende Dezimalstelle folgende Ziffer zu betrachten. Im Fall von 0, 1, 2, 3, 4 bleibt die letzte interessierende Dezimalstelle unverändert, im Fall von 5, 6, 7, 8, 9 wird die interessierende Dezimalstelle um 1 erhöht. Man spricht dann vom **Abrunden** bzw. **Aufrunden** reeller Dezimalzahlen.

Beispiel 1.7

	Nachkommastellen	Gerundete Zahl
Rationale Zahl	0	0
$\frac{1}{16} = 0.0625$	1	0.1
	2	0.06
	3	0.063
Irrationale Zahl	0	3
$e = 2.71828\ldots$	1	2.7
	2	2.72
	3	2.718

Bisher haben wir stillschweigend das **Gleichheitszeichen** $=$ benutzt; es bedeutet für zwei Zahlen a, b

$a = b:$ a ist gleich b .

Stimmen zwei reelle Zahlen näherungsweise, also für eine vorgegebene Zahl von Nachkommastellen überein, wird dies häufig durch das Symbol $\approx$ ausgedrückt.

Dem Vergleich zweier Zahlen dienen ferner die Zeichen $\neq, <, >, \leq, \geq$ mit der Bedeutung:

$a \neq b:$ a ist ungleich bzw. verschieden von b

$a < b:$ a ist kleiner als b

$a > b:$ a ist größer als b

$a \leq b:$ a ist kleiner oder gleich b

$a \geq b:$ a ist größer oder gleich b

Die Symbole $\leq$ und $\geq$ entsprechen der amerikanischen Schreibweise, die sich inzwischen weitgehend durchgesetzt hat. In der deutschsprachigen Literatur findet sich noch gelegentlich die herkömmliche Schreibweise $\leqq$ bzw. $\geqq$.

Damit gelten für die Anordnung reeller Zahlen folgende Eigenschaften:

$$\begin{cases} a > 0 \text{ oder } a = 0 \text{ oder } a < 0 \\ \text{Für reelle } a, b > 0 \text{ gilt } a + b > 0,\ a \cdot b > 0 \end{cases} \tag{1.5}$$

Daraus folgen einige Rechenregeln:

$$\text{Wenn } a < b, \text{ dann } \begin{cases} -a > -b \\ a + c < b + c \\ a - c < b - c \end{cases}$$

$$\text{Wenn } a < b \text{ und } c > 0, \text{ dann } ac < bc,\ \frac{a}{c} < \frac{b}{c}$$

$$\text{Wenn } a < b \text{ und } c < 0, \text{ dann } ac > bc,\ \frac{a}{c} > \frac{b}{c}$$

Soll von einer reellen Zahl a nur der Betrag festgehalten werden, so schreibt man $|a|$ mit

$$|a| = \begin{cases} a & \text{für } a \geq 0 \\ -a & \text{für } a < 0 \end{cases} \tag{1.6}$$

und bezeichnet $|a|$ als den **Absolutbetrag** von a.

Damit gilt:

$$\begin{aligned} |-a| &= |a| \\ -|a| &\leq a \leq |a| \\ |a+b| &\leq |a| + |b| \\ |a-b| &\geq |a| - |b| \\ |a \cdot b| &= |a| \cdot |b| \\ \left|\frac{a}{b}\right| &= \frac{|a|}{|b|} \end{aligned}$$

Beispiel 1.8

a) Wenn $a > 0,\ \frac{b}{a} - c < 1 - c,$ dann $\frac{b}{a} < 1$ bzw. $b < a.$

Wenn $a < 0,\ \frac{b}{a} - c < 1 - c,$ dann $\frac{b}{a} < 1$ bzw. $b > a.$

b) Gegeben seien die ganzen Zahlen $-5,\ -3,\ 9.$ Wir erhalten:

$$|-5| = |5|$$
$$|-5 + (-3)| = 8 \leq |-5| + |-3| = 8$$
$$|-5 - 9| = 12 \geq |5| - |9| = -4$$
$$|(-3) \cdot 9| = |-27| = |-3| \cdot |9| = 27$$

c) Mit $a \leq |a|,\ -a \leq |a|$ beweisen wir $|a + b| \leq |a| + |b|,\ |a - b| \geq |a| + |b|.$

Für $a + b \geq 0$ gilt $|a + b| = a + b \leq |a| + |b|.$
Für $a + b < 0$ gilt $|a + b| = -(a + b) = (-a) + (-b) \leq |a| + |b|.$

Daraus folgt auch $|a| = |a - b + b| \leq |a - b| + |b|$ und daraus $|a| - |b| \leq |a - b|.$

d) Man beweise $|a \cdot b| = |a| \cdot |b|.$
Für $a \geq 0,\ b \geq 0$ gilt $|a \cdot b| = |a| \cdot |b|.$
Für $a \geq 0,\ b < 0$ gilt $|a \cdot b| = a(-b) = |a| \cdot |b|.$
Für $a < 0,\ b \geq 0$ gilt $|a \cdot b| = (-a)b = |a| \cdot |b|.$
Für $a < 0,\ b < 0$ gilt $|a \cdot b| = (-a)(-b) = |a| \cdot |b|.$

Soll zu einer reellen Zahl a die größte ganze Zahl g mit $g \leq a$ festgehalten werden, so schreibt man:

$$[a] = g \quad \text{für} \quad g \leq a < g + 1 \tag{1.7}$$

Die dargestellte Schreibweise wird dabei nach dem Mathematiker **C. F. Gauß** (1777 – 1855) auch als **Gaußklammer** oder als **ganzzahliger Anteil** von a bezeichnet. Häufig schreibt man anstelle von $[a] = g$ auch $\lfloor a \rfloor = g$. Mit $\lceil a \rceil = h = g + 1$ erhält man entsprechend die kleinste ganze Zahl h mit $h \geq a$. Diese Operatoren heißen **untere** bzw. **obere Gaußklammer**.

Sucht man aus zwei oder mehreren Zahlen $a, b, \ldots$ die **größte** oder **kleinste** Zahl, so schreibt man:

$$\max\{a, b, \ldots\} \quad \text{bzw.} \quad \min\{a, b, \ldots\} \tag{1.8}$$

1.2 Potenzen, Wurzeln, Logarithmen

Den nun folgenden Operationen des Potenzierens, Radizierens und Logarithmierens liegt die mehrfache Multiplikation einer reellen Zahl mit sich selbst zugrunde. Sei n eine natürliche Zahl. Dann ist das n-fache Produkt einer reellen Zahl a durch

$$\underbrace{a \cdot a \cdot \ldots \cdot a}_{n\text{-mal}} = a^n \tag{1.9}$$

erklärt. Man bezeichnet a als **Basis**, n als **Exponenten**, a^n heißt die **n-te Potenz** von a. Mit der Vereinbarung

$$a^{-n} = \frac{1}{a^n} \qquad (a \neq 0) \tag{1.10}$$

können wir das Potenzieren sofort auf negative ganze Exponenten erweitern.
Es gelten die Rechenregeln für ganzzahlige $m, n \neq 0$ und reelle $a \neq 0,\ b \neq 0$

$$a^1 = a\,,$$

$$a^m \cdot a^n = a^{m+n}, \qquad (a^m)^n = a^{m \cdot n} = (a^n)^m\,,$$

$$a^n \cdot b^n = (a \cdot b)^n, \qquad \frac{a^n}{b^n} = \left(\frac{a}{b}\right)^n$$

und damit auch

$$a^0 = a^{n-n} = a^n \cdot a^{-n} = \frac{a^n}{a^n} = 1\,.$$

Zusätzlich vereinbart man $0^0 = 1$.

Beispiel 1.9
Sei $a = 5,\ b = 1.6,\ n = 3,\ m = 2.$ Dann ist

$$a^m a^n = 5^2 \cdot 5^3 = 5^5 = 3125\,,$$

$$(a^m)^n = (5^2)^3 = 5^6 = 15625\,,$$

$$a^n b^n = 5^3 \cdot 1.6^3 = (5 \cdot 1.6)^3 = 8^3 = 512\,,$$

$$\frac{a^n}{b^n} = \frac{5^3}{1.6^3} = \left(\frac{5}{1.6}\right)^3 = (3.125)^3 = 30.517578125\,,$$

$$b^{-n} = \frac{1}{1.6^3} = \frac{1}{4.096} = 0.244140625\,,$$

$$a^0 = 5^0 = 1 = 1.6^0 = b^0\,.$$

Das Radizieren stellt in gewissem Sinne eine Umkehrung des Potenzierens dar. Beim **Potenzieren** sucht man zur reellen Basis a und ganzzahligem Exponenten n die Zahl $x = a^n$. Beim **Radizieren** sucht man eine Basis x, deren n-te Potenz die Zahl a ergibt, also $x^n = a$. Die Lösung dieser **Wurzel- oder Potenzgleichung** heißt die **n-te Wurzel** von a; man schreibt

$$x = \sqrt[n]{a} = a^{\frac{1}{n}} \tag{1.11}$$

und bezeichnet a als **Radikand** und n als **Wurzelexponent**.

Andererseits kann das Radizieren als Erweiterung des Potenzierens auf **rationale Exponenten** angesehen werden. Es gelten folgende Rechenregeln:

$$\sqrt[1]{a} = a^{\frac{1}{1}} = a$$

$$\sqrt[m]{a^n} = a^{\frac{n}{m}}$$

$$\sqrt[m]{a} \cdot \sqrt[n]{a} = a^{\frac{1}{m}} \cdot a^{\frac{1}{n}} = a^{\frac{1}{m}+\frac{1}{n}} = a^{\frac{n+m}{n\cdot m}} = \sqrt[n\cdot m]{a^{n+m}}$$

$$\sqrt[m]{\sqrt[n]{a}} = \sqrt[m]{a^{\frac{1}{n}}} = \left(a^{\frac{1}{n}}\right)^{\frac{1}{m}} = a^{\frac{1}{n\cdot m}} = \sqrt[n\cdot m]{a}$$

$$\sqrt[n]{a} \cdot \sqrt[n]{b} = a^{\frac{1}{n}} \cdot b^{\frac{1}{n}} = (ab)^{\frac{1}{n}} = \sqrt[n]{ab}$$

Aus Gründen der Einfachheit schreibt man oft $\sqrt{a}$ statt $\sqrt[2]{a}$.

Wichtig erscheint schließlich der Hinweis, dass man für die n-te Wurzel einer reellen Zahl möglicherweise eine reelle Zahl, zwei reelle Zahlen oder auch keine reelle Zahl findet.

Ist n eine ungerade Zahl, so existiert für $\sqrt[n]{a}$ stets eine eindeutige reelle Lösung. Ist jedoch n eine gerade Zahl, so existiert keine reelle Lösung, wenn der Radikand a negativ ist.

Für den Fall $a > 0$ und n geradzahlig existieren immer zwei reelle Lösungen der Form x_1 und $x_2 = -x_1$ mit

$$x_1 = +\sqrt[n]{a} = \sqrt[n]{a}\,, \quad x_2 = -\sqrt[n]{a} \quad \text{bzw.} \quad x = \pm\sqrt[n]{a}\,.$$

Beispiel 1.10

Sei $a = 2.25,\ b = 6,\ n = 3,\ m = 2.$ Dann ist

$$\begin{aligned}
\pm \sqrt[m]{a^n} &= \pm\sqrt{2.25^3} = \pm(2.25)^{\frac{3}{2}} = \pm(1.5)^3 = \pm 3.375\,,\\
\sqrt[m]{a}\,\sqrt[n]{a} &= \sqrt{2.25}\,\sqrt[3]{2.25} = \sqrt[6]{2.25^5} = (2.25)^{\frac{5}{6}} = 1.966\ldots,\\
\pm\sqrt[m]{\sqrt[n]{b}} &= \pm\sqrt{\sqrt[3]{6}} = \pm\sqrt[6]{6} = \pm 6^{\frac{1}{6}} = \pm 1.348\ldots,\\
\sqrt[n]{a}\,\sqrt[n]{b} &= \sqrt[3]{2.25}\,\sqrt[3]{6} = \sqrt[3]{13.5} = 2.381\ldots,\\
\sqrt[n]{-b} &= \sqrt[3]{-6} = (-6)^{\frac{1}{3}} = -1.817\ldots,\\
\sqrt[m]{-a} &= \sqrt{-2.25}\,, \qquad \text{es existiert keine reelle Lösung}\,.
\end{aligned}$$

Zur Erweiterung des Potenzierens auf **reelle Exponenten** überlegt man sich, dass jede reelle Zahl r durch zwei rationale Zahlen q_1, q_2 mit $q_1 \leq r \leq q_2$ approximiert werden kann. Dann gilt:

$$\begin{aligned}
a^{q_1} \leq a^r \leq a^{q_2} &\quad \text{für} \quad a \geq 1\\
a^{q_1} \geq a^r \geq a^{q_2} &\quad \text{für} \quad 0 \leq a \leq 1
\end{aligned}$$

Beispielsweise gilt für $r = \sqrt{2} = 1.41421356\ldots$ und $a > 1$:

$$\begin{aligned}
a^{1.4} &< a^{\sqrt{2}} < a^{1.5}\\
a^{1.41} &< a^{\sqrt{2}} < a^{1.42}\\
&\vdots\\
a^{1.414213} &< a^{\sqrt{2}} < a^{1.414214}\\
&\vdots
\end{aligned}$$

Für reelle Zahlen r_1, r_2 und $a \geq 0$ gelten die Regeln

$$\begin{aligned}
a^{r_1} a^{r_2} &= a^{r_1 + r_2}\,,\\
(a^{r_1})^{r_2} &= a^{r_1 \cdot r_2}\,.
\end{aligned}$$

Auch das **Logarithmieren** ist in gewissem Sinne eine Umkehrung des Potenzierens. Man geht von einer **Exponentialgleichung** $a^x = b$ aus, wobei a und b als positive reelle Zahlen vorgegeben seien. Gesucht ist der Exponent x, so dass die x-te Potenz von a gerade b ergibt. Die Lösung dieser Gleichung heißt der **Logarithmus der Zahl b zur Basis a**, man schreibt

$$x = \log_a b\,. \tag{1.12}$$

Der Logarithmus von b zur Basis a drückt also aus, mit welchem Exponenten die Basis a versehen werden muss, um die Zahl b zu erhalten, also

$$a^{\log_a b} = b\,.$$

Man erhält für $a > 1$ folgende Aussagen:

$$\log_a b \quad \begin{cases} > 0 & \text{für} \quad b > 1 \\ = 0 & \text{für} \quad b = 1 \\ < 0 & \text{für} \quad 0 < b < 1 \end{cases}$$

Ferner ist:

$$\begin{aligned} \log_a a \quad &= 1 \\ \log_a (b \cdot c) &= \log_a b + \log_a c \qquad (b, c > 0) \\ \log_a (b/c) &= \log_a b - \log_a c \qquad (b, c > 0) \\ \log_a (b^c) \quad &= c \log_a b \qquad\qquad\quad (b > 0,\ c \text{ beliebig}) \end{aligned}$$

Für $a = 10$ spricht man vom **dekadischen Logarithmus** zur Basis 10, es gilt:

$$x = \log_{10} b = \lg b \quad \text{für} \quad 10^x = b$$

Für die Differential- und Integralrechnung besonders relevant ist der **natürliche Logarithmus** mit der **Eulerschen Zahl** $e = 2.71828\ldots$ als Basis, es gilt:

$$x = \log_e b = \ln b \quad \text{für} \quad e^x = b$$

Die Logarithmen zu verschiedenen Basen können ineinander übergeführt werden. Betrachtet man nämlich den Logarithmus einer Zahl c zu verschiedenen Basen a und b, also

$$x = \log_a c\,, \quad y = \log_b c\,,$$

dann entsprechen diesen beiden Gleichungen die Exponentialgleichungen

$$a^x = c\,, \quad b^y = c\,, \quad \text{also auch} \quad a^x = b^y\,.$$

Logarithmiert man die letzte Gleichung zur Basis a, so erhält man unter Berücksichtigung der jeweiligen Rechenregeln

$$\log_a a^x = x \log_a a = x = \log_a b^y = y \log_a b\,,$$

also auch

$$\log_a b = \frac{x}{y} = \frac{\log_a c}{\log_b c} \quad \text{bzw.} \quad \log_b c = \frac{\log_a c}{\log_a b}\,.$$

Damit kann man den Logarithmus von c zur Basis a in den Logarithmus von c zur Basis b umrechnen, indem man den Wert $\log_a c$ durch $\log_a b$ dividiert. Insbesondere gilt für $a = c$

$$\log_b a = \frac{1}{\log_a b} \quad \text{bzw.} \quad \log_a b \cdot \log_b a = 1\,.$$

Beispiel 1.11

a) $\ln 0.7 = -0.356674\ldots$

b) $\ln 9.25 = 2.2246\ldots$

c) $\ln 1 = 0$

d) $\lg 5 + \lg 20 = 0.69897\ldots + 1.30102\ldots = \lg(5 \cdot 20) = \lg 10^2 = 2\lg 10 = 2$

e) $\lg 35 - \lg 3.5 = 1.544\ldots - 0.544\ldots = 1 = \lg(35/3.5) = \lg 10 = 1$

f) $\lg(10^{2.5}) = \lg(316.2277\ldots) = 2.5 = 2.5\lg 10 = 2.5 \cdot 1$

g) $\ln 10 = 2.302585\ldots = \dfrac{\lg 10}{\lg e} = \dfrac{1}{0.4343\ldots}$

h) $\lg e = 0.4342\ldots = \dfrac{\ln e}{\ln 10} = \dfrac{1}{2.302585\ldots}$

i) $\log_e 10 \cdot \log_{10} e = \ln 10 \cdot \lg e = 1$

j) $\log_{0.1} 10 = \dfrac{\log_{10} 10}{\log_{10} 0.1} = -1$

1.3 Indizierung, Summen, Produkte

Kennzeichnet man reelle Zahlen durch Symbole $a, b, c, \dots$, so reichen diese Symbole oft nicht aus, um große Zahlenmengen darzustellen. Man verwendet dann **indizierte** Symbole $a_1, a_2, a_3, \dots, b_1, b_2, \dots$. Die dem Symbol a bzw. b angefügte und etwas tiefer gestellte Zahl $1, 2, 3 \dots$ heißt **Index**. Stellt eine Unternehmung n verschiedene Produkte her, so kann man die Produktionsquantitäten etwa mit $q_1, q_2, \dots, q_n$ oder $q_j \ (j = 1, \dots, n)$ bezeichnen. Gelegentlich ist es sogar zweckmäßig, **Doppelindizes** zu verwenden. Werden n verschiedene Produkte auf m Maschinen bearbeitet, so fallen für jede Einheit eines Produktes m Maschinenzeiten, also insgesamt $m \cdot n$ Zeitwerte an.

Maschinenzeiten je Einheit	Produkte P_1	P_2	$\cdots$	P_n
Maschinen M_1	z_{11}	z_{12}	$\cdots$	z_{1n}
M_2	z_{21}	z_{22}	$\cdots$	z_{2n}
$\vdots$	$\vdots$	$\vdots$	$\ddots$	$\vdots$
M_m	z_{m1}	z_{m2}	$\cdots$	z_{mn}

Figur 1.5: Doppelindizierung von Zahlen

Der Wert $z_{ij} \ (i = 1, \dots, m, \ j = 1, \dots, n)$ gibt die Zeit an, die die Herstellung einer Einheit des Produktes P_j auf Maschine M_i benötigt. Die Indizierung ist problemlos auf alle ganzen Zahlen ausdehnbar, also beispielsweise $a_{-k}, a_{-k+1}, \dots, a_{-1}, a_0, a_1, \dots, a_n$.

Hat man die ganzzahlig indizierten reellen Zahlen $a_m, a_{m+1}, \dots, a_n$ mit $m \leq n$ zu addieren, so schreibt man für die **Summe**

$$a_m + a_{m+1} + \ldots + a_n = \sum_{i=m}^{n} a_i = \sum_{k=m}^{n} a_k \,. \tag{1.13}$$

Das Symbol $\sum$ verlangt für i bzw. $k = m, \ m+1, \dots, n$ die Addition der Werte oder **Summanden** a_i bzw. a_k. Dabei bezeichnet man i bzw. k als den **Summationsindex**, dieser läuft von m als **unterer Grenze** bis n als **oberer Grenze**.

Für $m = n$ gilt $\sum\limits_{i=m}^{m} a_i = a_m$.

Man erhält folgende Regeln für ganzzahlige m, n mit $m \leq n$ und reelle Zahlen a, c, a_i, b_i:

$$\sum_{i=m}^{n} i = m + (m+1) + (m+2) + \ldots + n$$

$$\sum_{i=m}^{n} a = \underbrace{a + a + \ldots + a}_{(n-m+1)\text{-mal}} = (n-m+1)\,a$$

$$\sum_{i=m}^{n} c a_i = c \sum_{i=m}^{n} a_i$$

$$\sum_{i=m}^{n} (a_i + b_i) = \sum_{i=m}^{n} a_i + \sum_{i=m}^{n} b_i$$

$$\sum_{i=m}^{n} (a_i - b_i) = \sum_{i=m}^{n} a_i - \sum_{i=m}^{n} b_i$$

$$\sum_{i=m}^{n} a_i = \sum_{i=m}^{k} a_i + \sum_{i=k+1}^{n} a_i \qquad (k \text{ ist ganzzahlig mit } m \leq k \leq n)$$

$$\sum_{i=m}^{n} a_i = \sum_{i=m+k}^{n+k} a_{i-k} = a_m + a_{m+1} + \ldots + a_n$$

Für doppelt indizierte Größen a_{ij} $(i = 1, \ldots, m,\ j = 1, \ldots, n)$ gilt:

$$\sum_{i=1}^{m} a_{ij} = a_{1j} + a_{2j} + \ldots + a_{mj} \qquad (j = 1, \ldots, n)$$

$$\sum_{j=1}^{n} a_{ij} = a_{i1} + a_{i2} + \ldots + a_{in} \qquad (i = 1, \ldots, m)$$

$$\sum_{i=1}^{m} \sum_{j=1}^{n} a_{ij} = a_{11} + a_{12} + \ldots + a_{1n} + \ldots + a_{m1} + a_{m2} + \ldots + a_{mn}$$

$$= a_{11} + a_{21} + \ldots + a_{m1} + \ldots + a_{1n} + a_{2n} + \ldots + a_{mn}$$

$$= \sum_{j=1}^{n} \sum_{i=1}^{m} a_{ij}$$

Die Reihenfolge der Summation ist vertauschbar.

Für ganze Zahlen m, n mit $m \le n$ sowie p, q mit $p \le q$ erhält man folgende Umformungen für Summen der Form $\sum a_i \sum b_j$:

$$\sum_{i=m}^{n} a_i \sum_{j=p}^{q} b_j = (a_m + a_{m+1} + \ldots + a_n)(b_p + b_{p+1} + \ldots + b_q)$$

$$= \sum_{i=m}^{n} \sum_{j=p}^{q} a_i b_j = (a_m b_p + \ldots + a_m b_q + \ldots + a_n b_p + \ldots + a_n b_q)$$

$$= \sum_{i=m}^{n} \sum_{j=p}^{q} b_j a_i = (b_p a_m + \ldots + b_q a_m + \ldots + b_p a_n + \ldots + b_q a_n)$$

$$= \sum_{j=p}^{q} \sum_{i=m}^{n} b_j a_i = (b_p a_m + \ldots + b_p a_n + \ldots + b_q a_m + \ldots + b_q a_n)$$

$$= \sum_{j=p}^{q} \sum_{i=m}^{n} a_i b_j = (a_m b_p + \ldots + a_n b_p + \ldots + a_m b_q + \ldots + a_n b_q)$$

$$= \sum_{j=p}^{q} b_j \sum_{i=m}^{n} a_i = (b_p + \ldots + b_q)(a_m + \ldots + a_n)$$

Beispiel 1.12

a) $1 + \frac{1}{2} + \frac{1}{3} + \frac{1}{4} + \frac{1}{5} = \sum_{i=1}^{5} \frac{1}{i} = \frac{274}{120} = \frac{137}{60} = 2.28\bar{3}$

b) $4 + 9 + 16 + 25 = 2^2 + 3^2 + 4^2 + 5^2 = \sum_{i=2}^{5} i^2 = \sum_{i=1}^{4} (i+1)^2 = 54$

c) $\sum_{i=1}^{10} i = 1 + 2 + 3 + \ldots + 10 = 55$

d) $\sum_{i=1}^{10} 2i = 2\sum_{i=1}^{10} i = 110$

e) $\sum_{i=3}^{6} (i-2) = 1 + 2 + 3 + 4 = 10 = \sum_{i=1}^{4} i$

f) $\sum_{i=1}^{3} \sum_{j=1}^{2} i(j+1) = 1 \cdot 2 + 1 \cdot 3 + 2 \cdot 2 + 2 \cdot 3 + 3 \cdot 2 + 3 \cdot 3 = 30$

$$= \sum_{i=1}^{3} i \sum_{j=1}^{2} (j+1) = (1+2+3)(2+3) = 30$$

g) $\sum_{i=1}^{4} i \sum_{i=1}^{4} i = (1+2+3+4)(1+2+3+4) = 100$

h) $\sum_{i=1}^{4} i^2 = 1+4+9+16 = 30$

Wir betrachten noch einige spezielle Summenformeln.

Für die Addition der natürlichen Zahlen von 1 bis n ergibt sich allgemein:

$$\begin{aligned}\sum_{i=1}^{n} i &= 1+2+3+\ldots+(n-1)+n \\ &= n+(n-1)+(n-2)+\ldots+2+1\end{aligned}$$

Daraus folgt durch Addition beider Seiten die so genannte **Gaußsche Summenformel**:

$$2\sum_{i=1}^{n} i = (n+1)+(n+1)+(n+1)+\ldots+(n+1)+(n+1) = n(n+1)$$

$$\text{bzw.} \quad \sum_{i=1}^{n} i = \frac{n(n+1)}{2}\,. \tag{1.14}$$

Die so genannte **arithmetische Summe** reeller Zahlen a_i ist definiert durch

$$\sum_{i=0}^{n} a_i \quad \text{mit} \quad a_i - a_{i-1} = d \quad (i = 1,\ldots,n)\,. \tag{1.15}$$

Im Einzelnen gilt also

$$a_1 = a_0 + d\,, \quad a_2 = a_1 + d = a_0 + 2d\,, \quad \ldots\,, \quad a_n = a_{n-1} + d = a_0 + nd\,.$$

Damit erhalten wir für die arithmetische Summe mit $a_i = a_0 + id$ und (1.14)

$$\begin{aligned}\sum_{i=0}^{n} a_i &= \sum_{i=0}^{n}(a_0 + id) = \sum_{i=0}^{n} a_0 + \sum_{i=0}^{n} id = (n+1)\,a_0 + \frac{n(n+1)}{2}\,d \\ &= (n+1)\left(a_0 + \frac{n}{2}\,d\right) = \frac{n+1}{2}(a_0 + a_0 + nd) = \frac{n+1}{2}(a_0 + a_n)\,.\end{aligned}$$

Für die Addition der reellen Zahlen $q^0, q^1, \ldots, q^n$ ergibt sich wegen

$$(1-q)(1+q+q^2+\ldots+q^{n-1}+q^n) = 1-q^{n+1}$$

die Formel:

$$(1+q+q^2+\ldots+q^{n-1}+q^n) = \sum_{i=0}^{n} q^i = \begin{cases} n+1 & \text{für } q=1 \\ \dfrac{1-q^{n+1}}{1-q} & \text{für } q \neq 1 \end{cases} \tag{1.16}$$

Die so genannte **geometrische Summe** reeller Zahlen a_i mit $a_i \neq 0$ ist definiert durch

$$\sum_{i=0}^{n} a_i \quad \text{mit} \quad \frac{a_i}{a_{i-1}} = q \quad (i = 1, \ldots, n). \tag{1.17}$$

Im Einzelnen gilt also

$$a_1 = a_0\, q\,, \quad a_2 = a_1\, q = a_0\, q^2\,, \quad \ldots\,, \quad a_n = a_0\, q^n\,.$$

Damit erhalten wir für die geometrische Summe mit $a_i = a_0\, q^i$ und (1.16)

$$\sum_{i=0}^{n} a_i = \sum_{i=0}^{n} (a_0\, q^i) = a_0 \sum_{i=0}^{n} q^i = \begin{cases} a_0\,(n+1) & \text{für } q=1 \\ a_0\, \dfrac{1-q^{n+1}}{1-q} & \text{für } q \neq 1 \end{cases}$$

Beispiel 1.13

a) Mit $a_0 = 1,\ d = 3,\ n = 10$ erhält man für die arithmetische Summe

$$\sum_{i=0}^{10} a_i = 1+4+7+\ldots+31 = 11\cdot 1 + \frac{11\cdot 10}{2}\cdot 3 = 176$$
$$= \frac{11}{2}(1+31) = 176\,.$$

b) Mit $a_0 = 3,\ q = 2,\ n = 5$ resultiert für die geometrische Summe

$$\sum_{i=0}^{5} a_i = 3\,(2^0+2^1+2^2+\ldots+2^5) = 3\,\frac{1-2^6}{1-2} = 189\,.$$

Hat man die ganzzahlig indizierten reellen Zahlen $a_m, a_{m+1}, \dots, a_n$ $(m \leq n)$ zu multiplizieren, so schreibt man für das **Produkt**

$$a_m \cdot a_{m+1} \cdot \ldots \cdot a_n = \prod_{i=m}^{n} a_i = \prod_{k=m}^{n} a_k \,. \tag{1.18}$$

Das Symbol $\prod$ verlangt für i bzw. $k = m,\ m+1, \dots,\ n$ die Multiplikation der Werte oder **Faktoren** a_i bzw. a_k. Dabei bezeichnet man i bzw. k als **Multiplikationsindex**, dieser läuft von m als **unterer Grenze** bis n als **oberer Grenze**.

Für $m = n$ gilt $\prod\limits_{i=m}^{m} a_i = a_m$.

Man erhält folgende Rechenregeln für ganzzahliges m, n mit $m \leq n$ und reelle a, c, a_i, b_i:

$$\prod_{i=m}^{n} i = m(m+1)(m+2) \cdot \ldots \cdot n$$

$$\prod_{i=m}^{n} a = \underbrace{a \cdot a \cdot \ldots \cdot a}_{(n-m+1)\text{-mal}} = a^{n-m+1}$$

$$\prod_{i=m}^{n} c a_i = c^{n-m+1} \prod_{i=m}^{n} a_i$$

$$\prod_{i=m}^{n} a_i b_i = \prod_{i=m}^{n} a_i \prod_{i=m}^{n} b_i$$

$$\prod_{i=m}^{n} \frac{a_i}{b_i} = \prod_{i=m}^{n} a_i \Big/ \prod_{i=m}^{n} b_i$$

$$\prod_{i=m}^{n} a_i = \prod_{i=m}^{k} a_i \prod_{i=k+1}^{n} a_i \qquad (k \text{ ist ganzzahlig mit } m \leq k \leq n)$$

$$\prod_{i=m}^{n} a_i = \prod_{i=m+k}^{n+k} a_{i-k} = a_m \cdot a_{m+1} \cdot \ldots \cdot a_n \qquad (k \text{ ist ganzzahlig})$$

Beispiel 1.14

a) $1 \cdot \frac{1}{2} \cdot \frac{1}{3} \cdot \frac{1}{4} = \prod\limits_{i=1}^{4} \frac{1}{i} = \frac{1}{24}$

b) $4 \cdot 9 \cdot 16 \cdot 25 = \prod\limits_{i=2}^{5} i^2 = \left(\prod\limits_{i=2}^{5} i \right)^2 = 14400$

c) $\prod_{i=1}^{3} 2i = 2 \cdot 4 \cdot 6 = 48$

d) $\prod_{i=1}^{5} (i-2) = \prod_{i=-1}^{3} i = (-1) \cdot 0 \cdot 1 \cdot 2 \cdot 3 = 0$

e) $\prod_{i=1}^{3} 3i \Big/ \prod_{i=1}^{3} 2i = \frac{3 \cdot 6 \cdot 9}{2 \cdot 4 \cdot 6} = \frac{27}{8} = \left(\frac{3}{2}\right)^3$

$$= \prod_{i=1}^{3} \frac{3i}{2i} = \left(\frac{3}{2}\right)^3 \prod_{i=1}^{3} \frac{i}{i}$$

1.4 Kombinatorik

Im Folgenden behandeln wir grundlegende Fragen der Kombinatorik. Dazu zählen beispielsweise die folgenden Fragen:

- Wie viele Möglichkeiten gibt es, n verschiedene Objekte in eine Reihenfolge zu bringen?
- Wie viele Möglichkeiten existieren, aus n verschiedenen Objekten k auszuwählen?

Für das in der **Kombinatorik** häufig auftretende Produkt der natürlichen Zahlen von 1 bis n schreibt man

$$1 \cdot 2 \cdot \cdot 3 \cdot \ldots \cdot n = \prod_{i=1}^{n} i = n! \tag{1.19}$$

und bezeichnet den Ausdruck $n!$ als **n-Fakultät**.

Beispiel 1.15

a) $1! = 1,\ 2! = 2,\ 3! = 6,\ 4! = 24,\ 5! = 120$

b) $\frac{5!}{3!} = \frac{1 \cdot 2 \cdot 3 \cdot 4 \cdot 5}{1 \cdot 2 \cdot 3} = 4 \cdot 5 = 20$

c) $\frac{2!}{4!} = \frac{1 \cdot 2}{1 \cdot 2 \cdot 3 \cdot 4} = \frac{1}{3 \cdot 4} = \frac{1}{12}$

Zusätzlich vereinbart man $0! = 1$.

Ferner gilt die Rekursionsformel $(n+1)! = n!\,(n+1)$ für $n = 0, 1, 2, \ldots$

Formel (1.19) wird relevant, wenn man n verschiedene Objekte in eine Reihenfolge bringen möchte.

Für die Objekte a_1, a_2 erhalten wir $2 = 2!$ Möglichkeiten

$$(a_1, a_2), (a_2, a_1),$$

für die Objekte a_1, a_2, a_3 insgesamt $6 = 3!$ Möglichkeiten

$$(a_1, a_2, a_3), (a_1, a_3, a_2), (a_2, a_1, a_3), (a_2, a_3, a_1), (a_3, a_1, a_2), (a_3, a_2, a_1).$$

Für n Objekte bezeichnet man jede mögliche Reihung als **Permutation** der n Objekte.

Betrachten wir zur Bildung aller Permutationen die Objekte $a_1, \ldots, a_n$ der Reihe nach, so ergeben sich für a_1 genau n Positionen. Liegt nun a_1 fest, bleiben für a_2 noch $n-1$ Positionen. Fixieren wir a_1, a_2, bleiben für a_3 noch $n-2$ Positionen usw. Sind $a_1, \ldots, a_{n-1}$ fest positioniert, dann auch a_n. Wir erhalten insgesamt $n\,(n-1)\,(n-2) \cdot \ldots \cdot 1 = n!$ Möglichkeiten.

Als **grundlegendes Ergebnis** der **Kombinatorik** halten wir fest:

Für n verschiedene Objekte existieren $n!$ Permutationen. (1.20)

Schwieriger wird die Bestimmung der Anzahl Reihenfolgen, wenn die n Objekte sich aus r Gruppen von $n_1, n_2, \ldots, n_r$ nicht unterscheidbaren Objekten mit $n_1 + n_2 + \ldots + n_r = n$ zusammensetzen.

- Wir bezeichnen zunächst die gesuchte Anzahl von Permutationen mit x.
- Nimmt man an, in der ersten Gruppe mit n_1 Objekten sind alle Objekte unterscheidbar, so gibt es in dieser Gruppe $n_1!$ Permutationen. Die Gesamtzahl der Permutationen würde von x auf $x \cdot n_1!$ anwachsen.
- In gleicher Weise verfährt man mit allen weiteren Gruppen, so dass die Gesamtzahl der Permutationen schließlich auf $x \cdot n_1! \cdot \ldots \cdot n_r!$ ansteigen würde.

Dieses Ergebnis muss dann aber mit der Anzahl $n!$ der Permutationen von n verschiedenen Objekten übereinstimmen. Wir erhalten die Gleichheit

$$x \cdot n_1! \cdot n_2! \cdot \ldots \cdot n_r! = n!$$

und damit das Ergebnis:

Für n Objekte, die sich aus r Gruppen mit $n_1, n_2, \ldots, n_r$ nicht unterscheidbaren Objekten zusammensetzen, existieren

$$x = \frac{n!}{n_1! \cdot n_2! \cdot \ldots \cdot n_r!} \text{ Permutationen.} \tag{1.21}$$

Insbesondere erhält man für $r = 2$ Gruppen mit $n_1 = k,\ n_2 = n-k$ nicht unterscheidbaren Objekten nach (1.21)

$$\frac{n!}{k!\,(n-k)!}$$

Permutationen. Da dieses Ergebnis eine wichtige Rolle für binomische Ausdrücke der Form $(a+b)^n$ spielt, bezeichnet man

$$\frac{n!}{k!\,(n-k)!} = \binom{n}{k} \quad \text{für} \quad k,n = 0,1,2,\ldots \quad \text{und} \quad k \leq n \tag{1.22}$$

als **Binomialkoeffizient „n über k"**.

Für natürliche Zahlen k,n mit $k \leq n$ gilt dann auch

$$\binom{n}{k} = \frac{n\,(n-1)\cdot\ldots\cdot(n-k+1)}{1\cdot 2\cdot\ldots\cdot k}\,.$$

Für natürliche Zahlen k,n mit $k > n$ setzt man $\binom{n}{k} = 0$.

Beispiel 1.16

a) Für die Objekte $a,a,a,a,a,b,b,b,b,c,c,c,d$ gilt $n = 13,\ n_1 = 5,\ n_2 = 4,\ n_3 = 3,\ n_4 = 1$.

Wir erhalten

$$\frac{13!}{5!\,4!\,3!\,1!} = \frac{6\cdot 7\cdot 8\cdot 9\cdot 10\cdot 11\cdot 12\cdot 13}{4!\,3!}$$
$$= 7\cdot 4\cdot 9\cdot 10\cdot 11\cdot 13 = 360360$$

Permutationen.

b) In einem Regal sollen 3 Lehrbücher der Betriebswirtschaftslehre sowie je 2 Lehrbücher der Volkswirtschaftslehre und der Mathematik untergebracht werden. Ohne Berücksichtigung der Fachgebiete gibt es für die 7 Bücher insgesamt $7! = 5040$ Permutationen. Werden die Bücher nur nach Fachgebieten unterschieden, wobei nicht unbedingt nach Fachgebieten geordnet werden soll, so erhält man $\frac{7!}{3!\,2!\,2!} = 5\cdot 6\cdot 7 = 210$ Permutationen.
Sollen die Bücher eines Fachgebietes jeweils zusammenstehen, so gibt es für die Anordnung der Fachgebiete $3! = 6$ Permutationen.

c) $\binom{8}{1} = \frac{8!}{1!\,7!} = \binom{8}{7} = 8\,,$

$\binom{5}{3} = \frac{5!}{3!\,2!} = \frac{4\cdot 5}{1\cdot 2} = 10\,, \quad \binom{6}{2} = \frac{6!}{2!\,4!} = \frac{5\cdot 6}{1\cdot 2} = 15$

Für Binomialkoeffizienten gelten folgende Rechenregeln mit $k, n = 0, 1, 2, \ldots$ und $k \leq n$:

$$\binom{n}{k} = \frac{n!}{k!\,(n-k)!} = \binom{n}{n-k} \tag{1.23}$$

$$\binom{n}{k} + \binom{n}{k+1} = \frac{n!}{k!\,(n-k)!} + \frac{n!}{(k+1)!\,(n-k-1)!}$$

$$= \frac{n!\,(k+1) + n!\,(n-k)}{(k+1)!\,(n-k)!} = \frac{n!\,(n+1)}{(k+1)!\,(n-k)!} = \binom{n+1}{k+1} \tag{1.24}$$

Mit (1.23) erhält man speziell für $k = 0$ bzw. $k = n$

$$\binom{n}{0} = \binom{n}{n} = 1\,.$$

Wir wenden uns nun **binomischen Ausdrücken** der Form $(a+b)^n$ zu. Für $n = 0, 1, 2, \ldots$ berechnet man:

$$\begin{aligned}
(a+b)^0 &= 1\\
(a+b)^1 &= 1\,a + 1\,b\\
(a+b)^2 &= 1\,a^2 + 2\,ab + 1b^2\\
(a+b)^3 &= 1\,a^3 + 3\,a^2b + 3\,ab^2 + 1\,b^3\\
&\quad\ \ \diagdown\ \diagup\quad \diagdown\ \diagup\quad \diagdown\ \diagup\\
(a+b)^4 &= 1\,a^4 + 4\,a^3b + 6\,a^2b^2 + 4\,ab^3 + 1\,b^4\\
\vdots &\qquad\qquad \vdots
\end{aligned}$$

Hier zeigt sich, dass – abgesehen von den Einsen am linken und rechten Rand der Formeln – die „inneren“ Koeffizienten mit der Summe der beiden unmittelbar über ihnen links und rechts stehenden Koeffizienten übereinstimmen.

Mit Hilfe von (1.23) und (1.24) kann man die Koeffizienten der binomischen Formeln im **Pascalschen Dreieck** anordnen.

	Binomialkoeffizienten
$(a+b)^0$	1
$(a+b)^1$	1 1
$(a+b)^2$	1 2 1
$(a+b)^3$	1 3 3 1
$(a+b)^4$	1 4 6 4 1
$(a+b)^5$	1 5 10 10 5 1
$\vdots$	$\vdots$
$(a+b)^n$	$\binom{n}{0}$ $\binom{n}{1}$ … $\binom{n}{k}$ $\binom{n}{k+1}$ … $\binom{n}{n-1}$ $\binom{n}{n}$
$(a+b)^{n+1}$	$\binom{n+1}{0}$ $\binom{n+1}{1}$ … $\binom{n+1}{k+1}$ … $\binom{n+1}{n}$ $\binom{n+1}{n+1}$
$\vdots$	$\vdots$ $\vdots$ $\vdots$

Figur 1.6: Zahlendreieck nach Pascal (1623 – 1662)

Daraus ergibt sich die **Binomische Formel** für a, b als reelle Zahlen und n als natürliche Zahl:

$$\begin{aligned}(a+b)^n &= a^n + na^{n-1}b + \binom{n}{2}a^{n-2}b^2 + \ldots + nab^{n-1} + b^n \\ &= \sum_{i=0}^{n}\binom{n}{i}a^{n-i}b^i\end{aligned} \tag{1.25}$$

Nimmt man $n = a$ als reelle Zahl, k als natürliche Zahl an, so lassen sich Binomialkoeffizienten weiter verallgemeinern.

Gegebenenfalls heißt auch

$$\binom{a}{k} = \frac{a(a-1)\cdot\ldots\cdot(a-k+1)}{1\cdot 2\cdot\ldots\cdot k} \tag{1.26}$$

Binomialkoeffizient „a über k“.

Eine Darstellung der Form (1.22) ist hier nicht allgemein möglich.

Beispiel 1.17

$$\binom{-3}{4} = \frac{(-3)(-4)(-5)(-6)}{1 \cdot 2 \cdot 3 \cdot 4} = \frac{30}{2} = 15$$

$$\binom{0.2}{3} = \frac{(0.2)(-0.8)(-1.8)}{1 \cdot 2 \cdot 3} = 0.048$$

$$\binom{\sqrt{2}}{2} = \frac{\sqrt{2}\,(\sqrt{2}-1)}{1 \cdot 2} = \frac{2-\sqrt{2}}{2} = 1 - \frac{\sqrt{2}}{2}$$

Wir kehren zur Bestimmung der Anzahl bestimmter Permutationen zurück und führen den Begriff der Kombination ein.

Für die natürlichen Zahlen k und n bezeichnet man jede Zusammenstellung von k aus n Objekten als eine **Kombination k-ter Ordnung**. Je nachdem, ob es dabei auf die Reihenfolge der Zusammenstellung ankommt, unterscheiden wir

- Kombinationen **mit Berücksichtigung der Reihenfolge**,
- Kombinationen **ohne Berücksichtigung der Reihenfolge**.

Je nachdem, ob Objekte auch mehrmals ausgewählt werden können, unterscheiden wir

- Kombinationen **mit Wiederholung**,
- Kombinationen **ohne Wiederholung**.

Insgesamt sind also vier Fälle zu diskutieren (Figur 1.7), wobei in den Fällen ohne Wiederholung für $k > n$ keine Kombination existieren kann.

Kombinationen k-ter Ordnung aus n Objekten		
	mit Wiederholung	ohne Wiederholung ($k \leq n$)
mit Reihenfolge	n^k **(Fall a)**	$\frac{n!}{(n-k)!}$ **(Fall b)**
ohne Reihenfolge	$\binom{n+k-1}{k}$ **(Fall d)**	$\binom{n}{k}$ **(Fall c)**

Figur 1.7: Kombinationen k-ter Ordnung aus n Objekten

Wir diskutieren zunächst ein einfaches Beispiel.

Beispiel 1.18

Ein Experiment mit zwei Würfeln impliziert Ergebnisse der Form (i, j), wobei i die Augenzahl des ersten und j die Augenzahl des zweiten Würfels darstellen soll. Die folgende Figur enthält alle möglichen Ergebnisse.

(1, 1)	(1, 2)	(1, 3)	(1, 4)	(1, 5)	(1, 6)
(2, 1)	(2, 2)	(2, 3)	(2, 4)	(2, 5)	(2, 6)
(3, 1)	(3, 2)	(3, 3)	(3, 4)	(3, 5)	(3, 6)
(4, 1)	(4, 2)	(4, 3)	(4, 4)	(4, 5)	(4, 6)
(5, 1)	(5, 2)	(5, 3)	(5, 4)	(5, 5)	(5, 6)
(6, 1)	(6, 2)	(6, 3)	(6, 4)	(6, 5)	(6, 6)

Figur 1.8: Wurfergebnisse mit zwei Würfeln

Wir stellen fest, dass wir es mit Kombinationen zweiter Ordnung bei einer Basis von 6 Objekten zu tun haben und diskutieren die auftretenden 4 Fälle von Figur 1.7.

a) Soll die Reihenfolge berücksichtigt werden, also beispielsweise $(3, 5) \neq (5, 3)$ und eine Wiederholung möglich sein, beispielsweise $(2, 2)$, so erhalten wir $36 = 6^2$ Ergebnisse.

b) Soll die Reihenfolge berücksichtigt werden, eine Wiederholung aber ausgeschlossen sein, so entfallen die 6 Ergebnisse $(1, 1)$, $(2, 2)$, $\dots$, $(6, 6)$, wir erhalten $36 - 6 = 30 = \frac{6!}{4!}$ Ergebnisse.

c) Soll die Reihenfolge nicht berücksichtigt werden und eine Wiederholung ausgeschlossen sein, so entfallen gegenüber b) die Hälfte der Ergebnisse, beispielsweise alle (i, j) mit $i < j$, es verbleiben noch $\frac{30}{2} = 15 = \binom{6}{2}$ Ergebnisse.

d) Soll schließlich die Reihenfolge nicht berücksichtigt werden, aber eine Wiederholung zulässig sein, so kommen gegenüber c) wieder die 6 Ergebnisse $(1, 1)$, $\dots$, $(6, 6)$ dazu.
Wir erhalten $15 + 6 = 21 = \binom{7}{2} = \binom{6+2-1}{2}$ Ergebnisse.

In diesem Beispiel finden wir die vier möglichen Fälle von Figur 1.7 bestätigt. Dennoch schließen wir etwas allgemeinere Überlegungen an.

Fall a) mit Reihenfolge, mit Wiederholung

Bei der Auswahl jedes der k Objekte gibt es n Möglichkeiten, da sowohl die Reihenfolge der Objekte berücksichtigt wird als auch Wiederholungen zugelassen sind. Wir erhalten insgesamt $\underbrace{n \cdot n \cdot \ldots \cdot n}_{k\text{-mal}} = n^k$ Möglichkeiten.

Fall b) mit Reihenfolge, ohne Wiederholung

Sollen gegenüber Fall a) lediglich Wiederholungen ausgeschlossen sein, so haben wir bei der Auswahl von k aus n Objekten zur Besetzung der ersten Position n Möglichkeiten, zur Besetzung der zweiten Position $n - 1$ Möglichkeiten, und schließlich zur Besetzung der k-ten Position noch $n-k+1$ Möglichkeiten, wir erhalten $n(n-1)\cdot\ldots\cdot(n-k+1) = \frac{n!}{(n-k)!}$ Möglichkeiten.

Fall c) ohne Reihenfolge, ohne Wiederholung

Dieser Fall unterscheidet sich von Fall b) dadurch, dass die Reihenfolge der k Objekte nicht mehr berücksichtigt wird. Sei nun x die Anzahl der Kombinationen k-ter Ordnung ohne Wiederholung und ohne Berücksichtigung der Reihenfolge. Nehmen wir an, wir müssten die Reihenfolge in der Kombination doch berücksichtigen, so ergäben sich $k!$ Möglichkeiten für jede der x Kombinationen, also insgesamt $x \cdot k!$ Möglichkeiten und wir erhalten Fall b). Daraus resultiert die Gleichung

$$x \cdot k! = \frac{n!}{(n-k)!} \qquad \text{bzw.} \qquad x = \frac{n!}{(n-k)!\,k!} = \binom{n}{k}.$$

Fall d) ohne Reihenfolge, mit Wiederholung

Gegenüber Fall c) wird die früher ausgeschlossene Wiederholung wieder zugelassen, wobei die Reihenfolge der Objekte wie in Fall c) unberücksichtigt bleibt. Ein Objekt kann nun bis zu k-mal ausgewählt werden. Dazu ergänzt man $a_1, \ldots, a_n$ um $k - 1$ weitere Objekte $b_1, \ldots, b_{k-1}$, von denen jedes für eine Wiederholung steht. Wird beispielsweise a_1 als erstes Objekt ausgewählt und j-mal wiederholt $(j = 1, \ldots, k - 1)$, so enthält die entsprechende Kombination die Objekte $a_1, b_1, \ldots, b_j$. Wird a_1 erstmals als i-tes Objekt ausgewählt und j-mal wiederholt $(j = 1, \ldots, k - i)$, so enthält die Kombination die Objekte $a_1, b_i, \ldots, b_{i+j-1}$. Damit ist die Anzahl von Kombinationen k-ter Ordnung aus n Objekten $a_1, \ldots, a_n$ mit Wiederholung und ohne Berücksichtigung der Reihenfolge gleich der Anzahl von Kombinationen k-ter Ordnung aus $n+k-1$ Objekten $a_1, \ldots, a_n, b_1, \ldots, b_{k-1}$ ohne Wiederholung und ohne Berücksichtigung der Reihenfolge. Wir erhalten den Fall c) mit $\binom{n+k-1}{k}$ Möglichkeiten.

Beispiel 1.19

a) Hat ein zehnköpfiger Aufsichtsrat aus seiner Mitte einen ersten und einen zweiten Vorsitzenden sowie einen Schriftführer zu wählen, so handelt es sich um eine Kombination dritter Ordnung mit Berücksichtigung der Reihenfolge, aber ohne Wiederholung; ferner ist $n = 10$. Damit gibt es $\frac{10!}{7!} = 10 \cdot 9 \cdot 8 = 720$ Möglichkeiten.

b) In der Elferwette des Fußballtotos sind elf Spiele jeweils mit 1, 0 oder 2 zu tippen. Die Reihenfolge der Spiele ist vorgegeben. In diesem Fall erhalten wir $3^{11} = 177147$ mögliche Tippreihen.

c) Im Zahlenlotto hat man 6 verschiedene aus 49 möglichen Zahlen anzukreuzen. Die Reihenfolge der Auswahl bleibt unberücksichtigt. Es ergeben sich $\binom{49}{6} = 13983816$ Möglichkeiten.

d) In einem Supermarkt sollen im Lauf einer Woche sechs Werbeaktionen erfolgen. Zur Auswahl stehen Lautsprecherdurchsagen, Handzettel- und Plakatwerbung. Wir erhalten $n = 3,\ k = 6$. Damit gibt es keine Kombination ohne Wiederholung. Mit Wiederholung ergeben sich $3^6 = 729$ Möglichkeiten, falls die Reihenfolge der Aktionen eine Rolle spielt, andernfalls $\binom{3+6-1}{6} = \binom{8}{6} = 28$ Möglichkeiten.

1.5 Gleichungen und Ungleichungen mit einer Variablen

Bei der Einführung der verschiedenen Zahlenbereiche und Grundrechenarten in Abschnitt 1.1 wurden Symbole $a, b, c, d, \ldots$ verwendet, die stellvertretend für bestimmte Zahlen stehen, also im konkreten Anwendungsfall vorgegeben sind. Man nennt sie **Konstanten** oder **Parameter**. Sollen Symbole, etwa $x, y, \ldots,$ im Rahmen gewisser Bedingungen einen oder mehrere zunächst unbekannte Werte annehmen können, so spricht man von **Variablen**. Werden nun zwei **Ausdrücke** oder **Terme**, bestehend aus Konstanten, Variablen und deren Verknüpfungen durch Operationen, beispielsweise

$$a + x\,, \quad \frac{ax^2}{b}\,, \quad \sqrt{xy} - \frac{a}{b}\,, \quad ab - b^2\,,$$

mit einem Gleichheitszeichen verbunden, so spricht man von einer **Gleichung**. Sind zwei Terme durch ein Zeichen der Form $\neq, <, \leq, >, \geq$ verbunden, so spricht man von einer **Ungleichung**. Eine Gleichung oder Ungleichung mit einer Variablen enthält neben einer oder mehreren Konstanten genau eine Variable x. Jeder Wert der Variablen x, der die Gleichung oder Ungleichung erfüllt, heißt dann **Lösung** der Gleichung oder Ungleichung.

Zur Ermittlung der Lösungen einer Gleichung $A_1 = A_2$ bzw. einer Ungleichung $A_1 \leq A_2$ mit den Termen A_1, A_2 nutzt man folgende Regeln:

Rechenregel	Gleichung $A_1 = A_2$	Ungleichung $A_1 \leq A_2$
Vertauschen der Seiten	$A_2 = A_1$	$A_2 \geq A_1$
Addition oder Subtraktion eines Terms B	$A_1 + B = A_2 + B$ $A_1 - B = A_2 - B$	$A_1 + B \leq A_2 + B$ $A_1 - B \leq A_2 - B$
Multiplikation oder Division eines Terms $B > 0$	$A_1 \cdot B = A_2 \cdot B$ $A_1/B = A_2/B$	$A_1 \cdot B \leq A_2 \cdot B$ $A_1/B \leq A_2/B$
Multiplikation oder Division eines Terms $B < 0$	$A_1 \cdot B = A_2 \cdot B$ $A_1/B = A_2/B$	$A_1 \cdot B \geq A_2 \cdot B$ $A_1/B \geq A_2/B$

Figur 1.9: Rechenregeln zur Lösung von Gleichungen und Ungleichungen mit einer Variablen

Für die Ungleichung $A_1 < A_2$ ersetzt man in Figur 1.9 das Zeichen $\leq$ bzw. $\geq$ durch $<$ bzw. $>$, ferner führen Ungleichungen $A_1 \geq A_2$ bzw. $A_1 > A_2$ durch Vertauschen der Seiten stets auf die bereits diskutierte Form. Für die Ungleichung $A_1 \neq A_2$ gelten die gleichen Regeln wie für Gleichungen, man ersetzt in Figur 1.9 alle Gleichheitszeichen durch $\neq$.

Nach Anwendung obiger Regeln erhalten wir mit $a \neq 0, b, x$ als reelle Zahlen

$$\begin{cases} ax - b = 0 & \text{für eine \textbf{lineare Gleichung} mit einer Variablen} \\ ax - b \leq 0 & \text{für eine \textbf{lineare Ungleichung} mit einer Variablen} \end{cases} \tag{1.27}$$

wobei x die Variable und a, b die Konstanten darstellen. Für die lineare Gleichung erhält man genau eine Lösung $x = b/a$. Zur Lösung der linearen Ungleichung unterscheidet man die Fälle $a > 0$, $a < 0$.

- Für $a > 0$ erhält man $x \leq b/a$.
- Für $a < 0$ erhält man $x \geq b/a$.

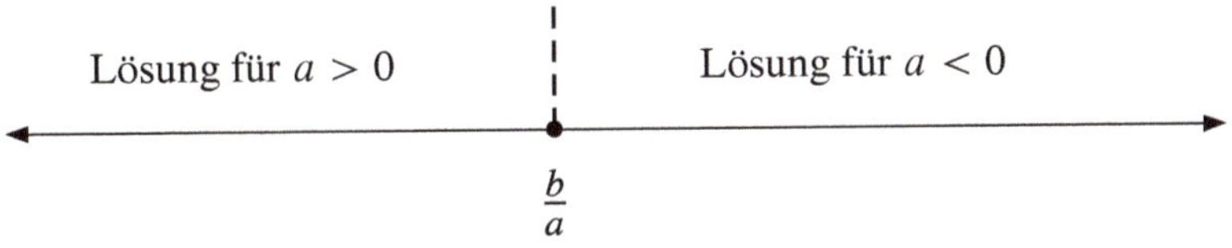

Figur 1.10: Lösungen der Ungleichung $ax - b \leq 0$

Wir betrachten nun noch den Fall, dass die Variable x die beiden Ungleichungen

$$x - a \geq 0\,, \quad x - b \leq 0\,.$$

erfüllen soll. Dann gilt für die Lösung $x \geq a$ und $x \leq b$ und für:

$a > b$	existiert keine Lösung
$a = b$	existiert genau eine Lösung $x = a = b$
$a < b$	existieren unendlich viele Lösungen zwischen a und b

Für $a = b$ ist $x \geq a$ und $x \leq a$, also $x = a$. Im Fall $a < b$ gilt für jedes x die Doppelungleichung $a \leq x \leq b$. Man schreibt $[a, b]$ für die Gesamtheit der Lösungen und spricht von einem **abgeschlossenen Intervall** der Zahlengeraden.

Figur 1.11: Abgeschlossenes Intervall der Zahlengeraden

Sollen die Randpunkte a und b ausgeschlossen bleiben, so schreibt man $\langle a, b\rangle$ und spricht von einem **offenen Intervall** der Zahlengeraden.

Anstatt $\langle a, b\rangle$ wird in der Literatur oft die Notation (a, b) verwendet. Mit der hier gewählten Schreibweise werden jedoch Verwechslungen mit später in anderem Zusammenhang verwendeten runden Klammern vermieden.

Insgesamt verwendet man mit den Randpunkten a, b und $a < b$ folgende Schreibweise:

$[a, b]$	für ein abgeschlossenes Intervall, falls $a \leq x \leq b$
$\langle a, b\rangle$	für ein offenes Intervall, falls $a < x < b$
$\langle a, b]$	für ein linksseitig offenes und rechtsseitig abgeschlossenes Intervall, falls $a < x \leq b$
$[a, b\rangle$	für ein linksseitig abgeschlossenes und rechtsseitig offenes Intervall, falls $a \leq x < b$

Für ein unbegrenztes Intervall von reellen Zahlen verwendet man die Symbole $-\infty$ oder $+\infty$ und bezeichnet diese als **minus unendlich** oder **plus unendlich**. Entsprechend enthalten die Intervalle

$\langle -\infty, b]$ alle reellen Zahlen mit $x \leq b$,
$\langle a, \infty\rangle$ alle reellen Zahlen mit $x > a$,
$\langle -\infty, \infty\rangle$ alle reellen Zahlen, also $-\infty < x < \infty$.

Beispiel 1.20

a) Für $5x - (4 + 3x) = 4 + (8x - 2)$ erhält man schrittweise:

$5x - 4 - 3x = 4 + 8x - 2$ (Auflösen der Klammern)
$5x - 3x - 8x = 4 - 2 + 4$ (Addition von $4 - 8x$)
$-6x = 6$ (Addition auf beiden Seiten)
$x = -1$ (Division durch -6)

b) Für $\dfrac{x+1}{3x-2} + \dfrac{2x}{2x-1} = \dfrac{4}{3}$ erhält man:

$(x + 1)(2x - 1)3 + 2x(3x - 2)3 = 4(3x - 2)(2x - 1)$
(Multiplikation mit $(3x - 2)(2x - 1)3$)

$6x^2 + 3x - 3 + 18x^2 - 12x = 24x^2 - 28x + 8$
(Auflösen der Klammern)

$-9x - 3 = -28x + 8$ (Subtraktion von $24x^2$)

$19x = 11$ (Addition von $28x + 3$)

$x = \dfrac{11}{19}$ (Division durch 19)

c) Für $8 + \dfrac{4-2x}{2} \leq 3x - \dfrac{5x+4}{4}$ erhält man:

$32 + 8 - 4x \leq 12x - 5x - 4$ (Multiplikation mit 4)

$40 - 4x \leq 7x - 4$ (Addition auf beiden Seiten)

$-11x \leq -44$ (Addition von $-40 - 7x$)

$x \geq 4$ (Division durch -11)

d) Für $\frac{2}{x-1} \geq \frac{1}{x+1}$ $(|x| \neq 1)$ unterscheidet man die Fälle:

I) $x > 1$, also $(x-1)(x+1) > 0$

II) $-1 < x < 1$, also $(x-1)(x+1) < 0$

III) $x < -1$, also $(x-1)(x+1) > 0$

1. Unter Verwendung der in Figur 1.9 angegebenen Rechenregeln ergibt sich in Fall I:

   $2(x+1) \geq x-1$ (Multiplikation mit $(x-1)(x+1) > 0$)

   $x \geq -3$ (Addition von $-x-2$)

   Wir erhalten aus $x > 1$ die Bedingung $x \geq -3$, also ist jedes $x > 1$ Lösung.

2. Entsprechend gilt in Fall II:

   $2(x+1) \leq x-1$ (Multiplikation mit $(x-1)(x+1) < 0$)

   $x \leq -3$ (Addition von $-x-2$)

   Wir erhalten unter der Bedingung $-1 < x < 1$ die weitere Bedingung $x \leq -3$, also kann für Fall II keine Lösung existieren.

3. Für Fall III resultiert schließlich:

   $2(x+1) \geq x-1$ (Multiplikation mit $(x-1)(x+1) > 0$)

   $x \geq -3$ (Addition von $-x-2$)

   Wir erhalten zur Voraussetzung $x < -1$ die weitere Bedingung $x \geq -3$, also ist jedes x mit $-3 \leq x < -1$ Lösung.

   Insgesamt haben wir das Ergebnis: Jede Lösung der Ungleichung liegt entweder im Intervall $\langle 1, \infty \rangle$ oder in $[-3, -1\rangle$.

So genannte **Verhältnisgleichungen** der Form $\frac{a}{b} = \frac{c}{d}$ sind als lineare Gleichungen darstellbar, wenn drei der Größen bekannt sind. Wichtige Anwendungen ergeben sich in der **Prozentrechnung**. Mit dem **Prozentsatz** p (%), dem **Prozentwert** w und dem **Grundwert** g erhalten wir die Formel

$$\frac{p}{100} = \frac{w}{g}.$$

Beispiel 1.21

a) 7200 von 15000 Studierenden einer Universität sind weiblich. Dann gilt:

$$\frac{p}{100} = \frac{7200}{15000} \quad \text{bzw.} \quad p = \frac{720000}{15000} = 48 \ (\%)$$

48% der Studierenden sind weiblich, 52% männlich.

b) Für einen Netto-Rechnungsbetrag von 1250 (€) sind 19 % Umsatzsteuer zu entrichten. Für die Umsatzsteuer w gilt:

$$\frac{19}{100} = \frac{w}{1250} \quad \text{bzw.} \quad w = \frac{19 \cdot 1250}{100} = 237.50$$

Die Umsatzsteuer beträgt 237.50. Der Brutto-Rechnungsbetrag setzt sich zusammen aus $1250 + 237.50 = 1487.50$.

c) Bei einem Rechnungsbetrag von 233.63 wurden 2 % Skonto berücksichtigt. Daraus errechnet sich folgender Nachlass w:

$$\frac{2}{100-2} = \frac{w}{233.63} \quad \text{bzw.} \quad w = \frac{2 \cdot 233.63}{98} = 4.77$$

Der ursprüngliche Rechnungsbetrag war 238.40.

d) In einem Betrieb, der 32 % Frauen beschäftigt, arbeiten 592 Frauen. Für die Gesamtzahl g der Mitarbeiter erhalten wir

$$\frac{32}{100} = \frac{592}{g} \quad \text{bzw.} \quad g = \frac{59200}{32} = 1850,$$

davon 592 Frauen und 1258 Männer.

e) Eine Bank verleiht 12000 (€) und erhält nach einem Jahr 12552. Dann gilt für den so genannten Zinsfuß p:

$$\frac{p}{100} = \frac{552}{12000} \quad \text{bzw.} \quad p = \frac{55200}{12000} = 4.6 \ (\%)$$

Der prozentuale Zinsfuß beträgt 4.6 %, der Zinswert 552.

Nach diesem Exkurs über lineare Gleichungen und Ungleichungen mit einer Variablen betrachten wir nun **quadratische Gleichungen**, die sich stets auf die folgende Form bringen lassen:

$$\begin{cases} ax^2 + bx + c = 0 \\ x \text{ ist Variable und } a \neq 0, b, c \text{ sind reelle Konstanten} \end{cases} \tag{1.28}$$

Zu ihrer Lösung nutzt man die binomische Formel

$$(u+v)^2 = u^2 + 2uv + v^2 .$$

Mit $ax^2 + bx + c = 0 \quad (a \neq 0)$ erhalten wir der Reihe nach:

$$\begin{aligned}
ax^2 + bx + \frac{b^2}{4a} - \frac{b^2}{4a} + c &= 0 \\
\left(\sqrt{a}x + \frac{b}{2\sqrt{a}}\right)^2 - \frac{b^2}{4a} + c &= 0 \\
\left(\sqrt{a}x + \frac{b}{2\sqrt{a}}\right)^2 &= \frac{b^2}{4a} - c = \frac{b^2 - 4ac}{4a} \\
\left(\sqrt{a}x + \frac{b}{2\sqrt{a}}\right) &= \pm\sqrt{\frac{b^2 - 4ac}{4a}} \\
\sqrt{a}x &= \frac{-b}{2\sqrt{a}} \pm \sqrt{\frac{b^2 - 4ac}{4a}} \\
x &= -\frac{b}{2a} \pm \frac{1}{2a}\sqrt{b^2 - 4ac} \\
x &= \frac{1}{2a}\left(-b \pm \sqrt{b^2 - 4ac}\right)
\end{aligned}$$

Die so genannte **Diskriminante** $(b^2 - 4ac)$ ist entscheidend für die Art der Lösung der quadratischen Gleichung. Eine reellwertige Lösung kann nämlich nur existieren, wenn $(b^2 - 4ac)$ nicht negativ ist. Im Einzelnen erhält man für

$b^2 - 4ac > 0$ zwei reelle Lösungen $x_1 = \frac{1}{2a}\left(-b + \sqrt{b^2 - 4ac}\right)$

und $x_2 = \frac{1}{2a}\left(-b - \sqrt{b^2 - 4ac}\right)$,

$b^2 - 4ac = 0$ eine „zweifache" reelle Lösung $x_1 = x_2 = -\frac{b}{2a}$,

$b^2 - 4ac < 0$ keine reelle Lösung der quadratischen Gleichung.

Beispiel 1.22

a) Für $3x^2 + 4x + 2 = 0$ ist $b^2 - 4ac = 4^2 - 4 \cdot 6 = -8 < 0$, also existiert keine reelle Lösung.

b) Für $9x^2 + 6x + 1 = 0$ ist $b^2 - 4ac = 36 - 4 \cdot 9 = 0$, es existiert eine zweifache reelle Lösung $x_1 = x_2 = -\frac{6}{18} = -\frac{1}{3}$.

c) Für $8x^2 - 6x + 1 = 0$ ist $b^2 - 4ac = 36 - 4 \cdot 8 = 4 > 0$, es existieren zwei reelle Lösungen $x_1 = \frac{1}{16}(6+2) = \frac{1}{2}$, $x_2 = \frac{1}{16}(6-2) = \frac{1}{4}$.

Nachfolgend betrachten wir exemplarisch einfache **Wurzelgleichungen**.

Beispiel 1.23

a) Für $\sqrt{x+2} + \sqrt{x-1} = 3$ erhält man schrittweise:

$$\begin{aligned}
x + 2 + x - 1 + 2\sqrt{x+2}\sqrt{x-1} &= 9 && \text{(quadrieren)}\\
2\sqrt{x+2}\sqrt{x-1} &= 8 - 2x && \text{(Subtraktion von } 2x+1)\\
\sqrt{x+2}\sqrt{x-1} &= 4 - x && \text{(Division durch 2)}\\
(x+2)(x-1) &= (4-x)^2 && \text{(quadrieren)}\\
x^2 + x - 2 &= 16 - 8x + x^2 && \\
9x &= 18 && \text{(Addition von } 2 + 8x - x^2)\\
x &= 2 && \text{(Division durch 9)}
\end{aligned}$$

Die Rechenprobe $\sqrt{2+2} + \sqrt{2-1} = 2 + 1 = 3$ bestätigt die erhaltene Lösung $x = 2$.

b) Für $\sqrt{x-2} + 4 = x$ erhält man:

$$\begin{aligned}
\sqrt{x-2} &= x - 4 && \text{(Subtraktion von 4)}\\
x - 2 &= x^2 - 8x + 16 && \text{(quadrieren)}\\
0 &= x^2 - 9x + 18 && \text{(Addition von } -x+2)\\
x &= \tfrac{1}{2}\left(9 \pm \sqrt{81-72}\right) && \text{(Lösung der}\\
&= \tfrac{1}{2}(9 \pm 3) && \text{quadratischen Gleichung)}\\
x_1 = 6\,, &\quad x_2 = 3
\end{aligned}$$

Die Rechenprobe zeigt $\sqrt{6-2} + 4 = 2 + 4 = 6$ für $x_1 = 6$
bzw. $\sqrt{3-2} + 4 = 1 + 4 \neq 3$ für $x_2 = 3$.

Wir erhalten nur eine Lösung $x_1 = 6$.

c) Für $\sqrt[3]{x^2 - 1} = 1$ erhält man:

$$x^2 - 1 = 1^3 = 1 \qquad \text{(3. Potenz)}$$

$$x^2 = 2 \qquad \text{(Addition von 1)}$$

$$x_1 = \sqrt{2}\,, \quad x_2 = -\sqrt{2}$$

Die Rechenprobe $\sqrt[3]{\left(\pm\sqrt{2}\right)^2 - 1} = \sqrt[3]{2-1} = 1$ bestätigt beide erhaltenen Lösungen $x_1 = \sqrt{2}$ und $x_2 = -\sqrt{2}$.

d) Für $\sqrt{6 + \sqrt[3]{3x - 2}} = 2$ erhält man:

$$6 + \sqrt[3]{3x - 2} = 4 \qquad \text{(quadrieren)}$$

$$\sqrt[3]{3x - 2} = -2 \qquad \text{(Subtraktion von 6)}$$

$$3x - 2 = -8 \qquad \text{(3. Potenz)}$$

$$3x = -6 \qquad \text{(Addition von 2)}$$

$$x = -2 \qquad \text{(Division durch 3)}$$

Die Rechenprobe $\sqrt{6 + \sqrt[3]{3(-2) - 2}} = \sqrt{6 + \sqrt[3]{-8}} = \sqrt{6 - 2} = 2$ bestätigt die Lösung $x = -2$.

Bezugnehmend auf diese Beispiele kann das Vorgehen folgendermaßen beschrieben werden:

1. Elimination der Wurzelterme
2. Lösung der Gleichung
3. Überprüfung der Lösungen durch Rechenprobe

Ferner bezeichnet man Gleichungen der Form von Beispiel 1.23 gelegentlich auch als **Potenzgleichungen**.

Im Zusammenhang mit dem Potenzieren, Radizieren und Logarithmieren unterscheidet man insgesamt drei Typen von Gleichungen.

Seien a, b reelle Konstanten und x die Variable, für die in der jeweiligen Gleichung eine Lösung gesucht wird. Dann erhalten wir folgende Fälle:

Potenzgleichung: x tritt in der Basis auf, z. B. $x^a = b$ bzw. $x = b^{\frac{1}{a}}$ (Beispiel 1.23)

Exponentialgleichung: x tritt als Exponent auf, z. B. $a^x = b$ bzw. $x = \log_a b$ (Beispiel 1.24 a, b)

Logarithmengleichung: x tritt im Logarithmus auf, z. B. $\log_a x = b$ bzw. $x = a^b$ (Beispiel 1.24 c, d)

Beispiel 1.24

a) Für die Exponentialgleichung

$$
\begin{aligned}
2 \cdot 3^{2x-1} &= 7 \cdot 3^{x+1} \quad \text{erhält man:} \\
\log_3 2 + (2x-1)\log_3 3 &= \log_3 7 + (x+1)\log_3 3 && \text{(Logarithmieren)} \\
(2x-1)\cdot 1 - (x+1)\cdot 1 &= \log_3 7 - \log_3 2 && (\log_3 3 = 1) \\
x - 2 &= \frac{\ln 7}{\ln 3} - \frac{\ln 2}{\ln 3} = \frac{\ln 7 - \ln 2}{\ln 3} \\
&= \frac{\ln \frac{7}{2}}{\ln 3} && \text{(Rechenregeln für Logarithmen)} \\
x &= \frac{\ln \frac{7}{2}}{\ln 3} + 2 = 3.14\ldots
\end{aligned}
$$

Die Rechenprobe $2 \cdot 3^{5.28} \approx 661 \approx 7 \cdot 3^{4.14}$ bestätigt die Lösung.

b) Für die Exponentialgleichung

$$
\begin{aligned}
(-2)^x &= 2^{x-1} \quad \text{erhält man:} \\
x \log_2(-2) &= (x-1)\log_2 2 && \text{(Logarithmieren)}
\end{aligned}
$$

Da der Logarithmus mit beliebiger Basis für negative Zahlen nicht definiert ist, existiert keine Lösung für die angegebene Gleichung.

c) Für die Logarithmengleichung (mit $\log_{10} a = \lg a$)

$1 + \lg x = \lg(x+1)$ ergibt sich:

$$\begin{aligned}
\lg x - \lg(x+1) &= -1 && \text{(Subtraktion von } 1 + \lg(x+1)\text{)}\\
\lg \frac{x}{x+1} &= -1 && \text{(Rechenregeln für Logarithmen)}\\
\frac{x}{x+1} &= 10^{-1} && \text{(Potenzieren mit Basis 10)}\\
10x &= x+1 && \text{(Multiplikation mit } (x+1)10\text{)}\\
x &= \frac{1}{9}
\end{aligned}$$

Die Rechenprobe $1 + \lg \frac{1}{9} - \lg \frac{10}{9} = 1 + \lg \frac{\frac{1}{9}}{\frac{10}{9}} = 1 + \lg \frac{1}{10} = 1 - 1 = 0$ bestätigt die Lösung $x = \frac{1}{9}$.

d) Für die Logarithmengleichung (mit $\log_e a = \ln a$)

$\ln(2x+1)^2 = 2$ erhält man:

$$\begin{aligned}
(2x+1)^2 &= e^2 && \text{(Potenzieren mit Basis } e\text{)}\\
(2x+1) &= \pm e && \text{(Quadratwurzel)}
\end{aligned}$$

$$x_1 = \frac{e-1}{2}, \quad x_2 = \frac{-e-1}{2}$$

Die Rechenprobe liefert $\ln(\pm e - 1 + 1)^2 = \ln(\pm e)^2 = 2$ und bestätigt damit beide Lösungen x_1, x_2 für die obige Gleichung.

Bei Exponential- und Logarithmengleichungen empfiehlt sich folgendes Vorgehen:

1. Eliminieren der Exponenten mit x durch Logarithmieren (Beispiel 1.24 a, b) bzw. Elimination der Logarithmen mit x durch Potenzieren (Beispiel 1.24 c, d)
2. Lösung der Gleichung, falls möglich
3. Überprüfung der Lösungen durch Rechenprobe

1.6 Analytische Geometrie der Ebene

Eine **lineare Gleichung** mit **zwei Variablen** x, y hat die Form

$$ax + by + c = 0 \qquad (a \neq 0,\ b \neq 0 \text{ sind reelle Konstanten})\,. \tag{1.29}$$

Ersetzt man das Gleichheitszeichen durch $\neq$, $\leq$, $<$, $\geq$ oder $>$, so entsteht eine lineare Ungleichung mit zwei Variablen. Offenbar besitzen Gleichungen und Ungleichungen der angegebenen Form stets unendlich viele reelle Lösungen. Beispielsweise lösen Wertepaare (x, y)

$$\begin{aligned} &\text{mit} && x = 0\,, && y = -\frac{c}{b} \\ &\text{oder} && x = 1\,, && y = -\frac{c+a}{b} \\ &\text{oder} && x = 2\,, && y = -\frac{c+2a}{b} \end{aligned}$$

die Gleichung. Da aber andererseits nicht alle beliebigen Wertepaare (x, y) die Gleichung erfüllen können, interessiert man sich dafür, inwiefern die x- und y-Werte miteinander korrespondieren. Legt man in obiger Gleichung eine Variable fest, so ist die andere Variable eindeutig bestimmt.

Mit Hilfe der analytischen Geometrie kann man diesen Sachverhalt deutlicher machen. Man ordnet jeder der beiden Variablen x und y eine Zahlengerade zu. Aus Übersichtlichkeitsgründen stellt man die beiden Zahlengeraden oft senkrecht zueinander, so dass im Schnittpunkt beider Geraden jeweils $x = 0$, $y = 0$ gilt. Man spricht von einem **kartesischen Koordinatensystem**. Die horizontale Achse heißt **Abszissenachse** und die vertikale Achse **Ordinatenachse**. Der Schnittpunkt der Achsen heißt **Nullpunkt** oder **Ursprung**. Für jeden Punkt der Ebene erhält man durch senkrechte Projektion auf die beiden Achsen einen Abszissen- oder x-Wert und einen Ordinaten- oder y-Wert. Man spricht von den **Koordinaten** des Punktes.

Beispiel 1.25

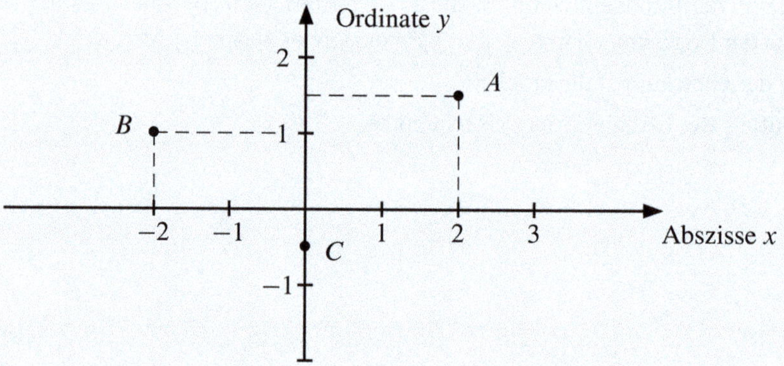

Man erhält die Koordinaten:

$x = 2\,,$	$y = 1.5$	oder	$(x, y) = (2, 1.5)$	für Punkt A
$x = -2\,,$	$y = 1$	oder	$(x, y) = (-2, 1)$	für Punkt B
$x = 0\,,$	$y = -0.5$	oder	$(x, y) = (0, -0.5)$	für Punkt C

Figur 1.12: Punkte im kartesischen Koordinatensystem

Allgemein kann man auf diese Weise jedem Punkt der Ebene ein Zahlenpaar (a, b) und umgekehrt jedem Zahlenpaar einen Punkt der Ebene zuordnen. Die Punkte $(a, 0)$ liegen auf der Abszissenachse, die Punkte $(0, b)$ auf der Ordinatenachse, der Punkt $(0, 0)$ entspricht dem Nullpunkt.

Eine **Strecke** $\overline{AB}$ ist durch die direkte Verbindung zweier Punkte A, B mit den Koordinaten (a_1, a_2), (b_1, b_2) bestimmt (Figur 1.13).

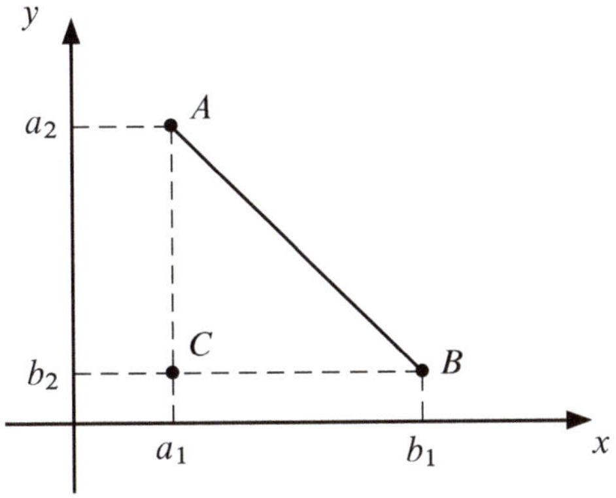

Figur 1.13: Strecke als Verbindung zweier Punkte

Die Berechnung der **Länge** d der Strecke $\overline{AB}$ beruht auf dem **Satz von Pythagoras**:

Das Quadrat der Länge von $\overline{AB}$ ist gleich der
Summe der quadrierten Längen von $\overline{AC}$ und $\overline{BC}$.

Daraus erhält man für die Länge d

$$d = \sqrt{(a_2 - b_2)^2 + (a_1 - b_1)^2} = \sqrt{(b_1 - a_1)^2 + (b_2 - a_2)^2}\ . \tag{1.30}$$

Ferner ist die **Steigung** s der Strecke $\overline{AB}$ erklärt durch den Quotienten

$$s = \frac{b_2 - a_2}{b_1 - a_1}\,. \tag{1.31}$$

Jede Strecke ist Teil einer **Geraden**, diese erhält man durch Verlängerung der Strecke nach beiden Seiten. Betrachtet man eine lineare Gleichung der Form $ax + by + c = 0$, in der a und b nicht gleichzeitig 0 sind, so charakterisieren alle reellen Lösungen (x, y) der Gleichung eine Gerade im x-y-Koordinatensystem und jeder Geraden der Ebene kann umgekehrt eine lineare Gleichung der Form $ax + by + c = 0$ zugeordnet werden.

Beispiel 1.26

Den linearen Gleichungen

$$\begin{aligned} g_1 &: x - y + 1 = 0\,,\\ g_2 &: x - 2 = 0\,,\\ g_3 &: x + 2y - 4 = 0 \end{aligned}$$

entsprechen die Geraden g_1, g_2, g_3 in Figur 1.14.

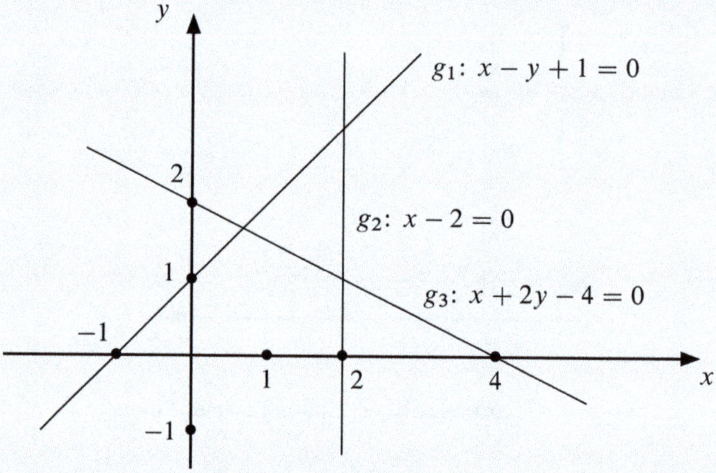

Figur 1.14: Graphische Darstellung der Gleichungen g_1, g_2, g_3

Eine Gerade der Ebene ist durch zwei verschiedene Punkte $A = (a_1, a_2)$ und $B = (b_1, b_2)$ eindeutig bestimmt. Man erhält die **Zweipunkteform** der Geraden durch

$$\begin{aligned} &\frac{y - a_2}{x - a_1} = \frac{b_2 - a_2}{b_1 - a_1} = s\,, && \text{falls } a_1 \neq b_1\,,\\ &x = a_1\,, && \text{falls } a_1 = b_1,\ a_2 \neq b_2\,. \end{aligned} \tag{1.32}$$

Daraus folgt für $a_1 \neq b_1$

$$\begin{aligned} &(y-a_2)(b_1-a_1)-(x-a_1)(b_2-a_2) \\ &= y(b_1-a_1)-a_2b_1+a_1a_2-x(b_2-a_2)+a_1b_2-a_1a_2 \\ &= y(b_1-a_1)-x(b_2-a_2)+a_1b_2-a_2b_1=0\,, \end{aligned}$$

also die ursprüngliche Form

$$ax+by+c=0 \quad \text{mit} \quad a=-(b_2-a_2)\,, \quad b=(b_1-a_1)\,, \quad c=a_1b_2-a_2b_1\,.$$

Für $a_1 = b_1$ und $a_2 \neq b_2$ hat man mit $x = a_1$ bereits die Form $ax+by+c=0$ mit $a=1,\ b=0,\ c=-a_1$.

Löst man die Gleichung $ax+by+c=0$ nach y auf, also

$$y=-\frac{a}{b}x-\frac{c}{b} \quad (b \neq 0)\,, \tag{1.33}$$

so spricht man von der **kartesischen Normalform**. Der Wert $-\frac{a}{b}$ charakterisiert die **Steigung der Geraden** und der Wert $-\frac{c}{b}$ gibt den Schnittpunkt der Geraden mit der Ordinatenachse an und heißt **Ordinatenabschnitt**.

Für den Fall, dass a und b nicht beide 0 werden, erhalten wir einige Spezialfälle der Geraden $ax+by+c=0$.

Konstanten	Geradengleichung	Geradenverlauf
$a=0,\ b\neq 0$	$by+c=0$	parallel zur x- Achse
$a\neq 0,\ b=0$	$ax+c=0$	parallel zur y- Achse
$c=0$	$ax+by=0$	durch den Nullpunkt

Figur 1.15: Spezielle Geraden der Ebene

Wir betrachten nun zwei Geraden der Ebene mit den Gleichungen

$$\begin{aligned} a_1x+b_1y+c_1&=0\,, \\ a_2x+b_2y+c_2&=0 \end{aligned}$$

und fragen nach möglichen Schnittpunkten.

Wir unterscheiden drei Fälle:

a) Es existiert genau ein Schnittpunkt, wenn die Steigungen s_1, s_2 der Geraden verschieden sind, z. B. für $b_1 \neq 0,\ b_2 \neq 0$

$$s_1 \neq s_2 \quad \text{bzw.} \quad -\frac{a_1}{b_1} \neq -\frac{a_2}{b_2} \quad \text{bzw.} \quad a_1 b_2 \neq a_2 b_1 \,.$$

Für den Schnittpunkt berechnet man

$$(x, y) = \left(\frac{b_2 c_1 - b_1 c_2}{a_2 b_1 - a_1 b_2}, \frac{a_1 c_2 - a_2 c_1}{a_2 b_1 - a_1 b_2} \right) .$$

b) Die Geraden sind identisch und besitzen damit unendlich viele Schnittpunkte, wenn die Steigungen s_1, s_2 und die Ordinatenabschnitte t_1, t_2 übereinstimmen, z. B. für $b_1 \neq 0,\ b_2 \neq 0$

$$s_1 = s_2 \quad \text{bzw.} \quad -\frac{a_1}{b_1} = -\frac{a_2}{b_2} \quad \text{bzw.} \quad a_1 b_2 = a_2 b_1 \,,$$

$$t_1 = t_2 \quad \text{bzw.} \quad -\frac{c_1}{b_1} = -\frac{c_2}{b_2} \quad \text{bzw.} \quad c_1 b_2 = c_2 b_1 \,.$$

c) Die Geraden sind parallel und besitzen keinen Schnittpunkt, wenn die Steigungen s_1, s_2 übereinstimmen, die Ordinatenabschnitte t_1, t_2 jedoch verschieden sind, z. B. für $b_1 \neq 0,\ b_2 \neq 0$

$$s_1 = s_2 \quad \text{bzw.} \quad -\frac{a_1}{b_1} = -\frac{a_2}{b_2} \quad \text{bzw.} \quad a_1 b_2 = a_2 b_1 \,,$$

$$t_1 \neq t_2 \quad \text{bzw.} \quad -\frac{c_1}{b_1} \neq -\frac{c_2}{b_2} \quad \text{bzw.} \quad c_1 b_2 \neq c_2 b_1 \,.$$

Für $b_1 \neq 0,\ b_2 = 0$ bzw. $b_1 = 0,\ b_2 \neq 0$ trifft Fall a) zu.
Für $b_1 = b_2 = 0$ trifft entweder Fall b) oder Fall c) zu.

Beispiel 1.27

Gegeben sind drei Geraden durch:

g_1: $-4x + 5y - 12 = 0$
g_2: die Punkte $A = (-1, 1)$, $B = (0, 3)$
g_3: die Steigung 2 und den Ordinatenabschnitt 0

Dann gilt für g_2 die Zweipunkteform

$$\frac{y-3}{x-0} = \frac{1-3}{-1-0} = 2 \quad \text{bzw.} \quad y-3 = 2x \quad \text{oder} \quad y = 2x+3$$

und für g_3 die kartesische Normalform

$$y = 2x\,.$$

Ferner sind die Geraden g_2 und g_3 parallel, während g_1 und g_2 den Schnittpunkt $(x, y) = (-\frac{1}{2}, 2)$ bzw. g_1 und g_3 den Schnittpunkt $(x, y) = (2, 4)$ besitzen.

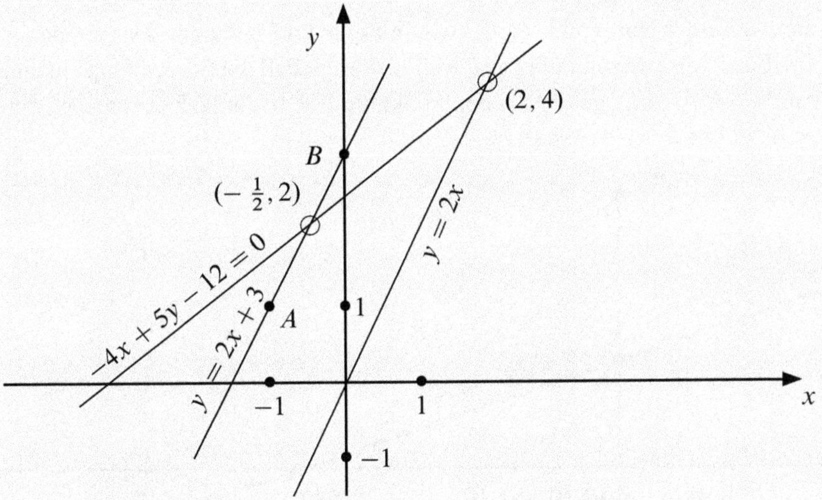

Figur 1.16: Beispiele für Geradenschnittpunkte

Um zur geometrischen Interpretation linearer Ungleichungen mit zwei Variablen zu kommen, überlegt man sich, dass eine Gerade die Ebene stets in zwei so genannte **Halbebenen** aufteilt. Die Punkte einer der beiden Halbebenen lassen sich durch die Ungleichung

$$\begin{cases} ax + by + c \leq 0, & \text{falls die Punkte auf der Geraden eingeschlossen sind} \\ ax + by + c < 0, & \text{falls die Punkte auf der Geraden ausgeschlossen sind} \end{cases} \tag{1.34}$$

charakterisieren, die Punkte der anderen Halbebene durch

$$ax + by + c \geq 0 \quad \text{bzw.} \quad ax + by + c > 0\,.$$

Umgekehrt kann jeder Ungleichung der angegebenen Form eine entsprechende Halbebene zugeordnet werden.

Um zu erklären, welche Ungleichung welcher Halbebene entspricht, genügt es, für einen beliebigen Punkt (u, v) außerhalb der Geraden $ax + by + c = 0$ den Term $au + bv + c$ zu berechnen. Ist der Term positiv, so entspricht die Halbebene, die (u, v) enthält, der Ungleichung $ax + by + c > 0$. Ist der Term negativ, so entspricht die entsprechende Halbebene der Ungleichung $ax + by + c < 0$.

Ausgehend von der Gleichung $x + 3y - 3 = 0$ wird in Figur 1.17 der Punkt $(-1, -1)$ mit $-1 - 3 - 3 = -7 < 0$ gewählt, also entspricht die Halbebene, die $(-1, -1)$ enthält, der Ungleichung $x + 3y - 3 < 0$.

Liegt beispielsweise der Nullpunkt $(0, 0)$ wie in Figur 1.17 nicht auf der Geraden, so wählt man zweckmäßigerweise diesen Punkt aus, weil in diesem Fall die Berechnung am einfachsten ist. Wegen $a{\cdot}0+b{\cdot}0+c = c$ gehört der Nullpunkt für $c > 0$ zur Halbebene $ax+by+c > 0$ und für $c < 0$ zu $ax + by + c < 0$.

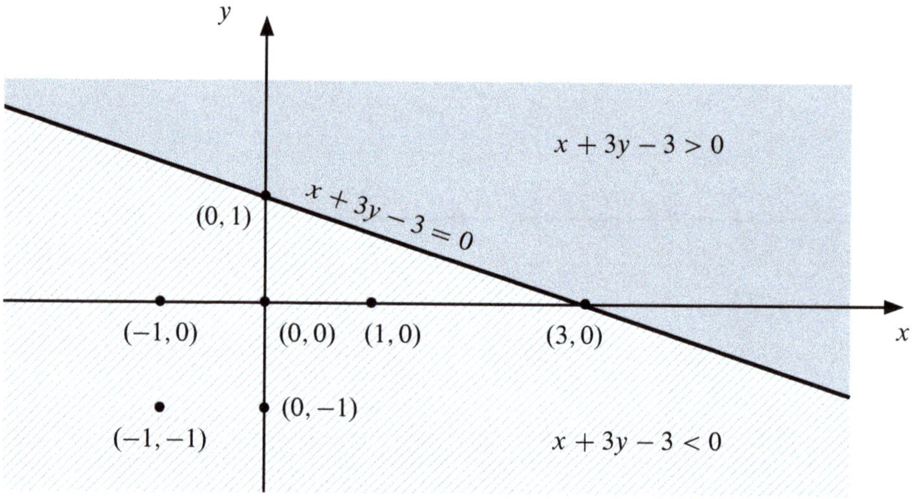

Figur 1.17: Beispiele linearer Ungleichungen und Halbebenen

Auch zwei oder mehrere lineare Ungleichungen lassen sich geometrisch veranschaulichen.

Beispiel 1.28

Wir stellen folgende Ungleichungen in Figur 1.18 geometrisch dar:

$$h_1:\ 4x + 3y - 12 \leq 0$$
$$h_2:\ x - y + 2 > 0$$
$$h_3:\ y \geq 0$$

Dabei wird durch jede der drei Ungleichungen die gesamte Ebene in zwei Halbebenen zerlegt.

- Alle Punkte, die h_1 erfüllen, liegen links-unterhalb $4x+3y-12=0$, einschließlich der Geraden.
- Alle Punkte, die h_2 erfüllen, liegen rechts-unterhalb $x-y+2=0$, ausschließlich der Geraden.
- Alle Punkte, die h_3 erfüllen, liegen oberhalb $y=0$, einschließlich der Geraden.
- Alle Punkte, die h_1 und h_2 erfüllen, liegen unterhalb der Geraden $x-y+2=0$ und $4x+3y-12=0$, einschließlich $4x+3y-12=0$ und ausschließlich $x-y+2=0$.
- Alle Punkte, die h_1, h_2, h_3 erfüllen, liegen im Dreieck ABC, wobei die Seite AB ausgeschlossen wird (Figur 1.18).

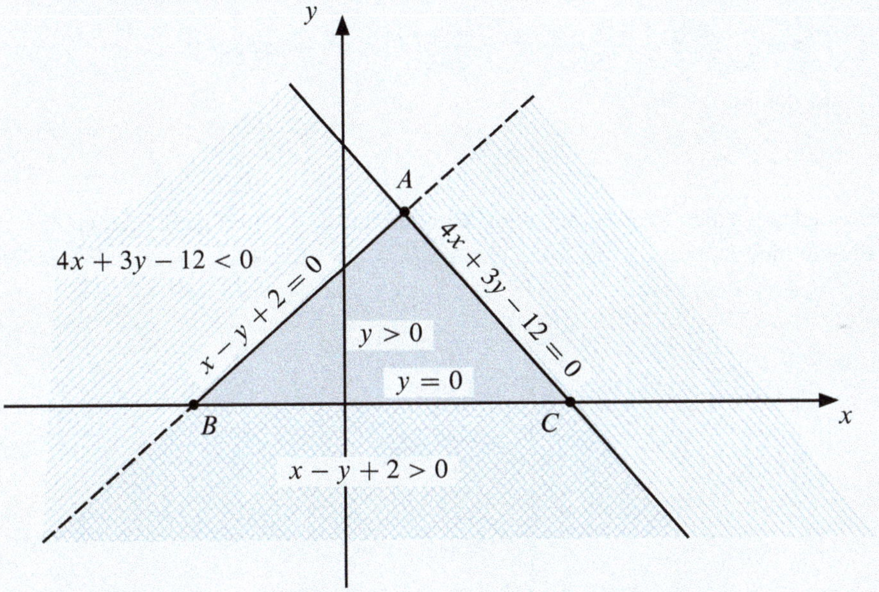

Figur 1.18: Gemeinsamer Bereich dreier Halbebenen

Abschließend erwähnen wir einige wichtige Spezialfälle der **quadratischen Gleichung** mit **zwei Variablen**:

$$ax^2 + by^2 + cxy + dx + ey + f = 0 \tag{1.35}$$

Spezialfall 1:

Wir setzen $a = b \neq 0,\ c = 0,\ d^2 + e^2 - 4af > 0$ und erhalten durch schrittweises Vorgehen

$$
\begin{aligned}
&ax^2 + ay^2 + dx + ey + f = 0\,,\\
&x^2 + y^2 + \frac{d}{a}x + \frac{e}{a}y + \frac{f}{a} = 0\,,\\
&x^2 + \frac{d}{a}x + \left(\frac{d}{2a}\right)^2 + y^2 + \frac{e}{a}y + \left(\frac{e}{2a}\right)^2 + \frac{f}{a} = \left(\frac{d}{2a}\right)^2 + \left(\frac{e}{2a}\right)^2,\\
&\left(x + \frac{d}{2a}\right)^2 + \left(y + \frac{e}{2a}\right)^2 = \frac{1}{4a^2}(d^2 + e^2 - 4af)\,.
\end{aligned}
$$

Setzt man

$$u = -\frac{d}{2a}, \quad v = -\frac{e}{2a}, \quad r^2 = \frac{1}{4a^2}(d^2 + e^2 - 4af) > 0\,,$$

so ergibt sich mit

$$(x-u)^2 + (y-v)^2 = r^2$$

die Gleichung eines Kreises mit dem Mittelpunkt (u, v) und dem Radius r. Für alle Punkte innerhalb des Kreises gilt $(x-u)^2 + (y-v)^2 < r^2$, außerhalb des Kreises $(x-u)^2 + (y-v)^2 > r^2$.

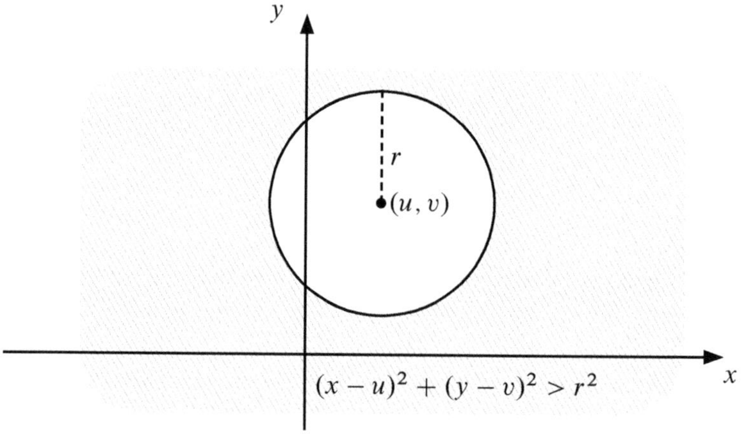

Figur 1.19: Kreis mit der Gleichung $(x-u)^2 + (y-v)^2 = r^2$

Spezialfall 2:

Mit $a = b = 0,\ c \neq 0,\ de - fc > 0$ erhält man schrittweise

$$
\begin{aligned}
cxy + dx + ey + f &= 0\,,\\
xy + \frac{d}{c}x + \frac{e}{c}y + \frac{f}{c} &= 0\,,\\
xy + \frac{d}{c}x + \frac{e}{c}y + \frac{de}{c^2} &= -\frac{f}{c} + \frac{de}{c^2}\,,\\
\left(x + \frac{e}{c}\right)\left(y + \frac{d}{c}\right) &= \frac{1}{c^2}\,(de - fc)\,.
\end{aligned}
$$

Setzt man

$$u = -\frac{e}{c}\,, \quad v = -\frac{d}{c}\,, \quad r^2 = \frac{1}{c^2}(de - fc) > 0\,,$$

so ergibt sich mit

$$(x - u)(y - v) = r^2$$

die in Figur 1.20 dargestellte **Hyperbel** mit dem Mittelpunkt (u, v).

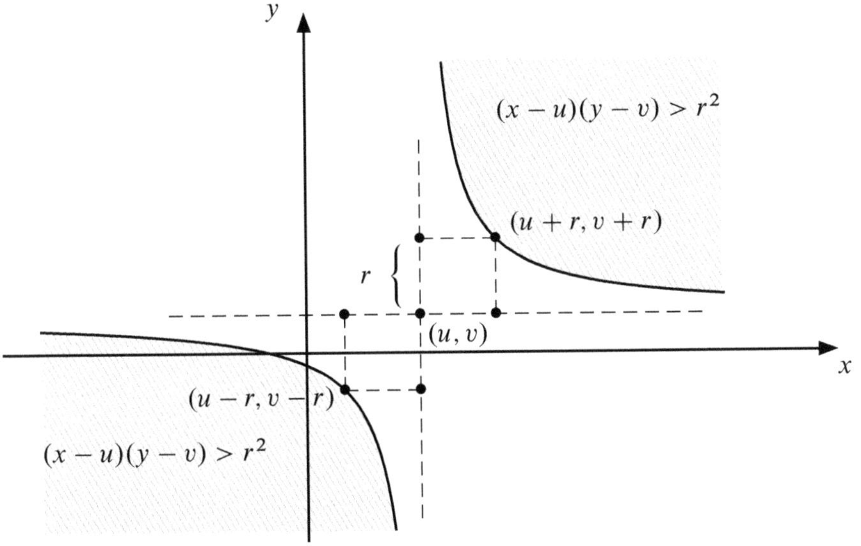

Figur 1.20: Hyperbel mit der Gleichung $(x - u)(y - v) = r^2$

Für alle Punkte rechts-oberhalb bzw. links-unterhalb der Hyperbelkurve gilt

$$(x - u)(y - v) > r^2\,.$$

Spezialfall 3:

Mit $b = c = 0,\ ae \neq 0$ erhält man schrittweise

$$ax^2 + dx + ey + f = 0\,,$$

$$x^2 + \frac{d}{a}x + \frac{e}{a}y + \frac{f}{a} = 0\,,$$

$$x^2 + \frac{d}{a}x + \left(\frac{d}{2a}\right)^2 = -\frac{e}{a}y - \frac{f}{a} + \left(\frac{d}{2a}\right)^2,$$

$$\left(x + \frac{d}{2a}\right)^2 = -\frac{e}{a}\left(y + \frac{f}{e} - \frac{d^2}{4ae}\right).$$

Setzt man

$$u = -\frac{d}{2a}, \qquad r = -\frac{e}{a}, \qquad v = \frac{d^2 - 4af}{4ae},$$

so ergibt sich mit

$$(x-u)^2 = r(y-v) \quad \text{und} \quad r > 0$$

die in Figur 1.21 dargestellte **Parabel** mit dem Scheitelpunkt (u, v).

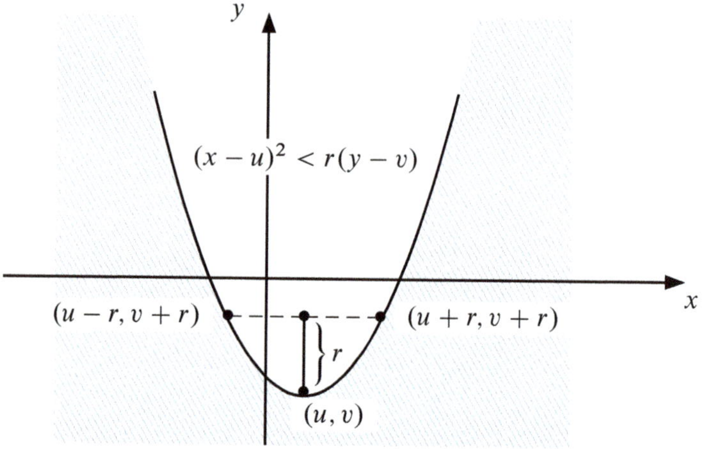

Figur 1.21: Parabel mit der Gleichung $(x-u)^2 = r(y-v),\ r > 0$

Für alle Punkte oberhalb der Parabellinie gilt $(x-u)^2 < r(y-v)$.
Für $r = -\frac{e}{a} < 0$ erhält man eine entsprechende, nach unten geöffnete Parabel.
Ersetzt man obige Annahmen durch $a = c = 0,\ bd \neq 0$, so ergibt sich eine Parabel, die nach der x-Achse hin geöffnet ist. Diese hat die Gleichung $(y-v)^2 = r(x-u)$.

Beispiel 1.29

Für die Gleichungen bzw. Ungleichungen

$$g_1\colon\ 2x^2 + 8x + 2y = 0$$
$$g_2\colon\ x^2 + 2y^2 + 4y + 3 = 0$$
$$h_1\colon\ x^2 - y^2 + 2x + 1 \geq 0$$
$$h_2\colon\ xy - 2x - 1 \leq 0$$

erhält man durch Umformung von:

$g_1\colon\ x^2 + 4x + y = (x+2)^2 + y - 4 = 0$
eine nach unten geöffnete Parabel mit $u = -2$ und $v = 4$

$g_2\colon\ x^2 + 2(y+1)^2 + 1 = 0$
wegen $x^2 \geq 0,\ (y+1)^2 \geq 0$ keine reelle Lösung

$h_1\colon\ (x+1)^2 - y^2 = (x+1+y)(x+1-y) \geq 0$
einen durch zwei Geraden begrenzten Bereich

$h_2\colon\ x(y-2) - 1 \leq 0$
einen durch eine Hyperbel begrenzten Bereich

Wir stellen die Bereiche von g_1, h_1, h_2 graphisch dar.

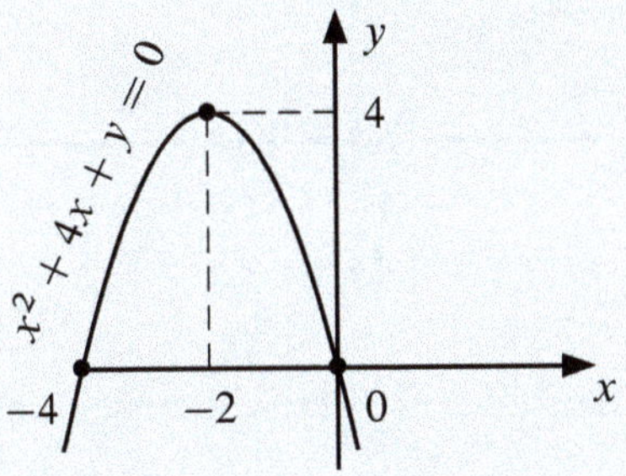

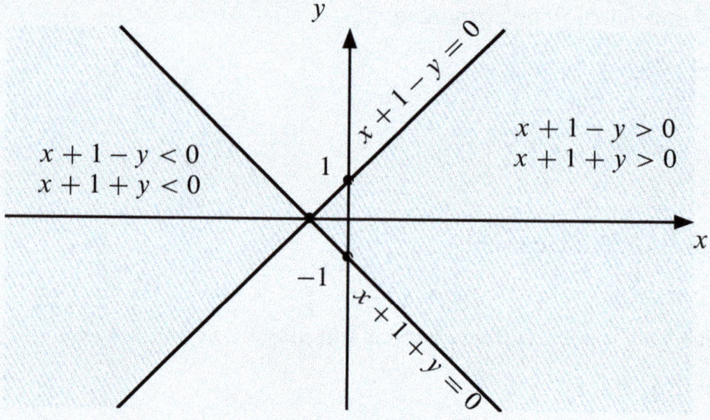

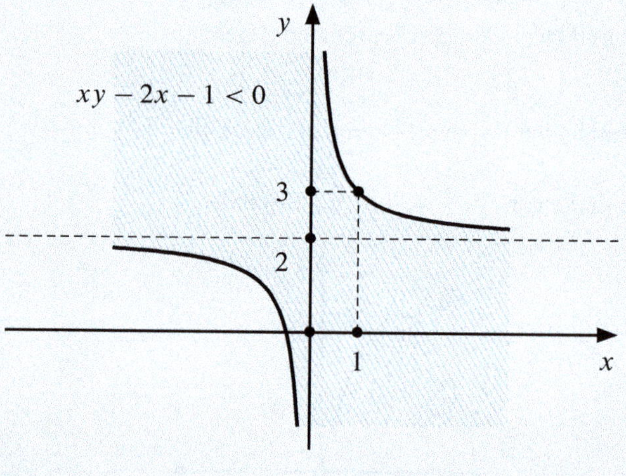

Figur 1.22: Parabel zur Gleichung g_1, Bereiche zu den Ungleichungen h_1, h_2

1.7 Grundlagen der Trigonometrie

Wir gehen aus von einem kartesischen Koordinatensystem und einem Kreis durch den Nullpunkt mit dem Radius $r > 0$.

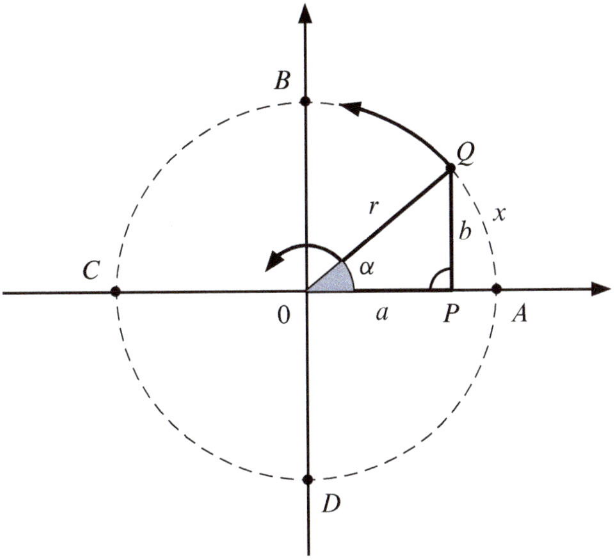

Figur 1.23: Trigonometrie am Kreis

Ein Punkt Q, der sich in A beginnend auf der Kreislinie in Richtung B und darüber hinaus bewegt, beschreibt einen Winkel $A0Q$, dessen Wert wir mit α bezeichnen (Figur 1.23). Wir vereinbaren als **Gradmaß** (bezeichnet mit dem Symbol °):

$$\alpha = \begin{cases} 0^\circ & \text{für} \quad Q = A \\ 90^\circ & \text{für} \quad Q = B \\ 180^\circ & \text{für} \quad Q = C \\ 270^\circ & \text{für} \quad Q = D \end{cases}$$

Wir bezeichnen ferner allgemein mit den Quotienten:

$$\begin{cases} \sin\alpha = \frac{b}{r} & & \text{den } \textbf{Sinus} & \text{des Winkels } \alpha \\ \cos\alpha = \frac{a}{r} & & \text{den } \textbf{Kosinus} & \text{des Winkels } \alpha \\ \tan\alpha = \frac{b}{a} & (a \neq 0) & \text{den } \textbf{Tangens} & \text{des Winkels } \alpha \\ \cot\alpha = \frac{a}{b} & (b \neq 0) & \text{den } \textbf{Kotangens} & \text{des Winkels } \alpha \end{cases} \tag{1.36}$$

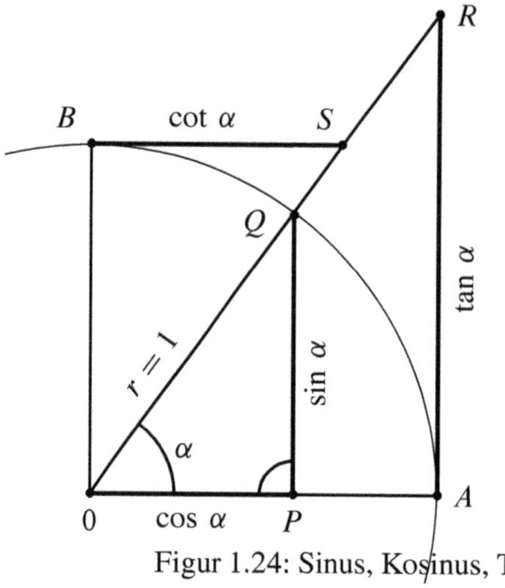

Für $r = 1$ und $0 \leq \alpha \leq 90°$ lassen sich die angegebenen Quotienten in Figur 1.24 veranschaulichen.

Es entspricht:

$$\begin{cases} \sin\alpha & \text{der Länge der Strecke} \quad \overline{PQ} \\ \cos\alpha & \text{der Länge der Strecke} \quad \overline{0P} \\ \tan\alpha & \text{der Länge der Strecke} \quad \overline{AR} \\ \cot\alpha & \text{der Länge der Strecke} \quad \overline{BS} \end{cases}$$

Figur 1.24: Sinus, Kosinus, Tangens und Kotangens im Einheitskreis

Für alle Winkel zwischen $0°$ und $90°$ sind die in (1.36) angegebenen Quotienten positiv. Offenbar wechseln die Vorzeichen der trigonometrischen Ausdrücke zwischen $90°$ und $360°$. Mit Hilfe von Figur 1.23 erhält man hierzu Ergebnisse, die in Figur 1.25 zusammengestellt sind. Für den Fall, dass der Nenner eines Quotienten 0 wird, ist der Quotient nicht definiert. In diesen Fällen bleibt das entsprechende Feld in Figur 1.25 frei. Ferner ergeben sich für Winkel der Form $\alpha' = \alpha \pm 360°$ die selben Werte wie für α.

α	$\sin\alpha$	$\cos\alpha$	$\tan\alpha$	$\cot\alpha$
$0°$	0	1	0	
$\langle 0°, 90°\rangle$	+	+	+	+
$90°$	1	0		0
$\langle 90°, 180°\rangle$	+	−	−	−
$180°$	0	−1	0	
$\langle 180°, 270°\rangle$	−	−	+	+
$270°$	−1	0		0
$\langle 270°, 360°\rangle$	−	+	−	−
$360°$	0	1	0	
$\langle 360°, 450°\rangle$	+	+	+	+
$450°$	1	0		0
⋮	⋮	⋮	⋮	⋮

Figur 1.25: Vorzeichen und Werte von $\sin\alpha$, $\cos\alpha$, $\tan\alpha$, $\cot\alpha$

Aus den Formeln (1.36) und Figur 1.23 kann man folgende Identitäten ableiten:

$$\sin(90° - \alpha) = \cos\alpha = \cos(-\alpha) \qquad \cos(90° - \alpha) = \sin\alpha = -\sin(-\alpha)$$

$$\tan(90° - \alpha) = \cot\alpha \qquad \cot(90° - \alpha) = \tan\alpha$$

und ferner für $0 \leq \alpha \leq 90°$

$$\sin\alpha = \sin(180° - \alpha) \qquad -\sin\alpha = \sin(180° + \alpha) = \sin(360° - \alpha)$$

$$\cos\alpha = \cos(360° - \alpha) \qquad -\cos\alpha = \cos(180° - \alpha) = \cos(180° + \alpha)$$

$$\tan\alpha = \tan(180° + \alpha) \qquad -\tan\alpha = \tan(180° - \alpha) = \tan(360° - \alpha)$$

$$\cot\alpha = \cot(180° + \alpha) \qquad -\cot\alpha = \cot(180° - \alpha) = \cot(360° - \alpha)$$

Wir können uns damit bei der Berechnung der Sinus-, Kosinus-, Tangens- und Kotangenswerte auf Winkel im Intervall $[0°, 90°]$ beschränken.

Wir fassen einige wesentliche Werte in Figur 1.26 zusammen:

α	$\sin\alpha$	$\cos\alpha$	$\tan\alpha$	$\cot\alpha$
0°	0	1	0	
30°	$1/2$	$\sqrt{3}/2$	$\sqrt{3}/3$	$\sqrt{3}$
45°	$\sqrt{2}/2$	$\sqrt{2}/2$	1	1
60°	$\sqrt{3}/2$	$1/2$	$\sqrt{3}$	$\sqrt{3}/3$
90°	1	0		0

Figur 1.26: Werte für $\sin\alpha$, $\cos\alpha$, $\tan\alpha$, $\cot\alpha$ mit α aus $[0°, 90°]$.

Beispiel 1.30

a) $\sin 240° = \sin(180° + 60°) = -\sin 60° = -\cos 30° = -\sqrt{3}/2$

b) $\tan 315° = \tan(360° - 45°) = -\tan 45° = -\cot 45° = -1$

c) $\cos 150° = \cos(180° - 30°) = -\cos 30° = -\sin 60° = -\sqrt{3}/2$

d) $\cot 270° = \cot(360° - 90°) = \cot(180° + 90°) = \cot 90° = \tan 0° = 0$

Direkt aus (1.36) können wir ferner mit Hilfe des Satzes von Pythagoras folgende Gleichungen ableiten:

$$\sin^2\alpha + \cos^2\alpha = \left(\frac{b}{r}\right)^2 + \left(\frac{a}{r}\right)^2 = \frac{b^2 + a^2}{r^2} = 1\,, \quad \text{da } a^2 + b^2 = r^2$$

$$\tan\alpha = \frac{b}{a} = \frac{b/r}{a/r} = \frac{\sin\alpha}{\cos\alpha}$$

$$\cot\alpha = \frac{a}{b} = \frac{a/r}{b/r} = \frac{\cos\alpha}{\sin\alpha} = \frac{1}{\tan\alpha}$$

Weiterhin gelten folgende Formeln:

$$\begin{cases} \sin(\alpha+\beta) = \sin\alpha\cos\beta + \cos\alpha\sin\beta \\ \sin(\alpha-\beta) = \sin\alpha\cos\beta - \cos\alpha\sin\beta \end{cases} \tag{1.37}$$

$$\begin{cases} \cos(\alpha+\beta) = \cos\alpha\cos\beta - \sin\alpha\sin\beta \\ \cos(\alpha-\beta) = \cos\alpha\cos\beta + \sin\alpha\sin\beta \end{cases} \tag{1.38}$$

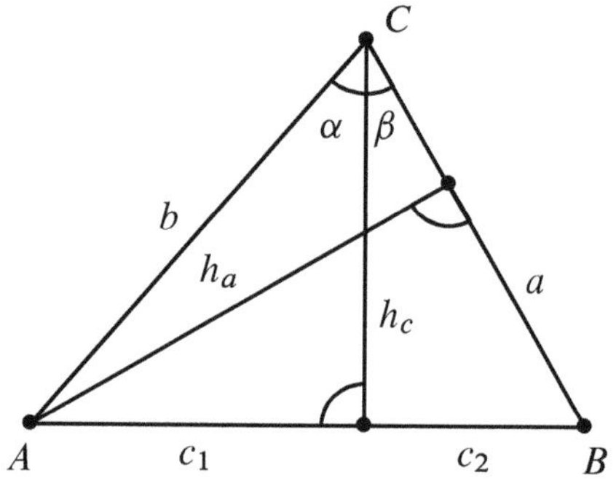

Figur 1.27: Zur Bestätigung von $\sin(\alpha+\beta) = \sin\alpha\cos\beta + \cos\alpha\sin\beta$

Für die Fläche des Dreiecks ABC mit $0 < \alpha + \beta < 90°$ (Figur 1.27) gilt

$$F = \frac{ch_c}{2} = \frac{ah_a}{2} \quad (c = c_1 + c_2)\,,$$

also auch $h_a = \frac{c}{a} h_c$.

Daraus folgt

$$\begin{aligned}\sin\alpha\cos\beta+\cos\alpha\sin\beta &= \frac{c_1}{b}\cdot\frac{h_c}{a}+\frac{h_c}{b}\cdot\frac{c_2}{a}=\frac{h_c(c_1+c_2)}{ab}\\ &= \frac{h_c\cdot c}{ab}=\frac{h_a}{b}=\sin(\alpha+\beta)\end{aligned}$$

und die erste Gleichung von (1.37) ist bewiesen.
Ersetzt man β durch $-\beta$, so ist wegen $\cos(-\beta)=\cos\beta,\ \sin(-\beta)=-\sin(\beta)$

$$\sin(\alpha-\beta)=\sin\alpha\cos\beta-\cos\alpha\sin\beta\,.$$

Zum Beweis von (1.38) benutzt man (1.37)

$$\begin{aligned}\cos(\alpha+\beta) &= \sin(90^\circ-\alpha-\beta)\\ &= \sin(90^\circ-\alpha)\cos(-\beta)+\cos(90^\circ-\alpha)\sin(-\beta)\\ &= \cos\alpha\cos\beta-\sin\alpha\sin\beta\,,\end{aligned}$$

$$\begin{aligned}\cos(\alpha-\beta) &= \sin(90^\circ-\alpha+\beta)\\ &= \sin(90^\circ-\alpha)\cos\beta+\cos(90^\circ-\alpha)\sin\beta\\ &= \cos\alpha\cos\beta+\sin\alpha\sin\beta\,.\end{aligned}$$

Diese Aussagen lassen sich auf beliebige Winkel α und β erweitern.

Mit Hilfe der Substitution $\varphi=\frac{\alpha+\beta}{2},\ \psi=\frac{\alpha-\beta}{2}$ bzw. $\varphi+\psi=\alpha,\ \varphi-\psi=\beta$ beweist man weitere Additionsformeln:

$$\left\{\begin{aligned}\sin\alpha+\sin\beta &= \sin(\varphi+\psi)+\sin(\varphi-\psi)\\ &= \sin\varphi\cos\psi+\cos\varphi\sin\psi+\sin\varphi\cos\psi-\cos\varphi\sin\psi\\ &= 2\sin\varphi\cos\psi=2\sin\tfrac{\alpha+\beta}{2}\cos\tfrac{\alpha-\beta}{2}\\ \sin\alpha-\sin\beta &= \sin(\varphi+\psi)-\sin(\varphi-\psi)\\ &= \sin\varphi\cos\psi+\cos\varphi\sin\psi-(\sin\varphi\cos\psi-\cos\varphi\sin\psi)\\ &= 2\cos\varphi\sin\psi=2\cos\tfrac{\alpha+\beta}{2}\sin\tfrac{\alpha-\beta}{2}\end{aligned}\right. \tag{1.39}$$

$$
\left\{
\begin{aligned}
\cos\alpha + \cos\beta &= \cos(\varphi+\psi) + \cos(\varphi-\psi) \\
&= \cos\varphi\cos\psi - \sin\varphi\sin\psi + \cos\varphi\cos\psi + \sin\varphi\sin\psi \\
&= 2\cos\varphi\cos\psi = 2\cos\tfrac{\alpha+\beta}{2}\cos\tfrac{\alpha-\beta}{2} \\[1em]
\cos\alpha - \cos\beta &= \cos(\varphi+\psi) - \cos(\varphi-\psi) \\
&= \cos\varphi\cos\psi - \sin\varphi\sin\psi - (\cos\varphi\cos\psi + \sin\varphi\sin\psi) \\
&= -2\sin\varphi\sin\psi = -2\sin\tfrac{\alpha+\beta}{2}\sin\tfrac{\alpha-\beta}{2}
\end{aligned}
\right.
\tag{1.40}
$$

Von zentraler Bedeutung sind ferner der Sinus- und der Kosinussatz.

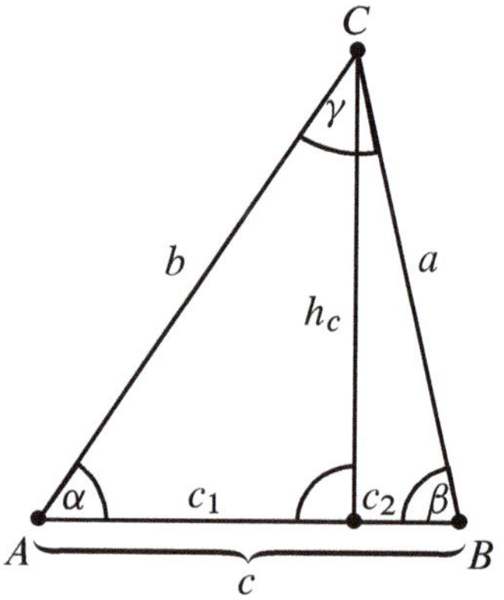

Figur 1.28: Zur Darstellung des Sinus- und Kosinussatzes

Nach Figur 1.28 sowie (1.36) ist

$$\sin\alpha = \frac{h_c}{b}, \quad \sin\beta = \frac{h_c}{a}, \quad \text{also} \quad \frac{\sin\alpha}{\sin\beta} = \frac{a}{b}.$$

Aus Symmetriegründen gilt auch

$$\frac{\sin\alpha}{\sin\gamma} = \frac{a}{c}, \quad \frac{\sin\beta}{\sin\gamma} = \frac{b}{c}$$

und damit der **Sinussatz**

$$\sin\alpha : \sin\beta : \sin\gamma = a : b : c. \tag{1.41}$$

Nach dem Satz von Pythagoras ist in Figur 1.28

$$c_1{}^2 + h_c{}^2 = b^2 , \quad c_2{}^2 + h_c{}^2 = a^2 ,$$

also nach Subtraktion

$$b^2 - a^2 = c_1{}^2 - c_2{}^2 = (c_1 + c_2)(c_1 - c_2) = cc_1 - cc_2 .$$

Daraus folgt schrittweise

$$\begin{aligned}
cc_1 &= cc_2 + b^2 - a^2 , \\
2cc_1 &= cc_1 + cc_2 + b^2 - a^2 = c(c_1 + c_2) + b^2 - a^2 = c^2 + b^2 - a^2 , \\
c_1 &= \frac{c^2 + b^2 - a^2}{2c} , \\
\cos\alpha &= \frac{c_1}{b} = \frac{c^2 + b^2 - a^2}{2bc} , \\
2bc \cdot \cos\alpha &= c^2 + b^2 - a^2 , \\
a^2 &= c^2 + b^2 - 2bc\cos\alpha
\end{aligned}$$

und aus Symmetriegründen der **Kosinussatz**

$$\left\{\begin{aligned} a^2 &= b^2 + c^2 - 2bc\ \cos\alpha \\ b^2 &= a^2 + c^2 - 2ac\ \cos\beta \\ c^2 &= a^2 + b^2 - 2ab\ \cos\gamma \end{aligned}\right. . \tag{1.42}$$

Beispiel 1.31

a) $\sin 2\alpha = \sin(\alpha + \alpha) = \sin\alpha\cos\alpha + \cos\alpha\sin\alpha = 2\sin\alpha\cos\alpha$

b) $\cos 2\alpha = \cos\alpha\cos\alpha - \sin\alpha\sin\alpha = \cos^2\alpha - \sin^2\alpha$

c) $\sin 15° = \sin(60° - 45°) = \sin 60° \cos 45° - \cos 60° \sin 45°$

$$= \frac{\sqrt{3}}{2} \cdot \frac{\sqrt{2}}{2} - \frac{1}{2} \cdot \frac{\sqrt{2}}{2} = \frac{\sqrt{6} - \sqrt{2}}{4}$$

d) $\cos 105° = -\cos 75° = -\sin 15° = \dfrac{\sqrt{2} - \sqrt{6}}{4}$

e) $\sin 15° - \sin 75° = 2\cos 45° \sin(-30°) = -2\dfrac{\sqrt{2}}{2}\dfrac{1}{2} = -\dfrac{\sqrt{2}}{2}$

f) Für $\alpha = \beta = 45°$, $\gamma = 90°$, $c = \sqrt{2}$ gilt

$$\frac{\sin\alpha}{\sin\beta} = \frac{a}{b} = 1\,, \quad \text{also} \quad a = b\,,$$

$$c^2 - a^2 - b^2 = c^2 - 2a^2 = -2ab\cos\gamma = 0\,, \quad \text{also} \quad a = 1\,.$$

Wir erhalten ein gleichschenklig-rechtwinkliges Dreieck mit den Seiten

$$a = b = 1\,, \quad c = \sqrt{2}\,, \quad c^2 = a^2 + b^2\,.$$

1.8 Komplexe Zahlen

Wir betrachten die quadratische Gleichung $x^2 + 1 = 0$, wobei wir deren Lösung formal mit $x_1 = \sqrt{-1}$, $x_2 = -\sqrt{-1}$ angeben können. Da die Wurzel $\sqrt{-1}$ im reellen Zahlenbereich nicht existiert, muss man diesen Bereich erweitern.

Wir führen ein weiteres Symbol i ein mit der Eigenschaft

$$i^2 = -1 \quad \text{bzw.} \quad i = \sqrt{-1}\,, \quad -i = -\sqrt{-1}\,. \tag{1.43}$$

Sind a, b zwei reelle Zahlen, dann heißt

$$z = a + ib \tag{1.44}$$

eine **komplexe Zahl**. Dabei bezeichnet man die reellen Zahlen a und b wie folgt:

$a = Re(z)$ heißt **Realteil** von z

$b = Im(z)$ heißt **Imaginärteil** von z

Eine komplexe Zahl $z = a + ib$ mit $b = 0$ ist reell. Die reellen Zahlen sind damit im Bereich der komplexen Zahlen enthalten, der durch das Symbol $\mathbb{C}$ bezeichnet wird.

Interessanterweise treten komplexe Zahlen bereits im 16. Jahrhundert auf, beispielsweise bei **H. Cardano** (1501–1576). Es konnte nachgewiesen werden, dass jede quadratische Gleichung im Bereich der komplexen Zahlen lösbar ist. Für die Gleichung $ax^2 + bx + c = 0$ mit der negativen Diskriminante $b^2 - 4ac < 0$ erhält man nämlich in Erweiterung zu Abschnitt 1.5 (1.28) die komplexen Lösungen

$$\begin{aligned}
x_1 &= \frac{1}{2a}\left(-b + \sqrt{b^2 - 4ac}\right) \\
&= \frac{1}{2a}\left(-b + \sqrt{(-1)(4ac - b^2)}\right) = \frac{1}{2a}\left(-b + i\sqrt{4ac - b^2}\right) \\
x_2 &= \frac{1}{2a}\left(-b - \sqrt{b^2 - 4ac}\right) \\
&= \frac{1}{2a}\left(-b - \sqrt{(-1)(4ac - b^2)}\right) = \frac{1}{2a}\left(-b - i\sqrt{4ac - b^2}\right)
\end{aligned}$$

mit $\quad Re(x_1) = Re(x_2) = -\dfrac{b}{2a}$

und $\quad Im(x_1) = \dfrac{1}{2a}\sqrt{4ac - b^2}\,, \quad Im(x_2) = -\dfrac{1}{2a}\sqrt{4ac - b^2}\,.$

Es ergeben sich also zwei Lösungen der Form $z = u + iv$ und $\overline{z} = u - iv$. Man bezeichnet die beiden Zahlen z und $\overline{z}$ als zueinander **konjugiert komplex**.

Besitzt also eine quadratische Gleichung $ax^2 + bx + c = 0$ keine reelle Lösung, so existieren dennoch zwei zueinander konjugiert komplexe Lösungen $z = u + iv$ und $\overline{z} = u - iv$ mit $v \neq 0$.

Zwei komplexe Zahlen heißen identisch, wenn Realteil und Imaginärteil übereinstimmen, also

$$a + ib = c + id\,, \quad \text{wenn} \quad a = c \quad \text{und} \quad b = d \quad \text{gilt.}$$

Die vier Grundrechenarten sind durchführbar. Unter Verwendung von (1.43) gilt:

$$\left\{\begin{aligned}
(a + ib) + (c + id) &= (a + c) + i(b + d) \\
(a + ib) - (c + id) &= (a - c) + i(b - d) \\
(a + ib)(c + id) &= ac + ibc + iad + i^2bd \\
&= (ac - bd) + i(bc + ad) \\
\frac{(a + ib)}{(c + id)} &= \frac{(a + ib)(c - id)}{(c + id)(c - id)} \\
&= \frac{(ac + bd) + i(bc - ad)}{(c^2 - i^2d^2)} \\
&= \frac{ac + bd}{c^2 + d^2} + i\,\frac{bc - ad}{c^2 + d^2} \quad \text{für} \quad c^2 + d^2 > 0
\end{aligned}\right. \tag{1.45}$$

Für das Potenzieren mit natürlichen Exponenten ergibt sich

$$z^n = (a+ib)^n = \underbrace{(a+ib)(a+ib)\cdot \ldots \cdot (a+ib)}_{n\text{-mal}},$$

$$z^{-n} = (a+ib)^{-n} = \frac{1}{(a+ib)^n}.$$

Speziell gilt für alle ganzzahligen n $(n = 0, \pm 1, \pm 2, \ldots)$

$$\begin{aligned} i^{4n} &= 1 &&= i^0 = i^4 = i^8 = \ldots \\ i^{4n+1} &= i &&= i^1 = i^5 = i^9 = \ldots \\ i^{4n+2} &= -1 &&= i^2 = i^6 = i^{10} = \ldots \\ i^{4n+3} &= -i &&= i^3 = i^7 = i^{11} = \ldots \end{aligned}$$

Entsprechend der Charakterisierung der reellen Zahlen durch die Zahlengerade kann man die komplexen Zahlen als Punkte der **Zahlenebene** mit einem kartesischen Koordinatensystem darstellen. Einer komplexen Zahl $z = a + ib$ entspricht dann der Punkt mit den Koordinaten (a, b) und umgekehrt jedem Punkt (a, b) die komplexe Zahl $z = a+ib$. Der Abszissenwert entspricht dem Realteil, der Ordinatenwert dem Imaginärteil von z. Man spricht hier auch von einer **reellen** und einer **imaginären Achse**.

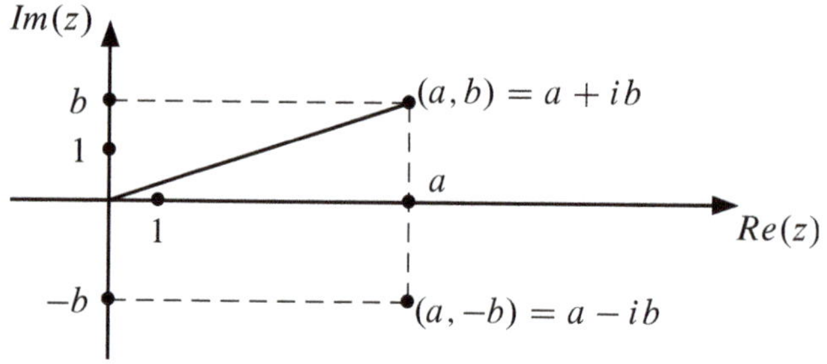

Figur 1.29: Geometrische Darstellung komplexer Zahlen

Zwei konjugiert komplexe Zahlen $z = a + ib$ und $\overline{z} = a - ib$ liegen stets symmetrisch zur reellen Achse, für reelles z gilt $z = \overline{z}$.

Durch Addition, Subtraktion, Multiplikation und Division zweier komplexer Zahlen erhält man wieder komplexe Zahlen und damit Punkte der komplexen Zahlenebene.

Zwischen komplexen Zahlen und ihren konjugiert komplexen Zahlen existieren mit (1.45) folgende wichtige Zusammenhänge. Für $z = a + ib$, $\overline{z} = a - ib$, $y = c + id$, $\overline{y} = c - id$ gilt:

$$\left\{\begin{aligned}
z + \overline{z} &= a + ib + a - ib = 2a \quad \text{ist eine reelle Zahl} \\
z \cdot \overline{z} &= (a + ib)(a - ib) = a^2 + b^2 \quad \text{ist eine reelle Zahl} \\
\overline{z} + \overline{y} &= a - ib + c - id = a + c - i(b + d) = \overline{z + y} \\
\overline{z} - \overline{y} &= a - ib - (c - id) = a - c - i(b - d) = \overline{z - y} \\
\overline{z} \cdot \overline{y} &= (a - ib)(c - id) = ac - bd - i(ad + bc) = \overline{zy} \\
\frac{\overline{z}}{\overline{y}} &= \frac{a - ib}{c - id} = \frac{(a - ib)(c + id)}{(c - id)(c + id)} \\
&= \frac{(ac + bd) - i(bc - ad)}{c^2 - i^2 d^2} \\
&= \frac{ac + bd}{c^2 + d^2} - i\,\frac{bc - ad}{c^2 + d^2} = \overline{\left(\frac{z}{y}\right)}
\end{aligned}\right. \tag{1.46}$$

Die reelle Zahl

$$|z| = +\sqrt{a^2 + b^2} \tag{1.47}$$

heißt der **Absolutbetrag** der komplexen Zahl $z = a + ib$. In der Zahlenebene entspricht $|z|$ dem Abstand des Punktes (a, b) vom Nullpunkt. Ist die Zahl z reell, also $b = 0$, so ist $|z| = \sqrt{a^2} = |a|$ der für reelle Zahlen definierte Absolutbetrag. Für komplexe Zahlen gilt stets

$$|z|^2 = |\overline{z}|^2 = z\overline{z} = a^2 + b^2 .$$

Beispiel 1.32

a) Für die Zahlen $z_1 = -1 + 2i$, $z_2 = 4 - 3i$ erhält man mit (1.45), (1.46):

$$z_1 + z_2 = -1 + 2i + 4 - 3i = 3 - i$$

$$z_1 - z_2 = -1 + 2i - (4 - 3i) = -5 + 5i$$

$$z_1 \cdot z_2 = (-1 + 2i)(4 - 3i) = -4 + 6 + (8 + 3)i = 2 + 11i$$

$$\begin{aligned}
\frac{z_1}{z_2} &= \frac{-1+2i}{4-3i} = \frac{(-1+2i)(4+3i)}{(4-3i)(4+3i)} = \frac{(-4-6)+(8-3)i}{16+9} \\
&= \frac{-10+5i}{25} = -0.4+0.2i
\end{aligned}$$

$$z_1 + \overline{z_1} = -1+2i-1-2i = -2$$

$$z_2 - \overline{z_2} = 4-3i-(4+3i) = -6i$$

$$z_1 \cdot \overline{z_1} = (-1+2i)(-1-2i) = 1+4 = 5$$

$$z_2 \cdot \overline{z_2} = (4-3i)(4+3i) = 16+9 = 25$$

$$|z_1| = |\overline{z_1}| = \sqrt{(-1)^2+2^2} = \sqrt{5}$$

$$|z_2| = |\overline{z_2}| = \sqrt{4^2+(-3)^2} = 5$$

$$\left|\frac{z_1}{z_2}\right| = \sqrt{(-0.4)^2+0.2^2} = \sqrt{0.2} = \sqrt{\frac{1}{5}} = \frac{\sqrt{5}}{5} = \frac{|z_1|}{|z_2|}$$

b) Die quadratische Gleichung $5x^2+4x+4=0$ besitzt folgende Lösungen:

$$z_1 = \frac{1}{10}\left(-4+\sqrt{16-80}\right) = -0.4+0.8i$$

$$z_2 = \frac{1}{10}\left(-4-\sqrt{16-80}\right) = -0.4-0.8i$$

Für die quadratische Gleichung $3x^2+4x+2=0$ konnte in Beispiel 1.22 a) keine reelle Lösung angegeben werden. Die Gleichung ist im Bereich der komplexen Zahlen lösbar, es gilt:

$$z_1 = \frac{1}{6}\left(-4+\sqrt{16-24}\right) = -\frac{2}{3}+\frac{\sqrt{2}}{3}i$$

$$z_2 = \frac{1}{6}\left(-4-\sqrt{16-24}\right) = -\frac{2}{3}-\frac{\sqrt{2}}{3}i$$

Alternativ zu der in Figur 1.29 gegebenen geometrischen Interpretation lassen sich komplexe Zahlen auch durch **Polarkoordinaten** darstellen. Man charakterisiert dabei z durch das Paar $(|z|, \alpha)$, wobei $|z|$ der **Absolutbetrag** von z bzw. der Abstand des Punktes z vom Nullpunkt ist und das **Argument** α den Winkel beschreibt, der von der reellen Achse $Re(z)$ und der Strecke zwischen dem Nullpunkt und z eingeschlossen wird.

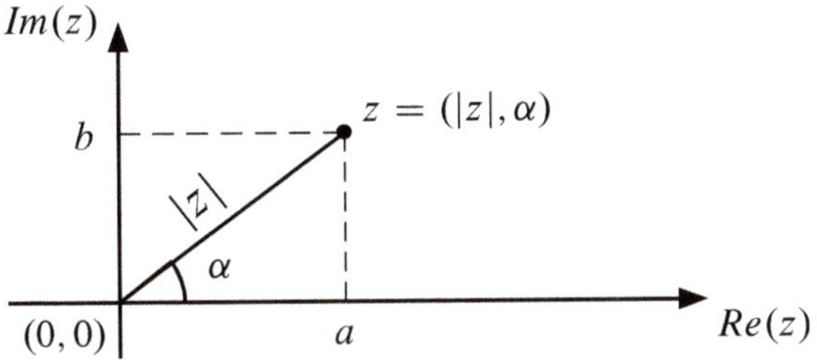

Figur 1.30: Polarkoordinaten für komplexe Zahlen

Aus Figur 1.30 folgt mit $|z| = \sqrt{a^2 + b^2}$

$$\sin\alpha = \frac{b}{|z|} \quad \text{bzw.} \quad b = |z| \sin\alpha\,,$$

$$\cos\alpha = \frac{a}{|z|} \quad \text{bzw.} \quad a = |z| \cos\alpha\,.$$

Damit gilt für jede komplexe Zahl

$$z = a + ib = |z| \cos\alpha + i\,|z| \sin\alpha = |z|(\cos\alpha + i\,\sin\alpha)\,. \tag{1.48}$$

Unter Berücksichtigung von (1.37), (1.38) und $z_k = |z_k|(\cos\alpha_k + i\,\sin\alpha_k)$ $(k = 1, 2)$ gilt weiter

$$\begin{aligned} z_1 z_2 &= |z_1|(\cos\alpha_1 + i\,\sin\alpha_1)|z_2|(\cos\alpha_2 + i\,\sin\alpha_2) \\ &= |z_1||z_2|\big(\cos\alpha_1\cos\alpha_2 - \sin\alpha_1\sin\alpha_2 + i\,(\sin\alpha_1\cos\alpha_2 + \cos\alpha_1\sin\alpha_2)\big) \\ &= |z_1||z_2|\big(\cos(\alpha_1 + \alpha_2) + i\,\sin(\alpha_1 + \alpha_2)\big)\,. \end{aligned}$$

Für beliebige natürliche Zahlen $n = 1, 2, \ldots$ erhält man die nachfolgend aufgeführte Formel von **A. Moivre** (1667–1754)

$$z^n = |z|^n(\cos n\alpha + i\,\sin n\alpha)\,. \tag{1.49}$$

Beispiel 1.33

a) Für $z = 2 - 2i\sqrt{3}$ erhält man entsprechend (1.48) in Polarkoordinatendarstellung

$$|z| = \sqrt{2^2 + 2^2 \cdot 3} = 4\,,$$

$$\cos\alpha = \frac{2}{4} = \frac{1}{2}, \quad \sin\alpha = -\frac{2\sqrt{3}}{4} = -\frac{\sqrt{3}}{2}, \quad \text{also}$$

$$\alpha = 300^\circ\,. \qquad \text{(Figur 1.25, 1.26)}$$

Damit ist $z = 4(\cos 300^\circ + i\,\sin 300^\circ)$.

b) Für $z = 2(\cos 135° + i \sin 135°)$ erhält man umgekehrt

$$z = 2(-\cos 45° + i \sin 45°) = 2\left(-\frac{\sqrt{2}}{2} + i\frac{\sqrt{2}}{2}\right)$$
$$= -\sqrt{2} + i\sqrt{2}.$$

1.9 Gleichungen höheren Grades

In Abschnitt 1.8 hatten wir festgestellt, dass eine quadratische Gleichung

$$ax^2 + bx + c = 0$$

mit reellen Koeffizienten a, b, c $(a \neq 0)$ im Bereich der komplexen Zahlen stets lösbar ist. Wir hatten für

$b^2 - 4ac > 0$ zwei reelle Lösungen $\quad z_1 = \frac{1}{2a}\left(-b + \sqrt{b^2 - 4ac}\right),$

$\quad z_2 = \frac{1}{2a}\left(-b - \sqrt{b^2 - 4ac}\right),$

$b^2 - 4ac = 0$ eine zweifache reelle Lösung $\quad z_1 = z_2 = -\frac{b}{2a},$

$b^2 - 4ac < 0$ zwei komplexe Lösungen $\quad z_1 = \frac{1}{2a}\left(-b + i\sqrt{4ac - b^2}\right),$

$\quad z_2 = \frac{1}{2a}\left(-b - i\sqrt{4ac - b^2}\right).$

Mit

$$a(x - z_1)(x - z_2) = ax^2 - a(z_1 + z_2)x + az_1z_2$$

betrachten wir für alle drei Fälle die Terme $-a(z_1 + z_2)$ und az_1z_2.

Im Fall $b^2 - 4ac > 0$ gilt

$$\begin{aligned} -a(z_1 + z_2) &= (-a)\frac{1}{2a}\left(-b + \sqrt{b^2 - 4ac} - b - \sqrt{b^2 - 4ac}\right) = b\,, \\ az_1z_2 &= a\frac{1}{4a^2}\left(-b + \sqrt{b^2 - 4ac}\right)\left(-b - \sqrt{b^2 - 4ac}\right) \\ &= \frac{1}{4a}(b^2 - (b^2 - 4ac)) = c\,. \end{aligned}$$

Im Fall $b^2 - 4ac = 0$ bzw. $c = \frac{b^2}{4a}$ gilt entsprechend

$$\begin{aligned} -a(z_1 + z_2) &= -a\left(-\frac{b}{2a} - \frac{b}{2a}\right) = b, \\ az_1z_2 &= a\frac{b^2}{4a^2} = \frac{b^2}{4a} = c. \end{aligned}$$

Schließlich ist im Fall $b^2 - 4ac < 0$

$$\begin{aligned} -a(z_1 + z_2) &= (-a)\frac{1}{2a}\left(-b + i\sqrt{4ac - b^2} - b - i\sqrt{4ac - b^2}\right) = b, \\ az_1z_2 &= a\frac{1}{4a^2}\left(-b + i\sqrt{4ac - b^2}\right)\left(-b - i\sqrt{4ac - b^2}\right) \\ &= \frac{1}{4a}(b^2 - i^2(4ac - b^2)) = \frac{1}{4a}(b^2 + 4ac - b^2) = c. \end{aligned}$$

In allen drei Fällen erhalten wir wegen $-a(z_1 + z_2) = b,\ az_1z_2 = c$

$$\begin{aligned} a(x - z_1)(x - z_2) &= ax^2 - a(z_1 + z_2)x + az_1z_2 \\ &= ax^2 + bx + c\,. \end{aligned} \tag{1.50}$$

Diese Aussage entspricht dem **Wurzelsatz von F. Vieta** (1540–1603) für quadratische Gleichungen mit reellen Koeffizienten:

> *Sind z_1, z_2 die Lösungen der quadratischen Gleichung $ax^2 + bx + c = 0$, so gilt $-a(z_1 + z_2) = b$ und $az_1z_2 = c$.*

Wir betrachten nun allgemeiner **Gleichungen n-ten Grades**:

$$\begin{cases} a_nx^n + a_{n-1}x^{n-1} + \ldots + a_1x + a_0 = 0 \\ \text{mit den reellen Parametern } a_n, a_{n-1}, \ldots, a_1, a_0, \\ a_n \neq 0 \text{ und } n \text{ als natürliche Zahl} \end{cases} \tag{1.51}$$

Demnach hat die lineare Gleichung (1.27) den Grad 1 und die quadratische Gleichung (1.28) den Grad 2.

Für jedes natürliche n kann man nun zeigen, dass die Gleichung (1.51) genau n Lösungen $z_1, \ldots, z_n$ besitzt, die komplex oder reell sein können und nicht alle verschieden sein müssen. Es gilt in Verallgemeinerung von (1.50) die Darstellung

$$a_n x^n + \ldots + a_1 x + a_0 = a_n(x - z_1)(x - z_2) \cdot \ldots \cdot (x - z_n)\,. \tag{1.52}$$

Der Beweis dieser Aussage basiert auf dem **Fundamentalsatz der Algebra**:

> *Jede Gleichung n-ten Grades mit komplexen Koeffizienten $a_n, \ldots, a_0$ besitzt n komplexe Lösungen.*

Für diesen berühmten Existenzsatz gibt es viele Beweise, darunter auch mehrere von **C. F. Gauß** (1777 – 1855). Ein gut verständlicher Beweis kann bei [Arens et al., S. 207, 210] nachgelesen werden.

Die Darstellung (1.52) kann in naheliegender Weise genutzt werden.

Für $n \geq 1$ ist

$$\begin{aligned} a_n x^n + \ldots + a_1 x + a_0 &= (x - z_1)(b_{n-1}x^{n-1} + \ldots + b_1 x + b_0) \\ \text{mit } b_{n-1}x^{n-1} + \ldots + b_1 x + b_0 &= a_n(x - z_2) \cdot \ldots \cdot (x - z_n) \\ &= \frac{a_n x^n + \ldots + a_1 x + a_0}{x - z_1}\,. \end{aligned}$$

Entsprechend ist für $n \geq 2$

$$\begin{aligned} b_{n-1}x^{n-1} + \ldots + b_1 x + b_0 &= (x - z_2)(c_{n-2}x^{n-2} + \ldots + c_1 x + c_0) \\ \text{mit } c_{n-2}x^{n-2} + \ldots + c_1 x + c_0 &= a_n(x - z_3) \cdot \ldots \cdot (x - z_n) \\ &= \frac{b_{n-1}x^{n-1} + \ldots + b_1 x + b_0}{x - z_2}\,. \end{aligned}$$

Derartige Überlegungen sind sicherlich nützlich, wenn es gelingt, der Reihe nach für die Gleichungen

$$\begin{array}{llll} a_n x^n + \ \ldots & & + a_1 x + a_0 & = 0 \\ & b_{n-1}x^{n-1} + \ \ldots & + b_1 x + b_0 & = 0 \\ & \qquad c_{n-2}x^{n-2} + \ldots & + c_1 x + c_0 & = 0 \end{array}$$

Lösungen zu finden. Aus der Algebra wissen wir jedoch, dass bereits die Lösung von Gleichungen dritten und vierten Grades außerordentlich schwierig ist. Für Gleichungen n-ten Grades mit $n \geq 5$ kann man die Lösungen nur noch in Spezialfällen angeben. Daher ist man auf

Verfahren zur näherungsweisen Bestimmung von Lösungen angewiesen.

Im einfachsten Fall sucht man nach Werten x_1 und x_2, so dass gilt

$$a_n x_1^n + \ldots + a_1 x_1 + a_0 > 0\,,$$
$$a_n x_2^n + \ldots + a_1 x_2 + a_0 < 0\,.$$

Kann ein solches Wertepaar (x_1, x_2) gefunden werden, so weiß man wenigstens, dass zwischen x_1 und x_2 eine Lösung der entsprechenden Gleichung liegt. Gilt für ein spezielles x_0 sogar $a_n x_0^n + \ldots + a_1 x_0 + a_0 = 0$, so hat man mit x_0 eine Lösung gefunden.

Ein derartiges Vorgehen des „Ausprobierens" erscheint insbesondere dann erfolgversprechend, wenn die Gleichung ganzzahlige Lösungen besitzt.

In diesem Fall ist eine **Polynomdivision** ohne Rest durchführbar.

$$\begin{array}{l}
\big(\quad a_n x^n + a_{n-1}x^{n-1} + a_{n-2}x^{n-2} + \ldots + a_1 x + a_0\big) : (x - x_0) \\
\underline{-\, a_n x^n + a_n x_0 x^{n-1}} \qquad\qquad = a_n x^{n-1} + b_{n-1}x^{n-2} + \ldots + b_2 x + b_1 \\
\qquad b_{n-1}x^{n-1} + a_{n-2}x^{n-2} \\
\qquad \underline{-\, b_{n-1}x^{n-1} + b_{n-1}x_0 x^{n-2}} \\
\qquad\qquad b_{n-2}x^{n-2} + \ldots \\
\qquad\qquad \underline{\quad\vdots\quad} \\
\qquad\qquad\qquad b_2 x^2 + a_1 x \\
\qquad\qquad\qquad \underline{-\, b_2 x^2 + b_2 x_0 x} \\
\qquad\qquad\qquad\quad b_1 x + a_0 \\
\qquad\qquad\qquad\quad \underline{-b_1 x + b_1 x_0} \\
\qquad\qquad\qquad\qquad b_0 = 0
\end{array}$$

mit

$$\begin{aligned}
b_{n-1} &= a_{n-1} + a_n x_0\,, \\
b_{n-2} &= a_{n-2} + b_{n-1}x_0 = a_{n-2} + a_{n-1}x_0 + a_n x_0^2\,, \\
&\vdots \\
b_2 &= a_2 \quad + b_3 x_0 \quad = a_2 + a_3 x_0 + a_4 x_0^2 + \ldots + a_n x_0^{n-2}\,, \\
b_1 &= a_1 \quad + b_2 x_0 \quad = a_1 + a_2 x_0 + a_3 x_0^3 + \ldots + a_n x_0^{n-1}\,, \\
b_0 &= a_0 \quad + b_1 x_0 \quad = a_0 + a_1 x_0 + a_2 x_0^4 + \ldots + a_n x_0^n = 0\,,
\end{aligned}$$

da x_0 die Gleichung $a_0 + a_1 x_0 + a_2 x_0^2 + \ldots + a_n x_0^n = 0$ voraussetzungsgemäß löst.

Beispiel 1.34

a) Gegeben sei die Gleichung $2x^3 + x^2 - 7x - 2 = 0$. Durch Probieren findet man für $x = -2$ das Ergebnis

$$2(-2)^3 + (-2)^2 - 7(-2) - 2 = -16 + 4 + 14 - 2 = 0,$$

also ist $z_1 = -2$ eine Lösung.

Man berechnet durch Polynomdivision:

$$\begin{array}{rrrrl}
\big(\; 2x^3 & +x^2 & -7x & -2 \; \big) : \big(x+2\big) = 2x^2 - 3x - 1 \\
-2x^3 & -4x^2 & & & \\
\hline
& -3x^2 & -7x & & \\
& 3x^2 & +6x & & \\
\hline
& & -x & -2 & \\
& & x & +2 & \\
\hline
& & & 0 &
\end{array}$$

Wir erhalten die quadratische Gleichung $2x^2 - 3x - 1 = 0$ mit den Lösungen

$$z_2 = \frac{1}{4}\left(3 + \sqrt{9+8}\right) = \frac{1}{4}\left(3 + \sqrt{17}\right),$$

$$z_3 = \frac{1}{4}\left(3 - \sqrt{9+8}\right) = \frac{1}{4}\left(3 - \sqrt{17}\right).$$

Entsprechend (1.52) ergibt sich die Darstellung

$$2x^3 + x^2 - 7x - 2 = 2(x+2)\big(x - \frac{1}{4}(3 + \sqrt{17})\big)\big(x - \frac{1}{4}(3 - \sqrt{17})\big).$$

Für die Ausgangsgleichung hat man drei reelle Lösungen

$$z_1 = -2, \quad z_2 = \frac{1}{4}\left(3 + \sqrt{17}\right), \quad z_3 = \frac{1}{4}\left(3 - \sqrt{17}\right).$$

b) Für die Gleichung

$$x^5 - 2x^3 - 6x^2 + x + 6 = 0$$

findet man für $x = 1$ wegen $1^5 - 2 \cdot 1^3 - 6 \cdot 1^2 + 1 + 6 = 0$ eine Lösung $z_1 = 1$.

Man berechnet durch Polynomdivision:

$$
\begin{array}{rrrrrrl}
(\;x^5 & & -2x^3 & -6x^2 & +x & +6\;) & :(x-1) = x^4+x^3-x^2-7x-6 \\
-x^5 & +x^4 & & & & & \\
\cline{1-2}
 & x^4 & -2x^3 & & & & \\
 & -x^4 & +x^3 & & & & \\
\cline{2-3}
 & & -x^3 & -6x^2 & & & \\
 & & x^3 & -x^2 & & & \\
\cline{3-4}
 & & & -7x^2 & +x & & \\
 & & & 7x^2 & -7x & & \\
\cline{4-5}
 & & & & -6x & +6 & \\
 & & & & 6x & -6 & \\
\cline{5-6}
 & & & & & 0 &
\end{array}
$$

Für $x^4+x^3-x^2-7x-6=0$ ist $z_2=-1$ eine Lösung.

Man berechnet:

$$
\begin{array}{rrrrrl}
(\;x^4 & +x^3 & -x^2 & -7x & -6\;) & :(x+1) = x^3-x-6 \\
-x^4 & -x^3 & & & & \\
\cline{1-2}
 & & -x^2 & -7x & & \\
 & & x^2 & +x & & \\
\cline{3-4}
 & & & -6x & -6 & \\
 & & & 6x & +6 & \\
\cline{4-5}
 & & & & 0 &
\end{array}
$$

Für $x^3-x-6=0$ ist $z_3=2$ eine Lösung.

Man berechnet:

$$
\begin{array}{rrrrl}
(\;x^3 & & -x & -6\;) & :(x-2) = x^2+2x+3 \\
-x^3 & +2x^2 & & & \\
\cline{1-2}
 & 2x^2 & -x & & \\
 & -2x^2 & +4x & & \\
\cline{2-3}
 & & 3x & -6 & \\
 & & -3x & +6 & \\
\cline{3-4}
 & & & 0 &
\end{array}
$$

Wir erhalten die quadratische Gleichung $x^2 + 2x + 3 = 0$ mit den konjugiert komplexen Lösungen

$$z_4 = \frac{1}{2}\left(-2 + \sqrt{4-12}\right) = -1 + i\sqrt{2}\,,$$
$$z_5 = \frac{1}{2}\left(-2 - \sqrt{4-12}\right) = -1 - i\sqrt{2}\,.$$

Entsprechend (1.52) ist

$$(x^5 - 2x^3 - 6x^2 + x + 6)$$
$$= (x-1)(x+1)(x-2)(x+1-i\sqrt{2})(x+1+i\sqrt{2})\,.$$

Für die Ausgangsgleichung hat man drei reelle und zwei komplexe Lösungen

$$z_1 = 1\,,\quad z_2 = -1\,,\quad z_3 = 2\,,\quad z_4 = -1 + i\sqrt{2}\,,\quad z_5 = -1 - i\sqrt{2}\,.$$

c) Für die Gleichung

$$x^4 + 3x^2 + 2 = (x^2+1)(x^2+2) = 0$$

erhält man nur komplexe Lösungen, denn

aus $x^2 + 1 = 0$ folgt $z_1 = i\,,\quad z_2 = -i\,,$
aus $x^2 + 2 = 0$ folgt $z_3 = i\sqrt{2}\,,\quad z_4 = -i\sqrt{2}\,.$

Es gilt

$$x^4 + 3x^2 + 2 = (x-i)(x+i)(x-i\sqrt{2})(x+i\sqrt{2})\,.$$

In Beispiel 1.34 fällt auf, dass mit jeder komplexen Lösung z auch der konjugiert komplexe Wert $\overline{z}$ als Lösung auftritt. Diese Beobachtung lässt sich für den Fall reeller Koeffizienten $a_0, a_1, \ldots, a_n$ allgemein zeigen. Wir benötigen dafür aus Abschnitt 1.8 (1.46) die Aussagen

$$\overline{z} + \overline{y} = \overline{z+y}\,,\quad \overline{z}\cdot\overline{y} = \overline{zy}\,.$$

Für jede reelle Zahl a, also auch die 0 gilt ferner

$$\overline{a} = a\,,\quad \overline{0} = 0\,.$$

Löst nun die komplexe Zahl z die Gleichung (1.51) mit reellen Koeffizienten $a_0, \ldots, a_n$, so gilt

$$a_n z^n + a_{n-1}z^{n-1} + \ldots + a_1 z + a_0 = 0\,.$$

Geht man auf beiden Seiten der Gleichung zum konjugiert komplexen Term über, dann folgt mit (1.46)

$$\begin{aligned} 0 = \overline{0} &= \overline{a_n z^n + \ldots + a_1 z + a_0} \\ &= \overline{a_n z^n} + \ldots + \overline{a_1 z} + \overline{a_0} \\ &= \overline{a_n}\,\overline{z^n} + \ldots + \overline{a_1}\,\overline{z} + \overline{a_0} \\ &= a_n \overline{z^n} + \ldots + a_1 \overline{z} + a_0 \,. \end{aligned}$$

Mit der komplexen Zahl z löst also stets auch die konjugiert komplexe Zahl $\overline{z}$ die Gleichung (1.51).

Damit wird die Struktur der Lösungen der Gleichung (1.51) vollständig klar. Zunächst können reelle Lösungen auftreten (Beispiel 1.34). Existiert jedoch eine komplexe Lösung z mit nicht verschwindendem Imaginärteil, also $z = a + ib$ mit $b \neq 0$, so ist auch der konjugiert komplexe Wert $\overline{z} = a - ib$ eine Lösung.

Bilden wir das Produkt

$$\begin{aligned} (x - z)(x - \overline{z}) &= x^2 - (z + \overline{z})x + z\,\overline{z} \\ &= x^2 - (a + ib + a - ib)x + (a + ib)(a - ib) \\ &= x^2 - 2ax + a^2 + b^2 = x^2 + px + q \,, \end{aligned}$$

so erhält man einen quadratischen Ausdruck mit den reellen Koeffizienten $p = -2a$, $q = a^2 + b^2$. Umgekehrt sind die Werte $z, \overline{z}$ nach (1.50) Lösungen der Gleichung $x^2 + px + q = 0$.

Hat man nun die reellen Lösungen $x_1, \ldots, x_r$ sowie die komplexen Lösungen $z_1, \overline{z_1}, \ldots, z_s, \overline{z_s}$, so muss $n = r + 2s$ erfüllt sein, da die Gleichung (1.51) genau n Lösungen besitzt. Mit (1.52) erhalten wir für den Ausdruck $a_n x^n + \ldots + a_1 x + a_0$ mit reellen Koeffizienten $a_0, \ldots, a_n$ die so genannte **reelle Produktdarstellung**

$$\begin{aligned} &a_n x^n + \ldots + a_1 x + a_0 \\ &= a_n (x - x_1) \cdot \ldots \cdot (x - x_r)(x - z_1)(x - \overline{z_1}) \cdot \ldots \cdot (x - z_s)(x - \overline{z_s}) \qquad (1.53) \\ &= a_n (x - x_1) \cdot \ldots \cdot (x - x_r)(x^2 + p_1 x + q_1) \cdot \ldots \cdot (x^2 + p_s x + q_s) \,, \end{aligned}$$

wobei alle Koeffizienten $a_n, x_1, \ldots, x_r, p_1, q_1, \ldots, p_s, q_s$ reell sind.

Dieses Ergebnis enthält folgende wichtige Teilaussage:

*Für **ungeradzahliges** n muss **mindestens eine reelle Lösung** existieren.*

Beispiel 1.35

Wir greifen nochmals das Beispiel 1.34 auf. Für

$$2x^3 + x^2 - 7x - 2 = 2(x+2)\big(x - \frac{1}{4}(3+\sqrt{17})\big)\big(x - \frac{1}{4}(3-\sqrt{17})\big) = 0$$

erhielten wir drei reelle Lösungen, für

$$\begin{aligned} & x^5 - 2x^3 - 6x^2 + x + 6 \\ &= (x-1)(x+1)(x-2)\left(x+1-i\sqrt{2}\right)\left(x+1+i\sqrt{2}\right) \\ &= (x-1)(x+1)(x-2)(x^2+2x+3) \end{aligned}$$

ergaben sich drei reelle und zwei zueinander konjugiert komplexe Lösungen, für

$$\begin{aligned} x^4 + 3x^2 + 2 &= (x-i)(x+i)\left(x-i\sqrt{2}\right)\left(x+i\sqrt{2}\right) \\ &= (x^2+1)(x^2+2) \end{aligned}$$

existiert keine reelle Lösung, jedoch vier komplexe Lösungen, von denen je zwei zueinander konjugiert komplex sind.

Treten nun reelle bzw. komplexe Lösungen „mehrfach" auf, so kann man dies in der Darstellung (1.53) berücksichtigen. Es gilt dann die **reelle Produktdarstellung**

$$\begin{aligned} & a_n x^n + \ldots + a_1 x + a_0 \\ &= a_n (x-x_1)^{\alpha_1} \cdot \ldots \cdot (x-x_r)^{\alpha_r} \\ &\quad \cdot (x^2 + p_1 x + q_1)^{\beta_1} \cdot \ldots \cdot (x^2 + p_s x + q_s)^{\beta_s} , \end{aligned} \tag{1.54}$$

wobei die Exponenten $\alpha_1, \ldots, \alpha_r, \beta_1, \ldots, \beta_s$ natürliche Zahlen sind, die der folgenden Gleichung genügen:

$$\alpha_1 + \ldots + \alpha_r + 2\beta_1 + \ldots + 2\beta_s = n$$

Wegen

$$(x-x_i)^{\alpha_i} = \underbrace{(x-x_i)\cdot \ldots \cdot (x-x_i)}_{\alpha_i\text{-mal}} \qquad (i = 1, \ldots, r)$$

$$(x^2 + p_j x + q_j)^{\beta_j} = \underbrace{(x^2 + p_j x + q_j)\cdot \ldots \cdot (x^2 + p_j x + q_j)}_{\beta_j\text{-mal}} \quad (j = 1, \ldots, s)$$

spricht man von einer **α_i-fachen reellen Lösung** x_i und von einem **β_j-fachen konjugiert komplexen Lösungspaar** $(z_j, \overline{z_j})$.

Die Aussage (1.54) spielt bei vielen Fragestellungen der Algebra, beispielsweise in Abschnitt 18.2, und der Analysis, etwa in Abschnitt 6.1, eine zentrale Rolle.

Beispiel 1.36

Für die Gleichung

$$x^8 - x^7 + x^6 - x^5 - x^4 + x^3 - x^2 + x = 0$$

ergeben sich durch Probieren die reellen Lösungen

$$z_1 = 0\,, \quad z_2 = -1\,, \quad z_3 = 1\,.$$

Durch Polynomdivision mit

$$(x - z_1)(x - z_2)(x - z_3) = x(x+1)(x-1) = x^3 - x$$

resultiert:

$$\begin{array}{l}
(\; x^8 - x^7 + x^6 - x^5 - x^4 + x^3 - x^2 + x\;) : (x^3 - x) = x^5 - x^4 + 2x^3 - 2x^2 + x - 1 \\
\underline{-x^8 \qquad + x^6} \\
\quad -x^7 + 2x^6 - x^5 \\
\quad \underline{x^7 \qquad - x^5} \\
\qquad 2x^6 - 2x^5 - x^4 \\
\qquad \underline{-2x^6 \qquad + 2x^4} \\
\qquad\quad -2x^5 + x^4 + x^3 \\
\qquad\quad \underline{2x^5 \qquad - 2x^3} \\
\qquad\qquad x^4 - x^3 - x^2 \\
\qquad\qquad \underline{-x^4 \qquad + x^2} \\
\qquad\qquad\quad -x^3 \qquad + x \\
\qquad\qquad\quad \underline{x^3 \qquad - x} \\
\qquad\qquad\qquad\qquad 0
\end{array}$$

Für die Gleichung $x^5 - x^4 + 2x^3 - 2x^2 + x - 1 = 0$ findet man die Lösung $z_4 = 1$, also ist $z_3 = z_4 = 1$ eine zweifache reelle Lösung. Man dividiert

$$\begin{array}{l}
\big(\; x^5 \; - x^4 \; + 2x^3 \; - 2x^2 \; + x \; - 1 \;\big) : \big(x - 1\big) = x^4 + 2x^2 + 1 \\
\underline{-x^5 \; + x^4} \\
\qquad\qquad 2x^3 \; - 2x^2 \\
\qquad\qquad \underline{-2x^3 \; + 2x^2} \\
\qquad\qquad\qquad\qquad x \; - 1 \\
\qquad\qquad\qquad\qquad \underline{-x \; + 1} \\
\qquad\qquad\qquad\qquad\qquad 0
\end{array}$$

und erhält $x^4 + 2x^2 + 1 = (x^2 + 1)(x^2 + 1)$.

Damit ist die Struktur der Lösung für die ursprüngliche Gleichung klar. Entsprechend (1.53) und (1.54) ergibt sich

$$(x^8 - x^7 + x^6 - x^5 - x^4 + x^3 - x^2 + x) = x(x+1)(x-1)^2(x^2+1)^2 \quad \text{mit}$$

$$\alpha_1 = \alpha_2 = 1\,, \quad \alpha_3 = 2\,, \quad \beta_1 = 2 \quad \text{und} \quad \alpha_1 + \alpha_2 + \alpha_3 + 2\beta_1 = 8 = n\,.$$

Wir erhalten zwei einfache reelle Lösungen $z_1 = 0$, $z_2 = -1$ und eine zweifache reelle Lösung $z_3 = z_4 = 1$ sowie ein zweifaches konjugiert komplexes Lösungspaar $z_5 = z_7 = i$, $z_6 = z_8 = -i$.

Unter (1.53) bzw. (1.54) fallen einige wichtige Spezialfälle. Für

$$ax^n + bx^{n-1} = 0 \quad \text{mit} \quad a \neq 0, n = 2, 3, \ldots$$

erhält man durch Ausklammern

$$x^{n-1}(ax + b) = 0$$

direkt die reelle Produktdarstellung (1.54) und damit die Lösungen

$$z_i = 0 \quad (i = 1, \ldots, n-1)\,,$$
$$z_n = -\frac{b}{a}\,.$$

Entsprechend ermittelt man für

$$ax^n + bx^{n-1} + cx^{n-2} = x^{n-2}(ax^2 + bx + c) = 0 \quad \text{mit} \quad a \neq 0, n = 3, 4, \ldots$$

die Lösungen

$$\begin{aligned} z_i &= 0 \quad (i = 1, \ldots, n-2)\,, \\ z_{n-1} &= \frac{1}{2a}\left(-b + \sqrt{b^2 - 4ac}\right), \\ z_n &= \frac{1}{2a}\left(-b - \sqrt{b^2 - 4ac}\right). \end{aligned}$$

Für $b^2 - 4ac > 0$ sind die Lösungen z_{n-1}, z_n reell, für $b^2 - 4ac < 0$ konjugiert komplex.
Schließlich betrachten wir noch die Gleichung $(2n)$-ten Grades

$$ax^{2n} + bx^n + c = 0 \quad \text{mit} \quad a \neq 0, n = 1, 2, 3, \ldots$$

In diesem Fall substituiert man $y = x^n$ und erhält die quadratische Gleichung in y

$$ay^2 + by + c = 0$$

mit der Lösung

$$\begin{aligned} y &= \frac{1}{2a}\left(-b \pm \sqrt{b^2 - 4ac}\right) \quad \text{bzw.} \\ x &= \sqrt[n]{\frac{1}{2a}\left(-b \pm \sqrt{b^2 - 4ac}\right)}\,. \end{aligned}$$

Für $n = 2$ spricht man von einer **biquadratischen Gleichung**.

Beispiel 1.37

a) Für $x^4 - x^3 - 12x^2 = x^2(x^2 - x - 12) = 0$ erhält man die Lösungen

$$\begin{aligned} z_1 &= z_2 = 0\,, \\ z_3 &= \frac{1}{2}\left(1 + \sqrt{1+48}\right) = 4\,, \quad z_4 = \frac{1}{2}\left(1 - \sqrt{1+48}\right) = -3\,. \end{aligned}$$

b) Für $x^5 - 4x^4 + 4x^3 = x^3(x^2 - 4x + 4) = 0$ erhält man die Lösungen

$$\begin{aligned} z_1 &= z_2 = z_3 = 0\,, \\ z_4 &= \frac{1}{2}\left(4 + \sqrt{16-16}\right) = 2\,, \\ z_5 &= \frac{1}{2}\left(4 - \sqrt{16-16}\right) = 2\,. \end{aligned}$$

c) Für $x^4 + x^2 - 12 = 0$ und $y = x^2$ ist $y^2 + y - 12 = 0$. Man erhält die Lösungen

$$y_1 = \frac{1}{2}\left(-1 + \sqrt{1+48}\right) = 3\,,$$

$$y_2 = \frac{1}{2}\left(-1 - \sqrt{1+48}\right) = -4$$

bzw. für die Ausgangsgleichung die Lösungen

$$z_1 = \sqrt{3}\,, \quad z_2 = -\sqrt{3}\,, \quad z_3 = 2i\,, \quad z_4 = -2i\,.$$

Wir fassen zusammen:

Sicherlich führen die in Abschnitt 1.9 angestellten Überlegungen nur in Ausnahmefällen zur Ermittlung expliziter Lösungen einer Gleichung n-ten Grades. Dies wird auch aus den Beispielen deutlich. Die wesentlichen Aussagen gewinnt man vielmehr aus den reellen Produktdarstellungen des Ausdrucks $a_n x^n + \ldots + a_1 x + a_0$. In (1.53) bzw. (1.54) wird gezeigt, dass ein Ausdruck n-ten Grades mit reellen Koeffizienten stets multiplikativ in Ausdrücke ersten bzw. zweiten Grades mit reellen Koeffizienten zerlegt werden kann. Daraus gewinnt man wertvolle Erkenntnisse zur Struktur der Lösungen einer Gleichung höheren Grades, in seltenen Fällen auch zu ihrer Bestimmung.

2 Aussagenlogik

In der Mathematik geht man von bestimmten Grundbegriffen aus und formuliert damit gewisse Grundsachverhalte, die nicht bewiesen werden, man nennt sie **Axiome**.

In diesem Buch setzen wir die reellen Zahlen als gegeben voraus (Abschnitt 1.1, Figur 1.4) sowie auch die entsprechenden **Axiome der Addition**, **Multiplikation** und **Anordnung**, die wir in den Formeln (1.2) bis (1.5) bereits kennen gelernt haben.

Mit Hilfe der Grundbegriffe und Axiome werden andere Begriffe erklärt oder definiert. Man spricht von einer **Definition**, wenn man einen Sachverhalt durch einen neuen Begriff erklärt, der nicht bereits für andere Sachverhalte vergeben wurde. Es geht dabei häufig um Schreib- und Sprechvereinfachungen.

Beispiele für Definitionen:

a) Summenzeichen (vgl. (1.13)):

Für die Summe $a_1 + \ldots + a_n$ definiert man das Summenzeichen $\sum$ und schreibt

$$\sum_{i=1}^{n} a_i = a_1 + \ldots + a_n \,.$$

b) Exponent (vgl. (1.9), (1.10)):

Für das Produkt $\underbrace{a \cdot \ldots \cdot a}_{n\text{-mal}}$ definiert man den Exponenten n und schreibt

$$a^n = a \cdot \ldots \cdot a.$$

Ferner definiert man $a^{-n} = \dfrac{1}{a^n}$.

c) Gleichungen mit reellen Konstanten a, b und einer Variablen x (vgl. Abschnitt 1.5):

Man bezeichnet $x^a = b$ als Potenzgleichung,

$a^x = b$ als Exponentialgleichung,

$\log_a x = b$ als Logarithmengleichung.

d) Ein Buch, das sich mit Sachverhalten von Lehrveranstaltungen befasst, bezeichnet man als Lehrbuch.

Aus den Grundbegriffen und Axiomen sollen Folgerungen gezogen werden, die den Erkenntnisstand erweitern. Unter Voraussetzung des bisherigen Wissens formuliert man so genannte **Aussagen**, die man als **wahr** oder **falsch** identifizieren möchte.

Beispiele für Aussagen:

a) Für reelle Zahlen a_i, b_j $(i, j = 1, \ldots, n)$ gilt $\sum_{i=1}^{n} a_i \cdot \sum_{j=1}^{n} b_j = \sum_{i=1}^{n}\sum_{j=1}^{n}(a_i \cdot b_j)$.

b) Für a reell, n natürlich folgt $a^n \cdot a^{-n} = 0$.

c) Rom ist die Hauptstadt Italiens.

d) Dieses Lehrbuch hat weniger als 200 Seiten.

Offenbar sind die Aussagen a), c) wahr und b), d) falsch. Anstatt der Aussage b) ist folgende Aussage wahr (1.10):

Für a reell, n natürlich folgt $a^n \cdot a^{-n} = 1$

Die Formulierung komplizierterer Aussagen erfolgt mit Hilfe des Instrumentariums der **Aussagenlogik**. Im Fall mathematischer Aussagen spricht man auch von einem **mathematischen Satz**. Hat man die Gültigkeit der entsprechenden Aussage gezeigt, so gilt der mathematische Satz als **bewiesen**.

Während man also im Rahmen eines mathematischen Satzes die Zusammenhänge von Grundbegriffen, Axiomen, Definitionen und Aussagen aufdecken will, erweitert man bei Definitionen gewissermaßen das Vokabular. Definitionen sind nicht zu beweisen. In diesem Sinn werden im Folgenden die Begriffe **Definition**, **Satz** und **Beweis** benutzt.

Wir befassen uns nun in den folgenden Abschnitten 2.1 und 2.2 mit den Grundlagen der Aussagenlogik, um damit in Abschnitt 2.3 einige Prinzipien der mathematischen Beweisführung kennen zu lernen.

2.1 Aussagen und ihre Verknüpfungen

Eine **Aussage** beschreibt einen Tatbestand, der entweder **wahr** (w) oder **falsch** (f) ist.

Für eine Aussage sind also außer wahr und falsch keine weiteren **Wahrheitswerte** zugelassen, man spricht vom **Prinzip des ausgeschlossenen Dritten**.

Eine Aussage erhält auch nicht gleichzeitig die Werte wahr und falsch, man spricht vom **Prinzip des ausgeschlossenen Widerspruchs**.

Für eine wahre Aussage **A** sagt man auch

- **A** ist richtig,
- **A** gilt,
- **A** ist erfüllt

und für eine falsche Aussage **B** entsprechend

- **B** ist nicht richtig,
- **B** gilt nicht,
- **B** ist nicht erfüllt.

Durch Hinzufügen des Wortes „nicht“ kann jede Aussage negiert werden.

Definition 2.1

Eine Aussage $\overline{\mathbf{A}}$ (nicht **A**) heißt **Negation** der Aussage **A**.

Die Aussage $\overline{\mathbf{A}}$ ist wahr, wenn **A** falsch ist, und $\overline{\mathbf{A}}$ ist falsch, wenn **A** wahr ist. Dies drückt man in einer Wahrheitstabelle aus:

A	w	f
$\overline{\mathbf{A}}$	f	w

Figur 2.1: Wahrheitstabelle der Negation

Die Wahrheitstabelle oder Wahrheitstafel ist ein praktisches Hilfsmittel zur Darstellung von Aussagen und ihrer Verknüpfungen. Im oberen Teil stehen sämtliche Kombinationen der Wahrheitswerte der auszuwertenden Aussagen, mit der Abkürzung w für wahr und f für falsch. Im unteren Teil findet sich dann die abgeleitete Aussage. Zur Auswertung komplexer Verknüpfungen kann der untere Teil aus mehreren Zeilen bestehen.

Beispiel 2.2

Wir betrachten die Aussagen

$\mathbf{A}_1$: Umsatz = Absatz · Preis ,

$\mathbf{A}_2$: Die Fixkosten steigen mit dem Belegungsgrad der Produktionsanlagen ,

$\mathbf{A}_3$: Im Jahr 3000 gibt es keine Kernkraftwerke mehr ,

$\mathbf{A}_4$: Die reellen Zahlen $-(a+b)$ und $-a-b$ sind gleich ,

A_5 : Zwei Geraden der Ebene haben stets einen Schnittpunkt,

A_6 : Die Gleichung $x^n = -1$ hat für alle natürlichen n eine reelle Lösung.

Die Aussagen A_1 und A_4 sind wahr. A_2 ist falsch, da die Fixkosten nicht generell vom Produktionsniveau abhängen müssen. A_5 ist falsch, da in der Ebene zwei Geraden auch parallel sein können. A_6 ist falsch, da die Gleichung $x^2 = -1$ keine reelle Lösung besitzt, und damit $x^n = -1$ nicht für alle natürlichen Zahlen reell lösbar ist. Die Aussage A_3 ist wahr oder falsch. Eine sichere Antwort ist jedoch erst im Jahr 3000 möglich.

Negieren wir die Aussagen $\mathsf{A}_1, \ldots, \mathsf{A}_6$, so erhält man

$\overline{\mathsf{A}_1}$: Umsatz $\neq$ Absatz · Preis,

$\overline{\mathsf{A}_2}$: Die Fixkosten steigen nicht mit dem Belegungsgrad der Produktionsanlagen,

$\overline{\mathsf{A}_3}$: Im Jahr 3000 gibt es noch Kernkraftwerke,

$\overline{\mathsf{A}_4}$: Die reellen Zahlen $-(a+b)$ und $-a-b$ sind verschieden,

$\overline{\mathsf{A}_5}$: Zwei Geraden der Ebene haben nicht stets einen Schnittpunkt,

$\overline{\mathsf{A}_6}$: $x^n = -1$ hat nicht für alle natürlichen n eine reelle Lösung.

Entsprechend Definition 2.1 sind die Aussagen $\overline{\mathsf{A}_2}$, $\overline{\mathsf{A}_5}$, $\overline{\mathsf{A}_6}$ wahr, während die Aussagen $\overline{\mathsf{A}_1}$, $\overline{\mathsf{A}_4}$ falsch sind.

Aus bestimmten Verknüpfungen zweier Aussagen gewinnt man neue Aussagen. Für zwei Aussagen **A**, **B** behandeln wir zunächst die Verknüpfungen „**A** und **B**" sowie „**A** oder **B**".

Definition 2.3

a) Die Aussage $\mathsf{A} \wedge \mathsf{B}$ (**A** und **B**) heißt **Konjunktion**. Nur dann, wenn beide Aussagen **A** und **B** wahr sind, ist auch $\mathsf{A} \wedge \mathsf{B}$ wahr, ansonsten ist $\mathsf{A} \wedge \mathsf{B}$ falsch.

A	w	w	f	f
B	w	f	w	f
$\mathsf{A} \wedge \mathsf{B}$	w	f	f	f

Figur 2.2: Wahrheitstabelle der Konjunktion

b) Die Aussage $\mathbf{A} \vee \mathbf{B}$ (**A** oder **B**) heißt **Disjunktion**. Wenn mindestens eine der Aussagen **A**, **B** wahr ist, dann ist auch $\mathbf{A} \vee \mathbf{B}$ wahr. Sind beide Aussagen **A** und **B** falsch, so auch $\mathbf{A} \vee \mathbf{B}$.

A	w	w	f	f
B	w	f	w	f
$\mathbf{A} \vee \mathbf{B}$	w	w	w	f

Figur 2.3: Wahrheitstabelle der Disjunktion

Eine wahre Konjunktion $\mathbf{A} \wedge \mathbf{B}$ entspricht also einem sowohl **A** als auch **B** wahr, eine wahre Disjunktion $\mathbf{A} \vee \mathbf{B}$ einem „einschließenden" **A** oder **B** wahr.

Beispiel 2.4

Wir gehen von den Aussagen

$\mathbf{A}_i$: Ein Produkt P wird auf der Maschine M_i $(i = 1, 2, 3, 4)$ bearbeitet.

aus und interpretieren einige Verknüpfungen mit $\wedge$ bzw. $\vee$. Es bedeuten

$\mathbf{A}_1 \wedge \mathbf{A}_2 \wedge \mathbf{A}_3 \wedge \mathbf{A}_4$: Das Produkt wird auf allen 4 Maschinen bearbeitet,

$(\mathbf{A}_1 \wedge \mathbf{A}_2) \vee \mathbf{A}_3$: Das Produkt wird auf den Maschinen M_1 und M_2 oder M_3 bzw. auf allen drei Maschinen bearbeitet,

$(\mathbf{A}_1 \vee \mathbf{A}_3) \wedge \mathbf{A}_4$: Das Produkt wird auf M_1 oder M_3 oder beiden bearbeitet, in jedem Fall aber zusätzlich auf M_4,

$(\overline{\mathbf{A}_1} \wedge \overline{\mathbf{A}_2}) \wedge \mathbf{A}_3$: Das Produkt wird weder auf M_1 noch M_2, jedoch auf M_3 bearbeitet.

Jedes der Verknüpfungsbeispiele kann wahr oder falsch sein. Für den Fall, dass die Aussagen $\mathbf{A}_1, \mathbf{A}_2, \mathbf{A}_3, \overline{\mathbf{A}_4}$ wahr sind, erhält man schrittweise

Verknüpfung	Wert
$\mathbf{A}_1 \wedge \mathbf{A}_2$	w
$\mathbf{A}_1 \vee \mathbf{A}_3$	w
$\overline{\mathbf{A}_1} \wedge \overline{\mathbf{A}_2}$	f
$\mathbf{A}_1 \wedge \mathbf{A}_2 \wedge \mathbf{A}_3$	w

und daraus

Verknüpfung	Wert
$\mathbf{A}_1 \wedge \mathbf{A}_2 \wedge \mathbf{A}_3 \wedge \mathbf{A}_4$	f
$(\mathbf{A}_1 \wedge \mathbf{A}_2) \vee \mathbf{A}_3$	w
$(\mathbf{A}_1 \vee \mathbf{A}_3) \wedge \mathbf{A}_4$	f
$(\overline{\mathbf{A}_1} \wedge \overline{\mathbf{A}_2}) \wedge \mathbf{A}_3$	f

Die in ihrem Wahrheitsgehalt am schwierigsten fassbare Verknüpfung zweier Aussagen **A**, **B** ist die Verknüpfung „wenn **A**, dann **B**".

Definition 2.5

Die Aussage $\mathbf{A} \Rightarrow \mathbf{B}$ (wenn **A**, dann **B**) heißt **Implikation**.

Nur dann, wenn die Aussage **A** wahr und **B** falsch ist, ist $\mathbf{A} \Rightarrow \mathbf{B}$ falsch, in allen übrigen Fällen ist $\mathbf{A} \Rightarrow \mathbf{B}$ wahr.

A	w	w	f	f
B	w	f	w	f
$\mathbf{A} \Rightarrow \mathbf{B}$	w	f	w	w

Figur 2.4: Wahrheitstabelle der Implikation

Eine Implikation $\mathbf{A} \Rightarrow \mathbf{B}$ ist also wahr, wenn **A** und **B** wahr sind. Sie ist aber auch dann wahr, wenn **A** falsch ist, unabhängig davon, ob **B** wahr oder falsch ist. Geht man also von „**A** falsch" aus, so kann **B** wahr oder falsch sein, die Gesamtaussage $\mathbf{A} \Rightarrow \mathbf{B}$ ist dennoch wahr. Ist aber andererseits **A** wahr, so hängt der Wahrheitsgehalt der Implikation $\mathbf{A} \Rightarrow \mathbf{B}$ allein vom Wahrheitsgehalt der Aussage **B** ab: Ist **B** wahr, so auch $\mathbf{A} \Rightarrow \mathbf{B}$. Ist **B** falsch, so auch $\mathbf{A} \Rightarrow \mathbf{B}$.

Diese Definition gehorcht einem Grundprinzip der Aussagenlogik, obwohl sie teilweise nicht direkt einsichtig ist.

Für die Implikation $\mathbf{A} \Rightarrow \mathbf{B}$ schreiben wir auch

- **A** impliziert **B**,
- Aus **A** folgt **B**,
- **A** ist hinreichend für **B**,
- **B** ist notwendig für **A**.

Auf den letzten beiden Formulierungen basieren die Ausdrucksweisen der „**hinreichenden Bedingung**" und der „**notwendigen Bedingung**".

Sei $\mathbf{A} \Rightarrow \mathbf{B}$ wahr.

Dann ist **A** eine hinreichende Bedingung für **B**, das heißt:

„Damit **B** wahr ist, genügt es, dass **A** wahr ist."

Ferner ist **B** eine notwendige Bedingung für **A** , das heißt:

„**B** muss wahr sein, wenn **A** wahr ist."

Beispiel 2.6

a) Mit den Aussagen

A_1 : Eine Fußballmannschaft gewinnt,

A_2 : Die Fußballmannschaft hat mindestens ein Tor erzielt

ist die Implikation

$\mathsf{A}_1 \Rightarrow \mathsf{A}_2$: Wenn eine Fußballmannschaft gewinnt,
dann hat sie mindestens ein Tor erzielt

stets wahr. Entweder beide Aussagen $\mathsf{A}_1, \mathsf{A}_2$ sind wahr oder A_1 ist falsch; unabhängig davon, ob A_2 wahr oder falsch ist. Andererseits ist die Implikation $\mathsf{A}_2 \Rightarrow \mathsf{A}_1$ falsch.

Die Aussage A_1 ist damit eine hinreichende Bedingung für A_2. Zugleich ist A_2 eine notwendige Bedingung für A_1, denn nur wenn eine Fußballmannschaft mindestens ein Tor erzielt hat, kann sie ein Spiel gewinnen.

b) Sei n eine natürliche Zahl. Dann sind die Aussagen

A_1 : 2 ist Teiler von n,

A_2 : 4 ist Teiler von n

nicht immer wahr. Dennoch ist die Implikation

$\mathsf{A}_2 \Rightarrow \mathsf{A}_1$: Wenn 4 Teiler von n ist,
dann ist auch 2 Teiler von n

stets wahr. Es treten dabei folgende Fälle auf:

Für $n = 4, 8, 12, 16, \ldots$ sind A_1 und A_2 wahr, also auch $\mathsf{A}_2 \Rightarrow \mathsf{A}_1$.
Für $n = 2, 6, 10, 14, \ldots$ ist A_1 wahr und A_2 falsch, $\mathsf{A}_2 \Rightarrow \mathsf{A}_1$ ist wahr.
Für $n = 1, 3, 5, 7, \ldots$ sind A_1 und A_2 falsch, $\mathsf{A}_2 \Rightarrow \mathsf{A}_1$ ist wahr.

Der Fall, dass A_2 wahr und A_1 falsch ist, kann nicht auftreten, denn es gibt keine natürliche Zahl, die durch 4, aber nicht durch 2 teilbar ist.

c) Sei x eine reelle Zahl. Mit den Aussagen

A_1 : $2x - 1 \geq 1$,

A_2 : $x = 1$,

A_3 : $x \geq 1$

ist die Implikation $\mathsf{A}_1 \Rightarrow \mathsf{A}_2$ falsch, denn für $x = 2$ ist A_1 wahr und A_2 falsch. Andererseits ist die Implikation $\mathsf{A}_2 \Rightarrow \mathsf{A}_1$ wahr, denn aus $x = 1$ folgt immer $2x - 1 \geq 1$.

Ferner sind die Implikationen $\mathsf{A_1} \Rightarrow \mathsf{A_3}$ sowie $\mathsf{A_3} \Rightarrow \mathsf{A_1}$ wahr, denn es gilt:

$$2x - 1 \geq 1 \;\Rightarrow\; x \geq 1$$
$$x \geq 1 \;\Rightarrow\; 2x - 1 \geq 1$$

d) Wir gehen von der wahren Aussage

A : Der Gewinn einer Unternehmung ist gleich dem Umsatz abzüglich der Kosten

aus und formulieren die Aussagen

$\mathsf{A_1}$: Die Kosten wachsen,

$\mathsf{A_2}$: Der Umsatz wächst,

$\mathsf{A_3}$: Der Gewinn wächst.

Dann ist die folgende Implikation wahr:

$(\overline{\mathsf{A_1}} \wedge \mathsf{A_2}) \Rightarrow \mathsf{A_3}$: Wenn der Umsatz bei nicht steigenden Kosten wächst, so wächst auch der Gewinn

Abschließend führen wir die Verknüpfung „**A** gleichwertig zu **B**" ein.

Definition 2.7

Die Aussage $\mathsf{A} \iff \mathsf{B}$ (A gleichwertig zu B) heißt **Äquivalenz**. Die Aussage $\mathsf{A} \iff \mathsf{B}$ ist wahr, wenn die Aussagen A und B gleiche Wahrheitswerte besitzen, also A und B beide wahr oder beide falsch sind, andernfalls ist $\mathsf{A} \iff \mathsf{B}$ falsch.

A	w	w	f	f
B	w	f	w	f
$\mathsf{A} \iff \mathsf{B}$	w	f	f	w

Figur 2.5: Wahrheitstabelle der Äquivalenz

In Satz 2.11 werden wir zeigen, dass die Äquivalenz $\mathsf{A} \iff \mathsf{B}$ genau der Aussage $(\mathsf{A} \Rightarrow \mathsf{B}) \wedge (\mathsf{B} \Rightarrow \mathsf{A})$ entspricht.

Für eine Äquivalenz $\mathbf{A} \Longleftrightarrow \mathbf{B}$ schreiben wir auch

- **A** äquivalent zu **B**,
- **A** genau dann, wenn **B**,
- **A** dann und nur dann, wenn **B**,
- **A** notwendig und hinreichend für **B**.

Beispiel 2.8

a) Für die Aussagen

$$\mathbf{A}_1: \quad \text{Heute ist Freitag},$$
$$\mathbf{A}_2: \quad \text{Morgen ist Samstag}$$

ist die Äquivalenz

$$\mathbf{A}_1 \Longleftrightarrow \mathbf{A}_2: \quad \text{Heute ist Freitag genau dann, wenn morgen Samstag ist}$$

stets wahr, denn entweder sind beide Aussagen $\mathbf{A}_1, \mathbf{A}_2$ wahr oder falsch.

b) Für die Aussagen

$$\mathbf{A}_1: \quad n, m \text{ sind ungerade natürliche Zahlen},$$
$$\mathbf{A}_2: \quad n + m \text{ ist eine gerade Zahl},$$
$$\mathbf{A}_3: \quad n \cdot m \text{ ist eine ungerade Zahl}$$

ist die Äquivalenz $\mathbf{A}_1 \Longleftrightarrow \mathbf{A}_2$ falsch, denn für $n = 8, m = 6$ ist $\mathbf{A}_1$ falsch und $\mathbf{A}_2$ wahr.

Die Implikation $\mathbf{A}_1 \Rightarrow \mathbf{A}_2$ ist jedoch wahr, denn immer wenn n, m ungerade natürliche Zahlen sind, ist die Summe $n + m$ geradzahlig.

Die Äquivalenz $\mathbf{A}_1 \Longleftrightarrow \mathbf{A}_3$ ist wahr, da entweder $\mathbf{A}_1$ und $\mathbf{A}_3$ wahr sind, d. h. n, m und $n \cdot m$ sind ungerade Zahlen, oder $\mathbf{A}_1$ und $\mathbf{A}_3$ falsch sind, d. h. mindestens eine der Zahlen n, m ist gerade, ebenso $n \cdot m$.

c) Für die Aussagen

$$\mathbf{A}_1: \quad \text{Eine Unternehmung U hat einen Marktanteil von } 30\,\%,$$
$$\mathbf{A}_2: \quad \text{Die Konkurrenz von U hat insgesamt einen Marktanteil von } 70\,\%$$

ist die Äquivalenz $\mathbf{A}_1 \Longleftrightarrow \mathbf{A}_2$ wahr, denn entweder sind beide Aussagen $\mathbf{A}_1$ und $\mathbf{A}_2$ wahr oder beide sind falsch.

In Anlehnung an die auf Seite 2 definierten Operationen der Grundrechenarten entsprechen die Grundprinzipien der Aussagenlogik

- Negation $\overline{\mathbf{A}}$,
- Konjunktion $\mathbf{A} \wedge \mathbf{B}$,
- Disjunktion $\mathbf{A} \vee \mathbf{B}$,
- Implikation $\mathbf{A} \Rightarrow \mathbf{B}$,
- Äquivalenz $\mathbf{A} \Longleftrightarrow \mathbf{B}$

„**logischen**“ **Operationen** mit den Operatoren $\overline{}, \wedge, \vee, \Rightarrow, \Longleftrightarrow$, die auch als **Junktoren** bezeichnet werden. Die einzelnen Aussagen entsprechen den Operanden.

Verknüpft man mehr als zwei Aussagen (Beispiel 2.4, 2.6), so können ebenfalls Wahrheitswerte ermittelt werden. Für die Reihenfolge in der Durchführung einzelner Operationen kann man wie beim Rechnen mit reellen Zahlen Vereinbarungen treffen.

Priorität	Grundrechenarten	logische Operationen
1	Potenzieren	Negation
2	Multiplizieren	Konjunktion, Disjunktion
3	Addieren	Implikation, Äquivalenz

Figur 2.6: Prioritäten der logischen Operationen

Grundsätzlich sind die in Klammern gesetzten Anweisungen vorrangig auszuführen (Beispiele 2.4 und 2.6).

Definition 2.9

Eine verknüpfte Aussage, die – unabhängig von den Wahrheitswerten ihrer Einzelaussagen – stets wahr ist, nennen wir eine **Tautologie**. Im Gegensatz dazu nennen wir eine verknüpfte Aussage, die stets falsch ist, eine **Kontradiktion**.

Satz 2.10

a) Die Aussagen $\mathbf{A} \vee \overline{\mathbf{A}}$, $\mathbf{A} \Longleftrightarrow \overline{\overline{\mathbf{A}}}$, $\mathbf{A} \wedge \mathbf{B} \Rightarrow \mathbf{A}$, $\mathbf{A} \Rightarrow \mathbf{A} \vee \mathbf{B}$ sind Tautologien.

b) Die Aussagen $\mathbf{A} \wedge \overline{\mathbf{A}}$, $\mathbf{A} \Longleftrightarrow \overline{\mathbf{A}}$ sind Kontradiktionen.

Beweis:

Wir ermitteln für alle verknüpften Aussagen die Wahrheitswerte.

$\mathbf{A}$	w	w	f	f	
$\mathbf{B}$	w	f	w	f	
$\overline{\mathbf{A}}$	f	f	w	w	
$\mathbf{A} \vee \overline{\mathbf{A}}$	w	w	w	w	also Tautologie
$\mathbf{A} \wedge \overline{\mathbf{A}}$	f	f	f	f	also Kontradiktion
$\mathbf{A} \Longleftrightarrow \overline{\mathbf{A}}$	f	f	f	f	also Kontradiktion
$\overline{\overline{\mathbf{A}}}$	w	w	f	f	
$\mathbf{A} \Longleftrightarrow \overline{\overline{\mathbf{A}}}$	w	w	w	w	also Tautologie
$\mathbf{A} \wedge \mathbf{B}$	w	f	f	f	
$\mathbf{A} \wedge \mathbf{B} \Rightarrow \mathbf{A}$	w	w	w	w	also Tautologie
$\mathbf{A} \vee \mathbf{B}$	w	w	w	f	
$\mathbf{A} \Rightarrow \mathbf{A} \vee \mathbf{B}$	w	w	w	w	also Tautologie

Wir betrachten die Äquivalenz $\mathbf{A} \Longleftrightarrow \mathbf{B}$, wobei $\mathbf{A}$, $\mathbf{B}$ verknüpfte Aussagen sein können. Die Aussage $\mathbf{A} \Longleftrightarrow \mathbf{B}$ ist demnach eine Tautologie, wenn sich für $\mathbf{A}$ und $\mathbf{B}$ übereinstimmende Wahrheitswerte ergeben (Definition 2.7).

Satz 2.11

Die Aussage $(\mathbf{A} \Longleftrightarrow \mathbf{B}) \Longleftrightarrow ((\mathbf{A} \Rightarrow \mathbf{B}) \wedge (\mathbf{B} \Rightarrow \mathbf{A}))$ ist eine Tautologie.

Beweis:

$\mathbf{A}$	w	w	f	f
$\mathbf{B}$	w	f	w	f
$\mathbf{A} \Rightarrow \mathbf{B}$	w	f	w	w
$\mathbf{B} \Rightarrow \mathbf{A}$	w	w	f	w
$(\mathbf{A} \Rightarrow \mathbf{B}) \wedge (\mathbf{B} \Rightarrow \mathbf{A})$	w	f	f	w
$\mathbf{A} \Longleftrightarrow \mathbf{B}$	w	f	f	w

Der Beweis folgt unmittelbar aus dem Vergleich der letzten beiden Zeilen.

Die Äquivalenz $\mathbf{A} \Longleftrightarrow \mathbf{B}$ ist dementsprechend in ihrem Wahrheitsgehalt gleichwertig zur Aussage $(\mathbf{A} \Rightarrow \mathbf{B}) \wedge (\mathbf{B} \Rightarrow \mathbf{A})$. Diese Tatsache wird in der mathematischen Beweisführung (Abschnitt 2.3) oft verwendet.

Beispiel 2.12

a) Folgende Aussagen sind Tautologien:

$\mathbf{A_1}$: Die Aktien steigen oder sie steigen nicht

$\mathbf{A_2}$: Der Umsatz in € ist mindestens 7-stellig genau dann, wenn er nicht unter 1000000€ liegt

$\mathbf{A_3}$: Jede natürliche Zahl ist rational

Man stellt fest (Satz 2.10 a), dass

$\mathbf{A_1}$ von der Form $\mathbf{A} \vee \overline{\mathbf{A}}$,

$\mathbf{A_2}$ von der Form $\mathbf{A} \iff \overline{\overline{\mathbf{A}}}$,

$\mathbf{A_3}$ von der Form $\mathbf{A} \wedge \mathbf{B} \Rightarrow \mathbf{A}$ oder auch $\mathbf{A} \Rightarrow \mathbf{A} \vee \mathbf{B}$ ist.

b) Folgende Aussagen sind Kontradiktionen:

$\mathbf{A_1}$: Für die Gleichung $2x - 6 = 0$ gilt $x = 3$ und $x \neq 3$

$\mathbf{A_2}$: Die Ungleichung $ab > 0$ ist genau dann erfüllt, wenn gilt $ab \leq 0$

Dabei ist die Aussage $\mathbf{A_1}$ von der Form $\mathbf{A} \wedge \overline{\mathbf{A}}$ und $\mathbf{A_2}$ von der Form $\mathbf{A} \iff \overline{\mathbf{A}}$ (Satz 2.10 b).

Wir stellen im folgenden Satz die für spätere Überlegungen und Vorgehensweisen wichtigsten Tautologien zusammen.

Satz 2.13

Folgende Aussagen sind Tautologien:

a) $\mathbf{A} \wedge \mathbf{B} \iff \mathbf{B} \wedge \mathbf{A}, \quad \mathbf{A} \vee \mathbf{B} \iff \mathbf{B} \vee \mathbf{A}$

b) $(\mathbf{A} \wedge \mathbf{B}) \wedge \mathbf{C} \iff \mathbf{A} \wedge (\mathbf{B} \wedge \mathbf{C})$

$(\mathbf{A} \vee \mathbf{B}) \vee \mathbf{C} \iff \mathbf{A} \vee (\mathbf{B} \vee \mathbf{C})$

c) $(\mathbf{A} \wedge \mathbf{B}) \vee \mathbf{C} \iff (\mathbf{A} \vee \mathbf{C}) \wedge (\mathbf{B} \vee \mathbf{C})$,

$(\mathbf{A} \vee \mathbf{B}) \wedge \mathbf{C} \iff (\mathbf{A} \wedge \mathbf{C}) \vee (\mathbf{B} \wedge \mathbf{C})$

d) $\overline{\mathbf{A}} \wedge \overline{\mathbf{B}} \iff \overline{\mathbf{A} \vee \mathbf{B}}, \quad \overline{\mathbf{A}} \vee \overline{\mathbf{B}} \iff \overline{\mathbf{A} \wedge \mathbf{B}}$

e) $(\mathbf{A} \Rightarrow \mathbf{B}) \wedge (\mathbf{B} \Rightarrow \mathbf{C}) \Rightarrow (\mathbf{A} \Rightarrow \mathbf{C})$

f) $(\mathbf{A} \Rightarrow \mathbf{B}) \iff (\overline{\mathbf{B}} \Rightarrow \overline{\mathbf{A}}) \iff (\overline{\mathbf{A}} \vee \mathbf{B}) \iff \overline{\mathbf{A} \wedge \overline{\mathbf{B}}}$

g) $(\mathbf{A} \iff \mathbf{B}) \iff (\overline{\mathbf{A}} \iff \overline{\mathbf{B}}) \iff ((\mathbf{A} \land \mathbf{B}) \lor (\overline{\mathbf{A}} \land \overline{\mathbf{B}}))$

$$\iff ((\overline{\mathbf{A}} \lor \mathbf{B}) \land (\mathbf{A} \lor \overline{\mathbf{B}}))$$

h) $(\overline{\mathbf{A}} \Rightarrow \mathbf{A}) \iff \mathbf{A}$

Der Beweis erfolgt jeweils mit Hilfe von Wahrheitstafeln unter Berücksichtigung aller möglichen Kombinationen der Wahrheitswerte von $\mathbf{A}$, $\mathbf{B}$ und $\mathbf{C}$.

Beispiel 2.14

a) Nach Satz 2.13 d sind folgende Äquivalenzen Tautologien:

$\mathbf{A}_1$: Weder die Löhne noch die Preise steigen $(\overline{\mathbf{A}} \land \overline{\mathbf{B}})$

$\iff$ Es trifft nicht zu, dass die Löhne oder die Preise steigen $(\overline{\mathbf{A} \lor \mathbf{B}})$

$\mathbf{A}_2$: Mindestens eine von zwei Maschinen ist ausgefallen $(\overline{\mathbf{A}} \lor \overline{\mathbf{B}})$

$\iff$ Es funktionieren nicht beide Maschinen $(\overline{\mathbf{A} \land \mathbf{B}})$

b) Nach Satz 2.13 f, g sind folgende Äquivalenzen Tautologien:

$\mathbf{A}_1$: Eine Produktionssteigerung zieht eine Kostensteigerung nach sich $(\mathbf{A} \Rightarrow \mathbf{B})$

$\iff$ Liegt keine Kostensteigerung vor, so auch keine Produktionssteigerung $(\overline{\mathbf{B}} \Rightarrow \overline{\mathbf{A}})$

$\iff$ Eine Produktionssteigerung liegt nicht vor oder die Kosten steigen oder beides trifft zu $(\overline{\mathbf{A}} \lor \mathbf{B})$

$\iff$ Es kann nicht sein, dass eine Produktionssteigerung ohne Kostensteigerung vorliegt $\left(\overline{\mathbf{A} \land \overline{\mathbf{B}}}\right)$

$\mathbf{A}_2$: Der Gewinn ist genau dann positiv, wenn der Umsatz größer als die Kosten ist $(\mathbf{A} \iff \mathbf{B})$

$\iff$ Der Gewinn ist genau dann nicht positiv, wenn der Umsatz nicht größer als die Kosten ist $(\overline{\mathbf{A}} \iff \overline{\mathbf{B}})$

$\iff$ Der Gewinn ist positiv und der Umsatz größer als die Kosten oder weder der Gewinn ist positiv noch der Umsatz größer als die Kosten $(\mathbf{A} \land \mathbf{B}) \lor (\overline{\mathbf{A}} \land \overline{\mathbf{B}})$

$\Longleftrightarrow$ Einerseits ist der Gewinn nicht positiv oder der Umsatz größer als die Kosten, andererseits ist der Gewinn positiv oder der Umsatz nicht größer als die Kosten $(\overline{\mathbf{A}} \vee \mathbf{B}) \wedge (\mathbf{A} \vee \overline{\mathbf{B}})$

Aus Satz 2.13 resultieren wichtige Grundlagen mathematischen Schließens, die wir in Abschnitt 2.3 und allen späteren Kapiteln wieder aufgreifen werden.

2.2 Allaussagen, Existenzaussagen

Es liegt nahe, vor allem die in Definition 2.3 eingeführten Operationen der Konjunktion und Disjunktion zu erweitern. Sind mehrere Aussagen $\mathbf{A}(u)$, $\mathbf{A}(v)$, ... zu verknüpfen, so schreiben wir nach Abschnitt 2.1 für die Konjunktion bzw. Disjunktion

$$\mathbf{A}(u) \wedge \mathbf{A}(v) \wedge \ldots \quad \text{bzw.} \quad \mathbf{A}(u) \vee \mathbf{A}(v) \vee \ldots$$

Die Konjunktion $\mathbf{A}(u) \wedge \mathbf{A}(v) \wedge \ldots$ ist wahr, wenn alle Teilaussagen wahr sind. Die Disjunktion $\mathbf{A}(u) \vee \mathbf{A}(v) \vee \ldots$ ist wahr, wenn mindestens eine Teilaussage wahr ist. Die Konjunktion und die Disjunktion eignen sich damit auch zur Formulierung von Aussagen der Art „für alle ... gilt ...“ bzw. „es existiert ...“. Beispiele für solche Aussagen sind „Alle Primzahlen, die größer 2 sind, sind ungerade“ oder „Es gibt eine gerade Zahl, die durch 5 teilbar ist“.

Definition 2.15

a) Für eine Konjunktion von Aussagen $\mathbf{A}(x)$, wobei x vorgegebene Werte annimmt, schreiben wir $\bigwedge_x \mathbf{A}(x)$ und sprechen von einer **Allaussage**.

   Eine Allaussage ist wahr, wenn alle Einzelaussagen $\mathbf{A}(x)$ wahr sind bzw. wenn $\mathbf{A}(x)$ für alle x wahr ist. Ist eine der Aussagen $\mathbf{A}(x)$ falsch, so ist auch die Allaussage falsch.

b) Für eine Disjunktion von Aussagen $\mathbf{A}(x)$, wobei x vorgegebene Werte annimmt, schreiben wir $\bigvee_x \mathbf{A}(x)$ und sprechen von einer **Existenzaussage**.

   Gibt es mindestens ein x, so dass $\mathbf{A}(x)$ wahr ist, so ist auch die Existenzaussage wahr. Gibt es kein derartiges x, so ist die Existenzaussage falsch.

Gelegentlich schreibt man für eine Allaussage auch $\forall x\ \mathbf{A}(x)$, für eine Existenzaussage auch $\exists\, x\ \mathbf{A}(x)$. Die verwendeten Symbole „$\forall$" und „$\exists$" bzw. „$\bigwedge$" und „$\bigvee$" werden dabei als **Quantoren** bezeichnet.

Unter Berücksichtigung der Negation (Definition 2.1) erhält man für All- und Existenzaussagen Zusammenhänge, die bereits in Satz 2.13 d für $x = 1, 2$ festgestellt wurden.

Satz 2.16

Folgende Aussagen sind Tautologien:

a) $$\bigwedge_x \overline{\mathbf{A}(x)} \iff \overline{\bigvee_x \mathbf{A}(x)}$$

b) $$\bigvee_x \overline{\mathbf{A}(x)} \iff \overline{\bigwedge_x \mathbf{A}(x)}$$

Beweis:

zu a) Ist $\bigwedge_x \overline{\mathbf{A}(x)}$ wahr, so ist $\overline{\mathbf{A}(x)}$ für alle x wahr. Also ist $\mathbf{A}(x)$ für alle x falsch und damit auch $\bigvee_x \mathbf{A}(x)$. Also ist $\overline{\bigvee_x \mathbf{A}(x)}$ wahr.

Ist andererseits $\bigwedge_x \overline{\mathbf{A}(x)}$ falsch, so ist $\overline{\mathbf{A}(x)}$ falsch für mindestens ein x.

Also ist $\mathbf{A}(x)$ wahr für mindestens ein x und damit auch $\bigvee_x \mathbf{A}(x)$. Also ist $\overline{\bigvee_x \mathbf{A}(x)}$ falsch.

Wir erhalten übereinstimmende Wahrheitswerte, die Äquivalenz $\bigwedge_x \overline{\mathbf{A}(x)} \iff \overline{\bigvee_x \mathbf{A}(x)}$ ist eine Tautologie.

Entsprechende Überlegungen sind im Fall b) anzustellen.

Wir stellen fest: Die Negation einer Existenzaussage ist stets eine Allaussage (Satz 2.16 a) und die Negation einer Allaussage ist stets eine Existenzaussage (Satz 2.16 b).

Beispiel 2.17

a) Sei x ein Gut und $\mathbf{A}(x)$ die Aussage „Der Preis des Gutes x bleibt konstant". Dann erhält man folgende All- und Existenzaussagen:

1) $\bigwedge_x \mathbf{A}(x)$: Die Preise aller Güter bleiben konstant

2) $\bigwedge_x \overline{\mathbf{A}(x)}$: Die Preise aller Güter verändern sich

3) $\overline{\bigwedge_x \mathbf{A}(x)}$: Nicht für alle Güter bleiben die Preise konstant

4) $\overline{\bigwedge_x \overline{\mathsf{A}(x)}}$: Nicht für alle Güter verändern sich die Preise

5) $\bigvee_x \mathsf{A}(x)$: Der Preis mindestens eines Gutes bleibt konstant

6) $\bigvee_x \overline{\mathsf{A}(x)}$: Der Preis mindestens eines Gutes verändert sich

7) $\overline{\bigvee_x \mathsf{A}(x)}$: Der Preis keines Gutes bleibt konstant

8) $\overline{\bigvee_x \overline{\mathsf{A}(x)}}$: Der Preis keines Gutes verändert sich

Nach Satz 2.16 erhält man die Tautologien

$$2) \iff 7)\,, \qquad 3) \iff 6)\,.$$

Negiert man die linken und die rechten Seiten der Äquivalenzen in Satz 2.16, so erhält man die neuen Tautologien

$$4) \iff 5)\,, \qquad 1) \iff 8)\,.$$

b) Sei x eine reelle Zahl. Die Aussage

$\bigvee_x (x^2 - 5x + 6 = 0)$: Es gibt ein reelles x, das die quadratische Gleichung $x^2 - 5x + 6 = 0$ löst

ist wahr, denn für $x = 2$ oder $x = 3$ gilt $x^2 - 5x + 6 = 0$.
Ferner ist nach Satz 2.16 auch die Aussage $\overline{\bigwedge_x (x^2 - 5x + 6 \neq 0)}$ wahr bzw. $\bigwedge_x (x^2 - 5x + 6 \neq 0)$ falsch.

2.3 Mathematische Beweisführung

Wir diskutieren kurz einige gebräuchliche Verfahren zum Nachweis der Richtigkeit von Aussagen.

1) Ist eine Aussage in Form einer Gleichung oder Ungleichung gegeben, so kann man die Aussage oft durch **Nachrechnen** verifizieren. Dabei sind die für Gleichungen oder Ungleichungen relevanten Rechenregeln zu berücksichtigen (Abschnitt 1.5, Figur 1.9).

Beispiel 2.18

a) Man beweise die Gleichung $\frac{a+b}{c} - \frac{(a-b)d}{cd} - \frac{2b}{c} = 0$
mit $c, d \neq 0,\ \ a, b$ beliebig:

$$\frac{a+b}{c} - \frac{(a-b)d}{cd} - \frac{2b}{c} = \frac{a+b-(a-b)-2b}{c} = \frac{2b-2b}{c} = 0$$

b) Man beweise die Ungleichung $x^4 + x^2 - 6x + 12 \geq 3$ für reelle x:

$$x^4 + x^2 - 6x + 12 = x^4 + (x-3)^2 + 3 \geq 3$$
wegen $x^4 \geq 0, (x-3)^2 \geq 0$

Sehr viele mathematische Sätze werden aussagenlogisch als Implikation $\mathbf{A} \Rightarrow \mathbf{B}$ formuliert. Man bezeichnet dabei die Aussage **A** als **Voraussetzung** oder **Prämisse** und **B** als **Behauptung** oder **Konklusion**.

Wie eingangs des Kapitels 2 bereits angemerkt, gilt ein mathematischer Satz als bewiesen, wenn die entsprechende Aussage, hier also die Implikation, wahr ist. Man kann sich dabei auf den Fall beschränken, dass unter der Voraussetzung „**A** wahr" auch **B** wahr ist (Definition 2.5). Ist jedoch **A** wahr und **B** falsch, so ist die Negation $\overline{\mathbf{A} \Rightarrow \mathbf{B}}$ der Implikation $\mathbf{A} \Rightarrow \mathbf{B}$ wahr (Definition 2.1). Man schreibt in diesem Fall auch $\mathbf{A} \not\Rightarrow \mathbf{B}$ und verwendet die Sprechweisen

- wenn **A**, dann nicht notwendig **B**,
- aus **A** folgt nicht allgemein **B**,
- **A** impliziert nicht notwendig **B**.

Für die Implikation bzw. ihre Negation erhalten wir weitere Beweisverfahren. Dies sind der direkte Beweis, der Beweis durch Gegenbeispiel und der indirekte Beweis.

2) **Direkter Beweis** einer Implikation $\mathbf{A} \Rightarrow \mathbf{B}$:

   Oft kann der Beweis einer Implikation $\mathbf{A} \Rightarrow \mathbf{B}$ nur in mehreren einfachen Schritten erfolgen. In diesem Fall gilt beispielsweise (Satz 2.13 e):

   Wenn $\mathbf{A} \Rightarrow \mathbf{C}_1, \mathbf{C}_1 \Rightarrow \mathbf{C}_2, \ldots, \mathbf{C}_{n-1} \Rightarrow \mathbf{C}_n, \mathbf{C}_n \Rightarrow \mathbf{B}$, dann $\mathbf{A} \Rightarrow \mathbf{B}$.

   Die einzelnen Schritte sind dabei in voller Allgemeinheit durchzuführen, einzelne Beispiele zur Rechtfertigung reichen nicht aus.

   Bereitet dieses Vorgehen Schwierigkeiten, so kann man versuchen, eine **Fallunterscheidung** vorzunehmen.

Man zerlegt die Aussage **A** in mehrere restriktivere Aussagen, beispielsweise $\mathbf{A}_1$, $\mathbf{A}_2$, ..., $\mathbf{A}_n$, so dass gilt

$$\mathbf{A} \iff \mathbf{A}_1 \vee \mathbf{A}_2 \vee \ldots \vee \mathbf{A}_n$$

und beweist nach obigem Muster

$$\mathbf{A}_1 \Rightarrow \mathbf{B}\,, \quad \mathbf{A}_2 \Rightarrow \mathbf{B}\,, \quad \ldots\,, \quad \mathbf{A}_n \Rightarrow \mathbf{B}\,.$$

Beispiel 2.19

a) Man beweise die Implikation $\mathbf{A} \Rightarrow \mathbf{B}$ mit

$$\mathbf{A}: \quad a > b > 0\,,$$

$$\mathbf{B}: \quad 1 - \frac{b}{a} < \frac{a}{b} - 1\,.$$

Man folgert schrittweise nach den Rechenregeln für Ungleichungen (Abschnitt 1.5, Figur 1.9):

$$\mathbf{A} \Rightarrow \mathbf{C}_1: \quad a > b > 0 \qquad \Rightarrow \frac{1}{a} < \frac{1}{b}$$

$$\mathbf{C}_1 \Rightarrow \mathbf{C}_2: \quad \frac{1}{a} < \frac{1}{b} \qquad \Rightarrow \frac{a-b}{a} < \frac{a-b}{b} \quad \text{(wegen } a - b > 0\text{)}$$

$$\mathbf{C}_2 \Rightarrow \mathbf{B}: \quad \frac{a-b}{a} < \frac{a-b}{b} \Rightarrow 1 - \frac{b}{a} < \frac{a}{b} - 1$$

b) Man beweise die Implikation $\mathbf{A} \Rightarrow \mathbf{B}$ mit

$$\mathbf{A}: \quad x \neq 0\,,$$

$$\mathbf{B}: \quad \frac{|x+1|}{x} \geq \frac{|x-1|}{x}\,.$$

Wir unterscheiden zwei Fälle

$$\mathbf{A}_1: \; x > 0\,,$$

$$\mathbf{A}_2: \; x < 0$$

und es gilt $\mathbf{A} \iff \mathbf{A}_1 \vee \mathbf{A}_2$.

Dann folgert man

$$\mathbf{A_1} \Rightarrow \mathbf{C_1}: \quad x > 0 \Rightarrow |x+1| \geq |x-1| \; ,$$

$$\mathbf{C_1} \Rightarrow \mathbf{B}: \quad |x+1| \geq |x-1| \Rightarrow \frac{|x+1|}{x} \geq \frac{|x-1|}{x}$$

und andererseits

$$\mathbf{A_2} \Rightarrow \mathbf{C_2}: \quad x < 0 \Rightarrow |x+1| \leq |x-1| \; ,$$

$$\mathbf{C_2} \Rightarrow \mathbf{B}: \quad |x+1| \leq |x-1| \Rightarrow \frac{|x+1|}{x} \geq \frac{|x-1|}{x}$$

Damit ist $\mathbf{A} \Rightarrow \mathbf{B}$ bewiesen.

3) Beweis der Aussage $\mathbf{A} \not\Rightarrow \mathbf{B}$ durch ein **Gegenbeispiel**:
Es ist nachzuweisen, dass **B** nicht generell gilt, wenn **A** vorausgesetzt wird. Hier genügt es, ein Beispiel zu finden, das **A** erfüllt und gleichzeitig **B** widerspricht.

Beispiel 2.20

a) Wir gehen von der ökonomischen Gleichung

$$\text{Gewinn} = \text{Erlös} - \text{Kosten}$$

aus. Bilden wir die Aussagen

A : Für zwei Produkte stimmen Erlöse und Kosten überein ,

B : Für zwei Produkte sind die Gewinne gleich ,

so gilt $\mathbf{A} \Rightarrow \mathbf{B}$, andererseits aber $\mathbf{B} \not\Rightarrow \mathbf{A}$.

Zur Bestätigung von $\mathbf{B} \not\Rightarrow \mathbf{A}$ geben wir ein Gegenbeispiel:
Für zwei Produkte erhalten wir die Erlöse u_1 sowie $u_2 = u_1 + a$ und die Kosten c_1 sowie $c_2 = c_1 + a$ mit $a \neq 0$.
Dann ist $u_1 - c_1 = u_1 + a - c_1 - a = u_2 - c_2$, aber $u_1 \neq u_2, c_1 \neq c_2$.

Statt der allgemeinen Darstellung wäre es ausreichend gewesen, konkrete Werte für u_1, u_2 und c_1, c_2 anzugeben. Ein passendes Gegenbeispiel ergibt sich für $u_1 = 10000$ €, $u_2 = 15000$ € und $c_1 = 5000$ €, $c_2 = 10000$ €.

b) Mit den beiden Aussagen $\mathsf{A}: a \le 0$ und $\mathsf{B}: (1+a)^3 \ge 1+3a$ ist die Implikation $\mathsf{A} \Rightarrow \mathsf{B}$ falsch.

Während $a = -2$ die Ungleichung $(1+a)^3 \ge 1+3a$ erfüllt, ist dies für $a = -4$ nicht mehr richtig.

4) **Indirekter Beweis** oder **Widerspruchsbeweis** für eine Implikation $\mathsf{A} \Rightarrow \mathsf{B}$:

Nach Satz 2.13 f ist $\mathsf{A} \Rightarrow \mathsf{B}$ äquivalent zu $\overline{\mathsf{B}} \Rightarrow \overline{\mathsf{A}}$ oder auch zu $\overline{\mathsf{A} \wedge \overline{\mathsf{B}}}$. Bereitet der direkte Beweis von $\mathsf{A} \Rightarrow \mathsf{B}$ Schwierigkeiten, so kann man versuchen, für die Implikation $\overline{\mathsf{B}} \Rightarrow \overline{\mathsf{A}}$ einen direkten Beweis nach 2) zu führen oder aber zeigen, dass die Konjunktion $\mathsf{A} \wedge \overline{\mathsf{B}}$ zu Widersprüchen führt, also falsch ist.

Beispiel 2.21

a) Man beweise für eine beliebige natürliche Zahl

$$\mathsf{A} \Rightarrow \mathsf{B}: \quad n^2 \text{ ist eine gerade Zahl} \Rightarrow n \text{ ist eine gerade Zahl}$$

bzw. dazu äquivalent

$$\overline{\mathsf{B}} \Rightarrow \overline{\mathsf{A}}: \quad n \text{ ist eine ungerade Zahl} \Rightarrow n^2 \text{ ist eine ungerade Zahl}.$$

Es existiert für eine ungerade Zahl n die Darstellung $n = 2k - 1$, wobei k eine natürliche Zahl ist. Daraus folgt

$$n^2 = (2k-1)^2 = 4k^2 - 4k + 1 = 2(2k^2 - 2k) + 1,$$

also ist n^2 auch ungerade und $\mathsf{A} \Rightarrow \mathsf{B}$ bzw. $\overline{\mathsf{B}} \Rightarrow \overline{\mathsf{A}}$ sind erfüllt.

b) Man beweise die Implikation

$$\mathsf{A} \Rightarrow \mathsf{B}: \quad x^3 + 2x - 12 = 0 \quad \Rightarrow x = 2 \quad \text{ist die einzige reelle Lösung}.$$

Der direkte Beweis führt wegen $x^3 + 2x - 12 = (x-2)(x^2 + 2x + 6) = 0$ auf die Lösung der quadratischen Gleichung $x^2 + 2x + 6 = 0$, die keine reelle Lösung besitzt (Abschnitt 1.5 (1.28)). Wir beweisen stattdessen

$$\overline{\mathsf{B}} \Rightarrow \overline{\mathsf{A}}: \quad x \ne 2 \Rightarrow x^3 + 2x - 12 \ne 0.$$

Es gilt nämlich

$$x > 2 \;\Rightarrow\; x^3 + 2x - 12 > 8 + 4 - 12 = 0\,,$$
$$x < 2 \;\Rightarrow\; x^3 + 2x - 12 < 8 + 4 - 12 = 0\,.$$

Also ist $\overline{\mathbf{B}} \Rightarrow \overline{\mathbf{A}}$ wahr und damit auch $\mathbf{A} \Rightarrow \mathbf{B}$.

Ferner ist auch die Konjunktion

$\mathbf{A} \wedge \overline{\mathbf{B}}$: Die Gleichung $x^3 + 2x - 12 = 0$ besitzt eine reelle Lösung $x \neq 2$

falsch.

c) Man beweise die Implikation

$\mathbf{A} \Rightarrow \mathbf{B}$: x ist eine positive reelle Zahl $\;\Rightarrow\; x + \dfrac{1}{x} \geq 2\,.$

Wir nehmen an, die Aussage

$\mathbf{A} \wedge \overline{\mathbf{B}}$: x ist positiv reell und $\; x + \dfrac{1}{x} < 2$

sei wahr. Dann erhält man wegen

$$x + \frac{1}{x} < 2 \;\Rightarrow\; x^2 + 1 < 2x \;\Rightarrow\; (x-1)^2 < 0$$

einen Widerspruch, also ist $\mathbf{A} \wedge \overline{\mathbf{B}}$ falsch und $\overline{\mathbf{A} \wedge \overline{\mathbf{B}}}$ bzw. $\mathbf{A} \Rightarrow \mathbf{B}$ ist wahr.

Ist ein mathematischer Satz als Äquivalenz $\mathbf{A} \iff \mathbf{B}$ formuliert, so ist dies nach Satz 2.11 gleichbedeutend mit $(\mathbf{A} \Rightarrow \mathbf{B}) \wedge (\mathbf{B} \Rightarrow \mathbf{A})$. Damit können die direkten und indirekten Beweisverfahren für Implikationen übertragen werden.

5) Beweisverfahren für die **Äquivalenz** $\mathbf{A} \iff \mathbf{B}$.

Man wird zunächst versuchen, in einem ersten Schritt $\mathbf{A} \Rightarrow \mathbf{B}$ und anschließend $\mathbf{B} \Rightarrow \mathbf{A}$ direkt zu beweisen. Ferner können auch direkter Beweis und indirekter Beweis gekoppelt werden. Die Aussage $\mathbf{A} \iff \mathbf{B}$ ist demnach äquivalent zu

$$\begin{aligned} & (\mathbf{A} \Rightarrow \mathbf{B}) \wedge \left(\overline{\mathbf{A}} \Rightarrow \overline{\mathbf{B}}\right) \\ \text{bzw.}\quad & \left(\overline{\mathbf{B}} \Rightarrow \overline{\mathbf{A}}\right) \wedge (\mathbf{B} \Rightarrow \mathbf{A}) \\ \text{bzw.}\quad & \left(\overline{\mathbf{B}} \Rightarrow \overline{\mathbf{A}}\right) \wedge \left(\overline{\mathbf{A}} \Rightarrow \overline{\mathbf{B}}\right) \\ \text{oder}\quad & \overline{\mathbf{A}} \iff \overline{\mathbf{B}}\,. \end{aligned}$$

Gelegentlich ist es möglich, die Aussage $\mathsf{A} \iff \mathsf{B}$ ohne Umweg über Implikationen in mehreren Schritten zu zeigen. In diesem Fall gilt entsprechend zum direkten Beweis bei Implikationen:

$\mathsf{A} \iff \mathsf{C}_1, \mathsf{C}_1 \iff \mathsf{C}_2, \ldots, \mathsf{C}_{n-1} \iff \mathsf{C}_n, \mathsf{C}_n \iff \mathsf{B}$
ist äquivalent zu $\mathsf{A} \iff \mathsf{B}$

Beispiel 2.22

a) Man beweise für eine beliebige natürliche Zahl die Äquivalenz

$$\mathsf{A} \iff \mathsf{B} : n^2 \text{ ist gerade} \iff n \text{ ist gerade}.$$

Für $\mathsf{A} \Rightarrow \mathsf{B}$: siehe Beispiel 2.21 a.

Zu $\mathsf{B} \Rightarrow \mathsf{A}$: n gerade $\Rightarrow$ es existiert eine natürliche Zahl k mit $n = 2k$
$\Rightarrow n^2 = 4k^2 = 2(2k^2)$ ist gerade.

Die Implikationen $\mathsf{A} \Rightarrow \mathsf{B}$ und $\mathsf{B} \Rightarrow \mathsf{A}$ sind wahr, also auch $\mathsf{A} \iff \mathsf{B}$.

b) Man beweise die Äquivalenz

$$\mathsf{A} \iff \mathsf{B} : \quad 4x^2 - 12x + 9 = 0 \iff x = 1.5\,.$$

Es gilt:

$$\mathsf{A} \iff \mathsf{C}_1 : \quad 4x^2 - 12x + 9 = 0 \iff (2x-3)^2 = 0$$
$$\mathsf{C}_1 \iff \mathsf{B} : \quad (2x-3)^2 = 0 \iff x = 1.5$$

c) Man beweise die Äquivalenz

$\mathsf{A} \iff \mathsf{B}$:
Die quadratische Gleichung $x^2 + bx + c = 0$ hat eine reelle Lösung
$\iff$ Es existiert ein reelles x mit $x^2 + bx + c \leq 0$.

Die Implikation $\mathsf{A} \Rightarrow \mathsf{B}$ ist wahr.

$\mathsf{B} \Rightarrow \mathsf{A}$:
Es existiert ein reelles x_0 mit $x_0^2 + bx_0 + c \leq 0$. Wählt man ein reelles x_1 genügend groß, so wird der Ausdruck $x_1^2 + bx_1 + c$ unabhängig vom Vorzeichen von b und c positiv. Dann gibt es auch ein reelles x mit $x^2 + bx + c = 0$.

Also ist die Äquivalenz $\mathbf{A} \iff \mathbf{B}$ wahr und damit auch

$\overline{\mathbf{A}} \iff \overline{\mathbf{B}}$:

Die quadratische Gleichung $x^2 + bx + c = 0$ hat keine reelle Lösung

$\iff$ Es existiert kein reelles x mit $x^2 + bx + c \leq 0$

$\iff$ Für alle reellen x gilt $x^2 + bx + c > 0$ (Satz 2.16 a).

Abschließend diskutieren wir ein sehr wichtiges direktes Beweisverfahren für Allaussagen der Form $\bigwedge_n \mathbf{A}(n)$, wobei $n = k, k+1, \dots$ und k ganzzahlig ist.

6) Dieses Beweisprinzip der **vollständigen Induktion** verläuft in zwei Schritten:

a) **Induktionsanfang**: Man zeigt, dass die Aussage für eine ganze Zahl $n = k$ gültig ist, also $\mathbf{A}(k)$ wahr ist

b) **Induktionsschluss**: Um aus $\mathbf{A}(k)$ die Richtigkeit von $\mathbf{A}(k+1)$, hieraus die Richtigkeit von $\mathbf{A}(k+2)$ usw. zu folgern, genügt es zu zeigen:
$\mathbf{A}(n) \Rightarrow \mathbf{A}(n+1)$ für beliebiges $n = k, k+1, \dots$

Der Induktionsschluss, der auch als Induktionsschritt bezeichnet wird, lässt sich in drei Teilschritte unterteilen. Im ersten Schritt, der Induktionsannahme oder Induktionshypothese, setzen wir zunächst die Aussage für ein beliebiges $n \geq k$ als wahr voraus. Um die Implikation $\mathbf{A}(n) \Rightarrow \mathbf{A}(n+1)$ zu beweisen, muss man zeigen, dass mit $\mathbf{A}(n)$ auch $\mathbf{A}(n+1)$ wahr ist. Man nennt die Aussage $\mathbf{A}(n+1)$ auch Induktionsbehauptung. Im zweiten Schritt eines Induktionsbeweises ist es in der Regel sinnvoll, sich diese Induktionsbehauptung explizit hinzuschreiben. Der dritte Schritt besteht dann aus geeigneten Umformungen und Abschätzungen sowie dem Nachweis, dass aus der Richtigkeit von $\mathbf{A}(n)$ auch die Richtigkeit von $\mathbf{A}(n+1)$ und damit aus der Induktionshypothese die Induktionsbehauptung folgt. Dabei versucht man in der Regel, die Aussage $\mathbf{A}(n+1)$ in der Form von $\mathbf{A}(n)$ auszudrücken.

Satz 2.23

Sei k eine ganze Zahl.

$\mathbf{A}(n)$ für alle ganzzahligen $n \geq k$

$\iff$ Induktionsanfang $\mathbf{A}(k)$
Induktionsschluss $\mathbf{A}(n) \Rightarrow \mathbf{A}(n+1)$ $(n = k, k+1, \dots)$.

Beispiel 2.24

Man überprüfe mit Hilfe vollständiger Induktion für alle natürlichen Zahlen n die Aussagen:

$$\mathbf{A_1}(n): \quad \sum_{i=1}^{n} i = \frac{n(n+1)}{2} \qquad \text{(Abschnitt 1.3, 1.14)}$$

$$\mathbf{A_2}(n): \quad \sum_{i=1}^{n} (2i-1) = n^2$$

$$\mathbf{A_3}(n): \quad \sum_{i=1}^{n} a^{i-1} = \frac{a^n-1}{a-1} \quad (a \neq 1) \qquad \text{(Abschnitt 1.3, 1.16)}$$

$$\mathbf{A_4}(n): \quad (1+a)^n \geq 1+na \quad (a > -1) \qquad \text{(Beispiel 2.20 b)}$$

$$\mathbf{A_5}(n): \quad 2^n \geq n^2$$

$$\mathbf{A_6}(n): \quad \sum_{i=1}^{n} i^2 = \frac{2n^3+3n^2+n}{6}$$

Lösung:

$$\mathbf{A_1}(1): \quad \sum_{i=1}^{1} i = 1 = \frac{1 \cdot 2}{2}$$

$$\mathbf{A_1}(n) \Rightarrow \mathbf{A_1}(n+1): \quad \sum_{i=1}^{n} i = \frac{n(n+1)}{2} \Rightarrow \sum_{i=1}^{n+1} i = \frac{(n+1)(n+2)}{2}$$

$$\sum_{i=1}^{n+1} i = \sum_{i=1}^{n} i + n + 1 = \frac{n(n+1)}{2} + n + 1 = \frac{n^2+n+2n+2}{2} = \frac{n^2+3n+2}{2} = \frac{(n+1)(n+2)}{2}$$

Also ist $\mathbf{A_1}(n)$ für alle natürlichen n wahr.

$$\mathbf{A_2}(1): \quad \sum_{i=1}^{1} (2i-1) = 1 = 1^2$$

$$\mathbf{A_2}(n) \Rightarrow \mathbf{A_2}(n+1): \quad \sum_{i=1}^{n} (2i-1) = n^2 \Rightarrow \sum_{i=1}^{n+1} (2i-1) = (n+1)^2$$

$$\sum_{i=1}^{n+1} (2i-1) = \sum_{i=1}^{n} (2i-1) + 2(n+1) - 1 = n^2 + 2n + 1 = (n+1)^2$$

Also ist $\mathbf{A_2}(n)$ für alle natürlichen n wahr.

$$\mathbf{A_3}(1): \quad \sum_{i=1}^{1} a^{i-1} = a^0 = 1 = \frac{a-1}{a-1}$$

$$\mathbf{A_3}(n) \Rightarrow \mathbf{A_3}(n+1): \quad \sum_{i=1}^{n} a^{i-1} = \frac{a^n - 1}{a-1} \Rightarrow \sum_{i=1}^{n+1} a^{i-1} = \frac{a^{n+1}-1}{a-1}$$

$$\sum_{i=1}^{n+1} a^{i-1} = \sum_{i=1}^{n} a^{i-1} + a^n = \frac{a^n-1}{a-1} + a^n = \frac{a^n - 1 + a^{n+1} - a^n}{a-1} = \frac{a^{n+1}-1}{a-1}$$

Also ist $\mathbf{A_3}(n)$ für alle natürlichen n wahr.

$$\mathbf{A_4}(1): \quad 1 + a \geq 1 + a$$

$$\mathbf{A_4}(n) \Rightarrow \mathbf{A_4}(n+1): \quad (1+a)^n \geq 1 + na \Rightarrow (1+a)^{n+1} \geq 1 + (n+1)a$$

$$(1+a)^{n+1} = (1+a)^n(1+a) \geq (1+na)(1+a) = 1 + na + a + na^2 \geq 1 + (n+1)a$$

Also ist $\mathbf{A_4}(n)$ für alle natürlichen n wahr.

$$\mathbf{A_5}(1): \quad 2^1 \geq 1^2$$

$$\mathbf{A_5}(n) \Rightarrow \mathbf{A_5}(n+1): \quad 2^n \geq n^2 \Rightarrow 2^{n+1} \geq (n+1)^2$$

$$2^{n+1} = 2 \cdot 2^n \geq 2n^2 \geq n^2 + 2n + 1 = (n+1)^2$$

Wegen $2n^2 \geq n^2 + 2n + 1 \iff n^2 \geq 2n + 1 \iff n \geq 3$ ist der Induktionsschluss nur für $n = 3, 4, \ldots$ möglich.
Andererseits gilt für $n = 1, 2, 3, 4$

$$2^1 > 1^2, \quad 2^2 = 2^2, \quad 2^3 < 3^2, \quad 2^4 = 4^2.$$

Damit ist $\mathbf{A_5}(n)$ für alle natürlichen $n \geq 4$ wahr, zudem aber auch für $n = 1, 2$.

$$\mathbf{A}_6(1): \quad 1^2 = \frac{2\cdot 1 + 3\cdot 1 + 1}{6} = 1$$

$\mathbf{A}_6(n) \;\Rightarrow\; \mathbf{A}_6(n+1):$

$$\sum_{i=1}^{n} i^2 = \frac{2n^3 + 3n^2 + n}{6} \;\Rightarrow\; \sum_{i=1}^{n+1} i^2 = \frac{2(n+1)^3 + 3(n+1)^2 + (n+1)}{6}$$

$$\sum_{i=1}^{n+1} i^2 = \sum_{i=1}^{n} i^2 + (n+1)^2 = \frac{2n^3 + 3n^2 + n}{6} + (n+1)^2$$

$$= \frac{2n^3 + 3n^2 + n + 6n^2 + 12n + 6}{6} = \frac{2n^3 + 9n^2 + 13n + 6}{6}$$

$$= \frac{2n^3 + 6n^2 + 6n + 2 + 3n^2 + 6n + 3 + n + 1}{6}$$

$$= \frac{2(n+1)^3 + 3(n+1)^2 + (n+1)}{6}$$

Damit ist $\mathbf{A}_6(n)$ für alle natürlichen n wahr.

3 Mengen

Am Ende des 19. Jahrhunderts begründete **G. Cantor** (1845–1918) die Mengenlehre. Er beginnt mit der Erklärung:

> „Unter einer **Menge** verstehen wir jede Zusammenfassung von bestimmten, wohlunterschiedenen Objekten unserer Anschauung oder unseres Denkens, welche die **Elemente** der Menge genannt werden, zu einem Ganzen.“

Diese Erklärung gibt sicherlich eine gewisse Vorstellung vom Mengenbegriff wieder, sie kann jedoch nicht als Definition angesehen werden, denn die verwendeten Begriffe wie „Zusammenfassung“, „Objekte“, „Ganzes“ müssten erst präzisiert werden. Darüber hinaus führt die Cantorsche Erklärung zu Widersprüchen. Bekannt ist weiterhin die **Antinomie** von **B. Russell** (1872–1970), die durch folgende Aussage veranschaulicht werden kann:

> „Ein Barbier rasiert genau alle Männer eines Dorfes, die sich nicht selbst rasieren.“

Gehört also der Barbier zu der Menge aller Männer, die sich nicht selbst rasieren, so rasiert er sich dennoch selbst. Gehört er zur Menge aller Männer, die von ihm rasiert werden, so rasiert er sich nicht selbst. Derartige Schwierigkeiten können wir umgehen, wenn wir in der Lage sind, für jedes Objekt im obigen Sinne mit „wahr“ oder „falsch“ zu entscheiden, ob es zur Menge gehört. Damit reicht der so genannte **naive** Standpunkt der Mengenlehre nach Cantor für unsere weiteren Überlegungen aus. In vielen konkreten Anwendungsfällen ist damit klar, was unter einer Menge und ihren Elementen zu verstehen ist, z. B. bei Mengen von bestimmten Anbietern, Nachfragern, Institutionen, Gütern, Investitionsalternativen, Marktanteilen, Preisen, Zahlen, Punkten, Aussagen, Gleichungen usw.

Abschnitt 3.1 befasst sich zunächst mit Mengen in aufzählender, beschreibender und graphischer Form sowie mit den Begriffen endliche Menge, Teilmenge und Potenzmenge. In den folgenden Abschnitten 3.2, 3.3 werden weitere Mengenoperationen wie Schnittmenge, Vereinigungsmenge und Differenzmenge behandelt. Der Begriff der **Menge** und ihre **elementaren algebraischen Verknüpfungen** spielen in allen folgenden Kapiteln eine zentrale Rolle. So geht es in der linearen Algebra um Mengen von Vektoren und Matrizen oder auch um Lösungsmengen von linearen Gleichungs- und Ungleichungssystemen. In der Analysis dient der Mengenbegriff insbesondere zur Beschreibung von Definitions- und Wertebereichen, aber auch zur Darstellung der Lösungen von Differenzen- und Differentialgleichungen oder Optimierungsaufgaben.

3.1 Einführung und Darstellungsformen

Definition 3.1

Unter einer **Menge** A wird eine Gesamtheit von bestimmten, unterscheidbaren Objekten verstanden, man nennt sie **Elemente** der Menge. Für jedes denkbare Objekt kann entschieden werden, ob es Element der Menge ist oder nicht. Man schreibt:

$a \in A$ für „a ist Element von A"

$a \notin A$ für „a ist nicht Element von A"

In Ergänzung dazu nennen wir eine Gesamtheit von Objekten, die nicht notwendigerweise alle verschieden sind, ein **System**.

Eine Menge kann oft durch **Aufzählen** ihrer Elemente ohne Berücksichtigung irgendeiner Reihenfolge, eingeschlossen in geschweiften Klammern, dargestellt werden. So ist

$A_1 = \{1, 4, 5, 8, 2, 3, 7, 9, 6, 0\}$ die Menge aller Ziffern im Dezimalsystem,

$A_2 = \{a, b, c, \ldots, z\}$ die Menge aller lateinischen Kleinbuchstaben.

Ist die Bedeutung klar, so können wie bei der Menge A_2 Elemente im Rahmen der Aufzählung ausgelassen werden. Andererseits gibt die aufzählende Form der Menge

$$A_3 = \{1, 2, 4, 7, 11, \ldots\}$$

keinen Aufschluss über die Gesamtmenge.

Alternativ dazu und vor allem bei Mengen mit „sehr vielen" Elementen wählt man zweckmäßig die **beschreibende Form**

$$B = \{b : b \text{ hat die Eigenschaften } \ldots\}$$

und spricht von einer Menge B aller Elemente b mit den Eigenschaften ...

Beschreibt man die Menge $B_n = \{b_0, b_1, \ldots, b_n\}$ durch

$$B_n = \{b_i : b_i = b_{i-1} + i \ (i = 1, \ldots, n),\ b_0 = 1\},$$

so wird wegen $b_0 = 1, b_1 = 2, b_2 = 4, b_3 = 7, b_4 = 11, \ldots$ eine Menge der Form A_3 präzisiert.

Die in den Abschnitten 1.1 und 1.8 eingeführten Zahlenbereiche können nun durch folgende Mengen in aufzählender bzw. beschreibender Form dargestellt werden:

$$
\begin{aligned}
\mathbb{N} &= \{a : a \text{ ist natürliche Zahl}\} = \{1, 2, 3, \ldots\} \\
\mathbb{N}_g &= \{a : a \text{ ist gerade natürliche Zahl}\} = \{a : a = 2n,\ n \in \mathbb{N}\} \\
&= \{a \in \mathbb{N} : a = 0 \pmod 2\} = \{2, 4, 6, \ldots\} \\
\mathbb{N}_u &= \{a : a \text{ ist ungerade natürliche Zahl}\} = \{a : a = 2n - 1,\ n \in \mathbb{N}\} \\
&= \{a \in \mathbb{N} : a = 1 \pmod 2\} = \{1, 3, 5, \ldots\} \\
\mathbb{Z} &= \{a : a \text{ ist ganze Zahl}\} = \{0, +1, -1, +2, -2, \ldots\} \\
\mathbb{Q} &= \{a : a \text{ ist rationale Zahl}\} = \{a : a = \frac{p}{q},\ p, q \in \mathbb{Z},\ q \neq 0\} \\
\mathbb{R} &= \{a : a \text{ ist reelle Zahl}\} = \{a : a \text{ ist endlicher oder unendlicher Dezimalbruch}\} \\
\mathbb{R}_+ &= \{a : a \text{ ist nichtnegative reelle Zahl}\} = \{a : a \in \mathbb{R},\ a \geq 0\} \\
\mathbb{R}_- &= \{a : a \text{ ist nichtpositive reelle Zahl}\} = \{a : a \in \mathbb{R},\ a \leq 0\} \\
\mathbb{C} &= \{a : a \text{ ist komplexe Zahl}\} = \{a : a = b + ci,\ b, c \in \mathbb{R},\ i = \sqrt{-1}\}
\end{aligned}
$$

Beispiel 3.2

Man gebe

die Menge M_1 aller natürlichen Zahlen, die nicht größer als 10 sind,

die Menge M_2 aller ganzzahligen Teiler von 12,

die Menge M_3 aller natürlichen Zahlen x mit $3x \leq 13$,

die Menge M_4 aller ganzen Zahlen im Intervall $\langle -2, 3]$,

die Menge M_5 aller reellen Lösungen der Gleichung $x^2 - 3x - 10 = 0$

zunächst in beschreibender, dann in aufzählender Form an. Man erhält:

$$
\begin{aligned}
M_1 &= \{x \in \mathbb{N} : x \leq 10\} = \{1, 2, 3, 4, 5, 6, 7, 8, 9, 10\} \\
M_2 &= \{x \in \mathbb{Z} : x \text{ ist Teiler von } 12\} \\
&= \{1, -1, 2, -2, 3, -3, 4, -4, 6, -6, 12, -12\} \\
M_3 &= \{x \in \mathbb{N} : 3x \leq 13\} = \{1, 2, 3, 4\} \\
M_4 &= \{x \in \mathbb{Z} : -2 < x \leq 3\} = \{-1, 0, 1, 2, 3\} \\
M_5 &= \{x \in \mathbb{R} : x^2 - 3x - 10 = 0\} = \{-2, 5\}
\end{aligned}
$$

Gelegentlich lassen sich Mengen grafisch mit Hilfe so genannter **Venndiagramme** besonders anschaulich darstellen. Man charakterisiert die Elemente durch Punkte, die man mit einer geschlossenen Linie umgibt (Figur 3.1). Noch einfacher bezeichnet man die Menge mit einem Buchstaben, z. B. A, und schließt ihn in eine geschlossene Linie ein (Figur 3.2).

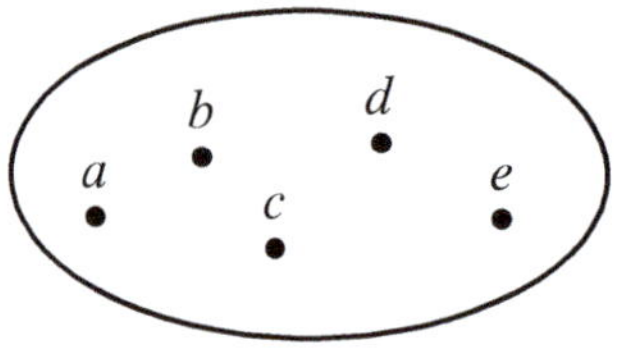

Figur 3.1: Venndiagramm der Menge $\{a, b, c, d, e\}$

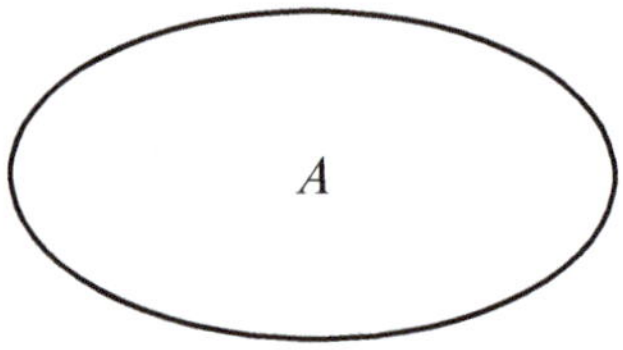

Figur 3.2: Venndiagramm der Menge A

Venndiagramme tragen oft wesentlich zur Anschaulichkeit bei, sind jedoch kein Beweismittel im strengen Sinn.

Entsprechend zu den Zahlen kann man Mengen in verschiedener Weise vergleichen. So ist es sinnvoll, die Gleichheit bzw. Ungleichheit von Mengen einzuführen. Ferner kann man sich fragen, wann eine Menge A „kleiner als" eine Menge B bzw. A „kleiner oder gleich" B ist.

Definition 3.3

a) Zwei Mengen A, B heißen **gleich** oder **identisch**, kurz $A = B$, wenn sie in ihren Elementen übereinstimmen, d. h. jedes Element von A ist auch Element von B und jedes Element von B auch Element von A, also

$$A = B \iff (a \in A \iff a \in B) .$$

Für zwei **nicht identische** Mengen schreibt man $A \neq B$.

b) Eine Menge A heißt **Teilmenge** von B, kurz $A \subseteq B$, wenn jedes Element von A auch Element von B ist, also

$$A \subseteq B \iff (a \in A \Rightarrow a \in B) .$$

Die Menge B heißt dann auch **Obermenge** zu A, kurz auch $B \supseteq A$. Es gilt stets $A \subseteq A$. Ist A nicht Teilmenge von B, dann schreibt man $A \not\subseteq B$.

c) Eine Menge A heißt **echte Teilmenge** von B, kurz $A \subset B$, wenn A Teilmenge von B ist, beide Mengen aber nicht identisch sind, also

$$A \subset B \iff (A \subseteq B \ \wedge \ A \neq B) .$$

Die Menge B heißt dann auch **echte Obermenge** von A.

Für die in Figur 3.3 durch Venndiagramme charakterisierten Mengen A, B gilt die Teilmengenbeziehung $A \subset B$, A ist also echte Teilmenge von B.

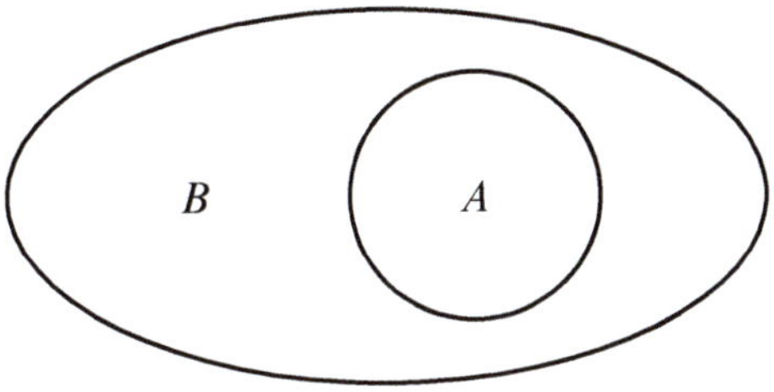

Figur 3.3: Teilmenge $A \subset B$

In einigen Büchern werden auch die Symbole $\subset$ für $\subseteq$ und $\subsetneqq$ für $\subset$ verwendet.

Beispiel 3.4

a) Für die Zahlenmengen gelten die echten Teilmengenbeziehungen

$$\mathbb{N}_g \subset \mathbb{N},\ \mathbb{N}_u \subset \mathbb{N},\ \mathbb{N} \subset \mathbb{R}_+\,,$$
$$\mathbb{N} \subset \mathbb{Z} \subset \mathbb{Q} \subset \mathbb{R} \subset \mathbb{C}\,.$$

b) Die Menge $\{a \in \mathbb{R} : a^2 = 1\} = \{-1, 1\}$ ist eine echte Teilmenge von $\mathbb{Z}$, nicht von $\mathbb{N}$.

c) Für die Mengen $A = \{a, b, c, 0, 1\}$, $B = \{c, 0\}$, $C = \{c, 0, d\}$ gelten die Teilmengenbeziehungen $B \subset A$, $B \subset C$, aber $A \not\subseteq C$, $C \not\subseteq A$.

d) Für die Venndiagramme

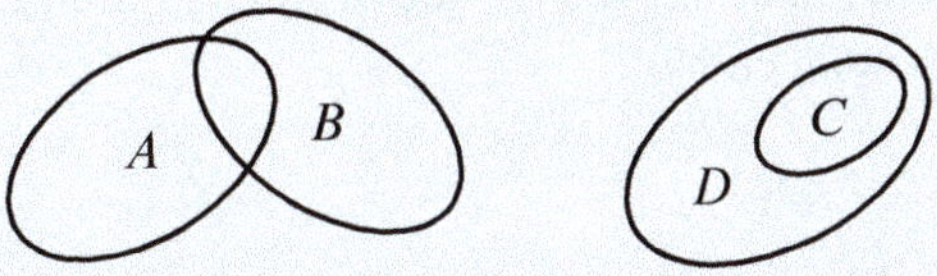

gilt $A \not\subseteq B$, $B \not\subseteq A$, $C \subset D$.

Insbesondere im Rahmen von Fragestellungen der Kombinatorik (Abschnitt 1.4) ist man an der Anzahl von Elementen einer Menge interessiert.

Definition 3.5

Eine Menge A heißt **endlich**, wenn sie endlich viele Elemente enthält, andernfalls **unendlich**. Enthält A genau n Elemente, so schreibt man $|A| = n$.

Zwischen Teilmengenbeziehungen und der Elementanzahl von endlichen Mengen existieren naheliegende Zusammenhänge.

Satz 3.6

A, B seien endliche Mengen mit $|A| = a, |B| = b$. Dann gilt:

a) $A = B \Rightarrow a = |A| = |B| = b$

b) $A \subseteq B \Rightarrow a = |A| \leq |B| = b$

c) $A \subset B \Rightarrow a = |A| < |B| = b$

Offenbar sind bei allen drei Aussagen die Umkehrschlüsse der Form „$\Leftarrow$“ nicht richtig (Beispiel 3.7).

Beispiel 3.7

Für die Mengen

$$\begin{aligned} M_1 &= \{0, 1, 2, 3, 4, 5, 6, 7, 8, 9\}, \\ M_2 &= \{1, 2, 3, 4\}, \\ M_3 &= \{x \in \mathbb{N} : x^2 \leq 20\}, \\ M_4 &= \{1, \tfrac{1}{2}, \tfrac{1}{3}, \tfrac{1}{4}\} \end{aligned}$$

gilt $|M_1| = 10$, $|M_2| = |M_3| = |M_4| = 4$.
Ferner ist $M_2 = M_3 \subset M_1$, $M_4 \not\subseteq M_i$ $(i = 1, 2, 3)$.

Um weitere Mengenoperationen sinnvoll einführen und durchführen zu können, benötigen wir eine Menge, die kein Element enthält.

Definition 3.8

Eine Menge, die keine Elemente enthält, heißt **leere Menge**.
Wir verwenden das Symbol $\emptyset$ und es gilt $|\emptyset| = 0$.

Satz 3.9

a) Die leere Menge ist Teilmenge jeder Menge.

b) $A \subseteq B$ und $B \subseteq C \Rightarrow A \subseteq C$

c) $A = B$ und $B = C \Rightarrow A = C$

Beweis:

a) Zu beweisen ist nach Definition 3.3 b die Implikation $a \in \emptyset \Rightarrow a \in A$ für jede beliebige Menge A. Da aber $a \in \emptyset$ stets falsch ist (Definition 3.8), ist die Implikation immer richtig (Definition 2.5).

Mit Hilfe von Venndiagrammen wird die Richtigkeit der Aussagen b), c) intuitiv klar.

Sind nun die Elemente einer Menge selbst wieder Mengen, so erhält man eine Menge von Mengen.

Definition 3.10

Die Menge aller Teilmengen von A, also

$$\mathrm{P}(A) = \{C : C \subseteq A\},$$

heißt **Potenzmenge** von A.

Es gilt die Äquivalenz

$$C \subseteq A \Longleftrightarrow C \in \mathrm{P}(A).$$

Beispiel 3.11

Die Potenzmengen der Mengen $A = \{a, b, c\}$ und $B = \{0, \{0, 1\}\}$ sind

$$\mathrm{P}(A) = \{\emptyset, \{a\}, \{b\}, \{c\}, \{a, b\}, \{a, c\}, \{b, c\}, \{a, b, c\}\},$$
$$\mathrm{P}(B) = \{\emptyset, \{0\}, \{\{0, 1\}\}, \{0, \{0, 1\}\}\}.$$

Enthält also die Menge B als Elemente die Zahl 0 und die Menge $\{0, 1\}$, die aus 0 und 1 besteht, so enthält die Potenzmenge $\mathrm{P}(B)$ die leere Menge $\emptyset$ und $B = \{0, \{0, 1\}\}$ sowie die Mengen $\{0\}, \{\{0, 1\}\}$, die jeweils aus einem Element 0 bzw. $\{0, 1\}$ bestehen. So unrealistisch dieses zweite Beispiel auch sein mag, es zeigt recht deutlich die Konsequenz des Vorgehens.

Zur Bildung der Potenzmenge $\mathrm{P}(A)$ einer endlichen Menge A geht man zweckmäßig folgendermaßen vor: Man notiert zuerst die leere Menge $\emptyset$, anschließend der Reihe nach alle einelementigen, zweielementigen, ... Teilmengen von A und schließlich A selbst. Eine Potenzmenge $\mathrm{P}(A)$ enthält also immer $\emptyset$ und A.

Satz 3.12

$$|A| = n \quad \text{mit} \quad n = 0, 1, 2, \ldots \Rightarrow |\mathrm{P}(A)| = 2^n$$

Beweis:

Wir führen den Beweis mit vollständiger Induktion (Satz 2.23).

Induktionsanfang $(n = 0)$:

$$|A| = 0 \Rightarrow A = \emptyset \Rightarrow \mathrm{P}(A) = \{\emptyset\} \Rightarrow |\mathrm{P}(A)| = 2^0 = 1$$

(Für $n = 1$ ist beispielsweise $A = \{1\}$, $|A| = 1$, $\mathrm{P}(A) = \{\emptyset, A\}$, $|\mathrm{P}(A)| = 2^1 = 2$)

Induktionsschluss $(n \to n + 1)$:

$$\begin{aligned} A &= \{a_1, \ldots, a_n\}, \quad &\text{also} \quad |A| &= n \Rightarrow |\mathrm{P}(A)| = 2^n \\ A' &= \{a_1, \ldots, a_n, a_{n+1}\}, \quad &\text{also} \quad |A'| &= n + 1 \end{aligned}$$

Dann enthält $\mathrm{P}(A')$ alle Teilmengen von A, das sind 2^n Teilmengen, ferner alle weiteren Teilmengen, die aus den Teilmengen von A in Kombination mit dem neuen Element a_{n+1} entstehen, das sind nochmals 2^n Teilmengen. Also ist

$$|\mathrm{P}(A')| = 2^n + 2^n = 2 \cdot 2^n = 2^{n+1}.$$

Damit ist der Beweis erbracht.

3.2 Schnitt- und Vereinigungsmengen

Fassen wir zwei Mengen so zusammen, dass man

- einmal nur die gemeinsamen, in beiden Mengen enthaltenen Elemente auswählt,
- zum anderen jedes Element auswählt, das zumindest in einer der beiden Mengen enthalten ist,

so ergeben sich zwei neue Mengen.

Definition 3.13

Die Menge aller Elemente, die sowohl zu einer Menge A als auch zu einer Menge B gehören, heißt **Schnittmenge** oder **Durchschnitt** von A und B. Man schreibt:

$$A \cap B = \{a : a \in A \wedge a \in B\}$$

In Figur 3.4 wird eine Schnittmenge beispielhaft durch ein Venndiagramm dargestellt.

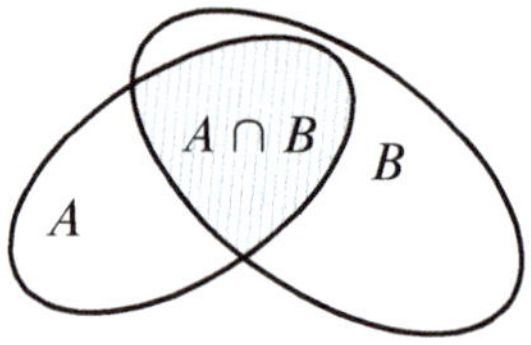

Figur 3.4: Schnittmenge $A \cap B$

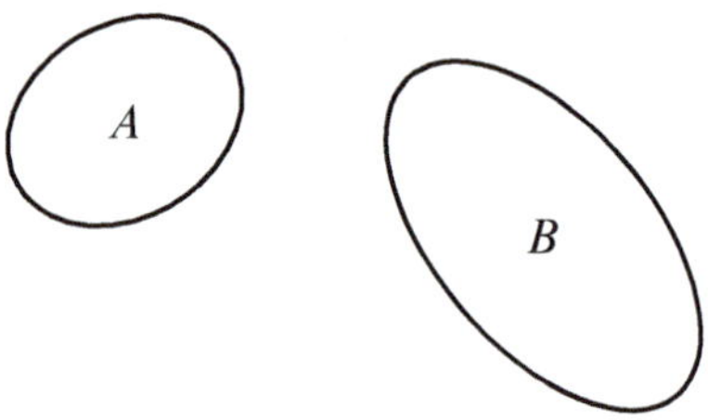

Figur 3.5: Disjunkte Mengen A, B

Besitzen zwei Mengen A, B kein gemeinsames Element, so ist der Durchschnitt leer, es ist $A \cap B = \emptyset$ (Figur 3.5). Die Mengen A, B heißen dann **elementfremd** oder **disjunkt**.

Definition 3.14

Die Menge aller Elemente, die zu einer Menge A oder zu einer Menge B oder zu beiden Mengen A, B gehören, heißt **Vereinigungsmenge** oder **Vereinigung** von A und B. Man schreibt:

$$A \cup B = \{a : a \in A \vee a \in B\}$$

In Figur 3.6 stellen wir die Vereinigung zweier Mengen A, B mit gemeinsamen Elementen dar, in Figur 3.7 die Vereinigung zweier disjunkter Mengen A, B.

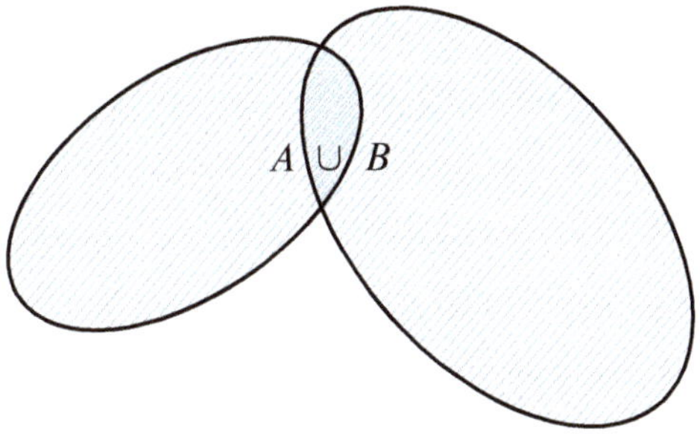

Figur 3.6: Vereinigungsmenge $A \cup B$

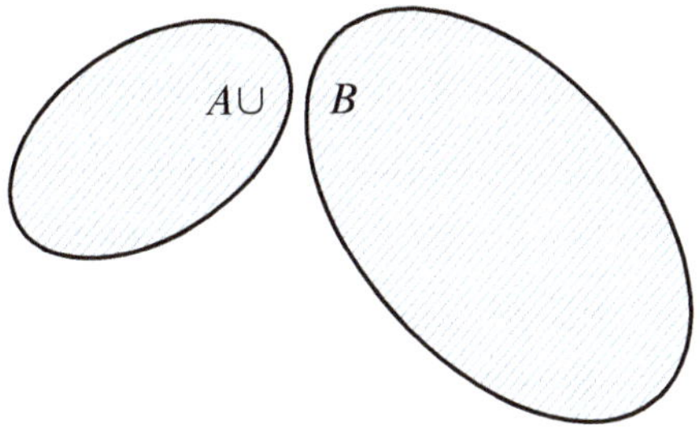

Figur 3.7: Vereinigung disjunkter Mengen A, B

Es liegt nahe, wie im Fall von Teilmengenbeziehungen auch hier Zusammenhänge zwischen Durchschnitt, Vereinigung und ihrer Elementanzahl bei endlichen Mengen anzugeben.

Satz 3.15

A, B seien endliche Mengen mit $|A| = a$, $|B| = b$, $|A \cap B| = c$.
Dann gilt:

$$|A \cup B| = |A| + |B| - |A \cap B| = a + b - c$$

Beweis:

Addiert man jeweils die Anzahl der Elemente von A und B, so hat man für $|A \cup B|$ den Durchschnitt doppelt gezählt. Aus diesem Grunde ist für $|A \cup B|$ die Anzahl c der Elemente von $A \cap B$ von der Summe $a + b$ zu subtrahieren.

Selbstverständlich enthält Satz 3.15 auch den Spezialfall, dass A und B elementfremd sind. Dann ist $|A \cap B| = 0$ und $|A \cup B| = |A| + |B|$.

Allgemein erhält man nach einer kleinen Umformung:

$$|A \cup B| + |A \cap B| = |A| + |B|$$

Durch Verbindung von Durchschnitten und Vereinigungen erhält man eine Reihe von Aussagen, die wir in nachfolgendem Satz zusammenstellen.

Satz 3.16

Seien A, B, C Mengen. Dann gilt:

a) die Kommutativität: $A \cap B = B \cap A$
$A \cup B = B \cup A$

b) die Assoziativität: $(A \cap B) \cap C = A \cap (B \cap C)$
$(A \cup B) \cup C = A \cup (B \cup C)$

c) die Distributivität: $(A \cap B) \cup C = (A \cup C) \cap (B \cup C)$
$(A \cup B) \cap C = (A \cap C) \cup (B \cap C)$

d) $A \subseteq B \iff A \cap B = A \iff A \cup B = B$

Auf den expliziten Beweis, der mit Hilfe der Begriffe Teilmenge, Durchschnitt und Vereinigung (Definitionen 3.3, 3.13, 3.14) zu führen ist, verzichten wir.

Stattdessen erscheint es angebracht, auf die engen Verwandtschaften zwischen mengenalgebraischen Operationen und aussagenlogischen Verknüpfungen hinzuweisen, die natürlich beim Beweis des Satzes 3.16 die entscheidende Rolle spielen. Wir formulieren die Aussagen

$\mathbf{A}: \quad a \in A,$

$\mathbf{B}: \quad a \in B,$

$\mathbf{C}: \quad a \in C.$

Dann entspricht

die Konjunktion	$\mathbf{A} \wedge \mathbf{B}$	dem Durchschnitt	$A \cap B$,
die Disjunktion	$\mathbf{A} \vee \mathbf{B}$	der Vereinigung	$A \cup B$,
die Implikation	$\mathbf{A} \Rightarrow \mathbf{B}$	der Teilmengenbeziehung	$A \subseteq B$,
die Äquivalenz	$\mathbf{A} \iff \mathbf{B}$	der Identität	$A = B$.

Vergleicht man nun die Aussagen der Sätze 2.13 a, b, c und 3.16 a, b, c, so finden wir in Satz 3.16 a, b, c die früheren Aussagen wieder.

Die Aussage des Satzes 3.16 d lautet speziell für $A = \emptyset$ bzw. $A = B$:

$$\emptyset \cap B = \emptyset , \quad \emptyset \cup B = B$$
$$B \cap B = B = B \cup B$$

Beispiel 3.17

a) Für die Mengen $A = \{1, 2, 3, 4, 5\}$, $B = \{2, 4, 6\}$, $C = \{1, 6\}$ erhält man

$$\begin{aligned}
&A \cap B = \{2, 4\} , \\
&A \cap C = \{1\} , \\
&B \cap C = \{6\} , \\
&A \cap B \cap C = \emptyset , \\
&A \cup B = \{1, 2, 3, 4, 5, 6\} = A \cup C = A \cup B \cup C , \\
&B \cup C = \{1, 2, 4, 6\} , \\
&A \cup (B \cap C) = A \cup \{6\} = \{1, 2, 3, 4, 5, 6\} , \\
&A \cap (B \cup C) = A \cap \{1, 2, 4, 6\} = \{1, 2, 4\} .
\end{aligned}$$

b) Für die Mengen

$$\begin{aligned}
&A = \{x \in \mathbb{R}\colon 3x - 12 \leq 0\} = \{x \in \mathbb{R} : x \leq 4\} , \\
&B = \{x \in \mathbb{R}\colon x^2 - 3x - 4 = 0\} = \{-1, 4\} , \\
&C = \mathbb{N}
\end{aligned}$$

ist

$$\begin{aligned}
&A \cap B = B = \{-1, 4\} , \\
&A \cap C = \{1, 2, 3, 4\} , \\
&B \cap C = \{4\} = A \cap B \cap C , \\
&A \cup B = A = \{x \in \mathbb{R}\colon x \leq 4\} , \\
&B \cup C = \{-1, 1, 2, 3, \ldots\} , \\
&A \cup B \cup C = \{x\colon (x \in \mathbb{R} \wedge x \leq 4) \vee (x \in \mathbb{N})\} , \\
&A \cap B \cup C = \{-1, 4\} \cup \mathbb{N} = \{-1, 1, 2, 3, \ldots\} = B \cup C , \\
&A \cap (B \cup C) = A \cap \{-1, 1, 2, 3, \ldots\} = \{-1, 1, 2, 3, 4\} , \\
&A \cup B \cap C = A \cap C = \{1, 2, 3, 4\} , \\
&A \cup (B \cap C) = A \cup \{4\} = A .
\end{aligned}$$

Entsprechend dem Vorgehen in der Aussagenlogik, wo wir die Konjunktion und die Disjunktion auf mehrere Aussagen ausgedehnt haben (Abschnitt 2.2), sind wir nun in der Lage, auch Durchschnitts- und Vereinigungsbildungen auf mehr als zwei Mengen $A_u, A_v, \ldots$ zu erweitern. Dazu fassen wir die Indizes $u, v, \ldots$ zu einer **Indexmenge** I zusammen. Ist nun I eine endliche Menge mit $|I| = n$, so kann man $I = \{1, \ldots, n\}$ wählen. Für unendliche Indexmengen kommen hier vor allem die Zahlenmengen $\mathbb{N}$ bzw. $\mathbb{R}$ in Frage.

Definition 3.18

Seien A_x mit $x \in I$ vorgegebene Mengen und I eine Indexmenge. Dann schreibt man für den **Durchschnitt** aller dieser Mengen

$$\bigcap_{x \in I} A_x = \{a : a \in A_x \text{ für alle } x \in I\}$$

und für die **Vereinigung**

$$\bigcup_{x \in I} A_x = \{a : a \in A_x \text{ für mindestens ein } x \in I\}$$
$$= \{a : \text{es existiert ein } x \in I \text{ mit } a \in A_x\}.$$

Für $I = \{1, \ldots, n\}$ schreibt man auch

$$\bigcap_{x \in I} A_x = \bigcap_{i=1}^{n} A_i, \qquad \bigcup_{x \in I} A_x = \bigcup_{i=1}^{n} A_i.$$

Der Durchschnitt enthält also nur die Elemente, die zu allen Mengen A_x gehören, die Vereinigung alle Elemente, die zumindest zu einer der Mengen A_x gehören.
In Verbindung mit All- und Existenzaussagen gelten folgende Entsprechungen:

Allaussage	$\bigwedge_x A(x)$	–	Durchschnitt	$\bigcap_{x \in I} A_x$
Existenzaussage	$\bigvee_x A(x)$	–	Vereinigung	$\bigcup_{x \in I} A_x$

Beispiel 3.19

a) Für die Mengen $A_1 = \{1,2,3,4,5\}$, $A_2 = \{2,4,6\}$, $A_3 = \{1,6\}$ und die Indexmenge $I = \{1,2,3\}$ gilt

$$\bigcap_{x\in I} A_x = \bigcap_{i=1}^{3} A_i = A_1 \cap A_2 \cap A_3 = \emptyset ,$$

$$\bigcup_{x\in I} A_x = \bigcup_{i=1}^{3} A_i = A_1 \cup A_2 \cup A_3 = \{1,2,3,4,5,6\} .$$

b) Für die Mengen $A_n = \{1,\dots,n\}$ mit $n \in \mathbb{N}$ ist

$$\bigcap_{x\in\mathbb{N}} A_x = A_1 \cap A_2 \cap \dots = \{1\}, \quad \bigcup_{x\in\mathbb{N}} A_x = A_1 \cup A_2 \cup \dots = \mathbb{N} .$$

3.3 Differenzmengen

Zur Negation $\overline{\mathbf{A}}$ einer Aussage **A** wurde das Pendant aus der Mengenlehre bisher noch nicht genannt, obwohl es bereits in der Definition 3.1 enthalten ist. Entspricht einer Aussage **A** die Elementbeziehung $a \in A$, so entspricht der Negation $\overline{\mathbf{A}}$ die Elementbeziehung $a \notin A$. Häufig wird jedoch eine feste **Grund- oder Universalmenge** M betrachtet, die alle für eine spezielle Aufgabenstellung relevanten Mengen als Teilmengen enthält. Dann bedeutet $a \notin A$ soviel wie a gehört zu M, aber nicht zur Teilmenge A.

Wir kommen mit diesen Überlegungen zu dem etwas allgemeineren Begriff der Komplementärmenge und noch allgemeiner zum Begriff der Differenzmenge.

Definition 3.20

Die Menge aller Elemente, die zu einer Menge B, aber nicht zu A gehören, heißt **Differenzmenge** oder **Differenz** von B und A, man schreibt

$$B \setminus A = \{a : a \in B \wedge a \notin A\} .$$

Ist A Teilmenge von B, dann heißt die Menge

$$B \setminus A = \{a : a \in B \wedge a \notin A\} = \overline{A}_B$$

auch **Komplementärmenge** oder **Komplement** von A bzgl. B.

Offensichtlich ist jedes Komplement auch eine Differenz, eine Differenz muss jedoch kein Komplement sein. Die Differenz ist der allgemeinere Begriff. Wir veranschaulichen beide Begriffe und insbesondere ihre Unterschiede durch entsprechende Venndiagramme. Die schraffierte Fläche in Figur 3.8 entspricht dem Komplement von A bzgl. B und damit auch der Differenz von B und A, die schraffierte Fläche in Figur 3.9 beschreibt die Differenz von B und A.

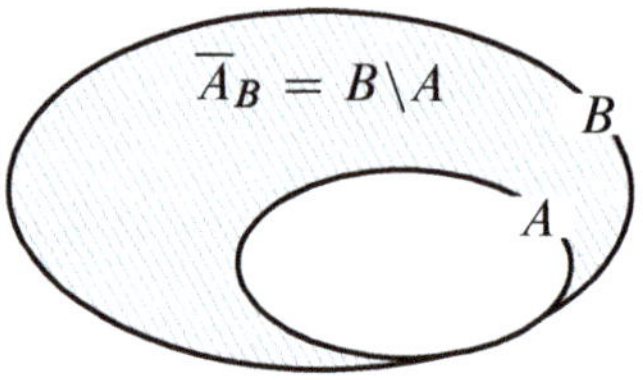

Figur 3.8: Komplementärmenge von A bzgl. B

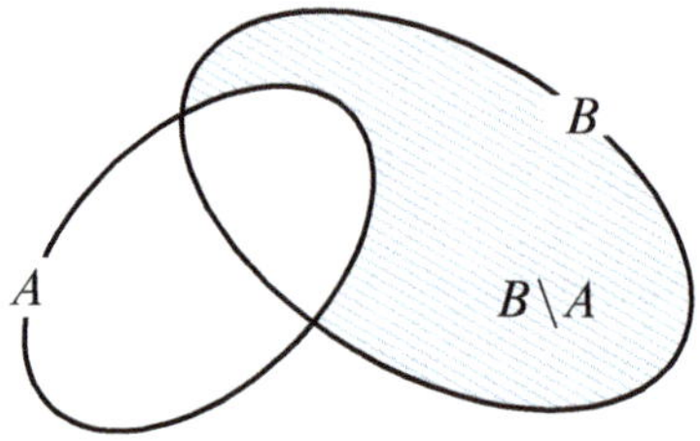

Figur 3.9: Differenzmenge von B und A

Damit lassen sich weitere mengenalgebraische Aussagen formulieren.

Satz 3.21

Seien A, B, C Mengen mit $A, B \subseteq C$. Dann gilt:

a) $A \cup \overline{A}_C \quad = A \cup (C \setminus A) \;=\; C$

b) $A \cap \overline{A}_C \quad = A \cap (C \setminus A) = \emptyset$

c) $\overline{(\overline{A}_C)}_C \quad = C \setminus \overline{A}_C \;=\; C \setminus (C \setminus A) \;=\; A$

d) $\overline{A}_C \cap \overline{B}_C = \overline{(A \cup B)}_C$

e) $\overline{A}_C \cup \overline{B}_C = \overline{(A \cap B)}_C$

f) $A \subseteq B \iff \overline{A}_C \supseteq \overline{B}_C$

g) $A = B \iff \overline{A}_C = \overline{B}_C$

Beweis:

Zum Beweis der Aussagen a) und c) kann auf die ersten beiden Tautologien des Satzes 2.10 a) verwiesen werden, zum Beweis von b) auf die erste Kontradiktion von Satz 2.10 b). Die Aussagen d) und e) entsprechen den Aussagen von Satz 2.13 d) und die Aussagen f) und g) den Aussagen von Satz 2.13 f) und g). Alternativ kann man sich die einzelnen Aussagen mit Hilfe von Venndiagrammen klar machen.

Damit kennen wir die wesentlichen, das Komplement einer Menge betreffenden Aussagen, die natürlich nicht für beliebige Differenzmengen gültig sind.

Satz 3.22

Für zwei beliebige Mengen A,B gilt:

a) $B \setminus A = B \setminus (A \cap B) = \overline{(A \cap B)}_B = (A \cup B) \setminus A = \overline{A}_{(A \cup B)}$

b) $(A \cup B) \setminus (A \cap B) = \overline{(A \cap B)}_{(A \cup B)} = (A \setminus B) \cup (B \setminus A)$

Beispiel 3.23

a) Für die Mengen $A = \{a,b,c,d\}$, $B = \{a,b\}$, $C = \{b,c,d\}$ erhält man beispielsweise

$$\begin{aligned}
&A \setminus B = \overline{B}_A = \{c,d\} = C \setminus B\,,\\
&A \setminus C = \overline{C}_A = \{a\} = B \setminus C\,,\\
&B \setminus A = C \setminus A = \emptyset\,,\\
&\overline{(B \cup C)}_A = \overline{B}_A \cap \overline{C}_A = \emptyset\,,\\
&\overline{(B \cap C)}_A = \overline{B}_A \cup \overline{C}_A = \{a,c,d\}\,,\\
&(B \cup C) \setminus (B \cap C) = (B \setminus C) \cup (C \setminus B) = \{a,c,d\}\,.
\end{aligned}$$

b) In den folgenden Venndiagrammen

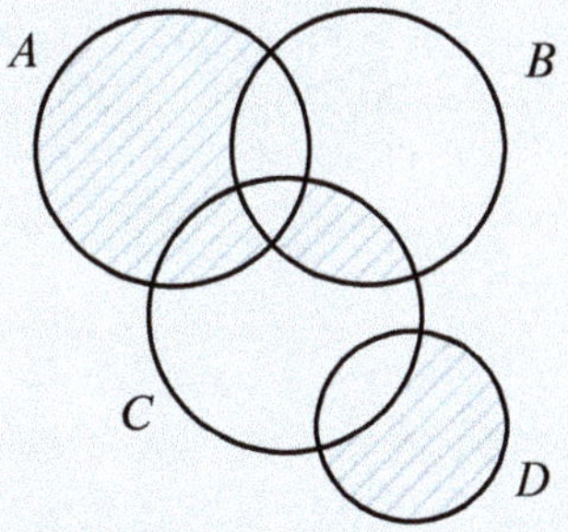

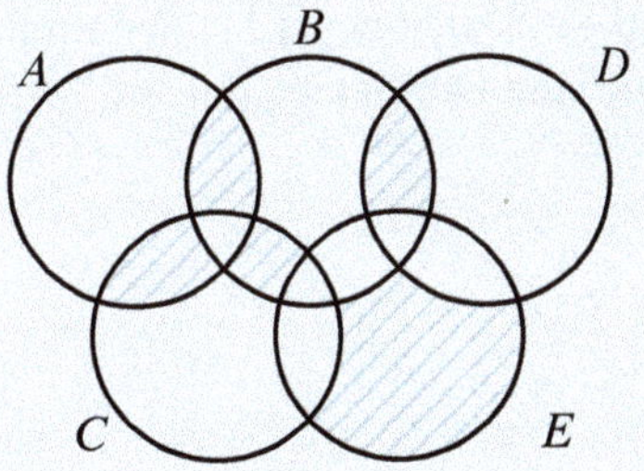

erhält man für die schraffierten Mengen

$$\begin{aligned}
M_1 &= (A \setminus B) \cup \big((B \cap C) \setminus A\big) \cup (D \setminus C)\\
&= \big(A \cup (B \cap C)\big) \setminus (A \cap B) \cup (D \setminus C)\,,\\
M_2 &= \big((A \cap B) \setminus C\big) \cup \big((A \cap C) \setminus B\big) \cup \big((B \cap C) \setminus A \setminus E\big)\\
&\quad \cup \big((B \cap D) \setminus E\big) \cup (E \setminus B \setminus C \setminus D)\,.
\end{aligned}$$

Abschließend bestimmen wir die Anzahl der Elemente einer Differenzmenge $B \setminus A$.

Satz 3.24

Für zwei endliche Mengen A, B gilt:

$$|B \setminus A| = |B| - |A \cap B| = |A \cup B| - |A|$$

Der Beweis ergibt sich direkt aus Satz 3.22 a und Satz 3.6 a.

Beispiel 3.25

Von 50 Studenten besitzen 20 ein Auto, 30 ein Fahrrad und 10 Studenten besitzen kein Fahrzeug. Ist A die Menge der Autobesitzer, B die Menge der Fahrradbesitzer und N die Menge der Studenten, die kein Fahrzeug besitzen, so gilt $|A| = 20$, $|B| = 30$, $|N| = 10$, $|A \cup B \cup N| = 50$ sowie $A \cap N = B \cap N = (A \cup B) \cap N = \emptyset$.

Daraus folgt mit Satz 3.15

$$50 = |(A \cup B) \cup N| = |A \cup B| + |N| - |(A \cup B) \cap N| = |A \cup B| + 10 - 0,$$
$$\text{also } |A \cup B| = 40.$$

Ebenso ist nach Satz 3.15

$$40 = |A \cup B| = |A| + |B| - |A \cap B| = 20 + 30 - |A \cap B|,$$
$$\text{also } |A \cap B| = 10.$$

Von den 50 Studenten besitzen 10 nur ein Auto, 20 nur ein Fahrrad und 10 sowohl ein Auto als auch ein Fahrrad. Es gilt $|A \setminus B| = 10$, $|B \setminus A| = 20$ (Figur 3.10).

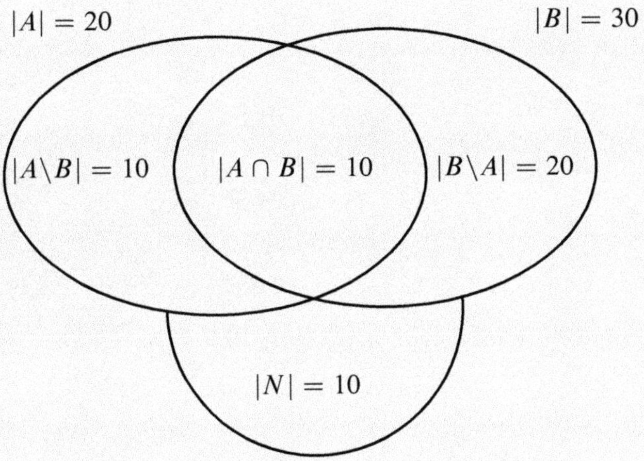

Figur 3.10: Venndiagramm zu Beispiel 3.25

Damit kennen wir die wesentlichen mengenalgebraischen Operationen. Um die Reihenfolge in der Durchführung von mehreren Operationen festzulegen, setzt man zweckmäßigerweise Klammern (Satz 3.16, 3.21, 3.22 oder Beispiel 3.17, 3.23, 3.25). Entsprechend zur Aussagenlogik (Abschnitt 2.1, Figur 2.6) kann man auch hier Prioritäten vereinbaren, um unnötige Klammern zu vermeiden.

Priorität	logische Operationen	Mengenoperationen
1	Negation	Komplement, Differenz
2	Konjunktion, Disjunktion	Durchschnitt, Vereinigung
3	Implikation, Äquivalenz	Teilmenge, Identität

Figur 3.11: Prioritäten der Mengenoperationen

4 Binäre Relationen

Wir bauen nun die Mengenlehre in einer weiteren Richtung aus und gehen dazu von zwei Mengen A, B sowie $a \in A$ und $b \in B$ aus. Kombiniert man die Elemente in der Form (a, b), wobei es auf die Reihenfolge von a und b ankommt, so spricht man von einem **geordneten Paar** (a, b). Die geordneten Paare (a, b) und (b, a) sind also für $a \neq b$ verschieden.

4.1 Einführung und Darstellungsformen

Definition 4.1

Die Menge aller geordneten Paare (a, b) mit der Eigenschaft, dass a zu einer Menge A und b zu einer Menge B gehört, heißt das **kartesische Produkt** von A und B, man schreibt

$$A \times B = \{(a, b)\colon a \in A,\ b \in B\}\,.$$

Für die geordneten Paare (a, b) und (c, d) aus $A \times B$ erklärt man

$$\begin{aligned} (a, b) = (c, d) \quad &\Longleftrightarrow \quad a = c \ \wedge\ b = d\,, \\ (a, b) \neq (c, d) \quad &\Longleftrightarrow \quad a \neq c \ \vee\ b \neq d\,. \end{aligned}$$

Entsprechend zu $A \times B$ schreibt man

$$B \times A = \{(b, a)\colon b \in B,\ a \in A\}\,.$$

Für $A = \emptyset$ vereinbart man $\emptyset \times B = B \times \emptyset = \emptyset$, analog für $B = \emptyset$.
Im Übrigen gilt

$$\begin{aligned} A \times B &\neq B \times A \ \text{ für } A \neq B\,, \\ A \times B &= B \times A \ \text{ für } A = B\,. \end{aligned}$$

Interessiert man sich für die Anzahl der Elemente von $A \times B$, so ist die folgende Aussage unmittelbar ersichtlich.

Satz 4.2

A, B seien endliche Mengen mit $|A| = n$, $|B| = m$. Dann ist

$$|A \times B| = |B \times A| = |A| \cdot |B| = n \cdot m\,.$$

Beispiel 4.3

a) Für die Studenten einer Vorlesung werden die Merkmale Semesterzahl mit den Ausprägungen $1, 2, 3$ sowie Studienfach mit den Ausprägungen BWL, VWL erhoben. Mit den Mengen $A = \{1, 2, 3\}$, $B = \{\text{BWL, VWL}\}$ erhält man in beschreibender bzw. aufzählender Form

$$\begin{aligned} A \times B &= \{(a, b)\colon a \in \{1, 2, 3\},\ b \in \{\text{BWL, VWL}\}\} \\ &= \{(1,\ \text{BWL}),\ (2,\ \text{BWL}),\ (3,\ \text{BWL}), \\ &\qquad (1,\ \text{VWL}),\ (2,\ \text{VWL}),\ (3,\ \text{VWL})\}\,. \end{aligned}$$

Ferner ist $|A \times B| = |A| \cdot |B| = 3 \cdot 2 = 6$.

b) Die Menge $A \times B = \{(a, b) : a \in \mathbb{R},\ b \in \mathbb{N}\}$ lässt sich in der Ebene graphisch darstellen (Figur 4.1). Sie enthält als Elemente alle Punkte der Geraden mit $b = 1, 2, 3, \ldots$, die zur a-Achse parallel sind.

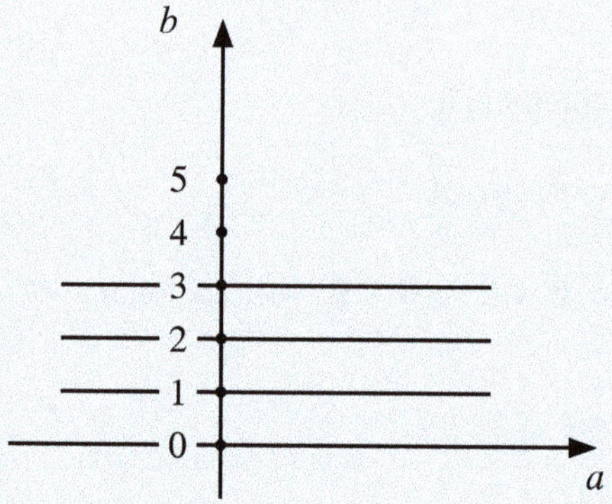

Figur 4.1: Menge $A \times B = \{(a, b) \colon a \in \mathbb{R},\ b \in \mathbb{N}\}$

Das kartesische Produkt lässt sich auf $n = 3, 4, \ldots$ Mengen erweitern.

Definition 4.4

Seien $A_1, \ldots, A_n$ Mengen. Dann heißt

$$\mathop{\times}_{i=1}^{n} A_i = A_1 \times \ldots \times A_n = \{(a_1, \ldots, a_n) \colon a_1 \in A_1, \ldots, a_n \in A_n\}$$
$$= \{(a_1, \ldots, a_n) \colon a_i \in A_i \text{ für alle } i = 1, \ldots, n\}$$

das **kartesische Produkt** der Mengen $A_1, \ldots, A_n$.

Jedes Element $(a_1, \ldots, a_n) \in \mathop{\times}_{i=1}^{n} A_i$ heißt **geordnetes n-Tupel** und es gilt für zwei Elemente $(a_1, \ldots, a_n), (b_1, \ldots, b_n)$ von $\mathop{\times}_{i=1}^{n} A_i$

$$(a_1, \ldots, a_n) = (b_1, \ldots, b_n) \iff a_i = b_i \quad \text{für alle} \quad i = 1, \ldots, n\,.$$

Für $A_1 = A_2 = \ldots = A_n = A$ schreibt man auch $\mathop{\times}_{i=1}^{n} A_i = A^n$.

Damit ist beispielsweise

$\mathbb{N}^n$ die Menge aller geordneten n-Tupel natürlicher Zahlen,

$\mathbb{R}^n_+$ die Menge aller geordneten n-Tupel nichtnegativer reeller Zahlen,

$\mathbb{R}^2 \times \mathbb{Z} = \{(a, b, c) \colon a, b \in \mathbb{R},\ c \in \mathbb{Z}\} \subset \mathbb{R}^3$,

$W = \{(a_1, a_2, a_3) \colon 0 \le a_i \le 1,\ i = 1, 2, 3\}$

die Menge aller Punkte des $\mathbb{R}^3_+$, die einen Würfel mit der Kantenlänge 1 und einer Ecke im Nullpunkt beschreiben.

Wenn wir uns nun im Folgenden nicht mehr für alle geordneten Paare (a, b) eines kartesischen Produktes $A \times B$ interessieren, sondern nur noch für solche (a, b), bei denen a in einer bestimmten Beziehung zu b steht, so kommt man zum Begriff der Relation.

Definition 4.5

Seien $A, B \neq \emptyset$. Eine Teilmenge $R \subseteq A \times B$ heißt **binäre Relation von der Menge A in die Menge B**. Für die Elemente von R schreibt man $(a, b) \in R$ und sagt, $a \in A$ **steht in Relation R zu** $b \in B$. Für $(a, b) \notin R$ steht dann $a \in A$ nicht in Relation zu $b \in B$. Für $A = B$ heißt $R \subseteq A \times A$ auch **binäre Relation auf** A.

Beispiel 4.6

a) Gegeben seien die Mengen $A = \{1,2\}$, $B = \{2,3\}$, also auch

$$A \times B = \{(1,2),\ (1,3),\ (2,2),\ (2,3)\}.$$

Wir erhalten beispielsweise die Relationen:

$$\begin{aligned}
R_1 &= \{(a,b) \in A \times B : a = b\} &&= \{(2,2)\}\\
R_2 &= \{(a,b) \in A \times B : a < b\} &&= \{(1,2),\ (1,3),\ (2,3)\}\\
R_3 &= \{(a,b) \in A \times B : a \leq b\} &&= A \times B\\
R_4 &= \{(a,b) \in A \times B : a + b = 2\} &&= \emptyset\\
R_5 &= \{(a,b) \in A \times B : b \geq 2^a\} &&= \{(1,2),\ (1,3)\}
\end{aligned}$$

Da die Mengen A und B endlich sind und nur wenige Elemente enthalten, kann man zur Veranschaulichung von $R_1, \ldots, R_5$ so genannte **Relationsgraphen** nutzen.

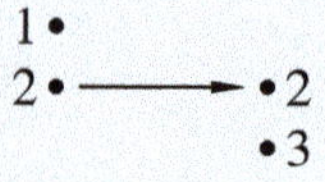

Relation R_1

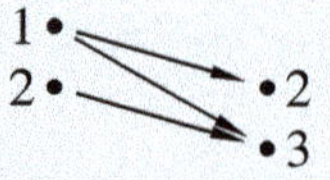

Relation R_2

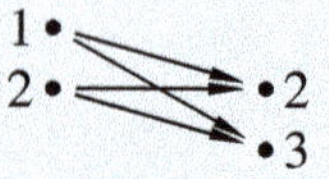

Relation $R_3 = A \times B$

Relation $R_4 = \emptyset$

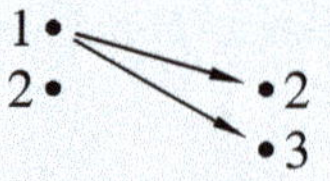

Relation R_5

Man beschreibt die Mengen A, B durch Punkte und die Relation R_i durch Pfeile von A nach B. Alternativ dazu ist auch eine Veranschaulichung durch so genannte **Relationstabellen** möglich.

	2	3
1		
2	×	

Relation R_1

	2	3
1	×	×
2		×

Relation R_2

	2	3
1	×	×
2	×	×

Relation $R_3 = A \times B$

	2	3
1		
2		

Relation $R_4 = \emptyset$

	2	3
1	×	×
2		

Relation R_5

b) Für die Mengen $A = \{b, c, d\}$, $B = \{a, b, d, e\}$ und die Relation $R \subset A \times B$ mit der Äquivalenz $(x, y) \in R \iff$ „Buchstabe x steht im Alphabet vor Buchstabe y“ erhält man $R = \{(b, d), (b, e), (c, d), (c, e), (d, e)\}$ mit dem nachfolgenden Relationsgraphen und der zugehörigen Relationstabelle:

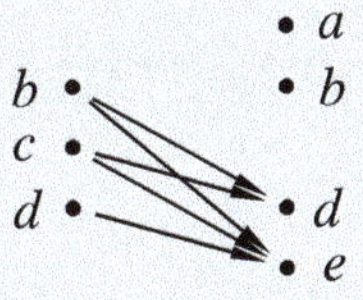

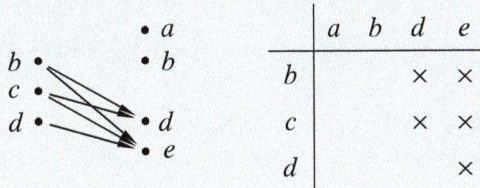

	a	b	d	e
b			×	×
c			×	×
d				×

c) Für $A \times B = \{(a, b) : a \in \mathbb{R}, b \in \mathbb{N}\} = \mathbb{R} \times \mathbb{N}$ (Beispiel 4.3 b) und die Relation $R \subseteq A \times B$ mit $(a, b) \in R \iff a \leq b$ lässt sich $R = \{(a, b) \in \mathbb{R} \times \mathbb{N} : a \leq b\}$ graphisch darstellen. Auch hier spricht man vom **Graphen** der Relation R.

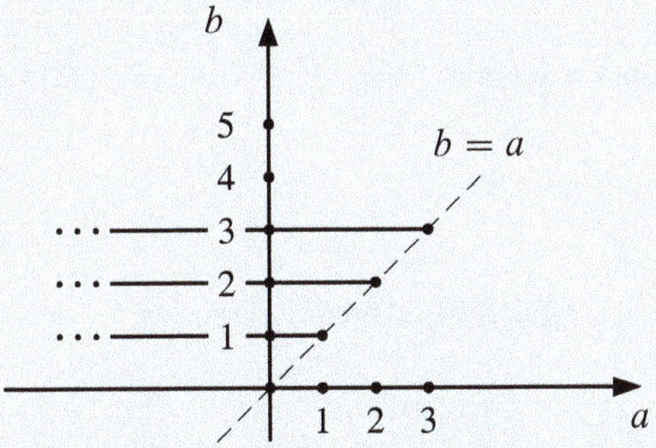

Figur 4.2: Graph der Relation $R = \{(a, b) \in \mathbb{R} \times \mathbb{N} : a \leq b\}$

d) Für die Menge $A \times B = \mathbb{R}^2$ und die Relation $R \subseteq \mathbb{R}^2$ mit $(x, y) \in R \iff y = x^2$ enthält $R = \{(x, y) \in \mathbb{R}^2 : y = x^2\}$ alle Zahlenpaare des $\mathbb{R}^2$, die auf einer Parabel mit dem Scheitel im Nullpunkt liegen (Figur 4.3).

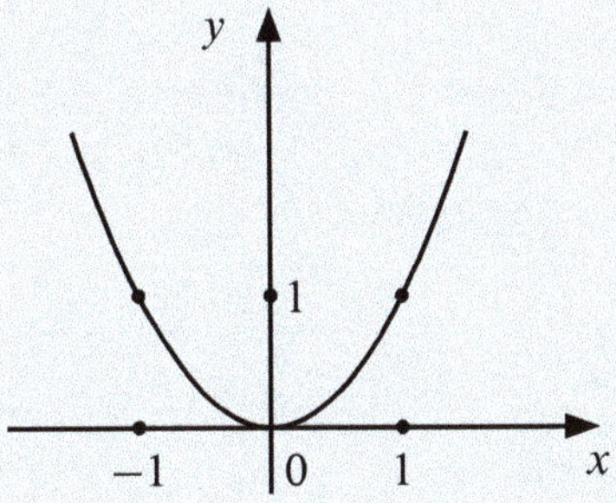

Figur 4.3: Graph der Relation $R = \{(x, y) \in \mathbb{R}^2 : y = x^2\}$

Für endliche binäre Relationen mit wenigen Elementen empfiehlt sich eine Darstellung durch Relationsgraphen oder -tabellen (Beispiel 4.6 a, b). Für Relationen mit unendlich vielen Elementen, beispielsweise $R \subseteq \mathbb{R}^2$, verwendet man zweckmäßigerweise eine graphische Darstellung in einem kartesischen Koordinatensystem (Beispiel 4.6 c, d).

4.2 Inverse und zusammengesetzte Relationen

Zu jeder binären Relation $R \subseteq A \times B$ gibt es eine Relation $R^{-1} \subseteq B \times A$, die die umgekehrte Beziehung zwischen den Elementen von A und B zum Ausdruck bringt.

Definition 4.7

Sei $R \subseteq A \times B$ eine binäre Relation. Dann heißt

$$R^{-1} = \{(b,a) \in B \times A \colon (a,b) \in R\} \subseteq B \times A$$

Umkehrrelation oder **inverse Relation** von R. Es ist stets $(R^{-1})^{-1} = R$.

Beispiel 4.8

Wir betrachten die in Beispiel 4.6 angegebenen Relationen.

a) Wir erhalten:

$$\begin{aligned}
{R_1}^{-1} &= \{(b,a) \in B \times A \colon a = b\} &&= \{(2,2)\} = R_1 \\
{R_2}^{-1} &= \{(b,a) \in B \times A \colon a < b\} &&= \{(2,1),\ (3,1),\ (3,2)\} \\
{R_3}^{-1} &= \{(b,a) \in B \times A \colon a \leq b\} &&= B \times A \\
{R_4}^{-1} &= \{(b,a) \in B \times A \colon a + b = 2\} &&= \emptyset \\
{R_5}^{-1} &= \{(b,a) \in B \times A \colon b \geq 2^a\} &&= \{(2,1),\ (3,1)\}
\end{aligned}$$

b) Zur Relation $R = \{(b,d),\ (b,e),\ (c,d),\ (c,e),\ (d,e)\}$ erhält man die Umkehrrelation $R^{-1} = \{(d,b),\ (e,b),\ (d,c),\ (e,c),\ (e,d)\}$ mit dem nachfolgenden Relationsgraphen und der zugehörigen Relationstabelle:

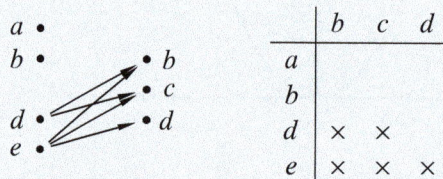

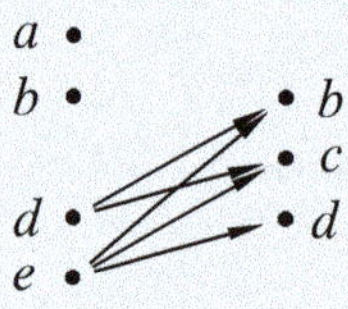

	b	c	d
a			
b			
d	×	×	
e	×	×	×

c) Zu $R = \{(a,b) \in \mathbb{R} \times \mathbb{N} \colon a \le b\}$ ergibt sich die Umkehrrelation $R^{-1} = \{(b,a) \in \mathbb{N} \times \mathbb{R} \colon a \le b\}$, deren Graph im $\mathbb{R}^2$ in Figur 4.4 dargestellt ist.

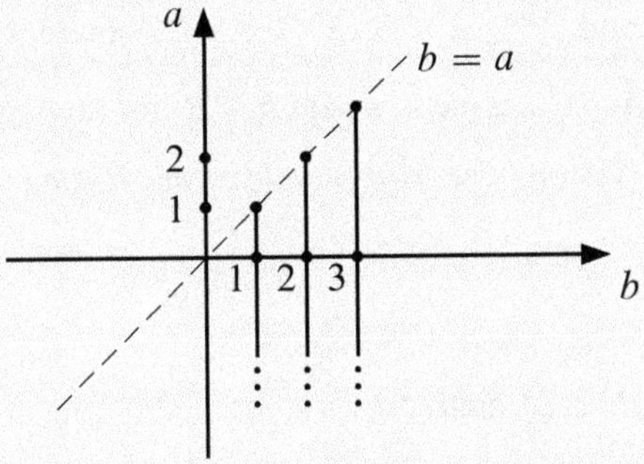

Figur 4.4: Graph der Relation $R^{-1} = \{(b,a) \in \mathbb{N} \times \mathbb{R} \colon a \le b\}$

Spiegelt man den Graphen von R^{-1} an der Achse $b = a$, so erhält man den Graphen von R und umgekehrt. Die Graphen stimmen bis auf Vertauschung der Koordinatenachsen überein.

d) Zu $R = \{(x,y) \in \mathbb{R}^2 \colon y = x^2\}$ ergibt sich die Umkehrrelation $R^{-1} = \{(y,x) \in \mathbb{R}^2 \colon y = x^2\}$, deren Graph in Figur 4.5 dargestellt ist.

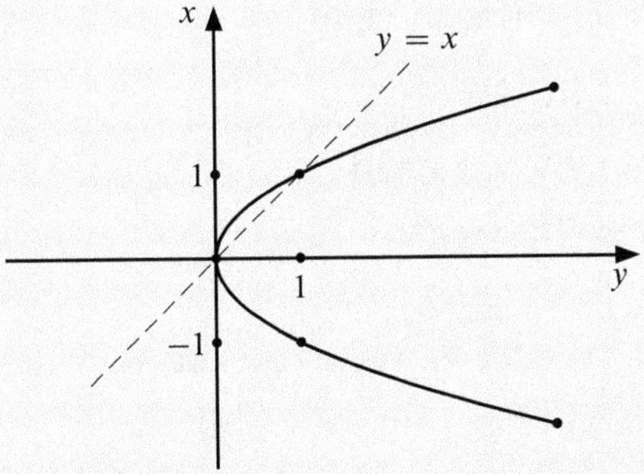

Figur 4.5: Graph der Relation $R^{-1} = \{(y,x) \in \mathbb{R}^2 \colon y = x^2\}$

Spiegelt man wie in Beispiel 4.8 c den Graphen von R^{-1} an der Achse $y = x$, so erhält man auch hier den Graphen von R und umgekehrt. Entsprechendes gilt für alle Relationen auf $\mathbb{R}$.

Unter gewissen Voraussetzungen ist es nun möglich, binäre Relationen hintereinanderzuschalten.

Definition 4.9

Seien A, B, C Mengen und $R \subseteq A \times B$, $S \subseteq B \times C$ binäre Relationen. Dann heißt

$$S \circ R = \{(a, c) \in A \times C : \text{es existiert ein } b \in B \text{ mit } (a, b) \in R \wedge (b, c) \in S\}$$

die **zusammengesetzte Relation** oder **Komposition** von R und S.

Beispiel 4.10

a) Für $A = B = C = \{1, 2, 3\}$ und

$$R = \{(1, 2), (2, 2), (2, 3)\} \subset A \times A\,,$$
$$S = \{(1, 1), (2, 1), (3, 1), (3, 3)\} \subset A \times A$$

erhält man die zusammengesetzten Relationen $S \circ R$ und $R \circ S$ mit Hilfe entsprechender Relationsgraphen

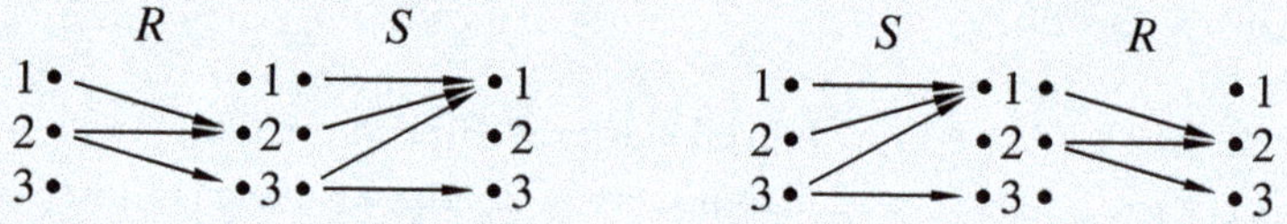

und damit $S \circ R = \{(1, 1), (2, 1), (2, 3)\}$, $R \circ S = \{(1, 2), (2, 2), (3, 2)\}$.

b) Für $A = B = C = \mathbb{R}_+$ und

$$R = \{(x, y) \in \mathbb{R}_+^2 : x + y = 1\}\,,$$
$$S = \{(x, y) \in \mathbb{R}_+^2 : y \geq x^2\}$$

gilt

$$\begin{aligned} S \circ R &= \{(x, y) \in \mathbb{R}_+^2 : \text{es existiert ein } z \in \mathbb{R}_+ \text{ mit } x + z = 1, y \geq z^2\} \\ &= \{(x, y) \in \mathbb{R}_+^2 : z = 1 - x, y \geq z^2\} \\ &= \{(x, y) \in \mathbb{R}_+^2 : y \geq (1 - x)^2 \wedge x \in [0, 1]\} \end{aligned}$$

bzw.

$$\begin{aligned} R \circ S &= \{(x, y) \in \mathbb{R}_+^2 : \text{es existiert ein } z \in \mathbb{R}_+ \text{ mit } z \geq x^2, z + y = 1\} \\ &= \{(x, y) \in \mathbb{R}_+^2 : 1 - y \geq x^2\} \\ &= \{(x, y) \in \mathbb{R}_+^2 : 1 - x^2 \geq y\}\,. \end{aligned}$$

Wir veranschaulichen die zugehörigen Graphen in den Figuren 4.6 bis 4.9.

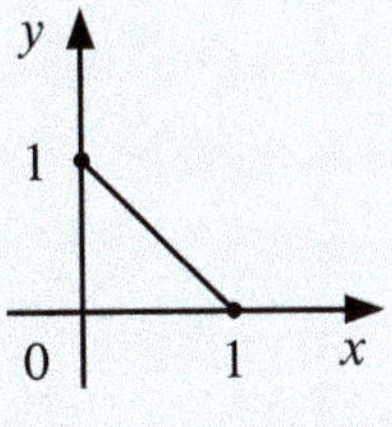

Figur 4.6:
$R = \{(x, y) \in \mathbb{R}_+^2 : x + y = 1\}$

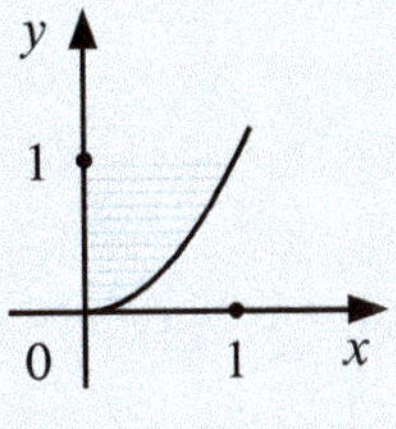

Figur 4.7:
$S = \{(x, y) \in \mathbb{R}_+^2 : y \geq x^2\}$

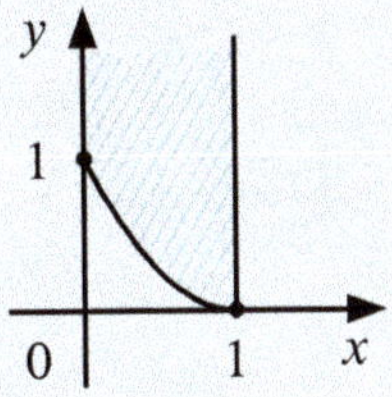

Figur 4.8:
$S \circ R = \{(x, y) \in \mathbb{R}_+^2 : y \geq (1 - x)^2 \wedge x \in [0, 1]\}$

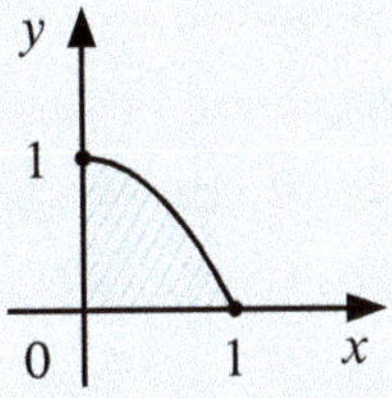

Figur 4.9:
$R \circ S = \{(x, y) \in \mathbb{R}_+^2 : y \leq 1 - x^2\}$

Zwischen Komposition und Umkehrrelation besteht nun ein wichtiger Zusammenhang.

Satz 4.11

Seien A, B, C Mengen und $R \subseteq A \times B,\ S \subseteq B \times C$ binäre Relationen. Dann gilt:

$$(S \circ R)^{-1} = R^{-1} \circ S^{-1}$$

Beweis:

$$
\begin{aligned}
(c, a) \in (S \circ R)^{-1} &\iff (a, c) \in S \circ R && \text{(Definition 4.7)} \\
&\iff \text{existiert } b \in B \text{ mit } (a, b) \in R \wedge (b, c) \in S && \text{(Definition 4.9)} \\
&\iff \text{existiert } b \in B \text{ mit } (c, b) \in S^{-1} \wedge (b, a) \in R^{-1} && \text{(Definition 4.7)} \\
&\iff (c, a) \in R^{-1} \circ S^{-1} && \text{(Definition 4.9)}
\end{aligned}
$$

Insbesondere gilt für $C = A$ und $S = R^{-1}$ bzw. $S^{-1} = R$

$$(R^{-1} \circ R)^{-1} = R^{-1} \circ R\,, \quad R^{-1} \circ R \neq R \circ R^{-1}\,,$$
$$\text{bzw.} \quad (S \circ S^{-1})^{-1} = S \circ S^{-1}\,, \quad S \circ S^{-1} \neq S^{-1} \circ S\,.$$

Beispiel 4.12

Wir greifen nochmals das Beispiel 4.10 a mit

$$R = \{(1,2), (2,2), (2,3)\}\,, \qquad R^{-1} = \{(2,1), (2,2), (3,2)\}\,,$$
$$S = \{(1,1), (2,1), (3,1), (3,3)\}\,, \quad S^{-1} = \{(1,1), (1,2), (1,3), (3,3)\}$$

auf.

Mit Hilfe der Relationsgraphen

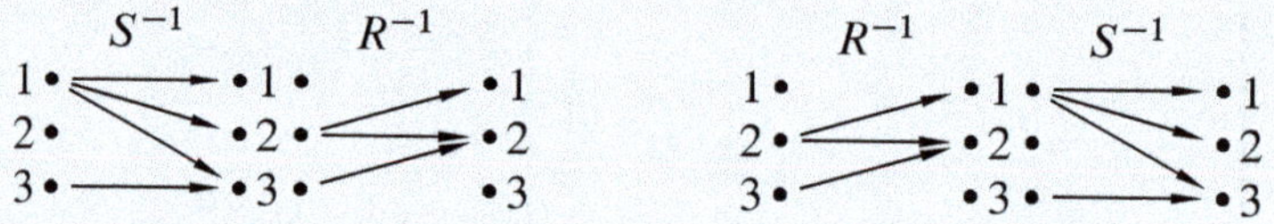

sowie

$$S \circ R = \{(1,1), (2,1), (2,3)\}\,,$$
$$R \circ S = \{(1,2), (2,2), (3,2)\}$$

erhalten wir

$$R^{-1} \circ S^{-1} = \{(1,1), (1,2), (3,2)\} = (S \circ R)^{-1}\,,$$
$$S^{-1} \circ R^{-1} = \{(2,1), (2,2), (2,3)\} = (R \circ S)^{-1}\,.$$

Ferner gilt

$$R^{-1} \circ R = \{(1,1), (1,2), (2,2), (2,1)\} = (R^{-1} \circ R)^{-1}\,,$$
$$R \circ R^{-1} = \{(2,2), (2,3), (3,2), (3,3)\} \neq R^{-1} \circ R\,.$$

4.3 Ordnungseigenschaften von Mengen

Wir werden uns in diesem Abschnitt nochmals mit speziellen binären Relationen beschäftigen, die bestimmte Ordnungseigenschaften von Mengen deutlich machen. Damit wird das Fundament für eine recht allgemeine Präferenzentheorie gelegt.

Wir betrachten eine binäre Relation R auf der Menge A, also $R \subseteq A \times A$.

Definition 4.13

Sei R eine binäre Relation auf A. Dann heißt R

reflexiv,	wenn	$(a,a) \in R$	für alle	$a \in A$,
symmetrisch,	wenn	$\big((a,b) \in R \Rightarrow (b,a) \in R\big)$	für alle	$a,b \in A$,
vollständig,	wenn	$\big((a,b) \notin R \Rightarrow (b,a) \in R\big)$	für alle	$a,b \in A$,
transitiv,	wenn	$\big((a,b) \in R \wedge (b,c) \in R$		
		$\Rightarrow (a,c) \in R\big)$	für alle	$a,b,c \in A$,
antisymmetrisch,	wenn	$\big((a,b) \in R \wedge (b,a) \in R$		
		$\Rightarrow a = b\big)$	für alle	$a,b \in A$.

Die hier angegebenen Eigenschaften können im Regelfall direkt nachgeprüft werden. Für endliche Mengen A kann man auch hier **Relationsgraphen** oder **-tabellen** benutzen.

Beispiel 4.14

Gegeben seien die Menge $A = \{1,2,3\}$ und die Relationen $R_i \subseteq A \times A$ mit:

$$R_1 = \{(1,1),(2,2),(3,3),(1,2),(1,3),(2,3)\}$$
$$R_2 = \{(1,1),(2,3),(3,2)\}$$
$$R_3 = \{(1,2),(2,3),(3,1),(2,2),(3,3)\}$$
$$R_4 = A \times A$$
$$R_5 = \emptyset$$

Damit erhält man die folgenden Relationsgraphen bzw. -tabellen.

R_1:

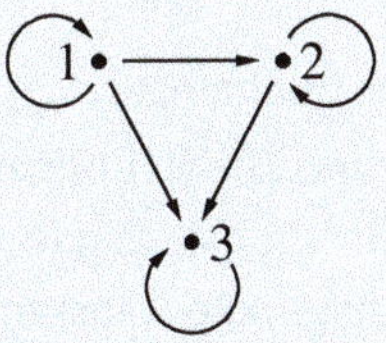

	1	2	3
1	×	×	×
2		×	×
3			×

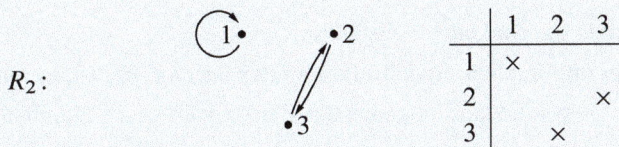

R_2:

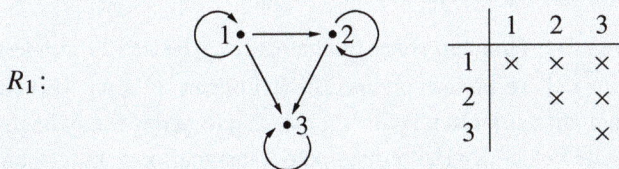

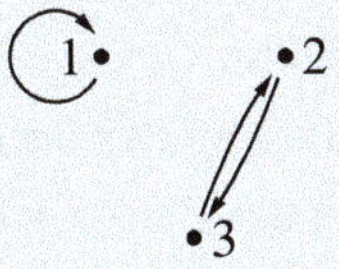

	1	2	3
1	×		
2			×
3		×	

R_3:

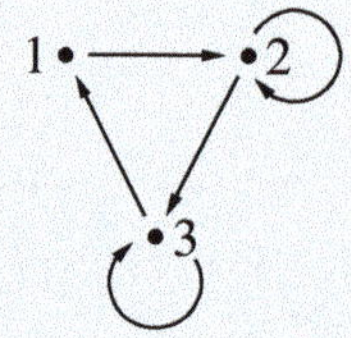

	1	2	3
1		×	
2		×	×
3	×		×

R_4:

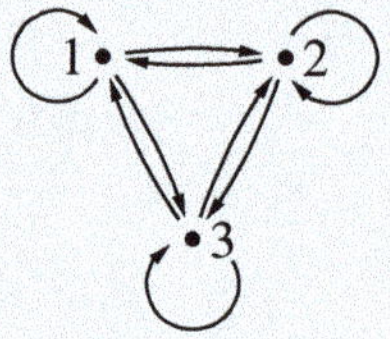

	1	2	3
1	×	×	×
2	×	×	×
3	×	×	×

R_5:

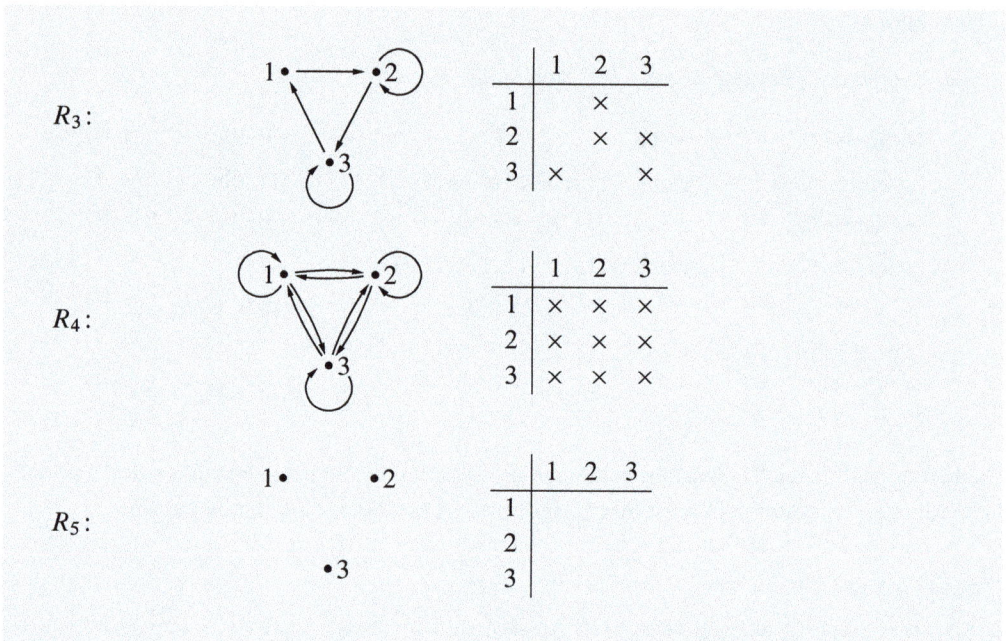

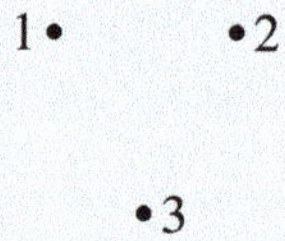

	1	2	3
1			
2			
3			

Eine Relation ist demnach **reflexiv**, wenn im Graphen alle Punkte mit „Schlingen" der Form $\circlearrowleft\!\bullet$ versehen sind bzw. in der Tabelle die gesamte Hauptdiagonale von links oben nach rechts unten mit dem Symbol $\times$ markiert ist.

Dies trifft für die Relationen R_1 und R_4 zu.

Eine Relation ist **symmetrisch**, wenn im Graphen jedes Punktepaar (a, b) mit $a \neq b$ durch zwei Pfeile $\left(\overset{\bullet}{a} \rightleftarrows \overset{\bullet}{b}\right)$ oder überhaupt nicht $\left(\overset{\bullet}{a} \quad \overset{\bullet}{b}\right)$ verbunden ist bzw. in der Tabelle zu jedem markierten Feld auch das an der Hauptdiagonale gespiegelte Feld markiert ist.

Damit sind die Relationen R_2, R_4, R_5 symmetrisch.

Eine Relation ist **vollständig**, wenn im Graphen jedes Punktepaar (a, b) durch mindestens einen Pfeil $\left(\overset{\bullet}{a} \longrightarrow \overset{\bullet}{b} \text{ oder } \overset{\bullet}{a} \longleftarrow \overset{\bullet}{b}\right)$ verbunden ist und alle Schlingen $\left(\circlearrowleft\!\overset{\bullet}{a}\right)$ vorhanden sind bzw. in der Tabelle zu jedem nicht markierten Feld wenigstens das an der Hauptdiagonale gespiegelte Feld und damit auch alle Felder der Hauptdiagonale selbst markiert sind. Damit ist jede vollständige Relation auch reflexiv.

Die reflexiven Relationen R_1 und R_4 sind auch vollständig.

Eine Relation ist **transitiv**, wenn im Graphen, in dem die Punktepaare (a, b), (b, c) durch Pfeile $\left(\overset{\bullet}{a} \longrightarrow \overset{\bullet}{b} \text{ und } \overset{\bullet}{b} \longrightarrow \overset{\bullet}{c}\right)$ verbunden sind, auch das Punktepaar (a, c) durch einen

Pfeil $\left(\overset{\bullet}{a} \longrightarrow \overset{\bullet}{c}\right)$ verbunden ist bzw. in der Tabelle mit den Feldern $\begin{array}{c|c} & b \\ \hline a & \times \end{array}$ und $\begin{array}{c|c} & c \\ \hline b & \times \end{array}$ auch das Feld $\begin{array}{c|c} & c \\ \hline a & \times \end{array}$ markiert ist.

Damit sind die Relationen R_1, R_4, R_5 transitiv.

Eine Relation ist **antisymmetrisch**, wenn im zugehörigen Graphen jedes beliebige Punktepaar (a, b) mit $a \neq b$ durch höchstens einen Pfeil $\left(\overset{\bullet}{a} \longrightarrow \overset{\bullet}{b} \text{ oder } \overset{\bullet}{a} \longleftarrow \overset{\bullet}{b}\right)$ verbunden ist bzw. in der Tabelle zu jedem markierten Feld außerhalb der Hauptdiagonalen das an der Hauptdiagonale gespiegelte Feld nicht markiert ist.

Damit sind die Relationen R_1, R_3, R_5 antisymmetrisch.

4.4 Äquivalenzrelationen

Mit Hilfe binärer Relationen $R \subseteq A \times A$, die bestimmte der in Definition 4.13 angegebenen Eigenschaften besitzen, ist es nun möglich, die Menge A in Teilmengen „gleichwertiger“ Elemente aufzuteilen.

Beispiel 4.15

a) Sei A_1 eine Menge von Autobesitzern und R_1 eine Relation auf A_1 mit

$$(a, b) \in R_1 \iff a \text{ und } b \text{ besitzen das gleiche Modell.}$$

b) Sei A_2 eine Menge von alternativen Neuproduktideen einer Unternehmung und R_2 eine Relation auf A_2 mit

$$(a, b) \in R_2 \iff a \text{ und } b \text{ sprechen den gleichen Kundenkreis an.}$$

c) Ein Student schreibt zwei Klausuren, die jeweils nach einem Punkteschema bewertet werden. Mit a_1 bzw. a_2 Punkten für die beiden Klausuren ergibt sich das Prüfungsergebnis $a = (a_1, a_2)$.
Sei A_3 die Menge aller Prüfungsergebnisse a und R_3 eine Relation auf A_3 mit

$$(a, b) \in R_3 \iff a_1 + a_2 = b_1 + b_2 .$$

d) Auf der Menge $\mathbb{R}$ der reellen Zahlen erklären wir R_4, R_5 mit

$$(a, b) \in R_4 \iff a = b ,$$
$$(a, b) \in R_5 \iff a, b \in \mathbb{Q} .$$

Man überprüft mit Hilfe von Definition 4.13, dass alle Relationen $R_1, \dots, R_5$ die Eigenschaften

$$\begin{array}{ll} \text{Reflexivität} & (a,a) \in R_i \text{ für alle } a\,, \\ \text{Symmetrie} & (a,b) \in R_i \Rightarrow (b,a) \in R_i\,, \\ \text{Transitivität} & (a,b) \in R_i \wedge (b,c) \in R_i \Rightarrow (a,c) \in R_i \end{array}$$

erfüllen. Wir erhalten Mengen von

- Autobesitzern mit dem gleichen Modell bei R_1,
- Neuproduktideen, die den gleichen Kundenkreis ansprechen bei R_2,
- Prüfungsergebnisse mit gleicher Gesamtpunktzahl bei R_3

sowie

- einelementige Teilmengen $\{a\}$ mit $a \in \mathbb{R}$ bei R_4,
- die Menge $\mathbb{Q}$ aller rationalen Zahlen als eine Teilmenge der reellen Zahlen bei R_5.

Damit wurden alle Mengen in Teilmengen mit „gleichwertigen" Elementen aufgeteilt, wobei die Eigenschaft der Gleichwertigkeit durch die jeweilige Relation R_i festgelegt ist. Genau dann, wenn man wie bei R_4 nur einelementige Teilmengen erhält, ist zusätzlich auch die Eigenschaft der Antisymmetrie erfüllt, nämlich

$$(a,b) \in R \wedge (b,a) \in R \Rightarrow a = b\,.$$

Definition 4.16

Eine binäre Relation R auf A heißt **Äquivalenzrelation**, wenn R reflexiv, symmetrisch und transitiv ist, **Identitätsrelation**, wenn R eine antisymmetrische Äquivalenzrelation ist.

In Beispiel 4.15 sind R_1, R_2, R_3, R_4, R_5 Äquivalenzrelationen, R_4 ist sogar eine Identitätsrelation.

Eine Äquivalenzrelation R auf einer nichtleeren Menge A teilt, wie wir gesehen haben, die Menge A in nichtleere Teilmengen auf, die als **Äquivalenzklassen** oder **Indifferenzklassen** bezeichnet werden. Zu jedem $a \in A$ lässt sich die Äquivalenzklasse bzgl. R durch

$$A(a) = \{x \in A\colon (a,x) \in R\}$$

angeben. Damit gilt für jedes $b \in A(a)$ auch $A(a) = A(b)$. Bezüglich R sind also alle Elemente einer Klasse als gleichwertig, die Elemente verschiedener Klassen als nicht gleichwertig anzusehen.

Für $(a,b) \notin R$ sind die Äquivalenzklassen $A(a)$ und $A(b)$ disjunkt, also $A(a) \cap A(b) = \emptyset$. Ferner ist die Vereinigung $\bigcup_{a \in A} A(a)$ identisch mit der Menge A. Man spricht von einer **Zerlegung**

$$Z = \{A(a) \colon a \in A\}$$

der Menge A in die Äquivalenzklassen $A(a)$. So erhält man in Beispiel 4.15 a, b Äquivalenzklassen von

- Autobesitzern mit dem gleichen Modell,
- Neuproduktideen, die den gleichen Kundenkreis ansprechen.

Für Beispiel 4.15 c ist eine graphische Veranschaulichung zweckmäßig (Figur 4.10). Da sich das Prüfungsergebnis aus der Punktesumme zweier Einzelklausuren ergibt, werden durch die Geraden mit $a_1 + a_2 = c$ $(c \geq 0)$ gleichwertige Ergebnisse aufgezeigt, die den Äquivalenzklassen entsprechen. Man spricht auch von **Isonutzenlinien** oder **-kurven**.

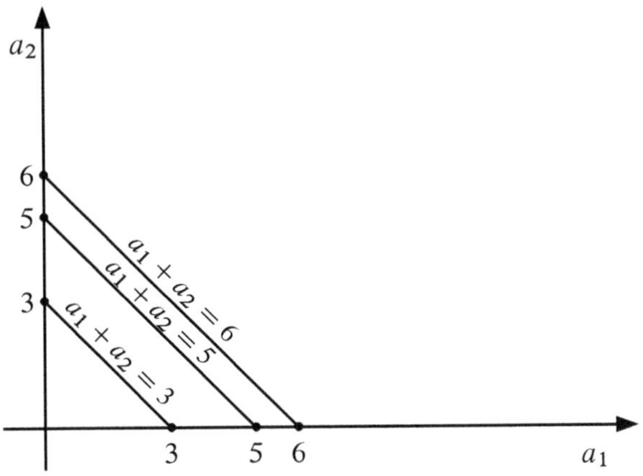

Figur 4.10: Isonutzenlinien für $a_1 + a_2 = c$

Man erhält die **feinste** Zerlegung von A, d. h. einelementige Klassen, wenn R Identitätsrelation ist. In diesem Fall existiert kein Paar (a,b) mit $a \neq b$, so dass a und b gleichwertig bzgl. R sind. Man erhält die **gröbste** Zerlegung von A, d. h. $Z = \{A\}$, wenn $(a,b) \in R$ für alle $a,b \in A$ gilt. In diesem Fall sind alle Elemente von A gleichwertig bzgl. R. Die Relation R_4 auf $\mathbb{R}$ (Beispiel 4.15 d) mit

$$(a,b) \in R_4 \iff a = b$$

bestimmt die feinste Zerlegung von $\mathbb{R}$ und die Relation S mit

$$(a,b) \in S \quad \text{für alle} \quad a,b \in \mathbb{R}$$

die gröbste Zerlegung von $\mathbb{R}$.

Ist A endlich, so dienen auch hier wieder Relationsgraphen und -tabellen zur Veranschaulichung von Äquivalenz- und Identitätsrelationen.

Beispiel 4.17

a) In Beispiel 4.14 ist lediglich R_4 eine Äquivalenzrelation.

b) Für $A = \{1, 2, 3\}$ ist die Relation $S_1 = \{(1, 1), (2, 2), (3, 3)\}$ auf A mit

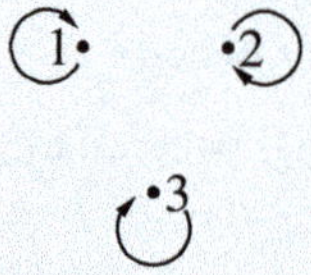

bzw.

	1	2	3
1	×		
2		×	
3			×

eine Identitätsrelation mit den Klassen $\{1\}, \{2\}, \{3\}$ und die Relation $S_2 = \{(1, 1), (2, 2), (3, 3), (1, 2), (2, 1)\}$ auf A mit

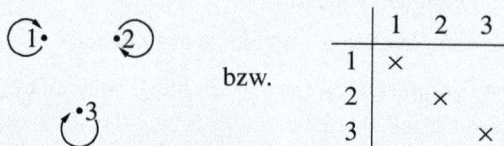

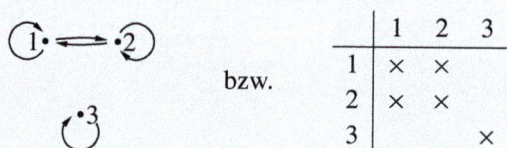

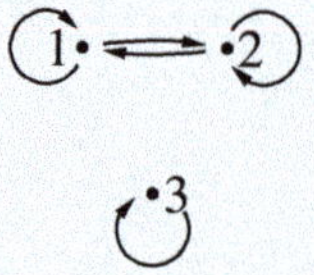

bzw.

	1	2	3
1	×	×	
2	×	×	
3			×

eine Äquivalenzrelation mit den Klassen $\{1, 2\}$ und $\{3\}$.

4.5 Präordnungen

Während eine Äquivalenzrelation auf A zu einer Klassifizierung der Elemente von A führt, wollen wir nun versuchen, mit Hilfe anderer spezieller Relationen $P \subset A \times A$ Ordnungsbeziehungen auf Elementpaaren $(a, b) \in A \times A$ im Sinne der Aussage „a ist kleiner oder gleich b" zu erklären.

Beispiel 4.18

a) Sei A_1 eine Menge von Bürgern und P_1 eine Relation auf A_1 mit

$$(a, b) \in P_1 \iff a \text{ ist nicht älter als } b\,.$$

b) Sei A_2 eine Menge von Investitionsalternativen einer Unternehmung und P_2 eine Relation auf A_2 mit

$$(a,b) \in P_2 \iff \text{die Gewinnerwartung für } a \text{ ist nicht günstiger als die für } b\,.$$

c) Sei A_3 eine Menge von Konsumgüterkombinationen $a = (a_1, a_2)$, wobei a_1 die Quantität von Gut 1 und a_2 die Quantität von Gut 2 ist. Eine Relation P_3 auf A_3 sei erklärt durch

$$(a,b) \in P_3 \iff a_1 a_2 \leq b_1 b_2\,.$$

d) Auf der Menge $\mathbb{N}$ der natürlichen Zahlen seien Relationen P_4, P_5 erklärt mit

$$(a,b) \in P_4 \iff a \leq b\,,$$
$$(a,b) \in P_5 \iff a \text{ enthält nicht mehr Ziffern als } b\,.$$

Die angegebenen Relationen $P_1, \ldots, P_5$ sind jeweils im Sinne von „kleiner oder gleich“ zu interpretieren, beispielsweise

$$(a,b) \in P_1 \iff (a \text{ jünger als } b) \text{ oder } (a \text{ und } b \text{ gleichaltrig}),$$
$$(a,b) \in P_2 \iff (\text{die Gewinnerwartung für } a \text{ ist ungünstiger als die für } b) \text{ oder } (\text{beide Gewinnerwartungen sind gleich günstig}),$$

Definiert man nun weitere Relationen R_i auf A_i $(i = 1, \ldots, 5)$ mit

$$(a,b) \in R_i \iff (a,b) \in P_i \wedge (b,a) \in P_i\,,$$

so gilt

$$(a,b) \in R_1 \iff a \text{ und } b \text{ sind gleichaltrig},$$
$$(a,b) \in R_2 \iff \text{die Gewinnerwartungen sind für } a \text{ und } b \text{ gleich günstig},$$
$$(a,b) \in R_3 \iff a_1 a_2 = b_1 b_2\,,$$
$$(a,b) \in R_4 \iff a = b\,,$$
$$(a,b) \in R_5 \iff a \text{ und } b \text{ enthalten gleich viele Ziffern}$$

und man erhält wieder Äquivalenzrelationen.

Wir erhalten im Einzelnen Klassen von

- gleichaltrigen Bürgern bei R_1,
- Investitionsalternativen mit gleich günstigen Gewinnerwartungen bei R_2,
- Güterkombinationen mit gleicher Bewertung $a_1 a_2 = c$ bei R_3,
- Teilmengen von natürlichen Zahlen mit gleich vielen Ziffern bei R_5

sowie

- einelementige Teilmengen $\{a\}$ mit $a \in \mathbb{N}$ bei R_4 .

Andererseits sind auch die Mengen $P_i \setminus R_i$ $(i = 1, \ldots, 5)$ Relationen auf A_i mit

$$(a,b) \in P_i \setminus R_i \iff (a,b) \in P_i \wedge (b,a) \notin P_i \qquad \text{(Definition 3.20)}$$

und man erhält

$$\begin{aligned}
(a,b) \in P_1 \setminus R_1 &\iff a \text{ ist jünger als } b\,, \\
(a,b) \in P_2 \setminus R_2 &\iff \text{die Gewinnerwartung für } a \text{ ist ungünstiger als für } b\,, \\
(a,b) \in P_3 \setminus R_3 &\iff a_1 a_2 < b_1 b_2\,, \\
(a,b) \in P_4 \setminus R_4 &\iff a < b\,, \\
(a,b) \in P_5 \setminus R_5 &\iff a \text{ enthält weniger Ziffern als } b\,.
\end{aligned}$$

Diese Relationen $P_i \setminus R_i$ sind weder reflexiv noch symmetrisch, jedoch transitiv.

Zurück zu den ursprünglichen Relationen P_i: Jedes dieser P_i setzt sich zusammen aus einer Äquivalenzrelation R_i, die die Menge A_i in Klassen gleichwertiger Elemente zerlegt, und einer transitiven Relation $P_i \setminus R_i$, die zwischen den Elementen verschiedener Klassen eine Ordnungsbeziehung der Form „jünger als“, „ungünstiger als“, „kleiner als“, „weniger Ziffern als“ usw. aufbaut.

Mit Hilfe von Definition 4.13 kann man ferner nachweisen, dass alle Relationen $P_1, \ldots, P_5$ die Eigenschaften

$$\begin{aligned}
&\text{der Reflexivität:} && (a,a) \in P_i \text{ für alle } a\,, \\
&\text{der Vollständigkeit:} && (a,b) \notin P_i \Rightarrow (b,a) \in P_i\,, \\
&\text{der Transitivität:} && (a,b) \in P_i \wedge (b,c) \in P_i \Rightarrow (a,c) \in P_i
\end{aligned}$$

erfüllen.

Hat man, wie beispielsweise bei P_4, nur einelementige Äquivalenzklassen, so gilt zusätzlich die Eigenschaft

$$\text{der Antisymmetrie:} \quad (a,b) \in P \wedge (b,a) \in P \Rightarrow a = b\,.$$

Definition 4.19

Eine binäre Relation P auf A heißt **Präordnung**, wenn P reflexiv und transitiv ist, **Ordnung**, wenn P eine antisymmetrische Präordnung ist. Ist ferner die Vollständigkeit erfüllt, so spricht man von einer **vollständigen Präordnung** bzw. **Ordnung**. Ist P transitiv mit $(a,a) \notin P$ für alle $a \in A$, so heißt P **strikte Präordnung** bzw. **Ordnung**.

In Beispiel 4.18 sind P_1, P_2, P_3, P_4, P_5 vollständige Präordnungen, P_4 ist sogar eine vollständige Ordnung.

In Erweiterung zu Beispiel 4.18 fassen wir zusammen:

Satz 4.20

a) Jede Präordnung $P \subseteq A \times A$ enthält eine Äquivalenzrelation $R \subseteq A \times A$ mit

$$(a,b) \in P \wedge (b,a) \in P \iff (a,b) \in R\,.$$

Ist P eine Ordnung, so ist R eine Identitätsrelation.

Damit zerlegt $P \subseteq A \times A$ die Menge A in Äquivalenzklassen bzgl. R, innerhalb derer die Elemente als gleichwertig anzusehen sind.

b) Jede vollständige Präordnung $P \subseteq A \times A$ induziert zusätzlich zwischen den Elementen verschiedener Äquivalenzklassen eine strikte Präordnung $P \setminus R$ mit

$$(a,b) \in P \wedge (b,a) \notin P \iff (a,b) \in P \setminus R\,.$$

Damit gilt für jedes Paar $(a,b) \notin R$ entweder $(a,b) \in P \setminus R$ oder $(b,a) \in P \setminus R$.

Ist P eine Ordnung, so ist $P \setminus R$ eine strikte Ordnung.

Beispiel 4.21

a) Wir betrachten nochmals die Relationen P_3, P_4, P_5 aus Beispiel 4.18.

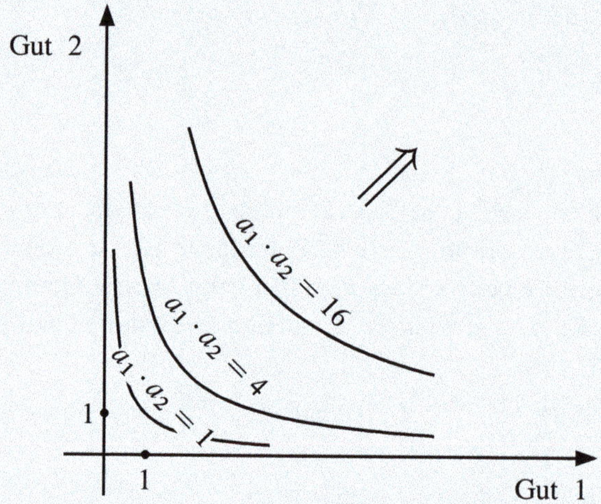

Figur 4.11: Isonutzenkurven für $a_1 a_2 = c$

Stellt man P_3 wieder graphisch dar (Figur 4.11), so erfasst man durch die Kurven mit $a_1 a_2 = c$ $(c \geq 0)$ alle Güterkombinationen, die in der Bewertung übereinstimmen. Jeder der Isonutzenkurven entspricht eine Äquivalenzklasse. Andererseits wächst die Bewertung c in Pfeilrichtung von Kurve zu Kurve kontinuierlich an.

In Fall P_4 bildet jede natürliche Zahl eine einelementige Klasse. Auf der Menge $\mathbb{N}$ der natürlichen Zahlen ergibt sich eine vollständige Ordnung.

In Fall P_5 erhält man Äquivalenzklassen der Form

$$\{1, \ldots, 9\}, \{10, \ldots, 99\}, \{100, \ldots, 999\}, \ldots$$

Andererseits gilt beispielsweise $(5, 71), (97, 112), \ldots \in P_5 \setminus R_5$.

b) Die Relation P auf $\mathbb{R}^2 = \{a = (a_1, a_2) : a_1, a_2 \in \mathbb{R}\}$ mit

$$(a, b) \in P \iff a_1 \leq b_1 \wedge a_2 \leq b_2$$

ist reflexiv wegen

$$(a, a) \in P \iff a_1 \leq a_1 \wedge a_2 \leq a_2 ,$$

transitiv wegen

$$\begin{aligned}(a,b) \in P \wedge (b,c) \in P &\Rightarrow (a_1 \leq b_1 \wedge a_2 \leq b_2) \wedge (b_1 \leq c_1 \wedge b_2 \leq c_2)\\ &\Rightarrow a_1 \leq c_1 \wedge a_2 \leq c_2\\ &\Rightarrow (a,c) \in P\,,\end{aligned}$$

antisymmetrisch wegen

$$(a,b) \in P \wedge (b,a) \in P \Rightarrow a_1 = b_1 \wedge a_2 = b_2 \Rightarrow a = b\,,$$

also eine Ordnung, die aber wegen

$$\big((1,3),(3,2)\big) \notin P \wedge \big((3,2),(1,3)\big) \notin P$$

nicht vollständig ist.

Ist A endlich, so kann man Präordnungs- und Ordnungseigenschaften von Relationen wieder mit Hilfe von Relationsgraphen bzw. -tabellen aufdecken.

Beispiel 4.22

a) In Beispiel 4.14 sind R_1 und R_4 vollständige Präordnungen, R_1 ist eine vollständige Ordnung.

b) Für $A = \{1,2,3\}$ betrachten wir ferner die Relationen

$$P_1 = \{(1,1),(2,2),(3,3),(1,2),(2,1),(1,3),(2,3)\},$$
$$P_2 = \{(1,1),(2,2),(3,3),(1,2),(1,3),(2,3)\},$$
$$P_3 = \{(1,1),(2,2),(3,3),(1,2)\}$$

mit den Relationsgraphen bzw. -tabellen

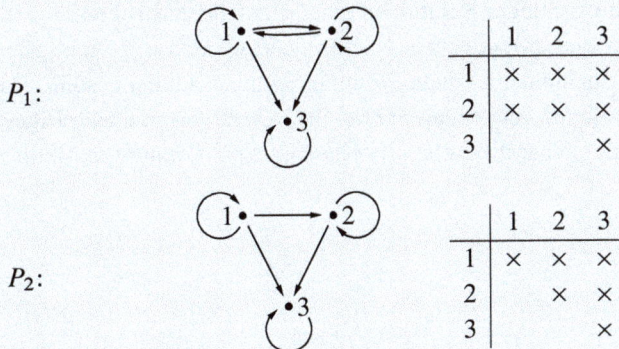

P_1:

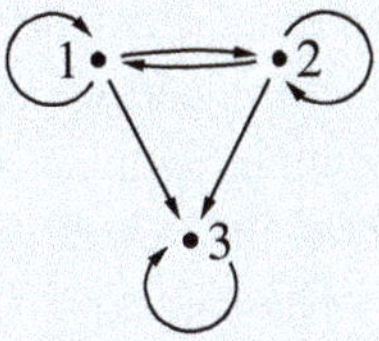

	1	2	3
1	×	×	×
2	×	×	×
3			×

P_2:

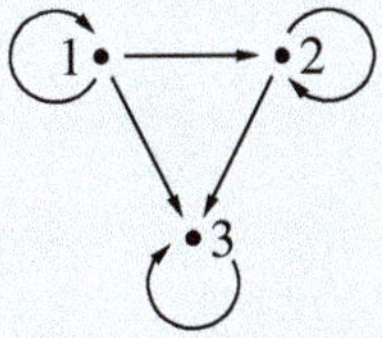

	1	2	3
1	×	×	×
2		×	×
3			×

P_3:

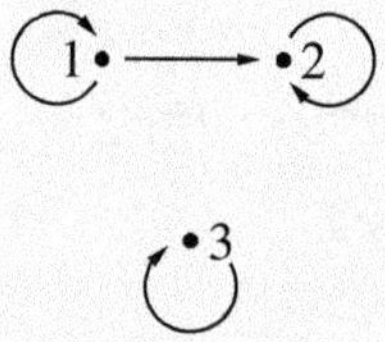

	1	2	3
1	×	×	
2		×	
3			×

Die Relation P_1 ist eine vollständige Präordnung, die sich zusammensetzt aus der Äquivalenzrelation $R_1 = \{(1,1),(2,2),(3,3),(1,2),(2,1)\}$ mit den beiden Klassen $\{1,2\},\{3\}$ (Beispiel 4.17 b) und der strikten Präordnung $P_1 \setminus R_1 = \{(1,3),(2,3)\}$ mit:

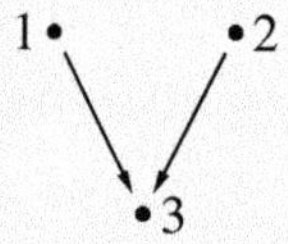

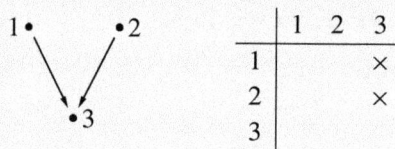

	1	2	3
1			×
2			×
3			

Die Relation P_2 ist eine vollständige Ordnung, die sich zusammensetzt aus der Identitätsrelation $R_2 = \{(1,1),(2,2),(3,3)\}$ mit den Klassen $\{1\},\{2\},\{3\}$ (Beispiel 4.17 b) und der strikten Ordnung $P_2 \setminus R_2 = \{(1,2),(1,3),(2,3)\}$ mit:

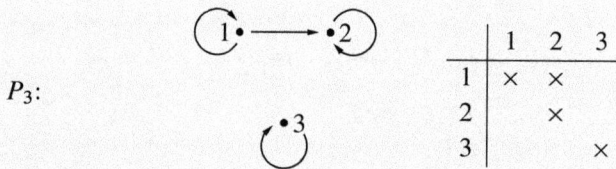

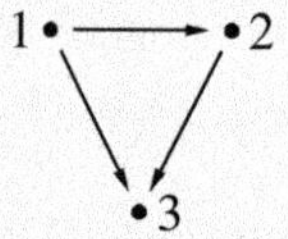

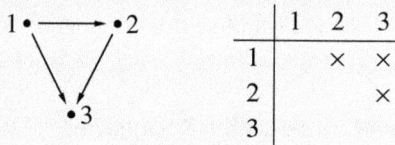

	1	2	3
1		×	×
2			×
3			

Schließlich ist die Relation P_3 eine Ordnung, die wegen $(2,3),(3,2) \notin P_3$ nicht vollständig ist. Sie setzt sich zusammen aus der Identitätsrelation $R_3 = \{(1,1),(2,2),(3,3)\}$ mit den Klassen $\{1\},\{2\},\{3\}$ und der strikten Ordnung $P_3 \setminus R_3 = \{(1,2)\}$.

Wir haben versucht, mit Hilfe spezieller Relationen einerseits Klassenstrukturen, andererseits Ordnungsstrukturen von Mengen aufzudecken. Nachfolgend werden die wichtigsten Eigenschaften binärer Relationen nochmals in einem Pfeildiagramm zusammengestellt. Wir starten dabei mit einer reflexiven Relation und fügen Schritt für Schritt verschiedene Eigenschaften hinzu, um schließlich eine möglichst differenzierte Klassen- bzw. Ordnungsstruktur zu erhalten (Figur 4.12).

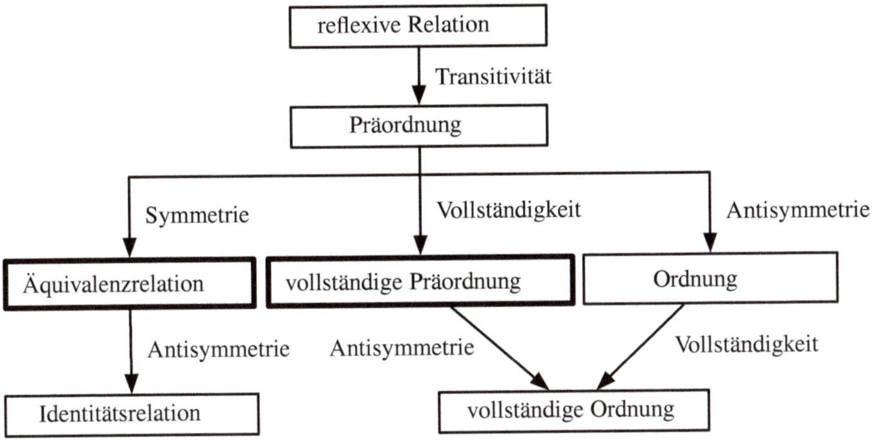

Figur 4.12: Hierarchische Anordnung von Relationen

Als besonders wichtig für eine sehr allgemeine Präferenzentheorie erweisen sich Äquivalenzrelationen und vollständige Präordnungen, die wir in Figur 4.12 stark umrandet haben. Obwohl die beiden Relationen auf der gleichen Hierarchieebene zu finden sind, besteht doch ein wesentlicher qualitativer Unterschied. Während man bei Äquivalenzrelationen nur die Beziehung „gleich" innerhalb von Klassen und „verschieden" zwischen den Klassen hat, erhält man bei vollständigen Präordnungen neben der Beziehung „gleich" innerhalb von Klassen eine Ordnungsbeziehung der Form „kleiner" zwischen den Klassen. Entsprechend kann man die Identitätsrelation und die vollständige Ordnung vergleichen.

Im Zusammenhang mit Ordnungsstrukturen auf Mengen ist es schließlich sinnvoll, nach ranghöchsten und rangniedrigsten Elementen zu fragen.

Definition 4.23

Sei P eine vollständige Präordnung auf einer Menge A. Dann heißt $a \in A$ **größtes Element** bzgl. P, wenn für alle $x \in A$ gilt $(x,a) \in P$, und **kleinstes Element** bzgl. P, wenn für alle $x \in A$ gilt $(a,x) \in P$.

In Beispiel 4.22 b erhalten wir für die vollständige Präordnung P_1 nun $3 \in A$ als größtes Element und $1,2 \in P$ als kleinste Elemente, für die vollständige Ordnung P_2 entsprechend $3 \in A$ als größtes und $1 \in P$ als kleinstes Element, für die nicht vollständige Präordnung P_3 weder ein größtes noch ein kleinstes Element in A.

In Beispiel 4.18 d erhalten wir für die vollständige Ordnung P_4 auf $\mathbb{N}$ mit der Äquivalenz $(a,b) \in P_4 \iff a \leq b$ als kleinstes Element $1 \in \mathbb{N}$, ein größtes Element existiert nicht.

Wir werden nun Voraussetzungen angeben, unter denen die Existenz größter und kleinster Elemente gesichert ist.

Satz 4.24

Sei A eine endliche Menge und P eine Präordnung auf A. Dann gilt:

a) P ist vollständige Präordnung $\Rightarrow$ es existieren größte und kleinste Elemente in A

b) P ist vollständige Ordnung $\Rightarrow$ es existiert genau ein größtes und ein kleinstes Element in A

Beweis:

a) Jede vollständige Präordnung induziert zwischen den Elementen verschiedener Äquivalenzklassen eine strikte vollständige Präordnung (Satz 4.20). Da A endlich ist, existieren auch endlich viele Äquivalenzklassen sowie eine ranghöchste bzw. rangniedrigste Klasse. Daraus folgt die Behauptung.

b) Im Fall einer vollständigen Ordnung sind die Äquivalenzklassen einelementig. Daraus folgt die Behauptung.

Ist eine Präordnung oder Ordnung auf A nicht vollständig oder enthält die Menge A unendlich viele Elemente, so muss nicht immer ein größtes oder kleinstes Element existieren.

Beispiel 4.25

a) Sei $A_1 = \mathbb{R}$ und P_1 eine vollständige Ordnung auf A_1 mit

$$(a,b) \in P_1 \iff a \leq b\,.$$

Dann existiert weder ein größtes noch ein kleinstes Element bzgl. P_1.
Ersetzt man A_1 durch $A_2 = \{x \in \mathbb{R} : 0 \leq x \leq 1\}$, so existiert in A_2 bzgl. P_1 sowohl ein größtes Element $1 \in A_2$ als auch ein kleinstes Element $0 \in A_2$.

b) Seien $A_3 = \{1,2,3,4\}$ und P_2, P_3, P_4 Relationen auf A_3 mit

$$\begin{aligned} P_2 = \{&(1,1),(2,2),(3,3),(4,4),(1,2),(2,1),(1,3),(1,4),(2,3),\\ &(2,4),(3,4),(4,3)\}\,,\\ P_3 = \{&(1,1),(2,2),(3,3),(4,4),(2,1),(3,1),(4,1),(4,3)\}\,,\\ P_4 = \{&(1,1),(2,2),(3,3),(4,4),(1,2),(3,1),(3,2),(3,4),(4,1),(4,2)\}\,, \end{aligned}$$

so erhält man die Relationsgraphen:

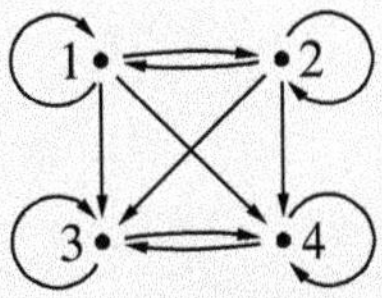

für P_2

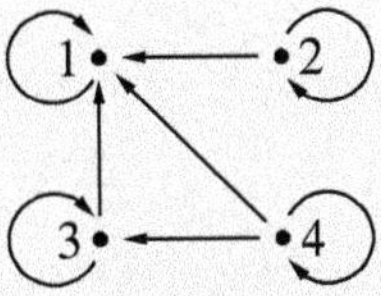

für P_3

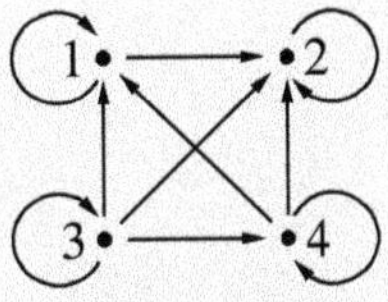

für P_4

Die Relation P_2 ist eine vollständige Präordnung mit den größten Elementen $3, 4 \in A$ und den kleinsten Elementen $1, 2 \in A$. Die Relation P_3 ist eine nicht vollständige Ordnung, $1 \in A$ ist größtes Element, ein kleinstes Element existiert nicht. Die Relation P_4 ist eine vollständige Ordnung, $2 \in A$ ist größtes Element und $3 \in A$ kleinstes Element.

5 Reelle Funktionen einer Variablen

Durch eine binäre Relation $R \subseteq A \times B$ mit $A, B \neq \emptyset$ (Definition 4.5, Beispiel 4.6) wird bislang angegeben, ob und gegebenenfalls in welcher Beziehung Elemente $a \in A$ und $b \in B$ zueinander stehen. Zugelassen ist dabei sowohl der Fall, dass für ein $a \in A$ mehrere $b \in B$ mit $(a, b) \in R$ existieren, als auch der Fall, dass für mehrere $a \in A$ ein $b \in B$ mit $(a, b) \in R$ existiert. Im Folgenden untersuchen wir Relationen $F \subseteq A \times B$ von der Menge A in die Menge B mit der Eigenschaft, dass es zu **jedem** $a \in A$ **genau** ein $b \in B$ mit $(a, b) \in F$ gibt. Damit wird in gewisser Weise eine **Zuordnungsvorschrift** beschrieben, die für jeden gegebenen Wert einer bestimmten Variablen genau zu einem davon abhängigem Wert einer anderen Variablen führt. In der Analysis von reellen Funktionen einer Variablen befasst man sich mit solchen **Abhängigkeiten zwischen zwei Variablen**.

5.1 Funktionen als spezielle Relationen

Definition 5.1

Seien A, B nichtleere Mengen. Eine Vorschrift f, die jedem $a \in A$ genau ein $b \in B$ zuordnet, heißt **Abbildung** oder **Funktion** von der Menge A in die Menge B. Wir schreiben

$$f : A \to B \quad \text{oder elementweise} \quad a \in A \mapsto f(a) = b \in B\,.$$

Man bezeichnet die Menge A als den **Definitionsbereich** und die Menge B als den **Wertebereich** der Abbildung f. Ferner heißen die Elemente a von A **Urbilder** oder **Argumente** und die Elemente $f(a)$ von B **Bilder** oder **Funktionswerte** von f.

Für jede Teilmenge $A' \subseteq A$ heißt

$$f(A') = \{f(a) : a \in A'\} = B' \subseteq B$$

Bildbereich von A' bzgl. f,

für jede Teilmenge $B' \subseteq B$ bezeichnet man

$$A' = \{a \in A : f(a) \in B'\} \subseteq A$$

als **Urbildbereich** von B' bzgl. f.

Durch die Abbildung f wird die Relation F mit

$$F = \{(a, b) \in A \times B : b = f(a)\} \text{ und } (a, b),\ (a, c) \in F \Rightarrow b = c$$

für alle $a \in A$ und $b,\ c \in B$ erklärt.

Eine Abbildung ist also eine spezielle Relation, bei der jedem $a \in A$ genau ein $b \in B$ zugeordnet wird. Das bedeutet:

- Jedes Element aus A tritt als Urbild auf und besitzt ein Bild
- Kein Urbild besitzt mehr als ein Bild
- Nicht alle Elemente von B müssen als Bilder auftreten
- Verschiedene Urbilder besitzen verschiedene oder gleiche Bilder

Abweichend von der Symbolik der Mengenlehre schreibt man für Abbildungen $f : A \to B$ oder kurz f, während die oft benutzte Schreibweise $f(a)$, $f(x)$ ... nur den Funktionswert für das Urbild $a, x, \ldots$ angibt. Auch die Schreibweise „$y = f(x)$ sei eine Funktion" ist missverständlich. Im Fall $y = f(x)$ spricht man von einer Funktionsgleichung, die die Zuordnungsvorschrift $x \in A \mapsto f(x) = y \in B$ explizit zum Ausdruck bringt.

Auch Funktionen mit endlichem Definitionsbereich lassen sich analog zu Relationsgraphen oder -tabellen ebenfalls durch **Graphen** oder **Wertetabellen** darstellen.

Beispiel 5.2

Sei $A = \{a_1, a_2, a_3, a_4, a_5, a_6\}$ eine Menge von Tätigkeiten, die von einer Menge $B = \{b_1, b_2, b_3, b_4\}$ von Angestellten zu erledigen sind. Mit der Wertetabelle

a_i	a_1	a_2	a_3	a_4	a_5	a_6
$f_1(a_i)$		b_1	b_2		b_3	b_4
$f_2(a_i)$	b_1	b_2	b_2	b_2, b_3	b_3	b_4
$f_3(a_i)$	b_1	b_1	b_1	b_1	b_1	b_1
$f_4(a_i)$	b_1	b_3	b_2	b_2	b_3	b_4

werden Zuordnungsvorschriften f_1, f_2, f_3, f_4 beschrieben, für die man Folgendes nach Definition 5.1 feststellt:

- f_1 ist keine Abbildung von A in B, da die Elemente a_1, a_4 kein Bild besitzen
- f_2 ist keine Abbildung von A in B, da das Element a_4 zwei Bilder besitzt
- f_3 ist eine Abbildung von A in B, obwohl für alle Urbilder das gleiche Bild b_1 auftritt
- f_4 ist eine Abbildung von A in B, die den Wertebereich $\{b_1, b_2, b_3, b_4\}$ voll ausschöpft

Bei Abbildungen interessiert man sich für weitere spezielle Eigenschaften.

Definition 5.3

Eine Abbildung oder Funktion $f : A \to B$ heißt

surjektiv, wenn zu jedem $y \in B$ mindestens ein $x \in A$ existiert mit $f(x) = y$ bzw. wenn $B = f(A)$ erfüllt ist,

injektiv, wenn für alle $x_1, x_2 \in A$ gilt $\big(x_1 \neq x_2 \Rightarrow f(x_1) \neq f(x_2)\big)$ bzw. äquivalent dazu $\big(f(x_1) = f(x_2) \Rightarrow x_1 = x_2\big)$,

bijektiv, wenn f surjektiv und injektiv ist,

Identität, wenn $B = A$, f bijektiv und $f(x) = x$ für alle $x \in A$ ist.

Bei jeder Abbildung treten alle Elemente des Definitionsbereichs A als Urbilder auf, bei jeder surjektiven Abbildung werden darüber hinaus auch alle Elemente des Wertebereichs durch f mindestens einmal erreicht. Die in Figur 5.1 dargestellte Abbildung f_1 ist surjektiv, die in Figur 5.2 dargestellte Abbildung f_2 nicht.

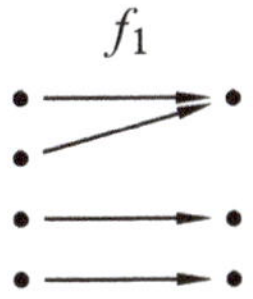

Figur 5.1: Abbildung f_1 ist surjektiv, nicht injektiv

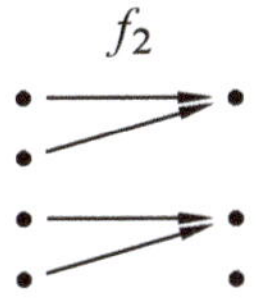

Figur 5.2: Abbildung f_2 ist weder surjektiv noch injektiv

Bei einer injektiven Abbildung werden unterschiedliche Urbilder, also $x_1 \neq x_2$, durch f in unterschiedliche Bilder überführt, d. h. $f(x_1) \neq f(x_2)$. Dies ist nach Satz 2.13 f gleichwertig mit der Implikation: Wenn die Bilder übereinstimmen, also $f(x_1) = f(x_2)$, dann auch die Urbilder, also $x_1 = x_2$. Eine injektive Abbildung muss jedoch nicht surjektiv sein. Die in Figur 5.1 und 5.2 dargestellten Abbildungen f_1, f_2 sind nicht injektiv, wohl aber die Abbildungen f_3, f_4 in Figur 5.3 und 5.4.

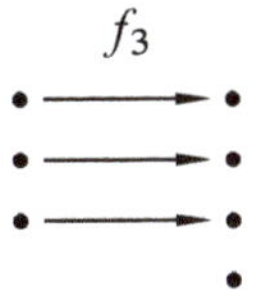

Figur 5.3: Abbildung f_3 ist injektiv, nicht surjektiv

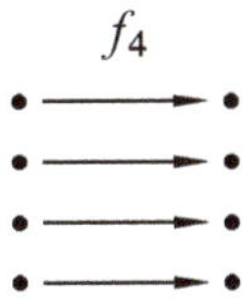

Figur 5.4: Abbildung f_4 ist bijektiv

Durch eine bijektive Abbildung wird schließlich erreicht, dass jedem Urbild $x \in A$ genau ein Bild $f(x) \in B$ und jedem $y \in B$ genau ein Urbild $x \in A$ mit $f(x) = y$ zugeordnet wird. Sind die Mengen A, B endlich, so stimmen sie in der Anzahl ihrer Elemente überein. Unter den in den Figuren 5.1 bis 5.4 dargestellten Abbildungen f_1, f_2, f_3, f_4 ist nur die Abbildung f_4 bijektiv.

Beispiel 5.4

a) Von den in Beispiel 5.2 angegebenen Abbildungen f_3, f_4 ist f_3 weder surjektiv noch injektiv, f_4 surjektiv, jedoch nicht injektiv.

b) Mit $A = \{1,2,3,4,5\}$ betrachten wir die Abbildungen $f_1, f_2, f_3 : A \to A$ mit den Wertetabellen:

$a \in A$	1	2	3	4	5
$f_1(a)$	2	4	1	3	5
$f_2(a)$	3	1	4	3	5
$f_3(a)$	5	4	3	2	1

Dann sind f_1 und f_3 surjektiv und injektiv, also bijektiv, f_2 ist weder surjektiv noch injektiv.

Damit sind wir in der Lage, uns entsprechend zu den Definitionen 4.7, 4.9 mit inversen Abbildungen und Kompositionen zu befassen.

Definition 5.5

Seien $f : A \to B$, $g : C \to D$ Abbildungen mit $f(A) \subseteq C$. Dann heißt die Abbildung $g \circ f : A \to D$, bei der jedem Urbild $x \in A$ das Bild $(g \circ f)(x) = g\big(f(x)\big) \in D$ zugeordnet wird, die **zusammengesetzte Abbildung** bzw. **Funktion** oder **Komposition** von f und g.

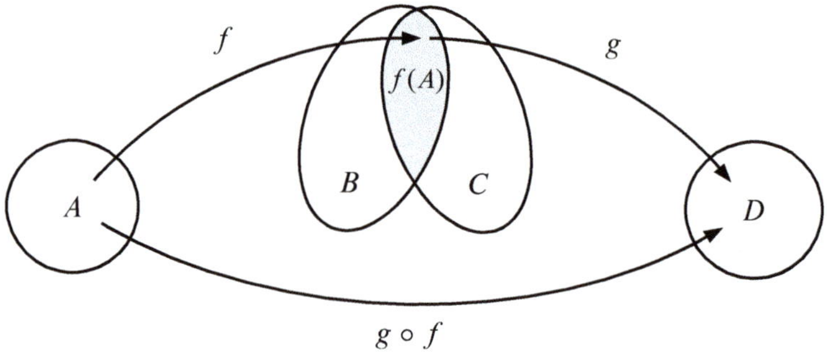

Figur 5.5: Komposition von f und g

Man kommt also vom Urbildbereich A zunächst mit Hilfe von f zum Bildbereich $f(A)$, auf dem wegen $f(A) \subseteq C$ die Abbildung g definiert ist. Mit Hilfe von g erreicht man dann den Bildbereich $g(f(A)) \subseteq D$.

Da nach Definition 5.1 die Teilmengenbeziehung $f(A) \subseteq B$ stets erfüllt ist, gilt mit Definition 5.5 auch $f(A) \subseteq B \cap C$.

Satz 5.6

Seien $f : A \to B,\ g : C \to D$ Abbildungen mit $B = C$. Dann gilt:

a) f, g surjektiv $\Rightarrow$ $g \circ f$ surjektiv

b) f, g injektiv $\Rightarrow$ $g \circ f$ injektiv

c) f, g bijektiv $\Rightarrow$ $g \circ f$ bijektiv

Beweis:

a) f, g surjektiv $\Rightarrow f(A) = B = C,\ g(C) = D$

$\Rightarrow g \circ f(A) = D \Rightarrow g \circ f$ surjektiv

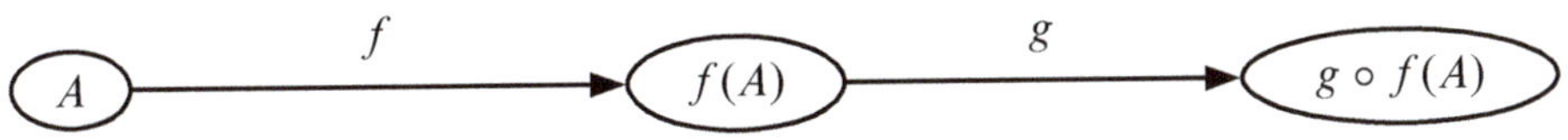

b) f, g injektiv $\Rightarrow x_1, x_2 \in A$ mit $x_1 \neq x_2$

$\Rightarrow f(x_1) \neq f(x_2) \Rightarrow g \circ f(x_1) \neq g \circ f(x_2)$

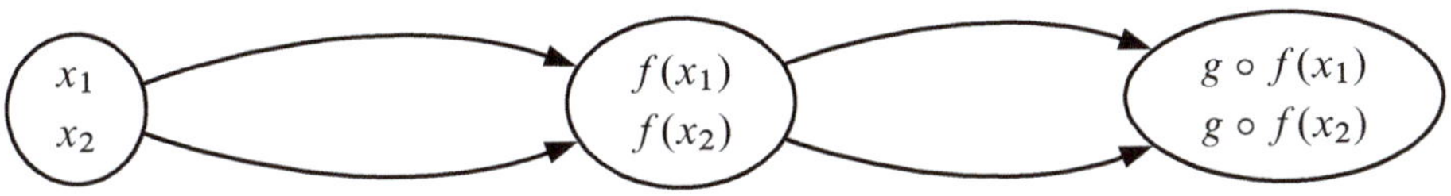

c) f, g bijektiv $\Rightarrow f, g$ surjektiv und injektiv

$\Rightarrow g \circ f$ surjektiv und injektiv $\Rightarrow g \circ f$ bijektiv

Beispiel 5.7

Mit $A = \{a_1, a_2, a_3\}$, $B = \{b_1, b_2, b_3, b_4\}$ betrachten wir die durch ihre Graphen und Wertetabellen erklärten Funktionen:

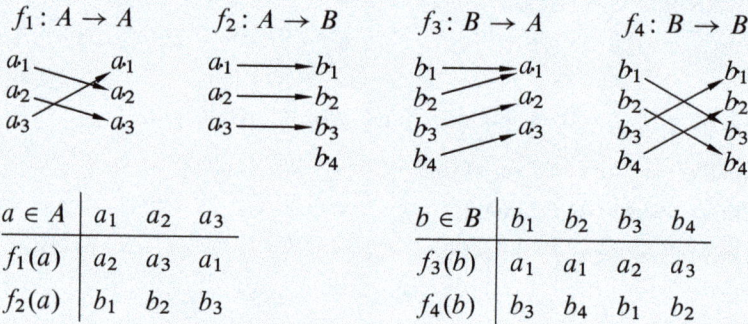

$f_1\colon A \to A$ $\qquad$ $f_2\colon A \to B$ $\qquad$ $f_3\colon B \to A$ $\qquad$ $f_4\colon B \to B$

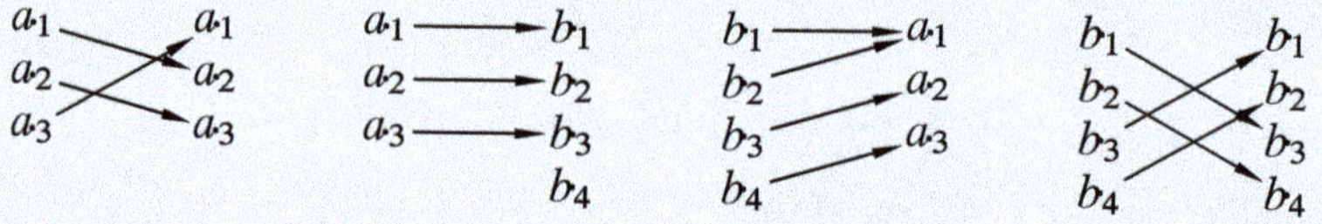

$a \in A$	a_1	a_2	a_3
$f_1(a)$	a_2	a_3	a_1
$f_2(a)$	b_1	b_2	b_3

$b \in B$	b_1	b_2	b_3	b_4
$f_3(b)$	a_1	a_1	a_2	a_3
$f_4(b)$	b_3	b_4	b_1	b_2

Die Funktionen f_1, f_4 sind bijektiv, f_2 ist injektiv, f_3 ist surjektiv. Ferner existieren nachfolgende zusammengesetzte Funktionen:

$$f_1 \circ f_1\colon A \to A\,,\quad f_2 \circ f_1\colon A \to B\,,\quad f_3 \circ f_2\colon A \to A\,,\quad f_4 \circ f_2\colon A \to B$$
$$f_1 \circ f_3\colon B \to A\,,\quad f_2 \circ f_3\colon B \to B\,,\quad f_3 \circ f_4\colon B \to A\,,\quad f_4 \circ f_4\colon B \to B$$

Beispielsweise erhalten wir folgende Graphen bzw. Wertetabellen:

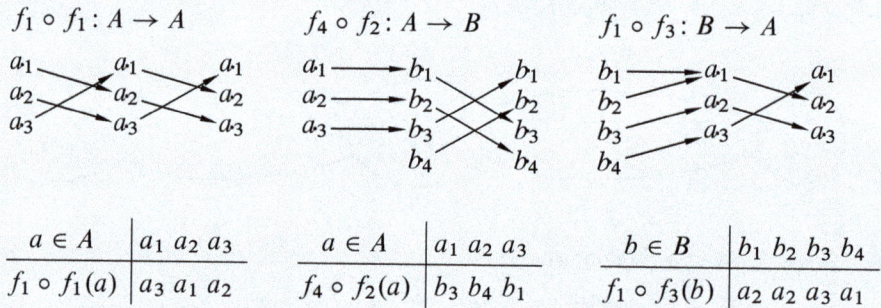

$f_1 \circ f_1\colon A \to A$ $\qquad$ $f_4 \circ f_2\colon A \to B$ $\qquad$ $f_1 \circ f_3\colon B \to A$

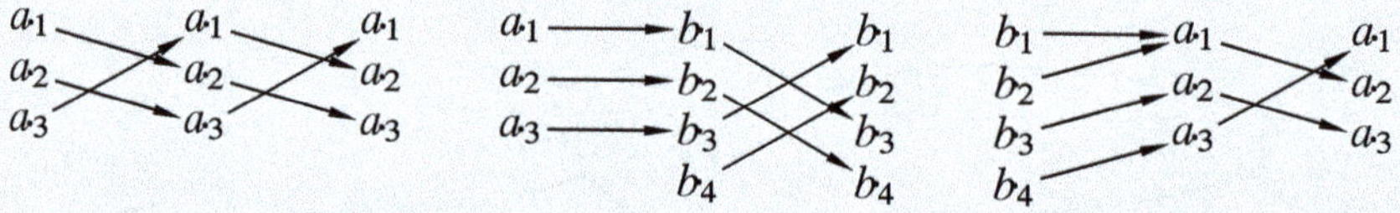

$a \in A$	$a_1\ a_2\ a_3$
$f_1 \circ f_1(a)$	$a_3\ a_1\ a_2$

$a \in A$	$a_1\ a_2\ a_3$
$f_4 \circ f_2(a)$	$b_3\ b_4\ b_1$

$b \in B$	$b_1\ b_2\ b_3\ b_4$
$f_1 \circ f_3(b)$	$a_2\ a_2\ a_3\ a_1$

Insgesamt erhalten wir das Ergebnis:

Die Funktionen $f_1 \circ f_1$, $f_4 \circ f_4$ sind bijektiv, $f_4 \circ f_4$ ist Identität.

Die Funktionen $f_2 \circ f_1$, $f_4 \circ f_2$ sind injektiv, $f_1 \circ f_3$, $f_3 \circ f_4$ surjektiv.

Definition 5.8

Sei $f : A \to B$ eine bijektive Abbildung. Dann heißt die Abbildung $f^{-1} : B \to A$, die jedem $y \in B$ genau das $x \in A$ mit $y = f(x)$ zuordnet, die **Umkehrabbildung** oder **inverse Abbildung** von f.

Wird also einem Urbild $x \in A$ mit Hilfe von f genau ein Bild $y = f(x)$ zugeordnet, so wird y mit Hilfe von f^{-1} wieder in $x \in A$ überführt; wichtig ist dabei, dass f bijektiv ist.

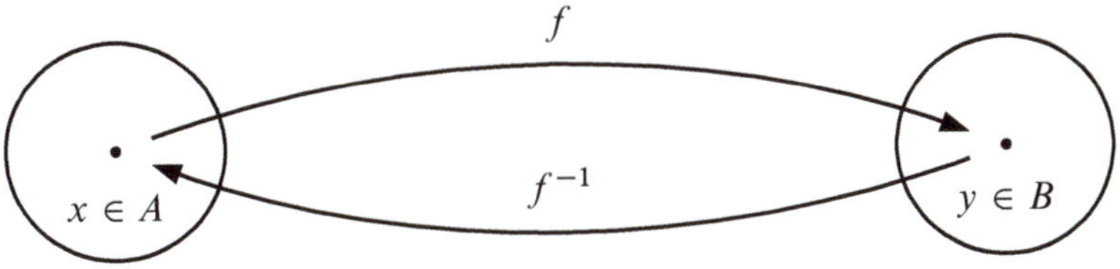

Figur 5.6: Umkehrabbildung f^{-1} von $f : A \to B$

Analog zu inversen Relationen ist stets $(f^{-1})^{-1} = f$. Ferner erhält man wie bei Relationen Zusammenhänge von Komposition und Umkehrabbildung.

Satz 5.9

Seien $f : A \to B$, $g : B \to D$ bijektive Abbildungen. Dann gilt:

a) f^{-1}, g^{-1} bijektiv

b) $(g \circ f)^{-1}$ existiert mit $(g \circ f)^{-1} = f^{-1} \circ g^{-1}$

c) $f \circ f^{-1}$ und $f^{-1} \circ f$ sind Identitäten

Beweis:

a) ist nach Definition 5.8 unmittelbar einsichtig.

b) ist ein Spezialfall von Satz 4.11.

Ferner gilt:

$$\begin{aligned} x = (g \circ f)^{-1}(z) &\iff (g \circ f)(x) = z = g(f(x)) \\ &\iff f(x) = g^{-1}(z) \iff x = f^{-1}(g^{-1}(z)) = (f^{-1} \circ g^{-1})(z) \end{aligned}$$

c) ergibt sich als Spezialfall von b):

$$\begin{aligned} z = (f^{-1} \circ f)(x) = f^{-1}(f(x)) &\iff f(z) = f(x) \\ &\iff x = z, \text{ da } f \text{ bijektiv.} \end{aligned}$$

Analog gilt $(f \circ f^{-1})(y) = y$ für alle $y \in B$.

Mit $f \circ f^{-1}$ und $f^{-1} \circ f$ hat man identische Abbildungen.

Beispiel 5.10

Mit $B = \{b_1, b_2, b_3, b_4\}$ betrachten wir die bijektiven Funktionen

$f_1, f_2 \colon B \to B$ mit

$b \in B$	b_1	b_2	b_3	b_4
$f_1(b)$	b_3	b_4	b_1	b_2
$f_2(b)$	b_1	b_3	b_4	b_2

Wir erhalten die inversen Funktionen

$f_1^{-1}, f_2^{-1} \colon B \to B$ mit

$b \in B$	b_1	b_2	b_3	b_4
$f_1^{-1}(b)$	b_3	b_4	b_1	b_2
$f_2^{-1}(b)$	b_1	b_4	b_2	b_3

Ferner existieren die Kompositionen $f_1 \circ f_2$ und $f_2 \circ f_1$ sowie $(f_1 \circ f_2)^{-1} = f_2^{-1} \circ f_1^{-1}$ und $(f_2 \circ f_1)^{-1} = f_1^{-1} \circ f_2^{-1}$ mit

$b \in B$	b_1	b_2	b_3	b_4
$f_1 \circ f_2(b)$	b_3	b_1	b_2	b_4
$(f_1 \circ f_2)^{-1}(b)$	b_2	b_3	b_1	b_4
$f_2 \circ f_1(b)$	b_4	b_2	b_1	b_3
$(f_2 \circ f_1)^{-1}(b)$	b_3	b_2	b_4	b_1

sowie beispielsweise

$f_1 \circ f_2 \colon B \to B$ $(f_1 \circ f_2)^{-1} \colon B \to B$

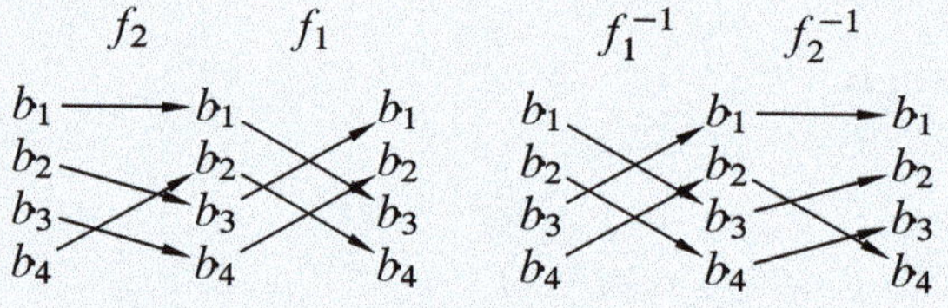

Schließlich lässt sich das Konzept invertierbarer Funktionen noch verallgemeinern. Ist $f \colon A \to B$ lediglich injektiv und nicht surjektiv, so kann man Surjektivität für die Funktionen $f \colon A \to C$ mit $C = f(A)$ erreichen. Damit existiert $f^{-1} \colon C \to A$.

5.2 Beispiele für reelle Funktionen einer Variablen

In diesem Kapitel diskutieren wir spezielle Abbildungen $f : A \to B$ mit $A, B \subseteq \mathbb{R}$ und bezeichnen diese Abbildungen als reelle Funktionen einer reellen Variablen. Dazu formulieren wir zunächst einige Beispiele.

Beispiel 5.11

a) Für ein Produkt wird der monatliche Absatz erhoben. Über ein Jahr betrachtet erhält man Absatzwerte für 12 Zeitpunkte. Mit $A = \{1, \dots, 12\}$ und $B = \{1, 2, 3, 4, 5\}$ lässt sich die Funktion $f : A \to B$ beispielsweise durch die Wertetabelle

t	1	2	3	4	5	6	7	8	9	10	11	12
$f(t)$	3	2	3	4	4	4	1	2	4	5	3	4

oder graphisch darstellen (Figur 5.7).

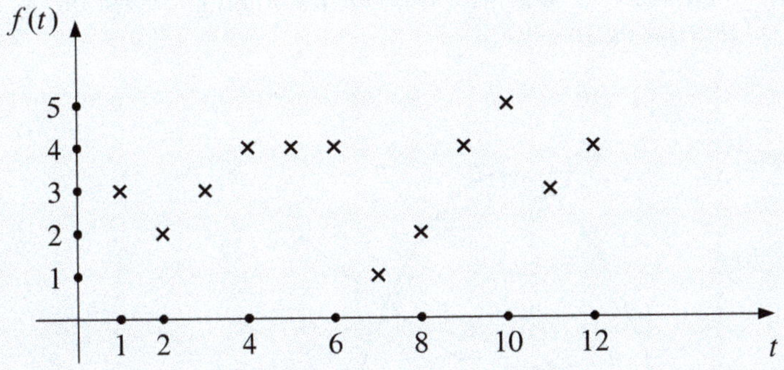

Figur 5.7: Graph der Funktion $f : \{1, \dots, 12\} \to \{1, 2, 3, 4, 5\}$

b) Eine Einproduktunternehmung geht von einer Kostenfunktion k mit $k(x) = c + dx$ aus, wobei c die Fixkosten, d die Stückkosten und x die variable Absatzquantität sind. Ferner wird zwischen der Variablen x und dem Preis p eine Beziehung der Form $x = a - bp$ mit $a, b > 0$ geschätzt. Hier ist a die Absatzquantität für $p = 0$, also eine Sättigungsgrenze für den Absatz. Es gilt damit $x \in [0, a]$. Fällt der Preis p um eine Geldeinheit, so gibt b die dadurch verursachte Steigerung des Absatzes im Intervall $[0, a]$ an.

Mit der Äquivalenz

$$x = a - bp \iff p = \frac{1}{b}(a - x)$$

erhalten wir die Umsatzfunktion $u\colon [0, a] \to \mathbb{R}$ mit

$$u(x) = px = \frac{1}{b}(a - x)x = \frac{1}{b}(ax - x^2)$$

und die Gewinnfunktion $g\colon [0, a] \to \mathbb{R}$ mit

$$g(x) = u(x) - k(x) = \frac{1}{b}(ax - x^2) - c - dx$$
$$= -\frac{1}{b}x^2 + \left(\frac{a}{b} - d\right)x - c\,.$$

Für $a = 10, b = 1, c = 2, d = 2$ ergeben sich die Funktionsgleichungen

$$k(x) = 2 + 2x\,,\quad u(x) = 10x - x^2\,,\quad g(x) = -x^2 + 8x - 2$$

und die in Figur 5.8 dargestellten Kurvenverläufe. Dabei wächst die Kostenfunktion k für x zwischen 0 und 10, die Umsatzfunktion wächst für x zwischen 0 und 5 und fällt für x zwischen 5 und 10. Die Gewinnfunktion wächst für x zwischen 0 und 4 und fällt anschließend.

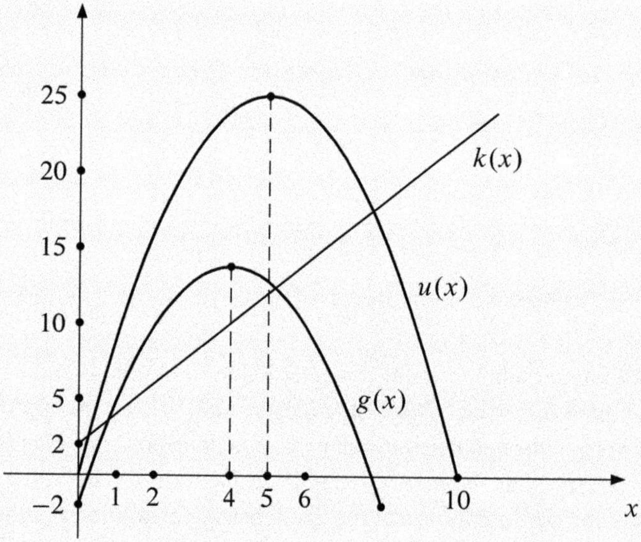

Figur 5.8: Graphen der Funktionen k, u, g
mit $k(x) = 2 + 2x$, $u(x) = 10x - x^2$, $g(x) = -x^2 + 8x - 2$

Im Gegensatz zu Beispiel 5.11 a, in dem der Definitionsbereich eine endliche Menge darstellt, erhalten wir mit dem Definitionsbereich $[0, a]$ für die Umsatz- und die Gewinnfunktion von Beispiel 5.11 b ein abgeschlossenes Intervall. Im ersten Fall spricht man auch von einer **diskreten** und im zweiten Fall von einer **kontinuierlichen** Funktion. In beiden Fällen handelt es sich jedoch um reelle Funktionen.

Definition 5.12

Eine Abbildung $f : D \to W$ mit dem **Definitionsbereich** $D \subseteq \mathbb{R}$ und dem **Wertebereich** $W \subseteq \mathbb{R}$ heißt **reellwertige Abbildung** einer **reellen Variablen** oder **reelle Funktion** einer **reellen Variablen**. Analog zu Definition 5.1 schreibt man auch hier

$$x \in D \subseteq \mathbb{R} \mapsto f(x) = y \in W \subseteq \mathbb{R}$$

und bezeichnet die Elemente $x \in D$ als **Urbilder** oder **Argumente** bzw. $y = f(x) \in W$ als **Bilder** oder **Funktionswerte** von f.

Zur Beschreibung von reellen Funktionen wählt man oft die Darstellung durch die Funktionsgleichung $y = f(x)$ und spricht von der **unabhängigen Variablen** x und der **abhängigen Variablen** y. Wählt man ein bestimmtes $x_0 \in D$, so ist damit das Bild $y_0 = f(x_0)$ eindeutig festgelegt.

Durch f wird insbesondere auch die binäre Relation $F = \{(x, y) : x \in D, y = f(x)\}$ erklärt (Definition 4.5). Mit $D, W \subseteq \mathbb{R}$ lässt sich die Funktion f in einem kartesischen Koordinatensystem darstellen (Figur 5.7, 5.8). Man spricht vom **Graphen der Funktion** im $\mathbb{R}^2$.

Die wichtigen Begriffe der Surjektivität, Injektivität und Bijektivität ergeben sich für reelle Funktionen einer Variablen direkt aus Definition 5.3.

Definition 5.13

Die reelle Funktion $f : D \to W$ mit $D, W \subseteq \mathbb{R}$ heißt

surjektiv, wenn zu jedem Bild $y \in W$ mindestens ein Urbild $x \in D$ mit $f(x) = y$ existiert,

injektiv, wenn für alle $x_1, x_2 \in D$ gilt $(x_1 \neq x_2 \Rightarrow f(x_1) \neq f(x_2))$ bzw. $(f(x_1) = f(x_2) \Rightarrow x_1 = x_2)$,

bijektiv, wenn f surjektiv und injektiv ist.

Beispiel 5.14

Wir betrachten die reellen Funktionen:

$$f_1 : \mathbb{R} \to \mathbb{R} \quad \text{mit } x \mapsto f_1(x) = 2x - 1$$

$$f_2 : \mathbb{N} \to \mathbb{N} \quad \text{mit } x \mapsto f_2(x) = 2x - 1$$

$$f_3 : \mathbb{R} \to \mathbb{R}_+ \quad \text{mit } x \mapsto f_3(x) = x^2$$

$$f_4 : \mathbb{N} \to \mathbb{N} \quad \text{mit } x \mapsto f_4(x) = x^2$$

$$f_5 : \mathbb{R} \to \mathbb{R} \quad \text{mit } x \mapsto f_5(x) = \frac{x}{x+1}$$

$$f_6 : \mathbb{N} \to \mathbb{R} \quad \text{mit } x \mapsto f_6(x) = \frac{x}{x+1}$$

Dann ist f_1 surjektiv, da zu jedem $y \in \mathbb{R}$ ein $x = \frac{y+1}{2} \in \mathbb{R}$ existiert mit

$$f_1(x) = f_1\left(\frac{y+1}{2}\right) = 2\left(\frac{y+1}{2}\right) - 1 = y\,.$$

Die Funktion f_1 ist auch injektiv wegen

$$x_1 \neq x_2 \;\Rightarrow\; 2x_1 \neq 2x_2 \;\Rightarrow\; 2x_1 - 1 \neq 2x_2 - 1 \;\Rightarrow\; f_1(x_1) \neq f_1(x_2)\,.$$

Damit ist f_1 bijektiv.

Die Funktion f_2 ist wie f_1 injektiv, jedoch nicht mehr surjektiv, da für $x \in \mathbb{N}$ mit $f_2(x) = 2x - 1$ nur ungeradzahlige Funktionswerte erreicht werden.

Die Funktion f_3 ist surjektiv, da zu jedem $y \in \mathbb{R}_+$ ein $x = \sqrt{y}$ existiert mit $f_3(x) = f_3(\sqrt{y}) = (\sqrt{y})^2 = y$.
Ferner ist f_3 nicht injektiv wegen

$$x_1 = 1\,, \quad x_2 = -1\,, \quad \text{also} \quad x_1 \neq x_2\,, \quad \text{aber} \quad f_3(x_1) = f_3(x_2) = 1\,.$$

Die Funktion f_4 ist nicht surjektiv, da für $x \in \mathbb{N}$ nur die Quadratzahlen x^2 als Bilder von f_4 auftreten.
Wegen $\big(x_1, x_2 \in \mathbb{N} \text{ mit } x_1 \neq x_2 \;\Rightarrow\; f_4(x_1) = x_1^2 \neq x_2^2 = f_4(x_2)\big)$ ist f_4 injektiv.

f_5 ist keine Funktion, da für $x = -1$ kein Bild existiert, im Gegensatz zu f_6, da mit $x \in \mathbb{N}$ stets $f_6(x) \in \mathbb{R}$ gilt.

Ferner ist f_6 injektiv wegen

$$f_6(x_1) = f_6(x_2) \Rightarrow \frac{x_1}{x_1+1} = \frac{x_2}{x_2+1}$$
$$\Rightarrow x_1x_2 + x_1 = x_1x_2 + x_2 \Rightarrow x_1 = x_2 .$$

Andererseits ist f_6 nicht surjektiv, da für $x \in \mathbb{N}$ nur Werte im Intervall $[\frac{1}{2}, 1\rangle$ auftreten können.

Ebenso übertragen wir die Begriffe der zusammengesetzten Abbildung aus Definition 5.5 und der inversen Abbildung aus Definition 5.8.

Definition 5.15

a) Zu den reellen Funktionen $f : D \to W$ und $g : C \to V$ mit $D, C, W, V \subseteq \mathbb{R}$ sowie $f(D) \subseteq C \subseteq \mathbb{R}$ bezeichnet man die reelle Funktion $g \circ f : D \to V$, die jedem Urbild $x \in D$ das Bild $(g \circ f)(x) = g(f(x)$ zuordnet, als **zusammengesetzte** oder **mittelbare** Funktion.

b) Ist $f : D \to W$ $(D, W \subseteq \mathbb{R})$ eine bijektive reelle Funktion, dann heißt die ebenfalls bijektive reelle Funktion $f^{-1} : W \to D$, die jedem $y \in W$ genau ein $x \in D$ mit $y = f(x)$ zuordnet, die zu f **inverse Funktion** oder **Umkehrfunktion**.

Beispiel 5.16

Gegeben seien die Funktionen $f_1, f_2 : \mathbb{R}_+ \to \mathbb{R}$ mit

$$f_1(x) = 2x^3 - 9x^2 + 12x - 2 , \quad f_2(x) = \sqrt{x} + 1$$

und den Wertetabellen:

x	0	1	2	3	$\cdots$
$f_1(x)$	−2	3	2	7	$\cdots$

x	0	1	2	3	4	$\cdots$
$f_2(x)$	1	2	2.4	2.7	3	$\cdots$

Wir stellen f_1, f_2 durch ihre Graphen dar (Figur 5.9, 5.10).

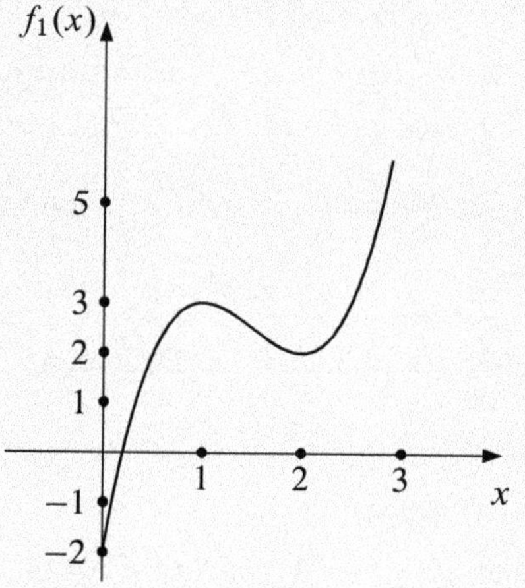

Figur 5.9: Graph der Funktion f_1

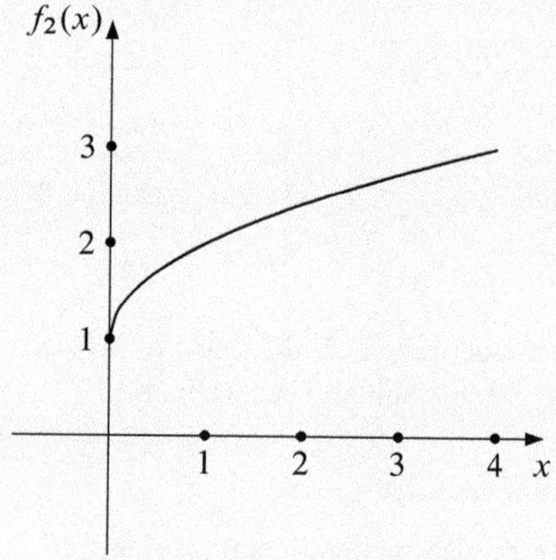

Figur 5.10: Graph der Funktion f_2

Die Funktion f_1 ist wegen $f_1(\mathbb{R}_+) = [-2, \infty\rangle$ nicht surjektiv. Die Funktion f_1 ist auch nicht injektiv, da ein $x \in \langle 0, 1\rangle$ mit $f_1(x) = 2$ existiert und ferner $f_1(2) = 2$ ist. Die Funktion f_2 ist wegen $f_2(\mathbb{R}_+) = [1, \infty\rangle$ nicht surjektiv. Die Funktion f_2 ist injektiv wegen

$$x_1 \neq x_2 \Rightarrow \sqrt{x_1} \neq \sqrt{x_2} \Rightarrow \sqrt{x_1} + 1 \neq \sqrt{x_2} + 1 \Rightarrow f_2(x_1) \neq f_2(x_2) .$$

Andererseits ist $\tilde{f}_2 : \mathbb{R}_+ \to [1, \infty\rangle$ mit $\tilde{f}_2(x) = \sqrt{x} + 1$ bijektiv und es existiert die Umkehrfunktion

$$\tilde{f}_2^{-1} : [1, \infty\rangle \to \mathbb{R}_+ \quad \text{mit} \quad \tilde{f}_2^{-1}(y) = (y-1)^2 .$$

Es gilt nämlich:

$$y = \sqrt{x} + 1 \iff y - 1 = \sqrt{x} \iff (y-1)^2 = x .$$

Schließlich existieren die zusammengesetzten Funktionen

$$f_1 \circ f_2 : \mathbb{R}_+ \to \mathbb{R} \quad \text{mit}$$
$$(f_1 \circ f_2)(x) = f_1(\sqrt{x} + 1) = 2(\sqrt{x} + 1)^3 - 9(\sqrt{x} + 1)^2 + 12(\sqrt{x} + 1) - 2$$

und

$$f_2 \circ f_1 : D \to \mathbb{R} \quad \text{mit}$$
$$(f_2 \circ f_1)(x) = f_2(2x^3 - 9x^2 + 12x - 2) = \sqrt{2x^3 - 9x^2 + 12x - 2} + 1 ,$$

wenn $D = \{x \in \mathbb{R}_+ : 2x^3 - 9x^2 + 12x - 2 \geq 0\}$.

Bei reellen Funktionen können die Rechenoperationen der Addition, Subtraktion, Multiplikation und Division durchgeführt werden.

Satz 5.17

Seien $f, g : D \to \mathbb{R}$ reelle Funktionen mit identischem Definitionsbereich $D \subset \mathbb{R}$. Dann sind auch die Abbildungen

$$\begin{aligned}
f+g\colon\ & D \to \mathbb{R} \quad \text{mit} \quad x \in D \mapsto (f+g)(x) = f(x)+g(x)\,,\\
f-g\colon\ & D \to \mathbb{R} \quad \text{mit} \quad x \in D \mapsto (f-g)(x) = f(x)-g(x)\,,\\
fg\colon\ & D \to \mathbb{R} \quad \text{mit} \quad x \in D \mapsto (fg)(x) = f(x)g(x)\,,\\
\frac{f}{g}\colon\ & D_1 \to \mathbb{R} \quad \text{mit} \quad x \in D_1 \mapsto \left(\frac{f}{g}\right)(x) = \frac{f(x)}{g(x)}\,,\\
& D_1 = \{x \in D\colon g(x) \neq 0\}
\end{aligned}$$

reelle Funktionen.

Der Beweis ergibt sich unmittelbar aus der Tatsache, dass mit reellen Zahlen $f(x), g(x)$ die Grundrechenarten durchführbar sind, die Division $\dfrac{f(x)}{g(x)}$ jedoch nur, wenn $g(x) \neq 0$ ist.

Beispiel 5.18

Für die reellen Funktionen $f_1, f_2, f_3\colon \mathbb{R} \to \mathbb{R}$ mit

$$f_1(x) = x^2+1\,, \quad f_2(x) = 2x\,, \quad f_3(x) = \frac{x}{x^2+1}$$

gilt

$$\begin{aligned}
(f_1+f_2)(x) &= x^2+1+2x = (x+1)^2\,,\\
(f_1-f_2)(x) &= x^2+1-2x = (x-1)^2\,,\\
(f_1\cdot f_3)(x) &= (x^2+1)\cdot\frac{x}{x^2+1} = x\,,\\
\left(\frac{f_3}{f_1}\right)(x) &= \frac{x}{(x^2+1)^2}\,,\\
\left(\frac{f_1}{f_3}\right)(x) &= \frac{(x^2+1)^2}{x} \quad \text{mit Definitionsbereich } \mathbb{R}\setminus\{0\}\,.
\end{aligned}$$

5.3 Eigenschaften reeller Funktionen

In diesem Abschnitt diskutieren wir weiterführende Fragen reeller Funktionen:

- Für welche Urbilder nimmt die Funktion f einen bestimmten Wert c an, beispielsweise $c = 0$?
- Existieren Maximal- und Minimalstellen der Funktion und wo liegen diese gegebenenfalls?
- Welche generellen Eigenschaften hat der Kurvenverlauf der Funktion? In welchen Bereichen nehmen die Funktionswerte zu bzw. ab?

Definition 5.19

Gegeben sei eine reelle Funktion $f : D \to W$ mit $D, W \subseteq \mathbb{R}$.

a) Dann nennt man $x_c \in D$ mit $f(x_c) = c$ eine c-**Stelle** von f.
Für $c = 0$ spricht man von einer **Nullstelle**.

b) Man bezeichnet ferner

$x_{\max} \in D$ mit $f(x_{\max}) \geq f(x)$ für alle $x \in D$ als **Maximalstelle** und

$x_{\min} \in D$ mit $f(x_{\min}) \leq f(x)$ für alle $x \in D$ als **Minimalstelle** von f.

Wir schreiben

$$\begin{aligned} f(x_{\max}) &= \max\{f(x) : x \in D\} = \max_{x \in D} f(x) , \\ f(x_{\min}) &= \min\{f(x) : x \in D\} = \min_{x \in D} f(x) \end{aligned}$$

und $f(x_{\max})$ heißt **Maximum** oder **Maximalwert**, $f(x_{\min})$ **Minimum** oder **Minimalwert der Funktion** f.

Insgesamt spricht man auch von **Extremal-** oder **Optimalstellen** bzw. von **Extremal-** oder **Optimalwerten** von f.

In einer Maximalstelle nimmt die Funktion ihren höchsten und in einer Minimalstelle ihren niedrigsten Wert an. Wir sprechen gelegentlich auch von einem **globalen Maximum** oder **Minimum** im Gegensatz zu einem **lokalen Maximum** oder **Minimum**. In diesem Fall sind die Bedingungen von Definition 5.19 b anstatt für alle $x \in D$ nur in einem begrenzten Bereich um $x_{\max}$ bzw. $x_{\min}$ erfüllt.

Definition 5.20

Gegeben sei eine reelle Funktion $f : D \to W$ mit $D, W \subseteq \mathbb{R}$. Ferner sei $x_0 \in D$. Existiert nun ein offenes Intervall der Form $\langle x_0 - r, x_0 + r\rangle$ mit $r > 0$ um x_0, in dem

$$f(x_0) \geq f(x) \quad \text{für alle} \quad x \in D \cap \langle x_0 - r, x_0 + r\rangle$$

erfüllt ist, so bezeichnen wir x_0 als **lokale Maximalstelle** von f. Gilt dagegen

$$f(x_0) \leq f(x) \quad \text{für alle} \quad x \in D \cap \langle x_0 - r, x_0 + r\rangle\,,$$

so heißt x_0 **lokale Minimalstelle** von f.

Den Funktionswert $f(x_0)$ nennt man **lokales Maximum** bzw. **Minimum**.

Jedes globale Maximum (Minimum) ist offenbar auch ein lokales Maximum (Minimum). Die Umkehrung dieser Aussage gilt nicht.

Beispiel 5.21

a) Wir betrachten zunächst die in Beispiel 5.11 behandelten Funktionen. Damit besitzt $f : A \to B$ mit

t	1	2	3	4	5	6	7	8	9	10	11	12
$f(t)$	3	2	3	4	4	4	1	2	4	5	3	4

ein globales Maximum für $t = 10$ mit $f(10) = 5$ und ein globales Minimum für $t = 7$ und $f(7) = 1$.

b) In Figur 5.8 stellen wir fest, dass beide Funktionen u mit $u(x) = 10x - x^2$ und g mit $g(x) = -x^2 + 8x - 2$ ein globales Maximum für $x = 5$ mit $u(5) = 25$ bzw. für $x = 4$ mit $g(4) = 14$ besitzen.

c) Die in Beispiel 5.16 betrachteten Funktionen $f_1, f_2 : \mathbb{R}_+ \to \mathbb{R}$ mit

$$f_1(x) = 2x^3 - 9x^2 + 12x - 2\,, \qquad f_2(x) = \sqrt{x} + 1$$

sind in Figur 5.9 und 5.10 graphisch dargestellt. Demnach besitzt die Funktion f_1 ein lokales Maximum für $x = 1$ mit $f(1) = 3$, jedoch kein globales Maximum, da f_1 für $x > 2$ kontinuierlich ansteigt. Andererseits existiert für f_1 ein lokales Minimum für $x = 2$ mit $f(2) = 2$ und wegen des begrenzten Definitionsbereichs $\mathbb{R}_+$ auch ein globales Minimum für $x = 0$ mit $f(0) = -2$. Die Funktion f_2 besitzt weder ein globales noch ein lokales Maximum, da f_2 für $x \in \mathbb{R}_+$ kontinuierlich ansteigt. Ein globales Minimum existiert für $x = 0$ mit $f_2(0) = 1$.

Schließlich wollen wir den Verlauf einer reellen Funktion noch etwas genauer analysieren. Neben Extremalstellen interessieren wir uns für Bereiche, die eine Funktion nicht verlässt bzw. in denen sie wächst oder fällt.

Definition 5.22

Eine reelle Funktion $f: D \to W$ mit $D, W \subseteq \mathbb{R}$ heißt
nach unten beschränkt, wenn es ein $c_0 \in W$ gibt mit $f(x) \geq c_0$ für alle $x \in D$,
nach oben beschränkt, wenn es ein $c_1 \in W$ gibt mit $f(x) \leq c_1$ für alle $x \in D$,
beschränkt, wenn f nach unten und oben beschränkt ist.

Demnach ist eine Funktion beschränkt, wenn alle Funktionswerte in einem Intervall $[c_0, c_1]$ mit $c_0 \leq c_1$ liegen.

Definition 5.23

Eine reelle Funktion $f: D \to W$ mit $D, W \subseteq \mathbb{R}$ heißt **[streng] monoton wachsend** im abgeschlossenen Intervall $[a,b] \subseteq D$, falls gilt

$$x, \hat{x} \in [a,b] \quad \text{mit} \quad x < \hat{x} \Rightarrow f(x) \leq f(\hat{x}) \quad [f(x) < f(\hat{x})]$$

und **[streng] monoton fallend** im abgeschlossenen Intervall $[a,b] \subseteq D$, falls gilt

$$x, \hat{x} \in [a,b] \quad \text{mit} \quad x < \hat{x} \Rightarrow f(x) \geq f(\hat{x}) \quad [f(x) > f(\hat{x})]\,.$$

Ist f gleichzeitig monoton wachsend und fallend in $[a,b] \subseteq D$, so ist

$$f(x) = c \quad \text{für alle} \quad x \in [a,b]$$

und die Funktion heißt **konstant** in $[a,b]$.

Falls also beim Übergang von x zu $\hat{x}$ mit $x < \hat{x}$ die Funktionswerte größer werden oder konstant bleiben, spricht man von einer monoton wachsenden Funktion, falls die Funktionswerte kleiner werden oder konstant bleiben, von einer monoton fallenden Funktion. Ferner ist f mit $y = f(x)$ genau dann [streng] monoton wachsend, wenn $-f$ [streng] monoton fallend ist und umgekehrt.

Satz 5.24

Jede streng monoton wachsende bzw. fallende reelle Funktion $f: D \to W$ mit $D, W \subseteq \mathbb{R}$ ist injektiv. Wenn zusätzlich $f(D) = W$ erfüllt ist, ist f bijektiv.

Beweis:

f streng monoton wachsend $\Rightarrow$ $(x_1 < x_2 \Rightarrow f(x_1) < f(x_2)) \Rightarrow f$ injektiv.

Für f streng monoton fallend verläuft der kurze Beweis entsprechend.

Für $f(D) = W$ ist die Funktion auch surjektiv und damit insgesamt bijektiv: In diesem Fall existiert eine inverse Funktion $g = f^{-1}$ mit $f^{-1}: W \to D$ und $\left(f^{-1}(y) = x \Longleftrightarrow y = f(x)\right)$, die ihrerseits wieder streng monoton wächst.

Beispiel 5.25

Wir betrachten die Funktion f mit der Funktionalgleichung $f(x) = ax^b$, wobei $a > 0$, $b \in \mathbb{R}$. Diese Funktion mit dem Definitionsbereich $D_1 = \mathbb{R}_+$ im Fall $b \geq 0$ und $D_2 = \{x \in \mathbb{R} : x > 0\}$ im Fall $b < 0$ ist für vielfältige ökonomische Anwendungen von Interesse. Wir stellen diese Funktion für $a = 1$ und $b = 2, \frac{1}{2}, -1$ graphisch dar (Figur 5.11) und diskutieren ihre Monotonieeigenschaften.

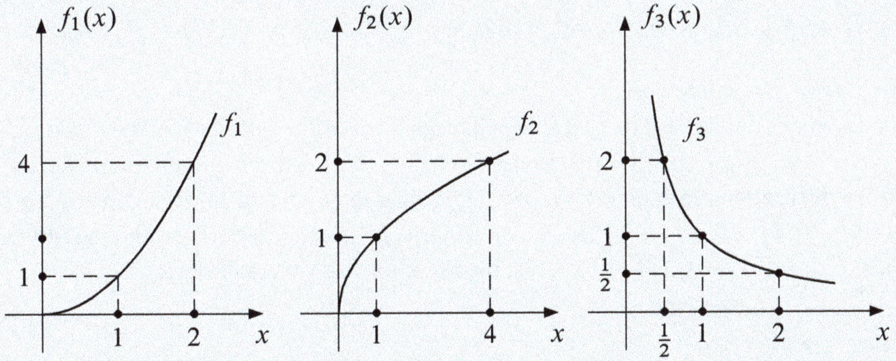

Figur 5.11: Graphen der Funktionen f_1, f_2, f_3 mit
$f_1(x) = x^2$, $f_2(x) = \sqrt{x}$, $f_3(x) = \frac{1}{x}$

Für $x_1, x_2 \in \mathbb{R}_+$ erhalten wir

$$\begin{aligned}
x_1 < x_2 \quad &\Rightarrow {x_1}^2 < {x_2}^2 \quad \Rightarrow f_1(x_1) < f_1(x_2), \\
x_1 < x_2 \quad &\Rightarrow \sqrt{x_1} < \sqrt{x_2} \Rightarrow f_2(x_1) < f_2(x_2), \\
0 < x_1 < x_2 &\Rightarrow \frac{1}{x_1} > \frac{1}{x_2} \quad \Rightarrow f_3(x_1) > f_3(x_2).
\end{aligned}$$

Die beiden Funktionen f_1 und f_2 wachsen streng monoton, da mit zunehmenden x-Werten auch die Funktionswerte wachsen. Entsprechend fällt die Funktion f_3 streng monoton, da mit zunehmenden x-Werten die Funktionswerte fallen.

Soll nun ferner erklärt werden, ob das Wachstum oder Gefälle einer Funktion beschleunigt oder verlangsamt verläuft, so analysiert man das Krümmungsverhalten. Betrachten wir dazu nochmals Figur 5.11 und die Graphen der Funktionen f_1 und f_2, so erhalten wir für f_1 ein beschleunigtes oder **progressives Wachstum** und für f_2 ein verlangsamtes oder **degressives Wachstum**. Im Fall von f_1 spricht man auch von einer **links gekrümmten** oder **konvexen** Funktion, im Fall von f_2 von einer **rechts gekrümmten** oder **konkaven** Funktion.

Definition 5.26

Sei $f : D \to W$ mit $D, W \subseteq \mathbb{R}$ eine reelle Funktion, $[a,b] \subseteq D$ ein abgeschlossenes Intervall und $\lambda \in \langle 0, 1 \rangle$.

Dann heißt f **[streng] konvex** in $[a,b]$ mit $a < b$, wenn gilt:

$$x_1, x_2 \in [a,b], x_1 \neq x_2 \quad \Rightarrow \quad f(\lambda x_1 + (1-\lambda)x_2) \leq \lambda f(x_1) + (1-\lambda) f(x_2)$$
$$[f(\lambda x_1 + (1-\lambda)x_2) < \lambda f(x_1) + (1-\lambda) f(x_2)]$$

Die Funktion f heißt **[streng] konkav** in $[a,b]$, wenn gilt:

$$x_1, x_2 \in [a,b], x_1 \neq x_2 \quad \Rightarrow \quad f(\lambda x_1 + (1-\lambda)x_2) \geq \lambda f(x_1) + (1-\lambda) f(x_2)$$
$$[f(\lambda x_1 + (1-\lambda)x_2) > \lambda f(x_1) + (1-\lambda) f(x_2)]$$

Eine Funktion f mit $y = f(x)$ ist also genau dann [streng] konkav, wenn die Funktion $-f$ mit $\hat{y} = -f(x)$ [streng] konvex ist und umgekehrt. Mit Hilfe des folgenden Beispiels 5.27 werden wir feststellen, dass eine Funktion f genau dann **streng konvex [streng konkav]** im Intervall $[a,b]$ ist, wenn f in $[a,b]$ unterhalb [oberhalb] der Verbindungsstrecke g zwischen a und b liegt. Für $f = g$ ist die Funktion konvex und konkav.

Beispiel 5.27

Wir betrachten nochmals die Funktionen f_1, f_2, f_3 aus Beispiel 5.25 und erläutern die Konvexität und Konkavität zunächst mit Hilfe von Figur 5.12.

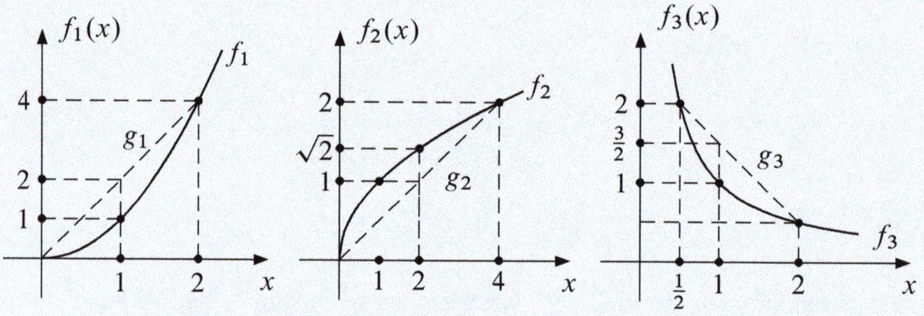

Figur 5.12: Graphen der Funktionen f_1, f_2, f_3 mit

$f_1(x) = x^2$, $f_2(x) = \sqrt{x}$, $f_3(x) = \frac{1}{x}$

Gemäß Figur 5.12 sind die Funktionen f_1 und f_3 im Intervall $[0,2]$ bzw. $[\frac{1}{2},2]$ streng konvex, f_2 im Intervall $[0,4]$ streng konkav. Wir prüfen dies exemplarisch mit Hilfe von Definition 5.26 nach.

Dazu wählen wir für f_1 die Abszissenwerte $a=0$ und $b=2$. Jeder Wert $x_0 \in [0,2]$ ist dann durch $x_0 = \lambda a + (1-\lambda)b$ mit $\lambda \in \langle 0,1 \rangle$ darstellbar. Für $\lambda \approx 1$ rückt x_0 in Richtung $a=0$, für $\lambda \approx 0$ in Richtung $b=2$. Für $\lambda = \frac{1}{2}$ liegt $x_0 = \frac{1}{2}a + \frac{1}{2}b = 1$ genau in der Mitte und es gilt $f_1(x_0) = f_1(1) = 1$.

Entsprechend erhalten wir auch alle Punkte, die auf der Verbindungsstrecke g_1 zwischen $f_1(a)=0$ und $f_1(b)=4$ liegen, durch $\lambda f_1(a) + (1-\lambda) f_1(b)$.

Für $\lambda = \dfrac{1}{2}$ ergibt sich:

$$\lambda f_1(a) + (1-\lambda) f_1(b) = \frac{1}{2}\cdot 0 + \frac{1}{2}\cdot 4 = 2 \qquad \text{(Figur 5.12)}$$

Für $a=0,\ b=2,\ \lambda = \dfrac{1}{2}$ gilt damit

$$f_1(\lambda a + (1-\lambda)b) = 1\,,$$

$$\lambda f_1(a) + (1-\lambda) f_1(b) = 2 > f_1(\lambda a + (1-\lambda)b)\,.$$

Da wir diese Ungleichung für beliebige $\lambda \in \langle 0,1 \rangle$ erhalten, ist f_1 in $[a,b] = [0,2]$ streng konvex.

Entsprechendes gilt für die Funktion f_2.

Wählen wir $a=0,\ b=4,\ \lambda = \dfrac{1}{2}$, so ist

$$x_0 = \frac{1}{2}a + \frac{1}{2}b = 2\,,\quad f_2(a) = 0\,,\quad f_2(b) = 2 \qquad \text{(Figur 5.12)}$$

und ferner

$$f_2(\lambda a + (1-\lambda)b) = f_2(2) = \sqrt{2}\,,$$

$$\lambda f_2(a) + (1-\lambda) f_2(b) = \frac{1}{2}\cdot 0 + \frac{1}{2}\cdot 2 = 1 < f_2(\lambda a + (1-\lambda)b)\,.$$

f_2 ist im Intervall $[a,b] = [0,4]$ streng konkav.

Für die Funktion f_3 wählen wir $a = \frac{1}{2},\ b=2,\ \lambda = \frac{2}{3}$, also ist

$$x_0 = \frac{2}{3}a + \frac{1}{3}b = 1\,,\quad f_3(a) = 2\,,\quad f_3(b) = \frac{1}{2} \qquad \text{(Figur 5.12)}$$

und ferner

$$f_3(\lambda a + (1-\lambda)b) = f_3(1) = 1\,,$$
$$\lambda f_3(a) + (1-\lambda) f_3(b) = \frac{2}{3}\cdot 2 + \frac{1}{3}\cdot\frac{1}{2} = \frac{3}{2} > f_3(\lambda a + (1-\lambda)b)\,.$$

f_3 ist im Intervall $[a,b] = [\frac{1}{2}, 2]$ streng konvex.

Für die Funktion f mit $f(x) = ax^b$, $a > 0$, $b \in \mathbb{R}$ gibt es vielfältige ökonomische Interpretationsmöglichkeiten.

Für $b > 1$ ist die Funktion für alle $x \in \mathbb{R}_+$ konvex, in der Ökonomie spricht man von **überproportionalem** oder **progressivem Wachstum**. Sei beispielsweise $x > 0$ der Preis eines Gutes und $f(x) = ax^b$ $(a > 0,\ b > 1)$ das preisabhängige Angebot des Produzenten, so erklärt f eine **Preis-Angebots-Beziehung**.

Für $b = 1$ ist die Funktion für alle $x \in \mathbb{R}_+$ linear, man spricht von **proportionalem Wachstum** mit der Proportionalitätskonstanten a. Erklärt man durch $x > 0$ das Produktionsniveau und durch $f(x) = ax$ die variablen Kosten, so erhält man mit $a = \frac{ax}{x}$ die Stückkosten.

Für $b \in \langle 0, 1\rangle$ ist die Funktion für alle $x \in \mathbb{R}_+$ konkav, man spricht von **unterproportionalem** oder **degressivem Wachstum**. Seien $x > 0$ die Werbekosten einer Planperiode und $f(x) = ax^b$ $(a > 0,\ b \in \langle 0, 1\rangle)$ der werbeabhängige Absatz eines Produktes, dann erklärt f eine **Werbung-Absatz-Beziehung**.

Für $b < 0$ erhält man eine streng monoton fallende und konvexe Funktion. Mit $x > 0$ als Preis eines Produktes und der preisabhängigen Nachfrage $f(x) = ax^b$ $(a > 0,\ b < 0)$ ergibt sich eine **Preis-Nachfrage-Funktion**.

Die Untersuchung des Kurvenverlaufs reeller Funktionen kann etwas vereinfacht werden, wenn bestimmte Eigenschaften der Symmetrie oder Periodizität erfüllt sind.

Definition 5.28

Eine Funktion $f : D \to W$ mit $D, W \subseteq \mathbb{R}$ und $(x \in D \iff -x \in D)$ heißt **gerade**, wenn $f(-x) = f(x)$ für alle $x \in D$ erfüllt ist, und **ungerade**, wenn $f(-x) = -f(x)$ für alle $x \in D$ gilt.

Der Graph einer geraden Funktion verläuft also symmetrisch zur vertikalen Achse, der Graph einer ungeraden Funktion punktsymmetrisch zum Nullpunkt.

Beispiel 5.29

Gegeben seien die Funktionen f_1, f_2, f_3, f_4
mit $f_1(x) = x,\ f_2(x) = x^2,\ f_3(x) = x^3,\ f_4(x) = \dfrac{1}{x}$.

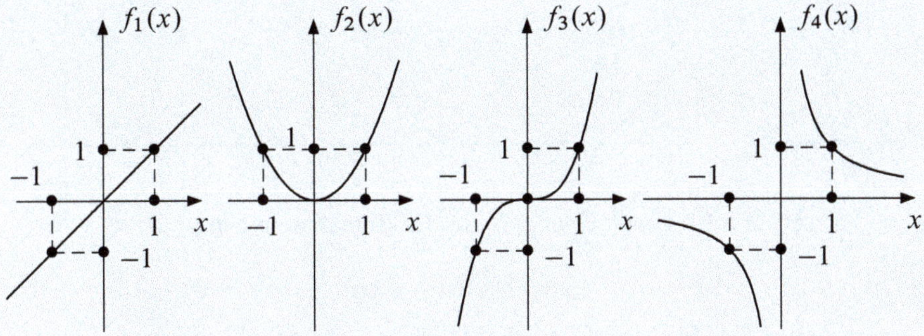

Figur 5.13: Graphen der Funktionen f_1, f_2, f_3, f_4 mit
$f_1(x) = x,\ f_2(x) = x^2,\ f_3(x) = x^3,\ f_4(x) = \frac{1}{x}$

Es ist:

$$\begin{aligned}
f_1(-x) &= -x &&= -f_1(x) &&\Rightarrow\ f_1 \text{ ist ungerade}\\
f_2(-x) &= x^2 &&= f_2(x) &&\Rightarrow\ f_2 \text{ ist gerade}\\
f_3(-x) &= -x^3 &&= -f_3(x) &&\Rightarrow\ f_3 \text{ ist ungerade}\\
f_4(-x) &= -\frac{1}{x} &&= -f_4(x) &&\Rightarrow\ f_4 \text{ ist ungerade}
\end{aligned}$$

Definition 5.30

Sei $D \subseteq \mathbb{R}$ und $x \in D \Rightarrow x + kp \in D$ für alle $k = \pm 1, \pm 2, \ldots$. Dann heißt eine Funktion $f: D \to \mathbb{R}$ **periodisch** mit der Periode $p > 0$, wenn gilt:

$$f(x) = f(x + kp) \quad \text{für alle} \quad k = \pm 1,\ \pm 2,\ \ldots$$

Kennt man diese Funktion in $D \cap [x, x + p\rangle$ für ein $x \in D$, so ist die Funktion im gesamten Definitionsbereich bekannt.

Beispiel 5.31

Die in Figur 5.14 dargestellte Funktion f ist periodisch mit $p = 2$.

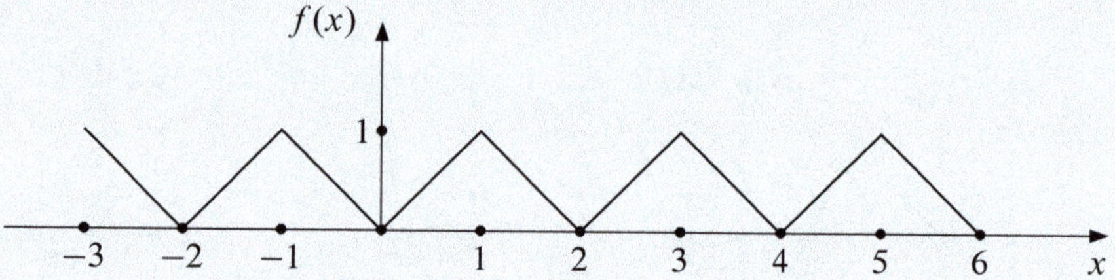

Figur 5.14: Graph einer periodischen Funktion mit $p = 2$

Es gilt:

$$f(x) = \begin{cases} x & \text{für} \quad 0 \leq x < 1 \\ 2 - x & \text{für} \quad 1 \leq x < 2 \end{cases} \qquad \text{sowie}$$

$$f(x) = f(x \pm 2) = f(x \pm 4) = \ldots$$

Daraus folgt:

x	−2	−1.5	−1	−0.5	0	0.5	1	1.5	2	2.5	3	3.5
$f(x)$	0	0.5	1	0.5	0	0.5	1	0.5	0	0.5	1	0.5

In Abschnitt 6.5 werden wir mit den trigonometrischen Funktionen (Abschnitt 1.7) weitere periodische Funktionen diskutieren. Periodische Funktionen sind für die Ökonomie von Interesse, wenn es darum geht, beispielsweise Absatz- oder Umsatzwerte, die saisonalen Einflüssen unterliegen, in Abhängigkeit der Zeit darzustellen.

Wir haben damit die wichtigsten Grundbegriffe für reelle Funktionen einer Variablen eingeführt. Die sehr einfachen Beispiele lassen jedoch erkennen, dass der Nachweis der Monotonie und insbesondere der Konvexität oder auch die Bestimmung von Maximal- und Minimalstellen bei komplizierteren Funktionen doch sehr aufwendig werden kann. Mit der Differentialrechnung werden wir in den Kapiteln 7.4 und 9 ein Instrumentarium kennen lernen, mit dem die hier angesprochenen Aufgabenstellungen bei einer Vielzahl reeller Funktionen einfacher zu lösen sind.

Bevor wir jedoch die Differentiation reeller Funktionen ausführlich behandeln, werden wir in Kapitel 6 einige spezielle Typen **elementarer reeller Funktionen** kennen lernen.

6 Elementare reelle Funktionen

Zur Klasse der elementaren reellen Funktionen einer reellen Variablen zählen alle Funktionen, die durch einen analytischen Ausdruck darstellbar sind. Dazu gehören beispielsweise Polynome (Abschnitt 6.1), rationale Funktionen (Abschnitt 6.2), Potenz- und Wurzelfunktionen (Abschnitt 6.3), Exponential- und Logarithmusfunktionen (Abschnitt 6.4) sowie trigonometrische Funktionen (Abschnitt 6.5).

Zu den nicht elementaren reellen Funktionen rechnet man beispielsweise die so genannte Dirichlet-Funktion $f : \mathbb{R} \to \{0, 1\}$ mit

$$f(x) = \begin{cases} 0 & \text{für} \quad x \ \text{rational} \\ 1 & \text{für} \quad x \ \text{irrational} \end{cases},$$

die graphisch nicht darstellbar ist.

6.1 Polynome

Definition 6.1

Die reelle Funktion $p: D \to \mathbb{R}$ mit $D \subseteq \mathbb{R}$ und

$$p(x) = a_0 + a_1 x + \ldots + a_n x^n = \sum_{i=0}^{n} a_i x^i \qquad (a_n \neq 0)$$

heißt **Polynom n-ten Grades** mit den reellen Polynomkoeffizienten $a_0, a_1, \ldots, a_n$. Wir schreiben $Gr(p) = n$.

Für $a_i = 0 \quad (i = 0, \ldots, n)$ heißt p **Nullpolynom**.

Zwei Polynome nennt man **identisch**, wenn sie in den Koeffizienten übereinstimmen.

Speziell gilt:

$$Gr(p) = 0 \;\Rightarrow\; p(x) = a_0 \quad \text{ist konstant}$$
$$Gr(p) = 1 \;\Rightarrow\; p(x) = a_0 + a_1 x \;\; (a_1 \neq 0) \quad \text{ist linear}$$
$$Gr(p) = 2 \;\Rightarrow\; p(x) = a_0 + a_1 x + a_2 x^2 \;\; (a_2 \neq 0) \quad \text{ist quadratisch}$$

In mehreren Beispielen des Kapitels 5 haben wir bereits verschiedene Polynome kennen gelernt. So ist die in Beispiel 5.11 b verwendete Kostenfunktion mit $k(x) = c + dx$ ein Polynom ersten Grades, die Umsatz- und die Gewinnfunktion mit $u(x) = \frac{1}{b}(ax - x^2)$ und $g(x) = -\frac{1}{b}x^2 + \left(\frac{a}{b} - d\right)x - c$ sind Polynome zweiten Grades.

Mit $f_1(x) = 2x^3 - 9x^2 + 12x - 2$ haben wir uns in Beispiel 5.16 mit einem Polynom dritten Grades befasst.

Satz 6.2

Gegeben seien die Polynome p_1, p_2 mit $Gr(p_1) = n \leq m = Gr(p_2)$. Dann gilt:

a) Die Funktionen $p_1 + p_2, p_1 - p_2, p_1 \cdot p_2$ sind Polynome mit $Gr(p_1 + p_2) \leq m, Gr(p_1 - p_2) \leq m, Gr(p_1 p_2) = n + m.$

b) Besitzt p_i nur geradzahlige Exponenten einschließlich der Null, so ist p_i eine gerade Funktion, also $p_i(-x) = p_i(x)$. Besitzt p_i nur ungeradzahlige Exponenten, so ist p_i eine ungerade Funktion, also $p_i(-x) = -p_i(x)$.

c) Ist x_1 eine Nullstelle von p_1, also $p_1(x_1) = 0$, dann ist u mit $u(x)(x - x_1) = p_1(x)$ ein Polynom mit $Gr(u) = n - 1$.

d) Das Polynom p_1 hat höchstens n reellwertige Nullstellen. Ist der Grad von p_1 ungeradzahlig, so existiert mindestens eine reellwertige Nullstelle.

Beweis:

Sei $p_1(x) = \sum\limits_{i=0}^{n} a_i x^i, \quad p_2(x) = \sum\limits_{i=0}^{m} b_i x^i$ mit $n \leq m$.

a) $(p_1 + p_2)(x) = p_1(x) + p_2(x) = \sum\limits_{i=0}^{n} (a_i + b_i)x^i + \sum\limits_{i=n+1}^{m} b_i x^i$ mit

$$Gr(p_1 + p_2) \begin{cases} = m & \text{für } n < m \text{ oder } (n = m,\ a^n + b^n \neq 0) \\ < m & \text{für } (n = m,\ a^n + b^n = 0) \end{cases}$$

Für $(p_1 - p_2)$ ist das Symbol $+$ durch $-$ zu ersetzen.

$(p_1 p_2)(x) = p_1(x)p_2(x) = \sum\limits_{i=0}^{n} \sum\limits_{j=0}^{m} a_i b_j x^{i+j}$ mit $Gr(p_1 p_2) = n + m$

b) $p_i(x) = a_0 + a_2 x^2 + a_4 x^4 + \ldots \quad \Rightarrow p_i(-x) = p_i(x)$
$p_i(x) = a_1 x^1 + a_3 x^3 + a_5 x^5 + \ldots \Rightarrow p_i(-x) = -p_i(x)$

c) folgt direkt aus Abschnitt 1.9, (1.52).

d) folgt direkt aus Abschnitt 1.9, (1.52), (1.53), (1.54).

Insbesondere die Aussagen des Satzes 6.2 c, d werden benutzt, um die reellen Nullstellen eines Polynoms gegebenenfalls transparent zu machen. Ist nämlich x_1 eine Nullstelle des Polynoms p_1, so gilt für alle $x \neq x_1$ die Äquivalenz

$$u(x)(x-x_1) = p_1(x) \iff u(x) = \frac{p_1(x)}{x-x_1}\,.$$

Ist also x_1 bekannt, so lässt sich $u(x)$ durch das in Abschnitt 1.9 angegebene Verfahren der **Polynomdivision** berechnen (Beispiel 1.34, 1.36).

Besitzt ein Polynom p mit $Gr(p) = n$ genau r verschiedene reellwertige Nullstellen $x_1, \ldots, x_r$ mit $r \leq n$, so existiert die Darstellung

$$p(x) = a_n(x-x_1)^{\alpha_1}(x-x_2)^{\alpha_2} \cdot \ldots \cdot (x-x_r)^{\alpha_r} v(x) \quad \text{mit} \quad \alpha_1, \ldots, \alpha_r \in \mathbb{N}$$

und v ist wieder ein Polynom mit

$$\begin{aligned} Gr(v) &= n-m \quad \text{für} \quad \alpha_1+\alpha_2+\ldots+\alpha_r = m \leq n \quad \text{und} \\ v(x) &= 1 \quad\quad\;\; \text{für} \quad \alpha_1+\alpha_2+\ldots+\alpha_r = n\,. \end{aligned}$$

Ferner bezeichnet man x_i $(i = 1, \ldots, r)$ als **α_i-fache Nullstelle** von p oder man sagt, die Nullstelle x_i habe die **Vielfachheit** α_i.

Das Polynom v hat für $m < n$ nur noch komplexe Nullstellen und ist nicht weiter in Faktoren $(x-x_j)^{\alpha_j}$ mit $x_j \in \mathbb{R}$ zerlegbar. Nach der **reellen Produktdarstellung** (Abschnitt 1.9, (1.53), (1.54)) ist das Polynom v jedoch in quadratische Faktoren der Form $(x^2+b_jx+c_j)^{\beta_j}$ mit reellen Koeffizienten b_j, c_j und $\beta_j \in \mathbb{N}$ zerlegbar. Es gilt:

$$\begin{aligned} v(x) &= (x^2+b_1x+c_1)^{\beta_1} \cdot \ldots \cdot (x^2+b_sx+c_s)^{\beta_s} \quad \text{bzw.} \\ p(x) &= a_n(x-x_1)^{\alpha_1} \cdots (x-x_r)^{\alpha_r}(x^2+b_1x+c_1)^{\beta_1} \cdots (x^2+b_sx+c_s)^{\beta_s} \\ &= a_n \prod_{i=1}^{r}(x-x_i)^{\alpha_i} \prod_{j=1}^{s}(x^2+b_jx+c_j)^{\beta_j} \end{aligned}$$

$$\text{mit} \quad \alpha_1, \ldots, \alpha_r, \beta_1, \ldots, \beta_s \in \mathbb{N}, \; \sum_{i=1}^{r}\alpha_i + 2\sum_{j=1}^{s}\beta_j = n \qquad \text{(Abschnitt 1.9, (1.54))}$$

Beispiel 6.3

Gegeben seien die Polynome p_1, p_2, p_3 mit:

$$\begin{aligned} p_1(x) &= x^5+x^4-5x^3-5x^2+4x+4 \\ p_2(x) &= x^4+x^3-x-1 \\ p_3(x) &= x^5+x \end{aligned}$$

Dann gilt:

$$Gr(p_1) = 5\,, \quad Gr(p_2) = 4\,, \quad Gr(p_3) = 5$$

$$(p_1 + p_2)(x) = x^5 + 2x^4 - 4x^3 - 5x^2 + 3x + 3 \quad \text{mit} \quad Gr(p_1 + p_2) = 5$$

$$(p_1 - p_3)(x) = x^4 - 5x^3 - 5x^2 + 3x + 4 \quad \text{mit} \quad Gr(p_1 - p_3) = 4$$

$$\begin{aligned}(p_2 p_3)(x) &= (x^4 + x^3 - x - 1)(x^5 + x) \\ &= x^9 + x^8 - x^6 + x^4 - x^2 - x \quad \text{mit} \quad Gr(p_2 p_3) = 9\end{aligned}$$

Für p_1 ist $x_1 = -1$ wegen

$$p_1(-1) = -1 + 1 + 5 - 5 - 4 + 4 = 0$$

eine Nullstelle.

Wir führen eine Polynomdivision durch.

$$\begin{array}{rrrrrrl}
\big(x^5 & +x^4 & -5x^3 & -5x^2 & +4x & +4 & \big) : \big(x+1\big) = x^4 - 5x^2 + 4 \\
-x^5 & -x^4 & & & & & \\ \hline
 & & -5x^3 & -5x^2 & & & \\
 & & 5x^3 & +5x^2 & & & \\ \hline
 & & & & 4x & +4 & \\
 & & & & -4x & -4 & \\ \hline
 & & & & & 0 &
\end{array}$$

Wir erhalten ein Polynom vierten Grades und, falls man $y = x^2$ substituiert, ein Polynom u zweiten Grades mit $u(y) = y^2 - 5y + 4$. Die Nullstellen von u ergeben sich aus der Lösung der quadratischen Gleichung $y^2 - 5y + 4 = 0$ (Abschnitt 1.5, (1.28)).

Es ist

$$y = \frac{1}{2}\left(5 \pm \sqrt{25 - 16}\right) \Rightarrow y_1 = 4,\ y_2 = 1\,.$$

Daraus folgt mit $y = x^2$ bzw. $x = \pm\sqrt{y}$

$$x_2 = 2\,, \quad x_3 = -2\,, \quad x_4 = 1\,, \quad x_5 = -1 = x_1\,.$$

Wir erhalten die reelle Produktdarstellung

$$p_1(x) = (x + 1)^2 (x - 2)(x + 2)(x - 1)$$

mit $\alpha_1 = 2, \alpha_2 = \alpha_3 = \alpha_4 = 1$ und $\sum\limits_{i=1}^{4} \alpha_i = 5$.

Entsprechend ermittelt man mit Hilfe einer Polynomdivision für p_2 die reelle Produktdarstellung

$$p_2(x) = x^4 + x^3 - x - 1 = (x-1)(x+1)(x^2+x+1)\,.$$

Das Polynom p_2 besitzt zwei einfache reelle Nullstellen $x_1 = 1$, $x_2 = -1$ und zwei weitere nichtreelle Nullstellen, die zueinander konjugiert komplex sein müssen.

Für das Polynom p_3 gilt die reelle Produktdarstellung

$$p_3(x) = x^5 + x = x(x^4+1) = x(x^2+\sqrt{2}x+1)(x^2-\sqrt{2}x+1)\,.$$

Also existiert genau eine reelle Nullstelle $x = 0$.

6.2 Rationale Funktionen

In Satz 6.2 a wurde gezeigt, dass die Summe, die Differenz und das Produkt zweier Polynome wieder ein Polynom ergeben. Wir fragen nun nach den Eigenschaften des Quotienten zweier Polynome.

Definition 6.4

Der Quotient $q = \frac{p_1}{p_2}$ zweier Polynome p_1, p_2 mit $q(x) = \frac{p_1(x)}{p_2(x)}$ heißt **rationale Funktion**. Diese ist für alle $x \in \mathbb{R}$ mit $p_2(x) \neq 0$ definiert, also für alle reellen x, die nicht Nullstellen des Nennerpolynoms p_2 sind.

Für $Gr(p_2) = 0$ bzw. $p_2(x) = b_0 \neq 0$, ist $q = \frac{p_1}{p_2}$ ein Polynom, man spricht auch von einer **ganzrationalen Funktion**.

Für $Gr(p_2) > 0$ heißt q auch eine **gebrochen-rationale** Funktion.

Diese nennt man **echt-gebrochen-rational**, wenn $Gr(p_1) < Gr(p_2)$ ist.

Lässt sich nun eine Kosten-, Umsatz- oder Gewinnfunktion durch ein Polynom darstellen, so ist die Stückkosten-, Stückumsatz- bzw. Stückgewinnfunktion stets durch eine rationale Funktion darstellbar. Ist beispielsweise eine Kostenfunktion c von der Form $c(x) = ax^2 + bx + c$, so besitzt die **Stückkostenfunktion** c_1 für $x > 0$ die Gleichung

$$c_1(x) = \frac{c(x)}{x} = \frac{ax^2+bx+c}{x}\,.$$

Hat eine Preis-Absatz-Beziehung die Form $x = f(p) = \frac{a}{p^n}$ mit $a > 0$ als Konstante und $n \in \mathbb{N}$, so ist f eine echt-gebrochen-rationale Funktion.

Aus der Volkswirtschaftslehre bekannt sind die **Engelkurve** $x(e) = \frac{ae}{b+e}$ mit e als Einkommen, $x(e)$ als einkommensabhängiger Nachfrage, $a, b > 0$ als Konstanten sowie die

Phillipskurve $p(q) = a + \frac{b}{q} = \frac{aq+b}{q}$ mit q als prozentualer Arbeitslosigkeit, $p(q)$ als von q abhängiger Preisniveauänderung sowie $a, b > 0$ als Konstanten.

In beiden Fällen handelt es sich um gebrochen-rationale Funktionen.

Satz 6.5

Gegeben seien die rationalen Funktionen q_1, q_2 und die Polynome p_1, p_2. Dann gilt:

a) Die Funktionen $q_1 + q_2$, $q_1 - q_2$, $q_1 q_2$ sind rational.
   Für alle x mit $q_2(x) \neq 0$ ist auch $\frac{q_1}{q_2}$ rational.

b) Eine gebrochen-rationale Funktion $q = \frac{p_1}{p_2}$ ist eindeutig additiv zerlegbar in ein Polynom und eine echt-gebrochen-rationale Funktion $\frac{r}{p_2}$.

c) Ist x_1 eine α_1-fache reelle Nullstelle von p_1 und eine α_2-fache reelle Nullstelle von p_2 $(\alpha_1, \alpha_2 \in \mathbb{N})$, so kann die rationale Funktion $q = \frac{p_1}{p_2}$ mit $p_1(x) = (x - x_1)^{\alpha_1} u_1(x)$ und $p_2(x) = (x - x_1)^{\alpha_2} u_2(x)$ in der Form $q(x) = (x - x_1)^{\alpha_1 - \alpha_2} \frac{u_1(x)}{u_2(x)}$ geschrieben werden.

Beweis:

a) Seien $p_{11}, p_{12}, p_{21}, p_{22}$ Polynome mit

$$q_1(x) = \frac{p_{11}(x)}{p_{12}(x)}, \quad q_2(x) = \frac{p_{21}(x)}{p_{22}(x)}.$$

$$\Rightarrow q_1(x) + q_2(x) = \frac{p_{11}(x)p_{22}(x) + p_{21}(x)p_{12}(x)}{p_{12}(x)p_{22}(x)},$$

$$q_1(x) - q_2(x) = \frac{p_{11}(x)p_{22}(x) - p_{21}(x)p_{12}(x)}{p_{12}(x)p_{22}(x)},$$

$$q_1(x)q_2(x) = \frac{p_{11}(x)p_{21}(x)}{p_{12}(x)p_{22}(x)},$$

$$\frac{q_1(x)}{q_2(x)} = \frac{p_{11}(x)p_{22}(x)}{p_{12}(x)p_{21}(x)}.$$

Alle Funktionen $q_1 + q_2$, $q_1 - q_2$, $q_1 q_2$, $\frac{q_1}{q_2}$ konnten als Quotienten von Polynomen dargestellt werden, sie sind daher rational.

b) Sei $q = \frac{p_1}{p_2}$ mit $Gr(p_1) = n$, $Gr(p_2) = m$ eine rationale Funktion.
   Für $n < m$ ist q echt-gebrochen-rational und eindeutig additiv zerlegbar in das Nullpolynom und q.
   Für $n \geq m > 0$ erhalten wir durch Polynomdivision eine Darstellung der Form

$$q(x) = \frac{p_1(x)}{p_2(x)} = p(x) + \frac{r(x)}{p_2(x)}, \quad \text{wobei} \quad Gr(p) = n - m,\ Gr(r) < Gr(p_2) = m.$$

Wir nehmen nun an, es gäbe eine weitere solche Darstellung $q(x) = \tilde{p}(x) + \frac{\tilde{r}(x)}{p_2(x)}$.

Daraus folgt:

$$0 = q(x) - q(x) = p(x) - \tilde{p}(x) + \frac{r(x) - \tilde{r}(x)}{p_2(x)}\,.$$

Dies ist nur möglich für $p = \tilde{p}$ sowie $r = \tilde{r}$. Daraus folgt die Behauptung.

c) ergibt sich aus $q(x) = \dfrac{p_1(x)}{p_2(x)} = \dfrac{(x-x_1)^{\alpha_1} u_1(x)}{(x-x_1)^{\alpha_2} u_2(x)} = (x-x_1)^{\alpha_1-\alpha_2} \dfrac{u_1(x)}{u_2(x)}$.

Beispiel 6.6

Gegeben seien die Polynome p_1, p_2, p_3 mit

$$\begin{aligned} p_1(x) &= x^5 + x^4 - 5x^3 - 5x^2 + 4x + 4\,, \\ p_2(x) &= x^4 - 5x^2 + 4\,, \\ p_3(x) &= x^6 + 1 \end{aligned}$$

sowie die rationalen Funktionen q_1, q_2, q_3 mit

$$q_1(x) = \frac{p_3(x)}{p_2(x)}\,, \quad q_2(x) = \frac{p_1(x)}{p_3(x)}\,, \quad q_3(x) = \frac{p_1(x)}{p_2(x)}\,.$$

Durch Polynomdivision erhalten wir für q_1 eine eindeutige additive Zerlegung der Form:

$$\begin{array}{rrrr} \big(x^6 & & & +1 \,\big) : \big(x^4 - 5x^2 + 4\big) = x^2 + 5 + \dfrac{21x^2 - 19}{x^4 - 5x^2 + 4} \\ -x^6 & +5x^4 & -4x^2 & \\ \hline & 5x^4 & -4x^2 & +1 \\ & -5x^4 & +25x^2 & -20 \\ \hline & & 21x^2 & -19 \end{array}$$

Für q_2 ergibt sich entsprechend

$$q_2(x) = 0 + \frac{x^5 + x^4 - 5x^3 - 5x^2 + 4x + 4}{x^6 + 1}$$

und für q_3 mit Polynomdivision

$$\begin{array}{rrrrrr} \big(x^5 & +x^4 & -5x^3 & -5x^2 & +4x & +4 \,\big) : \big(x^4 - 5x^2 + 4\big) = x + 1 \\ -x^5 & & +5x^3 & & -4x & \\ \hline & x^4 & & -5x^2 & & +4 \\ & -x^4 & & +5x^2 & & -4 \\ \hline & & & & & 0 \end{array}$$

Gilt in der Darstellung

$$q(x) = \frac{p_1(x)}{p_2(x)} = p(x) + \frac{r(x)}{p_2(x)}$$

für das so genannte **Restpolynom** $r(x) = 0$, so heißt p_1 durch p_2 **teilbar** bzw. p_2 ist **Teiler** von p_1 (Abschnitt 1.1). Wir erhalten die Gleichung

$$p_1(x) = p(x)p_2(x)\,,$$

und die rationale Funktion q ist als Polynom p darstellbar.

Gebrochen-rationale Funktionen bereiten in der Integralrechnung (Abschnitt 10.1) einige Schwierigkeiten, die sich mit Hilfe der Methode der **Partialbruchzerlegung** gelegentlich auflösen lassen.

Wir gehen von einer echt-gebrochen-rationalen Funktion $q = \frac{r}{p}$ aus und erinnern nochmals an die reelle Produktdarstellung (Abschnitt 1.9, (1.53), (1.54)) des Nennerpolynoms

$$p(x) = a_n(x - x_1)^{\alpha_1} \cdot \ldots \cdot (x - x_r)^{\alpha_r}(x^2 + b_1 x + c_1)^{\beta_1} \cdot \ldots \cdot (x^2 + b_s x + c_s)^{\beta_s}\,.$$

Man kann nun zeigen, dass q darstellbar ist als Summe von echt-gebrochen-rationalen Funktionen $\frac{r_k}{p_k}$, wobei die Nennerpolynome p_k die Form

$$\begin{array}{lll} (x - x_i)^{\mu} & \text{für} \quad \mu = 1, \ldots, \alpha_i & \text{bzw.} \\ (x^2 + b_j x + c_j)^{\nu} & \text{für} \quad \nu = 1, \ldots, \beta_j & \end{array}$$

besitzen. Die Funktion q lässt sich damit darstellen als Summe von einfacheren rationalen Funktionen, wobei die Anzahl und Form der Summanden durch die Struktur des Nennerpolynoms p bestimmt wird.

Aus Übersichtlichkeitsgründen behandeln wir nur einige wesentliche Spezialfälle.

Satz 6.7

Es seien die echt-gebrochen-rationalen Funktionen $q_i = \frac{r_i}{p_i}$ mit $Gr(r_i) < Gr(p_i)$ für $i = 1, 2, 3$ gegeben. Ferner sei

$$\begin{array}{lll} p_1(x) = (x - x_1)(x - x_2)(x - x_3) & \text{mit} & r_1(x_i) \neq 0 \quad (i = 1, 2, 3)\,, \\ p_2(x) = (x - x_1)^2(x^2 + bx + c) & \text{mit} & r_2(x_1) \neq 0\,, \\ p_3(x) = (x - x_1)(x^2 + bx + c)^2 & \text{mit} & r_3(x_1) \neq 0\,, \end{array}$$

wobei die Werte x_1, x_2, x_3 verschieden sind und das Polynom p_4 mit $p_4(x) = x^2 + bx + c$ keine reelle Nullstelle besitzt.

Dann existieren Summendarstellungen der Form:

$$q_1(x) = \frac{r_1(x)}{p_1(x)} = \frac{u_1}{x-x_1} + \frac{u_2}{x-x_2} + \frac{u_3}{x-x_3}$$

$$q_2(x) = \frac{r_2(x)}{p_2(x)} = \frac{v_1}{x-x_1} + \frac{v_2}{(x-x_1)^2} + \frac{v_3+v_4x}{x^2+bx+c}$$

$$q_3(x) = \frac{r_3(x)}{p_3(x)} = \frac{w_1}{x-x_1} + \frac{w_2+w_3x}{x^2+bx+c} + \frac{w_4+w_5x}{(x^2+bx+c)^2}$$

Dabei sind $u_1, u_2, u_3, v_1, v_2, v_3, v_4, w_1, w_2, w_3, w_4, w_5$ Konstanten, die mit Hilfe von $r_1(x), r_2(x), r_3(x)$ bestimmt werden können.

Beweisidee:

Wir bestimmen die Konstanten u_i, v_j, w_k, indem wir in der jeweiligen Gleichung beide Seiten mit dem Nennerpolynom p_i multiplizieren.

Damit ergibt sich beispielsweise für die zweite Gleichung

$$r_2(x) = v_1(x-x_1)(x^2+bx+c) + v_2(x^2+bx+c) + (v_3+v_4x)(x-x_1)^2 .$$

Da zwei Polynome genau dann übereinstimmen, wenn die entsprechenden Polynomkoeffizienten identisch sind (Definition 6.1), führt man einen **Koeffizientenvergleich** für x^0, x^1, x^2, x^3 durch.

Für die zweite Gleichung erhält man dann ein lineares Gleichungssystem mit 4 Gleichungen und den 4 Unbekannten v_1, v_2, v_3, v_4, das eindeutig lösbar ist. Entsprechend behandelt man die übrigen Fälle.

Beispiel 6.8

Wir betrachten die echt-gebrochen-rationalen Funktionen $\frac{r_1}{p_1}, \frac{r_2}{p_2}, \frac{r_3}{p_3}$ mit

$$\frac{r_1(x)}{p_1(x)} = \frac{2x+1}{x^2-1}, \quad \frac{r_2(x)}{p_2(x)} = \frac{x^2+3x-1}{(x-1)(x^2+x+1)}, \quad \frac{r_3(x)}{p_3(x)} = \frac{x^2+x}{(x^2+1)^2} .$$

Für $i = 1,2,3$ gilt $Gr(r_i) < Gr(p_i)$. Ferner ist

$$p_1(x) = x^2-1 = (x+1)(x-1), \quad r_1(1) \neq 0, \quad r_1(-1) \neq 0,$$
$$p_2(x) = (x-1)(x^2+x+1), \quad r_2(1) \neq 0,$$
$$p_3(x) = (x^2+1)(x^2+1),$$

und die Polynome p_4, p_5 mit $p_4(x) = x^2+x+1$, $p_5(x) = x^2+1$ besitzen keine reelle Nullstelle.

Für $\frac{r_1}{p_1}$ formulieren wir folgenden Ansatz:

$$\frac{2x+1}{x^2-1} = \frac{u_1}{x+1} + \frac{u_2}{x-1} \quad \Rightarrow \quad 2x+1 = u_1(x-1) + u_2(x+1)$$
$$= (u_1+u_2)x - u_1 + u_2\,.$$

Durch Koeffizientenvergleich ergibt sich:

$$\left.\begin{aligned} u_1 + u_2 &= 2 \\ -u_1 + u_2 &= 1 \end{aligned}\right\} \quad \Rightarrow \quad u_1 = \frac{1}{2},\ u_2 = \frac{3}{2}$$

Wir erhalten die Lösung:

$$\frac{2x+1}{x^2-1} = \frac{1}{2(x+1)} + \frac{3}{2(x-1)}$$

Entsprechend verfahren wir mit $\frac{r_2}{p_2}$ und fordern:

$$\frac{x^2+3x-1}{(x-1)(x^2+x+1)} = \frac{v_1}{x-1} + \frac{v_2+v_3x}{x^2+x+1}$$

$$\begin{aligned} \Rightarrow \quad x^2+3x-1 &= v_1(x^2+x+1) + (v_2+v_3x)(x-1) \\ &= (v_1+v_3)x^2 + (v_1+v_2-v_3)x + v_1 - v_2 \end{aligned}$$

Durch Koeffizientenvergleich ergibt sich

$$\left.\begin{aligned} v_1 + v_3 &= 1 \\ v_1 + v_2 - v_3 &= 3 \\ v_1 - v_2 &= -1 \end{aligned}\right\} \quad \Rightarrow \quad v_1 = 1,\ v_2 = 2,\ v_3 = 0$$

und daraus die Lösung:

$$\frac{x^2+3x-1}{(x-1)(x^2+x+1)} = \frac{1}{x-1} + \frac{2}{x^2+x+1}$$

Für $\frac{r_3}{p_3}$ existiert die Darstellung:

$$\frac{x^2+x}{(x^2+1)^2} = \frac{w_1+w_2x}{x^2+1} + \frac{w_3+w_4x}{(x^2+1)^2}$$

$$\Rightarrow x^2+x = (w_1+w_2x)(x^2+1)+w_3+w_4x$$

$$= w_2x^3+w_1x^2+(w_2+w_4)x+w_1+w_3$$

Durch Koeffizientenvergleich ergibt sich

$$\left.\begin{array}{llll} w_1 & & & = 1 \\ & w_2 & & = 0 \\ w_1 & & + w_3 & = 0 \\ & w_2 & & + w_4 = 1 \end{array}\right\} \Rightarrow w_1 = w_4 = 1,\ w_2 = 0,\ w_3 = -1$$

und daraus

$$\frac{x^2+x}{(x^2+1)^2} = \frac{1}{x^2+1} + \frac{x-1}{(x^2+1)^2}\,.$$

Fasst man nun die Aussagen der Sätze 6.5 b und 6.7 zusammen, so erhalten wir das nachfolgende Ergebnis.

Satz 6.9

Seien p_1 und p_2 Polynome mit

$$p_2(x) = \prod_{i=1}^{r}(x-x_i)^{\alpha_i}\prod_{j=1}^{s}(x^2+b_jx+c_j)^{\beta_j}$$

und $q = \frac{p_1}{p_2}$ eine gebrochen-rationale Funktion.
Dann ist q eindeutig additiv zerlegbar in ein Polynom und eine Summe von echt-gebrochen-rationalen Funktionen $\frac{r_k}{q_k}$

mit konstantem r_k, falls $q_k = (x-x_i)^\rho$ $(\rho = 1,\dots,\alpha_i)$

bzw. $r_k = v_j + w_jx$, falls $q_k = (x^2+b_jx+c_j)^\sigma$ $(\sigma = 1,\dots,\beta_j)$.

6.3 Potenz- und Wurzelfunktionen

Wir verlassen nun den Bereich der Polynome und rationalen Funktionen und betrachten Funktionen, in denen die unabhängige Variable x mit nicht ganzzahligen Exponenten versehen ist.

Definition 6.10

Unter einer **Potenzfunktion** versteht man eine reelle Funktion

$$f : \mathbb{R}_+ \to \mathbb{R} \quad \text{mit} \quad f(x) = x^a, \quad \text{falls } a > 0 \text{ und reell bzw.}$$
$$f : \mathbb{R}_+ \setminus \{0\} \to \mathbb{R} \quad \text{mit} \quad f(x) = x^a, \quad \text{falls } a < 0 \text{ und reell ist.}$$

Für nicht ganzzahlige, jedoch **rationale Exponenten** spricht man auch von einer **Wurzelfunktion**, beispielsweise

$$f : \mathbb{R}_+ \to \mathbb{R} \quad \text{mit} \quad f(x) = x^{2/3} = \sqrt[3]{x^2},$$
$$f : \mathbb{R}_+ \setminus \{0\} \to \mathbb{R} \quad \text{mit} \quad f(x) = x^{-1/2} = \frac{1}{\sqrt{x}}.$$

Die Bestimmung der Definitionsbereiche für kompliziertere Wurzelfunktionen ist wegen der Existenz von $\sqrt{x}$ nur für $x \geq 0$ gelegentlich nicht ganz einfach.

Beispiel 6.11

Wir betrachten die Wurzelfunktionen $w_1, \ldots, w_5$ mit

$$w_1(x) = x + \sqrt{1 + x^2}, \quad w_2(x) = \sqrt{x + \sqrt{x}}, \quad w_3(x) = \sqrt{x - \sqrt{x}},$$
$$w_4(x) = \sqrt{\frac{x-1}{x}}, \quad w_5(x) = \sqrt[3]{\frac{x}{1-x}}.$$

Im Einzelnen ergeben sich folgende Definitionsbereiche:

$$w_1 : \mathbb{R} \to \mathbb{R}, \qquad \text{da } 1 + x^2 > 0 \text{ für alle } x \in \mathbb{R}$$

$$w_2 : \mathbb{R}_+ \to \mathbb{R}, \qquad \text{da } x + \sqrt{x} \geq 0 \text{ für alle } x \in \mathbb{R}_+$$

$$w_3 : [1, \infty) \to \mathbb{R}, \qquad \text{da } (x - \sqrt{x} \geq 0 \iff x \geq 1)$$

$$w_4 : [-\infty, 0) \cup [1, \infty) \to \mathbb{R}, \qquad \text{da } \frac{x-1}{x} \geq 0 \text{ für } x \geq 1 \text{ oder } x < 0$$

$$w_5 : \mathbb{R} \setminus \{1\} \to \mathbb{R}, \qquad \text{da } \sqrt[3]{\frac{x}{1-x}} \text{ für } x \neq 1 \text{ stets existiert}$$

Der Vollständigkeit halber erwähnen wir, dass auch irrationale Exponenten auftreten können, beispielsweise bei

$$f : \mathbb{R}_+ \to \mathbb{R} \text{ mit } f(x) = x^{\sqrt{2}}\,.$$

Man spricht hier von einer **transzendenten Funktion**. Bei ökonomischen Anwendungen reichen allerdings oft rationale Exponenten aus.

Satz 6.12

Für eine Potenzfunktion f mit

$$f(x) = x^a\,, \quad a \neq 0 \text{ und rational}$$

gilt:

a) Für $a > 0$ ist f streng monoton wachsend mit $f(0) = 0$ und $f(x) > 0$ für $x > 0$.

b) Für $a < 0$ ist f streng monoton fallend mit $f(x) > 0$ für $x > 0$.
Für $x = 0$ ist f nicht definiert (Definition 6.10).

c) $f(x_1)f(x_2) = f(x_1x_2)$, $\dfrac{f(x_1)}{f(x_2)} = f\left(\dfrac{x_1}{x_2}\right)$.

d) Es existiert eine inverse Funktion $g = f^{-1}$ zu $f\colon D \to D$ mit $D = \{x \in \mathbb{R}\colon x > 0\}$ und $f(x) = y = x^a \Longleftrightarrow x = f^{-1}(y) = y^{1/a} = (x^a)^{1/a}$.

Beweisidee:

a) Für $a > 0$ und a rational gilt offenbar: $(x_1 < x_2 \Longleftrightarrow x_1^a < x_2^a)$. Ferner ist $f(0) = 0^a = 0$ sowie $f(x) = x^a > 0$ für $x > 0$.

b) Für $a < 0$ und a rational ergibt sich $(x_1 < x_2 \Rightarrow x_1^{-1} > x_2^{-1} \Rightarrow x_1^a > x_2^a$ wegen $a < 0)$.

Nach a) und b) ist f für $a > 0$ $(a < 0)$ streng monoton wachsend (fallend).

c) $f(x_1)f(x_2) = x_1^a x_2^a = (x_1x_2)^a = f(x_1x_2)$

$$\frac{f(x_1)}{f(x_2)} = \frac{x_1^a}{x_2^a} = \left(\frac{x_1}{x_2}\right)^a = f\left(\frac{x_1}{x_2}\right) \qquad \text{(Abschnitt 1.1)}$$

d) folgt aus Satz 5.24 sowie $(x^a)^{1/a} = x^{a/a} = x$ mit $a \neq 0$.

Beispiel 6.13

Wir betrachten die Graphen der Potenzfunktionen f_1, f_2 mit $f_1(x) = x^{2.5}$, $f_2(x) = x^{-1.5}$ und ihrer Umkehrfunktionen (Figur 6.1).

Die Funktionen f_1 und f_1^{-1} sind für alle $x \geq 0$ definiert und streng monoton wachsend. Ferner ist $f_1(0) = 0$, $f_1^{-1}(0) = 0$ sowie $f_1(x) > 0$, $f_1^{-1}(x) > 0$ für alle $x > 0$.

Die Funktionen f_2 und f_2^{-1} sind für alle $x > 0$ definiert und streng monoton fallend. Ferner gilt $f_2(x) > 0$, $f_2^{-1}(x) > 0$ für alle $x > 0$.

Zu jedem der Graphen von f_1, f_2 erhält man den Graphen der entsprechenden Umkehrfunktionen f_1^{-1}, f_2^{-1} durch Spiegelung an der Achse $y = x$.

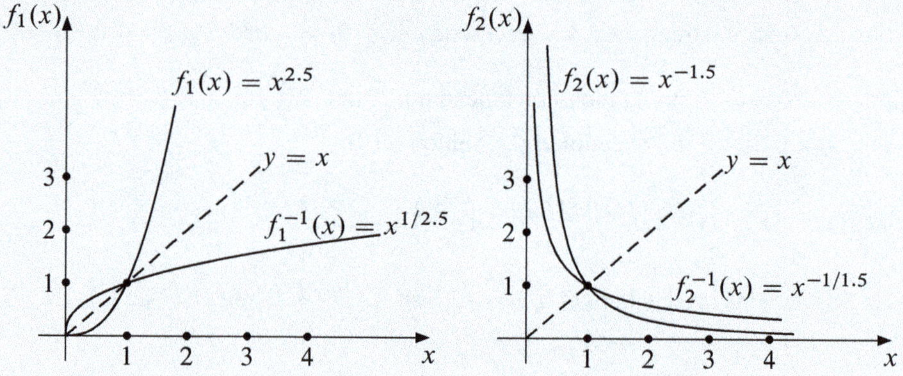

Figur 6.1: Graphen der Potenzfunktionen $f_1, f_2, f_1^{-1}, f_2^{-1}$

6.4 Exponential- und Logarithmusfunktionen

Zur Erklärung und Analyse gleichförmiger Wachstumsprozesse sind weitere reelle Funktionen von zentraler Bedeutung, die zu den transzendenten Funktionen zählen.

Definition 6.14

Eine reelle Funktion $f: \mathbb{R} \to \mathbb{R}$ mit $f(x) = a^x$ bei gegebenem $a > 0$ heißt **Exponentialfunktion zur Basis** a.

Satz 6.15

Gegeben sei eine Exponentialfunktion f mit $f(x) = a^x$, $a > 0$. Dann gilt:

a) $f(x) > 0$ für alle $x \in \mathbb{R}$ und $f(0) = 1$
$f(x_1)f(x_2) = f(x_1 + x_2)$, $(f(x_1))^{x_2} = f(x_1 x_2)$

b) f ist streng monoton wachsend für $a > 1$
bzw. streng monoton fallend für $a < 1$

Beweis:

a) Offenbar gilt für $a > 0$ sowohl $f(0) = a^0 = 1$ als auch $f(x) = a^x > 0$ für alle $x \in \mathbb{R}$.

$$f(x_1)f(x_2) = a^{x_1}a^{x_2} = a^{x_1+x_2} = f(x_1 + x_2)$$

$$(f(x_1))^{x_2} = (a^{x_1})^{x_2} = a^{x_1 x_2} = f(x_1 x_2) \qquad \text{(Abschnitt 1.1)}$$

b) $a > 1,\ x_1 < x_2 \ \Rightarrow\ 1 = 1^{x_2 - x_1} < a^{x_2 - x_1} \ \Rightarrow\ 1 < \dfrac{a^{x_2}}{a^{x_1}} \ \Rightarrow\ a^{x_1} < a^{x_2}$

Entsprechend beweist man:

$a < 1,\ x_1 < x_2 \ \Rightarrow\ 1 = 1^{x_2 - x_1} > a^{x_2 - x_1} \ \Rightarrow\ 1 > \dfrac{a^{x_2}}{a^{x_1}} \ \Rightarrow\ a^{x_1} > a^{x2}$

Beispiel 6.16

Wir betrachten die Graphen der Exponentialfunktionen f_1, f_2, f_3 mit

$$f_1(x) = 2^x, \quad f_2(x) = \left(\frac{1}{2}\right)^x = 2^{-x}, \quad f_3(x) = e^x$$

und der Wertetabelle:

x	-2	-1	0	1	2
2^x	0.25	0.5	1	2	4
2^{-x}	4	2	1	0.5	0.25
e^x	0.14	0.37	1	2.72	7.39

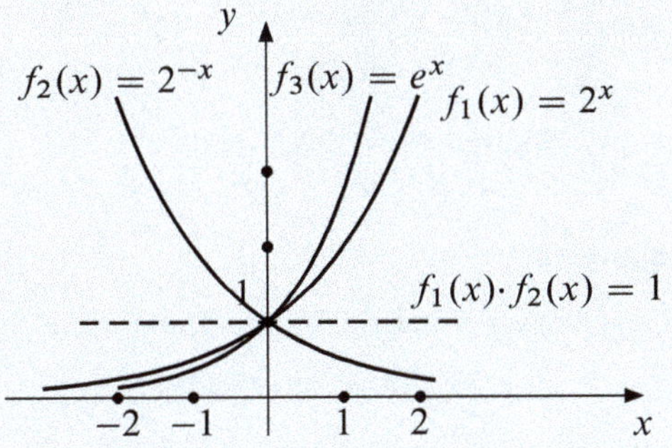

Figur 6.2: Graphen der Exponentialfunktionen f_1, f_2, f_3

Alle drei Funktionen sind auf $\mathbb{R}$ definiert und nehmen nur positive Werte an. Die Funktionen f_1, f_3 wachsen streng monoton und f_2 fällt streng monoton.
Die Funktionen f_1 und f_2 sind ferner in gewissem Sinne zueinander symmetrisch, es gilt nämlich $f_1(x)f_2(x) = 2^x 2^{-x} = 2^0 = 1$ für alle x.

Allgemein gilt für $f(x) = a^x$:

$$f(x)f(-x) = f(0) = a^0 = 1 \qquad \text{(Satz 6.15 a)}$$

Kennt man den Verlauf von f mit $f(x) = a^x$, so ist g mit

$$g(x) = \left(\frac{1}{a}\right)^x = a^{-x} = f(-x) \text{ das Spiegelbild von } f \text{ bzgl. der Ordinate } y.$$

Wegen $a > 1 \iff \frac{1}{a} < 1$ kann man sich damit begnügen, Exponentialfunktionen für $a > 1$ zu betrachten, da für $a < 1$ stets eine „spiegelbildliche" Exponentialfunktion mit $b = \frac{1}{a} > 1$ existiert.
Da jede Exponentialfunktion mit $f(x) = a^x \quad (a > 1)$ streng monoton wachsend und positiv ist (Satz 6.15), existiert eine Umkehrfunktion (Satz 5.24). Entsprechendes gilt für Exponentialfunktionen mit $a < 1$. Wir beschränken uns im Folgenden auf den Fall $a > 1$.

Definition 6.17

Gegeben sei eine Exponentialfunktion f mit $f(x) = a^x > 0$. Dann heißt die Umkehrfunktion $g\colon \mathbb{R}_+ \setminus \{0\} \to \mathbb{R}$ **Logarithmusfunktion zur Basis a**. Man schreibt:

$$g(x) = f^{-1}(x) = \log_a x$$

Damit erhalten wir die Zusammenhänge:

$$y = g(x) = \log_a x \iff x = f(y) = a^y$$
$$(g \circ f)(x) = g(f(x)) = \log_a a^x = x \quad \text{für alle } x \in \mathbb{R}$$
$$(f \circ g)(x) = f(g(x)) = a^{\log_a x} = x \quad \text{für alle } x \in \mathbb{R}_+ \setminus \{0\}$$

Satz 6.18

Gegeben sei eine Logarithmusfunktion g mit $g(x) = \log_a x$, $a > 1$. Dann gilt:

a) g ist streng monoton wachsend

b) $g(x) > 0$ für $x > 1$, $g(x) < 0$ für $x \in \langle 0, 1\rangle$, $g(1) = 0$,
$g(x_1 x_2) = g(x_1) + g(x_2)$, $g\left(x_1^{x_2}\right) = x_2 g(x_1)$

Beweis:

a) Da g Umkehrfunktion einer streng monoton wachsenden Exponentialfunktion ist, ist auch g streng monoton wachsend (Satz 5.24).

b) Wir gehen von der Äquivalenz $y = \log_a x \iff x = a^y$ aus.
Für $x = 1$ gilt $a^0 = 1 \iff \log_a 1 = g(1) = 0$.
Weil g streng monoton wächst, folgt daraus $g(x) > 0$ für $x > 1$ und $g(x) < 0$ für $x \in (0, 1)$.
Ferner ist:

$$\begin{aligned} g(x_1 x_2) &= \log_a(x_1 x_2) = \log_a\left(a^{y_1} a^{y_2}\right) = \log_a\left(a^{y_1+y_2}\right) \\ &= y_1 + y_2 = \log_a x_1 + \log_a x_2 = g(x_1) + g(x_2) \\ g\left(x_1^{x_2}\right) &= \log_a\left(x_1^{x_2}\right) = \log_a\left((a^{y_1})^{x_2}\right) = \log_a\left(a^{y_1 x_2}\right) = y_1 x_2 = x_2 \log_a x_1 = x_2 g(x_1) \end{aligned}$$

Aus Vereinfachungsgründen schreibt man häufig:

$\lg x = \log_{10} x$ für den **dekadischen** Logarithmus
$\ln x = \log_e x$ für den **natürlichen** Logarithmus

Beispiel 6.19

Wir betrachten die Graphen der Exponentialfunktionen f_1, f_2 mit $f_1(x) = e^x$ und $f_2(x) = 10^x$ sowie deren Umkehrfunktionen g_1, g_2 mit $g_1(x) = \ln x$ und $g_2(x) = \lg x$ und der Wertetabelle:

x	0.1	e^{-1}	1	e	10
$\ln x$	−2.3	−1	0	1	2.3
$\lg x$	−1	−0.43	0	0.43	1

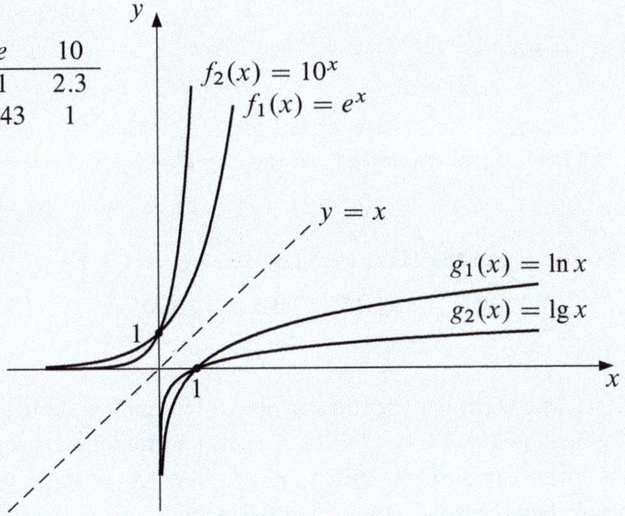

Figur 6.3: Graphen der Exponentialfunktionen f_1, f_2 und ihrer Umkehrfunktionen g_1, g_2

Durch Spiegelung an der in Figur 6.3 gestrichelten Achse $y = x$ erhalten wir für f_1 den Graphen der Umkehrfunktion g_1 bzw. für f_2 den Graphen der Umkehrfunktion g_2. Entsprechend können auch die Funktionen f_1, f_2 als Umkehrfunktionen zu g_1, g_2 angesehen werden.

Zwischen den Exponentialfunktionen und den Logarithmusfunktionen mit unterschiedlicher Basis werden wir nun einen Zusammenhang herstellen, der einen Basiswechsel gestattet.

Satz 6.20

Gegeben seien die Exponentialfunktionen f_1, f_2 mit $f_1(x) = a^x$, $f_2(x) = b^x$ sowie die Logarithmusfunktionen g_1, g_2 mit $g_1(x) = \log_a x$, $g_2(x) = \log_b x$. Ferner sei $a > 1, b > 1$. Dann gilt:

a) $f_1(x) = a^x = b^{x \log_b a}, \quad f_2(x) = b^x = a^{x \log_a b}$

b) $g_1(x) = \log_a x = \dfrac{\log_b x}{\log_b a}, \quad g_2(x) = \log_b x = \dfrac{\log_a x}{\log_a b}$

Beweis:

a) Wir nutzen die Beziehungen

$$(f_1 \circ g_1)(x) = a^{\log_a x} = x \quad \text{bzw.} \quad (f_2 \circ g_2)(x) = b^{\log_b x} = x$$

und erhalten

$$f_1(x) = a^x = b^{\log_b a^x} = b^{x \log_b a}, \quad f_2(x) = b^x = a^{\log_a b^x} = a^{x \log_a b}.$$

b) Durch Logarithmieren der Gleichung $x = a^{\log_a x}$ ergibt sich:

$$\log_b x = \log_b \left(a^{\log_a x}\right) = \log_a x \log_b a \quad \Rightarrow \quad g_1(x) = \log_a x = \frac{\log_b x}{\log_b a}$$

Entsprechend ergibt sich durch Logarithmieren der Gleichung $x = b^{\log_b x}$:

$$\log_a x = \log_a \left(b^{\log_b x}\right) = \log_b x \log_a b \quad \Rightarrow \quad g_2(x) = \log_b x = \frac{\log_a x}{\log_a b}$$

Dieser Satz wird sich vor allem in der Differential- und Integralrechnung als nützlich erweisen (Kapitel 7.4, 10). Da das Differenzieren und Integrieren von Exponential- und Logarithmusfunktionen zur Basis e mit $y = e^x$ bzw. $x = \ln y$ besonders einfach ist, rechnet man entsprechend Satz 6.20 folgendermaßen um:

$$f_1(x) = a^x = e^{x \ln a}, \quad g_1(x) = \log_a x = \frac{\ln x}{\ln a}$$

6.5 Trigonometrische Funktionen

Als weitere Gruppe von transzendenten Funktionen diskutieren wir die **trigonometrischen Funktionen**, auch als **Winkelfunktionen** bezeichnet.

Wir knüpfen an die Überlegungen in Abschnitt 1.7 an und erinnern an die in (1.36) formulierten Beziehungen für $r = 1$ (Figur 6.4).

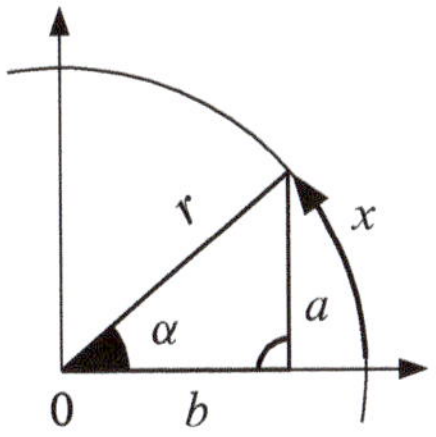

$$a = \sin\alpha \qquad b = \cos\alpha \qquad r = 1$$

Figur 6.4: Sinus- und Kosinuswerte im Einheitskreis

In der Analysis transformiert man das **Gradmaß** für den Winkel α aus Maßstabsgründen in das so genannte **Bogenmaß**. Jedem Winkel α entspricht im Einheitskreis eindeutig ein Kreisbogen der Länge x und umgekehrt jedem Kreisbogen der Länge x ein Winkel α.

Berücksichtigt man weiter, dass die Kreislinie des Einheitskreises die Länge 2π besitzt, so entspricht der Winkel von $360°$ gerade dem Wert 2π. Damit ergibt sich eine bijektive Abbildung mit

$$\alpha = \frac{360}{2\pi}x = \frac{180}{\pi}x \quad \text{bzw.} \quad x = \frac{2\pi\alpha}{360} = \frac{\pi\alpha}{180}\,.$$

Im Einzelnen gilt:

α	0	30	45	60	90	135	180	225	270	360	450	...
x	0	$\frac{\pi}{6}$	$\frac{\pi}{4}$	$\frac{\pi}{3}$	$\frac{\pi}{2}$	$\frac{3\pi}{4}$	π	$\frac{5\pi}{4}$	$\frac{3\pi}{2}$	2π	$\frac{5\pi}{2}$	...

Damit lassen sich Sinus und Kosinus als Funktionen der reellen Variablen $x \in \mathbb{R}$ erklären.

Definition 6.21

Die reelle Funktion $s : \mathbb{R} \to \mathbb{R}$ mit $s(x) = \sin x$ (Figur 6.5) heißt **Sinusfunktion** und die reelle Funktion $c : \mathbb{R} \to \mathbb{R}$ mit $c(x) = \cos x$ (Figur 6.6) heißt **Kosinusfunktion**.

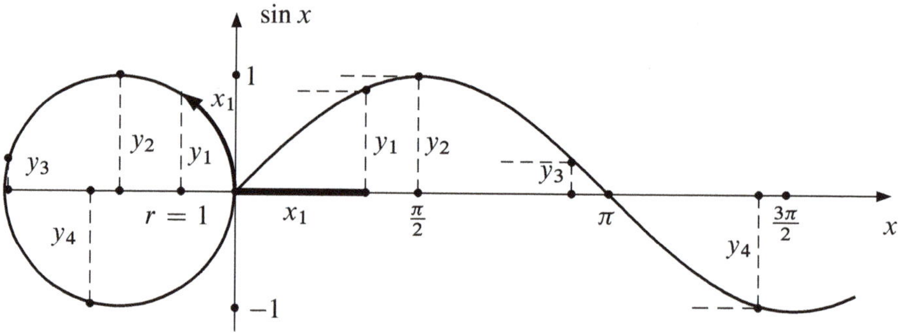

Figur 6.5: Graph der Sinusfunktion mit $y = \sin x$

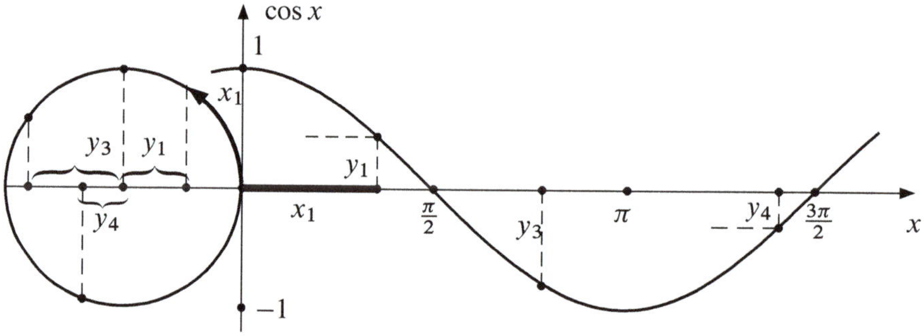

Figur 6.6: Graph der Kosinusfunktion mit $y = \cos x$

Satz 6.22

Es seien die Sinusfunktion mit $s(x) = \sin x$ und die Kosinusfunktion mit $c(x) = \cos x$ gegeben. Dann gilt:

a) $\sin x, \cos x \in [-1, 1]$ für alle $x \in \mathbb{R}$

b) s, c sind periodische Funktionen mit der Periode $p = 2\pi$ und es gilt
$s(x) = 0$ für $x = k\pi$ $(k \in \mathbb{Z})$, $c(x) = 0$ für $x = (2k-1)\frac{\pi}{2}$ $(k \in \mathbb{Z})$

c) c ist gerade mit $c(-x) = c(x)$, s ist ungerade mit $s(-x) = -s(x)$

d) $$\begin{aligned}\sin(x+y) &= \sin x \cos y + \cos x \sin y\\ \cos(x+y) &= \cos x \cos y - \sin x \sin y\\ \sin x + \sin y &= 2\sin\left(\frac{x+y}{2}\right)\cos\left(\frac{x-y}{2}\right)\end{aligned}$$

$$\sin x - \sin y \;= 2\cos\left(\frac{x+y}{2}\right)\sin\left(\frac{x-y}{2}\right)$$

$$\cos x + \cos y = 2\cos\left(\frac{x+y}{2}\right)\cos\left(\frac{x-y}{2}\right)$$

$$\cos x - \cos y \;= -2\sin\left(\frac{x+y}{2}\right)\sin\left(\frac{x-y}{2}\right)$$

e) $\sin^2 x + \cos^2 x = 1$

Beweis:

Der Beweis aller Aussagen ergibt sich aus Definition 6.21 in Verbindung mit den Überlegungen in Abschnitt 1.7, insbesondere (1.36) bis (1.40).

Da wir mit Hilfe von periodischen Funktionen in der Lage sind, saisonelle oder konjunkturelle Prozesse in der Ökonomie zu beschreiben, sind die trigonometrischen Funktionen s und c sehr wichtig. Es ist möglich, Sinus- und Kosinusfunktionen sowie geeignete Kombinationen an vorgegebene Saison- oder Konjunkturzyklen anzupassen.

Beispiel 6.23

a) Wir betrachten die Sinusfunktion s_1 mit $s_1(x) = a\sin(bx + c)$ und $a, b, c > 0$. Mit $\sin 0 = \sin 2\pi$ und

$$bx + c = 0 \;\Rightarrow\; x = -\frac{c}{b}, \quad bx + c = 2\pi \;\Rightarrow\; x = \frac{1}{b}(-c + 2\pi)$$

berechnet man die Periode

$$\frac{1}{b}(-c + 2\pi) - \left(-\frac{c}{b}\right) = \frac{2\pi}{b}$$

für die Funktion s_1.

Die Konstante b variiert die Periode, die für $b < 1$ gegenüber 2π verlängert und für $b > 1$ verkürzt wird.

Ferner gilt $s_1(x) \in [-a, a]$. Damit steuert die Konstante $a > 0$ den Schwankungsbereich der Funktionswerte von s_1.

Die Konstante $c > 0$ bedeutet schließlich eine Verschiebung des Nullpunktes nach links.

b) Durch die Kosinusfunktion c_1 mit $c_1(x) = a\cos(bx + c) + d$ sollen Monatsdaten beschrieben werden. Wir bestimmen die Konstanten $a, b, c, d \geq 0$ so, dass eine Periode $p = 12$, also $c_1(x) = c_1(x + 12)$ erreicht wird; ferner soll $c_1(x) \in [0, 10]$, $c_1(1) = 0$ und damit $c_1(7) = 10$ sein.

Mit $\cos 0 = \cos 2\pi$ berechnet man wie in Beispiel 6.23 a die Periode $\frac{2\pi}{b}$. Damit gilt:

$$\frac{2\pi}{b} = 12 \iff b = \frac{2\pi}{12} = \frac{\pi}{6}$$

Ferner überlegt man sich

$$c_1(1) = a\cos(b + c) + d = a\cos\left(\frac{\pi}{6} + c\right) + d = 0\,.$$

Wegen $\min\limits_x \cos x = \cos\pi = -1$ folgt daraus $c = \frac{5\pi}{6}$ sowie $-a + d = 0$.

Entsprechend gilt

$$c_1(7) = a\cos(7b + c) + d = a\cos\left(\frac{7\pi}{6} + c\right) + d = 10\,.$$

Wegen $\max\limits_x \cos x = \cos 2\pi = 1$ folgt daraus $c = \frac{5\pi}{6}$ sowie $a + d = 10$.

Insgesamt ergibt sich mit $a = d = 5$, $b = \frac{\pi}{6}$, $c = \frac{5\pi}{6}$ das Ergebnis

$$c_1(x) = 5\cos\left(\frac{\pi}{6}x + \frac{5\pi}{6}\right) + 5\,,$$

das wir in Figur 6.7 veranschaulichen. Für den Wert $c \geq 0$ existieren unendlich viele Lösungen, beispielsweise $c = \frac{5\pi}{6} + 2\pi,\ \frac{5\pi}{6} + 4\pi,\ \ldots$.

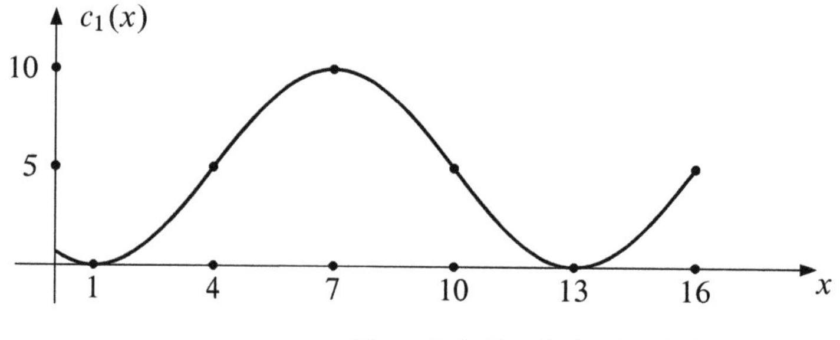

Figur 6.7: Graph der Funktion c_1

Aus den Quotienten der Sinus- und Kosinusfunktion kann man zwei weitere trigonometrische Funktionen herleiten.

Definition 6.24

Die reelle Funktion $u : \mathbb{R} \setminus \{x : \cos x = 0\} \to \mathbb{R}$ mit $u(x) = \tan x = \frac{\sin x}{\cos x}$ heißt **Tangensfunktion** (Figur 6.8) und die reelle Funktion $v : \mathbb{R} \setminus \{x : \sin x = 0\} \to \mathbb{R}$ mit $v(x) = \cot x = \frac{1}{\tan x} = \frac{\cos x}{\sin x}$ heißt **Kotangensfunktion** (Figur 6.9).

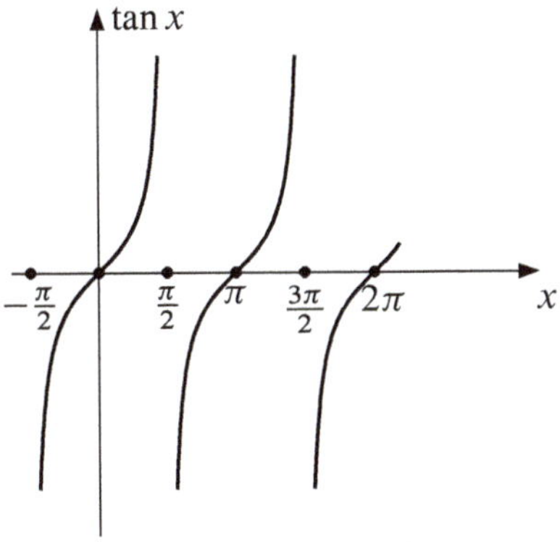

Figur 6.8: Graph der Tangensfunktion

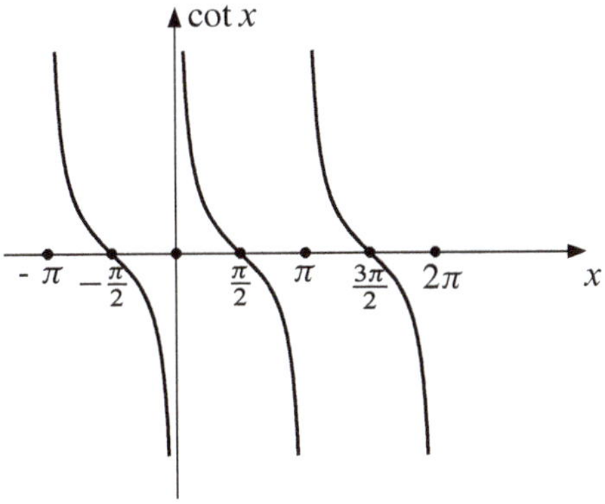

Figur 6.9: Graph der Kotangensfunktion

Satz 6.25

Gegeben seien die Tangensfunktion mit $u(x) = \tan x$ und die Kotangensfunktion mit $v(x) = \cot x$. Dann gilt:

a) u und v sind periodische Funktionen mit der Periode $p = \pi$ und es gilt:

$$u(x) = 0 \quad \text{für} \quad x = k\pi \qquad (k \in \mathbb{Z})$$
$$v(x) = 0 \quad \text{für} \quad x = (2k-1)\frac{\pi}{2} \qquad (k \in \mathbb{Z})$$

b) u und v sind ungerade Funktionen mit

$$\tan(-x) = -\tan x\,, \quad \cot(-x) = -\cot x$$

c) $1 + \tan^2 x = \dfrac{1}{\cos^2 x}$, $1 + \cot^2 x = \dfrac{1}{\sin^2 x}$

Beweis:

a) folgt aus Definition 6.24 und Satz 6.22 b.

b) $\tan(-x) = \dfrac{\sin(-x)}{\cos(-x)} = \dfrac{-\sin x}{\cos x} = -\tan x$

$\cot(-x) = \dfrac{1}{\tan(-x)} = \dfrac{1}{-\tan x} = -\cot x$

c) $1 + \tan^2 x = 1 + \dfrac{\sin^2 x}{\cos^2 x} = \dfrac{\cos^2 x + \sin^2 x}{\cos^2 x} = \dfrac{1}{\cos^2 x}$ (Satz 6.22 e)

$1 + \cot^2 x = 1 + \dfrac{\cos^2 x}{\sin^2 x} = \dfrac{\sin^2 x + \cos^2 x}{\sin^2 x} = \dfrac{1}{\sin^2 x}$ (Satz 6.22 e)

Die Nullstellen der Tangensfunktion mit $\tan x = \frac{\sin x}{\cos x}$ fallen also definitionsgemäß mit den Nullstellen der Sinusfunktion zusammen. Ferner ist die Tangensfunktion für alle Nullstellen der Kosinusfunktion nicht definiert. Entsprechendes gilt für die Kotangensfunktion mit $\cot x = \frac{\cos x}{\sin x}$.

Aus diesem Grunde eignen sich diese beiden periodischen Funktionen nicht zur Beschreibung saisonaler ökonomischer Prozesse. Wir werden jedoch vor allem die Tangensfunktion nochmals benötigen, wenn wir im Rahmen der Differentialrechnung die Steigung reeller Funktionen behandeln (Kapitel 7.4).

Beispiel 6.26

Wir stellen den Graphen der Tangensfunktion u_1 mit $u_1(x) = 2\tan\left(\frac{\pi}{20}x - \frac{\pi}{4}\right) + 2$ und der Wertetabelle

x	0	5	10
$u_1(x)$	0	2	4

für $x \in [0, 10]$ dar (Figur 6.10).

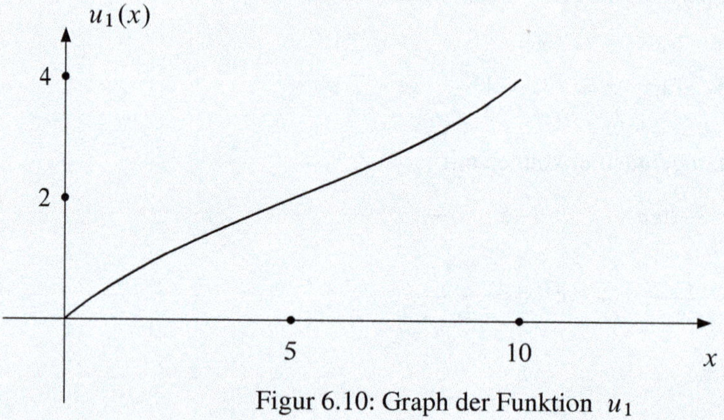

Figur 6.10: Graph der Funktion u_1

7 Grenzwerte und Stetigkeit

Zur graphischen Darstellung reeller Funktionen $f: D \to W$ mit $D, W \subseteq \mathbb{R}$ reichte es bislang aus, einige markante Wertepaare zu bestimmen und diese durch eine Kurve zu verbinden. Damit ist jedoch keineswegs gesichert, dass die Kurve der Funktion hinreichend gerecht wird. Es geht um die Frage, ob kleinste Änderungen der unabhängigen Variablen x auch nur minimale Änderungen der abhängigen Variablen $y = f(x)$ implizieren. Zur Klärung dieses Problems sind Grenzwertbetrachtungen anzustellen. Zunächst behandeln wir in Abschnitt 7.1 unendliche Zahlenfolgen und ihre möglichen Grenzwerte. Mit Hilfe von Zahlenfolgen lassen sich ferner ökonomische Vorgänge beschreiben, die sich in mehreren Stufen oder Zeitperioden vollziehen. In Abschnitt 7.2 verallgemeinern wir diese Überlegungen auf reelle Funktionen. Mit diesen Grundlagen sind wir in der Lage, in Abschnitt 7.3 die Stetigkeit von reellen Funktionen zu erklären und interessante Eigenschaften stetiger Funktionen abzuleiten. Schließlich geht es in Abschnitt 7.4 darum, zu vorgegebenen Funktionswerten ein geeignetes Urbild zu bestimmen. Es wird sich zeigen, dass dies im Fall stetiger Funktionen stets möglich ist.

7.1 Unendliche Zahlenfolgen

Wir vereinbaren:

$$\mathbb{N}_0 = \mathbb{N} \cup \{0\} = \{0, 1, 2, \ldots\}$$

Definition 7.1

Unter einer **unendlichen Zahlenfolge** versteht man eine reelle Funktion

$$a: \mathbb{N}_0 \to \mathbb{R}$$

mit den reellen Werten $a(0), a(1), a(2)$ bzw. $a_0, a_1, a_2, \ldots$

Für die Folge schreibt man oft $(a_n)_{n=0,1,2,\ldots}$ oder kurz (a_n), der Wert a_n heißt das ***n*-te Glied** der Folge. Entsprechend heißt die Funktion

$$a: \{0, 1, \ldots, k\} \to \mathbb{R} \quad \text{mit} \quad k \in \mathbb{N}_0$$

eine **endliche Zahlenfolge**. Anstatt $\mathbb{N}_0$ wählt man in vielen Fällen $\mathbb{N} = \{1, 2, 3, \ldots\}$ oder auch $\mathbb{N}_k = \{k, k+1, \ldots\}$ als Definitionsbereich von a. Man erhält die Folge $a_1, a_2, a_3, \ldots$ bzw. $a_k, a_{k+1}, \ldots$

Beispiel 7.2

Gegeben seien die Folgen (a_n), (b_n), (c_n), (d_n), (e_n), (f_n) mit

$$a_n = \frac{1}{n+1}, \quad b_n = \frac{2n-1}{2^n}, \quad c_n = (-1)^n \frac{n!}{n+2}, \quad d_n = \sum_{k=0}^{n} \frac{3}{2^k},$$
$$e_n = \frac{-e_{n-1}}{n} \text{ mit } e_0 = 5, \quad f_n = f_{n-1} + f_{n-2} \text{ mit } f_0 = f_1 = 1.$$

Dann gilt:

$$a_0 = 1,\ a_1 = \frac{1}{2},\ a_2 = \frac{1}{3},\ a_3 = \frac{1}{4},\ a_4 = \frac{1}{5}, \ldots$$
$$b_0 = -1,\ b_1 = \frac{1}{2},\ b_2 = \frac{3}{4},\ b_3 = \frac{5}{8},\ b_4 = \frac{7}{16}, \ldots$$
$$c_0 = \frac{1}{2},\ c_1 = -\frac{1}{3},\ c_2 = \frac{2!}{4} = \frac{1}{2},\ c_3 = \frac{-3!}{5} = -\frac{6}{5},\ c_4 = \frac{4!}{6} = 4, \ldots$$
$$d_0 = 3,\ d_1 = 3 + \frac{3}{2} = \frac{9}{2},\ d_2 = \frac{9}{2} + \frac{3}{4} = \frac{21}{4},\ d_3 = \frac{21}{4} + \frac{3}{8} = \frac{45}{8}, \ldots$$
$$e_0 = 5,\ e_1 = -5,\ e_2 = \frac{5}{2},\ e_3 = \frac{-5}{3!} = \frac{-5}{6},\ e_4 = \frac{5}{4!} = \frac{5}{24}, \ldots$$
$$f_0 = f_1 = 1,\ f_2 = 2,\ f_3 = 3,\ f_4 = 5,\ f_5 = 8, \ldots$$

Die Folgen $(a_n), \ldots, (d_n)$ wurden durch das n-te Glied **explizit** erklärt und sind damit eindeutig festgelegt. Dagegen wurden die Folgen (e_n) und (f_n) **rekursiv**, d. h. in Abhängigkeit vorangegangener Glieder erklärt. Sind „ausreichend viele“ Anfangsglieder für solche Folgen angegeben, so sind auch diese Folgen eindeutig festgelegt. Die Folge (f_n) heißt Folge der **Fibonacci-Zahlen** (**L. von Pisa** (1170–1250)).

Andererseits ist es unzureichend, eine Folge durch einige Anfangsglieder, beispielsweise $1, 2, 3, \ldots$ anzugeben. Mit den Beziehungen $g_n = n + 1$ bzw. $h_n = n^3 - 3n^2 + 3n + 1$ besitzen beide Folgen (g_n) und (h_n) die Anfangsglieder $1, 2, 3$.

Wir erklären die beiden für die Ökonomie wichtigsten Folgen rekursiv.

Definition 7.3

Eine Folge (a_n) heißt **arithmetisch**, wenn die Differenz d zweier aufeinander folgender Glieder konstant ist, also $a_{n+1} - a_n = d$ für alle $n \in \mathbb{N}_0$ (Abschnitt 1.3, (1.15)), bzw. **geometrisch**, wenn der Quotient q zweier aufeinander folgender Glieder konstant ist, also $\frac{a_{n+1}}{a_n} = q$ für alle $n \in \mathbb{N}_0$ (Abschnitt 1.3, (1.17)).

Damit sind beide Folgen durch das Anfangsglied a_0 sowie durch die Konstanten d bzw. q eindeutig bestimmt. Mit Hilfe von arithmetischer und geometrischer Folge kommen wir zu entsprechenden Summen.

Satz 7.4

Sei (a_n) eine arithmetische und (b_n) eine geometrische Folge, dann gilt:

a) für die arithmetische Summe: $\sum_{i=0}^{n} a_i = (n+1)\left(a_0 + \frac{n}{2}\,d\right)$

b) für die geometrische Summe: $\sum_{i=0}^{n} b_i = b_0\,\frac{1-q^{n+1}}{1-q}$ für $q \neq 1$

Zum Beweis verweisen wir auf Abschnitt 1.3, (1.14) bis (1.17).

Für das generelle Verhalten von Folgen benötigen wir vor allem den Begriff der Beschränktheit.

Definition 7.5

Eine Folge (a_n) heißt **beschränkt**, wenn ein $c \in \mathbb{R}_+$ existiert mit $|a_n| \leq c$ für alle $n \in \mathbb{N}_0$, also alle Glieder der Folge im Intervall $[-c, c]$ liegen.

Beispiel 7.6

a) Wir betrachten die Folgen (a_n), (b_n), (c_n), (d_n), (e_n) mit

$$a_n = \frac{n}{n+1}, \quad b_n = \frac{n}{10}, \quad c_n = \frac{n}{2^n}, \quad d_n = (-1)^n \frac{1}{n+1}, \quad e_n = (-1)^n .$$

Im Einzelnen erhalten wir, jeweils für alle $n \in \mathbb{N}_0$

$$a_n = \frac{n}{n+1} \in [0,1],$$

$$c_n = \frac{n}{2^n} \in [0,1] \text{ wegen } 0 \leq n \leq 2^n,$$

$$d_n = (-1)^n \frac{1}{n+1} \in [-1,1],$$

$$e_n = (-1)^n \in [-1,1].$$

Damit sind die Folgen (a_n), (c_n), (d_n), (e_n) beschränkt. Andererseits ist (b_n) mit $b_n = \frac{n}{10}$ für wachsendes $n \in \mathbb{N}$ nicht beschränkt.

b) Eine arithmetische Folge (f_n) ist konstant und beschränkt für $d = 0$. Für $d \neq 0$ ist sie nicht beschränkt.
Eine geometrische Folge (g_n) ist beschränkt für $q \in [-1, 1]$. Für $q \notin [-1, 1]$ ist sie nicht beschränkt.

Während für unbeschränkte Folgen (a_n) kein Intervall $[-c, c]$ existiert mit $a_n \in [-c, c]$ für alle $n \in \mathbb{N}_0$, gibt es unter den beschränkten Folgen solche, die zwischen zwei oder mehreren Werten pendeln, und solche, die für wachsenden Index $n \in \mathbb{N}$ genau einem Wert zustreben.

Definition 7.7

Eine reelle Zahl a heißt **Grenzwert** oder **Limes** der Folge (a_n), wenn es zu jedem vorgegebenen $\varepsilon > 0$ einen von ε abhängigen Index $n(\varepsilon)$ gibt mit $|a_n - a| < \varepsilon$ für alle $n > n(\varepsilon)$. Man bezeichnet eine Folge als **konvergent**, wenn sie einen Grenzwert besitzt. Wir schreiben

$$\lim_{n \to \infty} a_n = a \quad \text{oder} \quad a_n \to a \quad \text{für} \quad n \to \infty\,.$$

Ist eine Folge konvergent mit dem Grenzwert $a = 0$, so spricht man von einer **Nullfolge**.

Ist eine Folge nicht konvergent, so heißt sie **divergent**.

Kann man also zu einer Folge (a_n) ein reelles a so angeben, dass es zu jedem $\varepsilon > 0$ ein $n(\varepsilon)$ gibt mit $|a_n - a| < \varepsilon$ für alle $n > n(\varepsilon)$, so liegen alle Glieder der Folge von einem bestimmten Index $n(\varepsilon)$ an im offenen Intervall $\langle a - \varepsilon, a + \varepsilon \rangle$. Das sind alle Glieder bis auf endlich viele und (a_n) ist konvergent mit dem Grenzwert a.

Für die Divergenz einer Folge sind mehrere Fälle zu unterscheiden.

Definition 7.8

Eine reelle Zahl a heißt **Häufungspunkt** der Folge (a_n), wenn es zu jedem vorgegebenen $\varepsilon > 0$ unendlich viele Indizes $n \in \mathbb{N}$ gibt mit $|a_n - a| < \varepsilon$.

Damit besitzt eine Folge keinen Häufungspunkt, wenn sie für wachsende Indizes gegen $+\infty$ bzw. $-\infty$ strebt, beispielsweise die Folge (a_n) mit $a_n = -n$, man schreibt in diesem Fall gelegentlich auch $a_n \to -\infty$ oder $\lim\limits_{n \to \infty} a_n = -\infty$. Eine Folge kann ferner mehrere Häufungspunkte besitzen. Beispielsweise hat die Folge (b_n) mit $b_n = (-1)^n$ die Häufungspunkte $+1$ und -1, man schreibt gelegentlich $b_n \to \pm 1$. Beide Folgen (a_n) und (b_n) sind divergent (Definition 7.7).

Schließlich sind auch Folgen mit genau einem Häufungspunkt nicht notwendig konvergent (Beispiel 7.9, (f_n)).

Beispiel 7.9

Wir betrachten die Folgen (a_n), (b_n), (c_n), (d_n), (e_n), (f_n) mit

$$a_n = \frac{n}{n+1}, \quad b_n = \frac{n}{10}, \quad c_n = \frac{n}{2^n}, \quad d_n = (-1)^n \frac{1}{n+1}, \quad e_n = 1 + (-1)^n,$$

$$f_n = \begin{cases} n & \text{für } n \text{ geradzahlig} \\ \frac{1}{n} & \text{für } n \text{ ungeradzahlig} \end{cases}.$$

Die ersten Glieder der Folge (a_n) sind $0, \frac{1}{2}, \frac{2}{3}, \frac{3}{4}, \frac{4}{5}, \ldots$, so dass der Wert $a = 1$ als Grenzwert vermutet werden kann. Damit gelten die Äquivalenzen

$$|a_n - a| = \left|\frac{n}{n+1} - 1\right| < \varepsilon \iff \left|\frac{n-n-1}{n+1}\right| = \frac{1}{n+1} < \varepsilon$$
$$\iff \frac{1}{\varepsilon} < n+1 \iff \frac{1}{\varepsilon} - 1 < n.$$

Also ist $\left|\frac{n}{n+1} - 1\right| < \varepsilon$ für alle $n > n(\varepsilon) = \frac{1}{\varepsilon} - 1$.
Die Folge (a_n) ist konvergent und es gilt $\lim\limits_{n\to\infty} a_n = \lim\limits_{n\to\infty} \frac{n}{n+1} = 1$.
Der Wert $a = 1$ ist der einzige Häufungspunkt.

Die Folge (b_n) ist unbeschränkt (Beispiel 7.6 a), besitzt also keinen Grenzwert und ist divergent. Ferner hat sie auch keinen Häufungspunkt.

Von der Folge (c_n) wissen wir (Beispiel 7.6 a), dass sie beschränkt ist. Die ersten Glieder sind $0, \frac{1}{2}, \frac{2}{4}, \frac{3}{8}, \frac{4}{16}, \frac{5}{32}, \ldots$ und wir vermuten den Grenzwert $c = 0$. Wegen $2^n \geq n^2$ für $n = 4, 5, \ldots$ (Beispiel 2.24) gelten die Äquivalenzen

$$|c_n - c| = \left|\frac{n}{2^n} - 0\right| \leq \left|\frac{n}{n^2} - 0\right| = \frac{1}{n} < \varepsilon \iff \frac{1}{\varepsilon} < n.$$

Also ist $\left|\frac{n}{2^n} - 0\right| < \varepsilon$ für alle $n > n(\varepsilon) = \frac{1}{\varepsilon}$.
Die Folge (c_n) ist eine Nullfolge wegen $\lim\limits_{n\to\infty} c_n = \lim\limits_{n\to\infty} \frac{n}{2^n} = 0$.
Der Wert $c = 0$ ist der einzige Häufungspunkt der Folge (c_n).

Für die Folge (d_n) mit den Anfangsgliedern $1, -\frac{1}{2}, \frac{1}{3}, -\frac{1}{4}, \ldots$ vermuten wir den Grenzwert $d = 0$. Damit gilt:

$$|d_n - d| = \left|(-1)^n \frac{1}{n+1} - 0\right| < \varepsilon \iff \frac{1}{n+1} < \varepsilon \iff \frac{1}{\varepsilon} < n+1$$

$$\iff \frac{1}{\varepsilon} - 1 < n$$

Auch (d_n) ist eine Nullfolge wegen $\lim\limits_{n\to\infty} d_n = \lim\limits_{n\to\infty} (-1)^n \frac{1}{n+1} = 0$.
Die Folge (d_n) besitzt genau einen Häufungspunkt $d = 0$.

Die Folge (e_n) mit den Anfangsgliedern $2, 0, 2, 0, 2, \ldots$ besitzt zwei Häufungspunkte 2 und 0, denn es gilt:

$$|e_n - 2| = 0 < \varepsilon \quad \text{für alle geradzahligen Indizes } n$$
$$|e_n - 0| = 0 < \varepsilon \quad \text{für alle ungeradzahligen Indizes } n$$

Also ist (e_n) divergent.
Die Folge (f_n) mit den Anfangsgliedern $0, 1, 2, \frac{1}{3}, 4, \frac{1}{5}, 6, \frac{1}{7}, \ldots$ besitzt einen Häufungspunkt 0, denn es gilt für ungerade $n \in \mathbb{N}$

$$|f_n - 0| = \frac{1}{n} < \varepsilon \iff \frac{1}{\varepsilon} < n\,.$$

Andererseits ist aber $\lim\limits_{n\to\infty} f_n = \infty$ für gerade $n \in \mathbb{N}$.
Obwohl die Folge (f_n) genau einen Häufungspunkt besitzt, ist sie divergent.

Für zwei Folgen (a_n), (b_n) können die Addition, Subtraktion, Multiplikation und Division eingeführt werden. So hat die Folge

$$(a_n + b_n) \quad \text{die Glieder } a_0 + b_0, a_1 + b_1, a_2 + b_2, \ldots\,,$$
$$(a_n - b_n) \quad \text{die Glieder } a_0 - b_0, a_1 - b_1, a_2 - b_2, \ldots\,,$$
$$(a_n b_n) \quad \text{die Glieder } a_0 b_0, a_1 b_1, a_2 b_2, \ldots\,,$$
$$\left(\frac{a_n}{b_n}\right) \quad \text{die Glieder } \frac{a_0}{b_0}, \frac{a_1}{b_1}, \frac{a_2}{b_2}, \ldots\,,$$

wobei im letzten Fall $b_n \neq 0$ für alle $n \in \mathbb{N}_0$ erfüllt sein muss.

Satz 7.10

Die Folgen (a_n) und (b_n) seien Nullfolgen, (c_n) sei beschränkt. Dann gilt:

a) $\lim\limits_{n\to\infty}(a_n + b_n) = 0$

b) $\lim\limits_{n\to\infty}(a_n c_n) = 0$

Beweis:

a) $|a_n| < \varepsilon, |b_n| < \varepsilon \;\Rightarrow\; |a_n + b_n| \le |a_n| + |b_n| < 2\varepsilon \;\Rightarrow\; (a_n + b_n) \to 0$ für $n \to \infty$

b) $|a_n| < \varepsilon, |c_n| < c \;\Rightarrow\; |a_n c_n| \le |a_n|\,|c_n| < c\varepsilon \;\Rightarrow\; (a_n c_n) \to 0$ für $n \to \infty$

Satz 7.11

Die Folgen (a_n) und (b_n) seien konvergent mit $\lim\limits_{n\to\infty} a_n = a$, $\lim\limits_{n\to\infty} b_n = b$, ferner sei $c \in \mathbb{R}$. Dann gilt:

Die Folgen $(a_n + b_n)$, $(a_n - b_n)$, $(a_n b_n)$ sind konvergent

Für $b_n \neq 0$ $(n \in \mathbb{N}_0)$, $b \neq 0$ konvergiert auch die Folge $\left(\frac{a_n}{b_n}\right)$

Für $a_n > 0$ $(n \in \mathbb{N}_0)$, $a > 0$ ist die Folge $({a_n}^c)$ konvergent

Die Folge (c^{a_n}) ist konvergent für $c > 0$

Im Einzelnen gilt:

a) $\lim\limits_{n\to\infty}(a_n + b_n) = \lim\limits_{n\to\infty} a_n + \lim\limits_{n\to\infty} b_n = a + b$

b) $\lim\limits_{n\to\infty}(a_n - b_n) = \lim\limits_{n\to\infty} a_n - \lim\limits_{n\to\infty} b_n = a - b$

c) $\lim\limits_{n\to\infty}(a_n b_n) = \lim\limits_{n\to\infty} a_n \lim\limits_{n\to\infty} b_n = ab$

d) $\lim\limits_{n\to\infty}\left(\frac{a_n}{b_n}\right) = \lim\limits_{n\to\infty} a_n / \lim\limits_{n\to\infty} b_n = \frac{a}{b}$

e) $a_n \le b_n$ für alle $n \ge n_0 \Rightarrow \lim\limits_{n\to\infty} a_n = a \le b = \lim\limits_{n\to\infty} b_n$

f) $\lim\limits_{n\to\infty}({a_n}^c) = a^c$

g) $\lim\limits_{n\to\infty}(c^{a_n}) = c^a$

Beweisidee:

Mit $(a_n - a) \to 0$, $(b_n - b) \to 0$, $\left(\frac{1}{b_n} - \frac{1}{b}\right) \to 0$ für $n \to \infty$ beweist man für $n \to \infty$

a) $(a_n + b_n) - (a + b) = (a_n - a) + (b_n - b) \to 0$ (Satz 7.10 a)

b) $(a_n - b_n) - (a - b) = (a_n - a) - (b_n - b) \to 0$

c) $(a_n b_n) - (ab) = (a_n - a)\, b_n + a\,(b_n - b) \to 0$ (Satz 7.10 a, b)

d) $\left(\dfrac{a_n}{b_n}\right) - \left(\dfrac{a}{b}\right) \to 0$ folgt aus c), wenn man b_n, b durch $\frac{1}{b_n}, \frac{1}{b}$ ersetzt.

e) Zu jedem $\varepsilon > 0$ existiert ein genügend großes $n \in \mathbb{N}$ mit $a - \varepsilon < a_n$, $b_n < b + \varepsilon$.
Aus $a_n \leq b_n$ folgt $a - \varepsilon < b + \varepsilon$ und damit $a \leq b$.

f) $\dfrac{a_n^c}{a^c} = \left(\dfrac{a_n}{a}\right)^c \to (1)^c = 1$ wegen $a_n \to a$.

g) $\dfrac{c^{a_n}}{c^a} = c^{a_n - a} \to c^0 = 1$ wegen $a_n \to a$.

Sind also zwei Folgen (a_n) und (b_n) konvergent mit den Grenzwerten a und b, so auch ohne jede Einschränkung die Summe $(a_n + b_n)$, die Differenz $(a_n - b_n)$ und das Produkt $(a_n b_n)$, ferner unter bestimmten Bedingungen auch der Quotient $\left(\frac{a_n}{b_n}\right)$ sowie die Folgen $({a_n}^c)$ und (c^{a_n}).

Dieser Satz wird im Rahmen der Charakterisierung stetiger Funktionen sehr wesentlich sein (Abschnitt 7.3). In diesem Abschnitt zeigt sich seine Bedeutung darin, dass wir nun die Grenzwerte komplizierter Folgen einfach berechnen können (Beispiel 7.12 b, c).

Beispiel 7.12

a) Gegeben seien die Folgen (a_n), (b_n), (c_n) mit

$$a_n = \frac{1}{2^n}, \quad b_n = n a_n, \quad c_n = b_n + 1 \quad \text{für } n \in \mathbb{N},$$

also $a_n < b_n < c_n$ für alle $n = 2, 3, \ldots$ Es gilt:

$$\lim_{n\to\infty} a_n = \lim_{n\to\infty} \frac{1}{2^n} = 0$$

$$\lim_{n\to\infty} b_n = \lim_{n\to\infty} \frac{n}{2^n} = 0$$

$$\lim_{n\to\infty} c_n = \lim_{n\to\infty} \left(\frac{n}{2^n} + 1\right) = 1$$

Wir erhalten also einerseits $a_n < b_n$ mit $\lim\limits_{n\to\infty} a_n = \lim\limits_{n\to\infty} b_n$, andererseits $b_n < c_n$ mit $\lim\limits_{n\to\infty} b_n < \lim\limits_{n\to\infty} c_n$. Die Ergebnisse entsprechen der Aussage von Satz 7.11 e.

b) Gegeben sind die Folgen (a_n), (b_n), (c_n), (d_n), (e_n), (f_n) mit

$$a_n = \frac{n^3+n^2+2}{3n^3+1}, \qquad b_n = \frac{n^4+n^2+2}{3n^3+1}, \quad c_n = \frac{n^2+2}{3n^3+1},$$

$$d_n = \frac{(-1)^n(n-1)^2}{\sqrt{n^3}+2}, \quad e_n = \frac{(-1)^n 2^{\frac{1}{n}}}{5^{\frac{2}{n}}}, \qquad f_n = 8^{\frac{2n}{3n+1}}.$$

Durch Umformen erhalten wir für $n \in \mathbb{N}$:

$$a_n = \frac{1+\frac{1}{n}+\frac{2}{n^3}}{3+\frac{1}{n^3}} \to \frac{1+0+0}{3+0} = \frac{1}{3} \quad \text{für} \quad n \to \infty$$

$$b_n = \frac{n+\frac{1}{n}+\frac{2}{n^3}}{3+\frac{1}{n^3}} \to \infty \quad \text{für} \quad n \to \infty$$

$$c_n = \frac{1+\frac{2}{n^2}}{3n+\frac{1}{n^2}} \to 0 \quad \text{für} \quad n \to \infty$$

Aus dem Vergleich der höchsten Zähler- und Nennerexponenten ist für die Folgen (a_n), (b_n), (c_n) die Frage der Konvergenz direkt entscheidbar.

Entsprechendes gilt für die Folge (d_n):

$$d_n = (-1)^n \frac{1-\frac{2}{n}+\frac{1}{n^2}}{\frac{1}{\sqrt{n}}+\frac{2}{n^2}} \to \pm\infty \quad \text{für} \quad n \to \infty$$

Für Zähler und Nenner der Folge (e_n) berechnet man für $n \to \infty$

$$(-1)^n 2^{\frac{1}{n}} \to \pm 1, \quad 5^{\frac{2}{n}} \to 1 \quad \text{und daraus} \quad e_n \to \pm 1.$$

Schließlich gilt $f_n = 8^{\frac{2n}{3n+1}} \to 8^{\frac{2}{3}} = 4$.

Damit sind die Folgen (a_n), (c_n) und (f_n) konvergent, die übrigen Folgen sind divergent.

c) Gegeben sei die Folge (a_n) mit $a_0 = 1$, $a_n = \frac{k}{n}\, a_{n-1}$ ($k \in \mathbb{R}$, $n = 1, 2, \ldots$).

Daraus folgt:

$$a_1 = k,\ a_2 = \frac{k^2}{2},\ a_3 = \frac{k^3}{1\cdot 2\cdot 3}, \ldots, a_n = \frac{k^n}{n!}, \ldots$$

Wir zeigen, dass (a_n) für alle $k \in \mathbb{R}$ konvergiert.

Für jedes $k \in \mathbb{R}$ existiert ein $n_0 \in \mathbb{N}_0$ mit $n_0 \le |k| < n_0 + 1$.

Dann gilt für alle $n > n_0$

$$\frac{|k^n|}{n!} = \frac{|k^{n_0}|}{n_0!} \cdot \frac{|k|}{n_0+1} \cdot \frac{|k|}{n_0+2} \cdot \ldots \cdot \frac{|k|}{n} = \frac{|k^{n_0}|}{n_0!} c_n$$

$$\text{mit } c_n = \frac{|k|}{n_0+1} \cdot \frac{|k|}{n_0+2} \cdot \ldots \cdot \frac{|k|}{n} \to 0 \quad \text{für} \quad n \to \infty$$

und $\left(\frac{|k^{n_0}|}{n_0!}\right)$ ist für jedes $k \in \mathbb{R}$ eine Konstante.

Daraus folgt

$$\lim_{n\to\infty} \frac{|k^n|}{n!} = \lim_{n\to\infty} \frac{|k^{n_0}|}{n_0!} c_n = \frac{|k^{n_0}|}{n_0!} \lim_{n\to\infty} c_n = 0 \,. \qquad \text{(Satz 7.11 c)}$$

Also konvergiert (a_n) mit dem Grenzwert 0.

d) Für die in Satz 7.4 angegebenen Summen gilt:

$$\lim_{n\to\infty} \sum_{i=0}^{n} a_i = \lim_{n\to\infty} (n+1)\left(a_0 + \frac{n}{2} d\right) = \infty \quad \text{für} \quad a_0, d \neq 0$$

$$\lim_{n\to\infty} \sum_{i=0}^{n} b_i = \lim_{n\to\infty} b_0 \frac{1-q^{n+1}}{1-q} = \frac{b_0}{1-q} \quad \text{für} \quad |q| < 1$$

Abschließend betrachten wir einige unendliche Zahlenfolgen, deren Konvergenz für die Differentialrechnung (Kapitel 7.4) von Bedeutung ist.

Satz 7.13

Gegeben sind die Folgen (b_n), (e_n) und (c_n) mit

$$b_n = \left(1 + \frac{1}{n}\right)^n, \quad e_n = \sum_{k=0}^{n} \frac{1}{k!}, \quad c_n = 1 + \sum_{k=0}^{n-1} \frac{1}{2^k} \qquad (n \in \mathbb{N})$$

Dann gilt:

a) $b_n \leq e_n < c_n \quad$ für $n = 3, 4, 5, \ldots$

b) $\lim_{n\to\infty} b_n = \lim_{n\to\infty} e_n = e, \quad \lim_{n\to\infty} c_n = 3$

Beweis:

a) Aus der binomischen Formel (Abschnitt 1.4, (1.25)) und einigen Umformungen folgt

$$b_n = \left(1+\frac{1}{n}\right)^n = 1 + \binom{n}{1}\frac{1}{n} + \ldots + \binom{n}{k}\frac{1}{n^k} + \ldots + \binom{n}{n}\frac{1}{n^n}$$
$$= 1 + 1 + \frac{1}{2!}\left(1-\frac{1}{n}\right) + \ldots + \frac{1}{k!}\left(1-\frac{1}{n}\right)\left(1-\frac{2}{n}\right)\cdots\left(1-\frac{k-1}{n}\right) +$$
$$\ldots + \frac{1}{n!}\left(1-\frac{1}{n}\right)\cdots\left(1-\frac{n-1}{n}\right).$$

Mit

$$e_n = 1 + 1 + \frac{1}{2!} + \frac{1}{3!} + \ldots + \frac{1}{n!}$$
$$c_n = 1 + 1 + \frac{1}{2} + \frac{1}{2^2} + \ldots + \frac{1}{2^{n-1}}$$

gilt die Abschätzung

$$b_n \le e_n < c_n \qquad \text{für } n \ge 3\,.$$

b) Aus a) folgt ferner

$$b_n \le b_{n+1},\ e_n \le e_{n+1},\ c_n \le c_{n+1} \qquad \text{für alle } n \in \mathbb{N}$$

und $c_n - 1$ ist eine geometrische Summe (Satz 7.4 b) mit

$$\lim_{n\to\infty}(c_n - 1) = \lim_{n\to\infty}\sum_{k=0}^{n-1}\frac{1}{2^k} = \lim_{n\to\infty}\left(\frac{1-\frac{1}{2^n}}{1-\frac{1}{2}}\right) = 2 \qquad \text{(Beispiel 7.12 d).}$$

Damit konvergieren die Folgen (b_n), (e_n) und (c_n) mit

$$\lim_{n\to\infty} c_n = 3,\ \lim_{n\to\infty} e_n = e < 3,\ \lim_{n\to\infty} b_n = b \le e < 3\,.$$

Zum Nachweis der Identität $b = e$ definieren wir in Anlehnung an b_n für ein festes $k \le n$

$$b_{nk} = 1 + 1 + \frac{1}{2!}\left(1-\frac{1}{n}\right) + \ldots + \frac{1}{k!}\left(1-\frac{1}{n}\right)\cdots\left(1-\frac{k-1}{n}\right) \le b_n$$

mit $b = \lim_{n\to\infty} b_n \ge \lim_{n\to\infty} b_{nk} = e_k$.

Für $k \to \infty$ folgt daraus mit $b \le e$ auch $b \ge e$, also $b = e$.

Im Einzelnen gilt beispielsweise

n	1	2	3	4	8	20	100	1000
b_n	2	2.25	2.37	2.44	2.57	2.65	2.705	2.717

Als Grenzwert erhalten wir mit $e = 2.71828$ die **Eulersche Zahl.**

7.2 Grenzwerte reeller Funktionen

Das Konvergenzverhalten von Zahlenfolgen kann auf reelle Funktionen übertragen werden.

Definition 7.14

Die Funktion $f: D \to W$ mit $D, W \subseteq \mathbb{R}$ heißt an der Stelle $x_0 \in \mathbb{R}$, die nicht notwendig zu D gehören muss, **konvergent gegen** $f_0 \in \mathbb{R}$, wenn mindestens eine Folge (x_n) mit $x_n \in D$, $x_n \neq x_0$ und $x_n \to x_0$ $(n \to \infty)$ existiert und für alle diese Folgen $f(x_n) \to f(x_0) = f_0 \in \mathbb{R}$ erfüllt ist.

$f_0 = f(x_0)$ heißt dann **Grenzwert der Folge** $(f(x_n))$ und man schreibt für alle gegen x_0 konvergierenden Folgen (x_n)

$$\lim_{x_n \to x_0} f(x_n) = f(x_0) = f_0 \quad \text{oder auch} \quad \lim_{x \to x_0} f(x) = f(x_0) = f_0.$$

Nähern wir uns dem Wert x_0 von oben mit $x > x_0$, so schreibt man

$$\lim_{x \searrow x_0} f(x) = f(x_0) = f_0.$$

Nähern wir uns von unten mit $x < x_0$, so schreibt man

$$\lim_{x \nearrow x_0} f(x) = f(x_0) = f_0.$$

Beispiel 7.15

Wir betrachten die Funktionen

$$f_1 : \langle -1, \infty \rangle \to \mathbb{R} \quad \text{mit} \quad f_1(x) = \frac{1}{x+1}$$

$$f_2 : \mathbb{R} \to \mathbb{R}_+ \quad \text{mit} \quad f_2(x) = \begin{cases} 2^x & \text{für } x > 1 \\ x^2 & \text{für } x \leq 1 \end{cases}$$

$$f_3 : \mathbb{R} \to \mathbb{R} \quad \text{mit} \quad f_3(x) = \begin{cases} \sqrt{x} & \text{für } x \geq 0 \\ (x-1)^2 - 1 & \text{für } x < 0 \end{cases}$$

$$f_4 : \mathbb{R} \setminus \{0, 2\} \to \mathbb{R} \quad \text{mit} \quad f_4(x) = \frac{x^2 - 4}{x^2 - 2x} = \frac{(x+2)(x-2)}{x(x-2)} = \frac{x+2}{x}$$

und skizzieren dazu die entsprechenden Graphen:

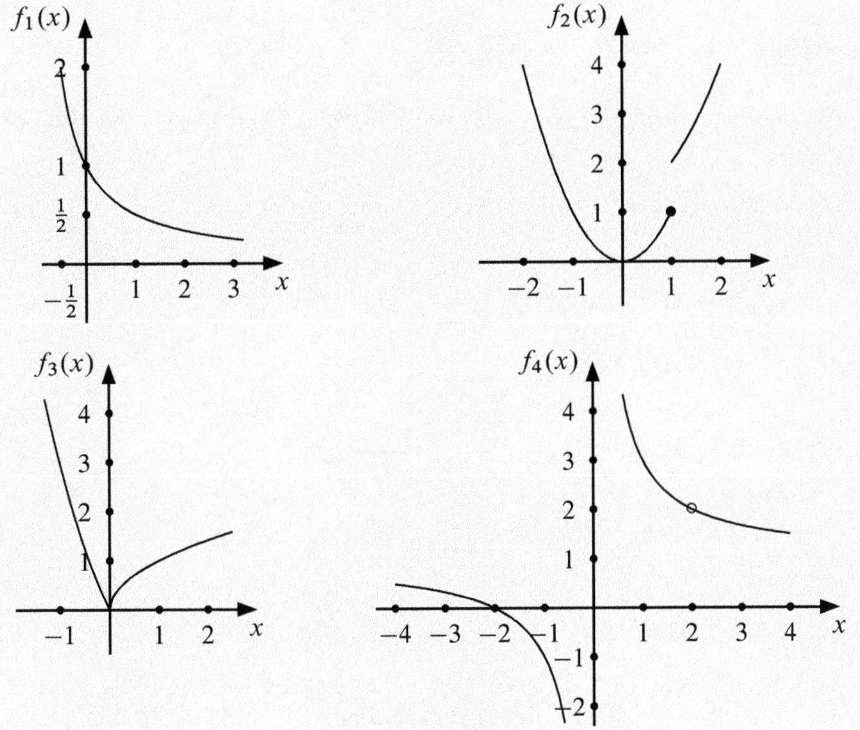

Figur 7.1: Graphen der Funktionen f_1, f_2, f_3, f_4

Damit erhalten wir folgende Grenzwerte:

$$\lim_{x\to 0} f_1(x) = 1\,, \quad \lim_{x\searrow -1} f_1(x) = \infty\,,$$ f_1 strebt für $x \to -1$ gegen ∞

$$\lim_{x\searrow 1} f_2(x) = 2^1 \neq f_2(1) = 1\,,$$ f_2 „springt" in $x = 1$ vom Wert 1 auf 2

$$\lim_{x\nearrow 0} f_3(x) = (0-1)^2 - 1 = 0 = f_3(0) = \sqrt{0}\,,$$ f_3 verläuft in $x = 0$ ohne „Sprung"

$$\lim_{x\to 2} f_4(x) = \frac{2+2}{2} = 2\,, \quad \lim_{x\to 0} f_4(x) = \pm\infty$$

Die Funktion f_4 mit $f_4(x) = \frac{x^2-4}{x^2-2x}$ ist für $x = 2$ nicht definiert (siehe $\circ$ in der Grafik). Diese Definitionslücke ist jedoch mit Hilfe einer Grenzwertbetrachtung überbrückbar.

Wir können Definition 7.14 modifizieren, indem wir x_0 durch $+\infty$ oder $-\infty$ ersetzen.

Beispiel 7.16

a) Für die Funktionen f_1, f_2, f_3, f_4 von Beispiel 7.15 erhält man mit Hilfe der Graphen

$$\lim_{x\to\infty} f_1(x) = 0\,, \quad \lim_{x\to\pm\infty} f_2(x) = \lim_{x\to\pm\infty} f_3(x) = \infty\,, \quad \lim_{x\to\pm\infty} f_4(x) = 1\,.$$

b) Für $g_1 : \mathbb{R} \to \mathbb{R}$ mit $g_1(x) = \dfrac{1}{x^2+1}$ gilt

$$\lim_{x\to\pm\infty} g_1(x) = 0\,.$$

Für $g_2 : \mathbb{R} \to \mathbb{R}$ mit $g_2(x) = \dfrac{x^2 - 3x + 5}{2x^2 + 1}$ gilt

$$g_2(x) = \frac{1 - \frac{3}{x} + \frac{5}{x^2}}{2 + \frac{1}{x^2}} \Rightarrow \lim_{x\to\pm\infty} g_2(x) = \frac{1}{2}\,.$$

Für $g_3 : \mathbb{R} \setminus \{1\} \to \mathbb{R}$ mit $g_3(x) = \dfrac{x^2 - 5}{x + 1}$ gilt

$$g_3(x) = \frac{x - \frac{5}{x}}{1 + \frac{1}{x}} \Rightarrow \lim_{x\to\pm\infty} g_3(x) = \pm\infty\,.$$

Mit diesen Beispielen wird das asymptotische Verhalten von Funktionen beschrieben. Während g_1, g_2 für $x \to \pm\infty$ gegen die Funktionswerte 0 bzw. gegen $\frac{1}{2}$ konvergieren, divergiert die Funktion g_3 für $x \to \infty$ gegen $+\infty$, für $x \to -\infty$ gegen $-\infty$.

7.3 Stetige Funktionen

Wir veranschaulichen den Begriff der Stetigkeit reeller Funktionen zunächst graphisch. Betrachten wir die in Figur 7.2 dargestellte Funktion f in x_1 und x_2, so führt eine beliebig kleine Erhöhung von x_1 zu einem „Sprung" des Funktionswertes, während eine beliebig kleine Veränderung von x_2 eine entsprechend kleine Veränderung von $f(x_2)$ nach sich zieht. Wir werden sehen, dass die Funktion f in x_2 stetig und in x_1 unstetig ist.

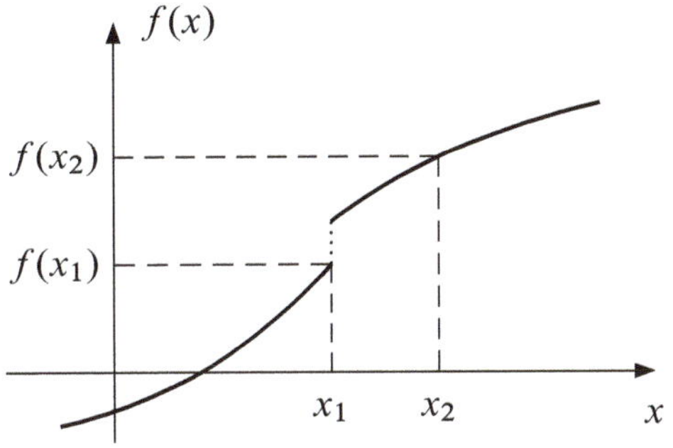

Figur 7.2: Stetigkeitsbegriff reeller Funktionen

Intuitiv sind damit alle uns bekannten elementaren reellen Funktionen (Kapitel 6) in ihrem Definitionsbereich stetig.

Andererseits besitzen die für die Ökonomie wichtigen **Treppenfunktionen** so genannte Sprungstellen, beispielsweise die Funktion f_4 mit

$$f_4(x) = \begin{cases} 0 & \text{für} \quad x \leq 0 \\ 1 & \text{für} \quad 0 < x \leq 2 \\ 2 & \text{für} \quad 2 < x \leq 5 \\ 4 & \text{für} \quad 5 < x \end{cases}$$

in den Punkten $x = 0, 2, 5$ (Figur 7.3).

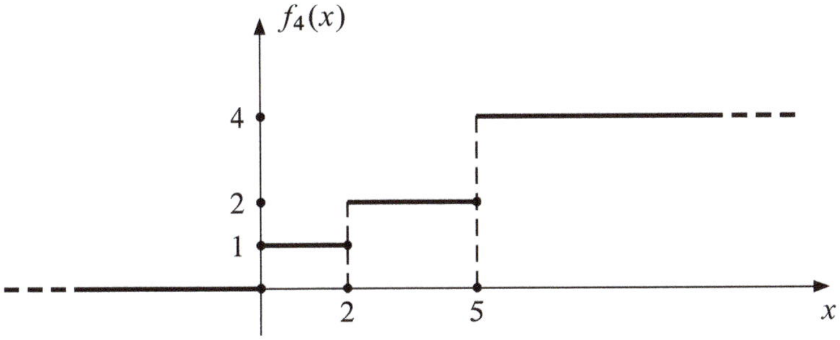

Figur 7.3: Graph der Treppenfunktion f_4

Es gibt reelle Funktionen, die unendlich viele Sprungstellen besitzen, beispielsweise die Dirichletfunktion f_5 mit

$$f_5(x) = \begin{cases} 0 & \text{für } x \text{ rational} \\ 1 & \text{für } x \text{ irrational} \end{cases} .$$

Diese Funktion lässt sich nicht graphisch darstellen.

Für einen formalen Zugang zu stetigen und später auch zu differenzierbaren Funktionen (Kapitel 7.4) benötigen wird die Konvergenz reeller Funktionen (Definition 7.14).

Definition 7.17

Ist $f\colon D \to W$ mit $D, W \subseteq \mathbb{R}$ in $x_0 \in D$ konvergent gegen $f_0 = f(x_0)$, dann heißt f **stetig in** x_0. Für alle Folgen mit dem Grenzwert x_0, also $x \to x_0$, gilt dann:

$$\lim_{x \to x_0} f(x) = f(x_0) = f(\lim_{x \to x_0} x)$$

Die Funktion f heißt **stetig in** $T \subseteq D$, wenn f für alle $x \in T$ stetig ist.

Ist die Funktion f für ein $x_1 \in D$ nicht stetig, so spricht man von einer **Unstetigkeitsstelle** oder **Sprungstelle** der Funktion.

Beispiel 7.18

a) Die Funktionen $f_1, f_2 \colon \mathbb{R} \to \mathbb{R}$ mit $f_1(x) = c$, $f_2(x) = x$ sind für alle $x_0 \in \mathbb{R}$ stetig. Denn es gilt für jede Folge mit dem Grenzwert x_0:

$$\lim_{x \to x_0} f_1(x) = \lim_{x \to x_0} c = c \ = f(x_0) \quad \text{bzw.}$$
$$\lim_{x \to x_0} f_2(x) = \lim_{x \to x_0} x = x_0 = f(x_0)$$

b) Wir betrachten die Funktionen $f_3, f_4 \colon \mathbb{R} \to \mathbb{R}$ mit

$$f_3(x) = \begin{cases} 2 & \text{für } x < 0 \\ 0 & \text{für } x \geq 0 \end{cases}, \qquad f_4(x) = \begin{cases} x + x^2 & \text{für } 0 < x < 1 \\ 1 + x^2 & \text{sonst} \end{cases} .$$

Die Funktion f_3 ist stetig für alle $x \neq 0$ (Beispiel 7.18 a, Funktion f_1). Zur Überprüfung der Stetigkeit von f_3 im Nullpunkt betrachten wir Folgen (x) mit $x \to 0$, einmal für $x < 0$, zum anderen für $x > 0$. Wir schreiben kurz $x \nearrow 0$ bzw. $x \searrow 0$.

Dann gilt

$$\lim_{x\searrow 0} f_3(x) = \lim_{x\searrow 0} 0 = 0\,, \quad \lim_{x\nearrow 0} f_3(x) = \lim_{x\nearrow 0} 2 = 2$$

und f_3 ist unstetig im Punkt $x = 0$ (Figur 7.4).

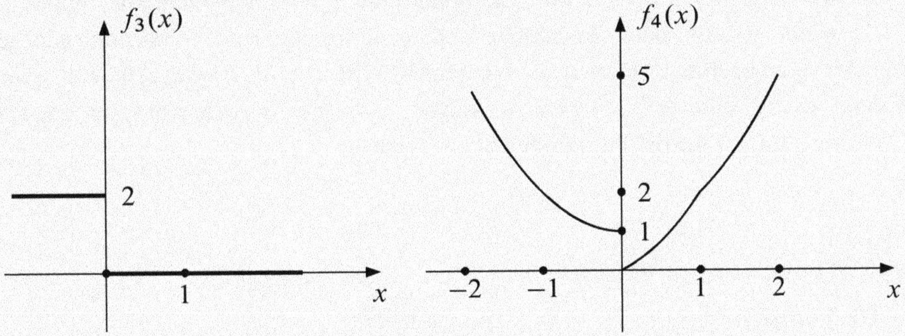

Figur 7.4: Graphen der Funktionen f_3, f_4

Zur Überprüfung der Stetigkeit von f_4 für alle $x_0 \in \langle 0, 1\rangle$ erhalten wir nach Satz 7.11

$$\lim_{x\to x_0} f_4(x) = \lim_{x\to x_0} (x + x^2) = \lim_{x\to x_0} x + \lim_{x\to x_0} x \lim_{x\to x_0} x = x_0 + (x_0)^2 = f_4(x_0)$$

und für alle $x_0 < 0$ bzw. $x_0 > 1$ ebenfalls nach Satz 7.11

$$\lim_{x\to x_0} f_4(x) = \lim_{x\to x_0} (1 + x^2) = \lim_{x\to x_0} 1 + \lim_{x\to x_0} x \lim_{x\to x_0} x = 1 + (x_0)^2 = f_4(x_0).$$

Die Funktion f_4 ist stetig für alle $x \neq 0, 1$. Für $x = 0, 1$ gilt

$$f_4(x) = 1 + x^2 = \begin{cases} 1 & \text{für } x = 0 \\ 2 & \text{für } x = 1 \end{cases}.$$

Wir betrachten Folgen mit $x \searrow 0$

$$\lim_{x\searrow 0} f_4(x) = \lim_{x\searrow 0} (x + x^2) = 0 \neq 1 = f_4(0)\,.$$

Für $x \nearrow 1$ ist

$$\lim_{x\nearrow 1} f_4(x) = \lim_{x\nearrow 1} (x + x^2) = 2 = f_4(1)\,.$$

Damit ist f_4 stetig für $x = 1$ und unstetig für $x = 0$. Insgesamt ist f_4 stetig für alle $x \neq 0$. Dies wird durch den Graphen von f_4 (Figur 7.4) bestätigt.

c) Betrachten wir die Graphen der Funktionen f_2, f_3 (Figur 7.1) aus Beispiel 7.15, so ist f_3 für alle $x \in \mathbb{R}$ stetig, während f_2 für $x = 1$ eine Sprungstelle besitzt, also für $x = 1$ unstetig bzw. für $x \neq 1$ stetig ist.

Wir befassen uns nun u. a. mit den Stetigkeitseigenschaften elementarer Funktionen. In Satz 7.11 wurde gezeigt, dass die Summe und die Differenz, das Produkt und mit gewissen Einschränkungen auch der Quotient konvergenter Folgen in $\mathbb{R}$ konvergent sind, ebenso wie die Folgen $({a_n}^c)$ und (c^{a_n}). Diese Aussagen sind unter Berücksichtigung der Definitionen 7.14 und 7.17 auf stetige Funktionen übertragbar.

Satz 7.19

Seien $f, g\colon D \to \mathbb{R}$ in $D \subseteq \mathbb{R}$ stetige Funktionen. Dann gilt:

a) Die Funktion $f + g\colon D \to \mathbb{R}$ ist stetig in D

b) Die Funktion $f - g\colon D \to \mathbb{R}$ ist stetig in D

c) Die Funktion $fg\colon D \to \mathbb{R}$ ist stetig in D

d) Die Funktion $f/g\colon D \to \mathbb{R}$ ist stetig in D für alle x mit $g(x) \neq 0$

e) Die Funktion h_1 mit $h_1(x) = |f(x)|$ ist stetig in D, ebenso die Funktionen $h_2 = g \circ f$ und $h_3 = f^{-1}$, falls sie existieren

f) Die Potenzfunktion p mit $p(x) = x^a$ $(a \in \mathbb{R})$ ist in ihrem Definitionsbereich stetig (Definition 6.10)

g) Die Exponentialfunktion q mit $q(x) = a^x$ ist in ihrem Definitionsbereich stetig (Definition 6.14), ebenso die Logarithmusfunktion q^{-1} mit $q^{-1}(x) = \log_a x$ (Definition 6.17)

h) Die trigonometrischen Funktionen sind in ihrem Definitionsbereich stetig

Die Beweise zu den Aussagen a) bis d) folgen unmittelbar aus Satz 7.11. Zur Stetigkeit von Potenzfunktionen, Exponential- und Logarithmusfunktionen sowie trigonometrischen Funktionen verweisen wir auf entsprechende Graphen (Figur 6.1, 6.2, 6.3, 6.5, 6.6, 6.8, 6.9).

Damit sind alle behandelten elementaren Funktionen (Kapitel 6) in ihrem Definitionsbereich stetig. Mit f und g sind ferner die zusammengesetzten Funktionen $g \circ f$ und $f \circ g$, die inversen Funktionen f^{-1} und g^{-1} sowie die Betragsfunktionen stetig.

Beispiel 7.20

a) Wir betrachten die Funktionen $g_1, g_2 : \mathbb{R} \to \mathbb{R}$ mit $g_1(x) = x^4, g_2(x) = x^2 - 1$. Wegen der Stetigkeit von f_1, f_2 mit $f_1(x) = 1, f_2(x) = x$ (Beispiel 7.18 a) gilt dies auch für g_1, g_2 mit

$$g_1(x) = (f_2(x))^4, \quad g_2(x) = (f_2(x))^2 - f_1(x) \qquad \text{(Satz 7.19 b, c)}$$

bzw.

$$\begin{array}{lll} g_1 g_2 & \text{mit} & (g_1 g_2)(x) = x^6 - x^4 \quad (x \in \mathbb{R}), \\ \dfrac{g_1}{g_2} & \text{mit} & \dfrac{g_1}{g_2}(x) = \dfrac{x^4}{x^2 - 1} \quad (x \neq \pm 1). \end{array}$$

b) Wir betrachten die Funktionen f_1, f_2, f_3 mit

$$f_1(x) = \sqrt[4]{\frac{1 - x^2}{x}}, \quad f_2(x) = \cos\frac{1}{x} + \tan x, \quad f_3(x) = \ln \sin x.$$

Alle diese Funktionen sind zusammengesetzt aus stetigen Funktionen (Satz 7.19) und damit in ihrem gesamten Definitionsbereich stetig, also:

f_1 für alle $x \in (-\infty, -1] \cup (0, 1]$ (Satz 7.19 b, c, d, f)

f_2 für alle x mit $x \neq 0$ und $\cos x \neq 0$ (Satz 7.19 a, d, e, h)

f_3 für alle x mit $\sin x > 0$ (Satz 7.19 e, g, h)

Im Rahmen der empirischen Ermittlung reeller Funktionen ist es gelegentlich erforderlich, die Funktionsgleichung in einzelnen Intervallen unterschiedlich festzulegen (Beispiel 7.18 b oder alle Treppenfunktionen). Ist dann die Funktion in jedem der Intervalle bei separater Betrachtung stetig, so sind lediglich noch die so genannten **Nahtstellen** auf Stetigkeit zu untersuchen.

Beispiel 7.21

Wir betrachten die Funktion $f : \mathbb{R} \to \mathbb{R}$ mit:

$$f(x) = \begin{cases} e^{x+1} & \text{für } x < -1 \\ \dfrac{2x}{x^2 - 3} & \text{für } -1 \leq x < 1 \\ -\sqrt{x} & \text{für } x = 1 \\ \ln(x + 1) & \text{für } x > 1 \end{cases}$$

Dann ist die Funktion f für $x \in \langle -\infty, -1\rangle \cup \langle -1, 1\rangle \cup \langle 1, \infty\rangle$ stetig.
Wir untersuchen die Funktionen an den Nahtstellen $x = -1, 1$ mit

$$f(-1) = \frac{-2}{1-3} = 1\,, \quad f(1) = -\sqrt{1} = -1\,.$$

Es gilt

$$\lim_{x \nearrow -1} f(x) = \lim_{x \nearrow -1} e^{x+1} = e^0 = 1 = f(-1)\,,$$

$$\lim_{x \nearrow 1} f(x) = \lim_{x \nearrow 1} \frac{2x}{x^2-3} = \frac{2}{-2} = -1 = f(1)\,,$$

$$\lim_{x \searrow 1} f(x) = \lim_{x \searrow 1} (\ln(x+1)) = \ln 2\,, \quad \text{während } f(1) = -1\,.$$

Also ist f für $x = -1$ stetig und für $x = 1$ unstetig.

In der Definition 7.17 zur Stetigkeit einer Funktion an der Stelle x_0 wird ausdrücklich verlangt, dass x_0 zum Definitionsbereich gehört. Es gibt jedoch Funktionen mit $f(x_n) \to f_0$ für $x_n \to x_0$, ohne dass x_0 Element des Definitionsbereichs ist.

Definition 7.22

Eine reelle Funktion $f\colon D \to \mathbb{R}$ mit $x_0 \notin D$ heißt **an der Stelle x_0 stetig fortsetzbar**, wenn es eine Funktion $\tilde{f}\colon D \cup \{x_0\} \to \mathbb{R}$ gibt, die für alle $x \in D$ mit f identisch ist und in x_0 stetig ist, also:

$$\tilde{f}(x) = \begin{cases} f(x) & \text{für alle } x \in D \\ \lim\limits_{x_n \to x_0} f(x_n) & \text{für } x = x_0 \end{cases}$$

Beispiel 7.23

a) Die rationale Funktion f_1 mit $f_1(x) = \frac{x^2-4}{x-2}$ ist zunächst für alle $x \neq 2$ definiert und stetig. Wegen

$$f_1(x) = \frac{(x+2)(x-2)}{(x-2)} = x + 2$$

ist die Funktion f_1 auch für $x = 2$ definierbar und stetig fortsetzbar:

$$\lim_{x \to 2} f_1(x) = \lim_{x \to 2} \frac{(x+2)(x-2)}{(x-2)} = \lim_{x \to 2}(x+2) = 4$$

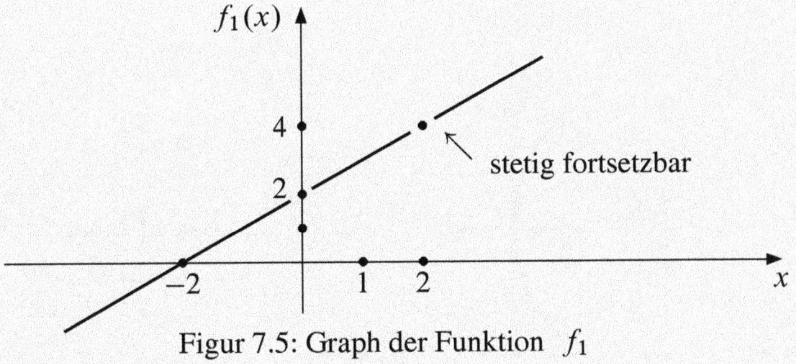

Figur 7.5: Graph der Funktion f_1

b) Die Wurzelfunktion f_2 mit $f_2(x) = \frac{x}{\sqrt[3]{x}}$ ist zunächst für alle $x \neq 0$ definiert und stetig. Wegen

$$f_2(x) = \frac{x}{x^{\frac{1}{3}}} = x^{1-\frac{1}{3}} = x^{\frac{2}{3}} = \sqrt[3]{x^2}$$

ist die Funktion f_2 auch für $x = 0$ definierbar und stetig fortsetzbar:

$$\lim_{x\to 0} f_2(x) = \lim_{x\to 0} \sqrt[3]{x}^2 = 0\,.$$

x	0	1	$\frac{1}{2}$	-1	$-\frac{1}{2}$
$f_2(x)$	0	1	0.63	$+1$	0.63

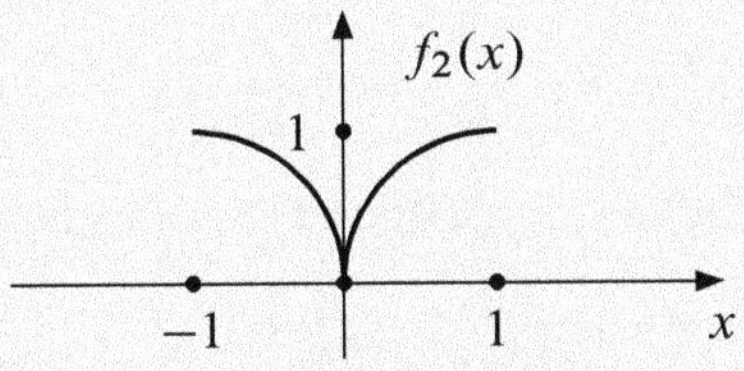

Figur 7.6: Graph der Funktion f_2

c) Die trigonometrische Funktion f_3 mit $f_3(x) = \frac{\sin x}{x}$ ist für alle $x \neq 0$ definiert und stetig mit der Wertetabelle

x	$\frac{\pi}{5}$	$\frac{\pi}{6}$	$\frac{\pi}{12}$	$-\frac{\pi}{12}$	$-\frac{\pi}{6}$
$f_3(x)$	0.9	0.95	0.99	0.99	0.95

.

Zur Überprüfung der stetigen Fortsetzbarkeit für $x = 0$ betrachten wir Figur 7.7.

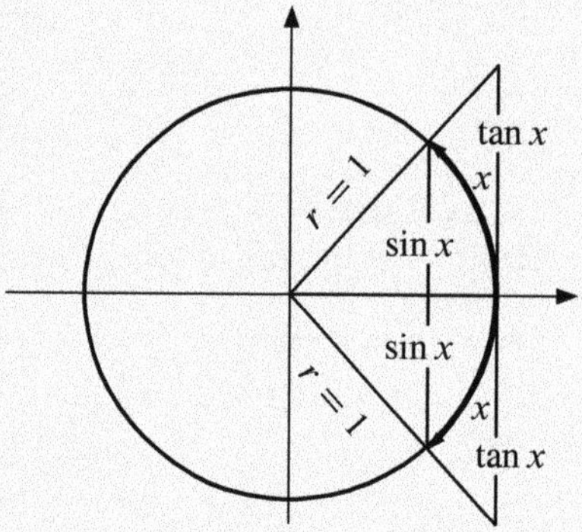

Figur 7.7: Sinus- und Tangensfunktion am Einheitskreis mit $x \in \langle -\frac{\pi}{2}, \frac{\pi}{2} \rangle$

$$x \in \langle 0, \tfrac{\pi}{2} \rangle \quad \Rightarrow 0 < \sin x \leq x \leq \tan x = \frac{\sin x}{\cos x}$$

$$x \in \langle -\tfrac{\pi}{2}, 0 \rangle \Rightarrow 0 > \sin x \geq x \geq \tan x = \frac{\sin x}{\cos x}$$

Für $x \in \langle 0, \frac{\pi}{2} \rangle$ erhält man bei Division durch $\sin x > 0$

$$1 \leq \frac{x}{\sin x} \leq \frac{1}{\cos x} ,$$

für $x \in \langle -\frac{\pi}{2}, 0 \rangle$ bei Division durch $\sin x < 0$

$$1 \leq \frac{x}{\sin x} \leq \frac{1}{\cos x}$$

und damit in beiden Fällen

$$1 \geq \frac{\sin x}{x} \geq \cos x .$$

Aus $\lim\limits_{x \to 0} \cos x = 1$ folgt schließlich $\lim\limits_{x \to 0} \frac{\sin x}{x} = 1$. Damit ist auch f_3 für $x = 0$ definierbar und stetig fortsetzbar.

d) Die rationale Funktion f_4 mit $f_4(x) = \frac{1}{x}$ ist für alle $x \neq 0$ definiert und stetig. Wegen $\lim\limits_{x \searrow 0} \frac{1}{x} = \infty$, $\lim\limits_{x \nearrow 0} \frac{1}{x} = -\infty$ ist f_4 nicht stetig fortsetzbar.

7.4 Zwischenwertsatz

Bei reellen Funktionen, die für die Ökonomie von Bedeutung sind, beispielsweise Gewinn-, Umsatz- oder Kostenfunktionen, interessiert man sich für die Stellen, an denen die Funktion ein Maximum oder ein Minimum annimmt. In diesem Zusammenhang ist zunächst zu klären, wann Maximal- bzw. Minimalwerte überhaupt existieren.

Satz 7.24

Jede in einem abgeschlossenen und beschränkten Intervall stetige Funktion $f\colon [a,b] \to \mathbb{R}$ mit $a < b$ ist beschränkt und nimmt ihr Maximum und ihr Minimum an. Man schreibt gelegentlich

$$\max\{f(x) \colon x \in [a,b]\} = f(x_{\max}) = f_{\max},$$
$$\min\{f(x) \colon x \in [a,b]\} = f(x_{\min}) = f_{\min}.$$

Mit Hilfe der nachfolgenden Grafik kann Satz 7.24 veranschaulicht werden.

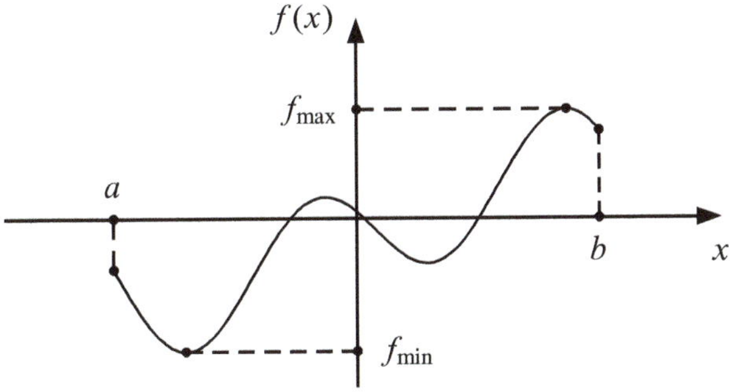

Figur 7.8: $f\colon [a,b] \to \mathbb{R}$ mit f stetig

Zum expliziten Beweis verweisen wir auf [Forster 1, S. 106].

Beispiel 7.25

a) Die Funktion $f_1\colon \langle 0,1\rangle \to \mathbb{R}$ mit $f_1(x) = x^2$ ist im offenen Intervall $\langle 0,1\rangle$ zwar beschränkt wegen $f_1(x) \in \langle 0,1\rangle$, sie besitzt jedoch weder ein Maximum noch ein Minimum. Ersetzt man den Definitionsbereich $\langle 0,1\rangle$ durch $[0,1]$, so gilt

$$\max\{f_1(x) \colon x \in [0,1]\} = 1 \quad \text{für } x = 1,$$
$$\min\{f_1(x) \colon x \in [0,1]\} = 0 \quad \text{für } x = 0.$$

b) Die Funktion $f_2 \colon \mathbb{R}_+ \to \mathbb{R}$ mit $f_2(x) = x^2$ ist unbeschränkt wegen $f_2(x) \to \infty$ für $x \to \infty$. Ferner gilt $\min\{f_2(x) : x \in \mathbb{R}_+\} = 0$ für $x = 0$, ein Maximum existiert nicht.

c) Die Funktion $f_3 \colon [0,1] \to \mathbb{R}$ mit

$$f_3(x) = \begin{cases} \dfrac{1}{x} & \text{für } x \in \langle 0, 1] \\ 1 & \text{für } x = 0 \end{cases}$$

besitzt einen abgeschlossenen und beschränkten Definitionsbereich $[0,1]$, aber sie ist für $x = 0$ unstetig.

Es gilt $\min\{f_3(x) \colon x \in [0,1]\} = 1$ für $x \in \{0, 1\}$, ein Maximum existiert nicht.

Nachdem nun eine auf $[a,b]$ stetige Funktion ihr Maximum und Minimum annimmt, stellt man sich die Frage, ob auch für jeden Wert $y \in [f_{\min}, f_{\max}]$ ein Urbild $x \in [a,b]$ existiert mit $f(x) = y$. Darüber gibt der so genannte **Zwischenwertsatz** Auskunft.

Satz 7.26

Sei $f \colon [a,b] \to \mathbb{R}$ stetig. Dann gilt:

a) Ist $f(a) < 0$, $f(b) > 0$, so existiert ein $x \in \langle a, b\rangle$ mit $f(x) = 0$

b) Ist $f(a) < f(b)$, so existiert für alle $y \in [f(a), f(b)]$ ein $x \in [a,b]$ mit $f(x) = y$

c) Für alle $y \in [f_{\min}, f_{\max}]$ existiert ein $x \in [a,b]$ mit $f(x) = y$

Beweis:

a) Zur Veranschaulichung der Aussage kann wieder Figur 7.8 herangezogen werden. Aus der Stetigkeit von f ergibt sich, dass die Funktion f mit $f(a) < 0$, $f(b) > 0$ für x zwischen a und b mindestens einen Schnittpunkt mit der Abszisse besitzt.

Zum expliziten Beweis verweisen wir auf [Forster 1, S. 102].

b) Für $y = f(a)$ oder $y = f(b)$ ist die Behauptung klar.

Für $y \in \langle f(a), f(b)\rangle$ lässt sich der Beweis mit Hilfe von Satz 7.26 a führen. Setzt man

$$g(a) = f(a) - y < 0\,, \quad g(b) = f(b) - y > 0\,,$$

so erfüllt g die Voraussetzungen von Satz 7.26 a.

Damit existiert ein $x \in \langle a, b\rangle$ mit $g(x) = f(x) - y = 0$, also $f(x) = y$.

c) Für $f_{\min} = f_{\max}$ ist die Behauptung klar.
Für $f_{\min} = f(x_{\min}) < f(x_{\max}) = f_{\max}$ und $y \in \langle f_{\min}, f_{\max} \rangle$ setzen wir entsprechend Satz 7.26 b

$$g(x_{\min}) = f(x_{\min}) - y < 0 \,, \quad g(x_{\max}) = f(x_{\max}) - y > 0 \,.$$

Damit erfüllt g wieder die Voraussetzungen von Satz 7.26 a, und es existiert ein $x \in \langle a, b \rangle$ mit $g(x) = f(x) - y = 0$, also $f(x) = y$.

Der Zwischenwertsatz kann für die c-Stellenbestimmung (Definition 5.19) stetiger reeller Funktionen mit einer Variablen genutzt werden. Ist eine stetige Funktion $f\colon D \to \mathbb{R}$ mit $D \subseteq \mathbb{R}$ und der Wert $c \in \mathbb{R}$ gegeben, so verfährt man folgendermaßen:

1) Man sucht $a, b \in D$ so, dass $f(a) \leq c \leq f(b)$. Gibt es keine Werte a, b mit der angegebenen Eigenschaft, so ist $c \notin [f_{\min}, f_{\max}]$ und die Funktion f besitzt keine c-Stelle.

2) Andernfalls verkleinert man das Intervall $[a, b]$ beispielsweise durch fortgesetzte Halbierung zu $[a_1, b_1]$, $[a_2, b_2]$, ... mit $f(a_k) \leq c \leq f(b_k)$ $(k = 1, 2, \ldots)$, so dass jedes der Intervalle $[a_k, b_k]$ mindestens eine c-Stelle enthält.

3) Das Verfahren bricht entweder nach endlich vielen Schritten ab, oder wir erhalten nach n Schritten für jedes $x \in [a_n, b_n]$ eine näherungsweise c-Stelle, die von einer wahren c-Stelle x_c mit $f(x_c) = c$ um weniger als $b_n - a_n$ abweicht. Für alle $n \in \mathbb{N}$ gilt die Fehlerabschätzung $|x - x_c| < b_n - a_n$. Der Wert $b_n - a_n$ heißt **maximale Abweichung** von x gegenüber x_c.

Beispiel 7.27

a) Wir suchen eine Nullstelle für die Polynome

$$p_1(x) = x^5 + 4x^4 - 3x^3 - 10x^2 + 2x + 1 \,,$$
$$p_2(x) = 2x^4 + 3x^2 + 1$$

mit einer maximalen Abweichung von 0.1:

$$\left.\begin{array}{rl} p_1(0) & = 1 \\ p_1(1) & = -5 \end{array}\right\} \Rightarrow \langle 0, 1 \rangle \quad \text{enthält eine Nullstelle von } p_1$$
$$p_1(0.5) = -0.59375 \Rightarrow \langle 0, 0.5 \rangle \quad \text{enthält eine Nullstelle von } p_1$$
$$p_1(0.2) = 0.98272 \Rightarrow \langle 0.2, 0.5 \rangle \quad \text{enthält eine Nullstelle von } p_1$$
$$p_1(0.4) = 0.12064 \Rightarrow \langle 0.4, 0.5 \rangle \quad \text{enthält eine Nullstelle von } p_1$$

Damit ist jedes $x \in \langle 0.4, 0.5 \rangle$ eine näherungsweise Nullstelle von p_1 mit einer maximalen Abweichung von 0.1. Ferner ist $x = 0.45$ eine näherungsweise Nullstelle mit einer maximalen Abweichung von 0.05.

Das Polynom p_2 nimmt wegen $x^2 \geq 0, x^4 \geq 0$ nur positive Werte an und es gilt $\min\{p_2(x) : x \in \mathbb{R}\} = p_2(0) = 1$.

Damit existiert keine Nullstelle.

b) Die Wurzelfunktion v mit $v(x) = \sqrt{x^2 + x + 1}$ ist für alle $x \in \mathbb{R}$ definiert und stetig. Wir suchen einen x-Wert mit $v(x) = 20$, wobei die maximale Abweichung 0.05 betragen darf.

$$\left.\begin{array}{ll} v(20) & = 20.52 \\ v(19) & = 19.52 \end{array}\right\} \Rightarrow \langle 19, 20\rangle \quad \text{enthält ein } x \text{ mit } v(x) = 20$$

$$v(19.5) = 20.019 \Rightarrow \langle 19, 19.5\rangle \quad \text{enthält ein } x \text{ mit } v(x) = 20$$

$$v(19.4) = 19.92 \Rightarrow \langle 19.4, 19.5\rangle \quad \text{enthält ein } x \text{ mit } v(x) = 20$$

$$v(19.45) = 19.97 \Rightarrow \langle 19.45, 19,5\rangle \quad \text{enthält ein } x \text{ mit } v(x) = 20$$

und der maximalen Abweichung 0.05

c) Die Exponentialfunktion f mit $f(x) = \frac{1}{x}e^{x^2-1}$ ist für alle $x \neq 0$ definiert und stetig. Wir suchen einen x-Wert mit $f(x) = 5$, wobei die maximale Abweichung 0.01 betragen darf.

$$\left.\begin{array}{ll} f(2) & = 10.04 \\ f(1) & = 1 \end{array}\right\} \Rightarrow \langle 1, 2\rangle \quad \text{enthält ein } x \text{ mit } f(x) = 5$$

$$f(1.5) = 2.33 \Rightarrow \langle 1.5, 2\rangle \quad \text{enthält ein } x \text{ mit } f(x) = 5$$

$$f(1.8) = 5.22 \Rightarrow \langle 1.5, 1.8\rangle \quad \text{enthält ein } x \text{ mit } f(x) = 5$$

$$f(1.75) = 4.49 \Rightarrow \langle 1.75, 1.8\rangle \quad \text{enthält ein } x \text{ mit } f(x) = 5$$

$$f(1.78) = 4.91 \Rightarrow \langle 1.78, 1.8\rangle \quad \text{enthält ein } x \text{ mit } f(x) = 5$$

$$f(1.79) = 5.06 \Rightarrow \langle 1.78, 1.79\rangle \quad \text{enthält ein } x \text{ mit } f(x) = 5$$

und der maximalen Abweichung 0.01

8 Differentiation von Funktionen einer Variablen

Wie im Fall stetiger Funktionen (Abschnitt 7.3) erläutern wir den Begriff Differentiation für reelle Funktionen einer Variablen mit Hilfe einer Grafik.

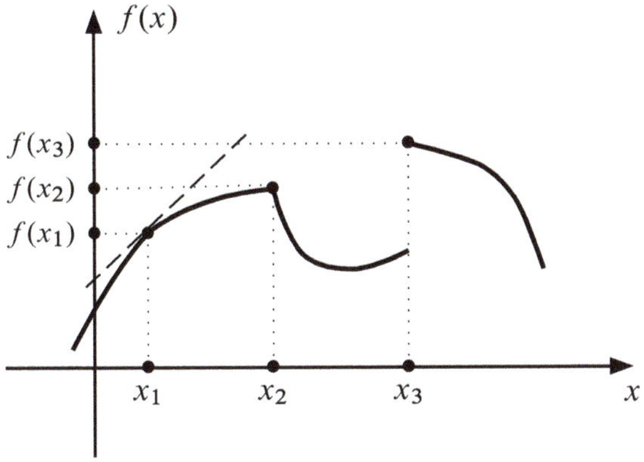

Figur 8.1: Differentiation reeller Funktionen

Betrachten wir dazu die in Figur 8.1 dargestellte Funktion f und konstruieren beispielsweise in einem Punkt x_1 die **Tangente** an f, so ist die Steigung dieser Tangente ein geeignetes Maß für den Anstieg der Funktion f im Punkt x_1. Den berechneten Wert werden wir später als Differentialquotienten der Funktion f an der Stelle x_1 bezeichnen. Während die Tangentenkonstruktion im Punkt x_1 eindeutig möglich erscheint, ist dies im Punkt x_2 bzw. x_3 nicht der Fall. Im Punkt x_2 ist die Funktion f zwar stetig, ein eindeutiger Anstieg oder Differentialquotient existiert jedoch nicht, man spricht auch von einem **Knick** der Funktion. In x_3 stellen wir sogar einen **Sprung** der Funktion fest, die Funktion ist unstetig. Auch hier existiert kein eindeutiger Anstieg.

Für alle Punkte x, in denen eine eindeutige Tangente an die Funktion f existiert, werden wir f als differenzierbar bezeichnen. Demnach ist die in Figur 8.1 dargestellte Funktion für alle $x \neq x_2, x_3$ differenzierbar.

In Abschnitt 8.1 beginnen wir mit dem Differenzenquotienten bei reellen Funktionen einer Variablen und leiten daraus mit Hilfe einer Grenzwertbetrachtung den Differentialquotienten ab. Wir beweisen die elementaren Rechenregeln (Abschnitt 8.2) und stellen schließlich fest, dass fast alle der in Kapitel 6 eingeführten elementaren Funktionen in ihrem gesamten Definitionsbereich differenziert werden können (Abschnitt 8.3).

Da sich durch die Differentiation elementarer Funktionen wieder elementare Funktionen ergeben, können auch diese differenziert werden. In Abschnitt 8.4 werden derartige Differentialquotienten höherer Ordnung behandelt.

Die Frage der Änderung des Funktionsverlaufs in Abhängigkeit der unabhängigen Variablen kann nicht immer mit Differenzen- oder Differentialquotienten sinnvoll beantwortet werden. Daher führen wir in Abschnitt 8.5 Änderungsraten und Elastizitäten ein, die bei ökonomischen Fragestellungen eine große Rolle spielen.

8.1 Differenzenquotient und Differentiation

Wir betrachten den Ausschnitt einer Funktion $f : D \to \mathbb{R}$ mit $D \subseteq \mathbb{R}$ und den entsprechenden Graphen zwischen den Punkten $A = (x_1, f(x_1))$ und $B = (x_2, f(x_2))$.

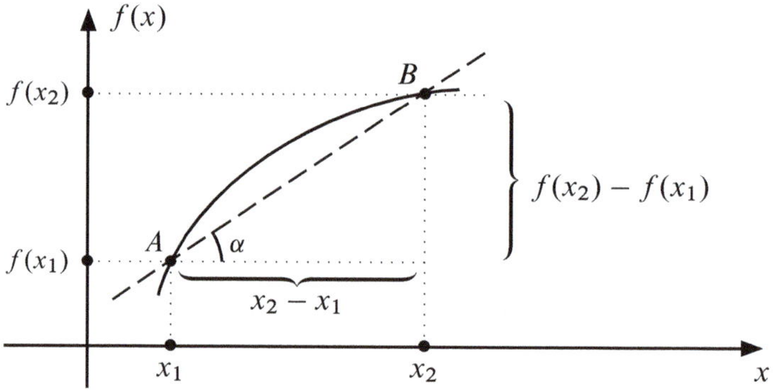

Figur 8.2: Differenzenquotient einer reellen Funktion

Verbindet man Punkt A und Punkt B durch eine Gerade, so hat diese die Steigung $\tan\alpha = \frac{f(x_2)-f(x_1)}{x_2-x_1}$ (Abschnitt 1.6 (1.31), Abschnitt 1.7 (1.36)).

Definition 8.1

Sei $f : D \to \mathbb{R}$, $D \subseteq \mathbb{R}$ eine reelle Funktion. Dann heißt der Ausdruck

$$\frac{f(x_2) - f(x_1)}{x_2 - x_1} = \tan\alpha$$

Differenzenquotient der Funktion f im Intervall $[x_1, x_2] \subseteq D$.

Häufig schreibt man Differenzenquotienten in etwas anderer Form. Ersetzt man x_2 durch $x_1 + \Delta x_1$, so ist $\Delta x_1 = x_2 - x_1$ die **Differenz der unabhängigen Variablen** und $f(x_1 + \Delta x_1) - f(x_1) = f(x_2) - f(x_1)$ die **Differenz der abhängigen Variablen**.

Mit $\Delta f(x_1) = f(x_1 + \Delta x_1) - f(x_1)$ erhalten wir für den **Differenzenquotienten**

$$\frac{f(x_2) - f(x_1)}{x_2 - x_1} = \frac{f(x_1 + \Delta x_1) - f(x_1)}{\Delta x_1} = \frac{\Delta f(x_1)}{\Delta x_1}.$$

Die Differenz $\Delta f(x_1)$ gibt die Änderung der Funktion f bei Veränderung des Wertes x_1 um Δx_1 an. Der Differenzenquotient ist damit ein Maß für die „mittlere Steigung" der Funktion zwischen den Werten x_1 und $x_2 = x_1 + \Delta x_1$.

Dieser Differenzenquotient $\frac{\Delta f(x_1)}{\Delta x_1}$ nähert sich für $\Delta x_1 \to 0$ der Steigung der Tangente an die Funktion f im Punkt $A = (x_1, f(x_1))$ (Figur 8.3).

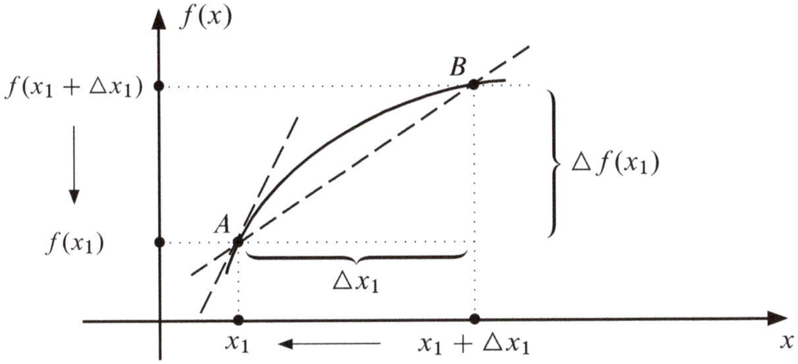

Figur 8.3: Differentialquotient einer reellen Funktion

Wir betrachten in diesem Fall den Grenzwert $\lim\limits_{\Delta x_1 \to 0} \frac{\Delta f(x_1)}{\Delta x_1}$.

Definition 8.2

Eine reelle Funktion $f : D \to \mathbb{R}$, $D \subseteq \mathbb{R}$ heißt an der Stelle $x_1 \in D$ **differenzierbar**, wenn der Grenzwert $\lim\limits_{\Delta x_1 \to 0} \frac{\Delta f(x_1)}{\Delta x_1}$ existiert.

Gegebenenfalls bezeichnet man

$$\lim_{\Delta x_1 \to 0} \frac{\Delta f(x_1)}{\Delta x_1} = \lim_{\Delta x_1 \to 0} \frac{f(x_1 + \Delta x_1) - f(x_1)}{\Delta x_1} = \frac{df(x_1)}{dx_1} = f'(x_1)$$

als den **Differentialquotienten**, die **erste Ableitung** oder die **Steigung** der Funktion f an der Stelle x_1.

Der Begriff des Differentialquotienten wurde von **G. W. Leibniz** (1646–1716) und unabhängig davon von **I. Newton** (1643–1727) diskutiert.

Mit Hilfe des Differenzen- bzw. des Differentialquotienten kann man nun auch die Gleichungen der Geraden durch A und B sowie der Tangente an die Funktion in A darstellen (Figur 8.3).

Mit $A = (x_1,\ f(x_1))$ und $B = (x_1 + \triangle x_1,\ f(x_1 + \triangle x_1))$ gilt:

$$g(x) = f(x_1) + \frac{\triangle f(x_1)}{\triangle x_1}(x - x_1) \quad \text{für die Gerade durch } A \text{ und } B$$

$$h(x) = f(x_1) + f'(x_1)(x - x_1) \quad \text{für die Tangente in } A$$

Definition 8.3

Eine reelle Funktion $f : D \to \mathbb{R}$ heißt in $D_1 \subseteq D \subseteq \mathbb{R}$ **differenzierbar**, wenn f für alle $x \in D_1$ differenzierbar ist.

Damit ist auch f' eine reelle Funktion, die für alle $x \in D_1$ definiert und möglicherweise differenzierbar ist.

Wir leiten nun zunächst den Differentialquotienten einer sehr einfachen Funktion mit Hilfe von Definition 8.2 ab.

Satz 8.4

Gegeben sei die reelle Funktion $f : \mathbb{R} \to \mathbb{R}$ mit $f(x) = x^n$ $(n = 0, 1, 2, \ldots)$.
Dann gilt $f'(x) = nx^{n-1}$ für alle $x \in \mathbb{R}$.

Beweis:

$$f(x) = x^0 = 1 \quad \Rightarrow f'(x) = 0$$

$$f(x) = x^n \ (n \in \mathbb{N}) \quad \Rightarrow f'(x) = \lim_{\Delta x \to 0} \frac{f(x + \Delta x) - f(x)}{\Delta x} = \lim_{\Delta x \to 0} \frac{(x + \Delta x)^n - x^n}{(x + \Delta x) - x}$$

$$= \lim_{\Delta x \to 0} \left[(x + \Delta x)^{n-1} + x(x + \Delta x)^{n-2} + \ldots + x^{n-1}\right] = nx^{n-1}$$

Dabei wird folgende Formel benutzt:

$$\frac{a^n - b^n}{a - b} = a^{n-1} + a^{n-2}b + \ldots + ab^{n-2} + b^{n-1} \quad \text{für alle } a, b \in \mathbb{R} \qquad \text{(Abschnitt 1.9)}$$

Daraus folgt beispielsweise:

$$f(x) = x \quad \Rightarrow \quad f'(x) = 1$$

$$f(x) = x^2 \quad \Rightarrow \quad f'(x) = 2x$$

Zwischen der Differenzierbarkeit einer Funktion und der Stetigkeit besteht nun folgender Zusammenhang.

Satz 8.5

Sei $f : D \to \mathbb{R}, D \subseteq \mathbb{R}$ eine reelle Funktion.

Ist f im Punkt $x \in D$ differenzierbar, so ist f in x auch stetig.

Beweis:

$$\begin{aligned}
&\lim_{\triangle x \to 0} \tfrac{f(x+\triangle x)-f(x)}{\triangle x} = f'(x) \quad \text{für } x \in D \\
\Rightarrow\ &\lim_{\triangle x \to 0} f(x+\triangle x) - f(x) = \lim_{\triangle x \to 0} \tfrac{f(x+\triangle x)-f(x)}{\triangle x} \triangle x = f'(x) \cdot 0 = 0 \\
\Rightarrow\ &\lim_{\triangle x \to 0} f(x+\triangle x) = f(x) = f\Big(\lim_{\triangle x \to 0} (x+\triangle x)\Big) \\
\Rightarrow\ &f \text{ ist in } x \text{ stetig} \qquad \text{(Definition 7.17)}
\end{aligned}$$

Die Umkehrung des Satzes 8.5 gilt nicht.

Beispiel 8.6

a) Wir betrachten die reelle Funktion f mit $f(x) = |x|$, die für alle $x \in \mathbb{R}$ stetig ist (Satz 7.19 e).

Andererseits gilt für $x = 0$ (Figur 8.4):

$$\lim_{\triangle x \searrow 0} \frac{f(\triangle x) - f(0)}{\triangle x} = \lim_{\triangle x \searrow 0} \frac{|\triangle x|}{\triangle x} = 1$$

$$\lim_{\triangle x \nearrow 0} \frac{f(\triangle x) - f(0)}{\triangle x} = \lim_{\triangle x \nearrow 0} \frac{|\triangle x|}{\triangle x} = -1$$

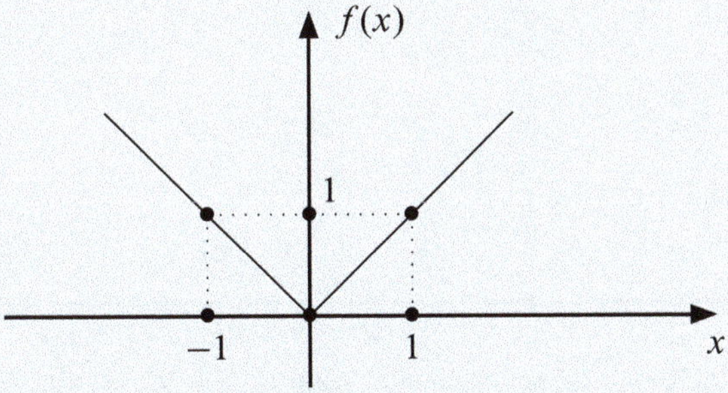

Figur 8.4: Graph der Funktion f mit $f(x) = |x|$

Die Funktion f mit $f(x) = |x|$ ist im Punkt $x = 0$ nicht differenzierbar.

b) Der Wochenlohn eines Facharbeiters hängt ab von der geleisteten Arbeitsstundenzahl x. Unabhängig von der Anzahl der Stunden erhält der erste Arbeiter Euro 30,– pro Stunde, der zweite Arbeiter Euro 29,– pro Stunde für $x \leq 36$ und Euro 50,– für

jede weitere Stunde bzw. der dritte Arbeiter Euro 25,– pro Stunde für $x \leq 36$ und Euro 35,– pro Stunde, falls er mehr als 36 Stunden arbeitet.
Wir erhalten die reellen Lohnfunktionen $f_1, f_2, f_3 : \mathbb{R}_+ \to \mathbb{R}_+$ mit

$$f_1(x) = 30x\,,$$

$$f_2(x) = \begin{cases} 29x & \text{für } x \leq 36 \\ 1044 + 50(x-36) & \text{für } x > 36 \end{cases},$$

$$f_3(x) = \begin{cases} 25x & \text{für } x \leq 36 \\ 35x & \text{für } x > 36 \end{cases},$$

deren Graphen wir in Figur 8.5 für $x \in [30, 40]$ darstellen.

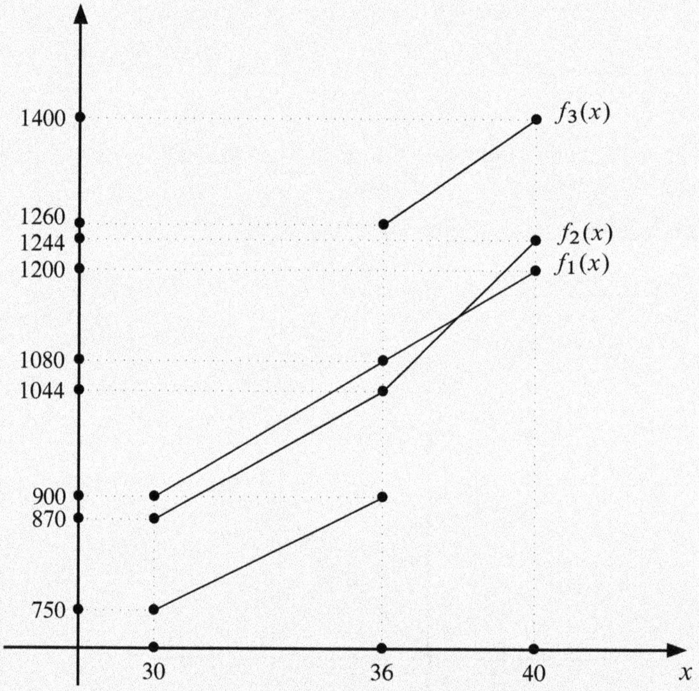

Figur 8.5: Graphen der Lohnfunktionen f_1, f_2, f_3

Die Funktion f_1 ist eine Gerade und damit stetig und differenzierbar. Die Funktion f_2 besteht aus zwei Geradenstücken, sie hat für $x = 36$ einen Knick und ist stetig, jedoch für $x = 36$ nicht differenzierbar. Auch die Funktion f_3 besteht aus zwei Geradenstücken mit einer Sprungstelle für $x = 36$ und ist daher weder stetig noch differenzierbar in $x = 36$.

Jede differenzierbare Funktion ist also stetig, d. h., jede nicht stetige Funktion kann auch nicht differenzierbar sein. Im Fall eines **Knicks** im Graphen einer Funktion geht die Differenzierbarkeit, im Fall eines **Sprungs** die Stetigkeit und Differenzierbarkeit der Funktion in dem entsprechenden Punkt verloren.

8.2 Differentiationsregeln

Um die Differenzierbarkeit von Polynomen und rationalen Funktionen zu erhalten, zeigen wir, dass für zwei differenzierbare Funktionen f und g auch deren Summe, Differenz, Produkt und mit gewissen Einschränkungen auch deren Quotient differenzierbar sind. Wir erhalten die **Summen-** und **Differenzenregel** sowie die **Produkt-** und die **Quotientenregel** für Differentialquotienten.

Satz 8.7

Die reellen Funktionen f und g seien in $x \in \mathbb{R}$ differenzierbar. Dann sind auch die reellen Funktionen $f+g, f-g, f \cdot g$ sowie für $g(x) \neq 0$ auch $\frac{f}{g}$ in $x \in \mathbb{R}$ differenzierbar und es gilt:

a) $(f+g)'(x) = f'(x) + g'(x)\,, \quad (f-g)'(x) = f'(x) - g'(x)$

b) $(f \cdot g)'(x) = f'(x)g(x) + f(x)g'(x)\,, \quad (c \cdot f)'(x) = cf'(x)$ für $c \in \mathbb{R}$

c) $\left(\frac{f}{g}\right)'(x) = \frac{f'(x)g(x) - f(x)g'(x)}{(g(x))^2}$

Der Beweis aller Teilaussagen basiert auf der Definition der Differentialquotienten (Definition 8.2) sowie den elementaren Rechenregeln für Grenzwerte (Satz 7.11).

Beispiel 8.8

Wir betrachten die Funktionen f_1, f_2 mit

$$f_1(x) = x^3 - 2x^2 + 3x + 1\,, \qquad f_2(x) = 2x^2 + 1\,.$$

Dann sind die Funktionen f_1, f_2, $f_1 + f_2$, $f_1 - f_2$, $f_1 \cdot f_2$, $\frac{f_1}{f_2}$ für alle $x \in \mathbb{R}$ differenzierbar:

$$
\begin{aligned}
f_1'(x) &= 3x^2 - 4x + 3 \\
f_2'(x) &= 4x \\
(f_1 + f_2)'(x) &= 3x^2 - 4x + 3 + 4x = 3x^2 + 3 \\
(f_1 - f_2)'(x) &= 3x^2 - 8x + 3 \\
(f_1 \cdot f_2)'(x) &= (3x^2 - 4x + 3)(2x^2 + 1) + (x^3 - 2x^2 + 3x + 1)4x \\
&= 10x^4 - 16x^3 + 21x^2 + 3 \\
\left(\frac{f_1}{f_2}\right)'(x) &= \frac{(3x^2 - 4x + 3)(2x^2 + 1) - (x^3 - 2x^2 + 3x + 1)4x}{(2x^2 + 1)^2} \\
&= \frac{2x^4 - 3x^2 - 8x + 3}{4x^4 + 4x^2 + 1}
\end{aligned}
$$

Um kompliziertere Funktionen differenzieren zu können, benötigen wir Aussagen zur Differentiation von zusammengesetzten Funktionen $g \circ f$ und erhalten die **Kettenregel**. Gibt es zu einer differenzierbaren Funktion f auch deren Umkehrfunktion f^{-1} (Definition 5.15), so ist auch f^{-1} in ihrem Definitionsbereich differenzierbar.

Satz 8.9

Gegeben seien die reellen, stetigen Funktionen f und g.

a) Ist f in x und g in $y = f(x)$ differenzierbar, dann ist auch die zusammengesetzte Funktion $g \circ f$ in x differenzierbar und es gilt:

$$(g \circ f)'(x) = g'(f(x))f'(x)$$

b) Ist f im Definitionsbereich streng monoton und in x differenzierbar mit $f'(x) \neq 0$, dann ist die Umkehrfunktion f^{-1} differenzierbar in $y = f(x)$ und es gilt:

$$f^{-1'}(y) = \frac{1}{f'(x)} = \frac{1}{f'(f^{-1}(y))}$$

Beweis:

Zum Beweis von a) nutzt man die Identität

$$\frac{g(f(x+\Delta x))-g(f(x))}{\Delta x}=\frac{[g(f(x+\Delta x))-g(f(x))]\,[f(x+\Delta x)-f(x)]}{\Delta x\quad(f(x+\Delta x)-f(x))}$$

und erhält mit Hilfe der Rechenregeln für Grenzwerte (Satz 7.11) die Behauptung.

Der Beweis von b) ergibt sich aus a) und $y=f(x)\iff f^{-1}(y)=x$ wegen

$$\begin{aligned}(f^{-1}\circ f)(x)=f^{-1}(f(x))=x &\Rightarrow (f^{-1}\circ f)'(x)=f^{-1\prime}(f(x))f'(x)=1\\ &\Rightarrow f^{-1\prime}(f(x))=f^{-1\prime}(y)=\frac{1}{f'(x)}=\frac{1}{f'(f^{-1}(y))}\,.\end{aligned}$$

Beispiel 8.10

a) Zur Funktion $f:\mathbb{R}_+\to\mathbb{R}_+$ mit $y=f(x)=x^n$ $(n\in\mathbb{N})$ existiert die Umkehrfunktion f^{-1} mit $x=f^{-1}(y)=\sqrt[n]{y}=y^{\frac{1}{n}}$. Nach Satz 8.9 b gilt:

$$f^{-1\prime}(y)=\frac{1}{f'(x)}=\frac{1}{nx^{n-1}}=\frac{1}{n\sqrt[n]{y^{n-1}}}=\frac{1}{n}y^{-\frac{n-1}{n}}=\frac{1}{n}y^{\frac{1}{n}-1}$$

Damit können wir Wurzelfunktionen differenzieren, zum Beispiel:

$$g_1(x)=x^{\frac{1}{2}}=\sqrt{x}\;\Rightarrow\;g_1'(x)=\frac{1}{2}x^{\frac{1}{2}-1}=\frac{1}{2\sqrt{x}}$$

$$g_2(x)=x^{\frac{1}{3}}=\sqrt[3]{x}\;\Rightarrow\;g_2'(x)=\frac{1}{3}x^{\frac{1}{3}-1}=\frac{1}{3\sqrt[3]{x^2}}$$

b) Wir betrachten die Funktion h mit $h(x)=\sqrt{x^2+2x-3}$. Dann ist h für alle x mit $x^2+2x-3=(x-1)(x+3)>0$, also für alle $x<-3$ oder $x>1$ definiert und differenzierbar. Zur Differentiation ist die Kettenregel anzuwenden.

Wir substituieren gemäß Satz 8.9 a:

$$y=f(x)=x^2+2x-3\,,\quad g(y)=\sqrt{y}$$

$$\Rightarrow h(x)=\sqrt{x^2+2x-3}=\sqrt{f(x)}=g\,(f(x))=(g\circ f)(x)$$

$$\begin{aligned}\Rightarrow h'(x)&=(g\circ f)'(x)=g'\,(f(x))\,f'(x)\\&=\frac{1\cdot f'(x)}{2\sqrt{f(x)}}=\frac{2x+2}{2\sqrt{x^2+2x-3}}=\frac{x+1}{\sqrt{x^2+2x-3}}\end{aligned}$$

8.3 Differentialquotienten elementarer Funktionen

Offenbar folgt aus den Sätzen 8.7, 8.9, dass alle Polynome, rationale Funktionen und Potenzfunktionen mit rationalen Exponenten in ihrem Definitionsbereich differenzierbar sind. Dies wird in den Beispielen 8.8 und 8.10 exemplarisch klar. Im Folgenden konzentrieren wir uns auf die wichtigsten transzendenten Funktionen, nämlich Logarithmus- und Exponentialfunktionen sowie trigonometrische Funktionen.

Satz 8.11

Sei f eine reelle Funktion und $a > 0,\ b \in \mathbb{R}$.

Dann gilt:

a) $f(x) = \ln x \quad (x > 0) \quad \Rightarrow \quad f'(x) = \frac{1}{x}$

b) $f(x) = \log_a x \quad (x > 0) \quad \Rightarrow \quad f'(x) = \frac{1}{x \ln a}$

c) $f(x) = e^x \quad (x \in \mathbb{R}) \quad \Rightarrow \quad f'(x) = e^x$

d) $f(x) = a^x \quad (x \in \mathbb{R}) \quad \Rightarrow \quad f'(x) = a^x \ln a$

e) $f(x) = x^b \quad (x > 0) \quad \Rightarrow \quad f'(x) = bx^{b-1}$

f) $f(x) = \sin x \quad (x \in \mathbb{R}) \quad \Rightarrow \quad f'(x) = \cos x$

g) $f(x) = \cos x \quad (x \in \mathbb{R}) \quad \Rightarrow \quad f'(x) = -\sin x$

Beweis:

a) Mit 6.18b sowie Satz 7.13 gilt die Umformung

$$\frac{\ln(x + \Delta x) - \ln x}{\Delta x} = \frac{1}{\Delta x} \ln \frac{x + \Delta x}{x} = \frac{1}{x} \frac{x}{\Delta x} \ln \frac{x + \Delta x}{x} = \frac{1}{x} \ln \left(1 + \frac{\Delta x}{x}\right)^{\frac{x}{\Delta x}}.$$

Für $\Delta x \to 0$ bzw. $\frac{x}{\Delta x} = n \to \infty$ erhält man

$$\frac{1}{x} \ln \left(\lim_{n \to \infty} \left(1 + \frac{1}{n}\right)^n \right) = \frac{1}{x} \ln e = \frac{1}{x} \qquad \text{(Satz 7.13)}$$

b) $f(x) = \log_a x = \dfrac{\ln x}{\ln a}$ (Satz 6.20 b)

$$\Rightarrow \quad f'(x) = \frac{1}{\ln a} (\ln x)' = \frac{1}{x \ln a} \qquad \text{(Satz 8.7 b, 8.11 a)}$$

c) d) f mit $f(x) = a^x$ ist Umkehrfunktion von g mit $g(x) = \log_a x$:

$$y = f(x) = a^x \quad \Longleftrightarrow \quad x = g(y) = \log_a y \qquad \text{(Definition 6.17)}$$

$$\Rightarrow \quad f'(x) = \frac{1}{g'(y)} = \frac{1}{1/(y \ln a)} = y \ln a = a^x \ln a \qquad \text{(Satz 8.9 b, 8.11 b)}$$

Für $a = e$ gilt speziell $f'(x) = e^x \ln e = e^x = f(x)$.
Die erste Ableitung der Exponentialfunktion zur Basis e stimmt mit der Exponentialfunktion für alle $x \in \mathbb{R}$ überein.

e) Es gilt die Gleichung:

$$x^b = e^{\ln x^b} = e^{b \ln x} \qquad \text{(Definition 6.17)}$$

$$\Rightarrow \; (x^b)' = \left(e^{b \ln x}\right)' = e^{b \ln x}\left(\frac{b}{x}\right) = x^b \frac{b}{x} = bx^{b-1} \qquad \text{(Satz 8.9 a, 8.11 a)}$$

Für die Beweise von f) und g) benötigt man einige Rechenregeln für trigonometrische Funktionen (Satz 6.22) sowie die Konvergenz von $\frac{\sin x}{x} \to 1$ für $x = 0$ (Beispiel 7.23 c).

Damit sind auch alle in Kapitel 6 eingeführten transzendenten Funktionen in ihrem gesamten Definitionsbereich differenzierbar. Mit Hilfe der Sätze 8.4, 8.7, 8.9 und 8.11 können wir nun komplizierte Differentialquotienten berechnen.

Beispiel 8.12

a) Die reelle Funktion f mit

$$f(x) = xe^x \sin\frac{1}{x+1} + \sqrt{x^2+1}\,\ln\left(\frac{2x+3}{x}\right)$$

ist für alle x mit $x \neq -1$ und $\dfrac{2x+3}{x} = 2 + \dfrac{3}{x} > 0$ definiert und differenzierbar, also für $x > 0$ oder $x < -1.5$.

$$\begin{aligned} f'(x) &= e^x \sin\frac{1}{x+1} + xe^x \sin\frac{1}{x+1} + xe^x \cos\frac{1}{x+1}\left(-\frac{1}{(x+1)^2}\right) \\ &\quad + \frac{2x}{2\sqrt{x^2+1}}\ln\left(\frac{2x+3}{x}\right) + \sqrt{x^2+1}\,\frac{x}{2x+3}\left(\frac{2x-2x-3}{x^2}\right) \\ &= (1+x)e^x \sin\frac{1}{1+x} - \frac{xe^x}{(x+1)^2}\cos\frac{1}{x+1} \\ &\quad + \frac{x}{\sqrt{x^2+1}}\ln\left(\frac{2x+3}{x}\right) - \frac{3\sqrt{x^2+1}}{x(2x+3)} \end{aligned}$$

b) Für eine Einproduktunternehmung U gelte:

der Preis $p > 0$

die Nachfrage $f(p) = a + bp^{-c}$ (mit $a, b, c > 0$)

der Umsatz $u(p) = f(p)p = ap + bp^{1-c}$

Die Steigung des Umsatzes für den Preis p ist

$$u'(p) = a + b(1-c)p^{-c}$$

und heißt **Grenzumsatz** für den Preis p. Die Graphen der Funktionen f, u und u' für $a = 2$, $b = 1$, $c = 0.5$ sind in Figur 8.6 dargestellt.

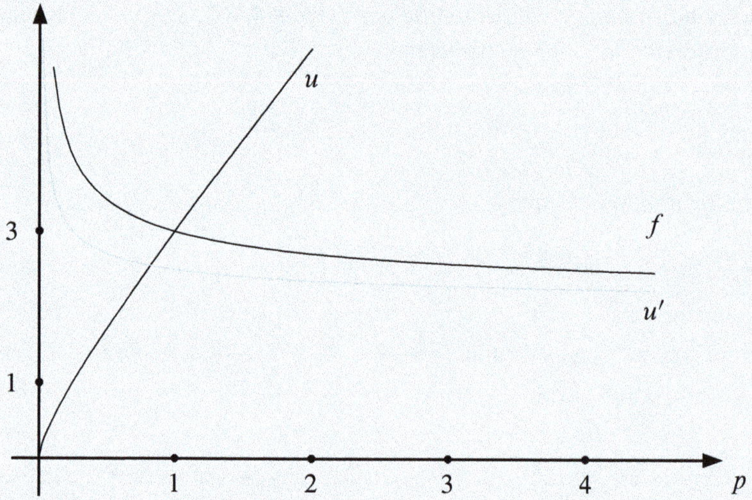

Figur 8.6: Graphen der Funktionen f, u und u' mit
$f(p) = 2 + \frac{1}{\sqrt{p}}$, $u(p) = 2p + \sqrt{p}$, $u'(p) = 2 + \frac{1}{2\sqrt{p}}$

c) Betrachtet man den Absatz eines Produktes in Abhängigkeit der Zeit $t \geq 0$, so nimmt man mittel- bis langfristig gelegentlich die folgende **logistische Beziehung** an:

$$f(t) = a(1 + be^{-ct})^{-1} \quad \text{mit} \quad a, b, c > 0$$

Dabei ist $f(t) > 0$ der bis zum Zeitpunkt t getätigte kumulierte Absatz. Wir erhalten mit der ersten Ableitung

$$f'(t) = -a(1 + be^{-ct})^{-2}(-bce^{-ct}) = \frac{abce^{-ct}}{(1 + be^{-ct})^2}$$

den Zuwachs für den kumulierten Absatz zu jedem beliebigen Zeitpunkt t, also den Produktabsatz zum Zeitpunkt t. Dieser ist stets positiv.

Ferner gilt mit Satz 7.11:

$$\lim_{t\to\infty} f(t) = \lim_{t\to\infty} \frac{a}{1+be^{-ct}} = \frac{a}{\lim\limits_{t\to\infty}(1+be^{-ct})} = \frac{a}{1+b\lim\limits_{t\to\infty} e^{-ct}} = a$$

Die Konstante a kann als obere Grenze oder als Sättigungswert für den kumulierten Absatz interpretiert werden.

Entsprechend ist

$$f(0) = \frac{a}{1+be^0} = \frac{a}{1+b} \quad \text{bzw.} \quad 1+b = \frac{a}{f(0)}\,.$$

Die Konstante $1+b$ ist der Quotient aus dem Sättigungswert und dem bis $t=0$ registrierten kumulierten Absatz $f(0) > 0$ als Startwert. Für $f(0) = 0 = \frac{a}{1+b}$ ist dieses Modell nicht sinnvoll. Wegen

$$a - f(t) = a - \frac{a}{1+be^{-ct}} = \frac{a(1+be^{-ct}) - a}{1+be^{-ct}} = \frac{abe^{-ct}}{1+be^{-ct}}$$

erhalten wir

$$\frac{c}{a} f(t)\,(a - f(t)) = \frac{c}{a}\,\frac{a^2be^{-ct}}{(1+be^{-ct})^2} = \frac{abce^{-ct}}{(1+be^{-ct})^2} = f'(t)\,.$$

Der zum Zeitpunkt t getätigte Absatz $f'(t)$ ist proportional zum kumulierten Absatz $f(t)$ und dem nicht ausgeschöpften Absatzpotential $a - f(t)$. Für $a = 1$ und damit $f(t) < 1$ ist die Konstante c der entsprechende Proportionalitätsfaktor.

Damit haben wir für alle Modellkonstanten $a,\ b,\ c > 0$ eine ökonomisch sinnvolle Interpretation gefunden. Abschließend skizzieren wir die Graphen der Funktionen f und f' mit $a = 100,\ b = 9,\ c = 1,$ also

$$f(t) = \frac{100}{1+9e^{-t}}\,, \quad f(0) = 10\,, \quad f'(t) = \frac{900e^{-t}}{(1+9e^{-t})^2}\,.$$

Mit der Wertetabelle

t	0	1	2	3	4	5	6
$f(t)$	10	23.2	45.1	69.1	85.8	94.3	97.8
$f'(t)$	9	17.8	24.8	21.4	12.1	5.4	2.1

erhalten wir die in Figur 8.7 dargestellten Graphen.

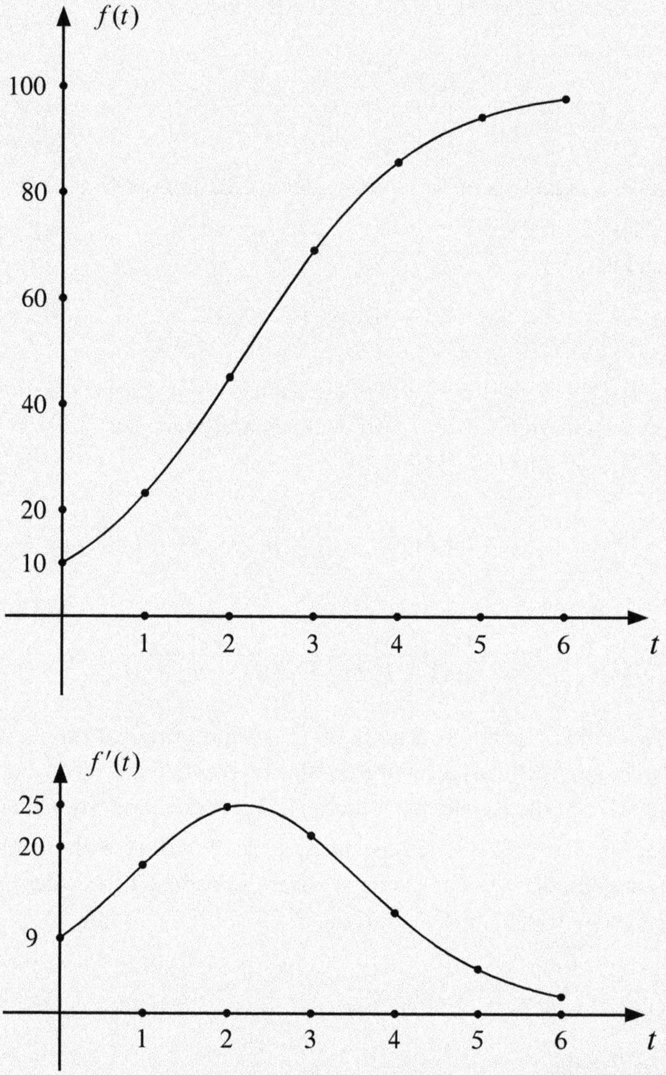

Figur 8.7: Graphen der logistischen Funktion f und ihrer Ableitung f'

8.4 Differentialquotienten höherer Ordnung

Ist nun eine Funktion f in $D_1 \subseteq \mathbb{R}$ differenzierbar (Definition 8.3), so ist der Differentialquotient f' ebenfalls eine reelle Funktion, die auf $D_1 \subseteq \mathbb{R}$ definiert ist. Ist f' wieder differenzierbar, so kommt man zu höheren Ableitungen.

Definition 8.13

Sei $f: D \to \mathbb{R}$ in $D \subseteq \mathbb{R}$ differenzierbar.
Ist der Differentialquotient $f': D \to \mathbb{R}$ in $x \in D$ differenzierbar, so heißt

$$\frac{df'(x)}{dx} = \frac{d^2 f(x)}{(dx)^2} = f''(x)$$

die **zweite Ableitung** oder der **Differentialquotient zweiter Ordnung** von f in $x \in D$.
Entsprechend schreibt man für $n = 2, 3, \ldots$

$$\frac{d}{dx}\left(f^{(n-1)}(x)\right) = \frac{d}{dx}\left(\frac{d^{n-1} f(x)}{(dx)^{n-1}}\right) = \frac{d^n f(x)}{(dx)^n} = f^{(n)}(x)$$

und bezeichnet $f^{(n)}(x)$ als die **n-te Ableitung** von f in $x \in D$.
Die Funktion f heißt **n-mal differenzierbar** in D, wenn f in jedem Punkt $x \in D$ n-mal differenzierbar ist.
Die Funktion f heißt **n-mal stetig differenzierbar** in D, wenn f n-mal differenzierbar in D und $f^{(n)}$ stetig in D ist.

Beispiel 8.14

Wir betrachten die Funktionen f_1, f_2, f_3, f_4 mit

$$f_1(x) = x^3 - 3x^2 + 4x - 1\,, \quad f_2(x) = e^{2x}\,, \quad f_3(x) = \ln x\,, \quad f_4(x) = \sin x\,.$$

Dann ist:

$$\begin{aligned}
f_1'(x) &= 3x^2 - 6x + 4\,, & f_1''(x) &= 6x - 6\,, \quad f_1'''(x) = 6\,, \\
& & f_1^{(n)}(x) &= 0 \quad \text{für} \quad n = 4, 5, \ldots \\
f_2'(x) &= 2e^{2x}\,, & f_2''(x) &= 4e^{2x}\,, \\
& & f_2^{(n)}(x) &= 2^n e^{2x} \quad \text{für} \quad n = 1, 2, \ldots \\
f_3'(x) &= \frac{1}{x}\,, & f_3''(x) &= -\frac{1}{x^2}\,, \quad f_3'''(x) = \frac{2}{x^3}\,, \\
& & f_3^{(n)}(x) &= (-1)^{n-1}\frac{(n-1)!}{x^n} \quad \text{für} \quad n = 1, 2, \ldots
\end{aligned}$$

$$f_4'(x) = \cos x\,, \qquad f_4''(x) = -\sin x\,,$$

$$f_4{}^{(2n)}(x) = (-1)^n \sin x \quad \text{für} \quad n = 1, 2, \ldots$$

$$f_4{}^{(2n+1)}(x) = (-1)^n \cos x \quad \text{für} \quad n = 0, 1, 2, \ldots$$

Wir betrachten nun Grenzwerte der Form $\lim\limits_{x\to x_0} \frac{f(x)}{g(x)}$ mit $f(x_0) = g(x_0) = 0$. Je nach der Gestalt von f und g kann dieser Grenzwert sehr unterschiedlich ausfallen. Derartige **unbestimmte Ausdrücke** der Form $\frac{0}{0}$ wurden bereits im Rahmen der stetigen Fortsetzbarkeit reeller Funktionen (Definition 7.22) diskutiert. In Beispiel 7.23 erhielten wir:

$$\lim_{x\to 2} \frac{x^2-4}{x-2} = \lim_{x\to 2}(x+2) = 4\,, \qquad \lim_{x\to 0} \frac{x}{\sqrt[3]{x}} = \lim_{x\to 0} \sqrt[3]{x^2} = 0\,, \qquad \lim_{x\to 0} \frac{\sin x}{x} = 1\,.$$

Diese Ergebnisse erhält man auch mit Hilfe der Differentialrechnung.

Satz 8.15

Die Funktionen $f, g : [a, b] \to \mathbb{R}$ seien in $\langle a, b\rangle$ differenzierbar mit

$$g'(x) \neq 0 \text{ für alle } x \in \langle a, b\rangle\,.$$

Ferner existiere ein $x_0 \in \langle a, b\rangle$ mit

$$f(x_0) = g(x_0) = 0 \text{ und } \lim_{x\to x_0} \frac{f'(x)}{g'(x)} = \frac{f'(x_0)}{g'(x_0)} = c\,.$$

Dann gilt auch $\lim\limits_{x\to x_0} \dfrac{f(x)}{g(x)} = c.$

Diese Aussage geht auf **G. F. A. de l'Hospital** (1661–1704) zurück.

Beweis:

$$f(x_0) = g(x_0) = 0$$

$$\Rightarrow \lim_{x\to x_0} \frac{f(x)}{g(x)} = \lim_{x\to x_0} \frac{f(x)-f(x_0)}{g(x)-g(x_0)} = \lim_{x\to x_0} \frac{\frac{f(x)-f(x_0)}{x-x_0}}{\frac{g(x)-g(x_0)}{x-x_0}}$$

$$= \frac{\lim\limits_{x\to x_0} \frac{f(x)-f(x_0)}{x-x_0}}{\lim\limits_{x\to x_0} \frac{g(x)-g(x_0)}{x-x_0}} = \frac{f'(x_0)}{g'(x_0)} = c$$

Beispiel 8.16

a) Wir betrachten die in Beispiel 7.23 angegebenen Funktionen mit

$$f_1(x) = \frac{x^2-4}{x-2}, \quad f_2(x) = \frac{x}{x^{\frac{1}{3}}}, \quad f_3(x) = \frac{\sin x}{x}.$$

Dann gilt:

$$\lim_{x\to 2} \frac{x^2-4}{x-2} = \lim_{x\to 2} \frac{2x}{1} = 4$$

$$\lim_{x\to 0} \frac{x}{x^{\frac{1}{3}}} = \lim_{x\to 0} \frac{1}{\frac{1}{3}x^{-\frac{2}{3}}} = \lim_{x\to 0} 3x^{\frac{2}{3}} = 0$$

$$\lim_{x\to 0} \frac{\sin x}{x} = \lim_{x\to 0} \frac{\cos x}{1} = 1$$

b) Die Funktion f_4 mit $f_4(x) = \frac{e^x-1}{x^2}$ ist zunächst für alle $x \neq 0$ definiert. Es gilt:

$$\lim_{x\to 0} \frac{e^x-1}{x^2} = \lim_{x\to 0} \frac{e^x}{2x} = \pm\infty$$

Es resultiert kein endlicher Grenzwert, die Funktion ist für $x = 0$ nicht definierbar.

In ähnlicher Weise lassen sich auch Ausdrücke der Form $\frac{\infty}{\infty}$ und $0 \cdot \infty$ behandeln. Wir gehen darauf nicht näher ein und verweisen auf [Forster 1, S. 171, 172].

Wir weisen darauf hin, dass Satz 8.15 auch anwendbar ist, wenn mit $\frac{f(x_0)}{g(x_0)}$ auch $\frac{f'(x_0)}{g'(x_0)}, \frac{f''(x_0)}{g''(x_0)}, \ldots, \frac{f^{(n-1)}(x_0)}{g^{(n-1)}(x_0)}$ von der Form $\frac{0}{0}$ sind und $\lim\limits_{x\to x_0} \frac{f^{(n)}(x)}{g^{(n)}(x)} = c$ erfüllt ist.

Dann gilt:

$$\lim_{x\to x_0} \frac{f(x)}{g(x)} = \lim_{x\to x_0} \frac{f^{(i)}(x)}{g^{(i)}(x)} = c \quad \text{für} \quad i = 1, \ldots, n$$

Beispiel 8.17

a) $$\lim_{x\to 1} \frac{(x-1)^4}{(e^x-e)^2} = \lim_{x\to 1} \frac{4(x-1)^3}{2(e^x-e)e^x} = \lim_{x\to 1} \frac{12(x-1)^2}{4e^{2x}-2e^{x+1}} = 0$$

b) $$\lim_{x\to 0} \frac{x^2}{\sin^2 x} = \lim_{x\to 0} \frac{2x}{2\sin x \cos x} = \lim_{x\to 0} \frac{2}{2\cos^2 x - 2\sin^2 x} = 1$$

8.5 Änderungsraten und Elastizitäten

Auf der Grundlage von Differenzen- und Differentialquotienten können weitere wichtige ökonomische Kennzahlen gebildet werden.

Beispiel 8.18

a) Zwei Angestellte mit einem Monatsgehalt von $x_1 = 2500$ bzw. $x_2 = 2000$ erhalten Steigerungen von $\triangle x_1 = 200$ bzw. $\triangle x_2 = 160$.
Für die Quotienten $\frac{\triangle x_i}{x_i}$ $(i = 1, 2)$ ergibt sich

$$\frac{\triangle x_1}{x_1} = \frac{200}{2500} = 0.08\,, \quad \frac{\triangle x_2}{x_2} = \frac{160}{2000} = 0.08\,.$$

Trotz der unterschiedlichen Zuwächse um 200 bzw. 160 Geldeinheiten sind die Zuwächse bezogen auf die jeweiligen Ausgangsgehälter gleich und betragen 8 %.

b) In der Zinseszinsrechnung wird ein Anfangskapital K_0 zum Zinssatz i für t Jahre angelegt. Für das Endkapital ergibt sich

$$K_t = K_{t-1}(1+i) = \ldots = K_0(1+i)^t\,.$$

Daraus resultiert ein Kapitalzuwachs pro Jahr von

$$\frac{\triangle K_t}{\triangle t} = \frac{K_{t+1} - K_t}{t+1-t} = K_t(1+i) - K_t = K_t \cdot i\,.$$

Der angegebene Differenzenquotient wächst mit t.
Bezieht man diesen Quotienten auf das Kapital $K(t)$ so erhalten wir

$$\frac{\triangle K_t}{\triangle t} \cdot \frac{1}{K_t} = \frac{K_t \cdot i}{K_t} = i$$

und damit gerade den Zinssatz pro Jahr.

c) Die Lebkuchen „Prianiki" werden in Deutschland in einer 200-g-Packung, in Russland in einer 250-g-Packung verkauft. Mit den Variablen p_1, x_1 für Preis und Nachfrage in Deutschland gelte die Preis-Absatz-Beziehung

$$x_1 = 10000 - 300p_1\,.$$

Bei identischem Nachfrageverhalten in Deutschland und Russland lässt sich diese Beziehung umrechnen. Unter Berücksichtigung der gegebenen Mengeneinheiten von 200 g bzw. 250 g und einem Wechselkurs von 1 € = 30 Rubel gilt mit $p_1 = \frac{1}{30}p_2$ und $x_1 = \frac{250}{200}x_2$

$$\frac{250}{200}x_2 = 10000 - \frac{300}{30}p_2 \quad \text{bzw.} \quad x_2 = 8000 - 8p_2 \,.$$

Wir geben einige Werte an:

p_1	4	5	6
x_1	8800	8500	8200

p_2	120	150	180
x_2	7040	6800	6560

Diskutiert man beide Preis-Nachfrage-Beziehungen, so erhalten wir bei einer Preiserhöhung um eine Einheit zunächst eine Nachfrageminderung von

$$\frac{\Delta x_1}{\Delta p_1} = -300 \quad \text{bzw.} \quad \frac{\Delta x_2}{\Delta p_2} = -8 \,.$$

Bezogen auf die Preis-Nachfrage-Vektoren $(p_1, x_1) = (5, 8500)$ bzw. $(p_2, x_2) = (150, 6800)$ ist die prozentuale Nachfrageminderung

$$\frac{\Delta x_1}{\Delta p_1} \cdot \frac{1}{x_1} = -\frac{300}{8500} = -\frac{3}{85} \quad \text{bzw.} \quad \frac{\Delta x_2}{\Delta p_2} \cdot \frac{1}{x_2} = -\frac{1}{850} \,.$$

Multipliziert man beide Ausdrücke mit dem jeweiligen Preis p_1 bzw. p_2, so ergibt sich

$$\frac{\Delta x_1}{\Delta p_1} \cdot \frac{p_1}{x_1} = -\frac{3 \cdot 5}{85} = -\frac{3}{17} \quad \text{bzw.} \quad \frac{\Delta x_2}{\Delta p_2} \cdot \frac{p_2}{x_2} = -\frac{1 \cdot 150}{850} = -\frac{3}{17} \,.$$

Die Quotienten $\frac{\Delta x_i}{\Delta p_i} \cdot \frac{p_i}{x_i} = \frac{\Delta x_i}{x_i}\left(\frac{\Delta p_i}{p_i}\right)^{-1}$ $(i = 1, 2)$ beschreiben das Verhältnis von **relativer Nachfrageänderung** und **relativer Preisänderung** für beide Länder. Die beiden Quotienten sind gleich und zeigen an, dass das Nachfrageverhalten beider Länder identisch ist. Diese Tatsache lässt sich aus den Quotienten $\frac{\Delta x_i}{\Delta p_i} \cdot \frac{1}{x_i}$ bzw. $\frac{\Delta x_i}{\Delta p_i}$ nur mit einiger Überlegung herauslesen.

Die Frage, wie eine Variable auf Änderungen einer sie beeinflussenden anderen Variablen reagiert, kann nicht generell mit dem Differenzen- oder Differentialquotienten sinnvoll beantwortet werden. Oft sind modifizierte Quotienten geeigneter.

Definition 8.19

Für eine reelle Funktion $f: D \to \mathbb{R}$ $(D \subseteq \mathbb{R})$ heißt beim Übergang von x zu $x + \Delta x$

$\frac{\Delta x}{x}$ die **mittlere relative Änderung** von x und

$\frac{\Delta f(x)}{f(x)} = \frac{f(x + \Delta x) - f(x)}{f(x)}$ die **mittlere relative Änderung** von f.

Ferner bezeichnet man beim Übergang von x zu $x + \Delta x$ den Ausdruck

$\frac{\Delta f(x)}{\Delta x} \frac{1}{f(x)}$ als **mittlere Änderungsrate** von f und

$\frac{\Delta f(x)}{\Delta x} \frac{x}{f(x)}$ als **mittlere Elastizität** von f.

Während man auf der Basis von Differenzenquotienten nur „mittlere" Veränderungen entsprechender Funktionen messen kann, betrachtet man im Fall differenzierbarer Funktionen zweckmäßig die Grenzwerte für $\Delta x \to 0$ und erhält damit punktbezogene Änderungsraten und Elastizitäten.

Definition 8.20

Sei $f: D \to \mathbb{R}$ $(D \subseteq \mathbb{R})$ differenzierbar. Dann bezeichnet man den Ausdruck

$$\rho_f(x) = \frac{df(x)}{dx} \frac{1}{f(x)} = \frac{f'(x)}{f(x)} \qquad \text{als **Änderungsrate** und}$$

$$\varepsilon_f(x) = \frac{df(x)}{dx} \frac{x}{f(x)} = \frac{xf'(x)}{f(x)} = x\rho_f(x) \qquad \text{als **Elastizität**}$$

von f im Punkt $x \in D$.

Die Änderungsrate entspricht der Veränderung der Funktion f im Punkt x, bezogen auf den Funktionswert $f(x)$, man spricht auch von der **prozentualen Änderung** der Funktion im Punkt x.

Die Elastizität entspricht der Veränderung der Funktion f im Punkt x, bezogen auf den Wert der Durchschnittsfunktion $\frac{f(x)}{x}$, oder auch dem **Quotienten der relativen Änderung von** $f(x)$ und der **relativen Änderung** von x. Für $x = 1$ entspricht die Elastizität $\varepsilon_f(x)$ der Änderungsrate $\rho_f(x)$.

Da bei ökonomischen Problemen oft von Funktionen $f : \mathbb{R}_+ \to \mathbb{R}_+$ ausgegangen werden kann, bestimmt der Differentialquotient das Vorzeichen von Änderungsraten und Elastizitäten, die damit jeden reellen Wert annehmen können.

Für $|\varepsilon_f(x)| > 1$ reagiert die relative Änderung von $f(x)$ überproportional auf relative Änderungen von x, die Funktion f heißt im Punkt x **elastisch**. Entsprechend heißt f im Punkt x **unelastisch** für $|\varepsilon_f(x)| < 1$.

Beispiel 8.21

a) Für die Exponentialfunktion f mit $f(x) = ae^{bx}$ $(a, b \neq 0)$ gilt:

$$\rho_f(x) = \frac{f'(x)}{f(x)} = \frac{abe^{bx}}{ae^{bx}} = b\,, \quad \varepsilon_f(x) = x\rho_f(x) = bx$$

Für die Exponentialfunktion der Form f ist die Änderungsrate konstant.

Die Elastizität wächst linear mit x.

b) Für die Potenzfunktion g mit $g(x) = ax^b$ $(x > 0$ und $a, b \neq 0)$ gilt:

$$\rho_g(x) = \frac{g'(x)}{g(x)} = \frac{abx^{b-1}}{ax^b} = \frac{b}{x}\,, \quad \varepsilon_g(x) = x\rho_g(x) = b$$

Für die Potenzfunktion der Form g fällt die Änderungsrate mit wachsendem x. Die Elastizität ist dagegen konstant.

Satz 8.22

Seien f, g differenzierbar. Dann gilt:

a) $g(x) = cf(x)$ $(c \neq 0)$ $\Rightarrow$ $\rho_g(x) = \rho_f(x)$

b) $\rho_{f\pm g}(x) = \dfrac{f(x)\rho_f(x) \pm g(x)\rho_g(x)}{f(x) \pm g(x)}$

c) $\rho_{fg}(x) = \rho_f(x) + \rho_g(x)$

d) $\rho_{f/g}(x) = \rho_f(x) - \rho_g(x)$

e) $\rho_{g\circ f}(x) = f(x)\rho_g(f(x))\rho_f(x)$

f) $g = f^{-1}$ $\Rightarrow$ $f(x)\rho_g(f(x))x\rho_f(x) = 1$

Beweis:

a) $\rho_g(x) = \frac{g'(x)}{g(x)} = \frac{cf'(x)}{cf(x)} = \rho_f(x)$ (Satz 8.7 b)

Alle anderen Aussagen erhält man unter Verwendung der Definition für die Änderungsrate (Definition 8.20) und der Differentiationsregeln (Satz 8.7, 8.9) durch Nachrechnen.

Im Einzelnen lassen sich die Ergebnisse wie folgt interpretieren:

Nach Satz 8.22 a sind die Änderungsraten zweier Funktionen f und g, deren Quotient $\frac{f}{g}$ für alle x konstant ist, gleich. Die Änderungsrate der Summe zweier Funktionen (Satz 8.22 b) ist für alle x ein gewichtetes Mittel der einzelnen Änderungsraten der Summanden. Besonders einfach sind die Änderungsraten des Produktes und des Quotienten zweier Funktionen (Satz 8.22 c, d). In diesen Fällen werden die Änderungsraten der Einzelfunktionen f und g addiert bzw. subtrahiert.

Entsprechende Aussagen gelten auch für Elastizitäten.

Satz 8.23

Seien f, g differenzierbar. Dann gilt:

a) $y = ax \quad (a \neq 0), \; g(y) = g(ax) = \tilde{g}(x) = cf(x) \; (c \neq 0) \quad \Rightarrow \quad \varepsilon_g(y) = \varepsilon_f(x)$

b) $\varepsilon_{f \pm g}(x) = \dfrac{f(x)\varepsilon_f(x) \pm g(x)\varepsilon_g(x)}{f(x) \pm g(x)}$

c) $\varepsilon_{fg}(x) = \varepsilon_f(x) + \varepsilon_g(x)$

d) $\varepsilon_{f/g}(x) = \varepsilon_f(x) - \varepsilon_g(x)$

e) $\varepsilon_{g \circ f}(x) = \varepsilon_g(f(x))\varepsilon_f(x)$

f) $g = f^{-1} \quad \Rightarrow \quad \varepsilon_g(f(x))\varepsilon_f(x) = 1$

Beweis:

a)
$$\varepsilon_g(y) = \frac{dg(y)}{dy}\frac{y}{g(y)} = \frac{dcf(x)}{d(ax)}\frac{ax}{cf(x)} = \frac{dcf(x)}{dx}\frac{dx}{d(ax)}\frac{ax}{cf(x)}$$
$$= \frac{cf'(x)}{a}\frac{ax}{cf(x)} = \frac{f'(x)}{f(x)}x = \varepsilon_f(x)$$

Berücksichtigt man die Identität $\varepsilon_f(x) = x\rho_f(x)$, so folgen die restlichen Aussagen direkt aus den entsprechenden Aussagen des Satzes 8.22.

Die Aussage von Satz 8.23 a ist von zentraler Bedeutung für die Ökonomie. Transformiert man in einer funktionalen Beziehung $u = f(x)$ die abhängige und unabhängige Variable in der Form $y = ax$ und $g(y) = cf(x)$, dann bleiben die Elastizitäten gleich. Elastizitäten sind unabhängig von Maßeinheiten, in denen die abhängige und die unabhängige Variable gemessen werden. Für x als Preis und $f(x)$ als preisabhängige Nachfrage ist die entsprechende Elastizität von f in x unabhängig davon, in welchen Einheiten Preis und Nachfrage gemessen werden (Beispiel 8.18 c). Die Ergebnisse von Satz 8.23 b, c, d stimmen mit den Ergebnissen von Satz 8.22 b, c, d überein.

Interessant sind schließlich auch die Aussagen in Satz 8.23 e, f. Die Elastizität einer Komposition $g \circ f$ ergibt sich aus dem Produkt der einzelnen Elastizitäten. Das Produkt der Elastizität einer Funktion mit der Elastizität der dazu gehörigen Umkehrfunktion ergibt 1.

Mit Hilfe der Sätze 8.22 und 8.23 lassen sich nun eine Reihe von bekannten Gesetzmäßigkeiten der Ökonomie ableiten. Wir betrachten dabei nur differenzierbare Funktionen.

Beispiel 8.24

a) Sei p der Preis und $f(p)$ die preisabhängige Nachfrage nach einem Gut. Dann ergibt sich für den preisabhängigen Umsatz $u(p) = pf(p)$.

Wir setzen $h(p) = p$ und erhalten

$$\rho_h(p) = \frac{h'(p)}{h(p)} = \frac{1}{p}, \quad \varepsilon_h(p) = p\rho_h(p) = 1 .$$

Dann ist die Änderungsrate des Umsatzes

$$\rho_u(p) = \rho_{hf}(p) = \rho_h(p) + \rho_f(p) = \frac{1}{p} + \rho_f(p) \qquad \text{(Satz 8.22 c)}$$

sowie die Preiselastizität des Umsatzes

$$\varepsilon_u(p) = \varepsilon_{hf}(p) = \varepsilon_h(p) + \varepsilon_f(p) = 1 + \varepsilon_f(p) . \qquad \text{(Satz 8.23 c)}$$

Durch direktes Nachrechnen erhält man gleiche Ergebnisse:

$$u'(p) = f(p) + pf'(p)$$

$$\Rightarrow \rho_u(p) = \frac{u'(p)}{u(p)} = \frac{f(p) + pf'(p)}{pf(p)} = \frac{1}{p} + \rho_f(p)$$

$$\Rightarrow \varepsilon_u(p) = \frac{u'(p)}{u(p)}p = \frac{(f(p) + pf'(p))\,p}{pf(p)} = 1 + \varepsilon_f(p)$$

Existiert nun zu f auch die Umkehrfunktion $g = f^{-1}$ mit $x = f(p)$ bzw. $p = g(x) = f^{-1}(x)$, so gilt die Äquivalenz

$$u(p) = pf(p) \quad \Longleftrightarrow \quad v(x) = xg(x) = xf^{-1}(x)\,,$$

wobei $v(x)$ den mengenabhängigen Umsatz darstellt.

Man erhält folgende Beziehung zwischen dem Grenzumsatz $v'(x)$, dem Preis p und der Preiselastizität der Nachfrage $\varepsilon_f(p)$, die als **Amoroso-Robinson-Relation** bezeichnet wird:

$$v'(x) = g(x) + xg'(x) = g(x)\left(1 + \frac{xg'(x)}{g(x)}\right) = g(x)\left(1 + \varepsilon_g(x)\right)$$

$$= p\left(1 + \frac{1}{\varepsilon_f(p)}\right) \qquad \text{(Satz 8.23 f)}$$

Entsprechend dazu gilt $f(p)\left(1 + \varepsilon_f(p)\right) = x\left(1 + \frac{1}{\varepsilon_g(x)}\right)$.

b) Wir bezeichnen mit $c(x)$ die vom Produktionsniveau x abhängigen Kosten eines Gutes und mit $k(x) = \frac{c(x)}{x}$ die Stückkosten. Dann erhalten wir mit $h(x) = x$ und $\rho_h(x) = \frac{h'(x)}{h(x)} = \frac{1}{x}$, $\varepsilon_h(x) = x\rho_h(x) = 1$ die Änderungsrate der Stückkosten

$$\rho_k(x) = \rho_{\frac{c}{h}}(x) = \rho_c(x) - \rho_h(x) = \rho_c(x) - \frac{1}{x} \qquad \text{(Satz 8.22 d)}$$

sowie die Elastizität der Stückkosten bzgl. des Produktionsniveaus

$$\varepsilon_k(x) = \varepsilon_{\frac{c}{h}}(x) = \varepsilon_c(x) - \varepsilon_h(x) = \varepsilon_c(x) - 1\,. \qquad \text{(Satz 8.23 d)}$$

Ist das Produktionsniveau x gleich der Nachfrage und diese eine Funktion des Verkaufspreises p mit $x = f(p)$, so ergibt sich für die Preiselastizität der Kosten mit $c(x) = c(f(p))$

$$\varepsilon_{c\circ f}(p) = \varepsilon_c(x)\varepsilon_f(p)\,. \qquad \text{(Satz 8.23 e)}$$

9 Kurvendiskussion

Zu den wesentlichen Charakteristika des so genannten Kurvenverlaufs einer Funktion $f : D \to \mathbb{R} \quad (D \subseteq \mathbb{R})$ gehören (Abschnitt 5.3) insbesondere:

- die Schnittpunkte mit den Koordinatenachsen (Definition 5.19):

$$\begin{array}{ll} x_0 \in D & \text{mit } f(x_0) = 0 \\ y_0 \in f(D) & \text{mit } f(0) = y_0 \end{array}$$

- die lokalen Extremalstellen (Definition 5.20):

$$\begin{array}{lll} x_{\max} & \text{mit } f(x_{\max}) \geq f(x) & \text{für alle } x \in D \cap \langle x_{\max} - r, x_{\max} + r \rangle \\ x_{\min} & \text{mit } f(x_{\min}) \leq f(x) & \text{für alle } x \in D \cap \langle x_{\min} - r, x_{\min} + r \rangle \end{array}$$

- die Bereiche, in denen f monoton wächst bzw. fällt (Definition 5.23):

$$\begin{array}{l} x_1 < x_2 \;\Rightarrow\; f(x_1) \leq f(x_2) \quad \text{bzw.} \\ x_1 < x_2 \;\Rightarrow\; f(x_1) \geq f(x_2) \end{array}$$

- die Bereiche, in denen f konvex bzw. konkav ist (Definition 5.26):

$$\begin{array}{ll} x_1 \neq x_2 \;\Rightarrow\; f(\lambda x_1 + (1-\lambda)x_2) \leq \lambda f(x_1) + (1-\lambda) f(x_2) & \text{für } \lambda \in \langle 0, 1 \rangle \\ x_1 \neq x_2 \;\Rightarrow\; f(\lambda x_1 + (1-\lambda)x_2) \geq \lambda f(x_1) + (1-\lambda) f(x_2) & \text{für } \lambda \in \langle 0, 1 \rangle \end{array}$$

9.1 Monotonie und Konvexität

Wir werden in diesem Kapitel sehen, dass für differenzierbare Funktionen einer Variablen Maximal- und Minimalstellen, Monotonie- und Konvexitätseigenschaften mit Hilfe geeigneter Differentialquotienten einfacher nachgewiesen werden können. Wir betrachten zunächst die Figuren 9.1 und 9.2.

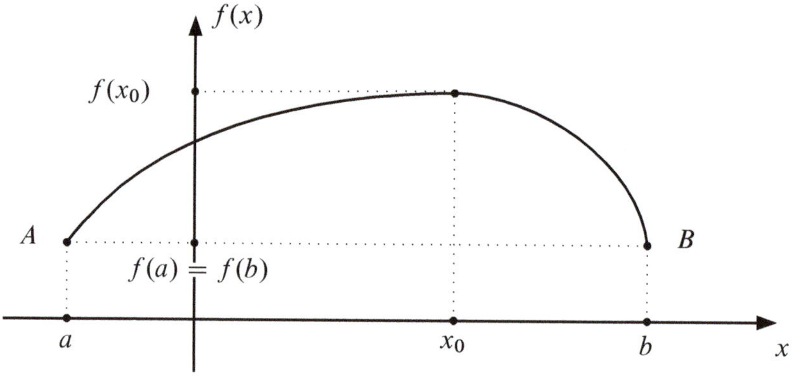

Figur 9.1: Satz von Rolle

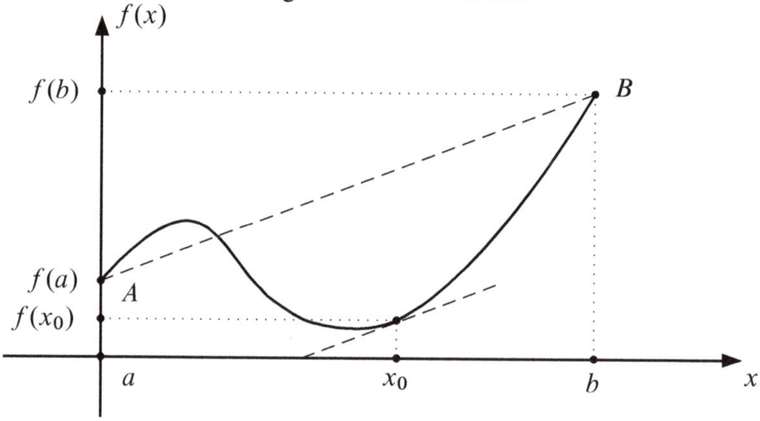

Figur 9.2: Mittelwertsatz der Differentialrechnung

Verbindet man in beiden Figuren die Punkte $A = (a, f(a))$ und $B = (b, f(b))$ durch eine Gerade, so gibt es einen Punkt x_0 zwischen a und b, in dem die Steigung der Tangente an die Kurve f gleich der Steigung der Geraden durch A und B ist. Die jeweilige Tangentensteigung entspricht der ersten Ableitung der Funktion f im Punkt x_0. Im ersten Fall erhält man wegen $f(a) = f(b)$ eine waagrechte Tangente, also $f'(x_0) = 0$, im zweiten Fall wegen $f(a) < f(b)$ die Ableitung $f'(x_0) > 0$. Es lässt sich zeigen, dass für differenzierbare Funktionen stets die Gleichung

$$\frac{f(b) - f(a)}{b - a} = f'(x_0) \qquad \text{für ein} \quad x_0 \in \langle a, b \rangle$$

erfüllt ist. Man bezeichnet diese Aussage als **Mittelwertsatz der Differentialrechnung** (Figur 9.2). Für $f(a) = f(b)$ ist die Aussage als Satz von **M. Rolle** (1652–1719) bekannt (Figur 9.1).

Satz 9.1

Die Funktionen $f,\ g : [a,b] \to \mathbb{R}$ mit $a < b$ seien in $[a,b]$ stetig und in $\langle a,b\rangle$ differenzierbar. Dann gilt:

a) Ist $f(a) = f(b)$, so existiert ein $x_0 \in \langle a,b\rangle$ mit $f'(x_0) = 0$

b) Ist $f(a) \neq f(b)$, so existiert ein $x_0 \in \langle a,b\rangle$ mit $\dfrac{f(b)-f(a)}{b-a} = f'(x_0)$

c) Ist $g'(x) \neq 0$ für alle $x \in \langle a,b\rangle$, so ist $g(a) \neq g(b)$ und es existiert ein $x_0 \in \langle a,b\rangle$ mit $\dfrac{f(b)-f(a)}{g(b)-g(a)} = \dfrac{f'(x_0)}{g'(x_0)}$

Mit Hilfe der Figuren 9.1 und 9.2 leuchten die Aussagen a) und b) unmittelbar ein. Im Übrigen verweisen wir auf [Forster 1, S. 164].

Der Beweis von c) basiert auf den Aussagen a) und b). Für $g'(x) \neq 0$ mit $g'(x) = \frac{g(b)-g(a)}{b-a}$ gilt $g(a) \neq g(b)$. Damit existiert ein $x_0 \in \langle a,b\rangle$ mit

$$\frac{f'(x_0)}{g'(x_0)} = \frac{f(b)-f(a)}{b-a} \cdot \frac{b-a}{g(b)-g(a)} = \frac{f(b)-f(a)}{g(b)-g(a)}\,.$$

Für die Monotonie, die Konvexität und Konkavität erhält man nun notwendige bzw. hinreichende Bedingungen, die wir in den nachfolgenden zwei Sätzen zusammenstellen.

Satz 9.2

Die Funktion f sei in $[a,b]$ stetig und in $\langle a,b\rangle$ differenzierbar. Dann gilt:

a) f monoton wachsend in $[a,b]$ $\iff$ $f'(x) \geq 0$ für alle $x \in \langle a,b\rangle$

b) f monoton fallend in $[a,b]$ $\iff$ $f'(x) \leq 0$ für alle $x \in \langle a,b\rangle$

c) f konstant in $[a,b]$ $\iff$ $f'(x) = 0$ für alle $x \in \langle a,b\rangle$

d) $f'(x) > 0$ für alle $x \in \langle a,b\rangle$ $\Rightarrow$ f streng monoton wachsend in $[a,b]$

e) $f'(x) < 0$ für alle $x \in \langle a,b\rangle$ $\Rightarrow$ f streng monoton fallend in $[a,b]$

Beweis:

a1) f monoton wachsend in $[a,b]$ und $x, x+\Delta x \in \langle a,b\rangle$

$$\Rightarrow \ (\Delta x > 0 \Rightarrow f(x+\Delta x) - f(x) \geq 0)$$

$$\Rightarrow \ \frac{f(x+\Delta x) - f(x)}{\Delta x} \geq 0 \ \Rightarrow \ f'(x) = \lim_{\Delta x \to 0} \frac{f(x+\Delta x) - f(x)}{\Delta x} \geq 0$$

a2) $f'(x) \geq 0$ für alle $x \in \langle a,b\rangle$

$\Rightarrow$ Für alle $x_1, x_2 \in [a,b]$ mit $x_1 < x_2$ existiert ein $x_0 \in \langle x_1, x_2\rangle$ mit

$$\frac{f(x_2) - f(x_1)}{x_2 - x_1} = f'(x_0) \geq 0 \qquad \text{(Satz 9.1 a, b)}$$

$\Rightarrow \ f(x_2) \geq f(x_1) \Rightarrow f$ monoton wachsend in $[a,b]$

Der Beweis zu b) verläuft analog zu a).

c) f konstant in $[a,b]$

$\Longleftrightarrow$ f ist gleichzeitig monoton wachsend und fallend in $[a,b]$

$\Longleftrightarrow$ $f'(x_0) \geq 0, f'(x) \leq 0$ für alle $x \in \langle a,b\rangle$

$\Longleftrightarrow$ $f'(x) = 0$ für alle $x \in \langle a,b\rangle$

Der Beweis zu d) bzw. e) verläuft analog zu a) bzw. b).

Wir fassen die wichtigsten Aussagen des Satzes 9.2 zusammen:

Eine in $[a,b]$ stetige und in $\langle a,b\rangle$ differenzierbare Funktion f ist genau dann monoton wachsend [bzw. monoton fallend], wenn $f'(x) \geq 0$ [bzw. $f'(x) \leq 0$] für alle $x \in \langle a,b\rangle$ erfüllt ist (Satz 9.2 a, b).

Für die strenge Monotonie gilt nur eine Richtung:

Aus $f'(x) > 0$ [bzw. $f'(x) < 0$] für alle $x \in \langle a,b\rangle$ folgt, dass f streng monoton wächst [bzw. streng monoton fällt] (Satz 9.2 d, e).

Die Umkehrung gilt nicht. Es gibt demnach streng monotone Funktionen mit $f'(x) = 0$ für einzelne $x \in \langle a,b\rangle$, z. B. $f(x) = x^3, f'(x) = 3x^2$, aber $f'(0) = 0$.

Beispielsweise sei die in Figur 9.3 dargestellte Funktion f konstant in $[a_0, a_1]$, also zugleich monoton wachsend und fallend, ferner in $[a_1, a_2]$ streng monoton wachsend und in $[a_2, a_4]$ streng monoton fallend, aber $f'(a_3) = 0$.

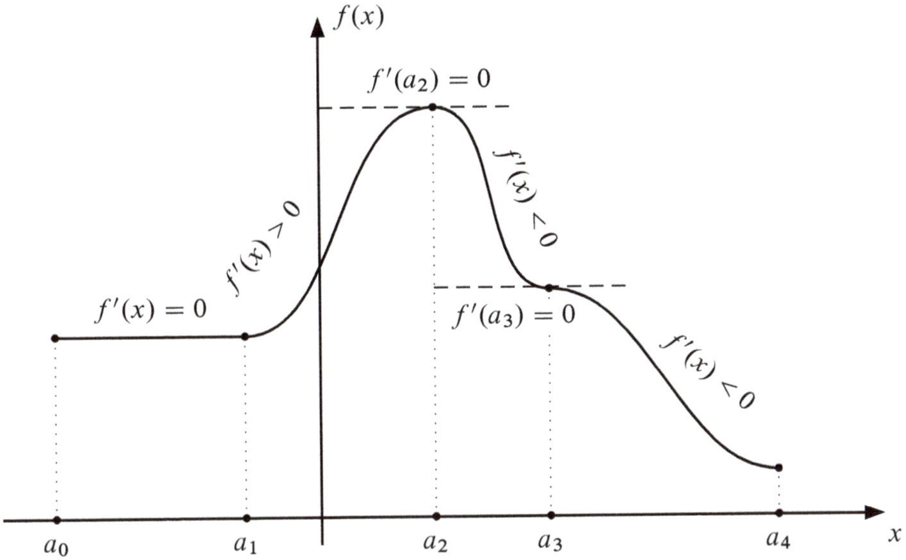

Figur 9.3: Monotonie einer differenzierbaren Funktion

Satz 9.3

Die Funktion f sei in $[a,b]$ stetig und in $\langle a,b\rangle$ zweimal differenzierbar. Dann gilt:

a) f konvex in $[a,b]$ $\iff$ $f''(x) \geq 0$ für alle $x \in \langle a,b\rangle$

b) f konkav in $[a,b]$ $\iff$ $f''(x) \leq 0$ für alle $x \in \langle a,b\rangle$

c) f beschreibt eine Gerade $\iff$ $f''(x) = 0$ für alle $x \in \langle a,b\rangle$

d) $f''(x) > 0$ für alle $x \in \langle a,b\rangle$ $\Rightarrow$ f streng konvex in $[a,b]$

e) $f''(x) < 0$ für alle $x \in \langle a,b\rangle$ $\Rightarrow$ f streng konkav in $[a,b]$

Zum Beweis veranschaulichen wir die Konvexität und Konkavität in Figur 9.4.

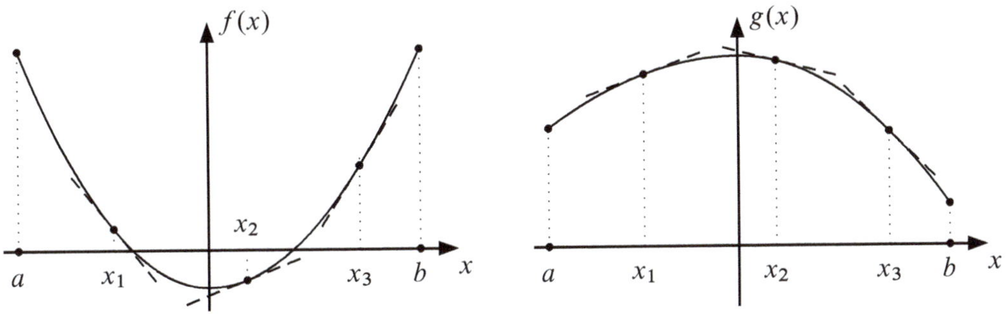

Figur 9.4: f als konvexe Funktion, g als konkave Funktion

Dazu betrachten wir die Tangenten in den Punkten x_1, x_2, x_3, deren Steigungen die Ableitungen der Funktionen f, g jeweils in den Punkten x_1, x_2, x_3 angeben. Betrachten wir die Differentialquotienten f' bzw. g' für alle $x \in \langle a, b\rangle$, so wächst f' streng monoton in $[a, b]$ und g' fällt streng monoton in $[a, b]$. Damit folgen alle Aussagen des Satzes 9.3 direkt aus den entsprechenden Aussagen des Satzes 9.2 [Forster 1, S. 167–169].

Wir fassen wiederum die wichtigsten Aussagen des Satzes 9.3 zusammen:

Eine in $[a, b]$ stetige und in $\langle a, b\rangle$ zweimal differenzierbare Funktion f ist genau dann in $[a, b]$ konvex [bzw. konkav], wenn $f''(x) \geq 0$ [bzw. $f''(x) \leq 0$] für alle $x \in \langle a, b\rangle$ erfüllt ist (Satz 9.3 a, b).

Für die strenge Konvexität und Konkavität gilt nur eine Richtung:

So folgt aus $f''(x) > 0$ [bzw. $f''(x) < 0$] für alle $x \in \langle a, b\rangle$ die strenge Konvexität [bzw. strenge Konkavität] von f (Satz 9.3 d, e).

Die Umkehrung gilt nicht. Es gibt also streng konvexe bzw. konkave Funktionen mit $f''(x) = 0$ für einzelne $x \in \langle a, b\rangle$.

Beispielsweise ist die in Figur 9.5 dargestellte Funktion f konstant in $[a_1, a_2]$, streng monoton wachsend in $[a_0, a_1]$ und $[a_2, a_4]$ sowie streng monoton fallend in $[a_4, a_7]$. Sie ist ferner konkav in $[a_0, a_2]$, $[a_3, a_5]$ und $[a_6, a_7]$ bzw. konvex in $[a_1, a_3]$ und $[a_5, a_7]$. Streng konkav ist sie dann in $[a_0, a_1]$ und $[a_3, a_5]$. streng konvex in $[a_2, a_3]$ und $[a_5, a_6]$.

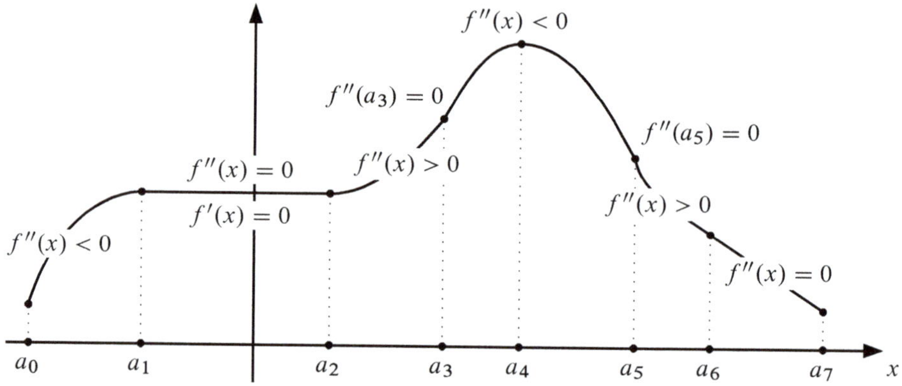

Figur 9.5: Konvexität und Konkavität einer differenzierbaren Funktion

Beispiel 9.4

a) Wir betrachten die für $x \geq 0$ erklärte Kostenfunktion mit

$$c(x) = c_2 x^2 + c_1 x + c_0 \quad (c_0, c_1, c_2 > 0)\,,$$

$$c'(x) = 2c_2 x + c_1 > 0 \quad \text{für alle } x \geq 0\,,$$

$$c''(x) = 2c_2 > 0\,.$$

Die Kostenfunktion ist positiv, streng monoton wachsend und streng konvex. Figur 9.6 gibt den prinzipiellen Verlauf der Funktion c für $x \in [0,1]$ wieder. Für $x = 0$ erhalten wir den Funktionswert $c(0) = c_0$, für $x = 1$ entsprechend den Funktionswert $c(1) = c_0 + c_1 + c_2$.

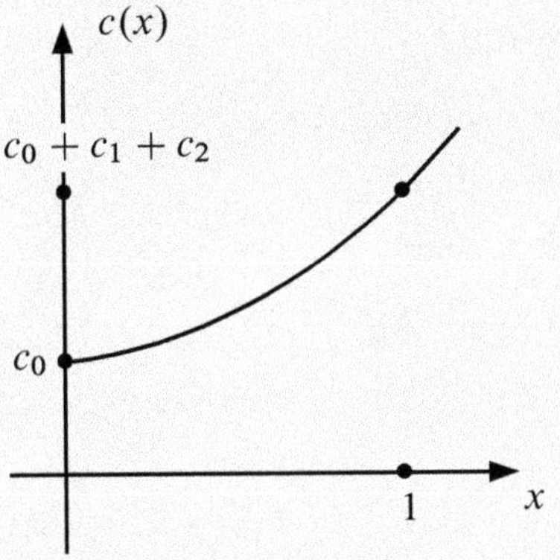

Figur 9.6: Quadratische Kostenfunktion

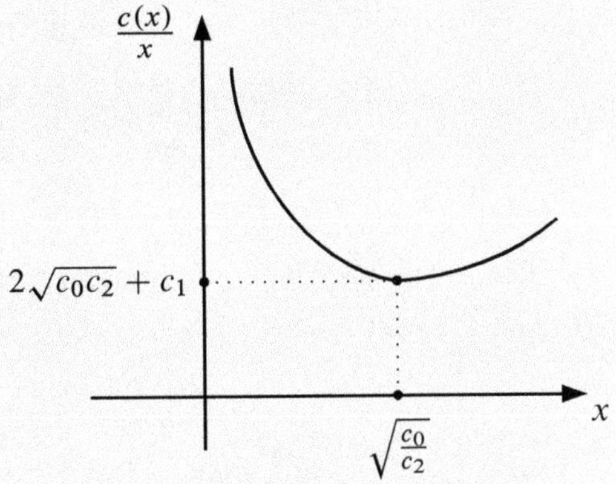

Figur 9.7: Stückkostenfunktion einer quadratischen Kostenfunktion

Für die Stückkostenfunktion, definiert für $x > 0$, gilt:

$$\frac{c(x)}{x} = c_2 x + c_1 + \frac{c_0}{x} > 0$$

$$\left(\frac{c(x)}{x}\right)' = c_2 - \frac{c_0}{x^2} \geq 0 \iff c_2 x^2 - c_0 \geq 0 \iff x^2 \geq \frac{c_0}{c_2}$$

$$\left(\frac{c(x)}{x}\right)'' = \frac{2c_0}{x^3} > 0$$

Die Stückkostenfunktion ist positiv, streng monoton wachsend für $x \geq \sqrt{\frac{c_0}{c_2}}$ bzw. streng monoton fallend für $x \leq \sqrt{\frac{c_0}{c_2}}$ und streng konvex für alle $x > 0$.

Figur 9.7 gibt den prinzipiellen Verlauf wieder. Für $x = \sqrt{\frac{c_0}{c_2}}$ erhalten wir den minimalen Funktionswert $c_2\sqrt{\frac{c_0}{c_2}} + c_1 + \frac{c_0}{\sqrt{\frac{c_0}{c_2}}} = 2\sqrt{c_0 c_2} + c_1$.

Für $x \searrow 0$ und $x \nearrow \infty$ strebt $\frac{c(x)}{x}$ gegen ∞.

b) Wir betrachten die für alle $x > 0$ erklärte Potenzfunktion f mit $f(x) = ax^b$ und $a > 0,\ b \in \mathbb{R}$ (Definition 6.10). Es gilt:

$$
\begin{aligned}
f'(x) &= abx^{b-1} && > 0 \quad \text{für} \quad b > 0\\
&&& = 0 \quad \text{für} \quad b = 0\\
&&& < 0 \quad \text{für} \quad b < 0\\
f''(x) &= ab(b-1)x^{b-2} && > 0 \quad \text{für} \quad b > 1 \text{ oder } b < 0\\
&&& = 0 \quad \text{für} \quad b \in \{0, 1\}\\
&&& < 0 \quad \text{für} \quad b \in \langle 0, 1\rangle
\end{aligned}
$$

Die Ableitungen liefern folgendes Ergebnis (Figur 9.8):

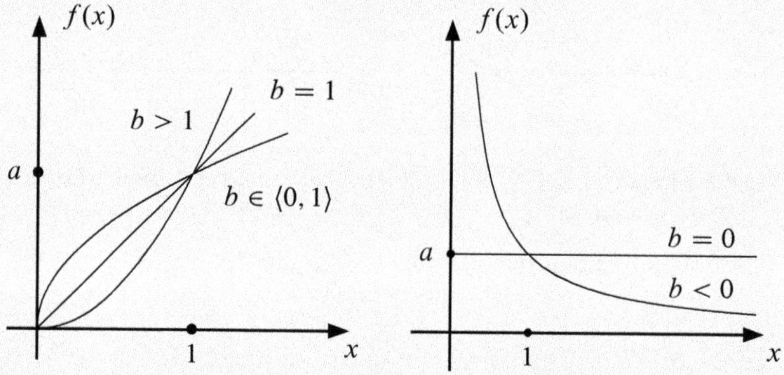

Figur 9.8: Potenzfunktion mit $f(x) = ax^b$

Die Potenzfunktion ist für $b > 1$ streng monoton wachsend und streng konvex, für $b = 1$ streng monoton wachsend und linear, also gleichzeitig konvex und konkav, für $b \in \langle 0, 1\rangle$ streng monoton wachsend und streng konkav, für $b = 0$ konstant, schließlich für $b < 0$ streng monoton fallend und streng konvex (Beispiel 5.25, 5.27).

c) Für die Funktion $f : \mathbb{R} \to \mathbb{R}$ mit $f(x) = xe^{-x}$ gilt:

$$
\begin{aligned}
f'(x) &= e^{-x} - xe^{-x} = (1-x)e^{-x} && \geq 0 \quad \text{für} \quad x \leq 1\\
&&& \leq 0 \quad \text{für} \quad x \geq 1\\
f''(x) &= -e^{-x} - e^{-x} + xe^{-x} = (x-2)e^{-x} && \geq 0 \quad \text{für} \quad x \geq 2\\
&&& \leq 0 \quad \text{für} \quad x \leq 2
\end{aligned}
$$

Die Funktion ist streng monoton wachsend für $x \leq 1$ und streng monoton fallend für $x \geq 1$, sie ist streng konvex für $x \geq 2$ und streng konkav für $x \leq 2$ (Figur 9.9).

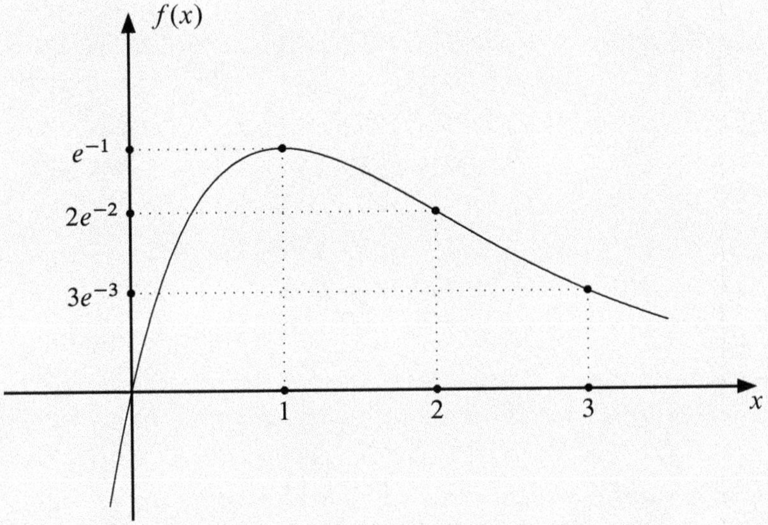

Figur 9.9: Graph der Funktion f mit $f(x) = xe^{-x}$

d) Für die Funktion $f : \mathbb{R}_+ \to \mathbb{R}$ mit $f(x) = x + \sin x$ gilt:

$$\begin{aligned} f'(x) &= 1 + \cos x \geq 0 \quad \text{für} \quad x \in \mathbb{R}_+ \\ f''(x) &= -\sin x \quad \geq 0 \quad \text{für} \quad x \in [\pi, 2\pi], [3\pi, 4\pi], \ldots \\ &\qquad\qquad\quad \leq 0 \quad \text{für} \quad x \in [0, \pi], [2\pi, 3\pi], \ldots \end{aligned}$$

Die Funktion ist für alle $x \geq 0$ streng monoton wachsend sowie in den Intervallen $[0, \pi], [2\pi, 3\pi], \ldots$ streng konkav bzw. in $[\pi, 2\pi], [3\pi, 4\pi], \ldots$ streng konvex (Figur 9.10).

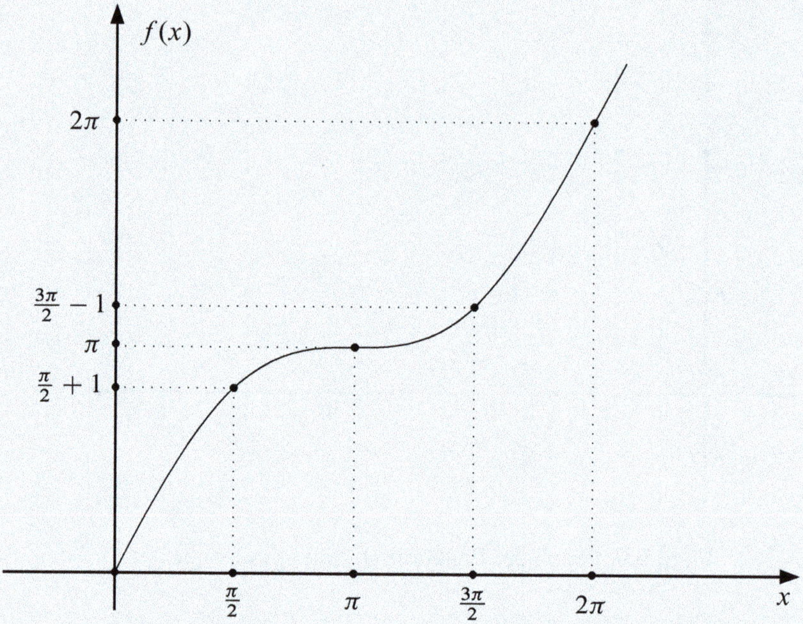

Figur 9.10: Graph der Funktion f mit $f(x) = x + \sin x$

9.2 Extremwertbestimmung

Offensichtlich sind wir mit Hilfe der Monotonie und der Konvexität bzw. Konkavität in der Lage, den Kurvenverlauf einer Funktion prinzipiell zu veranschaulichen. Wir dürfen daher auch erwarten, dass Maximal- und Minimalstellen einer reellen differenzierbaren Funktion mit Hilfe von Ableitungen ermittelt werden können.

Satz 9.5

Die Funktion f sei in $\langle a, b \rangle$ differenzierbar und besitze in $x_0 \in \langle a, b \rangle$ ein lokales Maximum oder Minimum. Dann gilt $f'(x_0) = 0$.

Beweis:

Besitzt f in $x_0 \in \langle a,b\rangle$ ein lokales Maximum, so existiert ein $r > 0$ mit $f(x_0) \geq f(x)$ für alle $x \in \langle x_0 - r, x_0 + r\rangle$. (Definition 5.20)

Daraus folgt:

$$f(x_0 + \Delta x) - f(x_0) \leq 0 \quad \text{für } x_0 + \Delta x \in \langle x_0 - r, x_0 + r\rangle$$

$$\Rightarrow \quad \frac{f(x_0 + \Delta x) - f(x_0)}{\Delta x} \begin{cases} \leq 0 & \text{für } \Delta x > 0 \\ \geq 0 & \text{für } \Delta x < 0 \end{cases}$$

$$\Rightarrow \quad \lim_{\Delta x \to 0} \frac{f(x_0 + \Delta x) - f(x_0)}{\Delta x} = f'(x_0) = 0$$

Besitzt f in x_0 ein lokales Minimum, so verläuft der Beweis entsprechend.

Wenn wir also in x_0 ein Maximum oder Minimum von f gefunden haben, so muss die erste Ableitung $f'(x_0)$ verschwinden. Umgekehrt kann man aus den Nullstellen der ersten Ableitung allein nicht auf ein Maximum oder Minimum von f schließen. Satz 9.5 liefert also eine notwendige, aber im Allgemeinen keine hinreichende Bedingung für ein lokales Extremum. Hinreichende Bedingungen erhalten wir über die zweite Ableitung der Funktion f.

Satz 9.6

Die Funktion $f : [a,b] \to \mathbb{R}$ sei stetig und in $\langle a,b\rangle$ zweimal stetig differenzierbar. Ferner sei $f'(x_0) = 0$ für ein $x_0 \in \langle a,b\rangle$. Dann gilt:

a) $f''(x_0) < 0 \Rightarrow x_0$ ist lokale Maximalstelle von f
   $f''(x_0) > 0 \Rightarrow x_0$ ist lokale Minimalstelle von f

b) $f''(x) < 0$ für alle $x \in \langle a,b\rangle \Rightarrow x_0$ ist einzige globale Maximalstelle von f
   $f''(x) > 0$ für alle $x \in \langle a,b\rangle \Rightarrow x_0$ ist einzige globale Minimalstelle von f

Beweis:

a) Für $f''(x_0) < 0$ existiert wegen der Stetigkeit von f'' ein offenes Intervall $\langle x_0 - r, x_0 + r\rangle$ mit $f''(x) < 0$ für alle $x \in \langle x_0 - r, x_0 + r\rangle$.
   $\Rightarrow$ f ist streng konkav in $[x_0 - r, x_0 + r]$ mit $f'(x_0) = 0$ (Satz 9.3 e)
   $\Rightarrow$ x_0 ist einzige lokale Maximalstelle von f
   Für $f''(x_0) > 0$ verläuft der Beweis entsprechend.

b) Der Beweis folgt direkt aus Satz 9.3 d, e.

Mit Satz 9.6 ist nun eine Verfahrensvorschrift zur Extremwertbestimmung bei konkreten Beispielen gegeben. Man ermittelt zunächst alle Nullstellen der ersten Ableitung und prüft anschließend für jede dieser Nullstellen nach, ob die zweite Ableitung positiv oder negativ ist. Je nachdem erhält man eine lokale Maximal- oder Minimalstelle. Anschließend bezieht man gegebenenfalls die beiden Randpunkte des Definitionsbereichs ein. Aus dem Vergleich der relevanten Funktionswerte erhält man die globalen Maximal- und Minimalstellen.

Für $f''(x_0) = 0$ ist nach Satz 9.6 keine Aussage möglich, wir werden auf dieses Problem in Abschnitt 9.3, Satz 9.12 zurückkommen.

Beispiel 9.7

a) Wir betrachten nochmals die quadratische Kostenfunktion sowie die dazugehörige Stückkostenfunktion aus Beispiel 9.4 a mit

$$c(x) = c_2x^2 + c_1x + c_0\,, \quad \frac{c(x)}{x} = c_2x + c_1 + \frac{c_0}{x} \text{ mit } c_0, c_1, c_2 > 0\,.$$

Da c für alle $x \geq 0$ und damit für jedes Intervall $[a,b] \subseteq \mathbb{R}_+$ streng monoton wachsend ist, tritt in $[a,b]$ das Kostenminimum für $x = a$ und das Kostenmaximum für $x = b$ auf.

Für die Stückkostenfunktion hatten wir

$$\left(\frac{c(x)}{x}\right)' = c_2 - \frac{c_0}{x^2}\,, \quad \left(\frac{c(x)}{x}\right)'' = \frac{2c_0}{x^3}\,.$$

Daraus ergibt sich für $x > 0$:

$$\left(\frac{c(x)}{x}\right)' = 0 \iff c_2 - \frac{c_0}{x^2} = 0 \iff x^2 = \frac{c_0}{c_2} \iff x = \sqrt{\frac{c_0}{c_2}}$$

$$\left(\frac{c(x)}{x}\right)'' > 0 \text{ für alle } x > 0\text{, also auch für } x = \sqrt{\frac{c_0}{c_2}}$$

Für $x = \sqrt{\frac{c_0}{c_2}}$ erhalten wir ein globales Minimum der Stückkosten.

Eine Stückkostenfunktion dieser Form ist aus der **Lagerhaltung** bekannt.

Wir betrachten den in Figur 9.11 dargestellten Lagerbestandsverlauf.

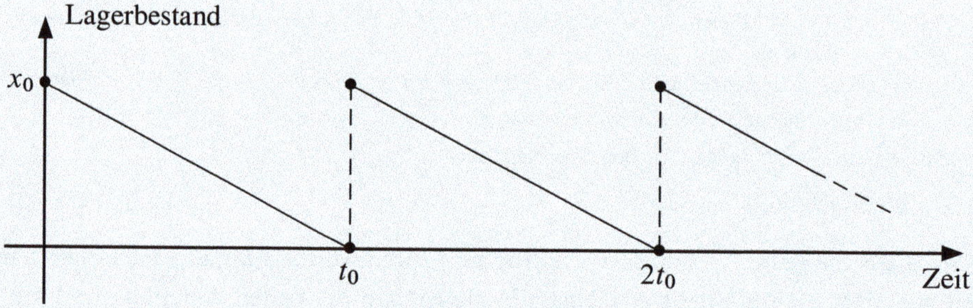

Figur 9.11: Lagerbestand bei konstanter Nachfrage pro Zeiteinheit und Bestellung in gleichen Zeitabständen $t_0, 2t_0, \ldots$

Wir bezeichnen mit

q	die konstante Nachfrage pro Zeiteinheit,
$t_0, 2t_0, \ldots$	die Bestellzeitpunkte,
$x_0 = qt_0$	die jeweilige Bestellmenge,
K_1	die Kosten für jede anfallende Bestellung,
K_2	die Lagerkosten pro Stück und Zeitpunkt.

Dem Anfangslagerbestand x_0 steht die Nachfrage q gegenüber, so dass das Lager zum Zeitpunkt t_0 leer ist und ohne Zeitverlust wieder auf den Bestand x_0 aufgefüllt wird. Dieser Prozess wiederholt sich periodisch (Figur 9.11).

Damit ergibt sich in einem Planungszeitraum $[0, T]$ mit $T = nt_0$ $(n \in \mathbb{N})$

$\frac{x_0 t_0 n}{2} = \frac{x_0 T}{2}$ für die gesamte Lagermenge in $[0, T]$,

$\frac{K_2 x_0 T}{2}$ für die gesamten Lagerkosten in $[0, T]$,

$n = \frac{qT}{x_0}$ für die Anzahl der Bestellungen in $[0, T]$,

$K_1 n = \frac{K_1 qT}{x_0}$ für die gesamten Bestellkosten in $[0, T]$.

Die Gesamtkosten k setzen sich zusammen aus den Lagerkosten und den Bestellkosten im Planungszeitraum $[0, T]$. Hat man zusätzlich fixe Kosten K_0, so erhalten wir

$$k(x_0) = \frac{K_2 x_0 T}{2} + \frac{K_1 qT}{x_0} + K_0 = c_2 x_0 + \frac{c_0}{x_0} + c_1$$

$$\text{mit } c_2 = \frac{1}{2} K_2 T\,, \quad c_0 = K_1 qT\,, \quad c_1 = K_0\,.$$

Für $x_0 = \sqrt{\frac{2K_1 q}{K_2}}$, bekannt als **Losgrößenformel** von **Harris** und **Wilson**, erhalten wir ein Minimum der Funktion.

Zur Berechnung des ersten Bestellzeitpunktes t_0 überlegt man sich, dass der Lagerbestand x im Intervall $[0, t_0]$ eine lineare Funktion der Zeit t ist mit $x(t) = x_0 - qt$.

$$\Rightarrow \quad x(t_0) = x_0 - qt_0 = 0 \quad \Rightarrow \quad t_0 = \frac{x_0}{q} = \sqrt{\frac{2K_1}{qK_2}}\,.$$

Mit wachsenden Bestellkosten K_1 bzw. fallenden Lagerkosten K_2 wächst die optimale Bestellmenge x_0 bzw. die Zeit t_0 zwischen zwei Bestellungen. Wächst die Nachfrage, so erhöht sich die Bestellmenge bzw. verringert sich die Zeit zwischen zwei Bestellungen.

b) Wir betrachten das Problem der Gewinnmaximierung einer Einproduktunternehmung bei **vollständiger Konkurrenz**, d. h., der Produktpreis ist für das einzelne Unternehmen exogen vorgegeben, und für den Fall eines **Angebotsmonopols**, d. h., die Nachfrage x ist eine Funktion des vom Anbieter gesetzten Preises p.

Im ersten Fall erhalten wir mit den Kosten $c(x)$ und dem Umsatz $u(x) = xp$ den Gewinn g mit

$$g(x) = u(x) - c(x) = xp - c(x) .$$

Der Gewinn $g(x)$ wird für $x = x_0$ maximal, falls gilt:

$$g'(x_0) = u'(x_0) - c'(x_0) = p - c'(x_0) = 0$$
$$g''(x_0) = -c''(x_0) < 0 \quad \text{bzw.} \quad c''(x_0) > 0$$

Bei vollständiger Konkurrenz sind im Gewinnmaximum die Grenzkosten $c'(x)$ gleich dem Preis. Wegen $c''(x_0) > 0$ sind die Kosten in einer Umgebung von x_0 streng konvex, bzw. wachsen die Grenzkosten streng monoton. Der Anbieter wird die Produktion erhöhen, falls die Grenzkosten unter dem Preis liegen, andernfalls wird er die Produktion senken (Figur 9.12).

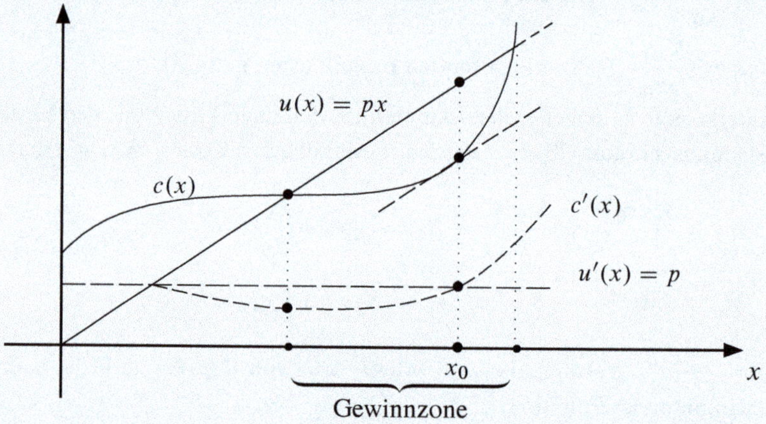

Figur 9.12: Gewinnmaximierung bei vollständiger Konkurrenz

Ist der Anbieter Monopolist, so erhalten wir mit einer streng monoton fallenden Nachfragefunktion $x = f(p)$ bzw. deren ebenfalls streng monoton fallenden Umkehrfunktion $p = f^{-1}(x)$ den Gewinn

$$g(x) = u(x) - c(x) = xf^{-1}(x) - c(x) .$$

Der Gewinn $g(x)$ wird für $x = x_1$ maximal, falls gilt:

$$g'(x_1) = u'(x_1) - c'(x_1) = f^{-1}(x_1) + x_1 f^{-1\prime}(x_1) - c'(x_1) = 0$$
$$g''(x_1) = u''(x_1) - c''(x_1) = 2f^{-1\prime}(x_1) + x_1 f^{-1\prime\prime}(x_1) - c''(x_1) < 0$$

Wegen $f^{-1\prime} < 0$ und $x \in \mathbb{R}_+$ ist im Gewinnmaximum $f^{-1}(x_1) - c'(x_1) > 0$. Der Preis $p_1 = f^{-1}(x_1)$ liegt über den Grenzkosten $c'(x_1)$ und auch über dem Grenzumsatz wegen $c'(x_1) = u'(x_1)$. Wegen $g''(x_1) < 0$ ist der Gewinn in einer Umgebung von x_1 streng konkav, der Grenzgewinn $g'(x_1)$ fällt streng monoton. Der Anbieter wird seine Produktion erhöhen, falls die Grenzkosten unter dem Grenzerlös liegen, andernfalls wird er die Produktion senken (Figur 9.13).

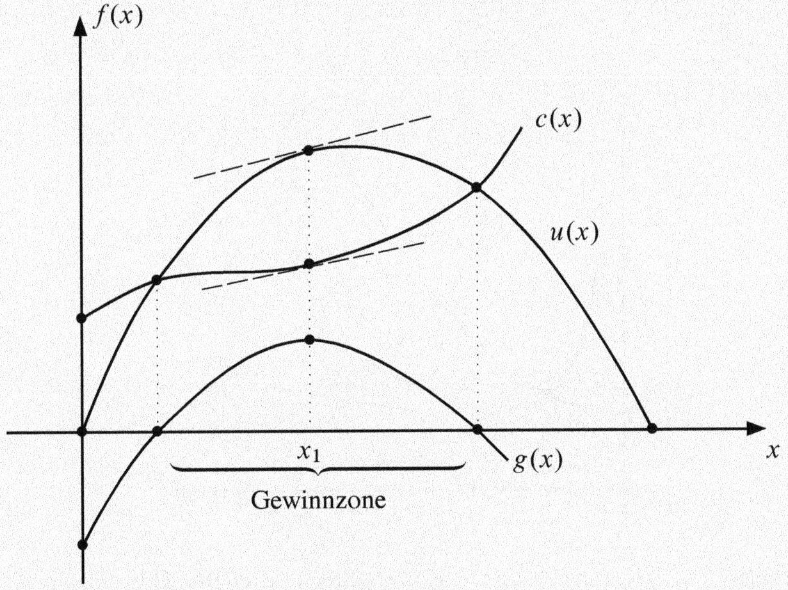

Figur 9.13: Gewinnmaximierung beim Angebotsmonopol

c) Wir betrachten eine Kostenfunktion c und die dazugehörige Stückkostenfunktion k mit $k(x) = \frac{c(x)}{x}$. Dann gilt für das Minimum der Stückkostenfunktion

$$k'(x) = \frac{xc'(x) - c(x)}{x^2} = 0\,.$$

Durch Umformung ergibt sich $c'(x) = \frac{c(x)}{x}$. Die Grenzkosten sind gleich den Stückkosten. In Figur 9.14 wählen wir die Funktionen $c,\ k$ mit

$$c(x) = 0.25x^2 + 1\,, \quad c'(x) = 0.5x\,, \quad k(x) = 0.25x + \frac{1}{x}$$

sowie

$$k'(x) = 0.25 - \frac{1}{x^2} = 0 \iff 0.25x^2 - 1 = 0$$
$$\iff x^2 = \frac{1}{0.25} \iff x = 2\,.$$

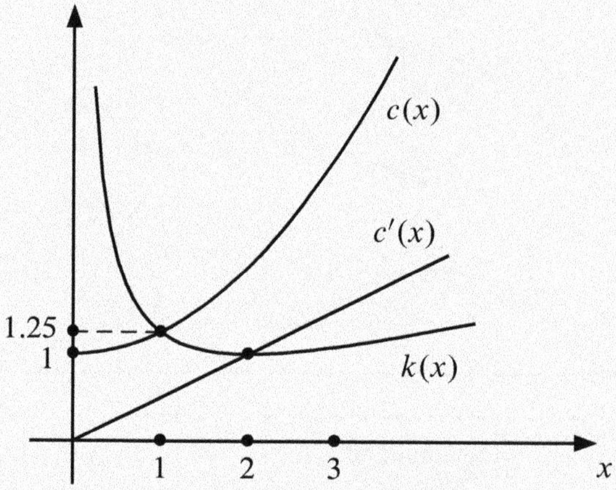

Figur 9.14: Zusammenhang von Kosten, Stückkosten und Grenzkosten

Wir erhalten zwei Schnittpunkte in Figur 9.14. Für $x = 1$ gilt $c(1) = k(1) = 1.25$. Für $x = 2$ gilt hier $c'(2) = k(2) = 1$. Wegen $k''(x) = \frac{2}{x^3} > 0$ für alle $x > 0$ minimiert der Wert $x = 2$ die Stückkosten.

Ist eine Funktion f im Intervall $[a, x_0]$ streng monoton fallend und in $[x_0, b]$ streng monoton wachsend, so ist x_0 eine Minimalstelle. Entsprechend erhält man mit x_0 eine Maximalstelle, wenn f im Intervall $[a, x_0]$ streng monoton wächst und in $[x_0, b]$ streng monoton fällt. Betrachten wir anstelle von Monotonieeigenschaften der angegebenen Art Konvexitäts- und Konkavitätseigenschaften, so erhalten wir einen neuen Begriff.

Definition 9.8

Eine in $\langle a, b\rangle$ differenzierbare Funktion hat in $x_0 \in \langle a, b\rangle$ einen **Wendepunkt**, wenn ein $r > 0$ existiert, so dass f in $[x_0 - r, x_0]$ streng konvex und in $[x_0, x_0 + r]$ streng konkav oder in $[x_0 - r, x_0]$ streng konkav und in $[x_0, x_0 + r]$ streng konvex ist. Gilt zusätzlich $f'(x_0) = 0$, so heißt x_0 auch **Terrassenpunkt**.

Ist x_0 ein Wende- oder Terrassenpunkt einer zweimal differenzierbaren Funktion, so folgt aus Satz 9.3 auch $f''(x_0) = 0$. Diese Bedingung ist notwendig, aber nicht hinreichend. Wir verweisen hierfür auf Abschnitt 9.3, Satz 9.12.

Beispiel 9.9

a) Wir betrachten die Funktion f mit $f(x) = 2x^3 - 9x^2 + 12x - 2$, deren Graphen (Beispiel 5.16, Figur 5.9) wir hier nochmals veranschaulichen (Figur 9.15). In Beispiel 5.21 c wurde ferner plausibel erläutert, dass f für $x_1 = 1$ ein lokales Maximum und für $x_2 = 2$ ein lokales Minimum besitzt. Wir werden diese Ergebnisse mit Hilfe der Differentialrechnung bestätigen.

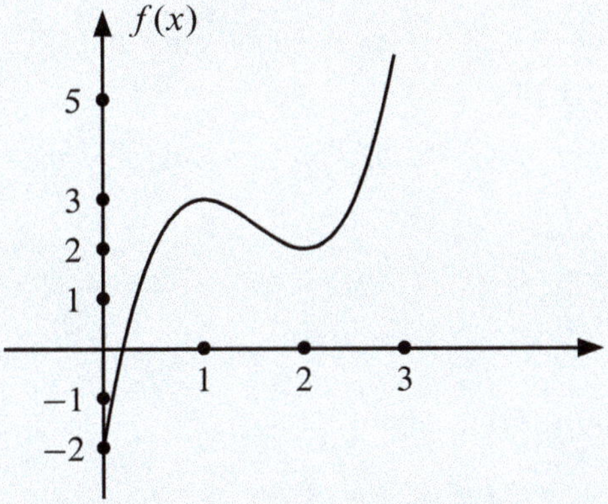

Figur 9.15: Graph der Funktion f

Es gilt:

$$\begin{aligned} f'(x) = 6x^2 - 18x + 12 = 0 &\iff x^2 - 3x + 2 = 0 \\ &\iff x = 1 \text{ oder } x = 2 \\ f'(x) > 0 &\iff x^2 - 3x + 2 > 0 \\ &\iff x > 2 \text{ oder } x < 1 \\ f'(x) < 0 &\iff x^2 - 3x + 2 < 0 \\ &\iff x \in \langle 1, 2\rangle \end{aligned}$$

$$f''(x) = 12x - 18 = 0 \iff x = 1.5$$
$$f''(x) > 0 \iff x > 1.5$$
$$f''(x) < 0 \iff x < 1.5$$

Damit ist die Funktion f für $x \in \langle -\infty, 1] \cup [2, \infty\rangle$ streng monoton wachsend und für $x \in [1, 2]$ streng monoton fallend. Ferner ist f für $x \geq 1.5$ streng konvex und für $x \leq 1.5$ streng konkav.

Wegen $f''(1) = -6 < 0$ ist $x = 1$ mit $f(1) = 3$ eine lokale Maximalstelle.

Wegen $f''(2) = 6 > 0$ ist $x = 2$ mit $f(2) = 2$ eine lokale Minimalstelle.

Wegen $\lim\limits_{x\to\infty} f(x) = \infty, \quad \lim\limits_{x\to-\infty} f(x) = -\infty$ existiert weder ein globales Maximum noch ein globales Minimum.

Für $x = 1.5$ erhalten wir einen Wendepunkt mit $f(1.5) = 2.5$.

b) Wir diskutieren die Funktion $f : \mathbb{R} \to \mathbb{R}$ mit $f(x) = e^{-(x-2)^2}$ und untersuchen sie auf Schnittpunkte mit den Koordinatenachsen, auf Extremalstellen, Wendepunkte, Monotonie, Konvexität und Konkavität. Es gilt:

$$f(x) > 0 \text{ für alle } x \in \mathbb{R} \Rightarrow \text{ es existiert kein } x \text{ mit } f(x) = 0$$
$$f(0) = e^{-4} \approx 0.0183$$

Wir berechnen

$$f'(x) = -2(x-2)e^{-(x-2)^2},$$
$$f''(x) = 4(x-2)^2e^{-(x-2)^2} - 2e^{-(x-2)^2} = (4x^2 - 16x + 14)e^{-(x-2)^2}$$

und erhalten

$$f'(x) = 0 \iff -2(x-2)e^{-(x-2)^2} = 0$$
$$\iff -2(x-2) = 0 \iff x = 2,$$
$$f''(2) = (16 - 32 + 14)e^0 = -2 < 0.$$

Die Funktion f besitzt in $x = 2$ eine Maximalstelle mit $f(2) = e^0 = 1$, eine Minimalstelle existiert nicht. Mit

$$f'(x) > 0 \iff -2(x-2) > 0 \iff x < 2$$

wächst f streng monoton für $x \leq 2$ und fällt streng monoton für $x \geq 2$.

Mit

$$f''(x) = 0 \iff 4x^2 - 16x + 14 = 0 \iff x = \frac{16 \pm \sqrt{256-224}}{8}$$
$$\iff x_1 \approx 2.7\,, \quad x_2 \approx 1.3\,,$$
$$f''(x) \geq 0 \iff 4x^2 - 16x + 14 \geq 0 \iff x \leq 1.3 \text{ oder } x \geq 2.7\,,$$
$$f''(x) \leq 0 \iff 4x^2 - 16x + 14 \leq 0 \iff x \in [1.3, 2.7]$$

ist f streng konvex für $x \in \langle -\infty, 1.3] \cup [2.7, \infty\rangle$, streng konkav für $x \in [1.3, 2.7]$ und besitzt die Wendepunkte $x_1 = 2.7$, $x_2 = 1.3$ (Figur 9.16).

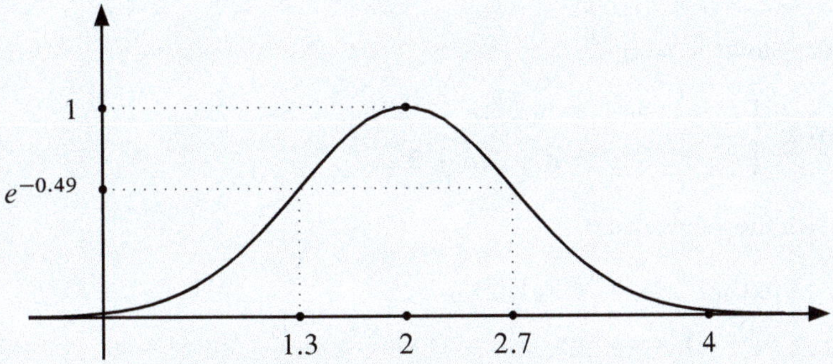

Figur 9.16: Graph der Funktion mit $f(x) = e^{-(x-2)^2}$

9.3 Approximation reeller Funktionen durch Polynome

In Kapitel 6 haben wir wichtige elementare Funktionen kennengelernt und einige ihrer Eigenschaften diskutiert. Während wir nun problemlos jeden Funktionswert eines Polynoms oder einer rationalen Funktion mit Hilfe der vier Grundrechenarten bestimmen können, ist dies beispielsweise bereits bei Wurzelfunktionen und vor allem bei transzendenten Funktionen nicht mehr möglich. Aus diesem Grunde befassen wir uns mit der Frage, wie man diese Funktionen durch möglichst einfache Funktionen, nämlich Polynome, näherungsweise darstellen kann.

Wir gehen von einer reellen Funktion $f : [a, b] \to \mathbb{R}$ aus, die in einem offenen Intervall $\langle x_0 - c, x_0 + c\rangle \subseteq [a, b]$ beliebig oft differenzierbar ist. Ferner sei ein Polynom p_n mit

$$p_n(x) = a_0 + a_1(x - x_0) + \ldots + a_n(x - x_0)^n = \sum_{i=0}^{n} a_i (x - x_0)^i \qquad (x_0 \in \mathbb{R})$$

gegeben.

Wir fordern nun, dass die Funktionswerte $f(x_0)$ und $p_n(x_0)$ sowie die Ableitungen $f^{(i)}(x_0)$ und $p_n^{(i)}(x_0)$ $(i = 1, \ldots, n)$ übereinstimmen.
Wir erhalten für p_n

$$\begin{aligned}
p_n'(x) &= a_1 + 2a_2(x - x_0) + 3a_3(x - x_0)^2 + \ldots + na_n(x - x_0)^{n-1}\,,\\
p_n''(x) &= 2a_2 + 3 \cdot 2a_3(x - x_0) + 4 \cdot 3a_4(x - x_0)^2 + \ldots\\
&\quad + n(n-1)a_n(x - x_0)^{n-2}\,,\\
p_n'''(x) &= 3!\, a_3 + 4 \cdot 3 \cdot 2a_4(x - x_0) + 5 \cdot 4 \cdot 3a_5(x - x_0)^2 + \ldots\,,\\
p_n^{(4)}(x) &= 4!\, a_4 + 5 \cdot 4 \cdot 3 \cdot 2a_5(x - x_0) + \ldots\\
&\vdots
\end{aligned}$$

und damit an der Stelle $x = x_0$

$$p_n{}^{(i)}(x_0) = \begin{cases} i!\, a_i & \text{für } i = 1, \ldots, n \\ 0 & \text{für } i = n+1, n+2, \ldots \end{cases}.$$

Daraus ergibt sich die Äquivalenz:

$$\begin{aligned}
f(x_0) &= p_n(x_0) \iff f(x_0) = a_0\\
f^{(i)}(x_0) &= p_n^{(i)}(x_0) \iff f^{(i)}(x_0) = i!\, a_i \iff \frac{1}{i!} f^{(i)}(x_0) = a_i \quad (i = 1, \ldots, n)
\end{aligned}$$

Definition 9.10

Das Polynom f_n mit

$$\begin{aligned}
f_n(x) &= f(x_0) + f'(x_0)(x - x_0) + \frac{f''(x_0)}{2!}(x - x_0)^2 + \ldots + \frac{f^{(n)}(x_0)}{n!}(x - x_0)^n\\
&= \sum_{i=0}^{n} \frac{f^{(i)}(x_0)}{i!}(x - x_0)^i \qquad \text{mit} \quad f^{(0)}(x_0) = f(x_0)
\end{aligned}$$

wird nach **B. Taylor** (1685–1731) als **Taylorpolynom** n-ten Grades von f an der Stelle x_0 bezeichnet.

Die folgende Aussage gibt nun darüber Auskunft, inwieweit Taylorpolynome eine gegebene Funktion f approximieren.

Satz 9.11

Die Funktion f sei im Intervall $\langle x_0 - c, x_0 + c\rangle$ beliebig oft differenzierbar. Dann gibt es zu jedem $x \in \langle x_0 - c, x_0 + c\rangle$ mit $x \neq x_0$ ein z zwischen x und x_0 mit

$$r_{n+1}(x) = f(x) - f_n(x) = f(x) - \sum_{i=0}^{n} \frac{f^{(i)}(x_0)}{i!}(x - x_0)^i$$
$$= \frac{f^{(n+1)}(z)}{(n+1)!}(x - x_0)^{n+1} .$$

Zum Beweis verweisen wir auf [Forster 1, S. 247–249].

Wegen $f(x_0) = f_n(x_0)$ beschreibt der Ausdruck $r_{n+1}(x)$ die Abweichung der Funktion f von f_n für alle $x \in \langle x_0 - c, x_0 + c\rangle$ mit $x \neq x_0$ und heißt **Restglied** nach **J. L. Lagrange** (1736–1813). Das Restglied hat die gleiche Gestalt wie die übrigen Polynomsummanden, abgesehen davon, dass die $(n+1)$-te Ableitung von f nicht an der Stelle x_0, sondern für ein z zwischen x und x_0 zu berechnen ist. Aus Satz 9.11 ergibt sich die **Taylorsche Formel**

$$f(x) = \sum_{i=0}^{n} \frac{f^{(i)}(x_0)}{i!}(x - x_0)^i + \frac{f^{(n+1)}(z)}{(n+1)!}(x - x_0)^{n+1} \quad (z \text{ zwischen } x \text{ und } x_0)$$
$$= \sum_{i=0}^{n} \frac{f^{(i)}(x_0)}{i!}(x - x_0)^i + r_{n+1}(x) ,$$

also für

$$n = 0: \quad f(x) = f(x_0) + f'(z)(x - x_0) ,$$

$$n = 1: \quad f(x) = f(x_0) + f'(x_0)(x - x_0) + \frac{f''(z)}{2!}(x - x_0)^2 ,$$

$$n = 2: \quad f(x) = f(x_0) + f'(x_0)(x - x_0) + \frac{f''(x_0)}{2!}(x - x_0)^2 + \frac{f'''(z)}{3!}(x - x_0)^3 .$$

Zunächst spielen Taylorpolynome bei der Bestimmung von Extremwerten und Wendepunkten eine bedeutende Rolle. Beispielsweise haben wir zur Ermittlung der Minimalstellen einer differenzierbaren Funktion f nach Satz 9.6 die Nullstellen von $f'(x)$ zu bestimmen. Jeder Wert x_0 mit $f'(x_0) = 0$ und $f''(x_0) > 0$ minimiert dann die Funktion f. Betrachten wir die Funktion f mit $f(x) = x^4$, so liegt ihr globales Minimum sicher bei $x = 0$. Andererseits ist jedoch

$$f'(x) = 4x^3 , \quad f''(x) = 12x^2 , \quad f'''(x) = 24x , \quad f^{(4)}(x) = 24 ,$$

$$\text{also} \quad f'(0) = f''(0) = f'''(0) = 0 , \quad f^{(4)}(0) = 24 > 0 .$$

Satz 9.6 liefert nur hinreichende Bedingungen für Extremalstellen. Ferner kann der Begriff des Wendepunktes zwar nach Definition 9.8 mit Hilfe von Konvexität und Konkavität erklärt werden, seine Bestimmung erscheint jedoch in diesem Fall recht aufwändig. Mit Hilfe der Taylorschen Formel bzw. Satz 9.11 sind wir in der Lage, Satz 9.6 zu verallgemeinern bzw. hinreichende Bedingungen zur Bestimmung von Wendepunkten anzugeben.

Satz 9.12

Die Funktion f sei in $\langle a, b\rangle$ beliebig oft differenzierbar. Ferner existiert ein $x_0 \in \langle a, b\rangle$ mit $f''(x_0) = f'''(x_0) = \ldots = f^{(n)}(x_0) = 0,\ f^{(n+1)}(x_0) \neq 0.$

a) $f'(x_0) = 0,\ f^{(n+1)}(x_0) > 0$ und $n + 1$ ist geradzahlig
$\Rightarrow x_0$ ist lokale Minimalstelle von f.

b) $f'(x_0) = 0,\ f^{(n+1)}(x_0) < 0$ und $n + 1$ ist geradzahlig
$\Rightarrow x_0$ ist lokale Maximalstelle von f.

c) $f^{(n+1)}(x_0) \neq 0$ und $n + 1$ ist ungeradzahlig
$\Rightarrow x_0$ ist Wendepunkt von f.
Gilt zusätzlich $f'(x_0) = 0$, so ist x_0 Terrassenpunkt.

Beweisidee:

a) Wegen $f'(x_0) = \ldots = f^{(n)}(x_0) = 0,\ f^{(n+1)}(x_0) > 0$ gilt für die Taylorformel

$$f(x) = f(x_0) + \frac{f^{(n+1)}(z)}{(n+1)!}(x - x_0)^{n+1} \qquad (z \text{ zwischen } x \text{ und } x_0)$$

mit $f^{(n+1)}(z) > 0$ sowie $(x - x_0)^{n+1} > 0$, da $n + 1$ geradzahlig.

Daraus folgt unmittelbar

$$f(x) > f(x_0),\ x_0 \text{ ist lokale Minimalstelle.}$$

b) Entsprechend beweist man im Fall $f^{(n+1)}(x_0) < 0$, dass x_0 lokale Maximalstelle von f ist.

c) Wegen $f''(x_0) = \ldots = f^{(n)}(x_0) = 0, f^{(n+1)}(x_0) \neq 0$ hat die Taylorformel für f folgende Form:

$$f(x) = f(x_0) + f'(x_0)(x - x_0) + \frac{f^{(n+1)}(z)}{(n+1)!}(x - x_0)^{n+1}$$

Entsprechend zu Teil a) zeigt man mit $f^{(n+1)}(x_0) > 0$ wegen $n + 1$ ungeradzahlig

$$f(x) > f(x_0) + f'(x_0)(x - x_0) \quad \text{für} \quad x > x_0\,,$$
$$f(x) < f(x_0) + f'(x_0)(x - x_0) \quad \text{für} \quad x < x_0\,.$$

Da die Gleichung $g(x) = f(x_0) + f'(x_0)(x - x_0)$ gerade die Tangente an f im Punkt x_0 charakterisiert, ist f für $x > x_0$ streng konvex, für $x < x_0$ streng konkav, also ist x_0 Wendepunkt von f (Definition 9.8).

Beispiel 9.13

a) Wir untersuchen die Funktion f mit $f(x) = -x^6 + 6x^4 + 1$ auf Extremalstellen, Wendepunkte, Monotonie, Konvexität und Konkavität:

$$f'(x) = -6x^5 + 24x^3 = -6x^3(x^2 - 4) = 0 \iff x = 0,\ 2, -2$$

$$f''(x) = -30x^4 + 72x^2 = -30 \cdot 16 + 72 \cdot 4 = -192 < 0 \quad \text{für } x = 2, -2$$

Wir erhalten mit $x_2 = 2$ sowie $x_3 = -2$ zwei lokale Maximalstellen von f mit $f(2) = f(-2) = 33$.

$$\begin{aligned} f''(x) = 0 &\iff x = 0 \text{ oder } -30x^2 + 72 = 0 \text{ bzw. } 30x^2 = 72 \\ &\iff x = 0, \sqrt{2.4}, -\sqrt{2.4}\,, \end{aligned}$$

$$\begin{aligned} f'''(x) &= -120x^3 + 144x \\ &= \begin{cases} -120(\sqrt{2.4})^3 + 144\sqrt{2.4} \neq 0 & \text{für } x = \sqrt{2.4} \\ 120(\sqrt{2.4})^3 - 144\sqrt{2.4} \neq 0 & \text{für } x = -\sqrt{2.4} \end{cases}. \end{aligned}$$

Wir erhalten mit $x_4 = \sqrt{2.4}$ sowie $x_5 = -\sqrt{2.4}$ zwei Wendepunkte von f mit $f(\sqrt{2.4}) = f(-\sqrt{2.4}) = 21.736$.

$$\begin{aligned} f'''(x) = 0 &\iff x = 0 \text{ oder } -120x^2 + 144 = 0 \text{ bzw. } 120x^2 = 144 \\ &\iff x = 0, \sqrt{1.2}, -\sqrt{1.2}\,, \end{aligned}$$

wobei $f'(\sqrt{1.2}) \neq 0,\ f'(-\sqrt{1.2}) \neq 0,\ f''(\sqrt{1.2}) \neq 0,\ f''(-\sqrt{1.2}) \neq 0$.

Damit sind die Werte $\sqrt{1.2}, -\sqrt{1.2}$ weder Extremalstellen noch Wendepunkte (Satz 9.12).

$$f^{(4)}(x) = -360x^2 + 144 > 0 \quad \text{für} \quad x = 0\,.$$

Wir erhalten mit $x_1 = 0$ eine lokale Minimalstelle von f mit $f(0) = 1$. Wegen $f(x) \to -\infty$ für $x \to \pm\infty$ sind die erhaltenen Maximalstellen global.

Zusammenfassung der Ergebnisse (Figur 9.17):

f besitzt eine lokale Minimalstelle für $x_1 = 0$,
zwei globale Maximalstellen für $x_2 = 2, x_3 = -2$,
zwei Wendepunkte für $x_4 = \sqrt{2.4}, x_5 = -\sqrt{2.4}$,
wächst streng monoton für $x \in \langle -\infty, -2]$ und $x \in [0, 2]$,
fällt streng monoton für $x \in [-2, 0]$ und $x \in [2, \infty\rangle$,
ist streng konkav für $x \in \langle -\infty, -\sqrt{2.4}]$ und $x \in [\sqrt{2.4}, \infty\rangle$,
ist streng konvex für $x \in [-\sqrt{2.4}, \sqrt{2.4}]$.

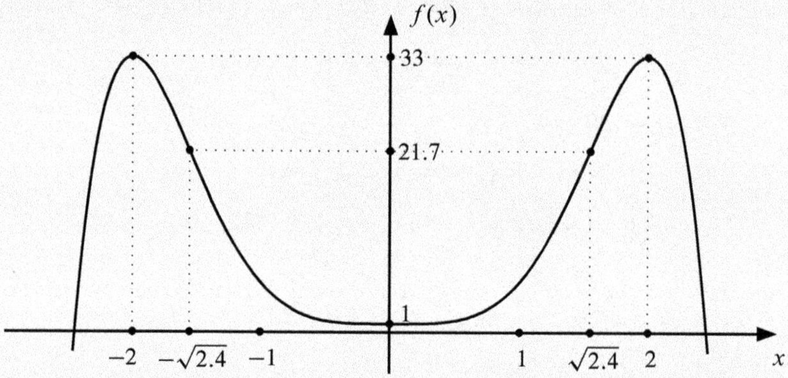

Figur 9.17: Graph der Funktion f mit $f(x) = -x^6 + 6x^4 + 1$

b) Wir betrachten nochmals die logistische Funktion (Beispiel 8.12 c, Figur 8.7) mit:

$$f(t) = 100(1 + 9e^{-t})^{-1} > 0 \quad \text{für alle } t \geq 0$$

$$f'(t) = -100(1 + 9e^{-t})^{-2}(-9e^{-t}) = 900e^{-t}(1 + 9e^{-t})^{-2} > 0 \text{ für alle } t$$

$$f''(t) = -900e^{-t}(1 + 9e^{-t})^{-2} - 900e^{-t} \cdot 2(1 + 9e^{-t})^{-3}(-9e^{-t})$$

$$= -900e^{-t}(1 + 9e^{-t})^{-2} + 16200e^{-2t}(1 + 9e^{-t})^{-3} = 0$$

$$\iff -900e^{-t}(1 + 9e^{-t}) + 16200e^{-2t} = 0$$

$$\iff -(1 + 9e^{-t}) + 18e^{-t} = 0$$

$$\iff -1 - 9e^{-t} + 18e^{-t} = -1 + 9e^{-t} = 0$$

$$\iff -e^t + 9 = 0 \iff e^t = 9 \iff t = \ln 9 \approx 2.2$$

$$f'''(t) = 900e^{-t}(1 + 9e^{-t})^{-2} + 1800e^{-t}(1 + 9e^{-t})^{-3}(-9e^{-t})$$
$$-32400e^{-2t}(1 + 9e^{-t})^{-3} - 48600e^{-2t}(1 + 9e^{-t})^{-4}(-9e^{-t})$$

Damit gilt für $t = \ln 9 \approx 2.2$ bzw. $9e^{-t} = 1$, $e^{-t} = \frac{1}{9}$, $e^{-2t} = \frac{1}{81}$ auch:

$$\begin{aligned} f'''(\ln 9) &= 100 \cdot 2^{-2} + 200 \cdot 2^{-3}(-1) - 32400\frac{1}{81}2^{-3} - 48600\frac{1}{81}2^{-4}(-1) \\ &= 25 - 25 - 50 + \frac{75}{2} < 0 \end{aligned}$$

Wir erhalten für $t = \ln 9$ einen Wendepunkt.

Soll nun ein Funktionswert $f(x)$ mit Hilfe der Taylorschen Formel näherungsweise berechnet werden, so wählt man x_0 in der Nähe von x so, dass $f(x_0)$ sowie die Ableitungen $f^{(i)}(x_0)$ leicht bestimmbar sind. Gelingt ferner eine Abschätzung $|r_{n+1}(x)| < r$, so hat man den Funktionswert $f(x)$ bis auf einen maximalen Fehler r bestimmt.

Beispiel 9.14

a) Gegeben sei f mit $f(x) = (1+x)^k$, $k \notin \mathbb{N} \cup \{0\}$. Damit ist f eine rationale Funktion für $k = -1, -2, \ldots$, andernfalls eine Potenzfunktion. Es gilt (Satz 8.11 e):

$$f'(x) = k(1+x)^{k-1}, \quad f''(x) = k(k-1)(1+x)^{k-2}$$

$$f'''(x) = k(k-1)(k-2)(1+x)^{k-3}$$

Für das Taylorpolynom und das Restglied mit $x_0 = 0$, $n = 2$ erhalten wir (Definition 9.10, Satz 9.11):

$$f_2(x) = f(0) + f'(0)x + \frac{f''(0)}{2!}x^2 = 1 + rx + \frac{k(k-1)}{2}x^2$$

$$r_3(x) = \frac{k(k-1)(k-2)}{3!}(1+z)^{k-3}x^3 \quad \text{mit} \quad z \in \langle 0, x\rangle$$

Damit berechnen wir näherungsweise $(1.2)^{\frac{1}{3}}$ bzw. $(0.5)^{\frac{2}{5}}$.

Im ersten Fall setzen wir $f(x) = (1+x)^k$ mit $x = 0.2$, $k = \frac{1}{3}$ und erhalten für $x_0 = 0$, $n = 2$:

$$f_2(0.2) = 1 + \frac{1}{3} \cdot 0.2 + \frac{1}{2} \cdot \frac{1}{3} \cdot \left(-\frac{2}{3}\right) \cdot 0.2^2 = 1.0622$$

$$\begin{aligned} r_3(0.2) &= \frac{1}{3!} \cdot \frac{1}{3} \cdot \left(-\frac{2}{3}\right) \cdot \left(-\frac{5}{3}\right) \cdot (1+z)^{-\frac{8}{3}} \cdot 0.2^3 \\ &= \frac{0.04}{81} \cdot (1+z)^{-\frac{8}{3}} < \frac{0.04}{81} \cdot 1 = 0.0005 \quad \text{für} \quad z \in \langle 0, 0.2\rangle \end{aligned}$$

Daraus folgt $f(0.2) \in \langle 1.0622, 1.0627\rangle$.

Im zweiten Fall setzen wir $f(x) = (1+x)^k$ mit $x = -0.5,\ k = 0.4$ und erhalten für $x_0 = 0,\ n = 2$:

$$f_2(-0.5) = 1 + 0.4(-0.5) + \frac{1}{2}(0.4)(-0.6)(-0.5)^2 = 0.77$$

$$\begin{aligned} r_3(-0.5) &= \frac{1}{3!}(0.4)(-0.6)(-1.6)(1+z)^{-2.6}(-0.5)^3 \\ &= -0.008(1+z)^{-2.6} > \frac{-0.008}{0.5^3} = -0.064 \quad \text{für} \quad z \in \langle -0.5, 0 \rangle \end{aligned}$$

Daraus folgt $f(-0.5) \in \langle 0.706, 0.77 \rangle$.

b) Für die Funktion e mit $e(x) = e^x$ gilt (Satz 8.11 c):

$$e'(x) = e''(x) = \ldots = e^{(n)}(x) = e^x$$

Für das Taylorpolynom und das Restglied mit $x_0 = 0,\ n = 3$ erhalten wir:

$$e_3(x) = e(0) + e'(0)x + \frac{e''(0)}{2!}x^2 = 1 + \frac{e'''(0)}{3!}x^3 = 1 + x + \frac{x^2}{2!} + \frac{x^3}{3!}$$

$$r_4(x) = \frac{e^{(4)}(z)}{4!}x^4 = \frac{e^z}{4!}x^4 \quad \text{mit} \quad z \in \langle 0, x \rangle$$

Für $e(x) = e^x$ mit $x = \frac{1}{2}$ gilt $e\left(\frac{1}{2}\right) = \sqrt{e}$ sowie

$$e_3\left(\frac{1}{2}\right) = 1 + \frac{1}{2} + \frac{1}{8} + \frac{1}{48} = 1.646\,,$$

$$r_4\left(\frac{1}{2}\right) = \frac{e^z}{4!}\left(\frac{1}{2}\right)^4 < \frac{3}{4!}\frac{1}{16} = \frac{1}{128} < 0.008 \quad \text{für} \quad z \in \langle 0, 0.5 \rangle\,.$$

Daraus folgt $e\left(\frac{1}{2}\right) = \sqrt{e} \in \langle 1.646, 1.654 \rangle$.
Für $e(x) = e^x$ mit $x = -1$ gilt $(e^{-1}) = e^{-1} = \frac{1}{e}$ sowie

$$e_3(-1) = 1 - 1 + \frac{1}{2} - \frac{1}{6} = \frac{1}{3}\,,$$

$$r_4(-1) = \frac{e^z}{4!}(-1)^4 < \frac{1}{4!} = 0.0417 \quad \text{für} \quad z \in \langle -1, 0 \rangle\,.$$

Daraus folgt $e(-1) = \frac{1}{e} \in \langle 0.3333, 0.375 \rangle$.

c) Für die Funktion g mit $g(x) = \ln x$ gilt (Satz 8.11 a, e):

$$g'(x) = x^{-1}\,, \qquad g''(x) = -x^{-2}\,,$$
$$g'''(x) = 2x^{-3}\,, \quad g^{(4)}(x) = -3!x^{-4}\,.$$

Für das Taylorpolynom und das Restglied mit $x_0 = 1$, $n = 4$ erhalten wir:

$$\begin{aligned} g_4(x) &= g(1) + g'(1)(x-1) + \frac{g''(1)}{2!}(x-1)^2 + \frac{g'''(1)}{3!}(x-1)^3 \\ &\quad + \frac{g^{(4)}(1)}{4!}(x-1)^4 \\ &= 0 + (x-1) - \frac{1}{2}(x-1)^2 + \frac{1}{3}(x-1)^3 - \frac{1}{4}(x-1)^4 \end{aligned}$$

$$r_5(x) = \frac{g^{(5)}(z)}{5!}(x-1)^5 \quad \text{mit} \quad z \in \langle 1, x\rangle$$

Für $g(x) = \ln x$ mit $x = 0.5$ gilt $g(0.5) = \ln 0.5$ sowie

$$g_4(0.5) = -0.5 - 0.125 - 0.042 - 0.016 = -0.683\,,$$

$$\begin{aligned} r_5(0.5) &= \frac{1}{5!}\,4!\,z^{-5}\,(-0.5)^5 = 0.00625 \cdot z^{-5} \\ &> -0.00625 \cdot 0.5^{-5} = -0.2 \quad \text{für} \quad z \in \langle 0.5, 1\rangle\,. \end{aligned}$$

Daraus folgt $g(0.5) \in \langle -0.703, -0.683\rangle$.

Eine Kontrolle der Ergebnisse mit dem Taschenrechner zeigt folgende Ergebnisse:

$(1.2)^{\frac{1}{3}} \approx 1.06266, \quad 0.5^{0.4} \approx 0.75796$ (Beispiel 9.14 a)

$e^{\frac{1}{2}} \approx \sqrt{e} = 1.64872, \quad e^{-1} = 0.368$ (Beispiel 9.14 b)

$\ln \frac{1}{2} = \ln 0.5 \approx -0.69315$ (Beispiel 9.14 c)

Abschließend geben wir die Taylorpolynome für einige wichtige transzendente Funktionen an.

Satz 9.15

a) $e^x = 1 + x + \frac{x^2}{2!} + \ldots \frac{x^n}{n!}$ für $x_0 = 0$

b) $\ln x = (x-1) - \frac{1}{2}(x-1)^2 + \ldots (-1)^{n-1} \frac{(x-1)^n}{n}$ für $x_0 = 1$

c) $\sin x = x - \frac{x^3}{3!} + \frac{x^5}{5!} - \ldots (-1)^n \frac{x^{2n+1}}{(2n+1)!}$ für $x_0 = 0$

d) $\cos(x) = 1 - \frac{x^2}{2!} + \frac{x^4}{4!} - \ldots (-1)^n \frac{x^{2n}}{(2n)!}$ für $x_0 = 0$

Zum Beweis berechnet man n Ableitungen der Funktionen und setzt diese in die Taylorpolynome ein.

Ohne Beweis stellen wir weiter fest, dass die in Satz 9.15 a, c, d nach Taylor entwickelten Funktionen für beliebige $x \in \mathbb{R}$ näherungsweise im Sinne von Beispiel 9.14 berechnet werden können. Das zentrale Argument dafür wurde in Beispiel 7.12 c dargestellt. Dort wurde nämlich gezeigt, dass die Folge (a_n) mit $a_n = \frac{k^n}{n!}$ für alle $k \in \mathbb{R}$ den Grenzwert 0 besitzt. Dagegen nehmen die Summanden der Taylorentwicklung von $\ln x$ nur dann ab, wenn gilt $|x - 1| < 1$. Daher lässt sich der Wert $\ln x$ nach Taylor näherungsweise nur für $x \in \langle 0, 2\rangle$ ermitteln. Beispielsweise empfiehlt es sich daher, zur Berechnung von $\ln 4.7$ das Taylorpolynom zur Funktion g mit $g(x) = \ln(4 + x)$ zu ermitteln und anschließend wie in Beispiel 9.14 c zu verfahren.

Im Bereich der **komplexen Zahlen** (Abschnitt 1.8) existiert nun ein interessanter Zusammenhang zwischen Satz 9.15 a und Satz 9.15 c, d, die so genannte **Eulersche Formel**.

Satz 9.16

Sei $\alpha + i\beta$ eine komplexe Zahl. Dann gilt die Gleichung

$$e^{(\alpha+i\beta)x} = e^{\alpha x} e^{i\beta x} = e^{\alpha x}(\cos \beta x + i \sin \beta x)\,.$$

Beweis:

Nach Satz 9.15 erhalten wir für $n \to \infty$

$$\begin{aligned} e^{i\beta x} &= 1 + i\beta x + \frac{(i\beta x)^2}{2!} + \frac{(i\beta x)^3}{3!} + \frac{(i\beta x)^4}{4!} + \frac{(i\beta x)^5}{5!} + \ldots \\ \cos \beta x &= 1 \qquad\quad - \frac{(\beta x)^2}{2!} \qquad\qquad + \frac{(\beta x)^4}{4!} \qquad\qquad \mp \ldots \\ i \sin \beta x &= \quad i\beta x \qquad\qquad - i\,\frac{(\beta x)^3}{3!} \qquad\qquad + i\,\frac{(\beta x)^5}{5!} \mp \ldots \end{aligned}$$

Addiert man die zweite und dritte Gleichung und berücksichtigt ferner $i^2 = -1, \quad i^3 = -i, \quad i^4 = 1$ (Abschnitt 1.8), so ergibt sich die erste Gleichung. Daraus folgt die Behauptung.

Wir wollen Überlegungen mit komplexen Argumenten nicht weiter vertiefen, benötigen aber diese eine Aussage im Rahmen der Lösung von linearen Differentialgleichungen und linearen Differentialgleichungssystemen, jeweils mit reellen Koeffizienten (Kapitel 23, 24).

10 Integration von Funktionen einer Variablen

In der Differentialrechnung befasst man sich generell mit der Problematik des Änderungsverhaltens einer Funktion in ihrem Definitionsbereich. Nun kehren wir die Fragestellung um.

Kann man eine Funktion, deren Änderungsverhalten wir kennen, rekonstruieren? Wir gehen dabei zunächst von einer Funktion f einer Variablen aus und suchen eine differenzierbare Funktion F, deren erste Ableitung F' an jeder Stelle x mit $f(x)$ übereinstimmt. Wir sprechen dann von einer **Stammfunktion** F zu f. Dabei zeigt sich, dass die Stammfunktion nicht eindeutig ist, vorausgesetzt, sie existiert überhaupt. Die Frage der **Existenz** stellt sich, wenn wir von einer Funktion f ausgehen, von der wir nicht wissen, ob sie als Ableitung einer anderen Funktion aufgefasst werden kann.

Die generelle Existenzfrage für Stammfunktionen werden wir in Abschnitt 10.1 zurückstellen. Stattdessen betrachten wir die wesentlichen elementaren Funktionen, für die Stammfunktionen mit Hilfe der Differentialrechnung direkt hergeleitet werden können. Wir sprechen in diesem Zusammenhang von **unbestimmten Integralen**. Die Vorgehensweise ist rein technischer Natur.

Um zu strengeren Existenzaussagen zu kommen, wählen wir in Abschnitt 10.2 einen alternativen Zugang zur Integralrechnung. Dabei gehen wir beispielsweise von dem Problem aus, die in Figur 10.1 angedeutete Fläche, begrenzt durch die x-Achse und den Graphen der Funktion f, im Intervall $[a, b]$ mit $a < b$ zu bestimmen.

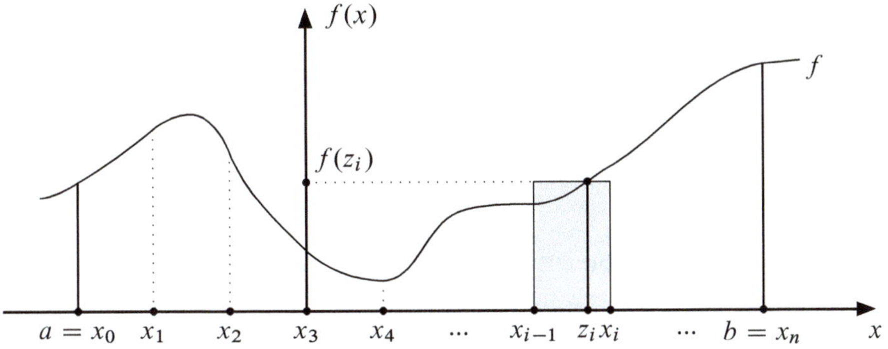

Figur 10.1: Flächeninhalt und Riemannsche Summe

Um diese Aufgabe zu lösen, zerlegen wir das abgeschlossene Intervall $[a, b]$ etwa in n gleichgroße Teilintervalle

$$[a, x_1],\ [x_1, x_2],\ \ldots,\ [x_{i-1}, x_i],\ \ldots,\ [x_{n-1}, b] \quad \text{mit} \quad a = x_0,\ b = x_n$$

und wählen aus jedem Teilintervall $[x_{i-1}, x_i]$ ein beliebiges z_i mit dem dazugehörigen Funktionswert $f(z_i)$ aus. Der Ausdruck $f(z_i)(x_i - x_{i-1})$ entspricht dann der Fläche des über dem Intervall $[x_{i-1}, x_i]$ entstehenden Rechtecks mit der Höhe $f(z_i)$. Durch Addition über alle i erhält man einen von n abhängigen Näherungswert für den gesuchten Flächeninhalt

$$R_n = \sum_{i=1}^{n} f(z_i)(x_i - x_{i-1}) ,$$

den wir nach **B. Riemann** (1826–1866) als **Riemannsche Summe** bezeichnen. Wenn wir nun die angegebene Unterteilung des Ausgangsintervalls $[a, b]$ immer feiner machen, indem wir die Anzahl n der Teilintervalle erhöhen, so verbessern wir damit den Näherungswert für die gesuchte Fläche, bis wir über eine Grenzwertbetrachtung die Fläche selbst erhalten. Diese bezeichnet man dann als **bestimmtes Integral**. Damit werden wir auch zu Existenzaussagen kommen. Schließlich stellen wir den Zusammenhang zwischen dem bestimmten und dem unbestimmten Integral her und übertragen die für unbestimmte Integrale abgeleiteten Regeln auf bestimmte Integrale.

Schließlich behandeln wir in Abschnitt 10.3 **uneigentliche Integrale**. Wir zeigen, dass ein bestimmtes Integral auch dann existieren kann, wenn eine oder beide Grenzen des Integrationsintervalls $[a, b]$ gegen $\pm\infty$ gehen oder die zu integrierende Funktion an einer Stelle des beschränkten Intervalls $[a, b]$ nicht definiert ist.

10.1 Das unbestimmte Integral

Beispiel 10.1

Wir suchen differenzierbare Funktionen $f_i : \mathbb{R} \to \mathbb{R}$ $(i = 1, \ldots, 4)$, für die die Ableitungen an jeder beliebigen Stelle $x \in \mathbb{R}$ durch die Gleichungen

$$f_1'(x) = 2 , \quad f_2'(x) = 3x , \quad f_3'(x) = e^x , \quad f_4'(x) = \cos x$$

gegeben sind. Wenn wir dazu die entsprechenden Differentiationsregeln aus Abschnitt 8.1 (Satz 8.4, 8.7, 8.11) nachschlagen, finden wir Lösungen wie beispielsweise

$$f_1(x) = 2x , \quad f_2(x) = \frac{3}{2}x^2 , \quad f_3(x) = e^x , \quad f_4(x) = \sin x .$$

In dieser Weise betrachten wir nun allgemein differenzierbare **reelle Funktionen einer unabhängigen Variablen** und kommen damit zum Begriff der Stammfunktion, ohne dabei Existenzprobleme weiter zu beachten.

Definition 10.2

Eine differenzierbare Funktion $F : D \to \mathbb{R}$, $D \subseteq \mathbb{R}$ heißt **Stammfunktion** der Funktion $f : D \to \mathbb{R}$, wenn $F'(x) = f(x)$ für alle $x \in D$ erfüllt ist.

Es zeigt sich, dass man zu jeder Funktion f gegebenenfalls mehrere, sogar unendlich viele Stammfunktionen finden kann, die glücklicherweise in einem engen Zusammenhang zueinander stehen.

Satz 10.3

Die reellen Funktionen $F, \hat{F} : D \to \mathbb{R}$, $D \subseteq \mathbb{R}$ seien differenzierbar in D und F sei eine Stammfunktion von $f : D \to \mathbb{R}$. Dann gilt die Äquivalenz:

$\hat{F}$ ist Stammfunktion von $f \iff \hat{F}(x) - F(x)$ ist konstant für alle x .

Beweis:

$$\begin{aligned}
\hat{F} \text{ Stammfunktion von } f \quad &\iff \quad \hat{F}'(x) = f(x) \quad \text{für alle} \quad x \in D \\
&\iff \quad \hat{F}'(x) - F'(x) = f(x) - f(x) = 0 \quad \text{für alle} \quad x \in D \\
&\iff \quad \hat{F}(x) - F(x) = c \quad \text{für alle} \quad x \in D
\end{aligned}$$

Hat man zu f eine Stammfunktion F gefunden, dann ist genau jede andere Funktion $\hat{F}$ mit $\hat{F}(x) = F(x) + c$ für alle $x \in D$ ebenfalls Stammfunktion von f.
In Beispiel 10.1 gilt damit

$$f_1(x) = 2x + c_1\,, \quad f_2(x) = \frac{3}{2}x^2 + c_2\,, \quad f_3(x) = e^x + c_3\,, \quad f_4(x) = \sin x + c_4$$

für beliebige $c_1, c_2, c_3, c_4 \in \mathbb{R}$.

Definition 10.4

Ist $F : D \to \mathbb{R}$ eine Stammfunktion von $f : D \to \mathbb{R}$, so heißt

$$\int f(x)\,dx = \int F'(x)\,dx = F(x) + c \quad \text{für beliebiges} \quad c \in \mathbb{R}$$

das **unbestimmte Integral** der Funktion f. Man bezeichnet ferner x als **Integrationsvariable**, $f(x)$ als den **Integranden** und c als **Integrationskonstante**.

Existiert für eine Funktion die Stammfunktion, so erhält man mit dem unbestimmten Integral alle Stammfunktionen, man spricht von einer **Schar von Stammfunktionen**.

Wir wollen nun wichtige unbestimmte Integrale mit Hilfe von Definition 10.2 berechnen. Da die unbestimmte Integration die Umkehrung der Differentiation darstellt, genügt es, jeweils die Gleichheit

$$F'(x) = \frac{d}{dx} \int f(x)\, dx = f(x)$$

nachzuweisen. Die wichtigsten Differentiationsformeln (Satz 8.4, 8.11) liefern entsprechende Integrationsformeln.

Satz 10.5

Sei f eine reelle Funktion und $c \in \mathbb{R}$ eine beliebige Konstante. Dann gilt:

a) $f(x) = a \ (a \in \mathbb{R}) \quad \Rightarrow \int f(x)\, dx = ax + c$

b) $f(x) = x^n \ (n \in \mathbb{N},\ x \in \mathbb{R}) \quad \Rightarrow \int f(x)\, dx = \frac{1}{n+1} x^{n+1} + c$

$f(x) = x^m \ (m = -2, -3, \ldots,\ x \neq 0) \quad \Rightarrow \int f(x)\, dx = \frac{1}{m+1} x^{m+1} + c$

$f(x) = x^r \ (r \in \mathbb{R},\ r \neq -1,\ x > 0) \quad \Rightarrow \int f(x)\, dx = \frac{1}{r+1} x^{r+1} + c$

c) $f(x) = x^{-1} \ (x \neq 0) \quad \Rightarrow \int f(x)\, dx = \ln|x| + c$

d) $f(x) = \sin x \ (x \in \mathbb{R}) \quad \Rightarrow \int f(x)\, dx = -\cos x + c$

$f(x) = \cos x \ (x \in \mathbb{R}) \quad \Rightarrow \int f(x)\, dx = \sin x + c$

e) $f(x) = e^x \ (x \in \mathbb{R}) \quad \Rightarrow \int f(x)\, dx = e^x + c$

$f(x) = a^x \ (a > 0,\ a \neq 1,\ x \in \mathbb{R}) \quad \Rightarrow \int f(x)\, dx = \frac{1}{\ln a} a^x + c$

Der Beweis folgt unmittelbar aus Satz 8.4, 8.11.

Sind die in Satz 10.5 behandelten elementaren Funktionen durch eine oder mehrere der vier Grundrechenarten verknüpft, so erhalten wir für die Integration bestimmte Regeln. Am einfachsten ist das Problem im Fall der Addition und Subtraktion von Funktionen oder der Multiplikation der Funktion mit einer Konstanten zu lösen.

Satz 10.6

Für die reellen Funktionen $f, g : D \to \mathbb{R},\ D \subseteq \mathbb{R}$ existiere das unbestimmte Integral. Dann gilt:

a) $\int (f(x) + g(x))\,dx = \int f(x)\,dx + \int g(x)\,dx$

b) $\int a f(x)\,dx = a \int f(x)\,dx$ für alle $a \in \mathbb{R}$

Der Beweis folgt direkt aus Satz 8.7.

Beispiel 10.7

Wir berechnen einige unbestimmte Integrale:

$$\begin{aligned}\int f_1(x)\,dx &= \int \left(1 + \sqrt{x} + 4x^3 - \frac{2}{x^2} + \frac{3}{x}\right) dx \\ &= \int 1\,dx + \int x^{\frac{1}{2}}\,dx + 4\int x^3\,dx - 2\int x^{-2}\,dx + 3\int x^{-1}\,dx \\ &= x + \frac{2}{3}x^{\frac{3}{2}} + x^4 + 2x^{-1} + 3\ln|x| + c = F_1(x) + c\end{aligned}$$

$$\begin{aligned}\int f_2(x)\,dx &= \int \left(e^{\frac{x}{2}} + 2^x - \cos 3x\right) dx \\ &= 2e^{\frac{x}{2}} + \frac{1}{\ln 2}2^x - \frac{1}{3}\sin 3x + c = F_2(x) + c\end{aligned}$$

Zur Überprüfung der Ergebnisse differenzieren wir F_1 und F_2:

$$F_1'(x) = 1 + x^{\frac{1}{2}} + 4x^3 - 2x^{-2} + 3x^{-1} = f_1(x)$$

$$F_2'(x) = e^{\frac{x}{2}} + 2^x - \cos 3x = f_2(x)$$

In beiden Fällen war das unbestimmte Integral nach Satz 10.6 in mehrere Einzelintegrale aufzuspalten. Dennoch kommen wir mit einer Integrationskonstanten c aus, die sich aus der additiven Zusammenfassung der Einzelkonstanten ergibt.

Im Gegensatz zur Summe zweier Funktionen ist das unbestimmte Integral des Produkts zweier Funktionen nicht mehr so einfach. Wir kommen zur Regel der **partiellen Integration**.

Satz 10.8

Für zwei stetig differenzierbare Funktionen $f, g\colon D \to \mathbb{R},\ D \subseteq \mathbb{R}$ gilt:

$$\int f(x)g'(x)\,dx = f(x)g(x) - \int f'(x)g(x)\,dx$$

Beweis:

Wir definieren $h\colon D \to \mathbb{R}$ mit $h(x) = f(x)g(x)$

$$h'(x) = f'(x)g(x) + f(x)g'(x) \qquad \text{(Satz 8.7 b)}$$

$$h(x) = \int (f'(x)g(x) + f(x)g'(x))\,dx = \int f'(x)g(x)\,dx + \int f(x)g'(x)\,dx$$

$$\Rightarrow \int f(x)g'(x)\,dx = f(x)g(x) - \int f'(x)g(x)\,dx$$

Beispiel 10.9

Wir betrachten einige Standardfälle zur Anwendung der partiellen Integration.

a)

$$\begin{aligned}\int (x^2+x)e^x\,dx &= \int f(x)g'(x)\,dx \quad \text{mit} \quad f(x) = x^2+x,\ g'(x) = e^x\\ &= f(x)g(x) - \int f'(x)g(x)\,dx\\ &= (x^2+x)e^x - \int (2x+1)e^x\,dx\end{aligned}$$

$$\begin{aligned}\int (2x+1)e^x\,dx &= \int f(x)g'(x)\,dx \quad \text{mit} \quad f(x) = 2x+1,\ g'(x) = e^x\\ &= f(x)g(x) - \int f'(x)g(x)\,dx\\ &= (2x+1)e^x - \int 2e^x\,dx = (2x+1)e^x - 2e^x + c\end{aligned}$$

Daraus resultiert die Lösung:

$$\begin{aligned}\int (x^2+x)e^x\,dx &= (x^2+x)e^x - (2x+1)e^x + 2e^x + c\\ &= (x^2-x+1)e^x + c = F(x) + c\end{aligned}$$

Durch Differenzieren der Lösung erhalten wir den Integranden:

$$F'(x) = (2x-1)e^x + (x^2-x+1)e^x = (x^2+x)e^x$$

Besteht der Integrand wie in diesem Beispiel aus dem Produkt eines Polynoms mit der Exponentialfunktion, so setzt man die Regel zur partiellen Integration stets in der

Form an, dass f das Polynom und g' die Exponentialfunktion darstellt. Durch die partielle Integration wird der Polynomgrad um 1 gesenkt, die Exponentialfunktion bleibt unverändert. Damit gibt der Polynomgrad die Anzahl der Rechenschritte an.

Ähnlich verfährt man, wenn der Integrand multiplikativ aus einem Polynom und der Sinus- oder Kosinusfunktion zusammengesetzt ist. Auch hier kommt man nach der Lösung des letzten Integrals mit einer Integrationskonstanten c aus.

b)
$$\begin{aligned}\int e^x \cdot \sin x\,dx &= \int f(x)g'(x)\,dx \quad \text{mit} \quad f(x) = \sin x,\ g'(x) = e^x\\ &= f(x)g(x) - \int f'(x)g(x)\,dx\\ &= \sin x \cdot e^x - \int \cos x \cdot e^x\,dx\end{aligned}$$

$$\begin{aligned}\int \cos x \cdot e^x\,dx &= \int f(x)g'(x)\,dx \quad \text{mit} \quad f(x) = \cos x,\ g'(x) = e^x\\ &= f(x)g(x) - \int f'(x)g(x)\,dx\\ &= \cos x \cdot e^x - \int (-\sin x)e^x\,dx\\ &= \cos x \cdot e^x + \int \sin x \cdot e^x\,dx\end{aligned}$$

Daraus resultiert die Lösung:

$$\begin{aligned}\int e^x \cdot \sin x\,dx &= \sin x \cdot e^x - \left(\cos x \cdot e^x + \int \sin x \cdot e^x\,dx\right)\\ &= \sin x \cdot e^x - \cos x \cdot e^x - \int \sin x \cdot e^x\,dx\end{aligned}$$

$$\Rightarrow\ 2\int e^x \cdot \sin x\,dx = e^x(\sin x - \cos x) + 2c$$

$$\Rightarrow\ \int e^x \cdot \sin x\,dx = \frac{e^x}{2}(\sin x - \cos x) + c = F(x) + c$$

Durch Differenzieren von $F(x) + c$ erhalten wir den Integranden mit

$$\begin{aligned}F'(x) &= \frac{e^x}{2}(\sin x - \cos x) + \frac{e^x}{2}\,(\cos x - (-\sin x))\\ &= \frac{e^x}{2} \cdot 2 \cdot \sin x = e^x \cdot \sin x\end{aligned}$$

Enthält der Integrand eine Sinus- oder Kosinusfunktion, so entsteht durch zweimalige partielle Integration manchmal das gesuchte Integral, so wie im letzten Beispiel bei multiplikativer Verknüpfung einer Sinus- oder Kosinusfunktion mit einer Exponentialfunktion. In diesem Fall fasst man die beiden Integrale auf einer Seite zusammen und fügt auf der anderen Seite die Integrationskonstante additiv hinzu.

c)
$$\begin{aligned}\int (3x^2-2)\ln x\,dx &= \int f(x)g'(x)\,dx \quad \text{mit} \quad f(x)=\ln x\\ &\qquad\qquad\qquad\qquad\qquad\quad g'(x)=3x^2-2\\ &= f(x)g(x) - \int f'(x)g(x)\,dx\\ &= \ln x\cdot(x^3-2x) - \int \frac{1}{x}(x^3-2x)\,dx\\ &= \ln x\cdot(x^3-2x) - \int (x^2-2)\,dx\\ &= (x^3-2x)\ln x - \frac{x^3}{3} + 2x + c = F(x)+c\end{aligned}$$

Durch Differenzieren von $F(x)+c$ erhalten wir den Integranden mit

$$F'(x) = (3x^2-2)\ln x + (x^3-2x)\frac{1}{x} - x^2 + 2 = (3x^2-2)\ln x$$

Verknüpft der Integrand ein Polynom multiplikativ mit der Logarithmusfunktion, so setzt man die Regel zur partiellen Integration stets in der Form an, dass die Logarithmusfunktion zu differenzieren ist. Dadurch entsteht ein Ausdruck der Form $\frac{1}{x}$, und nach einem Rechenschritt verschwindet der Logarithmus im Integranden.

d) Das unbestimmte Integral der Logarithmusfunktion fehlt in der Liste der elementaren Integrale von Satz 10.5. Wir werden es im nächsten Beispiel mit Hilfe partieller Integration berechnen.

$$\begin{aligned}\int \ln x\,dx &= \int f(x)g'(x)\,dx \quad \text{mit} \quad f(x)=\ln x,\ g'(x)=1\\ &= f(x)g(x) - \int f'(x)g(x)\,dx = \ln x\cdot x - \int \frac{1}{x}\cdot x\,dx\\ &= x\ln x - x + c = F(x)+c\end{aligned}$$

Durch Differenzieren erhalten wir auch hier den Integranden

$$F'(x) = 1\cdot\ln x + x\cdot\frac{1}{x} - 1 = \ln x\,.$$

Dieses umfangreiche Beispiel zeigt, dass die Integration komplizierterer Funktionen nicht durch einheitliche Verfahrensregeln bewältigt werden kann. Ist die Regel der partiellen Integration anzuwenden, so ist letzten Endes im Einzelfall zu überlegen, wie der Integrand in die Funktionen f und g' zerlegt werden muss. Ähnlich gelagert ist das Problem bei der nun folgenden **Substitutionsregel**, die oft bei zusammengesetzten Funktionen angewandt werden kann.

Satz 10.10

Die Funktion $f: D \to \mathbb{R}$, $D \subseteq \mathbb{R}$ besitze eine Stammfunktion F und $g: D_1 \to \mathbb{R}$, $D_1 \subseteq \mathbb{R}$, $g(D_1) \subseteq D$ sei stetig differenzierbar.

Dann existiert die zusammengesetzte Funktion

$$f \circ g: D_1 \to \mathbb{R} \quad \text{mit} \quad z = f(y) = f(g(x)) = (f \circ g)(x)$$

(Definition 5.5 sowie Abschnitt 5.2) und es gilt mit $y = g(x)$

$$\begin{aligned} \int f(g(x))g'(x)\,dx &= \int f(y)\,dy = F(y) + c = F(g(x)) + c \\ &= (F \circ g)(x) + c \quad \text{mit} \quad c \in \mathbb{R} \text{ beliebig.} \end{aligned}$$

Beweis:

Nach der Kettenregel der Differentiation (Satz 8.9 a) gilt:

$$\begin{aligned} &(F \circ g)'(x) = F'(g(x))g'(x) \\ \Rightarrow\ &(F \circ g)(x) + c = \int (F \circ g)'(x)\,dx = \int F'(g(x))g'(x)\,dx = \int f(g(x))g'(x)\,dx \end{aligned}$$

Bevor wir dazu konkrete Beispiele behandeln, leiten wir aus diesem Satz wesentliche Spezialfälle ab.

Satz 10.11

Die Funktion $f: D \to \mathbb{R}$ besitze eine Stammfunktion F und die Funktion $g: D \to \mathbb{R}$ sei differenzierbar. Dann gilt:

a) $\int f(ax+b)\,dx = \frac{1}{a}F(ax+b) + c$ für alle $a \neq 0,\ b \in \mathbb{R}$

b) $\int (g(x))^n g'(x)\,dx = \frac{1}{n+1}(g(x))^{n+1} + c$ für $n \in \mathbb{N}$

c) $\int \frac{g'(x)}{g(x)}\,dx = \ln|g(x)| + c$ für $g(x) \neq 0$

d) $\int \frac{g'(x)}{(g(x))^n}\,dx = \frac{-1}{(n-1)(g(x))^{n-1}} + c$ für $n \in \mathbb{N} \setminus \{1\}$

e) $\int g'(x)e^{g(x)}\,dx = e^{g(x)} + c$

Der Beweis erfolgt wie bei Satz 10.10 durch Anwendung der Kettenregel bei der Differentiation (Satz 8.9 a).

Beispiel 10.12

a) $\int \frac{2\,dx}{3x-1} = \frac{2}{3}\int \frac{g'(x)}{g(x)}\,dx$ mit $g(x) = 3x-1,\ g'(x) = 3,\ \frac{2}{3}g'(x) = 2$

$= \frac{2}{3}\ln|g(x)| + c$ (Satz 10.11 c)

$= \frac{2}{3}\ln|3x-1| + c = \ln\sqrt[3]{(3x-1)^2} + c$ (Satz 6.18 b)

b) $\int \sin x \cos x\,dx = \int g(x)g'(x)\,dx$ mit $g(x) = \sin x,\ g'(x) = \cos x$

$= \frac{1}{2}(g(x))^2 + c = \frac{1}{2}\sin^2 x + c$ (Satz 10.11 b)

c) $\int \sqrt{1+2x}\,dx = \int f(1+2x)\,dx \quad \text{mit} \quad f(1+2x) = (1+2x)^{\frac{1}{2}}$

$$= \frac{1}{2}F(1+2x) + c \qquad \text{(Satz 10.11 a)}$$

$$= \frac{1}{2}\cdot\frac{2}{3}(1+2x)^{\frac{3}{2}} + c = \frac{1}{3}\sqrt{(1+2x)^3} + c$$

d) $\int x^2\sqrt{x^3-1}\,dx = \frac{1}{3}\int f(g(x))g'(x)\,dx$

$$\text{mit} \quad g(x) = x^3-1, \; g'(x) = 3x^2, \; \frac{1}{3}g'(x) = x^2,$$

$$f(g(x)) = \sqrt{g(x)} = g(x)^{\frac{1}{2}} = (x^3-1)^{\frac{1}{2}}$$

$$= \frac{1}{3}F(g(x)) + c \qquad \text{(Satz 10.10)}$$

$$= \frac{1}{3}\cdot\frac{2}{3}g(x)^{\frac{3}{2}} + c = \frac{2}{9}\sqrt{(x^3-1)^3} + c$$

e) $\int \frac{6x^2-2}{x^3-x+5}\,dx = 2\int \frac{g'(x)}{g(x)}\,dx \quad \text{mit} \quad g(x) = x^3-x+5,$

$$g'(x) = 3x^2-1, \; 2g'(x) = 6x^2-2$$

$$= 2\ln|g(x)| + c = 2\ln\left|x^3-x+5\right| + c \qquad \text{(Satz 10.11 c)}$$

f) $\int (4x-2)e^{x^2-x+2}\,dx = 2\int e^{g(x)}g'(x)\,dx$

$$\text{mit} \quad g(x) = x^2-x+2,$$

$$g'(x) = 2x-1, \; 2g'(x) = 4x-2$$

$$= 2e^{g(x)} + c = 2e^{x^2-x+2} + c \qquad \text{(Satz 10.11 e)}$$

Das Beispiel zeigt, dass die Substitutionsregel darauf abzielt, Integrale zu lösen, in denen der Integrand multiplikativ eine zusammengesetzte Funktion $f \circ g$ mit der Ableitung g' der inneren Funktion verknüpft, wie beispielsweise bei

$$\begin{array}{ll} \sqrt{x^3-1}\cdot x^2 & \text{(Beispiel 10.12 d)},\\ (x^3-x+5)^{-1}(6x^2-2) & \text{(Beispiel 10.12 e)},\\ e^{x^2-x+2}(4x-2) & \text{(Beispiel 10.12 f)}. \end{array}$$

Während nun Polynome generell nach Satz 10.6 integriert werden können und wieder Polynome ergeben, können wir bisher gebrochen-rationale Funktionen nur dann integrieren, wenn der Zähler bis auf eine multiplikative Konstante die Ableitung des Nenners ist (Satz 10.11 c, Beispiel 10.12 a, e) oder sich eine der in Satz 10.11 b oder 10.11 d beschriebenen Formen erkennen lässt.

Beispiel 10.13

a) Wir berechnen das unbestimmte Integral $\int \frac{dx}{x^2-1}$ für $x \neq \pm 1$ und führen zunächst eine Partialbruchzerlegung durch (Satz 6.7, Beispiel 6.8).

$$\frac{1}{x^2-1} = \frac{a}{x+1} + \frac{b}{x-1} \quad \Rightarrow \quad 1 = a(x-1) + b(x+1)$$

Durch Koeffizientenvergleich ergibt sich

$$\left.\begin{array}{r} a+b=0 \\ -a+b=1 \end{array}\right\} \Rightarrow a = -\frac{1}{2}, \quad b = \frac{1}{2}$$

und damit die Gleichung

$$\frac{1}{x^2-1} = -\frac{1}{2(x+1)} + \frac{1}{2(x-1)}.$$

Daraus folgt für das Integral:

$$\begin{aligned} \int \frac{dx}{x^2-1} &= \int \left(\frac{1}{2(x-1)} - \frac{1}{2(x+1)} \right) dx = \frac{1}{2} \int \frac{dx}{x-1} - \frac{1}{2} \int \frac{dx}{x+1} \\ &= \frac{1}{2} \ln|x-1| - \frac{1}{2} \ln|x+1| + c \\ &= \ln\sqrt{|x-1|} - \ln\sqrt{|x+1|} + c \\ &= \ln\sqrt{\frac{|x-1|}{|x+1|}} + c = F(x) + c \end{aligned}$$

Wir bestätigen das Ergebnis für $x > 1$ durch Differenzieren von F.

$$F'(x) = \frac{\frac{1}{2}(x-1)^{-\frac{1}{2}}}{(x-1)^{\frac{1}{2}}} - \frac{\frac{1}{2}(x+1)^{-\frac{1}{2}}}{(x+1)^{\frac{1}{2}}} = \frac{1}{2(x-1)} - \frac{1}{2(x+1)}$$

$$= \frac{(x+1)-(x-1)}{2(x^2-1)} = \frac{1}{x^2-1} \qquad \text{(Satz 8.11 a, 8.9 a)}$$

Das gleiche Resultat erhält man für $x < -1$ oder $x \in \langle -1, 1 \rangle$.

b) Wir berechnen das unbestimmte Integral $\displaystyle\int \frac{2x^4 + x^3 - 12x^2 - 9x - 14}{x^4 - 3x^2 - 4}\, dx$.

Da der Integrand keine echt-gebrochen-rationale Funktion ist (Definition 6.4), beginnen wir mit einer Polynomdivision (Beispiel 6.6).

$$\begin{array}{l} (\;2x^4 + x^3 - 12x^2 - 9x - 14\;) : (x^4 - 3x^2 - 4) = 2 \\ \underline{-2x^4 \qquad\quad + 6x^2 \qquad\quad + 8} \\ \qquad\quad x^3 - 6x^2 - 9x - 6 \end{array}$$

Daraus folgt:

$$\frac{2x^4 + x^3 - 12x^2 - 9x - 14}{x^4 - 3x^2 - 4} = 2 + \frac{x^3 - 6x^2 - 9x - 6}{x^4 - 3x^2 - 4}$$

Mit $x^4 - 3x^2 - 4 = (x^2+1)(x^2-4) = (x^2+1)(x+2)(x-2)$ führen wir eine Partialbruchzerlegung durch.

$$\frac{x^3 - 6x^2 - 9x - 6}{x^4 - 3x^2 - 4} = \frac{ax+b}{x^2+1} + \frac{c}{x+2} + \frac{d}{x-2}$$

$$\Rightarrow x^3 - 6x^2 - 9x - 6 = (ax+b)(x^2-4) + c(x-2)(x^2+1) + d(x+2)(x^2+1)$$

Durch Koeffizientenvergleich ergibt sich

$$\begin{aligned} 1 &= a + c + d \\ -6 &= b - 2c + 2d \\ -9 &= -4a + c + d \\ -6 &= -4b - 2c + 2d \end{aligned}$$

und wir erhalten $a = 2,\ b = 0,\ c = 1,\ d = -2$.

Die gesuchte Zerlegung ist

$$\frac{2x^4 + x^3 - 12x^2 - 9x - 14}{x^4 - 3x^2 - 4} = 2 + \frac{2x}{x^2+1} + \frac{1}{x+2} - \frac{2}{x-2}.$$

Daraus folgt für das Integral:

$$\int \frac{2x^4 + x^3 - 12x^2 - 9x - 14}{x^4 - 3x^2 - 4} dx = \int \left(2 + \frac{2x}{x^2+1} + \frac{1}{x+2} - \frac{2}{x-2}\right) dx$$

$$= 2x + \ln\left|x^2+1\right| + \ln|x+2| - 2\ln|x-2| + c \qquad \text{(Satz 10.11 c)}$$

$$= 2x + \ln(x^2+1) + \ln|x+2| - \ln(x-2)^2 + c$$

$$= 2x + \ln \frac{(x^2+1)\,|x+2|}{(x-2)^2} + c \qquad \text{(Satz 6.18 b)}$$

Mit Hilfe der Polynomdivision und Partialbruchzerlegung sind wir prinzipiell in der Lage, alle rationalen Funktionen zu integrieren. Im Fall allgemeiner Wurzelfunktionen wird die Problematik schwieriger, wir begnügen uns in diesem Fall mit Beispielen, die mit Hilfe geeigneter Substitution (Satz 10.10, 10.11) gelöst werden können, und verweisen im Übrigen auf [Forster 1, S. 206–214].

10.2 Bestimmtes Integral und Flächenberechnung

Wir kommen zurück zu dem Problem, eine durch den Graphen einer beschränkten Funktion f und die x-Achse im Intervall $[a,b] \subseteq \mathbb{R}$ mit $a < b$ begrenzte Fläche zu bestimmen (Figur 10.1). In Anlehnung an die Bildung von **Riemannschen Summen** unterteilen wir das abgeschlossene Intervall $[a,b]$ wieder in n gleich große Teilintervalle

$$[a,x_1],\ [x_1,x_2],\ \ldots\ ,\ [x_{i-1},x_i],\ \ldots\ ,\ [x_{n-1},b] \text{ mit } a = x_0,\ b = x_n$$

und wählen in jedem Teilintervall $[x_{i-1},x_i]$ die Werte, in denen die Funktion f ihr Minimum bzw. ihr Maximum annimmt (Figur 10.2). Dies ist zunächst für jede stetige Funktion möglich, da diese in einem abgeschlossenen und beschränkten Intervall sowohl ihr Minimum als auch ihr Maximum erreicht (Satz 7.24). Wir erhalten für alle $i = 1,\ldots,n$

$$f(u_i) = \min\{f(x)\colon x \in [x_{i-1},x_i]\}\ ,$$

$$f(v_i) = \max\{f(x)\colon x \in [x_{i-1},x_i]\}\ .$$

Wir setzen ferner zunächst $f(x) \geq 0$ für alle $x \in [a,b]$ voraus.

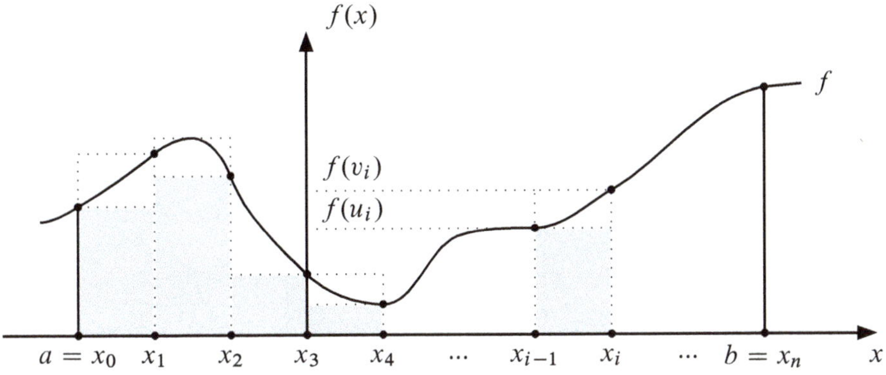

Figur 10.2: Unter- und Oberschranken des Flächeninhalts

Nun können wir in Abhängigkeit der Anzahl n von Teilintervallen eine untere und eine obere Schranke für den wahren Flächeninhalt I angeben (Figur 10.2), und es gilt:

$$I^n_{\min} \leq I \leq I^n_{\max} \qquad \text{mit}$$

$$I^n_{\min} = \sum_{i=1}^{n} f(u_i)(x_i - x_{i-1}) \, , \quad I^n_{\max} = \sum_{i=1}^{n} f(v_i)(x_i - x_{i-1}) \, .$$

Verfeinert man nun die Unterteilung von $[a, b]$, indem man n erhöht, so erhält man Folgen $(I^n_{\min})$ und $(I^n_{\max})$.

Definition 10.14

Die Funktion $f : [a, b] \to \mathbb{R}$ sei beschränkt.

Existieren für $n \to \infty$ die Grenzwerte der Folgen $(I^n_{\min})$ und $(I^n_{\max})$ und gilt

$$\lim_{n\to\infty} I^n_{\min} = \lim_{n\to\infty} I^n_{\max} = I \, ,$$

so heißt die Funktion f **(Riemann-)integrierbar** im Intervall $[a, b]$. Man schreibt

$$I = \int_a^b f(x)\,dx$$

und bezeichnet entsprechend Definition 10.4 den Ausdruck I als **bestimmtes Integral** von f im Intervall $[a, b]$, ferner x als **Integrationsvariable**, $f(x)$ als den **Integranden** und a, b als **Integrationsgrenzen**.

Das bestimmte Integral ist also eine reelle Zahl, die einen Flächeninhalt ausweist, während das unbestimmte Integral eine Schar von Funktionen beschreibt (Definition 10.4).

Beispiel 10.15

Wir berechnen die bestimmten Integrale I_1, I_2 und I_3 von $f_1, f_2, f_3 : \mathbb{R} \to \mathbb{R}$ mit $f_1(x) = 1,\ f_2(x) = x,\ f_3(x) = x^2$, jeweils im Intervall $[0, a]$, und geben eine graphische Interpretation.

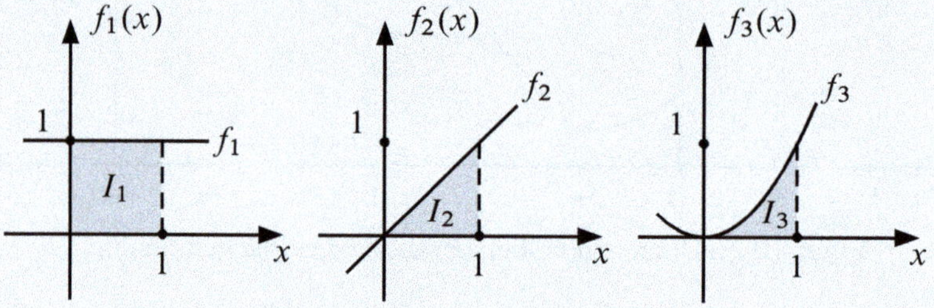

Figur 10.3: Bestimmte Integrale der Funktionen f_1, f_2, f_3 in $[0, 1]$

Offenbar gilt $I_1 = \int_0^1 f_1(x)\,dx = \int_0^1 1\,dx = 1,\ I_2 = \int_0^1 f_2(x)\,dx = \int_0^1 x\,dx = \frac{1}{2}.$

Im Fall von f_3 betrachten wir die Teilintervalle $[0, 0.1], [0.1, 0.2], \ldots, [0.9, 1]$. Entsprechend Figur 10.2 bestimmen wir mit $f_3(x) = x^2$

$$I_{\min}^{10} = 0 \cdot 0.1 + (0.1)^2 \cdot 0.1 + (0.2)^2 \cdot 0.1 + \ldots + (0.9)^2 \cdot 0.1 = 0.285\,,$$

$$I_{\max}^{10} = 0.1^2 \cdot 0.1 + (0.2)^2 \cdot 0.1 + (0.3)^2 \cdot 0.1 + \ldots + 1^2 \cdot 0.1 = 0.385$$

und es gilt:

$$I_{\min} = 0.285 < I = \int_0^1 x^2\,dx < I_{\max} = 0.385$$

Ohne Beweis formulieren wir das Ergebnis für eine Teilintervallbreite von $\frac{1}{n}$ mit $n \to \infty$:

$$\lim_{n\to\infty} I_{\min}^n = \lim_{n\to\infty} I_{\max}^n = I = \int_0^1 x^2\,dx = \frac{1}{3}$$

Die Ergebnisse von Beispiel 10.15 deuten an, dass zwischen dem bestimmten und unbestimmten Integral einer Funktion ein enger Zusammenhang besteht, der an dieser Stelle natürlich noch nicht bekannt ist.

Beispielsweise gilt:

$$\int 1\,dx = x + c\,, \quad \int x\,dx = \frac{x^2}{2} + c\,, \quad \int x^2\,dx = \frac{x^3}{3} + c$$

$$\int_0^1 1\,dx = 1\,, \quad \int_0^1 x\,dx = \frac{1^2}{2}\,, \quad \int_0^1 x^2\,dx = \frac{1^3}{3}$$

Bevor wir nun den genauen Zusammenhang aufdecken können, benötigen wir noch einige Aussagen über bestimmte Integrale.

Satz 10.16

Gegeben seien die integrierbaren Funktionen $f, g\colon [a,b] \to \mathbb{R}$. Dann gilt:

a) $\int_a^b cf(x)\,dx = c \int_a^b f(x)\,dx$ für alle $c \in \mathbb{R}$ (Satz 10.6 b)

b) $f(x) \leq g(x)$ für alle $x \in [a,b] \Rightarrow \int_a^b f(x)\,dx \leq \int_a^b g(x)\,dx$

c) $\int_a^b f(x)\,dx = \int_a^c f(x)\,dx + \int_c^b f(x)\,dx$ für alle $c \in \langle a,b\rangle$

Anstatt eines strengen Beweises [Forster 1, S. 188, 199] werden wir die Aussagen von Satz 10.16 mit Hilfe von Figur 10.4 exemplarisch nachweisen.

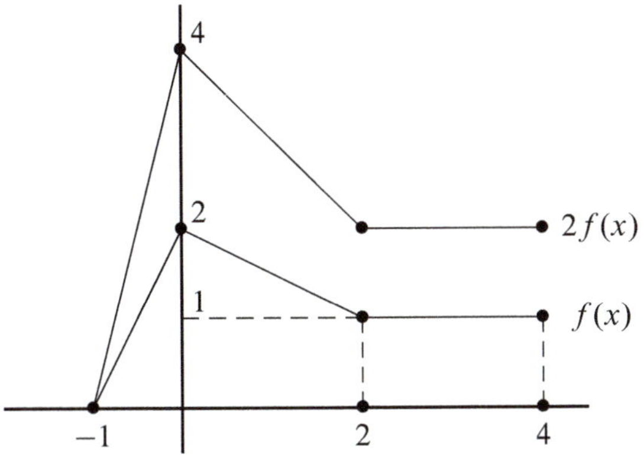

Figur 10.4: Kurvenverläufe $f(x), g(x) = 2f(x)$ mit $x \in [a,b]$

a) Beispielsweise erhalten wir für die Flächen unter $f(x)$ bzw. $2f(x)$

$$\int_{-1}^{4} f(x)\,dx \;= 1+1+2+2=6\,,$$

$$\int_{-1}^{4} 2f(x)\,dx = 2+2+4+4=12=2\int f(x)\,dx\,.$$

b) Alle Funktionswerte von f sind kleiner oder gleich den Funktionswerten von g, mit $g(x)=2f(x)$. Damit ist die Fläche unter g auch größer oder gleich der Fläche unter f.

c) Die Fläche unter f im Intervall $[-1,4]$ kann aufgespalten werden in die Flächen unter f im Intervall $[-1,2]$ zuzüglich $[2,4]$.

Betrachten wir nun die Aussage des Satzes 10.16 a für $c=-1$ und $f(x)\geq 0$ für alle $x\in[a,b]$, so folgt mit $g(x)=-f(x)\leq 0$ für alle $x\in[a,b]$

$$\int_a^b g(x)\,dx = \int_a^b (-f(x))\,dx = -\int_a^b f(x)\,dx \leq 0\,.$$

In Figur 10.5 stellen wir eine stetige Funktion f dar, die positive und negative Werte annimmt.

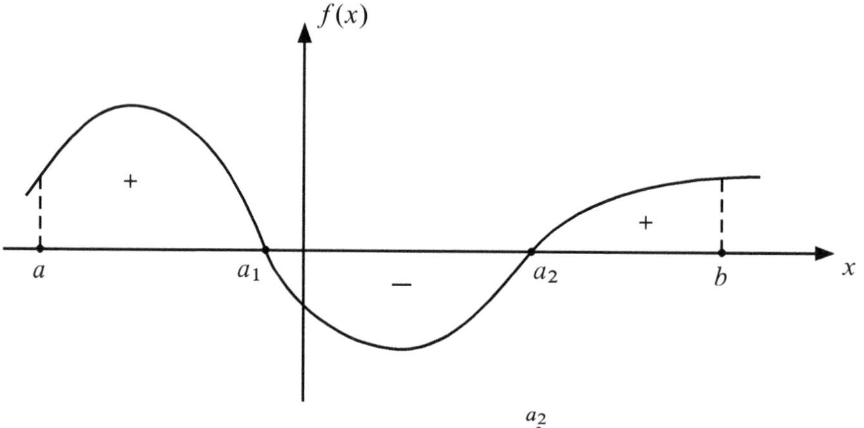

Figur 10.5: Funktion f mit $\int_{a_1}^{a_2} f(x)\,dx < 0$

Wir erhalten

$$\int_a^{a_1} f(x)\,dx > 0\,, \quad \int_{a_1}^{a_2} f(x)\,dx < 0\,, \quad \int_{a_2}^{b} f(x)\,dx > 0$$

und nach Satz 10.16 c

$$\int_a^b f(x)\,dx = \int_a^{a_1} f(x)\,dx + \int_{a_1}^{a_2} f(x)\,dx + \int_{a_2}^{b} f(x)\,dx\,.$$

Das bestimmte Integral von f in $[a,b]$ ergibt sich aus der Summe der Flächen zwischen a und a_1 bzw. a_2 und b abzüglich der Fläche zwischen a_1 und a_2. Um die **absolute Gesamtfläche** zu erhalten, hat man den Ausdruck

$$\int_{a_1}^{a_2} f(x)\,dx \quad \text{durch} \quad \left|\int_{a_1}^{a_2} f(x)\,dx\right| \quad \text{bzw.} \quad \int_{a_1}^{a_2} |f(x)|\,dx$$

zu ersetzen.

Das bestimmte Integral und die absolute Gesamtfläche, die durch den Graphen einer Funktion und die x-Achse in $[a,b]$ begrenzt ist (Figur 10.5), sind also nicht immer gleich. Zielt daher eine Aufgabenstellung auf eine Flächenberechnung der beschriebenen Art ab, so ist über eine Nullstellenbestimmung zu klären, in welchen Teilintervallen das bestimmte Integral negativ wird.

Wir wollen nun die Definition 10.14, betreffend das bestimmte Integral, dahingehend erweitern, dass wir die Voraussetzung $a < b$ fallen lassen.

Definition 10.17

Die Funktion $f : [a,b] \to \mathbb{R}$ sei integrierbar. Dann setzt man:

$$\int_a^a f(x)\,dx = 0\,, \quad \int_b^a f(x)\,dx = -\int_a^b f(x)\,dx$$

Damit ist die Summenformel aus Satz 10.16 c für jede beliebige Lage der Integrationsgrenzen a, b, c richtig, falls alle auftretenden Integrale existieren.

So gilt für $a \leq b \leq c$

$$\int_a^b f(x)\,dx = \int_a^c f(x)\,dx - \int_b^c f(x)\,dx = \int_a^c f(x)\,dx + \int_c^b f(x)\,dx$$

und für $c \leq a \leq b$

$$\int_a^b f(x)\,dx = \int_c^b f(x)\,dx - \int_c^a f(x)\,dx = \int_c^b f(x)\,dx + \int_a^c f(x)\,dx\,.$$

Beispiel 10.18

a) Gegeben sei die reelle Funktion $f : \mathbb{R} \to \mathbb{R}$ mit

$$f(x) = \begin{cases} 1 & \text{für } x < 0 \\ -x & \text{für } x \in [0, 1] \\ -1 & \text{für } x > 1 \end{cases}\,,$$

deren Graph in Figur 10.6 dargestellt ist.

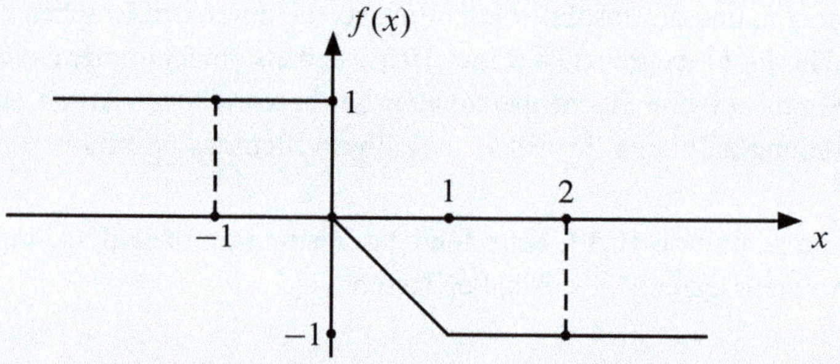

Figur 10.6: Graph der Funktion f

Aus Figur 10.6 folgt beispielsweise für das bestimmte Integral

$$\int_{-1}^{2} f(x)\,dx = \int_{-1}^{0} f(x)\,dx + \int_{0}^{1} f(x)\,dx + \int_{1}^{2} f(x)\,dx = 1 - \frac{1}{2} - 1 = -\frac{1}{2}$$

und für die Fläche

$$\int_{-1}^{0} f(x)\,dx - \int_{0}^{2} f(x)\,dx = 1 + \frac{1}{2} + 1 = \frac{5}{2}\,.$$

b) Zu Figur 10.7 finden wir das Ergebnis

$$\int_0^{2\pi} \sin x \, dx = \int_0^{\pi} \sin x \, dx + \int_{\pi}^{2\pi} \sin x \, dx = 0 \, .$$

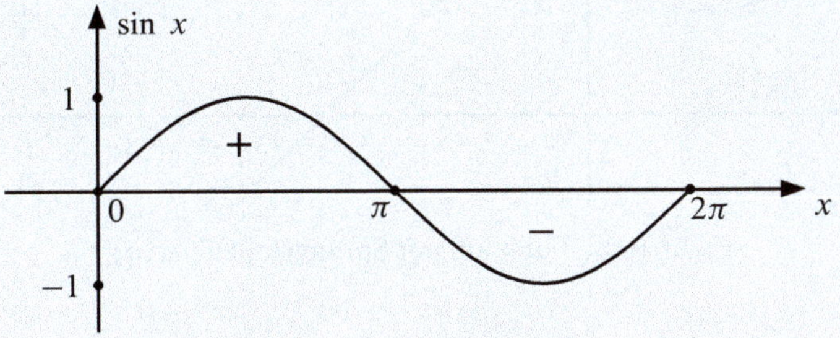

Figur 10.7: Sinusfunktion

Damit können wir einen Existenzsatz für bestimmte Integrale formulieren.

Satz 10.19

Sei $f : [a, b] \to \mathbb{R}$ stetig bis auf endlich viele Sprungstellen

$$a_1, \ldots, a_k \quad \text{mit} \quad a < a_1 < a_2 < \ldots < a_k < b \, .$$

Dann ist f integrierbar in $[a, a_1], [a_1, a_2], \ldots, [a_k, b]$ und man erhält für das bestimmte Integral

$$\int_a^b f(x) \, dx = \int_a^{a_1} f(x) \, dx + \int_{a_1}^{a_2} f(x) \, dx + \ldots + \int_{a_k}^{b} f(x) \, dx \, .$$

Wir veranschaulichen diese Aussage beispielhaft in Figur 10.8.

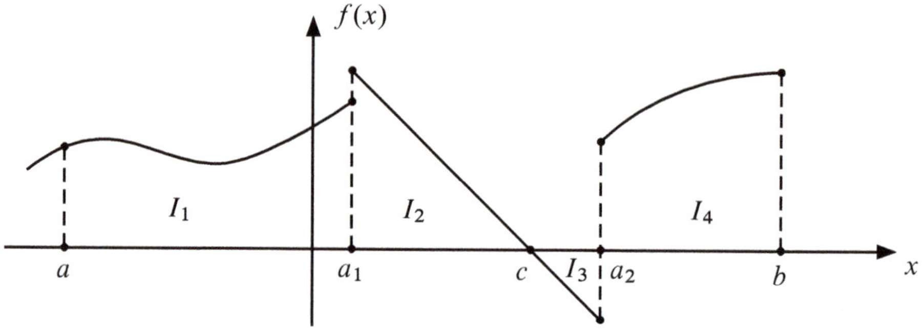

Figur 10.8: Funktion mit Sprungstellen a_1, a_2

Das bestimmte Integral $\int_a^b f(x)\,dx$ existiert und es gilt

$$I = \int_a^b f(x)\,dx = I_1 + I_2 + I_3 + I_4 = \int_a^{a_1} f(x)\,dx + \int_{a_1}^{a_2} f(x)\,dx + \int_{a_2}^{b} f(x)\,dx \;,$$

wobei das Integral

$$\int_{a_1}^{a_2} f(x)\,dx = I_2 + I_3 = \int_{a_1}^{c} f(x)\,dx + \int_{c}^{a_2} f(x)\,dx$$

aus einem positiven Anteil I_2 und einem negativen Anteil I_3 besteht.

Nun können wir den **Hauptsatz der Differential- und Integralrechnung** formulieren.

Satz 10.20

Sei $f : D \to \mathbb{R},\ D \subseteq \mathbb{R}$ eine stetige Funktion und F eine beliebige Stammfunktion von f. Dann gilt für $a, b \in D$

$$\int_a^b f(x)\,dx = F(b) - F(a) \;.$$

Beweisidee:

Zu Beginn von Abschnitt 10.1 hatten wir festgestellt (Definition 10.2, 10.4), dass die Differentiation einer Funktion F in gewissem Sinn die Integration einer Funktion f mit der Stammfunktion F rückgängig macht.

Aus $G(y) = \int_a^y f(x)\,dx$ für alle $y \in D$ und ein festes $a \in D$ kann man daher folgern:

G ist differenzierbar mit $G'(y) = f(y)$ für alle $y \in D$.

$$\Rightarrow G \text{ ist Stammfunktion von } f \text{ mit } G(a) = \int_a^a f(x)\,dx = 0 \qquad \text{(Definition 10.17)}$$

$$\Rightarrow \int_a^b f(x)\,dx = G(b)$$

$$\Rightarrow \text{Für jede Stammfunktion } F \text{ gilt } F(y) = G(y) + c \text{ mit } c \in \mathbb{R} \qquad \text{(Satz 10.3)}$$

$$\Rightarrow F(b) - F(a) = G(b) + c - G(a) - c = G(b) - G(a) = G(b) = \int_a^b f(x)\,dx$$

Für einen genaueren Beweis verweisen wir auf [Forster 1, S. 201–203].

Wir fassen den Zusammenhang des bestimmten und unbestimmten Integrals nochmals in einem Satz zusammen.

Satz 10.21

Sei $f : D \to \mathbb{R}$, $D \subseteq \mathbb{R}$ eine in D stetige Funktion.

Dann existiert eine Stammfunktion F von f mit

$$F'(x) = f(x) \qquad \text{(Definition 10.2)}$$

sowie das unbestimmte Integral

$$\int f(x)dx = F(x) + c \qquad \text{(Definition 10.4)}$$

und das bestimmte Integral

$$\int_a^b f(x)dx = F(b) - F(a) \qquad \text{(Satz 10.20)}$$

Zur Berechnung des bestimmten Integrals sucht man eine Stammfunktion F mit $F'(x) = f(x)$, setzt die Werte a und b in $F(x)$ ein und erhält

$$\int_a^b f(x)\,dx = F(x)\Big|_a^b = F(b) - F(a)\,.$$

Bevor wir Beispiele diskutieren, weisen wir nochmals darauf hin, dass ein **bestimmtes Integral** eine reelle Zahl darstellt, während ein **unbestimmtes Integral** eine Schar von Funktionen ermittelt, die sich nur durch eine additive Konstante unterscheiden.

Beispiel 10.22

a) In Beispiel 10.13 a hatten wir das unbestimmte Integral

$$\int \frac{dx}{x^2-1} = \ln\sqrt{\frac{|x-1|}{|x+1|}} + c$$

berechnet. Daraus ergibt sich für das bestimmte Integral, beispielsweise mit den Integrationsgrenzen $a = 0.6,\ b = 0.8$

$$\int\limits_{0.6}^{0.8} \frac{dx}{x^2-1} = \ln\sqrt{\frac{|x-1|}{|x+1|}}\Bigg|_{0.6}^{0.8} = \ln\sqrt{\frac{0.2}{1.8}} - \ln\sqrt{\frac{0.4}{1.6}}$$
$$= \ln\frac{1}{3} - \ln\frac{1}{2} = \ln\frac{2}{3} \approx -0.4054651\,.$$

b) Für das zu versteuernde Jahreseinkommen x bezeichne $s(x)$ den zugehörigen Steuersatz, der folgende Eigenschaften erfüllt:

s sei eine stetige Funktion mit

$s(x) = 0$ für $x \in [0,\ 10000]$ (Steuerfreiheit des Existenzminimums),

$s'(x) = \dfrac{x}{200000} + \dfrac{1}{20}$ für $x \in \langle 10000,\ 120000]$

(lineares Anwachsen des Grenzsteuersatzes),

$s'(x) = 0.65$ für $x \geq 120000$ (konstanter Grenzsteuersatz).

Der Grenzsteuersatz für $x = 100000$ ist dann beispielsweise

$$s'(100000) = \frac{100000}{200000} + \frac{1}{20} = 0.55\,.$$

Wir berechnen den Steuersatz für $x \in [10000,\ 120000]$ mit

$$s(x) = \int \left(\frac{x}{2\cdot 10^5} + \frac{1}{20}\right) dx = \frac{x^2}{4\cdot 10^5} + \frac{x}{20} + c\,.$$

Aus der Stetigkeit der Funktion s folgt:

$$s(10000) = \frac{10^8}{4\cdot 10^5} + \frac{10^4}{20} + c = 0 \Rightarrow c = -250 - 500 = -750$$

$$\Rightarrow s(x) = \frac{x^2}{4 \cdot 10^5} + \frac{x}{20} - 750 \quad \text{für} \quad x \in [10000,\ 120000]$$

$$\Rightarrow s(120000) = \frac{144 \cdot 10^8}{4 \cdot 10^5} + \frac{12 \cdot 10^4}{20} - 750 = 41250$$

Für $x \geq 120000$ erhalten wir den Steuersatz:

$$s(x) = \int 0.65\, dx = 0.65x + c$$

$$\Rightarrow s(120000) = 0.65 \cdot 120000 + c = 41250 \Rightarrow c = -36750$$

$$\Rightarrow s(x) = 0.65x - 36750$$

Damit ergibt sich beispielsweise ein Durchschnittssteuersatz für $x = 100000$

$$\frac{s(100000)}{100000} = \frac{1}{10^5}\left(\frac{10^{10}}{4 \cdot 10^5} + \frac{10^5}{20} - 750\right)$$

$$= \frac{1}{10^5}(25000 + 5000 - 750) = \frac{29250}{100000} = 0.2925$$

und für $x = 200000$

$$\frac{s(200000)}{200000} = \frac{1}{2 \cdot 10^5}(0.65 \cdot 2 \cdot 10^5 - 36750) = \frac{93250}{200000} = 0.46625\,.$$

Für Steuer- und Grenzsteuersatz ergeben sich die in Figur 10.9 dargestellten Funktionen.

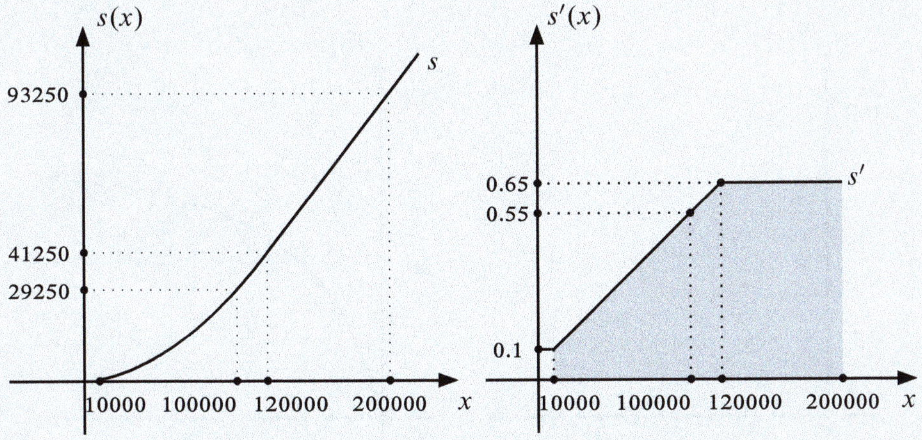

Figur 10.9: Steuersatz- und Grenzsteuersatzfunktion zu Beispiel 10.22 b

Die Funktion s ist für $x \in [0, 10000]$ gleich 0, steigt für $x \in [10000, 120000]$ quadratisch an und wächst für $x \geq 120000$ linear. Der Grenzsteuersatz s' hat für $x = 10000$ eine Sprungstelle und für $x = 120000$ einen Knick. Die Fläche unter s' entspricht dem Steuersatz in Abhängigkeit von x.

c) In einem Lager wird die momentane Nachfrage zum Zeitpunkt $t \in \mathbb{R}_+$ durch die Beziehung $f(t) = 100(1 + t)^{-2}$ geschätzt. Dann ergibt sich die Gesamtnachfrage für einen Zeitraum $[0, T]$ durch

$$F(T) = \int_0^T f(t)\,dt = \int_0^T \frac{100}{(1+t)^2}\,dt\,.$$

Wir berechnen das unbestimmte Integral:

$$\int \frac{100}{(1+t)^2}\,dt = 100 \int \frac{g'(t)}{(g(t))^2}\,dt \quad \text{mit} \quad g(t) = 1 + t,\ g'(t) = 1$$

$$= \frac{-100}{g(t)} + c = \frac{-100}{1+t} + c \qquad \text{(Satz 10.11 d)}$$

Daraus folgt:

$$F(T) = \int_0^T \frac{100}{(1+t)^2}\,dt = \left.\frac{-100}{1+t}\right|_0^T = -\frac{100}{1+T} + 100$$

$$= 100\left(1 - \frac{1}{1+T}\right) = 100\frac{T}{T+1} \qquad \text{(Figur 10.10)}$$

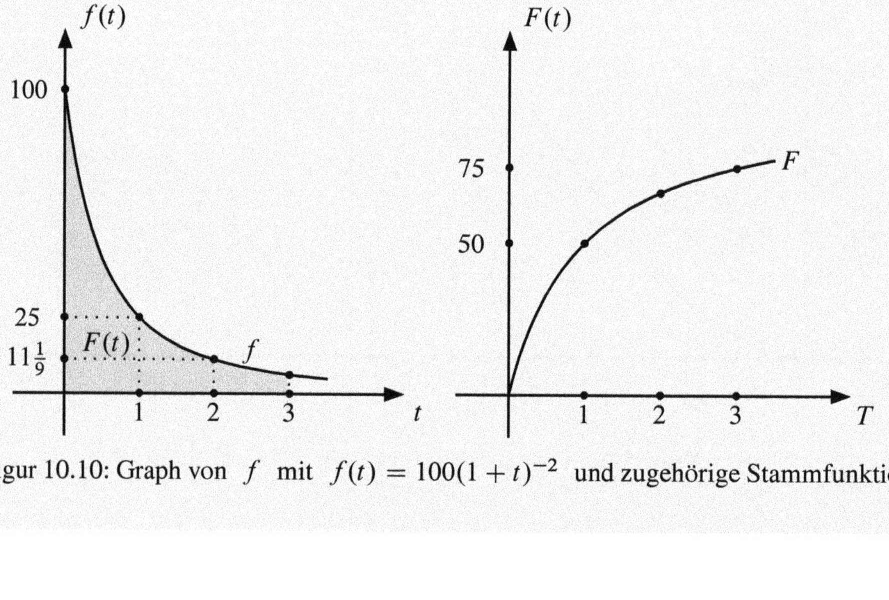

Figur 10.10: Graph von f mit $f(t) = 100(1 + t)^{-2}$ und zugehörige Stammfunktion

Ist beispielsweise ein Anfangslagerbestand $a \geq F(T)$ gegeben, so resultiert daraus zum Zeitpunkt T der Lagerbestand

$$L(T) = a - F(T) = a - 100\frac{T}{T+1} .$$

Setzt man mit $a < 100$

$$\begin{aligned} L(T) = 0 &\iff a = 100\frac{T}{T+1} \qquad \iff (T+1)a = 100T \\ &\iff T(a-100) = -a \iff T = \frac{a}{100-a} , \end{aligned}$$

so gibt $T = \dfrac{a}{100-a}$ an, wann in Abhängigkeit des Anfangsbestandes a das Lager leer ist. Für $a = 100$ geht T gegen ∞, der Lagerbestand bleibt stets positiv.

Wir können schließlich die für unbestimmte Integrale gültigen Rechenregeln auf bestimmte Integrale übertragen.

Satz 10.23

a) Für integrierbare Funktionen $f, g\colon [a,b] \to \mathbb{R}$ gilt die **Additionsregel** (Satz 10.6)

$$\int_a^b (f(x) + g(x))\, dx = \int_a^b f(x)\, dx + \int_a^b g(x)\, dx .$$

b) Für stetig differenzierbare Funktionen $f, g : [a,b] \to \mathbb{R}$ gilt die **Regel der partiellen Integration** (Satz 10.8)

$$\begin{aligned} \int_a^b f(x)g'(x)\, dx &= f(x)g(x)\Big|_a^b - \int_a^b f'(x)g(x)\, dx \\ &= f(b)g(b) - f(a)g(a) - \int_a^b f'(x)g(x)\, dx . \end{aligned}$$

c) Ist $f : [\alpha, \beta] \to \mathbb{R}$ integrierbar mit der Stammfunktion F und $g\colon [a,b] \to \mathbb{R}$ mit $g[a,b] \subseteq [\alpha,\beta]$ stetig differenzierbar, so gilt die **Substitutionsregel** (Satz 10.10)

$$\int_a^b f(g(x))\, g'(x)\, dx = F(g(x))\Big|_a^b = F(g(b)) - F(g(a)) = \int_{g(a)}^{g(b)} f(y)\, dy .$$

Die Beweise folgen direkt aus den Sätzen 10.6, 10.8, 10.10 in Verbindung mit Satz 10.21.

Beispiel 10.24

a) Wir berechnen die bestimmten Integrale

$$\int_{-1}^{1} (x^2 + x)e^x \, dx \,, \quad \int_{0}^{2\pi} e^x \sin x \, dx \,, \quad \int_{1}^{3} (3x^2 - 2) \ln x \, dx \,,$$

$$\int_{0}^{12} \sqrt{1 + 2x} \, dx \,, \quad \int_{0}^{2} \frac{x^2}{x + 1} \, dx \,, \quad \int_{1}^{2} \frac{x + 1}{x^2} \, dx \,.$$

Wir erhalten:

$$\int (x^2 + x)e^x \, dx = (x^2 - x + 1)e^x + c \qquad \text{(Beispiel 10.9 a)}$$

$$\Rightarrow \int_{-1}^{1} (x^2 + x)e^x \, dx = (x^2 - x + 1)e^x \Big|_{-1}^{1} = e - 3e^{-1} \approx 1.615$$

$$\int e^x \sin x \, dx = \frac{e^x}{2}(\sin x - \cos x) + c \qquad \text{(Beispiel 10.9 b)}$$

$$\Rightarrow \int_{0}^{2\pi} e^x \sin x \, dx = \frac{e^x}{2}(\sin x - \cos x)\Big|_{0}^{2\pi} = \frac{e^{2\pi}}{2}(-1) - \frac{1}{2}(-1)$$

$$= \frac{1}{2}(1 - e^{2\pi}) \approx -267.25$$

$$\int (3x^2 - 2) \ln x \, dx = (x^3 - 2x) \ln x - \frac{x^3}{3} + 2x + c \qquad \text{(Beispiel 10.9 c)}$$

$$\Rightarrow \int_{1}^{3} (3x^2 - 2) \ln x \, dx = \left((x^3 - 2x) \ln x - \frac{x^3}{3} + 2x \right) \Big|_{1}^{3}$$

$$= (21 \cdot \ln 3 - 9 + 6) - \left(-\frac{1}{3} + 2 \right) \approx 18.4$$

$$\int \sqrt{1 + 2x} \, dx = \frac{1}{3} \sqrt{(1 + 2x)^3} + c \qquad \text{(Beispiel 10.12 c)}$$

$$\Rightarrow \int_{0}^{12} \sqrt{1 + 2x} \, dx = \frac{1}{3} \sqrt{(1 + 2x)^3} \Big|_{0}^{12} = \frac{125}{3} - \frac{1}{3} = \frac{124}{3} \approx 41.33$$

Wir betrachten $\int\limits_0^2 \frac{x^2}{x+1}\,dx$ und erhalten durch Polynomdivision:

$$\frac{x^2}{x+1} = x - 1 + \frac{1}{x+1}$$

$$\Rightarrow \int \frac{x^2}{x+1}\,dx = \int \left(x - 1 + \frac{1}{x+1}\right) dx = \frac{x^2}{2} - x + \ln|x+1| + c$$

$$\Rightarrow \int\limits_0^2 \frac{x^2}{x+1}\,dx = \left(\frac{x^2}{2} - x + \ln|x+1|\right)\Big|_0^2$$

$$= 2 - 2 + \ln 3 - 0 = \ln 3 \approx 1.099$$

Wir betrachten $\int\limits_1^2 \frac{x+1}{x^2}\,dx$ und erhalten direkt:

$$\int \frac{x+1}{x^2}\,dx = \int \left(\frac{1}{x} + \frac{1}{x^2}\right) dx = \ln|x| - \frac{1}{x} + c$$

$$\Rightarrow \int\limits_1^2 \frac{x+1}{x^2}\,dx = \left(\ln|x| - \frac{1}{x}\right)\Big|_1^2$$

$$= \left(\ln 2 - \frac{1}{2}\right) - (0 - 1) = \ln 2 + \frac{1}{2} \approx 1.193$$

b) Eine Unternehmung beabsichtigt, die Kosten- und Umsatzentwicklung eines neuen Produktes für die ersten 5 Jahre nach seiner Markteinführung im Voraus zu bestimmen. Folgende Schätzungen werden in Abhängigkeit des Zeitpunktes $t \in \mathbb{R}_+$ zugrunde gelegt:

$k(t) = 1000(1 - t^2 e^{-t})$ für die Kosten

$u(t) = 10000 t e^{-t^2}$ für den Umsatz

Dann ergibt sich für den Zeitraum $[0, 5]$:

$K(5) = \int\limits_0^5 k(t)\,dt = \int\limits_0^5 1000(1 - t^2 e^{-t})\,dt$ für die Gesamtkosten

$U(5) = \int\limits_0^5 u(t)\,dt = \int\limits_0^5 10000 t e^{-t^2}\,dt$ für den Gesamtumsatz

$G(5) = U(5) - K(5)$ für den Gewinn

Wir berechnen $K(5)$ mit Hilfe partieller Integration (Satz 10.8, Beispiel 10.9 a):

$$\begin{aligned}\int t^2e^{-t}\,dt &= \int f(t)g'(t)\,dt \quad \text{mit} \quad f(t)=t^2,\ g'(t)=e^{-t}\\ &= f(t)g(t)-\int f'(t)g(t)\,dt = -t^2e^{-t}+\int 2te^{-t}\,dt\end{aligned}$$

$$\begin{aligned}\int 2te^{-t}\,dt &= \int f(t)g'(t)\,dt \quad \text{mit} \quad f(t)=2t,\ g'(t)=e^{-t}\\ &= f(t)g(t)-\int f'(t)g(t)\,dt\\ &= -2te^{-t}+\int 2e^{-t}\,dt = -2te^{-t}-2e^{-t}+c\end{aligned}$$

$$\Rightarrow \int t^2e^{-t}\,dt = -t^2e^{-t}-2te^{-t}-2e^{-t}+c = -e^{-t}(t^2+2t+2)+c$$

$$\begin{aligned}\Rightarrow K(5) &= \int_0^5 1000(1-t^2e^{-t})\,dt = 1000\left(\int_0^5 1\,dt - \int_0^5 t^2e^{-t}\,dt\right)\\ &= 1000\left(t+e^{-t}(t^2+2t+2)\right)\Big|_0^5\\ &= 1000(5+e^{-5}\cdot 37-2) = 3000+37000e^{-5} \approx 3249.3\end{aligned}$$

Für $U(5)$ wenden wir die Substitutionsregel an (Satz 10.10, 10.11 e, Beispiel 10.12 f):

$$\begin{aligned}\int te^{-t^2}\,dt &= -\frac{1}{2}\int g'(t)e^{g(t)}dt\\ &\quad \text{mit} \quad g(t)=-t^2,\ g'(t)=-2t,\ -\frac{1}{2}g'(t)=t\\ &= -\frac{1}{2}e^{g(t)}+c = -\frac{1}{2}e^{-t^2}+c\end{aligned}$$

$$\begin{aligned}\Rightarrow U(5) &= \int_0^5 10000te^{-t^2}\,dt = -\frac{10000}{2}e^{-t^2}\Big|_0^5\\ &= -5000\left(e^{-25}-1\right) = 5000\left(1-e^{-25}\right) \approx 5000\end{aligned}$$

Daraus resultiert folgender Gewinn:

$$G(5) = U(5)-K(5) = 5000-3249.3 = 1750.7$$

c) Für die Produktion eines Gutes sei die Grenzkostenfunktion k' durch

$$k'(x) = \frac{1}{x+1}(\ln(x+1))^2$$

gegeben. Wir ermitteln die Kostenfunktion für den Fall, dass die Fixkosten $k_0 = 10$ betragen. Dann folgt mit der Substitutionsregel (Satz 10.10, 10.11 b):

$$\begin{aligned} k(x) &= \int \frac{1}{x+1}(\ln(x+1))^2\,dx = \int (g(x))^2 g'(x)\,dx \\ &\quad \text{mit} \quad g(x) = \ln(x+1)\,,\ g'(x) = \frac{1}{x+1} \\ &= \frac{1}{3}g(x)^3 + c = \frac{1}{3}(\ln(x+1))^3 + c \end{aligned}$$

Mit den Fixkosten $k_0 = 10 = k(0) = c$ erhalten wir folgende Kostenfunktion:

$$k(x) = \frac{1}{3}(\ln(x+1))^3 + 10$$

10.3 Uneigentliche Integrale

Bisher haben wir bei der bestimmten Integration vorausgesetzt, dass die zu integrierende Funktion überall auf $[a,b]$ definiert ist und die Integrationsgrenzen endlich sind. Ist eine dieser Bedingungen verletzt, so spricht man von einem **uneigentlichen Integral**. Wir betrachten zunächst den Fall unendlicher Integrationsgrenzen.

Definition 10.25

Die reelle Funktion f sei für alle $x \in \mathbb{R}$ definiert und integrierbar. Dann heißt der Grenzwert

$$\lim_{b\to\infty} \int_a^b f(x)\,dx\,,$$

falls er existiert, das **konvergente uneigentliche Integral** von f im Intervall $[a,\infty\rangle$ und man schreibt

$$\lim_{b\to\infty} \int_a^b f(x)\,dx = \int_a^\infty f(x)\,dx\,.$$

Andernfalls spricht man von einem **divergenten uneigentlichen Integral**.

Entsprechend definiert man das konvergente uneigentliche Integral von f im Intervall $(-\infty, b]$, falls der Grenzwert

$$\lim_{a\to-\infty} \int_a^b f(x)\,dx = \int_{-\infty}^b f(x)\,dx$$

existiert.

Sind beide Integrale $\int_{-\infty}^a f(x)\,dx$ und $\int_a^\infty f(x)\,dx$ konvergent, so existiert auch

$$\int_{-\infty}^\infty f(x)\,dx = \int_{-\infty}^a f(x)\,dx + \int_a^\infty f(x)\,dx\,.$$

Beispiel 10.26

a) Wir betrachten die Funktionen f_1, f_2 mit $f_1(x) = \frac{1}{x}$, $f_2(x) = \frac{1}{x^2}$ für $x > 0$ (Figur 10.11) sowie die uneigentlichen Integrale

$$I_1 = \int_1^\infty f_1(x)\,dx\,, \quad I_2 = \int_1^\infty f_2(x)\,dx\,.$$

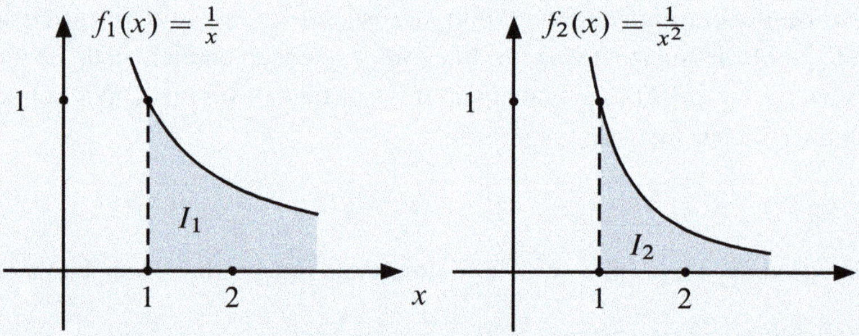

Figur 10.11: Uneigentliche Integrale im Intervall $[1, \infty)$

$$\int_1^\infty \frac{dx}{x} = \lim_{b\to\infty} \int_1^b \frac{dx}{x} = \lim_{b\to\infty} (\ln|x|)\Big|_1^b = \lim_{b\to\infty} (\ln|b| - \ln 1) = \infty\,,$$

$$\int_1^\infty \frac{dx}{x^2} = \lim_{b\to\infty} \int_1^b \frac{dx}{x^2} = \lim_{b\to\infty} \left(-\frac{1}{x}\right)\Big|_1^b = \lim_{b\to\infty} \left(-\frac{1}{b} + 1\right) = 1\,.$$

Wir erhalten ein überraschendes Ergebnis (Figur 10.11):

Das Integral I_1 divergiert, die Fläche von I_1 ist ∞, während das Integral I_2 konvergiert, die Fläche von I_2 ist 1.

b) Wir betrachten das uneigentliche Integral (Figur 10.12)

$$I_3 = \int_{-\infty}^{\infty} f_3(x)\,dx \quad \text{mit} \quad f_3(x) = \begin{cases} 1 & \text{für } x \in [-1, 1] \\ \dfrac{1}{x^2} & \text{sonst} \end{cases}.$$

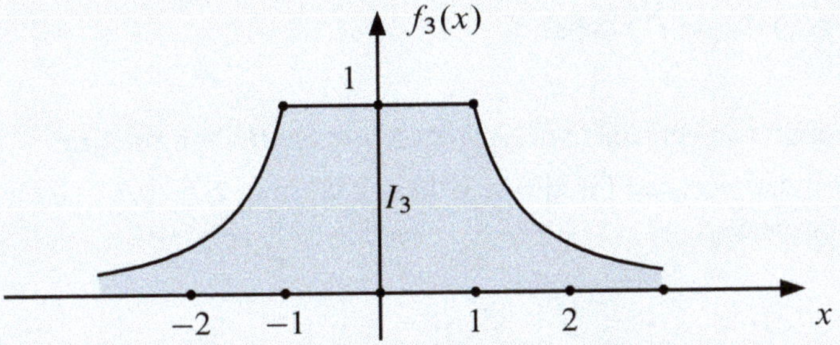

Figur 10.12: Uneigentliches Integral im Intervall $\langle -\infty, \infty \rangle$

$$\begin{aligned} I_3 &= \int_{-\infty}^{\infty} f_3(x)\,dx = \int_{-\infty}^{-1} \frac{dx}{x^2} + \int_{-1}^{1} 1\,dx + \int_{1}^{\infty} \frac{dx}{x^2} \\ &= \lim_{a\to-\infty} \int_{a}^{-1} \frac{dx}{x^2} + x\Big|_{-1}^{1} + \lim_{b\to\infty} \int_{1}^{b} \frac{dx}{x^2} \\ &= \lim_{a\to-\infty} \left(-\frac{1}{x}\right)\Big|_{a}^{-1} + 2 + \lim_{b\to\infty} \left(-\frac{1}{x}\right)\Big|_{1}^{b} = 1 + 2 + 1 = 4\,. \end{aligned}$$

Das Integral I_3 konvergiert, die Fläche von I_3 ist 4.

Im Folgenden befassen wir uns mit der Frage der Integrierbarkeit, wenn der Integrand an einer Stelle des Integrationsintervalls $[a, b]$ nicht beschränkt ist.

Definition 10.27

Die reelle Funktion f sei in $[a,b\rangle$ definiert und für alle $x \in [a,b-\varepsilon]$ mit $\varepsilon \in \langle 0,b-a\rangle$ integrierbar. Dann heißt der Grenzwert

$$\lim_{\varepsilon\to 0} \int_a^{b-\varepsilon} f(x)\,dx\,,$$

falls er existiert, das **konvergente uneigentliche Integral** von f im Intervall $[a,b]$ und man schreibt

$$\lim_{\varepsilon\to 0} \int_a^{b-\varepsilon} f(x)\,dx = \int_a^b f(x)\,dx\,.$$

Andernfalls spricht man von einem **divergenten uneigentlichen Integral**.

Ist f in $\langle a,b]$ definiert und für alle $x \in [a+\varepsilon,b]$ mit $\varepsilon \in \langle 0,b-a\rangle$ integrierbar, so heißt auch der Grenzwert

$$\lim_{\varepsilon\to 0} \int_{a+\varepsilon}^{b} f(x)\,dx\,,$$

falls er existiert, das **konvergente uneigentliche Integral** von f in $[a,b]$ und man schreibt

$$\lim_{\varepsilon\to 0} \int_{a+\varepsilon}^{b} f(x)\,dx = \int_a^b f(x)\,dx\,.$$

Ist f in $\langle a,b\rangle$ definiert und sind für $c \in \langle a,b\rangle$ die uneigentlichen Integrale

$$\int_a^c f(x)\,dx \quad \text{und} \quad \int_c^b f(x)\,dx$$

konvergent, dann ist auch das Integral

$$\int_a^b f(x)\,dx = \int_a^c f(x)\,dx + \int_c^b f(x)\,dx$$

konvergent.

Beispiel 10.28

Wir betrachten die beiden Funktionen f_1, f_2 mit $f_1(x) = \frac{1}{x}$, $f_2(x) = \frac{1}{\sqrt{x}}$ für $x > 0$ (Figur 10.13) sowie die uneigentlichen Integrale

$$I_1 = \int_0^1 f_1(x)\,dx\,, \quad I_2 = \int_0^1 f_2(x)\,dx\,.$$

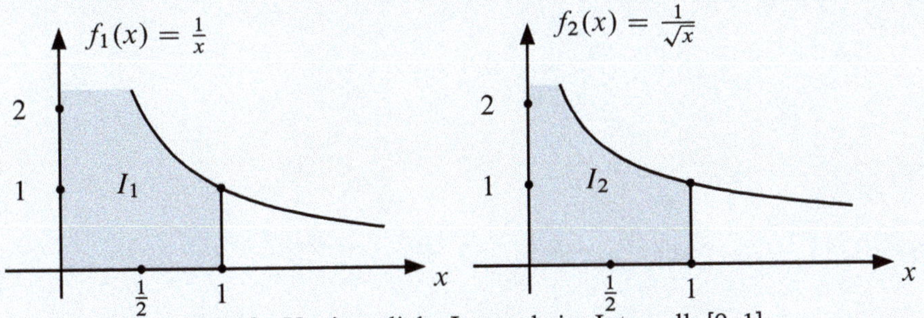

Figur 10.13: Uneigentliche Integrale im Intervall $[0, 1]$

Die Funktionen f_1 und f_2 sind für $x = 0$ nicht definiert. Es gilt:

$$I_1 = \int_0^1 \frac{dx}{x} = \lim_{\varepsilon\to 0} \int_\varepsilon^1 \frac{dx}{x} = \lim_{\varepsilon\to 0} (\ln|x|)\Big|_\varepsilon^1 = \lim_{\varepsilon\to 0} (\ln 1 - \ln\varepsilon) = \infty$$

$$I_2 = \int_0^1 \frac{dx}{\sqrt{x}} = \lim_{\varepsilon\to 0} \int_\varepsilon^1 \frac{dx}{\sqrt{x}} = \lim_{\varepsilon\to 0} (2\sqrt{x})\Big|_\varepsilon^1 = \lim_{\varepsilon\to 0} (2 - 2\sqrt{\varepsilon}) = 2$$

Das Integral I_1 divergiert, die Fläche ist unendlich, während das Integral I_2 konvergiert, die Fläche ist 2.

11 Matrizen und Vektoren

Viele Problemstellungen der Ökonomie sind charakterisiert durch mehrfache Zusammenhänge und Beziehungen zwischen Variablen und konstanten Werten. Aus Übersichtlichkeitsgründen verwendet man in derartigen Fällen geordnete Variablen- bzw. Zahlenschemata in Form von Tabellen.

Beispiel 11.1

a) Eine Unternehmung stellt mit Hilfe der Produktionsfaktoren F_1, F_2, F_3 die Produkte P_1, P_2 her. Die nachfolgende Tabelle

	P_1	P_2
F_1	6	2
F_2	4	5
F_3	3	8

gibt spaltenweise an, wie viele Mengeneinheiten der jeweiligen Faktoren F_1, F_2, F_3 zur Herstellung einer Einheit von Produkt P_1 bzw. P_2 benötigt werden. Zur Herstellung einer Einheit von Produkt P_1 werden beispielsweise 6 Einheiten des Faktors F_1, 4 Einheiten von F_2 und 3 Einheiten von F_3 benötigt.

b) Die Orte S_1, S_2, S_3, S_4 sind durch ein Straßennetz verbunden. Die Tabelle

	S_1	S_2	S_3	S_4
S_1	0	5	8	12
S_2	5	0	6	8
S_3	8	6	0	7
S_4	12	8	7	0

gibt die Entfernungen zwischen je zwei Orten an. Beispielsweise beträgt die Distanz von S_2 nach S_3 (2. Zeile/3. Spalte) 6 Entfernungseinheiten, genau wie die Distanz von S_3 nach S_2 (3. Zeile/2. Spalte).

c) Ein Warenhaus mit 2 Lagerhäusern L_1, L_2 und 5 Filialen $F_1, \dots, F_5$ kann die Kosten für den Transport einer Wareneinheit von den Lagerhäusern zu den Filialen folgendermaßen zusammenstellen:

	F_1	F_2	F_3	F_4	F_5
L_1	10	6	5	8	12
L_2	8	8	6	9	7

Die in den Beispielen benutzte tabellarische Darstellung von Daten empfiehlt sich nicht nur aus Übersichtlichkeitsgründen. Wir werden zeigen, dass man damit auch rechnen kann. So befassen wir uns in Abschnitt 11.1 mit den Begriffen von Matrizen und Vektoren und deren Schreibweise. In den sich anschließenden Abschnitten 11.2, 11.3 erklären wir dann die Addition, Subtraktion und Multiplikation geeigneter Matrizen und Vektoren.

11.1 Einführende Bemerkungen zur Schreibweise

Wir führen zunächst den Begriff der Matrix ein und erhalten damit auch Vektoren als spezielle Matrizen. Anschließend übertragen wir die für reelle Zahlen bekannten Identitäts- und Ordnungsrelationen $=, \neq, \geq, \leq, >, <$ auf Matrizen bzw. Vektoren.

Definition 11.2

Ein geordnetes, rechteckiges Schema von Zahlen oder Symbolen

$$A = \begin{pmatrix} a_{11} & a_{12} & \dots & a_{1j} & \dots & a_{1n} \\ a_{21} & a_{22} & \dots & a_{2j} & \dots & a_{2n} \\ \vdots & \vdots & & \vdots & & \vdots \\ a_{i1} & a_{i2} & \dots & a_{ij} & \dots & a_{in} \\ \vdots & \vdots & & \vdots & & \vdots \\ a_{m1} & a_{m2} & \dots & a_{mj} & \dots & a_{mn} \end{pmatrix} = (a_{ij})_{m,n} \quad \text{mit} \quad m, n \in \mathbb{N}$$

heißt **Matrix mit m Zeilen und n Spalten** oder kurz **$m \times n$-Matrix**. Die Symbole $a_{11}, \dots, a_{mn}$ nennt man **Komponenten** der Matrix. Für die Komponente a_{ij} gibt i die Zeile und j die Spalte an, in der a_{ij} steht. Man bezeichnet i als den **Zeilenindex** und j als den **Spaltenindex** von a_{ij}. Sind alle Komponenten a_{ij} reelle Zahlen, so spricht man von einer **reellen Matrix**.

In Beispiel 11.1 a erhalten wir eine 3×2-Matrix, in Beispiel 11.1 b eine 4×4-Matrix und in Beispiel 11.1 c eine 2×5-Matrix. Ein wichtiges Hilfsmittel für das Rechnen mit reellen Matrizen ist das Transponieren von Matrizen.

Definition 11.3

Zu jeder $m \times n$-Matrix

$$\boldsymbol{A} = \begin{pmatrix} a_{11} & \dots & a_{1n} \\ \vdots & & \vdots \\ a_{m1} & \dots & a_{mn} \end{pmatrix}$$

heißt die $n \times m$-Matrix

$$\boldsymbol{A}^T = \begin{pmatrix} a_{11} & \dots & a_{m1} \\ \vdots & & \vdots \\ a_{1n} & \dots & a_{mn} \end{pmatrix}$$

die zu $\boldsymbol{A}$ **transponierte Matrix**.

Wir erhalten also zu jeder Matrix $\boldsymbol{A}$ die transponierte Matrix $\boldsymbol{A}^T$, wenn wir die Zeilen von $\boldsymbol{A}$ der Reihe nach als Spalten bzw. die Spalten von $\boldsymbol{A}$ der Reihe nach als Zeilen schreiben.
Da die Matrix $(\boldsymbol{A}^T)^T$ wieder $\boldsymbol{A}$ ergibt, ist auch $\boldsymbol{A}$ zu $\boldsymbol{A}^T$ transponiert.
Man sagt: $\boldsymbol{A}$ und $\boldsymbol{A}^T$ sind zueinander transponiert.

Beispiel 11.4

a) $\boldsymbol{A} = \begin{pmatrix} 1 & 2 & 3 & 4 & 5 \\ 1 & 3 & 5 & 2 & 4 \end{pmatrix} \Rightarrow \boldsymbol{A}^T = \begin{pmatrix} 1 & 1 \\ 2 & 3 \\ 3 & 5 \\ 4 & 2 \\ 5 & 4 \end{pmatrix}$

b) $\boldsymbol{B}^T = \begin{pmatrix} 1 & 2 & 3 \\ 1 & 3 & 4 \\ 2 & 5 & 0 \end{pmatrix} \Rightarrow (\boldsymbol{B}^T)^T = \boldsymbol{B} = \begin{pmatrix} 1 & 1 & 2 \\ 2 & 3 & 5 \\ 3 & 4 & 0 \end{pmatrix}$

Wir betrachten nun Matrizen mit genau einer Spalte bzw. einer Zeile.

Definition 11.5

Eine $n \times 1$-Matrix ist ein geordnetes n-Tupel von Zahlen oder Symbolen der Form

$$\boldsymbol{a} = \begin{pmatrix} a_1 \\ \vdots \\ a_n \end{pmatrix}$$

und heißt **Spaltenvektor** mit n **Komponenten**.

Entsprechend heißt die $1 \times n$-Matrix

$$\boldsymbol{a}^T = (a_1, \ldots, a_n)$$

Zeilenvektor mit n **Komponenten**.

Die Vektoren $\boldsymbol{a}$, $\boldsymbol{a}^T$ sind zueinander **transponiert**.

Sind alle Komponenten von $\boldsymbol{a}$ bzw. $\boldsymbol{a}^T$ reelle Zahlen, so spricht man auch von einem **reellen Spalten**- bzw. **Zeilenvektor**.

Reelle Spalten- und Zeilenvektoren lassen sich geometrisch veranschaulichen. Dazu interpretiert man den $\mathbb{R}^1$ als Gerade, den $\mathbb{R}^2$ als Ebene und den $\mathbb{R}^3$ als den aus der Anschauung gewohnten dreidimensionalen Raum. Dann kann man allgemein einen Vektor $\boldsymbol{a}$ bzw. $\boldsymbol{a}^T$ mit n reellen Komponenten als einen Punkt des $\mathbb{R}^n$ mit n Koordinaten $a_1, \ldots, a_n$ auffassen. Man verwendet die Schreibweisen

$$\boldsymbol{a} \in \mathbb{R}^n , \quad \boldsymbol{a}^T \in \mathbb{R}^n$$

und charakterisiert den Vektor $\boldsymbol{a}$ bzw. $\boldsymbol{a}^T$ durch eine gerichtete Strecke, die vom Nullpunkt zum Punkt $\boldsymbol{a}$ zeigt.

Für $n = 1, 2, 3$ kann man Vektoren visuell darstellen (Figur 11.1). Für $n = 4, 5, \ldots$ ist keine Darstellung mehr in der gegebenen Form möglich.

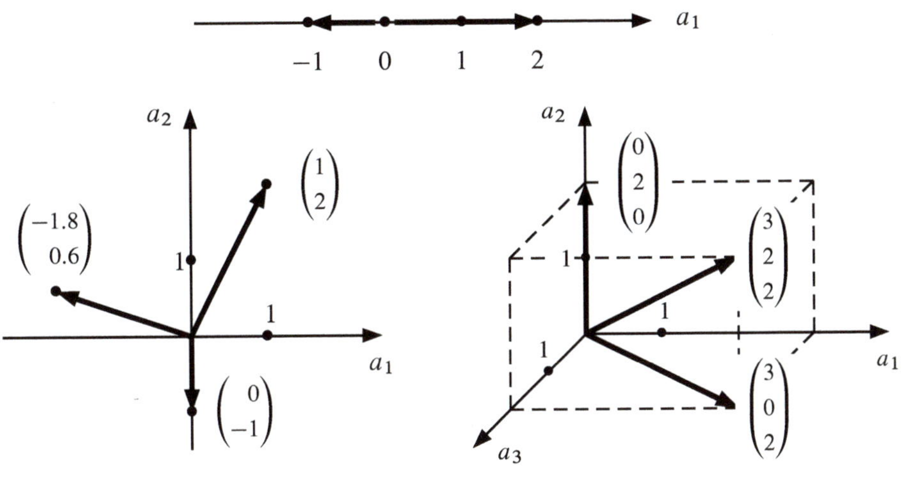

Figur 11.1: Vektoren im $\mathbb{R}^1, \mathbb{R}^2$ und $\mathbb{R}^3$

Beispiel 11.6

a) Eine Unternehmung stellt n Produkte in den Quantitäten $x_1, x_2, \ldots, x_n$ her und erzielt die Verkaufspreise $p_1, \ldots, p_n$. Man erhält den Produktvektor

$$\boldsymbol{x} = \begin{pmatrix} x_1 \\ \vdots \\ x_n \end{pmatrix} \quad \text{bzw.} \quad \boldsymbol{x}^T = (x_1, \ldots, x_n)$$

und den Preisvektor

$$\boldsymbol{p} = \begin{pmatrix} p_1 \\ \vdots \\ p_n \end{pmatrix} \quad \text{bzw.} \quad \boldsymbol{p}^T = (p_1, \ldots, p_n)\,.$$

b) Ein Lager beliefert n Verkaufsstellen $V_1, \ldots, V_n$ einer Unternehmung mit m Produkten $P_1, \ldots, P_m$. Ist x_{ij} die Liefermenge von Produkt P_i an Verkaufsstelle V_j, so enthält die Matrix $\boldsymbol{X} = (x_{ij})_{m,n}$ alle relevanten Liefermengen. Die i-te Zeile von $\boldsymbol{X}$ enthält die Liefermengen von Produkt P_i an alle Verkaufsstellen $V_1, \ldots, V_n$, dargestellt durch den Vektor

$$\boldsymbol{x}_i{}^T = (x_{i1}, \ldots, x_{in}) \quad \text{bzw.} \quad \boldsymbol{x}_i = \begin{pmatrix} x_{i1} \\ \vdots \\ x_{in} \end{pmatrix}.$$

Entsprechend enthält die j-te Spalte von $\boldsymbol{X}$ die Liefermengen aller Produkte $P_1, \ldots, P_m$ an die Verkaufsstelle V_j dargestellt durch den Vektor

$$\boldsymbol{x}^j = \begin{pmatrix} x_{1j} \\ \vdots \\ x_{mj} \end{pmatrix} \quad \text{bzw.} \quad {\boldsymbol{x}^j}^T = (x_{1j}, \ldots, x_{mj}) \,.$$

Man kann also generell die Zeilen einer $m \times n$-Matrix $\boldsymbol{A}$, die wir „unten indizieren", als Zeilen- oder Spaltenvektoren formulieren, nämlich

$$\boldsymbol{a}_1{}^T = (a_{11}, \ldots, a_{1n}) \,, \qquad \ldots \,, \qquad \boldsymbol{a}_m{}^T = (a_{m1}, \ldots, a_{mn})$$

$$\text{oder} \quad \boldsymbol{a}_1 = \begin{pmatrix} a_{11} \\ \vdots \\ a_{1n} \end{pmatrix}, \qquad \ldots \,, \qquad \boldsymbol{a}_m = \begin{pmatrix} a_{m1} \\ \vdots \\ a_{mn} \end{pmatrix}.$$

Analog kann man auch die Spalten einer $m \times n$-Matrix $\boldsymbol{A}$, die wir „oben indizieren", als Zeilen- oder Spaltenvektoren formulieren, nämlich

$$\boldsymbol{a}^1{}^T = (a_{11}, \ldots, a_{m1}) \,, \qquad \ldots \,, \qquad \boldsymbol{a}^n{}^T = (a_{1n}, \ldots, a_{mn})$$

$$\text{oder} \quad \boldsymbol{a}^1 = \begin{pmatrix} a_{11} \\ \vdots \\ a_{m1} \end{pmatrix}, \qquad \ldots \,, \qquad \boldsymbol{a}^n = \begin{pmatrix} a_{1n} \\ \vdots \\ a_{mn} \end{pmatrix}.$$

Damit erhält man für $\boldsymbol{A}$ bzw. $\boldsymbol{A}^T$ die Darstellung

$$\boldsymbol{A} = \begin{pmatrix} a_{11} & \ldots & a_{1n} \\ \vdots & & \vdots \\ a_{m1} & \ldots & a_{mn} \end{pmatrix} = \begin{pmatrix} \boldsymbol{a}_1{}^T \\ \vdots \\ \boldsymbol{a}_m{}^T \end{pmatrix} = (\boldsymbol{a}^1, \ldots, \boldsymbol{a}^n) = (a_{ij})_{m,n} \,,$$

$$\boldsymbol{A}^T = \begin{pmatrix} a_{11} & \ldots & a_{m1} \\ \vdots & & \vdots \\ a_{1n} & \ldots & a_{mn} \end{pmatrix} = \begin{pmatrix} \boldsymbol{a}^1{}^T \\ \vdots \\ \boldsymbol{a}^n{}^T \end{pmatrix} = (\boldsymbol{a}_1, \ldots, \boldsymbol{a}_m) = (a_{ji})_{n,m} \,.$$

Mit diesen Ausführungen für mögliche Schreibweisen wird deutlich, mit welcher Konsequenz die Indizierung von Zeilen und Spalten einer Matrix erfolgt.

Wir erklären nun im Folgenden die Relationen $=, \neq, \leq, <$ für Matrizen.

Definition 11.7

Seien $\boldsymbol{A} = (a_{ij})_{m,n}$ und $\boldsymbol{B} = (b_{ij})_{m,n}$ reelle Matrizen mit übereinstimmender Zeilenzahl m und Spaltenzahl n. Man erklärt dann:

$\boldsymbol{A} = \boldsymbol{B}$	($\boldsymbol{A}$ gleich $\boldsymbol{B}$)	$\Longleftrightarrow$	$a_{ij} = b_{ij}$	für alle $i = 1, \ldots, m,$ $j = 1, \ldots, n$
$\boldsymbol{A} \neq \boldsymbol{B}$	($\boldsymbol{A}$ ungleich $\boldsymbol{B}$)	$\Longleftrightarrow$	$a_{ij} \neq b_{ij}$	für mindestens ein Indexpaar (i, j)
$\boldsymbol{A} \leq \boldsymbol{B}$	($\boldsymbol{A}$ kleiner oder gleich $\boldsymbol{B}$)	$\Longleftrightarrow$	$a_{ij} \leq b_{ij}$	für alle Indexpaare (i, j)
$\boldsymbol{A} < \boldsymbol{B}$	($\boldsymbol{A}$ kleiner $\boldsymbol{B}$)	$\Longleftrightarrow$	$a_{ij} < b_{ij}$	für alle Indexpaare (i, j)

Entsprechend definiert man $\boldsymbol{A} \geq \boldsymbol{B}$ und $\boldsymbol{A} > \boldsymbol{B}$.

Gelegentlich sollen zwei $m \times n$-Matrizen beide Bedingungen

$$a_{ij} \leq b_{ij} \quad \text{für alle } (i, j)\,,$$
$$a_{ij} < b_{ij} \quad \text{für mindestens ein } (i, j)$$

erfüllen; dann schreibt man $\boldsymbol{A} \leq \boldsymbol{B}, \boldsymbol{A} \neq \boldsymbol{B}$.

Wir weisen darauf hin, dass Definition 11.7 auch Spalten- und Zeilenvektoren als $m \times 1$ - bzw. $1 \times n$ -Matrizen einschließt. Ferner enthält Definition 11.7 folgende Implikationen:

$$\boldsymbol{A} = \boldsymbol{B} \Rightarrow \boldsymbol{A} \leq \boldsymbol{B}$$
$$\boldsymbol{A} < \boldsymbol{B} \Rightarrow \boldsymbol{A} \leq \boldsymbol{B}$$
$$\boldsymbol{A} < \boldsymbol{B} \Rightarrow \boldsymbol{A} \neq \boldsymbol{B}$$

Die Umkehrungen „$\Leftarrow$“ gelten nicht.

Abschließend bezeichnen wir noch einige spezielle Matrizen.

Definition 11.8

a) Eine $n \times n$-Matrix heißt **quadratische Matrix** mit n Zeilen und n Spalten (Beispiel 11.1 b).

b) Eine $n \times n$-Matrix $\boldsymbol{A}$ heißt **symmetrische Matrix**, wenn $\boldsymbol{A} = \boldsymbol{A}^T$ erfüllt ist, d. h., die Matrix $\boldsymbol{A}$ ist von der Form (Beispiel 11.1 b)

$$\boldsymbol{A} = \begin{pmatrix} a_{11} & a_{12} & \dots & a_{1n} \\ a_{12} & a_{22} & \dots & a_{2n} \\ \vdots & \vdots & \ddots & \vdots \\ a_{1n} & a_{2n} & \dots & a_{nn} \end{pmatrix}.$$

c) Eine $n \times n$-Matrix $\boldsymbol{A}$ heißt **Dreiecksmatrix**, wenn $a_{ij} = 0$ für alle $i < j$ oder $a_{ij} = 0$ für alle $i > j$ gilt, d. h., die Matrix $\boldsymbol{A}$ besitzt die Form einer unteren oder oberen Dreiecksmatrix

$$\boldsymbol{A} = \begin{pmatrix} a_{11} & 0 & \dots & 0 \\ \vdots & \ddots & & \vdots \\ \vdots & & \ddots & 0 \\ a_{n1} & \dots & \dots & a_{nn} \end{pmatrix}, \quad \boldsymbol{A} = \begin{pmatrix} a_{11} & \dots & \dots & a_{1n} \\ 0 & \ddots & & \vdots \\ \vdots & & \ddots & \vdots \\ 0 & \dots & 0 & a_{nn} \end{pmatrix}.$$

Weitere Nullen können dabei auftreten.

d) Eine $n \times n$-Matrix $\boldsymbol{A}$ heißt **Diagonalmatrix**, wenn $a_{ij} = 0$ für alle $i \neq j$ gilt, d. h., die Matrix $\boldsymbol{A}$ hat die Form

$$\boldsymbol{A} = \begin{pmatrix} a_{11} & 0 & \dots & \dots & 0 \\ 0 & \ddots & & & \vdots \\ \vdots & & \ddots & & \vdots \\ \vdots & & & \ddots & 0 \\ 0 & \dots & \dots & 0 & a_{nn} \end{pmatrix}.$$

In der so genannten **Hauptdiagonalen** $(a_{11}, \dots, a_{nn})$ können weitere Nullen auftreten.

e) Eine $n \times n$-Matrix $\boldsymbol{A}$ heißt **Einheitsmatrix**, wenn $a_{ii} = 1$ für alle $i = 1, \dots, n$ und $a_{ij} = 0$ für $i \neq j$ gilt. Wir bezeichnen Einheitsmatrizen mit

$$\boldsymbol{E} = \begin{pmatrix} 1 & 0 & \dots & \dots & 0 \\ 0 & \ddots & & & \vdots \\ \vdots & & \ddots & & \vdots \\ \vdots & & & \ddots & 0 \\ 0 & \dots & \dots & 0 & 1 \end{pmatrix}.$$

Für die Zeilen bzw. Spalten von $\boldsymbol{E}$ schreiben wir

$$\boldsymbol{e}_1 = \begin{pmatrix} 1 \\ 0 \\ \vdots \\ 0 \end{pmatrix}, \quad \boldsymbol{e}_2 = \begin{pmatrix} 0 \\ 1 \\ \vdots \\ 0 \end{pmatrix}, \quad \dots, \quad \boldsymbol{e}_n = \begin{pmatrix} 0 \\ 0 \\ \vdots \\ 1 \end{pmatrix}$$

und sprechen von den n **Einheitsvektoren** des $\mathbb{R}^n$.

f) Eine $m \times n$-Matrix $\boldsymbol{A}$ heißt **Nullmatrix**, wenn $a_{ij} = 0$ für alle $i = 1, \dots, m$ und $j = 1, \dots, n$ gilt. Man schreibt

$$\boldsymbol{O} = \begin{pmatrix} 0 & \dots & 0 \\ \vdots & \ddots & \vdots \\ 0 & \dots & 0 \end{pmatrix}.$$

Ein Zeilen- oder Spaltenvektor $\boldsymbol{o}$, der nur Nullen als Komponenten enthält, heißt **Nullvektor**.

Beispiel 11.9

a) Für die 3×4-Matrizen

$$A = \begin{pmatrix} 2 & 1 & 1 & 0 \\ 0 & 1 & 2 & 3 \\ 1 & 0 & 1 & 1 \end{pmatrix}, \quad B = \begin{pmatrix} 5 & 4 & 1 & 0 \\ 0 & 1 & 2 & 4 \\ 3 & 1 & 2 & 5 \end{pmatrix},$$

$$C = \begin{pmatrix} 0 & -1 & -2 & -3 \\ -1 & 0 & -1 & 2 \\ 2 & 0 & 1 & 1 \end{pmatrix}$$

gilt $\boldsymbol{A} \neq \boldsymbol{B},\ \boldsymbol{B} \neq \boldsymbol{C},\ \boldsymbol{A} \neq \boldsymbol{C},\ \boldsymbol{A} \leq \boldsymbol{B},\ \boldsymbol{B} > \boldsymbol{C}$,

aber nicht $\boldsymbol{A} \geq \boldsymbol{C},\ \boldsymbol{A} \leq \boldsymbol{C},\ \boldsymbol{A} < \boldsymbol{B},\ \boldsymbol{B} < \boldsymbol{A},\ \boldsymbol{A} < \boldsymbol{C},\ \boldsymbol{C} < \boldsymbol{A}$.

Ferner ist $\boldsymbol{A} \geq \boldsymbol{O},\ \boldsymbol{A} \neq \boldsymbol{O},\ \boldsymbol{B} \geq \boldsymbol{O},\ \boldsymbol{B} \neq \boldsymbol{O}$,

aber nicht $\boldsymbol{C} \geq \boldsymbol{O},\ \boldsymbol{C} \leq \boldsymbol{O}$.

b) Die quadratischen 3×3-Matrizen

$$A = \begin{pmatrix} 1 & 2 & 3 \\ 2 & 3 & 4 \\ 3 & 4 & 5 \end{pmatrix}, \quad B = \begin{pmatrix} -1 & 1 & 2 \\ 1 & 0 & 0 \\ 2 & 0 & 0 \end{pmatrix}, \quad C = \begin{pmatrix} 2 & 0 & 0 \\ 0 & 0 & 0 \\ 0 & 0 & 3 \end{pmatrix}$$

sind symmetrisch, $\boldsymbol{C}$ ist diagonal.

Ferner ist $\boldsymbol{A} > \boldsymbol{B},\ \boldsymbol{A} \geq \boldsymbol{E} \geq \boldsymbol{O},\ \boldsymbol{A} > \boldsymbol{O},\ \boldsymbol{C} \geq \boldsymbol{O}$.

11.2 Regeln der Addition und Subtraktion

Um die algebraischen Operationen der Addition und Subtraktion von Matrizen bzw. Vektoren geeignet durchführen zu können, benötigen wir die entsprechenden Rechenregeln für reelle Zahlen, die hier auch als **Skalare** bezeichnet werden. Wir verweisen auf Abschnitt 1.1:

Für $a, b \in \mathbb{R}$ sind die Operationen $a + b,\ a - b$ durchführbar.

Als Ergebnis erhält man in allen Fällen wieder eine reelle Zahl.

Definition 11.10

Für zwei Matrizen $\boldsymbol{A} = (a_{ij})_{m,n}$ und $\boldsymbol{B} = (b_{ij})_{m,n}$ mit je m Zeilen und n Spalten erklärt man die **Addition** durch

$$\boldsymbol{A} + \boldsymbol{B} = \begin{pmatrix} a_{11} & \dots & a_{1n} \\ \vdots & & \vdots \\ a_{m1} & \dots & a_{mn} \end{pmatrix} + \begin{pmatrix} b_{11} & \dots & b_{1n} \\ \vdots & & \vdots \\ b_{m1} & \dots & b_{mn} \end{pmatrix}$$

$$= \begin{pmatrix} a_{11} + b_{11} & \dots & a_{1n} + b_{1n} \\ \vdots & & \vdots \\ a_{m1} + b_{m1} & \dots & a_{mn} + b_{mn} \end{pmatrix} \quad \text{bzw.}$$

$$\boldsymbol{A} + \boldsymbol{B} = (a_{ij})_{m,n} + (b_{ij})_{m,n} = (a_{ij} + b_{ij})_{m,n} \,.$$

Entsprechend erklärt man die **Subtraktion** durch

$$\boldsymbol{A} - \boldsymbol{B} = \begin{pmatrix} a_{11} & \dots & a_{1n} \\ \vdots & & \vdots \\ a_{m1} & \dots & a_{mn} \end{pmatrix} - \begin{pmatrix} b_{11} & \dots & b_{1n} \\ \vdots & & \vdots \\ b_{m1} & \dots & b_{mn} \end{pmatrix}$$

$$= \begin{pmatrix} a_{11} - b_{11} & \dots & a_{1n} - b_{1n} \\ \vdots & & \vdots \\ a_{m1} - b_{m1} & \dots & a_{mn} - b_{mn} \end{pmatrix} \quad \text{bzw.}$$

$$\boldsymbol{A} - \boldsymbol{B} = (a_{ij})_{m,n} - (b_{ij})_{m,n} = (a_{ij} - b_{ij})_{m,n} \,.$$

Zu zwei $m \times n$-Matrizen $\boldsymbol{A}$ und $\boldsymbol{B}$ erhält man also die **Summe** $\boldsymbol{A} + \boldsymbol{B}$ bzw. die **Differenz** $\boldsymbol{A} - \boldsymbol{B}$, wenn man die in der Anordnung sich entsprechenden Komponenten von $\boldsymbol{A}$ und $\boldsymbol{B}$ addiert bzw. subtrahiert. Das Ergebnis ist in beiden Fällen eine $m \times n$-Matrix.

Stimmen zwei Matrizen $\boldsymbol{A}, \boldsymbol{B}$ in ihrer Zeilen- oder Spaltenzahl nicht überein, so sind Addition und Subtraktion nicht definiert.

Nach Definition 11.10 lassen sich sowohl Zeilenvektoren als auch Spaltenvektoren gleicher Komponentenzahl addieren und subtrahieren.

Für $\boldsymbol{a}, \boldsymbol{b} \in \mathbb{R}^n$ gilt:

$$\boldsymbol{a}+\boldsymbol{b} = \begin{pmatrix} a_1 \\ \vdots \\ a_n \end{pmatrix} + \begin{pmatrix} b_1 \\ \vdots \\ b_n \end{pmatrix} = \begin{pmatrix} a_1+b_1 \\ \vdots \\ a_n+b_n \end{pmatrix}$$

$$\boldsymbol{a}-\boldsymbol{b} = \begin{pmatrix} a_1 \\ \vdots \\ a_n \end{pmatrix} - \begin{pmatrix} b_1 \\ \vdots \\ b_n \end{pmatrix} = \begin{pmatrix} a_1-b_1 \\ \vdots \\ a_n-b_n \end{pmatrix}$$

Die Addition und die Subtraktion lassen sich für $n = 1, 2, 3$ wieder geometrisch illustrieren.

Beispiel 11.11

Gegeben seien die Vektoren $\boldsymbol{a} = (3,1)^T$ und $\boldsymbol{b} = (1,2)^T$ des $\mathbb{R}^2$. Dann entspricht die Summe $\boldsymbol{a}+\boldsymbol{b} = (4,3)^T$ der Diagonale des von $\boldsymbol{a}$ und $\boldsymbol{b}$ aufgespannten Parallelogramms (Figur 11.2). Um die Differenz $\boldsymbol{a}-\boldsymbol{b} = (2,-1)^T$ darzustellen, verfährt man wie bei der Darstellung der Summe der Vektoren $\boldsymbol{a} = (3,1)^T$ und $-\boldsymbol{b} = (-1,-2)^T$.

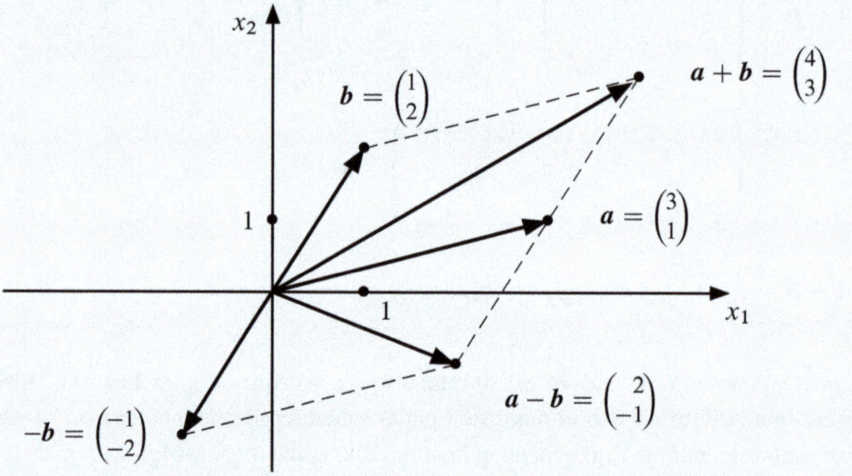

Figur 11.2: Addition und Subtraktion von Vektoren des $\mathbb{R}^2$

Entsprechend gilt für die Addition und Subtraktion von Zeilenvektoren:

$$\boldsymbol{a}^T + \boldsymbol{b}^T = (a_1, \ldots, a_n) + (b_1, \ldots, b_n) = (a_1+b_1, \ldots, a_n+b_n)$$
$$\boldsymbol{a}^T - \boldsymbol{b}^T = (a_1, \ldots, a_n) - (b_1, \ldots, b_n) = (a_1-b_1, \ldots, a_n-b_n)$$

Eine Addition oder Subtraktion der Form $\boldsymbol{a}^T \pm \boldsymbol{b}$ oder $\boldsymbol{a} \pm \boldsymbol{b}^T$ ist für $n > 1$ nicht definiert. Andererseits lassen sich für beliebige $m \times n$-Matrizen $\boldsymbol{A}, \boldsymbol{B}$ die Gleichungen

$$(\boldsymbol{A}+\boldsymbol{B})^T = \boldsymbol{A}^T + \boldsymbol{B}^T\,, \quad (\boldsymbol{A}-\boldsymbol{B})^T = \boldsymbol{A}^T - \boldsymbol{B}^T$$

nachweisen. Die Operationen der Addition bzw. Subtraktion und der Transposition sind also vertauschbar.

Mit Definition 11.10 kann man auch mehr als zwei $m \times n$-Matrizen addieren oder subtrahieren, beispielsweise gilt für $\boldsymbol{A} = (a_{ij})_{m,n}$, $\boldsymbol{B} = (b_{ij})_{m,n}$, $\boldsymbol{C} = (c_{ij})_{m,n}$

$$\boldsymbol{A}+\boldsymbol{B}-\boldsymbol{C} = (a_{ij} + b_{ij} - c_{ij})_{m,n}\,.$$

Beispiel 11.12

a) Eine Unternehmung stellt drei Produkte P_1, P_2, P_3 her und liefert diese an die Händler H_i $(i = 1, \ldots, 5)$. Die mengenmäßigen Lieferungen in vier Quartalen eines Jahres werden durch vier 3×5-Matrizen $\boldsymbol{A}, \boldsymbol{B}, \boldsymbol{C}, \boldsymbol{D}$ der Form

$\boldsymbol{A} =$

1. Qu.	H_1	H_2	H_3	H_4	H_5
P_1	10	8	6	4	9
P_2	15	2	12	10	6
P_3	6	10	8	12	5

, $\boldsymbol{B} =$

2. Qu.	H_1	H_2	H_3	H_4	H_5
P_1	10	6	6	5	12
P_2	10	3	12	9	8
P_3	8	10	12	8	10

,

$\boldsymbol{C} =$

3. Qu.	H_1	H_2	H_3	H_4	H_5
P_1	6	4	5	4	6
P_2	12	2	6	8	4
P_3	4	8	6	8	3

, $\boldsymbol{D} =$

4. Qu.	H_1	H_2	H_3	H_4	H_5
P_1	8	4	5	2	10
P_2	6	2	8	6	4
P_3	5	8	10	6	8

wiedergegeben. Für die mengenmäßigen Lieferungen im gesamten Jahr erhält man komponentenweise

$$a_{11} + b_{11} + c_{11} + d_{11} = 10 + 10 + 6 + 8 = 34$$
$$a_{12} + b_{12} + c_{12} + d_{12} = 8 + 6 + 4 + 4 = 22$$
$$\vdots$$

und damit insgesamt

$\boldsymbol{A}+\boldsymbol{B}+\boldsymbol{C}+\boldsymbol{D} =$

Jahr	H_1	H_2	H_3	H_4	H_5
P_1	34	22	22	15	37
P_2	43	9	38	33	22
P_3	23	36	36	34	26

.

Andererseits ergibt sich für die Differenz der mengenmäßigen Lieferungen des ersten und zweiten Halbjahres wegen

$$\begin{aligned} a_{11} + b_{11} - c_{11} - d_{11} &= 10 + 10 - 6 - 8 = 6 \\ a_{12} + b_{12} - c_{12} - d_{12} &= 8 + 6 - 4 - 4 = 6 \\ &\vdots \end{aligned}$$

$\boldsymbol{A} + \boldsymbol{B} - \boldsymbol{C} - \boldsymbol{D} =$

Jahr	H_1	H_2	H_3	H_4	H_5
P_1	6	6	2	3	5
P_2	7	1	10	5	6
P_3	5	4	4	6	4

b) Vier Produkte P_1, P_2, P_3, P_4 werden auf drei Maschinen M_1, M_2, M_3 gefertigt. Sei z_{ij} die Produktionszeit in Minuten für eine Einheit von Produkt P_i auf Maschine M_j. Die zugehörige 4×3-Matrix $\boldsymbol{Z} = (z_{ij})_{4,3}$ sei

$\boldsymbol{Z} =$

	M_1	M_2	M_3
P_1	4	5	2
P_2	5	2	4
P_3	5	4	6
P_4	2	8	2

Zeilenweise enthält $\boldsymbol{Z}$ die für das jeweilige Produkt P_1, P_2, P_3, P_4 benötigten Maschinenzeiten, es ist

$$z_1 = \begin{pmatrix} 4 \\ 5 \\ 2 \end{pmatrix}, \quad z_2 = \begin{pmatrix} 5 \\ 2 \\ 4 \end{pmatrix}, \quad z_3 = \begin{pmatrix} 5 \\ 4 \\ 6 \end{pmatrix}, \quad z_4 = \begin{pmatrix} 2 \\ 8 \\ 2 \end{pmatrix}.$$

Dann enthält der Vektor

$$z = z_1 + z_2 + z_3 + z_4 = \begin{pmatrix} 4+5+5+2 \\ 5+2+4+8 \\ 2+4+6+2 \end{pmatrix} = \begin{pmatrix} 16 \\ 19 \\ 14 \end{pmatrix}$$

die Zeiten der Maschinen M_1, M_2, M_3, die erforderlich sind, um je eine Einheit der Produkte P_i herzustellen.

Gibt der Vektor

$$c = \begin{pmatrix} 20 \\ 20 \\ 20 \end{pmatrix}$$

die verfügbare Zeit der Maschinen M_1, M_2, M_3 an, dann erhält man mit

$$c - z = \begin{pmatrix} 20 \\ 20 \\ 20 \end{pmatrix} - \begin{pmatrix} 16 \\ 19 \\ 14 \end{pmatrix} = \begin{pmatrix} 4 \\ 1 \\ 6 \end{pmatrix}$$

einen Vektor von so genannten Leerkapazitäten.

Wir fassen die für die Addition bzw. Subtraktion wichtigsten Rechenregeln zusammen.

Satz 11.13

$\boldsymbol{A}, \boldsymbol{B}, \boldsymbol{C}$ seien $m \times n$-Matrizen. Dann gilt für die Addition

das Kommutativgesetz $\boldsymbol{A} + \boldsymbol{B} = \boldsymbol{B} + \boldsymbol{A}$,

das Assoziativgesetz $(\boldsymbol{A} + \boldsymbol{B}) + \boldsymbol{C} = \boldsymbol{A} + (\boldsymbol{B} + \boldsymbol{C})$.

Ferner existiert zu $\boldsymbol{A}, \boldsymbol{B}$ genau eine $m \times n$-Matrix $\boldsymbol{X}$ mit $\boldsymbol{A} + \boldsymbol{X} = \boldsymbol{B}$ bzw. $\boldsymbol{X} = \boldsymbol{B} - \boldsymbol{A}$.

Für $\boldsymbol{B} = \boldsymbol{A}$ ist $\boldsymbol{X}$ die $m \times n$-Nullmatrix.

Für $\boldsymbol{B} = \boldsymbol{O}$ gilt $\boldsymbol{X} = \boldsymbol{O} - \boldsymbol{A} = -\boldsymbol{A}$ mit $-\boldsymbol{A} = (-a_{ij})_{m,n}$.

Der Beweis erfolgt mit Hilfe von Definition 11.10 durch einfaches Nachrechnen.

11.3 Regeln der Multiplikation

In der Matrizenrechnung unterscheidet man die skalare Multiplikation und die Matrizenmultiplikation.

Definition 11.14

Sei $\boldsymbol{A}$ eine $m \times n$-Matrix und $r \in \mathbb{R}$ ein **Skalar**. Dann erklärt man die **skalare Multiplikation** von $\boldsymbol{A}$ mit r durch

$$r \cdot \boldsymbol{A} = r \cdot \begin{pmatrix} a_{11} & \dots & a_{1n} \\ \vdots & & \vdots \\ a_{m1} & \dots & a_{mn} \end{pmatrix} = \begin{pmatrix} ra_{11} & \dots & ra_{1n} \\ \vdots & & \vdots \\ ra_{m1} & \dots & ra_{mn} \end{pmatrix}$$

$$= \begin{pmatrix} a_{11}r & \dots & a_{1n}r \\ \vdots & & \vdots \\ a_{m1}r & \dots & a_{mn}r \end{pmatrix} = \begin{pmatrix} a_{11} & \dots & a_{1n} \\ \vdots & & \vdots \\ a_{m1} & \dots & a_{mn} \end{pmatrix} \cdot r = \boldsymbol{A} \cdot r\,.$$

Die skalare Multiplikation ist für Spalten- und Zeilenvektoren entsprechend durchführbar. Für $\boldsymbol{a} \in \mathbb{R}^n$, $r \in \mathbb{R}$ gilt

$$r \cdot \boldsymbol{a} = r \begin{pmatrix} a_1 \\ \vdots \\ a_n \end{pmatrix} = \begin{pmatrix} ra_1 \\ \vdots \\ ra_n \end{pmatrix}.$$

Auch die skalare Multiplikation für Vektoren lässt sich für $n = 1, 2, 3$ geometrisch illustrieren.

Beispiel 11.15

Gegeben seien der Vektor $\boldsymbol{a} = (2, 1)^T$ und die Skalare $r_1 = 2$, $r_2 = -1$.
Um den Vektor $2\boldsymbol{a} = (4, 2)^T$ zu erhalten, verlängert man die dem Vektor $\boldsymbol{a}$ entsprechende gerichtete Strecke auf das Doppelte (Figur 11.3).
Bei $-\boldsymbol{a} = (-2, -1)^T$ wird die Richtung von $\boldsymbol{a}$ umgekehrt (Figur 11.3).

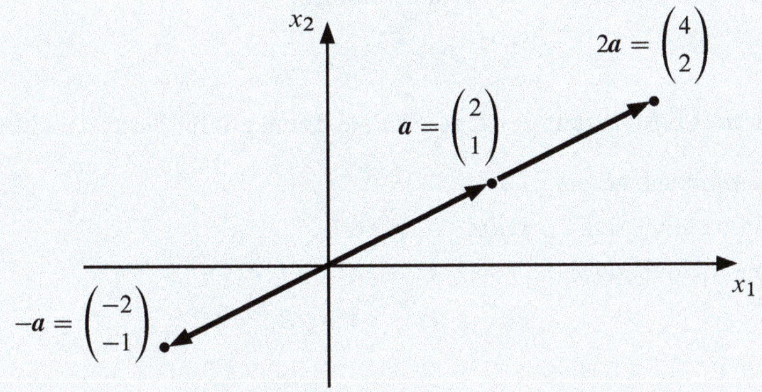

Figur 11.3: Skalare Multiplikation von Vektoren des $\mathbb{R}^2$

Allgemein hat jeder Vektor $r \cdot \boldsymbol{a}$ für $r > 0$ die selbe Richtung wie $\boldsymbol{a}$ und für $r < 0$ die entgegengesetzte Richtung. Für die skalare Multiplikation von Zeilenvektoren gilt entsprechend

$$r \cdot \boldsymbol{a}^T = r(a_1, \ldots, a_n) = (ra_1, \ldots, ra_n) .$$

Zur Demonstration der skalaren Multiplikation bei Vektoren und Matrizen greifen wir nochmals auf Beispiel 11.12 b zurück.

Beispiel 11.16

Sollen in Beispiel 11.12 b von jedem Produkt 10 Einheiten produziert werden, so erhält man für die Matrix der benötigten Maschinenzeiten

$10 \cdot \boldsymbol{Z} =$

	M_1	M_2	M_3
P_1	40	50	20
P_2	50	20	40
P_3	50	40	60
P_4	20	80	20

.

Wünscht man unterschiedliche Produktionsmengen, beispielsweise 5 Einheiten von P_1, 10 Einheiten von P_2 sowie je 20 Einheiten von P_3 und P_4, so erhält man die für die einzelnen Produkte P_1, P_2, P_3, P_4 erforderlichen Maschinenzeiten durch

$$5z_1 = \begin{pmatrix} 20 \\ 25 \\ 10 \end{pmatrix}, \quad 10z_2 = \begin{pmatrix} 50 \\ 20 \\ 40 \end{pmatrix}, \quad 20z_3 = \begin{pmatrix} 100 \\ 80 \\ 120 \end{pmatrix}, \quad 20z_4 = \begin{pmatrix} 40 \\ 160 \\ 40 \end{pmatrix} .$$

Wir fassen die wesentlichen Rechenregeln zusammen.

Satz 11.17

$\boldsymbol{A}, \boldsymbol{B}$ seien $m \times n$-Matrizen, $r, s \in \mathbb{R}$ Skalare. Dann gilt für die skalare Multiplikation

das Kommutativgesetz	$r\boldsymbol{A}$	$= \boldsymbol{A}r$,
das Assoziativgesetz	$(rs)\boldsymbol{A}$	$= r(s\boldsymbol{A})$,
die Distributivgesetze	$(r+s)\boldsymbol{A}$	$= r\boldsymbol{A} + s\boldsymbol{A}$,
	$r(\boldsymbol{A}+\boldsymbol{B})$	$= r\boldsymbol{A} + r\boldsymbol{B}$.

Der Beweis erfolgt mit Hilfe von Definition 11.10 und 11.14 durch Nachrechnen.

Zur Multiplikation zweier Matrizen $\boldsymbol{A}$ und $\boldsymbol{B}$ müssen bestimmte Bedingungen betreffend die Spaltenzahl von $\boldsymbol{A}$ sowie die Zeilenzahl von $\boldsymbol{B}$ erfüllt sein.

Definition 11.18

Sei $\boldsymbol{A}$ eine $m \times p$-Matrix und $\boldsymbol{B}$ eine $p \times n$-Matrix. Dann erklärt man die **Matrizenmultiplikation** von $\boldsymbol{A}$ und $\boldsymbol{B}$ durch

$$\boldsymbol{AB} = \begin{pmatrix} a_{11} & \dots & a_{1p} \\ \vdots & & \vdots \\ a_{m1} & \dots & a_{mp} \end{pmatrix} \begin{pmatrix} b_{11} & \dots & b_{1n} \\ \vdots & & \vdots \\ b_{p1} & \dots & b_{pn} \end{pmatrix}$$

$$= \begin{pmatrix} a_{11}b_{11} + \dots + a_{1p}b_{p1} & \dots & a_{11}b_{1n} + \dots + a_{1p}b_{pn} \\ \vdots & & \vdots \\ a_{m1}b_{11} + \dots + a_{mp}b_{p1} & \dots & a_{m1}b_{1n} + \dots + a_{mp}b_{pn} \end{pmatrix}$$

$$= \begin{pmatrix} \sum_{k=1}^{p} a_{1k}b_{k1} & \dots & \sum_{k=1}^{p} a_{1k}b_{kn} \\ \vdots & & \vdots \\ \sum_{k=1}^{p} a_{mk}b_{k1} & \dots & \sum_{k=1}^{p} a_{mk}b_{kn} \end{pmatrix}$$

oder in komprimierter Form

$$\boldsymbol{AB} = (a_{ik})_{m,p}(b_{kj})_{p,n} = \left(\sum_{k=1}^{p} a_{ik}b_{kj}\right)_{m,n} .$$

Als Ergebnis erhalten wir eine $m \times n$-Matrix. Die Zeilenzahl der Ergebnismatrix ist gleich der Zeilenzahl von $\boldsymbol{A}$ und die Spaltenzahl der Ergebnismatrix gleich der Spaltenzahl von $\boldsymbol{B}$.

Zu zwei Matrizen $\boldsymbol{A}$, $\boldsymbol{B}$ ergibt sich, falls die Spaltenzahl von $\boldsymbol{A}$ mit der Zeilenzahl von $\boldsymbol{B}$ übereinstimmt, das **Matrizenprodukt** $\boldsymbol{C} = \boldsymbol{AB}$, indem man für jedes Paar, bestehend aus einer Zeile von $\boldsymbol{A}$ und einer Spalte von $\boldsymbol{B}$, die entsprechenden Komponenten multipliziert und die erhaltenen Produkte anschließend addiert. Verfährt man in dieser Weise mit der i-ten Zeile und j-ten Spalte, so ist das Ergebnis wieder eine reelle Zahl, die in der i-ten Zeile und j-ten Spalte von $\boldsymbol{C}$ steht. Wir veranschaulichen das Vorgehen mit Hilfe des Schemas

$$\begin{pmatrix} a_{11} & \dots & a_{1p} \\ \vdots & & \vdots \\ \boxed{a_{i1} \quad \dots \quad a_{ip}} \\ \vdots & & \vdots \\ a_{m1} & \dots & a_{mp} \end{pmatrix} \begin{pmatrix} b_{11} & \dots & \boxed{\begin{matrix} b_{1j} \\ \vdots \\ b_{pj} \end{matrix}} & \dots & b_{1n} \\ \vdots & & & & \vdots \\ b_{p1} & \dots & & \dots & b_{pn} \end{pmatrix} = \begin{pmatrix} c_{11} & \dots & c_{1j} & \dots & c_{1n} \\ \vdots & & \vdots & & \vdots \\ c_{i1} & \dots & \boxed{c_{ij}} & \dots & c_{in} \\ \vdots & & \vdots & & \vdots \\ c_{m1} & \dots & c_{mj} & \dots & c_{mn} \end{pmatrix}$$

$$\text{mit} \quad c_{ij} = a_{i1}b_{1j} + \ldots + a_{ip}b_{pj} = \sum_{k=1}^{p} a_{ik}b_{kj}.$$

Stimmen die Spaltenzahl von $\boldsymbol{A}$ und die Zeilenzahl von $\boldsymbol{B}$ nicht überein, so ist das Matrizenprodukt $\boldsymbol{AB}$ nicht definiert.

Beispiel 11.19

In einer Unternehmung werden aus vier Einzelteilen T_1, T_2, T_3, T_4 drei Baugruppen B_1, B_2, B_3 montiert und aus diesen zwei Endprodukte P_1, P_2 hergestellt. Sei nun

a_{ij} die Anzahl der Einheiten von T_i, die zur Montage einer Einheit von B_j benötigt wird,

b_{ij} die Anzahl der Einheiten von B_i, die zur Herstellung einer Einheit von P_j erforderlich ist.

Mit den Bedarfsmatrizen

$\boldsymbol{A} = (a_{ij})_{4,3} =$

	B_1	B_2	B_3
T_1	5	2	3
T_2	4	3	2
T_3	2	6	5
T_4	3	5	3

bzw. $\boldsymbol{B} = (b_{ij})_{3,2} =$

	P_1	P_2
B_1	1	2
B_2	3	1
B_3	2	3

erhält man durch Matrizenmultiplikation wegen

$$\begin{aligned} \boldsymbol{a}_1{}^T\boldsymbol{b}^1 &= 5\cdot 1 + 2\cdot 3 + 3\cdot 2 = 17 \\ \boldsymbol{a}_1{}^T\boldsymbol{b}^2 &= 5\cdot 2 + 2\cdot 1 + 3\cdot 3 = 21 \\ &\vdots \end{aligned}$$

die Matrix

$$\boldsymbol{A}\cdot\boldsymbol{B} = \begin{array}{c|cc} & P_1 & P_2 \\ \hline T_1 & 17 & 21 \\ T_2 & 17 & 17 \\ T_3 & 30 & 25 \\ T_4 & 24 & 20 \end{array}\;,$$

die den Bedarf an Einzelteilen für beide Produkte ausweist.

Sollen nun 8 Einheiten von P_1 und 10 Einheiten von P_2 hergestellt werden, so erhält man den Produktvektor $\boldsymbol{c} = (8, 10)^T$ und mit

$$\boldsymbol{A}\cdot\boldsymbol{B}\cdot\boldsymbol{c} = \begin{pmatrix} 17 & 21 \\ 17 & 17 \\ 30 & 25 \\ 24 & 20 \end{pmatrix}\begin{pmatrix} 8 \\ 10 \end{pmatrix} = \begin{pmatrix} 346 \\ 306 \\ 490 \\ 392 \end{pmatrix}$$

einen Vektor, der komponentenweise angibt, wie viele Einheiten der Einzelteile verfügbar sein müssen, um das vorgegebene Produktionsziel zu erreichen.

Wir diskutieren einige Spezialfälle der Matrizenmultiplikation.

- Ist $\boldsymbol{A}$ eine $m\times n$-Matrix und $\boldsymbol{B}$ eine $n\times m$-Matrix, so existiert sowohl das Produkt $\boldsymbol{AB}$ als auch $\boldsymbol{BA}$. Ferner ist $\boldsymbol{AB}$ eine $m\times m$-Matrix und $\boldsymbol{BA}$ eine $n\times n$-Matrix.
- Ist $\boldsymbol{A}$ eine quadratische $n\times n$-Matrix, so existiert das Produkt $\boldsymbol{A}\cdot\boldsymbol{A} = \boldsymbol{A}^2$. Sind $\boldsymbol{A}$ und $\boldsymbol{B}$ quadratische $n\times n$-Matrizen, so sind die Produkte $\boldsymbol{AB}$ und $\boldsymbol{BA}$ ebenfalls $n\times n$-Matrizen. Dennoch ist allgemein $\boldsymbol{AB}\neq\boldsymbol{BA}$.

- Ist $\boldsymbol{A}$ eine $n \times n$-Matrix und $\boldsymbol{D}$ eine $n \times n$-Diagonalmatrix mit

$$\boldsymbol{D} = \begin{pmatrix} d & \dots & 0 \\ \vdots & \ddots & \vdots \\ 0 & \dots & d \end{pmatrix}, \quad \text{dann ist}$$

$$\boldsymbol{AD} = \begin{pmatrix} a_{11} & \dots & a_{1n} \\ \vdots & & \vdots \\ a_{n1} & \dots & a_{nn} \end{pmatrix} \begin{pmatrix} d & \dots & 0 \\ \vdots & \ddots & \vdots \\ 0 & \dots & d \end{pmatrix} = \begin{pmatrix} a_{11}d & \dots & a_{1n}d \\ \vdots & & \vdots \\ a_{n1}d & \dots & a_{nn}d \end{pmatrix} = \boldsymbol{A}d$$

$$= d\boldsymbol{A} = \begin{pmatrix} da_{11} & \dots & da_{1n} \\ \vdots & & \vdots \\ da_{n1} & \dots & da_{nn} \end{pmatrix} = \begin{pmatrix} d & \dots & 0 \\ \vdots & \ddots & \vdots \\ 0 & \dots & d \end{pmatrix} \begin{pmatrix} a_{11} & \dots & a_{1n} \\ \vdots & & \vdots \\ a_{n1} & \dots & a_{nn} \end{pmatrix} = \boldsymbol{DA}\,.$$

- Ist $\boldsymbol{D} = \boldsymbol{E}$ die $n \times n$-Einheitsmatrix, so gilt entsprechend:

$$\boldsymbol{AE} = \boldsymbol{A} = \boldsymbol{EA}$$

Wie wir in Beispiel 11.19 gesehen haben, regelt die Definition 11.18 auch die Multiplikation von Matrizen mit Vektoren.

$$\text{Mit} \quad \boldsymbol{A} = \begin{pmatrix} a_{11} & \dots & a_{1n} \\ \vdots & & \vdots \\ a_{m1} & \dots & a_{mn} \end{pmatrix}, \quad \boldsymbol{b} = \begin{pmatrix} b_1 \\ \vdots \\ b_m \end{pmatrix}, \quad \boldsymbol{c} = \begin{pmatrix} c_1 \\ \vdots \\ c_n \end{pmatrix} \quad \text{ist}$$

$$\boldsymbol{Ac} = \begin{pmatrix} a_{11} & \dots & a_{1n} \\ \vdots & & \vdots \\ a_{m1} & \dots & a_{mn} \end{pmatrix} \begin{pmatrix} c_1 \\ \vdots \\ c_n \end{pmatrix} = \begin{pmatrix} \sum_{j=1}^n a_{1j}c_j \\ \vdots \\ \sum_{j=1}^n a_{mj}c_j \end{pmatrix}$$

ein Spaltenvektor des $\mathbb{R}^m$,

$$\boldsymbol{b}^T\boldsymbol{A} = (b_1, \dots, b_m) \begin{pmatrix} a_{11} & \dots & a_{1n} \\ \vdots & & \vdots \\ a_{m1} & \dots & a_{mn} \end{pmatrix} = \left(\sum_{i=1}^m b_i a_{i1}, \dots, \sum_{i=1}^m b_i a_{in} \right)$$

ein Zeilenvektor des $\mathbb{R}^n$.

Die Multiplikation zweier Vektoren ist ein weiterer Spezialfall von Definition 11.18.

Definition 11.20

Seien $\boldsymbol{a}, \boldsymbol{b} \in \mathbb{R}^n$ Spaltenvektoren mit $\boldsymbol{a} = \begin{pmatrix} a_1 \\ \vdots \\ a_n \end{pmatrix}$, $\boldsymbol{b} = \begin{pmatrix} b_1 \\ \vdots \\ b_n \end{pmatrix}$. Dann ist

$$\boldsymbol{a}^T \boldsymbol{b} = (a_1, \ldots, a_n) \begin{pmatrix} b_1 \\ \vdots \\ b_n \end{pmatrix} = \sum_{i=1}^{n} a_i b_i$$

eine reelle Zahl und heißt **Skalarprodukt** von $\boldsymbol{a}$ und $\boldsymbol{b}$.

Entsprechend dazu ist

$$\boldsymbol{a}\boldsymbol{b}^T = \begin{pmatrix} a_1 \\ \vdots \\ a_n \end{pmatrix} (b_1, \ldots, b_n) = \begin{pmatrix} a_1 b_1 & \ldots & a_1 b_n \\ \vdots & & \vdots \\ a_n b_1 & \ldots & a_n b_n \end{pmatrix}$$

eine $n \times n$-Matrix.

Die Produkte $\boldsymbol{a}\boldsymbol{b}$ und $\boldsymbol{a}^T \boldsymbol{b}^T$ sind nicht definiert.

Wir fassen die wesentlichen Rechenregeln für die Matrizenmultiplikation zusammen.

Satz 11.21

$\boldsymbol{A}$ sei eine $m \times p$-Matrix, $\boldsymbol{C}$ eine $q \times n$-Matrix, $\boldsymbol{B}$ und $\boldsymbol{D}$ seien $p \times q$-Matrizen und $\boldsymbol{E}_p$ bzw. $\boldsymbol{E}_m$ die $p \times p$- bzw. $m \times m$-Einheitsmatrix. Dann gilt für die Matrizenmultiplikation

das Assoziativgesetz	$(\boldsymbol{AB})\boldsymbol{C}$	$=$	$\boldsymbol{A}(\boldsymbol{BC})$,
die Distributivgesetze	$\boldsymbol{A}(\boldsymbol{B} + \boldsymbol{D})$	$=$	$\boldsymbol{AB} + \boldsymbol{AD}$,
	$(\boldsymbol{B} + \boldsymbol{D})\boldsymbol{C}$	$=$	$\boldsymbol{BC} + \boldsymbol{DC}$
und ferner	$\boldsymbol{AE}_p$	$=$	$\boldsymbol{E}_m\boldsymbol{A} = \boldsymbol{A}$.

Beweis:

Nach Definition 11.18 sind $\boldsymbol{X} = (\boldsymbol{AB})\boldsymbol{C}$ und $\boldsymbol{Y} = \boldsymbol{A}(\boldsymbol{BC})$ $m \times n$-Matrizen. Mit $x_{ij} = (\boldsymbol{a}_i^T \boldsymbol{B})\boldsymbol{c}^j$ und $y_{ij} = \boldsymbol{a}_i^T (\boldsymbol{B}\boldsymbol{c}^j)$ beweist man durch Nachrechnen $x_{ij} = y_{ij}$ für alle $i = 1, \ldots, m$ und $j = 1, \ldots, n$. Daraus folgt die Behauptung $(\boldsymbol{AB})\boldsymbol{C} = \boldsymbol{A}(\boldsymbol{BC})$.

Die Matrizen $A(B+D)$ und $AB + AD$ sind vom Typ $m \times q$. Ferner gilt für alle $i = 1,\ldots,m$ und $j = 1,\ldots,q$

$$a_i^T(b^j + d^j) = a_i^T b^j + a_i^T d^j ,$$

also auch $A(B + D) = AB + AD$.

Entsprechend beweist man $(B + D)C = BC + DC$.

Schließlich ist auch

$$AE_p = A = E_m A .$$

Während für die Matrizenmultiplikation allgemein das Kommutativgesetz nicht gilt, also $AB \neq BA$, ist für zwei Vektoren $a, b \in \mathbb{R}^n$ stets $a^T b = b^T a$ (Definition 11.20). Diese Tatsache wird im Beweis des folgenden Satzes benutzt.

Satz 11.22

A sei eine $m \times p$-Matrix, B eine $p \times n$-Matrix. Dann gilt:

a) Es existieren AB und $B^T A^T$ und es ist $B^T A^T = (AB)^T$.

b) $A^T A$ ist eine symmetrische $p \times p$-Matrix und AA^T eine symmetrische $m \times m$-Matrix.

Beweis:

Mit Hilfe von Definition 11.3 und 11.18 zeigt man:

a) AB ist $m \times n$-Matrix $\Rightarrow$ $(AB)^T$ ist $n \times m$ -Matrix

B^T ist $n \times p$-Matrix, A^T ist $p \times m$ -Matrix

$\Rightarrow$ $B^T A^T$ existiert und ist $n \times m$ -Matrix

Sei $C = AB \quad \Rightarrow c_{ij} = a_i^T b^j = {b^j}^T a_i$ für alle Paare (i, j)

Sei $D = B^T A^T \quad \Rightarrow d_{ji} = {b^j}^T a_i = c_{ij}$ für alle Paare (j, i)

$\Rightarrow D = C^T \quad \Rightarrow B^T A^T = (AB)^T$

b) $(A^T A)^T = A^T (A^T)^T = A^T A$ (Satz 11.22 a)

Also ist $A^T A$ symmetrisch (Definition 11.8 b) und vom Typ $p \times p$.

Analog verläuft der Beweis für AA^T.

Beispiel 11.23

a) Gegeben sind die Matrizen

$$A = \begin{pmatrix} 3 & 5 & 2 & -2 \\ -1 & 0 & 3 & 4 \\ 2 & -1 & -2 & 1 \end{pmatrix}, \quad B = \begin{pmatrix} 0 & 1 & -1 & 0 \\ 2 & 0 & 1 & -1 \\ 1 & 2 & 0 & -1 \\ 0 & 1 & 0 & -1 \end{pmatrix}.$$

Dann ist beispielsweise

$$
\begin{aligned}
(\boldsymbol{AB}) &= \begin{pmatrix} 3 & 5 & 2 & -2 \\ -1 & 0 & 3 & 4 \\ 2 & -1 & -2 & 1 \end{pmatrix} \begin{pmatrix} 0 & 1 & -1 & 0 \\ 2 & 0 & 1 & -1 \\ 1 & 2 & 0 & -1 \\ 0 & 1 & 0 & -1 \end{pmatrix} \\
&= \begin{pmatrix} 12 & 5 & 2 & -5 \\ 3 & 9 & 1 & -7 \\ -4 & -1 & -3 & 2 \end{pmatrix},
\end{aligned}
$$

$$
\begin{aligned}
(\boldsymbol{B}^T\boldsymbol{A}^T) &= \begin{pmatrix} 0 & 2 & 1 & 0 \\ 1 & 0 & 2 & 1 \\ -1 & 1 & 0 & 0 \\ 0 & -1 & -1 & -1 \end{pmatrix} \begin{pmatrix} 3 & -1 & 2 \\ 5 & 0 & -1 \\ 2 & 3 & -2 \\ -2 & 4 & 1 \end{pmatrix} \\
&= \begin{pmatrix} 12 & 3 & -4 \\ 5 & 9 & -1 \\ 2 & 1 & -3 \\ -5 & -7 & 2 \end{pmatrix} = (\boldsymbol{AB})^T,
\end{aligned}
$$

$$
\begin{aligned}
\boldsymbol{AA}^T &= \begin{pmatrix} 3 & 5 & 2 & -2 \\ -1 & 0 & 3 & 4 \\ 2 & -1 & -2 & 1 \end{pmatrix} \begin{pmatrix} 3 & -1 & 2 \\ 5 & 0 & -1 \\ 2 & 3 & -2 \\ -2 & 4 & 1 \end{pmatrix} \\
&= \begin{pmatrix} 42 & -5 & -5 \\ -5 & 26 & -4 \\ -5 & -4 & 10 \end{pmatrix} = (\boldsymbol{AA}^T)^T.
\end{aligned}
$$

b) Auf einem Markt konkurrieren drei Produkte P_1, P_2, P_3 mit den Marktanteilen von 0.5, 0.4 bzw. 0.1 zu einem Zeitpunkt t. Sei ferner

$a_{ij} \in [0, 1]$ der Anteil an Käufern von Produkt P_i zum Zeitpunkt t, der zum Zeitpunkt $t + 1$ Produkt P_j kauft; für $i = j$ spricht man von **Markentreue** und für $i \neq j$ von **Markenwechsel**.

Dann gibt die 3×3-Matrix $\boldsymbol{A} = (a_{ij})_{3,3}$ die anteiligen Käuferfluktuationen zwischen den Produkten P_1, P_2, P_3 an.

Für jede Zeile gilt:

$$a_{i1} + a_{i2} + a_{i3} = 1 \quad (i = 1, 2, 3)$$

Hat man für die Übergänge von t zu $t + 1$ sowie von $t + 1$ zu $t + 2$ jeweils die Matrix

$$\boldsymbol{A} = \begin{array}{c|ccc} & P_1 & P_2 & P_3 \\ \hline P_1 & 0.6 & 0.3 & 0.1 \\ P_2 & 0.1 & 0.5 & 0.4 \\ P_3 & 0.1 & 0.1 & 0.8 \end{array}$$

ermittelt und ist

$$\boldsymbol{x}_t{}^T = (0.5,\ 0.4,\ 0.1)$$

der Vektor der Marktanteile zum Zeitpunkt t, so erhält man mit

$$\begin{aligned} \boldsymbol{x}_{t+1}{}^T &= \boldsymbol{x}_t{}^T \boldsymbol{A} \\ &= (0.5,\ 0.4,\ 0.1) \begin{pmatrix} 0.6 & 0.3 & 0.1 \\ 0.1 & 0.5 & 0.4 \\ 0.1 & 0.1 & 0.8 \end{pmatrix} = (0.35,\ 0.36,\ 0.29) \end{aligned}$$

den Vektor der Marktanteile zum Zeitpunkt $t + 1$ und mit

$$\begin{aligned} \boldsymbol{x}_{t+2}{}^T &= \boldsymbol{x}_{t+1}{}^T \boldsymbol{A} \\ &= (0.35,\ 0.36,\ 0.29) \begin{pmatrix} 0.6 & 0.3 & 0.1 \\ 0.1 & 0.5 & 0.4 \\ 0.1 & 0.1 & 0.8 \end{pmatrix} = (0.275,\ 0.314,\ 0.411) \end{aligned}$$

den Vektor der Marktanteile zum Zeitpunkt $t + 2$.
Ferner gibt die Matrix

$$\boldsymbol{A}^2 = \begin{pmatrix} 0.6 & 0.3 & 0.1 \\ 0.1 & 0.5 & 0.4 \\ 0.1 & 0.1 & 0.8 \end{pmatrix} \begin{pmatrix} 0.6 & 0.3 & 0.1 \\ 0.1 & 0.5 & 0.4 \\ 0.1 & 0.1 & 0.8 \end{pmatrix} = \begin{pmatrix} 0.4 & 0.34 & 0.26 \\ 0.15 & 0.32 & 0.53 \\ 0.15 & 0.16 & 0.69 \end{pmatrix}$$

die Übergänge von t zu $t + 2$ an, also ist auch

$$\boldsymbol{x}_{t+2}{}^T = \boldsymbol{x}_t{}^T \boldsymbol{A}^2 .$$

Das Produkt P_3 mit einer Markentreue von $a_{33} = 0.8$ gibt an P_1 und P_2 pro Zeitperiode 10% Marktanteil ab, erhöht seinen Marktanteil andererseits durch Wechsler von P_1 (10%) und durch Wechsler von P_2 (40%). Damit ist es nicht verwunderlich, dass der ursprüngliche Marktanteil von 10% für P_3 zum Zeitpunkt t im Zeitpunkt $t+1$ auf 29% und im Zeitpunkt $t+2$ sogar auf 41% anwächst.

Mit Hilfe der entsprechenden Rechenregeln für reelle Zahlen haben wir die Addition, die Subtraktion und die Multiplikation bei Vektoren und Matrizen kennengelernt (Abschnitte 11.2, 11.3). Unter gewissen weiteren Bedingungen ist auch eine Operation möglich, die der Division entspricht. Wir können darauf aber erst in Kapitel 15 eingehen.

Für das Rechnen mit Matrizengleichungen und -ungleichungen sind einige Äquivalenzen bzw. Implikationen nützlich.

Satz 11.24

a) $\boldsymbol{A}$, $\boldsymbol{B}$, $\boldsymbol{C}$ seien $m \times n$-Matrizen. Dann gilt:

$$\begin{aligned}
\boldsymbol{A} = \boldsymbol{B} \quad &\Longleftrightarrow \quad \boldsymbol{A}+\boldsymbol{C} = \boldsymbol{B}+\boldsymbol{C}\\
\boldsymbol{A} \leq \boldsymbol{B} \quad &\Longleftrightarrow \quad \boldsymbol{A}+\boldsymbol{C} \leq \boldsymbol{B}+\boldsymbol{C}\\
\boldsymbol{A} < \boldsymbol{B} \quad &\Longleftrightarrow \quad \boldsymbol{A}+\boldsymbol{C} < \boldsymbol{B}+\boldsymbol{C}\\
\boldsymbol{A},\boldsymbol{B} \leq \boldsymbol{C} \quad &\Rightarrow \quad \boldsymbol{A}+\boldsymbol{B} \leq 2\cdot\boldsymbol{C}
\end{aligned}$$

b) $\boldsymbol{A}$, $\boldsymbol{B}$ seien $m \times n$-Matrizen, $r \neq 0$ ein Skalar. Dann gilt:

$$\boldsymbol{A} = \boldsymbol{B} \iff r\boldsymbol{A} = r\boldsymbol{B}$$

$$\boldsymbol{A} \leq \boldsymbol{B} \iff \begin{cases} r\boldsymbol{A} \leq r\boldsymbol{B} & \text{für } r > 0\\ r\boldsymbol{A} \geq r\boldsymbol{B} & \text{für } r < 0\end{cases}$$

c) $\boldsymbol{A}$, $\boldsymbol{B}$ seien $m \times n$-Matrizen, $\boldsymbol{C}$ eine $n \times p$-Matrix. Dann gilt:

$$\begin{aligned}
\boldsymbol{A} = \boldsymbol{B}, \quad & \quad\quad\quad \Rightarrow \boldsymbol{AC} = \boldsymbol{BC}\\
\boldsymbol{A} \leq \boldsymbol{B}, \quad & \boldsymbol{C} \geq \boldsymbol{O} \Rightarrow \boldsymbol{AC} \leq \boldsymbol{BC}\\
\boldsymbol{A} \leq \boldsymbol{B}, \quad & \boldsymbol{C} \leq \boldsymbol{O} \Rightarrow \boldsymbol{AC} \geq \boldsymbol{BC}\\
\boldsymbol{A} < \boldsymbol{B}, \quad & \boldsymbol{C} > \boldsymbol{O} \Rightarrow \boldsymbol{AC} < \boldsymbol{BC}\\
\boldsymbol{A} < \boldsymbol{B}, \quad & \boldsymbol{C} < \boldsymbol{O} \Rightarrow \boldsymbol{AC} > \boldsymbol{BC}
\end{aligned}$$

Zum Beweis der einzelnen Aussagen benutzt man die in den Definitionen 11.7, 11.10, 11.14, 11.18 erklärten Ordnungsrelationen und Rechenoperationen.

12 Punktmengen im $\mathbb{R}^n$

In der Optimierung und deren Anwendung auf ökonomische Fragestellungen spielen bestimmte Punktmengen des $\mathbb{R}^n$ eine zentrale Rolle. Ihre Darstellung mit Hilfe von Matrizen bzw. Vektoren zeigt ferner den engen Zusammenhang zwischen algebraischen Ausdrücken und deren geometrischen Darstellungen. Wir beginnen dabei in Abschnitt 12.1 mit dem Absolutbetrag von Vektoren, beschreiben anschließend in Abschnitt 12.2 Hyperebenen und Kugelflächen im $\mathbb{R}^n$ durch geeignete Gleichungen bzw. Ungleichungen und definieren in Abschnitt 12.3 und 12.4 offene bzw. abgeschlossene Punktmengen sowie konvexe Mengen.

12.1 Absolutbetrag von Vektoren

Wir führen zunächst für Vektoren des $\mathbb{R}^n$ den Begriff der Länge oder Norm als Abstand des entsprechenden Punktes vom Nullpunkt ein.

Definition 12.1

Für einen Vektor $\boldsymbol{a} \in \mathbb{R}^n$ heißt

$$\|\boldsymbol{a}\| = \sqrt{\boldsymbol{a}^T\boldsymbol{a}} = \sqrt{a_1{}^2 + \ldots + a_n{}^2} = \sqrt{\sum_{i=1}^{n} a_i{}^2} \in \mathbb{R}_+$$

der **Absolutbetrag**, die **Norm** oder die **Länge** von $\boldsymbol{a}$.

Entsprechend gilt für $\boldsymbol{a}, \boldsymbol{b} \in \mathbb{R}^n$:

$$\|\boldsymbol{a} + \boldsymbol{b}\| = \sqrt{(a_1 + b_1)^2 + \ldots + (a_n + b_n)^2} = \sqrt{\sum_{i=1}^{n}(a_i + b_i)^2}$$

$$\|\boldsymbol{a} - \boldsymbol{b}\| = \sqrt{(a_1 - b_1)^2 + \ldots + (a_n - b_n)^2} = \sqrt{\sum_{i=1}^{n}(a_i - b_i)^2}$$

$$\|\boldsymbol{a}^T\boldsymbol{b}\| = \left|\boldsymbol{a}^T\boldsymbol{b}\right| = |a_1 b_1 + \ldots + a_n b_n| = \left|\sum_{i=1}^{n} a_i b_i\right|$$

Für $n = 1$ erhält man die Absolutbeträge für reelle Zahlen (Abschnitt 1.1, (1.6)).

Beispiel 12.2

Für $\boldsymbol{a}^T = (3,0,4)$, $\boldsymbol{b}^T = (-1,-1,\,2)$ ist

$$\|\boldsymbol{a}\| = \sqrt{3^2+0^2+4^2} = 5\,, \quad \|\boldsymbol{b}\| = \sqrt{1^2+1^2+2^2} = \sqrt{6}\,.$$

Mit $\boldsymbol{a}^T + \boldsymbol{b}^T = (2,-1,\,6)$, $\boldsymbol{a}^T - \boldsymbol{b}^T = (4,1,2)$, $\boldsymbol{a}^T\boldsymbol{b} = 5$ ergibt sich

$$\|\boldsymbol{a}+\boldsymbol{b}\| = \sqrt{2^2+1^2+6^2} = \sqrt{41}\,, \quad \|\boldsymbol{a}-\boldsymbol{b}\| = \sqrt{4^2+1^2+2^2} = \sqrt{21}\,,$$
$$\|\boldsymbol{a}^T\boldsymbol{b}\| = 5\,.$$

Mit Hilfe von Definition 12.1 beweist man für $\boldsymbol{a},\boldsymbol{b} \in \mathbb{R}^n$, $r \in \mathbb{R}$ durch Nachrechnen die Gleichungen

$$\|\boldsymbol{a}+\boldsymbol{b}\| = \|\boldsymbol{b}+\boldsymbol{a}\|\,, \quad \|\boldsymbol{a}-\boldsymbol{b}\| = \|\boldsymbol{b}-\boldsymbol{a}\|\,, \quad \|r\boldsymbol{a}\| = |r|\cdot\|\boldsymbol{a}\|\;.$$

Zwischen dem Skalarprodukt zweier Vektoren und deren Absolutbeträgen existiert folgender Zusammenhang.

Satz 12.3

Seien $\boldsymbol{a}$, $\boldsymbol{b}$ Vektoren des $\mathbb{R}^n$, die den Winkel γ einschließen. Dann ist:

$$\begin{aligned}\boldsymbol{a}^T\boldsymbol{b} &= \frac{1}{2}\left(\|\boldsymbol{a}+\boldsymbol{b}\|^2 - \|\boldsymbol{a}\|^2 - \|\boldsymbol{b}\|^2\right) = \frac{1}{2}\left(\|\boldsymbol{a}\|^2 + \|\boldsymbol{b}\|^2 - \|\boldsymbol{a}-\boldsymbol{b}\|^2\right)\\ &= \|\boldsymbol{a}\|\cdot\|\boldsymbol{b}\|\cdot\cos\gamma\end{aligned}$$

Beweis:

Ist $\boldsymbol{a}$ oder $\boldsymbol{b}$ Nullvektor, so ist die Behauptung unmittelbar klar. Andernfalls gilt:

$$\|\boldsymbol{a}+\boldsymbol{b}\|^2 - \|\boldsymbol{a}\|^2 - \|\boldsymbol{b}\|^2 = \sum_{i=1}^{n}(a_i+b_i)^2 - \sum_{i=1}^{n}a_i^{\,2} - \sum_{i=1}^{n}b_i^{\,2} = \sum_{i=1}^{n}2a_ib_i = 2\boldsymbol{a}^T\boldsymbol{b}$$
$$\|\boldsymbol{a}\|^2 + \|\boldsymbol{b}\|^2 - \|\boldsymbol{a}-\boldsymbol{b}\|^2 = \sum_{i=1}^{n}a_i^{\,2} + \sum_{i=1}^{n}b_i^{\,2} - \sum_{i=1}^{n}(a_i-b_i)^2 = \sum_{i=1}^{n}2a_ib_i = 2\boldsymbol{a}^T\boldsymbol{b}$$

Nach dem Kosinussatz (Abschnitt 1.7, (1.42)) gilt im Dreieck mit den Ecken $0, A, B$ (Figur 12.1)

$$\|\boldsymbol{a}-\boldsymbol{b}\|^2 = \|\boldsymbol{a}\|^2 + \|\boldsymbol{b}\|^2 - 2\,\|\boldsymbol{a}\|\cdot\|\boldsymbol{b}\|\cdot\cos\gamma\,.$$

Daraus folgt mit

$$2\,\|\boldsymbol{a}\|\cdot\|\boldsymbol{b}\|\cdot\cos\gamma = \|\boldsymbol{a}\|^2 + \|\boldsymbol{b}\|^2 - \|\boldsymbol{a}-\boldsymbol{b}\|^2 = 2\boldsymbol{a}^T\boldsymbol{b}$$

die Behauptung.

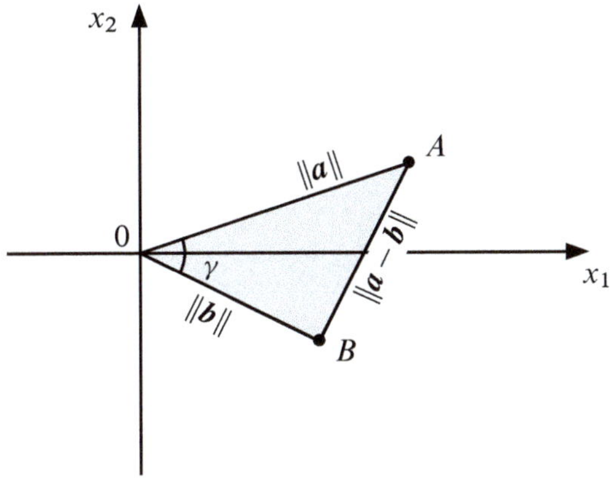

Figur 12.1: Kosinussatz im Dreieck $0AB$

Satz 12.3 enthält weitere wichtige Implikationen.

Satz 12.4

Für zwei Vektoren $\boldsymbol{a}, \boldsymbol{b} \in \mathbb{R}^n$ mit $\boldsymbol{a} \neq \boldsymbol{o}$, $\boldsymbol{b} \neq \boldsymbol{o}$ gilt:

a) $\|\boldsymbol{a}^T\boldsymbol{b}\| \leq \|\boldsymbol{a}\| \cdot \|\boldsymbol{b}\|$ für $n > 1$ (Cauchy-Schwarz-Ungleichung)
$= |a| \cdot |b|$ für $n = 1$ (Kapitel 1.1, (1.6))

b) $\|\boldsymbol{a}+\boldsymbol{b}\| \leq \|\boldsymbol{a}\| + \|\boldsymbol{b}\|$ (Dreiecksungleichung)
$\|\boldsymbol{a}-\boldsymbol{b}\| \geq \|\boldsymbol{a}\| - \|\boldsymbol{b}\|$

Beweis:

a) Der von $\boldsymbol{a}, \boldsymbol{b} \in \mathbb{R}^n$ $(n > 1)$ eingeschlossene Winkel γ liegt stets im Intervall $[0, \pi]$.
Mit $\boldsymbol{a}^T\boldsymbol{b} = \|\boldsymbol{a}\| \cdot \|\boldsymbol{b}\| \cdot \cos\gamma$ (Satz 12.3) ergeben sich folgende Fälle:

a1) $\gamma = 0$, $\cos\gamma = 1$ $\Rightarrow \boldsymbol{a}^T\boldsymbol{b} = \|\boldsymbol{a}\| \cdot \|\boldsymbol{b}\| = \|\boldsymbol{a}^T\boldsymbol{b}\|$

a2) $\gamma \in \langle 0, \frac{\pi}{2}\rangle$, $\cos\gamma \in \langle 0, 1\rangle$ $\Rightarrow \boldsymbol{a}^T\boldsymbol{b} < \|\boldsymbol{a}\| \cdot \|\boldsymbol{b}\|$ auch für $\boldsymbol{a} > 0$, $\boldsymbol{b} > 0$
$\Rightarrow \|\boldsymbol{a}^T\boldsymbol{b}\| < \|\boldsymbol{a}\| \cdot \|\boldsymbol{b}\|$

a3) $\gamma = \frac{\pi}{2}$, $\cos\gamma = 0$ $\Rightarrow \boldsymbol{a}^T\boldsymbol{b} = \|\boldsymbol{a}^T\boldsymbol{b}\| = 0 < \|\boldsymbol{a}\| \cdot \|\boldsymbol{b}\|$

a4) $\gamma \in \langle \frac{\pi}{2}, \pi\rangle$, $\cos\gamma \in \langle -1, 0\rangle$ $\Rightarrow 0 > \boldsymbol{a}^T\boldsymbol{b} > -\|\boldsymbol{a}\| \cdot \|\boldsymbol{b}\| \Rightarrow \|\boldsymbol{a}^T\boldsymbol{b}\| < \|\boldsymbol{a}\| \cdot \|\boldsymbol{b}\|$

a5) $\gamma = \pi$, $\cos\gamma = -1$ $\Rightarrow \boldsymbol{a}^T\boldsymbol{b} = -\|\boldsymbol{a}\| \cdot \|\boldsymbol{b}\| \Rightarrow \|\boldsymbol{a}^T\boldsymbol{b}\| = \|\boldsymbol{a}\| \cdot \|\boldsymbol{b}\|$

Damit ist Satz 12.4 a bewiesen.

b)
$$
\begin{aligned}
& \boldsymbol{a}^T \boldsymbol{b} && \leq \|\boldsymbol{a}\| \cdot \|\boldsymbol{b}\| = \sqrt{\boldsymbol{a}^T \boldsymbol{a}} \cdot \sqrt{\boldsymbol{b}^T \boldsymbol{b}} \qquad \text{(Satz 12.4 a)} \\
\Longleftrightarrow\ & 2\boldsymbol{a}^T \boldsymbol{b} && \leq 2\sqrt{\boldsymbol{a}^T \boldsymbol{a}} \cdot \sqrt{\boldsymbol{b}^T \boldsymbol{b}} \\
\Longleftrightarrow\ & \boldsymbol{a}^T \boldsymbol{a} + \boldsymbol{b}^T \boldsymbol{b} + 2\boldsymbol{a}^T \boldsymbol{b} && \leq \boldsymbol{a}^T \boldsymbol{a} + \boldsymbol{b}^T \boldsymbol{b} + 2\sqrt{\boldsymbol{a}^T \boldsymbol{a}} \cdot \sqrt{\boldsymbol{b}^T \boldsymbol{b}} \\
\Longleftrightarrow\ & (\boldsymbol{a}+\boldsymbol{b})^T (\boldsymbol{a}+\boldsymbol{b}) && \leq \left(\sqrt{\boldsymbol{a}^T \boldsymbol{a}} + \sqrt{\boldsymbol{b}^T \boldsymbol{b}}\right)^2 \\
\Longleftrightarrow\ & \|\boldsymbol{a}+\boldsymbol{b}\|^2 && \leq (\|\boldsymbol{a}\| + \|\boldsymbol{b}\|)^2 \\
\Longleftrightarrow\ & \|\boldsymbol{a}+\boldsymbol{b}\| && \leq \|\boldsymbol{a}\| + \|\boldsymbol{b}\|
\end{aligned}
$$

Entsprechend dazu gilt:

$$
\begin{aligned}
& -\boldsymbol{a}^T \boldsymbol{b} && \geq -\|\boldsymbol{a}\| \cdot \|\boldsymbol{b}\| = -\sqrt{\boldsymbol{a}^T \boldsymbol{a}} \cdot \sqrt{\boldsymbol{b}^T \boldsymbol{b}} \\
\Longleftrightarrow\ & \|\boldsymbol{a}-\boldsymbol{b}\| && \geq \|\boldsymbol{a}\| - \|\boldsymbol{b}\|
\end{aligned}
$$

Definition 12.5

Zwei Vektoren $\boldsymbol{a}, \boldsymbol{b} \in \mathbb{R}^n$ heißen **orthogonal**, wenn gilt $\boldsymbol{a}^T \boldsymbol{b} = 0$.

Beispiel 12.6

Gegeben sind die Vektoren $\boldsymbol{a} = \begin{pmatrix} 1 \\ 2 \\ 3 \end{pmatrix}, \boldsymbol{b} = \begin{pmatrix} -1 \\ 2 \\ 0 \end{pmatrix}, \boldsymbol{c} = \begin{pmatrix} 2 \\ 1 \\ 0 \end{pmatrix}$.

Dann gilt

$$\|\boldsymbol{a}\| = \sqrt{14}\,, \quad \|\boldsymbol{b}\| = \sqrt{5}\,, \quad \|\boldsymbol{c}\| = \sqrt{5}\,, \quad \boldsymbol{a}^T \boldsymbol{b} = 3\,, \quad \boldsymbol{b}^T \boldsymbol{c} = 0\,.$$

Sei γ_1 der von $\boldsymbol{a}$ und $\boldsymbol{b}$, γ_2 der von $\boldsymbol{b}$ und $\boldsymbol{c}$ eingeschlossene Winkel. Dann ist

$$\cos\gamma_1 = \frac{\boldsymbol{a}^T \boldsymbol{b}}{\|\boldsymbol{a}\| \cdot \|\boldsymbol{b}\|} = \frac{3}{\sqrt{14}\sqrt{5}} = \frac{3}{\sqrt{70}} \quad \Rightarrow \gamma_1 \approx 69°\,,$$

$$\cos\gamma_2 = \frac{\boldsymbol{b}^T \boldsymbol{c}}{\|\boldsymbol{b}\| \cdot \|\boldsymbol{c}\|} = 0 \quad \Rightarrow \gamma_2 = 90°\,.$$

12.2 Hyperebenen und Kugelflächen

Wir kommen nun zu einigen wichtigen Punktmengen im $\mathbb{R}^n$.

Definition 12.7

a) Sei $\boldsymbol{a} \in \mathbb{R}^n$ mit $\boldsymbol{a} \neq \boldsymbol{o}$, $b \in \mathbb{R}$. Dann bezeichnet man die Punktmenge

$$H(\boldsymbol{a}, b) = \{\boldsymbol{x} \in \mathbb{R}^n : \boldsymbol{a}^T \boldsymbol{x} = b\} = \{\boldsymbol{x} = \begin{pmatrix} x_1 \\ \vdots \\ x_n \end{pmatrix} : a_1 x_1 + \ldots + a_n x_n = b\}$$

als **Hyperebene** im $\mathbb{R}^n$. Die Hyperebene $H(\boldsymbol{a}, b)$ teilt den $\mathbb{R}^n$ in zwei **Halbräume** (Abschnitt 1.6, (1.34))

$$H_{\leq} = \{\boldsymbol{x} \in \mathbb{R}^n : \boldsymbol{a}^T \boldsymbol{x} \leq b\} \quad \text{und} \quad H_{\geq} = \{\boldsymbol{x} \in \mathbb{R}^n : \boldsymbol{a}^T \boldsymbol{x} \geq b\} \quad \text{bzw.}$$
$$H_{<} = \{\boldsymbol{x} \in \mathbb{R}^n : \boldsymbol{a}^T \boldsymbol{x} < b\} \quad \text{und} \quad H_{>} = \{\boldsymbol{x} \in \mathbb{R}^n : \boldsymbol{a}^T \boldsymbol{x} > b\}.$$

b) Sei $\boldsymbol{a} \in \mathbb{R}^n$, $r \in \mathbb{R}_+$. Dann heißt die Punktmenge

$$\begin{aligned} K(\boldsymbol{a}, r) &= \{\boldsymbol{x} \in \mathbb{R}^n : \|\boldsymbol{x} - \boldsymbol{a}\| = r\} \\ &= \{\boldsymbol{x} = \begin{pmatrix} x_1 \\ \vdots \\ x_n \end{pmatrix} : \sqrt{(x_1 - a_1)^2 + \ldots + (x_n - a_n)^2} = r\} \end{aligned}$$

eine **Kugelfläche** im $\mathbb{R}^n$ mit dem Mittelpunkt $\boldsymbol{a} \in \mathbb{R}^n$ und dem Radius $r \in \mathbb{R}_+$. Die Kugelfläche $K(\boldsymbol{a}, r)$ teilt den $\mathbb{R}^n$ in zwei Mengen

$$K_{\leq} = \{\boldsymbol{x} \in \mathbb{R}^n : \|\boldsymbol{x} - \boldsymbol{a}\| \leq r\} \quad \text{und} \quad K_{\geq} = \{\boldsymbol{x} \in \mathbb{R}^n : \|\boldsymbol{x} - \boldsymbol{a}\| \geq r\} \quad \text{bzw.}$$
$$K_{<} = \{\boldsymbol{x} \in \mathbb{R}^n : \|\boldsymbol{x} - \boldsymbol{a}\| < r\} \quad \text{und} \quad K_{>} = \{\boldsymbol{x} \in \mathbb{R}^n : \|\boldsymbol{x} - \boldsymbol{a}\| > r\}.$$

Beispiel 12.8

a) Gegeben seien die Punktmengen im $\mathbb{R}^2$:

$$H = \{\boldsymbol{x} = \begin{pmatrix} x_1 \\ x_2 \end{pmatrix} \in \mathbb{R}^2 : x_1 - 2x_2 = 1\}$$

$$\begin{aligned} K &= \{\boldsymbol{x} = \begin{pmatrix} x_1 \\ x_2 \end{pmatrix} \in \mathbb{R}^2 : \|\boldsymbol{x} - \begin{pmatrix} 2 \\ 1 \end{pmatrix}\| = 1\} \\ &= \{\boldsymbol{x} = \begin{pmatrix} x_1 \\ x_2 \end{pmatrix} \in \mathbb{R}^2 : \sqrt{(x_1 - 2)^2 + (x_2 - 1)^2} = 1\} \end{aligned}$$

Wir stellen die Mengen H, $H_\leq$, $H_\geq$, K, $K_\leq$, $K_\geq$ geometrisch dar (Figur 12.2) und erhalten für H eine Gerade, für $H_\leq$ und $H_\geq$ Halbebenen, für K eine Kreislinie und für $K_\leq$ eine Kreisfläche im $\mathbb{R}^2$. Für $K_\geq$ ergibt sich der $\mathbb{R}^2$ ausschließlich der Kreisfläche $K_\leq$, aber einschließlich der Kreislinie K.

Bei $H_<, H_>$ bzw. $K_<, K_>$ entfallen jeweils die Begrenzungslinien.

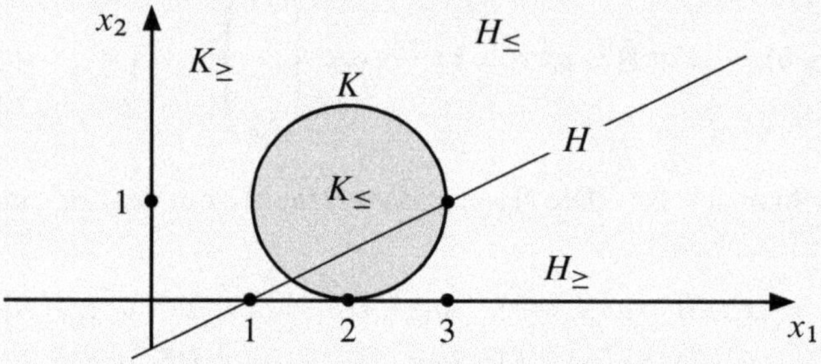

Figur 12.2: Geometrische Darstellung der Punktmengen H, $H_\leq$, $H_\geq$, K, $K_\leq$, $K_\geq$ im $\mathbb{R}^2$

b) Gegeben seien die Punktmengen im $\mathbb{R}^3$:

$$H = \{\boldsymbol{x} \in \mathbb{R}^3 : 2x_1 + 3x_2 + 3x_3 = 6\}$$

$$K = \{\boldsymbol{x} \in \mathbb{R}^3 : \|\boldsymbol{x} - \begin{pmatrix} 3 \\ 2 \\ 0 \end{pmatrix}\| = 1\}$$

$$= \{\boldsymbol{x} \in \mathbb{R}^3 : \sqrt{(x_1 - 3)^2 + (x_2 - 2)^2 + {x_3}^2} = 1\}$$

Wir stellen die Mengen H und K geometrisch dar (Figur 12.3) und erhalten für H eine Ebene und für K eine Kugeloberfläche im $\mathbb{R}^3$. Die Mengen $H_\leq$ bzw. $H_\geq$ sind entsprechende Halbräume, $K_\leq$ enthält alle Punkte des $\mathbb{R}^3$ innerhalb und $K_\geq$ alle Punkte des $\mathbb{R}^3$ außerhalb der Kugel, jeweils einschließlich der Kugeloberfläche. Auch hier entfallen bei $H_<, H_>$ bzw. $K_<, K_>$ die Begrenzungsflächen.

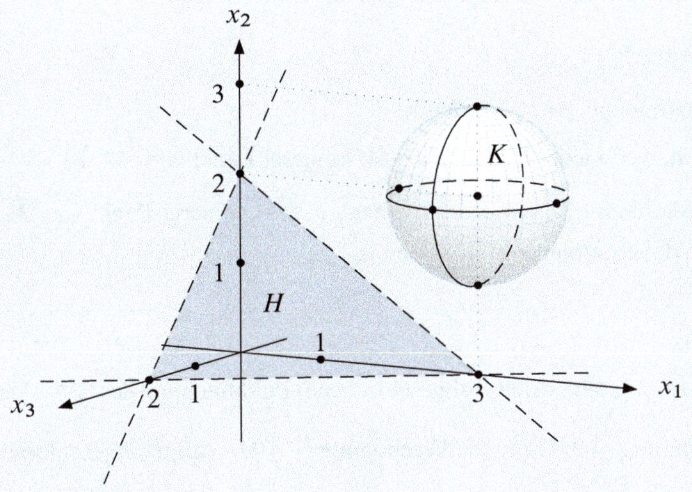

Figur 12.3: Geometrische Darstellung der Punktmengen H und K im $\mathbb{R}^3$

12.3 Offene und abgeschlossene Punktmengen

Für die nachfolgenden Überlegungen benötigen wir zunächst vor allem die Menge $K_< = K_<(\boldsymbol{a}, r)$, die alle Punkte $\boldsymbol{x} \in \mathbb{R}^n$ enthält, deren Abstand zu einem vorgegebenen $\boldsymbol{a} \in \mathbb{R}^n$ kleiner als r ist. Man spricht in diesem Fall von einer **r-Umgebung von $\boldsymbol{a}$**. Mit Hilfe dieses Umgebungsbegriffs werden wir so genannte innere und äußere Punkte einer beliebigen Menge charakterisieren, um anschließend offene und abgeschlossene Mengen erklären zu können.

Definition 12.9

Sei $M \subseteq \mathbb{R}^n$ eine Punktmenge des $\mathbb{R}^n$ und $\overline{M} = \mathbb{R}^n \setminus M$ deren Komplement bzgl. $\mathbb{R}^n$ (Abschnitt 3.3, Definition 3.20). Dann heißt

a) $\boldsymbol{a} \in \mathbb{R}^n$ **innerer Punkt** von M, wenn eine r-Umgebung $K_<(\boldsymbol{a}, r)$ mit $r > 0$ von $\boldsymbol{a}$ existiert, die ganz in M liegt, also $K_<(\boldsymbol{a}, r) \subseteq M$,

b) $\boldsymbol{a} \in \mathbb{R}^n$ **äußerer Punkt** von M, wenn eine r-Umgebung $K_<(\boldsymbol{a}, r)$ mit $r > 0$ von $\boldsymbol{a}$ existiert, die ganz im Komplement $\overline{M}$ liegt; in diesem Fall gilt $K_<(\boldsymbol{a}, r) \subseteq \overline{M} = \mathbb{R}^n \setminus M$ oder auch $K_<(\boldsymbol{a}, r) \cap M = \emptyset$,

c) $\boldsymbol{a} \in \mathbb{R}^n$ **Randpunkt** von M, wenn $\boldsymbol{a}$ weder innerer noch äußerer Punkt von M ist, also $K_<(\boldsymbol{a}, r) \cap \overline{M} \neq \emptyset$ und $K_<(\boldsymbol{a}, r) \cap M \neq \emptyset$ mit $r > 0$.

Damit kommt man zu offenen und abgeschlossenen Mengen.

Definition 12.10

Eine Punktmenge $M \subseteq \mathbb{R}^n$ heißt

a) **offen**, wenn jedes Element $\boldsymbol{a} \in M$ innerer Punkt von M ist,

b) **abgeschlossen**, wenn jedes Element $\boldsymbol{a} \in \overline{M}$ innerer Punkt von $\overline{M}$ ist, also das Komplement $\overline{M}$ offen ist.

Satz 12.11

Seien $M_1, \ldots, M_k$ offene (abgeschlossene) Punktmengen des $\mathbb{R}^n$. Dann sind auch der Durchschnitt $\bigcap_{i=1}^{k} M_i$ und die Vereinigung $\bigcup_{i=1}^{k} M_i$ offen (abgeschlossen).

Beweis:

Seien $M_1, \ldots, M_k$ offene Mengen.

$$\boldsymbol{a} \in \bigcap_{i=1}^{k} M_i \Rightarrow \boldsymbol{a} \text{ ist innerer Punkt von } M_i \text{ für alle } i$$

$$\Rightarrow \text{es existiert } K_<(\boldsymbol{a}, r_i) \text{ mit } K_<(\boldsymbol{a}, r_i) \subset M_i \text{ für alle } i$$

$$\Rightarrow \text{es existiert } K_<(\boldsymbol{a}, r) \text{ mit } K_<(\boldsymbol{a}, r) \subset \bigcap_{i=1}^{k} M_i \text{ und } r \text{ ist minimal unter den } r_i$$

$$\Rightarrow \boldsymbol{a} \text{ ist innerer Punkt von } \bigcap_{i=1}^{k} M_i \Rightarrow \bigcap_{i=1}^{k} M_i \text{ ist offen}$$

$$\boldsymbol{a} \in \bigcup_{i=1}^{k} M_i \Rightarrow \boldsymbol{a} \text{ ist innerer Punkt von } M_i \text{ für mindestens ein } i$$

$$\Rightarrow \text{es existiert } K_<(\boldsymbol{a}, r_i) \text{ mit } K_<(\boldsymbol{a}, r_i) \subset M_i \text{ für ein } i$$

$$\Rightarrow K_<(\boldsymbol{a}, r_i) \subset \bigcup_{i=1}^{k} M_i \Rightarrow \boldsymbol{a} \text{ ist innerer Punkt von } \bigcup_{i=1}^{k} M_i \Rightarrow \bigcup_{i=1}^{k} M_i \text{ ist offen}$$

Sind die Mengen $M_1, \ldots, M_k$ abgeschlossen, so sind die Komplemente $\overline{M_1}, \ldots, \overline{M_k}$ offen (Definition 12.10), damit auch die Mengen $\bigcap_{i=1}^{k} \overline{M_i}$ und $\bigcup_{i=1}^{k} \overline{M_i}$. Wegen

$$\bigcap_{i=1}^{k} \overline{M_i} = \overline{\bigcup_{i=1}^{k} M_i} \quad \text{und} \quad \bigcup_{i=1}^{k} \overline{M_i} = \overline{\bigcap_{i=1}^{k} M_i} \qquad \text{(Satz 3.21 d, e)}$$

sind auch die Mengen $\overline{\bigcup_{i=1}^{k} M_i}$ und $\overline{\bigcap_{i=1}^{k} M_i}$ offen und ihre Komplemente $\bigcup_{i=1}^{k} M_i$ bzw. $\bigcap_{i=1}^{k} M_i$ abgeschlossen (Definition 12.10).

Einfache offene und abgeschlossene Mengen erhält man z. B. durch Intervalle (Abschnitt 1.5).

Definition 12.12

Seien $\boldsymbol{a} = \begin{pmatrix} a_1 \\ \vdots \\ a_n \end{pmatrix}$, $\boldsymbol{b} = \begin{pmatrix} b_1 \\ \vdots \\ b_n \end{pmatrix}$ Vektoren des $\mathbb{R}^n$ mit $\boldsymbol{a} < \boldsymbol{b}$. Dann heißt

$$[\boldsymbol{a}, \boldsymbol{b}] = \{\boldsymbol{x} \in \mathbb{R}^n : \boldsymbol{a} \leq \boldsymbol{x} \leq \boldsymbol{b}\} = \{\boldsymbol{x} = \begin{pmatrix} x_1 \\ \vdots \\ x_n \end{pmatrix} : a_i \leq x_i \leq b_i \quad (i = 1, \dots, n)\}$$

ein **abgeschlossenes** und

$$\langle \boldsymbol{a}, \boldsymbol{b} \rangle = \{\boldsymbol{x} \in \mathbb{R}^n : \boldsymbol{a} < \boldsymbol{x} < \boldsymbol{b}\} = \{\boldsymbol{x} = \begin{pmatrix} x_1 \\ \vdots \\ x_n \end{pmatrix} : a_i < x_i < b_i \quad (i = 1, \dots, n)\}$$

ein **offenes Intervall** im $\mathbb{R}^n$.

Intervalle der Form

$$[\boldsymbol{a}, \boldsymbol{b}\rangle = \{\boldsymbol{x} \in \mathbb{R}^n : \boldsymbol{a} \leq \boldsymbol{x} < \boldsymbol{b}\} \quad \text{oder} \quad \langle \boldsymbol{a}, \boldsymbol{b}] = \{\boldsymbol{x} \in \mathbb{R}^n : \boldsymbol{a} < \boldsymbol{x} \leq \boldsymbol{b}\}$$

nennt man **rechts offen**, **links abgeschlossen** bzw. **links offen**, **rechts abgeschlossen**.

Ein Intervall im $\mathbb{R}^n$ enthält also alle Punkte $\boldsymbol{x} \in \mathbb{R}^n$, deren Koordinaten x_i unabhängig voneinander zwischen a_i und b_i variieren können. Kann eine der Komponenten von $\boldsymbol{a}$ oder $\boldsymbol{b}$ beliebig groß oder klein werden, so spricht man von einem unbeschränkten Intervall. Wir kommen allgemein zu beschränkten bzw. unbeschränkten Mengen.

Definition 12.13

Eine Punktmenge $M \subseteq \mathbb{R}^n$ heißt

a) **beschränkt nach oben**, wenn ein $\boldsymbol{b} \in \mathbb{R}^n$ existiert mit $\boldsymbol{b} \geq \boldsymbol{x}$ für alle $\boldsymbol{x} \in M$,

b) **beschränkt nach unten**, wenn ein $\boldsymbol{a} \in \mathbb{R}^n$ existiert mit $\boldsymbol{a} \leq \boldsymbol{x}$ für alle $\boldsymbol{x} \in M$,

c) **beschränkt**, wenn M nach oben und unten beschränkt ist,

d) **kompakt**, wenn M beschränkt und abgeschlossen ist.

Die Vereinigung und der Durchschnitt endlich vieler beschränkter Mengen ist wieder beschränkt. Wegen Satz 12.11 gilt eine entsprechende Aussage auch für kompakte Mengen.

Beispiel 12.14

a) Gegeben seien die Mengen:

$$M_1 = \{\boldsymbol{x} \in \mathbb{R}^2_+ : x_1 + 2x_2 \leq 3,\ \|\boldsymbol{x}\| \leq 2\}$$
$$M_2 = \{\boldsymbol{x} \in \mathbb{R}^2_+ : x_1 \in \mathbb{N}\}$$

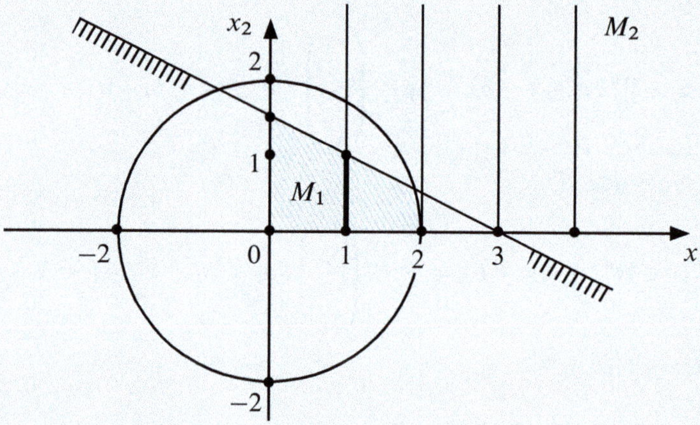

Figur 12.4: Geometrische Darstellung der Punktmengen $M_1, M_2 \subset \mathbb{R}^2$

Die Menge M_1 ist kompakt, die Menge M_2 abgeschlossen, aber nicht beschränkt, also auch nicht kompakt.

Für den Durchschnitt erhalten wir die kompakte Menge

$$M_1 \cap M_2 = \left\{\begin{pmatrix} 2 \\ 0 \end{pmatrix}\right\} \cup \left\{\begin{pmatrix} 1 \\ c \end{pmatrix} : c \in [0, 1]\right\}.$$

Andererseits ist die Menge

$$M_1{}' = \{\boldsymbol{x} \in \mathbb{R}^2 : x_1 + 2x_2 < 3,\ \|\boldsymbol{x}\| < 2\}$$

offen und die Menge

$$M_1{}'' = \{\boldsymbol{x} \in \mathbb{R}^2 : x_1 + 2x_2 < 3,\ \|\boldsymbol{x}\| \leq 2\}$$

weder offen noch abgeschlossen.

$M_1{}''$ ist nicht offen, weil für kein $\boldsymbol{x} \in M_1{}''$ mit $\|\boldsymbol{x}\| = 2$ eine r-Umgebung in $M_1{}''$ gefunden werden kann.

Weiterhin ist auch die Menge M_1'' nicht abgeschlossen, weil für kein $\boldsymbol{x} \in \overline{M_1''}$ mit $x_1 + 2x_2 = 3$ eine r-Umgebung in $\overline{M_1''}$ existiert.

Alle Punkte mit $x_1 + 2x_2 = 3$ und $\|\boldsymbol{x}\| \leq 2$ sind beispielsweise Randpunkte von M_1'' und $\overline{M_1''}$.

Also gibt es auch Mengen, die weder offen noch abgeschlossen sind.

b) Es gibt Mengen, die sowohl offen als auch abgeschlossen sind.

Da der Durchschnitt zweier offener oder abgeschlossener Mengen auch leer sein kann, ist die leere Menge $\emptyset$ nach Satz 12.11 sowohl offen als auch abgeschlossen.

Damit ist das Komplement $\mathbb{R}^n$ der leeren Menge ebenfalls offen und abgeschlossen.

c) Wir behandeln die Menge

$$H_< = \{\boldsymbol{x} \in \mathbb{R}^2 : a_1x_1 + a_2x_2 < b\}\,.$$

Dann liegt für jedes $\boldsymbol{x} \in H_<$, also $a_1x_1 + a_2x_2 = c < b$, die Umgebung $K_<$ von $\boldsymbol{x}$ mit $r < b - c$ ganz in $H_<$, also ist $H_<$ offen. Analog zeigt man, dass $H_>$ offen ist.

Damit sind die Komplemente $H_\leq = \overline{H_>}$ und $H_\geq = \overline{H_<}$ abgeschlossen (Definition 12.10). Das Gleiche gilt für $H = H_\leq \cap H_\geq$ (Satz 12.11).

Andererseits existiert für die Menge $H_<$ weder ein $\boldsymbol{u} \in \mathbb{R}^2$ mit $\boldsymbol{u} \leq \boldsymbol{x}$ noch ein $\boldsymbol{v} \in \mathbb{R}^2$ mit $\boldsymbol{v} \geq \boldsymbol{x}$ für alle $\boldsymbol{x} \in H_<$. Die Menge $H_<$ ist weder nach unten noch nach oben beschränkt und damit auch nicht kompakt. Entsprechendes gilt für die Mengen $H_>, H_\leq, H_\geq$ und H.

d) Wir behandeln die Kreisfläche

$$F_< = \{\boldsymbol{x} \in \mathbb{R}^2 : \|\boldsymbol{x} - \boldsymbol{a}\| < b\}\,.$$

Dann liegt auch hier für jedes $\boldsymbol{x} \in F_<$, also $\|\boldsymbol{x} - \boldsymbol{a}\| = c < b$ die Umgebung $K_<$ von $\boldsymbol{x}$ mit $r < b - c$ ganz in $F_<$, also ist $F_<$ offen. Analog zeigt man, dass $F_>$ offen ist.

Damit sind wieder die Komplemente $F_\leq = \overline{F_>}$, $F_\geq = \overline{F_<}$ und auch $F = F_\leq \cap F_\geq$ abgeschlossen.

Die Menge $F_<$ ist wegen $F_< \subset [\boldsymbol{u}, \boldsymbol{v}]$ mit $\boldsymbol{u} = \boldsymbol{a} - (b, b)^T$ und $\boldsymbol{v} = \boldsymbol{a} + (b, b)^T$ beschränkt, ebenso $F_\leq$. Also ist die Menge $F_\leq$ auch kompakt.

Andererseits sind die Mengen $F_>$, $F_\geq$ nicht beschränkt und damit auch nicht kompakt.

12.4 Konvexe Mengen

Um nun weitere für ökonomische Probleme wichtige Eigenschaften von Punktmengen des $\mathbb{R}^n$ diskutieren zu können, wollen wir die Operationen der Addition und der skalaren Multiplikation bei Vektoren (Definition 11.10, 11.14) geeignet verbinden.

Definition 12.15

Sind $\boldsymbol{a}_1, \ldots, \boldsymbol{a}_m$ Vektoren des $\mathbb{R}^n$ und $r_1, \ldots, r_m \in \mathbb{R}$ Skalare, dann heißt der Vektor $\boldsymbol{b}$ mit

$$\boldsymbol{b} = r_1\boldsymbol{a}_1 + \ldots + r_m\boldsymbol{a}_m = \sum_{i=1}^{m} r_i\boldsymbol{a}_i$$

eine **Linearkombination** von $\boldsymbol{a}_1, \ldots, \boldsymbol{a}_m$.

Beispiel 12.16

a) Gegeben seien die Vektoren $\boldsymbol{a} = (1,2)^T$, $\boldsymbol{b} = (3,1)^T$ des $\mathbb{R}^2$ und wir betrachten alle Linearkombinationen $r_1\boldsymbol{a} + r_2\boldsymbol{b}$ (Figur 12.5).

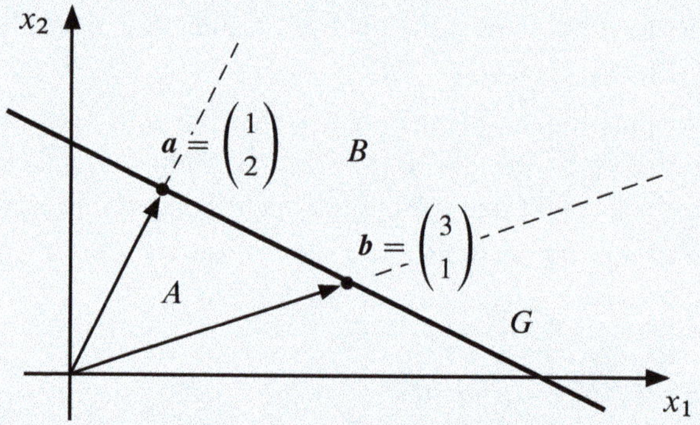

Figur 12.5: Linearkombinationen $r_1\boldsymbol{a} + r_2\boldsymbol{b}$ im $\mathbb{R}^2$

Für $(r_1, r_2) = (1,0)$ erhalten wir den Punkt $\boldsymbol{a} = \begin{pmatrix}1\\2\end{pmatrix}$,

für $(r_1, r_2) = (0,1)$ den Punkt $\boldsymbol{b} = \begin{pmatrix}3\\1\end{pmatrix}$.

Sei nun $r_1 + r_2 = 1$. Dann ergibt sich für:

$r_1 \geq 0,\ r_2 \geq 0$ die Strecke auf G zwischen den Punkten $\begin{pmatrix}1\\2\end{pmatrix}$ und $\begin{pmatrix}3\\1\end{pmatrix}$

$r_1 > 0,\ r_2 < 0$ der Strahl auf G links oberhalb von $\begin{pmatrix}1\\2\end{pmatrix}$

$r_1 < 0,\ r_2 > 0$ der Strahl auf G rechts unterhalb von $\begin{pmatrix}3\\1\end{pmatrix}$

Für $r_1 + r_2 \leq 1$ erhält man den Halbraum links unterhalb von G, insbesondere für $r_1 \geq 0,\ r_2 \geq 0$ alle Punkte des mit A bezeichneten Dreiecks.

Entsprechend erhält man für $r_1 + r_2 \geq 1$ den Halbraum rechts oberhalb von G, insbesondere für $r_1 \geq 0,\ r_2 \geq 0$ alle Punkte der Menge B.

Mit Hilfe der Vektoren $\boldsymbol{a} = (1,2)^T$ und $\boldsymbol{b} = (3,1)^T$ kann jeder Vektor des $\mathbb{R}^2$ als Linearkombination von $\boldsymbol{a}$ und $\boldsymbol{b}$ dargestellt werden.

b) Wir betrachten drei gegebene Vektoren $\boldsymbol{a}, \boldsymbol{b}, \boldsymbol{c}$ des $\mathbb{R}^3$ und deren Linearkombinationen (Figur 12.6).

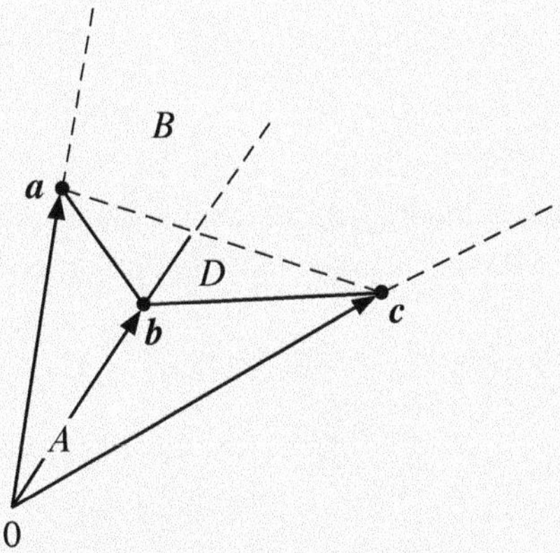

Figur 12.6: Linearkombinationen $r_1\boldsymbol{a} + r_2\boldsymbol{b} + r_3\boldsymbol{c}$ im $\mathbb{R}^3$

Wir setzen zunächst $r_1 \geq 0,\ r_2 \geq 0,\ r_3 \geq 0$. Für $r_1 + r_2 + r_3 = 1$ erhalten wir dann das durch die Punkte $\boldsymbol{a}, \boldsymbol{b}, \boldsymbol{c}$ aufgespannte Dreieck D, für $r_1 + r_2 + r_3 \leq 1$ das durch die Punkte $0, \boldsymbol{a}, \boldsymbol{b}, \boldsymbol{c}$ aufgespannte Tetraeder A und für $r_1 + r_2 + r_3 \geq 1$ alle Punkte rechts oberhalb von D.

Mit Hilfe von $r_i < 0$ für genau ein, zwei bzw. alle $i = 1, 2, 3$ erhält man entsprechend zu Beispiel 12.16 a hier alle Punkte des $\mathbb{R}^3$.

In Beispiel 12.16 haben wir zur Charakterisierung bestimmter Teilmengen des $\mathbb{R}^2$ bzw. $\mathbb{R}^3$ spezielle Linearkombinationen betrachtet. Daraus ergeben sich neue Begriffe für den $\mathbb{R}^n$.

Definition 12.17

Seien $\boldsymbol{a}_1, \ldots, \boldsymbol{a}_m$ Vektoren des $\mathbb{R}^n$ und $r_1, \ldots, r_m \in \mathbb{R}$ Skalare. Dann heißt die Linearkombination $\boldsymbol{b} = r_1\boldsymbol{a}_1 + \ldots + r_m\boldsymbol{a}_m$

a) eine **nichtnegative Linearkombination** für $r_i \geq 0 \quad (i = 1, \ldots, m)$,

b) eine **positive Linearkombination** für $r_i > 0 \quad (i = 1, \ldots, m)$,

c) eine **konvexe Linearkombination** oder **Konvexkombination** für
$$r_i \geq 0 \quad (i = 1, \ldots, m) \quad \text{und} \quad \sum_{i=1}^{m} r_i = 1\,,$$

d) eine **echte Konvexkombination** für $r_i > 0 \quad (i = 1, \ldots, m)$ und $\sum_{i=1}^{m} r_i = 1$.

Definition 12.18

Seien $\boldsymbol{a}_1, \ldots, \boldsymbol{a}_m$ Vektoren des $\mathbb{R}^n$ und $r_1, \ldots, r_m \in \mathbb{R}$ Skalare. Dann bezeichnet man die Punktmenge

$$Q = \{\boldsymbol{x} \in \mathbb{R}^n : \boldsymbol{x} = \sum_{i=1}^{m} r_i\boldsymbol{a}_i,\ r_i \geq 0 \ \ (i = 1, \ldots, m)\}$$

aller nichtnegativen Linearkombinationen als den von den Vektoren $\boldsymbol{a}_1, \ldots, \boldsymbol{a}_m$ aufgespannten **abgeschlossenen konvexen Kegel** und die Punktmenge

$$\begin{aligned} P &= \{\boldsymbol{x} \in \mathbb{R}^n : \boldsymbol{x} = \sum_{i=1}^{m} r_i\boldsymbol{a}_i,\ r_i \geq 0 \ \ (i = 1, \ldots, m),\ \sum_{i=1}^{m} r_i = 1\} \\ &= \{\boldsymbol{x} \in Q : \sum_{i=1}^{m} r_i = 1\} \subset Q \end{aligned}$$

aller Konvexkombinationen als das von den Vektoren $\boldsymbol{a}_1, \ldots, \boldsymbol{a}_m$ aufgespannte **abgeschlossene konvexe Polyeder**. Lässt man in Q bzw. P nur positive Skalare $r_i > 0$ $(i = 1, \ldots, m)$ zu, so ergibt sich ein **offener konvexer Kegel** bzw. ein **offenes konvexes Polyeder**.

Konvexe Polyeder sind im Gegensatz zu konvexen Kegeln stets beschränkt.

Beispiel 12.19

Wir betrachten die in Beispiel 12.16 beschriebenen Linearkombinationen. Dann spannen die Vektoren $\boldsymbol{a} = (1,2)^T$ und $\boldsymbol{b} = (3,1)^T$ den konvexen Kegel $A \cup B$ bzw. das konvexe Polyeder $A \cap B$ auf (Figur 12.5).

Entsprechend erhalten wir mit Hilfe der Vektoren $\boldsymbol{a}, \boldsymbol{b}, \boldsymbol{c} \in \mathbb{R}^3$ in Figur 12.6 den konvexen Kegel $A \cup B$ bzw. das konvexe Polyeder D.

Ferner wird auch mit einem oder zwei der Vektoren $\boldsymbol{a}, \boldsymbol{b}, \boldsymbol{c} \in \mathbb{R}^3$ sowohl ein konvexer Kegel als auch ein konvexes Polyeder aufgespannt. So erhalten wir mit Hilfe von $\boldsymbol{a} \in \mathbb{R}^3$

$$Q_a = \{\boldsymbol{x} \in \mathbb{R}^3 : \boldsymbol{x} = r\boldsymbol{a},\ r \geq 0\},$$
$$P_a = \{\boldsymbol{x} \in \mathbb{R}^3 : \boldsymbol{x} = r\boldsymbol{a},\ r = 1\} = \{\boldsymbol{a}\}$$

bzw. mit $\boldsymbol{a}, \boldsymbol{b} \in \mathbb{R}^3$

$$Q_{ab} = \{\boldsymbol{x} \in \mathbb{R}^3 : \boldsymbol{x} = r_1\boldsymbol{a} + r_2\boldsymbol{b},\ r_1 \geq 0,\ r_2 \geq 0\},$$
$$P_{ab} = \{\boldsymbol{x} \in \mathbb{R}^3 : \boldsymbol{x} = r_1\boldsymbol{a} + r_2\boldsymbol{b},\ r_1 \geq 0,\ r_2 \geq 0,\ r_1 + r_2 = 1\},$$
$$= \{\boldsymbol{x} \in \mathbb{R}^3 : \boldsymbol{x} = r_1\boldsymbol{a} + (1 - r_1)\boldsymbol{b},\ r_1 \in [0,1]\}.$$

Wir erweitern den Begriff der Konvexität auf beliebige Punktmengen des $\mathbb{R}^n$.

Definition 12.20

Eine Punktmenge $M \subseteq \mathbb{R}^n$ heißt **konvex**, wenn mit zwei Punkten $\boldsymbol{a}, \boldsymbol{b} \in M$ auch jede Konvexkombination $\boldsymbol{x} = r_1\boldsymbol{a} + r_2\boldsymbol{b} = r_1\boldsymbol{a} + (1 - r_1)\boldsymbol{b}$ mit $r_1 \geq 0,\ r_2 \geq 0,\ r_1 + r_2 = 1$ zu M gehört. Mit $\boldsymbol{x}$ erhält man gerade alle Punkte auf der Verbindungsstrecke zwischen $\boldsymbol{a}$ und $\boldsymbol{b}$.

Beispiel 12.21

a) Konvexe Kegel und konvexe Polyeder sind konvexe Mengen.

Für zwei Punkte $\boldsymbol{b}$, $\boldsymbol{c}$ des Polyeders

$$\boldsymbol{P} = \{\boldsymbol{x} \in \mathbb{R}^n : \boldsymbol{x} = \sum_{i=1}^{m} r_i\boldsymbol{a}_i,\ r_i \geq 0\ (i = 1, \ldots, m),\ \sum_{i=1}^{m} r_i = 1\}$$
$$(\boldsymbol{a}_1, \ldots, \boldsymbol{a}_m \in \mathbb{R}^n)$$

gilt für $s_i, t_i \in \mathbb{R}_+$ $(i = 1, \ldots, m)$ beispielsweise

$$\boldsymbol{b} = \sum_{i=1}^{m} s_i\boldsymbol{a}_i, \quad \boldsymbol{c} = \sum_{i=1}^{m} t_i\boldsymbol{a}_i, \quad \sum_{i=1}^{m} s_i = \sum_{i=1}^{m} t_i = 1,$$

Daraus folgt für jedes $\boldsymbol{x} \in \mathbb{R}^n$ mit $\boldsymbol{x} = q\boldsymbol{b} + (1-q)\boldsymbol{c},\ q \in [0,1]$

$$\begin{aligned}\boldsymbol{x} &= q\sum_{i=1}^{m} s_i\boldsymbol{a}_i + (1-q)\sum_{i=1}^{m} t_i\boldsymbol{a}_i = \sum_{i=1}^{m} qs_i\boldsymbol{a}_i + \sum_{i=1}^{m}(1-q)t_i\boldsymbol{a}_i \\ &= \sum_{i=1}^{m}(qs_i\boldsymbol{a}_i + (1-q)t_i\boldsymbol{a}_i) = \sum_{i=1}^{m}(qs_i + (1-q)t_i)\,\boldsymbol{a}_i\end{aligned}$$

mit

$$qs_i + (1-q)t_i \geq 0 \quad \text{für alle} \quad i = 1,\ldots,m$$

$$\sum_{i=1}^{m}(qs_i + (1-q)t_i) = q\sum_{i=1}^{m} s_i + (1-q)\sum_{i=1}^{m} t_i = q + 1 - q = 1$$

und daraus $\boldsymbol{x} \in P$.

b) Jeder Halbraum des $\mathbb{R}^n$

$$H_{\leq} = \{\boldsymbol{x} \in \mathbb{R}^n : \boldsymbol{a}^T\boldsymbol{x} \leq b\} \quad \text{mit} \quad \boldsymbol{a} \in \mathbb{R}^n,\ \boldsymbol{a} \neq \boldsymbol{o}$$

ist konvex.

Sei z. B. $\boldsymbol{x}, \boldsymbol{y} \in H_{\leq}$ mit $\boldsymbol{a}^T\boldsymbol{x} \leq b,\ \boldsymbol{a}^T\boldsymbol{y} \leq b$. Dann gilt für $\boldsymbol{z} = q\boldsymbol{x} + (1-q)\boldsymbol{y}$ mit $q \in [0,1]$

$$\begin{aligned}\boldsymbol{a}^T\boldsymbol{z} &= \boldsymbol{a}^T(q\boldsymbol{x} + (1-q)\boldsymbol{y}) = \boldsymbol{a}^T q\boldsymbol{x} + \boldsymbol{a}^T(1-q)\boldsymbol{y} \\ &= q\boldsymbol{a}^T\boldsymbol{x} + (1-q)\boldsymbol{a}^T\boldsymbol{y} \leq qb + (1-q)b = b\,.\end{aligned}$$

Also ist $\boldsymbol{z} \in H_{\leq}$ und $H_{\leq}$ ist konvex.

Entsprechendes gilt für die Halbräume $H_{\geq}, H_{<}, H_{>}$ (Definition 12.7).

c) Die Menge

$$K_{<} = \{\boldsymbol{x} \in \mathbb{R}^n : \|\boldsymbol{x} - \boldsymbol{a}\| < r\}$$

ist konvex.

Sei z. B. $\boldsymbol{x}, \boldsymbol{y} \in K_{<}$ mit $\|\boldsymbol{x} - \boldsymbol{a}\| < r,\ \|\boldsymbol{y} - \boldsymbol{a}\| < r$. Dann gilt für $\boldsymbol{z} = q\boldsymbol{x} + (1-q)\boldsymbol{y}$ mit $q \in [0,1]$:

$$\begin{aligned}\|\boldsymbol{z} - \boldsymbol{a}\| &= \|q\boldsymbol{x} + (1-q)\boldsymbol{y} - \boldsymbol{a}\| \\ &= \|q\boldsymbol{x} + (1-q)\boldsymbol{y} - q\boldsymbol{a} - (1-q)\boldsymbol{a}\| \\ &\leq \|q\boldsymbol{x} - q\boldsymbol{a}\| + \|(1-q)\boldsymbol{y} - (1-q)\boldsymbol{a}\| \qquad \text{(Satz 12.4 b)}\end{aligned}$$

$$= q \, \|x - a\| + (1-q) \, \|y - a\|$$
$$< qr + (1-q)r = r$$

Also ist $z \in K_<$ und $K_<$ ist konvex.

Entsprechendes gilt auch für die Menge $K_\leq$. Die Mengen $K_>, K_\geq$ sind dagegen nicht konvex.

Im Rahmen der Untersuchung von Mengen auf ihre Konvexität ist die folgende Aussage sehr hilfreich.

Satz 12.22

Der Durchschnitt konvexer Mengen ist konvex.

Beweis:

Seien $M_i \; (i \in I)$ konvexe Mengen und $a, b \in \bigcap_{i \in I} M_i$.

$$\Rightarrow a, b \in M_i \text{ für alle } i \in I$$
$$\Rightarrow qa + (1-q)b \in M_i \text{ für alle } i \in I \text{ und } q \in [0,1] \qquad \text{(Definition 12.20)}$$
$$\Rightarrow qa + (1-q)b \in \bigcap_{i \in I} M_i \text{ für alle } q \in [0,1] \Rightarrow \bigcap_{i \in I} M_i \text{ ist konvex}.$$

Einige konvexe Mengen lassen sich durch Konvexkombinationen bzw. echte Konvexkombinationen bestimmter Randpunkte beschreiben.

Definition 12.23

Ein Punkt a einer konvexen Menge $M \subseteq \mathbb{R}^n$ heißt **Eckpunkt**, wenn a nicht als echte Konvexkombination zweier von a verschiedener Punkte $a_1, a_2 \in M$ darstellbar ist, d. h. es gilt

$$a = qa_1 + (1-q)a_2 \Rightarrow q \notin \langle 0, 1 \rangle .$$

Für konvexe Polyeder ergibt sich daraus folgende Aussage.

Satz 12.24

Ein konvexes Polyeder P im $\mathbb{R}^n$ hat endlich viele Eckpunkte $a_1, \dots, a_k \in \mathbb{R}^n$ und jedes $b \in P$ ist als Konvexkombination der Eckpunkte $a_1, \dots, a_k$ darstellbar.

Beweisidee:

Da P durch endlich viele Vektoren aufgespannt wird, kommen nur diese Vektoren als Eckpunkte in Frage. Ferner lässt sich jeder Vektor von P, der nicht einem Eckpunkt entspricht, als Konvexkombination von mindestens zwei Vektoren und damit auch Eckpunkten von P darstellen.

Damit ist ein konvexes Polyeder durch die Menge aller Konvexkombinationen seiner endlich vielen Eckpunkte eindeutig bestimmt.

Definition 12.25

Ein konvexes Polyeder P im $\mathbb{R}^n$ heißt k-**Simplex**, wenn P genau $k+1$ Eckpunkte besitzt, die nicht in einer Hyperebene des $\mathbb{R}^k$ liegen.
Danach entspricht:

das 0-Simplex einem Punkt
das 1-Simplex einer Strecke
das 2-Simplex einem Dreieck
das 3-Simplex einem Tetraeder im $\mathbb{R}^n$.

Beispiel 12.26

a) Die Kreisfläche

$$K_{\leq} = \{x \in \mathbb{R}^2 : \|x - a\| \leq r\}$$

hat unendlich viele Eckpunkte. Kein Randpunkt von $K_{\leq}$ lässt sich als Konvexkombination zweier anderer Punkte von $K_{\leq}$ darstellen, damit sind alle Randpunkte x mit $\|x - a\| = r$ Eckpunkte.

b) Es sind zwei Produkte P_1, P_2 auf zwei Maschinen M_1, M_2 zu fertigen. Es ergeben sich die Maschinenzeiten von 4 Minuten auf M_1 und 3 Minuten auf M_2 zur Herstellung einer Einheit von P_1, 2 Minuten auf M_1 und 5 Minuten auf M_2 zur Herstellung einer Einheit von P_2.

Ferner besitzen beide Maschinen eine Kapazität von je 420 Minuten.

Bezeichnet man die Produktionsquantitäten mit x_1 für P_1 und x_2 für P_2, so erhält man folgende Bedingungen für Maschinenkapazitäten:

$$4x_1 + 2x_2 \leq 420\,, \quad 3x_1 + 5x_2 \leq 420$$

Die Menge aller produzierbaren Vektoren $(x_1, x_2)^T \in \mathbb{R}^2_+$ ist

$$P = \{x = \begin{pmatrix} x_1 \\ x_2 \end{pmatrix} \in \mathbb{R}^2_+ : 4x_1 + 2x_2 \leq 420,\ 3x_1 + 5x_2 \leq 420\}\,.$$

Wir stellen diese Menge graphisch dar (Figur 12.7) und diskutieren einige produzierbare Vektoren.

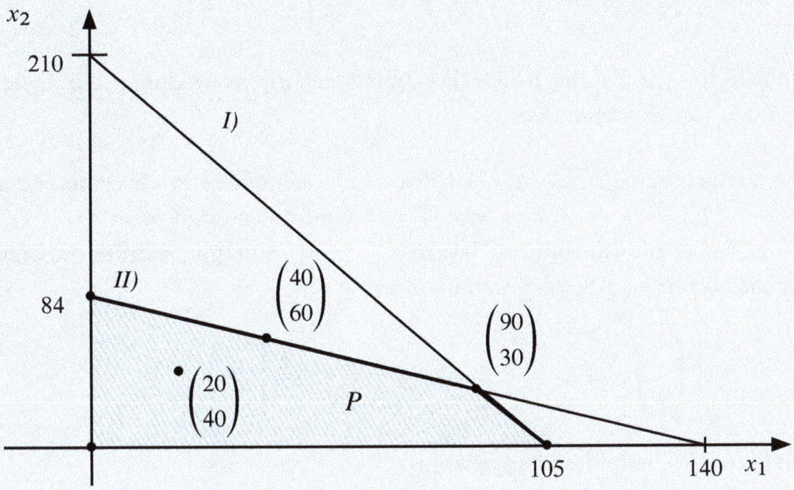

Figur 12.7: Graphische Darstellung von P

Für $(105,0)^T$ gilt $I)\quad 4\cdot 105+0=420\,,$

$II)\quad 3\cdot 105+0=315<420\,.$

M_1 ist ausgelastet, M_2 ist mit 315 Minuten nicht ausgelastet.

Für $(90,30)^T$ gilt $I)\quad 4\cdot 90+2\cdot 30=420\,,$

$II)\quad 3\cdot 90+5\cdot 30=420\,.$

Beide Maschinen sind ausgelastet.

Für $(40,60)^T$ gilt $I)\quad 4\cdot 40+2\cdot 60=280<420\,,$

$II)\quad 3\cdot 40+5\cdot 60=420\,.$

Nur M_2 ist ausgelastet.

Für $(20,40)^T$ gilt $I)\quad 4\cdot 20+2\cdot 40=160<420\,,$

$II)\quad 3\cdot 20+5\cdot 40=260<420\,.$

Im letzten Fall ist keine der Maschinen ausgelastet.

Man überlegt sich andererseits, dass am „Nord-Ost-Rand" von P jeweils mindestens eine Maschine ausgelastet ist. Die Menge P ist ein abgeschlossenes konvexes Polyeder.

Wählt man im $\mathbb{R}^2$ die Vektoren

$$\boldsymbol{a}^1 = \begin{pmatrix} 0 \\ 0 \end{pmatrix}, \quad \boldsymbol{a}^2 = \begin{pmatrix} 105 \\ 0 \end{pmatrix}, \quad \boldsymbol{a}^3 = \begin{pmatrix} 90 \\ 30 \end{pmatrix}, \quad \boldsymbol{a}^4 = \begin{pmatrix} 0 \\ 84 \end{pmatrix},$$

so enthält P gerade alle Konvexkombinationen dieser Vektoren, die zugleich die Eckpunkte von P darstellen.

c) Es wird angenommen, dass die Nachfrage x nach einem Produkt durch den Preis p mit $x \leq 1 + \frac{4}{p}$ bestimmt wird. Durch Umformen erhält man $(x-1)p \leq 4$. Hat man ferner die Konsumrestriktion $x \in [2, 8]$, so ergibt sich für die Menge der möglichen Nachfrage-Preis-Kombinationen

$$N = \left\{ \begin{pmatrix} x \\ p \end{pmatrix} \in \mathbb{R}^2_+ : x \in [2, 8],\ (x-1)p \leq 4 \right\},$$

die in Figur 12.8 graphisch dargestellt ist.

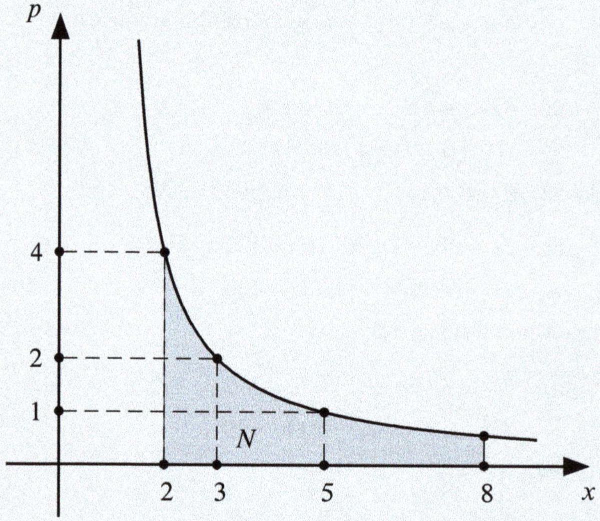

Figur 12.8: Graphische Darstellung von N

N ist abgeschlossen und beschränkt, aber nicht konvex.

Die Menge der Randpunkte ist:

$$R = \left\{ \begin{pmatrix} x \\ 0 \end{pmatrix} : x \in [\,2,8\,] \right\} \cup \left\{ \begin{pmatrix} 2 \\ p \end{pmatrix} : p \in [\,0,4\,] \right\}$$
$$\cup \left\{ \begin{pmatrix} 8 \\ p \end{pmatrix} : p \in [\,0,\frac{4}{7}\,] \right\}$$
$$\cup \left\{ \begin{pmatrix} x \\ p \end{pmatrix} : x \in [\,2,8\,],\ (x-1)p = 4 \right\}$$

13 Vektorräume

Zur Lösung linearer Gleichungssysteme in allgemeiner Form erweist sich eine Einführung in die Theorie der Vektorräume als zweckmäßig. Voraussetzung dafür sind Basiskenntnisse der Vektor- und Matrizenrechnung. Ausgehend von der Definition eines Vektorraumes werden wir Begriffe wie Basis und Dimension von Vektorräumen kennen lernen (Abschnitt 13.1, 13.2), um damit den Rang beliebiger reeller Matrizen bestimmen zu können (Abschnitt 13.3).

13.1 Vektorräume im $\mathbb{R}^n$, Basis und Dimension

Definition 13.1

Eine nichtleere Menge V von Vektoren des $\mathbb{R}^n$ heißt **linearer Raum** oder **Vektorraum**, wenn für die Elemente von V eine Addition und eine skalare Multiplikation erklärt ist mit

$$\begin{aligned} \boldsymbol{a},\boldsymbol{b} \in V \quad &\Rightarrow \quad \boldsymbol{a}+\boldsymbol{b} \in V, \\ \boldsymbol{a} \in V,\ r \in \mathbb{R} \quad &\Rightarrow \quad r\boldsymbol{a} \in V. \end{aligned}$$

Für die Addition und die skalare Multiplikation gelten die in den Sätzen 11.13 und 11.17 angegebenen Rechenregeln. Eine zentrale Frage besteht nun darin, in einem Vektorraum möglichst wenige Vektoren so anzugeben, dass alle übrigen Elemente mit Hilfe geeigneter Linearkombinationen gewonnen werden können.

Satz 13.2

Jeder Vektor $\boldsymbol{a} = \begin{pmatrix} a_1 \\ \vdots \\ a_n \end{pmatrix} \in \mathbb{R}^n$ lässt sich darstellen als Linearkombination der Einheitsvektoren des $\mathbb{R}^n$ mit $\boldsymbol{e}_1 = \begin{pmatrix} 1 \\ 0 \\ \vdots \\ 0 \end{pmatrix}, \ldots, \boldsymbol{e}_n = \begin{pmatrix} 0 \\ 0 \\ \vdots \\ 1 \end{pmatrix}$ (Definition 11.8 e).

Beweis:

Es gilt:

$$a = a_1 e_1 + \ldots + a_n e_n = a_1 \begin{pmatrix} 1 \\ 0 \\ \vdots \\ 0 \end{pmatrix} + \ldots + a_n \begin{pmatrix} 0 \\ 0 \\ \vdots \\ 1 \end{pmatrix}$$

Der Vektor $\boldsymbol{a}$ entspricht gerade der Linearkombination der Einheitsvektoren $e_1, \ldots, e_n$ mit den Skalaren $a_1, \ldots, a_n$.

Andererseits kommt man nicht mit weniger als mit n Einheitsvektoren aus. Entfällt beispielsweise e_n, so kann man mit

$$\boldsymbol{b} = b_1 e_1 + \ldots + b_{n-1} e_{n-1} = b_1 \begin{pmatrix} 1 \\ 0 \\ \vdots \\ 0 \end{pmatrix} + \ldots + b_{n-1} \begin{pmatrix} 0 \\ \vdots \\ 1 \\ 0 \end{pmatrix}$$

nur Vektoren darstellen, deren n-te Komponente 0 ist. Dennoch werden wir zeigen, dass es außer der Menge $\{e_1, \ldots, e_n\}$ noch andere Mengen von n Vektoren gibt, die die Rolle der Einheitsvektoren in der entsprechenden Weise übernehmen können.

Definition 13.3

Die Vektoren $a_1, \ldots, a_m \in \mathbb{R}^n$ heißen **linear unabhängig**, wenn die Vektorgleichung

$$r_1 a_1 + \ldots + r_m a_m = o \quad \text{nur für} \quad r_1 = \ldots = r_m = 0$$

erfüllt ist.

Andernfalls heißen die Vektoren $a_1, \ldots, a_m \in \mathbb{R}^n$ **linear abhängig**.

In diesem Fall existieren Skalare $r_1, \ldots, r_m$, die nicht alle 0 sind, mit $r_1 a_1 + \ldots + r_m a_m = o$.

Beispiel 13.4

Gegeben seien die Vektoren des $\mathbb{R}^3$

$$a_1 = \begin{pmatrix} 1 \\ 2 \\ -1 \end{pmatrix}, \quad a_2 = \begin{pmatrix} 1 \\ -1 \\ 1 \end{pmatrix}, \quad a_3 = \begin{pmatrix} 2 \\ 1 \\ 0 \end{pmatrix}, \quad a_0 = \begin{pmatrix} 0 \\ 0 \\ 0 \end{pmatrix}, \quad e_1, e_2, e_3 .$$

Dann sind die Vektoren e_1, e_2, a_3 linear abhängig, denn es gilt

$$r_1 \begin{pmatrix} 1 \\ 0 \\ 0 \end{pmatrix} + r_2 \begin{pmatrix} 0 \\ 1 \\ 0 \end{pmatrix} + r_3 \begin{pmatrix} 2 \\ 1 \\ 0 \end{pmatrix} = \begin{pmatrix} 0 \\ 0 \\ 0 \end{pmatrix} \quad \text{für} \quad \begin{array}{l} r_1 = 2\,, \\ r_2 = 1\,, \\ r_3 = -1\,. \end{array}$$

Der Vektor $\boldsymbol{a}_3$ ist eine Linearkombination von $\boldsymbol{e}_1$ und $\boldsymbol{e}_2$, es gilt $\boldsymbol{a}_3 = 2\boldsymbol{e}_1 + \boldsymbol{e}_2$. Auch die Vektoren $\boldsymbol{a}_1, \boldsymbol{a}_2, \boldsymbol{a}_3$ sind linear abhängig, denn es gilt

$$r_1 \begin{pmatrix} 1 \\ 2 \\ -1 \end{pmatrix} + r_2 \begin{pmatrix} 1 \\ -1 \\ 1 \end{pmatrix} + r_3 \begin{pmatrix} 2 \\ 1 \\ 0 \end{pmatrix} = \begin{pmatrix} 0 \\ 0 \\ 0 \end{pmatrix} \quad \text{für} \quad \begin{array}{l} r_1 = r_2 = 1\,, \\ r_3 = -1\,. \end{array}$$

Ferner sind mehr als drei der Vektoren stets linear abhängig. Beispielsweise ist für $\boldsymbol{a}_1, \boldsymbol{a}_2, \boldsymbol{e}_1, \boldsymbol{e}_2$

$$r_1 \begin{pmatrix} 1 \\ 2 \\ -1 \end{pmatrix} + r_2 \begin{pmatrix} 1 \\ -1 \\ 1 \end{pmatrix} + r_3 \begin{pmatrix} 1 \\ 0 \\ 0 \end{pmatrix} + r_4 \begin{pmatrix} 0 \\ 1 \\ 0 \end{pmatrix} = \begin{pmatrix} 0 \\ 0 \\ 0 \end{pmatrix} \quad \text{für} \quad \begin{array}{l} r_1 = r_2 = 1\,, \\ r_3 = -2\,, \\ r_4 = -1\,. \end{array}$$

Jedes System von Vektoren, das den Nullvektor $\boldsymbol{a}_0$ enthält, ist linear abhängig. Für $\boldsymbol{a}_0, \boldsymbol{a}_1, \boldsymbol{a}_2$ ist beispielsweise

$$1 \cdot \begin{pmatrix} 0 \\ 0 \\ 0 \end{pmatrix} + 0 \cdot \begin{pmatrix} 1 \\ 2 \\ -1 \end{pmatrix} + 0 \cdot \begin{pmatrix} 1 \\ -1 \\ 1 \end{pmatrix} = \begin{pmatrix} 0 \\ 0 \\ 0 \end{pmatrix}.$$

Andererseits sind je drei Vektoren aus $\boldsymbol{a}_1, \boldsymbol{a}_2, \boldsymbol{a}_3, \boldsymbol{e}_1, \boldsymbol{e}_2, \boldsymbol{e}_3$, ausgenommen $\boldsymbol{a}_1, \boldsymbol{a}_2, \boldsymbol{a}_3$ und $\boldsymbol{e}_1, \boldsymbol{e}_2, \boldsymbol{a}_3$, linear unabhängig. Für $\boldsymbol{e}_1, \boldsymbol{a}_2, \boldsymbol{a}_3$ erhält man beispielsweise die Gleichung

$$r_1 \begin{pmatrix} 1 \\ 0 \\ 0 \end{pmatrix} + r_2 \begin{pmatrix} 1 \\ -1 \\ 1 \end{pmatrix} + r_3 \begin{pmatrix} 2 \\ 1 \\ 0 \end{pmatrix} = \begin{pmatrix} 0 \\ 0 \\ 0 \end{pmatrix}$$

oder komponentenweise

$$\left.\begin{array}{rl} r_1 + r_2 + 2r_3 &= 0 \\ - r_2 + r_3 &= 0 \\ r_2 &= 0 \end{array}\right\} \quad \Rightarrow \quad r_2 = r_3 = r_1 = 0\,.$$

Auch für $\boldsymbol{a}_1, \boldsymbol{a}_2, \boldsymbol{e}_2$ gilt

$$r_1\begin{pmatrix}1\\2\\-1\end{pmatrix}+r_2\begin{pmatrix}1\\-1\\1\end{pmatrix}+r_3\begin{pmatrix}0\\1\\0\end{pmatrix}=\begin{pmatrix}0\\0\\0\end{pmatrix}\quad \text{bzw.}$$

$$\left.\begin{aligned}r_1+r_2 &= 0\\ 2r_1-r_2+r_3 &= 0\\ -r_1+r_2 &= 0\end{aligned}\right\}\quad \Rightarrow\quad r_1=r_2=r_3=0\,.$$

Die drei Einheitsvektoren sind linear unabhängig. Je zwei der Vektoren $\boldsymbol{a}_1, \boldsymbol{a}_2, \boldsymbol{a}_3, \boldsymbol{e}_1, \boldsymbol{e}_2, \boldsymbol{e}_3$ sind unabhängig.

Satz 13.5

Die Vektoren $\boldsymbol{a}_1, \ldots, \boldsymbol{a}_m \in \mathbb{R}^n$ sind genau dann linear abhängig, wenn sich einer der Vektoren als Linearkombination der anderen darstellen lässt.

Beweis:

Die Vektoren $\boldsymbol{a}_1, \ldots, \boldsymbol{a}_m$ sind linear abhängig

$\Longleftrightarrow$ es existiert mindestens ein $r_i \neq 0$ mit $\sum_{j=1}^{m} r_j \boldsymbol{a}_j = \boldsymbol{o}$ (Definition 13.3)

$\Longleftrightarrow$ es existiert mindestens ein $r_i \neq 0$ mit $\boldsymbol{a}_i = -\frac{1}{r_i} \sum_{j=1, j\neq i}^{m} r_j \boldsymbol{a}_j$

$\Longleftrightarrow$ $\boldsymbol{a}_i$ ist Linearkombination von $\boldsymbol{a}_1, \ldots, \boldsymbol{a}_{i-1}, \boldsymbol{a}_{i+1}, \ldots, \boldsymbol{a}_m$.

Damit sind wir in der Lage, den Begriff der Basis und der Dimension eines Vektorraumes einzuführen.

Definition 13.6

Eine Menge $B = \{\boldsymbol{b}_1, \ldots, \boldsymbol{b}_m\}$ linear unabhängiger Vektoren eines Vektorraumes $V \subseteq \mathbb{R}^n$ heißt **Basis** von V, wenn jedes beliebige $\boldsymbol{b} \in V$ als Linearkombination der **Basisvektoren** $\boldsymbol{b}_1, \ldots, \boldsymbol{b}_m$ gemäß $\boldsymbol{b} = r_1\boldsymbol{b}_1 + \ldots + r_m\boldsymbol{b}_m$ darstellbar ist.

Der Vektorraum V hat dann die **Dimension** m. Man schreibt $\dim V = m$.

Da die Vektoren $\boldsymbol{b}_1, \ldots, \boldsymbol{b}_m$ linear unabhängig sind, kann kein $\boldsymbol{b}_i$ als Linearkombination der anderen Vektoren dargestellt werden. Die Streichung eines $\boldsymbol{b}_i$ aus B würde bedeuten, dass Elemente von V nicht erreicht werden können. In diesem Sinne kann B nicht verkleinert werden.

Da andererseits jedes $\boldsymbol{b} \in V$ als Linearkombination der Vektoren $\boldsymbol{b}_1, \ldots, \boldsymbol{b}_m$ darstellbar ist, sind je $m+1$ Elemente von V linear abhängig. In diesem Sinne kann B nicht erweitert werden. Die Dimension von V ist damit eindeutig.

Offenbar ist der $\mathbb{R}^n$ ein Vektorraum mit der Dimension n. Da die Einheitsvektoren $\{\boldsymbol{e}_1, \ldots, \boldsymbol{e}_n\}$ linear unabhängig sind, bilden sie eine Basis. Im Übrigen entspricht der Begriff der Dimension des $\mathbb{R}^n$ der gewohnten Vorstellung. So wird ein eindimensionaler Vektorraum durch die Punkte einer Geraden und ein zweidimensionaler Vektorraum durch die Punkte einer Ebene charakterisiert, jeweils unter Einschluss des Nullpunktes.

Beispiel 13.7

Gegeben seien die Vektoren $\boldsymbol{b}_1^T = (2, 1, 0)$, $\boldsymbol{b}_2^T = (0, 2, 1)$. Dann wird durch $r\boldsymbol{b}_1$ bzw. $r\boldsymbol{b}_2$ mit $r \in \mathbb{R}$ ein eindimensionaler Vektorraum V_1 bzw. V_1' aufgespannt (Figur 13.1), durch $r_1\boldsymbol{b}_1 + r_2\boldsymbol{b}_2$ mit $r_1, r_2 \in \mathbb{R}$ ein zweidimensionaler Vektorraum V_2 (Figur 13.2).

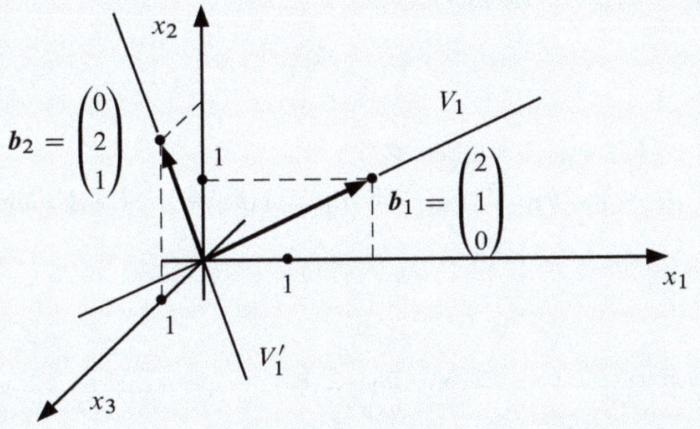

Figur 13.1: Vektorräume V_1, V_1' der Dimension 1

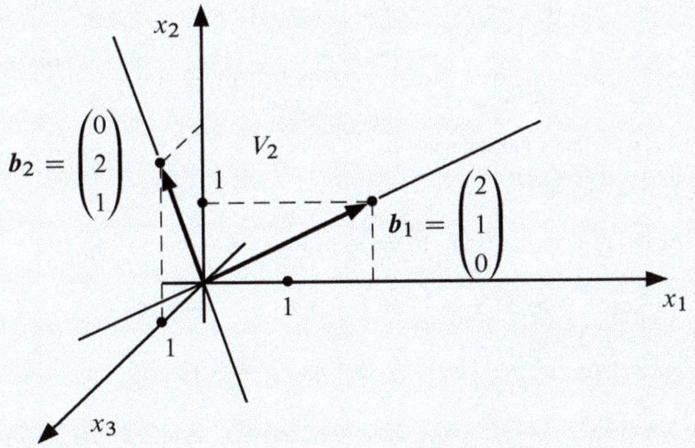

Figur 13.2: Vektorraum V_2 der Dimension 2

In V_1 ist die Basis einelementig, beispielsweise $B = \{\boldsymbol{b}_1\}$. Der Vektor $\boldsymbol{b}_1$ kann hier durch jedes Vielfache $r\boldsymbol{b}_1$ mit $r \neq 0$ ersetzt werden.

In V_2 gilt entsprechend $B = \{\boldsymbol{b}_1, \boldsymbol{b}_2\}$. In diesem Fall können die Vektoren $\boldsymbol{b}_1, \boldsymbol{b}_2$ durch zwei beliebige linear unabhängige Vektoren des $\mathbb{R}^3$ ersetzt werden, die in der Ebene V_2 liegen.

13.2 Basistausch in Vektorräumen

Im Gegensatz zur Dimension eines Vektorraumes ist die Basis nicht eindeutig. Wir betrachten den n-dimensionalen Vektorraum $\mathbb{R}^n$ und versuchen, alle möglichen Basen zu charakterisieren. Dafür benötigen wir zwei so genannte Austauschsätze (Sätze 13.8 und 13.10), die auf **E. Steinitz** (1871–1928) zurückgehen.

Satz 13.8

Sei $B = \{\boldsymbol{b}_1, \ldots, \boldsymbol{b}_n\}$ eine Basis des $\mathbb{R}^n$.

Dann ist auch $B_1 = \{\boldsymbol{c}_1, \boldsymbol{b}_2, \ldots, \boldsymbol{b}_n\}$ mit $\boldsymbol{c}_1 = r_1\boldsymbol{b}_1 + \ldots + r_n\boldsymbol{b}_n$ und $r_1 \neq 0$ eine Basis des $\mathbb{R}^n$.

Beweis:

Für den $\mathbb{R}^n$ existiert stets eine Basis der Form $\{\boldsymbol{b}_1, \ldots, \boldsymbol{b}_n\}$, beispielsweise $\{\boldsymbol{e}_1, \ldots, \boldsymbol{e}_n\}$. Wir betrachten die Gleichung:

$$
\begin{aligned}
& s_1\boldsymbol{c}_1 + s_2\boldsymbol{b}_2 + \ldots + s_n\boldsymbol{b}_n = s_1(r_1\boldsymbol{b}_1 + \ldots + r_n\boldsymbol{b}_n) + s_2\boldsymbol{b}_2 + \ldots + s_n\boldsymbol{b}_n = \boldsymbol{o} \\
\Rightarrow\ & (s_1r_1)\boldsymbol{b}_1 + (s_2 + s_1r_2)\boldsymbol{b}_2 + \ldots + (s_n + s_1r_n)\boldsymbol{b}_n = \boldsymbol{o} \\
\Rightarrow\ & s_1r_1 = s_2 + s_1r_2 = \ldots = s_n + s_1r_n = 0, \quad \text{da } \{\boldsymbol{b}_1, \ldots, \boldsymbol{b}_n\} \text{ Basis ist} \\
\Rightarrow\ & (r_1 \neq 0 \Rightarrow s_1 = 0 \Rightarrow s_2 = \ldots = s_n = 0) \\
\Rightarrow\ & \boldsymbol{c}_1, \boldsymbol{b}_2, \ldots, \boldsymbol{b}_n \quad \text{linear unabhängig}
\end{aligned}
$$

Für beliebiges $\boldsymbol{a} \in \mathbb{R}^n$ sei nun

$$
\begin{aligned}
& \boldsymbol{a} = p_1\boldsymbol{b}_1 + \ldots + p_n\boldsymbol{b}_n \quad \text{mit } \boldsymbol{b}_1 = \frac{1}{r_1}\boldsymbol{c}_1 - \frac{r_2}{r_1}\boldsymbol{b}_2 - \ldots - \frac{r_n}{r_1}\boldsymbol{b}_n \\
\Rightarrow\ & \boldsymbol{a} = p_1\left(\frac{1}{r_1}\boldsymbol{c}_1 - \frac{r_2}{r_1}\boldsymbol{b}_2 - \ldots - \frac{r_n}{r_1}\boldsymbol{b}_n\right) + p_2\boldsymbol{b}_2 + \ldots + p_n\boldsymbol{b}_n \\
& \quad = \frac{p_1}{r_1}\boldsymbol{c}_1 + \left(p_2 - \frac{p_1r_2}{r_1}\right)\boldsymbol{b}_2 + \ldots + \left(p_n - \frac{p_1r_n}{r_1}\right)\boldsymbol{b}_n,
\end{aligned}
$$

also ist $\boldsymbol{a}$ aus den Vektoren $\boldsymbol{c}_1, \boldsymbol{b}_2, \ldots, \boldsymbol{b}_n$ linear kombinierbar, damit ist $B_1 = \{\boldsymbol{c}_1, \boldsymbol{b}_2, \ldots, \boldsymbol{b}_n\}$ eine Basis.

Offenbar bleibt Satz 13.8 auch dann gültig, wenn man einen beliebigen Vektor $\boldsymbol{b}_k$ gegen ein $\boldsymbol{c}_k = \sum_{i=1}^{n} r_i \boldsymbol{b}_i$ mit $r_k \neq 0$ austauscht. Dann erhält man für $\boldsymbol{a} \in \mathbb{R}^n$ die Darstellungen

$$\begin{aligned} \boldsymbol{a} &= p_1\boldsymbol{b}_1 + \ldots + p_k\boldsymbol{b}_k + \ldots + p_n\boldsymbol{b}_n \quad \text{bzgl.} \quad B = \{\boldsymbol{b}_1, \ldots, \boldsymbol{b}_k, \ldots, \boldsymbol{b}_n\}, \\ \boldsymbol{a} &= q_1\boldsymbol{b}_1 + \ldots + q_k\boldsymbol{c}_k + \ldots + q_n\boldsymbol{b}_n \quad \text{bzgl.} \quad B_k = \{\boldsymbol{b}_1, \ldots, \boldsymbol{c}_k, \ldots, \boldsymbol{b}_n\} \end{aligned}$$

und es gilt

$$q_k = \frac{p_k}{r_k}, \quad q_i = p_i - \frac{p_k r_i}{r_k} \quad \text{für} \quad i \neq k.$$

Zweckmäßigerweise verwendet man für derartige Rechnungen folgendes Schema (Figur 13.3):

Zeile	Basis	$\boldsymbol{c}_k$	$\boldsymbol{a}$	Operation
①	$\boldsymbol{b}_1$	r_1	p_1	
②	$\boldsymbol{b}_2$	r_2	p_2	
⋮	⋮	⋮	⋮	
ⓚ	$\boldsymbol{b}_k$	$\boxed{r_k}$	p_k	
⋮	⋮	⋮	⋮	
ⓝ	$\boldsymbol{b}_n$	r_n	p_n	
(n+1)	$\boldsymbol{b}_1$	0	$q_1 = p_1 - \frac{r_1 p_k}{r_k}$	① $- \frac{r_1}{r_k} \cdot$ ⓚ
(n+2)	$\boldsymbol{b}_2$	0	$q_2 = p_2 - \frac{r_2 p_k}{r_k}$	② $- \frac{r_2}{r_k} \cdot$ ⓚ
⋮	⋮	⋮	⋮	⋮
(n+k)	$\boldsymbol{c}_k$	1	$q_k = \frac{p_k}{r_k}$	ⓚ $\cdot \frac{1}{r_k}$
⋮	⋮	⋮	⋮	⋮
(2n)	$\boldsymbol{b}_n$	0	$q_n = p_n - \frac{r_n p_k}{r_k}$	ⓝ $- \frac{r_n}{r_k} \cdot$ ⓚ

Figur 13.3: Austausch eines Basisvektors

Ausgehend vom oberen Tableau mit

$$\left.\begin{aligned} \boldsymbol{c}_k &= r_1\boldsymbol{b}_1 + \ldots + r_k\boldsymbol{b}_k + \ldots + r_n\boldsymbol{b}_n \\ \boldsymbol{a} &= p_1\boldsymbol{b}_1 + \ldots + p_k\boldsymbol{b}_k + \ldots + p_n\boldsymbol{b}_n \end{aligned}\right\} \quad \text{bzgl.} \quad B = \{\boldsymbol{b}_1, \ldots, \boldsymbol{b}_n\}$$

erhalten wir im unteren Tableau

$$\begin{aligned} \boldsymbol{c}_k &= 0 + \ldots + 1 \cdot \boldsymbol{c}_k + \ldots + 0 \\ \boldsymbol{a} &= \left(p_1 - \frac{r_1 p_k}{r_k}\right)\boldsymbol{b}_1 + \ldots + \left(\frac{p_k}{r_k}\right)\boldsymbol{c}_k + \ldots + \left(p_n - \frac{r_n p_k}{r_k}\right)\boldsymbol{b}_n \\ &\text{bzgl. } B_k = \{\boldsymbol{b}_1, \ldots, \boldsymbol{c}_k, \ldots, \boldsymbol{b}_n\}\,. \end{aligned}$$

Die Zeilennummerierung $i \quad (i = 1, \ldots, 2n)$ ist nützlich, um in der Operationsspalte den jeweiligen Rechenschritt angeben zu können. Beispielsweise ist im Fall ⓘ $- \frac{r_i}{r_k}$ⓚ von der i-ten Zeile das $\frac{r_i}{r_k}$-fache der k-ten Zeile abzuziehen.

Beispiel 13.9

Für $B = \{\boldsymbol{b}_1, \boldsymbol{b}_2, \boldsymbol{b}_3, \boldsymbol{b}_4\}$ mit

$$\boldsymbol{b}_1 = \begin{pmatrix} 1 \\ 2 \\ 0 \\ 1 \end{pmatrix}, \quad \boldsymbol{b}_2 = \begin{pmatrix} 0 \\ 1 \\ 1 \\ 1 \end{pmatrix}, \quad \boldsymbol{b}_3 = \begin{pmatrix} 1 \\ 1 \\ 2 \\ 0 \end{pmatrix}, \quad \boldsymbol{b}_4 = \begin{pmatrix} 2 \\ 0 \\ 1 \\ 1 \end{pmatrix} \quad \text{und}$$

$$\boldsymbol{c}_3 = 3\boldsymbol{b}_1 - 2\boldsymbol{b}_2 + \boldsymbol{b}_3 - \boldsymbol{b}_4 = \begin{pmatrix} 2 \\ 5 \\ -1 \\ 0 \end{pmatrix}, \quad \boldsymbol{a} = \boldsymbol{b}_1 + 5\boldsymbol{b}_2 - 3\boldsymbol{b}_3 + \boldsymbol{b}_4 = \begin{pmatrix} 0 \\ 4 \\ 0 \\ 7 \end{pmatrix}$$

ergibt sich mit Hilfe des Austauschtableaus:

Zeile	Basis	$\boldsymbol{c}_3$	$\boldsymbol{a}$	Operation
①	$\boldsymbol{b}_1$	3	1	
②	$\boldsymbol{b}_2$	−2	5	
③	$\boldsymbol{b}_3$	$\boxed{1}$	−3	
④	$\boldsymbol{b}_4$	−1	1	
⑤	$\boldsymbol{b}_1$	0	10	① − 3 · ③
⑥	$\boldsymbol{b}_2$	0	−1	② + 2 · ③
⑦	$\boldsymbol{c}_3$	1	−3	③
⑧	$\boldsymbol{b}_4$	0	−2	④ + ③

Damit ist

$$
\begin{aligned}
a &= 10b_1 - b_2 - 3c_3 - 2b_4 \\
&= 10\begin{pmatrix}1\\2\\0\\1\end{pmatrix} - \begin{pmatrix}0\\1\\1\\1\end{pmatrix} - 3\begin{pmatrix}2\\5\\-1\\0\end{pmatrix} - 2\begin{pmatrix}2\\0\\1\\1\end{pmatrix} = \begin{pmatrix}0\\4\\0\\7\end{pmatrix}.
\end{aligned}
$$

Wir haben den Vektor a als Linearkombination der neuen Basis $\{b_1, b_2, c_3, b_4\}$ dargestellt.

Satz 13.10

Seien $b_1, \ldots, b_n$ linear unabhängige Vektoren des $\mathbb{R}^n$.

Dann ist $B = \{b_1, \ldots, b_n\}$ eine Basis des $\mathbb{R}^n$.

Beweis:

Wir gehen von der Basis $\{e_1, \ldots, e_n\}$ der Einheitsvektoren aus und tauschen der Reihe nach Vektoren $e_1, e_2, \ldots$ gegen $b_1, b_2, \ldots$ aus. Dies beweisen wir mit Hilfe vollständiger Induktion nach der Anzahl k der ausgetauschten Vektoren.

Für $k = 1$ folgt der Beweis aus Satz 13.8.

Wir nehmen nun an, wir haben etwa mit $\{b_1, \ldots, b_k, e_{k+1}, \ldots, e_n\}$ eine Basis. Dann gilt auch

$$b_{k+1} = r_1 b_1 + \ldots + r_k b_k + r_{k+1} e_{k+1} + \ldots + r_n e_n ,$$

wobei die Werte $r_{k+1}, \ldots, r_n$ wegen der linearen Unabhängigkeit der Vektoren $b_1, \ldots, b_n$ nicht alle 0 sind, also beispielsweise $r_{k+1} \neq 0$. Damit lässt sich nach Satz 13.8 der Vektor e_{k+1} gegen b_{k+1} austauschen. Schließlich erhalten wir mit $\{b_1, \ldots, b_n\}$ eine Basis.

Jedes linear unabhängige System von n Vektoren des $\mathbb{R}^n$ ist also eine Basis im $\mathbb{R}^n$. Geht man entsprechend Satz 13.8 und 13.10 von einer Basis zu einer anderen Basis über, so spricht man von einem **Basisaustausch** oder einer **Basistransformation**.

Beispiel 13.11

a) Will man den Vektor $\boldsymbol{a} = (2,5,4)^T$ einmal durch die Basis $\{\boldsymbol{e}_1, \boldsymbol{e}_2, \boldsymbol{e}_3\}$, zum anderen durch $\{\boldsymbol{b}_1, \boldsymbol{b}_2, \boldsymbol{b}_3\}$ mit $\boldsymbol{b}_1 = (1,2,3)^T$, $\boldsymbol{b}_2 = (1,0,1)^T$, $\boldsymbol{b}_3 = (2,1,0)^T$ darstellen, so ergibt sich in 3 Schritten:

Zeile	Basis	$\boldsymbol{b}_1$	$\boldsymbol{b}_2$	$\boldsymbol{b}_3$	$\boldsymbol{a}$	Operation
①	$\boldsymbol{e}_1$	$\boxed{1}$	1	2	2	
②	$\boldsymbol{e}_2$	2	0	1	5	
③	$\boldsymbol{e}_3$	3	1	0	4	
④	$\boldsymbol{b}_1$	1	1	2	2	①
⑤	$\boldsymbol{e}_2$	0	$\boxed{-2}$	-3	1	② $-2\cdot$ ①
⑥	$\boldsymbol{e}_3$	0	-2	-6	-2	③ $-3\cdot$ ①
⑦	$\boldsymbol{b}_1$	1	0	$\frac{1}{2}$	$\frac{5}{2}$	④ $+\frac{1}{2}\cdot$ ⑤
⑧	$\boldsymbol{b}_2$	0	1	$\frac{3}{2}$	$-\frac{1}{2}$	⑤ $\cdot(-\frac{1}{2})$
⑨	$\boldsymbol{e}_3$	0	0	$\boxed{-3}$	-3	⑥ $-$ ⑤
⑩	$\boldsymbol{b}_1$	1	0	0	2	⑦ $+\frac{1}{6}\cdot$ ⑨
⑪	$\boldsymbol{b}_2$	0	1	0	-2	⑧ $+\frac{1}{2}\cdot$ ⑨
⑫	$\boldsymbol{b}_3$	0	0	1	1	⑨ $\cdot(-\frac{1}{3})$

Damit erhält man

$$\begin{aligned}\boldsymbol{a} &= 2\boldsymbol{b}_1 - 2\boldsymbol{b}_2 + \boldsymbol{b}_3\\ &= 2\begin{pmatrix}1\\2\\3\end{pmatrix} - 2\begin{pmatrix}1\\0\\1\end{pmatrix} + \begin{pmatrix}2\\1\\0\end{pmatrix} = \begin{pmatrix}2\\5\\4\end{pmatrix}.\end{aligned}$$

b) Versucht man, aus dem System $\{\boldsymbol{b}_1, \boldsymbol{b}_2, \boldsymbol{b}_3, \boldsymbol{b}_4\}$ von Vektoren des $\mathbb{R}^3$ mit $\boldsymbol{b}_1 = (1, 2, -1)^T$, $\boldsymbol{b}_2 = (1, -1, 2)^T$, $\boldsymbol{b}_3 = (2, 1, 1)^T$, $\boldsymbol{b}_4 = (0, 3, -3)^T$ eine Basis zu finden und die Vektoren $\boldsymbol{a}_1 = (1, 1, 1)^T$, $\boldsymbol{a}_2 = (1, 0, 1)^T$ durch die ermittelte Basis darzustellen, so ergibt sich in 2 Schritten:

Zeile	Basis	$\boldsymbol{b}_1$	$\boldsymbol{b}_2$	$\boldsymbol{b}_3$	$\boldsymbol{b}_4$	$\boldsymbol{a}_1$	$\boldsymbol{a}_2$	Operation
①	$\boldsymbol{e}_1$	$\boxed{1}$	1	2	0	1	1	
②	$\boldsymbol{e}_2$	2	−1	1	3	1	0	
③	$\boldsymbol{e}_3$	−1	2	1	−3	1	1	
④	$\boldsymbol{b}_1$	1	1	2	0	1	1	①
⑤	$\boldsymbol{e}_2$	0	$\boxed{-3}$	−3	3	−1	−2	② − 2 · ①
⑥	$\boldsymbol{e}_3$	0	3	3	−3	2	2	③ + ①
⑦	$\boldsymbol{b}_1$	1	0	1	1	$\frac{2}{3}$	$\frac{1}{3}$	④ + $\frac{1}{3}$ · ⑤
⑧	$\boldsymbol{b}_2$	0	1	1	−1	$\frac{1}{3}$	$\frac{2}{3}$	⑤ · $(-\frac{1}{3})$
⑨	$\boldsymbol{e}_3$	0	0	0	0	1	0	⑥ + ⑤

Aus dem Abschlusstableau ersieht man, dass das System $\{\boldsymbol{b}_1, \boldsymbol{b}_2, \boldsymbol{e}_3\}$ eine Basis darstellt, aber weder $\boldsymbol{b}_3$ noch $\boldsymbol{b}_4$ in die Basis aufgenommen werden kann, weil beide Vektoren wegen $\boldsymbol{b}_3 = 1 \cdot \boldsymbol{b}_1 + 1 \cdot \boldsymbol{b}_2$ und $\boldsymbol{b}_4 = 1 \cdot \boldsymbol{b}_1 - 1 \cdot \boldsymbol{b}_2$ aus $\boldsymbol{b}_1$ und $\boldsymbol{b}_2$ linear kombiniert werden können.

Es ist klar, dass je 3 der Vektoren $\boldsymbol{b}_1$, $\boldsymbol{b}_2$, $\boldsymbol{b}_3$, $\boldsymbol{b}_4$ linear abhängig sind, das System $\{\boldsymbol{b}_1, \boldsymbol{b}_2, \boldsymbol{b}_3, \boldsymbol{b}_4\}$ enthält keine Basis. Dies wird durch die Zeile ⑨, die in den Spalten $\boldsymbol{b}_1, \ldots, \boldsymbol{b}_4$ nur Nullen enthält, angezeigt.

Andererseits ist $\boldsymbol{a}_1 = \frac{2}{3} \cdot \boldsymbol{b}_1 + \frac{1}{3} \cdot \boldsymbol{b}_2 + 1 \cdot \boldsymbol{e}_3$ bzw. $\boldsymbol{a}_2 = \frac{1}{3} \cdot \boldsymbol{b}_1 + \frac{2}{3} \cdot \boldsymbol{b}_2$. Lediglich der Vektor $\boldsymbol{a}_2$ ist aus $\boldsymbol{b}_1$ und $\boldsymbol{b}_2$ linear kombinierbar. Entsprechende Ergebnisse erhält man, wenn in obigem Rechentableau eine andere Reihenfolge des Basisaustausches verfolgt wird.

Satz 13.12

Sei $B = \{\boldsymbol{b}_1, \ldots, \boldsymbol{b}_n\}$ Basis des $\mathbb{R}^n$ und $\boldsymbol{a} = r_1\boldsymbol{b}_1 + \ldots + r_n\boldsymbol{b}_n$.

Dann sind die Skalare $r_1, \ldots, r_n$ eindeutig bestimmt.

Beweis:

Angenommen, es gibt eine Darstellung

$$a = s_1 b_1 + \ldots + s_n b_n \quad \text{mit} \quad s_i \neq r_i \quad \text{für mindestens ein } i.$$

Dann gilt nach Subtraktion der Gleichungen

$$o = (r_1 - s_1) b_1 + \ldots + (r_n - s_n) b_n$$
$$\Rightarrow \quad r_i = s_i \quad (i = 1, \ldots, n), \quad \text{da} \quad B = \{b_1, \ldots, b_n\} \quad \text{Basis ist.}$$

Abschließend erklären wir den Begriff des Teilraumes.

Definition 13.13

Eine Teilmenge T des Vektorraumes $\mathbb{R}^n$ heißt **linearer Teilraum** des $\mathbb{R}^n$, wenn auch T ein Vektorraum ist.

Ein linearer Teilraum des Vektorraumes $\mathbb{R}^n$ besitzt also alle Eigenschaften des $\mathbb{R}^n$, bezogen auf einen Teil der Elemente des $\mathbb{R}^n$. Jede Linearkombination von Vektoren des linearen Teilraumes erzeugt wieder einen Vektor des linearen Teilraumes. Damit kann man auch für Teilräume die Begriffe Basis und Dimension erklären. Es gilt $\dim T \leq n$.

Beispiel 13.14

a) Gegeben seien die Mengen

$$V_1 = \{x \in \mathbb{R}^4 : x_1 + x_2 + x_3 + x_4 = 1\},$$
$$V_2 = \{x \in \mathbb{R}^4 : x_4 = 2x_1,\ x_1 - x_2 + x_3 = 0\},$$
$$V_3 = \{x \in \mathbb{R}^4 : x_1 + x_2 \leq x_3 + x_4\},$$
$$V_4 = \{x \in \mathbb{R}^4 : {x_1}^2 = x_2 \cdot x_3\},$$
$$V_5 = \{x \in \mathbb{R}^4 : x_4 = 0\}.$$

Sei $x \in V_1$ $\Rightarrow x_1 + x_2 + x_3 + x_4 = 1$

$\Rightarrow rx_1 + rx_2 + rx_3 + rx_4 = r$

$\Rightarrow rx \notin V_1$ für $r \neq 1$

$\Rightarrow V_1$ ist kein Vektorraum.

Sei $x \in V_2,\ r \in \mathbb{R}$ $\Rightarrow x_4 = 2x_1,\ x_1 - x_2 + x_3 = 0$

$\Rightarrow rx_4 = 2rx_1,\ rx_1 - rx_2 + rx_3 = 0$

$\Rightarrow rx \in V_2$.

Ferner gilt mit $\boldsymbol{y} \in V_2$, also $y_4 = 2y_1,\ y_1 - y_2 + y_3 = 0$ auch

$x_4 + y_4 = 2(x_1 + y_1),\ (x_1 + y_1) - (x_2 + y_2) + (x_3 + y_3) = 0$

$\Rightarrow\ \boldsymbol{x} + \boldsymbol{y} \in V_2$

$\Rightarrow\ V_2$ ist ein Vektorraum.

Sei $\boldsymbol{x} \in V_3 \quad \Rightarrow\ x_1 + x_2 \leq x_3 + x_4$

$\Rightarrow\ rx_1 + rx_2 \geq rx_3 + rx_4 \quad$ für $\quad r < 0$

$\Rightarrow\ V_3$ ist kein Vektorraum.

Sei $\boldsymbol{x} \in V_4,\ r \in \mathbb{R} \ \Rightarrow\ {x_1}^2 = x_2 \cdot x_3$

$\Rightarrow\ (rx_1)^2 = r^2{x_1}^2 = r^2 x_2 \cdot x_3 = (rx_2 \cdot rx_3)$

$\Rightarrow\ r\boldsymbol{x} \in V_4$.

Andererseits ist mit $\boldsymbol{y} \in V_4$, also ${y_1}^2 = y_2 \cdot y_3$, im Allgemeinen

$(x_1 + y_1)^2 \neq (x_2 + y_2)(x_3 + y_3)$

$\Rightarrow\ \boldsymbol{x} + \boldsymbol{y} \notin V_4$

$\Rightarrow\ V_4$ ist kein Vektorraum.

Sei $\boldsymbol{x} \in V_5,\ r \in \mathbb{R} \ \Rightarrow\ rx_4 = 0 \ \Rightarrow\ r\boldsymbol{x} \in V_5$.

Mit $\boldsymbol{y} \in V_5$ ist auch $x_4 + y_4 = 0 \ \Rightarrow\ \boldsymbol{x} + \boldsymbol{y} \in V_5 \quad \Rightarrow \quad V_5$ ist ein Vektorraum.

b) Gegeben sind die Vektoren des $\mathbb{R}^3$

$$\boldsymbol{a}_1 = \begin{pmatrix} 1 \\ 2 \\ 3 \end{pmatrix}, \quad \boldsymbol{a}_2 = \begin{pmatrix} -1 \\ -2 \\ 1 \end{pmatrix}, \quad \boldsymbol{a}_3 = \begin{pmatrix} 1 \\ 2 \\ -1 \end{pmatrix}, \quad \boldsymbol{e}_2 = \begin{pmatrix} 0 \\ 1 \\ 0 \end{pmatrix}.$$

Durch die Mengen $\{\boldsymbol{a}_1, \boldsymbol{a}_2, \boldsymbol{a}_3\}$, $\{\boldsymbol{a}_2, \boldsymbol{a}_3\}$, $\{\boldsymbol{a}_1, \boldsymbol{a}_2, \boldsymbol{a}_3, \boldsymbol{e}_2\}$ werden jeweils Vektorräume aufgespannt.

Wir betrachten folgendes Austauschtableau:

Zeile	Basis	a_1	a_2	a_3	Operation
①	e_1	$\boxed{1}$	-1	1	
②	e_2	2	-2	2	
③	e_3	3	1	-1	
④	a_1	1	-1	1	①
⑤	e_2	0	0	0	② $- 2 \cdot$ ①
⑥	e_3	0	$\boxed{4}$	-4	③ $- 3 \cdot$ ①
⑦	a_1	1	0	0	④ $+ \frac{1}{4}$⑥
⑧	e_2	0	0	0	⑤
⑨	a_2	0	1	$\boxed{-1}$	⑥ $\cdot \frac{1}{4}$
⑩	a_1	1	0	0	⑦
⑪	e_2	0	0	0	⑧
⑫	a_3	0	-1	1	⑨ $\cdot (-1)$

Aus den letzten beiden Tableaus ist folgendes ersichtlich:

In der Basis $\{a_1, e_2, a_2\}$ ist kein Austausch e_2 gegen a_3 möglich. Die Vektoren a_1, a_2, a_3 sind linear abhängig, es gilt $a_2 + a_3 = o$. Durch die Menge $\{a_1, a_2, a_3\}$ wird ein zweidimensionaler Vektorraum aufgespannt, beispielsweise mit der Basis $\{a_1, a_2\}$ bzw. $\{a_1, a_3\}$.

Entsprechend wird durch die Menge $\{a_2, a_3\}$ ein eindimensionaler Vektorraum mit der Basis $\{ra_2\}$ für $r \neq 0$ und durch die Menge $\{a_1, a_2, a_3, e_2\}$ ein dreidimensionaler Vektorraum mit der Basis $\{a_1, a_2, e_2\}$ aufgespannt.

13.3 Rang einer Matrix

Wir kehren zurück zur $m \times n$-Matrix

$$A = \begin{pmatrix} a_{11} & \dots & a_{1n} \\ \vdots & & \vdots \\ a_{m1} & \dots & a_{mn} \end{pmatrix} = \begin{pmatrix} \boldsymbol{a}_1{}^T \\ \vdots \\ \boldsymbol{a}_m{}^T \end{pmatrix} = (\boldsymbol{a}^1, \dots, \boldsymbol{a}^n),$$

die durch m Zeilenvektoren bzw. n Spaltenvektoren beschrieben werden kann; im Allgemeinen ist $m \neq n$. Die Zeilen- und Spaltenvektoren spannen je einen Vektorraum im Sinne von Definition 13.1 auf, für den die Dimension bestimmt werden kann.

Definition 13.15

Man bezeichnet den durch die Zeilenvektoren einer Matrix aufgespannten Vektorraum als **Zeilenraum** und den durch die Spaltenvektoren aufgespannten Vektorraum als **Spaltenraum** der Matrix $\boldsymbol{A}$. Die Dimension des Zeilen- bzw. Spaltenraumes heißt **Zeilen**- bzw. **Spaltenrang** der Matrix $\boldsymbol{A}$.

Der Zeilenrang von $\boldsymbol{A}$ ergibt sich aus der Maximalzahl linear unabhängiger Zeilenvektoren von $\boldsymbol{A}$ und ist damit höchstens m. Ebenso entspricht der Spaltenrang der Maximalzahl linear unabhängiger Spaltenvektoren von $\boldsymbol{A}$ und ist höchstens n.

Satz 13.16

A sei eine $m \times n$-Matrix mit dem Zeilenrang r und dem Spaltenrang s.

Dann gilt $r = s$.

Beweis:

Mit Hilfe von s linear unabhängigen Spaltenvektoren von $\boldsymbol{A}$, beispielsweise $\boldsymbol{a}^1, \dots, \boldsymbol{a}^s$ lässt sich jeder Spaltenvektor von $\boldsymbol{A}$ linear kombinieren. Mit

$$\boldsymbol{B} = (\boldsymbol{a}^1, \dots, \boldsymbol{a}^s) = \begin{pmatrix} a_{11} & \dots & a_{1s} \\ \vdots & & \vdots \\ a_{m1} & \dots & a_{ms} \end{pmatrix}$$

gilt für alle $k = 1, \dots, n$

$$\boldsymbol{a}^k = c_{1k}\boldsymbol{a}^1 + \dots + c_{sk}\boldsymbol{a}^s = (\boldsymbol{a}^1, \dots, \boldsymbol{a}^s) \begin{pmatrix} c_{1k} \\ \vdots \\ c_{sk} \end{pmatrix} = \boldsymbol{B}\boldsymbol{c}^k.$$

Daraus folgt in Matrixschreibweise

$$A = (a^1, \ldots, a^n) = (Bc^1, \ldots, Bc^n) = B(c^1, \ldots, c^n) = BC,$$

$$\text{wobei} \quad C = (c^1, \ldots, c^n) = \begin{pmatrix} c_{11} & \ldots & c_{1n} \\ \vdots & & \vdots \\ c_{s1} & \ldots & c_{sn} \end{pmatrix}.$$

Dies ist äquivalent zu

$$A = \begin{pmatrix} a_1{}^T \\ \vdots \\ a_m{}^T \end{pmatrix} = B \begin{pmatrix} c_1{}^T \\ \vdots \\ c_s{}^T \end{pmatrix} = \begin{pmatrix} a_{11} & \ldots & a_{1s} \\ \vdots & & \vdots \\ a_{m1} & \ldots & a_{ms} \end{pmatrix} \begin{pmatrix} c_1{}^T \\ \vdots \\ c_s{}^T \end{pmatrix}$$

oder komponentenweise

$$a_1{}^T = a_{11}c_1{}^T + \ldots + a_{1s}c_s{}^T, \ \ldots\ldots\ldots, \ a_m{}^T = a_{m1}c_1{}^T + \ldots + a_{ms}c_s{}^T.$$

Alle Zeilenvektoren von A sind als Linearkombinationen der Vektoren $c_1{}^T, \ldots, c_s{}^T$ darstellbar, also ist der Zeilenrang von A höchstens s, also $r \leq s$. Führt man die gleiche Überlegung mit r linear unabhängigen Zeilenvektoren von A durch, so erhält man $s \leq r$. Damit ist der Satz bewiesen.

Für jede $m \times n$-Matrix stimmen also der Zeilen- und der Spaltenrang überein. Der Vektorraum, der durch die Zeilenvektoren einer Matrix aufgespannt wird, hat die gleiche Dimension wie der durch die Spaltenvektoren aufgespannte Vektorraum.

Definition 13.17

Die Anzahl k linear unabhängiger Zeilenvektoren einer $m \times n$-Matrix A, die mit der Anzahl der linear unabhängigen Spaltenvektoren von A übereinstimmt, heißt **Rang** der Matrix A und man schreibt $\text{Rg} A = k$.

Satz 13.18

A sei eine $m \times n$-Matrix. Dann gilt:

a) $\text{Rg} A = \text{Rg} A^T \leq \min\{m, n\}$

b) $\text{Rg} A = m \iff a_1, \ldots, a_m$ linear unabhängig mit $m \leq n$

c) $\text{Rg} A = n \iff a^1, \ldots, a^n$ linear unabhängig mit $m \geq n$

Beweis:

a) Da Zeilen- und Spaltenrang einer Matrix übereinstimmen und A in A^T durch Ersetzen der Zeilen durch die Spalten übergeht, ist $\text{Rg} A = \text{Rg} A^T$.

Ferner ist $\text{Rg} A$ höchstens gleich der Anzahl von Zeilen bzw. Spalten der Matrix A, also auch höchstens gleich dem Minimum aus beiden Zahlen.

b) und c) ergeben sich direkt aus Definition 13.17 und Satz 13.18 a.

Beispiel 13.19

Gegeben seien die Matrizen

$$A = \begin{pmatrix} 1 & 2 & 1 & 2 & 1 & 2 \\ 2 & 1 & 0 & 1 & 2 & 3 \end{pmatrix}, \quad B = \begin{pmatrix} 1 & 2 & 1 \\ -1 & -1 & 3 \\ 4 & 1 & 2 \\ -2 & 0 & 3 \\ 1 & 1 & 1 \end{pmatrix},$$

$$C = \begin{pmatrix} 1 & 0 & -1 & 2 \\ 0 & 2 & 1 & -1 \\ 1 & 2 & 0 & 1 \\ -1 & 0 & 1 & -2 \end{pmatrix}, \quad D = \begin{pmatrix} 1 & 2 & 3 & 4 \\ 0 & 1 & 2 & 3 \\ 0 & 0 & 1 & 2 \\ 0 & 0 & 0 & 1 \end{pmatrix}.$$

Für die Matrix A gilt $\operatorname{Rg} A \leq \min\{2,6\} = 2$. Die Zeilen von A sind linear unabhängig, weshalb $\operatorname{Rg} A = 2$ gilt.

Für die Matrix B gilt entsprechend $\operatorname{Rg} B = \operatorname{Rg} B^T \leq \min\{5,3\} = 3$.

Um nun die Anzahl linear unabhängiger Spaltenvektoren von B bzw. die linear unabhängigen Zeilenvektoren von B^T herauszufinden, verwenden wir entsprechend zu Beispiel 13.14 b das in den Sätzen 13.8, 13.10 eingeführte Prinzip der Basistransformation. Wir gehen dabei von der Basis $\{e_1, e_2, e_3\}$ im $\mathbb{R}^3$ aus und versuchen, Einheitsvektoren gegen Zeilenvektoren von B^T auszutauschen.

Zeile	Basis	b_1	b_2	b_3	b_4	b_5	Operation
①	e_1	$\boxed{1}$	-1	4	-2	1	
②	e_2	2	-1	1	0	1	
③	e_3	1	3	2	3	1	
④	b_1	1	-1	4	-2	1	①
⑤	e_2	0	$\boxed{1}$	-7	4	-1	② $- 2 \cdot$ ①
⑥	e_3	0	4	-2	5	0	③ $-$ ①
⑦	b_1	1	0	-3	2	0	④ $+$ ⑤
⑧	b_2	0	1	-7	4	-1	⑤
⑨	e_3	0	0	26	-11	$\boxed{4}$	⑥ $- 4 \cdot$ ⑤
⑩	b_1	1	0	-3	2	0	⑦
⑪	b_2	0	1	$-\frac{1}{2}$	$\frac{5}{4}$	0	⑧ $+ \frac{1}{4} \cdot$ ⑨
⑫	b_5	0	0	$\frac{13}{2}$	$-\frac{11}{4}$	1	$\frac{1}{4} \cdot$ ⑨

Wir erhalten die Basis $\{\boldsymbol{b}_1, \boldsymbol{b}_2, \boldsymbol{b}_5\}$ im $\mathbb{R}^3$, es gilt $\operatorname{Rg} \boldsymbol{B}^T = \operatorname{Rg} \boldsymbol{B} = 3$.

Wir betrachten die Matrix $\boldsymbol{C}$ mit $\operatorname{Rg} \boldsymbol{C} \le 4$.

Zeile	Basis	c^1	c^2	c^3	c^4	Operation
①	e_1	$\boxed{1}$	0	−1	2	
②	e_2	0	2	1	−1	
③	e_3	1	2	0	1	
④	e_4	−1	0	1	−2	
⑤	c^1	1	0	−1	2	①
⑥	e_2	0	$\boxed{2}$	1	−1	②
⑦	e_3	0	2	1	−1	③ − ①
⑧	e_4	0	0	0	0	④ + ①
⑨	c^1	1	0	−1	2	⑤
⑩	c^2	0	1	$\frac{1}{2}$	$-\frac{1}{2}$	$\frac{1}{2}$ · ⑥
⑪	e_3	0	0	0	0	⑦ − ⑥
⑫	e_4	0	0	0	0	⑧

Nur zwei der vier Spalten von $\boldsymbol{C}$ konnten in die Basis aufgenommen werden. Damit ist die Maximalzahl linear unabhängiger Spaltenvektoren von $\boldsymbol{C}$ gleich 2. Es gilt $\operatorname{Rg} \boldsymbol{C} = 2$.

Die Matrix $\boldsymbol{D}$ ist eine Dreiecksmatrix, die in der Hauptdiagonale nur von 0 verschiedene Komponenten besitzt. Auch hier sind die vier Zeilen- bzw. Spaltenvektoren linear unabhängig, es ist $\operatorname{Rg} \boldsymbol{D} = 4$.

Das in Beispiel 13.19 für die Matrizen $\boldsymbol{B}$ und $\boldsymbol{C}$ angewandte Verfahren zur Bestimmung des Rangs einer Matrix lässt sich nun allgemein formulieren.

Für eine $m \times n$-Matrix $\boldsymbol{A}$ geht man von der Basis $\{\boldsymbol{e}_1, \ldots, \boldsymbol{e}_m\}$ der Einheitsvektoren im $\mathbb{R}^m$ aus und versucht, in beliebiger Reihenfolge die Spaltenvektoren $\boldsymbol{a}^1, \ldots, \boldsymbol{a}^n \in \mathbb{R}^m$ in die Basis aufzunehmen. Für $m < n$ können höchstens m Spaltenvektoren aufgenommen werden, da auch nur m Einheitsvektoren vorhanden sind. Für $m \geq n$ können höchstens n Einheitsvektoren ausgetauscht werden, da nur n Spaltenvektoren vorhanden sind.

Wie wir in Beispiel 13.19 gesehen haben, basiert der Austausch von Basiselementen auf bestimmten Umformungen der Matrixzeilen. Diese Umformungen wurden in der Spalte „Operation“ des entsprechenden Austauschtableaus jeweils festgehalten.

Definition 13.20

Unter **elementaren Zeilenumformungen** in einer $m \times n$-Matrix $\boldsymbol{A}$ versteht man

a) die Multiplikation einer Zeile mit $r \neq 0$

$$\begin{pmatrix} a_{11} & \dots & a_{1n} \\ \vdots & & \vdots \\ a_{i1} & \dots & a_{in} \\ \vdots & & \vdots \\ a_{m1} & \dots & a_{mn} \end{pmatrix} \longrightarrow \begin{pmatrix} a_{11} & \dots & a_{1n} \\ \vdots & & \vdots \\ ra_{i1} & \dots & ra_{in} \\ \vdots & & \vdots \\ a_{m1} & \dots & a_{mn} \end{pmatrix},$$

b) das Ersetzen einer Zeile durch die Summe dieser und einer anderen Zeile

$$\begin{pmatrix} a_{11} & \dots & a_{1n} \\ \vdots & & \vdots \\ a_{i1} & \dots & a_{in} \\ \vdots & & \vdots \\ a_{j1} & \dots & a_{jn} \\ \vdots & & \vdots \\ a_{m1} & \dots & a_{mn} \end{pmatrix} \longrightarrow \begin{pmatrix} a_{11} & \dots & a_{1n} \\ \vdots & & \vdots \\ a_{i1} + a_{j1} & \dots & a_{in} + a_{jn} \\ \vdots & & \vdots \\ a_{j1} & \dots & a_{jn} \\ \vdots & & \vdots \\ a_{m1} & \dots & a_{mn} \end{pmatrix}.$$

Durch Kombination von a) und b) erhält man weitere zulässige Zeilenumformungen, nämlich

c) das Ersetzen einer Zeile durch die Summe dieser und dem r-fachen einer anderen Zeile

$$(a_{i1}, \dots, a_{in}) \longrightarrow (a_{i1} + ra_{j1}, \dots, a_{in} + ra_{jn}),$$

d) das Vertauschen zweier Zeilen

$$\begin{aligned} (a_{i1}, \dots, a_{in}) &\longrightarrow (a_{j1}, \dots, a_{jn}), \\ (a_{j1}, \dots, a_{jn}) &\longrightarrow (a_{i1}, \dots, a_{in}). \end{aligned}$$

Entsprechend erklärt man **elementare Spaltenumformungen**.

Satz 13.21

Eine $m \times n$-Matrix $\boldsymbol{A} \neq \boldsymbol{O}$ lässt sich durch elementare Zeilenumformungen und Spaltenvertauschungen stets in eine der folgenden vier Formen überführen:

$$\text{a)}\quad \begin{pmatrix} 1 & 0 & \dots & 0 & d_{1k+1} & \dots & d_{1n} \\ 0 & 1 & \dots & 0 & d_{2k+1} & \dots & d_{2n} \\ \vdots & \vdots & \ddots & \vdots & \vdots & & \vdots \\ 0 & 0 & \dots & 1 & d_{kk+1} & \dots & d_{kn} \\ 0 & 0 & \dots & 0 & 0 & \dots & 0 \\ \vdots & \vdots & & \vdots & \vdots & & \vdots \\ 0 & 0 & \dots & 0 & 0 & \dots & 0 \end{pmatrix} \quad \text{mit}\quad \begin{aligned} & k < \min\{m,n\}, \\ & d_{ij} \in \mathbb{R} \\ & (i = 1,\dots,k, \\ & \ j = k+1,\dots,n) \end{aligned}$$

$$\text{b)}\quad \begin{pmatrix} 1 & 0 & \dots & 0 & d_{1m+1} & \dots & d_{1n} \\ 0 & 1 & \dots & 0 & d_{2m+1} & \dots & d_{2n} \\ \vdots & \vdots & \ddots & \vdots & \vdots & & \vdots \\ 0 & 0 & \dots & 1 & d_{mm+1} & \dots & d_{mn} \end{pmatrix} \quad \text{mit}\quad \begin{aligned} & m < n, \\ & d_{ij} \in \mathbb{R} \\ & (i = 1,\dots,m, \\ & \ j = m+1,\dots,n) \end{aligned}$$

$$\text{c)}\quad \begin{pmatrix} 1 & \dots & 0 \\ \vdots & \ddots & \vdots \\ 0 & \dots & 1 \\ 0 & \dots & 0 \\ \vdots & & \vdots \\ 0 & \dots & 0 \end{pmatrix} \quad \text{mit}\quad m > n$$

$$\text{d)}\quad \begin{pmatrix} 1 & \dots & 0 \\ \vdots & \ddots & \vdots \\ 0 & \dots & 1 \end{pmatrix} \quad \text{mit}\quad m = n$$

Ferner erhalten wir

$$\begin{aligned} \operatorname{Rg}\boldsymbol{A} &= k && \text{in Fall a)}, \\ \operatorname{Rg}\boldsymbol{A} &= m && \text{in Fall b)}, \\ \operatorname{Rg}\boldsymbol{A} &= n && \text{in Fall c)}, \\ \operatorname{Rg}\boldsymbol{A} &= m = n && \text{in Fall d)}. \end{aligned}$$

Beweis:

Zur Umformung der Matrix $\boldsymbol{A}$ beschreiben wir das nach C. F. Gauß (1777–1855) benannte Verfahren.

1) Wir wählen, gegebenenfalls nach einer Zeilen- oder Spaltenvertauschung, $a_{11} \neq 0$ als so genanntes **Pivotelement**. Durch a_{11} wird Spalte 1 als **Pivotspalte** und Zeile 1 als **Pivotzeile** festgelegt. Durch elementare Zeilenumformungen ergibt sich in der ersten Spalte ein Einheitsvektor (Figur 13.4).

Zeile	$\boldsymbol{a}^1$	$\boldsymbol{a}^2$		$\boldsymbol{a}^n$	Operation
①	$\boxed{a_{11}}$	a_{12}	$\ldots$	a_{1n}	
②	a_{21}	a_{22}	$\ldots$	a_{2n}	
$\vdots$	$\vdots$	$\vdots$		$\vdots$	
(m)	a_{m1}	a_{m2}	$\ldots$	a_{mn}	
(m+1)	1	$\frac{a_{12}}{a_{11}}$	$\ldots$	$\frac{a_{1n}}{a_{11}}$	①$/a_{11}$
(m+2)	0	$a_{22}-\frac{a_{21}}{a_{11}}a_{12}$	$\ldots$	$a_{2n}-\frac{a_{21}}{a_{11}}a_{1n}$	② $-\frac{a_{21}}{a_{11}}\cdot$ ①
$\vdots$	$\vdots$	$\vdots$		$\vdots$	
(2m)	0	$a_{m2}-\frac{a_{m1}}{a_{11}}a_{12}$	$\ldots$	$a_{mn}-\frac{a_{m1}}{a_{11}}a_{1n}$	(m) $-\frac{a_{m1}}{a_{11}}\cdot$ ①

Figur 13.4: Erster Schritt des Gaußalgorithmus

Man erhält eine neue $m \times n$-Matrix $\boldsymbol{B} = (b_{ij})_{m,n}$ mit $b_{11} = 1,\ b_{i1} = 0\ \ (i = 2,\ldots,m)$,
$b_{1j} = \frac{a_{1j}}{a_{11}}\ \ (j = 2,\ldots,n),\ b_{ij} = a_{ij} - a_{i1}\frac{a_{1j}}{a_{11}}\ \ (i = 2,\ldots,m,\ j = 2,\ldots,n)$.

2) Man wähle, gegebenenfalls wieder nach einer geeigneten Zeilen- oder Spaltenvertauschung, $b_{22} \neq 0$ als neues **Pivotelement** und erhält

Zeile	$\boldsymbol{b}^1$	$\boldsymbol{b}^2$	$\boldsymbol{b}^3$		$\boldsymbol{b}^n$	Operation
(m+1)	1	b_{12}	b_{13}	$\ldots$	b_{1n}	
(m+2)	0	$\boxed{b_{22}}$	b_{23}	$\ldots$	b_{2n}	
$\vdots$	$\vdots$	$\vdots$	$\vdots$		$\vdots$	
(2m)	0	b_{m2}	b_{m3}	$\ldots$	b_{mn}	
(2m+1)	1	0	$b_{13}-\frac{b_{12}}{b_{22}}b_{23}$	$\ldots$	$b_{1n}-\frac{b_{12}}{b_{22}}b_{2n}$	(m+1) $-\frac{b_{12}}{b_{22}}\cdot$ (m+2)
(2m+2)	0	1	$\frac{b_{23}}{b_{22}}$	$\ldots$	$\frac{b_{2n}}{b_{22}}$	(m+2)$/b_{22}$
(2m+3)	0	0	$b_{33}-\frac{b_{32}}{b_{22}}b_{23}$	$\ldots$	$b_{3n}-\frac{b_{32}}{b_{22}}b_{2n}$	(m+3) $-\frac{b_{32}}{b_{22}}\cdot$ (m+2)
$\vdots$	$\vdots$	$\vdots$	$\vdots$		$\vdots$	
(3m)	0	0	$b_{m3}-\frac{b_{m2}}{b_{22}}b_{23}$	$\ldots$	$b_{mn}-\frac{b_{m2}}{b_{22}}b_{2n}$	(2m) $-\frac{b_{m2}}{b_{22}}\cdot$ (m+2)

Figur 13.5: Zweiter Schritt des Gaußalgorithmus

Man erhält eine neue $m \times n$-Matrix mit zwei Einheitsvektoren, im Übrigen ergeben sich zum ersten Schritt entsprechende Umformungen.

3) Im Verlauf des Verfahrens können folgende Fälle auftreten:

   Wir erhalten nach k Schritten mit $k < \min\{m, n\}$ eine Matrix vom Typ a). Da die Zeilen $k+1, \ldots, m$ nur noch Nullen enthalten, kann kein weiteres Pivotelement mehr gefunden werden.

   Wir erhalten nach m Schritten mit $m < n$ eine Matrix vom Typ b).

   Wir erhalten nach n Schritten mit $m > n$ eine Matrix vom Typ c).

   Wir erhalten nach $m = n$ Schritten eine Matrix vom Typ d).

4) Um den jeweiligen Rang der Matrix zu bestimmen, überlegt man sich, dass mit den verwendeten Zeilenumformungen lediglich Basisvektoren ausgetauscht wurden. Endet das Verfahren nach k Schritten mit $k < \min\{m, n\}$ (Fall a), so konnten auch nur k der n Spaltenvektoren von $\boldsymbol{A}$ in die Basis aufgenommen werden. Diese sind linear unabhängig, also ist $\operatorname{Rg} \boldsymbol{A} = k$. Entsprechend wurden in den übrigen Fällen m bzw. n Spaltenvektoren von $\boldsymbol{A}$ in die Basis aufgenommen.

Damit haben wir mit Satz 13.21 ein Verfahren zur Berechnung von Matrizenrängen.

Beispiel 13.22

Man berechne den Rang der Matrizen

$$\boldsymbol{A} = \begin{pmatrix} 2 & 1 & 0 & 1 & 2 \\ -1 & 2 & 1 & 0 & -1 \\ 0 & 4 & 1 & 2 & 1 \end{pmatrix}, \quad \boldsymbol{B} = \begin{pmatrix} 4 & 2 & 1 \\ -2 & 1 & 2 \\ 1 & 0 & 3 \\ -1 & -1 & -1 \end{pmatrix},$$

$$\boldsymbol{C} = \begin{pmatrix} 2 & 1 & 3 & 1 \\ 0 & -1 & -1 & 1 \\ 1 & 0 & 2 & -1 \\ -1 & 2 & 1 & 2 \end{pmatrix}, \quad \boldsymbol{D} = \begin{pmatrix} -1 & 0 & 1 & 1 & -1 \\ 1 & 1 & -1 & 0 & 0 \\ 0 & 1 & 0 & 1 & -1 \\ -1 & 0 & 1 & 0 & 1 \\ -1 & 2 & 1 & 2 & -1 \end{pmatrix}.$$

Man erhält für $\boldsymbol{A}$

Zeile	a^1	a^2	a^3	a^4	a^5	Operation
①	2	1	0	1	2	
②	$\boxed{-1}$	2	1	0	−1	
③	0	4	1	2	1	
④	1	−2	−1	0	1	② · (−1)
⑤	0	5	2	$\boxed{1}$	0	① + 2 · ②
⑥	0	4	1	2	1	③
⑦	1	−2	−1	0	1	④
⑧	0	5	2	1	0	⑤
⑨	0	−6	−3	0	$\boxed{1}$	⑥ − 2 · ⑤
⑩	1	4	2	0	0	⑦ − ⑨
⑪	0	5	2	1	0	⑧
⑫	0	−6	−3	0	1	⑨
	a^1	a^4	a^5	a^2	a^3	Spaltentausch
⑬	1	0	0	4	2	
⑭	0	1	0	5	2	
⑮	0	0	1	−6	−3	

und damit den Fall b) in Satz 13.21, also $\operatorname{Rg}\boldsymbol{A} = 3$.

Für $\boldsymbol{B}$ gilt:

Zeile	b^1	b^2	b^3	Operation
①	4	2	1	
②	−2	1	2	
③	$\boxed{1}$	0	3	
④	−1	−1	−1	
⑤	1	0	3	③
⑥	0	2	−11	① − 4 · ③
⑦	0	1	8	② + 2 · ③
⑧	0	$\boxed{-1}$	2	④ + ③
⑨	1	0	3	⑤
⑩	0	1	−2	⑧ · (−1)
⑪	0	0	−7	⑥ + 2 · ⑧
⑫	0	0	$\boxed{10}$	⑦ + ⑧
⑬	1	0	0	⑨ − $\frac{3}{10}$ · ⑫
⑭	0	1	0	⑩ + $\frac{2}{10}$ · ⑫
⑮	0	0	1	⑫ · $\frac{1}{10}$
⑯	0	0	0	⑪ + $\frac{7}{10}$ · ⑫

Wir erhalten den Fall c) in Satz 13.21, also $\operatorname{Rg} \boldsymbol{B} = 3$.

Für $\boldsymbol{C}$ ergibt sich:

Zeile	c^1	c^2	c^3	c^4	Operation
①	2	1	3	1	
②	0	−1	−1	1	
③	[1]	0	2	−1	
④	−1	2	1	2	
⑤	1	0	2	−1	③
⑥	0	[−1]	−1	1	②
⑦	0	2	3	1	④ + ③
⑧	0	1	−1	3	① − 2 · ③
⑨	1	0	2	−1	⑤
⑩	0	1	1	−1	⑥ · (−1)
⑪	0	0	[1]	3	⑦ + 2 · ⑥
⑫	0	0	−2	4	⑧ + ⑥
⑬	1	0	0	−7	⑨ − 2 · ⑪
⑭	0	1	0	−4	⑩ − ⑪
⑮	0	0	1	3	⑪
⑯	0	0	0	[10]	⑫ + 2 · ⑪
⑰	1	0	0	0	⑬ + $\frac{7}{10}$ · ⑯
⑱	0	1	0	0	⑭ + $\frac{4}{10}$ · ⑯
⑲	0	0	1	0	⑮ − $\frac{3}{10}$ · ⑯
⑳	0	0	0	1	⑯ · $\frac{1}{10}$

Wir erhalten den Fall d) in Satz 13.21, also $\operatorname{Rg} \boldsymbol{C} = 4$.

Für $\boldsymbol{D}$ ergibt sich

Zeile	d^1	d^2	d^3	d^4	d^5	Operation
①	$\boxed{-1}$	0	1	1	−1	
②	1	1	−1	0	0	
③	0	1	0	1	−1	
④	−1	0	1	0	1	
⑤	−1	2	1	2	−1	
⑥	1	0	−1	−1	1	① · (−1)
⑦	0	$\boxed{1}$	0	1	−1	② + ①
⑧	0	1	0	1	−1	③
⑨	0	0	0	−1	2	④ − ①
⑩	0	2	0	1	0	⑤ − ①
⑪	1	0	−1	−1	1	⑥
⑫	0	1	0	1	−1	⑦
⑬	0	0	0	0	0	⑧ − ⑦
⑭	0	0	0	$\boxed{-1}$	2	⑨
⑮	0	0	0	−1	2	⑩ − 2 · ⑦
⑯	1	0	−1	0	−1	⑪ − ⑭
⑰	0	1	0	0	1	⑫ + ⑭
⑱	0	0	0	1	−2	⑭ · (−1)
⑲	0	0	0	0	0	⑮ − ⑭
⑳	0	0	0	0	0	⑬
	d^1	d^2	d^4	d^3	d^5	Spaltentausch
㉑	1	0	0	−1	−1	
㉒	0	1	0	0	1	
㉓	0	0	1	0	−2	
㉔	0	0	0	0	0	
㉕	0	0	0	0	0	

und damit Fall a) in Satz 13.21, also $\operatorname{Rg} \boldsymbol{D} = 3$.

In Beispiel 13.22 erhalten wir jeden der in Satz 13.21 angegebenen Fälle a) bis d) genau einmal. Zur Beschleunigung des Verfahrens kann man sich überlegen, dass man in Satz 13.21 auch mit folgenden Dreiecksformen auskommt.

Satz 13.23

Eine $m \times n$-Matrix $\boldsymbol{A} \neq \boldsymbol{O}$ lässt sich durch elementare Zeilenumformungen und Spaltenvertauschungen stets in eine der folgenden vier Formen überführen:

a)
$$\begin{pmatrix} 1 & d_{12} & \dots & d_{1k} & d_{1k+1} & \dots & d_{1n} \\ 0 & 1 & \dots & d_{2k} & d_{2k+1} & \dots & d_{2n} \\ \vdots & \vdots & \ddots & \vdots & \vdots & & \vdots \\ 0 & 0 & \dots & 1 & d_{kk+1} & \dots & d_{kn} \\ 0 & 0 & \dots & 0 & 0 & \dots & 0 \\ \vdots & \vdots & & \vdots & \vdots & & \vdots \\ 0 & 0 & \dots & 0 & 0 & \dots & 0 \end{pmatrix} \quad \text{mit} \quad \begin{array}{l} k < \min\{m,n\}, \\ d_{ij} \in \mathbb{R} \\ (i = 1,\dots,k, \\ \; j = k+1,\dots,n) \end{array}$$

b)
$$\begin{pmatrix} 1 & d_{12} & \dots & d_{1m} & d_{1m+1} & \dots & d_{1n} \\ 0 & 1 & \dots & d_{2m} & d_{2m+1} & \dots & d_{2n} \\ \vdots & \vdots & \ddots & \vdots & \vdots & & \vdots \\ 0 & 0 & \dots & 1 & d_{mm+1} & \dots & d_{mn} \end{pmatrix} \quad \text{mit} \quad \begin{array}{l} m < n, \\ d_{ij} \in \mathbb{R} \\ (i = 1,\dots,m, \\ \; j = m+1,\dots,n) \end{array}$$

c)
$$\begin{pmatrix} 1 & d_{12} & \dots & d_{1n} \\ 0 & 1 & \dots & d_{2n} \\ \vdots & \vdots & \ddots & \vdots \\ 0 & 0 & \dots & 1 \\ 0 & 0 & \dots & 0 \\ \vdots & \vdots & & \vdots \\ 0 & 0 & \dots & 0 \end{pmatrix} \quad \text{mit} \quad m > n$$

d)
$$\begin{pmatrix} 1 & d_{12} & \dots & d_{1n} \\ 0 & 1 & \dots & d_{2n} \\ \vdots & \vdots & \ddots & \vdots \\ 0 & 0 & \dots & 1 \end{pmatrix} \quad \text{mit} \quad m = n$$

Ferner erhalten wir

$$\begin{aligned} \operatorname{Rg}\boldsymbol{A} &= k && \text{in Fall a)}\,,\\ \operatorname{Rg}\boldsymbol{A} &= m && \text{in Fall b)}\,,\\ \operatorname{Rg}\boldsymbol{A} &= n && \text{in Fall c)}\,,\\ \operatorname{Rg}\boldsymbol{A} &= m = n && \text{in Fall d)}\,. \end{aligned}$$

Damit spart man sich in den Rechentableaus einige Umformungen. Für den Fall a) sind dann im Schritt j $(j = 1, \ldots, k)$ anstatt m nur noch $m+1-j$ Zeilenumformungen vorzunehmen. Man spart darüber hinaus Schreibarbeit, wenn auftretende Nullzeilen sofort eliminiert werden.

14 Lineare Gleichungssysteme

Die Behandlung linearer Gleichungssysteme ist ein zentrales Teilgebiet der linearen Algebra. Mit zunehmender Zahl von Variablen und Gleichungen erweist es sich als zweckmäßig, zur Beschreibung und Lösung von Gleichungssystemen Matrizen und Vektoren zu verwenden (Kapitel 11). Da die einzelnen Gleichungen mit n Variablen Hyperebenen im $\mathbb{R}^n$ darstellen (Abschnitt 12.2), entspricht die Menge von Lösungen des Gesamtsystems geometrisch dem Durchschnitt der entsprechenden Hyperebenen. Damit wird sich zeigen, dass Gleichungssysteme genau dann lösbar sind, wenn der genannte Durchschnitt nicht leer ist. Formal werden wir dabei einen engen Zusammenhang mit dem Rang bestimmter Matrizen herstellen (Abschnitt 13.3).

Um die Anwendungsrelevanz linearer Gleichungssysteme deutlich zu machen, beginnen wir in Abschnitt 14.1 mit einer Reihe von Beispielen aus der Ökonomie. Mit Hilfe der elementaren Zeilenumformungen zur Bestimmung von Matrizenrängen (Definition 13.20, Satz 13.21) werden wir in Abschnitt 14.2 die Existenz von Lösungen linearer Gleichungssysteme allgemein diskutieren. Diese Überlegungen dienen schließlich auch zur Lösung entsprechender Systeme (Abschnitt 14.3, 14.4). Der bestehende enge Zusammenhang mit Vektorräumen wird in Abschnitt 14.5 erläutert.

14.1 Einführende Beispiele

Beispiel 14.1

Für die Herstellung der Erzeugnisse E_1, E_2, E_3 werden die Materialien M_1, M_2, M_3 benötigt. Der Materialverbrauch pro Einheit der Erzeugnisse ist in der folgenden Tabelle aufgeführt.

	E_1	E_2	E_3
M_1	1	2	3
M_2	3	1	4
M_3	2	5	2

Die Materialvorräte von M_1, M_2, M_3 betragen $25, 25, 50$ Mengeneinheiten. Man will ermitteln, wie viele Einheiten der Erzeugnisse E_1, E_2, E_3 mit Hilfe des vorhandenen Materials hergestellt werden können, wobei das Materiallager geräumt werden soll. Bezeichnet man mit x_1, x_2, x_3 die unbekannten herstellbaren Quantitäten der Erzeugnisse E_1, E_2, E_3, so erhält man drei Gleichungen

$$\begin{aligned} x_1 + 2x_2 + 3x_3 &= 25\,, \\ 3x_1 + x_2 + 4x_3 &= 25\,, \\ 2x_1 + 5x_2 + 2x_3 &= 50\,. \end{aligned}$$

Das gegebene System ist von der Form $\boldsymbol{Ax} = \boldsymbol{b}$ mit

$$\boldsymbol{A} = \begin{pmatrix} 1 & 2 & 3 \\ 3 & 1 & 4 \\ 2 & 5 & 2 \end{pmatrix}, \quad \boldsymbol{x} = \begin{pmatrix} x_1 \\ x_2 \\ x_3 \end{pmatrix}, \quad \boldsymbol{b} = \begin{pmatrix} 25 \\ 25 \\ 50 \end{pmatrix}.$$

Beispiel 14.2

Die Abteilungen A_1, A_2, A_3 eines Betriebes sind durch mengenmäßige Leistungen $a_{ij} \geq 0$ $(i, j = 1, 2, 3)$ gegenseitig verbunden (Figur 14.1). Jede der Abteilungen gibt ferner Leistungen an den Markt ab, die wir mit b_i $(i = 1, 2, 3)$ bezeichnen.

In jeder der Abteilungen fallen Kosten an, in denen die Leistungen von und nach außen nicht berücksichtigt sind. Wir bezeichnen diese **Primärkosten** (Löhne, Energieverbrauch, Abschreibungen etc.) mit c_i $(i = 1, 2, 3)$. Zur Bewertung der von anderen Abteilungen empfangenen bzw. zur Bewertung der eigenen abgegebenen Leistungen dienen die **Sekundärkosten** x_i $(i = 1, 2, 3)$ pro Leistungseinheit.

Leistungen		nach A_1	A_2	A_3	außen
von	A_1 mit c_1, x_1	0	a_{12}	a_{13}	b_1
	A_2 mit c_2, x_2	a_{21}	0	a_{23}	b_2
	A_3 mit c_3, x_3	a_{31}	a_{32}	0	b_3

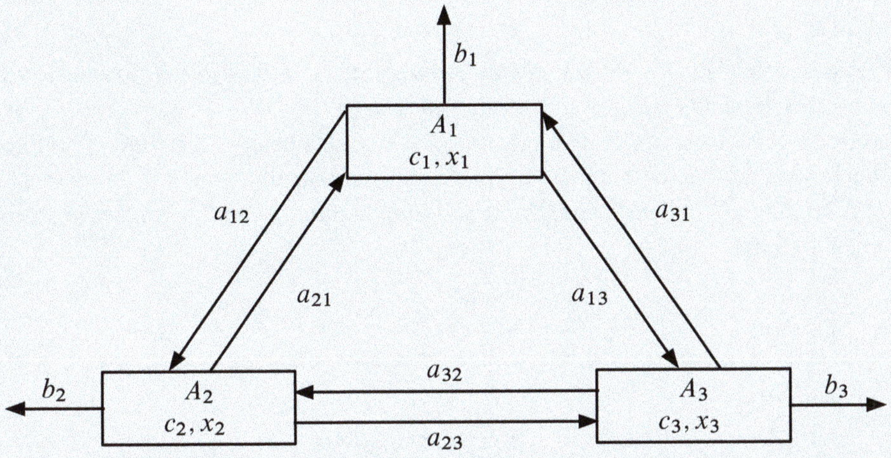

Figur 14.1: Innerbetriebliche Leistungsverflechtung der Abteilungen A_1, A_2, A_3

Damit erhält man beispielsweise bei Abteilung A_1 für abgegebene Leistungen $b_1 + a_{12} + a_{13}$ die Sekundärkosten $x_1(b_1 + a_{12} + a_{13})$ und für empfangene Leistungen $a_{21} + a_{31}$ die Sekundärkosten $x_2a_{21} + x_3a_{31}$ bzw. $c_1 + x_2a_{21} + x_3a_{31}$, wenn die Primärkosten mit berücksichtigt werden. Für jede der drei Abteilungen erhalten wir in entsprechender Weise eine Bewertung der abgegebenen und eine Bewertung der empfangenen Leistungen einschließlich der Primärkosten (Figur 14.2).

Abteilung	Sekundärkosten für abgegebene Leistungen	Primärkosten + Sekundärkosten für empfangene Leistungen
A_1	$x_1(b_1 + a_{12} + a_{13})$	$c_1 + x_2a_{21} + x_3a_{31}$
A_2	$x_2(b_2 + a_{21} + a_{23})$	$c_2 + x_1a_{12} + x_3a_{32}$
A_3	$x_3(b_3 + a_{31} + a_{32})$	$c_3 + x_1a_{13} + x_2a_{23}$

Figur 14.2: Zur Verrechnung innerbetrieblicher Leistungen

Um nun innerbetrieblich ein Kostengleichgewicht zu erhalten, setzt man die beiden Spalten von Figur 14.2 komponentenweise gleich und erhält das **lineare Gleichungssystem**

$$\begin{aligned} x_1(b_1 + a_{12} + a_{13}) - x_2a_{21} \qquad\qquad\qquad & - x_3a_{31} && = c_1 \\ - x_1a_{12} \qquad + x_2(b_2 + a_{21} + a_{23}) & - x_3a_{32} && = c_2 \\ - x_1a_{13} \qquad - x_2a_{23} \qquad\qquad\qquad & + x_3(b_3 + a_{31} + a_{32}) && = c_3 \end{aligned}$$

mit drei Gleichungen und drei Variablen x_1, x_2, x_3. Existieren Lösungen $x_1, x_2, x_3 \geq 0$, so bezeichnet man diese als **innerbetriebliche Verrechnungspreise**.

Beispiel 14.3

Drei Verkaufsstellen V_1, V_2, V_3 mit einem Bedarf von $b_1 > 0$, $b_2 > 0$ bzw. $b_3 > 0$ Einheiten eines Produkts sollen durch zwei Warenlager W_1, W_2 beliefert werden, deren Vorrat $a_1 > 0$ bzw. $a_2 > 0$ Einheiten des Produkts beträgt. Der Bedarf soll genau gedeckt werden. Wir bezeichnen die Liefermengen von W_i $(i = 1,2)$ nach V_j $(j = 1,2,3)$ mit x_{ij} und die Lieferkosten pro Einheit mit c_{ij} und stellen das Problem durch Figur 14.3 dar.

Lieferung	an V_1	V_2	V_3	Vorrat
von W_1	(x_{11}, c_{11})	(x_{12}, c_{12})	(x_{13}, c_{13})	a_1
W_2	(x_{21}, c_{21})	(x_{22}, c_{22})	(x_{23}, c_{23})	a_2
Bedarf	b_1	b_2	b_3	

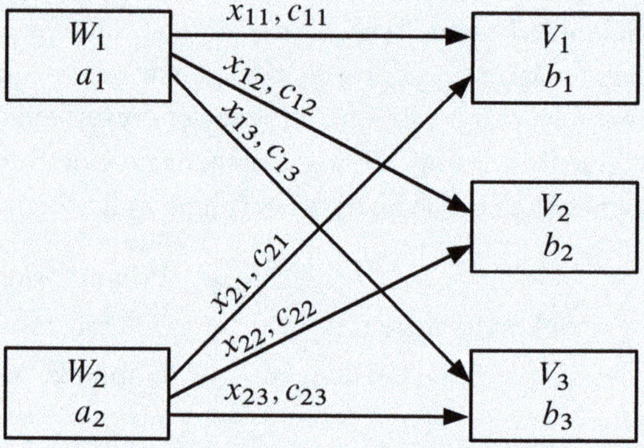

Figur 14.3: Lieferungen von den Warenlagern W_1, W_2 an die Verkaufsstellen V_1, V_2, V_3

Für die Liefermengen erhält man folgende Bedingungen

$$\begin{aligned}
x_{11} + x_{12} + x_{13} &\leq a_1 \,, \\
x_{21} + x_{22} + x_{23} &\leq a_2 \,, \\
x_{11} + x_{21} &= b_1 \,, \\
x_{12} + x_{22} &= b_2 \,, \\
x_{13} + x_{23} &= b_3 \,, \\
x_{11}, x_{12}, x_{13}, x_{21}, x_{22}, x_{23} &\geq 0 \,,
\end{aligned}$$

bestehend aus linearen Gleichungen und Ungleichungen und den Variablen $x_{11}, x_{12}, x_{13}, x_{21}, x_{22}, x_{23}$.

Lösungen existieren dabei nur für den Fall, dass der Gesamtvorrat nicht kleiner als der Gesamtbedarf ist, also

$$a_1 + a_2 \geq b_1 + b_2 + b_3 \,.$$

Ist der Gesamtvorrat gleich dem Gesamtbedarf, also

$$a_1 + a_2 = b_1 + b_2 + b_3 \,,$$

so kann man die ersten beiden Ungleichungen durch die entsprechenden Gleichungen ersetzen.

Man kann sich überlegen, dass das Problem unendlich viele Lösungen besitzt, wenn es überhaupt lösbar ist. In diesem Fall interessiert man sich für die kostengünstigste Lösung, also Werte $x_{11}, x_{12}, x_{13}, x_{21}, x_{22}, x_{23} \geq 0$ der Form, dass die Gesamtlieferkosten $c_{11}x_{11} + c_{12}x_{12} + c_{13}x_{13} + c_{21}x_{21} + c_{22}x_{22} + c_{23}x_{23}$ minimal werden. Fragestellungen dieser Form behandelt man in der **linearen Optimierung**.

14.2 Lösbarkeit linearer Gleichungssysteme

Wir beginnen zunächst mit einigen Schreibweisen für lineare Gleichungssysteme.

Definition 14.4

Ein System von Gleichungen der Form

$$\begin{array}{ccccccccc} a_{11}x_1 & + & a_{12}x_2 & + & \cdots & + & a_{1n}x_n & = & b_1 \\ a_{21}x_1 & + & a_{22}x_2 & + & \cdots & + & a_{2n}x_n & = & b_2 \\ \vdots & & \vdots & & & & \vdots & & \vdots \\ a_{m1}x_1 & + & a_{m2}x_2 & + & \cdots & + & a_{mn}x_n & = & b_m \end{array}$$

heißt **lineares Gleichungssystem** mit m **Gleichungen** und n **Unbekannten** oder **Variablen** $x_1, \ldots, x_n$. Die Werte a_{ij}, b_i $(i = 1, \ldots, m, j = 1, \ldots, n)$ sind vorgegeben und werden als **Koeffizienten** des Gleichungssystems bezeichnet. Gesucht sind Werte für die Variablen $x_1, \ldots, x_n$, so dass alle Gleichungen erfüllt sind. Man bezeichnet das Gleichungssystem als **homogen**, falls $b_1 = \ldots = b_m = 0$ ist, andernfalls als **inhomogen**.

Mit Hilfe von **Matrizen** und **Vektoren** kann man lineare Gleichungssysteme auch in anderer Form darstellen.

Schreibt man

$$\boldsymbol{A} = \begin{pmatrix} a_{11} & \dots & a_{1n} \\ \vdots & & \vdots \\ a_{m1} & \dots & a_{mn} \end{pmatrix} = \begin{pmatrix} \boldsymbol{a}_1{}^T \\ \vdots \\ \boldsymbol{a}_m{}^T \end{pmatrix} = (\boldsymbol{a}^1, \dots, \boldsymbol{a}^n)\,,$$

$$\boldsymbol{a}_i{}^T = (a_{i1}, \dots, a_{in}), \quad \boldsymbol{a}^j = \begin{pmatrix} a_{1j} \\ \vdots \\ a_{mj} \end{pmatrix}, \quad i = 1, \dots, m, \, j = 1, \dots, n\,,$$

$$\boldsymbol{x} = \begin{pmatrix} x_1 \\ \vdots \\ x_n \end{pmatrix} \quad \text{und} \quad \boldsymbol{b} = \begin{pmatrix} b_1 \\ \vdots \\ b_m \end{pmatrix},$$

dann gilt:

$$\begin{array}{lllll} a_{11}\,x_1 & + a_{12}\,x_2 + \dots + & a_{1n}\,x_n & = & b_1 \\ \vdots & \quad \vdots & \quad \vdots & & \vdots \\ a_{m1}x_1 & + a_{m2}x_2 + \dots + & a_{mn}x_n & = & b_m \end{array}$$

$$\iff \begin{pmatrix} a_{11} & \dots & a_{1n} \\ \vdots & & \vdots \\ a_{m1} & \dots & a_{mn} \end{pmatrix} \begin{pmatrix} x_1 \\ \vdots \\ x_n \end{pmatrix} = \begin{pmatrix} \boldsymbol{a}_1{}^T \\ \vdots \\ \boldsymbol{a}_m{}^T \end{pmatrix} \cdot \boldsymbol{x} = \begin{pmatrix} \boldsymbol{a}_1{}^T\boldsymbol{x} \\ \vdots \\ \boldsymbol{a}_m{}^T\boldsymbol{x} \end{pmatrix} = \begin{pmatrix} b_1 \\ \vdots \\ b_m \end{pmatrix}$$

$$\iff (\boldsymbol{a}^1, \dots, \boldsymbol{a}^n)\boldsymbol{x} = \boldsymbol{a}^1 x_1 + \dots + \boldsymbol{a}^n x_n = \sum_{j=1}^{n} \boldsymbol{a}^j x_j = \boldsymbol{b}$$

$$\iff \boldsymbol{A}\boldsymbol{x} = \boldsymbol{b}$$

Definition 14.5

Zu einem linearen Gleichungssystem $\boldsymbol{Ax} = \boldsymbol{b}$ bezeichnet man die $m \times n$-Matrix $\boldsymbol{A}$ als **Koeffizientenmatrix** und $\boldsymbol{b} \in \mathbb{R}^m$ als **Konstantenvektor**. Die **erweiterte Koeffizientenmatrix**

$$(\boldsymbol{A}\,|\,\boldsymbol{b}) = \left(\begin{array}{ccc|c} a_{11} & \dots & a_{1n} & b_1 \\ \vdots & & \vdots & \vdots \\ a_{m1} & \dots & a_{mn} & b_m \end{array}\right)$$

enthält alle gegebenen Größen und damit die gesamte Information des Systems $\boldsymbol{Ax} = \boldsymbol{b}$ mit m Gleichungen und n Variablen.

Die Menge aller Vektoren $\boldsymbol{x} \in \mathbb{R}^n$, die das Gleichungssystem $\boldsymbol{Ax} = \boldsymbol{b}$ erfüllen, also

$$L = \{\boldsymbol{x} \in \mathbb{R}^n : \boldsymbol{Ax} = \boldsymbol{b}\},$$

heißt **Lösungsmenge** des Gleichungssystems. Jedes Element $\boldsymbol{x} \in L$ heißt **Lösung**.

Beispiel 14.6

Das in Beispiel 14.1 gegebene Gleichungssystem ist von der Form $\boldsymbol{Ax} = \boldsymbol{b}$ mit

$$\boldsymbol{A} = \begin{pmatrix} 1 & 2 & 3 \\ 3 & 1 & 4 \\ 2 & 5 & 2 \end{pmatrix}, \quad \boldsymbol{x} = \begin{pmatrix} x_1 \\ x_2 \\ x_3 \end{pmatrix}, \quad \boldsymbol{b} = \begin{pmatrix} 25 \\ 25 \\ 50 \end{pmatrix}.$$

Wir erhalten ferner die erweiterte Koeffizientenmatrix

$$(\boldsymbol{A} \,|\, \boldsymbol{b}) = \left(\begin{array}{ccc|c} 1 & 2 & 3 & 25 \\ 3 & 1 & 4 & 25 \\ 2 & 5 & 2 & 50 \end{array}\right).$$

Setzt man $x_1 = 3,\ x_2 = 8,\ x_3 = 2,$ so gilt:

$$\begin{aligned} 1 \cdot 3 + 2 \cdot 8 + 3 \cdot 2 &= 25 \\ 3 \cdot 3 + 1 \cdot 8 + 4 \cdot 2 &= 25 \\ 2 \cdot 3 + 5 \cdot 8 + 2 \cdot 2 &= 50 \end{aligned}$$

Der Vektor $\boldsymbol{x} = \begin{pmatrix} 3 \\ 8 \\ 2 \end{pmatrix} \in L$ ist eine Lösung.

Wir werden sehen, dass die Lösbarkeit und gegebenenfalls auch die Art der Lösungen von linearen Gleichungssystemen eng mit den Rängen der Matrizen $\boldsymbol{A}$ bzw. $(\boldsymbol{A} \,|\, \boldsymbol{b})$ zusammenhängen (Definition 13.17). Die Lösungsmenge von $\boldsymbol{Ax} = \boldsymbol{b}$ ändert sich nämlich nicht, wenn man

a) eine Gleichung auf der linken und rechten Seite mit einer reellen Zahl $r \neq 0$ multipliziert,

b) zwei Gleichungen auf der linken und rechten Seite addiert und eine der beiden ursprünglichen Gleichungen durch die neu gewonnene Gleichung ersetzt,

c) eine Gleichung durch die Summe dieser Gleichung und dem r-fachen $(r \neq 0)$ einer anderen Gleichung ersetzt,

d) zwei Gleichungen vertauscht.

Stellt man das System $\boldsymbol{Ax} = \boldsymbol{b}$ durch seine erweiterte Koeffizientenmatrix $(\boldsymbol{A} \mid \boldsymbol{b})$ dar, so entsprechen die genannten Operationen den **elementaren Zeilenumformungen** in $(\boldsymbol{A} \mid \boldsymbol{b})$ (Definition 13.20):

a) Multiplikation einer Zeile mit $r \neq 0$

b) Ersetzen einer Zeile durch die Summe dieser und einer anderen Zeile

c) Ersetzen einer Zeile durch die Summe dieser und dem r-fachen einer anderen Zeile

d) Vertauschen zweier Zeilen

Die Regeln c) und d) erhält man dabei durch Kombination von a) und b). Die Vertauschung zweier Spalten i und j in der Matrix $\boldsymbol{A}$ entspricht andererseits der Vertauschung der Variablen x_i und x_j im Gleichungssystem $\boldsymbol{Ax} = \boldsymbol{b}$. Damit lässt sich der Satz 13.21 auf lineare Gleichungssysteme übertragen.

Satz 14.7

Gegeben sei ein lineares Gleichungssystem $\boldsymbol{Ax} = \boldsymbol{b}$ mit m Gleichungen und n Unbekannten. Dann lässt sich die erweiterte Koeffizientenmatrix $(\boldsymbol{A} \mid \boldsymbol{b})$ durch elementare Zeilenumformungen und Spaltenvertauschungen stets in eine der folgenden vier Formen, die wir mit $(\hat{\boldsymbol{A}} \mid \hat{\boldsymbol{b}})$ bezeichnen, überführen:

a) $$\left(\begin{array}{cccccccc|c} 1 & 0 & \ldots & 0 & \hat{a}_{1k+1} & \ldots & \hat{a}_{1n} & & \hat{b}_1 \\ 0 & 1 & \ldots & 0 & \hat{a}_{2k+1} & \ldots & \hat{a}_{2n} & & \hat{b}_2 \\ \vdots & \vdots & \ddots & \vdots & \vdots & & \vdots & & \vdots \\ 0 & 0 & \ldots & 1 & \hat{a}_{kk+1} & \ldots & \hat{a}_{kn} & & \hat{b}_k \\ 0 & 0 & \ldots & 0 & 0 & \ldots & 0 & & \hat{b}_{k+1} \\ \vdots & \vdots & & \vdots & \vdots & & \vdots & & \vdots \\ 0 & 0 & \ldots & 0 & 0 & \ldots & 0 & & \hat{b}_m \end{array}\right) \quad \text{mit} \quad \begin{array}{l} k < \min\{m, n\}, \\ \hat{a}_{ij} \in \mathbb{R} \\ (i = 1, \ldots, k, \\ \;\; j = k+1, \ldots, n) \\ \hat{b}_i \in \mathbb{R} \\ (i = 1, \ldots, m) \end{array}$$

b) $$\left(\begin{array}{ccccccc|c} 1 & 0 & \ldots & 0 & \hat{a}_{1m+1} & \ldots & \hat{a}_{1n} & \hat{b}_1 \\ 0 & 1 & \ldots & 0 & \hat{a}_{2m+1} & \ldots & \hat{a}_{2n} & \hat{b}_2 \\ \vdots & \vdots & \ddots & \vdots & \vdots & & \vdots & \vdots \\ 0 & 0 & \ldots & 1 & \hat{a}_{mm+1} & \ldots & \hat{a}_{mn} & \hat{b}_m \end{array}\right) \quad \text{mit} \quad \begin{array}{l} m < n, \\ \hat{a}_{ij} \in \mathbb{R},\ \hat{b}_i \in \mathbb{R} \\ (i = 1, \ldots, m, \\ \;\; j = m+1, \ldots, n) \end{array}$$

c) $$\left(\begin{array}{cccc|c} 1 & 0 & \ldots & 0 & \hat{b}_1 \\ 0 & 1 & \ldots & 0 & \hat{b}_2 \\ \vdots & \vdots & \ddots & \vdots & \vdots \\ 0 & 0 & \ldots & 1 & \hat{b}_n \\ 0 & 0 & \ldots & 0 & \hat{b}_{n+1} \\ \vdots & \vdots & & \vdots & \vdots \\ 0 & 0 & \ldots & 0 & \hat{b}_m \end{array}\right) \quad \text{mit} \quad \begin{array}{l} m > n, \\ \hat{b}_i \in \mathbb{R} \\ (i = 1, \ldots, m) \end{array}$$

d) $\left(\begin{array}{cccc|c} 1 & 0 & \dots & 0 & \hat{b}_1 \\ 0 & 1 & \dots & 0 & \hat{b}_2 \\ \vdots & \vdots & \ddots & \vdots & \vdots \\ 0 & 0 & \dots & 1 & \hat{b}_n \end{array}\right)$ mit $m = n$, $\hat{b}_i \in \mathbb{R}$ $(i = 1, \dots, m)$

Beweis:

Zur Umformung der Matrix $(\boldsymbol{A}|\boldsymbol{b})$ benutzen wir das im Beweis zu Satz 13.21 beschriebene Verfahren von Gauß, wobei wir uns bei den Zeilenumformungen und Spaltenvertauschungen ganz auf die Matrix $\boldsymbol{A}$ konzentrieren und den Vektor $\boldsymbol{b}$ entsprechend umformen.

Hinter jeder der angegebenen Formen a) bis d) steckt ein lineares Gleichungssystem $\hat{\boldsymbol{A}}\hat{\boldsymbol{x}} = \hat{\boldsymbol{b}}$, wobei $\hat{\boldsymbol{x}} \in \mathbb{R}^n$ aus $\boldsymbol{x} \in \mathbb{R}^n$ durch eventuell notwendige Komponentenvertauschungen entsteht (Definition 14.5). Im Fall a) gilt beispielsweise:

$$\begin{array}{ccccccccccc} \hat{x}_1 & + & & & \hat{a}_{1k+1}\hat{x}_{k+1} & + & \dots & + & \hat{a}_{1n}\hat{x}_n & = & \hat{b}_1 \\ & \hat{x}_2 & + & & \hat{a}_{2k+1}\hat{x}_{k+1} & + & \dots & + & \hat{a}_{2n}\hat{x}_n & = & \hat{b}_2 \\ & & \ddots & & \vdots & & & & \vdots & & \vdots \\ & & & \hat{x}_k + & \hat{a}_{kk+1}\hat{x}_{k+1} & + & \dots & + & \hat{a}_{kn}\hat{x}_n & = & \hat{b}_k \\ & & & & & & & & 0 & = & \hat{b}_{k+1} \\ & & & & & & & & \vdots & & \vdots \\ & & & & & & & & 0 & = & \hat{b}_m \end{array}$$

Da die Lösungsmenge des Systems $\boldsymbol{A}\boldsymbol{x} = \boldsymbol{b}$ mit der Lösungsmenge von $\hat{\boldsymbol{A}}\hat{\boldsymbol{x}} = \hat{\boldsymbol{b}}$ bis auf Variablenvertauschungen übereinstimmt, haben wir mit Satz 14.7 eine umfassende Aussage zur Lösbarkeit von $\boldsymbol{A}\boldsymbol{x} = \boldsymbol{b}$. So existiert in den Fällen b) und d) stets eine Lösung, nämlich im Fall d) die eindeutige Lösung

$$\hat{x}_1 = \hat{b}_1, \dots, \hat{x}_n = \hat{b}_n\,,$$

und im Fall b) beispielsweise die Lösung

$$\hat{x}_1 = \hat{b}_1, \dots, \hat{x}_m = \hat{b}_m, \hat{x}_{m+1} = \dots = \hat{x}_n = 0\,.$$

Im Fall c) existiert eine eindeutige Lösung

$$\hat{x}_1 = \hat{b}_1, \dots, \hat{x}_n = \hat{b}_n\,,$$

falls in $(\hat{\boldsymbol{A}}\,|\,\hat{\boldsymbol{b}})$ gilt $\hat{b}_{n+1} = \dots = \hat{b}_m = 0$.

Entsprechend dazu existiert im Fall a) nur dann eine Lösung, beispielsweise

$$\hat{x}_1 = \hat{b}_1, \ldots, \hat{x}_k = \hat{b}_k, \hat{x}_{k+1} = \ldots = \hat{x}_n = 0,$$

wenn $\hat{b}_{k+1} = \ldots = \hat{b}_m = 0$ gilt.

Ist im Fall c) $\hat{b}_i \neq 0$ für ein $i = n+1, \ldots, m$ bzw. gilt im Fall a) $\hat{b}_i \neq 0$ für ein $i = k+1, \ldots, m$, so besitzt das Gleichungssystem $\hat{\boldsymbol{A}}\hat{\boldsymbol{x}} = \hat{\boldsymbol{b}}$ und damit auch $\boldsymbol{A}\boldsymbol{x} = \boldsymbol{b}$ keine Lösung.

Bei Lösbarkeit im Fall a) oder b) können mehrere Lösungen existieren, etwa im Fall a)

$$\hat{x}_1 = \hat{b}_1 - \hat{a}_{1n}, \ldots, \hat{x}_k = \hat{b}_k - \hat{a}_{kn}, \hat{x}_{k+1} = \ldots = \hat{x}_{n-1} = 0, \hat{x}_n = 1.$$

Darauf werden wir später in den Sätzen 14.10, 14.12 genauer eingehen.

Beispiel 14.8

a) Zur Lösung des Gleichungssystems

$$\begin{aligned} 2x_1 + 2x_2 + 3x_3 &= 9 \\ x_1 - 3x_2 + x_3 &= 0 \\ 3x_1 - x_2 + 4x_3 &= 9 \end{aligned}$$

geht man von der erweiterten Koeffizientenmatrix

$$(\boldsymbol{A}\,|\,\boldsymbol{b}) = \left(\begin{array}{ccc|c} 2 & 2 & 3 & 9 \\ 1 & -3 & 1 & 0 \\ 3 & -1 & 4 & 9 \end{array}\right)$$

aus und ermittelt mit Hilfe des Gaußalgorithmus (Satz 13.21, 14.7), wobei wir aus Übersichtlichkeitsgründen in der Kopfzeile die Spaltenbezeichnungen $\boldsymbol{a}^1, \boldsymbol{a}^2, \boldsymbol{a}^3$ durch die Variablen x_1, x_2, x_3 ersetzen:

Zeile	x_1	x_2	x_3		Operation
①	2	2	3	9	
②	$\boxed{1}$	−3	1	0	
③	3	−1	4	9	
④	1	−3	1	0	②
⑤	0	8	1	9	① − 2 · ②
⑥	0	8	1	9	③ − 3 · ②
	x_1	x_3	x_2		Vertauschung von x_2, x_3
⑦	1	1	−3	0	④
⑧	0	$\boxed{1}$	8	9	⑤
⑨	0	1	8	9	⑥
⑩	1	0	−11	−9	⑦ − ⑧
⑪	0	1	8	9	⑧
⑫	0	0	0	0	⑨ − ⑧

Die Auswertung des Endtableaus ergibt

$$x_1 - 11x_2 = -9\,, \quad x_3 + 8x_2 = 9\,.$$

Wir erhalten die in Satz 14.7 angegebene Form a) und beispielsweise die Lösungen

$$x_1 = -9\,, \quad x_2 = 0\,, \quad x_3 = 9 \quad \text{oder} \quad x_1 = 2\,, \quad x_2 = 1\,, \quad x_3 = 1\,.$$

Ein entsprechendes Ergebnis hätte man auch aus den Zeilen ④, ⑤, ⑥ folgern können. Da die Zeilen ⑤ und ⑥ übereinstimmen, handelt es sich um identische Gleichungen, von denen eine entfallen kann.

b) Zur Lösung des Gleichungssystems

$$\begin{aligned} 3x_1 + x_2 - 2x_3 &= 5 \\ -x_1 + 2x_2 + 5x_3 &= 3 \\ 2x_1 + 3x_2 + 3x_3 &= 4 \end{aligned}$$

ermittelt man die erweiterte Koeffizientenmatrix

$$(\boldsymbol{A}\,|\,\boldsymbol{b}) = \left(\begin{array}{ccc|c} 3 & 1 & -2 & 5 \\ -1 & 2 & 5 & 3 \\ 2 & 3 & 3 & 4 \end{array}\right)$$

und mit Hilfe des Gaußalgorithmus (Satz 13.21, 14.7):

Zeile	x_1	x_2	x_3		Operation
①	3	1	−2	5	
②	$\boxed{-1}$	2	5	3	
③	2	3	3	4	
④	1	−2	−5	−3	−②
⑤	0	$\boxed{7}$	13	10	③ + 2 · ②
⑥	0	7	13	14	① + 3 · ②
⑦	1	0	$-\frac{9}{7}$	$-\frac{1}{7}$	④ + $\frac{2}{7}$ · ⑤
⑧	0	1	$\frac{13}{7}$	$\frac{10}{7}$	$\frac{1}{7}$ · ⑤
⑨	0	0	0	4	⑥ − ⑤

Aus dem Endtableau erhalten wir

$$x_1 - \frac{9}{7}x_3 = -\frac{1}{7}, \quad x_2 + \frac{13}{7}x_3 = \frac{10}{7}.$$

Mit der letzten Gleichung $0 \cdot x_1 + 0 \cdot x_2 + 0 \cdot x_3 = 0 = 4$ ergibt sich ein Widerspruch, also ist die Lösungsmenge leer.

c) Zur Lösung des Gleichungssystems von Beispiel 14.1 bzw. 14.6 ermittelt man

$$(\boldsymbol{A}\,|\,\boldsymbol{b}) = \left(\begin{array}{ccc|c} 1 & 2 & 3 & 25 \\ 3 & 1 & 4 & 25 \\ 2 & 5 & 2 & 50 \end{array}\right)$$

und mit Hilfe des Gaußalgorithmus (Satz 13.21, 14.7):

Zeile	x_1	x_2	x_3		Operation
①	$\boxed{1}$	2	3	25	
②	3	1	4	25	
③	2	5	2	50	
④	1	2	3	25	①
⑤	0	−5	−5	−50	② − 3 · ①
⑥	0	$\boxed{1}$	−4	0	③ − 2 · ①
⑦	1	0	11	25	④ − 2 · ⑥
⑧	0	1	−4	0	⑥
⑨	0	0	$\boxed{-25}$	−50	⑤ + 5 · ⑥
⑩	1	0	0	3	⑦ + $\frac{11}{25}$ · ⑨
⑪	0	1	0	8	⑧ − $\frac{4}{25}$ · ⑨
⑫	0	0	1	2	$-\frac{1}{25}$ · ⑨

Aus dem Endtableau erhalten wir

$$(\hat{\boldsymbol{A}}\,|\,\hat{\boldsymbol{b}}) = \left(\begin{array}{ccc|c} 1 & 0 & 0 & 3 \\ 0 & 1 & 0 & 8 \\ 0 & 0 & 1 & 2 \end{array}\right)$$

und damit die eindeutige Lösung

$$x_1 = 3\,, \quad x_2 = 8\,, \quad x_3 = 2\,.$$

In allen Fällen hatten wir ein Gleichungssystem mit 3 Gleichungen und 3 Unbekannten zu lösen. Dennoch erhalten wir in Beispiel 14.8 a mehrere Lösungen, in Beispiel 14.8 b keine Lösung, in Beispiel 14.8 c genau eine Lösung.

Wir formulieren nun einige Zusammenhänge zwischen der Lösbarkeit von Gleichungssystemen und bestimmten Matrizenrängen, die im Wesentlichen aus Satz 13.21 zu folgern sind.

Satz 14.9

Gegeben seien das lineare Gleichungssystem $\boldsymbol{Ax} = \boldsymbol{b}$ mit m Gleichungen und n Unbekannten sowie die erweiterten Koeffizientenmatrizen $(\boldsymbol{A}\,|\,\boldsymbol{b})$ und gemäß Satz 14.7 auch $(\hat{\boldsymbol{A}}\,|\,\hat{\boldsymbol{b}})$. Dann gilt:

a) $\operatorname{Rg}\boldsymbol{A} = \operatorname{Rg}\hat{\boldsymbol{A}}$ und $\operatorname{Rg}(\boldsymbol{A}\,|\,\boldsymbol{b}) = \operatorname{Rg}(\hat{\boldsymbol{A}}\,|\,\hat{\boldsymbol{b}})$

b) $\operatorname{Rg}\boldsymbol{A} \le \operatorname{Rg}(\boldsymbol{A}\,|\,\boldsymbol{b})$

c) $\operatorname{Rg}\boldsymbol{A} < \operatorname{Rg}(\boldsymbol{A}\,|\,\boldsymbol{b}) \iff \boldsymbol{Ax} = \boldsymbol{b}$ ist nicht lösbar

d) $\operatorname{Rg}\boldsymbol{A} = \operatorname{Rg}(\boldsymbol{A}\,|\,\boldsymbol{b}) \iff \boldsymbol{Ax} = \boldsymbol{b}$ ist lösbar

e) $\operatorname{Rg}\boldsymbol{A} = \operatorname{Rg}(\boldsymbol{A}\,|\,\boldsymbol{b}) = n \iff \boldsymbol{Ax} = \boldsymbol{b}$ hat genau eine Lösung

f) $\boldsymbol{b} = \boldsymbol{o} \Rightarrow \boldsymbol{Ax} = \boldsymbol{o}$ ist stets lösbar

Beweis:

a) Aus $\boldsymbol{A}$ bzw. $(\boldsymbol{A}\,|\,\boldsymbol{b})$ entsteht durch elementare Zeilenumformungen und Spaltenvertauschungen $\hat{\boldsymbol{A}}$ bzw. $(\hat{\boldsymbol{A}}\,|\,\hat{\boldsymbol{b}})$. Der Rang der jeweiligen Matrix wird dadurch nicht verändert (Satz 13.21).

b) Sei $\operatorname{Rg}\boldsymbol{A} = r$ mit $\boldsymbol{a}^1, \dots, \boldsymbol{a}^r$ linear unabhängig. Dann folgt die Behauptung aus

$$\operatorname{Rg}(\boldsymbol{A}\,|\,\boldsymbol{b}) = \operatorname{Rg}(\boldsymbol{a}^1, \dots, \boldsymbol{a}^r, \boldsymbol{b}) \in \{r, r+1\}.$$

c) Es gelten die Äquivalenzen

$$\begin{aligned}
&\boldsymbol{Ax} = \boldsymbol{b} \text{ ist nicht lösbar} \\
\iff\ & \hat{\boldsymbol{A}}\hat{\boldsymbol{x}} = \hat{\boldsymbol{b}} \text{ ist nicht lösbar} \\
\iff\ & (\hat{\boldsymbol{A}}\,|\,\hat{\boldsymbol{b}}) \text{ hat die Form von Satz 14.7 a mit } \hat{b}_j \neq 0 \text{ für ein } j = k+1, \dots, m \\
& \qquad \text{bzw. die Form von Satz 14.7 c mit } \hat{b}_j \neq 0 \text{ für ein } j = n+1, \dots, m \\
\iff\ & \operatorname{Rg}\hat{\boldsymbol{A}} < \operatorname{Rg}(\hat{\boldsymbol{A}}\,|\,\hat{\boldsymbol{b}}) \\
\iff\ & \operatorname{Rg}\boldsymbol{A} < \operatorname{Rg}(\boldsymbol{A}\,|\,\boldsymbol{b}) \quad \text{(Satz 14.9 a)}.
\end{aligned}$$

d) Die Aussage ist äquivalent zu c) (Satz 14.9 b, Satz 13.18 a).
$(\hat{\boldsymbol{A}}\,|\,\hat{\boldsymbol{b}})$ hat die Form von Satz 14.7 b bzw. 14.7 d oder von Satz 14.7 a mit $\hat{b}_{k+1} = \dots = \hat{b}_m = 0$ bzw. die Form von Satz 14.7 c mit $\hat{b}_{n+1} = \dots = \hat{b}_m = 0$.

e) Es gelten die Äquivalenzen

$$\begin{aligned}
& \boldsymbol{A}\boldsymbol{x} = \boldsymbol{b} \text{ besitzt genau eine Lösung} \\
\iff\ & \hat{\boldsymbol{A}}\hat{\boldsymbol{x}} = \hat{\boldsymbol{b}} \text{ besitzt genau eine Lösung} \\
\iff\ & (\hat{\boldsymbol{A}}\,|\,\hat{\boldsymbol{b}}) \text{ hat die Form von Satz 14.7 c mit } \hat{b}_{n+1} = \ldots = \hat{b}_m = 0 \\
& \text{oder die Form von Satz 14.7 d} \\
\iff\ & \text{Die Spalten von } \hat{\boldsymbol{A}} \text{ sind linear unabhängig} \\
\iff\ & \operatorname{Rg}\hat{\boldsymbol{A}} = \operatorname{Rg}(\hat{\boldsymbol{A}}\,|\,\hat{\boldsymbol{b}}) = n \quad \text{(Satz 13.18 c)} \\
\iff\ & \operatorname{Rg}\boldsymbol{A} = \operatorname{Rg}(\boldsymbol{A}\,|\,\boldsymbol{b}) = n \quad \text{(Satz 14.9 a)}.
\end{aligned}$$

f) $b = 0 \Rightarrow \operatorname{Rg}\boldsymbol{A} = \operatorname{Rg}(\boldsymbol{A}\,|\,\boldsymbol{o}) \iff \boldsymbol{A}\boldsymbol{x} = \boldsymbol{o}$ ist lösbar (Satz 14.9 d).

Damit ist die Lösbarkeit von linearen Gleichungssystemen vollständig geklärt. Die folgende Figur zeigt die möglicherweise auftretenden Fälle:

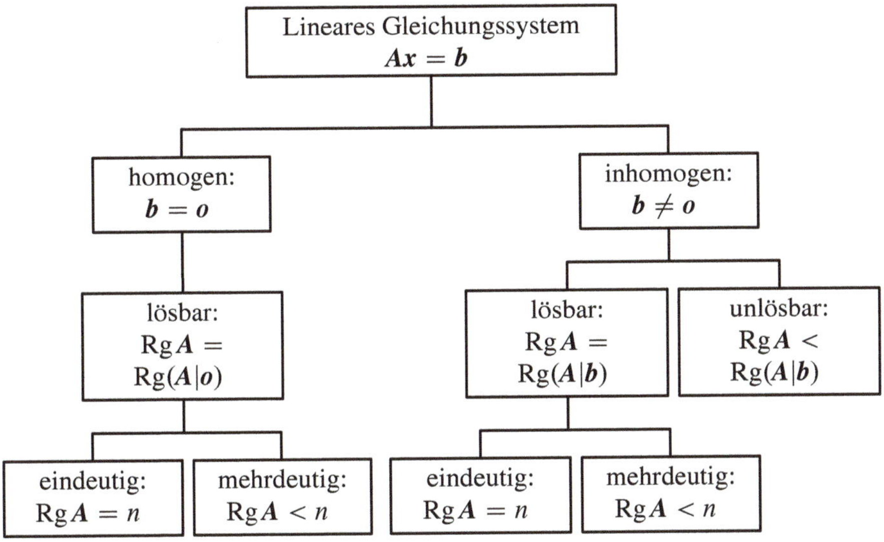

Figur 14.4: Zur Lösbarkeit linearer Gleichungssysteme

14.3 Lösung homogener Gleichungssysteme

Nach Satz 14.9 f sind homogene Gleichungssysteme der Form $\boldsymbol{A}\boldsymbol{x} = \boldsymbol{o}$ mit m Gleichungen und n Variablen stets lösbar. Dabei kann m größer, gleich oder kleiner als n sein. Im Fall $\operatorname{Rg}\boldsymbol{A} = \operatorname{Rg}(\boldsymbol{A}|\boldsymbol{o}) = n$ existiert genau eine Lösung $\boldsymbol{x} = \boldsymbol{o}$ (Satz 14.9 e).

Im Folgenden betrachten wir den Fall $\operatorname{Rg}\boldsymbol{A} = \operatorname{Rg}(\boldsymbol{A}|\boldsymbol{o}) = k < n$.

Satz 14.10

Gegeben sei ein lineares homogenes Gleichungssystem $\boldsymbol{Ax} = \boldsymbol{o}$ mit m Gleichungen und n Variablen, ferner sei $\operatorname{Rg}\boldsymbol{A} = k < n$. Dann existieren neben dem Nullvektor, der das System $\boldsymbol{Ax} = \boldsymbol{o}$ immer löst, weitere $n - k$ linear unabhängige Lösungen $\boldsymbol{x}^1, \ldots, \boldsymbol{x}^{n-k} \in \mathbb{R}^n$ von $\boldsymbol{Ax} = \boldsymbol{o}$. Jede Lösung des Systems hat die Form

$$\boldsymbol{x}^0 = r_1\boldsymbol{x}^1 + \ldots + r_{n-k}\boldsymbol{x}^{n-k} \qquad (r_1, \ldots, r_{n-k} \in \mathbb{R}).$$

Beweis:

1) Wir zeigen die Existenz linear unabhängiger Lösungen $\boldsymbol{x}^1, \ldots, \boldsymbol{x}^{n-k}$:

$\operatorname{Rg}\boldsymbol{A} = \operatorname{Rg}(\boldsymbol{A}\,|\,\boldsymbol{o}) = k < n$

$\Rightarrow$ $(\boldsymbol{A}\,|\,\boldsymbol{o})$ lässt sich umformen in $(\hat{\boldsymbol{A}}\,|\,\boldsymbol{o})$ (Satz 14.7 a,b)

$$\text{mit} \quad \begin{pmatrix} \hat{x}_{k+1} \\ \hat{x}_{k+2} \\ \vdots \\ \hat{x}_n \end{pmatrix} = \begin{pmatrix} 1 \\ 0 \\ \vdots \\ 0 \end{pmatrix}, \begin{pmatrix} 0 \\ 1 \\ \vdots \\ 0 \end{pmatrix}, \ \ldots, \begin{pmatrix} 0 \\ 0 \\ \vdots \\ 1 \end{pmatrix}.$$

$\Rightarrow$ Man erhält der Reihe nach die Vektoren

$$\hat{\boldsymbol{x}}^1 = \begin{pmatrix} -\hat{a}_{1k+1} \\ \vdots \\ -\hat{a}_{kk+1} \\ 1 \\ 0 \\ \vdots \\ 0 \end{pmatrix}, \ \hat{\boldsymbol{x}}^2 = \begin{pmatrix} -\hat{a}_{1k+2} \\ \vdots \\ -\hat{a}_{kk+2} \\ 0 \\ 1 \\ \vdots \\ 0 \end{pmatrix}, \ \ldots, \ \hat{\boldsymbol{x}}^{n-k} = \begin{pmatrix} -\hat{a}_{1n} \\ \vdots \\ -\hat{a}_{kn} \\ 0 \\ 0 \\ \vdots \\ 1 \end{pmatrix} \in \mathbb{R}^n,$$

die das System $\boldsymbol{Ax} = \boldsymbol{o}$ lösen.

Betrachtet man die Gleichung $r_1\hat{\boldsymbol{x}}^1 + \ldots + r_{n-k}\hat{\boldsymbol{x}}^{n-k} = \boldsymbol{o}$ komponentenweise, so folgt daraus $r_1 = \ldots = r_{n-k} = 0$.

$\Rightarrow$ Die Lösungen $\hat{\boldsymbol{x}}^1, \ldots, \hat{\boldsymbol{x}}^{n-k}$ von $\boldsymbol{Ax} = \boldsymbol{o}$ sind linear unabhängig (Definition 13.3)

$\Rightarrow$ Die Lösungen $\boldsymbol{x}^1, \ldots, \boldsymbol{x}^{n-k}$ von $\boldsymbol{Ax} = \boldsymbol{o}$ sind linear unabhängig

2) Wir zeigen, dass jede Linearkombination $\boldsymbol{x}^0 = r_1\boldsymbol{x}^1 + \ldots + r_{n-k}\boldsymbol{x}^{n-k}$ Lösung von $\boldsymbol{Ax} = \boldsymbol{o}$ ist:

$$\begin{aligned} \boldsymbol{Ax}^0 &= \boldsymbol{A}\,(r_1\boldsymbol{x}^1 + \ldots + r_{n-k}\boldsymbol{x}^{n-k}) \\ &= \boldsymbol{A}r_1\boldsymbol{x}^1 + \ldots + \boldsymbol{A}r_{n-k}\boldsymbol{x}^{n-k} \\ &= r_1\,(\boldsymbol{Ax}^1) + \ldots + r_{n-k}\,(\boldsymbol{Ax}^{n-k}) \\ &= r_1 \cdot \boldsymbol{o} + \ldots + r_{n-k} \cdot \boldsymbol{o} \\ &= \boldsymbol{o} \end{aligned}$$

3) Wir zeigen, dass jede Lösung von $Ax = o$ die Form x^0 besitzt. Angenommen es gibt eine weitere Lösung $\hat{y}$ mit $\hat{A}\hat{y} = o$, die nicht als Linearkombination von $\hat{x}^1, \ldots, \hat{x}^{n-k}$ darstellbar ist.

$\Rightarrow \hat{y}_{k+1} = \ldots = \hat{y}_n = 0$

$\Rightarrow \hat{y}_1 = \ldots = \hat{y}_k = 0$ (Satz 14.7)

$\Rightarrow$ y ist der Nullvektor

$\Rightarrow$ jede Lösung von $Ax = o$ ist Linearkombination von $x^1, \ldots, x^{n-k}$

Beispiel 14.11

a) Auf einem Markt konkurrieren 4 Produkte P_1, P_2, P_3, P_4 und $a_{ij} \in [0, 1]$ sei der Anteil an Käufern von Produkt P_i zum Zeitpunkt t, der zum Zeitpunkt $t + 1$ Produkt P_j kauft (Beispiel 11.23 b).

Die Matrix $A = (a_{ij})_{4,4}$ charakterisiert die anteiligen Käuferfluktuationen zwischen den Produkten und es sei

$A =$

	P_1	P_2	P_3	P_4
P_1	0.5	0.2	0.2	0.1
P_2	0.1	0.6	0.1	0.2
P_3	0.1	0.2	0.6	0.1
P_4	0	0	0.2	0.8

ermittelt worden.

Wenn nun der Markt nur von den angegebenen Konkurrenten beherrscht wird, interessiert man sich für eine Aufteilung des Markt- oder Absatzvolumens, die sich trotz der weiterhin erfolgenden Übergänge, beschrieben durch die Matrix A, nicht mehr ändert. Man spricht von einer stationären Markt- oder Absatzverteilung.

Bezeichnen wir die unbekannte **Absatzverteilung** mit $x^T = (x_1, x_2, x_3, x_4)$, so heißt diese **stationär**, wenn gilt $x^T A = x^T$.

Durch Umformen erhalten wir mit der 4×4-Einheitsmatrix E

$$x^T A - x^T = x^T A - x^T E = x^T (A - E) = o^T ,$$

also ein lineares homogenes Gleichungssystem mit 4 Gleichungen und 4 Unbekannten.

Mit

$$A - E = \begin{pmatrix} -0.5 & 0.2 & 0.2 & 0.1 \\ 0.1 & -0.4 & 0.1 & 0.2 \\ 0.1 & 0.2 & -0.4 & 0.1 \\ 0 & 0 & 0.2 & -0.2 \end{pmatrix}$$

folgt durch Multiplikation von links mit $\boldsymbol{x}^T$

$$\begin{aligned}
-0.5x_1 + 0.1x_2 + 0.1x_3 \qquad\quad &= 0\,,\\
0.2x_1 - 0.4x_2 + 0.2x_3 \qquad\quad &= 0\,,\\
0.2x_1 + 0.1x_2 - 0.4x_3 + 0.2x_4 &= 0\,,\\
0.1x_1 + 0.2x_2 + 0.1x_3 - 0.2x_4 &= 0\,.
\end{aligned}$$

Aus Rechengründen multiplizieren wir alle Gleichungen mit 10 und wenden den Gaußalgorithmus an. Da die rechte Seite nur Nullen enthält, können wir auf die entsprechende Spalte im Tableau verzichten.

Zeile	x_1	x_2	x_3	x_4	Operation
①	−5	1	1	0	
②	2	−4	2	0	
③	2	1	−4	2	
④	$\boxed{1}$	2	1	−2	
⑤	1	2	1	−2	④
⑥	0	$\boxed{-3}$	−6	6	③ − 2 · ④
⑦	0	−8	0	4	② − 2 · ④
⑧	0	0	0	0	① + ② + ③ + ④ entfällt
⑨	1	0	−3	2	⑤ + $\frac{2}{3}$ · ⑥
⑩	0	1	2	−2	⑥ · $(-\frac{1}{3})$
⑪	0	0	$\boxed{16}$	−12	⑦ − $\frac{8}{3}$ · ⑥
⑫	1	0	0	$-\frac{1}{4}$	⑨ + $\frac{3}{16}$ · ⑪
⑬	0	1	0	$-\frac{1}{2}$	⑩ − $\frac{2}{16}$ · ⑪
⑭	0	0	1	$-\frac{3}{4}$	⑪ · $\frac{1}{16}$

Aus dem Endtableau erhalten wir

$$\begin{aligned} x_1 \qquad\quad -\tfrac{1}{4}x_4 &= 0\,, \\ x_2 \quad -\tfrac{1}{2}x_4 &= 0\,, \\ x_3 -\tfrac{3}{4}x_4 &= 0 \end{aligned}$$

und es gilt $\mathrm{Rg}(\boldsymbol{A}-\boldsymbol{E}) = 3 < 4$.

Nach Satz 14.10 existiert eine linear unabhängige Lösung $\boldsymbol{x}^1$. Setzt man $x_4 = 1$, so gilt $\boldsymbol{x}^{1^T} = \left(\frac{1}{4}, \frac{1}{2}, \frac{3}{4}, 1\right)$.

Damit ist jedes $\boldsymbol{x}^{0^T} = r\boldsymbol{x}^{1^T}$ eine Lösung von $\boldsymbol{x}^T(\boldsymbol{A} - \boldsymbol{E}) = \boldsymbol{o}$. Wir erhalten mathematisch die Lösungsmenge

$$\boldsymbol{L} = \{\boldsymbol{x}^0 \in \mathbb{R}^4 : \boldsymbol{x}^0 = r \begin{pmatrix} \frac{1}{4} \\ \frac{1}{2} \\ \frac{3}{4} \\ 1 \end{pmatrix},\ r \in \mathbb{R}\}\,.$$

In diesem Beispiel sind jedoch aus ökonomischen Gründen nur positive Werte sinnvoll, also betrachten wir nur Lösungen mit $r > 0$.

Für ein Absatzvolumen von 1000 Einheiten ergibt sich wegen

$$\begin{aligned} 1000 &= x_1 + x_2 + x_3 + x_4 = r\left(\frac{1}{4} + \frac{1}{2} + \frac{3}{4} + 1\right) \\ \Rightarrow\quad r &= \frac{2}{5} \cdot 1000 = 400 \end{aligned}$$

die Lösung

$$\boldsymbol{x}^T = (100,\ 200,\ 300,\ 400)\,.$$

Betrachtet man die Marktanteile, so ist wegen $x_1 + x_2 + x_3 + x_4 = 1$

$$\boldsymbol{x}^T = (0.1,\ 0.2,\ 0.3,\ 0.4)\,.$$

b) Gegeben sei das lineare homogene Gleichungssystem $\boldsymbol{Ax} = \boldsymbol{o}$ mit

$$\boldsymbol{A} = \begin{pmatrix} 1 & 2 & 0 & 1 & 2 \\ 1 & 3 & 1 & -1 & 2 \\ 0 & 1 & 1 & -2 & 0 \\ 1 & 1 & -1 & 3 & 2 \end{pmatrix}.$$

Dann gilt:

Zeile	x_1	x_2	x_3	x_4	x_5	Operation
①	$\boxed{1}$	2	0	1	2	
②	1	3	1	−1	2	
③	0	1	1	−2	0	
④	1	1	−1	3	2	
⑤	1	2	0	1	2	①
⑥	0	$\boxed{1}$	1	−2	0	② − ①
⑦	0	1	1	−2	0	③ entfällt
⑧	0	−1	−1	2	0	④ − ① entfällt
⑨	1	0	−2	5	2	⑤ − 2 · ⑥
⑩	0	1	1	−2	0	⑥

Aus dem Endtableau ergibt sich

$$\begin{aligned} x_1 \qquad - 2x_3 + 5x_4 + 2x_5 &= 0\,, \\ x_2 + \ x_3 - 2x_4 \qquad\quad &= 0\,, \end{aligned}$$

ferner ist $\operatorname{Rg} \boldsymbol{A} = 2$.

Nach Satz 14.10 existieren drei linear unabhängige Lösungen $\boldsymbol{x}^1, \boldsymbol{x}^2, \boldsymbol{x}^3 \in \mathbb{R}^5$.

Setzt man der Reihe nach

$$\begin{pmatrix} x_3 \\ x_4 \\ x_5 \end{pmatrix} = \begin{pmatrix} 1 \\ 0 \\ 0 \end{pmatrix}, \quad \begin{pmatrix} x_3 \\ x_4 \\ x_5 \end{pmatrix} = \begin{pmatrix} 0 \\ 1 \\ 0 \end{pmatrix}, \quad \begin{pmatrix} x_3 \\ x_4 \\ x_5 \end{pmatrix} = \begin{pmatrix} 0 \\ 0 \\ 1 \end{pmatrix},$$

so gilt

$$\boldsymbol{x}^1 = \begin{pmatrix} 2 \\ -1 \\ 1 \\ 0 \\ 0 \end{pmatrix}, \quad \boldsymbol{x}^2 = \begin{pmatrix} -5 \\ 2 \\ 0 \\ 1 \\ 0 \end{pmatrix}, \quad \boldsymbol{x}^3 = \begin{pmatrix} -2 \\ 0 \\ 0 \\ 0 \\ 1 \end{pmatrix}.$$

Wir erhalten die Lösungsmenge

$$L = \{\boldsymbol{x}^0 \in \mathbb{R}^5 : \boldsymbol{x}^0 = r_1 \begin{pmatrix} 2 \\ -1 \\ 1 \\ 0 \\ 0 \end{pmatrix} + r_2 \begin{pmatrix} -5 \\ 2 \\ 0 \\ 1 \\ 0 \end{pmatrix} + r_3 \begin{pmatrix} -2 \\ 0 \\ 0 \\ 0 \\ 1 \end{pmatrix}, \ r_1, r_2, r_3 \in \mathbb{R}\}.$$

14.4 Lösung inhomogener Gleichungssysteme

Zweifellos sind homogene Gleichungssysteme für die praktische Anwendung weniger relevant als inhomogene Systeme. Andererseits wird sich zeigen, dass insbesondere das Ergebnis von Satz 14.10 genutzt werden kann, um inhomogene Gleichungssysteme der Form $\boldsymbol{A}\boldsymbol{x} = \boldsymbol{b}$ mit $\operatorname{Rg}\boldsymbol{A} = \operatorname{Rg}(\boldsymbol{A}\,|\,\boldsymbol{b})$ allgemein zu lösen.

Satz 14.12

Gegeben sei ein lineares inhomogenes Gleichungssystem $\boldsymbol{A}\boldsymbol{x} = \boldsymbol{b}$ $(\boldsymbol{b} \neq \boldsymbol{o})$ mit m Gleichungen und n Unbekannten, ferner sei $\operatorname{Rg}\boldsymbol{A} = \operatorname{Rg}(\boldsymbol{A}\,|\,\boldsymbol{b}) = k < n$. Hat jede Lösung des homogenen Systems $\boldsymbol{A}\boldsymbol{x} = \boldsymbol{o}$ die Form $\boldsymbol{x}^0 = r_1\boldsymbol{x}^1 + \ldots + r_{n-k}\boldsymbol{x}^{n-k}$ und ist $\boldsymbol{x}' \in \mathbb{R}^n$ eine spezielle Lösung des inhomogenen Systems $\boldsymbol{A}\boldsymbol{x} = \boldsymbol{b}$, so hat jede Lösung $\boldsymbol{x}^*$ von $\boldsymbol{A}\boldsymbol{x} = \boldsymbol{b}$ die Form

$$\boldsymbol{x}^* = \boldsymbol{x}' + \boldsymbol{x}^0 = \boldsymbol{x}' + r_1\boldsymbol{x}^1 + \ldots + r_{n-k}\boldsymbol{x}^{n-k} \qquad (r_1, \ldots, r_{n-k} \in \mathbb{R}).$$

Beweis:

1) Wir zeigen, dass $\boldsymbol{x}^*$ Lösung von $\boldsymbol{Ax} = \boldsymbol{b}$ ist.

$$\boldsymbol{Ax}^* = \boldsymbol{A}(\boldsymbol{x}' + \boldsymbol{x}^0) = \boldsymbol{Ax}' + \boldsymbol{Ax}^0 = \boldsymbol{b} + \boldsymbol{o} = \boldsymbol{b}$$

2) Wir zeigen, dass jede Lösung von $\boldsymbol{Ax} = \boldsymbol{b}$ die Form $\boldsymbol{x}^*$ besitzt.

Angenommen es gibt eine weitere Lösung $\boldsymbol{x}''$ mit $\boldsymbol{Ax}'' = \boldsymbol{b}$.

$\Rightarrow$ $\boldsymbol{A}(\boldsymbol{x}'' - \boldsymbol{x}') = \boldsymbol{Ax}'' - \boldsymbol{Ax}' = \boldsymbol{b} - \boldsymbol{b} = \boldsymbol{o}$

$\Rightarrow$ $\boldsymbol{x}'' - \boldsymbol{x}'$ löst das homogene Gleichungssystem $\boldsymbol{Ax} = \boldsymbol{o}$

$\Rightarrow$ $\boldsymbol{x}'' - \boldsymbol{x}'$ ist von der Form $\sum\limits_{i=1}^{n-k} r_i \boldsymbol{x}^i$ (Satz 14.10)

$\Rightarrow$ $\boldsymbol{x}'' = \boldsymbol{x}' + \sum\limits_{i=1}^{n-k} r_i \boldsymbol{x}^i$

$\Rightarrow$ $\boldsymbol{x}''$ hat die gleiche Form wie $\boldsymbol{x}^*$

Zur Bestimmung von $\boldsymbol{x}'$ nutzt man wieder Satz 14.7 a. Setzt man in $\hat{\boldsymbol{A}}\hat{\boldsymbol{x}} = \hat{\boldsymbol{b}}$ die Variablen $\hat{x}_{k+1} = \ldots = \hat{x}_n = 0$, so folgt daraus $\hat{x}_1 = \hat{b}_1, \ldots, \hat{x}_k = \hat{b}_k$. Damit erhält man, evtl. durch Variablenvertauschung, auch $\boldsymbol{x}'$.

Beispiel 14.13

a) Wir betrachten nochmals das Beispiel 14.11 a und vereinbaren, dass $\boldsymbol{x}^T$ eine stationäre Marktverteilung darstellt, also gilt $x_1 + x_2 + x_3 + x_4 = 1$.

Zur Bestimmung von $\boldsymbol{x}$ erhalten wir mit den Daten aus Beispiel 14.11 a ein inhomogenes Gleichungssystem mit 5 Gleichungen und 4 Unbekannten:

$$\begin{aligned}
-0.5x_1 + 0.1x_2 + 0.1x_3 \phantom{{}+0.2x_4} &= 0\\
0.2x_1 - 0.4x_2 + 0.2x_3 \phantom{{}+0.2x_4} &= 0\\
0.2x_1 + 0.1x_2 - 0.4x_3 + 0.2x_4 &= 0\\
0.1x_1 + 0.2x_2 + 0.1x_3 - 0.2x_4 &= 0\\
x_1 + x_2 + x_3 + x_4 &= 1
\end{aligned}$$

Wir multiplizieren wieder die ersten vier Gleichungen mit 10 und wenden den Gaußalgorithmus an.

Zeile	x_1	x_2	x_3	x_4		Operation
①	−5	1	1	0	0	
②	2	−4	2	0	0	
③	2	1	−4	2	0	
④	[1]	2	1	−2	0	
⑤	1	1	1	1	1	
⑥	1	2	1	−2	0	④
⑦	0	[−1]	0	3	1	⑤ − ④
⑧	0	−3	−6	6	0	③ − 2 · ④
⑨	0	−8	0	4	0	② − 2 · ④
⑩	0	0	0	0	0	① + ② + ③ + ④ entfällt
⑪	1	0	1	4	2	⑥ + 2 · ⑦
⑫	0	1	0	−3	−1	⑦ · (−1)
⑬	0	0	[−6]	−3	−3	⑧ − 3 · ⑦
⑭	0	0	0	−20	−8	⑨ − 8 · ⑦
⑮	1	0	0	$\frac{7}{2}$	$\frac{3}{2}$	⑪ + $\frac{1}{6}$ · ⑬
⑯	0	1	0	−3	−1	⑫
⑰	0	0	1	$\frac{1}{2}$	$\frac{1}{2}$	⑬ · $(-\frac{1}{6})$
⑱	0	0	0	[1]	$\frac{4}{10}$	⑭ · $(-\frac{1}{20})$
⑲	1	0	0	0	$\frac{1}{10}$	⑮ − $\frac{7}{2}$ · ⑱
⑳	0	1	0	0	$\frac{2}{10}$	⑯ + 3 · ⑱
㉑	0	0	1	0	$\frac{3}{10}$	⑰ − $\frac{1}{2}$ · ⑱
㉒	0	0	0	1	$\frac{4}{10}$	⑱

Aus dem obigen Endtableau folgt $x_1 = 0.1$, $x_2 = 0.2$, $x_3 = 0.3$, $x_4 = 0.4$. Wegen $\text{Rg}\boldsymbol{A} = \text{Rg}(\boldsymbol{A}\,|\,\boldsymbol{b}) = 4$ existiert genau eine Lösung (Satz 14.9 e), die wir auch in Beispiel 14.11 a auf anderem Weg gefunden hatten.

b) Wir betrachten das inhomogene Gleichungssystem $\boldsymbol{Ax} = \boldsymbol{b}$ mit:

$$(\boldsymbol{A}\,|\,\boldsymbol{b}) = \left(\begin{array}{ccccc|c} 1 & 2 & 0 & 1 & 2 & 5 \\ 1 & 3 & 1 & -1 & 2 & 6 \\ 0 & 1 & 1 & -2 & 0 & 1 \\ 1 & 1 & -1 & 3 & 2 & 4 \end{array}\right)$$

Dann gilt entsprechend zu Beispiel 14.11 b:

Zeile	x_1	x_2	x_3	x_4	x_5		Operation
①	$\boxed{1}$	2	0	1	2	5	
②	1	3	1	−1	2	6	
③	0	1	1	−2	0	1	
④	1	1	−1	3	2	4	
⑤	1	2	0	1	2	5	①
⑥	0	$\boxed{1}$	1	−2	0	1	② − ①
⑦	0	1	1	−2	0	1	③ entfällt
⑧	0	−1	−1	2	0	−1	④ − ① entfällt
⑨	1	0	−2	5	2	3	⑤ − 2 · ⑥
⑩	0	1	1	−2	0	1	⑥

Die Lösungsmenge des homogenen Systems wurde in Beispiel 14.11 b bereits ermittelt.

Für eine spezielle Lösung $\boldsymbol{x}'$ von $\boldsymbol{Ax} = \boldsymbol{b}$ setzt man $x_3 = x_4 = x_5 = 0$, daraus folgt $\boldsymbol{x}' = (3, 1, 0, 0, 0)^T$.

Insgesamt erhalten wir die Lösungsmenge

$$L = \{\boldsymbol{x}^* \in \mathbb{R}^5 \colon \boldsymbol{x}^* = \begin{pmatrix} 3 \\ 1 \\ 0 \\ 0 \\ 0 \end{pmatrix} + r_1 \begin{pmatrix} 2 \\ -1 \\ 1 \\ 0 \\ 0 \end{pmatrix} + r_2 \begin{pmatrix} -5 \\ 2 \\ 0 \\ 1 \\ 0 \end{pmatrix} + r_3 \begin{pmatrix} -2 \\ 0 \\ 0 \\ 0 \\ 1 \end{pmatrix}, \quad r_1, r_2, r_3 \in \mathbb{R}\} .$$

Zur Lösung linearer Gleichungssysteme $\boldsymbol{Ax} = \boldsymbol{b}$ wurde der Gaußalgorithmus (Satz 13.21, 14.7) benutzt, der auf elementaren Zeilenumformungen (Definition 13.20) der erweiterten Koeffizientenmatrix $(\boldsymbol{A} \mid \boldsymbol{b})$ beruht. Hervorzuheben ist dabei, dass der Gaußalgorithmus in der Lage ist, sowohl die Existenz von Lösungen festzustellen als auch gegebenenfalls alle Lösungen zu bestimmen. Wie wir mit Hilfe der Beispiele 14.8, 14.11, 14.13 gesehen haben, geht man zweckmäßig wie folgt vor:

1) Ermittlung der erweiterten Koeffizientenmatrix $(\boldsymbol{A} \mid \boldsymbol{b})$ (Definition 14.5)
2) Übergang von $(\boldsymbol{A} \mid \boldsymbol{b})$ zu $(\hat{\boldsymbol{A}} \mid \hat{\boldsymbol{b}})$ mit Hilfe elementarer Zeilenumformungen und Spaltenvertauschungen (Definition 13.20, Satz 14.7)
3) Mit Hilfe von $(\hat{\boldsymbol{A}} \mid \hat{\boldsymbol{b}})$ ist zu entscheiden, ob $\boldsymbol{Ax} = \boldsymbol{b}$ mit m Gleichungen und n Unbekannten lösbar ist:

   a) $\mathrm{Rg}\,\hat{\boldsymbol{A}} < \mathrm{Rg}(\hat{\boldsymbol{A}} \mid \hat{\boldsymbol{b}}) \quad \Rightarrow \quad \boldsymbol{Ax} = \boldsymbol{b}$ ist nicht lösbar (Satz 14.9 c)

   b) $\mathrm{Rg}\,\hat{\boldsymbol{A}} = \mathrm{Rg}(\hat{\boldsymbol{A}} \mid \hat{\boldsymbol{b}}) = n \quad \Rightarrow \quad \boldsymbol{Ax} = \boldsymbol{b}$ besitzt genau eine Lösung (Satz 14.9 e)

   c) $\mathrm{Rg}\,\hat{\boldsymbol{A}} = \mathrm{Rg}(\hat{\boldsymbol{A}} \mid \hat{\boldsymbol{b}}) < n \quad \Rightarrow \quad \boldsymbol{Ax} = \boldsymbol{b}$ besitzt unendlich viele Lösungen (Satz 14.9 d, 14.10, 14.12)

14.5 Zusammenhang mit Vektorräumen

Wir erinnern zunächst nochmals an die allgemeine Lösung eines homogenen Gleichungssystems $\boldsymbol{Ax} = \boldsymbol{o}$ mit $\mathrm{Rg}\boldsymbol{A} = k < n$ in der Form $\boldsymbol{x}^0 = r_1\boldsymbol{x}^1 + \ldots + r_{n-k}\boldsymbol{x}^{n-k}$ (Satz 14.10). Mit Hilfe der Vektorräume (Abschnitt 13.1) lässt sich dieses Ergebnis wie folgt interpretieren: Die Menge $\{\boldsymbol{x} \in \mathbb{R}^n : \boldsymbol{a}_1{}^T\boldsymbol{x} = 0\}$ aller Vektoren $\boldsymbol{x} \in \mathbb{R}^n$, die einer linearen homogenen Gleichung $\boldsymbol{a}_1{}^T\boldsymbol{x} = 0$ mit $\boldsymbol{a}_1 \neq \boldsymbol{o}$ genügen, bilden eine Hyperebene im $\mathbb{R}^n$ (Definition 12.7 a) bzw. einen $(n-1)$-dimensionalen linearen Teilraum des $\mathbb{R}^n$ (Definition 13.13). Die Lösungsmenge des Systems $\boldsymbol{Ax} = \boldsymbol{o}$ mit $\mathrm{Rg}\boldsymbol{A} = k < n$ lässt sich als Durchschnitt von Hyperebenen auffassen und ergibt einen $(n-k)$-dimensionalen linearen Teilraum des $\mathbb{R}^n$. Um alle Lösungen des Systems $\boldsymbol{Ax} = \boldsymbol{o}$ bzw. alle Vektoren des entsprechenden Teilraums zu erhalten, fassen wir die linear unabhängigen Vektoren $\boldsymbol{x}^1, \ldots, \boldsymbol{x}^{n-k}$ zu einer Basis zusammen (Definition 13.6). Jede Lösung des Systems $\boldsymbol{Ax} = \boldsymbol{o}$ ist eine Linearkombination der Basisvektoren $\boldsymbol{x}^1, \ldots, \boldsymbol{x}^{n-k}$. Ist schließlich $\mathrm{Rg}\boldsymbol{A} = n$, so ist die Lösungsmenge 0-dimensional, man erhält die eindeutige Lösung $\boldsymbol{x} = \boldsymbol{o}$ für $\boldsymbol{Ax} = \boldsymbol{o}$.

Ferner erhalten wir in Satz 14.10 eine eindeutige Vorschrift zur Bestimmung der $n-k$ linear unabhängigen Lösungen $\boldsymbol{x}^1, \ldots, \boldsymbol{x}^{n-k}$ von $\boldsymbol{Ax} = \boldsymbol{o}$, die eine Basis des $(n-k)$-dimensionalen Teilraumes, des so genannten Lösungsraumes von $\boldsymbol{Ax} = \boldsymbol{o}$ bilden. Nach Satz 13.10 ist dann auch jede andere Menge von $n-k$ linear unabhängigen Vektoren $\boldsymbol{y}^1, \ldots, \boldsymbol{y}^{n-k}$ mit $\boldsymbol{Ay}^i = \boldsymbol{o}$ $(i = 1, \ldots, n-k)$ eine Basis. Damit hat jede Lösung $\boldsymbol{y}^0$ mit $\boldsymbol{Ay}^0 = \boldsymbol{o}$ nach

Satz 14.10 auch die Form

$$y^0 = s_1 y^1 + \ldots + s_{n-k} y^{n-k} \qquad (s_1, \ldots, s_{n-k} \in \mathbb{R}) .$$

Im Beweis zu Satz 14.10 wird also nur eine Möglichkeit zur Bestimmung von $n-k$ linear unabhängigen Lösungen des Systems $\boldsymbol{Ax} = \boldsymbol{o}$ beschrieben. Findet man andere linear unabhängige Lösungen $\boldsymbol{y}^1, \ldots, \boldsymbol{y}^{n-k}$, so gilt für die Lösungsmenge von $\boldsymbol{Ax} = \boldsymbol{o}$

$$\begin{aligned} L &= \{\boldsymbol{y}^0 \in \mathbb{R}^n : \boldsymbol{y}^0 = \sum_{i=1}^{n-k} s_i \boldsymbol{y}^i,\ s_i \in \mathbb{R}\ (i = 1, \ldots, n-k)\} \\ &= \{\boldsymbol{x}^0 \in \mathbb{R}^n : \boldsymbol{x}^0 = \sum_{i=1}^{n-k} r_i \boldsymbol{x}^i,\ r_i \in \mathbb{R}\ (i = 1, \ldots, n-k)\} . \end{aligned}$$

Offenbar wurden beim Übergang von $(\boldsymbol{A}|\boldsymbol{b})$ zu $(\hat{\boldsymbol{A}}|\hat{\boldsymbol{b}})$ mit Hilfe von elementaren Zeilenumformungen (Satz 14.7) Basistransformationen vorgenommen.

Ist $\boldsymbol{A}$ eine $m \times n$-Matrix mit $\text{Rg}\boldsymbol{A} = k \le \min\{m, n\}$, so geht man bei Anwendung des Gaußalgorithmus von der Basis $\{\boldsymbol{e}_1, \ldots, \boldsymbol{e}_m\}$ im $\mathbb{R}^m$ aus. Im Starttableau werden alle Spaltenvektoren von $\boldsymbol{A}$ sowie der Konstantenvektor $\boldsymbol{b}$ als Linearkombinationen der Einheitsvektoren $\boldsymbol{e}_1, \ldots, \boldsymbol{e}_m$ dargestellt. In den nachfolgenden Tableaus tauscht man nun möglichst viele Einheitsvektoren gegen linear unabhängige Spaltenvektoren von $\boldsymbol{A}$ aus, beispielsweise $\boldsymbol{a}^1, \ldots, \boldsymbol{a}^k$. Die restlichen Spaltenvektoren $\boldsymbol{a}^{k+1}, \ldots, \boldsymbol{a}^n$ ergeben sich dann im Endtableau als Linearkombinationen der Vektoren $\boldsymbol{a}^1, \ldots, \boldsymbol{a}^k$. Das Gleichungssystem $\boldsymbol{Ax} = \boldsymbol{b}$ ist genau dann lösbar, wenn auch $\boldsymbol{b}$ als Linearkombination der Vektoren $\boldsymbol{a}^1, \ldots, \boldsymbol{a}^k$ darstellbar ist. Die Spalten $1, \ldots, k$ des Endtableaus bestehen aus Einheitsvektoren.

Definition 14.14

Hat man zur Lösung des linearen Gleichungssystems $\boldsymbol{Ax} = \boldsymbol{b}$ mit Hilfe des Gaußalgorithmus k Einheitsvektoren gegen k linear unabhängige Spaltenvektoren von $\boldsymbol{A}$, beispielsweise $\boldsymbol{a}^1, \ldots, \boldsymbol{a}^k$, ausgetauscht, so nennt man die entsprechenden Variablen $x_1, \ldots, x_k$ **Basisvariablen** und die Variablen $x_{k+1}, \ldots, x_n$ **Nichtbasisvariablen**. Setzt man alle Nichtbasisvariablen gleich 0, so erhält man für die Basisvariablen die entsprechenden Werte der b-Spalte und man spricht von einer **Basislösung**.

Da es im Allgemeinen mehrere Möglichkeiten gibt, k der m Einheitsvektoren auszutauschen, gibt es auch mehrere Basislösungen. Sind jeweils k der n Spaltenvektoren $\boldsymbol{a}^1, \ldots, \boldsymbol{a}^n$ linear unabhängig, dann gibt es genau $\binom{n}{k}$ Basislösungen (Abschnitt 1.4, Figur 1.7, Fall c). Für jeden Fall, in dem k der n Spaltenvektoren linear abhängig sind, reduziert sich die Anzahl der Basislösungen um 1.

Beispiel 14.15

Mit dem Gaußalgorithmus (Satz 13.21) erhalten wir in Beispiel 14.13 b durch Austausch der Einheitsvektoren $\boldsymbol{e}_1, \boldsymbol{e}_2$ gegen die Spalten $\boldsymbol{a}^1, \boldsymbol{a}^2$ das Endtableau:

	x_1	x_2	x_3	x_4	x_5	
Basis	$\boldsymbol{a}^1$	$\boldsymbol{a}^2$	$\boldsymbol{a}^3$	$\boldsymbol{a}^4$	$\boldsymbol{a}^5$	$\boldsymbol{b}$
$\boldsymbol{a}^1$	1	0	-2	5	2	3
$\boldsymbol{a}^2$	0	1	1	-2	0	1

Die Variablen x_1, x_2 übernehmen die Rolle der Basisvariablen und x_3, x_4, x_5 die Rolle der Nichtbasisvariablen. Der Vektor $\boldsymbol{x}^T = (3,1,0,0,0)$ ist eine Basislösung.

Ferner folgt aus dem Tableau

$$\boldsymbol{a}^3 = -2\boldsymbol{a}^1 + \boldsymbol{a}^2\,, \quad \boldsymbol{a}^4 = 5\boldsymbol{a}^1 - 2\boldsymbol{a}^2\,, \quad \boldsymbol{a}^5 = 2\boldsymbol{a}^1\,, \quad \boldsymbol{b} = 3\boldsymbol{a}^1 + \boldsymbol{a}^2\,.$$

Wir suchen nun nach weiteren Basislösungen mit Hilfe des Gaußalgorithmus.

Zeile	Basis	$\boldsymbol{a}^1$	$\boldsymbol{a}^2$	$\boldsymbol{a}^3$	$\boldsymbol{a}^4$	$\boldsymbol{a}^5$	$\boldsymbol{b}$	Operation
①	$\boldsymbol{a}^1$	1	0	-2	5	2	3	
②	$\boldsymbol{a}^2$	0	1	$\boxed{1}$	-2	0	1	
③	$\boldsymbol{a}^1$	1	2	0	1	2	5	① $+ 2 \cdot$ ②
④	$\boldsymbol{a}^3$	0	1	1	$\boxed{-2}$	0	1	②
⑤	$\boldsymbol{a}^1$	1	$\boxed{\frac{5}{2}}$	$\frac{1}{2}$	0	2	$\frac{11}{2}$	③ $+ \frac{1}{2} \cdot$ ④
⑥	$\boldsymbol{a}^4$	0	$-\frac{1}{2}$	$-\frac{1}{2}$	1	0	$-\frac{1}{2}$	$-\frac{1}{2} \cdot$ ④
⑦	$\boldsymbol{a}^2$	$\frac{2}{5}$	1	$\frac{1}{5}$	0	$\frac{4}{5}$	$\frac{11}{5}$	$\frac{2}{5} \cdot$ ⑤
⑧	$\boldsymbol{a}^4$	$\frac{1}{5}$	0	$\boxed{-\frac{2}{5}}$	1	$\frac{2}{5}$	$\frac{3}{5}$	⑥ $+ \frac{1}{5} \cdot$ ⑤
⑨	$\boldsymbol{a}^2$	$\frac{1}{2}$	1	0	$\frac{1}{2}$	1	$\frac{5}{2}$	⑦ $+ \frac{1}{2} \cdot$ ⑧
⑩	$\boldsymbol{a}^3$	$-\frac{1}{2}$	0	1	$-\frac{5}{2}$	$\boxed{-1}$	$-\frac{3}{2}$	$-\frac{5}{2} \cdot$ ⑧

Zeile	Basis	$\boldsymbol{a}^1$	$\boldsymbol{a}^2$	$\boldsymbol{a}^3$	$\boldsymbol{a}^4$	$\boldsymbol{a}^5$	$\boldsymbol{b}$	Operation
⑪	$\boldsymbol{a}^2$	0	1	$\boxed{1}$	-2	0	1	⑨ + ⑩
⑫	$\boldsymbol{a}^5$	$\frac{1}{2}$	0	-1	$\frac{5}{2}$	1	$\frac{3}{2}$	−⑩
⑬	$\boldsymbol{a}^3$	0	1	1	-2	0	1	⑪
⑭	$\boldsymbol{a}^5$	$\frac{1}{2}$	1	0	$\boxed{\frac{1}{2}}$	1	$\frac{5}{2}$	⑫ + ⑪
⑮	$\boldsymbol{a}^3$	2	5	1	0	$\boxed{4}$	11	⑬ + 4 · ⑭
⑯	$\boldsymbol{a}^4$	1	2	0	1	2	5	2 · ⑭
⑰	$\boldsymbol{a}^5$	$\frac{1}{2}$	$\frac{5}{4}$	$\frac{1}{4}$	0	1	$\frac{11}{4}$	$\frac{1}{4}$ · ⑮
⑱	$\boldsymbol{a}^4$	0	$-\frac{1}{2}$	$-\frac{1}{2}$	1	0	$-\frac{1}{2}$	⑯ − $\frac{1}{2}$ · ⑮

Wegen $n = 5$ und $k = 2$ kann es insgesamt höchstens $\binom{5}{2} = 10$ Basislösungen geben. Ausgehend von $\{\boldsymbol{a}^1, \boldsymbol{a}^2\}$ finden wir der Reihe nach die Basen:

$\{\boldsymbol{a}^1, \boldsymbol{a}^3\}$ durch den Austausch von $\boldsymbol{a}^2$ gegen $\boldsymbol{a}^3$

$\{\boldsymbol{a}^1, \boldsymbol{a}^4\}$ durch den Austausch von $\boldsymbol{a}^3$ gegen $\boldsymbol{a}^4$

$\{\boldsymbol{a}^2, \boldsymbol{a}^4\}$ durch den Austausch von $\boldsymbol{a}^1$ gegen $\boldsymbol{a}^2$ usw.

Wir erhalten durch je zwei Zeilen insgesamt 9 Basislösungen, da $\boldsymbol{a}^1$ und $\boldsymbol{a}^5$ nicht gleichzeitig in die Basis aufgenommen werden können. Wir stellen diese Basislösungen in nachfolgender Tabelle zusammen.

Zeilen	① ②	③ ④	⑤ ⑥	⑦ ⑧	⑨ ⑩	⑪ ⑫	⑬ ⑭	⑮ ⑯	⑰ ⑱
Basis	$\boldsymbol{a}^1, \boldsymbol{a}^2$	$\boldsymbol{a}^1, \boldsymbol{a}^3$	$\boldsymbol{a}^1, \boldsymbol{a}^4$	$\boldsymbol{a}^2, \boldsymbol{a}^4$	$\boldsymbol{a}^2, \boldsymbol{a}^3$	$\boldsymbol{a}^2, \boldsymbol{a}^5$	$\boldsymbol{a}^3, \boldsymbol{a}^5$	$\boldsymbol{a}^3, \boldsymbol{a}^4$	$\boldsymbol{a}^5, \boldsymbol{a}^4$
Basis-	3	5	$\frac{11}{2}$	0	0	0	0	0	0
lösungen	1	0	0	$\frac{11}{5}$	$\frac{5}{2}$	1	0	0	0
	0	1	0	0	$-\frac{3}{2}$	0	1	11	0
	0	0	$-\frac{1}{2}$	$\frac{3}{5}$	0	0	0	5	$-\frac{1}{2}$
	0	0	0	0	0	$\frac{3}{2}$	$\frac{5}{2}$	0	$\frac{11}{4}$

Aus den Zeilen ⑨ und ⑩ ergeben sich beispielsweise die Linearkombinationen

$$\boldsymbol{a}^1 = \frac{1}{2}\boldsymbol{a}^2 - \frac{1}{2}\boldsymbol{a}^3\,, \quad \boldsymbol{a}^4 = \frac{1}{2}\boldsymbol{a}^2 - \frac{5}{2}\boldsymbol{a}^3\,, \quad \boldsymbol{a}^5 = \boldsymbol{a}^2 - \boldsymbol{a}^3\,, \quad \boldsymbol{b} = \frac{5}{2}\boldsymbol{a}^2 - \frac{3}{2}\boldsymbol{a}^3$$

und aus den Zeilen ⑬ und ⑭

$$\boldsymbol{a}^1 = \frac{1}{2}\boldsymbol{a}^5\,, \quad \boldsymbol{a}^2 = \boldsymbol{a}^3 + \boldsymbol{a}^5\,, \quad \boldsymbol{a}^4 = -2\boldsymbol{a}^3 + \frac{1}{2}\boldsymbol{a}^5\,, \quad \boldsymbol{b} = \boldsymbol{a}^3 + \frac{5}{2}\boldsymbol{a}^5\,.$$

15 Lineare Abbildungen

Ausgehend vom Begriff der Abbildung, wie er in Abschnitt 5.1 festgelegt und diskutiert wurde, wenden wir uns nun speziellen, so genannten linearen Abbildungen zu. Dabei wird sich in Abschnitt 15.1 zeigen, dass wie bei linearen Gleichungssystemen auch bei linearen Abbildungen eine matrizielle Schreibweise zweckmäßig ist. Zwischen den Begriffen Surjektivität, Injektivität, Bijektivität und den Rängen entsprechender Matrizen ergibt sich dann ein interessanter Zusammenhang. Mit Hilfe bijektiver linearer Abbildungen gelingt es schließlich in Abschnitt 15.2, inverse Matrizen einzuführen, diese zu berechnen und damit spezielle Gleichungssysteme zu lösen. Besonders einfach erweist sich die Berechnung inverser Matrizen im Fall von orthogonalen Matrizen.

15.1 Eigenschaften linearer Abbildungen

Beispiel 15.1

Eine Unternehmung stellt mit Hilfe der Produktionsfaktoren F_1, F_2, F_3 zwei Produkte P_1, P_2 her. Zur Produktion für jede Mengeneinheit von P_j $(j = 1,2)$ werden a_{ij} Mengeneinheiten von F_i $(i = 1,2,3)$ verbraucht. Der Zusammenhang lässt sich anschaulich durch Figur 15.1 darstellen.

Verbrauch		für eine Einheit des Produkts P_1	P_2
von Einheiten	F_1	a_{11}	a_{12}
der Produktions-	F_2	a_{21}	a_{22}
faktoren	F_3	a_{31}	a_{32}

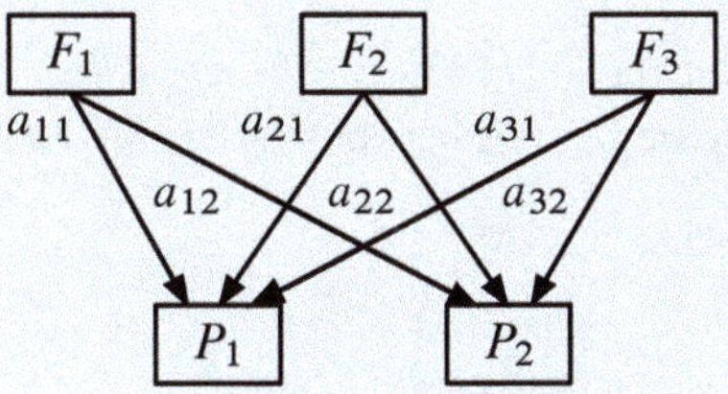

Figur 15.1: Herstellung von Produkten P_1, P_2
mit Hilfe der Produktionsfaktoren F_1, F_2, F_3

Wir nehmen weiter an, dass für die Produktionsfaktoren F_i $(i = 1, 2, 3)$ Beschaffungskosten c_i pro Einheit auftreten und für die Produkte P_j $(j = 1, 2)$ Verkaufspreise p_j erzielt werden.

Produktionsfaktoren	F_1	F_2	F_3
Kosten pro Einheit	c_1	c_2	c_3

Produkte	P_1	P_2
Verkaufspreise	p_1	p_2

Für den Fall, dass x_j Einheiten des Produktes P_j $(j = 1, 2)$ hergestellt und verkauft werden sollen, erhalten wir für den Verbrauch y_i der Produktionsfaktoren F_i $(i = 1, 2, 3)$

$$y_1 = a_{11}x_1 + a_{12}x_2\,,$$
$$y_2 = a_{21}x_1 + a_{22}x_2\,,$$
$$y_3 = a_{31}x_1 + a_{32}x_2$$

oder in Matrixschreibweise

$$\boldsymbol{y} = \boldsymbol{A}\boldsymbol{x}$$

$$\text{mit}\quad \boldsymbol{y} = \begin{pmatrix} y_1 \\ y_2 \\ y_3 \end{pmatrix}, \quad \boldsymbol{A} = \begin{pmatrix} a_{11} & a_{12} \\ a_{21} & a_{22} \\ a_{31} & a_{32} \end{pmatrix}, \quad \boldsymbol{x} = \begin{pmatrix} x_1 \\ x_2 \end{pmatrix}.$$

Einem Produktvektor $\boldsymbol{x}$ wird durch die Matrix $\boldsymbol{A}$ ein Faktorvektor $\boldsymbol{y}$ zugeordnet, mit dem die Produktion von $\boldsymbol{x}$ realisierbar ist. Wir erhalten eine Abbildung

$$f : \mathbb{R}^2_+ \to \mathbb{R}^3_+$$

$$\text{mit}\quad \boldsymbol{x} \in \mathbb{R}^2_+ \mapsto f(\boldsymbol{x}) = \boldsymbol{A}\boldsymbol{x} = \boldsymbol{y} \in \mathbb{R}^3_+\,. \qquad \text{(Definition 5.1)}$$

Der Definitionsbereich $\mathbb{R}^2_+$ enthält alle möglichen Produktvektoren $\boldsymbol{x} \geq \boldsymbol{o}$ und der Wertebereich $\mathbb{R}^3_+$ alle möglichen Faktorvektoren $\boldsymbol{y} \geq \boldsymbol{o}$. Für den Bildbereich von $\mathbb{R}^2_+$ bzgl. f gilt

$$f(\mathbb{R}^2_+) = \{\boldsymbol{y} \in \mathbb{R}^3_+ : \boldsymbol{y} = \boldsymbol{A}\boldsymbol{x},\ \boldsymbol{x} \in \mathbb{R}^2_+\}\,.$$

Man bezeichnet die Abbildung auch als **Faktorbedarfsfunktion**. Bei der Beschaffung der Produktionsfaktoren treten Kosten auf, es ergibt sich für die Gesamtkosten

$$k(\boldsymbol{y}) = c_1y_1 + c_2y_2 + c_3y_3 = \boldsymbol{c}^T\boldsymbol{y}$$

$$\text{mit}\quad \boldsymbol{c}^T = (c_1, c_2, c_3), \quad \boldsymbol{y} = \begin{pmatrix} y_1 \\ y_2 \\ y_3 \end{pmatrix}.$$

Wir erhalten eine weitere Abbildung

$$k \colon \mathbb{R}^3_+ \to \mathbb{R}_+$$
$$\text{mit} \quad y \in \mathbb{R}^3_+ \mapsto k(y) = c^T y \in \mathbb{R}_+ \,, \qquad \text{(Definition 5.1)}$$

die man als **Kostenfunktion** bezeichnet. Um die Kosten in Abhängigkeit des Produktvektors x auszudrücken, betrachtet man die zusammengesetzte Abbildung

$$k \circ f \colon \mathbb{R}^2_+ \to \mathbb{R}_+$$
$$\text{mit} \quad x \in \mathbb{R}^2_+ \mapsto (k \circ f)(x) = k(Ax) = c^T A x \in \mathbb{R}_+ \,. \qquad \text{(Definition 5.5)}$$

Für den Umsatz gilt

$$u = p_1 x_1 + p_2 x_2 = p^T x$$
$$\text{mit} \quad p^T = (p_1, p_2) \quad \text{und} \quad x = \begin{pmatrix} x_1 \\ x_2 \end{pmatrix} .$$

Die dazugehörige Abbildung

$$u \colon \mathbb{R}^2_+ \to \mathbb{R}_+$$
$$\text{mit} \quad x \in \mathbb{R}^2_+ \mapsto u(x) = p^T x \in \mathbb{R}_+$$

nennen wir auch **Umsatz**- oder **Erlösfunktion**. Unter Verwendung der Erlösfunktion u und der Kostenfunktion $k \circ f$ erhält man die **Gewinnfunktion** $g = u - k \circ f$ als Differenz zweier Abbildungen in Abhängigkeit von x

$$g \colon \mathbb{R}^2_+ \to \mathbb{R}$$
$$\begin{aligned} \text{mit} \quad x \in \mathbb{R}^2_+ \mapsto g(x) &= (u - k \circ f)(x) \\ &= p^T x - c^T A x = (p^T - c^T A) x \in \mathbb{R} \,. \end{aligned}$$

Den Abbildungen $f, k \circ f, u$ und g mit der Menge $\mathbb{R}^2_+$ aller möglichen Produktvektoren x als Definitionsbereich ist gemeinsam, dass man vom Urbild zum Bild mit Hilfe einer Matrixmultiplikation übergeht. Wir erhalten:

$f(x) = Ax$	mit	A	als 3×2-Matrix
$(k \circ f)(x) = c^T A x$	mit	$c^T A$	als 1×2-Matrix
$u(x) = p^T x$	mit	p^T	als 1×2-Matrix
$g(x) = (p^T - c^T A) x$	mit	$(p^T - c^T A)$	als 1×2-Matrix

Definition 15.2

Eine Abbildung $f : \mathbb{R}^n \mapsto \mathbb{R}^m$ mit $m, n \in \mathbb{N}$, die jedem Urbild $\boldsymbol{x} \in \mathbb{R}^n$ das Bild $\boldsymbol{y} = f(\boldsymbol{x}) \in \mathbb{R}^m$ zuordnet, heißt **linear**, wenn eine $m \times n$-Matrix $\boldsymbol{A}$ existiert mit $\boldsymbol{y} = f(\boldsymbol{x}) = \boldsymbol{A}\boldsymbol{x}$, also

$$\begin{pmatrix} f_1(\boldsymbol{x}) \\ \vdots \\ f_m(\boldsymbol{x}) \end{pmatrix} = \begin{pmatrix} y_1 \\ \vdots \\ y_m \end{pmatrix} = \begin{pmatrix} a_{11} & \dots & a_{1n} \\ \vdots & & \vdots \\ a_{m1} & \dots & a_{mn} \end{pmatrix} \begin{pmatrix} x_1 \\ \vdots \\ x_n \end{pmatrix}$$

oder auch

$$\begin{matrix} f_1(\boldsymbol{x}) = & y_1 = & a_{11}x_1 + \dots + & a_{1n}x_n \,, \\ \vdots & \vdots & \vdots & \vdots \\ f_m(\boldsymbol{x}) = & y_m = & a_{m1}x_1 + \dots + & a_{mn}x_n \,. \end{matrix}$$

Satz 15.3

Eine Abbildung $f : \mathbb{R}^n \mapsto \mathbb{R}^m$ ist genau dann linear, wenn für alle Urbilder $\boldsymbol{x}^1, \boldsymbol{x}^2 \in \mathbb{R}^n$ und $r_1, r_2 \in \mathbb{R}$ das Bild der Linearkombination $r_1\boldsymbol{x}^1 + r_2\boldsymbol{x}^2$ bzgl. f gleich ist der Linearkombination $r_1 f(\boldsymbol{x}^1) + r_2 f(\boldsymbol{x}^2)$ der Bilder von $\boldsymbol{x}^1$ und $\boldsymbol{x}^2$, d. h.

$$f(r_1\boldsymbol{x}^1 + r_2\boldsymbol{x}^2) = r_1 f(\boldsymbol{x}^1) + r_2 f(\boldsymbol{x}^2) \,.$$

Beweis:

Sei $f : \mathbb{R}^n \mapsto \mathbb{R}^m$ linear mit $f(\boldsymbol{x}) = \boldsymbol{A}\boldsymbol{x}$

$$\Rightarrow \; f(r_1\boldsymbol{x}^1 + r_2\boldsymbol{x}^2) = \boldsymbol{A}(r_1\boldsymbol{x}^1 + r_2\boldsymbol{x}^2) = \boldsymbol{A}r_1\boldsymbol{x}^1 + \boldsymbol{A}r_2\boldsymbol{x}^2$$
$$= r_1(\boldsymbol{A}\boldsymbol{x}^1) + r_2(\boldsymbol{A}\boldsymbol{x}^2) = r_1 f(\boldsymbol{x}^1) + r_2 f(\boldsymbol{x}^2) \,.$$

Zum Beweis der Umkehrung gehen wir von der Gleichung

$$f(r_1\boldsymbol{x}^1 + r_2\boldsymbol{x}^2) = r_1 f(\boldsymbol{x}^1) + r_2 f(\boldsymbol{x}^2)$$

aus. Dann folgt für ein beliebiges $\boldsymbol{x} = \begin{pmatrix} x_1 \\ \vdots \\ x_n \end{pmatrix} \in \mathbb{R}^n$

$$f(\boldsymbol{x}) = f(x_1\boldsymbol{e}_1 + \dots + x_n\boldsymbol{e}_n) = x_1 f(\boldsymbol{e}_1) + \dots + x_n f(\boldsymbol{e}_n) \,.$$

Setzen wir $f(\boldsymbol{e}_i) = \boldsymbol{a}^i \in \mathbb{R}^m$ für alle $i = 1, \dots, n$, so gilt:

$$f(\boldsymbol{x}) = x_1\boldsymbol{a}^1 + \dots + x_n\boldsymbol{a}^n = \boldsymbol{A}\boldsymbol{x}$$

Damit ist der Satz bewiesen.

Wir befassen uns nun mit der Identität von linearen Abbildungen, ferner auch mit der Summen-, Differenz- und Produktabbildung.

Satz 15.4

Gegeben sind die linearen Abbildungen

$$\begin{aligned} f: \mathbb{R}^n &\mapsto \mathbb{R}^m \quad \text{mit } f(\boldsymbol{x}) = \boldsymbol{Ax} \quad (\boldsymbol{A} \text{ ist } m \times n\text{-Matrix}), \\ g: \mathbb{R}^n &\mapsto \mathbb{R}^m \quad \text{mit } g(\boldsymbol{x}) = \boldsymbol{Bx} \quad (\boldsymbol{B} \text{ ist } m \times n\text{-Matrix}), \\ h: \mathbb{R}^m &\mapsto \mathbb{R}^q \quad \text{mit } h(\boldsymbol{x}) = \boldsymbol{Cx} \quad (\boldsymbol{C} \text{ ist } q \times m\text{-Matrix}). \end{aligned}$$

Dann gilt:

a) $f = g \iff \boldsymbol{A} = \boldsymbol{B}$

b) $f + g: \mathbb{R}^n \mapsto \mathbb{R}^m$ ist linear mit $(f + g)(\boldsymbol{x}) = (\boldsymbol{A} + \boldsymbol{B})\boldsymbol{x}$

c) $f - g: \mathbb{R}^n \mapsto \mathbb{R}^m$ ist linear mit $(f - g)(\boldsymbol{x}) = (\boldsymbol{A} - \boldsymbol{B})\boldsymbol{x}$

d) $h \circ f: \mathbb{R}^n \mapsto \mathbb{R}^q$ ist linear mit $(h \circ f)(\boldsymbol{x}) = h(\boldsymbol{Ax}) = \boldsymbol{CAx}$

Der Beweis von a), b) und c) ergibt sich unmittelbar aus Satz 5.17, der Beweis von d) aus Definition 5.15.

Beispiel 15.5

a) Alle in Beispiel 15.1 betrachteten Abbildungen $f, k, k \circ f, u$ und g sind linear. Wir erhalten

die lineare Faktorbedarfsfunktion

$$f: \mathbb{R}_+^2 \mapsto \mathbb{R}_+^3 \quad \text{mit} \quad f(\boldsymbol{x}) = \boldsymbol{Ax},$$

die lineare faktorabhängige Kostenfunktion

$$k: \mathbb{R}_+^3 \mapsto \mathbb{R}_+ \quad \text{mit} \quad k(\boldsymbol{y}) = \boldsymbol{c}^T \boldsymbol{y},$$

die lineare produktabhängige Kostenfunktion

$$k \circ f: \mathbb{R}_+^2 \mapsto \mathbb{R}_+ \quad \text{mit} \quad (k \circ f)(\boldsymbol{x}) = \boldsymbol{c}^T \boldsymbol{Ax},$$

die lineare Umsatzfunktion

$$u: \mathbb{R}_+^2 \mapsto \mathbb{R}_+ \quad \text{mit} \quad u(\boldsymbol{x}) = \boldsymbol{p}^T \boldsymbol{x}$$

und die lineare Gewinnfunktion $g = u - k \circ f$

$$u - k \circ f: \mathbb{R}_+^2 \mapsto \mathbb{R} \quad \text{mit} \quad (u - k \circ f)(\boldsymbol{x}) = (\boldsymbol{p}^T - \boldsymbol{c}^T \boldsymbol{A})\boldsymbol{x}.$$

Die produktabhängige Kostenfunktion $k \circ f$ entsteht aus der Hintereinanderschaltung von f und k, die Gewinnfunktion aus der Differenz von u und der zusammengesetzten Abbildung $k \circ f$.

b) Eine Unternehmung produziert mit Hilfe von p Faktoren $F_1, \dots, F_p$ m Zwischenprodukte $Z_1, \dots, Z_m$ und mit diesen Zwischenprodukten sowie den p Faktoren $F_1, \dots, F_p$ schließlich n Endprodukte $P_1, \dots, P_n$. Wir bezeichnen mit:

a_{ij} die Anzahl der Einheiten von F_i, die zur Herstellung einer Einheit von Z_j benötigt werden

b_{jk} die Anzahl der Einheiten von Z_j, die zur Herstellung einer Einheit von P_k benötigt werden

c_{ik} die Anzahl der Einheiten von F_i, die zur Herstellung einer Einheit von P_k zusätzlich benötigt werden

Wir erhalten die Produktionsmatrizen

$$\boldsymbol{A} = \begin{pmatrix} a_{11} & \dots & a_{1m} \\ \vdots & & \vdots \\ a_{p1} & \dots & a_{pm} \end{pmatrix}, \ \boldsymbol{B} = \begin{pmatrix} b_{11} & \dots & b_{1n} \\ \vdots & & \vdots \\ b_{m1} & \dots & b_{mn} \end{pmatrix}, \ \boldsymbol{C} = \begin{pmatrix} c_{11} & \dots & c_{1n} \\ \vdots & & \vdots \\ c_{p1} & \dots & c_{pn} \end{pmatrix}.$$

Zur Herstellung des Produktvektors $\boldsymbol{x} \in \mathbb{R}_+^n$ ist dann der Zwischenproduktvektor $\boldsymbol{z} = \boldsymbol{Bx}$ und der Faktorvektor $\boldsymbol{y}^1 = \boldsymbol{Cx}$, zur Herstellung von $\boldsymbol{z} \in \mathbb{R}^m$ der Faktorvektor $\boldsymbol{y}^2 = \boldsymbol{Az} = \boldsymbol{ABx}$ erforderlich. Zwischen Faktor- und Produktquantitäten ergibt sich die Beziehung

$$\boldsymbol{y} = \boldsymbol{y}^1 + \boldsymbol{y}^2 = \boldsymbol{Cx} + \boldsymbol{ABx} = (\boldsymbol{C} + \boldsymbol{AB})\boldsymbol{x}.$$

Wir erhalten mit den linearen Abbildungen f, g, h und

$$f(\boldsymbol{x}) = \boldsymbol{Bx}, \quad g(\boldsymbol{x}) = \boldsymbol{Cx}, \quad h(\boldsymbol{x}) = \boldsymbol{Ax}$$

die Abbildung

$$g + h \circ f : \mathbb{R}_+^n \to \mathbb{R}_+^p$$

$$\text{mit} \quad \boldsymbol{x} \in \mathbb{R}_+^n \mapsto (g + h \circ f)(\boldsymbol{x}) = g(\boldsymbol{x}) + (h \circ f)(\boldsymbol{x}) = g(\boldsymbol{x}) + h(\boldsymbol{Bx}) = \boldsymbol{Cx} + \boldsymbol{ABx} = (\boldsymbol{C} + \boldsymbol{AB})\boldsymbol{x}.$$

Die folgenden Überlegungen befassen sich nun damit, wann eine lineare Abbildung f mit der Gleichung $f(\boldsymbol{x}) = \boldsymbol{A}\boldsymbol{x}$ surjektiv, injektiv bzw. bijektiv ist (Definition 5.3).

Satz 15.6

Sei $f : \mathbb{R}^n \to \mathbb{R}^m$ mit $\boldsymbol{y} = f(\boldsymbol{x}) = \boldsymbol{A}\boldsymbol{x}$ eine lineare Abbildung. Dann gilt:

a) f surjektiv $\iff$ $m \leq n$ und $\operatorname{Rg}\boldsymbol{A} = m$

b) f injektiv $\iff$ $m \geq n$ und $\operatorname{Rg}\boldsymbol{A} = n$

c) f bijektiv $\iff$ $\operatorname{Rg}\boldsymbol{A} = m = n$

Beweis:

a) f surjektiv

$\iff$ für jedes $\boldsymbol{y} \in \mathbb{R}^m$ existiert ein $\boldsymbol{x} \in \mathbb{R}^n$ mit $f(\boldsymbol{x}) = \boldsymbol{A}\boldsymbol{x} = \boldsymbol{y}$ (Definition 5.3)

$\iff$ für jedes $\boldsymbol{y} \in \mathbb{R}^m$ ist das lineare Gleichungssystem $\boldsymbol{A}\boldsymbol{x} = \boldsymbol{y}$ bzw. $\hat{\boldsymbol{A}}\hat{\boldsymbol{x}} = \hat{\boldsymbol{y}}$ lösbar (Satz 14.7)

$\iff$ für jedes $\boldsymbol{y} \in \mathbb{R}^m$ gilt $\operatorname{Rg}\boldsymbol{A} = \operatorname{Rg}(\boldsymbol{A}|\boldsymbol{y})$ bzw. $\operatorname{Rg}\hat{\boldsymbol{A}} = \operatorname{Rg}(\hat{\boldsymbol{A}}|\hat{\boldsymbol{y}})$ (Satz 14.9 d)

$\iff$ $\operatorname{Rg}(\hat{\boldsymbol{A}}|\hat{\boldsymbol{y}})$ hat die Form von Satz 14.7 b) oder d)

$\iff$ $m \leq n$ und $\operatorname{Rg}\boldsymbol{A} = \operatorname{Rg}\hat{\boldsymbol{A}} = m$ (Satz 13.21).

b) f injektiv

$\iff$ für alle $\boldsymbol{x}^1, \boldsymbol{x}^2 \in \mathbb{R}^m$ gilt $\left(f(\boldsymbol{x}^1) = f(\boldsymbol{x}^2) \Rightarrow \boldsymbol{x}^1 = \boldsymbol{x}^2\right)$ (Definition 5.3)

$\iff$ für alle $\boldsymbol{x}^1, \boldsymbol{x}^2 \in \mathbb{R}^m$ gilt $(\boldsymbol{y} = \boldsymbol{A}\boldsymbol{x}^1 = \boldsymbol{A}\boldsymbol{x}^2 \Rightarrow \boldsymbol{x}^1 = \boldsymbol{x}^2)$

$\iff$ ist $\boldsymbol{y} = \boldsymbol{A}\boldsymbol{x}$ lösbar, so ist die Lösung $\boldsymbol{x}$ eindeutig

$\iff$ $\operatorname{Rg}\boldsymbol{A} = n$ und $m \geq n$.

c) f bijektiv

$\iff$ f surjektiv und injektiv (Definition 5.3)

$\iff$ $\operatorname{Rg}\boldsymbol{A} = m = n$.

Wir fassen das Ergebnis nochmals zusammen: f ist genau dann

- **surjektiv**, wenn $\boldsymbol{y} = \boldsymbol{A}\boldsymbol{x}$ für alle $\boldsymbol{y}$ lösbar ist.
- **injektiv**, wenn $\boldsymbol{y} = \boldsymbol{A}\boldsymbol{x}$ im Fall seiner Lösbarkeit genau eine Lösung besitzt.
- **bijektiv**, wenn $\boldsymbol{y} = \boldsymbol{A}\boldsymbol{x}$ für alle $\boldsymbol{y}$ genau eine Lösung besitzt.

15.2 Inverse und orthogonale Matrizen

Kapitel 11 befasste sich vorrangig mit der Addition, Subtraktion und Multiplikation von Matrizen. Wir werden zeigen, dass für spezielle Matrizen eine inverse Matrix existiert und berechenbar ist. Damit kommen wir zu einer Operation bei Matrizen, die der Division bei reellen Zahlen entspricht.

Wir gehen von einer bijektiven linearen Abbildung f mit

$$f: \mathbb{R}^n \to \mathbb{R}^n \quad \text{mit} \quad \boldsymbol{y} = f(\boldsymbol{x}) = \boldsymbol{A}\boldsymbol{x} \quad \text{und} \quad \operatorname{Rg}\boldsymbol{A} = n$$

aus. Dann existiert zu f eine inverse Abbildung (Definition 5.8)

$$f^{-1}: \mathbb{R}^n \to \mathbb{R}^n \quad \text{mit} \quad \boldsymbol{x} = f^{-1}(\boldsymbol{y}) = \boldsymbol{B}\boldsymbol{y} \quad \text{und} \quad \operatorname{Rg}\boldsymbol{B} = n\,,$$

die ebenfalls linear und bijektiv ist. Ferner sind die Abbildungen

$$\begin{aligned} f \circ f^{-1}: \mathbb{R}^n \to \mathbb{R}^n \quad &\text{mit} \quad (f \circ f^{-1})(\boldsymbol{y}) = \boldsymbol{A}\boldsymbol{B}\boldsymbol{y} = \boldsymbol{E}\boldsymbol{y} = \boldsymbol{y}\,,\\ f^{-1} \circ f: \mathbb{R}^n \to \mathbb{R}^n \quad &\text{mit} \quad (f^{-1} \circ f)(\boldsymbol{x}) = \boldsymbol{B}\boldsymbol{A}\boldsymbol{x} = \boldsymbol{E}\boldsymbol{x} = \boldsymbol{x} \end{aligned}$$

identische Abbildungen (Satz 5.9 c). Damit hat man zur Bestimmung von $\boldsymbol{B}$ bei gegebenem $\boldsymbol{A}$ die beiden Gleichungen

$$\boldsymbol{A}\boldsymbol{B} = \boldsymbol{E}\,, \quad \boldsymbol{B}\boldsymbol{A} = \boldsymbol{E}\,.$$

Definition 15.7

Sei $\boldsymbol{A}$ eine $n \times n$-Matrix und $\boldsymbol{E}$ die $n \times n$-Einheitsmatrix. Existiert eine $n \times n$-Matrix $\boldsymbol{B}$ mit

$$\boldsymbol{A}\boldsymbol{B} = \boldsymbol{B}\boldsymbol{A} = \boldsymbol{E}\,,$$

so heißt $\boldsymbol{B}$ die zu $\boldsymbol{A}$ **inverse Matrix**, und man schreibt

$$\boldsymbol{B} = \boldsymbol{A}^{-1}\,.$$

Ist f also eine bijektive lineare Abbildung mit $f(\boldsymbol{x}) = \boldsymbol{A}\boldsymbol{x}$, so hat die inverse Abbildung f^{-1} die Form

$$f^{-1}(\boldsymbol{y}) = \boldsymbol{A}^{-1}\boldsymbol{y}\,.$$

Beispiel 15.8

a) Sei $\boldsymbol{A} = (a)$ eine 1×1-Matrix und $\boldsymbol{E} = (1)$. Dann existiert für $a \neq 0$ die inverse Matrix $\boldsymbol{A}^{-1} = (a^{-1})$ und es gilt

$$\boldsymbol{A}\boldsymbol{A}^{-1} = \boldsymbol{A}^{-1}\boldsymbol{A} = \boldsymbol{E} \quad \text{bzw.} \quad aa^{-1} = a^{-1}a = 1\,.$$

Zu jeder reellen Zahl $a \neq 0$ existiert ein $b = a^{-1}$ mit $ab = ba = 1$.

b) Sei $\boldsymbol{A} = \begin{pmatrix} a & b \\ c & d \end{pmatrix}$ eine 2×2-Matrix und $\boldsymbol{E} = \begin{pmatrix} 1 & 0 \\ 0 & 1 \end{pmatrix}$. Dann gilt für die Matrix $\boldsymbol{A}^{-1} = \begin{pmatrix} x_1 & x_2 \\ x_3 & x_4 \end{pmatrix}$, falls sie existiert, die Matrixgleichung

$$\boldsymbol{A}\boldsymbol{A}^{-1} = \begin{pmatrix} a & b \\ c & d \end{pmatrix}\begin{pmatrix} x_1 & x_2 \\ x_3 & x_4 \end{pmatrix} = \begin{pmatrix} 1 & 0 \\ 0 & 1 \end{pmatrix} = \boldsymbol{E}$$

oder komponentenweise

$$\begin{array}{llllr} ax_1 & & +bx_3 & & = 1\,, \\ & ax_2 & & +bx_4 & = 0\,, \\ cx_1 & & +dx_3 & & = 0\,, \\ & cx_2 & & +dx_4 & = 1\,. \end{array}$$

Mit Hilfe des Gaußalgorithmus berechnet man daraus

$$x_1 = \frac{d}{ad - bc}\,, \quad x_2 = \frac{-b}{ad - bc}\,, \quad x_3 = \frac{-c}{ad - bc}\,, \quad x_4 = \frac{a}{ad - bc}\,.$$

Für $ad - bc \neq 0$ existiert zu $\boldsymbol{A}$ die inverse Matrix

$$\boldsymbol{A}^{-1} = \frac{1}{ad - bc}\begin{pmatrix} d & -b \\ -c & a \end{pmatrix}.$$

Satz 15.9

Sei $\boldsymbol{A}$ eine $n \times n$-Matrix. Dann gilt

$$\operatorname{Rg}\boldsymbol{A} = n \iff \text{es existiert die inverse Matrix } \boldsymbol{A}^{-1}\,.$$

Beweis:

$$\begin{aligned}
\operatorname{Rg} \boldsymbol{A} = n &\iff f \text{ mit } f(\boldsymbol{x}) = \boldsymbol{A}\boldsymbol{x} \text{ ist bijektiv} && \text{(Satz 15.6 c)}\\
&\iff \text{es existiert } f^{-1} \text{ mit } f^{-1}(\boldsymbol{y}) = \boldsymbol{B}\boldsymbol{y}\\
& \text{ und es gilt } \boldsymbol{AB} = \boldsymbol{BA} = \boldsymbol{E} && \text{(Satz 5.9, Definition 15.7)}\\
&\iff \boldsymbol{B} = \boldsymbol{A}^{-1} \text{ ist invers zu } \boldsymbol{A}
\end{aligned}$$

Wir haben eine Äquivalenz bewiesen, die gleichbedeutend ist mit

$$\operatorname{Rg} \boldsymbol{A} < n \iff \text{es existiert keine inverse Matrix } \boldsymbol{A}^{-1}.$$

Beispiel 15.10

Wir betrachten die Matrix $\boldsymbol{A} = \begin{pmatrix} a & b \\ c & d \end{pmatrix}$ aus Beispiel 15.8 b und stellen Folgendes fest:

$$\begin{aligned}
\operatorname{Rg} \boldsymbol{A} < 2 &\iff \text{die Vektoren } \begin{pmatrix} a \\ c \end{pmatrix}, \begin{pmatrix} b \\ d \end{pmatrix} \text{ sind linear abhängig (Satz 13.18 c)}\\
&\iff \text{es existiert ein } r \in \mathbb{R} \text{ mit } \begin{pmatrix} a \\ c \end{pmatrix} = r \begin{pmatrix} b \\ d \end{pmatrix} \text{ bzw. } \begin{matrix} a = rb \\ c = rd \end{matrix}\\
&\iff ad - bc = rbd - rbd = 0\\
&\iff \boldsymbol{A}^{-1} \text{ existiert nicht}
\end{aligned}$$

Während wir mit dem Matrizenrang eine sehr gut verwendbare Bedingung für den Nachweis der Existenz von inversen Matrizen haben (Satz 15.9), gestaltet sich die Berechnung nach Beispiel 15.8 b für $n > 2$ sehr aufwendig. Man müsste ein Gleichungssystem mit n^2 Unbekannten lösen. Wesentlich einfacher ist die Berechnung nach dem Gaußalgorithmus.

Satz 15.11

Sei $\boldsymbol{A}$ eine $n \times n$-Matrix mit $\operatorname{Rg} \boldsymbol{A} = n$ und $\boldsymbol{E}$ die $n \times n$-Einheitsmatrix. Dann lässt sich die $n \times 2n$-Matrix $(\boldsymbol{A}, \boldsymbol{E})$ mit Hilfe von elementaren Zeilenumformungen stets in die $n \times 2n$-Matrix $(\boldsymbol{E}, \boldsymbol{A}^{-1})$ transformieren.

Beweis:

Wir betrachten das homogene Gleichungssystem

$$\boldsymbol{A}\boldsymbol{x} + \boldsymbol{E}\boldsymbol{y} = (\boldsymbol{A}, \boldsymbol{E}) \begin{pmatrix} \boldsymbol{x} \\ \boldsymbol{y} \end{pmatrix} = \boldsymbol{o}$$

mit der Koeffizientenmatrix $(\boldsymbol{A}, \boldsymbol{E})$ und $\operatorname{Rg}(\boldsymbol{A}, \boldsymbol{E}) = n$.

Mit Hilfe elementarer Zeilenumformungen erhält man daher eine Matrix der Form

$$(\boldsymbol{E}, \boldsymbol{B}) = \begin{pmatrix} 1 & \dots & 0 & b_{11} & \dots & b_{1n} \\ \vdots & & \vdots & \vdots & & \vdots \\ 0 & \dots & 1 & b_{n1} & \dots & b_{nn} \end{pmatrix}. \qquad \text{(Satz 13.21 b)}$$

Das sich ergebende homogene Gleichungssystem

$$\boldsymbol{E}\boldsymbol{x} + \boldsymbol{B}\boldsymbol{y} = (\boldsymbol{E}, \boldsymbol{B}) \begin{pmatrix} \boldsymbol{x} \\ \boldsymbol{y} \end{pmatrix} = \boldsymbol{o}$$

hat dieselbe Lösungsmenge wie $\boldsymbol{A}\boldsymbol{x} + \boldsymbol{E}\boldsymbol{y} = \boldsymbol{o}$. Andererseits gilt

$$\boldsymbol{A}\boldsymbol{x} + \boldsymbol{E}\boldsymbol{y} = \boldsymbol{o} \iff \boldsymbol{A}^{-1}\boldsymbol{A}\boldsymbol{x} + \boldsymbol{A}^{-1}\boldsymbol{E}\boldsymbol{y} = \boldsymbol{o} \iff \boldsymbol{E}\boldsymbol{x} + \boldsymbol{A}^{-1}\boldsymbol{y} = \boldsymbol{o}.$$

Wir erhalten $\boldsymbol{B} = \boldsymbol{A}^{-1}$.

Beispiel 15.12

Wir bestimmen inverse Matrizen zu

$$\boldsymbol{A}_1 = \begin{pmatrix} 1 & 0 & 2 & 1 \\ 0 & 1 & 0 & 1 \\ 1 & 1 & 2 & 2 \\ 1 & 1 & 0 & 1 \end{pmatrix}, \quad \boldsymbol{A}_2 = \begin{pmatrix} 1 & 0 & 2 \\ 0 & 1 & 1 \\ 1 & 1 & 0 \end{pmatrix}, \quad \boldsymbol{A}_3 = \begin{pmatrix} 2 & 0 & 0 & 0 \\ 0 & \frac{7}{2} & 0 & 0 \\ 0 & 0 & \frac{1}{5} & 0 \\ 0 & 0 & 0 & 1 \end{pmatrix}.$$

Wir erhalten mit dem Gaußalgorithmus:

Zeile	$\boldsymbol{A}_1$				$\boldsymbol{E}$				Operation
①	$\boxed{1}$	0	2	1	1	0	0	0	
②	0	1	0	1	0	1	0	0	
③	1	1	2	2	0	0	1	0	
④	1	1	0	1	0	0	0	1	
⑤	1	0	2	1	1	0	0	0	①
⑥	0	$\boxed{1}$	0	1	0	1	0	0	②
⑦	0	1	0	1	−1	0	1	0	③ − ①
⑧	0	1	−2	0	−1	0	0	1	④ − ①
⑨	1	0	2	1	1	0	0	0	⑤
⑩	0	1	0	1	0	1	0	0	⑥
⑪	0	0	0	0	−1	−1	1	0	⑦ − ⑥
⑫	0	0	−2	−1	−1	−1	0	1	⑧ − ⑥

Wegen Zeile ⑪ gilt $\operatorname{Rg} \boldsymbol{A}_1 < 4$, also existiert keine inverse Matrix.

Zeile	A_2			E			Operation
①	$\boxed{1}$	0	2	1	0	0	
②	0	1	1	0	1	0	
③	1	1	0	0	0	1	
④	1	0	2	1	0	0	①
⑤	0	$\boxed{1}$	1	0	1	0	②
⑥	0	1	−2	−1	0	1	③ − ①
⑦	1	0	2	1	0	0	④
⑧	0	1	1	0	1	0	⑤
⑨	0	0	$\boxed{-3}$	−1	−1	1	⑥ − ⑤
⑩	1	0	0	$\frac{1}{3}$	$-\frac{2}{3}$	$\frac{2}{3}$	⑦ + $\frac{2}{3}$ · ⑨
⑪	0	1	0	$-\frac{1}{3}$	$\frac{2}{3}$	$\frac{1}{3}$	⑧ + $\frac{1}{3}$ · ⑨
⑫	0	0	1	$\frac{1}{3}$	$\frac{1}{3}$	$-\frac{1}{3}$	$-\frac{1}{3}$ · ⑨

Wir erhalten $A_2^{-1} = \frac{1}{3}\begin{pmatrix} 1 & -2 & 2 \\ -1 & 2 & 1 \\ 1 & 1 & -1 \end{pmatrix}$ mit $A_2^{-1}A_2 = A_2A_2^{-1} = E$.

Der Gaußalgorithmus ist also in der Lage, sowohl die Existenz von inversen Matrizen zu überprüfen (Satz 15.9) als auch inverse Matrizen gegebenenfalls zu berechnen (Satz 15.11).

Die Bestimmung einer zu A_3 inversen Matrix ist besonders einfach. Aus der Matrizengleichung

$$A_3X = \begin{pmatrix} 2 & 0 & 0 & 0 \\ 0 & \frac{7}{2} & 0 & 0 \\ 0 & 0 & \frac{1}{5} & 0 \\ 0 & 0 & 0 & 1 \end{pmatrix} \begin{pmatrix} x_1 & 0 & 0 & 0 \\ 0 & x_2 & 0 & 0 \\ 0 & 0 & x_3 & 0 \\ 0 & 0 & 0 & x_4 \end{pmatrix} = \begin{pmatrix} 1 & 0 & 0 & 0 \\ 0 & 1 & 0 & 0 \\ 0 & 0 & 1 & 0 \\ 0 & 0 & 0 & 1 \end{pmatrix} = E$$

erhält man direkt $2x_1 = 1,\ \frac{7}{2}x_2 = 1,\ \frac{1}{5}x_3 = 1,\ x_4 = 1,$ also

$$X = A_3^{-1} = \begin{pmatrix} \frac{1}{2} & 0 & 0 & 0 \\ 0 & \frac{2}{7} & 0 & 0 \\ 0 & 0 & 5 & 0 \\ 0 & 0 & 0 & 1 \end{pmatrix}.$$

Eine entsprechende Aussage gilt für alle $n \times n$-Diagonalmatrizen, falls alle Komponenten der Hauptdiagonalen verschieden von 0 sind.

Es gibt noch eine weitere spezielle Klasse von Matrizen, deren Inverse stets existiert und einfach zu berechnen ist. Dazu erinnern wir an den Begriff der Orthogonalität zweier Vektoren $\boldsymbol{a}, \boldsymbol{b} \in \mathbb{R}^n$ (Definition 12.5) und betrachten nun $n \times n$-Matrizen, deren Zeilen- bzw. Spaltenvektoren paarweise orthogonal sind.

Definition 15.13

Eine $n \times n$-Matrix $\boldsymbol{A}$ heißt **orthogonal**, wenn gilt

$$\boldsymbol{A}\boldsymbol{A}^T = \boldsymbol{A}^T\boldsymbol{A} = \boldsymbol{E}\,.$$

Die Matrix $\boldsymbol{A}$ ist also orthogonal, wenn die zu $\boldsymbol{A}$ inverse Matrix $\boldsymbol{A}^{-1} = \boldsymbol{A}^T$ durch Transposition von $\boldsymbol{A}$ entsteht. Mit $\boldsymbol{A}$ ist also auch $\boldsymbol{A}^T$ orthogonal. Mit

$$\boldsymbol{A} = \begin{pmatrix} a_{11} & \dots & a_{1n} \\ \vdots & & \vdots \\ a_{n1} & \dots & a_{nn} \end{pmatrix} = \begin{pmatrix} \boldsymbol{a}_1^T \\ \vdots \\ \boldsymbol{a}_n^T \end{pmatrix} = (\boldsymbol{a}^1, \dots, \boldsymbol{a}^n)$$

ist die Orthogonalität von $\boldsymbol{A}$ gleichbedeutend mit

$$\boldsymbol{a}_i^T \boldsymbol{a}_j = \begin{cases} 1 \text{ falls } i = j \\ 0 \text{ falls } i \neq j \end{cases} \quad \text{bzw.} \quad {\boldsymbol{a}^i}^T \boldsymbol{a}^j = \begin{cases} 1 \text{ falls } i = j \\ 0 \text{ falls } i \neq j \end{cases}.$$

In einer orthogonalen Matrix sind also alle Zeilen- und Spaltenvektoren paarweise orthogonal (Definition 12.5). Ferner haben alle Zeilen- und Spaltenvektoren den Absolutbetrag 1 (Definition 12.1).

Beispiel 15.14

Für die Matrizen

$$A_1 = \begin{pmatrix} \frac{3}{5} & -\frac{4}{5} \\ \frac{4}{5} & \frac{3}{5} \end{pmatrix}, \quad A_2 = \begin{pmatrix} \frac{1}{\sqrt{2}} & -\frac{1}{\sqrt{2}} & 0 \\ \frac{1}{\sqrt{3}} & \frac{1}{\sqrt{3}} & \frac{1}{\sqrt{3}} \\ \frac{1}{\sqrt{6}} & \frac{1}{\sqrt{6}} & -\frac{2}{\sqrt{6}} \end{pmatrix}$$

gilt

$$A_1A_1^T = \begin{pmatrix} \frac{3}{5} & -\frac{4}{5} \\ \frac{4}{5} & \frac{3}{5} \end{pmatrix} \begin{pmatrix} \frac{3}{5} & \frac{4}{5} \\ -\frac{4}{5} & \frac{3}{5} \end{pmatrix} = \begin{pmatrix} 1 & 0 \\ 0 & 1 \end{pmatrix} = A_1^TA_1 ,$$

$$A_2A_2^T = \begin{pmatrix} \frac{1}{\sqrt{2}} & -\frac{1}{\sqrt{2}} & 0 \\ \frac{1}{\sqrt{3}} & \frac{1}{\sqrt{3}} & \frac{1}{\sqrt{3}} \\ \frac{1}{\sqrt{6}} & \frac{1}{\sqrt{6}} & -\frac{2}{\sqrt{6}} \end{pmatrix} \begin{pmatrix} \frac{1}{\sqrt{2}} & \frac{1}{\sqrt{3}} & \frac{1}{\sqrt{6}} \\ -\frac{1}{\sqrt{2}} & \frac{1}{\sqrt{3}} & \frac{1}{\sqrt{6}} \\ 0 & \frac{1}{\sqrt{3}} & -\frac{2}{\sqrt{6}} \end{pmatrix}$$

$$= \begin{pmatrix} 1 & 0 & 0 \\ 0 & 1 & 0 \\ 0 & 0 & 1 \end{pmatrix} = A_2^TA_2 .$$

Also sind die Matrizen A_1, A_2 orthogonal.

Es erscheint nun zweckmäßig, für inverse Matrizen einige Eigenschaften nachzuweisen.

Satz 15.15

A, B seien $n \times n$-Matrizen mit $\operatorname{Rg} A = \operatorname{Rg} B = n$. Dann gilt:

a) A^{-1} ist eindeutig

b) Es existiert die zu A^{-1} inverse Matrix $(A^{-1})^{-1}$ mit $(A^{-1})^{-1} = A$

c) Es existiert die zu A^T inverse Matrix $(A^T)^{-1}$ mit $(A^T)^{-1} = (A^{-1})^T$

d) Für $r \in \mathbb{R}$, $r \neq 0$ und $B = rA$ ist $B^{-1} = \frac{1}{r}A^{-1}$

e) $A^{-1}B^{-1} = (BA)^{-1}$

Beweis:

a) Angenommen A besitzt die inversen Matrizen C_1, C_2, also

$$AC_1 = C_1A = E, \quad AC_2 = C_2A = E.$$

Daraus folgt mit Satz 11.21

$$C_1 = C_1E = C_1(AC_2) = (C_1A)C_2 = EC_2 = C_2, \quad \text{also} \quad C_1 = C_2 = A^{-1}.$$

b) Wegen $AA^{-1} = A^{-1}A = E$ ist A invers zu A^{-1}, also $A = (A^{-1})^{-1}$.

c) Man transponiert die Gleichung $E = AA^{-1}$ und erhält

$$E = E^T = (AA^{-1})^T = (A^{-1})^T A^T \qquad \text{(Satz 11.22 a)}.$$

Die Matrix $(A^{-1})^T$ ist invers zu A^T, also $(A^{-1})^T = (A^T)^{-1}$.

d) Es gilt für $r \neq 0$

$$E = r \cdot \frac{1}{r}E = r \cdot \frac{1}{r}(AA^{-1}) = (rA)(\frac{1}{r}A^{-1}) = B(\frac{1}{r}A^{-1}) = BB^{-1},$$

damit ist $B^{-1} = \frac{1}{r}A^{-1}$ invers zu $B = rA$.

e) Es gilt nach Satz 11.21

$$(BA)(A^{-1}B^{-1}) = (BAA^{-1})B^{-1} = (BE)B^{-1} = BB^{-1} = E,$$

damit ist $A^{-1}B^{-1} = (BA)^{-1}$ invers zu BA.

Kennt man die zur Matrix A inverse Matrix A^{-1}, so lässt sich die Lösung des linearen Gleichungssystems $Ax = b$ sehr einfach bestimmen.

Satz 15.16

Gegeben sei ein lineares Gleichungssystem $Ax = b$ sowie mit A eine $n \times n$-Matrix mit $\text{Rg}\,A = \text{Rg}(A\,|\,b) = n$. Dann existiert die zu A inverse Matrix A^{-1} und es gilt $x = A^{-1}b$.

Beweis:

$$\begin{aligned} \text{Rg}\,A = n \quad &\Longleftrightarrow \quad A^{-1} \text{ existiert} && \text{(Satz 15.9)} \\ &\Longleftrightarrow \quad x = Ex = A^{-1}Ax = A^{-1}b && \text{(Definition 15.7)} \end{aligned}$$

Beispiel 15.17

a) Gegeben sei das Gleichungssystem $A_1x = b_1$ mit

$$A_1 = \begin{pmatrix} \frac{4}{5} & -\frac{3}{5} \\ \frac{3}{5} & \frac{4}{5} \end{pmatrix}, \quad b_1 = \begin{pmatrix} 20 \\ 30 \end{pmatrix} \quad \text{und} \quad A_1^{-1} = \begin{pmatrix} \frac{4}{5} & \frac{3}{5} \\ -\frac{3}{5} & \frac{4}{5} \end{pmatrix}.$$

(Definition 15.13, Beispiel 15.14)

Die Lösung ist

$$x = A_1{}^{-1} b_1 = \begin{pmatrix} \frac{4}{5} & \frac{3}{5} \\ -\frac{3}{5} & \frac{4}{5} \end{pmatrix} \begin{pmatrix} 20 \\ 30 \end{pmatrix} = \begin{pmatrix} 34 \\ 12 \end{pmatrix}. \qquad \text{(Satz 15.16)}$$

b) Gegeben sei das Gleichungssystem $A_2 x = b_2$ mit

$$A_2 = \begin{pmatrix} 1 & 0 & 2 \\ 0 & 1 & 1 \\ 1 & 1 & 0 \end{pmatrix}, \quad b_2 = \begin{pmatrix} 0 \\ 3 \\ -3 \end{pmatrix} \quad \text{und} \quad A_2^{-1} = \frac{1}{3} \begin{pmatrix} 1 & -2 & 2 \\ -1 & 2 & 1 \\ 1 & 1 & -1 \end{pmatrix}.$$

(Beispiel 15.12)

Daraus folgt

$$x = A_2^{-1} b_2 = \frac{1}{3} \begin{pmatrix} 1 & -2 & 2 \\ -1 & 2 & 1 \\ 1 & 1 & -1 \end{pmatrix} \begin{pmatrix} 0 \\ 3 \\ -3 \end{pmatrix} = \begin{pmatrix} -4 \\ 1 \\ 2 \end{pmatrix}.$$

Beispiel 15.18

Wir betrachten eine Volkswirtschaft mit drei produzierenden Sektoren S_1, S_2, S_3, die durch wertmäßige Lieferströme verbunden sind, und bezeichnen die Lieferquantitäten von S_i $(i = 1, 2, 3)$ an S_j $(j = 1, 2, 3)$ mit x_{ij}. Die für den Endverbrauch vorgesehene Produktion des Sektors S_i $(i = 1, 2, 3)$ bezeichnen wir mit y_i. Der Endverbrauch kann als vierter Sektor EV aufgefasst werden, der jedoch nur Lieferungen empfängt. Der Zusammenhang lässt sich durch Figur 15.2 darstellen.

wertmäßige Lieferung		an die Sektoren S_1	S_2	S_3	EV
der pro-	S_1	x_{11}	x_{12}	x_{13}	y_1
duzierenden	S_2	x_{21}	x_{22}	x_{23}	y_2
Sektoren	S_3	x_{31}	x_{32}	x_{33}	y_3

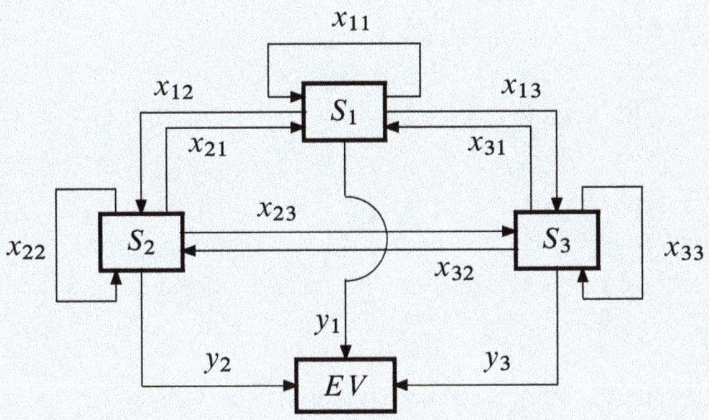

Figur 15.2: Lieferströme zwischen produzierenden Sektoren S_1, S_2, S_3 und Endverbrauch EV

Damit erhalten wir den Gesamtoutput der Sektoren S_1, S_2, S_3 mit

$$\begin{aligned} x_1 &= x_{11} + x_{12} + x_{13} + y_1 \, , \\ x_2 &= x_{21} + x_{22} + x_{23} + y_2 \, , \\ x_3 &= x_{31} + x_{32} + x_{33} + y_3 \, . \end{aligned}$$

Bezeichnen wir die Lieferung, die der Sektor S_i an S_j tätigt, damit S_j eine Einheit produzieren kann, mit

$$a_{ij} = \frac{x_{ij}}{x_j} \quad \text{bzw.} \quad a_{ij}x_j = x_{ij} \quad (i, j = 1, 2, 3) \, ,$$

dann erhalten die Beziehungen für den Gesamtoutput die Form

$$\begin{aligned} x_1 &= a_{11}x_1 + a_{12}x_2 + a_{13}x_3 + y_1 \, , \\ x_2 &= a_{21}x_1 + a_{22}x_2 + a_{23}x_3 + y_2 \, , \\ x_3 &= a_{31}x_1 + a_{32}x_2 + a_{33}x_3 + y_3 \end{aligned}$$

oder nach den Endverbrauchsvariablen y_i $(i = 1, 2, 3)$ aufgelöst

$$\begin{aligned} y_1 &= (1 - a_{11})x_1 - a_{12}\, x_2 - a_{13}\, x_3 \, , \\ y_2 &= -a_{21}\, x_1 + (1 - a_{22})x_2 - a_{23}\, x_3 \, , \\ y_3 &= -a_{31}\, x_1 - a_{32}\, x_2 + (1 - a_{33})x_3 \, . \end{aligned}$$

Sind die **Input-Output-Koeffizienten** a_{ij} bekannt, so lässt sich der Endverbrauch aus den Gesamtoutputs direkt berechnen. Ist anstatt der Gesamtoutputs der Endverbrauch vorgegeben, so ist zur Ermittlung der x_1, x_2, x_3 ein lineares Gleichungssystem zu lösen. Derartige Fragestellungen werden in der **Input-Output-Analyse** erörtert.

In Matrixschreibweise gilt

$$y = (E - A)x \quad \text{mit} \quad y = \begin{pmatrix} y_1 \\ y_2 \\ y_3 \end{pmatrix}, \quad x = \begin{pmatrix} x_1 \\ x_2 \\ x_3 \end{pmatrix},$$

$$E - A = \begin{pmatrix} 1 - a_{11} & -a_{12} & -a_{13} \\ -a_{21} & 1 - a_{22} & -a_{23} \\ -a_{31} & -a_{32} & 1 - a_{33} \end{pmatrix}.$$

Mit

$$f : \mathbb{R}^3_+ \to \mathbb{R}^3_+ \quad \text{und} \quad f(x) = (E - A)x = y$$

erhalten wir eine Abbildung, die jedem Gesamtoutputvektor x den entsprechenden Endverbrauchsvektor zuordnet. Existiert die inverse Abbildung f^{-1}, so erhalten wir mit

$$f^{-1} : \mathbb{R}^3_+ \to \mathbb{R}^3_+ \quad \text{und} \quad f^{-1}(y) = (E - A)^{-1}y = x$$

eine Abbildung, die jedem Endverbrauchsvektor y den im Zusammenhang mit den Lieferverflechtungen erforderlichen Gesamtoutputvektor zuordnet.

Gegeben sei nun die Matrix der Input-Output-Koeffizienten durch

$$A = \begin{pmatrix} 0.7 & 0.2 & 0.2 \\ 0.2 & 0.6 & 0 \\ 0.1 & 0.2 & 0.4 \end{pmatrix} \quad \text{bzw.} \quad E - A = \begin{pmatrix} 0.3 & -0.2 & -0.2 \\ -0.2 & 0.4 & 0 \\ -0.1 & -0.2 & 0.6 \end{pmatrix}.$$

Ist der Gesamtoutputvektor $x = \begin{pmatrix} 200 \\ 150 \\ 100 \end{pmatrix}$ gegeben, so berechnet man den Endverbrauchsvektor

$$y = \begin{pmatrix} y_1 \\ y_2 \\ y_3 \end{pmatrix} = \begin{pmatrix} 0.3 & -0.2 & -0.2 \\ -0.2 & 0.4 & 0 \\ -0.1 & -0.2 & 0.6 \end{pmatrix} \begin{pmatrix} 200 \\ 150 \\ 100 \end{pmatrix} = \begin{pmatrix} 10 \\ 20 \\ 10 \end{pmatrix}.$$

Für $(\boldsymbol{E}-\boldsymbol{A})^{-1}$ erhält man nach dem Gaußalgorithmus

Zeile	$E-A$			E			Operation
①	0.3	−0.2	−0.2	1	0	0	
②	−0.2	0.4	0	0	1	0	
③	−0.1	−0.2	0.6	0	0	1	
④	$\boxed{1}$	2	−6	0	0	−10	−10 · ③
⑤	2	−4	0	0	−10	0	−10 · ②
⑥	3	−2	−2	10	0	0	10 · ①
⑦	1	2	−6	0	0	−10	④
⑧	0	$\boxed{-8}$	12	0	−10	20	⑤ − 2 · ④
⑨	0	−8	16	10	0	30	⑥ − 3 · ④
⑩	1	0	−3	0	$-\frac{5}{2}$	−5	⑦ + $\frac{2}{8}$ · ⑧
⑪	0	1	$-\frac{3}{2}$	0	$\frac{5}{4}$	$-\frac{5}{2}$	$-\frac{1}{8}$ · ⑧
⑫	0	0	$\boxed{4}$	10	10	10	⑨ − ⑧
⑬	1	0	0	$\frac{15}{2}$	5	$\frac{5}{2}$	⑩ + $\frac{3}{4}$ · ⑫
⑭	0	1	0	$\frac{15}{4}$	5	$\frac{5}{4}$	⑪ + $\frac{3}{8}$ · ⑫
⑮	0	0	1	$\frac{5}{2}$	$\frac{5}{2}$	$\frac{5}{2}$	$\frac{1}{4}$ · ⑫

also $(\boldsymbol{E}-\boldsymbol{A})^{-1} = \begin{pmatrix} 7.5 & 5 & 2.5 \\ 3.75 & 5 & 1.25 \\ 2.5 & 2.5 & 2.5 \end{pmatrix}$.

Ist der Endverbrauchsvektor $\boldsymbol{y} = (10, 20, 10)^T$ gegeben, so berechnet man den Gesamtoutputvektor

$$\boldsymbol{x} = \begin{pmatrix} x_1 \\ x_2 \\ x_3 \end{pmatrix} = \begin{pmatrix} 7.5 & 5 & 2.5 \\ 3.75 & 5 & 1.25 \\ 2.5 & 2.5 & 2.5 \end{pmatrix} \begin{pmatrix} 10 \\ 20 \\ 10 \end{pmatrix} = \begin{pmatrix} 200 \\ 150 \\ 100 \end{pmatrix}.$$

Definition 15.19

Eine $n \times n$-Matrix $\boldsymbol{A}$ heißt **regulär**, wenn die zu $\boldsymbol{A}$ inverse Matrix $\boldsymbol{A}^{-1}$ mit $\boldsymbol{A}\boldsymbol{A}^{-1} = \boldsymbol{A}^{-1}\boldsymbol{A} = \boldsymbol{E}$ existiert. Andernfalls heißt $\boldsymbol{A}$ **singulär**.

Wir fassen nochmals die wichtigsten Aussagen, die zur Regularität von Matrizen äquivalent sind, in einem Satz zusammen.

Satz 15.20

Sei $f : \mathbb{R}^n \to \mathbb{R}^n$ eine lineare Abbildung mit der Gleichung $f(\boldsymbol{x}) = \boldsymbol{A}\boldsymbol{x}$ und $\boldsymbol{A}$ ist $n \times n$-Matrix. Dann gilt:

a) $\boldsymbol{A}$ ist regulär $\iff$ $\operatorname{Rg}\boldsymbol{A} = n$ $\iff$ $\boldsymbol{A}^{-1}$ existiert und ist regulär
$\iff$ $f^{-1} : \mathbb{R}^n \to \mathbb{R}^n$ existiert mit $f^{-1}(\boldsymbol{y}) = \boldsymbol{A}^{-1}\boldsymbol{y}$
$\iff$ f und f^{-1} sind bijektiv

b) $\boldsymbol{A}$ ist singulär $\iff$ $\operatorname{Rg}\boldsymbol{A} < n$ $\iff$ $\boldsymbol{A}^{-1}$ existiert nicht
$\iff$ f^{-1} existiert nicht

16 Lineare Optimierung

Die Lösung vieler ökonomischer Planungs- und Entscheidungsprobleme führt zu folgender Aufgabenstellung: Welche Werte nehmen bestimmte Variablen an, damit ein vorgegebenes Zielkriterium optimal erfüllt wird, andererseits auch gewisse Restriktionen, denen die Variablen genügen sollen, eingehalten werden? Hängt das Zielkriterium von n Planungs- oder Entscheidungsvariablen $x_1, \ldots, x_n$ ab, so kann es im einfachsten Fall als lineare Abbildung der Form

$$f : \mathbb{R}^n \to \mathbb{R} \quad \text{mit} \quad f(x_1, \ldots, x_n) = c_1 x_1 + \ldots + c_n x_n$$

dargestellt werden. Die Restriktionen oder Nebenbedingungen, die die Variablen erfüllen müssen, haben oft die Form von linearen Gleichungen und Ungleichungen, beispielsweise in Anlehnung an Abschnitt 14.2, Definition 14.4:

$$\begin{array}{ccccccc} a_{11}x_1 & + & a_{12}x_2 & + \ldots + & a_{1n}x_n & = & b_1 \\ a_{21}x_1 & + & a_{22}x_2 & + \ldots + & a_{2n}x_n & = & b_2 \\ \vdots & & \vdots & & \vdots & & \vdots \end{array}$$

Im Fall von Ungleichungen sind Gleichheitszeichen durch $\leq$ bzw. $\geq$ zu ersetzen.

Die lineare Optimierung ist ein zentrales Thema für Vorlesungen über mathematische Planungsverfahren und Operations Research. Für eine übersichtliche Darstellung dieses Gebietes verweisen wir auf [Domschke/Drexl]. Hier begnügen wir uns mit einigen Grundlagen. So beginnen wir in Abschnitt 16.1 mit gebräuchlichen Darstellungsformen und wichtigen Anwendungen. Im Fall von zwei Planungsvariablen x_1, x_2 sind lineare Optimierungsaufgaben graphisch lösbar. Derartige Fragestellungen werden wir in Abschnitt 16.2 betrachten.

Zur generellen Lösbarkeit linearer Optimierungsprobleme benötigt man einige theoretische Grundlagen, mit denen sich Abschnitt 16.3 exemplarisch befasst. Abschließend behandeln wir in den Abschnitten 16.4, 16.5 das Standardmaximumproblem und das Standardminimumproblem, den Simplexalgorithmus als geeignetes Lösungsverfahren sowie Grundlagen der Dualität beider Standardprobleme.

16.1 Darstellungsformen und Anwendungen

Definition 16.1

Eine **lineare Optimierungsaufgabe** oder ein **lineares Optimierungsproblem** ist charakterisiert durch eine **lineare Zielfunktion** der Form

$$f: \mathbb{R}^n \to \mathbb{R} \quad \text{mit } f(x_1, \ldots, x_n) = c_1x_1 + \ldots + c_nx_n$$

sowie **Nebenbedingungen** in Form von **linearen Gleichungen** oder **Ungleichungen**

$$\begin{array}{ccccccccc} a_{11}x_1 & + & a_{12}x_2 & + \ldots + & a_{1n}x_n & = \boldsymbol{a}_1^T\boldsymbol{x} & = (\leq, \geq) & b_1 \\ a_{21}x_1 & + & a_{22}x_2 & + \ldots + & a_{2n}x_n & = \boldsymbol{a}_2^T\boldsymbol{x} & = (\leq, \geq) & b_2 \\ \vdots & & \vdots & & \vdots & \vdots & & \vdots \\ a_{m1}x_1 & + & a_{m2}x_2 & + \ldots + & a_{mn}x_n & = \boldsymbol{a}_m^T\boldsymbol{x} & = (\leq, \geq) & b_m \, , \end{array}$$

ferner **Nichtnegativitätsbedingungen** $x_j \geq 0$ (für alle/einige/kein $j = 1, \ldots, n$). Gesucht ist ein Vektor $\boldsymbol{x} \in \mathbb{R}^n$, der allen Nebenbedingungen genügt und für die Zielfunktion einen maximalen oder minimalen Wert liefert. Je nachdem spricht man von einer linearen **Maximierungs-** oder **Minimierungsaufgabe**.

In **matrizieller Form** schreibt man

$$\boldsymbol{c}^T\boldsymbol{x} \to \max\,(\min)\,, \quad \boldsymbol{A}\boldsymbol{x} = (\leq, \geq)\,\boldsymbol{b}\,, \quad (\text{evtl. } \boldsymbol{x} \geq \boldsymbol{o})\,.$$

Dabei bezeichnet man mit

$\boldsymbol{c}^T = (c_1, \ldots, c_n)$	den Vektor der **Zielfunktionskoeffizienten**,
$\boldsymbol{b}^T = (b_1, \ldots, b_m)$	den Vektor der **Beschränkungsparameter**,
$\boldsymbol{A} = (a_{ij})_{m,n}$	die **Koeffizientenmatrix** der Nebenbedingungen,
$\boldsymbol{x}^T = (x_1, \ldots, x_n)$	den Vektor der (**Planungs-** oder **Entscheidungs-**) **Variablen**.

Jeder Vektor $\boldsymbol{x} \in \mathbb{R}^n$, der alle Nebenbedingungen erfüllt, heißt **zulässige Lösung**, die Menge

$$Z = \{\boldsymbol{x} \in \mathbb{R}^n : \boldsymbol{x} \text{ erfüllt alle Nebenbedingungen}\}$$

Zulässigkeitsbereich. Jeder Vektor $\boldsymbol{x}^* \in Z$, der $\boldsymbol{c}^T\boldsymbol{x}$ maximiert bzw. minimiert, heißt **optimale Lösung**, die Menge

$$Z^* = \{\boldsymbol{x}^* \in Z : \boldsymbol{c}^T\boldsymbol{x}^* = \max\,(\min)\,\boldsymbol{c}^T\boldsymbol{x}\,,\ \boldsymbol{x} \in Z\}$$

Optimalbereich.

Für spätere Überlegungen erweist es sich als zweckmäßig, so genannte Standardprobleme vorzustellen.

Definition 16.2

Ein **Standardmaximumproblem** hat die Form

$$\boldsymbol{c}^T\boldsymbol{x} \to \max \quad \text{mit} \quad \boldsymbol{A}\boldsymbol{x} \leq \boldsymbol{b},\ \boldsymbol{x} \geq \boldsymbol{o}\,,$$

ein **Standardminimumproblem** die Form

$$\boldsymbol{c}^T\boldsymbol{x} \to \min \quad \text{mit} \quad \boldsymbol{A}\boldsymbol{x} \geq \boldsymbol{b},\ \boldsymbol{x} \geq \boldsymbol{o}\,.$$

Eine **Optimierungsaufgabe in Normalform** ist gegeben durch

$$\boldsymbol{c}^T\boldsymbol{x} \to \max \quad \text{mit} \quad \boldsymbol{A}\boldsymbol{x} = \boldsymbol{b},\ \boldsymbol{x} \geq \boldsymbol{o}\,.$$

Offenbar lässt sich jede vorgegebene lineare Optimierungsaufgabe in jede der drei Standardformen überführen.

Satz 16.3

Es gelten die Äquivalenzen:

$$\begin{aligned}
\boldsymbol{c}^T\boldsymbol{x} \to \max &\quad\Longleftrightarrow\quad -\boldsymbol{c}^T\boldsymbol{x} \to \min\\
\boldsymbol{a}_i^T\boldsymbol{x} \leq b_i &\quad\Longleftrightarrow\quad -\boldsymbol{a}_i^T\boldsymbol{x} \geq -b_i\\
\boldsymbol{a}_i^T\boldsymbol{x} = b_i &\quad\Longleftrightarrow\quad (\boldsymbol{a}_i^T\boldsymbol{x} \leq b_i \ \text{ und } \ \boldsymbol{a}_i^T\boldsymbol{x} \geq b_i)
\end{aligned}$$

Dabei ist $\boldsymbol{a}_i^T$ die i-te Zeile der Matrix $\boldsymbol{A}$.

Nachfolgend beschreiben wir einige typische Anwendungsgebiete.

Produktionsprogrammplanung

Problemstellung:

Gewinnmaximale Herstellung von n Produkten mit m Produktionsfaktoren

Modell:

x_j = Produktionsquantität von Produkt j $(j = 1, \dots, n)$

b_i = Kapazität des Produktionsfaktors i $(i = 1, \dots, m)$

a_{ij} = Verbrauch von Produktionsfaktor i für eine Einheit von Produkt j

c_j = Deckungsbeitrag/Gewinn für eine Einheit von Produkt j

$$\begin{array}{lrcl}
\text{Zielfunktion:} & c_1x_1 + \ldots + c_nx_n & \to & \max \\
\text{Nebenbedingungen:} & a_{11}x_1 + \ldots + a_{1n}x_n & \leq & b_1 \\
 & \vdots \qquad\quad \vdots & & \vdots \\
 & a_{m1}x_1 + \ldots + a_{mn}x_n & \leq & b_m \\
 & x_1, \ldots, x_n & \geq & 0
\end{array}$$

Mischungsproblem

Problemstellung:

Kostenminimale Mischung von n Substanzen aus m Rohstoffen

Modell:

x_j = Mischungsanteil von Substanz j $(j = 1, \ldots, n)$

b_i = Mindestanteil von Rohstoff i in der Mischung $(i = 1, \ldots, m)$

a_{ij} = Anteil von Rohstoff i an einer Einheit von Substanz j

c_j = Kosten für eine Einheit von Substanz j

$$\begin{array}{lrcl}
\text{Zielfunktion:} & c_1x_1 + \ldots + c_nx_n & \to & \min \\
\text{Nebenbedingungen:} & a_{11}x_1 + \ldots + a_{1n}x_n & \geq & b_1 \\
 & \vdots \qquad\quad \vdots & & \vdots \\
 & a_{m1}x_1 + \ldots + a_{mn}x_n & \geq & b_m \\
 & x_1 + \ldots + x_n & = & 1 \\
 & x_1, \ldots, x_n & \geq & 0
\end{array}$$

Aufteilungsproblem

Problemstellung:

Ertragsmaximale Aufteilung von Budgets und Kapazitäten auf n Aktivitäten

Modell:

x_j = Aktivitätsniveau j $(j = 1, \ldots, n)$

K = verfügbares Budget für alle Aktivitäten

H = verfügbare Kapazität für alle Aktivitäten

p_j = Kosten für eine Einheit von Aktivität j

q_j = maximaler Prozentsatz für Aktivitätsniveau j

c_j = Ertrag für eine Einheit von Aktivität j

$$\begin{aligned}
\text{Zielfunktion:} \quad & c_1x_1 + \ldots + c_nx_n \to \max \\
\text{Nebenbedingungen:} \quad & p_1x_1 + \ldots + p_nx_n \leq K \\
& x_1 + \ldots + \quad x_n \leq H \\
& x_j \leq \tfrac{q_j}{100} \cdot H \; (j = 1, \ldots, n) \\
& x_1, \ldots, x_n \geq 0
\end{aligned}$$

Transportproblem

Problemstellung (Beispiel 14.3):

Kostenminimaler Transport eines Gutes von m Angebotsorten zu n Bedarfsorten

Modell:

x_{ij} = Transportquantität von Angebotsort i nach Bedarfsort j $(i = 1, \ldots, m,\; j = 1, \ldots, n)$

a_i = Angebot am Ort i $(i = 1, \ldots, m)$

b_j = Bedarf am Ort j $(j = 1, \ldots, n)$

c_{ij} = Transportkosten einer Einheit von Angebotsort i nach Bedarfsort j

$$\text{Zielfunktion:} \quad \sum_{i=1}^{m}\sum_{j=1}^{n} c_{ij}x_{ij} \to \min$$

$$\begin{aligned}
\text{Nebenbedingungen:} \quad & \sum_{j=1}^{n} x_{ij} \leq a_i \; (i = 1, \ldots, m) \\
& \sum_{i=1}^{m} x_{ij} \geq b_j \; (j = 1, \ldots, n) \\
& x_{11}, \ldots, x_{mn} \geq 0
\end{aligned}$$

16.2 Graphische Lösungsverfahren

Beispiel 16.4

Eine Unternehmung stellt zwei Produkte P_1, P_2 her. Die Produktionsquantitäten x_1, x_2 unterliegen folgenden Beschränkungen:

Für eine Einheit von P_1 sind eine Einheit eines bestimmten Produktionsfaktors F sowie zwei Arbeitsstunden erforderlich und für eine Einheit von P_2 drei Einheiten des Faktors F sowie eine Arbeitsstunde. Für beide Produkte treten die Stückkosten 1 auf. Es stehen 15 Einheiten des Faktors F zur Verfügung sowie 12 Arbeitsstunden, ferner beträgt das Kostenbudget 7 Geldeinheiten.

Für die Produkte P_1, P_2 werden Deckungsbeiträge in Höhe von 4 bzw. 5 Geldeinheiten geschätzt. Die Quantitäten x_1, x_2 sind dabei deckungsbeitragsmaximal zu bestimmen. Man erhält die lineare Zielfunktion

$$g : \mathbb{R}_+^2 \to \mathbb{R}^1 \quad \text{mit} \quad g(\boldsymbol{x}) = 4x_1 + 5x_2 \to \max$$

sowie die linearen Nebenbedingungen

$$\begin{aligned} x_1 + 3x_2 &\le 15 \quad \text{(Vorrat des Produktionsfaktors } F\text{)} \\ 2x_1 + x_2 &\le 12 \quad \text{(Arbeitsstundenkapazität } A\text{)} \\ x_1 + x_2 &\le 7 \quad \text{(Kostenbudget } K\text{)} \\ x_1, x_2 &\ge 0 \quad \text{(Nichtnegativitätsbedingungen)} \end{aligned}$$

und damit eine lineare Optimierungsaufgabe.

Für den Zulässigkeitsbereich ergibt sich

$$Z = \{\, (x_1, x_2) \in \mathbb{R}_+^2 : x_1 + 3x_2 \le 15,\ 2x_1 + x_2 \le 12,\ x_1 + x_2 \le 7 \,\}.$$

Da nur zwei Variablen vorliegen, ist eine graphische Lösung möglich. Dazu stellen wir die Nebenbedingungen im x_1-x_2-Koordinatensystem dar und fügen die Deckungsbeiträge $g(\boldsymbol{x}) = c$ für $c = 0, 12, 20, 32, 40$ als Geraden ein.

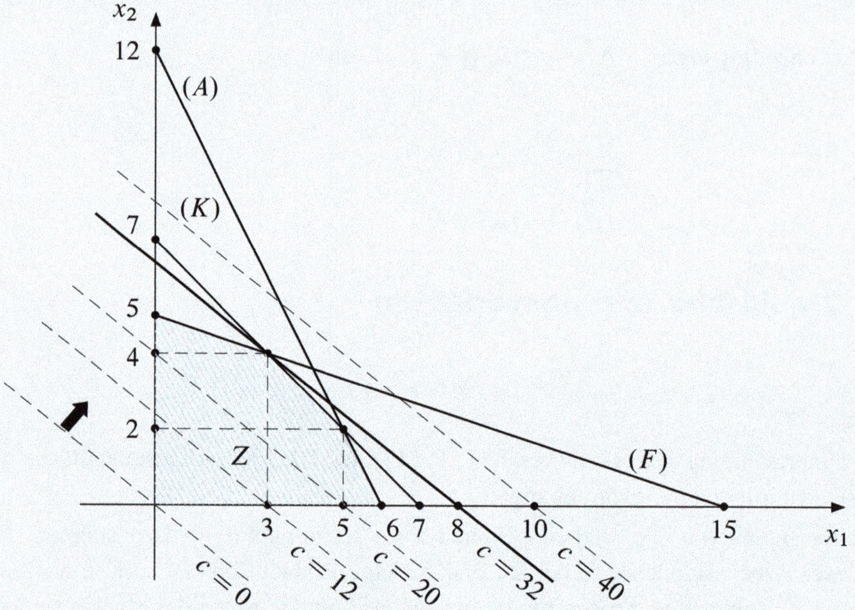

Figur 16.1: Graphische Darstellung des Zulässigkeitsbereichs Z und der Deckungsbeiträge $g(\boldsymbol{x}) = c$ mit $c = 0, 12, 20, 32, 40$

Jede Gerade mit $g(\boldsymbol{x}) = 4x_1 + 5x_2 = c$ hat die Steigung $s = -\frac{4}{5}$, also sind alle Geraden mit $c \in \mathbb{R}$ parallel. Ein Anwachsen von c ist äquivalent zu einer entsprechenden Verschiebung der Geraden nach rechts oben in Richtung des Pfeils ➚ (Figur 16.1). Man spricht auch von **Isodeckungsbeitragslinien**.

Ein Deckungsbeitrag von $g(\boldsymbol{x}) = c$ ist genau dann erzielbar, wenn die entsprechende Gerade mindestens einen Punkt mit Z gemeinsam hat. Aus Figur 16.1 erhält man beispielsweise die Werte

$\boldsymbol{x}^T$	$(0,0)$	$(3,0)$	$(5,0)$	$(0,4)$	$(8,0)$	$(3,4)$	$(10,0)$	$(0,8)$
$g(\boldsymbol{x})$	0	12	20	20	32	32	40	40

,

wobei $\begin{pmatrix} 8 \\ 0 \end{pmatrix}, \begin{pmatrix} 10 \\ 0 \end{pmatrix}, \begin{pmatrix} 0 \\ 8 \end{pmatrix} \notin Z$.

Der Gewinn ist genau dort maximal, wo die Isodeckungsbeitragslinie den Bereich Z rechts oben verlässt. Wir erhalten die gewinnmaximale Lösung

$$(x_1, x_2) = (3, 4) \quad \text{mit} \quad g(3,4) = 32\,.$$

Beispiel 16.5

Drei Gase mit jeweils bekanntem Schwefelgehalt $(\mathrm{g/m^3})$ und Heizwert $(\mathrm{kcal/m^3})$ sollen so gemischt werden, dass ein Mischgas mit einem Schwefelgehalt von höchstens $2\,\mathrm{g/m^3}$ und einem Heizwert von mindestens $2000\,\mathrm{kcal/m^3}$ entsteht. Die Preise der drei Gase seien $0.1, 0.3, 0.2\,€/\mathrm{m^3}$. Schwefelgehalt und Heizwerte der Gase entnehme man der folgenden Tabelle:

Gas	1	2	3	Mischgas
Schwefelgehalt $(\mathrm{g/m^3})$	2	1	3	≤ 2
Heizwert $(1000\,\mathrm{kcal/m^3})$	1	2	4	≥ 2

Mit der Zielsetzung Kostenminimierung und den variablen Anteilen x_1, x_2, x_3 für das Mischgas erhalten wir die lineare Zielfunktion

$$k\colon \mathbb{R}^3_+ \to \mathbb{R} \quad \text{mit } k(x_1, x_2, x_3) = 0.1x_1 + 0.3x_2 + 0.2x_3 \to \min$$

sowie die linearen Nebenbedingungen

$$\begin{aligned} 2x_1 + x_2 + 3x_3 &\leq 2 \quad &&\text{(Schwefelgehalt } S\text{)} \\ x_1 + 2x_2 + 4x_3 &\geq 2 &&\text{(Heizwert } H\text{)} \\ x_1 + x_2 + x_3 &= 1 &&\text{(Mischungsbedingung } M\text{)} \\ x_1, x_2, x_3 &\geq 0 &&\text{(Nichtnegativitätsbedingungen).} \end{aligned}$$

Um eine graphische Analyse im $\mathbb{R}^2_+$ zu ermöglichen, ist eine der Variablen zu eliminieren. Aus der Nebenbedingung (M) folgt beispielsweise $x_1 = 1 - x_2 - x_3$ und damit gilt:

$$\begin{aligned} &(S) \quad 2(1 - x_2 - x_3) + x_2 + 3x_3 = 2 - x_2 + x_3 \leq 2 \quad \text{bzw.} \quad -x_2 + x_3 \leq 0 \\ &(H) \quad 1 - x_2 - x_3 + 2x_2 + 4x_3 = 1 + x_2 + 3x_3 \geq 2 \quad \text{bzw.} \quad x_2 + 3x_3 \geq 1 \\ &(M) \quad x_2 + x_3 \leq 1 \quad \text{wegen} \quad x_1 \geq 0 \end{aligned}$$

Ferner gilt $x_2, x_3 \geq 0$ und für die Zielfunktion:

$$\hat{k}(x_2, x_3) = 0.1(1 - x_2 - x_3) + 0.3x_2 + 0.2x_2 = 0.1 + 0.2x_2 + 0.1x_3$$

Für den Zulässigkeitsbereich ergibt sich:

$$Z = \{ (x_2, x_3) \in \mathbb{R}^2_+ : x_3 \leq x_2,\ x_2 + 3x_3 \geq 1,\ x_2 + x_3 \leq 1 \}$$

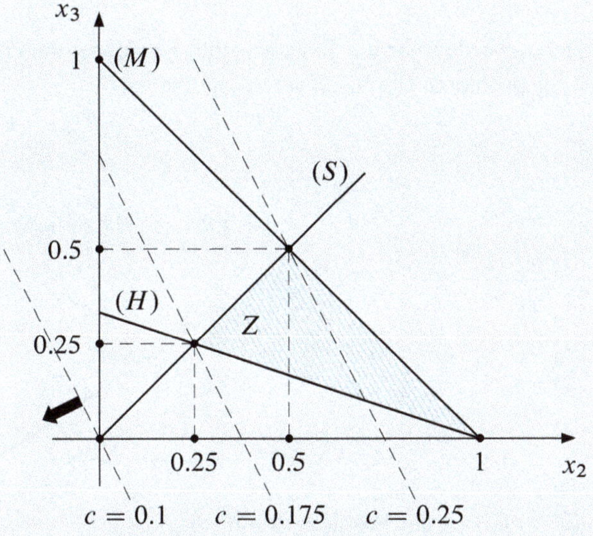

Figur 16.2: Graphische Darstellung des Mischungsproblems mit $\hat{k}(x_2, x_3) = c$ für $c = 0.1,\ 0.175,\ 0.25$

Die Gerade $\hat{k}(x_2, x_3) = 0.1 + 0.2x_2 + 0.1x_3 = c$ hat die Steigung $s = -\frac{1}{2}$ für alle $c \in \mathbb{R}$. Eine Verringerung von c ist hier gleichbedeutend mit einer parallelen Verschiebung der Geraden in Richtung des Pfeils ⬋ (Figur 16.2). Der Kostenwert $\hat{k}(x_2, x_3) = c$ ist genau dann realisierbar, wenn die entsprechende **Isokostenlinie** mindestens einen Punkt mit Z gemeinsam hat. Aus Figur 16.2 erhält man beispielsweise die Werte

(x_2, x_3)	$(0,0)$	$(0.25, 0.25)$	$(0.5, 0.5)$	$(1,0)$
$\hat{k}(x_2, x_3)$	0.1	0.175	0.25	0.3

Die Kosten sind genau dort minimal, wo die Isokostenlinie den Bereich nach links unten verlässt. Wir erhalten aus Figur 16.2 die Lösung $(x_2, x_3) = (0.25, 0.25)$ mit $\hat{k}(0.25, 0.25) = 0.175$. Daraus ergibt sich für das ursprüngliche Mischungsproblem wegen $x_1 = 1 - x_2 - x_3$ die Lösung $(x_1, x_2, x_3) = (0.5, 0.25, 0.25)$ mit $k(x_1, x_2, x_3) = 0.175$. Der Zielfunktionswert bleibt also unverändert.

Dieses Beispiel zeigt, dass lineare Optimierungsprobleme für eine Kombination von Gleichungen und Ungleichungen in den Nebenbedingungen genau dann graphisch im $\mathbb{R}^2$ behandelt werden können, wenn die Anzahl der Variablen mit Hilfe vorhandener Gleichungen auf zwei reduzierbar ist. Dennoch ist die Existenz von Lösungen nicht generell gesichert. Auf Fragen dieser Art werden wir im folgenden Abschnitt 16.3 eingehen.

16.3 Theoretische Grundlagen

Mit den folgenden Beispielen werden wir die Existenz- und gegebenenfalls die Art von Lösungen linearer Optimierungsprobleme graphisch veranschaulichen.

Beispiel 16.6

Optimierungsproblem

$$\begin{aligned} x_1 + \ x_2 &\to \max && (ZF) \\ x_1 + 2x_2 &\leq 2 && (A) \\ 2x_1 + 3x_2 &\geq 6 && (B) \\ x_1, x_2 &\geq 0 \end{aligned}$$

Graphische Darstellung

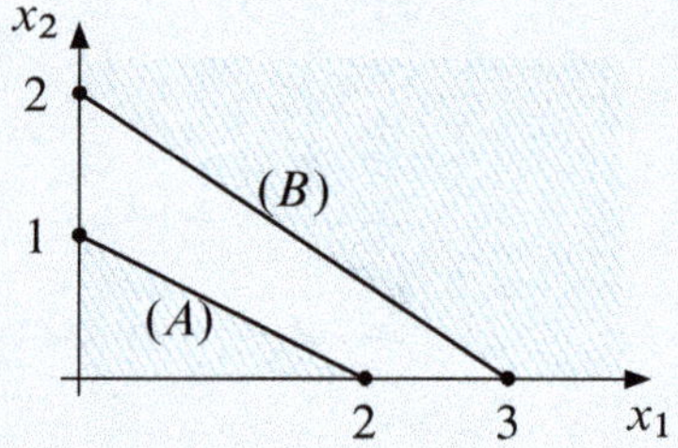

Hier gilt: $Z = \emptyset \Rightarrow Z^* = \emptyset \Rightarrow$ das Problem ist unlösbar

Beispiel 16.7

Optimierungsproblem

$$\begin{aligned} x_1 - x_2 &\to \max && (ZF) \\ x_1 + x_2 &\leq 2 && (A) \\ x_1, x_2 &\geq 0 \end{aligned}$$

Graphische Darstellung

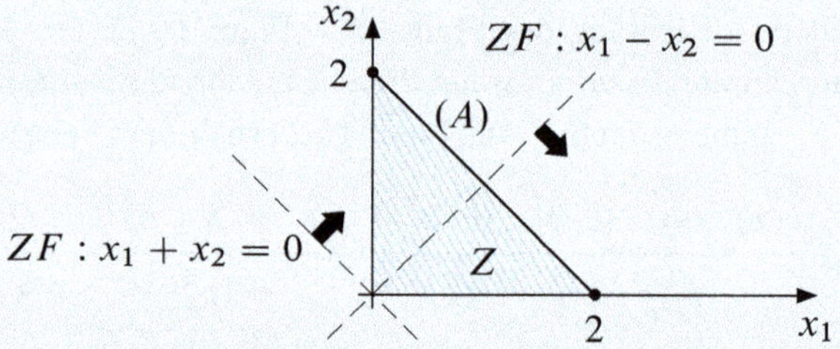

Es gilt: $Z \neq \emptyset$, beschränkt $\Rightarrow Z^* \neq \emptyset$, beschränkt. Das Problem ist eindeutig lösbar mit $\boldsymbol{x}^* = \begin{pmatrix} 2 \\ 0 \end{pmatrix}$, $x_1^* - x_2^* = 2$.

Ersetzt man obige Zielfunktion durch $x_1 + x_2 \to \max$, so erhält man unendlich viele optimale Lösungen $\boldsymbol{x}^* \geq \boldsymbol{o}$ mit $x_1^* + x_2^* = 2$.

Beispiel 16.8

Optimierungsproblem

$$\begin{aligned} x_1 + x_2 &\to \max \quad (ZF) \\ x_1 - x_2 &\leq 1 \quad (A) \\ -2x_1 + x_2 &\leq 2 \quad (B) \\ x_1, x_2 &\geq 0 \end{aligned}$$

Graphische Darstellung

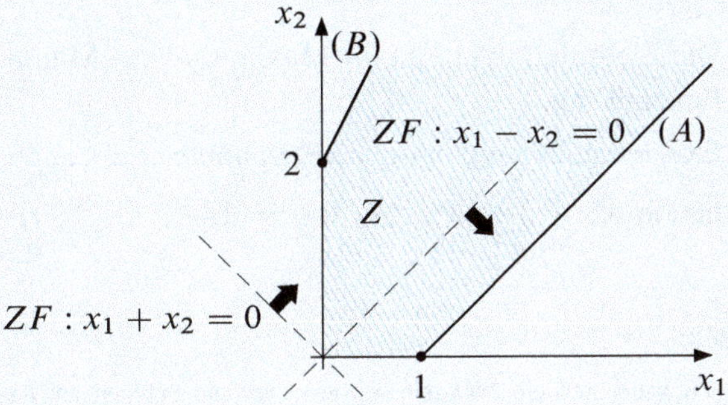

Es gilt: $Z \neq \emptyset$, unbeschränkt

- Mit $x_1 + x_2 \to \max$ gilt $Z^* = \emptyset$, $\max(x_1 + x_2) = \infty$
- Mit $x_1 - x_2 \to \max$ gilt $Z^* \neq \emptyset$, unbeschränkt:
  Es existieren unendlich viele optimale Lösungen $\boldsymbol{x}^* \geq \boldsymbol{o}$ mit $x_1^* - x_2^* = 1$, die auf der Geraden $x_1 - x_2 = 1$ (siehe (A)) liegen, beispielsweise $(1,0), (2,1), (3,2), \ldots$
- Mit $x_1 + x_2 \to \min$ gilt $Z^* \neq \emptyset$, beschränkt:
  Es existiert genau eine optimale Lösung $\boldsymbol{x}^* = \boldsymbol{o}$.

Offenbar können entsprechende Ergebnisse bei beliebig umfangreichen linearen Optimierungsproblemen auftreten.

Satz 16.9

Ein lineares Optimierungsproblem ist genau dann lösbar, wenn eine der folgenden Bedingungen erfüllt ist:

a) $Z \neq \emptyset$, beschränkt (Beispiel 16.7)

b) $Z \neq \emptyset$, unbeschränkt sowie $Z^* \neq \emptyset$, beschränkt oder unbeschränkt (Beispiel 16.8)

Zur Lage der Optimallösungen sind gegebenenfalls weitere Aussagen nützlich. Dabei beschränken wir uns auf den Fall, dass der Zulässigkeitsbereich ein konvexes Polyeder darstellt (Definition 12.18, Beispiel 16.7) und damit endlich viele Eckpunkte besitzt (Satz 12.24).

Satz 16.10

Der zulässige Bereich eines linearen Optimierungsproblems sei ein konvexes Polyeder. Dann gilt:

a) Die Zielfunktion nimmt ihr Maximum bzw. Minimum jeweils in mindestens einem Eckpunkt an.

b) Existieren mehrere optimale Eckpunkte $\boldsymbol{x}^1, \ldots, \boldsymbol{x}^s$, so ist auch jede Konvexkombination $\boldsymbol{x}^0 = \sum_{i=1}^{s} r_i \boldsymbol{x}^i$, $r_i \geq 0$ $(i = 1, \ldots, s)$, $\sum_{i=1}^{s} r_i = 1$ optimal.

Beweis:

a) Wir betrachten ein Maximierungsproblem und nehmen an, dass keiner der endlich vielen Eckpunkte $\boldsymbol{x}^1, \ldots, \boldsymbol{x}^k$ optimal ist.

Dann existiert ein $\boldsymbol{x} \in Z$ mit $\boldsymbol{c}^T\boldsymbol{x} > \boldsymbol{c}^T\boldsymbol{x}^i$ für alle $i = 1, \ldots, k$.

Andererseits ist $\boldsymbol{x}$ als Konvexkombination der Eckpunkte darstellbar, also $\boldsymbol{x} = \sum_{i=1}^{k} r_i \boldsymbol{x}^i$ mit $r_i \geq 0$ $(i = 1, \ldots, k)$ und $\sum_{i=1}^{k} r_i = 1$. Mit

$$\boldsymbol{c}^T\boldsymbol{x} = \sum_{i=1}^{k} r_i \boldsymbol{c}^T\boldsymbol{x} > \sum_{i=1}^{k} r_i \boldsymbol{c}^T\boldsymbol{x}^i = \boldsymbol{c}^T \sum_{i=1}^{k} r_i \boldsymbol{x}^i = \boldsymbol{c}^T\boldsymbol{x}$$

erhalten wir einen Widerspruch, also ist mindestens ein Eckpunkt maximal (Beispiel 16.7).

Für ein Minimierungsproblem ersetzen wir die Zeichen $>$ durch $<$.

b) Mit der Gleichung

$$\boldsymbol{c}^T\boldsymbol{x}^0 = \boldsymbol{c}^T \sum_{i=1}^{s} r_i \boldsymbol{x}^i = \sum_{i=1}^{s} r_i \boldsymbol{c}^T\boldsymbol{x}^i = \boldsymbol{c}^T\boldsymbol{x}^i \ (i = 1, \ldots, s)$$

ist die Optimalität von $\boldsymbol{x}^0$ nachgewiesen (Beispiel 16.7).

16.4 Simplexalgorithmus und Standardmaximumproblem

Der so genannte Simplexalgorithmus dient zunächst der Lösung des Standardmaximumproblems und basiert auf dem Gaußverfahren zur Lösung linearer Gleichungssysteme (Kapitel 13, Satz 13.21 bzw. Kapitel 14, Satz 14.7).

Ausgehend von einem Standardmaximumproblem (Definition 16.2) mit $\boldsymbol{b} \geq \boldsymbol{o}$ erhalten wir durch Einführung zusätzlicher Variablen $y_1, \ldots, y_m \geq 0$, den so genannten **Schlupfvariablen**, das Gleichungssystem

$$\begin{array}{lllllll} a_{11}x_1 + a_{12}x_2 + \ldots + a_{1n}x_n & + y_1 & & & & = & b_1 \\ a_{21}x_1 + a_{22}x_2 + \ldots + a_{2n}x_n & & + y_2 & & & = & b_2 \\ \vdots & & & & & & \vdots \\ a_{m1}x_1 + a_{m2}x_2 + \ldots + a_{mn}x_n & & & & + y_m & = & b_m \\ c_1x_1 + c_2x_2 + \ldots + c_nx_n & + 0y_1 & + 0y_2 & + \ldots & + 0y_m & = & c \end{array}$$

mit $x_i \geq 0 \ (i = 1, \ldots, n)$, $y_j \geq 0 \ (j = 1, \ldots, m)$, $c \to \max$.

Matriziell schreibt man kurz

$$\begin{aligned} &\boldsymbol{Ax} + \boldsymbol{Ey} = \boldsymbol{b} \\ &\boldsymbol{c}^T\boldsymbol{x} \qquad\quad = c \\ &\text{mit } \boldsymbol{x} \geq \boldsymbol{o}, \boldsymbol{y} \geq \boldsymbol{o}, c \to \max. \end{aligned}$$

Dabei gilt $\boldsymbol{c}, \boldsymbol{x} \in \mathbb{R}^n$, $\boldsymbol{b}, \boldsymbol{y} \in \mathbb{R}^m$, $\boldsymbol{A} = (a_{ij})_{m,n}$, $\boldsymbol{E} = (e_{ij})_{m,m}$ ist die Einheitsmatrix.

Nach Kapitel 14, Definition 14.14 heißt nun eine zulässige Lösung $(\boldsymbol{x}, \boldsymbol{y}) \in \mathbb{R}^{n+m}$ des Gleichungssystems $\boldsymbol{Ax} + \boldsymbol{Ey} = \boldsymbol{b}$ **Basislösung**, wenn n Variablen gleich 0 sind und die zu den restlichen m Variablen gehörenden Spaltenvektoren der Matrix $(\boldsymbol{A}, \boldsymbol{E})$ linear unabhängig sind. Diese m Variablen nennt man **Basisvariablen**, die übrigen n Variablen **Nichtbasisvariablen**.

In einem Standardmaximumproblem mit $\boldsymbol{b} \geq \boldsymbol{o}$ erhält man damit wegen der linearen Unabhängigkeit der Spaltenvektoren von $\boldsymbol{E}$ stets die nichtnegative Startbasislösung $(\boldsymbol{x}, \boldsymbol{y}) \in \mathbb{R}^{n+m}$ mit $\boldsymbol{x} = \boldsymbol{o}$ und $\boldsymbol{y} = \boldsymbol{b} \geq \boldsymbol{o}$. In einer graphischen Darstellung entspricht diese Basislösung dem Nullpunkt. Weitere Basislösungen ergeben sich durch Basistransformationen (Satz 13.8, 13.10, Beispiel 13.11) mit Hilfe des Gaußalgorithmus. Ferner erhält man einen wichtigen Zusammenhang zwischen den Basislösungen und der graphischen Deutung.

Satz 16.11

$(\boldsymbol{x}, \boldsymbol{y}) \geq (\boldsymbol{o}, \boldsymbol{o})$ ist eine Basislösung des Systems $\boldsymbol{Ax} + \boldsymbol{Ey} = \boldsymbol{b} \iff \boldsymbol{x}$ ist Eckpunkt von $Z = \{\boldsymbol{x} \in \mathbb{R}^n : \boldsymbol{Ax} \leq \boldsymbol{b}\}$.

Zum Beweis verweisen wir auf [Neumann, S. 24–28].

Offenbar entspricht eine Basistransformation einem Übergang von einer Ecke zu einer benachbarten Ecke. Wir erläutern das Vorgehen zunächst mit Hilfe der Daten von Beispiel 16.4.

Beispiel 16.12

Gegeben sei das Gleichungssystem

$$\begin{array}{llr} ① & x_1 + 3x_2 + y_1 = 15 & \\ ② & 2x_1 + x_2 + y_2 = 12 & \text{Nebenbedingungen} \\ ③ & x_1 + x_2 + y_3 = 7 & \\ ③' & 4x_1 + 5x_2 = 0 & \text{Zielfunktion} \end{array}$$

mit der Startbasislösung $(x_1, x_2, y_1, y_2, y_3) = (0, 0, 15, 12, 7)$ und dem Zielfunktionswert 0. Der Vektor (y_1, y_2, y_3) enthält die Basisvariablen, der Vektor (x_1, x_2) die Nichtbasisvariablen.

Zur Steigerung des Zielfunktionswertes führen wir eine Basistransformation durch, indem wir eine Basisvariable gegen eine Nichtbasisvariable austauschen. Wir wählen x_2, da die Verbesserung des Zielfunktionswertes je Einheit von x_2 höher ist als bei x_1. Für $x_1 = 0$ folgt aus den Nebenbedingungen

$$① \; 3x_2 + y_1 = 15, \; ② \; x_2 + y_2 = 12, \; ③ \; x_2 + y_3 = 7.$$

Wegen $x_1, x_2, y_1, y_2, y_3 \geq 0$ kann x_2 wegen ① von 0 auf 5 erhöht werden. Damit erhält man durch Einsetzen eine neue Basislösung der Form $(x_1, x_2, y_1, y_2, y_3) = (0, 5, 0, 7, 2)$ mit den Basisvariablen x_2, y_2, y_3 und den Nichtbasisvariablen x_1, y_1.

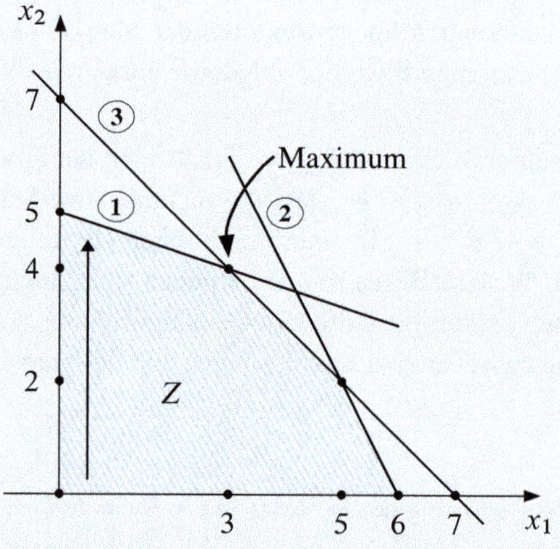

Figur 16.3: Basistransformation mit dem Simplexalgorithmus

Die durchgeführte Basistransformation führt vom Nullpunkt in Richtung des Pfeils (Figur 16.3) bis zum Punkt $(0,5)$, der wieder einer Ecke des Zulässigkeitsbereichs Z entspricht. Damit ist die Nebenbedingung ① ausgeschöpft, nicht jedoch die Nebenbedingungen ② und ③. Hier ergeben sich freie Kapazitäten mit den Schlupfvariablen $y_2 = 7$ für ② bzw. $y_3 = 2$ für ③. Für die Zielfunktion ③' berechnet man $0x_1 + 5x_2 = 25$.

Die einzelnen Schritte zur Durchführung einer Basistransformation und Berechnung des zugehörigen Zielfunktionswertes können mit Hilfe des so genannten **Simplextableaus** übersichtlich dargestellt werden. Der Unterschied zum Gaußalgorithmus besteht darin, dass die vorzunehmende Basistransformation im Sinne wachsender Zielfunktionswerte festgelegt ist. Das nachfolgende **Starttableau** orientiert sich an dem vorgegebenen Gleichungssystem $\boldsymbol{Ax} + \boldsymbol{Ey} = \boldsymbol{b}$ mit

$$\boldsymbol{A} = (\boldsymbol{a}^1, \boldsymbol{a}^2) = \begin{pmatrix} 1 & 3 \\ 2 & 1 \\ 1 & 1 \end{pmatrix}, \quad \boldsymbol{E} = (\boldsymbol{e}_1, \boldsymbol{e}_2, \boldsymbol{e}_3) = \begin{pmatrix} 1 & 0 & 0 \\ 0 & 1 & 0 \\ 0 & 0 & 1 \end{pmatrix}, \quad \boldsymbol{b} = \begin{pmatrix} 15 \\ 12 \\ 7 \end{pmatrix}.$$

Starttableau des Simplexalgorithmus

Zeile	Basis	$\boldsymbol{a}^1$	$\boldsymbol{a}^2$	$\boldsymbol{e}_1$	$\boldsymbol{e}_2$	$\boldsymbol{e}_3$	$\boldsymbol{b}$
①	$\boldsymbol{e}_1$	1	[3]	1	0	0	15
②	$\boldsymbol{e}_2$	2	1	0	1	0	12
③	$\boldsymbol{e}_3$	1	1	0	0	1	7
③'		−4	−5	0	0	0	0

Basisvariablen:
y_1, y_2, y_3
Nichtbasisvariablen:
x_1, x_2
Basislösung:
$(0, 0, 15, 12, 7)$
Zielfunktionswert:
0

Entsprechend zum **Gaußalgorithmus** wird durch die Festlegung des Pivotelements [3] die Basistransformation bestimmt. Dabei ist der Vektor $\boldsymbol{e}_1$ gegen den Vektor $\boldsymbol{a}^2$ auszutauschen. Mit der zugehörigen Pivotspalte $\boldsymbol{a}^2$ wählen wir die Nichtbasisvariable, die pro Einheit den Zielfunktionswert (Zeile ③') maximal erhöht. Im Beispiel ist dies die Variable x_2. Die Pivotzeile orientiert sich an der Nebenbedingung, die einen Engpass für die Höhe der ausgewählten Nichtbasisvariablen darstellt. Zu ermitteln ist dabei der minimale nichtnegative Quotient von $\boldsymbol{b}$-Spalte und Pivotspalte, im Beispiel Nebenbedingung ①. Die Basistransformation erfolgt dann durch elementare Zeilenumformungen (Abschnitt 13.3, Definition 13.20). Dafür wird eine zusätzliche Spalte eingeführt, die zeilenweise die erforderliche Operation anzeigt. Es entsteht dabei eine in den Spaltenpositionen veränderte Einheitsmatrix $\boldsymbol{E}$.

1. Folgetableau des Simplexalgorithmus

Zeile	Basis	a^1	a^2	e_1	e_2	e_3	b	Operation
④	a^2	$\frac{1}{3}$	1	$\frac{1}{3}$	0	0	5	$\frac{1}{3}\cdot$ ①
⑤	e_2	$\frac{5}{3}$	0	$-\frac{1}{3}$	1	0	7	② $-\frac{1}{3}\cdot$ ①
⑥	e_3	$\frac{2}{3}$	0	$-\frac{1}{3}$	0	1	2	③ $-\frac{1}{3}\cdot$ ①
(6')		$-\frac{7}{3}$	0	$\frac{5}{3}$	0	0	25	(3') $+\frac{5}{3}\cdot$ ①

Basisvariablen:
x_2, y_2, y_3
Nichtbasisvariablen:
x_1, y_1
Basislösung:
$(0, 5, 0, 7, 2)$
Zielfunktionswert:
25

Zum Nachweis der erhaltenen Daten löst man die ursprüngliche Gleichung ① nach x_2 auf und erhält Zeile ④:

① $x_1 + 3x_2 + y_1 = 15 \Rightarrow x_2 = 5 - \frac{1}{3}x_1 - \frac{1}{3}y_1 \Rightarrow$ Zeile ④

Durch Einsetzen von x_2 in die Gleichungen ②, ③, (3') ergibt sich:

② $2x_1 + x_2 + y_2 = 2x_1 + \left(5 - \frac{1}{3}x_1 - \frac{1}{3}y_1\right) + y_2 = 12$

$\Rightarrow y_2 = 7 - \frac{5}{3}x_1 + \frac{1}{3}y_1 \Rightarrow$ Zeile ⑤

③ $x_1 + x_2 + y_3 = x_1 + \left(5 - \frac{1}{3}x_1 - \frac{1}{3}y_1\right) + y_3 = 7$

$\Rightarrow y_3 = 2 - \frac{2}{3}x_1 + \frac{1}{3}y_1 \Rightarrow$ Zeile ⑥

(3') $-4x_1 - 5x_2 = -4x_1 - 5\left(5 - \frac{1}{3}x_1 - \frac{1}{3}y_1\right) = 0$

$\Rightarrow -\frac{7}{3}x_1 + \frac{5}{3}y_1 = 25 \Rightarrow$ Zeile (6')

Damit kann der senkrechte Strich zwischen den Variablenspalten und der $\boldsymbol{b}$-Spalte zeilenweise als Gleichheitszeichen interpretiert werden. Aus der Zielfunktionszeile (6') entnehmen wir ferner den Zielfunktionswert

$$c = 25 + \frac{7}{3}x_1 - \frac{5}{3}y_1 = 25 \quad \text{für } x_1 = y_1 = 0\,.$$

Offenbar kann c für $x_1 > 0$ weiter erhöht werden. Aus diesem Grunde wird für die nächste Basistransformation die Nichtbasisvariable x_1 und damit die zugehörige Spalte $\boldsymbol{a}^1$ als Pivotspalte ausgewählt. Der minimale Quotient von $\boldsymbol{b}$-Spalte zu Pivotspalte liegt wegen $\frac{2}{2/3} < \frac{5}{1/3}, \frac{7}{5/3}$ in Zeile ⑥, die damit zur Pivotzeile wird. Auf diese Weise erhalten wir insgesamt nachfolgende Tableaudarstellung.

Zeile	Basis	a^1	a^2	e_1	e_2	e_3	b	Pivotspalte	Pivotzeile	Operation
①	e_1	1	$\boxed{3}$	1	0	0	15	2	1	
②	e_2	2	1	0	1	0	12	$-c_2 = -5$	$\frac{b_1}{a_{12}} = \frac{15}{3}$	
③	e_3	1	1	0	0	1	7	minimal	minimal	
③'		-4	-5	0	0	0	0			
④	a^2	$\frac{1}{3}$	1	$\frac{1}{3}$	0	0	5	1	3	$\frac{1}{3}\cdot$①
⑤	e_2	$\frac{5}{3}$	0	$-\frac{1}{3}$	1	0	7	$-c_1 = -\frac{7}{3}$	$\frac{b_3}{a_{31}} = 2\cdot\frac{3}{2}$	② $-\frac{1}{3}\cdot$①
⑥	e_3	$\boxed{\frac{2}{3}}$	0	$-\frac{1}{3}$	0	1	2	minimal	minimal	③ $-\frac{1}{3}\cdot$①
⑥'		$-\frac{7}{3}$	0	$\frac{5}{3}$	0	0	25			③' $+\frac{5}{3}\cdot$①
⑦	a^2	0	1	$\frac{1}{2}$	0	$-\frac{1}{2}$	4			④ $-\frac{1}{2}\cdot$⑥
⑧	e_2	0	0	$\frac{1}{2}$	1	$-\frac{5}{2}$	2			⑤ $-\frac{5}{2}\cdot$⑥
⑨	a^1	1	0	$-\frac{1}{2}$	0	$\frac{3}{2}$	3			$\frac{3}{2}\cdot$⑥
⑨'		0	0	$\frac{1}{2}$	0	$\frac{7}{2}$	32			⑥' $+\frac{7}{2}\cdot$⑥

Wir erhalten

aus Zeile ⑦ : $x_2 = 4 - \frac{1}{2}y_1 + \frac{1}{2}y_3$

aus Zeile ⑧ : $y_2 = 2 - \frac{1}{2}y_1 + \frac{5}{2}y_3$

aus Zeile ⑨ : $x_1 = 3 + \frac{1}{2}y_1 - \frac{3}{2}y_3$

aus Zeile ⑨': $c = 32 - \frac{1}{2}y_1 - \frac{7}{2}y_3$ für die Zielfunktion.

Wegen $y_1, y_3 \geq 0$ kann der Zielfunktionswert bei einer weiteren Basistransformation nur verringert werden. Damit ist das Maximum der Optimierungsaufgabe für $y_1 = y_3 = 0$ gefunden. Wir erhalten die Basislösung $(\boldsymbol{x}^T, \boldsymbol{y}^T) = (3, 4, 0, 2, 0)$ bzw. den Eckpunkt $(3, 4) \in Z$ mit den Basisvariablen x_1, x_2, y_2 und den Nichtbasisvariablen y_1, y_3. Der Zielfunktionswert beträgt 32 (vgl. Beispiel 16.4). Da in der Zielfunktionszeile ⑨' kein negativer Wert vorhanden ist, ist das Verfahren beendet.

Nachfolgend beschreiben wir den **Simplexalgorithmus** für ein **Standardmaximumproblem** mit $\boldsymbol{b} \geq \boldsymbol{o}$ allgemein.

Satz 16.13

Gegeben sei das Standardmaximumproblem mit $\boldsymbol{b} \geq \boldsymbol{o}$ durch

$$\boldsymbol{c}^T\boldsymbol{x} \rightarrow \max \quad \text{mit} \quad \boldsymbol{A}\boldsymbol{x} + \boldsymbol{E}\boldsymbol{y} = \boldsymbol{b},\, \boldsymbol{x} \geq \boldsymbol{o},\, \boldsymbol{y} \geq \boldsymbol{o}\,,$$

$\boldsymbol{c},\boldsymbol{x} \in \mathbb{R}^n$, $\boldsymbol{b},\boldsymbol{y} \in \mathbb{R}^m$, $\boldsymbol{A} = (a_{ij})_{m,n}$, $\boldsymbol{E} = (e_{ij})_{m,n}$ ist Einheitsmatrix. Dann führen endlich viele Basistransformationen zur optimalen Lösung des Problems oder das Problem ist unlösbar.

Anstatt eines strengen Beweises stellen wir den **Ablauf des Simplexalgorithmus** ausführlich dar.

Wir gehen vom so genannten **Starttableau** aus.

Zeile	Basis	$\boldsymbol{a}^1 \;\ldots\; \boldsymbol{a}^j \;\ldots\; \boldsymbol{a}^n$	$\boldsymbol{e}_1 \;\ldots\; \boldsymbol{e}_i \;\ldots\; \boldsymbol{e}_m$	$\boldsymbol{b}$
(1)	$\boldsymbol{e}_1$	$a_{11} \;\ldots\; a_{1j} \;\ldots\; a_{1n}$	$1 \;\ldots\; 0 \;\ldots\; 0$	b_1
$\vdots$	$\vdots$	$\vdots \quad \vdots \quad \vdots$	$\vdots \;\ddots\; \vdots \quad \vdots$	$\vdots$
(i)	$\boldsymbol{e}_i$	$a_{i1} \;\ldots\; a_{ij} \;\ldots\; a_{in}$	$0 \;\ldots\; 1 \;\ldots\; 0$	b_i
$\vdots$	$\vdots$	$\vdots \quad \vdots \quad \vdots$	$\vdots \quad \vdots \;\ddots\; \vdots$	$\vdots$
(m)	$\boldsymbol{e}_m$	$a_{m1} \;\ldots\; a_{mj} \;\ldots\; a_{mn}$	$0 \;\ldots\; 0 \;\ldots\; 1$	b_m
(m')		$-c_1 \;\ldots\; -c_j \;\ldots\; -c_n$	$0 \;\ldots\; 0 \;\ldots\; 0$	0

Figur 16.4: Starttableau zum Standardmaximumproblem
mit dem Beschränkungsvektor $\boldsymbol{b} \geq \boldsymbol{o}$

Wir erhalten die **Startbasislösung** $(\boldsymbol{x}^T, \boldsymbol{y}^T) = (\boldsymbol{o}^T, \boldsymbol{b}^T)$ mit den **Basisvariablen** $\boldsymbol{y}^T = \boldsymbol{b}^T$ und den **Nichtbasisvariablen** $\boldsymbol{x}^T = \boldsymbol{o}^T$. Der **Zielfunktionswert** $\boldsymbol{c}^T\boldsymbol{x} = 0$ steht in Zeile (m') und Spalte $\boldsymbol{b}$.

Wir führen nun eine erste Basistransformation durch.

a) Überprüfung der Zielfunktionszeile (m'):

Für $-c_j \geq 0 \ (j = 1, \ldots, n)$ liefert das Starttableau bereits eine optimale Lösung, andernfalls existiert mindestens ein $-c_j < 0$.

b) Wahl der **Pivotspalte** j, falls $-c_j = \min\limits_{\nu}\{-c_\nu : -c_\nu < 0\}$:

Die Nichtbasisvariable x_j, die pro Einheit den Zielfunktionswert maximal erhöht, bestimmt die Pivotspalte.

Gilt in der Pivotspalte $a_{\mu j} \leq 0$ für alle $\mu = 1, \ldots, m$, so existiert keine optimale Lösung. Der Zulässigkeitsbereich ist unbeschränkt (Beispiel 16.15). Andernfalls existiert mindestens ein $a_{\mu j} > 0$.

c) Wahl der **Pivotzeile** i, falls $\dfrac{b_i}{a_{ij}} = \min\limits_{\mu}\left\{\dfrac{b_\mu}{a_{\mu j}} : a_{\mu j} > 0\right\}$:

Der kleinste Quotient der Werte aus der $\boldsymbol{b}$-Spalte und der entsprechenden positiven Koeffizienten der Pivotspalte legt die Pivotzeile fest. Damit ist die maximale Erhöhung der Variablen x_j unter Einhaltung aller Nebenbedingungen gewährleistet.

d) Mit der Pivotspalte j und der Pivotzeile i erhält man das **Pivotelement** $a_{ij} > 0$. Damit erfolgt eine Basistransformation durch Austausch des Vektors $\boldsymbol{e}_i$ gegen $\boldsymbol{a}^j$. Der Einheitsvektor $\boldsymbol{e}_i$ (Figur 16.5) wird in die Spalte $\boldsymbol{a}^j$ verlagert.

e) Man erhält eine neue Basislösung $(\boldsymbol{x}^{1^T}, \boldsymbol{y}^{1^T})$ mit

$$\begin{aligned} \boldsymbol{x}^{1^T} &= (x_1, \ldots, x_j, \ldots, x_n) = (0, \ldots, \tfrac{b_i}{a_{ij}}, \ldots, 0) \\ \boldsymbol{y}^{1^T} &= (y_1, \ldots, y_i, \ldots, y_m) = (b_1 - a_{1j}\tfrac{b_i}{a_{ij}}, \ldots, 0, \ldots, b_m - a_{mj}\tfrac{b_i}{a_{ij}}) \end{aligned}$$

Zusätzlich wird ein neuer Zielfunktionswert in der $\boldsymbol{b}$-Spalte entwickelt:

$$\boldsymbol{c}^T\boldsymbol{x}^1 = c_1 \cdot 0 + \ldots + c_j \cdot \frac{b_i}{a_{ij}} + \ldots + c_n \cdot 0 = c_j \cdot \frac{b_i}{a_{ij}}$$

In Tableauform erhalten wir das Ergebnis:

Zeile	Basis	$\boldsymbol{a}^1$	...	$\boldsymbol{a}^j$	...	$\boldsymbol{a}^n$	$\boldsymbol{e}_1$	...	$\boldsymbol{e}_i$	...	$\boldsymbol{e}_m$	$\boldsymbol{b}$	Pivot-spalte	Pivot-zeile
(1)	$\boldsymbol{e}_1$	a_{11}	...	a_{1j}	...	a_{1n}	1	...	0	...	0	b_1	j	i
$\vdots$	$\vdots$	$\vdots$		$\vdots$		$\vdots$	$\vdots$		$\vdots$		$\vdots$	$\vdots$		
(i)	$\boldsymbol{e}_i$	a_{i1}	...	$\boxed{a_{ij}}$	...	a_{in}	0	...	1	...	0	b_i	$-c_j$	$\frac{b_i}{a_{ij}}$
$\vdots$	$\vdots$	$\vdots$		$\vdots$		$\vdots$	$\vdots$		$\vdots$		$\vdots$	$\vdots$		
(m)	$\boldsymbol{e}_m$	a_{m1}	...	a_{mj}	...	a_{mn}	0	...	0	...	1	b_m	minimal	minimal
(m')		$-c_1$	...	$-c_j$	...	$-c_n$	0	...	0	...	0	0		
(m+1)	$\boldsymbol{e}_1$	$a_{11} - a_{1j}\frac{a_{i1}}{a_{ij}}$	...	0	...	$a_{1n} - a_{1j}\frac{a_{in}}{a_{ij}}$	1	...	$-a_{1j}\frac{1}{a_{ij}}$	...	0	$b_1 - a_{1j}\frac{b_i}{a_{ij}}$		
$\vdots$	$\vdots$	$\vdots$		$\vdots$		$\vdots$	$\vdots$		$\vdots$		$\vdots$	$\vdots$		
(m+i)	$\boldsymbol{a}^j$	$\frac{a_{i1}}{a_{ij}}$	...	1	...	$\frac{a_{in}}{a_{ij}}$	0	...	$\frac{1}{a_{ij}}$	...	0	$\frac{b_i}{a_{ij}}$		
$\vdots$	$\vdots$	$\vdots$		$\vdots$		$\vdots$	$\vdots$		$\vdots$		$\vdots$	$\vdots$		
(2m)	$\boldsymbol{e}_m$	$a_{m1} - a_{mj}\frac{a_{i1}}{a_{ij}}$	...	0	...	$a_{mn} - a_{mj}\frac{a_{in}}{a_{ij}}$	0	...	$-a_{mj}\frac{1}{a_{ij}}$	...	1	$b_m - a_{mj}\frac{b_i}{a_{ij}}$		
(2m')		$-c_1 + c_j\frac{a_{i1}}{a_{ij}}$	...	0	...	$-c_n + c_j\frac{a_{in}}{a_{ij}}$	0	...	$c_j\frac{1}{a_{ij}}$	...	0	$c_j\frac{b_i}{a_{ij}}$		

Figur 16.5: Basistransformation für das Standardmaximumproblem mit $\boldsymbol{b} \geq \boldsymbol{o}$

Mit dem erhaltenen Tableau als neuem Starttableau führt man weitere Basistransformationen nach dem vorgegebenen Muster durch.

Wir starten mit einem beliebigen Folgetableau der Form:

Zeile	Basis	$\boldsymbol{a}^1 \;\dots\; \boldsymbol{a}^n$	$\boldsymbol{e}_1 \;\dots\; \boldsymbol{e}_m$	$\boldsymbol{b}$
$\vdots$	$\vdots$	$a'_{11} \;\dots\; a'_{1n}$	$a'_{1,n+1} \;\dots\; a'_{1,n+m}$	b'_1
$\vdots$	$\vdots$	$\vdots \qquad \vdots$	$\vdots \qquad \vdots$	$\vdots$
$\vdots$	$\vdots$	$a'_{m1} \;\dots\; a'_{mn}$	$a'_{m,n+1} \;\dots\; a'_{m,n+m}$	b'_m
$\vdots$		$-c'_1 \;\dots\; -c'_n$	$-c'_{n+1} \;\dots\; -c'_{n+m}$	c'

Dieses Tableau enthält in m der insgesamt $n+m$ Spalten die Einheitsmatrix. Die entsprechenden Werte der Zielfunktionszeile sind 0 (Figur 16.5).

Die Basistransformation läuft dann wie im ersten Schritt ab.

a) Überprüfung der Zielfunktionszeile:

   Für $-c'_j \geq 0$ $(j = 1, \dots, n+m)$ erhalten wir ein **Endtableau**, aus dem die optimale Lösung abgelesen werden kann.

   Andernfalls existiert mindestens ein $-c'_j < 0$.

b) Wahl der **Pivotspalte** j, falls $-c'_j = \min\limits_{\nu} \{ -c'_\nu : -c'_\nu < 0 \}$.

   Ist $a'_{\mu j} \leq 0$ für alle $\mu = 1, \dots, m$, so existiert keine optimale Lösung (Beispiel 16.15). Andernfalls gibt es mindestens ein $a'_{\mu j} > 0$.

c) Wahl der **Pivotzeile** i, falls $\dfrac{b'_i}{a'_{ij}} = \min\limits_{\mu} \left\{ \dfrac{b'_\mu}{a'_{\mu j}} : a'_{\mu j} > 0 \right\}$.

d) Mit der Pivotspalte j und der Pivotzeile i ergibt sich das **Pivotelement** $a'_{ij} > 0$. Mit Hilfe von elementaren Zeilentransformationen tauscht man die Basisvariable der Zeile i gegen die Nichtbasisvariable der Spalte j.

e) Man erhält ein neues Tableau der Form:

Zeile	Basis	$\boldsymbol{a}^1 \;\dots\; \boldsymbol{a}^n$	$\boldsymbol{e}_1 \;\dots\; \boldsymbol{e}_m$	$\boldsymbol{b}$
$\vdots$	$\vdots$	$a''_{11} \;\dots\; a''_{1n}$	$a''_{1,n+1} \;\dots\; a''_{1,n+m}$	b''_1
$\vdots$	$\vdots$	$\vdots \qquad \vdots$	$\vdots \qquad \vdots$	$\vdots$
$\vdots$	$\vdots$	$a''_{m1} \;\dots\; a''_{mn}$	$a''_{m,n+1} \;\dots\; a''_{m,n+m}$	b''_m
$\vdots$		$-c''_1 \;\dots\; -c''_n$	$-c''_{n+1} \;\dots\; -c''_{n+m}$	c''

Mit Hilfe der Werte $a'_{\mu\nu}$, b'_{μ}, c'_{ν} erfolgt die Berechnung der neuen Werte $a''_{\mu\nu}$, b''_{μ}, c''_{ν}. Für $\nu = 1, \dots, n+m$ gilt

in der Pivotzeile i: $\quad a''_{i\nu} = \dfrac{a'_{i\nu}}{a'_{ij}}$ (also $a''_{ij} = 1$), $\quad b''_i = \dfrac{b'_i}{a'_{ij}}$

in den Zeilen $\mu \neq i$: $\quad a''_{\mu\nu} = a'_{\mu\nu} - \dfrac{a'_{\mu j}}{a'_{ij}} a'_{i\nu}$ (also $a''_{\mu j} = 0$), $\quad b''_{\mu} = b'_{\mu} - \dfrac{a'_{\mu j}}{a'_{ij}} b'_i$

$$-c''_{\nu} = -c'_{\nu} + \frac{c'_j}{a'_{ij}} a'_{i\nu} \text{ (also } -c''_j = 0\text{)}, \quad c'' = c' + \frac{c'_j}{a'_{ij}} b'_i .$$

f) Wir erhalten ein optimales Endtableau oder nehmen eine weitere Basistransformation vor.

Beispiel 16.14

Eine Finanzabteilung beabsichtigt, einen Betrag von höchstens 10^6 Geldeinheiten so anzulegen, dass ein maximaler Ertrag erzielt wird.

Die vier in Frage kommenden Anlagen A_1, A_2, A_3, A_4 sind mit unterschiedlichem Risiko verbunden. Eine sichere Anlage erhält den Risikofaktor 0 und je unsicherer die Anlage ist, desto höher ist der Risikofaktor. Dagegen stehen Renditen der einzelnen Anlagen. Wir stellen die Risikofaktoren sowie die Renditen der Anlagen in der nachfolgenden Tabelle zusammen:

Anlage	A_1	A_2	A_3	A_4
Risikofaktor pro eingesetzter Geldeinheit	0	2	5	10
Rendite	10 %	20 %	40 %	100 %

Aus Gründen der Risikostreuung ist in die Anlage A_4 mit dem höchsten Risiko maximal ein Betrag von $6 \cdot 10^5$ Geldeinheiten zu investieren. Ferner soll der durchschnittliche Risikofaktor pro eingesetzter Geldeinheit nicht größer als 5 sein. Mit der Zielsetzung Gewinnmaximierung erhalten wir ein lineares Optimierungsproblem.

Sei x_i $(i = 1, 2, 3, 4)$ der in die Anlage A_i investierte Betrag.

Dann ist mit den Nebenbedingungen

$$x_1 + x_2 + x_3 + x_4 \leq 10^6 \quad \text{(Anlagebudgetbeschränkung)}$$

$$\frac{2x_2 + 5x_3 + 10x_4}{10^6} \leq 5 \quad \text{(Beschränkung für durchschnittliches Risiko)}$$

$$x_4 \leq 6 \cdot 10^5 \quad \text{(Maximalbetrag für Anlage } A_4\text{)}$$

$$x_1, x_2, x_3, x_4 \geq 0$$

die Zielfunktion

$$1.1x_1 + 1.2x_2 + 1.4x_3 + 2x_4$$

zu maximieren.

Diese Optimierungsaufgabe entspricht einem Standardmaximumproblem mit $\boldsymbol{b} \geq \boldsymbol{o}$. Nach Division der $\boldsymbol{b}$-Spalte durch 10^5 erhalten wir:

$$\begin{array}{lrcl} & 1.1x_1 + 1.2x_2 + 1.4x_3 + 2x_4 & \to & \max \\ \text{mit} & x_1 + x_2 + x_3 + x_4 & \leq & 10 \\ & 2x_2 + 5x_3 + 10x_4 & \leq & 50 \\ & x_4 & \leq & 6 \\ & x_1, x_2, x_3, x_4 & \geq & 0 \end{array}$$

Mit dem Simplexalgorithmus ergibt sich dann:

Zeile	Basis	$\boldsymbol{a}^1$	$\boldsymbol{a}^2$	$\boldsymbol{a}^3$	$\boldsymbol{a}^4$	e_1	e_2	e_3	$\boldsymbol{b}$	Pivotspalte	Pivotzeile	Operation
①	e_1	1	1	1	1	1	0	0	10	4	2	
②	e_2	0	2	5	$\boxed{10}$	0	1	0	50	$-c_4 = -2$	$\frac{b_2}{a_{24}} = \frac{50}{10}$	
③	e_3	0	0	0	1	0	0	1	6	minimal	minimal	
③'		−1.1	−1.2	−1.4	−2	0	0	0	0			
④	e_1	$\boxed{1}$	0.8	0.5	0	1	−0.1	0	5	1	1	① − 0.1②
⑤	$\boldsymbol{a}^4$	0	0.2	0.5	1	0	0.1	0	5	$-c_1 = -1.1$	$\frac{b_1}{a_{11}} = \frac{5}{1}$	0.1②
⑥	e_3	0	−0.2	−0.5	0	0	−0.1	1	1	minimal	minimal	③ − 0.1②
⑥'		−1.1	−0.8	−0.4	0	0	0.2	0	10			③' + 0.2②
⑦	$\boldsymbol{a}^1$	1	0.8	0.5	0	1	−0.1	0	5			④
⑧	$\boldsymbol{a}^4$	0	0.2	0.5	1	0	0.1	0	5			⑤
⑨	e_3	0	−0.2	−0.5	0	0	−0.1	1	1			⑥
⑨'		0	0.08	0.15	0	1.1	0.09	0	15.5			⑥' + 1.1④

Aus dem Endtableau ist die Lösung abzulesen.

$$(x_1, x_2, x_3, x_4) = (5, 0, 0, 5) \quad \text{mit} \quad 1.1 \cdot 5 + 2 \cdot 5 = 15.5 .$$

Um den Maximalgewinn von $15.5 \cdot 10^5 = 1.550.000$ Geldeinheiten zu erreichen, sind je $5 \cdot 10^5 = 500.000$ Geldeinheiten in die Anlagen A_1 und A_4 zu investieren.

Wir schließen dieses Kapitel mit einigen Anmerkungen zur Unlösbarkeit von Standardmaximumproblemen mit $\boldsymbol{b} \geq \boldsymbol{o}$ (Abschnitt 16.3).

Beispiel 16.15

a) Der in Beispiel 16.6 dargestellte Fall $Z = \emptyset$ kann hier nicht auftreten, da das Standardmaximumproblem mit $\boldsymbol{b} \geq \boldsymbol{o}$ wegen $\boldsymbol{Ax} \leq \boldsymbol{b},\ \boldsymbol{x} \geq \boldsymbol{o}$ stets die zulässige Lösung $\boldsymbol{x} = \boldsymbol{o}$ besitzt.

b) Das Beispiel 16.8 behandelte u. a. das Problem

$$x_1 + x_2 \to \max,\ x_1 - x_2 \leq 1\ (A),\ -2x_1 + x_2 \leq 2\ (B),\ x_1,\ x_2 \geq 0\,.$$

Graphische Darstellung

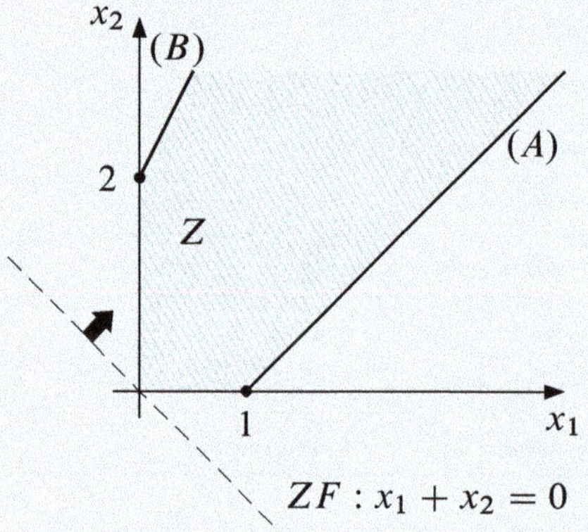

Simplexalgorithmus

Zeile	Basis	$\boldsymbol{a}^1$	$\boldsymbol{a}^2$	e_1	e_2	$\boldsymbol{b}$	Operation
(1)	e_1	$\boxed{1}$	−1	1	0	1	
(2)	e_2	−2	1	0	1	2	
(2')		−1	−1	0	0	0	
(3)	$\boldsymbol{a}^1$	1	−1	1	0	1	(1)
(4)	e_2	0	−1	2	1	4	(2) + 2(1)
(4')		0	−2	1	0	1	(2') + (1)

Aus den Zeilen (3), (4), (4') und der Spalte $\boldsymbol{a}^2$ wird Folgendes ersichtlich:

- Zur Basis $\{\boldsymbol{a}^1, \boldsymbol{e}_2\}$ erhalten wir die Basislösung $(x_1, x_2, y_1, y_2) = (1, 0, 0, 4)$, in der Graphik den Übergang von der Ecke $(0, 0)$ zur Ecke $(1, 0)$.
- Der Zielfunktionswert kann wegen $-c_2' = -2$ durch Erhöhung von x_2 noch verbessert werden. Wegen der negativen Spaltenwerte in Zeile (3), (4) tritt bzgl. der $\boldsymbol{b}$-Spalte kein Engpass auf. Für $x_2 \to \infty$ sind beide Nebenbedingungen (3) $x_1 - x_2 \leq 1$, (4) $-x_2 \leq 4$ erfüllbar. In der Graphik entspricht dies dem Verlassen der Ecke $(1, 0)$ auf der Geraden $x_1 - x_2 = 1$ in Richtung wachsender (x_1, x_2)-Werte, wodurch keine weitere Ecke erreicht wird (Satz 16.10, 16.13).

16.5 Dualität und Standardminimumproblem

Wir befassen uns nun mit dem Standardminimumproblem und nutzen dabei bestimmte Zusammenhänge mit dem Standardmaximumproblem. Um dabei aber den Rahmen dieser Darstellung nicht zu sprengen, werden wir nur noch sehr elementare Aussagen beweisen. Den zur Lösung von Standardminimumproblemen zentralen Dualitätssatz der linearen Optimierung werden wir zwar formulieren (Definition 16.16, Satz 16.17), zum Beweis jedoch auf relevante Fachliteratur verweisen.

Definition 16.16

Gegeben sei das Standardmaximumproblem

$$\boldsymbol{c}^T\boldsymbol{x} \to \max \quad \text{mit} \quad \boldsymbol{A}\boldsymbol{x} \leq \boldsymbol{b},\ \boldsymbol{x} \geq \boldsymbol{o}\,,$$

das wir nun als das **primale Problem** (P) bezeichnen. Dann heißt das Standardminimumproblem der Form

$$\boldsymbol{b}^T\boldsymbol{y} \to \min \quad \text{mit} \quad \boldsymbol{A}^T\boldsymbol{y} \geq \boldsymbol{c},\ \boldsymbol{y} \geq \boldsymbol{o}$$

das zu (P) **duale Problem** (D).
Ferner gilt $\boldsymbol{c}, \boldsymbol{x} \in \mathbb{R}^n$, $\boldsymbol{b}, \boldsymbol{y} \in \mathbb{R}^m$, $\boldsymbol{A} = (a_{ij})_{m,n}$.

Um von (P) zu (D) zu gelangen, sind

- die Matrix $\boldsymbol{A}$ zu transponieren,
- die Vektoren $\boldsymbol{b}$, $\boldsymbol{c}$ auszutauschen,
- das System $\boldsymbol{A}\boldsymbol{x} \leq \boldsymbol{b}$ durch $\boldsymbol{A}^T\boldsymbol{y} \geq \boldsymbol{c}$ bzw. $\boldsymbol{x} \geq \boldsymbol{o}$ durch $\boldsymbol{y} \geq \boldsymbol{o}$ und
- die Zielsetzung $\boldsymbol{c}^T\boldsymbol{x} \to \max$ durch $\boldsymbol{b}^T\boldsymbol{y} \to \min$ zu ersetzen.

Enthält das primale Problem n Variablen $x_1, \ldots, x_n$ und m Ungleichungen der Form $\boldsymbol{A}\boldsymbol{x} \leq \boldsymbol{b}$, so enthält das duale Problem m Variablen $y_1, \ldots, y_m$ und n Ungleichungen der Form $\boldsymbol{A}^T\boldsymbol{y} \geq \boldsymbol{c}$.

Wir formulieren nun den **Dualitätssatz** der linearen Optimierung.

Satz 16.17

Gegeben seien die Probleme (P) und (D). Dann gilt:

a) (P) ist lösbar $\iff$ (D) ist lösbar

b) $\boldsymbol{x}^*$ ist Optimallösung von (P), $\boldsymbol{y}^*$ ist Optimallösung von (D)
$\iff$ $\boldsymbol{x}^*, \boldsymbol{y}^*$ sind zulässig mit $\boldsymbol{c}^T\boldsymbol{x}^* = \boldsymbol{b}^T\boldsymbol{y}^*$

Zum Beweis verweisen wir auf [Zimmermann, S. 92–97].

Nach a) sind beide Probleme (P) und (D) entweder lösbar oder unlösbar.

Nach b) gilt für die Zielfunktionswerte von (P) und (D) $\boldsymbol{c}^T\boldsymbol{x}^* = \boldsymbol{b}^T\boldsymbol{y}^*$ genau dann, wenn $\boldsymbol{x}^*$ bzw. $\boldsymbol{y}^*$ Optimallösungen von (P) bzw. (D) darstellen.

Aus b) folgt ferner die Aussage

$$\boldsymbol{x} \text{ zulässig für } (P), \ \boldsymbol{y} \text{ zulässig für } (D) \Rightarrow \boldsymbol{c}^T\boldsymbol{x} \leq \boldsymbol{b}^T\boldsymbol{y}\,,$$

die sich sehr einfach auch direkt nachweisen lässt:

$$\boldsymbol{c}^T\boldsymbol{x} = \boldsymbol{x}^T\boldsymbol{c} \leq \boldsymbol{x}^T\boldsymbol{A}^T\boldsymbol{y} = \boldsymbol{y}^T\boldsymbol{A}\boldsymbol{x} \leq \boldsymbol{y}^T\boldsymbol{b} = \boldsymbol{b}^T\boldsymbol{y}\,.$$

Wir illustrieren den Zusammenhang der beiden Probleme

$$\begin{array}{lrl} (P) & \boldsymbol{c}^T\boldsymbol{x} \to \max & \qquad (D) \quad \boldsymbol{b}^T\boldsymbol{y} \to \min \\ & \boldsymbol{A}\boldsymbol{x} \leq \boldsymbol{b} & \qquad\qquad \boldsymbol{A}^T\boldsymbol{y} \geq \boldsymbol{c} \\ & \boldsymbol{x} \geq \boldsymbol{o} & \qquad\qquad\quad \boldsymbol{y} \geq \boldsymbol{o} \end{array}$$

mit Hilfe eines Beispiels.

Beispiel 16.18

Mit Hilfe von zwei Produktionsanlagen M_1, M_2 sind zwei Produkte P_1, P_2 in den Quantitäten x_1, x_2 herzustellen. Die erforderlichen Maschinenzeiten entnehme man der nachfolgenden Tabelle.

	M_1	M_2
P_1	3	1
P_2	2	3

Die verfügbaren Maschinenzeiten betragen 120 bzw. 110 Zeiteinheiten. Nimmt man die Deckungsbeiträge pro Produkteinheit mit jeweils 7 Geldeinheiten an, so ergibt sich das folgende lineare Optimierungsproblem mit der Zielsetzung der Deckungsbeitragsmaximierung:

$$7x_1 + 7x_2 \to \max \quad \text{(Gesamtdeckungsbeitrag)}$$

mit

$$\begin{array}{rl} 3x_1 + 2x_2 \leq 120 & \text{(Zeitkapazität } M_1\text{)} \\ 1x_1 + 3x_2 \leq 110 & \text{(Zeitkapazität } M_2\text{)} \\ x_1, x_2 \geq 0 & \end{array}$$

Das dazu duale Problem lautet:

$$120y_1 + 110y_2 \to \min \quad \text{(Gesamtmietkosten)}$$

mit

$$\begin{aligned} 3y_1 + 1y_2 &\geq 7 \quad &\text{(Mietkosten } (P_1))\\ 2y_1 + 3y_2 &\geq 7 \quad &\text{(Mietkosten } (P_2))\\ y_1, y_2 &\geq 0 \end{aligned}$$

Zur Interpretation des dualen Problems nimmt man folgende Situation an:

Ein anderer Betrieb möchte die Produktion von P_1, P_2 übernehmen und bietet dabei an, die Anlagen M_1, M_2 zu mieten. Bezeichnet man den Mietpreis pro Maschinenzeiteinheit mit y_1 bzw. y_2, so sollen die Mietkosten zur Herstellung einer Einheit von P_1 bzw. P_2 mindestens dem Deckungsbeitrag 7 dieser Produkte entsprechen, ferner sind die Gesamtmietkosten bezogen auf die Maschinenzeitobergrenzen zu minimieren.

Wir lösen beide Probleme zunächst graphisch (Figur 16.6).

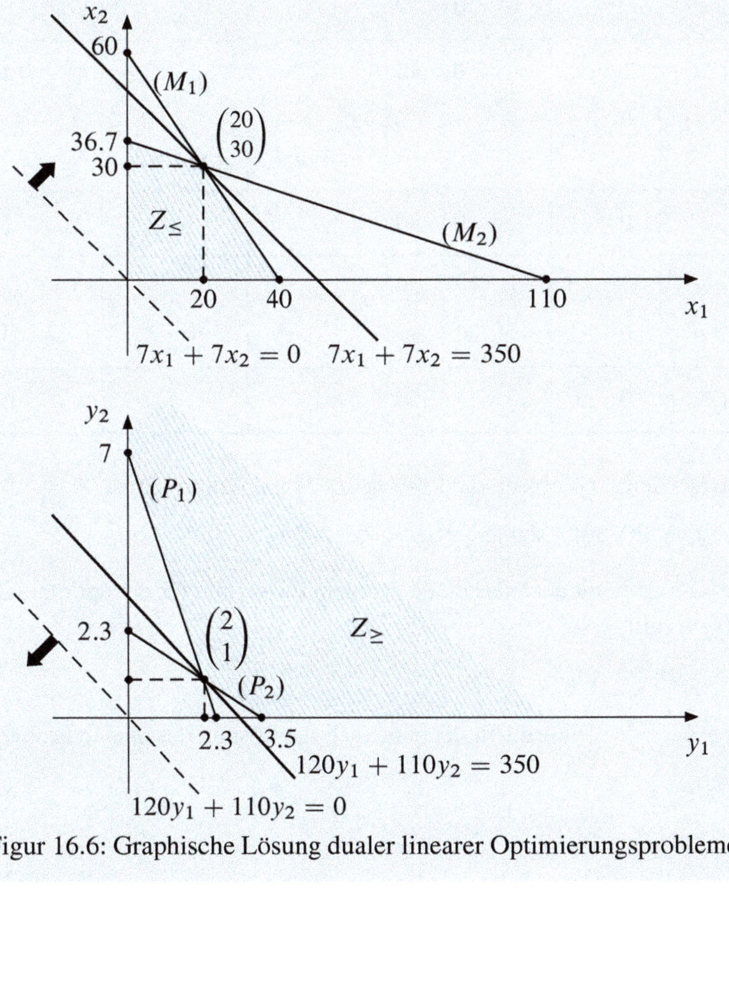

Figur 16.6: Graphische Lösung dualer linearer Optimierungsprobleme

Damit besitzt das primale Problem die Lösung

$$(x_1, x_2) = (20, 30) \quad \text{mit} \quad \boldsymbol{c}^T\boldsymbol{x} = 7x_1 + 7x_2 = 350\,.$$

Für das duale Problem ergibt sich

$$(y_1, y_2) = (2, 1) \quad \text{mit} \quad \boldsymbol{b}^T\boldsymbol{y} = 120y_1 + 110y_2 = 350\,.$$

Mit dem Simplexverfahren erhalten wir für das Maximumproblem:

Zeile	Basis	$\boldsymbol{a}^1$	$\boldsymbol{a}^2$	$\boldsymbol{e}_1$	$\boldsymbol{e}_2$	$\boldsymbol{b}$	Pivotspalte	Pivotzeile	Operation
①	$\boldsymbol{e}_1$	$\boxed{3}$	2	1	0	120	1	1	
②	$\boldsymbol{e}_2$	1	3	0	1	110	$-c_1 = -7$ minimal	$\frac{b_1}{a_{11}} = \frac{120}{3}$ minimal	
(2')		−7	−7	0	0	0			
③	$\boldsymbol{a}^1$	1	$\frac{2}{3}$	$\frac{1}{3}$	0	40	2	2	$\frac{1}{3}\cdot$①
④	$\boldsymbol{e}_2$	0	$\boxed{\frac{7}{3}}$	$-\frac{1}{3}$	1	70	$-c_2 = -\frac{7}{3}$ minimal	$\frac{b_2}{a_{22}} = 70\cdot\frac{3}{7}$ minimal	② $-\frac{1}{3}\cdot$①
(4')		0	$-\frac{7}{3}$	$\frac{7}{3}$	0	280			(2') $+\frac{7}{3}\cdot$①
⑤	$\boldsymbol{a}^1$	1	0	$\frac{3}{7}$	$-\frac{2}{7}$	20			③ $-\frac{2}{7}\cdot$④
⑥	$\boldsymbol{a}^2$	0	1	$-\frac{1}{7}$	$\frac{3}{7}$	30			$\frac{3}{7}\cdot$④
(6')		0	0	2	1	350			(4') + ④

Wir erhalten aus dem Endtableau die Lösung des Maximumproblems

$$(x_1, x_2) = (20, 30) \quad \text{sowie} \quad \boldsymbol{c}^T\boldsymbol{x} = 7x_1 + 7x_2 = 350\,.$$

Nach Satz 16.17 ist damit auch das duale Problem lösbar und für die optimale Lösung des dualen Problems gilt

$$\boldsymbol{b}^T\boldsymbol{y} = 120y_1 + 110y_2 = 350\,.$$

In der letzten Zeile des Tableaus findet man auch die Lösung des dualen Problems

$$(y_1, y_2) = (2, 1)\,.$$

Dies ist kein Zufall.

Satz 16.19

Gegeben sei ein lösbares Standardmaximumproblem

$$\boldsymbol{c}^T\boldsymbol{x} \to \max \quad \text{mit} \quad \boldsymbol{A}\boldsymbol{x} \leq \boldsymbol{b},\ \boldsymbol{x} \geq \boldsymbol{o}$$

mit dem Endtableau nach Anwendung des Simplexalgorithmus:

$\tilde{a}_{11}$	$\dots$	$\tilde{a}_{1n}$	$\tilde{a}_{1,n+1}$	$\dots$	$\tilde{a}_{1,n+m}$	$\tilde{b}_1$
$\vdots$		$\vdots$	$\vdots$		$\vdots$	$\vdots$
$\tilde{a}_{m1}$	$\dots$	$\tilde{a}_{mn}$	$\tilde{a}_{m,n+1}$	$\dots$	$\tilde{a}_{m,n+m}$	$\tilde{b}_m$
$-\tilde{c}_1$	$\dots$	$-\tilde{c}_n$	$-\tilde{c}_{n+1}$	$\dots$	$-\tilde{c}_{n+m}$	$\tilde{c}$

Dann gilt für die optimale Lösung des dualen Problems

$$(y_1, \dots, y_m) = (-\tilde{c}_{n+1}, \dots, -\tilde{c}_{n+m}) \quad \text{mit} \quad \boldsymbol{b}^T\boldsymbol{y} = \tilde{c}\,.$$

Zum Beweis verweisen wir auf [Zimmermann, S. 97–99]

Damit erhält man die zentrale Aussage der Dualitätstheorie der linearen Optimierung. Ist ein **Standardminimumproblem** der Form

$$\boldsymbol{b}^T\boldsymbol{y} \to \min \quad \text{mit} \quad \boldsymbol{A}^T\boldsymbol{y} \geq \boldsymbol{c},\ \boldsymbol{y} \geq \boldsymbol{o}$$

gegeben, so löst man das dazugehörige **Standardmaximumproblem**

$$\boldsymbol{c}^T\boldsymbol{x} \to \max \quad \text{mit} \quad \boldsymbol{A}\boldsymbol{x} \leq \boldsymbol{b},\ \boldsymbol{x} \geq \boldsymbol{o} \qquad \text{(Definition 16.16)}$$

mit Hilfe des Simplexalgorithmus und liest die Lösung des Ausgangsproblems aus der letzten Zeile des Endtableaus ab (Satz 16.19).

Beispiel 16.20

Eine Werbeabteilung plant zur Absatzsteigerung eines Produktes Anzeigen in drei verschiedenen Magazinen I_1, I_2, I_3 mit den geschätzten Reichweiten von 200.000 Personen pro Anzeige von I_1, 100.000 Personen pro Anzeige von I_2 und 400.000 Personen pro Anzeige von I_3. Es soll eine Gesamtreichweite von mindestens 2 Millionen Personen erzielt werden. Die Anzahl x_3 von Anzeigen in I_3 soll dabei nicht kleiner sein als die Summe $x_1 + x_2$ von Anzeigen in I_1 und I_2. In I_1, I_2 sind insgesamt mindestens 2 Anzeigen vorzusehen. Für den Fall, dass die Kosten pro Anzeige in I_1, I_2, I_3 mit 3000, 2000 und 5000 Geldeinheiten angegeben werden, erhalten wir eine lineare Optimierungsaufgabe mit dem Ziel, die Gesamtkosten zu minimieren.

$$\begin{aligned}
3000x_1 + \quad 2000x_2 + \quad 5000x_3 &\to \min \\
200.000x_1 + 100.000x_2 + 400.000x_3 &\geq 2.000.000 \text{ (Mindestreichweite)} \\
-x_1 - \quad x_2 + \quad x_3 &\geq 0 \text{ (Mindestanzeigenzahl in } I_3) \\
x_1 + \quad x_2 \quad &\geq 2 \text{ (Mindestanzeigenzahl in } I_1 \text{ und } I_2) \\
x_1, x_2, x_3 &\geq 0
\end{aligned}$$

Oder einfacher:

$$\begin{aligned}
3x_1 + 2x_2 + 5x_3 &\to \min \\
2x_1 + x_2 + 4x_3 &\geq 20 \\
-x_1 - x_2 + x_3 &\geq 0 \\
x_1 + x_2 \quad &\geq 2 \\
x_1 x_2, x_3 &\geq 0
\end{aligned}$$

Das dazu primale Problem ist:

$$\begin{aligned}
20y_1 \quad + 2y_3 &\to \max \\
2y_1 - y_2 + y_3 &\leq 3 \\
y_1 - y_2 + y_3 &\leq 2 \\
4y_1 + y_2 \quad &\leq 5 \\
y_1, y_2, y_3 &\geq 0
\end{aligned}$$

Wir wenden das Simplexverfahren an.

Zeile	Basis	a^1	a^2	a^3	e_1	e_2	e_3	b	Pivotspalte	Pivotzeile	Operation
①	e_1	2	−1	1	1	0	0	3	1	3	
②	e_2	1	−1	1	0	1	0	2	$-c_1 = -20$	$\frac{b_3}{a_{31}} = \frac{5}{4}$	
③	e_3	$\boxed{4}$	1	0	0	0	1	5	minimal	minimal	
③'		−20	0	−2	0	0	0	0			
④	e_1	0	$-\frac{3}{2}$	$\boxed{1}$	1	0	$-\frac{1}{2}$	$\frac{1}{2}$	3	1	① $- \frac{1}{2} \cdot$ ③
⑤	e_2	0	$-\frac{5}{4}$	1	0	1	$-\frac{1}{4}$	$\frac{3}{4}$	$-c_3 = -2$	$\frac{b_1}{a_{13}} = \frac{1}{2}$	② $- \frac{1}{4} \cdot$ ③
⑥	a^1	1	$\frac{1}{4}$	0	0	0	$\frac{1}{4}$	$\frac{5}{4}$	minimal	minimal	$\frac{1}{4} \cdot$ ③
⑥'		0	5	−2	0	0	5	25			③' $+ 5 \cdot$ ③
⑦	a^3	0	$-\frac{3}{2}$	1	1	0	$-\frac{1}{2}$	$\frac{1}{2}$			④
⑧	e_2	0	$\frac{1}{4}$	0	−1	1	$\frac{1}{4}$	$\frac{1}{4}$			⑤ − ④
⑨	a^1	1	$\frac{1}{4}$	0	0	0	$\frac{1}{4}$	$\frac{5}{4}$			⑥
⑨'		0	2	0	2	0	4	26			⑥' $+ 2 \cdot$ ④

Für die Lösung des Maximumproblems gilt

$$(y_1, y_2, y_3) = \left(\frac{5}{4}, 0, \frac{1}{2}\right) \quad \text{mit} \quad 20y_1 + 2y_3 = 26\,,$$

für die Lösung des Minimumproblems

$$(x_1, x_2, x_3) = (2, 0, 4) \quad \text{mit} \quad 3x_1 + 2x_2 + 5x_3 = 26\,.$$

Es ergeben sich Gesamtkosten in Höhe von 26.000 Geldeinheiten, dabei sind 2 Anzeigen in I_1 und 4 Anzeigen in I_3 zu platzieren.

17 Determinante einer Matrix

Nach dem Rang einer Matrix (Abschnitt 13.3), der durch die Maximalzahl linear unabhängiger Zeilen und Spalten charakterisiert ist (Definition 13.15, 13.17 Satz 13.16), führen wir mit der **Determinante** eine weitere Kennzahl für reelle Matrizen ein. Während der Rang für beliebige reelle $m \times n$-Matrizen erklärt und berechenbar ist, existiert die Determinante nur für quadratische Matrizen.

Es wird sich zeigen, dass mit Hilfe von Determinanten

- die Lösung spezieller Gleichungssysteme (Kapitel 14) sowie
- gegebenenfalls die Berechnung inverser Matrizen (Kapitel 15) möglich ist.

Darüber hinaus sind Determinanten eine wesentliche Grundlage

- zur Lösung von Eigenwertproblemen bei quadratischen Matrizen (Kapitel 18) sowie
- zur Kurvendiskussion reeller Funktionen mehrerer Variablen (Kapitel 20).

Wir beginnen in Abschnitt 17.1 mit der Definition von Determinanten und ihrer Berechnung, formulieren in Abschnitt 17.2 einige Aussagen über Determinanten und beschreiben in Abschnitt 17.3 den Zusammenhang mit Matrizenrängen und speziellen linearen Gleichungssystemen.

17.1 Determinanten und ihre Berechnung

Zunächst stellen wir fest, dass Determinanten nur für **quadratische Matrizen** der Form

$$\boldsymbol{A} = \begin{pmatrix} a_{11} & \dots & a_{1n} \\ \vdots & & \vdots \\ a_{n1} & \dots & a_{nn} \end{pmatrix}$$

definiert sind. Ihre Berechnung gestaltet sich relativ einfach für $n = 1, 2, 3$.

Beispiel 17.1

Sei A eine $n \times n$-Matrix.

Für $n = 1$ gilt dann $A = (a_{11})$ sowie

$$\det A = \det(a_{11}) = a_{11}.$$

Für $n = 2$ ergibt sich

$$\det A = \det \begin{pmatrix} a_{11} & a_{12} \\ a_{21} & a_{22} \end{pmatrix} = a_{11}a_{22} - a_{12}a_{21}\,.$$

Für $n = 3$ gilt:

$$\det A = \det \begin{pmatrix} a_{11} & a_{12} & a_{13} \\ a_{21} & a_{22} & a_{23} \\ a_{31} & a_{32} & a_{33} \end{pmatrix} = \begin{array}{l} a_{11}a_{22}a_{33} + a_{12}a_{23}a_{31} + a_{13}a_{21}a_{32} \\ -a_{11}a_{23}a_{32} - a_{12}a_{21}a_{33} - a_{13}a_{22}a_{31} \end{array}$$

Damit kann man sich die Berechnung von $\det A$ für $n = 2, 3$ gut mit Hilfe folgender Überlegungen einprägen.

Für $n = 2$ multipliziert man in A die Komponenten der **Hauptdiagonale**, d. h. a_{11} und a_{22}, und subtrahiert davon das Produkt von a_{12} und a_{21} (Figur 17.1). Man bezeichnet diese Vorschrift als **Sarrus-Regel** (**P. Sarrus**, 1798–1861).

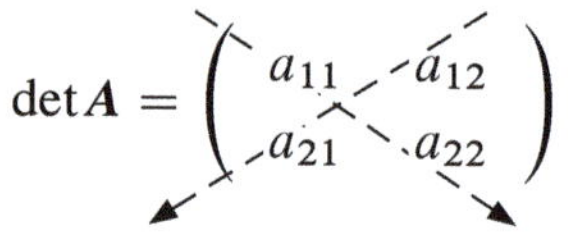

Figur 17.1: Sarrus-Regel für 2×2-Matrizen

Wir erweitern nun die Sarrus-Regel auf 3×3-Matrizen (Figur 17.2).

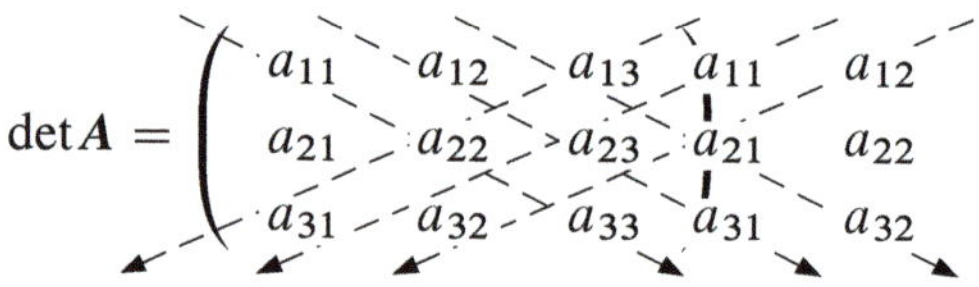

Figur 17.2: Sarrus-Regel für 3×3-Matrizen

Man multipliziert zunächst die mit Linien von links oben nach rechts unten verbundenen Zahlen und addiert. Anschließend multipliziert man die mit Linien von rechts oben nach links unten verbundenen Zahlen und addiert. Schließlich subtrahiert man die zweite von der ersten Summe.

Zur Berechnung von $\det \boldsymbol{A}$ für $n = 3$ ist ferner folgende Überlegung nützlich:

Man bildet alle Produkte von 3 Matrixkomponenten, so dass aus jeder Zeile und Spalte von $\boldsymbol{A}$ genau ein Wert auftritt. Dazu **permutieren** wir die Zeilenindizes 1, 2, 3 und erhalten auf diese Weise $3! = 6$ verschiedene Kombinationen der Spaltenindizes

$$1,2,3 \quad - \quad 1,3,2 \quad - \quad 2,1,3 \quad - \quad 2,3,1 \quad - \quad 3,1,2 \quad - \quad 3,2,1\,.$$

Bezeichnet man jede paarweise Vertauschung gegenüber der natürlichen Reihenfolge als **Inversion**, so enthalten die angegebenen Kombinationen bis zu 3 Inversionen. Im Fall von 0 oder 2 Inversionen wird der Summand mit dem Vorzeichen $+$, im Fall von 1 oder 3 Inversionen mit dem Vorzeichen $-$ versehen.

Beispiel 17.2

Für die 3×3-Matrix von Beispiel 17.1 erhalten wir

$\det \boldsymbol{A} =$	Spaltenindizes mit Vertauschung $\underline{\quad}$	Anzahl der Inversionen
$+\, a_{11}\, a_{22}\, a_{33}$	$1\,2\,3$	0
$-\, a_{11}\, a_{23}\, a_{32}$	$1\,\underline{3\,2} \;\to\; 1\,2\,3$	1
$-\, a_{12}\, a_{21}\, a_{33}$	$\underline{2\,1}\,3 \;\to\; 1\,2\,3$	1
$+\, a_{12}\, a_{23}\, a_{31}$	$2\,\underline{3\,1} \;\to\; \underline{2\,1}\,3 \;\to\; 1\,2\,3$	2
$+\, a_{13}\, a_{21}\, a_{32}$	$\underline{3\,1}\,2 \;\to\; 1\,\underline{3\,2} \;\to\; 1\,2\,3$	2
$-\, a_{13}\, a_{22}\, a_{31}$	$\underline{3\,2}\,1 \;\to\; 2\,\underline{3\,1} \;\to\; \underline{2\,1}\,3 \;\to\; 1\,2\,3$	3

Für die 2×2-Matrix gilt entsprechend

$\det \boldsymbol{A} =$	Spaltenindizes mit Vertauschung $\underline{\quad}$	Anzahl der Inversionen
$+\, a_{11}\, a_{22}$	$1\,2$	0
$-\, a_{12}\, a_{21}$	$\underline{2\,1} \;\to\; 1\,2$	1

Damit werden die Ergebnisse von Beispiel 17.1 bestätigt.

Offenbar erhalten wir für $n = 4$ auf diese Weise $4! = 24$ Summanden, für $n = 5$ bereits $5! = 120$ Summanden. Damit erweist sich die Sarrus-Regel für $n \geq 4$ als zu aufwändig.

Beispiel 17.3

Wir berechnen die Determinanten der folgenden Matrizen nach der Sarrus-Regel:

$$\boldsymbol{A}=\begin{pmatrix}5&4\\3&2\end{pmatrix},\quad \boldsymbol{B}=\begin{pmatrix}1&2&3\\1&-1&-1\\2&1&0\end{pmatrix},\quad \boldsymbol{C}=\begin{pmatrix}1&-2&1\\-1&1&0\\1&1&-2\end{pmatrix}$$

$$\det\boldsymbol{A} = \det\begin{pmatrix}5&4\\3&2\end{pmatrix} = 10-12=-2$$

$$\det\boldsymbol{B} = \det\begin{pmatrix}1&2&3\\1&-1&-1\\2&1&0\end{pmatrix} = (0-4+3)-(-6-1+0)=6$$

$$\det\boldsymbol{C} = \det\begin{pmatrix}1&-2&1\\-1&1&0\\1&1&-2\end{pmatrix} = (-2+0-1)-(1+0-4)=0$$

Auf der Basis der vorangegangenen Überlegungen verallgemeinern wir den Begriff der Determinante von quadratischen Matrizen.

Definition 17.4

Sei $\boldsymbol{A}$ eine $n \times n$-Matrix. Sei ferner $(1,\ldots,n)$ das geordnete n-Tupel der Zeilenindizes und $p = (p_1,\ldots,p_n)$ eine Permutation von $(1,\ldots,n)$ mit $v(p)$ Inversionen. Dann heißt die reelle Zahl

$$\det\boldsymbol{A} = \sum_p (-1)^{v(p)} \cdot a_{1p_1} \cdot a_{2p_2} \cdot \ldots \cdot a_{np_n}$$

die **Determinante von** $\boldsymbol{A}$, die aus $n!$ Summanden besteht (Abschnitt 1.4 (1.20)).

Um die Determinante einer quadratischen Matrix $\boldsymbol{A}$ zu erhalten, bildet man alle Produkte von n Komponenten der Matrix $\boldsymbol{A}$, so dass aus jeder Zeile und Spalte von $\boldsymbol{A}$ genau eine Komponente als Faktor auftritt. Man erhält damit $n!$ Summanden. Ist die Anzahl $v(p)$ der Inversionen einer Permutation $(p_1,\ldots,p_n)$ geradzahlig oder null, so wird der Summand $a_{1p_1} \cdot a_{2p_2} \cdot \ldots \cdot a_{np_n}$ mit $+1$, andernfalls mit -1 multipliziert.

Beispiel 17.5

Wir berechnen die Determinante der Matrix

$$\boldsymbol{D} = \begin{pmatrix} 2 & 0 & 0 & 0 \\ 2 & 1 & 3 & 1 \\ -1 & 1 & 2 & 1 \\ 4 & -1 & 1 & 2 \end{pmatrix} \quad \text{nach Definition 17.4}\,.$$

Betrachtet man für jede Permutation $p = (p_1, p_2, p_3, p_4)$ von $(1, 2, 3, 4)$ die Summanden $d_{1p_1} \cdot d_{2p_2} \cdot d_{3p_3} \cdot d_{4p_4}$ aus $\boldsymbol{D}$, so sind genau alle die Summanden verschieden von 0, für die in der Permutation (p_1, p_2, p_3, p_4) die Bedingung $p_1 = 1$ erfüllt ist. Dies liegt daran, dass für die erste Zeile von $\boldsymbol{D}$ gilt

$$(d_{11}, d_{12}, d_{13}, d_{14}) = (2, 0, 0, 0)\,.$$

Für die Determinante von $\boldsymbol{D}$ sind daher nur noch Permutationen der Form $(1, p_2, p_3, p_4)$ von $(1, 2, 3, 4)$ zu behandeln. Nachdem hier Inversionen nur noch für die Spaltenindizes 2, 3, 4 auftreten können, ergibt sich mit Definition 17.4:

$$\begin{aligned}
\det \boldsymbol{D} &= \sum_{p=(1,p_2,p_3,p_4)} (-1)^{v(p)} d_{11} d_{2p_2} d_{3p_3} d_{4p_4} \\
&= d_{11} \sum_{p=(1,p_2,p_3,p_4)} (-1)^{v(p)} d_{2p_2} d_{3p_3} d_{4p_4} \\
&= d_{11} \cdot \det \begin{pmatrix} d_{22} & d_{23} & d_{24} \\ d_{32} & d_{33} & d_{34} \\ d_{42} & d_{43} & d_{44} \end{pmatrix} \\
&= 2 \cdot \det \begin{pmatrix} 1 & 3 & 1 \\ 1 & 2 & 1 \\ -1 & 1 & 2 \end{pmatrix} \\
&= 2[4 - 3 + 1 - (-2 + 1 + 6)] = 2[2 - 5] = -6
\end{aligned}$$

Wir werden die in Beispiel 17.5 angestellte Überlegung verallgemeinern.

Definition 17.6

Streicht man in einer $n \times n$-Matrix $\boldsymbol{A}$ mit $n \geq 2$ die Zeile i und die Spalte j, so erhält man eine Matrix mit $n-1$ Zeilen und $n-1$ Spalten

$$\boldsymbol{A}_{ij} = \begin{pmatrix} a_{11} & \cdots & a_{1,j-1} & a_{1j} & a_{1,j+1} & \cdots & a_{1n} \\ \vdots & & \vdots & \vdots & \vdots & & \vdots \\ a_{i-1,1} & \cdots & a_{i-1,j-1} & a_{i-1,j} & a_{i-1,j+1} & \cdots & a_{i-1,n} \\ a_{i1} & \cdots & a_{i,j-1} & a_{ij} & a_{i,j+1} & \cdots & a_{in} \\ a_{i+1,1} & \cdots & a_{i+1,j-1} & a_{i+1,j} & a_{i+1,j+1} & \cdots & a_{i+1,n} \\ \vdots & & \vdots & \vdots & \vdots & & \vdots \\ a_{n1} & \cdots & a_{n,j-1} & a_{nj} & a_{n,j+1} & \cdots & a_{nn} \end{pmatrix},$$

die wir als **Minor** bezeichnen.

Ferner heißt die reelle Zahl

$$d_{ij} = (-1)^{i+j} \det \boldsymbol{A}_{ij} = \begin{cases} \det \boldsymbol{A}_{ij} & \text{für } i+j \text{ gerade} \\ -\det \boldsymbol{A}_{ij} & \text{für } i+j \text{ ungerade} \end{cases} \qquad (i,j = 1,\ldots,n)$$

das **algebraische Komplement** oder der **Kofaktor** zur Komponente a_{ij} von $\boldsymbol{A}$.

Es gilt also:

$$\boldsymbol{D} = \begin{pmatrix} d_{11} & d_{12} & d_{13} & \cdots \\ d_{21} & d_{22} & d_{23} & \cdots \\ d_{31} & d_{32} & d_{33} & \cdots \\ \vdots & \vdots & \vdots & \end{pmatrix} = \begin{pmatrix} +\det \boldsymbol{A}_{11} & -\det \boldsymbol{A}_{12} & +\det \boldsymbol{A}_{13} & \cdots \\ -\det \boldsymbol{A}_{21} & +\det \boldsymbol{A}_{22} & -\det \boldsymbol{A}_{23} & \cdots \\ +\det \boldsymbol{A}_{31} & -\det \boldsymbol{A}_{32} & +\det \boldsymbol{A}_{33} & \cdots \\ \vdots & \vdots & \vdots & \end{pmatrix}$$

Damit lässt sich der **Entwicklungssatz** für Determinanten formulieren, der auf **P. S. Laplace** (1749–1827) zurückgeht.

Satz 17.7

Sei $\boldsymbol{A}$ eine $n \times n$-Matrix und $\boldsymbol{D}$ die Matrix der Kofaktoren. Dann gilt für $n = 2, 3, \ldots$

$$\boldsymbol{A}\boldsymbol{D}^T = \begin{pmatrix} \det \boldsymbol{A} & 0 & \cdots & 0 \\ 0 & \det \boldsymbol{A} & \cdots & 0 \\ \vdots & \vdots & \ddots & \vdots \\ 0 & 0 & \cdots & \det \boldsymbol{A} \end{pmatrix}.$$

Insbesondere wird mit

$$\begin{aligned}\det \boldsymbol{A} &= \boldsymbol{a}_i^T \boldsymbol{d}_i &= a_{i1}d_{i1} + \ldots + a_{in}d_{in} \quad (i = 1,\ldots,n)\\ &= \boldsymbol{a}^{jT} \boldsymbol{d}^j &= a_{1j}d_{1j} + \ldots + a_{nj}d_{nj} \quad (j = 1,\ldots,n)\end{aligned}$$

die Determinante von $\boldsymbol{A}$ nach der i-ten Zeile $\boldsymbol{a}_i^T = (a_{i1},\ldots,a_{in})$ bzw. nach der j-ten Spalte $\boldsymbol{a}^j = \begin{pmatrix} a_{1j} \\ \vdots \\ a_{nj} \end{pmatrix}$ von $\boldsymbol{A}$ **entwickelt.**

Beweis:

Für den allgemeinen Beweis verweisen wir auf [Fischer, S. 201–204] und begnügen uns hier mit dem Fall $n = 3$:

$$\boldsymbol{A} = \begin{pmatrix} a_{11} & a_{12} & a_{13} \\ a_{21} & a_{22} & a_{23} \\ a_{31} & a_{32} & a_{33} \end{pmatrix} = \begin{pmatrix} \boldsymbol{a}_1^T \\ \boldsymbol{a}_2^T \\ \boldsymbol{a}_3^T \end{pmatrix}$$

$$\boldsymbol{D}^T = \begin{pmatrix} \det \boldsymbol{A}_{11} & -\det \boldsymbol{A}_{21} & \det \boldsymbol{A}_{31} \\ -\det \boldsymbol{A}_{12} & \det \boldsymbol{A}_{22} & -\det \boldsymbol{A}_{23} \\ \det \boldsymbol{A}_{13} & -\det \boldsymbol{A}_{23} & \det \boldsymbol{A}_{33} \end{pmatrix} = (\boldsymbol{d}_1, \boldsymbol{d}_2, \boldsymbol{d}_3)$$

Dann gilt:

$$\begin{aligned}\boldsymbol{a}_1^T \boldsymbol{d}_1 &= a_{11} \det \begin{pmatrix} a_{22} & a_{23} \\ a_{32} & a_{33} \end{pmatrix} - a_{12} \det \begin{pmatrix} a_{21} & a_{23} \\ a_{31} & a_{33} \end{pmatrix} + a_{13} \det \begin{pmatrix} a_{21} & a_{22} \\ a_{31} & a_{32} \end{pmatrix}\\ &= a_{11}a_{22}a_{33} - a_{11}a_{23}a_{32} - a_{12}a_{21}a_{33} + a_{12}a_{23}a_{31}\\ &\quad + a_{13}a_{21}a_{32} - a_{13}a_{22}a_{31} = \det \boldsymbol{A}\end{aligned}$$

Entsprechend beweist man $\boldsymbol{a}_2^T \boldsymbol{d}_2 = \boldsymbol{a}_3^T \boldsymbol{d}_3 = \det \boldsymbol{A}$.

$$\begin{aligned}\boldsymbol{a}_1^T \boldsymbol{d}_2 &= -a_{11} \det \begin{pmatrix} a_{12} & a_{13} \\ a_{32} & a_{33} \end{pmatrix} + a_{12} \det \begin{pmatrix} a_{11} & a_{13} \\ a_{31} & a_{33} \end{pmatrix} - a_{13} \det \begin{pmatrix} a_{11} & a_{12} \\ a_{31} & a_{32} \end{pmatrix}\\ &= -a_{11}a_{12}a_{33} + a_{11}a_{13}a_{32} + a_{12}a_{11}a_{33} - a_{12}a_{13}a_{31}\\ &\quad - a_{13}a_{11}a_{32} + a_{13}a_{12}a_{31} = 0\end{aligned}$$

Entsprechend beweist man $\boldsymbol{a}_i^j \boldsymbol{d}_j = 0$ für $i, j = 1, 2, 3$ mit $i \neq j$.

Bei der Berechnung der Determinante für $n \times n$-Matrizen mit $n = 4, 5, \ldots$ geht man entsprechend vor. Man entwickelt nach einer beliebigen Zeile oder Spalte (Satz 17.7) und stellt die Determinante als Skalarprodukt der Zeile oder Spalte mit dem entsprechenden Vektor der Kofaktoren dar, dies sind Determinanten von $(n-1) \times (n-1)$-Matrizen. Entwickelt man diese Determinanten weiter, so erhält man Determinanten von $(n-2) \times (n-2)$-Matrizen. Auf diese Weise gelangt man zu Determinanten von 3×3-Matrizen, nach einem weiteren Schritt zu Determinanten von 2×2-Matrizen.

Das Verfahren wird beschleunigt, wenn die Ausgangsmatrix viele Nullen enthält. Dann wählt man bei der Entwicklung stets Zeilen oder Spalten, die möglichst viele Nullen enthalten. Besteht eine Zeile oder Spalte der Ausgangsmatrix nur aus Nullen, so entwickelt man nach dieser Zeile oder Spalte und erhält $\det \boldsymbol{A} = 0$. Insbesondere ergibt sich die Determinante einer Diagonalmatrix (Definition 11.8 d) aus dem Produkt der Diagonalelemente.

Die Determinantenberechnung gestaltet sich also umso aufwendiger, je mehr Zeilen und je weniger Nullen die Ausgangsmatrix besitzt.

Beispiel 17.8

Zu $\boldsymbol{A} = \begin{pmatrix} 1 & 2 & 0 & 1 \\ 2 & 0 & 0 & -1 \\ -1 & 1 & 2 & 0 \\ 0 & 3 & 1 & 1 \end{pmatrix}$, $\boldsymbol{B} = \begin{pmatrix} 1 & 2 & 1 & 3 \\ 0 & 1 & 2 & 0 \\ 2 & 0 & 0 & 0 \\ 1 & 1 & 1 & 1 \end{pmatrix}$, $\boldsymbol{C} = \begin{pmatrix} -2 & 1 & 0 & 1 \\ 0 & 3 & 1 & -1 \\ 0 & 0 & 5 & 2 \\ 0 & 0 & 0 & -1 \end{pmatrix}$

berechne man die Determinanten.

Wir entwickeln $\det \boldsymbol{A}$ nach der dritten Spalte und erhalten:

$$\begin{aligned} \det \boldsymbol{A} &= 2 \cdot (-1)^{3+3} \cdot \det \begin{pmatrix} 1 & 2 & 1 \\ 2 & 0 & -1 \\ 0 & 3 & 1 \end{pmatrix} + 1 \cdot (-1)^{4+3} \cdot \det \begin{pmatrix} 1 & 2 & 1 \\ 2 & 0 & -1 \\ -1 & 1 & 0 \end{pmatrix} \\ &= 2(0 + 0 + 6 - 0 + 3 - 4) - 1(0 + 2 + 2 - 0 + 1 - 0) \\ &= 10 - 5 = 5 \end{aligned}$$

Wir entwickeln $\det \boldsymbol{B}$ nach der dritten Zeile und erhalten:

$$\begin{aligned} \det \boldsymbol{B} &= 2 \cdot (-1)^{3+1} \cdot \det \begin{pmatrix} 2 & 1 & 3 \\ 1 & 2 & 0 \\ 1 & 1 & 1 \end{pmatrix} \\ &= 2(4 + 0 + 3 - 6 - 0 - 1) = 0 \end{aligned}$$

Schließlich gilt für die Matrix $\boldsymbol{C}$

$$\det \boldsymbol{C} = (-2)\cdot(-1)^{1+1}\cdot\det\begin{pmatrix}3 & 1 & -1\\ 0 & 5 & 2\\ 0 & 0 & -1\end{pmatrix} \qquad \text{(Entwickeln nach der ersten Spalte)}$$

$$= (-2)\cdot 3\cdot(-1)^{1+1}\cdot\det\begin{pmatrix}5 & 2\\ 0 & -1\end{pmatrix} \qquad \text{(nochmaliges Entwickeln nach der ersten Spalte)}$$

$$= (-6)(-5) = 30\,.$$

Ist eine Matrix wie die Matrix $\boldsymbol{C}$ eine Dreiecksmatrix (Definition 11.8 c), stehen also unter oder über der Hauptdiagonalen nur Nullen, so ergibt sich die Determinante aus dem Produkt der Komponenten in der Hauptdiagonalen, also im Fall von $\boldsymbol{C}$

$$\det \boldsymbol{C} = (-2)\cdot 3\cdot 5\cdot(-1) = 30\,.$$

17.2 Einige Aussagen über Determinanten

Aus dem Entwicklungssatz für Determinanten erhalten wir wichtige Folgerungen.

Satz 17.9

Für jede $n\times n$-Matrix $\boldsymbol{A}$ gilt $\det(\boldsymbol{A}^T) = \det\boldsymbol{A}$.

Beweis:

Die j-te Spalte von $\boldsymbol{A}$ entspricht der j-ten Zeile von $\boldsymbol{A}^T$. Entwickelt man $\det\boldsymbol{A}$ nach den Spalten und $\det(\boldsymbol{A}^T)$ nach den entsprechenden Zeilen (Satz 17.7), so erhält man identische Resultate.

Wir werden nun einige Rechenregeln für Determinanten kennen lernen. Insbesondere werden wir dabei angeben, wie sich Determinanten ändern, wenn man in der entsprechenden Matrix elementare Zeilen- bzw. Spaltenumformungen (Definition 13.20) vornimmt.

Satz 17.10

$\boldsymbol{A}$ sei eine $n \times n$-Matrix, $r \in \mathbb{R}$ ein Skalar. Dann gilt:

a) Multipliziert man eine Zeile oder Spalte von $\boldsymbol{A}$ mit $r \in \mathbb{R}$, so erhält man für die Determinante der resultierenden Matrix den r-fachen Wert der Determinante von $\boldsymbol{A}$. Für $r = 0$ wird die Determinante gleich 0.

b) Unterscheiden sich zwei Matrizen in höchstens einer Zeile oder Spalte, so ist die Summe ihrer Determinanten gleich der Determinanten einer Matrix, in der die beiden Zeilen oder Spalten addiert werden.

c) Enthält eine Matrix $\boldsymbol{A}$ zwei identische Zeilen oder Spalten, so ist $\det \boldsymbol{A} = 0$.

d) Vertauscht man in einer Matrix $\boldsymbol{A}$ zwei Zeilen oder Spalten, so ändert die Determinante ihr Vorzeichen.

e) Addiert man zu einer Zeile oder Spalte von $\boldsymbol{A}$ das r-fache einer anderen Zeile bzw. Spalte, so ändert sich die Determinante nicht.

Beweis:

Wir führen den Beweis für die Spalten. Der Beweis für die Zeilen ergibt sich unmittelbar aus Satz 17.9.

a) Wir entwickeln die Determinante der Matrix

$$\boldsymbol{A}_1 = (\boldsymbol{a}^1, \ldots, r\boldsymbol{a}^j, \ldots, \boldsymbol{a}^n)$$

nach der j-ten Spalte (Satz 17.7) und erhalten

$$\det \boldsymbol{A}_1 = r\boldsymbol{a}^{jT}\boldsymbol{d}^j = r(\boldsymbol{a}^{jT}\boldsymbol{d}^j) = r \det \boldsymbol{A}\,.$$

Für $r = 0$ gilt $\det \boldsymbol{A}_1 = 0$.

b) Wir entwickeln die Determinante der Matrix

$$\boldsymbol{A}_2 = (\boldsymbol{a}^1, \ldots, \boldsymbol{a}^j + \boldsymbol{b}^j, \ldots, \boldsymbol{a}^n)$$

nach der j-ten Spalte und erhalten

$$\begin{aligned}\det \boldsymbol{A}_2 &= (\boldsymbol{a}^j + \boldsymbol{b}^j)^T\boldsymbol{d}^j = \boldsymbol{a}^{j^T}\boldsymbol{d}^j + \boldsymbol{b}^{j^T}\boldsymbol{d}^j \\ &= \det(\boldsymbol{a}^1, \ldots, \boldsymbol{a}^j, \ldots, \boldsymbol{a}^n) + \det(\boldsymbol{a}^1, \ldots, \boldsymbol{b}^j, \ldots, \boldsymbol{a}^n)\,.\end{aligned}$$

c) Wir betrachten eine Matrix mit zwei identischen Spalten, also

$$\boldsymbol{A}_3 = (\boldsymbol{a}^1, \ldots, \boldsymbol{a}^j, \ldots, \boldsymbol{a}^j, \ldots, \boldsymbol{a}^n)$$

und entwickeln die Determinante in beliebiger Reihenfolge nach den Spalten $\boldsymbol{a}^i$ $(i \neq j)$. Dann ergeben sich nach $n-2$ Schritten nur noch Determinanten der Form

$$\det \begin{pmatrix} a_{pj} & a_{pj} \\ a_{qj} & a_{qj} \end{pmatrix} = a_{pj}a_{qj} - a_{pj}a_{qj} = 0 \qquad (p, q = 1, \ldots, n)\,.$$

Daraus folgt die Behauptung.

d) Es gilt:

$$\det(\boldsymbol{a}^1,\dots,\boldsymbol{a}^i,\dots,\boldsymbol{a}^j,\dots,\boldsymbol{a}^n)+\det(\boldsymbol{a}^1,\dots,\boldsymbol{a}^j,\dots,\boldsymbol{a}^i,\dots,\boldsymbol{a}^n)$$

$$=\det(\boldsymbol{a}^1,\dots,\boldsymbol{a}^i,\dots,\boldsymbol{a}^j,\dots,\boldsymbol{a}^n)+\det(\boldsymbol{a}^1,\dots,\boldsymbol{a}^j,\dots,\boldsymbol{a}^i,\dots,\boldsymbol{a}^n)$$
$$+\det(\boldsymbol{a}^1,\dots,\boldsymbol{a}^i,\dots,\boldsymbol{a}^i,\dots,\boldsymbol{a}^n)+\det(\boldsymbol{a}^1,\dots,\boldsymbol{a}^j,\dots,\boldsymbol{a}^j,\dots,\boldsymbol{a}^n)$$
(Satz 17.10 c)

$$=\det(\boldsymbol{a}^1,\dots,\boldsymbol{a}^i,\dots,\boldsymbol{a}^j+\boldsymbol{a}^i,\dots,\boldsymbol{a}^n)+\det(\boldsymbol{a}^1,\dots,\boldsymbol{a}^j,\dots,\boldsymbol{a}^j+\boldsymbol{a}^i,\dots,\boldsymbol{a}^n)$$
(Satz 17.10 b)

$$=\det(\boldsymbol{a}^1,\dots,\boldsymbol{a}^i+\boldsymbol{a}^j,\dots,\boldsymbol{a}^j+\boldsymbol{a}^i,\dots,\boldsymbol{a}^n)=0$$
(Satz 17.10 b, c)

Daraus folgt die Behauptung.

e) Für $r=0$ ist die Aussage klar.
Für $r\neq 0$ gilt:

$$\det(\boldsymbol{a}^1,\dots,\boldsymbol{a}^i+r\boldsymbol{a}^j,\dots,\boldsymbol{a}^j,\dots,\boldsymbol{a}^n)=\tfrac{1}{r}\det(\boldsymbol{a}^1,\dots,\boldsymbol{a}^i+r\boldsymbol{a}^j,\dots,r\boldsymbol{a}^j,\dots,\boldsymbol{a}^n)$$
(Satz 17.10 a)

$$=\tfrac{1}{r}\det(\boldsymbol{a}^1,\dots,\boldsymbol{a}^i,\dots,r\boldsymbol{a}^j,\dots,\boldsymbol{a}^n)+\tfrac{1}{r}\det(\boldsymbol{a}^1,\dots,r\boldsymbol{a}^j,\dots,r\boldsymbol{a}^j,\dots,\boldsymbol{a}^n)$$
(Satz 17.10 b)

$$=\tfrac{1}{r}\det(\boldsymbol{a}^1,\dots,\boldsymbol{a}^i,\dots,r\boldsymbol{a}^j,\dots,\boldsymbol{a}^n)=\det(\boldsymbol{a}^1,\dots,\boldsymbol{a}^i,\dots,\boldsymbol{a}^j,\dots,\boldsymbol{a}^n)$$
(Satz 17.10 a, c)
$$=\det\boldsymbol{A}$$

Satz 17.10 hat für die Determinantenberechnung einige Konsequenzen. Man überführt die Matrix mit Hilfe des Gaußalgorithmus (Satz 13.21) in eine Dreiecksgestalt, beispielsweise

$$\boldsymbol{B}=\begin{pmatrix} b_{11} & b_{12} & \cdots & b_{1n}\\ 0 & b_{22} & \cdots & b_{2n}\\ \vdots & \vdots & \ddots & \vdots\\ 0 & 0 & \cdots & b_{nn}\end{pmatrix}$$

und erhält (Satz 17.10 d):

$$\det\boldsymbol{B}=\begin{cases} b_{11}\cdot b_{22}\cdot\ldots\cdot b_{nn} & \text{für } 0,2,4,\dots \text{ Zeilen- bzw. Spaltenvertauschungen}\\ -b_{11}\cdot b_{22}\cdot\ldots\cdot b_{nn} & \text{für } 1,3,5,\dots \text{ Zeilen- bzw. Spaltenvertauschungen}\end{cases}$$

Beispiel 17.11

Wir berechnen die Determinanten der Matrizen

$$A = \begin{pmatrix} 1 & 2 & 3 & 1 \\ 2 & 5 & 3 & 4 \\ -1 & 1 & 0 & 1 \\ 0 & 2 & 3 & 1 \end{pmatrix}, \quad B = \begin{pmatrix} 5 & 2 & 3 & 1 \\ 2 & 3 & 1 & 2 \\ 4 & 1 & 0 & 3 \\ 2 & 3 & 4 & 1 \end{pmatrix}.$$

Mit dem Gaußalgorithmus erhalten wir für die Matrix A:

Zeile	a^1	a^2	a^3	a^4	Operation
①	$\boxed{1}$	2	3	1	
②	2	5	3	4	
③	−1	1	0	1	
④	0	2	3	1	
⑤	1	2	3	1	①
⑥	0	$\boxed{1}$	−3	2	② − 2 · ①
⑦	0	3	3	2	③ + ①
⑧	0	2	3	1	④
⑨	1	2	3	1	⑤
⑩	0	1	−3	2	⑥
⑪	0	0	$\boxed{12}$	−4	⑦ − 3 · ⑥
⑫	0	0	9	−3	⑧ − 2 · ⑥
⑬	1	2	3	1	⑨
⑭	0	1	−3	2	⑩
⑮	0	0	12	−4	⑪
⑯	0	0	0	0	⑫ − $\frac{3}{4}$ · ⑪

Das Endtableau enthält eine Nullzeile, also ist

$$\det A = \det\left(A^T\right) = 0. \qquad \text{(Satz 17.7, 17.9, 17.10 a)}$$

Alternativ gewinnt man durch Entwickeln nach der ersten Spalte bereits aus den Zeilen ⑤ bis ⑧

$$\det A = 1 \cdot \det \begin{pmatrix} 1 & -3 & 2 \\ 3 & 3 & 2 \\ 2 & 3 & 1 \end{pmatrix} = 3 - 12 + 18 - (12 + 6 - 9) = 0\,.$$

Für die Matrix $\boldsymbol{B}$ ergibt sich entsprechend:

Zeile	b^1	b^2	b^3	b^4	Operation
①	5	2	3	$\boxed{1}$	
②	2	3	1	2	
③	4	1	0	3	
④	2	3	4	1	
⑤	5	2	3	1	①
⑥	−8	−1	−5	0	② − 2 · ①
⑦	−11	−5	−9	0	③ − 3 · ①
⑧	−3	1	$\boxed{1}$	0	④ − ①
⑨	5	2	3	1	⑤
⑩	−23	4	0	0	⑥ + 5 · ⑧
⑪	−38	$\boxed{4}$	0	0	⑦ + 9 · ⑧
⑫	−3	1	1	0	⑧
⑬	5	2	3	1	⑨
⑭	15	0	0	0	⑩ − ⑪
⑮	−38	4	0	0	⑪
⑯	−3	1	1	0	⑫
⑰	15	0	0	0	⑭
⑱	−38	4	0	0	⑮
⑲	−3	1	1	0	⑯
⑳	5	2	3	1	⑬

Aus dem Endtableau erhält man wegen der drei im letzten Schritt vorgenommenen Zeilenvertauschungen

$$\det \boldsymbol{B} = \det\left(\boldsymbol{B}^T\right) = (-1) \cdot 15 \cdot 4 \cdot 1 \cdot 1 = -60\,. \qquad \text{(Satz 17.10 d)}$$

Aus den Zeilen ⑤ bis ⑧ folgt durch Entwickeln nach der vierten Spalte

$$\begin{aligned} \det \boldsymbol{B} &= (-1) \cdot \det \begin{pmatrix} -8 & -1 & -5 \\ -11 & -5 & -9 \\ -3 & 1 & 1 \end{pmatrix} \\ &= (-1) \cdot [40 - 27 + 55 - (-75 + 72 + 11)] = -60 \end{aligned}$$

und aus den Zeilen ⑨ bis ⑫ entsprechend

$$\det \boldsymbol{B} = (-1) \cdot \det \begin{pmatrix} -23 & 4 & 0 \\ -38 & 4 & 0 \\ -3 & 1 & 1 \end{pmatrix} = (-1) \cdot \det \begin{pmatrix} -23 & 4 \\ -38 & 4 \end{pmatrix} = -60\,.$$

Satz 17.12

$\boldsymbol{A}, \boldsymbol{B}$ seien $n \times n$-Matrizen. Dann gilt:

a) $\det(\boldsymbol{AB}) = \det \boldsymbol{A} \det \boldsymbol{B}$ (Determinantenmultiplikationssatz)

b) Im Allgemeinen ist $\det(\boldsymbol{A} + \boldsymbol{B}) \neq \det \boldsymbol{A} + \det \boldsymbol{B}$

Beweis:

a) Der Multiplikationssatz für Determinanten ist nicht einfach nachzuweisen [Fischer, S. 180–182].

b) Es genügt hier, den Fall $n = 2$ zu behandeln. Es ist

$$\begin{aligned} \det(\boldsymbol{A} + \boldsymbol{B}) &= \det \begin{pmatrix} a_{11} + b_{11} & a_{12} + b_{12} \\ a_{21} + b_{21} & a_{22} + b_{22} \end{pmatrix} \\ &= (a_{11} + b_{11})(a_{22} + b_{22}) - (a_{12} + b_{12})(a_{21} + b_{21})\,, \\ \det \boldsymbol{A} + \det \boldsymbol{B} &= a_{11}a_{22} - a_{12}a_{21} + b_{11}b_{22} - b_{12}b_{21} \end{aligned}$$

und daher im Allgemeinen $\det(\boldsymbol{A} + \boldsymbol{B}) \neq \det \boldsymbol{A} + \det \boldsymbol{B}$.

Beispiel 17.13

Für die Matrizen $A = \begin{pmatrix} 0 & 2 & 3 \\ 1 & 0 & -1 \\ 0 & 1 & 2 \end{pmatrix}$, $B = \begin{pmatrix} 0 & -1 & 2 \\ -1 & 2 & 1 \\ 1 & 1 & 0 \end{pmatrix}$ berechnen wir

$\det A$, $\det B$, $\det(AB)$, $\det(A+B)$.

Mit $AB = \begin{pmatrix} 1 & 7 & 2 \\ -1 & -2 & 2 \\ 1 & 4 & 1 \end{pmatrix}$, $A+B = \begin{pmatrix} 0 & 1 & 5 \\ 0 & 2 & 0 \\ 1 & 2 & 2 \end{pmatrix}$ gilt:

$$\begin{aligned} \det A &= 0+0+3-(0+0+4) = -1 \\ \det B &= 0-1-2-(4+0+0) = -7 \\ \det(AB) &= -2+14-8-(-4+8-7) = 7 = \det A \det B \\ \det(A+B) &= 0+0+0-(10+0+0) = -10 \neq \det A + \det B \end{aligned}$$

17.3 Zusammenhang mit Matrizenrängen und linearen Gleichungssystemen

Für quadratische Matrizen kann nun ein interessanter Zusammenhang zwischen der Determinante, dem Rang und der Existenz der inversen Matrix nachgewiesen werden.

Satz 17.14

Sei A eine $n \times n$-Matrix. Dann gilt:

$$\det A \neq 0 \iff \operatorname{Rg} A = n \iff A^{-1} \text{ existiert}$$

Beweis:

Mit Hilfe elementarer Zeilenumformungen (Definition 13.20) lässt sich jede $n \times n$-Matrix in eine Diagonalmatrix

$$\hat{A} = \begin{pmatrix} \hat{a}_{11} & \dots & 0 \\ \vdots & \ddots & \vdots \\ 0 & \dots & \hat{a}_{nn} \end{pmatrix}$$

überführen (Satz 13.21), so dass die Determinanten $\det A$ und $\det \hat{A}$ sich allenfalls durch das Vorzeichen unterscheiden (Satz 17.10 d, e).

Damit gilt die Äquivalenz

$$\operatorname{Rg} A = \operatorname{Rg} \hat{A} = n \iff \hat{a}_{ii} \neq 0 \;\; (i = 1, \ldots, n) \iff \det A \neq 0$$

sowie nach Satz 15.9 auch

$$\operatorname{Rg} A = n \iff \text{es existiert die inverse Matrix } A^{-1} \text{ zu } A\,.$$

Mit Hilfe der Determinanten lässt sich nicht nur die Existenz der inversen Matrix nachweisen, sondern A^{-1} kann auch berechnet werden.

Satz 17.15

Sei A eine $n \times n$-Matrix mit $\det A \neq 0$ und $D = (d_{ij})_{n,n}$ die Matrix der Kofaktoren zu A. Dann gilt:

a) $A^{-1} = \dfrac{1}{\det A} D^T$

b) $\det(A^{-1}) = (\det A)^{-1}$

c) $\det A = \pm 1$, falls A eine orthogonale Matrix ist (Definition 15.13)

Beweis:

a) Nach Satz 17.7 gilt: $AD^T = (\det A) \cdot E$

$$\Rightarrow D^T = A^{-1}AD^T = A^{-1}(\det A)E = (\det A)A^{-1}E = (\det A)A^{-1}$$

$$\Rightarrow A^{-1} = \frac{1}{\det A} D^T$$

b) $\det A \neq 0 \Rightarrow A^{-1}$ existiert mit $AA^{-1} = E$

$$\Rightarrow \det A \det(A^{-1}) = \det(AA^{-1}) = \det E = 1 = (\det A)(\det A)^{-1} \qquad \text{(Satz 17.12 a)}$$

$$\Rightarrow \det(A^{-1}) = (\det A)^{-1}$$

c) A orthogonal $\iff AA^T = E$ (Definition 15.13)

$$\iff 1 = \det E = \det(AA^T) = \det A \det A^T = (\det A)^2 \qquad \text{(Satz 17.12 a, 17.9)}$$

Daraus folgt die Behauptung.

Beispiel 17.16

Wir betrachten nochmals Beispiel 15.18 zur Input-Output-Analyse mit drei Sektoren S_1, S_2, S_3 und der Matrix für die Input-Output-Koeffizienten

$$\boldsymbol{A} = \begin{pmatrix} 0.7 & 0.2 & 0.2 \\ 0.2 & 0.6 & 0 \\ 0.1 & 0.2 & 0.4 \end{pmatrix} \quad \text{bzw.} \quad \boldsymbol{E} - \boldsymbol{A} = \begin{pmatrix} 0.3 & -0.2 & -0.2 \\ -0.2 & 0.4 & 0 \\ -0.1 & -0.2 & 0.6 \end{pmatrix}.$$

Wir berechnen nun $(\boldsymbol{E} - \boldsymbol{A})^{-1}$ nach Satz 17.15 a und erhalten

$$\begin{aligned} d_{11} &= 0.4 \cdot 0.6 - 0 = 0.24\,, \\ d_{12} &= (-1)[-0.2 \cdot 0.6 - 0] = 0.12\,, \\ d_{13} &= (-0.2)(-0.2) - 0.4(-0.1) = 0.08\,, \\ d_{21} &= (-1)[(-0.2)(0.6) - (-0.2)(-0.2)] = 0.16\,, \\ d_{22} &= 0.3 \cdot 0.6 - (-0.2)(-0.1) = 0.16\,, \\ d_{23} &= (-1)[0.3(-0.2) - (-0.2)(-0.1)] = 0.08\,, \\ d_{31} &= 0 - (-0.2)(0.4) = 0.08\,, \\ d_{32} &= (-1)[0 - (-0.2)(-0.2)] = 0.04\,, \\ d_{33} &= 0.3 \cdot 0.4 - (-0.2)(-0.2) = 0.08 \end{aligned}$$

und damit

$$\boldsymbol{D}^T = \begin{pmatrix} 0.24 & 0.16 & 0.08 \\ 0.12 & 0.16 & 0.04 \\ 0.08 & 0.08 & 0.08 \end{pmatrix}.$$

Entwickelt man ferner $\det(\boldsymbol{E} - \boldsymbol{A})$ nach der dritten Spalte, so ist

$$\begin{aligned} \det(\boldsymbol{E} - \boldsymbol{A}) &= -0.2 \cdot d_{13} + 0.6 \cdot d_{33} \\ &= -0.2 \cdot 0.08 + 0.6 \cdot 0.08 = 0.032\,. \end{aligned}$$

Daraus folgt:

$$(\boldsymbol{E} - \boldsymbol{A})^{-1} = \frac{\boldsymbol{D}^T}{\det(\boldsymbol{E} - \boldsymbol{A})} = \frac{1}{0.032} \begin{pmatrix} 0.24 & 0.16 & 0.08 \\ 0.12 & 0.16 & 0.04 \\ 0.08 & 0.08 & 0.08 \end{pmatrix} = \begin{pmatrix} 7.5 & 5 & 2.5 \\ 3.75 & 5 & 1.25 \\ 2.5 & 2.5 & 2.5 \end{pmatrix}$$

mit $(\boldsymbol{E} - \boldsymbol{A})^{-1}(\boldsymbol{E} - \boldsymbol{A}) = \boldsymbol{E}$

Ein Vergleich mit dem in Beispiel 15.18 verwendeten Verfahren zeigt, dass die Berechnung von inversen Matrizen mit Hilfe von Determinanten eher umständlicher und rechenaufwendiger ist als die Anwendung des Gaußalgorithmus.

Andererseits ist es mit Hilfe von Determinanten möglich, lineare Gleichungssysteme, die genau eine Lösung besitzen, zu lösen. Ein entsprechender Satz geht auf **G. Cramer** (1704–1752) zurück, man spricht auch von der **Cramerschen Regel**.

Satz 17.17

Gegeben sei das lineare Gleichungssystem $\boldsymbol{A}\boldsymbol{x} = \boldsymbol{b}$ und es existiere $\boldsymbol{A}^{-1}$, also gilt auch $\det \boldsymbol{A} \neq 0$. Bezeichnet man mit

$$\boldsymbol{A}_j = \begin{pmatrix} a_{11} & \cdots & b_1 & \cdots & a_{1n} \\ \vdots & & \vdots & & \vdots \\ a_{n1} & \cdots & b_n & \cdots & a_{nn} \end{pmatrix}$$

die Matrix, in der gegenüber $\boldsymbol{A}$ die j-te Spalte $\begin{pmatrix} a_{1j} \\ \vdots \\ a_{nj} \end{pmatrix}$ durch $\boldsymbol{b} = \begin{pmatrix} b_1 \\ \vdots \\ b_n \end{pmatrix}$ ersetzt wird,

so lässt sich die Lösung $\boldsymbol{x} = \begin{pmatrix} x_1 \\ \vdots \\ x_n \end{pmatrix}$ des Systems $\boldsymbol{A}\boldsymbol{x} = \boldsymbol{b}$ in der Form

$$x_j = \frac{\det \boldsymbol{A}_j}{\det \boldsymbol{A}} \qquad (j = 1, \ldots, n)$$

darstellen.

Beweis:

$$\boldsymbol{A}\boldsymbol{x} = \boldsymbol{b} \Rightarrow \boldsymbol{A}^{-1}\boldsymbol{A}\boldsymbol{x} = \boldsymbol{x} = \boldsymbol{A}^{-1}\boldsymbol{b} \qquad \text{(Satz 15.16)}$$

$$\Rightarrow \boldsymbol{x} = \frac{1}{\det \boldsymbol{A}}\boldsymbol{D}^T\boldsymbol{b} \qquad \text{(Satz 17.15 a)}$$

$$\Rightarrow x_j = \frac{1}{\det \boldsymbol{A}}(d_{1j}b_1 + \ldots + d_{nj}b_n) = \frac{\det \boldsymbol{A}_j}{\det \boldsymbol{A}} \qquad \text{(Satz 17.7)}$$

Beispiel 17.18

Wir lösen das Gleichungssystem $Ax = b$ mit

$$A = \begin{pmatrix} 0 & 2 & 3 \\ 1 & 0 & -1 \\ 0 & 1 & 2 \end{pmatrix}, \quad b = \begin{pmatrix} 1 \\ 0 \\ 1 \end{pmatrix}$$

mit Hilfe der Cramerschen Regel:

$$\det A = \det \begin{pmatrix} 0 & 2 & 3 \\ 1 & 0 & -1 \\ 0 & 1 & 2 \end{pmatrix} = -1 \qquad \text{(Beispiel 17.13)}$$

$$\det A_1 = \det \begin{pmatrix} 1 & 2 & 3 \\ 0 & 0 & -1 \\ 1 & 1 & 2 \end{pmatrix} = 0 - 2 + 0 - (0 - 1 + 0) = -1$$

$$\det A_2 = \det \begin{pmatrix} 0 & 1 & 3 \\ 1 & 0 & -1 \\ 0 & 1 & 2 \end{pmatrix} = 0 + 0 + 3 - (0 + 0 + 2) = 1$$

$$\det A_3 = \det \begin{pmatrix} 0 & 2 & 1 \\ 1 & 0 & 0 \\ 0 & 1 & 1 \end{pmatrix} = 0 + 0 + 1 - (0 + 0 + 2) = -1$$

Wir erhalten die Lösung

$$x^T = \left(\frac{\det A_1}{\det A}, \frac{\det A_2}{\det A}, \frac{\det A_3}{\det A} \right) = (1, -1, 1).$$

Empfehlenswert ist dieses Verfahren allenfalls für kleinere Systeme, da die Determinantenberechnung für wachsendes n entsprechend umfangreicher wird. Für $n = 2, 3$ sind die Determinanten von A und A_j nach der Sarrus-Regel (Figur 17.1, 17.2) schnell berechenbar. Zweckmäßig beginnt man dann mit $\det A$, da eine Lösung von $Ax = b$ nur für $\det A \neq 0$ möglich ist (Satz 15.16 und 17.14).

Generell wollen wir anmerken, dass der Gaußalgorithmus zur Lösung linearer Gleichungssysteme der Cramerschen Regel schon wegen seiner universelleren Anwendbarkeit vorzuziehen ist. Außerdem führt er im Allgemeinen auch schneller zu einer Lösung als die auf der Berechnung von Determinanten beruhenden Verfahren. Andererseits wird sich der Determinantenbegriff für die in Kapitel 18 folgende Diskussion von Eigenwertproblemen bei quadratischen Matrizen als sehr wesentlich erweisen.

18 Eigenwertprobleme

Die Untersuchung von linearen Wachstums- und Ausbreitungsprozessen führt zu so genannten Eigenwertproblemen bei quadratischen Matrizen. Dabei geht es um die Behandlung eines Gleichungssystems der Form $\boldsymbol{Ax} = \lambda\boldsymbol{x}$, in dem lediglich die $n \times n$-Matrix $\boldsymbol{A}$ bekannt ist. Probleme der genannten Art spielen ferner

- bei der Kurvendiskussion reeller Funktionen mit mehreren Variablen (Kapitel 20) und
- bei der Behandlung und Lösung von Systemen linearer Differenzen- und Differentialgleichungen (Kapitel 24)

eine wesentliche Rolle.

Aus Anschaulichkeitsgründen werden wir in Abschnitt 18.1 kurz zwei einfache Beispiele über gleichförmige lineare Wachstumsprozesse diskutieren. Abschnitt 18.2 befasst sich mit der Definition von Eigenwerten λ und Eigenvektoren $\boldsymbol{x}$ zur $n \times n$-Matrix $\boldsymbol{A}$ und deren Berechnung. Die Existenz reellwertiger Eigenwerte $\lambda \in \mathbb{R}$ und Eigenvektoren $\boldsymbol{x} \in \mathbb{R}^n$ ist Gegenstand von Abschnitt 18.3. In Abschnitt 18.4 stellen wir schließlich wichtige Zusammenhänge zu definiten Matrizen her.

18.1 Einführende Beispiele

Beispiel 18.1

Wir betrachten ein Problem der Bevölkerungsentwicklung und bezeichnen mit

$x_t > 0$ die Anzahl von Männern im Zeitpunkt t und

$y_t > 0$ die Anzahl von Frauen im Zeitpunkt t.

Die Anzahl der Sterbefälle für Männer bzw. Frauen im Zeitintervall $[t, t+1]$ sei proportional zum jeweiligen Bestand im Zeitpunkt t und zwar $0.2x_t$ für die Männer und $0.2y_t$ für die Frauen. Andererseits nehmen wir an, dass die Anzahl der Knaben- und Mädchengeburten im Zeitintervall $[t, t+1]$ proportional ist zum Bestand der Frauen. Die Anzahl der Knabengeburten sei beispielsweise $0.2y_t$, die Anzahl der Mädchengeburten $0.3y_t$.

Für den Übergang vom Zeitpunkt t zum Zeitpunkt $t+1$ ergeben sich damit die beiden Gleichungen

$$\begin{aligned} x_{t+1} &= x_t - 0.2x_t + 0.2y_t = 0.8x_t + 0.2y_t\,, \\ y_{t+1} &= y_t - 0.2y_t + 0.3y_t = \qquad\quad 1.1y_t \end{aligned}$$

oder matriziell

$$\begin{pmatrix} x_{t+1} \\ y_{t+1} \end{pmatrix} = \begin{pmatrix} 0.8 & 0.2 \\ 0 & 1.1 \end{pmatrix} \begin{pmatrix} x_t \\ y_t \end{pmatrix}.$$

Soll nun das Verhältnis von Männern zu Frauen zeitlich konstant bleiben, also

$$x_{t+1} = \lambda x_t \iff y_{t+1} = \lambda y_t \quad (\lambda \in \mathbb{R}_+)\,,$$

so sprechen wir für $\lambda > 1$ von einem **gleichförmigen Wachstumsprozess** und für $\lambda < 1$ von einem **gleichförmigen Schrumpfungsprozess**. Insgesamt ergibt sich der Zusammenhang

$$\lambda \begin{pmatrix} x_t \\ y_t \end{pmatrix} = \begin{pmatrix} \lambda x_t \\ \lambda y_t \end{pmatrix} = \begin{pmatrix} x_{t+1} \\ y_{t+1} \end{pmatrix} = \begin{pmatrix} 0.8 & 0.2 \\ 0 & 1.1 \end{pmatrix} \begin{pmatrix} x_t \\ y_t \end{pmatrix}$$

oder matriziell

$$\lambda \boldsymbol{z} = \boldsymbol{A}\boldsymbol{z} \quad \text{mit} \quad \boldsymbol{A} = \begin{pmatrix} 0.8 & 0.2 \\ 0 & 1.1 \end{pmatrix}, \quad \boldsymbol{z} = \begin{pmatrix} x_t \\ y_t \end{pmatrix}, \quad \lambda \in \mathbb{R}_+\,.$$

Dabei ist lediglich die Matrix $\boldsymbol{A}$ bekannt und es stellt sich die Frage, ob man λ und $\boldsymbol{z} \neq \boldsymbol{o}$ so bestimmen kann, dass das Gleichungssystem $\boldsymbol{A}\boldsymbol{z} = \lambda\boldsymbol{z}$ erfüllt ist.

Ohne hier schon auf Lösungsmöglichkeiten einzugehen, können wir uns sofort überzeugen, dass wir mit $\lambda = 1.1$ und $\boldsymbol{z} = \begin{pmatrix} 2c \\ 3c \end{pmatrix}$ mit $c > 0$ eine Lösung erhalten. Es gilt

$$\boldsymbol{A}\boldsymbol{z} = \begin{pmatrix} 0.8 & 0.2 \\ 0 & 1.1 \end{pmatrix} \begin{pmatrix} 2c \\ 3c \end{pmatrix} = \begin{pmatrix} 2.2c \\ 3.3c \end{pmatrix} = 1.1 \begin{pmatrix} 2c \\ 3c \end{pmatrix} = \lambda\boldsymbol{z}\,.$$

Für $c = 10$ und damit $\boldsymbol{z} = \begin{pmatrix} 20 \\ 30 \end{pmatrix}$ ergibt sich folgende Interpretation:

Gehen wir von 20 Männern und 30 Frauen im Zeitpunkt t aus, so erhalten wir im Zeitpunkt $t+1$ genau 22 Männer und 33 Frauen. Wir haben mit $\lambda = 1.1$ einen gleichförmigen Wachstumsprozess und ein Wachstum um 10 % pro Zeitperiode.

Beispiel 18.2

Wir bezeichnen den wertmäßigen Gesamtkonsum einer Volkswirtschaft in der Zeitperiode t mit x_t und die wertmäßige Gesamtinvestition mit y_t und nehmen an, dass x_{t+1}, y_{t+1} den Gleichungen

$$\begin{aligned} x_{t+1} &= x_t + 0.2y_t\,, \\ y_{t+1} &= 0.1x_t + 0.65y_t \end{aligned}$$

genügen. Damit steigt der Konsum pro Periode um 20 % der Investition der Vorperiode. Die Investition y_{t+1} setzt sich zusammen aus 65 % der Investition zuzüglich 10 % des Konsums der Vorperiode.

Mit der Forderung

$$x_{t+1} = \lambda x_t, \quad y_{t+1} = \lambda y_t, \quad \lambda \in \mathbb{R}_+$$

erhalten wir wieder einen gleichförmigen Wachstums- oder Schrumpfungsprozess der Form

$$\boldsymbol{A}z = \lambda z \quad \text{mit} \quad \boldsymbol{A} = \begin{pmatrix} 1 & 0.2 \\ 0.1 & 0.65 \end{pmatrix}, \quad z = \begin{pmatrix} x_t \\ y_t \end{pmatrix}, \quad \lambda \in \mathbb{R}_+\,.$$

Eine Lösung ist beispielsweise $\lambda = 1.05$, $z = \begin{pmatrix} 4c \\ c \end{pmatrix}$ mit $c > 0$, denn es gilt

$$\boldsymbol{A}z = \begin{pmatrix} 1 & 0.2 \\ 0.1 & 0.65 \end{pmatrix} \begin{pmatrix} 4c \\ c \end{pmatrix} = \begin{pmatrix} 4.2c \\ 1.05c \end{pmatrix} = 1.05 \begin{pmatrix} 4c \\ c \end{pmatrix} = \lambda z\,.$$

Für $c = 100$ und damit $z = (400, 100)^T$ ergibt sich bei einem wertmäßigen Konsum von $x_t = 400$ und einer wertmäßigen Investition von $y_t = 100$ in der Folgeperiode der Konsum $x_{t+1} = 420$ und die Investition $y_{t+1} = 105$. Wegen $\lambda = 1.05$ haben wir wieder einen gleichförmigen Wachstumsprozess. In Abschnitt 18.2 werden wir auch gleichförmige Schrumpfungsprozesse kennen lernen.

18.2 Eigenwerte und Eigenvektoren

Mit den beiden Beispielen von Abschnitt 18.1 haben wir bereits Eigenwertprobleme kennen gelernt, die wir nun etwas genauer untersuchen wollen.

Definition 18.3

Gegeben sei eine $n \times n$-Matrix $\boldsymbol{A}$. Ist nun für eine Zahl $\lambda \in \mathbb{R}$ und einen Vektor $\boldsymbol{x} \in \mathbb{R}^n$ mit $\boldsymbol{x} \neq \boldsymbol{o}$ das lineare Gleichungssystem $\boldsymbol{Ax} = \lambda\boldsymbol{x}$ erfüllt, so heißt λ **reeller Eigenwert zu $\boldsymbol{A}$** und $\boldsymbol{x}$ **reeller Eigenvektor** zum Eigenwert λ. Insgesamt spricht man von einem **Eigenwertproblem der Matrix $\boldsymbol{A}$**.

Wir formen das Gleichungssystem $\boldsymbol{Ax} = \lambda\boldsymbol{x}$ etwas um und erhalten mit

$$\boldsymbol{Ax} = \lambda\boldsymbol{x} \iff \boldsymbol{Ax} - \lambda\boldsymbol{x} = \boldsymbol{Ax} - \lambda\boldsymbol{Ex} = (\boldsymbol{A} - \lambda\boldsymbol{E})\boldsymbol{x} = \boldsymbol{o}$$

ein homogenes lineares Gleichungssystem (Definition 14.4), das stets die Lösung $\boldsymbol{x} = \boldsymbol{o}$ besitzt. Diese Lösung ist hier jedoch uninteressant.

Satz 18.4

Das lineare Gleichungssystem $\boldsymbol{Ax} = \lambda\boldsymbol{x}$ hat genau dann eine Lösung $\boldsymbol{x} \neq \boldsymbol{o}$, wenn $\det(\boldsymbol{A} - \lambda\boldsymbol{E}) = 0$ gilt.

Beweis:

$$\begin{aligned}
&\boldsymbol{x} \neq \boldsymbol{o} \text{ löst } \boldsymbol{Ax} = \lambda\boldsymbol{x} \text{ bzw. } (\boldsymbol{A} - \lambda\boldsymbol{E})\boldsymbol{x} = \boldsymbol{o} \\
\iff\ &\operatorname{Rg}(\boldsymbol{A} - \lambda\boldsymbol{E}) < n \qquad \text{(Satz 14.9 d, f, Figur 14.4, Satz 14.10)} \\
\iff\ &\det(\boldsymbol{A} - \lambda\boldsymbol{E}) = 0 \qquad \text{(Satz 17.14)}
\end{aligned}$$

Um Eigenwerte und Eigenvektoren einer $n \times n$-Matrix $\boldsymbol{A}$ zu finden, betrachtet man also zunächst die Gleichung

$$\det(\boldsymbol{A} - \lambda\boldsymbol{E}) = 0\,.$$

Jedes $\lambda \in \mathbb{R}$, das der Gleichung genügt, ist ein reeller Eigenwert von $\boldsymbol{A}$.
Anschließend löst man für jedes erhaltene λ das lineare homogene Gleichungssystem

$$(\boldsymbol{A} - \lambda\boldsymbol{E})\boldsymbol{x} = \boldsymbol{o} \quad \text{mit} \quad \boldsymbol{x} \neq \boldsymbol{o}$$

und hat damit für jedes reelle λ mindestens einen reellen Eigenvektor $\boldsymbol{x}$.

Satz 18.5

Mit $\boldsymbol{x} \neq \boldsymbol{o}$ ist auch jeder Vektor $r\boldsymbol{x}$ $(r \in \mathbb{R},\ r \neq 0)$ Eigenvektor zum Eigenwert λ von $\boldsymbol{A}$.

Beweis:

$$(A - \lambda E)x = o \quad \Rightarrow \quad r(A - \lambda E)x = o = (A - \lambda E)rx$$

Beispiel 18.6

Zu den Matrizen der Beispiele 18.1, 18.2

$$\boldsymbol{A} = \begin{pmatrix} 0.8 & 0.2 \\ 0 & 1.1 \end{pmatrix}, \quad \boldsymbol{B} = \begin{pmatrix} 1 & 0.2 \\ 0.1 & 0.65 \end{pmatrix} \quad \text{sowie} \quad \boldsymbol{C} = \begin{pmatrix} 1 & 0 & 1 \\ 0 & 1 & 1 \\ 1 & 1 & 2 \end{pmatrix}$$

berechnen wir alle Eigenwerte und Eigenvektoren.

a) $$\det(\boldsymbol{A} - \lambda\boldsymbol{E}) = \det\left[\begin{pmatrix} 0.8 & 0.2 \\ 0 & 1.1 \end{pmatrix} - \begin{pmatrix} \lambda & 0 \\ 0 & \lambda \end{pmatrix}\right]$$

$$= \det\begin{pmatrix} 0.8 - \lambda & 0.2 \\ 0 & 1.1 - \lambda \end{pmatrix} = (0.8 - \lambda)(1.1 - \lambda) = 0$$

$$\Rightarrow \quad \lambda_1 = 0.8,\ \lambda_2 = 1.1$$

Für $\lambda_1 = 0.8$ erhält man den Eigenvektor $\boldsymbol{x}^1 \in \mathbb{R}^2$ aus

$$\begin{pmatrix} 0 & 0.2 \\ 0 & 0.3 \end{pmatrix}\begin{pmatrix} x_1 \\ x_2 \end{pmatrix} = \begin{pmatrix} 0 \\ 0 \end{pmatrix} \quad \Rightarrow \quad 0.2x_2 = 0.3x_2 = 0\,.$$

Damit gilt $x_2 = 0$ und x_1 kann beliebig aus $\mathbb{R} \setminus \{0\}$ gewählt werden. Der Eigenvektor ist $\boldsymbol{x}^1 = (a, 0)^T$ mit $a \in \mathbb{R},\ a \neq 0$.

Für $\lambda_2 = 1.1$ erhält man den Eigenvektor $\boldsymbol{x}^2 \in \mathbb{R}^2$ aus

$$\begin{pmatrix} -0.3 & 0.2 \\ 0 & 0 \end{pmatrix}\begin{pmatrix} x_1 \\ x_2 \end{pmatrix} = \begin{pmatrix} 0 \\ 0 \end{pmatrix} \quad \Rightarrow \quad -0.3x_1 + 0.2x_2 = 0 \Rightarrow x_2 = \frac{3}{2}x_1\,.$$

Wählt man beispielsweise $x_1 = 2b$ mit $b \in \mathbb{R}$, so ist $x_2 = 3b$.

Der Eigenvektor ist $\boldsymbol{x}^2 = \begin{pmatrix} 2b \\ 3b \end{pmatrix}$ mit $b \in \mathbb{R},\ b \neq 0$.

Im Nachtrag zu Beispiel 18.1 ergänzen wir die dort gegebene Interpretation:

Für $\lambda_2 = 1.1$ und $b > 0$ erhalten wir einen gleichförmigen Wachstumsprozess.

Der Vektor $\begin{pmatrix} 2b \\ 3b \end{pmatrix}$ geht in einer Zeitperiode in den Vektor $\begin{pmatrix} 2.2b \\ 3.3b \end{pmatrix}$ über.

Für $\lambda_1 = 0.8$ und $a > 0$ erhalten wir einen gleichförmigen Schrumpfungsprozess.

Der Vektor $\begin{pmatrix} a \\ 0 \end{pmatrix}$ geht in einer Zeitperiode in den Vektor $\begin{pmatrix} 0.8a \\ 0 \end{pmatrix}$ über. Hat man im Zeitpunkt t beispielsweise $a = 100$ Männer und keine Frauen, so ergeben sich keine Neugeburten. Im Zeitpunkt $t + 1$ verbleiben bei 20 Sterbefällen nur noch 80 Männer. Dennoch bleibt das Verhältnis von Frauen zu Männern konstant.

Für $a < 0$ bzw. $b < 0$ erhalten wir zwar mathematisch richtige Lösungen, die aber für dieses Beispiel nicht sinnvoll interpretierbar sind.

b) $$\begin{aligned} \det(\boldsymbol{B} - \lambda \boldsymbol{E}) &= \det\left[\begin{pmatrix} 1 & 0.2 \\ 0.1 & 0.65 \end{pmatrix} - \begin{pmatrix} \lambda & 0 \\ 0 & \lambda \end{pmatrix}\right] \\ &= \det\begin{pmatrix} 1-\lambda & 0.2 \\ 0.1 & 0.65-\lambda \end{pmatrix} \\ &= (1-\lambda)(0.65-\lambda) - 0.02 = 0.63 - 1.65\lambda + \lambda^2 = 0 \end{aligned}$$

$$\Rightarrow \ \lambda = \frac{1}{2}\left(1.65 \pm \sqrt{2.7225 - 2.52}\right) = \frac{1}{2}(1.65 \pm 0.45)$$

$$\Rightarrow \ \lambda_1 = 1.05,\ \lambda_2 = 0.6$$

Für $\lambda_1 = 1.05$ erhält man den Eigenvektor $\boldsymbol{x}^1 \in \mathbb{R}^2$ aus

$$\begin{pmatrix} -0.05 & 0.2 \\ 0.1 & -0.4 \end{pmatrix}\begin{pmatrix} x_1 \\ x_2 \end{pmatrix} = \begin{pmatrix} 0 \\ 0 \end{pmatrix} \ \Rightarrow \ \left.\begin{aligned} -0.05x_1 + 0.2x_2 &= 0 \\ 0.1x_1 - 0.4x_2 &= 0 \end{aligned}\right\} \ \Rightarrow \ x_1 = 4x_2\,.$$

Wählt man beispielsweise $x_2 = a$ mit $a \in \mathbb{R}$, so ist $x_1 = 4a$.

Der Eigenvektor ist $\boldsymbol{x}^1 = \begin{pmatrix} 4a \\ a \end{pmatrix}$ mit $a \in \mathbb{R},\ a \neq 0$.

Für $\lambda_2 = 0.6$ erhält man den Eigenvektor $\boldsymbol{x}^2 \in \mathbb{R}^2$ aus

$$\begin{pmatrix} 0.4 & 0.2 \\ 0.1 & 0.05 \end{pmatrix}\begin{pmatrix} x_1 \\ x_2 \end{pmatrix} = \begin{pmatrix} 0 \\ 0 \end{pmatrix} \Rightarrow \left.\begin{aligned} 0.4x_1 + 0.2\,x_2 &= 0 \\ 0.1x_1 + 0.05x_2 &= 0 \end{aligned}\right\} \Rightarrow x_2 = -2x_1.$$

Wählt man $x_1 = b$ mit $b \in \mathbb{R}$, so ist $x_2 = -2b$.

Der Eigenvektor ist $\boldsymbol{x}^2 = \begin{pmatrix} b \\ -2b \end{pmatrix}$ mit $b \in \mathbb{R},\ b \neq 0$.

Im Nachtrag zu Beispiel 18.2 ergänzen wir die dort gegebene Interpretation:

Neben dem gleichförmigen Wachstumsprozess mit $\lambda_1 = 1.05$ erhalten wir für $\lambda_2 = 0.6$ einen gleichförmigen Schrumpfungsprozess.

Der Vektor $\begin{pmatrix} b \\ -2b \end{pmatrix}$ in Zeitperiode t geht über in den Vektor $\begin{pmatrix} 0.6b \\ -1.2b \end{pmatrix}$ in Zeitperiode $t+1$. Für $b = 100$ ergibt sich beispielsweise in Zeitperiode t ein wertmäßiger Konsum von 100 und eine Investition von -200, die als Desinvestition (Verkauf von Anlagen etc.) auffassbar ist. Daraus würde für die Zeitperiode $t+1$ ein Konsum von 60 und eine Investition von -120 resultieren. Auch hier ergeben sich ökonomisch interpretierbare Lösungen nur für $a > 0,\ b > 0$.

c) $$\det(\boldsymbol{C} - \lambda \boldsymbol{E}) = \det\left[\begin{pmatrix} 1 & 0 & 1 \\ 0 & 1 & 1 \\ 1 & 1 & 2 \end{pmatrix} - \begin{pmatrix} \lambda & 0 & 0 \\ 0 & \lambda & 0 \\ 0 & 0 & \lambda \end{pmatrix}\right]$$

$$= \det\begin{pmatrix} 1-\lambda & 0 & 1 \\ 0 & 1-\lambda & 1 \\ 1 & 1 & 2-\lambda \end{pmatrix} = (1-\lambda)^2(2-\lambda) - 2(1-\lambda)$$

$$= 2 - 5\lambda + 4\lambda^2 - \lambda^3 - 2 + 2\lambda = -3\lambda + 4\lambda^2 - \lambda^3 = 0$$

$\Rightarrow \lambda_1 = 0$ und $\lambda_2,\ \lambda_3$ genügen der Gleichung $\lambda^2 - 4\lambda + 3 = 0$

$\Rightarrow \lambda = \frac{1}{2}\left(4 \pm \sqrt{16-12}\right) \Rightarrow \lambda_2 = 3,\ \lambda_3 = 1$

Für $\lambda_1 = 0$ gilt

$$\begin{pmatrix} 1 & 0 & 1 \\ 0 & 1 & 1 \\ 1 & 1 & 2 \end{pmatrix}\begin{pmatrix} x_1 \\ x_2 \\ x_3 \end{pmatrix} = \begin{pmatrix} 0 \\ 0 \\ 0 \end{pmatrix} \Rightarrow \left.\begin{aligned} x_1 + x_3 &= 0 \\ x_2 + x_3 &= 0 \\ x_1 + x_2 + 2x_3 &= 0 \end{aligned}\right\} \Rightarrow \begin{aligned} x_2 &= x_1 \\ x_3 &= -x_1 \end{aligned}\ .$$

Wählt man $x_1 = a$ mit $a \in \mathbb{R}$, so ist $x_2 = a$, $x_3 = -a$.
Der Eigenvektor ist $\boldsymbol{x}^1 = (a, a, -a)^T$ mit $a \in \mathbb{R}$, $a \neq 0$.
Für $\lambda_2 = 3$ gilt:

$$\begin{pmatrix} -2 & 0 & 1 \\ 0 & -2 & 1 \\ 1 & 1 & -1 \end{pmatrix} \begin{pmatrix} x_1 \\ x_2 \\ x_3 \end{pmatrix} = \begin{pmatrix} 0 \\ 0 \\ 0 \end{pmatrix} \Rightarrow \left. \begin{aligned} -2x_1 + x_3 &= 0 \\ -2x_2 + x_3 &= 0 \\ x_1 + x_2 - x_3 &= 0 \end{aligned} \right\} \Rightarrow \begin{aligned} x_2 &= x_1 \\ x_3 &= 2x_1 \end{aligned}$$

Wählt man $x_1 = b$ mit $b \in \mathbb{R}$, so ist $x_2 = b$, $x_3 = 2b$.
Der Eigenvektor ist $\boldsymbol{x}^2 = (b, b, 2b)^T$ mit $b \in \mathbb{R}$, $b \neq 0$.
Für $\lambda_3 = 1$ gilt:

$$\begin{pmatrix} 0 & 0 & 1 \\ 0 & 0 & 1 \\ 1 & 1 & 1 \end{pmatrix} \begin{pmatrix} x_1 \\ x_2 \\ x_3 \end{pmatrix} = \begin{pmatrix} 0 \\ 0 \\ 0 \end{pmatrix} \Rightarrow \left. \begin{aligned} x_3 &= 0 \\ x_1 + x_2 + x_3 &= 0 \end{aligned} \right\} \Rightarrow \begin{aligned} x_3 &= 0 \\ x_2 &= -x_1 \end{aligned}$$

Wählt man $x_1 = c$ mit $c \in \mathbb{R}$, so ist $x_2 = -c$, $x_3 = 0$.
Der Eigenvektor ist $\boldsymbol{x}^3 = (c, -c, 0)^T$ mit $c \in \mathbb{R}$, $c \neq 0$.

Zur Eigenwertberechnung einer $n \times n$-Matrix dient allgemein die Gleichung

$$\begin{aligned} \det(\boldsymbol{A} - \lambda \boldsymbol{E}) &= \det \left[\begin{pmatrix} a_{11} & \dots & a_{1n} \\ \vdots & & \vdots \\ a_{n1} & \dots & a_{nn} \end{pmatrix} - \begin{pmatrix} \lambda & \dots & 0 \\ \vdots & \ddots & \vdots \\ 0 & \dots & \lambda \end{pmatrix} \right] \\ &= \det \begin{pmatrix} a_{11} - \lambda & a_{12} & \dots & a_{1n} \\ a_{21} & a_{22} - \lambda & \dots & a_{2n} \\ \vdots & \vdots & \ddots & \vdots \\ a_{n1} & a_{n2} & \dots & a_{nn} - \lambda \end{pmatrix} = 0\,. \end{aligned}$$

Die Determinante von $\boldsymbol{A} - \lambda \boldsymbol{E}$ hängt von λ ab und enthält definitionsgemäß den Summanden $(a_{11} - \lambda) \cdot \ldots \cdot (a_{nn} - \lambda) = (-1)^n \lambda^n + \ldots$ (Definition 17.4), während bei allen anderen Summanden die Potenzen von λ kleiner als n sind. Insgesamt ist damit $\det(\boldsymbol{A} - \lambda \boldsymbol{E}) = 0$ eine Gleichung n-ten Grades mit der Variablen λ.

Beispiel 18.7

Wir beweisen die Gültigkeit der Gleichungen

$$\det(\boldsymbol{A}-\lambda\boldsymbol{E}) = \lambda^2 + (a_{11}+a_{22})\lambda + \det\boldsymbol{A} \qquad \text{für} \quad n=2,$$

$$\begin{aligned}\det(\boldsymbol{A}-\lambda\boldsymbol{E}) &= -\lambda^3 + (a_{11}+a_{22}+a_{33})\lambda^2 \\ &\quad -(\det\boldsymbol{A}_{11}+\det\boldsymbol{A}_{22}+\det\boldsymbol{A}_{33})\lambda + \det\boldsymbol{A} \qquad \text{für} \quad n=3.\end{aligned}$$

Dabei ist $\det\boldsymbol{A}_{ii}\,(i=1,2,3)$ der Minor zu a_{ii}.

a) $n=2$: $$\begin{aligned}\det(\boldsymbol{A}-\lambda\boldsymbol{E}) &= \det\begin{pmatrix} a_{11}-\lambda & a_{12} \\ a_{21} & a_{22}-\lambda \end{pmatrix} \\ &= (a_{11}-\lambda)(a_{22}-\lambda) - a_{12}a_{21} \\ &= \lambda^2 - (a_{11}+a_{22})\lambda + a_{11}a_{22} - a_{12}a_{21} \\ &= \lambda^2 - (a_{11}+a_{22})\lambda + \det\boldsymbol{A}\end{aligned}$$

b) $n=3$: $$\begin{aligned}\det(\boldsymbol{A}-\lambda\boldsymbol{E}) &= \det\begin{pmatrix} a_{11}-\lambda & a_{12} & a_{13} \\ a_{21} & a_{22}-\lambda & a_{23} \\ a_{31} & a_{32} & a_{33}-\lambda \end{pmatrix} \\ &= (a_{11}-\lambda)(a_{22}-\lambda)(a_{33}-\lambda) + a_{12}a_{23}a_{31} + a_{13}a_{21}a_{32} \\ &\quad -a_{13}(a_{22}-\lambda)a_{31} - a_{12}a_{21}(a_{33}-\lambda) - (a_{11}-\lambda)a_{23}a_{32} \\ &= (-1)^3\lambda^3 + \lambda^2(a_{11}+a_{22}+a_{33}) - \lambda(a_{11}a_{22}+a_{11}a_{33}+a_{22}a_{33}) \\ &\quad +a_{11}a_{22}a_{33} + a_{12}a_{23}a_{31} + a_{13}a_{21}a_{32} \\ &\quad -a_{13}a_{22}a_{31} - a_{12}a_{21}a_{33} - a_{11}a_{23}a_{32} \\ &\quad +\lambda(a_{13}a_{31}+a_{12}a_{21}+a_{23}a_{32}) \\ &= -\lambda^3 + \lambda^2(a_{11}+a_{22}+a_{33}) \\ &\quad -\lambda\left[\det\begin{pmatrix} a_{11} & a_{12} \\ a_{21} & a_{22}\end{pmatrix} + \det\begin{pmatrix} a_{11} & a_{13} \\ a_{31} & a_{33}\end{pmatrix} + \det\begin{pmatrix} a_{22} & a_{23} \\ a_{32} & a_{33}\end{pmatrix}\right] + \det\boldsymbol{A} \\ &= -\lambda^3 + \lambda^2(a_{11}+a_{22}+a_{33}) - \lambda\left(\det\boldsymbol{A}_{33}+\det\boldsymbol{A}_{22}+\det\boldsymbol{A}_{11}\right) + \det\boldsymbol{A}\end{aligned}$$

Definition 18.8

Für $\det(\boldsymbol{A} - \lambda \boldsymbol{E}) = 0$ erhält man eine Gleichung n-ten Grades

$$(-1)^n \lambda^n + c_{n-1}\lambda^{n-1} + \ldots + c_1\lambda + c_0 = 0$$

mit der Variablen λ und den reellen Koeffizienten $c_{n-1}, \ldots, c_1, c_0$, die aus den Komponenten der Matrix $\boldsymbol{A}$ zu berechnen sind. Man bezeichnet diese Gleichung als die **charakteristische Gleichung** von $\boldsymbol{A}$.

Da für eine Gleichung n-ten Grades $(n \geq 2)$ nicht immer reelle Lösungen existieren, ist auch die Existenz reeller Eigenwerte für eine $n \times n$-Matrix nicht generell gesichert (Abschnitt 1.9).

Für das folgende Beispiel verweisen wir auf Abschnitt 1.8 über komplexe Zahlen, insbesondere (1.43), (1.44). Danach ist $a + ib$ mit $a, b \in \mathbb{R}$ und $i = \sqrt{-1}$ eine **komplexe Zahl**. Ferner heißen die komplexen Zahlen $z = a + ib$ und $\overline{z} = a - ib$ zueinander **konjugiert komplex**. Für $b = 0$ gilt offenbar $z = \overline{z} \in \mathbb{R}$.

Beispiel 18.9

Wir berechnen die Eigenwerte der Matrizen

$$\boldsymbol{A} = \begin{pmatrix} -1 & 3 \\ -1 & 2 \end{pmatrix}, \quad \boldsymbol{B} = \begin{pmatrix} 1 & 0 & 1 \\ 0 & 1 & 1 \\ -1 & -1 & 0 \end{pmatrix}.$$

$$\det(\boldsymbol{A} - \lambda \boldsymbol{E}) = \det \begin{pmatrix} -1-\lambda & 3 \\ -1 & 2-\lambda \end{pmatrix}$$

$$= (-1-\lambda)(2-\lambda) + 3 = 1 - \lambda + \lambda^2 = 0$$

$$\Rightarrow \quad \lambda = \frac{1}{2}\left(1 \pm \sqrt{1-4}\right) \quad \Rightarrow \quad \lambda_1 = \frac{1}{2}(1 + i\sqrt{3}),\ \lambda_2 = \frac{1}{2}(1 - i\sqrt{3})$$

Wir erhalten zwei zueinander konjugiert komplexe Eigenwerte (Abschnitt 1.8).

$$\det(\boldsymbol{B} - \lambda \boldsymbol{E}) = \det \begin{pmatrix} 1-\lambda & 0 & 1 \\ 0 & 1-\lambda & 1 \\ -1 & -1 & 0-\lambda \end{pmatrix}$$

$$= -\lambda(1-\lambda)^2 + (1-\lambda) + (1-\lambda)$$

$$= -\lambda^3 + 2\lambda^2 - \lambda + 1 - \lambda + 1 - \lambda$$

$$= -\lambda^3 + 2\lambda^2 - 3\lambda + 2 = 0$$

Mit der Lösung $\lambda_1 = 1$ ergibt sich durch Polynomdivision (Abschnitt 1.9, Beispiel 1.34)

$$\begin{array}{l} \left(\lambda^3 - 2\lambda^2 + 3\lambda - 2\right) : \left(\lambda - 1\right) = \lambda^2 - \lambda + 2 \\ -\lambda^3 + \lambda^2 \\ \hline \quad - \lambda^2 + 3\lambda \\ \quad + \lambda^2 - \lambda \\ \hline \qquad 2\lambda - 2 \end{array}$$

und mit $\lambda^2 - \lambda + 2 = 0$

$$\Rightarrow \lambda = \frac{1}{2}\left(1 \pm \sqrt{1-8}\right) \Rightarrow \lambda_2 = \frac{1}{2}(1 + i\sqrt{7}),\ \lambda_3 = \frac{1}{2}(1 - i\sqrt{7}).$$

Wir erhalten einen reellen Eigenwert $\lambda_1 = 1$ sowie zwei zueinander konjugiert komplexe Eigenwerte $\lambda_2 = \frac{1}{2}(1 + i\sqrt{7})$, $\lambda_3 = \frac{1}{2}(1 - i\sqrt{7})$.

Allgemein existiert für die charakteristische Gleichung nach Abschnitt 1.9 (1.54) eine reelle Produktdarstellung der Form

$$\begin{aligned} \det(\boldsymbol{A} - \lambda \boldsymbol{E}) &= (-1)^n \lambda^n + c_{n-1}\lambda^{n-1} + \ldots + c_1\lambda + c_0 \\ &= (-1)^n (\lambda - \lambda_1)^{\alpha_1} \cdot \ldots \cdot (\lambda - \lambda_r)^{\alpha_r} \\ &\quad \cdot (\lambda^2 + p_1\lambda + q_1)^{\beta_1} \cdot \ldots \cdot (\lambda^2 + p_s\lambda + q_s)^{\beta_s} \end{aligned}$$

mit $\lambda_1, \ldots, \lambda_r,\ p_1, q_1, \ldots, p_s, q_s \in \mathbb{R}$ sowie $\alpha_1, \ldots, \alpha_r, \beta_1, \ldots, \beta_s \in \mathbb{N}$ und der Bedingung $\sum_{i=1}^{r} \alpha_i + 2\sum_{j=1}^{s} \beta_j = n$.

Da die quadratischen Gleichungen der Form $(\lambda^2 + p_j\lambda + q_j) = 0$ keine reellen Lösungen besitzen, erhalten wir $\sum_{i=1}^{r} \alpha_i$ reelle und $2\sum_{j=1}^{s} \beta_j$ komplexe Eigenwerte, von denen jeweils zwei zueinander konjugiert komplex sind. Mit den Zahlen $\alpha_1, \ldots, \alpha_r$ sind die **Vielfachheiten** der **reellen Eigenwerte** $\lambda_1, \ldots, \lambda_r$ und mit $\beta_1, \ldots, \beta_s$ die **Vielfachheiten** der **konjugiert komplexen Lösungspaare** $(\lambda_{r+1}, \overline{\lambda}_{r+1}), \ldots, (\lambda_{r+s}, \overline{\lambda}_{r+s})$ bezeichnet. Für $j = 1, \ldots, s$ genügen λ_{r+j} und $\overline{\lambda}_{r+j}$ der quadratischen Gleichung $\lambda^2 + p_j\lambda + q_j = 0$.

Zu jedem erhaltenen reellen oder komplexen Eigenwert λ_k der $n \times n$-Matrix $\boldsymbol{A}$ ermittelt man nun den zugehörigen Eigenvektor $\boldsymbol{x}^k \neq \boldsymbol{o}$ durch Lösung des linearen homogenen Gleichungssystems $(\boldsymbol{A} - \lambda_k \boldsymbol{E})\boldsymbol{x}^k = \boldsymbol{o}$ (Beispiel 18.6).

Für $\lambda_k \in \mathbb{R}$ ist auch der entsprechende Eigenvektor reell. Andernfalls enthält der Eigenvektor komplexe Komponenten.

18.3 Existenz reeller Eigenwerte

Wir beschränken uns im Folgenden auf den wesentlichen Spezialfall symmetrischer Matrizen, also $\boldsymbol{A} = \boldsymbol{A}^T$, und werden zeigen, dass in diesem Fall nur reelle Eigenwerte auftreten können. Dazu benötigen wir einige Aussagen zur Multiplikation von Matrizen und Vektoren mit komplexwertigen Komponenten (Abschnitt 1.8, insbesondere (1.46)).

Satz 18.10

Seien $\boldsymbol{C}$, $\boldsymbol{D}$ zwei $n \times n$-Matrizen mit komplexen Komponenten, z ein Vektor mit n komplexen Komponenten und c eine komplexe Zahl. Ersetzt man alle komplexen Komponenten durch die entsprechenden konjugiert komplexen Zahlen und bezeichnet man die damit erhaltenen konjugiert komplexen Größen mit $\overline{\boldsymbol{C}}$, $\overline{z}$ und $\overline{c}$, so gilt:

$$\overline{\boldsymbol{C}+\boldsymbol{D}} = \overline{\boldsymbol{C}} + \overline{\boldsymbol{D}}\,, \quad \overline{\boldsymbol{C}z} = \overline{\boldsymbol{C}}\overline{z}\,, \quad \overline{cz} = \overline{c}\,\overline{z}\,, \quad z^T\overline{z} = \overline{z}^T z \in \mathbb{R}_+$$

Beweis:

Der Beweis ergibt sich durch Nachrechnen. Man benutzt dabei die Rechenregeln für komplexe Zahlen z_1, z_2 mit den konjugiert komplexen Zahlen $\overline{z_1}, \overline{z_2}$ (Abschnitt 1.8 (1.46)).

Satz 18.11

Sei $\boldsymbol{A}$ eine reelle, symmetrische $n \times n$-Matrix. Dann gilt:

a) Die Eigenwerte sind reell und nicht notwendig verschieden.

b) Ist $\operatorname{Rg}\boldsymbol{A} = k \leq n$, so ist $\lambda = 0$ ein $(n-k)$-facher Eigenwert.

Beweis:

a) Angenommen, wir erhalten zwei konjugiert komplexe Eigenwerte $\lambda, \overline{\lambda}$ von $\boldsymbol{A}$. Ferner sei $\boldsymbol{x} \neq \boldsymbol{o}$ ein entsprechender komplexer Eigenvektor von λ und man hat die zueinander äquivalenten Gleichungssysteme

$$(\boldsymbol{A}-\lambda\boldsymbol{E})\boldsymbol{x} = \boldsymbol{o} \iff \overline{(\boldsymbol{A}-\lambda\boldsymbol{E})\boldsymbol{x}} = \overline{\boldsymbol{o}} = \boldsymbol{o}\,.$$

Aus der rechten Seite folgt mit $\boldsymbol{A} = \overline{\boldsymbol{A}}$, $\boldsymbol{E} = \overline{\boldsymbol{E}}$ und Satz 18.10

$$\overline{(\boldsymbol{A}-\lambda\boldsymbol{E})\boldsymbol{x}} = \overline{(\boldsymbol{A}-\lambda\boldsymbol{E})}\overline{\boldsymbol{x}} = (\overline{\boldsymbol{A}}-\overline{\lambda\boldsymbol{E}})\overline{\boldsymbol{x}} = (\boldsymbol{A}-\overline{\lambda}\boldsymbol{E})\overline{\boldsymbol{x}} = \boldsymbol{o}\,.$$

Damit ist $\overline{\boldsymbol{x}}$ Eigenvektor zu $\overline{\lambda}$.

Man gewinnt wegen $\boldsymbol{A}^T = \boldsymbol{A}$ durch Umformung

$$\begin{aligned}\lambda(\overline{\boldsymbol{x}}^T\boldsymbol{x}) &= \overline{\boldsymbol{x}}^T(\lambda\boldsymbol{x}) = \overline{\boldsymbol{x}}^T(\boldsymbol{A}\boldsymbol{x}) = \overline{\boldsymbol{x}}^T\boldsymbol{A}\boldsymbol{x}\\ &= (\overline{\boldsymbol{x}}^T\boldsymbol{A}\boldsymbol{x})^T = \boldsymbol{x}^T\boldsymbol{A}\overline{\boldsymbol{x}} = \boldsymbol{x}^T(\boldsymbol{A}\overline{\boldsymbol{x}}) = \boldsymbol{x}^T(\overline{\lambda}\overline{\boldsymbol{x}}) = \overline{\lambda}(\boldsymbol{x}^T\overline{\boldsymbol{x}})\end{aligned}$$

und aus der Identität $\overline{\boldsymbol{x}}^T\boldsymbol{x} = \boldsymbol{x}^T\overline{\boldsymbol{x}} \neq 0$ die Gleichung $\lambda = \overline{\lambda}$.

Also muss λ und damit auch $\boldsymbol{x}$ reell sein.

b) Sei $k = n$ und $\lambda = 0 \Rightarrow \operatorname{Rg} A = \operatorname{Rg}(A - \lambda E) = n \Rightarrow \det(A - \lambda E) \neq 0$ (Satz 17.14)

$\Rightarrow \lambda$ ist kein Eigenwert

Sei $k < n$ und $\lambda = 0 \Rightarrow \operatorname{Rg} A = \operatorname{Rg}(A - \lambda E) = k < n$ und $\det(A - \lambda E) = 0$

$\Rightarrow$ Das System $(A - \lambda E)x = Ax = o$ besitzt genau

$n - k$ linear unabhängige Lösungen,

die Eigenvektoren von A sind (Satz 14.10)

$\Rightarrow \lambda = 0$ ist $(n - k)$-facher Eigenwert von A

Satz 18.12

Sei A eine reelle, symmetrische $n \times n$-Matrix. Dann existieren zu den reellen Eigenwerten $\lambda_1, \ldots, \lambda_n$ genau n reelle, linear unabhängige Eigenvektoren $x^1, \ldots, x^n$. Diese sind so wählbar, dass $X = (x^1, \ldots, x^n)$ eine orthogonale Matrix ist, also $X^T X = XX^T = E$ (Definition 15.13).

Beweis:

Wegen $x^i \neq o$ gilt für alle Eigenvektoren ${x^i}^T x^i = c_i > 0$. (Definition 12.1)

Mit x^i ist auch $\hat{x}^i = \dfrac{x^i}{\sqrt{c_i}}$ Eigenvektor (Satz 18.5) und damit ${\hat{x}^i}{}^T \hat{x}^i = 1$.

Für zwei verschiedene Eigenwerte λ_i, λ_k und die entsprechenden Eigenvektoren x^i, x^k mit $Ax^i = \lambda_i x^i$, $Ax^k = \lambda_k x^k$ sowie $A^T = A$ folgt

$$\begin{aligned}\lambda_i({x^i}^T x^k) &= \lambda_i {x^k}^T x^i = {x^k}^T(\lambda_i x^i) = {x^k}^T(Ax^i) = {x^k}^T A x^i = ({x^k}^T A x^i)^T = {x^i}^T A x^k \\ &= {x^i}^T(Ax^k) = {x^i}^T(\lambda_k x^k) = \lambda_k({x^i}^T x^k).\end{aligned}$$

Für $\lambda_i \neq \lambda_k$ folgt daraus ${x^i}^T x^k = 0$.

Gibt es mindestens zwei gleiche Eigenwerte, so lässt sich zeigen, dass für das homogene Gleichungssystem $(A - \lambda E)x = o$ mit $\operatorname{Rg}(A - \lambda E) = k \leq n - 2$ mindestens zwei linear unabhängige Lösungen als Eigenvektoren existieren, die paarweise orthogonal wählbar sind (Satz 14.10).

Wir fassen zusammen:

Zu den n reellen, nicht notwendig paarweise verschiedenen Eigenwerten einer symmetrischen $n \times n$-Matrix A kann man n reelle, linear unabhängige Eigenvektoren so bestimmen, dass diese orthogonal sind, also

$${x^i}^T x^k = \begin{cases} 1 & \text{für } i = k \\ 0 & \text{für } i \neq k \end{cases}. \qquad \text{(Definition 12.5)}$$

Damit gilt auch für $\boldsymbol{X} = (\boldsymbol{x}^1, \ldots, \boldsymbol{x}^n)$

$$\boldsymbol{X}^T\boldsymbol{X} = \begin{pmatrix} \boldsymbol{x}^{1\,T} \\ \vdots \\ \boldsymbol{x}^{n\,T} \end{pmatrix} (\boldsymbol{x}^1, \ldots, \boldsymbol{x}^n) = \begin{pmatrix} \boldsymbol{x}^{1\,T}\boldsymbol{x}^1 & \ldots & \boldsymbol{x}^{1\,T}\boldsymbol{x}^n \\ \vdots & & \vdots \\ \boldsymbol{x}^{n\,T}\boldsymbol{x}^1 & \ldots & \boldsymbol{x}^{n\,T}\boldsymbol{x}^n \end{pmatrix} = \boldsymbol{E}\,. \quad \text{(Definition 15.13)}$$

Beispiel 18.13

a) Für die symmetrische Matrix

$$\boldsymbol{C} = \begin{pmatrix} 1 & 0 & 1 \\ 0 & 1 & 1 \\ 1 & 1 & 2 \end{pmatrix}$$

hatten wir in Beispiel 18.6 die Eigenwerte $\lambda_1 = 0,\ \lambda_2 = 3,\ \lambda_3 = 1$ und die dazu gehörigen Eigenvektoren $\boldsymbol{x}^1 = (a, a, -a^T),\ \boldsymbol{x}^2 = (b, b, 2b)^T,\ \boldsymbol{x}^3 = (c, -c, 0)^T$ berechnet, dabei sind $a, b, c \in \mathbb{R}$ von 0 verschieden.

Da $\boldsymbol{C}$ eine symmetrische Matrix ist und die Eigenwerte paarweise verschieden sind, gilt nach Satz 18.12

$$\boldsymbol{x}^{1\,T}\boldsymbol{x}^2 = (a, a, -a)\begin{pmatrix} b \\ b \\ 2b \end{pmatrix} = ab + ab - 2ab = 0 = \boldsymbol{x}^{2\,T}\boldsymbol{x}^1\,,$$

$$\boldsymbol{x}^{1\,T}\boldsymbol{x}^3 = (a, a, -a)\begin{pmatrix} c \\ -c \\ 0 \end{pmatrix} = ac - ac = 0 = \boldsymbol{x}^{3\,T}\boldsymbol{x}^1\,,$$

$$\boldsymbol{x}^{2\,T}\boldsymbol{x}^3 = (b, b, 2b)\begin{pmatrix} c \\ -c \\ 0 \end{pmatrix} = bc - bc = 0 = \boldsymbol{x}^{3\,T}\boldsymbol{x}^2\,.$$

Ferner kann $\boldsymbol{x}^{i\,T}\boldsymbol{x}^i = 1 \quad (i = 1, 2, 3)$ erreicht werden:

$$\begin{aligned} \boldsymbol{x}^{1\,T}\boldsymbol{x}^1 &= a^2 + a^2 + a^2 &&= 3a^2 = 1 \Rightarrow a = \pm\tfrac{1}{\sqrt{3}} \\ \boldsymbol{x}^{2\,T}\boldsymbol{x}^2 &= b^2 + b^2 + 4b^2 &&= 6b^2 = 1 \Rightarrow b = \pm\tfrac{1}{\sqrt{6}} \\ \boldsymbol{x}^{3\,T}\boldsymbol{x}^3 &= c^2 + c^2 + 0 &&= 2c^2 = 1 \Rightarrow c = \pm\tfrac{1}{\sqrt{2}} \end{aligned}$$

Daraus ergeben sich die Eigenvektoren

$$
\begin{aligned}
x^{1^T} &= \left(\tfrac{1}{\sqrt{3}}, \tfrac{1}{\sqrt{3}}, -\tfrac{1}{\sqrt{3}}\right) \quad \text{oder} \quad \left(-\tfrac{1}{\sqrt{3}}, -\tfrac{1}{\sqrt{3}}, \tfrac{1}{\sqrt{3}}\right),\\
x^{2^T} &= \left(\tfrac{1}{\sqrt{6}}, \tfrac{1}{\sqrt{6}}, \tfrac{2}{\sqrt{6}}\right) \quad \text{oder} \quad \left(-\tfrac{1}{\sqrt{6}}, -\tfrac{1}{\sqrt{6}}, -\tfrac{2}{\sqrt{6}}\right),\\
x^{3^T} &= \left(\tfrac{1}{\sqrt{2}}, -\tfrac{1}{\sqrt{2}}, 0\right) \quad \text{oder} \quad \left(-\tfrac{1}{\sqrt{2}}, \tfrac{1}{\sqrt{2}}, 0\right).
\end{aligned}
$$

Die Matrix der Eigenvektoren $\boldsymbol{X} = (\boldsymbol{x}^1, \boldsymbol{x}^2, \boldsymbol{x}^3)$ ist beispielsweise

$$
\begin{pmatrix} \frac{1}{\sqrt{3}} & \frac{1}{\sqrt{6}} & \frac{1}{\sqrt{2}} \\ \frac{1}{\sqrt{3}} & \frac{1}{\sqrt{6}} & -\frac{1}{\sqrt{2}} \\ -\frac{1}{\sqrt{3}} & \frac{2}{\sqrt{6}} & 0 \end{pmatrix} \quad \text{oder auch} \quad \begin{pmatrix} -\frac{1}{\sqrt{3}} & \frac{1}{\sqrt{6}} & -\frac{1}{\sqrt{2}} \\ -\frac{1}{\sqrt{3}} & \frac{1}{\sqrt{6}} & \frac{1}{\sqrt{2}} \\ \frac{1}{\sqrt{3}} & \frac{2}{\sqrt{6}} & 0 \end{pmatrix}.
$$

Insgesamt erhalten wir 8 Lösungen mit $\boldsymbol{X}^T\boldsymbol{X} = \boldsymbol{E}$, beispielsweise ist

$$
\begin{pmatrix} \frac{1}{\sqrt{3}} & \frac{1}{\sqrt{3}} & -\frac{1}{\sqrt{3}} \\ \frac{1}{\sqrt{6}} & \frac{1}{\sqrt{6}} & \frac{2}{\sqrt{6}} \\ \frac{1}{\sqrt{2}} & -\frac{1}{\sqrt{2}} & 0 \end{pmatrix} \begin{pmatrix} \frac{1}{\sqrt{3}} & \frac{1}{\sqrt{6}} & \frac{1}{\sqrt{2}} \\ \frac{1}{\sqrt{3}} & \frac{1}{\sqrt{6}} & -\frac{1}{\sqrt{2}} \\ -\frac{1}{\sqrt{3}} & \frac{2}{\sqrt{6}} & 0 \end{pmatrix} = \begin{pmatrix} 1 & 0 & 0 \\ 0 & 1 & 0 \\ 0 & 0 & 1 \end{pmatrix}.
$$

b) Wir bestätigen den Satz 18.12 ferner mit Hilfe der symmetrischen Matrix $\boldsymbol{D}$:

$$
\boldsymbol{D} = \begin{pmatrix} 2 & 0 & 0 & 0 \\ 0 & 1 & 3 & 0 \\ 0 & 3 & 1 & 0 \\ 0 & 0 & 0 & 4 \end{pmatrix}
$$

$$
\begin{aligned}
\det(\boldsymbol{D} - \lambda \boldsymbol{E}) &= \det \begin{pmatrix} 2-\lambda & 0 & 0 & 0 \\ 0 & 1-\lambda & 3 & 0 \\ 0 & 3 & 1-\lambda & 0 \\ 0 & 0 & 0 & 4-\lambda \end{pmatrix}\\
&= (2-\lambda)(4-\lambda)\det \begin{pmatrix} 1-\lambda & 3 \\ 3 & 1-\lambda \end{pmatrix}\\
&= (2-\lambda)(4-\lambda)(-8-2\lambda+\lambda^2)\\
&= (2-\lambda)(4-\lambda)(\lambda+2)(\lambda-4)
\end{aligned}
$$

$$
\Rightarrow \lambda_1 = \lambda_2 = 4, \ \lambda_3 = 2, \ \lambda_4 = -2
$$

Wir erhalten 4 reelle Eigenwerte, davon einen zweifachen Eigenwert.
Für $\lambda_1 = \lambda_2 = 4$ gilt

$$\begin{pmatrix} -2 & 0 & 0 & 0 \\ 0 & -3 & 3 & 0 \\ 0 & 3 & -3 & 0 \\ 0 & 0 & 0 & 0 \end{pmatrix} \begin{pmatrix} x_1 \\ x_2 \\ x_3 \\ x_4 \end{pmatrix} = \begin{pmatrix} 0 \\ 0 \\ 0 \\ 0 \end{pmatrix} \Rightarrow x_1 = 0,\ x_2 = x_3,\ x_4 \in \mathbb{R}.$$

Wir wählen $x_2 = x_3 = a,\ x_4 = b$ und erhalten den Eigenvektor $\boldsymbol{x} = \begin{pmatrix} 0 \\ a \\ a \\ b \end{pmatrix}$,

wobei $a, b \in \mathbb{R}$ nicht gleichzeitig 0 werden dürfen.
Die Bedingung $\boldsymbol{x}^T \boldsymbol{x} = 1$ ist erfüllt, wenn gilt

$$a^2 + a^2 + b^2 = 1\,.$$

Setzen wir alternativ $a = 0,\ b = 1$ oder $b = 0,\ a = \dfrac{1}{\sqrt{2}}$, so ergeben sich zum zweifachen Eigenwert $\lambda_1 = \lambda_2 = 4$ zwei Eigenvektoren

$$\boldsymbol{x}^1 = \begin{pmatrix} 0 \\ 0 \\ 0 \\ 1 \end{pmatrix}, \quad \boldsymbol{x}^2 = \begin{pmatrix} 0 \\ \frac{1}{\sqrt{2}} \\ \frac{1}{\sqrt{2}} \\ 0 \end{pmatrix} \quad \begin{matrix} \text{mit} & \boldsymbol{x}^{1T} \boldsymbol{x}^1 = \boldsymbol{x}^{2T} \boldsymbol{x}^2 = 1 \\ \text{und} & \boldsymbol{x}^{1T} \boldsymbol{x}^2 = 0\,. \end{matrix}$$

Für $\lambda_3 = 2$ gilt

$$\begin{pmatrix} 0 & 0 & 0 & 0 \\ 0 & -1 & 3 & 0 \\ 0 & 3 & -1 & 0 \\ 0 & 0 & 0 & 2 \end{pmatrix} \begin{pmatrix} x_1 \\ x_2 \\ x_3 \\ x_4 \end{pmatrix} = \begin{pmatrix} 0 \\ 0 \\ 0 \\ 0 \end{pmatrix} \Rightarrow x_2 = x_3 = x_4 = 0,\ x_1 \in \mathbb{R}.$$

Für $x_1 = 1$ erhalten wir den Eigenvektor $\boldsymbol{x}^{3T} = (1, 0, 0, 0)$ mit
$\boldsymbol{x}^{1T} \boldsymbol{x}^3 = \boldsymbol{x}^{2T} \boldsymbol{x}^3 = 0,\ \boldsymbol{x}^{3T} \boldsymbol{x}^3 = 1.$

Für $\lambda_4 = -2$ gilt

$$\begin{pmatrix} 4 & 0 & 0 & 0 \\ 0 & 3 & 3 & 0 \\ 0 & 3 & 3 & 0 \\ 0 & 0 & 0 & 6 \end{pmatrix} \begin{pmatrix} x_1 \\ x_2 \\ x_3 \\ x_4 \end{pmatrix} = \begin{pmatrix} 0 \\ 0 \\ 0 \\ 0 \end{pmatrix} \quad \Rightarrow \quad x_1 = x_4 = 0,\ x_2 = -x_3\,.$$

Für $x_2 = \frac{1}{\sqrt{2}} = -x_3$ erhalten wir den Eigenvektor $\boldsymbol{x}^4 = (0, \frac{1}{\sqrt{2}}, -\frac{1}{\sqrt{2}}, 0)^T$ mit $\boldsymbol{x}^{1^T}\boldsymbol{x}^4 = \boldsymbol{x}^{2^T}\boldsymbol{x}^4 = \boldsymbol{x}^{3^T}\boldsymbol{x}^4 = 0,\ \boldsymbol{x}^{4^T}\boldsymbol{x}^4 = 1.$

Die Matrix der Eigenvektoren ist dann

$$\boldsymbol{X} = \begin{pmatrix} 0 & 0 & 1 & 0 \\ 0 & \frac{1}{\sqrt{2}} & 0 & \frac{1}{\sqrt{2}} \\ 0 & \frac{1}{\sqrt{2}} & 0 & -\frac{1}{\sqrt{2}} \\ 1 & 0 & 0 & 0 \end{pmatrix} \quad \text{mit} \quad \boldsymbol{X}^T\boldsymbol{X} = \boldsymbol{E}\,.$$

Beispiel 18.14

Für das folgende Input-Output-Problem gehen wir von n produzierenden Sektoren aus und bezeichnen die $n \times n$-Matrix der Input-Output-Koeffizienten mit $\boldsymbol{A}$, den Gesamtoutputvektor mit $\boldsymbol{x} \in \mathbb{R}^n_+$ (vgl. Beispiel 15.18).

Soll der Gesamtkonsumvektor $\boldsymbol{y} \in \mathbb{R}^n_+$ einerseits die Bedingung

$$\boldsymbol{y} = \boldsymbol{x} - \boldsymbol{A}\boldsymbol{x} = (\boldsymbol{E} - \boldsymbol{A})\boldsymbol{x} \geq \boldsymbol{o}$$

erfüllen, andererseits aber proportional zu $\boldsymbol{x}$ sein, so ergibt sich mit

$$\boldsymbol{y} = c\boldsymbol{x}\,, \quad c \in \langle 0, 1 \rangle$$

das Eigenwertproblem

$$\boldsymbol{y} = c\boldsymbol{x} = \boldsymbol{x} - \boldsymbol{A}\boldsymbol{x} \Rightarrow \boldsymbol{A}\boldsymbol{x} = (1-c)\boldsymbol{x} = \lambda\boldsymbol{x} \quad \text{mit} \quad \lambda = 1 - c \in \langle 0, 1 \rangle\,.$$

Mit $\boldsymbol{A} = \begin{pmatrix} 0.3 & 0.2 & 0 \\ 0.2 & 0.3 & 0 \\ 0 & 0 & 0.5 \end{pmatrix}$ erhalten wir

$$\det(\boldsymbol{A}-\lambda\boldsymbol{E}) = \det\begin{pmatrix} 0.3-\lambda & 0.2 & 0 \\ 0.2 & 0.3-\lambda & 0 \\ 0 & 0 & 0.5-\lambda \end{pmatrix}$$
$$= (0.5-\lambda)[(0.3-\lambda)^2 - 0.04]$$
$$= (0.5-\lambda)(0.05 - 0.6\lambda + \lambda^2)$$
$$= (0.5-\lambda)(0.5-\lambda)(0.1-\lambda) = 0$$

und damit die Eigenwerte $\lambda_1 = \lambda_2 = 0.5,\ \lambda_3 = 0.1.$
Für $\lambda_1 = \lambda_2 = 0.5$ gilt

$$\begin{pmatrix} -0.2 & 0.2 & 0 \\ 0.2 & -0.2 & 0 \\ 0 & 0 & 0 \end{pmatrix}\begin{pmatrix} x_1 \\ x_2 \\ x_3 \end{pmatrix} = \begin{pmatrix} 0 \\ 0 \\ 0 \end{pmatrix},$$

also $-0.2x_1 + 0.2x_2 = 0$ und damit $x_1 = x_2, x_3 \in \mathbb{R}$.

Wir erhalten mit dem Eigenvektor $\boldsymbol{x}^T = (a, a, b)$, wobei $a, b \in \mathbb{R}$ nicht gleichzeitig 0 werden dürfen, den Outputvektor, falls $a, b \in \mathbb{R}_+$. Für $a < 0$ oder $b < 0$ ergeben sich zwar mathematisch richtige Lösungen, die aber ökonomisch nicht sinnvoll interpretiert werden können. Ferner gilt

$$\boldsymbol{Ax} = \begin{pmatrix} 0.3 & 0.2 & 0 \\ 0.2 & 0.3 & 0 \\ 0 & 0 & 0.5 \end{pmatrix}\begin{pmatrix} a \\ a \\ b \end{pmatrix} = \begin{pmatrix} 0.5a \\ 0.5a \\ 0.5b \end{pmatrix} = 0.5\begin{pmatrix} a \\ a \\ b \end{pmatrix}.$$

Wegen $c = 1 - \lambda_1 = 1 - \lambda_2 = 0.5$ stehen für den Konsum 50 % jeder Outputquantität zur Verfügung.

Für $\lambda_3 = 0.1$ gilt

$$\begin{pmatrix} 0.2 & 0.2 & 0 \\ 0.2 & 0.2 & 0 \\ 0 & 0 & 0.4 \end{pmatrix}\begin{pmatrix} x_1 \\ x_2 \\ x_3 \end{pmatrix} = \begin{pmatrix} 0 \\ 0 \\ 0 \end{pmatrix},$$

also $0.2x_1 + 0.2x_2 = 0,\ 0.4x_3 = 0$ und damit $x_2 = -x_1,\ x_3 = 0$.
Wir erhalten mit $\boldsymbol{x}^T = (a, -a, 0) \notin \mathbb{R}^3_+$ und $a \neq 0$ keine ökonomisch sinnvoll interpretierbare Lösung.

Wir formulieren nun den Zusammenhang symmetrischer $n \times n$-Matrizen mit ihren Eigenwerten und Eigenvektoren in matrizieller Form und erweitern das Eigenwertproblem, um Wachstumsprozesse über mehrere Zeitperioden direkt formulieren zu können.

Satz 18.15

$\boldsymbol{A}$ sei eine symmetrische $n \times n$-Matrix,

$\boldsymbol{L} = \begin{pmatrix} \lambda_1 & \dots & 0 \\ \vdots & \ddots & \vdots \\ 0 & \dots & \lambda_n \end{pmatrix}$ die Diagonalmatrix der Eigenwerte von $\boldsymbol{A}$,

$\boldsymbol{X} = (\boldsymbol{x}^1, \dots, \boldsymbol{x}^n)$ die Matrix der Eigenvektoren mit $\boldsymbol{X}^T\boldsymbol{X} = \boldsymbol{E}$, wobei $\boldsymbol{x}^j$ der Eigenvektor von λ_j ist $(j = 1, \dots, n)$.

Ferner sei $\boldsymbol{A}^k = \boldsymbol{A} \cdot \ldots \cdot \boldsymbol{A}$ für alle $k \in \mathbb{N}$.

Dann gilt:

a) $\boldsymbol{L} = \boldsymbol{X}^T\boldsymbol{A}\boldsymbol{X}$ bzw. $\boldsymbol{A} = \boldsymbol{X}\boldsymbol{L}\boldsymbol{X}^T$

b) $\boldsymbol{A}^k$ besitzt die Eigenwerte $\lambda_1^k, \dots, \lambda_n^k$ und die Eigenvektoren $\boldsymbol{x}^1, \dots, \boldsymbol{x}^n$.

Beweis:

a) Für jedes Paar $(\lambda_j, \boldsymbol{x}^j)$ eines Eigenwertes und des entsprechenden Eigenvektors ist das Gleichungssystem $\boldsymbol{A}\boldsymbol{x}^j = \lambda_j\boldsymbol{x}^j$ erfüllt (Definition 18.3). Daraus folgt matriziell

$\boldsymbol{AX} = \boldsymbol{XL}$ und mit $\boldsymbol{X}^T\boldsymbol{X} = \boldsymbol{X}\boldsymbol{X}^T = \boldsymbol{E}$ auch $\boldsymbol{L} = \boldsymbol{X}^T\boldsymbol{X}\boldsymbol{L} = \boldsymbol{X}^T\boldsymbol{A}\boldsymbol{X}$

sowie $\boldsymbol{A} = \boldsymbol{A}\boldsymbol{X}\boldsymbol{X}^T = \boldsymbol{X}\boldsymbol{L}\boldsymbol{X}^T$.

b) $\boldsymbol{A}^k\boldsymbol{X} = (\boldsymbol{X}\boldsymbol{L}\boldsymbol{X}^T)^k\boldsymbol{X} = \boldsymbol{X}\boldsymbol{L}(\boldsymbol{X}^T\boldsymbol{X})\boldsymbol{L}(\boldsymbol{X}^T\boldsymbol{X})\dots\boldsymbol{L}(\boldsymbol{X}^T\boldsymbol{X}) = \boldsymbol{X}\boldsymbol{L}^k$ mit

$$\boldsymbol{L}^k = \begin{pmatrix} \lambda_1^k & \dots & 0 \\ \vdots & \ddots & \vdots \\ 0 & \dots & \lambda_n^k \end{pmatrix}$$

$\Rightarrow \boldsymbol{A}^k\boldsymbol{x}^j = \lambda_j^k\boldsymbol{x}^j$.

Beispiel 18.16

Der Output einer Volkswirtschaft zum Zeitpunkt t werde durch einen Vektor der Form $\boldsymbol{x}_t{}^T = (x_{1t}, \dots, x_{nt}) \geq \boldsymbol{o}$ beschrieben. Davon wird $c\boldsymbol{x}_t$ mit $c \in \langle 0, 1 \rangle$ konsumiert und $(1 - c)\boldsymbol{x}_t$ in die Produktion der Periode $t + 1$ investiert.

Zwischen Output und Input der Periode $t + 1$ besteht die Beziehung

$$\boldsymbol{x}_{t+1} = \boldsymbol{A}(1 - c)\boldsymbol{x}_t, \quad \boldsymbol{A} \text{ ist eine symmetrische } n \times n\text{-Matrix.}$$

Dann gilt auch

$$\boldsymbol{x}_{t+k} = \boldsymbol{A}^k (1-c)^k \boldsymbol{x}_t \quad \text{für} \quad k = 1, 2, \ldots$$

Soll nun $\boldsymbol{x}_{t+1}$ proportional zu $\boldsymbol{x}_t$ sein, so ergibt sich mit

$$\boldsymbol{x}_{t+1} = \lambda \boldsymbol{x}_t \,, \quad \lambda \in \mathbb{R}_+$$

das Eigenwertproblem

$$(1-c)\boldsymbol{A}\boldsymbol{x}_t = \boldsymbol{A}(1-c)\boldsymbol{x}_t = \boldsymbol{x}_{t+1} = \lambda \boldsymbol{x}_t \,.$$

Für $c = \dfrac{3}{4}$ und $\boldsymbol{A} = \begin{pmatrix} 4 & 2 & 0 \\ 2 & 4 & 0 \\ 0 & 0 & 3 \end{pmatrix}$, also $(1-c)\boldsymbol{A} = \begin{pmatrix} 1 & \frac{1}{2} & 0 \\ \frac{1}{2} & 1 & 0 \\ 0 & 0 & \frac{3}{4} \end{pmatrix}$ erhält man

$$\begin{aligned} \det \begin{pmatrix} 1-\lambda & \frac{1}{2} & 0 \\ \frac{1}{2} & 1-\lambda & 0 \\ 0 & 0 & \frac{3}{4}-\lambda \end{pmatrix} &= \left(\frac{3}{4}-\lambda\right)\left[(1-\lambda)^2 - \frac{1}{4}\right] \\ &= \left(\frac{3}{4}-\lambda\right)\left(\frac{3}{4} - 2\lambda + \lambda^2\right) \\ &= \left(\frac{3}{4}-\lambda\right)\left(\frac{1}{2}-\lambda\right)\left(\frac{3}{2}-\lambda\right) = 0 \,. \end{aligned}$$

Für $\lambda_1 = \dfrac{3}{2}$ ist beispielsweise

$$\begin{pmatrix} -\frac{1}{2} & \frac{1}{2} & 0 \\ \frac{1}{2} & -\frac{1}{2} & 0 \\ 0 & 0 & -\frac{3}{4} \end{pmatrix} \begin{pmatrix} x_1 \\ x_2 \\ x_3 \end{pmatrix} = \begin{pmatrix} 0 \\ 0 \\ 0 \end{pmatrix},$$

also $x_1 = x_2 = a,\ x_3 = 0$.

Für jeden beliebigen Outputvektor der Form $\boldsymbol{x}_t{}^T = (a, a, 0) \in \mathbb{R}^3_+$ erhalten wir ein Wachstum um 50 % pro Periode.

Für $k = 2, 3, \ldots$ gilt damit

$$\boldsymbol{x}_{t+k} = (1.5)^k \boldsymbol{x}_t \,.$$

Für $\lambda_2 = \dfrac{3}{4},\ \lambda_3 = \dfrac{1}{2}$ erhalten wir Outputvektoren, die negative Komponenten enthalten. Diese Lösungen sind zwar mathematisch richtig, aber ökonomisch nicht interpretierbar.

18.4 Definite Matrizen

Neben gleichförmigen Entwicklungs- und Wachstumsprozessen, deren Studium häufig auf Eigenwertprobleme von Matrizen führt, werden wir die hier angestellten Überlegungen u. a. auch zur Kurvendiskussion von Funktionen mehrerer Veränderlicher benötigen. Wir erklären dazu den Begriff der quadratischen Form.

Definition 18.17

$\boldsymbol{A}$ sei eine symmetrische $n \times n$-Matrix. Dann heißt die Abbildung

$$q : \mathbb{R}^n \to \mathbb{R} \quad \text{mit}$$

$$q(\boldsymbol{x}) = \boldsymbol{x}^T \boldsymbol{A} \boldsymbol{x} = (x_1, \dots, x_n) \begin{pmatrix} a_{11} & \dots & a_{1n} \\ \vdots & & \vdots \\ a_{n1} & \dots & a_{nn} \end{pmatrix} \begin{pmatrix} x_1 \\ \vdots \\ x_n \end{pmatrix} = \sum_{i=1}^{n} \sum_{j=1}^{n} a_{ij} x_i x_j$$

eine **quadratische Form**.

Man nennt ferner die Matrix $\boldsymbol{A}$

positiv definit,	wenn $\boldsymbol{x}^T \boldsymbol{A} \boldsymbol{x} > 0$	für alle $\boldsymbol{x} \neq \boldsymbol{o}$
positiv semidefinit,	wenn $\boldsymbol{x}^T \boldsymbol{A} \boldsymbol{x} \geq 0$	für alle $\boldsymbol{x} \neq \boldsymbol{o}$
negativ definit,	wenn $\boldsymbol{x}^T \boldsymbol{A} \boldsymbol{x} < 0$	für alle $\boldsymbol{x} \neq \boldsymbol{o}$
negativ semidefinit,	wenn $\boldsymbol{x}^T \boldsymbol{A} \boldsymbol{x} \leq 0$	für alle $\boldsymbol{x} \neq \boldsymbol{o}$
indefinit	in allen übrigen Fällen.	

Satz 18.18

$\boldsymbol{A}$ sei eine symmetrische $n \times n$-Matrix. Dann gilt:

$\boldsymbol{A}$ negativ definit $\iff$ $(-1)\boldsymbol{A}$ positiv definit

$\boldsymbol{A}$ negativ semidefinit $\iff$ $(-1)\boldsymbol{A}$ positiv semidefinit

Der Beweis ergibt sich direkt aus Definition 18.17.

Beispiel 18.19

Wir untersuchen die Definitheitseigenschaften der Matrizen

$$\boldsymbol{A} = \begin{pmatrix} 2 & -1 \\ -1 & 1 \end{pmatrix}, \quad \boldsymbol{B} = \begin{pmatrix} 1 & 1 \\ 1 & 1 \end{pmatrix}, \quad \boldsymbol{C} = \begin{pmatrix} 1 & 1 \\ 1 & -1 \end{pmatrix}.$$

a) $$\boldsymbol{x}^T\boldsymbol{A}\boldsymbol{x} = (x_1, x_2)\begin{pmatrix} 2 & -1 \\ -1 & 1 \end{pmatrix}\begin{pmatrix} x_1 \\ x_2 \end{pmatrix}$$
$$= (2x_1 - x_2, -x_1 + x_2)\begin{pmatrix} x_1 \\ x_2 \end{pmatrix}$$
$$= 2{x_1}^2 - x_1x_2 - x_1x_2 + {x_2}^2 = (x_1 - x_2)^2 + {x_1}^2 > 0 \quad \text{für alle} \quad \boldsymbol{x} \neq \boldsymbol{o}$$

$\Rightarrow$ ***A*** ist positiv definit.

b) $$\boldsymbol{x}^T\boldsymbol{B}\boldsymbol{x} = (x_1, x_2)\begin{pmatrix} 1 & 1 \\ 1 & 1 \end{pmatrix}\begin{pmatrix} x_1 \\ x_2 \end{pmatrix}$$
$$= (x_1 + x_2, x_1 + x_2)\begin{pmatrix} x_1 \\ x_2 \end{pmatrix}$$
$$= {x_1}^2 + x_1x_2 + x_1x_2 + {x_2}^2 = (x_1 + x_2)^2 \geq 0 \quad \text{für alle} \quad \boldsymbol{x} \neq \boldsymbol{o}$$

$\Rightarrow$ ***B*** ist positiv semidefinit.

Beispielsweise ist $(x_1 + x_2)^2 = 0$ für $x_1 = -x_2 \neq 0$.

c) $$\boldsymbol{x}^T\boldsymbol{C}\boldsymbol{x} = (x_1, x_2)\begin{pmatrix} 1 & 1 \\ 1 & -1 \end{pmatrix}\begin{pmatrix} x_1 \\ x_2 \end{pmatrix}$$
$$= (x_1 + x_2, x_1 - x_2)\begin{pmatrix} x_1 \\ x_2 \end{pmatrix}$$
$$= {x_1}^2 + x_1x_2 + x_1x_2 - {x_2}^2$$
$$= {x_1}^2 + 2x_1x_2 - {x_2}^2 \begin{cases} > 0 & \text{für} \quad \boldsymbol{x} = (1,0)^T \\ < 0 & \text{für} \quad \boldsymbol{x} = (0,1)^T \end{cases}$$

$\Rightarrow$ ***C*** ist indefinit.

Entsprechend zeigt man, dass $(-1)\boldsymbol{A} = \begin{pmatrix} -2 & 1 \\ 1 & -1 \end{pmatrix}$ negativ definit

bzw. $(-1)\boldsymbol{B} = \begin{pmatrix} -1 & -1 \\ -1 & -1 \end{pmatrix}$ negativ semidefinit ist.

Ein zu Beispiel 18.19 entsprechendes Vorgehen ist grundsätzlich auch für Matrizen mit mehr Zeilen anwendbar, wird aber bereits für 3×3-Matrizen sehr rechenaufwändig.

Satz 18.20

$\boldsymbol{A}$ sei eine symmetrische $n \times n$-Matrix, $\boldsymbol{L}$ die Diagonalmatrix der Eigenwerte von $\boldsymbol{A}$. Dann gelten die Äquivalenzen:

a) $\boldsymbol{A}$ positiv definit	$\Longleftrightarrow$	$\boldsymbol{L}$ positiv definit	$\Longleftrightarrow$	$\lambda_1, \ldots, \lambda_n > 0$
b) $\boldsymbol{A}$ positiv semidefinit	$\Longleftrightarrow$	$\boldsymbol{L}$ positiv semidefinit	$\Longleftrightarrow$	$\lambda_1, \ldots, \lambda_n \geq 0$
c) $\boldsymbol{A}$ negativ definit	$\Longleftrightarrow$	$\boldsymbol{L}$ negativ definit	$\Longleftrightarrow$	$\lambda_1, \ldots, \lambda_n < 0$
d) $\boldsymbol{A}$ negativ semidefinit	$\Longleftrightarrow$	$\boldsymbol{L}$ negativ semidefinit	$\Longleftrightarrow$	$\lambda_1, \ldots, \lambda_n \leq 0$
e) $\boldsymbol{A}$ indefinit	$\Longleftrightarrow$	$\boldsymbol{L}$ indefinit	$\Longleftrightarrow$	es gibt mindestens einen positiven und einen negativen Eigenwert

Beweis:

a) Sei $\boldsymbol{X}$ die $n \times n$-Matrix der Eigenvektoren zu $\boldsymbol{A}$ mit $\boldsymbol{X}^T\boldsymbol{X} = \boldsymbol{E}$. Dann gilt für $\boldsymbol{y}, \boldsymbol{z} \in \mathbb{R}^n$ mit $\boldsymbol{z} = \boldsymbol{X}\boldsymbol{y}$ die Äquivalenz

$$\boldsymbol{z} = \boldsymbol{X}\boldsymbol{y} \neq \boldsymbol{o} \quad \Longleftrightarrow \quad \boldsymbol{y} = \boldsymbol{X}^T\boldsymbol{X}\boldsymbol{y} = \boldsymbol{X}^T\boldsymbol{z} \neq \boldsymbol{o}\,.$$

Daraus folgt mit $\boldsymbol{L} = \boldsymbol{X}^T\boldsymbol{A}\boldsymbol{X}$ (Satz 18.15 a) und $\boldsymbol{z} = \boldsymbol{X}\boldsymbol{y}$:

$$\begin{aligned} \boldsymbol{A} \text{ ist positiv definit} &\Longleftrightarrow \boldsymbol{z}^T\boldsymbol{A}\boldsymbol{z} > 0 \quad \text{für alle} \quad \boldsymbol{z} \neq \boldsymbol{o} \qquad \text{(Definition 18.17)} \\ &\Longleftrightarrow (\boldsymbol{X}\boldsymbol{y})^T\,\boldsymbol{A}\,\boldsymbol{X}\boldsymbol{y} = \boldsymbol{y}^T\boldsymbol{X}^T\,\boldsymbol{A}\,\boldsymbol{X}\boldsymbol{y} = \boldsymbol{y}^T\boldsymbol{L}\boldsymbol{y} = \sum_{i=1}^{n} \lambda_i y_i^2 > 0 \\ &\qquad \text{für alle } \boldsymbol{y} \neq \boldsymbol{o} \\ &\Longleftrightarrow \lambda_1, \ldots, \lambda_n > 0 \end{aligned}$$

Entsprechend beweist man die Aussagen b) bis e).

Beispiel 18.21

a) Wir untersuchen die Definitheitseigenschaften der Matrizen von Beispiel 18.19

$$\boldsymbol{A} = \begin{pmatrix} 2 & -1 \\ -1 & 1 \end{pmatrix}, \quad \boldsymbol{B} = \begin{pmatrix} 1 & 1 \\ 1 & 1 \end{pmatrix}, \quad \boldsymbol{C} = \begin{pmatrix} 1 & 1 \\ 1 & -1 \end{pmatrix}$$

mit Hilfe ihrer Eigenwerte.

$$\det(\boldsymbol{A} - \lambda \boldsymbol{E}) = (2-\lambda)(1-\lambda) - 1 = 1 - 3\lambda + \lambda^2 = 0$$
$$\Rightarrow \lambda = \frac{1}{2}\left(3 \pm \sqrt{9-4}\right) = \frac{1}{2}\left(3 \pm \sqrt{5}\right) > 0$$
$$\Rightarrow \boldsymbol{A} \text{ ist positiv definit}$$

$$\det(\boldsymbol{B} - \lambda \boldsymbol{E}) = (1-\lambda)^2 - 1 = -2\lambda + \lambda^2 = 0$$
$$\Rightarrow \lambda_1 = 0,\ \lambda_2 = 2$$
$$\Rightarrow \boldsymbol{B} \text{ ist positiv semidefinit}$$

$$\det(\boldsymbol{C} - \lambda \boldsymbol{E}) = (1-\lambda)(-1-\lambda) - 1 = -2 + \lambda^2 = 0$$
$$\Rightarrow \lambda = \pm\sqrt{2}$$
$$\Rightarrow \boldsymbol{C} \text{ ist indefinit}$$

b) Von den in Beispiel 18.13 betrachteten Matrizen

$$\boldsymbol{C} = \begin{pmatrix} 1 & 0 & 1 \\ 0 & 1 & 1 \\ 1 & 1 & 2 \end{pmatrix} \quad \text{mit} \quad \lambda_1 = 0,\ \lambda_2 = 3,\ \lambda_3 = 1\,,$$

$$\boldsymbol{D} = \begin{pmatrix} 2 & 0 & 0 & 0 \\ 0 & 1 & 3 & 0 \\ 0 & 3 & 1 & 0 \\ 0 & 0 & 0 & 4 \end{pmatrix} \quad \text{mit} \quad \lambda_1 = \lambda_2 = 4,\ \lambda_3 = 2,\ \lambda_4 = -2$$

ist die Matrix $\boldsymbol{C}$ positiv semidefinit und $\boldsymbol{D}$ indefinit.

Definition 18.22

A sei eine symmetrische $n \times n$-Matrix. Dann heißt

$$\det \boldsymbol{H}_i = \det \begin{pmatrix} a_{11} & \dots & a_{1i} \\ \vdots & & \vdots \\ a_{i1} & \dots & a_{ii} \end{pmatrix}$$

die i-te **Hauptunterdeterminante** $(i = 1, \dots, n)$ von $\boldsymbol{A}$.

Explizit ist

$$\det \boldsymbol{H}_1 = \det(a_{11}) = a_{11} \,,$$

$$\det \boldsymbol{H}_2 = \det \begin{pmatrix} a_{11} & a_{12} \\ a_{21} & a_{22} \end{pmatrix} = a_{11}a_{22} - a_{12}a_{21} \,,$$

$$\det \boldsymbol{H}_3 = \det \begin{pmatrix} a_{11} & a_{12} & a_{13} \\ a_{21} & a_{22} & a_{23} \\ a_{31} & a_{32} & a_{33} \end{pmatrix} ,$$

$$\vdots$$

$$\det \boldsymbol{H}_n = \det \boldsymbol{A} \,.$$

Damit erhält man im Vergleich zu Satz 18.20 teilweise schwächere Aussagen.

Satz 18.23

$\boldsymbol{A}$ sei eine symmetrische $n \times n$-Matrix. Dann gelten die Äquivalenzen

a) $\boldsymbol{A}$ positiv definit $\iff \det \boldsymbol{H}_i > 0$ für alle $i = 1, \dots, n$,

b) $\boldsymbol{A}$ negativ definit $\iff (-1)^i \det \boldsymbol{H}_i > 0$ für alle $i = 1, \dots, n$,

bzw. die Implikationen

c) $\boldsymbol{A}$ positiv semidefinit $\Rightarrow \det \boldsymbol{H}_i \geq 0$ für alle $i = 1, \dots, n$,

d) $\boldsymbol{A}$ negativ semidefinit $\Rightarrow (-1)^i \det \boldsymbol{H}_i \geq 0$ für alle $i = 1, \dots, n$.

Der Beweis ist nicht einfach. Wir verweisen auf [Fischer, S. 327–329].

Beispiel 18.24

Wir untersuchen die Matrizen

$$A = \begin{pmatrix} 1 & 2 & 3 \\ 2 & 1 & 3 \\ 3 & 3 & 1 \end{pmatrix}, \quad B = \begin{pmatrix} 1 & 0 & 2 \\ 0 & 1 & 1 \\ 2 & 1 & 5 \end{pmatrix}, \quad C = \begin{pmatrix} 0 & 0 & 1 \\ 0 & 1 & 0 \\ 1 & 0 & -1 \end{pmatrix}$$

auf ihre Definitheitseigenschaften.

$$A\colon \quad \det(1) = 1\,, \ \det\begin{pmatrix} 1 & 2 \\ 2 & 1 \end{pmatrix} = -3\,,$$

$$B\colon \quad \det(1) = 1\,, \quad \det\begin{pmatrix} 1 & 0 \\ 0 & 1 \end{pmatrix} = 1\,, \quad \det\begin{pmatrix} 1 & 0 & 2 \\ 0 & 1 & 1 \\ 2 & 1 & 5 \end{pmatrix} = 5 - 5 = 0\,,$$

$$C\colon \quad \det(0) = 0\,, \quad \det\begin{pmatrix} 0 & 0 \\ 0 & 1 \end{pmatrix} = 0\,, \quad \det C = -1\,.$$

Die Matrix A ist indefinit. Für die Matrizen B und C ist nach Satz 18.23 keine Entscheidung möglich, wir müssen also die Eigenwerte bestimmen.

$$\begin{aligned} \det(B - \lambda E) &= \det\begin{pmatrix} 1-\lambda & 0 & 2 \\ 0 & 1-\lambda & 1 \\ 2 & 1 & 5-\lambda \end{pmatrix} \\ &= (1-\lambda)^2(5-\lambda) - 4(1-\lambda) - 1(1-\lambda) \\ &= (1-\lambda)[5 - 6\lambda + \lambda^2 - 5] \\ &= (1-\lambda)\lambda(-6+\lambda) = 0 \ \Rightarrow \ \lambda_1 = 1,\ \lambda_2 = 0,\ \lambda_3 = 6 \end{aligned}$$

$\Rightarrow$ B ist positiv semidefinit (Satz 18.20 b)

$$\begin{aligned} \det(C - \lambda E) &= \det\begin{pmatrix} -\lambda & 0 & 1 \\ 0 & 1-\lambda & 0 \\ 1 & 0 & -1-\lambda \end{pmatrix} \\ &= \lambda(1+\lambda)(1-\lambda) - (1-\lambda) = (1-\lambda)[\lambda^2 + \lambda - 1] = 0 \end{aligned}$$

Daraus folgt:

$$1-\lambda=0 \qquad \Rightarrow \lambda_1=1$$

$$\lambda^2+\lambda-1=0 \Rightarrow \lambda=-\frac{1}{2}\left(1\pm\sqrt{1+4}\right)$$

$$\Rightarrow \lambda_2=-\frac{1}{2}\left(1+\sqrt{5}\right)<0,\ \lambda_3=-\frac{1}{2}\left(1-\sqrt{5}\right)>0$$

$$\Rightarrow \boldsymbol{C} \text{ ist indefinit}$$

In der Analysis wird der Fall von 2×2-Matrizen von besonderer Bedeutung sein. Daher geben wir entsprechende Bedingungen für die Definitheit explizit an.

Satz 18.25

Gegeben sei die symmetrische Matrix $\boldsymbol{A}=\begin{pmatrix} a_{11} & a_{12} \\ a_{12} & a_{22} \end{pmatrix}$.

Dann ist $\boldsymbol{A}$:

a) positiv definit $\Longleftrightarrow$ $a_{11}>0,\ a_{11}a_{22}-a_{12}^2>0$

b) negativ definit $\Longleftrightarrow$ $a_{11}<0,\ a_{11}a_{22}-a_{12}^2>0$

c) positiv semidefinit $\Longleftrightarrow$ $a_{11}, a_{22}\geq 0,\ a_{11}a_{22}-a_{12}^2\geq 0$

d) negativ semidefinit $\Longleftrightarrow$ $a_{11}, a_{22}\leq 0,\ a_{11}a_{22}-a_{12}^2\geq 0$

e) indefinit $\Longleftrightarrow$ $a_{11}a_{22}-a_{12}^2<0$

Beweis:

a), b) $\boldsymbol{A}$ ist positiv (negativ) definit $\Longleftrightarrow$ $\det \boldsymbol{H}_1=a_{11}>(<)\ 0$

$\det \boldsymbol{H}_2=a_{11}a_{22}-a_{12}^2>0$ (Satz 18.23, Definition 18.22)

c), d) Für die semidefiniten Fälle kann Satz 18.23 nur in einer Richtung verwendet werden. Es gilt:

$\boldsymbol{A}$ positiv (negativ) semidefinit $\Rightarrow$ $\det \boldsymbol{H}_1=a_{11}\geq(\leq)\ 0$

$\det \boldsymbol{H}_2=a_{11}a_{22}-a_{12}^2\geq 0 \Rightarrow a_{22}\geq(\leq) 0$

Für die Umkehrung „$\Leftarrow$“ berechnet man die Eigenwerte aus $\det(\boldsymbol{A}-\lambda\boldsymbol{E})=0$.
Mit den Voraussetzungen $a_{11}, a_{22}\geq(\leq)\ 0$ und $a_{11}a_{22}-a_{12}^2\geq 0$ erhält man $\lambda_1, \lambda_2\geq(\leq)\ 0$ und damit die positive (negative) Semidefinitheit von $\boldsymbol{A}$.

e) Die Behauptung folgt aus der Tatsache, dass eine Matrix genau dann indefinit ist, wenn sie keine der Definitheitseigenschaften erfüllt (Definition 18.17).

19 Reelle Funktionen mehrerer Variablen

Analog zur Analysis von Funktionen einer Variablen wird im Fall mehrerer Variablen eine **Zuordnungsvorschrift** beschrieben, die von mehreren unabhängigen reellwertigen Variablen ausgeht und für jeden dieser Vektoren genau zu einem davon abhängigen Wert führt. Daher werden wir zunächst derartige Funktionen in Anlehnung an Definition 5.12 definieren und einige konkrete Beispiele dazu kennen lernen (Abschnitt 19.1). Anschließend greifen wir die Begriffe Stetigkeit (Kapitel 7) sowie Differenzen- und Differentialquotienten von reellen Funktionen einer Variablen (Abschnitt 7.4) auf und diskutieren damit partielle und Richtungsableitungen (Abschnitte 19.2, 19.3). Auf diese Weise können in Abschnitt 19.4 entsprechend Abschnitt 8.4 höhere partielle Ableitungen berechnet werden. Daran unmittelbar anschließend geht es beim totalen Differential darum, Veränderungen der Funktionswerte in Abhängigkeit der gleichzeitigen Änderung aller Einflussfaktoren zu analysieren.

19.1 Darstellung und Beispiele

Definition 19.1

Eine Abbildung $f: D \to W$ mit dem **Definitionsbereich** $D \subseteq \mathbb{R}^n$ und dem **Wertebereich** $W \subseteq \mathbb{R}$ heißt **reellwertige Abbildung mehrerer reeller Variablen** oder **reelle Funktion mehrerer reeller Variablen**. Analog zu Definition 5.1, 5.12 schreibt man

$$\boldsymbol{x} = (x_1, \ldots, x_n) \in D \subseteq \mathbb{R}^n \mapsto f(\boldsymbol{x}) = f(x_1, \ldots, x_n) = y \in W \subseteq \mathbb{R}$$

und bezeichnet die Elemente $\boldsymbol{x} \in D$ als **Urbilder** oder **Argumente** bzw. $y = f(\boldsymbol{x}) \in W$ als **Bilder** oder **Funktionswerte** von f.

Zur Beschreibung von reellen Funktionen wählt man oft die Darstellung durch die Funktionsgleichung $y = f(x_1, \ldots, x_n)$ und bezeichnet $x_1, \ldots, x_n$ als **unabhängige Variablen**, y als **abhängige Variable**.

Entsprechend zu Definition 5.13 sind die Begriffe Surjektivität, Injektivität und Bijektivität erklärt.

Eine grafische Darstellung von reellen Funktionen mehrerer Variablen ist nur dann möglich, wenn eine Beschränkung auf $n = 2$ unabhängige Variablen erfolgt (Beispiele 19.2, 19.3).

Beispiel 19.2

Für den Marktanteil y eines Produktes wird eine Abhängigkeit vom Preis p und von den Werbeausgaben q unterstellt. Mit der Wertetabelle

p	4	5	6	4	5	6	4	5	6
$q/1000$	80	80	80	90	90	90	100	100	100
y	0.15	0.12	0.10	0.16	0.14	0.12	0.18	0.15	0.12

erhalten wir eine Funktion $g\colon D \to \mathbb{R}$ mit

$$D = D_1 \times D_2\,, \quad D_1 = \{4,5,6\}\,, \quad D_2 = \{80.000,\ 90.000,\ 100.000\} \quad \text{und}$$
$$y = g(p,\,q)$$

sowie dem Graphen der Figur 19.1.

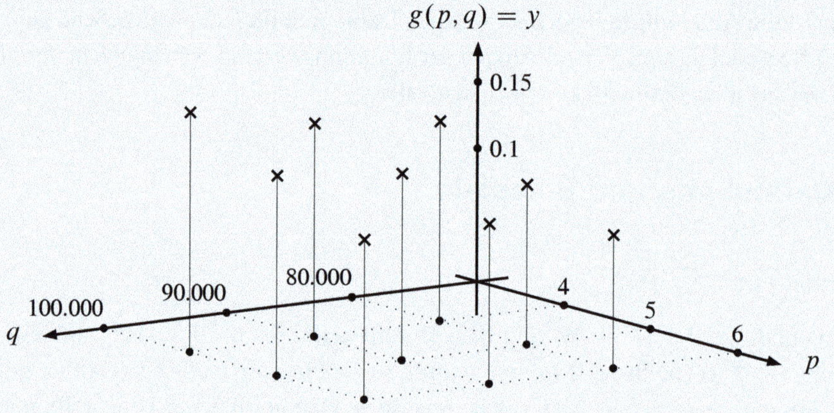

Figur 19.1: Graph der Funktion $g\colon D_1 \times D_2 \to \mathbb{R}$

Beispiel 19.3

a) Eine n-Produktunternehmung ermittelt eine Kostenfunktion

$$k: \mathbb{R}_+^n \to \mathbb{R} \quad \text{mit} \quad k(x_1, \dots, x_n) = c_0 + c_1 x_1 + \dots + c_n x_n \,.$$

Dabei stehen die $x_1, \dots, x_n$ für die Produktquantitäten, c_0 für die Fixkosten und $c_1, \dots, c_n$ für die variablen Stückkosten. In Figur 19.2 stellen wir die Funktion k für $n = 2$, $c_0 = 3$, $c_1 = 1$, $c_2 = 2$ dar und erhalten die Gleichung $k(x_1, x_2) = 3 + x_1 + 2x_2$. Die Funktion wächst mit x_1 bzw. x_2.

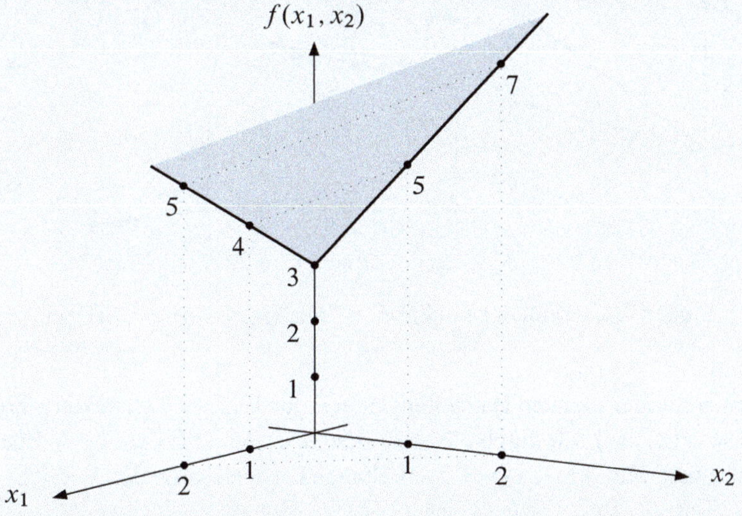

Figur 19.2: Graph der Funktion k mit $k(x_1, x_2) = 3 + x_1 + 2x_2$

b) Die Beziehung zwischen der herzustellenden Quantität eines Produktes und den dazu erforderlichen Produktionsfaktorquantitäten wird oft durch eine Produktionsfunktion $f: \mathbb{R}_+^n \to \mathbb{R}$ des Typs

$$f(x_1, \dots, x_n) = a_0 x_1^{\alpha_1} x_2^{\alpha_2} \dots x_n^{\alpha_n} \quad \text{mit} \quad a_0, \alpha_1, \dots, \alpha_n \in \mathbb{R}_+$$

dargestellt. Die n Argumente $x_1, \dots, x_n$ entsprechen den Faktorquantitäten und $y = f(x_1, \dots, x_n)$ der Produktquantität. Diese Funktion wurde mit den Produktionsfaktoren x_1 und x_2 für Arbeit und Kapital von **C. W. Cobb** (1875–1949) und **P. H. Douglas** (1892–1976) genauer untersucht und wird daher häufig auch als **Cobb-Douglas-Produktionsfunktion** bezeichnet. Wir werden auf diese Funktion in den Beispielen 19.4, 19.8 sowie in Abschnitt 19.2 näher eingehen und begnügen uns hier mit der graphischen Darstellung für $n = 2$, $a_0 = 1$, $\alpha_1 = \alpha_2 = \frac{1}{2}$ in Figur 19.3. Damit gilt $f(x_1, x_2) = \sqrt{x_1 x_2}$. Die Funktion f wächst mit x_1 bzw. x_2.

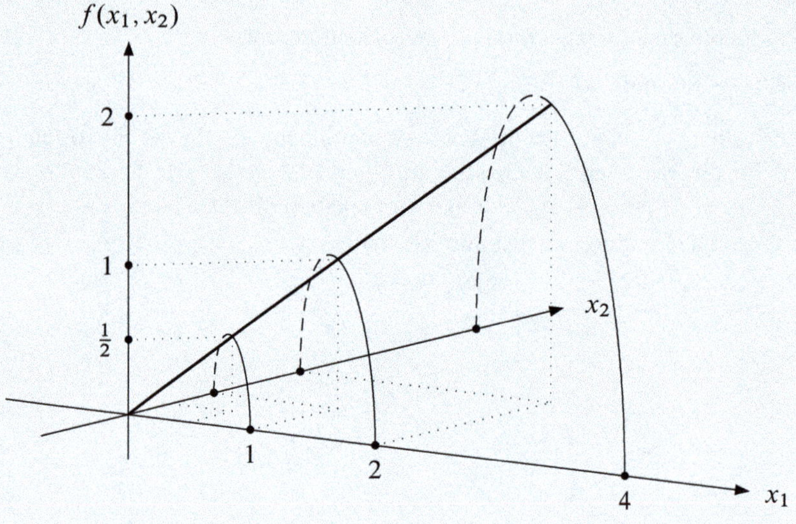

Figur 19.3: Graph der Funktion f mit $f(x_1, x_2) = \sqrt{x_1 x_2}$

Parallel zu den dreidimensionalen Darstellungen in Figur 19.2, 19.3 charakterisiert man Funktionen mit $y = f(x_1, x_2)$ oft durch **Niveaulinien**, d. h. Bereiche der x_1-x_2-Ebene mit gleichem Funktionswert. Für $f(x_1, x_2) = c$ erhält man beispielsweise den Bereich

$$\{(x_1, x_2) \in \mathbb{R}^2 : f(x_1, x_2) = c\} .$$

Damit ergeben sich wieder zweidimensionale Darstellungen. Je mehr Niveaulinien man konstruiert, desto präzisere Kenntnisse erhält man über den Verlauf der Funktion.

Beispiel 19.4

a) Wir betrachten die Kostenfunktion k mit $k(x_1, x_2) = 3+x_1+2x_2$ (Figur 19.2). Für $c = 3, 5, 7, 9$ erhält man die in Figur 19.4 dargestellten Niveaulinien. Entsprechend Kapitel 4 (Figur 4.10, 4.11) oder Kapitel 16 (Figur 16.1, 16.2) spricht man hier auch von **Isokostenlinien**.

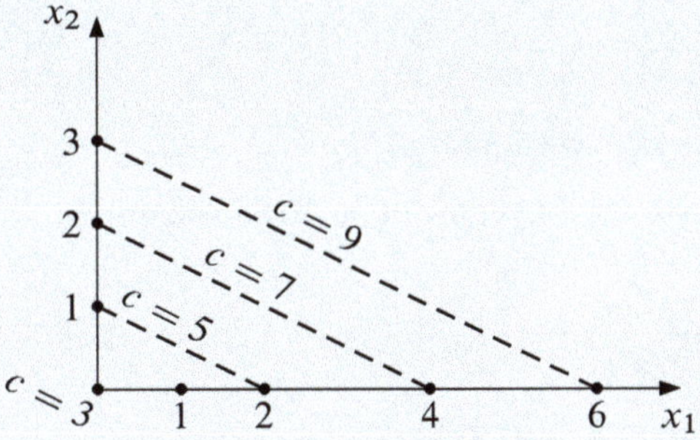

Figur 19.4: Niveaulinien der Funktion k mit $k(x_1, x_2) = 3 + x_1 + 2x_2$

b) Für die Cobb-Douglas-Produktionsfunktion f mit $f(x_1, x_2) = \sqrt{x_1 x_2}$ stellen wir die Niveaulinien für $c = 1, \sqrt{2}, 2$ in Figur 19.5 dar. Wir erhalten in diesem Fall für jedes c eine Hyperbel.

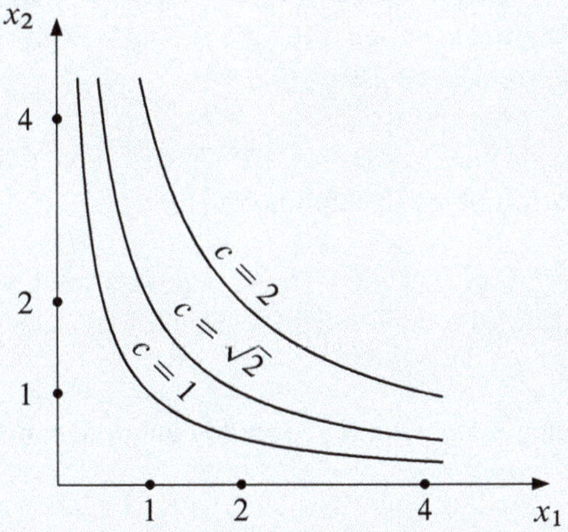

Figur 19.5: Niveaulinien der Funktion f mit $f(x_1, x_2) = \sqrt{x_1 x_2}$

Für $D \subseteq \mathbb{R}^n$ und $n = 3, 4, \ldots$ ist keine graphische Darstellung mehr möglich. Unabhängig von $n \in \mathbb{N}$ ist jedoch eine Analyse der Funktion f durch eine **Wertetabelle** zumindest teilweise realisierbar. Ist der Definitionsbereich endlich, so lässt sich die Funktion $f: D \to \mathbb{R}$ grundsätzlich durch eine Wertetabelle vollständig charakterisieren (Beispiel 19.2).

Offenbar lassen sich die Ausführungen von Kapitel 6 über **elementare reelle Funktionen einer Variablen** auf mehrere Variablen übertragen.

Definition 19.5

Die reelle Funktion $p\colon \mathbb{R}^n \to \mathbb{R} \quad (n = 2, 3, \ldots)$ mit

$$p(x_1, \ldots, x_n) = \sum_{i_1=0}^{k_1} \cdots \sum_{i_n=0}^{k_n} a_{i_1 \ldots i_n} x_1^{i_1} \cdot \ldots \cdot x_n^{i_n} \quad (a_{k_1 \ldots k_n} \neq 0)$$

heißt **Polynom in n Variablen vom Grad** $k_1 + \ldots + k_n$.
Der Quotient $q = \dfrac{p_1}{p_2}$ zweier Polynome in n Variablen mit

$$q(x_1, \ldots, x_n) = \frac{p_1(x_1, \ldots, x_n)}{p_2(x_1, \ldots, x_n)}$$

heißt **rationale Funktion** in n Variablen.

Für andere elementare Funktionen verweisen wir auf das nachfolgende Beispiel.

Beispiel 19.6

a) $f_1 : \mathbb{R}_+^n \to \mathbb{R}$ mit $f_1(x_1, \ldots, x_n) = a_0 x_1^{\alpha_1} \cdot \ldots \cdot x_n^{\alpha_n}$ sowie $a_0, \alpha_1, \ldots, \alpha_n > 0$ ist eine **Potenzfunktion** (Definition 6.10), die als Cobb-Douglas-Produktionsfunktion mit n Variablen bekannt ist (Beispiel 19.3 b).

b) $f_2\colon \mathbb{R}^n \to \mathbb{R}$ mit $f_2(x_1, \ldots, x_n) = a^{x_1+x_2+\ldots+x_n}$ und $a > 0$ ist eine **Exponentialfunktion** mit n Variablen (Definition 6.14).

c) $f_3\colon \mathbb{R}^4 \to \mathbb{R}$ mit $f_3(x_1, \ldots, x_4) = \sin(x_1 + x_2) \cos x_3 + \sin(x_3 x_4)$ ist eine **trigonometrische Funktion** in 4 Variablen (Definition 6.21).

Eine besondere Rolle spielen in der Ökonomie reelle Funktionen mit folgender speziellen Eigenschaft.

Definition 19.7

Eine Funktion $f : D \to \mathbb{R} \quad (D \subseteq \mathbb{R}^n)$ heißt **homogen vom Grade** c, wenn gilt

$$f(rx_1, \ldots, rx_n) = r^c f(x_1, \ldots, x_n) \quad \text{für alle} \quad r \in \mathbb{R}\,.$$

Ist die Funktion f beispielsweise eine Produktionsfunktion, die einem Produktionsfaktorvektor $(x_1, \ldots, x_n)$ die Quantität $f(x_1, \ldots, x_n)$ eines herzustellenden Produktes zuordnet, so besagt die Homogenität vom Grade c, dass die Produktquantität auf das r^c-fache anwächst, wenn alle Faktoren auf das r-fache erhöht werden.

Beispiel 19.8

Wir betrachten die reellen Funktionen f_1, f_2 mit

$$\begin{aligned} f_1(x_1, \ldots, x_n) &= a_1 x_1 + \ldots + a_n x_n \\ f_2(x_1, \ldots, x_n) &= a_0 x_1^{\alpha_1} x_2^{\alpha_2} \cdot \ldots \cdot x_n^{\alpha_n} \quad \text{mit} \quad \alpha_1 + \ldots + \alpha_n = c\,. \end{aligned}$$

Dann gilt für alle $r \in \mathbb{R}$:

$$\begin{aligned} f_1(rx_1, \ldots, rx_n) &= a_1(rx_1) + \ldots + a_n(rx_n) = r f_1(x_1, \ldots, x_n) \\ f_2(rx_1, \ldots, rx_n) &= a_0(rx_1)^{\alpha_1} \cdot \ldots \cdot (rx_n)^{\alpha_n} = a_0 r^{\alpha_1} x_1^{\alpha_1} \cdot \ldots \cdot r^{\alpha_n} x_n^{\alpha_n} \\ &= a_0 r^{\alpha_1 + \ldots + \alpha_n} x_1^{\alpha_1} \cdot \ldots \cdot x_n^{\alpha_n} = r^c f_2(x_1, \ldots, x_n) \end{aligned}$$

Die Funktion f_1 ist homogen vom Grad 1 oder **linear-homogen**, die Funktion f_2 ist vom **Cobb-Douglas-Typ** (Beispiel 19.3 b, 19.6 a) und homogen vom Grad c. Sie heißt **unterlinear-homogen** für $c < 1$ und **überlinear-homogen** für $c > 1$.

Wir betrachten abschließend spezielle Polynome in n Variablen mit

$$p(x_1, \ldots, x_n) = \sum_{\substack{i_1, \ldots, i_n \\ i_1 + \ldots + i_n = c}} a_{i_1 \ldots i_n} x_1^{i_1} \cdot \ldots \cdot x_n^{i_n}$$

und sprechen in diesem Fall von einem **homogenen Polynom** oder einer **Form vom Grade** c. In diesem Fall gilt

$$p(rx_1, \ldots, rx_n) = \sum_{\substack{i_1, \ldots, i_n \\ i_1 + \ldots + i_n = c}} a_{i_1 \ldots i_n} (rx_1)^{i_1} \cdot \ldots \cdot (rx_n)^{i_n} = r^c p(x_1, \ldots, x_n)\,.$$

Für $c = 1$ erhält man eine lineare Abbildung (Definition 15.2) oder **Linearform**, beispielsweise für $n = 3$

$$p(x_1, x_2, x_3) = a_{100} x_1 + a_{010} x_2 + a_{001} x_3 = (a_{100}, a_{010}, a_{001}) \begin{pmatrix} x_1 \\ x_2 \\ x_3 \end{pmatrix} = \boldsymbol{a}^T \boldsymbol{x}$$

und für $c = 2$ eine **quadratische Form** (Definition 18.17), beispielsweise für $n = 2$

$$\begin{aligned} p(x_1, x_2) &= a_{20}x_1^2 + a_{02}x_2^2 + a_{11}x_1x_2 \\ &= (x_1, x_2)\begin{pmatrix} a_{20} & \frac{a_{11}}{2} \\ \frac{a_{11}}{2} & a_{02} \end{pmatrix}\begin{pmatrix} x_1 \\ x_2 \end{pmatrix} = \boldsymbol{x}^T \boldsymbol{A}\boldsymbol{x}\,. \end{aligned}$$

19.2 Stetigkeit und partielle Differentiation

Der Begriff der Stetigkeit für Funktionen mehrerer Variablen kann in Anlehnung an die Abschnitte 7.2 und 7.3 hergeleitet werden. Ersetzt man in Definition 7.14 bzw. 7.17 die Urbilder $x_n, x, x_0 \in D \subseteq \mathbb{R}$ durch die Vektoren $\boldsymbol{x}_n, \boldsymbol{x}, \boldsymbol{x}_0 \in D \subseteq \mathbb{R}^n$, so ist f stetig in $\boldsymbol{x}_0$, wenn gilt:

$$\lim_{\boldsymbol{x}\to\boldsymbol{x}_0} f(\boldsymbol{x}) = f(\boldsymbol{x}_0) = f(\lim_{\boldsymbol{x}\to\boldsymbol{x}_0} \boldsymbol{x})$$

Beispiel 19.9

Wir zeigen, dass die so genannten **Koordinatenfunktionen** $h_i : \mathbb{R}^n \to \mathbb{R}$, die jedem Vektor $\boldsymbol{x} \in \mathbb{R}^n$ dessen i-te Komponente zuordnet, also $h_i(x_1, \dots, x_i, \dots, x_n) = x_i$ $(i = 1, \dots, n)$, stetig in $\mathbb{R}^n$ ist.

Für alle $\boldsymbol{x}_0 = (x_{01}, \dots, x_{0n}) \in \mathbb{R}^n$ und jede Folge $\boldsymbol{x} \to \boldsymbol{x}_0$ gilt nämlich

$$\lim_{\boldsymbol{x}\to\boldsymbol{x}_0} (h_i(\boldsymbol{x})) = \lim_{\boldsymbol{x}\to\boldsymbol{x}_0} x_i = x_{0i} = h_i(\boldsymbol{x}_0)\,.$$

Damit kann Satz 7.19 teilweise auf Funktionen mehrerer Veränderlicher übertragen werden.

Satz 19.10

Seien $f, g\colon D \to \mathbb{R}$ in $D \subseteq \mathbb{R}^n$ stetige Funktionen. Dann gilt:

a) Die Funktion $f + g\colon\ D \to \mathbb{R}$ ist stetig in D
b) Die Funktion $f - g\colon\ D \to \mathbb{R}$ ist stetig in D
c) Die Funktion $f \cdot g\colon\ D \to \mathbb{R}$ ist stetig in D
d) Die Funktion $f/g\colon\ D \to \mathbb{R}$ ist stetig in D für alle $\boldsymbol{x}$ mit $g(\boldsymbol{x}) \neq 0$

Beispiel 19.11

Gegeben seien die Funktionen

$$f: \mathbb{R}^3 \to \mathbb{R} \quad \text{mit} \quad f(x_1, x_2, x_3) = \frac{x_1 x_2 + x_3}{(x_1 - x_2)^2 + 1},$$

$$g\colon \mathbb{R}^2_+ \to \mathbb{R} \quad \text{mit} \quad g(x_1, x_2) = \sqrt{x_1 x_2}\, e^{x_1 + x_2} \sin x_2 .$$

Unter Berücksichtigung der jeweiligen Koordinatenfunktionen gilt dann

$$f(\boldsymbol{x}) = \frac{h_1(\boldsymbol{x}) h_2(\boldsymbol{x}) + h_3(\boldsymbol{x})}{(h_1(\boldsymbol{x}) - h_2(\boldsymbol{x}))^2 + 1} \quad \text{bzw.}$$

$$g(\boldsymbol{x}) = \sqrt{h_1(\boldsymbol{x})}\sqrt{h_2(\boldsymbol{x})}\, e^{h_1(x)}\, e^{h_2(x)} \sin h_2(\boldsymbol{x}) .$$

Aus Satz 19.10 a, b, c, d folgt die Stetigkeit von f, aus Satz 19.10 in Verbindung mit 7.19 f, g, h die Stetigkeit von g.

Damit sind alle elementaren Funktionen mehrerer Variablen in ihrem Definitionsbereich stetig. Um nun zu einer Differentialrechnung für Funktionen in n Variablen zu kommen, betrachten wir nachfolgendes Beispiel.

Beispiel 19.12

Gegeben ist die Funktion $f: D \to \mathbb{R}^+$ mit $D = \{(x_1, x_2) \in \mathbb{R}^2_+ : x_1^2 + x_2^2 \leq 9\}$ und $f(x_1, x_2) = \sqrt{9 - x_1^2 - x_2^2}$. Dann kann f durch eine Kugelsektoroberfläche (Figur 19.6) dargestellt werden. Wir geben nachfolgend einige Wertekombinationen an.

(x_1, x_2)	$(0,0)$	$(2,0)$	$(3,0)$	$(0,1)$	$(0,3)$	$(2,1)$	$(2,\sqrt{5})$	$(\sqrt{8},1)$
$f(x_1, x_2)$	3	$\sqrt{5}$	0	$\sqrt{8}$	0	2	0	0

Die Steigung dieser Funktion in einem beliebigen $(x_1, x_2) \in D$ hängt von der Richtung ab, in der man sich bewegt. Für $(x_1, x_2) = (2, 1)$ sollen die beiden in der x_1-x_2-Ebene liegenden Pfeile zum Ausdruck bringen, dass wir ausgehend vom Punkt $(2, 1)$ uns in Richtung wachsender x_1-Werte bzw. wachsender x_2-Werte bewegen. Je nachdem erhalten wir die Steigung t_1 bzw. t_2.

Offenbar können wir von $(2, 1)$ aus jede andere Bewegungsrichtung in der x_1-x_2-Ebene einschlagen und erhalten dann im Allgemeinen unterschiedliche Steigungen der Funktion f. Später werden wir diese Steigungen als **Richtungsableitungen** bezeichnen. Durch die Menge aller Richtungsableitungen wird eine Ebene aufgespannt, die die Funktion im Wert $f(2, 1)$ berührt, man spricht von einer **Tangentialebene** zu f im Punkt $(2, 1)$.

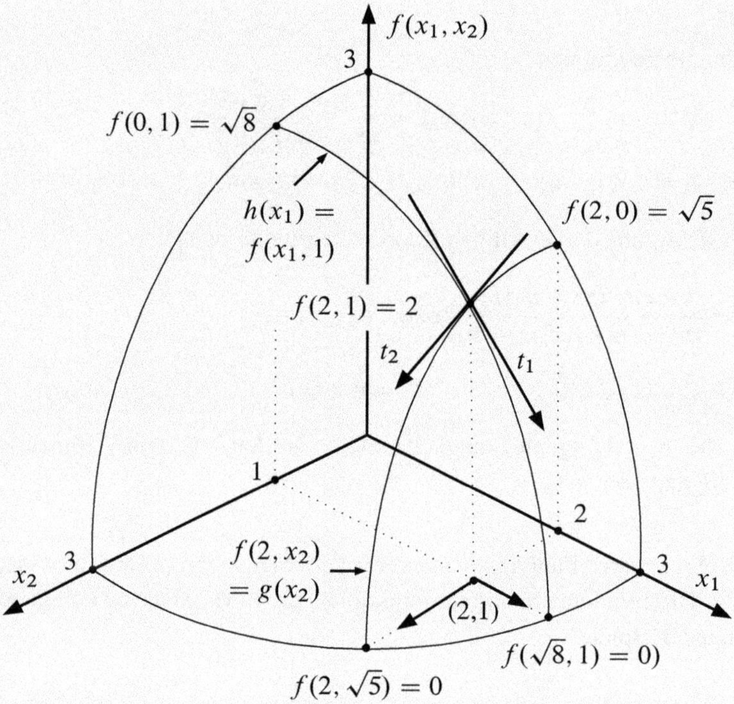

Figur 19.6: Differentiation einer reellen Funktion mit zwei Variablen x_1, x_2

Wir werden sehen, dass wir zu differenzierbaren Funktionen mit der Gleichung $y = f(x_1, x_2)$ in jedem Punkt eine Tangentialebene konstruieren und ihre Gleichung angeben können, die Berechnung einer eindeutigen ersten Ableitung oder Steigung der Funktion im Punkt (x_1, x_2) entsprechend Kapitel 7.4 ist jedoch nicht möglich. Halten wir eine der beiden Variablen konstant, beispielsweise $x_1 = 2$, so kann die Funktion g mit $g(x_2) = f(2, x_2)$ als Funktion einer Variablen x_2 gesehen werden. Ihr Graph ist ebenfalls in Figur 19.6 dargestellt und durch $g(x_2)$ gekennzeichnet. In diesem Fall kann die Steigung im Punkt x_2 berechnet werden, sie entspricht gerade der Richtungsableitung der Funktion f in Richtung wachsender x_2-Werte für $x_1 = 2$. Entsprechend erhält man für konstantes $x_2 = 1$ die Funktion h mit $h(x_1) = f(x_1, 1)$, und ihre Ableitungen entsprechen den Richtungsableitungen von f in Richtung wachsender x_1-Werte.

Dieses Konzept kann auf reelle Funktionen mit n unabhängigen Variablen erweitert werden. Halten wir $n - 1$ Variablen konstant, so bleibt eine Funktion mit einer Variablen übrig, deren Ableitung wieder als entsprechende Richtungsableitung interpretiert werden kann.

Wir betrachten also reelle Funktionen der Form

$$f\colon\ D \to \mathbb{R},\ D \subseteq \mathbb{R}^n \quad \text{mit}$$
$$\boldsymbol{x} = (x_1, \ldots, x_n) \mapsto f(\boldsymbol{x}) = f(x_1, \ldots, x_n) = y\,.$$

Dann beschreibt der **Differenzenquotient**

$$\frac{f(x_1, \ldots, x_i + \triangle x_i, \ldots, x_n) - f(x_1, \ldots, x_i, \ldots, x_n)}{\triangle x_i}$$
$$= \frac{f(\boldsymbol{x} + \triangle x_i \boldsymbol{e}_i) - f(\boldsymbol{x})}{\triangle x_i}$$

mit $\boldsymbol{e}_i = (0, \ldots, 1, \ldots, 0)$ als dem i-ten Einheitsvektor

und $\boldsymbol{x},\ \boldsymbol{x} + \triangle x_i \boldsymbol{e}_i \in D$

die Änderung des Funktionswertes im Punkt $\boldsymbol{x} = (x_1, \ldots, x_n)$, bezogen auf die Änderung $\triangle x_i$ der i-ten Variablen, wobei alle übrigen Variablen konstant bleiben (Definition 8.1).

Definition 19.13

Eine reelle Funktion $f: D \to \mathbb{R},\ D \subseteq \mathbb{R}^n$ heißt im Punkt $\boldsymbol{x} \in D$ **partiell differenzierbar** nach der Variablen x_i, wenn der Grenzwert

$$\lim_{\triangle x_i \to 0} \frac{f(\boldsymbol{x} + \triangle x_i \boldsymbol{e}_i) - f(\boldsymbol{x})}{\triangle x_i} = f_{x_i}(\boldsymbol{x})$$

existiert. Gegebenenfalls heißt dieser Grenzwert $f_{x_i}(\boldsymbol{x})$ die **erste partielle Ableitung** von f nach x_i im Punkt $\boldsymbol{x} = (x_1, \ldots, x_n) \in D$ oder die **Steigung** von f im Punkt $\boldsymbol{x}$ in Richtung der Komponente x_i. Man schreibt

$$f^i(\boldsymbol{x}) = f_{x_i}(x_1, \ldots, x_n) = \frac{\partial f(x_1, \ldots, x_n)}{\partial x_i} = \frac{\partial f(\boldsymbol{x})}{\partial x_i}\,.$$

Man differenziert also eine Funktion f partiell nach der Variablen x_i, indem man alle Variablen x_j mit $j \neq i$ konstant hält und die dadurch entstehende Funktion in einer Variablen x_i entsprechend Definition 8.2 behandelt.

Definition 19.14

Eine reelle Funktion $f\colon\ D \to \mathbb{R}$ heißt in $D_1 \subseteq D \subseteq \mathbb{R}^n$ **partiell differenzierbar** nach x_i, wenn f für alle $\boldsymbol{x} \in D_1$ partiell differenzierbar nach x_i ist.

Damit ist auch die partielle Ableitung f_{x_i} eine reelle Funktion in n Variablen, die für alle $\boldsymbol{x} \in D_1$ definiert und möglicherweise wieder partiell differenzierbar ist. Sie beschreibt in jedem Punkt der Menge D_1 die Steigung von f in Richtung der i-ten Koordinatenachse.

Da sich die partielle Differenzierbarkeit von Funktionen mehrerer Variablen damit auf die Differenzierbarkeit von Funktionen einer Variablen zurückführen lässt, können die Differentiationsvorschriften aus Kapitel 7.4, insbesondere die Sätze 8.4, 8.7, 8.9 a, 8.11 sinngemäß übertragen und angewandt werden.

Beispiel 19.15

a) Wir berechnen die partiellen Ableitungen der in Figur 19.6 dargestellten Funktion f mit $f(x_1,x_2) = \sqrt{9-x_1^2-x_2^2}$. Dann gilt:

$$f_{x_1}(x_1,x_2) = \frac{\partial f(x_1,x_2)}{\partial x_1} = \frac{-2x_1}{2\sqrt{9-x_1^2-x_2^2}} = \frac{-x_1}{\sqrt{9-x_1^2-x_2^2}}$$
$$f_{x_2}(x_1,x_2) = \frac{\partial f(x_1,x_2)}{\partial x_2} = \frac{-2x_2}{2\sqrt{9-x_1^2-x_2^2}} = \frac{-x_2}{\sqrt{9-x_1^2-x_2^2}}$$

Die partielle Ableitung $f_{x_1}(x_1,x_2)$ ist negativ für $x_1 > 0$. Durch den Graphen der Funktion h in Figur 19.6 wird dies bestätigt. Entsprechendes gilt für die partielle Ableitung $f_{x_2}(x_1,x_2)$.

b) Für die Funktionen $f, g\colon \mathbb{R}^3 \to \mathbb{R}$ mit

$$f(x_1,x_2,x_3) = x_1x_2x_3 + \ln(x_1^2x_2^2+1) + \sin 2x_3\,,$$

$$g(x_1,x_2,x_3) = \frac{2x_1x_3+x_2^2}{e^{x_2}} + \frac{\sqrt{x_1^2+1}}{x_3^2+1}$$

erhalten wir die partiellen Ableitungen mit $\boldsymbol{x} = (x_1,x_2,x_3)$:

$$f_{x_1}(\boldsymbol{x}) = \frac{\partial f(\boldsymbol{x})}{\partial x_1} = x_2x_3 + \frac{2x_1x_2^2}{x_1^2x_2^2+1}$$
$$f_{x_2}(\boldsymbol{x}) = \frac{\partial f(\boldsymbol{x})}{\partial x_2} = x_1x_3 + \frac{2x_1^2x_2}{x_1^2x_2^2+1}$$
$$f_{x_3}(\boldsymbol{x}) = \frac{\partial f(\boldsymbol{x})}{\partial x_3} = x_1x_2 + 2\cos 2x_3$$

$$g_{x_1}(\boldsymbol{x}) = \frac{\partial g(\boldsymbol{x})}{\partial x_1} = \frac{2x_3}{e^{x_2}} + \frac{x_1}{\sqrt{x_1^2+1}\,(x_3^2+1)}$$
$$g_{x_2}(\boldsymbol{x}) = \frac{\partial g(\boldsymbol{x})}{\partial x_2} = \frac{2x_2e^{x_2} - (2x_1x_3+x_2^2)e^{x_2}}{e^{2x_2}} = \frac{2x_2-2x_1x_3-x_2^2}{e^{x_2}}$$
$$g_{x_3}(\boldsymbol{x}) = \frac{\partial g(\boldsymbol{x})}{\partial x_3} = \frac{2x_1}{e^{x_2}} + \frac{-2x_3\sqrt{x_1^2+1}}{(x_3^2+1)^2}$$

Definition 19.16

Ist eine reelle Funktion $f: D \to \mathbb{R},\ D \subseteq \mathbb{R}^n$ im Punkt $\boldsymbol{x} \in D$ partiell differenzierbar nach allen Variablen $x_1, \ldots, x_n$, dann heißt der Vektor

$$\operatorname{grad} f(\boldsymbol{x})^T = (f_{x_1}(\boldsymbol{x}), \ldots, f_{x_n}(\boldsymbol{x}))$$

der **Gradient der Funktion** f im Punkt $\boldsymbol{x} \in D$.

Der Gradient enthält komponentenweise die Steigungen von f in Richtung der Variablenachsen.

Mit Hilfe des Gradienten in einem Punkt $\hat{\boldsymbol{x}} = (\hat{x}_1, \ldots, \hat{x}_n)$ lässt sich die Gleichung einer Hyperebene im $\mathbb{R}^n$ (Definition 12.7 a)

$$y = a_0 + a_1 x_1 + a_2 x_2 + \ldots + a_n x_n$$

bestimmen, die die Funktion f in $\hat{\boldsymbol{x}}$ berührt.

Bei Funktionen einer Variablen ergibt sich dabei die **Tangente** im Punkt $\hat{x}$ mit

$$y = f(\hat{x}) + f'(\hat{x})(x - \hat{x}),$$

bei Funktionen zweier Variablen die so genannte **Tangentialebene** im Punkt $\hat{\boldsymbol{x}} = (\hat{x}_1, \hat{x}_2)$ mit

$$y = f(\hat{\boldsymbol{x}}) + f_{x_1}(\hat{\boldsymbol{x}})(x_1 - \hat{x}_1) + f_{x_2}(\hat{\boldsymbol{x}})(x_2 - \hat{x}_2).$$

Für $n = 3, 4, \ldots$ spricht man von einer **Tangentialhyperebene** im Punkt $\hat{\boldsymbol{x}} = (\hat{x}_1, \ldots, \hat{x}_n)$ mit

$$\begin{aligned} y &= f(\hat{\boldsymbol{x}}) + f_{x_1}(\hat{\boldsymbol{x}})(x_1 - \hat{x}_1) + \ldots + f_{x_n}(\hat{\boldsymbol{x}})(x_n - \hat{x}_n) \\ &= f(\hat{\boldsymbol{x}}) + \operatorname{grad} f(\hat{\boldsymbol{x}})^T (\boldsymbol{x} - \hat{\boldsymbol{x}}). \end{aligned}$$

Beispiel 19.17

a) Wir berechnen die Tangentialebene zu der in Figur 19.6 dargestellten Funktion f mit $f(x_1, x_2) = \sqrt{9 - x_1^2 - x_2^2}$ in den Punkten $(2, 1), (\hat{x}_1, 1)$ und $(2, \hat{x}_2)$.

Für $(\hat{x}_1, \hat{x}_2)$ mit $\hat{x}_1^2 + \hat{x}_2^2 < 9$ erhalten wir den Gradienten (Beispiel 19.15 a)

$$\operatorname{grad} f(\hat{\boldsymbol{x}})^T = \left(\frac{-\hat{x}_1}{\sqrt{9 - \hat{x}_1^2 - \hat{x}_2^2}}, \frac{-\hat{x}_2}{\sqrt{9 - \hat{x}_1^2 - \hat{x}_2^2}} \right)$$

und die Tangentialebene mit der Gleichung

$$\begin{aligned}
y &= f(\hat{\boldsymbol{x}}) + \operatorname{grad} f(\hat{\boldsymbol{x}})^T (\boldsymbol{x} - \hat{\boldsymbol{x}}) \\
&= \sqrt{9 - \hat{x}_1^2 - \hat{x}_2^2} + \left(\frac{-\hat{x}_1}{\sqrt{9 - \hat{x}_1^2 - \hat{x}_2^2}}, \frac{-\hat{x}_2}{\sqrt{9 - \hat{x}_1^2 - \hat{x}_2^2}} \right) \begin{pmatrix} x_1 - \hat{x}_1 \\ x_2 - \hat{x}_2 \end{pmatrix} \\
&= \sqrt{9 - \hat{x}_1^2 - \hat{x}_2^2} - \frac{\hat{x}_1 (x_1 - \hat{x}_1)}{\sqrt{9 - \hat{x}_1^2 - \hat{x}_2^2}} - \frac{\hat{x}_2 (x_2 - \hat{x}_2)}{\sqrt{9 - \hat{x}_1^2 - \hat{x}_2^2}} \\
&= \frac{9 - \hat{x}_1^2 - \hat{x}_2^2 - \hat{x}_1 (x_1 - \hat{x}_1) - \hat{x}_2 (x_2 - \hat{x}_2)}{\sqrt{9 - \hat{x}_1^2 - \hat{x}_2^2}} = \frac{9 - \hat{x}_1 x_1 - \hat{x}_2 x_2}{\sqrt{9 - \hat{x}_1^2 - \hat{x}_2^2}} .
\end{aligned}$$

Daraus folgt:

$$y = \begin{cases} \frac{1}{2}(9 - 2x_1 - x_2) & \text{für } (\hat{x}_1, \hat{x}_2) = (2, 1) \\ \frac{1}{\sqrt{8 - \hat{x}_1^2}}(9 - \hat{x}_1 x_1 - x_2) & \text{im Punkt } (\hat{x}_1, 1) \text{ mit } \hat{x}_1 \in \langle 0, \sqrt{8} \rangle \\ \frac{1}{\sqrt{5 - \hat{x}_2^2}}(9 - 2x_1 - \hat{x}_2 x_2) & \text{im Punkt } (2, \hat{x}_2) \text{ mit } \hat{x}_2 \in \langle 0, \sqrt{5} \rangle \end{cases}$$

b) Besonders einfach sind Gradienten und Tangentialhyperebenen im Fall linearer Funktionen berechenbar. Für die Funktion f mit

$$f(x_1, \ldots, x_n) = c_0 + c_1 x_1 + \ldots + c_n x_n$$

erhält man für jeden Punkt $\hat{\boldsymbol{x}} \in \mathbb{R}^n$ den Gradienten

$$\operatorname{grad} f(\hat{\boldsymbol{x}})^T = (c_1, \ldots, c_n)$$

und die Tangentialhyperebene

$$\begin{aligned}
y &= f(\hat{\boldsymbol{x}}) + \operatorname{grad} f(\hat{\boldsymbol{x}})^T (\boldsymbol{x} - \hat{\boldsymbol{x}}) \\
&= c_0 + c_1 \hat{x}_1 + \ldots + c_n \hat{x}_n + (c_1, \ldots, c_n) \begin{pmatrix} x_1 - \hat{x}_1 \\ \vdots \\ x_n - \hat{x}_n \end{pmatrix} \\
&= c_0 + c_1 x_1 + \ldots + c_n x_n .
\end{aligned}$$

Im Fall linearer Funktionen fällt die Gleichung der Tangentialhyperebene in jedem Punkt $\hat{\boldsymbol{x}}$ mit der Funktionsgleichung zusammen.

In Anlehnung an Abschnitt 8.5 können wir nunmehr partielle Änderungsraten und Elastizitäten einführen.

Definition 19.18

Ist die Funktion $f : D \to \mathbb{R},\ D \subseteq \mathbb{R}^n$ nach allen Variablen $x_1, \ldots, x_n$ partiell differenzierbar, dann heißt

$$\rho_{f,x_i}(\boldsymbol{x}) = \frac{f_{x_i}(\boldsymbol{x})}{f(\boldsymbol{x})} \qquad \text{die **partielle Änderungsrate**,}$$

$$\varepsilon_{f,x_i}(\boldsymbol{x}) = x_i\,\rho_{f,x_i}(\boldsymbol{x}) = x_i\,\frac{f_{x_i}(\boldsymbol{x})}{f(\boldsymbol{x})} \qquad \text{die **partielle Elastizität**}$$

von f bezüglich x_i im Punkt $\boldsymbol{x} \in D$.

Die partielle Änderungsrate entspricht der Veränderung von f in Richtung der i-ten Koordinate bezogen auf den Funktionswert $f(\boldsymbol{x})$ oder der **prozentualen** Änderung von f im Punkt $\boldsymbol{x}$ bei Änderung von x_i. Die partielle Elastizität entspricht dem Quotienten der relativen Änderung von f in Richtung der i-ten Koordinate und der relativen Änderung von x_i.

Beispiel 19.19

a) Wir betrachten die lineare Kostenfunktion k einer n-Produkt-Unternehmung mit

$$k(x_1, \ldots, x_n) = c_0 + c_1x_1 + \ldots + c_nx_n$$

und den partiellen Ableitungen

$$k_{x_i}(x_1, \ldots, x_n) = c_i \quad (i = 1, \ldots, n),$$

die wir auch als **partielle Grenzkosten** des Produktes i bezeichnen.
Die partielle Kostenänderungsrate des Produktes i ist dann

$$\rho_{k,x_i}(\boldsymbol{x}) = \frac{c_i}{k(\boldsymbol{x})}$$

und die partielle Kostenelastizität

$$\varepsilon_{k,x_i}(\boldsymbol{x}) = \frac{c_i x_i}{k(\boldsymbol{x})}\,.$$

Diese ergibt sich hier aus dem Quotienten der variablen Kosten für Produkt i und den Gesamtkosten für den Vektor $(x_1, \ldots, x_n)$ der Produktquantitäten.

b) Für eine Cobb-Douglas-Produktionsfunktion mit n Produktionsfaktoren (Beispiel 19.3 b) gilt die Gleichung

$$y = f(x_1, \dots, x_n) = a_0 \, x_1^{\alpha_1} x_2^{\alpha_2} \cdot \ldots \cdot x_n^{\alpha_n} \quad \text{mit} \quad a_0, \alpha_1, \dots, \alpha_n \in \mathbb{R}_+ \, .$$

Die partiellen Ableitungen

$$f_{x_i}(x_1, \dots, x_n) = a_0 \, x_1^{\alpha_1} \cdot \ldots \cdot \alpha_i x_i^{\alpha_i - 1} \cdot \ldots \cdot x_n^{\alpha_n} \quad (i = 1, \dots, n)$$

bezeichnet man auch als **partielle Grenzproduktivitäten** der einzelnen Faktoren. Die partielle Änderungsrate des Faktors i ist dann

$$\rho_{f,x_i}(\boldsymbol{x}) = \frac{\alpha_i}{x_i}$$

und die partielle Elastizität

$$\varepsilon_{f,x_i}(\boldsymbol{x}) = \alpha_i \, .$$

Die partielle Änderungsrate des Faktors i hängt nur vom Faktor i ab und fällt streng monoton mit wachsendem x_i. Die in der Funktion f auftretenden Exponenten α_i entsprechen den partiellen Elastizitäten.

c) Zwischen den Preisen $p_1, p_2 > 0$ und den Nachfragemengen $x_1, x_2 > 0$ nach zwei Gütern werden Zusammenhänge der Form

$$\begin{aligned} x_1 &= f_1(p_1, p_2) = p_1{}^{-a} e^{b p_2} \qquad (a, b > 0)\,, \\ x_2 &= f_2(p_1, p_2) = c_0 \, p_1{}^{c_1} \, p_2{}^{-c_2} \qquad (c_0, c_1, c_2 > 0) \end{aligned}$$

unterstellt.

Für die Funktion f_1 erhalten wir:

$$\begin{aligned} \operatorname{grad} f_1(\boldsymbol{p})^T &= \left(-a \, p_1{}^{-a-1} e^{b p_2}, \; b \, p_1{}^{-a} e^{b p_2}\right) \\ \left(\rho_{f_1,p_1}(\boldsymbol{p}), \; \rho_{f_1,p_2}(\boldsymbol{p})\right) &= \left(\frac{-a}{p_1}, \; b\right) \\ \left(\varepsilon_{f_1,p_1}(\boldsymbol{p}), \; \varepsilon_{f_1,p_2}(\boldsymbol{p})\right) &= (-a, \; b p_2) \qquad \text{(Beispiel 8.21)} \end{aligned}$$

Die Nachfrage x_1 wächst mit fallendem Preis p_1 bzw. mit wachsendem Preis p_2, man spricht auch von **substitutiven Gütern**. Die partielle Änderungsrate $\rho_{f_1,p_1}(\boldsymbol{p})$ der Nachfrage nach Gut 1 ist negativ und nähert sich für wachsenden Preis p_1 dem Nullpunkt, während $\rho_{f_1,p_2}(\boldsymbol{p})$ preisunabhängig und positiv ist.

Die partielle Elastizität $\varepsilon_{f_1,p_1}(\boldsymbol{p})$ der Nachfrage nach Gut 1, auch als **direkte Preiselastizität** bezeichnet, ist preisunabhängig und negativ, während die so genannte **Kreuzpreiselastizität** $\varepsilon_{f_1,p_2}(\boldsymbol{p})$ der Nachfrage nach Gut 1 mit p_2 wächst und stets positiv ist.

Für die Funktion f_2 erhalten wir:

$$\operatorname{grad} f_2(\boldsymbol{p})^T = \left(c_0 c_1 p_1{}^{c_1-1} p_2{}^{c_2},\ -c_0 c_2 p_1{}^{c_1} p_2{}^{-c_2-1}\right)$$

$$\left(\rho_{f_2,p_1}(\boldsymbol{p}),\ \rho_{f_2,p_2}(\boldsymbol{p})\right) = \left(\frac{c_1}{p_1},\ \frac{-c_2}{p_2}\right)$$

$$\left(\varepsilon_{f_2,p_1}(\boldsymbol{p}),\ \varepsilon_{f_2,p_2}(\boldsymbol{p})\right) = (c_1,\ -c_2) \qquad \text{(Beispiel 19.19 b)}$$

Diese Ergebnisse lassen sich entsprechend interpretieren.

19.3 Richtungsableitungen

Mit Hilfe der partiellen Ableitungen erhalten wir Aufschluss über die Änderung einer Funktion f an einer Stelle $\boldsymbol{x} = (x_1, \ldots, x_n)$, wenn wir genau eine der Variablen variieren. Man spricht dabei auch von Ableitungen der Funktion in **Richtung** der einzelnen Variablen. Dieses Konzept lässt sich verallgemeinern.

Ist an einer Stelle $\boldsymbol{x} \in \mathbb{R}^n$ die Veränderungsrichtung für eine Funktion f durch den Vektor $\boldsymbol{r} \in \mathbb{R}^n$ mit $\|\boldsymbol{r}\| = \sqrt{r_1^2 + \ldots + r_n^2} = 1$ vorgegeben, so betrachtet man eine Funktion g mit

$$g(t) = f(\boldsymbol{x} + t\boldsymbol{r}) = f(\boldsymbol{z}) \quad \text{und} \quad t \in \mathbb{R},\ \boldsymbol{z} = \boldsymbol{x} + t\boldsymbol{r} \in \mathbb{R}^n .$$

Dabei gibt die reelle Zahl t die **Schrittweite** der Veränderung von $\boldsymbol{x}$ in Richtung $\boldsymbol{r}$ an.

Um nun zu Richtungsableitungen von f zu kommen, betrachten wir zunächst zusammengesetzte Funktionen mehrerer Variablen und verallgemeinern die **Kettenregel** für Funktionen einer Variablen (Satz 8.9 a).

Satz 19.20

Die Funktion $f : D \to \mathbb{R}$, $D \subseteq \mathbb{R}^n$ mit $y = f(x_1, \dots, x_n)$ besitze stetige partielle Ableitungen nach $x_1, \dots, x_n$, die n Funktionen $v_1, \dots, v_n$ mit $x_1 = v_1(t), \dots, x_n = v_n(t)$ seien differenzierbar für alle $t \in \langle a, b \rangle$.

Dann ist die Funktion g mit $g(t) = f(v_1(t), \dots, v_n(t))$ differenzierbar, und es gilt:

$$g'(t) = \frac{dg(t)}{dt} = f_{x_1}(\boldsymbol{x})v_1'(t) + \dots + f_{x_n}(\boldsymbol{x})v_n'(t)$$

Zum Beweis verweisen wir auf [Forster 2, S. 66-68].

Dieser Satz kann nun zur Bestimmung von Richtungsableitungen von Funktionen mehrerer Variablen genutzt werden.

Definition 19.21

Gegeben sei eine Funktion $f : D \to \mathbb{R}$, $D \subseteq \mathbb{R}^n$ mit stetigen partiellen Ableitungen in D, gegeben seien ferner die Vektoren $\boldsymbol{x}, \boldsymbol{r} \in D$ mit $\|\boldsymbol{r}\| = 1$.

Dann heißt f an der Stelle $\boldsymbol{x} \in D$ **in Richtung $\boldsymbol{r}$ differenzierbar**, wenn es ein $\varepsilon > 0$ mit $[\boldsymbol{x} - \varepsilon\boldsymbol{r}, \boldsymbol{x} + \varepsilon\boldsymbol{r}] \subseteq D$ gibt, und der Grenzwert

$$\lim_{t \to 0} \frac{f(\boldsymbol{x} + t\boldsymbol{r}) - f(\boldsymbol{x})}{t}$$

existiert (Figur 19.7).

Mit $v_i(t) = x_i + t r_i \quad (i = 1, \dots, n)$ und Definition 8.2 ergibt sich

$$g(t) = f(\boldsymbol{x} + t\boldsymbol{r}) \Rightarrow g'(0) = \lim_{t \to 0} \frac{f(\boldsymbol{x} + t\boldsymbol{r}) - f(\boldsymbol{x})}{t}.$$

Dann ist $g'(0)$ mit

$$g'(0) = f_{x_1}(\boldsymbol{x})r_1 + \dots + f_{x_n}(\boldsymbol{x})r_n = \operatorname{grad} f(\boldsymbol{x})^T \boldsymbol{r} \qquad \text{(Satz 19.20)}$$

die **Richtungsableitung** von f an der Stelle $\boldsymbol{x} \in D$ in Richtung $\boldsymbol{r}$.

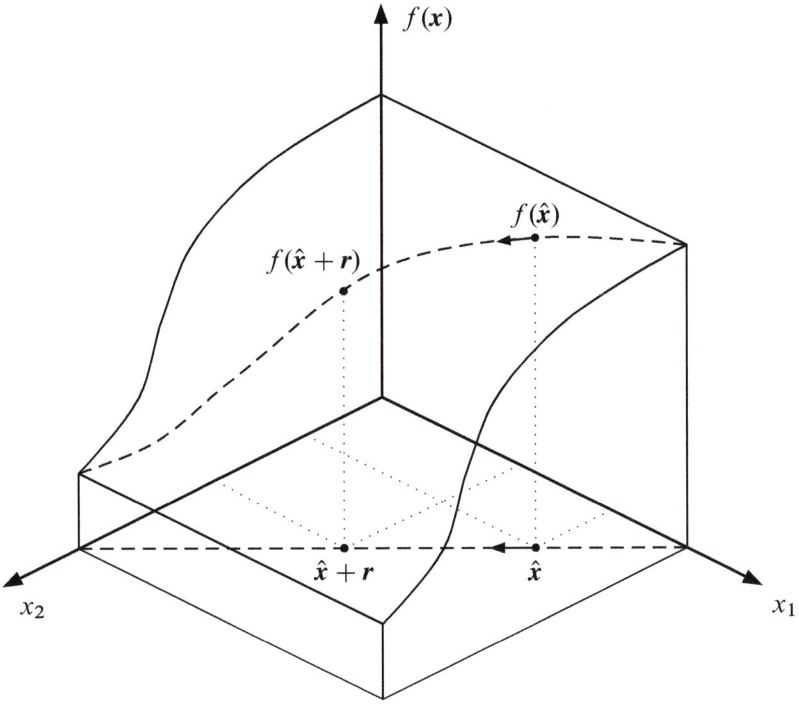

Figur 19.7: Zur Bestimmung der Richtungsableitung einer Funktion f an der Stelle $\hat{\boldsymbol{x}}$ in Richtung $\boldsymbol{r}$

Ist der Vektor $\boldsymbol{r} = (0, \ldots, 1, \ldots, 0)$ der i-te Einheitsvektor, so entspricht die Richtungsableitung $g'(0) = f_{x_i}(\boldsymbol{x})$ gerade der i-ten partiellen Ableitung von f.

Beispiel 19.22

Gegeben sei eine Kostenfunktion k in Abhängigkeit der Produktquantitäten x_1, x_2, x_3 mit $k(x_1, x_2, x_3) = 100 + 30x_1 + 48x_2 + 36x_3 + 12x_2x_3$. Mit dem Richtungsvektor $\boldsymbol{r}_1^T = \frac{1}{3}(1, 2, 2)$ und $\|\boldsymbol{r}_1\| = 1$ erhalten wir nach Definition 19.21

$$g_1'(0) = 30 \cdot \frac{1}{3} + (48 + 12x_3) \cdot \frac{2}{3} + (36 + 12x_2) \cdot \frac{2}{3} = 66 + 8x_2 + 8x_3 .$$

Der Richtungsvektor $\boldsymbol{r}_1 = \frac{1}{3}(1, 2, 2)$ sagt beispielsweise aus, dass die Quantitäten der drei Produkte im Verhältnis $1 : 2 : 2$ zu erhöhen sind.

Entsprechend gilt für den Richtungsvektor $\boldsymbol{r}_2^T = \frac{1}{3}(2,1,2)$ mit $\|\boldsymbol{r}_2\| = 1$

$$g_2'(0) = 30 \cdot \frac{2}{3} + (48 + 12x_3) \cdot \frac{1}{3} + (36 + 12x_2) \cdot \frac{2}{3} = 60 + 8x_2 + 4x_3$$

und für den Richtungsvektor $\boldsymbol{r}_3^T = \frac{1}{3}(2,2,1)$

$$g_3'(0) = 30 \cdot \frac{2}{3} + (48 + 12x_3) \cdot \frac{2}{3} + (36 + 12x_2) \cdot \frac{1}{3} = 64 + 4x_2 + 8x_3 \,.$$

Für die gegebene Kostenfunktion ist damit klar, dass der Richtungsvektor $\boldsymbol{r}_1 = \frac{1}{3}(1,2,2)$ die höchsten Kostensteigerungen verursacht. Beim Vergleich der Vektoren $\frac{1}{3}(2,1,2)$ und $\frac{1}{3}(2,2,1)$ stellt man fest, dass die Kostensteigerungen für alle Produktquantitäten (x_2, x_3) mit $x_2 = 1 + x_3$ gleich sind. Für $x_2 > 1 + x_3$ gilt $g_2'(0) > g_3'(0)$ und für $x_2 < 1 + x_3$ gilt $g_2'(0) < g_3'(0)$. Die Kostensteigerungen sind unabhängig vom Produktionsniveau des ersten Gutes.

Nachfolgend diskutieren wir eine Aussage von **L. Euler** (1707–1783) über Funktionen, die homogen vom Grade c sind. Nach Definition 19.7 gilt für eine solche Funktion

$$f(ax_1, \ldots, ax_n) = a^c f(x_1, \ldots, x_n) \quad \text{für alle} \quad a \in \mathbb{R}\,.$$

Satz 19.23

Die reelle Funktion $f : D \to \mathbb{R},\ D \subseteq \mathbb{R}^n$ sei homogen vom Grade c und besitze stetige partielle Ableitungen in D. Dann gilt:

a) $\operatorname{grad} f(\boldsymbol{x})^T \boldsymbol{x} = c f(\boldsymbol{x})$ (**Eulersche Homogenitätsrelation**)

b) $$\varepsilon_{f,x_1}(\boldsymbol{x}) + \ldots + \varepsilon_{f,x_n}(\boldsymbol{x}) = \frac{f_{x_1}(\boldsymbol{x})}{f(\boldsymbol{x})} x_1 + \ldots + \frac{f_{x_n}(\boldsymbol{x})}{f(\boldsymbol{x})} x_n = \frac{1}{f(\boldsymbol{x})} \operatorname{grad} f(\boldsymbol{x})^T \boldsymbol{x} = c$$

Beweis:

a) $g(a) = f(ax_1, \ldots, ax_n) = a^c f(x_1, \ldots, x_n)$ für festes $\boldsymbol{x} = (x_1, \ldots, x_n)$
$\Rightarrow g'(a) = c a^{c-1} f(x_1, \ldots, x_n)\,.$

Andererseits gilt nach Satz 19.20

$$g'(a) = f_{x_1}(a\boldsymbol{x})x_1 + \ldots + f_{x_n}(a\boldsymbol{x})x_n = \operatorname{grad} f(a\boldsymbol{x})^T \boldsymbol{x}\,.$$

Durch Gleichsetzen erhält man:

$$g'(a) = c a^{c-1} f(\boldsymbol{x}) = \operatorname{grad} f(a\boldsymbol{x})^T \boldsymbol{x} \;\Rightarrow\; g'(1) = c f(\boldsymbol{x}) = \operatorname{grad} f(\boldsymbol{x})^T \boldsymbol{x}$$

b) Dividiert man die Eulersche Homogenitätsrelation auf beiden Seiten mit $f(\boldsymbol{x})$, so ergibt sich auch die zweite Behauptung.

Beispiel 19.24

Die Nutzenfunktion u mit $u(x_1, x_2) = ax_1 + bx_2 + c\sqrt{x_1 x_2}$ bewerte den erwarteten Gewinn aus den in zwei Anlagen investierten Beträgen. Wegen

$$u(kx_1, kx_2) = akx_1 + bkx_2 + ck\sqrt{x_1 x_2} = ku(x_1, x_2)$$

ist u homogen vom Grade 1. Dann gilt nach Satz 19.23:

$$\operatorname{grad} u(\boldsymbol{x})^T \boldsymbol{x} = u(\boldsymbol{x})$$

$$\varepsilon_{u,x_1}(\boldsymbol{x}) + \varepsilon_{u,x_2}(\boldsymbol{x}) = 1$$

Wir diskutieren noch eine weitere Konsequenz der Kettenregel (Satz 19.20).

Gegeben sei die Funktion

$$f : D \to \mathbb{R}, \quad D \subseteq \mathbb{R}^{n+1} \quad \text{mit} \quad f(x_1, \ldots, x_n, y) = 0\,.$$

Es ist dabei nicht immer möglich, die Funktionsgleichung nach der Variablen y aufzulösen. Dennoch ist durch $f(x_1, \ldots, x_n, y) = 0$ gelegentlich eine Funktion h mit der Eigenschaft $h(x_1, \ldots, x_n) = y$ gegeben. Man sagt, h wird durch die Gleichung $f(x_1, \ldots, x_n, y) = 0$ **implizit definiert**.

Obwohl h unbekannt ist, kann man dennoch unter bestimmten Bedingungen partielle Ableitungen von h berechnen.

Satz 19.25

Besitzt die Funktion $f : D \to \mathbb{R}$ mit $f(x_1, \ldots, x_n, y) = 0$ stetige partielle Ableitungen mit $f_y(x_1, \ldots, x_n, y) \neq 0$, und ist h mit

$$f(x_1, \ldots, x_n, y) = f(x_1, \ldots, x_n, h(x_1, \ldots, x_n)) = g(x_1, \ldots, x_n) = 0$$

stetig, so ist auch h stetig partiell differenzierbar nach allen Variablen, und es gilt

$$h_{x_i}(x_1, \ldots, x_n) = -\frac{f_{x_i}(x_1, \ldots, x_n, y)}{f_y(x_1, \ldots, x_n, y)} \qquad (i = 1, \ldots, n)\,.$$

Beweis:

Zur Berechnung betrachten wir g als Funktion von x_i und halten die übrigen Variablen konstant. Dann folgt mit $x = (x_1, \ldots, x_n)$ aus Satz 19.20:

$$g_{x_i}(x) = f_{x_i}(x, y)\frac{\partial x_i}{\partial x_i} + f_y(x, y)\frac{\partial h(x)}{\partial x_i} = f_{x_i}(x, y) + f_y(x, y)h_{x_i}(x) = 0$$

Daraus folgt die Behauptung.

Diese Aussage kann einerseits benutzt werden, um die Berechnung von Ableitungen bzw. partiellen Ableitungen zu vereinfachen, andererseits dient sie dazu, Substitutionseffekte in der Ökonomie aufzudecken.

Beispiel 19.26

Gegeben sei die Produktionsfunktion $h\colon \mathbb{R}_+^2 \to \mathbb{R}$ mit

$$\begin{aligned} h(x_1, x_2) &= a_0 x_1^{\alpha_1} x_2^{\alpha_2} = y \quad \text{bzw.} \\ f(x_1, x_2, y) &= y - a_0 x_1^{\alpha_1} x_2^{\alpha_2} = 0\,. \end{aligned}$$

Durch die Gleichung $f(x_1, x_2, y) = 0$ wird eine Funktion v mit $x_2 = v(x_1, y)$ erklärt. Die Einsatzquantität des zweiten Produktionsfaktors wird hierbei als Funktion der ersten Faktorquantität und des Produktionsniveaus betrachtet. Wir erhalten mit

$$v_{x_1}(x_1, y) = -\frac{f_{x_1}(x_1, x_2, y)}{f_{x_2}(x_1, x_2, y)} = -\frac{a_0\alpha_1 x_1^{\alpha_1 - 1} x_2^{\alpha_2}}{a_0 \alpha_2 x_1^{\alpha_1} x_2^{\alpha_2 - 1}} = -\frac{\alpha_1 x_2}{\alpha_2 x_1} = -\frac{\frac{\alpha_1}{x_1}}{\frac{\alpha_2}{x_2}}$$

den negativen Quotienten der **partiellen Grenzproduktivitäten** der Produktionsfaktoren. Man bezeichnet diesen Quotienten auch als **Grenzrate der Substitution** des zweiten Faktors bzgl. des ersten Faktors.

Alternativ zu dieser Rechnung folgt aus der Produktionsgleichung:

$$x_2 = v(x_1, y) = \left(\frac{y}{a_0 x_1^{\alpha_1}}\right)^{\frac{1}{\alpha_2}} = \left(\frac{y}{a_0}\right)^{\frac{1}{\alpha_2}} \left(x_1^{\alpha_1}\right)^{-\frac{1}{\alpha_2}}$$

$$\begin{aligned} \Rightarrow \quad v_{x_1}(x_1, y) &= \left(\frac{y}{a_0}\right)^{\frac{1}{\alpha_2}} \left(-\frac{1}{\alpha_2}\right) \left(x_1^{\alpha_1}\right)^{-\frac{1}{\alpha_2} - 1} \left(\alpha_1 x_1^{\alpha_1 - 1}\right) \\ &= \left(x_1^{\alpha_1} x_2^{\alpha_2}\right)^{\frac{1}{\alpha_2}} \left(-\frac{\alpha_1}{\alpha_2}\right) x_1^{-\frac{\alpha_1}{\alpha_2} - \alpha_1 + \alpha_1 - 1} \\ &= \left(-\frac{\alpha_1}{\alpha_2}\right) x_1^{-1} x_2 = -\frac{\alpha_1 x_2}{\alpha_2 x_1} = -\frac{\frac{\alpha_1}{x_1}}{\frac{\alpha_2}{x_2}} \end{aligned}$$

Wir erhalten das gleiche Ergebnis, wenn auch mit höherem Rechenaufwand.

Abschließend veranschaulichen wir die Produktionsgleichung für $a_0 = 1$, $\alpha_1 = \alpha_2 = \frac{1}{2}$ sowie $y = 10$ bzw. 20 in Figur 19.8. Wir erhalten:

$$f(x_1, x_2, y) = 10 - \sqrt{x_1 x_2} = 0 \quad \text{bzw.}$$
$$f(x_1, x_2, y) = 20 - \sqrt{x_1 x_2} = 0$$

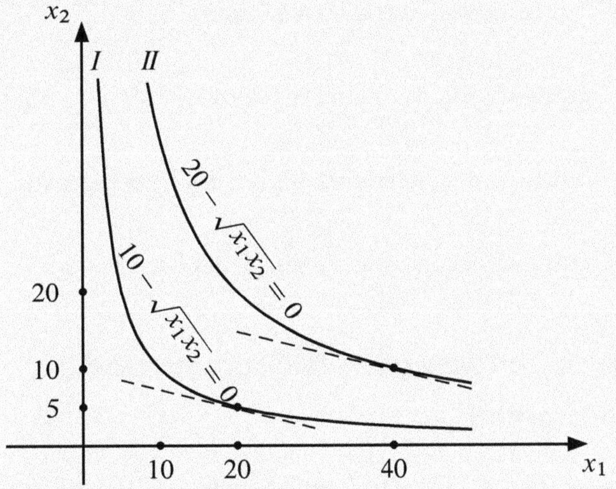

Figur 19.8: Graphen der Produktionsgleichungen $10 = \sqrt{x_1 x_2}$ und $20 = \sqrt{x_1 x_2}$

Die Grenzrate der Substitution ist hier $-\frac{x_2}{x_1}$ und entspricht damit dem negativen Quotienten der Faktoreinsatzmengen. Unabhängig vom Produktionsniveau y ist diese Grenzrate konstant, solange der Quotient $\frac{x_2}{x_1}$ konstant ist. Damit ist die Steigung der Kurve I beispielsweise im Punkt $(20, 5)$ identisch mit der Steigung der Kurve II im Punkt $(40, 10)$ (Figur 19.8).

Die Überlegungen zu impliziten Funktionen lassen sich auch für die Theorie der Mehrproduktunternehmung nutzen. Stellt eine Unternehmung mit Hilfe von n Produktionsfaktoren m Produkte her, und bezeichnen wir die Faktorquantitäten mit $x_1, \ldots, x_n$, die Produktquantitäten mit $y_1, \ldots, y_m$, so existiert unter gewissen Voraussetzungen eine Funktion f, die für bestimmte Faktor-Produkt-Vektoren

$$(x_1, \ldots, x_n, y_1, \ldots, y_m) = (\boldsymbol{x}, \boldsymbol{y}) \in D \subseteq \mathbb{R}_+^{n+m}$$

die Produktionsgleichung

$$f(x_1, \ldots, x_n, y_1, \ldots, y_m) = f(\boldsymbol{x}, \boldsymbol{y}) = 0$$

erfüllt. Der Produktvektor $\boldsymbol{y}$ wird genau dann mit Hilfe des Faktorvektors $\boldsymbol{x}$ realisiert, wenn die Produktionsgleichung erfüllt ist.

Dann bezeichnet

$$x_i = f_i(x_1, \ldots, x_{i-1}, x_{i+1}, \ldots, x_n, y_1, \ldots, y_m) \quad \text{die } i\text{-te } \textbf{Faktorfunktion},$$
$$y_j = f_{n+j}(x_1, \ldots, x_n, y_1, \ldots, y_{j-1}, y_{j+1}, \ldots, y_m) \quad \text{die } j\text{-te } \textbf{Produktfunktion}.$$

Sind alle Funktionen partiell differenzierbar, so heißt

$\dfrac{\partial y_j}{\partial x_i}$ die j-te **Grenzproduktivität** des i-ten Faktors,

$\dfrac{\partial x_i}{\partial y_j}$ der i-te **Grenzaufwand** des j-ten Produktes,

$\dfrac{\partial y_j}{\partial y_k}$ die j-te **Grenzrate der Substitution** bzgl. des k-ten Produktes,

$\dfrac{\partial x_i}{\partial x_k}$ die i-te **Grenzrate der Substitution** bzgl. des k-ten Faktors.

19.4 Partielle Ableitungen zweiter Ordnung und totales Differential

Ist eine Funktion mehrerer Variablen in $D_1 \subseteq \mathbb{R}^n$ partiell nach allen Variablen differenzierbar (Definition 19.13, 19.14, 19.16), so erhält man mit $f_{x_1}, \ldots, f_{x_n}$ wieder reelle Funktionen, die in D_1 definiert und möglicherweise partiell differenzierbar sind. Wir kommen zu höheren partiellen Ableitungen.

Definition 19.27

Eine Funktion $f : D \to \mathbb{R}$, $D \subseteq \mathbb{R}^n$ sei in D nach allen Variablen $x_1, \ldots, x_n$ partiell differenzierbar, ebenso die partiellen Ableitungen $f_{x_1}, \ldots, f_{x_n}$. Dann heißt f **zweimal partiell** nach allen Variablen **differenzierbar**. Wir erhalten die **partiellen Ableitungen zweiter Ordnung** für $i, j = 1, \ldots, n$

$$f^{ij}(\boldsymbol{x}) = f_{x_i x_j}(x_1, \ldots, x_n) = \frac{\partial}{\partial x_j}\frac{\partial}{\partial x_i} f(\boldsymbol{x}) = \frac{\partial^2 f(\boldsymbol{x})}{\partial x_j \partial x_i}.$$

Bei der Bildung von $f_{x_i x_j}$ differenziert man zuerst nach x_i und anschließend nach x_j. Entsprechend erklärt man partielle Ableitungen höherer Ordnung. Wir nennen schließlich eine Funktion ***k*-mal stetig partiell differenzierbar**, wenn sie stetige partielle Ableitungen k-ter Ordnung besitzt.

Beispiel 19.28

Zur Aufforstung von x_1 Hektar Boden stehen x_2 Arbeiter zur Verfügung. Nach x_3 Jahren sei y die Menge an Festmetern Nutzholz, das geschlagen wird. Ferner gelte der Zusammenhang

$$y = f(x_1, x_2, x_3) = a x_1^{\alpha} x_2^{1-\alpha} x_3^{\beta} \quad \text{mit } a > 0,\ \alpha, \beta \in \langle 0, 1 \rangle .$$

Dann beschreibt:

$$f_{x_1}(x_1, x_2, x_3) = a\alpha x_1^{\alpha-1} x_2^{1-\alpha} x_3^{\beta} \quad \text{den Grenzertrag des Faktors Boden}$$

$$f_{x_2}(x_1, x_2, x_3) = a(1-\alpha) x_1^{\alpha} x_2^{-\alpha} x_3^{\beta} \quad \text{den Grenzertrag des Faktors Arbeit}$$

$$f_{x_3}(x_1, x_2, x_3) = a\beta x_1^{\alpha} x_2^{1-\alpha} x_3^{\beta-1} \quad \text{den Grenzertrag des Faktors Zeit}$$

Ferner ist

$$f_{x_3 x_3}(x_1, x_2, x_3) = a\beta(\beta-1) x_1^{\alpha} x_2^{1-\alpha} x_3^{\beta-2} .$$

Wegen $\beta \in \langle 0, 1 \rangle$ ist $f_{x_3 x_3}(x_1, x_2, x_3)$ negativ, d. h. der Grenzertrag des Faktors Zeit sinkt mit fortschreitender Zeit, wenn die Aufforstungsfläche x_1 und die Anzahl x_2 der Arbeiter konstant bleibt.

Weiter berechnen wir für $x_1, x_2, x_3 > 0$

$$f_{x_3 x_2}(x_1, x_2, x_3) = a\beta(1-\alpha) x_1^{\alpha} x_2^{-\alpha} x_3^{\beta-1} > 0 ,$$
$$f_{x_2 x_3}(x_1, x_2, x_3) = a(1-\alpha)\beta x_1^{\alpha} x_2^{-\alpha} x_3^{\beta-1} > 0 .$$

Der Grenzertrag des Faktors Zeit wächst mit steigender Arbeiterzahl und der Grenzertrag des Faktors Arbeit wächst mit fortschreitender Zeit. Beide Zuwächse sind gleich.

Es fällt in Beispiel 19.28 auf, dass die partiellen Ableitungen $f_{x_3 x_2}(x_1, x_2, x_3)$ und $f_{x_2 x_3}(x_1, x_2, x_3)$ für beliebige (x_1, x_2, x_3) übereinstimmen. Die folgende Aussage zeigt, dass dies kein Zufall ist.

Satz 19.29

Die Funktion $f: D \to \mathbb{R}$, $D \subseteq \mathbb{R}^n$ sei zweimal stetig partiell differenzierbar in D mit den Ableitungen $f_{x_i x_j}$ $(i, j = 1, \ldots, n)$. Dann gilt

$$f_{x_i x_j}(\boldsymbol{x}) = f_{x_j x_i}(\boldsymbol{x}) \quad \text{für alle} \quad \boldsymbol{x} \in D .$$

Der Beweis erfolgt durch wiederholte Anwendung des Mittelwertsatzes der Differentialrechnung (Satz 9.1) und kann bei [Forster 2, S. 55, 56] nachgelesen werden.

Definition 19.30

Die Funktion $f: D \to \mathbb{R},\ D \subseteq \mathbb{R}^n$ sei zweimal stetig partiell differenzierbar in D mit den Ableitungen $f_{x_i x_j}\ (i, j = 1, \dots, n)$. Dann heißt die symmetrische Matrix

$$\boldsymbol{H}(\boldsymbol{x}) = \begin{pmatrix} f_{x_1x_1}(\boldsymbol{x}) & f_{x_1x_2}(\boldsymbol{x}) & \cdots & f_{x_1x_n}(\boldsymbol{x}) \\ f_{x_2x_1}(\boldsymbol{x}) & f_{x_2x_2}(\boldsymbol{x}) & \cdots & f_{x_2x_n}(\boldsymbol{x}) \\ \vdots & & \ddots & \vdots \\ f_{x_nx_1}(\boldsymbol{x}) & f_{x_nx_2}(\boldsymbol{x}) & \cdots & f_{x_nx_n}(\boldsymbol{x}) \end{pmatrix}$$

nach **O. Hesse** (1811–1874) die **Hessematrix** von f im Punkt $\boldsymbol{x} \in D$.

Beispiel 19.31

Zur Funktion f mit $f(x_1, x_2) = x_1 e^{x_2} - x_1^3 x_2$ berechnen wir die Hessematrix:

$$f_{x_1}(x_1, x_2) = e^{x_2} - 3x_1^2 x_2\,, \quad f_{x_2}(x_1, x_2) = x_1 e^{x_2} - x_1^3$$

$$f_{x_1x_1}(x_1, x_2) = -6x_1x_2\,, \quad f_{x_2x_2}(x_1, x_2) = x_1 e^{x_2}$$

$$f_{x_1x_2}(x_1, x_2) = e^{x_2} - 3x_1^2 = f_{x_2x_1}(x_1, x_2)$$

$$\boldsymbol{H}(x_1, x_2) = \begin{pmatrix} -6x_1x_2 & e^{x_2} - 3x_1^2 \\ e^{x_2} - 3x_1^2 & x_1 e^{x_2} \end{pmatrix}$$

Wir erhalten beispielsweise für $(x_1, x_2) = (0, 0)$ bzw. $(-2, 1)$

$$\boldsymbol{H}(0,0) = \begin{pmatrix} 0 & 1 \\ 1 & 0 \end{pmatrix},$$

$$\boldsymbol{H}(-2,1) = \begin{pmatrix} 12 & e - 12 \\ e - 12 & -2e \end{pmatrix} \approx \begin{pmatrix} 12 & -9.28 \\ -9.28 & -5.44 \end{pmatrix}.$$

Bevor wir auf Fragen der Konvexität und Konkavität sowie der Optimierung bei Funktionen mehrerer Veränderlicher etwas näher eingehen, erweist es sich als zweckmäßig, die Taylorsche Formel (Satz 9.11) auf Funktionen mehrerer Variablen zu übertragen. Die Funktion $f: D \to \mathbb{R},\ D \subseteq \mathbb{R}^n$ sei in einer offenen r-Umgebung des Punktes $\boldsymbol{c} \in D$ mit

$$K_<(\boldsymbol{c}, r) = \{\boldsymbol{x} \in D : \|\boldsymbol{x} - \boldsymbol{c}\| < r\} \qquad \text{(Definition 12.7 b)}$$

genügend oft stetig partiell differenzierbar.

Ist $\boldsymbol{x} \in K_<(\boldsymbol{c}, r)$, so liegt auch jeder Punkt z zwischen $\boldsymbol{x}$ und $\boldsymbol{c}$, also

$$z = t\boldsymbol{x} + (1-t)\boldsymbol{c} = \boldsymbol{c} + t(\boldsymbol{x} - \boldsymbol{c}) \quad \text{mit} \quad t \in \langle 0, 1 \rangle\,,$$

in $K_<(\boldsymbol{c}, r)$. Bei gegebenen $\boldsymbol{x}$ und $\boldsymbol{c}$ ist jeder Zwischenpunkt z eindeutig durch einen Wert $t \in \langle 0, 1\rangle$ festgelegt. Damit ist die Funktion f zwischen $\boldsymbol{x}$ und $\boldsymbol{c}$ in Abhängigkeit von t darstellbar.

$$f(z) = f(\boldsymbol{c} + t(\boldsymbol{x} - \boldsymbol{c})) = g(t) \quad \text{mit}$$
$$f(\boldsymbol{c}) = g(0) \ \text{ und } \ f(\boldsymbol{x}) = g(1)$$

Damit kann man eine zu Satz 9.11 entsprechende Aussage formulieren.

Satz 19.32

Die Funktion f sei in der r-Umgebung $K_<(\boldsymbol{c}, r)$ des Punktes $\boldsymbol{c}$ genügend oft stetig partiell differenzierbar.

Dann gibt es zu jedem $\boldsymbol{x} \in K_<(\boldsymbol{c}, r)$ mit $\boldsymbol{x} \neq \boldsymbol{c}$

a) ein z_0 zwischen $\boldsymbol{x}$ und $\boldsymbol{c}$ mit

$$f(\boldsymbol{x}) = f(\boldsymbol{c}) + \operatorname{grad} f(z_0)^T (\boldsymbol{x} - \boldsymbol{c})\,,$$

b) ein z_1 zwischen $\boldsymbol{x}$ und $\boldsymbol{c}$ mit

$$f(\boldsymbol{x}) = f(\boldsymbol{c}) + \operatorname{grad} f(\boldsymbol{c})^T (\boldsymbol{x} - \boldsymbol{c}) + \frac{1}{2}(\boldsymbol{x} - \boldsymbol{c})^T \boldsymbol{H}(z_1)(\boldsymbol{x} - \boldsymbol{c})\,.$$

Beweisidee:

Wir erinnern an die Taylorsche Formel für Funktionen einer Variablen an der Stelle $x_0 = c$ (Satz 9.11)

$$f(x) = f(c) + f'(c)(x-c) + \frac{f''(c)}{2!}(x-c)^2 + \ldots + \frac{f^{(n+1)}(z)}{(n+1)!}(x-c)^{n+1} \quad \text{mit}$$
$$z \text{ zwischen } x \text{ und } c,$$

also für

$$n = 0: \quad f(x) = f(c) + f'(z)(x-c)$$
$$n = 1: \quad f(x) = f(c) + f'(c)(x-c) + \frac{f''(z)}{2!}(x-c)^2$$

Entsprechendes gilt für Funktionen mehrerer Variablen, also für

$$n = 0: \quad f(\boldsymbol{x}) = f(\boldsymbol{c}) + \operatorname{grad} f(z_0)^T (\boldsymbol{x} - \boldsymbol{c}) \quad \text{mit}$$
$$z_o = t\boldsymbol{x} + (1-t)\boldsymbol{c}, \ \text{für ein } t \in \langle 0, 1\rangle$$

$$n = 1: \quad f(\boldsymbol{x}) = f(\boldsymbol{c}) + \operatorname{grad} f(\boldsymbol{c})(\boldsymbol{x} - \boldsymbol{c}) + \frac{1}{2}(\boldsymbol{x} - \boldsymbol{c})^T \boldsymbol{H}(z_1)(\boldsymbol{x} - \boldsymbol{c}) \quad \text{mit}$$
$$z_1 = t\boldsymbol{x} + (1-t)\boldsymbol{c}, \ \text{für ein } t \in \langle 0, 1\rangle$$

Die Ergebnisse lassen sich auf $n = 2, 3, \ldots$ erweitern [Forster 2, S. 74–78].

Beispiel 19.33

Wir approximieren die in Beispiel 19.31 behandelte Funktion mit

$$f(x_1, x_2) = x_1 e^{x_2} - x_1^3 x_2$$

in der Nähe des Nullpunktes durch ihr Taylorpolynom $f_2(x_1, x_2)$ zweiten Grades. Dann gilt:

$$\begin{aligned} f_2(x_1, x_2) &= f(0,0) + \operatorname{grad} f(0,0)^T \begin{pmatrix} x_1 \\ x_2 \end{pmatrix} + \frac{1}{2}(x_1, x_2)\boldsymbol{H}(0,0) \begin{pmatrix} x_1 \\ x_2 \end{pmatrix} \\ &= 0 + (1,0) \begin{pmatrix} x_1 \\ x_2 \end{pmatrix} + \frac{1}{2}(x_1, x_2) \begin{pmatrix} 0 & 1 \\ 1 & 0 \end{pmatrix} \begin{pmatrix} x_1 \\ x_2 \end{pmatrix} \qquad \text{(Beispiel 19.31)} \\ &= x_1 + \frac{1}{2}(x_2, x_1) \begin{pmatrix} x_1 \\ x_2 \end{pmatrix} = x_1 + x_1 x_2 \end{aligned}$$

Wir erhalten erwartungsgemäß ein Polynom zweiten Grades in zwei Variablen.

Es gilt $f_2(0,0) = f(0,0) = 0$. Für $(x_1, x_2) \neq (0,0)$ erhalten wir beispielsweise die folgenden Werte für f und f_2:

(x_1, x_2)	$(1,1)$	$(0.5, 0.5)$	$(0.5, 0.1)$	$(0.1, 0.5)$	$(0.1, 0.1)$
$f(x_1, x_2)$	1.718	0.762	0.54	0.164	0.11
$f_2(x_1, x_2)$	2	0.75	0.55	0.15	0.11

Mit Hilfe des Satzes 19.32 sind wir nun auch in der Lage, die Änderung einer Funktion mehrerer Variablen an einer Stelle $\boldsymbol{x} = (x_1, \ldots, x_n)$ mit Hilfe einer linearen Funktion zu approximieren. Wir verwenden die Schreibweise

$$\begin{aligned} \triangle f(\boldsymbol{x}) &= f(\boldsymbol{x} + \triangle \boldsymbol{x}) - f(\boldsymbol{x}) \\ &= f(x_1 + \triangle x_1, \ldots, x_n + \triangle x_n) - f(x_1, \ldots, x_n) \,. \end{aligned}$$

Ändert man alle Variablenwerte x_i gleichzeitig und unabhängig voneinander um $\triangle x_i$, so ergibt sich eine Änderung des Funktionswertes um $\triangle f(\boldsymbol{x})$.

Ersetzt man in Satz 19.32 b den Vektor $\boldsymbol{x}$ durch $\boldsymbol{x} + \triangle \boldsymbol{x}$ und den Vektor $\boldsymbol{c}$ durch $\boldsymbol{x}$, so ergibt sich

$$\triangle f(\boldsymbol{x}) = f(\boldsymbol{x} + \triangle \boldsymbol{x}) - f(\boldsymbol{x}) = \operatorname{grad} f(\boldsymbol{x})^T \triangle \boldsymbol{x} + \frac{1}{2} \triangle \boldsymbol{x}^T \boldsymbol{H}(z_1) \triangle \boldsymbol{x} \quad \text{mit}$$

z_1 zwischen $\boldsymbol{x}$ und $\boldsymbol{x} + \triangle \boldsymbol{x}$.

Da nun $\triangle \boldsymbol{x}^T \boldsymbol{H}(z_1) \triangle \boldsymbol{x}$ eine quadratische Form in $\triangle \boldsymbol{x}$ darstellt (Definition 18.17), gilt wegen $\| \triangle \boldsymbol{x} \| = \sqrt{(\triangle x_1)^2 + \ldots + (\triangle x_n)^2}$ (Definition 12.1)

$$\frac{\triangle \boldsymbol{x}^T \boldsymbol{H}(z_1) \triangle \boldsymbol{x}}{\| \triangle \boldsymbol{x} \|} \to 0 \quad \text{für} \quad \triangle \boldsymbol{x} \to \boldsymbol{o}$$

und wir erhalten mit

$$\frac{\triangle f(\boldsymbol{x})}{\| \triangle \boldsymbol{x} \|} = \frac{f(\boldsymbol{x} + \triangle \boldsymbol{x}) - f(\boldsymbol{x})}{\| \triangle \boldsymbol{x} \|} \approx \operatorname{grad} f(\boldsymbol{x})^T \frac{\triangle \boldsymbol{x}}{\| \triangle \boldsymbol{x} \|}$$

einen gewissen Bezug zur Differentialrechnung einer Variablen (Definition 8.2).

Mit Hilfe derartiger Überlegungen können wir nun den Begriff der totalen Differenzierbarkeit einführen.

Definition 19.34

Eine reelle Funktion $f : D \to \mathbb{R},\ D \subseteq \mathbb{R}^n$ heißt in $\boldsymbol{x} \in D$ **(total) differenzierbar**, wenn in einer Umgebung von $\boldsymbol{x}$ eine Darstellung der Form

$$\triangle f(\boldsymbol{x}) = f(\boldsymbol{x} + \triangle \boldsymbol{x}) - f(\boldsymbol{x}) = \boldsymbol{a}^T \triangle \boldsymbol{x} + g(\triangle \boldsymbol{x})$$

$$\text{mit} \quad \boldsymbol{a} \in \mathbb{R}^n, \ \frac{g(\triangle \boldsymbol{x})}{\| \triangle \boldsymbol{x} \|} \to 0 \quad \text{für} \quad \| \triangle \boldsymbol{x} \| \to 0$$

existiert.

Für $\boldsymbol{a} = \operatorname{grad} f(\boldsymbol{x})$ heißt $\boldsymbol{a}^T \triangle \boldsymbol{x}$ das **totale Differential** von f in $\boldsymbol{x} \in D$.

Über einige Zusammenhänge mit Stetigkeit und partieller Differenzierbarkeit gibt der folgende Satz Auskunft.

Satz 19.35

Gegeben sei eine reelle Funktion $f : D \to \mathbb{R},\ D \subseteq \mathbb{R}^n$. Dann gilt:

a) f besitzt stetige partielle Ableitungen in $\boldsymbol{x}$
$\Rightarrow$ f ist total differenzierbar in $\boldsymbol{x}$

b) f ist total differenzierbar in $\boldsymbol{x}$
$\Rightarrow$ f ist stetig und in $\boldsymbol{x}$ partiell nach allen Variablen differenzierbar
mit $\boldsymbol{a} = \operatorname{grad} f(\boldsymbol{x}),\ g(\triangle \boldsymbol{x}) = \frac{1}{2}\ \triangle \boldsymbol{x}^T \boldsymbol{H}(z_1)\ \triangle \boldsymbol{x}$ und
mit z_1 zwischen $\boldsymbol{x}$ und $\boldsymbol{x} + \triangle \boldsymbol{x}$

Zum Beweis verweisen wir auf [Forster 2, S. 62–66].

Die näherungsweise Berechnung der Veränderung von Funktionswerten ist nun auch mit Hilfe des totalen Differentials möglich.

Die Güte der Näherung wird dabei bestimmt durch den Ausdruck $g(\triangle \boldsymbol{x})$, von dem wir wissen, dass sogar $\frac{g(\triangle \boldsymbol{x})}{\|\triangle \boldsymbol{x}\|}$ für $\triangle \boldsymbol{x} \to \boldsymbol{o}$ gegen 0 strebt.

Beispiel 19.36

Wir betrachten die Funktion $f : \mathbb{R}^2_+ \to \mathbb{R}$ mit

$$f(x_1, x_2) = \ln(x_1^2 + x_2 + 1) .$$

Dann gilt nach Definition 19.34 und Satz 19.35

$$\triangle f(\boldsymbol{x}) = \frac{2x_1}{x_1^2 + x_2 + 1} \triangle x_1 + \frac{1}{x_1^2 + x_2 + 1} \triangle x_2 + g(\triangle \boldsymbol{x}) .$$

Mit $\triangle x_1 = \triangle x_2 = 0.1$ erhalten wir an der Stelle $\boldsymbol{x} = (2, 5)$ mit $g(\triangle \boldsymbol{x}) \approx 0$ folgenden Näherungswert:

$$\tilde{\triangle} f(2, 5) = \frac{4}{10} 0.1 + \frac{1}{10} 0.1 = 0.05 \approx \triangle f(2, 5)$$

Wegen

$$\begin{aligned} \triangle f(\boldsymbol{x}) &= f(\boldsymbol{x} + \triangle \boldsymbol{x}) - f(\boldsymbol{x}) \\ &= \ln((x_1 + \triangle x_1)^2 + x_2 + \triangle x_2 + 1) - \ln(x_1^2 + x_2 + 1) \end{aligned}$$

ist der exakte Wert für $\boldsymbol{x} = (2, 5)$ und $\triangle \boldsymbol{x} = (0.1, 0.1)$

$$\begin{aligned} \triangle f(2, 5) &= \ln(2.1^2 + 5.1 + 1) - \ln(4 + 5 + 1) \\ &= \ln(10.51) - \ln(10) = 0.049742 . \end{aligned}$$

Der Wert $\tilde{\triangle} f(2, 5) = 0.05$ stellt eine relativ gute Näherung für die tatsächliche Differenz $\triangle f(2, 5)$ dar.

Für $\triangle x_1 = \triangle x_2 = 0.01$ berechnet man entsprechend

$$\tilde{\triangle} f(2, 5) = \frac{4}{10} 0.01 + \frac{1}{10} 0.01 = 0.005 ,$$

$$\triangle f(2, 5) = \ln(2.01^2 + 5.01 + 1) - \ln(4 + 5 + 1) = 0.0049975 .$$

20 Kurvendiskussion für Funktionen mehrerer Variablen

Im Rahmen der Kurvendiskussion bei Funktionen mehrerer Variablen behandeln wir beispielsweise die Fragestellungen (Kapitel 9):

- Schnittpunkte mit den Koordinatenachsen
  $\boldsymbol{x} = (x_1, \ldots, x_n) \in \mathbb{R}^n \quad$ mit $\quad f(\boldsymbol{x}) = 0$
  $\boldsymbol{x}^i = (x_1, \ldots, 0, \ldots, x_n) \in \mathbb{R}^n \quad$ mit $\quad f(\boldsymbol{x}^i) = y_i \; (i = 1, \ldots, n)$
  sowie $\; f(\boldsymbol{o}) = y_0$
- lokale und globale Extremalstellen (Abschnitt 9.2)
  $\boldsymbol{x}_{\max} \quad$ mit $\quad f(\boldsymbol{x}_{\max}) \geq f(\boldsymbol{x})$
  $\boldsymbol{x}_{\min} \quad$ mit $\quad f(\boldsymbol{x}_{\min}) \leq f(\boldsymbol{x})$
- Monotonie (Abschnitt 9.1)
  $\boldsymbol{x} < \hat{\boldsymbol{x}} \quad \Rightarrow \quad f(\boldsymbol{x}) \leq f(\hat{\boldsymbol{x}})$ bzw. $\quad f(\boldsymbol{x}) \geq f(\hat{\boldsymbol{x}})$
- Konvexität bzw. Konkavität (Abschnitt 9.1)
  $\boldsymbol{x} \neq \hat{\boldsymbol{x}} \quad \Rightarrow \quad f(\lambda \boldsymbol{x} + (1-\lambda)\hat{\boldsymbol{x}}) \leq \lambda f(\boldsymbol{x}) + (1-\lambda) f(\hat{\boldsymbol{x}})$ bzw.
  $\boldsymbol{x} \neq \hat{\boldsymbol{x}} \quad \Rightarrow \quad f(\lambda \boldsymbol{x} + (1-\lambda)\hat{\boldsymbol{x}}) \geq \lambda f(\boldsymbol{x}) + (1-\lambda) f(\hat{\boldsymbol{x}})$ für alle $\lambda \in \langle 0, 1 \rangle$

Wir werden dazu einige Aussagen für Funktionen einer Variablen auf Funktionen mehrerer Variablen in geeigneter Form übertragen.

20.1 Monotonie und Konvexität

Für die Monotonie, die Konvexität und Konkavität existieren notwendige bzw. hinreichende Bedingungen, die wir in den nachfolgenden Sätzen zusammenstellen.

Satz 20.1

Die Funktion $f : D \to \mathbb{R}$ sei in einer r-Umgebung $K_<(\boldsymbol{x}, r) \subseteq D \subseteq \mathbb{R}^n$ partiell differenzierbar nach allen Variablen. Dann gilt:

a) f monoton wachsend in $K_\leq \iff \operatorname{grad} f(\boldsymbol{x}) > \boldsymbol{o}$ für alle $\boldsymbol{x} \in K_<$

b) f monoton fallend in $K_\leq \iff \operatorname{grad} f(\boldsymbol{x}) > \boldsymbol{o}$ für alle $\boldsymbol{x} \in K_<$

Der Beweis erfolgt entsprechend zum Beweis von Satz 9.2.

Beispiel 20.2

Wir betrachten die Funktion $f : \mathbb{R}^3 \to \mathbb{R}$ mit:

$$\begin{aligned}
f(x_1, x_2, x_3) &= x_1 e^{x_2} - x_3^2 \\
f_{x_1}(x_1, x_2, x_3) &= e^{x_2} > 0 && \iff x_2 \in \mathbb{R} \\
f_{x_2}(x_1, x_2, x_3) &= x_1 e^{x_2} > 0 && \iff x_1 > 0,\ x_2 \in \mathbb{R} \\
f_{x_3}(x_1, x_2, x_3) &= -2x_3 > 0 && \iff x_3 < 0
\end{aligned}$$

Die Funktion f wächst monoton für alle (x_1, x_2, x_3) mit

$$x_1 \geq 0\,, \quad x_2 \in \mathbb{R}\,, \quad x_3 \leq 0$$

und wegen $f_{x_1}(x_1, x_2, x_3) > 0$ für alle $\boldsymbol{x} \in \mathbb{R}^3$ fällt sie nirgends monoton.

Zum Nachweis von Konvexität bzw. Konkavität benötigen wir die Hessematrizen der gemischten zweiten Ableitungen (Definition 19.30) sowie deren Definitheitseigenschaften.

Bestimmt man zu einer Funktion $f : D \to \mathbb{R}$ mit $D \subseteq \mathbb{R}^n$ die Hessematrix $\boldsymbol{H}(\boldsymbol{x}^*)$ für ein festes $\boldsymbol{x}^*$, so ist nach Definition 18.17 die Matrix $\boldsymbol{H}(\boldsymbol{x}^*)$

positiv definit, wenn $\boldsymbol{x}^T \boldsymbol{H}(\boldsymbol{x}^*) \boldsymbol{x} > 0$ für alle $\boldsymbol{x} \neq \boldsymbol{o}$ gilt,

positiv semidefinit, wenn $\boldsymbol{x}^T \boldsymbol{H}(\boldsymbol{x}^*) \boldsymbol{x} \geq 0$ für alle $\boldsymbol{x} \neq \boldsymbol{o}$ gilt,

negativ definit, wenn $\boldsymbol{x}^T \boldsymbol{H}(\boldsymbol{x}^*) \boldsymbol{x} < 0$ für alle $\boldsymbol{x} \neq \boldsymbol{o}$ gilt,

negativ semidefinit, wenn $\boldsymbol{x}^T \boldsymbol{H}(\boldsymbol{x}^*) \boldsymbol{x} \leq 0$ für alle $\boldsymbol{x} \neq \boldsymbol{o}$ gilt,

indefinit in allen übrigen Fällen.

Satz 20.3

Die Funktion $f : D \to \mathbb{R}$ mit konvexem $D \subseteq \mathbb{R}^n$ sei zweimal stetig partiell differenzierbar nach allen Variablen. Dann gilt:

a) $\boldsymbol{H}(\boldsymbol{x})$ ist positiv definit für alle $\boldsymbol{x} \in D \Rightarrow f$ ist streng konvex in D

$\boldsymbol{H}(\boldsymbol{x})$ ist negativ definit für alle $\boldsymbol{x} \in D \Rightarrow f$ ist streng konkav in D

b) $\boldsymbol{H}(\boldsymbol{x})$ ist positiv semidefinit für alle $\boldsymbol{x} \in D \iff f$ ist konvex in D

$\boldsymbol{H}(\boldsymbol{x})$ ist negativ semidefinit für alle $\boldsymbol{x} \in D \iff f$ ist konkav in D

Zum Beweis verweisen wir auf [Kall, S. 123, 124].

Nach Satz 20.3 b ist die Funktion f genau dann konvex (konkav) in K, wenn die Hessematrix für alle $\boldsymbol{x} \in K$ positiv semidefinit (negativ semidefinit) ist, d. h., wenn die Eigenwerte der Hessematrix größer oder gleich 0 (kleiner oder gleich 0) sind (Definition 18.3, Satz 18.20). Für die strenge Konvexität bzw. Konkavität gilt nur eine Richtung (Satz 20.3 a).

Beispiel 20.4

Wir betrachten die Funktion $f : \mathbb{R}^3 \to \mathbb{R}$ mit

$$\begin{aligned} f(x_1, x_2, x_3) &= x_1^3 - 3x_1 + x_2^3 - 3x_2^2 + x_3^2 , \\ f_{x_1}(x_1, x_2, x_3) &= 3x_1^2 - 3 , \\ f_{x_2}(x_1, x_2, x_3) &= 3x_2^2 - 6x_2 , \\ f_{x_3}(x_1, x_2, x_3) &= 2x_3 . \end{aligned}$$

Für die Hessematrix erhalten wir

$$\boldsymbol{H}(\boldsymbol{x}) = \begin{pmatrix} f_{x_1x_1}(\boldsymbol{x}) & f_{x_1x_2}(\boldsymbol{x}) & f_{x_1x_3}(\boldsymbol{x}) \\ f_{x_2x_1}(\boldsymbol{x}) & f_{x_2x_2}(\boldsymbol{x}) & f_{x_2x_3}(\boldsymbol{x}) \\ f_{x_3x_1}(\boldsymbol{x}) & f_{x_3x_2}(\boldsymbol{x}) & f_{x_3x_3}(\boldsymbol{x}) \end{pmatrix} = \begin{pmatrix} 6x_1 & 0 & 0 \\ 0 & 6x_2 - 6 & 0 \\ 0 & 0 & 2 \end{pmatrix}$$

mit den Eigenwerten $\lambda_1 = 6x_1$, $\lambda_2 = 6x_2 - 6$, $\lambda_3 = 2$.

Für $\lambda_1, \lambda_2, \lambda_3 \geq 0$, also $x_1 \geq 0$, $x_2 \geq 1$, $x_3 \in \mathbb{R}$, ist $\boldsymbol{H}(\boldsymbol{x})$ positiv semidefinit und damit die Funktion f konvex.

Entsprechend ist f streng konvex für $x_1 > 0$, $x_2 > 1$, $x_3 \in \mathbb{R}$. Wegen $\lambda_3 > 0$ ist die Funktion f nirgends konkav bzw. streng konkav.

20.2 Extremwertbestimmung

Mit Hilfe von Monotonie und Konvexität gewinnen wir wesentliche Einsichten in den Kurvenverlauf von Funktionen mehrerer Variablen. Der folgende Satz zeigt nun einen Zusammenhang des Gradienten einer Funktion mit ihren Extremwerten.

Satz 20.5

Die Funktion $f : D \to \mathbb{R}$ sei in $D \subseteq \mathbb{R}^n$ nach allen Variablen partiell differenzierbar und besitze in $\boldsymbol{x}^* \in D$ ein lokales Maximum oder Minimum. Dann gilt:

$$\operatorname{grad} f(\boldsymbol{x}^*) = \boldsymbol{o} \qquad \text{(Satz 9.5)}$$

Der Beweis erfolgt entsprechend zum Beweis von Satz 9.5.

Entsprechend zu Satz 9.5 haben wir auch hier eine notwendige, aber keine hinreichende Bedingung für ein lokales Maximum oder Minimum.

Beispiel 20.6

Die Funktion $f : \mathbb{R}^3 \to \mathbb{R}$ mit $f(x_1, x_2, x_3) = (1 - x_1)^2 + (2 + x_2)^2 + e^{x_3^2}$ nimmt für alle $\boldsymbol{x} \in \mathbb{R}^3$ wegen $(1 - x_1)^2 \geq 0$, $(2 + x_2)^2 \geq 0$ und $e^{x_3^2} \geq 1$ positive Werte an, die größer oder gleich 1 sind.

Damit ergibt sich eine Minimalstelle für $(x_1^*, x_2^*, x_3^*) = (1, -2, 0)$ mit $f(1, -2, 0) = 1$.

Wir erhalten den Gradienten

$$\operatorname{grad} f(\boldsymbol{x})^T = (-2(1 - x_1),\ 2(2 + x_2),\ 2x_3 e^{x_3^2}) = (0, 0, 0)$$

für $(x_1, x_2, x_3) = (1, -2, 0)$.

Um zu hinreichenden Bedingungen für lokale Extrema zu kommen, benötigten wir bei Funktionen einer Variablen die zweiten Ableitungen (Satz 9.6), bei Funktionen mit n unabhängigen Variablen wiederum die Hessematrix und deren Definitheitseigenschaften.

Satz 20.7

Die Funktion $f : D \to \mathbb{R}$ mit konvexem $D \subseteq \mathbb{R}^n$ (Definition 12.20) sei in D zweimal stetig partiell differenzierbar nach allen Variablen. Ferner gebe es ein $\boldsymbol{x}^* \in D$ mit $\operatorname{grad} f(\boldsymbol{x}^*) = \boldsymbol{o}$. Dann gilt:

a) $\boldsymbol{H}(\boldsymbol{x}^*)$ ist negativ definit $\Rightarrow$ $\boldsymbol{x}^*$ ist lokale Maximalstelle von f
$\boldsymbol{H}(\boldsymbol{x}^*)$ ist positiv definit $\Rightarrow$ $\boldsymbol{x}^*$ ist lokale Minimalstelle von f
$\boldsymbol{H}(\boldsymbol{x}^*)$ ist indefinit $\Rightarrow$ $\boldsymbol{x}^*$ ist keine Extremalstelle von f

b) $\boldsymbol{H}(\boldsymbol{x})$ ist negativ definit für alle $\boldsymbol{x} \in D$
$\Rightarrow$ $\boldsymbol{x}^*$ ist einzige globale Maximalstelle von f
$\boldsymbol{H}(\boldsymbol{x})$ ist positiv definit für alle $\boldsymbol{x} \in D$
$\Rightarrow$ $\boldsymbol{x}^*$ ist einzige globale Minimalstelle von f

Zunächst sei darauf hingewiesen, dass die positive bzw. negative Semidefinitheit der Hessematrix $\boldsymbol{H}(\boldsymbol{x})$ nicht hinreicht, um Extremalstellen nachzuweisen.

Beweisidee:

a) Ist $\boldsymbol{H}(\boldsymbol{x}^*)$ negativ definit, so ist f mit $\operatorname{grad} f(\boldsymbol{x}^*) = \boldsymbol{o}$ in einer Umgebung von $\boldsymbol{x}^*$ streng konkav. Damit gilt $\max\limits_{\boldsymbol{x}} f(\boldsymbol{x}) = f(\boldsymbol{x}^*)$ in einer Umgebung von $\boldsymbol{x}^*$.

Ist $\boldsymbol{H}(\boldsymbol{x}^*)$ positiv definit, so ist f mit $\operatorname{grad} f(\boldsymbol{x}^*) = \boldsymbol{o}$ in einer Umgebung von $\boldsymbol{x}^*$ streng konvex. Damit gilt $\min\limits_{\boldsymbol{x}} f(\boldsymbol{x}) = f(\boldsymbol{x}^*)$ in einer Umgebung von $\boldsymbol{x}^*$.

b) Ist entsprechend $\boldsymbol{H}(\boldsymbol{x})$ negativ bzw. positiv definit für alle $\boldsymbol{x} \in D$, so gilt $\max\limits_{\boldsymbol{x}} f(\boldsymbol{x}) = f(\boldsymbol{x}^*)$ bzw. $\min\limits_{\boldsymbol{x}} f(\boldsymbol{x}) = f(\boldsymbol{x}^*)$ für alle $\boldsymbol{x} \in D$.

Satz 20.7 liefert ein Verfahren zur Berechnung von Extremalstellen bei Funktionen mehrerer Variablen. Man berechnet den Gradienten $\operatorname{grad} f(\boldsymbol{x})$ und ermittelt alle Lösungen des Gleichungssystems $\operatorname{grad} f(\boldsymbol{x}) = \boldsymbol{o}$. Für jede Lösung berechnet man die Hessematrix und prüft jeweils die Definitheitseigenschaften dieser Matrix. Dazu benutzt man am einfachsten Satz 18.23 a, b.

Wir übertragen die relevanten Aussagen und erhalten

$$\begin{aligned}
\boldsymbol{H}(\boldsymbol{x}) \text{ positiv definit} &\iff \det \boldsymbol{H}_1(\boldsymbol{x}) > 0, \ldots, \det \boldsymbol{H}_n(\boldsymbol{x}) > 0\,, \\
\boldsymbol{H}(\boldsymbol{x}) \text{ negativ definit} &\iff \det \boldsymbol{H}_1(\boldsymbol{x}) < 0, \det \boldsymbol{H}_2(\boldsymbol{x}) > 0, \ldots \\
&\iff (-1)^n \det \boldsymbol{H}_n(\boldsymbol{x}) > 0\,,
\end{aligned}$$

wobei mit $\boldsymbol{H}_i(\boldsymbol{x})$ die Hauptunterdeterminanten der Matrix $\boldsymbol{H}(\boldsymbol{x})$ gemeint sind.

Entsprechend Definition 18.22 gilt für $i = 1, \ldots, n$

$$\det \boldsymbol{H}_i(\boldsymbol{x}) = \det \begin{pmatrix} f_{x_1x_1}(\boldsymbol{x}) & \cdots & f_{x_1x_i}(\boldsymbol{x}) \\ \vdots & & \vdots \\ f_{x_ix_1}(\boldsymbol{x}) & \cdots & f_{x_ix_i}(\boldsymbol{x}) \end{pmatrix}.$$

Jedes $\boldsymbol{x}^*$ mit $\operatorname{grad} f(\boldsymbol{x}^*) = \boldsymbol{o}$ liefert:

- eine lokale Minimalstelle der Funktion f, falls $\det \boldsymbol{H}_i(\boldsymbol{x}^*) > 0 \quad (i = 1, \ldots, n)$
- eine globale Minimalstelle der Funktion f, falls $\det \boldsymbol{H}_i(\boldsymbol{x}) > 0 \quad (i = 1, \ldots, n)$ für alle $\boldsymbol{x} \in D$

Ebenso liefert jedes $\boldsymbol{x}^*$ mit $\operatorname{grad} f(\boldsymbol{x}^*) = \boldsymbol{o}$:

- eine lokale Maximalstelle der Funktion f, falls $(-1)^i \det \boldsymbol{H}_i(\boldsymbol{x}^*) > 0 \quad (i = 1, \ldots, n)$
- eine globale Maximalstelle der Funktion f, falls $(-1)^i \det \boldsymbol{H}_i(\boldsymbol{x}) > 0 \quad (i = 1, \ldots, n)$ für alle $\boldsymbol{x} \in D$

Ergeben sich nur lokale oder überhaupt keine Extremalstellen und ist der Definitionsbereich D beschränkt und abgeschlossen (Definition 12.10 b, 12.13 c, d), so erhält man globale Extremalstellen durch Untersuchung der Randpunkte von D (Satz 7.24).

Beispiel 20.8

a) Wir bestimmen alle Maximal- und Minimalstellen der Funktion $f : \mathbb{R}^3 \to \mathbb{R}$ mit

$$f(x_1, x_2, x_3) = \frac{1}{3}x_1^3 - 3x_2^2 - x_3^2 + 2x_2x_3 - x_1 + 2x_2 + 2x_3 + 4$$

und erhalten:

$$\begin{aligned} f_{x_1}(x_1, x_2, x_3) &= x_1^2 - 1 = 0 \Rightarrow x_1 = \pm 1 \\ f_{x_2}(x_1, x_2, x_3) &= -6x_2 + 2x_3 + 2 = 0 \\ f_{x_3}(x_1, x_2, x_3) &= -2x_3 + 2x_2 + 2 = 0 \end{aligned}$$

$$\begin{aligned} f_{x_2}(\boldsymbol{x}) + f_{x_3}(\boldsymbol{x}) &= -4x_2 + 4 = 0 \Rightarrow x_2 = 1 \\ f_{x_2}(\boldsymbol{x}) + 3f_{x_3}(\boldsymbol{x}) &= -4x_3 + 8 = 0 \Rightarrow x_3 = 2 \end{aligned}$$

$$\boldsymbol{H}(x_1, x_2, x_3) = \begin{pmatrix} f_{x_1x_1}(\boldsymbol{x}) & f_{x_1x_2}(\boldsymbol{x}) & f_{x_1x_3}(\boldsymbol{x}) \\ f_{x_2x_1}(\boldsymbol{x}) & f_{x_2x_2}(\boldsymbol{x}) & f_{x_2x_3}(\boldsymbol{x}) \\ f_{x_3x_1}(\boldsymbol{x}) & f_{x_3x_2}(\boldsymbol{x}) & f_{x_3x_3}(\boldsymbol{x}) \end{pmatrix} = \begin{pmatrix} 2x_1 & 0 & 0 \\ 0 & -6 & 2 \\ 0 & 2 & -2 \end{pmatrix}$$

$$\boldsymbol{H}(1,1,2) = \begin{pmatrix} 2 & 0 & 0 \\ 0 & -6 & 2 \\ 0 & 2 & -2 \end{pmatrix} \quad \text{mit} \quad \begin{aligned} \det \boldsymbol{H}_1(1,1,2) &= 2 \\ \det \boldsymbol{H}_2(1,1,2) &= -12 \\ \det \boldsymbol{H}_3(1,1,2) &= 16 \end{aligned}$$

Also ist die Matrix $\boldsymbol{H}(1,1,2)$ indefinit (Satz 18.23).

$$\boldsymbol{H}(-1,1,2) = \begin{pmatrix} -2 & 0 & 0 \\ 0 & -6 & 2 \\ 0 & 2 & -2 \end{pmatrix} \quad \text{mit} \quad \begin{aligned} \det \boldsymbol{H}_1(-1,1,2) &= -\ 2 \\ \det \boldsymbol{H}_2(-1,1,2) &= 12 \\ \det \boldsymbol{H}_3(-1,1,2) &= -16 \end{aligned}$$

Also ist die Matrix $\boldsymbol{H}(-1,1,2)$ negativ definit.

Wir erhalten ein lokales Maximum für $\boldsymbol{x} = (-1,1,2)$ mit

$$f(-1,1,2) = -\frac{1}{3} - 3 - 4 + 4 + 1 + 2 + 4 + 4 = \frac{23}{3}.$$

Ein lokales Minimum gibt es nicht.

Wegen $\lim\limits_{x_1 \to \infty} f(x_1,0,0) = \infty$, $\lim\limits_{x_1 \to -\infty} f(x_1,0,0) = -\infty$ gibt es weder ein globales Maximum noch ein globales Minimum im Definitionsbereich $\mathbb{R}^3$.

b) Wir untersuchen die Funktion $f\colon [0,1] \times [0,1] \to \mathbb{R}$ mit

$$f(x_1, x_2) = \frac{x_1(1-x_1)}{\sqrt{x_2+1}} = (x_1 - x_1^2)(x_2+1)^{-\frac{1}{2}}$$

auf Maximal- und Minimalstellen und erhalten:

$$f_{x_1}(x_1, x_2) = (1-2x_1)(x_2+1)^{-\frac{1}{2}} = 0 \Rightarrow x_1 = \frac{1}{2}$$

$$f_{x_2}(x_1, x_2) = (x_1 - x_1^2)\left(-\frac{1}{2}\right)(x_2+1)^{-\frac{3}{2}} \neq 0$$

$$\text{für} \quad x_1 = \frac{1}{2},\ x_2 \in \langle 0, 1\rangle$$

Die Funktion f besitzt im Bereich $\langle 0,1\rangle \times \langle 0,1\rangle$ weder ein Maximum noch ein Minimum.

Um mögliche globale Extrema zu finden, führen wir eine Randuntersuchung durch:

$$x_1 = 0: \; f(0, x_2) = 0 \qquad \text{für alle} \quad x_2 \in [0, 1]$$

$$x_1 = 1: \; f(1, x_2) = 0 \qquad \text{für alle} \quad x_2 \in [0, 1]$$

$$x_2 = 0: \; f(x_1, 0) = x_1 - {x_1}^2 \qquad \text{für alle} \quad x_1 \in [0, 1]$$

$$x_2 = 1: \; f(x_1, 1) = \frac{1}{\sqrt{2}}(x_1 - {x_1}^2) \qquad \text{für alle} \quad x_1 \in [0, 1]$$

Wir berechnen:

$$f_{x_1}(x_1, 0) \quad = 1 - 2x_1 = 0 \Rightarrow x_1 = \frac{1}{2}$$

$$f_{x_1 x_1}(x_1, 0) = -2 < 0$$

$$f_{x_1}(x_1, 1) \quad = \frac{1}{\sqrt{2}}(1 - 2x_1) = 0 \Rightarrow x_1 = \frac{1}{2}$$

$$f_{x_1 x_1}(x_1, 1) = -\frac{2}{\sqrt{2}} < 0$$

Ferner gilt:

$$f(x_1, x_2) = \frac{x_1(1 - x_1)}{\sqrt{x_2 + 1}} \geq 0 \quad \text{für alle} \quad (x_1, x_2) \in [0, 1] \times [0, 1]$$

$$f\left(\frac{1}{2}, 0\right) = \frac{1}{4}, \quad f\left(\frac{1}{2}, 1\right) = \frac{1}{4\sqrt{2}}$$

Damit sieht das Ergebnis folgendermaßen aus (Figur 20.1):

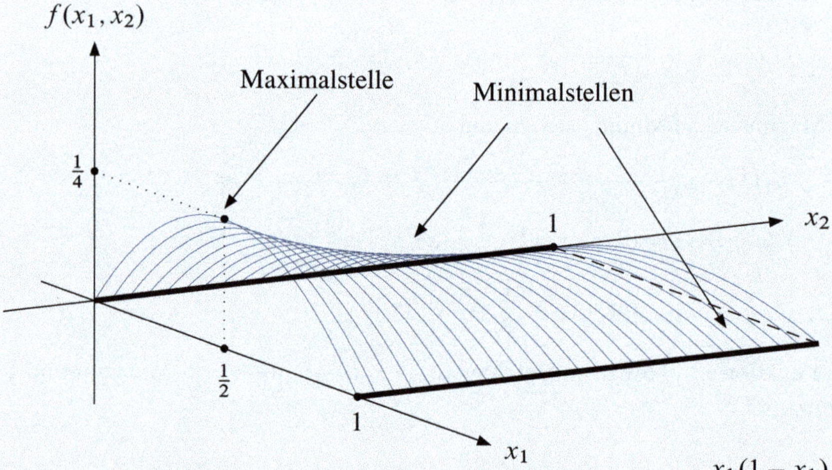

Figur 20.1: Extremalstellen der Funktion f mit $f(x_1, x_2) = \dfrac{x_1(1 - x_1)}{\sqrt{x_2 + 1}}$

Die Funktion f besitzt globale Minima für alle (x_1, x_2) mit $x_1 = 0$ oder $x_1 = 1$, unabhängig vom Wert $x_2 \in [0, 1]$. Ferner besitzt f genau ein globales Maximum für $(x_1, x_2) = \left(\frac{1}{2}, 0\right)$.
Im Minimum erhalten wir den Funktionswert 0, im Maximum $\frac{1}{4}$.

c) Der Zusammenhang zwischen den Absatzquantitäten x_1, x_2 zweier Produkte und ihren Preisen p_1, p_2 sei gegeben durch

$$x_1 = 50 - 2p_1 - p_2\,, \quad x_2 = 60 - p_1 - 3p_2 \quad \text{mit} \quad p_1, p_2 \in [0, 10]\,.$$

Da die Nachfrage x_1 und x_2 jeweils mit wachsendem Preis p_1 bzw. p_2 fällt, spricht man von **komplementären Gütern**.

Für den Umsatz ergibt sich die Funktion $u\colon [0, 10] \times [0, 10] \to \mathbb{R}$ in Abhängigkeit der Preise mit der Gleichung

$$u(p_1, p_2) = p_1 x_1 + p_2 x_2 = 50p_1 - 2{p_1}^2 + 60p_2 - 3{p_2}^2 - 2p_1 p_2\,.$$

Um die Preiskombination mit maximalem Umsatz zu finden, betrachten wir wieder den Gradienten und die Hessematrix:

$$\left.\begin{aligned} u_{p_1}(p_1, p_2) &= 50 - 4p_1 - 2p_2 = 0 \\ u_{p_2}(p_1, p_2) &= 60 - 6p_2 - 2p_1 = 0 \end{aligned}\right\} \Rightarrow \begin{aligned} p_1 &= 9 \\ p_2 &= 7 \end{aligned}$$

$$\boldsymbol{H}(\boldsymbol{p}) = \begin{pmatrix} u_{p_1 p_1}(\boldsymbol{p}) & u_{p_1 p_2}(\boldsymbol{p}) \\ u_{p_2 p_1}(\boldsymbol{p}) & u_{p_2 p_2}(\boldsymbol{p}) \end{pmatrix} = \begin{pmatrix} -4 & -2 \\ -2 & -6 \end{pmatrix} \quad \text{für alle} \quad \boldsymbol{p} \in \mathbb{R}^2$$

$$\det \boldsymbol{H}_1(p_1, p_2) = -4\,, \quad \det \boldsymbol{H}_2(p_1, p_2) = 20$$

Die Matrix $\boldsymbol{H}(p_1, p_2)$ ist negativ definit für alle (p_1, p_2), wir erhalten ein globales Maximum für $(p_1, p_2) = (9, 7)$ bzw. $(x_1, x_2) = (25, 30)$. Das Umsatzmaximum ist

$$u(p_1, p_2) = p_1 x_1 + p_2 x_2 = 9 \cdot 25 + 7 \cdot 30 = 435\,.$$

Ferner ist der Umsatz $u(p_1, p_2)$

monoton wachsend für $50 - 4p_1 - 2p_2 \geq 0, \quad 60 - 2p_1 - 6p_2 \geq 0\,,$

monoton fallend für $50 - 4p_1 - 2p_2 \leq 0, \quad 60 - 2p_1 - 6p_2 \leq 0\,.$

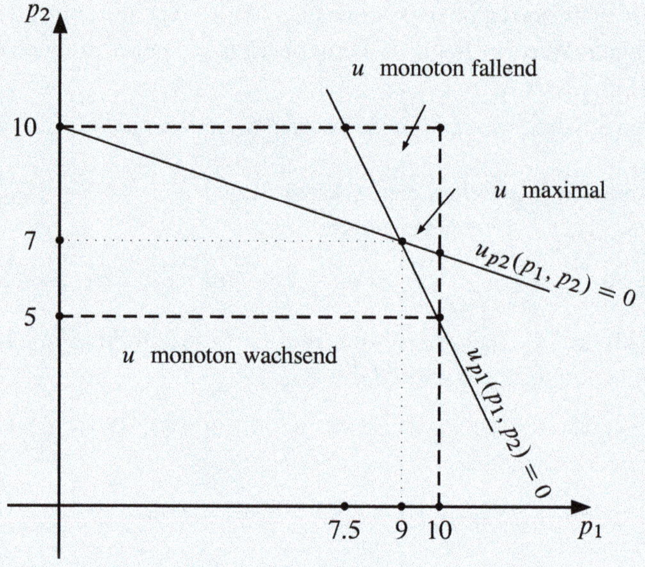

Figur 20.2: Zur Kurvendiskussion der Funktion u

Für Funktionen zweier Variablen können wir den Satz 20.7 auch in der folgenden Form schreiben.

Satz 20.9

Die Funktion $f : D \to \mathbb{R}$ mit konvexem $D \subseteq \mathbb{R}^2$ sei in D zweimal stetig partiell differenzierbar mit den Ableitungen $f_{x_1}, f_{x_2}, f_{x_1x_1}, f_{x_1x_2}, f_{x_2x_2}$. Ferner gebe es ein $\boldsymbol{x}^* \in D$ mit

$$f_{x_1}(\boldsymbol{x}^*) = 0\,, \quad f_{x_2}(\boldsymbol{x}^*) = 0\,, \quad f_{x_1x_1}(\boldsymbol{x}^*) f_{x_2x_2}(\boldsymbol{x}^*) - \big(f_{x_1x_2}(\boldsymbol{x}^*)\big)^2 > 0\,.$$

Dann gilt:

a) $f_{x_1x_1}(\boldsymbol{x}^*) < 0 \Rightarrow \boldsymbol{x}^*$ ist lokale Maximalstelle von f
   $f_{x_1x_1}(\boldsymbol{x}^*) > 0 \Rightarrow \boldsymbol{x}^*$ ist lokale Minimalstelle von f

b) $f_{x_1x_1}(\boldsymbol{x}) < 0$ für alle $\boldsymbol{x} \Rightarrow \boldsymbol{x}^*$ ist einzige globale Maximalstelle von f
   $f_{x_1x_1}(\boldsymbol{x}) > 0$ für alle $\boldsymbol{x} \Rightarrow \boldsymbol{x}^*$ ist einzige globale Minimalstelle von f

20.3 Einfache lineare Regression

Eine bedeutende Anwendung der Extremwertbestimmung bei Funktionen mehrerer Variablen finden wir in der Statistik [Bamberg/Baur/Krapp, S. 39–43].

Beispiel 20.10

Wir betrachten beispielsweise über mehrere Zeitperioden $t = 1, 2, 3, 4, 5$ den Absatz eines Produktes und erhalten folgende Zeitreihe:

t	1	2	3	4	5
Absatz	5	10	9	12	14

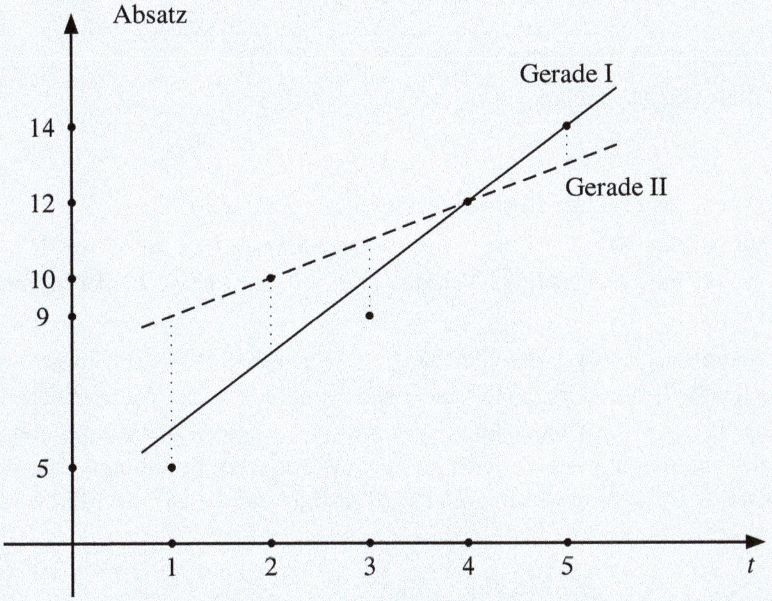

Figur 20.3: Beispiel einer Zeitreihe

Aus der Zeitreihe wird klar, dass der Produktabsatz mit fortschreitender Zeit tendenziell wächst. Möchten wir nun den Zusammenhang des Absatzes und der Zeit bestmöglich durch eine Gerade approximieren, so erscheint die in der Figur eingezeichnete Gerade I optisch besser zu den Beobachtungswerten (gekennzeichnet durch •) zu passen als die Gerade II.

Beide Geraden beschreiben Zeitreihen der nachfolgenden Form

t	1	2	3	4	5
Werte der Gerade I	6	8	10	12	14
Werte der Gerade II	9	10	11	12	13

und es gilt:

$$f(t) = 4 + 2t \quad \text{für Gerade I}$$
$$f(t) = 8 + t \quad \text{für Gerade II}$$

Vergleicht man beispielsweise die quadratischen Abweichungen der $f(t)$-Werte von den Beobachtungswerten, so erhalten wir:

t	1	2	3	4	5	Summe
quadratische Abweichungen I	1	4	1	0	0	6
quadratische Abweichungen II	16	0	4	0	1	21

Wir versuchen nun, das Problem allgemein zu lösen.

Ausgangspunkt ist eine Folge (x_i, y_i) von Beobachtungspaaren mit $i = 1, \ldots, n$. Wir nehmen an, x sei eine unabhängige Variable und y eine lineare Funktion von x, also $y = a + bx$.

Gilt für alle Wertepaare (x_i, y_i) die Gleichung $y_i = a + bx_i$, so ist die Folge (x_i, y_i) der Beobachtungen ohne Fehler durch die Geradengleichung darstellbar. Andernfalls erhalten wir für Wertepaare (x_i, y_i) die Ungleichung $a + bx_i \neq y_i$. Ziel der **Methode der kleinsten Quadrate** oder kurz der **KQ-Methode** ist es, eine Gerade so zu bestimmen, dass die Summe aller quadratischen Abweichungen minimal wird. Damit suchen wir die Minimalstellen der Funktion q mit

$$q(a,b) = \sum_{i=1}^{n} (a + bx_i - y_i)^2 .$$

Dabei sind die Werte (x_i, y_i) für $i = 1, \ldots, n$ bekannt und die Parameter a, b unbekannt. Wir erhalten für die partiellen Ableitungen

$$q_a(a,b) = \sum_{i=1}^{n} 2(a + bx_i - y_i)1 = 2na + 2b \sum_{i=1}^{n} x_i - 2 \sum_{i=1}^{n} y_i = 0 ,$$
$$q_b(a,b) = \sum_{i=1}^{n} 2(a + bx_i - y_i)x_i = 2a \sum_{i=1}^{n} x_i + 2b \sum_{i=1}^{n} x_i{}^2 - 2 \sum_{i=1}^{n} x_i y_i = 0$$

und damit ein lineares Gleichungssystem mit zwei Gleichungen und den Unbekannten a, b

$$na + \sum_{i=1}^{n} x_i b = \sum_{i=1}^{n} y_i \,, \quad \sum_{i=1}^{n} x_i a + \sum_{i=1}^{n} {x_i}^2 b = \sum_{i=1}^{n} x_i y_i \,,$$

das man in der Statistik als **System der Normalgleichungen** bezeichnet. Dieses Gleichungssystem ist genau dann eindeutig lösbar, wenn gilt (Satz 14.9 e, 17.14):

$$\det \begin{pmatrix} n & \sum\limits_{i=1}^{n} x_i \\ \sum\limits_{i=1}^{n} x_i & \sum\limits_{i=1}^{n} {x_i}^2 \end{pmatrix} \neq 0$$

Wir bilden, wie in der Statistik üblich, das **arithmetische Mittel**

$$\bar{x} = \frac{1}{n} \sum_{i=1}^{n} x_i \quad \text{bzw.} \quad n\bar{x} = \sum_{i=1}^{n} x_i$$

und erhalten, wenn nicht alle x_i-Werte identisch sind,

$$\begin{aligned} 0 &< \sum_{i=1}^{n} (x_i - \bar{x})^2 = \sum_{i=1}^{n} ({x_i}^2 - 2x_i\bar{x} + \bar{x}^2) \\ &= \sum_{i=1}^{n} {x_i}^2 - 2\sum_{i=1}^{n} x_i \; \bar{x} + n\bar{x}^2 = \sum_{i=1}^{n} {x_i}^2 - 2n\bar{x}^2 + n\bar{x}^2 \\ &= \sum_{i=1}^{n} {x_i}^2 - n\bar{x}^2 = \sum_{i=1}^{n} {x_i}^2 - \frac{1}{n}\left(\sum_{i=1}^{n} x_i\right)^2 . \end{aligned}$$

Daraus folgt

$$\det \begin{pmatrix} n & \sum\limits_{i=1}^{n} x_i \\ \sum\limits_{i=1}^{n} x_i & \sum\limits_{i=1}^{n} {x_i}^2 \end{pmatrix} = n \sum_{i=1}^{n} {x_i}^2 - \left(\sum_{i=1}^{n} x_i\right)^2 > 0 \,,$$

und das Gleichungssystem ist eindeutig lösbar. Weiter gilt:

$$q_{aa}(a, b) = 2n > 0$$

$$q_{ab}(a, b) = q_{ba}(a, b) = 2 \sum_{i=1}^{n} x_i$$

$$q_{bb}(a, b) = 2 \sum_{i=1}^{n} {x_i}^2$$

Wir erhalten die Hessematrix

$$\boldsymbol{H}(a,b) = \begin{pmatrix} q_{aa}(a,b) & q_{ab}(a,b) \\ q_{ab}(a,b) & q_{bb}(a,b) \end{pmatrix} = \begin{pmatrix} 2n & 2\sum\limits_{i=1}^{n} x_i \\ 2\sum\limits_{i=1}^{n} x_i & 2\sum\limits_{i=1}^{n} {x_i}^2 \end{pmatrix}$$

und die Hauptunterdeterminanten

$$\det \boldsymbol{H}_1(a,b) = 2n > 0\,, \quad \det \boldsymbol{H}_2(a,b) = 4n\sum_{i=1}^{n} {x_i}^2 - 4\left(\sum_{i=1}^{n} x_i\right)^2 > 0\,.$$

Die Hessematrix $\boldsymbol{H}(a,b)$ ist positiv definit, die Funktion q mit

$$q(a,b) = \sum_{i=1}^{n}(a + bx_i - y_i)^2$$

ist für alle (a,b) streng konvex (Satz 20.3 a).

Damit minimiert die Lösung (a,b) des Systems der Normalgleichungen die Funktion q (Satz 20.7 b). Der Wert a ist der Ordinatenabschnitt und der Wert b die Steigung der gesuchten Geraden. In der **linearen Regressionsanalyse** behandelt man Aufgaben dieses Typs. Im Zusammenhang mit dem hier diskutierten Problem spricht man von **einfacher linearer Regression**.

Beispiel 20.11

a) Wir betrachten die Zeitreihe des Beispiels 20.10 mit den Werten

x_i	1	2	3	4	5
y_i	5	10	9	12	14

und approximieren die gegebenen Werte durch eine Gerade $y = a + bx$ nach der KQ-Methode. Dann ist mit $n = 5$

$$\sum_{i=1}^{5} x_i = 15\,, \quad \sum_{i=1}^{5} {x_i}^2 = 55\,, \quad \sum_{i=1}^{5} y_i = 50\,, \quad \sum_{i=1}^{5} x_i y_i = 170\,.$$

Wir erhalten das System der Normalgleichungen

$$\begin{aligned} 5a + 15b &= 50\,, \\ 15a + 55b &= 170 \end{aligned}$$

mit der eindeutigen Lösung $(a,b) = (4,2)$.

Die Gerade $y(x) = 4 + 2x$ approximiert die gegebenen Beobachtungswerte im Sinne der KQ-Methode optimal.

b) Zwischen dem Umsatz u und dem Werbebudget x einer Unternehmung wird ein linearer Zusammenhang angenommen. Über 10 Monate hat man folgende Beobachtungswerte:

x_i	20	20	24	30	25	26	28	34	30	33
u_i	180	160	200	250	250	220	250	280	310	330

Wir erhalten mit $n = 10$

$$\sum_{i=1}^{10} x_i = 270\,, \quad \sum_{i=1}^{10} u_i = 2430\,, \quad \sum_{i=1}^{10} {x_i}^2 = 7506\,, \quad \sum_{i=1}^{10} x_i u_i = 67780$$

und damit das Gleichungssystem

$$\begin{aligned} 10a + \;\; 270b &= \;\; 2430\,, \\ 270a + 7506b &= 67780 \end{aligned}$$

mit der Lösung $(a, b) \approx (-28.25, 10.05)$.
Die gesuchte Gerade hat die Form

$$u(x) = -28.25 + 10.05x\,.$$

Wir stellen diese Gerade mit den Beobachtungen $(\times)$ graphisch dar (Figur 20.4).

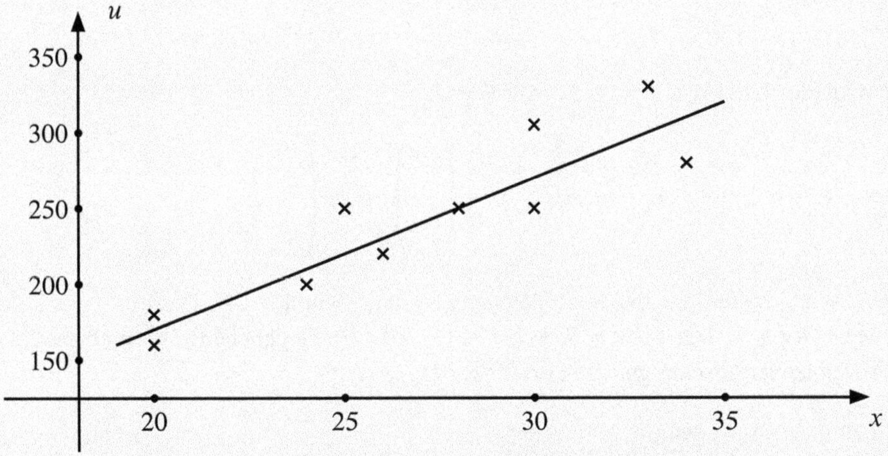

Figur 20.4: Einfache lineare Regression

Im Prinzip kann damit der Umsatz für jedes beliebige Werbebudget x im Bereich der Beobachtungen prognostiziert werden, beispielsweise für das Budget $x = 35$ der Umsatz $u(35) = 323.5$. Eine Budgetsteigerung um eine Einheit lässt eine Umsatzsteigerung um 10.05 Einheiten erwarten.

20.4 Optimierung mit Nebenbedingungen

Im Rahmen von Optimierungsaufgaben sind häufig Nebenbedingungen zu berücksichtigen. Bei linearer Zielfunktion und linearen Gleichungen oder Ungleichungen als Nebenbedingungen haben wir ein lineares Optimierungsproblem, das in Kapitel 16 diskutiert wurde. Im nichtlinearen Fall ist das Problem wesentlich komplizierter, wie die Fülle an einschlägiger Literatur über nichtlineare Optimierung beweist.

Dennoch wird in einführenden Mathematiklehrbüchern für Ökonomiestudenten häufig folgender Fall behandelt: In Abhängigkeit der Variablen $x_1, \ldots, x_n$ maximiere oder minimiere man die Funktion $f\colon \mathbb{R}^n \to \mathbb{R}$, so dass die Variablen bestimmten Nebenbedingungen der Form $g^i(x_1, \ldots, x_n) = 0 \quad (i = 1, \ldots, m)$ genügen. Für jede Nebenbedingung, die als Gleichung darstellbar ist, kann man nämlich die Form $g^i(x_1, \ldots, x_n) = 0$ erreichen, wenn man alle Terme auf die linke Seite bringt.

Wir erhalten die Aufgabenstellung

$$\begin{aligned} f(\boldsymbol{x}) &= f(x_1, \ldots, x_n) \to \max \quad [\text{bzw.} \to \min] \quad \text{mit} \\ g^i(\boldsymbol{x}) &= g^i(x_1, \ldots, x_n) = 0 \quad (i = 1, \ldots, m)\,. \end{aligned}$$

Dabei ist die Anzahl m der Nebenbedingungen in der Regel kleiner als die Anzahl n der Variablen.

Hat man nur lineare Nebenbedingungen, also

$$g^i(x_1, \ldots, x_n) = a_{i1}x_1 + \ldots + a_{in}x_n - b_i = 0 \quad (i = 1, \ldots, m)\,,$$

so kann man die Nebenbedingungen in der Form

$$\boldsymbol{A}\boldsymbol{x} - \boldsymbol{b} = \boldsymbol{o} \quad \text{mit} \quad \boldsymbol{A} = (a_{ij})_{m,n},\ \boldsymbol{x} = \begin{pmatrix} x_1 \\ \vdots \\ x_n \end{pmatrix},\ \boldsymbol{b} = \begin{pmatrix} b_1 \\ \vdots \\ b_m \end{pmatrix}$$

schreiben. Wir erhalten ein lineares Gleichungssystem (Kapitel 14). Dieses ist genau dann lösbar, wenn $\operatorname{Rg}\boldsymbol{A} = \operatorname{Rg}(\boldsymbol{A}\,|\,\boldsymbol{b}) = k \leq m$ ist (Satz 14.9). Gegebenenfalls erhält die Lösung bis auf Variablenvertauschungen die Form (Satz 14.7)

$$\begin{aligned} x_1 &= \hat{b}_1 - \hat{a}_{1k+1}x_{k+1} - \ldots - \hat{a}_{1n}x_n\,, \\ &\vdots \\ x_k &= \hat{b}_k - \hat{a}_{kk+1}x_{k+1} - \ldots - \hat{a}_{kn}x_n\,. \end{aligned}$$

Die Variablen $x_{k+1}, \ldots, x_n$ sind frei wählbar, während die Werte der Variablen $x_1, \ldots, x_k$ dann fest sind.

Damit kann das Verfahren der **Variablensubstitution** angewandt werden. Man setzt die für $x_1, \ldots, x_k$ gewonnenen Ausdrücke in die Funktion f ein und erhält eine neue Funktion g mit den $n-k$ Variablen $x_{k+1}, \ldots, x_n$. Diese Funktion berücksichtigt die Nebenbedingungen und die Aufgabe reduziert sich auf ein Optimierungsproblem ohne Nebenbedingungen. Dieses kann mit Hilfe von Satz 20.7 gelöst werden, falls entsprechende Differenzierbarkeitseigenschaften erfüllt sind.

Beispiel 20.12

Wir berechnen alle Maximal- und Minimalstellen der Funktion f mit der Funktionsgleichung $f(x_1, x_2, x_3) = x_1^2 + x_2^2 + x_3^2$ unter den Nebenbedingungen

$$g^1(x_1, x_2, x_3) = x_1 - x_2 = 0\,,$$
$$g^2(x_1, x_2, x_3) = x_1 + 2x_2 + 3x_3 - 6 = 0\,.$$

Aus den Nebenbedingungen folgt:

$$x_2 = x_1$$
$$x_1 + 2x_2 + 3x_3 - 6 = 0 \Rightarrow 3x_3 = 6 - x_1 - 2x_2 = 6 - 3x_1$$
$$\Rightarrow x_3 = 2 - x_1$$

Durch Einsetzen in f ergibt sich:

$$f(x_1, x_1, 2 - x_1) = x_1^2 + x_1^2 + (2 - x_1)^2 = 3x_1^2 - 4x_1 + 4 = g(x_1)$$
$$g'(x_1) = 6x_1 - 4 = 0 \iff x_1 = \frac{2}{3}$$
$$g''(x_1) = 6 > 0 \quad \text{für alle} \quad x_1 \in \mathbb{R}$$

Nach Satz 9.6 besitzt g ein Minimum für $x_1 = \frac{2}{3}$ mit $g\left(\frac{2}{3}\right) = \frac{12}{9} - \frac{8}{3} + 4 = \frac{8}{3}$.
Wegen $g(x_1) \to \infty$ für $x_1 \to \pm\infty$ existiert kein Maximum.
Mit den Nebenbedingungen resultiert daraus

$$x_2 = x_1 = \frac{2}{3}\,, \quad x_3 = 2 - x_1 = \frac{4}{3}\,.$$

Die Funktion f besitzt unter den angegebenen Nebenbedingungen ein Minimum für

$$(x_1, x_2, x_3) = \left(\frac{2}{3}, \frac{2}{3}, \frac{4}{3}\right) \quad \text{mit} \quad f\left(\frac{2}{3}, \frac{2}{3}, \frac{4}{3}\right) = \frac{4}{9} + \frac{4}{9} + \frac{16}{9} = \frac{8}{3} = g\left(\frac{2}{3}\right).$$

Ein Maximum existiert nicht.

Das Verfahren der Variablensubstitution ist gelegentlich auch im Fall nichtlinearer Nebenbedingungen anwendbar, wenn man die Gleichungen $g^i(\boldsymbol{x}) = 0 \quad (i = 1, \ldots, m)$ beispielsweise nach den Variablen $x_1, \ldots, x_m$ auflösen kann. Wir erhalten dann

$$x_1 = h^1(x_{m+1}, \ldots, x_n), \ldots, x_m = h^m(x_{m+1}, \ldots, x_n).$$

Beispiel 20.13

Wir berechnen alle Maximal- und Minimalstellen der Funktion f mit der Funktionsgleichung $f(x_1, x_2, x_3) = x_1^2 + x_2^2 + x_3^2$ unter der Nebenbedingung $x_1 x_2 = 1$.

Mit $x_1 = \dfrac{1}{x_2}$ $(x_2 \neq 0)$ erhalten wir:

$$f\left(\frac{1}{x_2}, x_2, x_3\right) = \left(\frac{1}{x_2}\right)^2 + x_2^2 + x_3^2 = g(x_2, x_3)$$

$$g_{x_2}(x_2, x_3) = -\frac{2}{x_2^3} + 2x_2 = 0 \Rightarrow x_2^4 = 1 \Rightarrow x_2 = 1 \text{ oder } x_2 = -1$$

$$g_{x_3}(x_2, x_3) = 2x_3 = 0 \Rightarrow x_3 = 0$$

$$\boldsymbol{H}(x_2, x_3) = \begin{pmatrix} g_{x_2 x_2}(x_2, x_3) & g_{x_2 x_3}(x_2, x_3) \\ g_{x_2 x_3}(x_2, x_3) & g_{x_3 x_3}(x_2, x_3) \end{pmatrix} = \begin{pmatrix} \dfrac{6}{x_2^4} + 2 & 0 \\ 0 & 2 \end{pmatrix}$$

Also ist $\boldsymbol{H}(x_2, x_3)$ positiv definit für alle $x_2 \neq 0$, $x_3 \in \mathbb{R}$.

Entsprechend Satz 20.7 besitzt die Funktion g globale Minima für $(x_2, x_3) = (1, 0)$ oder $(-1, 0)$ mit $g(1, 0) = g(-1, 0) = 2$.

Mit der Nebenbedingung resultiert daraus $x_1 = +1$ oder $x_1 = -1$.

Die Vektoren $(x_1, x_2, x_3) = (1, 1, 0)$ und $(x_1, x_2, x_3) = (-1, -1, 0)$ minimieren die Funktion f mit $f(1, 1, 0) = f(-1, -1, 0) = 2 = g(1, 0) = g(-1, 0)$.

Ein Maximum existiert weder für g noch für f.

Das Verfahren der Variablensubstitution versagt, wenn die Auflösung der Nebenbedingungen nach je einer Variablen nicht möglich oder zu schwierig ist.

J. L. Lagrange (1736–1813) hat sich mit dieser Problematik befasst und dabei einen Ansatz entwickelt, der die Variablensubstitution umgeht und dennoch zu einer Optimierungsaufgabe ohne Nebenbedingungen führt.

Dazu bilden wir folgendes Optimierungsproblem:

Definition 20.14

max (min) $f(x_1,\ldots,x_n) =$ max (min) $f(\boldsymbol{x})$ mit den Nebenbedingungen $g^i(x_1,\ldots,x_n) = g^i(\boldsymbol{x}) = 0$ $(i = 1,\ldots,m)$ sowie die so genannte **Lagrangefunktion** mit

$$\begin{aligned} &L(x_1,\ldots,x_n,\lambda_1,\ldots,\lambda_m) = L(\boldsymbol{x},\boldsymbol{\lambda}) \\ &= f(x_1,\ldots,x_n) + \lambda_1 g^1(x_1,\ldots,x_n) + \ldots + \lambda_m g^m(x_1,\ldots,x_n) \\ &= f(\boldsymbol{x}) + \lambda_1 g^1(\boldsymbol{x}) + \ldots + \lambda_m g^m(\boldsymbol{x})\,. \end{aligned}$$

Da die **Lagrange-Multiplikatoren** $\lambda_1,\ldots,\lambda_m$ zunächst auch unbekannt sind, ist L eine Funktion von $n+m$ Variablen. Zwischen den Extremalstellen des Ausgangsproblems und denen der Lagrangefunktion besteht nun ein enger Zusammenhang.

Satz 20.15

Lässt sich ein $\boldsymbol{\lambda}^* \in \mathbb{R}^m$ derart finden, dass $\boldsymbol{x}^*$ mit $g^i(\boldsymbol{x}^*) = 0$ $(i = 1,\ldots,m)$ eine Maximal- bzw. Minimalstelle von $L = L(\boldsymbol{x}, \boldsymbol{\lambda}^*)$ ist, dann ist $\boldsymbol{x}^*$ auch Maximal- bzw. Minimalstelle von 20.14 [Kosmol, S. 45].

Beweis:

Ist $\boldsymbol{x}^*$ eine Maximalstelle der Lagrangefunktion L für ein $\boldsymbol{\lambda}^* \in \mathbb{R}^m$, dann gilt für ein beliebiges $\boldsymbol{x}$ mit $g^i(\boldsymbol{x}) = 0$ $(i = 1,\ldots,m)$

$$f(\boldsymbol{x}^*) = f(\boldsymbol{x}^*) + \sum_{i=1}^{m} \lambda_i^* g^i(\boldsymbol{x}^*) \geq f(\boldsymbol{x}) + \sum_{i=1}^{m} \lambda_i^* g^i(\boldsymbol{x}) = f(\boldsymbol{x})\,.$$

Ist $\boldsymbol{x}^*$ eine Minimalstelle von L für ein $\boldsymbol{\lambda}^* \in \mathbb{R}^m$, dann ist lediglich das Symbol $\geq$ durch $\leq$ zu ersetzen.

Zur Lösung des Ausgangsproblems 20.14 kann ferner Satz 20.5 in geeigneter Weise übertragen werden.

Satz 20.16

Die Funktionen $f, g^1,\ldots,g^m$ seien nach allen Variablen $x_1,\ldots,x_n$ stetig partiell differenzierbar und $\boldsymbol{x}^*$ mit $g^i(\boldsymbol{x}^*) = 0$ $(i = 1,\ldots,m)$ sei eine lokale Maximal- oder Minimalstelle von L für ein $\boldsymbol{\lambda}^* \in \mathbb{R}^m$. Dann gilt:

$$L_{x_j}(\boldsymbol{x}^*,\boldsymbol{\lambda}^*) = f_{x_j}(\boldsymbol{x}^*) + \lambda_1^* g^1_{x_j}(\boldsymbol{x}^*) + \ldots + \lambda_m^* g^m_{x_j}(\boldsymbol{x}^*) = 0 \quad (j = 1,\ldots,n)$$

Satz 20.16 liefert ein System von $n + m$ Gleichungen mit den $n + m$ Unbekannten $x_1, \dots, x_n, \ \lambda_1, \dots, \lambda_m$, nämlich

$$\begin{aligned} L_{x_j}(\boldsymbol{x}, \boldsymbol{\lambda}) &= f_{x_j}(\boldsymbol{x}) + \sum_{i=1}^{m} \lambda_i g^i_{x_j}(\boldsymbol{x}) = 0 \quad (j = 1, \dots, n) \\ L_{\lambda_i}(\boldsymbol{x}, \boldsymbol{\lambda}) &= g^i(\boldsymbol{x}) = 0 \quad (i = 1, \dots, m) \quad \text{oder} \end{aligned}$$

$$\operatorname{grad} L(\boldsymbol{x}, \boldsymbol{\lambda}) = \big(L_{x_1}(\boldsymbol{x}, \boldsymbol{\lambda}), \dots, L_{x_n}(\boldsymbol{x}, \boldsymbol{\lambda}), L_{\lambda_1}(\boldsymbol{x}, \boldsymbol{\lambda}), \dots, L_{\lambda_m}(\boldsymbol{x}, \boldsymbol{\lambda})\big) = \boldsymbol{o}\,.$$

Existiert nun eine Lösung $(\boldsymbol{x}^*, \boldsymbol{\lambda}^*)$ dieses Gleichungssystems, so erhält man mit jedem solchen $\boldsymbol{x}^*$ lediglich einen möglichen Kandidaten für die Lösung des Ausgangsproblems 20.14. Wir haben entsprechend Satz 20.7 die hinreichenden Bedingungen zu prüfen. Dazu berechnen wir gegebenenfalls die partiellen Ableitungen zweiter Ordnung von L nach den Variablen $x_1, \dots, x_n$ bei gegebenem $\boldsymbol{\lambda}^*$ und erhalten die Hessematrix (Definition 19.30)

$$\hat{\boldsymbol{H}}(\boldsymbol{x}, \boldsymbol{\lambda}^*) = \begin{pmatrix} L_{x_1,x_1}(\boldsymbol{x}, \boldsymbol{\lambda}^*) & \cdots & L_{x_1,x_n}(\boldsymbol{x}, \boldsymbol{\lambda}^*) \\ \vdots & & \vdots \\ L_{x_1,x_n}(\boldsymbol{x}, \boldsymbol{\lambda}^*) & \cdots & L_{x_n,x_n}(\boldsymbol{x}, \boldsymbol{\lambda}^*) \end{pmatrix}.$$

Satz 20.17

Gegeben sei das Optimierungsproblem

$$\max\ (\min)\ f(\boldsymbol{x}) \quad \text{mit} \quad g^i(\boldsymbol{x}) = 0 \quad (i = 1, \dots, m),\ m < n$$

sowie die Lagrangefunktion

$$L(\boldsymbol{x}, \boldsymbol{\lambda}) = f(\boldsymbol{x}) + \sum_{i=1}^{m} \lambda_i g^i(\boldsymbol{x})\,.$$

Ferner existiere mit $(\boldsymbol{x}^*, \boldsymbol{\lambda}^*)$ eine Lösung des Systems $\operatorname{grad} L(\boldsymbol{x}, \boldsymbol{\lambda}) = \boldsymbol{o}$. Dann gilt:

a) $\hat{\boldsymbol{H}}(\boldsymbol{x}^*, \boldsymbol{\lambda}^*)$ negativ definit $\Rightarrow$ $\boldsymbol{x}^*$ ist lokale Maximalstelle von f mit $g^i(\boldsymbol{x}^*) = 0$

$\hat{\boldsymbol{H}}(\boldsymbol{x}^*, \boldsymbol{\lambda}^*)$ positiv definit $\Rightarrow$ $\boldsymbol{x}^*$ ist lokale Minimalstelle von f mit $g^i(\boldsymbol{x}^*) = 0$

b) $\hat{\boldsymbol{H}}(\boldsymbol{x}, \boldsymbol{\lambda}^*)$ negativ definit für alle $\boldsymbol{x}$

$\Rightarrow$ $\boldsymbol{x}^*$ ist globale Maximalstelle von f mit $g^i(\boldsymbol{x}^*) = 0$

$\hat{\boldsymbol{H}}(\boldsymbol{x}, \boldsymbol{\lambda}^*)$ positiv definit für alle $\boldsymbol{x}$

$\Rightarrow$ $\boldsymbol{x}^*$ ist globale Minimalstelle von f mit $g^i(\boldsymbol{x}^*) = 0$

Für den Beweis kann die Argumentation in der Beweisskizze zu Satz 20.7 genutzt werden.

Beispiel 20.18

a) Ein Erdölproduzent betreibt zwei Ölquellen Q_1 und Q_2, jeweils mit den fixen Kosten $c_0 = 500$. Die variablen Kosten betragen in Abhängigkeit der Fördermengen x_1 und x_2

$$c_1(x_1) = \frac{1}{2}x_1^2 \qquad \text{für } Q_1\,,$$

$$c_2(x_2) = x_2^2 + 2x_2 \qquad \text{für } Q_2\,.$$

Die Summe der beiden Fördermengen soll 80 Einheiten betragen.

Der Produzent verfolgt die Zielsetzung der kostenminimalen Förderung mit der Nebenbedingung $x_1 + x_2 = 80$.

Obwohl das Problem mit dem Verfahren der Variablensubstitution lösbar ist, verwenden wir hier die Methode von Lagrange.

Wir bilden die Lagrangefunktion:

$$L(x_1, x_2, \lambda) \quad = \frac{1}{2}x_1^2 + x_2^2 + 2x_2 + 1000 + \lambda(x_1 + x_2 - 80) \quad \text{mit}$$

$$\left.\begin{aligned} L_{x_1}(x_1, x_2, \lambda) &= x_1 + \lambda = 0 \\ L_{x_2}(x_1, x_2, \lambda) &= 2x_2 + 2 + \lambda = 0 \end{aligned}\right\} \Rightarrow x_1 = 2x_2 + 2$$

$$L_\lambda(x_1, x_2, \lambda) \quad = x_1 + x_2 - 80 = 0$$

Daraus folgt:

$$\begin{aligned} (2 + 2x_2) + x_2 - 80 = 0 &\Rightarrow 3x_2 = 78 \Rightarrow x_2 = 26 \\ &\Rightarrow x_1 = 2x_2 + 2 = 54 \\ &\Rightarrow \lambda = -x_1 = -54 \end{aligned}$$

Ferner ist die Hessematrix

$$\hat{\boldsymbol{H}}(\boldsymbol{x}, -54) = \begin{pmatrix} L_{x_1x_1}(\boldsymbol{x}, -54) & L_{x_1x_2}(\boldsymbol{x}, -54) \\ L_{x_1x_2}(\boldsymbol{x}, -54) & L_{x_2x_2}(\boldsymbol{x}, -54) \end{pmatrix} = \begin{pmatrix} 1 & 0 \\ 0 & 2 \end{pmatrix}$$

für alle $(\boldsymbol{x}, -54)$ positiv definit.

Wir erhalten nach Satz 20.17 b die von den fixen Kosten unabhängige Lösung $(x_1, x_2, \lambda) = (54, 26, -54)$ mit den kostenminimalen Fördermengen für die beiden Ölquellen $x_1 = 54$, $x_2 = 26$ und den minimalen Gesamtkosten

$$c(54, 26) = \frac{1}{2}54^2 + 26^2 + 52 + 1000 = 3186\,.$$

Auf die Bedeutung des λ-Wertes werden wir später eingehen.

b) Die Marketingabteilung einer Unternehmung erhält den Auftrag, für ein neues Produkt einen optimalen Werbeplan für die Medien Rundfunk und Fernsehen zu entwickeln. Eine Sekunde Werbung kostet im Rundfunk eine Geldeinheit und im Fernsehen zwei Geldeinheiten. Die Wirkung der Werbekampagne bei x_1 Sekunden Werbung im Rundfunk und x_2 Sekunden Werbung im Fernsehen werde mit

$$f(x_1, x_2) = x_1 + 2x_2 + x_1 x_2$$

bewertet. Unter der Bedingung, dass ein zur Verfügung stehendes Werbebudget von 1000 Geldeinheiten investiert werden soll, berechnen wir die maximal erzielbare Wirkung.

Wir bilden die Lagrangefunktion:

$$L(x_1, x_2, \lambda) = x_1 + 2x_2 + x_1 x_2 + \lambda(x_1 + 2x_2 - 1000) \quad \text{mit}$$

$$\left.\begin{aligned} L_{x_1}(x_1, x_2, \lambda) &= 1 + x_2 + \lambda = 0 \\ L_{x_2}(x_1, x_2, \lambda) &= 2 + x_1 + 2\lambda = 0 \end{aligned}\right\} \Rightarrow 2x_2 = -2 - 2\lambda = x_1$$

$$L_\lambda(x_1, x_2, \lambda) = x_1 + 2x_2 - 1000 = 0$$

Daraus folgt:

$$\begin{aligned} x_1 + x_1 - 1000 = 0 \Rightarrow\ & x_1 = 500 \\ \Rightarrow\ & x_2 = \frac{1}{2}x_1 = 250 \\ \Rightarrow\ & \lambda = -1 - x_2 = -251 \\ \Rightarrow\ & f(x_1, x_2) = 500 + 500 + 125000 = 126000 \end{aligned}$$

Die Hessematrix

$$\hat{\boldsymbol{H}}(\boldsymbol{x}, -251) = \begin{pmatrix} L_{x_1x_1}(\boldsymbol{x}, -251) & L_{x_1x_2}(\boldsymbol{x}, -251) \\ L_{x_1x_2}(\boldsymbol{x}, -251) & L_{x_2x_2}(\boldsymbol{x}, -251) \end{pmatrix} = \begin{pmatrix} 0 & 1 \\ 1 & 0 \end{pmatrix}$$

ist jedoch für alle $(\boldsymbol{x}, -251)$, also auch $(\boldsymbol{x}, -251) = (500, 250, -251)$ indefinit. Hier kann der Satz 20.17 nicht angewendet werden.

Daher veranschaulichen wir das gegebene Problem zunächst graphisch in einem x_1-x_2-Koordinatensystem (Figur 20.5).

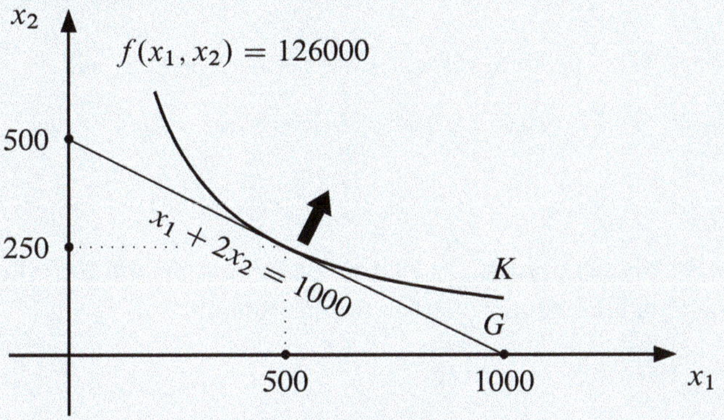

Figur 20.5: Maximum einer nichtlinearen Zielfunktion mit einer linearen Gleichung als Nebenbedingung

Wir zeichnen die Graphen der Zielfunktionsgleichung $f(x_1, x_2) = 126000$ und der Nebenbedingung. Eine Verschiebung der Kurve K nach rechts oben entspricht einem höheren Wert $f(x_1, x_2)$, eine Verschiebung nach links unten einem niedrigeren Wert $f(x_1, x_2)$. Ein Schnittpunkt von K mit der Geraden G bedeutet, dass die Nebenbedingung eingehalten wird. Die gefundene Lösung $(x_1, x_2) = (500, 250)$ maximiert die Werbewirkung.

In Anlehnung an [Kosmol, S. 45] erweitern wir den Lagrange-Ansatz, um damit mehr Optimierungsprobleme vom Typ 20.14 lösen zu können. Die Erweiterung beruht auf der folgenden Idee **variabler Lagrange-Multiplikatoren**.

Satz 20.19

Wir betrachten das Optimierungsproblem

$$\max\ (\min)\ f(\boldsymbol{x}) \quad \text{mit} \quad g^i(\boldsymbol{x}) = 0 \quad (i = 1, \ldots, m),\ \boldsymbol{x} \in \mathbb{R}^n$$

sowie die Lagrangefunktion $\hat{L}$

$$\hat{L}(\boldsymbol{x}) = f(\boldsymbol{x}) + \sum_{i=1}^{m} \lambda_i(\boldsymbol{x}) g^i(\boldsymbol{x}) \quad \text{mit} \quad \boldsymbol{x} \in \mathbb{R}^n .$$

Ist $\boldsymbol{x}^*$ eine Maximalstelle bzw. Minimalstelle von $\hat{L}$ mit $g^i(\boldsymbol{x}^*) = 0 \quad (i = 1, \ldots, m)$, so ist $\boldsymbol{x}^*$ Maximalstelle bzw. Minimalstelle von f mit $g^i(\boldsymbol{x}^*) = 0$.

Beweis:

Ist x^* Maximalstelle von $\hat{L}$ mit $g^i(x^*) = 0 \quad (i = 1, \ldots, m)$, so gilt für ein beliebiges x mit $g^i(x) = 0$ $(i = 1, \ldots, m)$:

$$\hat{L}(x^*) = f(x^*) + \sum_{i=1}^{m} \lambda_i(x^*)g^i(x^*) \geq f(x) + \sum_{i=1}^{m} \lambda_i(x)g^i(x) \geq f(x) + \sum_{i=1}^{m} \lambda_i(x^*)g^i(x^*)$$

$$\Rightarrow \quad f(x^*) \geq f(x) \quad \text{für} \quad g^i(x) = 0\,, \quad g^i(x^*) = 0 \quad (i = 1, \ldots, m)$$

Ist x^* Minimalstelle von $\hat{L}$, dann ist das Symbol $\geq$ jeweils durch $\leq$ zu ersetzen.

Beispiel 20.20

Wir greifen nochmals das Beispiel 20.18 b auf. Es ging dabei um den optimalen Werbeplan einer Marketingabteilung mit der Werbewirkungsfunktion

$$f(x_1, x_2) = x_1 + 2x_2 + x_1x_2$$

und der Restriktion

$$x_1 + 2x_2 = 1000\,.$$

Wir bilden die Lagrangefunktion:

$$\begin{aligned} L(x_1, x_2, \lambda) &= x_1 + 2x_2 + x_1x_2 + \lambda(x_1 + 2x_2 - 1000) \quad \text{mit} \\ L_{x_1}(x_1, x_2, \lambda) &= 1 + x_2 + \lambda = 0 \quad \Rightarrow \lambda = -1 - x_2 \\ L_{x_2}(x_1, x_2, \lambda) &= 2 + x_1 + 2\lambda = 0 \Rightarrow \lambda = -1 - \frac{x_1}{2} \end{aligned}$$

Als variablen Lagrange-Multiplikator benutzen wir beispielsweise $\lambda = -1 - x_2$ und erhalten

$$\begin{aligned} \hat{L}(x_1, x_2) &= x_1 + 2x_2 + x_1x_2 - (1 + x_2)(x_1 + 2x_2 - 1000) \\ &= x_1 + 2x_2 + x_1x_2 - x_1 - x_1x_2 - 2x_2 - 2x_2^2 + 1000 + 1000x_2 \\ &= -2x_2^2 + 1000x_2 + 1000\,. \end{aligned}$$

Diese Funktion besitzt wegen

$$\begin{aligned} \hat{L}_{x_2}(x_1, x_2) &= -4x_2 + 1000 = 0 \quad \Longleftrightarrow \quad x_2 = 250\,, \\ \hat{L}_{x_2x_2}(x_1, x_2) &= -4 < 0 \end{aligned}$$

für alle $(x_1, x_2) \in \mathbb{R}^2$ mit $x_2 = 250$ ein globales Maximum.

Aus der Nebenbedingung erhalten wir $x_1 = 500$.

Damit haben wir das graphisch ermittelte Ergebnis (Figur 20.5) von Beispiel 20.18 b bestätigt.

Ohne Beweis merken wir an, dass das hier praktizierte Vorgehen im Fall linearer Nebenbedingungen dem Verfahren der Variablensubstitution entspricht. Setzt man in Beispiel 20.20 die Nebenbedingung $x_1 = 1000 - 2x_2$ in die Zielfunktion ein, so erhält man

$$\begin{aligned} f(x_1, x_2) &= x_1 + 2x_2 + x_1x_2 = 1000 - 2x_2 + 2x_2 + (1000 - 2x_2)x_2 \\ &= 1000 + 1000x_2 - 2x_2^2 \,. \end{aligned}$$

Im Folgenden befassen wir uns mit der ökonomischen Interpretation der Lagrange-Multiplikatoren $\lambda_1, \ldots, \lambda_m$. Dazu nehmen wir an, dass die Nebenbedingungen des Ausgangsproblems in der Form

$$g^i(x_1, \ldots, x_n) = c_i - h_i(x_1, \ldots, x_n) = 0 \quad (i = 1, \ldots, m)$$

geschrieben werden können. Diese Separation der Konstanten $c_1, \ldots, c_m$ ist insbesondere dann möglich, wenn mit den Gleichungen $g^i(\boldsymbol{x}) = 0$ Produktionsbedingungen (Beispiel 20.18 a) oder Budgetrestriktionen (Beispiel 20.18 b) zum Ausdruck gebracht werden. Im ersten Fall ist c_i dann oft eine Produktionsquantität, im zweiten Fall ein zu investierendes Budget. Behandelt man auch die Parameter $c_1, \ldots, c_m$ als variabel, so hat die Lagrangefunktion die Form

$$L(\boldsymbol{x}, \boldsymbol{c}, \boldsymbol{\lambda}) = f(\boldsymbol{x}) + \lambda_1(c_1 - h_1(\boldsymbol{x})) + \ldots + \lambda_m(c_m - h_m(\boldsymbol{x})) \,.$$

Durch partielles Differenzieren nach $c_1, \ldots, c_m$ erhalten wir

$$L_{c_i}(\boldsymbol{x}, \boldsymbol{c}, \boldsymbol{\lambda}) = \lambda_i \quad (i = 1, \ldots, m) \,.$$

Der Wert λ_i zeigt also die Veränderung der Lagrangefunktion nach dem Parameter c_i an.

Wir betrachten abschließend zwei wichtige Anwendungen in der mikroökonomischen Konsum- und Produktionstheorie.

Beispiel 20.21

a) Wir gehen von einer Nutzenfunktion $u : \mathbb{R}_+^2 \to \mathbb{R}$ aus, die den Besitz zweier Güter in den Quantitäten x_1, x_2 durch $u(x_1, x_2) = x_1x_2$ bewertet. Mit dem Geldbudget $c > 0$ und den Preisen $p_1, p_2 > 0$ gelte die Gleichung

$$g(x_1, x_2) = c - p_1x_1 - p_2x_2 = 0 \,.$$

Wir bilden die Lagrangefunktion

$$L(x_1, x_2, \lambda) = u(x_1, x_2) + \lambda g(x_1, x_2) = x_1x_2 + \lambda(c - p_1x_1 - p_2x_2)$$

und erhalten:

$$\left.\begin{aligned} L_{x_1}(\boldsymbol{x},\lambda) &= u_{x_1}(\boldsymbol{x}) + \lambda g_{x_1}(\boldsymbol{x}) = x_2 - \lambda p_1 = 0 \\ L_{x_2}(\boldsymbol{x},\lambda) &= u_{x_2}(\boldsymbol{x}) + \lambda g_{x_2}(\boldsymbol{x}) = x_1 - \lambda p_2 = 0 \end{aligned}\right\} \Rightarrow \lambda = \frac{x_2}{p_1} = \frac{x_1}{p_2}$$

$$L_\lambda(\boldsymbol{x},\lambda) \ = g(\boldsymbol{x}) = c - p_1x_1 - p_2x_2 = 0$$

Da die Hessematrix

$$\hat{\boldsymbol{H}}(x_1,x_2,\lambda) = \begin{pmatrix} 0 & 1 \\ 1 & 0 \end{pmatrix}$$

indefinit ist, wenden wir Satz 20.19 an und erhalten beispielsweise für $\lambda = \dfrac{x_2}{p_1}$

$$\begin{aligned} \hat{L}(x_1,x_2) &= x_1x_2 + \frac{x_2}{p_1}(c - p_1x_1 - p_2x_2) \\ &= x_1x_2 + \frac{c}{p_1}x_2 - x_1x_2 - \frac{p_2}{p_1}x_2^2 = \frac{c}{p_1}x_2 - \frac{p_2}{p_1}x_2^2 . \end{aligned}$$

Diese Funktion besitzt wegen

$$\begin{aligned} \hat{L}_{x_2}(x_1,x_2) \quad &= \frac{c}{p_1} - \frac{2p_2}{p_1}x_2 = 0 \iff x_2 = \frac{c}{2p_2} , \\ \hat{L}_{x_2x_2}(x_1,x_2) &= -\frac{2p_2}{p_1} < 0 \end{aligned}$$

für alle $(x_1,x_2) \in \mathbb{R}^2_+$ mit $x_2 = \dfrac{c}{2p_2}$ ein Maximum.

Aus der Nebenbedingung erhalten wir

$$x_1 = \frac{1}{p_1}(c - p_2x_2) = \frac{c}{2p_1} .$$

Ferner ist

$$\lambda = \frac{x_2}{p_1} = \frac{c}{2p_1p_2} = \frac{x_1}{p_2} .$$

Wir haben mit

$$(x_1,x_2,\lambda) = \left(\frac{c}{2p_1}, \frac{c}{2p_2}, \frac{c}{2p_1p_2}\right)$$

gleichzeitig die einzige Lösung des Gleichungssystems grad $L(x_1,x_2,\lambda) = \boldsymbol{o}$.

Im Nutzenmaximum gilt:

$$\left.\begin{aligned}\lambda &= -\frac{u_{x_1}(\boldsymbol{x})}{g_{x_1}(\boldsymbol{x})} = \frac{u_{x_1}(\boldsymbol{x})}{p_1} = \frac{x_2}{p_1} \\ \lambda &= -\frac{u_{x_2}(\boldsymbol{x})}{g_{x_2}(\boldsymbol{x})} = \frac{u_{x_2}(\boldsymbol{x})}{p_2} = \frac{x_1}{p_2}\end{aligned}\right\} \Rightarrow \frac{u_{x_1}(\boldsymbol{x})}{u_{x_2}(\boldsymbol{x})} = \frac{x_2}{x_1} = \frac{p_1}{p_2}$$

Im Nutzenmaximum entspricht λ dem Verhältnis aus **Grenznutzen** und dem Preis des Gutes 1 oder 2. Ferner ist das Verhältnis der Grenznutzen gleich dem Verhältnis der Preise bzw. gleich dem umgekehrten Verhältnis der Güterquantitäten.

Behandeln wir das Geldbudget c als Variable, so gilt im Nutzenmaximum

$$L_c(\boldsymbol{x}^*, \lambda^*, c) = \lambda^* = \frac{c}{2p_1p_2} > 0\,.$$

Der Lagrange-Multiplikator entspricht dem Grenznutzen des Geldbudgets und gibt damit näherungsweise an, wie der optimale Nutzen mit wachsendem Geldbudget steigt.

b) Der Zusammenhang zwischen der Produktionsquantität $y > 0$ eines Gutes und den Einsatzquantitäten $x_1, x_2 > 0$ zweier Produktionsfaktoren sei durch die Funktion

$$y = f(x_1, x_2) = x_1x_2$$

gegeben. Die Stückkosten der Faktoren betragen c_1 und c_2. Unter der Produktionsbedingung sollen die variablen Kosten mit

$$c(x_1, x_2) = c_1x_1 + c_2x_2$$

minimiert werden.

Aus der Lagrangefunktion

$$L(\boldsymbol{x}, \lambda) = c(\boldsymbol{x}) + \lambda(y - f(\boldsymbol{x})) = c_1x_1 + c_2x_2 + \lambda(y - x_1x_2)$$

folgt:

$$\left.\begin{aligned}L_{x_1}(\boldsymbol{x}, \lambda) &= c_{x_1}(\boldsymbol{x}) - \lambda f_{x_1}(\boldsymbol{x}) = c_1 - \lambda x_2 = 0 \\ L_{x_2}(\boldsymbol{x}, \lambda) &= c_{x_2}(\boldsymbol{x}) - \lambda f_{x_2}(\boldsymbol{x}) = c_2 - \lambda x_1 = 0\end{aligned}\right\} \Rightarrow \lambda = \frac{c_1}{x_2} = \frac{c_2}{x_1}$$

$$L_\lambda(\boldsymbol{x}, \lambda) = y - f(\boldsymbol{x}) = y - x_1x_2 = 0$$

Da die Hessematrix

$$\hat{\boldsymbol{H}}(x_1, x_2, \lambda) = \begin{pmatrix} 0 & -\lambda \\ -\lambda & 0 \end{pmatrix}$$

wieder indefinit ist, wenden wir Satz 20.19 an und erhalten für $\lambda = \frac{c_1}{x_2}$

$$\begin{aligned} \hat{L}(x_1, x_2) &= c_1 x_1 + c_2 x_2 + \frac{c_1}{x_2}(y - x_1 x_2) \\ &= c_1 x_1 + c_2 x_2 + \frac{c_1 y}{x_2} - c_1 x_1 = c_2 x_2 + \frac{c_1 y}{x_2}. \end{aligned}$$

Diese Funktion besitzt wegen

$$\begin{aligned} \hat{L}_{x_2}(x_1, x_2) &= c_2 - \frac{c_1 y}{x_2^2} = 0 \iff x_2 = \sqrt{\frac{y c_1}{c_2}}, \\ \hat{L}_{x_2 x_2}(x_1, x_2) &= \frac{2 c_1 y}{x_2^3} > 0 \end{aligned}$$

für alle $(x_1, x_2) > (0, 0)$ mit $x_2 = \sqrt{\frac{y c_1}{c_2}}$ ein Minimum.
Aus der Nebenbedingung erhalten wir

$$x_1 = \frac{y}{x_2} = \sqrt{\frac{y c_2}{c_1}}.$$

Ferner ist

$$\lambda = \frac{c_1}{x_2} = \sqrt{\frac{c_1 c_2}{y}} = \frac{c_2}{x_1}.$$

$(x_1, x_2, \lambda) = \left(\sqrt{\frac{y c_2}{c_1}}, \sqrt{\frac{y c_1}{c_2}}, \sqrt{\frac{c_1 c_2}{y}}\right)$ ist die einzige Lösung des Gleichungssystems $\operatorname{grad} L(x_1, x_2, \lambda) = \boldsymbol{o}$.
Im Kostenminimum gilt:

$$\left.\begin{aligned} \lambda &= \frac{c_{x_1}(\boldsymbol{x})}{f_{x_1}(\boldsymbol{x})} = \frac{c_1}{f_{x_1}(\boldsymbol{x})} = \frac{c_1}{x_2} \\ \lambda &= \frac{c_{x_2}(\boldsymbol{x})}{f_{x_2}(\boldsymbol{x})} = \frac{c_2}{f_{x_2}(\boldsymbol{x})} = \frac{c_2}{x_1} \end{aligned}\right\} \Rightarrow \frac{f_{x_1}(\boldsymbol{x})}{f_{x_2}(\boldsymbol{x})} = \frac{x_2}{x_1} = \frac{c_1}{c_2}$$

Im Kostenminimum entspricht λ dem Verhältnis aus Stückkosten und Grenzproduktivität des Faktors 1 oder 2. Ferner ist das Verhältnis der Grenzproduktivitäten gleich dem Verhältnis der Stückkosten bzw. gleich dem umgekehrten Verhältnis der Faktorquantitäten.

Behandeln wir die Produktionsquantität y als Variable, so gilt im Kostenminimum

$$L_y(\boldsymbol{x}^*, \lambda^*, y) = \lambda^* = \sqrt{\frac{c_1 c_2}{y}} > 0\,.$$

Der Lagrange-Multiplikator entspricht den Grenzkosten des Produktionsniveaus und gibt damit näherungsweise an, wie die Kosten mit steigendem Produktionsniveau wachsen.

21 Mehrfache Integrale

Mehrfache Integrale spielen beispielsweise in der Wahrscheinlichkeitsrechnung und Statistik bei der Behandlung von mehrdimensionalen Wahrscheinlichkeitsverteilungen eine große Rolle. Dennoch fehlt die Mehrfachintegration in vielen Lehrbüchern über Mathematik für Ökonomen. Diese Tatsache liegt wohl in der Schwierigkeit dieses Gebietes begründet. Wir wollen versuchen, mit einigen Anmerkungen und Aussagen den Einstieg in die Integralrechnung mehrerer Variablen zu erleichtern.

21.1 Parameterintegrale

Wir beschränken uns zunächst auf eine Funktion f, die für $(x_1, x_2) \in [a_1, b_1] \times [a_2, b_2]$ definiert und stetig ist. Für jeden festen Wert x_2 ist dann das bestimmte Integral $\int_{a_1}^{b_1} f(x_1, x_2)\, dx_1$ definiert (Definition 10.14). Es ergibt sich eine Funktion $F_1 : [a_2, b_2] \to \mathbb{R}$ mit

$$F_1(x_2) = \int_{a_1}^{b_1} f(x_1, x_2)\, dx_1 .$$

Analog zu partiellen Ableitungen (Definition 19.13, 19.14) wird x_2 konstant gehalten. Entsprechend definieren wir eine Funktion $F_2 : [a_1, b_1] \to \mathbb{R}$ mit

$$F_2(x_1) = \int_{a_2}^{b_2} f(x_1, x_2)\, dx_2 .$$

Die beiden Ergebnisse $F_1(x_2)$, $F_2(x_1)$ hängen von einem Parameter x_2 bzw. x_1 ab, man spricht von **Parameterintegralen**.

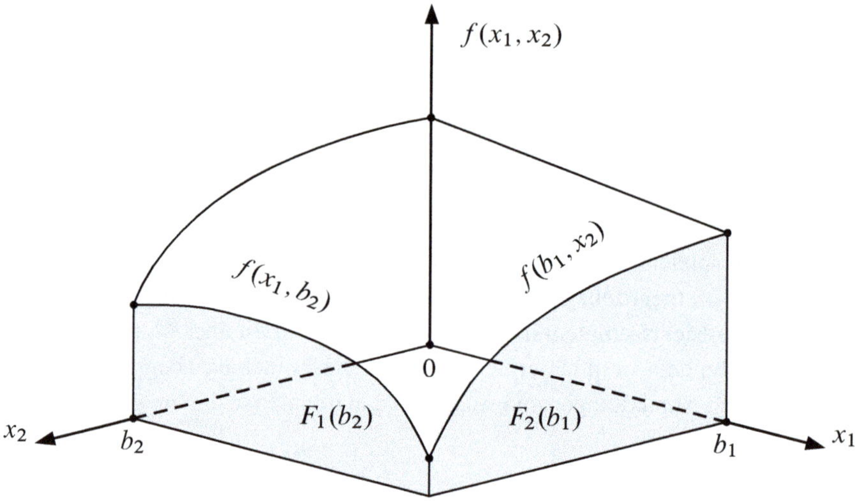

Figur 21.1: Graph einer Funktion f und der Parameterintegrale $F_1(x_2)$, $F_2(x_1)$ für $x_2 = b_2$, $x_1 = b_1$ und $a_1 = a_2 = 0$

Durch geeignete Schnitte in Figur 21.1 erhalten wir aus den Funktionswerten $f(x_1, x_2)$ für $(x_1, x_2) \in [0, b_1] \times [0, b_2]$ beispielsweise die Werte $f(x_1, b_2)$ für $x_1 \in [0, b_1]$ und die Werte $f(b_1, x_2)$ für $x_2 \in [0, b_2]$ und damit auch die bestimmten Integrale $F_1(b_2)$ und $F_2(b_1)$.

Wir fragen nun nach Bedingungen für Stetigkeit, Differenzierbarkeit und Integrierbarkeit von F_1 bzw. F_2.

Satz 21.1

Ist die Funktion $f : [a_1, b_1] \times [a_2, b_2] \to \mathbb{R}$ stetig, so ist auch

$$F_1 : [a_2, b_2] \to \mathbb{R} \text{ mit } F_1(x_2) = \int_{a_1}^{b_1} f(x_1, x_2)\, dx_1 \quad \text{bzw.}$$

$$F_2 : [a_1, b_1] \to \mathbb{R} \text{ mit } F_2(x_1) = \int_{a_2}^{b_2} f(x_1, x_2)\, dx_2$$

stetig.

Beweisidee:

Aus der Stetigkeit von f folgt für $x_1 \in [a_1, b_1]$, $x_2, c_2 \in [a_2, b_2]$:

$$(x_1, x_2) \to (x_1, c_2) \Rightarrow f(x_1, x_2) \to f(x_1, c_2) \qquad \text{(Definition 7.17)}$$
$$\Rightarrow F_1(x_2) \to F_1(c_2) \Rightarrow F_1 \text{ ist stetig}$$

Entsprechendes gilt für F_2. Für einen genauen Beweis verweisen wir auf [Forster 2, S. 114].

Satz 21.2

Die stetige Funktion $f : [a_1, b_1] \times [a_2, b_2] \to \mathbb{R}$ sei nach beiden Variablen stetig partiell differenzierbar. Dann sind die Funktionen F_1, F_2 mit

$$F_1(x_2) = \int_{a_1}^{b_1} f(x_1, x_2)\,dx_1 \text{ und } F_2(x_1) = \int_{a_2}^{b_2} f(x_1, x_2)\,dx_2$$

stetig differenzierbar und es gilt:

$$\frac{dF_1(x_2)}{dx_2} = \frac{d}{dx_2}\int_{a_1}^{b_1} f(x_1, x_2)\,dx_1 = \int_{a_1}^{b_1} \frac{\partial f(x_1, x_2)}{\partial x_2}\,dx_1$$

$$\frac{dF_2(x_1)}{dx_1} = \frac{d}{dx_1}\int_{a_2}^{b_2} f(x_1, x_2)\,dx_2 = \int_{a_2}^{b_2} \frac{\partial f(x_1, x_2)}{\partial x_1}\,dx_2$$

Die Differentiation und die Integration können vertauscht werden.

Zum Beweis verweisen wir auf [Forster 2, S. 115, 116].

Beispiel 21.3

Für f mit $f(x_1, x_2) = 2x_1x_2 + 3x_2^2$ erhalten wir im Bereich $[0, 2] \times [0, 1]$:

$$F_1(x_2) = \int_0^2 \left(2x_1x_2 + 3x_2^2\right)\,dx_1 = \left(x_1^2x_2 + 3x_1x_2^2\right)\Big|_0^2 = 4x_2 + 6x_2^2$$

$$\frac{dF_1(x_2)}{dx_2} = 4 + 12x_2\,, \quad \frac{\partial f(x_1, x_2)}{\partial x_2} = 2x_1 + 6x_2$$

$$\int_0^2 \frac{\partial f(x_1, x_2)}{\partial x_2}\,dx_1 = \int_0^2 (2x_1 + 6x_2)\,dx_1 = x_1^2 + 6x_1x_2\Big|_0^2 = 4 + 12x_2$$

$$F_2(x_1) = \int_0^1 (2x_1x_2 + 3x_2^2)\,dx_2 = \left(x_1x_2^2 + x_2^3\right)\Big|_0^1 = x_1 + 1$$

$$\frac{dF_2(x_1)}{dx_1} = 1\,, \quad \frac{\partial f(x_1, x_2)}{\partial x_1} = 2x_2$$

$$\int_0^1 \frac{\partial f(x_1, x_2)}{\partial x_1}\,dx_2 = \int_0^1 2x_2\,dx_2 = x_2^2\Big|_0^1 = 1$$

Satz 21.2 wird mit diesen Ergebnissen bestätigt.

Nachfolgend diskutieren wir eine interessante Anwendung von Satz 21.2.

Beispiel 21.4

Gegeben sei die Funktion $f : D \to \mathbb{R}$, $D \subseteq \mathbb{R}^2$ mit $f(x,t) = (x-t)^2$. Gesucht wird der Parameterwert t, so dass die Fläche zwischen f und der x-Achse im Intervall $[0, 4]$ minimal wird.

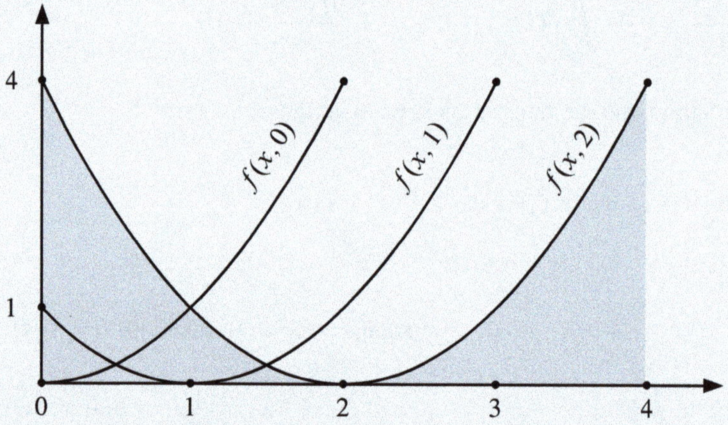

Figur 21.2: Graph der Funktion f für $t = 0, 1, 2$

Zunächst beschreibt das Parameterintegral

$$F(t) = \int_0^4 (x-t)^2\,dx$$

die Fläche in Abhängigkeit von t.

Mit $F'(t) = 0$ erhalten wir eine notwendige Bedingung für das gesuchte Minimum, also

$$\frac{dF(t)}{dt} = \int_0^4 \frac{\partial f(x,t)}{\partial t} dx = \int_0^4 \Big(-2(x-t)\Big) dx$$
$$= \int_0^4 (2t - 2x) dx = 2tx - x^2 \Big|_0^4 = 8t - 16 = 0$$

und damit $t = 2$.

Wegen $F''(t) = 8 > 0$ liefert $t = 2$ die gesuchte Lösung.

Für die minimale Fläche ergibt sich

$$F(2) = \int_0^4 (x-2)^2 dx = \int_0^4 (x^2 - 4x + 4) dx = \frac{x^3}{3} - 2x^2 + 4x \Big|_0^4$$
$$= \frac{64}{3} - 32 + 16 = \frac{16}{3}.$$

Wir schließen mit einer kurzen Diskussion der so genannten **Gammafunktion** und der **Betafunktion**, die u. a. in der Wahrscheinlichkeitsrechnung eine Rolle spielen.

Beispiel 21.5

$$B(x,y) = \int_0^1 b(x,y,t) dt = \int_0^1 t^{x-1}(1-t)^{y-1}\, dt \qquad (x, y > 0)$$
$$\Gamma(x) = \int_0^\infty c(x,t) dt = \int_0^\infty e^{-t} t^{x-1}\, dt \qquad (x > 0)$$

Im Einzelnen erhält man:

$$\Gamma(1) = \int_0^\infty e^{-t} t^0\, dt = -e^{-t} \Big|_0^\infty = 0 + 1 = 1$$
$$\Gamma(x+1) = \int_0^\infty e^{-t} t^x\, dt = -t^x e^{-t} \Big|_0^\infty + \int_0^\infty e^{-t} x t^{x-1}\, dt = 0 + x \int_0^\infty e^{-t} t^{x-1}\, dt$$
$$= x \cdot \Gamma(x) \quad \text{für alle} \quad x > 0$$

Damit gilt für alle $n \in \mathbb{N}$:

$\Gamma(n+1) = n\Gamma(n) = n(n-1)\Gamma(n-1) = \ldots = n!$

$$B(1,1) = \int_0^1 t^0(1-t)^0 \cdot 1\,dt = t\Big|_0^1 = 1$$

$$B(x,y) = \int_0^1 t^{x-1}(1-t)^{y-1}\,dt = \int_0^1 (1-t)^{x-1}t^{y-1}\,dt = B(y,x)$$

$$B(x,1) = \int_0^1 t^{x-1}1\,dt = \frac{t^x}{x}\Big|_0^1 = \frac{1}{x} = B(1,x)$$

$$B(x,n) = \int_0^1 t^{x-1}(1-t)^{n-1}\,dt = (1-t)^{n-1}\frac{t^x}{x}\Big|_0^1$$

$$+\frac{1}{x}\int_0^1 t^x(n-1)(1-t)^{n-2}\,dt$$

$$= 0 + \frac{n-1}{x}B(x+1,n-1) = \frac{(n-1)(n-2)}{x(x+1)}B(x+2,n-2)$$

$$= \frac{(n-1)!}{x(x+1)\cdot\ldots\cdot(x+n-2)}B(x+n-1,1)$$

$$= \frac{(n-1)!}{x(x+1)\cdot\ldots\cdot(x+n-1)} = \frac{(n-1)!(x-1)!}{(x+n-1)!} = \frac{\Gamma(n)\Gamma(x)}{\Gamma(n+x)}$$

Für $x,n \in \mathbb{N}$ folgt daraus:

$$B(x+1,n+1) = \frac{\Gamma(n+1)\Gamma(x+1)}{\Gamma(n+x+2)} = \frac{n!\,x!}{(x+n+1)!}$$

21.2 Doppelintegrale

In den Sätzen 21.1, 21.2 haben wir Bedingungen für die Stetigkeit und die Differenzierbarkeit der Funktionen F_1, F_2 mit

$$F_1(x_2) = \int_{a_1}^{b_1} f(x_1,x_2)\,dx_1\,, \quad F_2(x_1) = \int_{a_2}^{b_2} f(x_1,x_2)\,dx_2$$

gefunden.

Damit sind beide Funktionen auch integrierbar, und wir erhalten jeweils ein **Doppelintegral**

$$I_1 = \int_{a_1}^{b_1} F_2(x_1)\,dx_1 = \int_{a_1}^{b_1}\left(\int_{a_2}^{b_2} f(x_1,x_2)\,dx_2\right)dx_1\,,$$

$$I_2 = \int_{a_2}^{b_2} F_1(x_2)\,dx_2 = \int_{a_2}^{b_2}\left(\int_{a_1}^{b_1} f(x_1,x_2)\,dx_1\right)dx_2\,.$$

Bei der Berechnung löst man zunächst das Integral innerhalb der Klammer und betrachtet dabei wie bei partieller Differentiation (Definition 19.13) die nicht beteiligte Variable als Konstante. Im Fall I_1 berechnet man sukzessive

$$F_2(x_1) = \int_{a_2}^{b_2} f(x_1,x_2)\,dx_2 \quad \text{mit } x_1 \text{ als Konstante sowie} \quad I_1 = \int_{a_1}^{b_1} F_2(x_1)\,dx_1\,.$$

Dabei gelten die in den Abschnitten 10.1 und 10.2 eingeführten Integrationsregeln.

Beispiel 21.6

a) $$\int_1^2\int_0^1 (x_1^2 + x_2)\,dx_1\,dx_2 = \int_1^2 \left(\frac{x_1^3}{3} + x_1x_2\right)\Big|_0^1 dx_2 = \int_1^2 \left(\frac{1}{3} + x_2\right) dx_2$$
$$= \left(\frac{x_2}{3} + \frac{x_2^2}{2}\right)\Big|_1^2 = \frac{2}{3} + 2 - \frac{1}{3} - \frac{1}{2} = \frac{11}{6}$$

$$\int_0^1\int_1^2 (x_1^2 + x_2)\,dx_2\,dx_1 = \int_0^1 \left(x_1^2x_2 + \frac{x_2^2}{2}\right)\Big|_1^2 dx_1 = \int_0^1 \left(2x_1^2 + 2 - x_1^2 - \frac{1}{2}\right) dx_1$$
$$= \int_0^1 \left(x_1^2 + \frac{3}{2}\right) dx_1 = \left(\frac{x_1^3}{3} + \frac{3}{2}x_1\right)\Big|_0^1 = \frac{11}{6}$$

b) $$\int_0^1\int_0^{\pi/2} \cos x_1 e^{x_2}\,dx_1\,dx_2 = \int_0^1 (\sin x_1 e^{x_2})\Big|_0^{\pi/2} dx_2 = \int_0^1 e^{x_2}\,dx_2 = e^{x_2}\Big|_0^1 = e - 1$$

$$\int_0^{\pi/2}\int_0^1 \cos x_1 e^{x_2}\,dx_2\,dx_1 = \int_0^{\pi/2} \cos x_1 e^{x_2}\Big|_0^1 dx_1 = \int_0^{\pi/2} \cos x_1 (e-1)\,dx_1$$
$$= (e-1)\sin x_1\Big|_0^{\pi/2} = e - 1$$

In beiden Beispielen fällt auf, dass wir bei Vertauschung der Integrationsreihenfolge identische Ergebnisse erhalten. Daher liegt die Frage nahe, unter welchen Bedingungen dies richtig ist.

Satz 21.7

Die stetige Funktion $f : [a_1, b_1] \times [a_2, b_2] \to \mathbb{R}$ sei nach beiden Variablen stetig partiell differenzierbar. Dann gilt:

$$\int_{a_2}^{b_2} \int_{a_1}^{b_1} f(x_1, x_2)\, dx_1\, dx_2 = \int_{a_1}^{b_1} \int_{a_2}^{b_2} f(x_1, x_2)\, dx_2\, dx_1$$

Zum Beweis verweisen wir auf [Forster 2, S. 119].

Damit können wir unter gewissen Bedingungen Doppelintegrale unabhängig von der Reihenfolge der Integration berechnen.

Eine Interpretation ist mit Hilfe der **Riemannschen Summen** möglich (Abschnitt 10.2). Wir gehen dazu nochmals von dem Graphen der Funktion f in Figur 21.1 aus und interessieren uns für den Inhalt der Raumes, der zwischen dem Graphen von f und dem Rechteck $[a_1, b_1] \times [a_2, b_2]$ in der x_1-x_2-Ebene liegt (Figur 21.3).

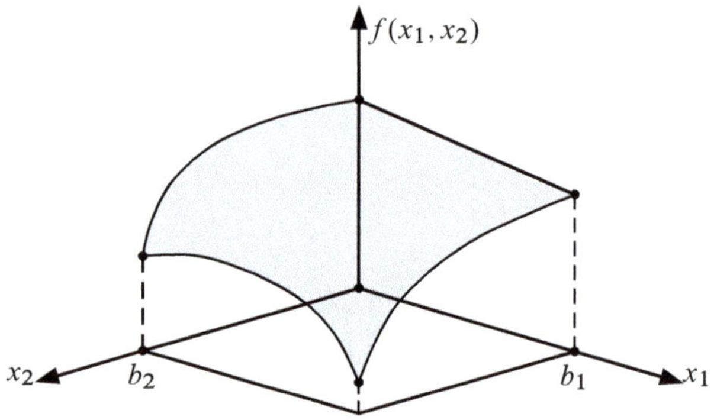

Figur 21.3: Rauminhalt zwischen dem Graphen von f und dem Rechteck $[a_1, b_1] \times [a_2, b_2]$ der x_1-x_2-Ebene mit $a_1 = a_2 = 0$

Auch hier können wir das Rechteck $[a_1, b_1] \times [a_2, b_2]$ in n^2 gleich große Teilrechtecke zerlegen, indem wir die Intervalle jeweils in n Teilintervalle unterteilen. Bestimmen wir in jedem Teilrechteck das Minimum und das Maximum von f, so erhalten wir wie im Fall einer unabhängigen Variablen eine untere und eine obere Schranke des gesuchten Rauminhalts I (Figur 21.4).

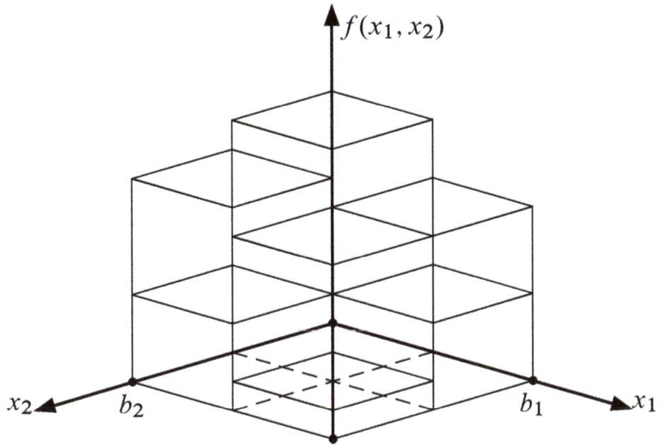

Figur 21.4: Unter- und Oberschranken des Rauminhalts für $n = 2$

Definition 21.8

Existieren die Grenzwerte der unteren und oberen Schranke von I für $n \to \infty$ und sind sie identisch, so heißt die Funktion $f: [a_1, b_1] \times [a_2, b_2] \to \mathbb{R}$ in ihrem Definitionsbereich **integrierbar**. Ist f stetig und stetig partiell differenzierbar, so gilt

$$I = \int_{a_2}^{b_2} \int_{a_1}^{b_1} f(x_1, x_2)\, dx_1\, dx_2 = \int_{a_1}^{b_1} \int_{a_2}^{b_2} f(x_1, x_2)\, dx_2\, dx_1 .$$

Man bezeichnet das **Doppelintegral** I als das **bestimmte Integral** von f im Bereich $[a_1, b_1] \times [a_2, b_2]$, ferner x_1, x_2 als **Integrationsvariable**, $f(x_1, x_2)$ als **Integrand** und a_1, b_1, a_2, b_2 als **Integrationsgrenzen** (Definition 10.14).

Beispiel 21.9

Gegeben seien die Funktionen $f_1, f_2\colon D \to \mathbb{R}$, $D \subseteq \mathbb{R}^2$ mit

$$f_1(x_1, x_2) = 4\,, \quad f_2(x_1, x_2) = x_1 x_2\,.$$

Gesucht ist das Volumen zwischen den Graphen von f_1 bzw. f_2 und den Rechtecken $[1,3] \times [2,5]$ bzw. $[1,2] \times [1,2]$ der x_1-x_2-Ebene.

Dann gilt:

$$V_1 = \int_2^5 \int_1^3 4\, dx_1 dx_2 = \int_2^5 4x_1 \Big|_1^3 dx_2 = \int_2^5 (12-4)\, dx_2$$

$$= 8x_2 \Big|_2^5 = 24$$

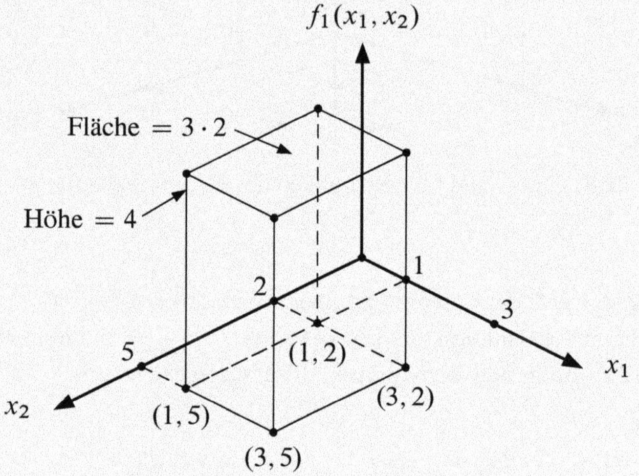

Figur 21.5: Gesuchtes Volumen = (5 − 2)(3 − 1)4 = 24

$$V_2 = \int_1^2 \int_1^2 x_1 x_2\, dx_1 dx_2 = \int_1^2 \frac{x_1^2}{2} x_2 \Big|_1^2 dx_2 = \int_1^2 (2x_2 - \frac{1}{2} x_2)\, dx_2$$

$$= 2\frac{x_2^2}{2} - \frac{x_2^2}{4} \Big|_1^2 = \frac{3}{4} x_2^2 \Big|_1^2 = 3 - \frac{3}{4} = \frac{9}{4}.$$

Wir verallgemeinern unsere Überlegungen in der Weise, dass der Definitionsbereich der Variablen x_2 von x_1 abhängt.

Ist die Funktion $f : [a_1, b_1] \times [a_2(x_1), b_2(x_1)] \to \mathbb{R}$ im gesamten Definitionsbereich stetig, so existiert das entsprechende Doppelintegral ebenfalls, und es gilt

$$\int_{a_1}^{b_1} \int_{a_2(x_1)}^{b_2(x_1)} f(x_1, x_2)\, dx_2\, dx_1 = \int_{a_1}^{b_1} F_2(x_1)\, dx_1 = I\,.$$

Beispiel 21.10

$$\int_0^2 \int_0^{x_1} (2x_1 x_2 + 3x_2^2)\, dx_2\, dx_1 = \int_0^2 (x_1 x_2^2 + x_2^3)\Big|_0^{x_1} dx_1 = \int_0^2 (x_1^3 + x_1^3)\, dx_1$$

$$= \int_0^2 2x_1^3\, dx_1 = \frac{2x_1^4}{4}\Big|_0^2 = 8$$

Eine Verallgemeinerung auf mehrere Variablen ist möglich.

Ist die Funktion f mit $y = f(x_1, \ldots, x_n)$ im Bereich $[a_1, b_1] \times \ldots \times [a_n, b_n]$ definiert und stetig, dann ist auch F_i mit

$$F_i(x_1, \ldots, x_{i-1}, x_{i+1}, \ldots, x_n) = \int_{a_i}^{b_i} f(x_1, \ldots, x_n)\, dx_i$$

in ihrem Definitionsbereich stetig.

Das **Mehrfachintegral**

$$\int_{a_1}^{b_1} \ldots \int_{a_n}^{b_n} f(x_1, \ldots, x_n)\, dx_n \ldots dx_1$$

gibt ein n-dimensionales Volumen an, das durch den Bereich $[a_1, b_1] \times \ldots \times [a_n, b_n]$ auf den entsprechenden Achsen und den Verlauf von f im Definitionsbereich begrenzt ist. Die Integrationsreihenfolge ist vertauschbar (Satz 21.7).

Beispiel 21.11

$$\int_{-1}^{1} \int_0^1 \int_1^2 8x_1 x_2 x_3\, dx_1\, dx_2\, dx_3 = \int_{-1}^{1} \int_0^1 4x_1^2 x_2 x_3\Big|_1^2 dx_2\, dx_3$$

$$= \int_{-1}^{1} \int_0^1 (16x_2 x_3 - 4x_2 x_3)\, dx_2\, dx_3 = \int_{-1}^{1} \int_0^1 12x_2 x_3\, dx_2\, dx_3$$

$$= \int_{-1}^{1} 6x_2^2 x_3\Big|_0^1 dx_3 = \int_{-1}^{1} 6x_3\, dx_3 = 3x_3^2\Big|_{-1}^{1} = 0$$

22 Differenzen- und Differentialgleichungen erster Ordnung

In Kapitel 14 haben wir uns mit linearen Gleichungen und Gleichungssystemen befasst und deren Lösbarkeit studiert. Gegenstand der nachfolgenden Kapitel 22, 23, 24 sind Gleichungen und Gleichungssysteme, deren Lösungen nicht Zahlen oder Vektoren, sondern selbst wieder Funktionen sind. Diese Gleichungen können von sehr verschiedener Art sein.

Das Gebiet der Differenzen- und vor allem der Differentialgleichungen wird in der Mathematik häufig im Anschluss an die Analysis in einer eigenen Lehrveranstaltung behandelt. Dabei geht es neben der Darstellung von Lösungsverfahren auch um Aussagen zur Existenz und Eindeutigkeit von Lösungen. Um die folgenden Kapitel methodisch überschaubar und direkt relevant für Probleme der Ökonomie zu halten, legen wir besonderes Gewicht auf Aussagen zur Ermittlung von Lösungen. Es kommt uns in erster Linie darauf an, den Leser mit dem Lösungsweg von bestimmten einfachen Typen von Differenzen- und Differentialgleichungen vertraut zu machen. Auf einschlägige Existenz- und Eindeutigkeitsfragen wird nur am Rande eingegangen. Damit haben nachfolgende Ausführungen in hohem Maße **exemplarischen Charakter**. Für eine ausführliche Darstellung zum Thema Differenzengleichungen verweisen wir daher bereits an dieser Stelle auf [Mickens] und zum Thema Differentialgleichungen auf [Erwe] oder [Heuser].

In Kapitel 22 befassen wir uns konkret mit **Differenzen-** und **Differentialgleichungen erster Ordnung**. Das sind Gleichungen, in denen neben den Variablen x und y lediglich Differenzen $\triangle y = \triangle f(x)$ bzw. Differentialquotienten $y' = f'(x)$ erster Ordnung vorkommen. Für ökonomische Anwendungen besonders wichtig sind lineare Gleichungen. Daher steht deren Lösung auch im Vordergrund aller weiteren Überlegungen. Die Verwandtschaften in Aufgabenstellung und Lösung von Differenzen- mit Differentialgleichungen werden dabei in allen Fällen herausgestellt.

Zunächst werden wir daher die grundsätzlichen Merkmale von Differenzen- und Differentialgleichungen erster Ordnung kennen lernen. Diese Überlegungen werden durch Beispiele aus der Wirtschaftstheorie ergänzt (Abschnitt 22.1). Anschließend zeigen wir, wie insbesondere Differenzen- und Differentialgleichungen linearen Typs zu lösen sind (Abschnitte 22.2, 22.3).

22.1 Grundlagen und Beispiele

Beispiel 22.1

Wir betrachten das Bruttosozialprodukt y einer Volkswirtschaft in Abhängigkeit der Zeit $t = 0, 1, 2, \ldots$ und unterstellen die Beziehung

$$y(t) = (1 + a)^t y(0) \quad \text{mit} \quad a \in \langle 0, 1 \rangle,\ t = 0, 1, 2, \ldots$$

Dann gilt:

$$\begin{aligned} y(t+1) - y(t) &= (1+a)^{t+1} y(0) - (1+a)^t y(0) \\ &= (1+a)^t y(0)(1 + a - 1) = a(1+a)^t y(0) = ay(t) \end{aligned}$$

Betrachtet man etwas allgemeiner die Zeitpunkte $t = 0, \Delta t, 2\Delta t, \ldots$ mit der vorgegebenen Zeitdifferenz $\Delta t > 0$ und setzt man ferner $y(t + \Delta t) - y(t) = \Delta y(t)$, so kann die entsprechende **Differenzengleichung**

$$\frac{y(t + \Delta t) - y(t)}{\Delta t} = \frac{\Delta y(t)}{\Delta t} = ay(t)$$

folgendermaßen interpretiert werden:

Die Veränderung bzw. das Wachstum $\Delta y(t)$ des Bruttosozialprodukts zum Zeitpunkt $t + \Delta t$ gegenüber t ist proportional zum Bruttosozialprodukt $y(t)$ im Zeitpunkt t. Wegen

$$\frac{\Delta y(t)}{\Delta t} \frac{1}{y(t)} = a \quad \text{für alle} \quad t = 0, \Delta t, 2\Delta t, \ldots \qquad \text{(Definition 8.19)}$$

kann man auch sagen, die mittlere Wachstumsrate des Bruttosozialprodukts ist zeitunabhängig.

Gehen wir nun bei kontinuierlicher Zeit $t \in \mathbb{R}_+$ von der Beziehung

$$y(t) = y(0)e^{at} \quad \text{mit} \quad a \in \langle 0, 1 \rangle,\ t \in \mathbb{R}_+$$

aus, so erhalten wir mit

$$y'(t) = y(0)ae^{at} = ay(t)$$

eine **Differentialgleichung**, die entsprechend interpretiert werden kann. Wegen

$$\frac{y'(t)}{y(t)} = a \quad \text{für alle} \quad t \qquad \text{(Definition 8.20)}$$

ist die Wachstumsrate des Bruttosozialprodukts konstant.

Nachfolgend wählen wir nun den umgekehrten Weg. Wir gehen von einer Differenzen- bzw. Differentialgleichung aus und suchen dazu eine Lösungsfunktion.

Grundsätzlich bringt eine **Differenzengleichung** einen Zusammenhang zwischen der unabhängigen Variablen x, der abhängigen Variablen $y = f(x)$ und der Differenz

$$\Delta y = \begin{cases} \Delta f(x) = f(x + \Delta x) - f(x) = y(x + \Delta x) - y(x) & \text{für } \Delta x > 0 \\ f(x+1) - f(x) = y(x+1) - y(x) & \text{für } \Delta x = 1 \end{cases}$$

zum Ausdruck, also beispielsweise

$$g(x, y(x), y(x+1)) = 0 \quad \text{im Fall} \quad \Delta x = 1\,.$$

Analog dazu erklärt im Fall einer differenzierbaren Funktion mit $y = f(x)\,, y' = f'(x)$ ein Zusammenhang der Form

$$g(x\,, y(x)\,, y'(x)) = 0$$

eine **Differentialgleichung**.

Wir befassen uns im Folgenden mit speziellen Differenzen- und Differentialgleichungen, die stets lösbar sind.

Definition 22.2

Eine Gleichung der Form

$$\begin{aligned} g(x, y(x), y(x+1)) &= y(x+1) - y(x) - a(x)y(x) - b(x) \\ &= y(x+1) - (1 + a(x))y(x) - b(x) \\ &= y(x+1) - \hat{a}(x)y(x) - b(x) = 0 \\ &\quad \text{für} \quad \hat{a}(x) = 1 + a(x) \end{aligned}$$

heißt **lineare Differenzengleichung erster Ordnung**, und eine Gleichung

$$g(x, y, y') = y'(x) - a(x)y(x) - b(x) = 0$$

mit den stetigen Funktionen a, b **lineare Differentialgleichung erster Ordnung**.

Beide Gleichungen nennt man **homogen** für $b(x) = 0$, andernfalls **inhomogen**. Ist a bzw. $\hat{a}$ eine konstante Funktion, so spricht man von Gleichungen mit **konstanten Koeffizienten**.

Eine Funktion y, die die jeweilige Gleichung erfüllt, heißt **Lösung** oder **Lösungsfunktion**.

Die hier eingeführte Terminologie entspricht der bei linearen Gleichungen und Gleichungssystemen verwendeten Sprechweise.

Beispiel 22.3

a) In einem klassischen **Wachstumsmodell** für das Volkseinkommen werden bei **K. E. Boulding** folgende Beziehungen zwischen den zeitabhängigen Variablen Volkseinkommen $Y(t)$ und seiner Änderung $\triangle Y(t)$, sowie dem Konsum $C(t)$ und der Investition $I(t)$ angenommen:

$$\begin{aligned} Y(t) &= C(t) + I(t) \\ C(t) &= c + aY(t) \qquad \text{mit} \quad c \geq 0,\ a \in \langle 0, 1 \rangle \\ \triangle Y(t) &= bI(t) \qquad \text{mit} \quad b > 0 \end{aligned}$$

Die Konstante $a \in \langle 0, 1 \rangle$ gibt für jede Zeitperiode t den Anteil des Volkseinkommens an, der über den einkommensunabhängigen Konsum $c \geq 0$ hinaus konsumiert wird. Die Konstante $b > 0$ beschreibt den Anteil der Investition in Periode t, um den sich das Volkseinkommen in der Folgeperiode $t + \triangle t$ ändert. Durch Einsetzen ergibt sich mit

$$\begin{aligned} \triangle Y(t) &= bI(t) = b(Y(t) - C(t)) \\ &= b(Y(t) - c - aY(t)) \\ &= (b - ab)Y(t) - bc \end{aligned}$$

eine inhomogene lineare Differenzengleichung erster Ordnung mit konstanten Koeffizienten

$$g(t, Y(t), \triangle Y(t)) = \triangle Y(t) - (b - ab)Y(t) + bc = 0\,.$$

Für

$$\triangle t = 1 \quad \text{und} \quad \triangle Y(t) = Y(t+1) - Y(t)$$

erhalten wir mit

$$Y(t+1) - Y(t) = (b - ab)Y(t) - bc$$

eine Differenzengleichung gleichen Typs mit

$$g(t, Y(t), Y(t+1)) = Y(t+1) - (1 + b - ab)Y(t) + bc = 0\,.$$

Zur weiteren Behandlung dieser Gleichung verweisen wir auf Beispiel 22.9 a.

b) Im so genannten **Cobwebmodell (Spinnwebmodell)** von **M. Ezekiel** wird der Zusammenhang der drei zeitabhängigen Variablen $x(t)$ für die Nachfrage, $y(t)$ für das Angebot und $p(t)$ für den Preis eines Gutes analysiert. Im Marktgleichgewicht mit Angebot = Nachfrage werden folgende Annahmen für $t = 0, 1, 2, \ldots$ gemacht:

$$\begin{aligned} y(t+1) &= a + bp(t) \quad \text{mit} \quad a, b > 0 \\ x(t) &= c - dp(t) \quad \text{mit} \quad c, d > 0 \\ y(t) &= x(t) \end{aligned}$$

Die Anpassung des Angebots an die Nachfrage erfolgt mit einperiodiger Verzögerung, im Übrigen hängen Angebot und Nachfrage linear vom Preis ab. Durch Einsetzen ergibt sich mit

$$\begin{aligned} & a + bp(t) = c - dp(t+1) \\ \Rightarrow\ & dp(t+1) = c - a - bp(t) \\ \Rightarrow\ & p(t+1) = \frac{c-a}{d} - \frac{b}{d} p(t) \end{aligned}$$

wiederum eine inhomogene lineare Differenzengleichung erster Ordnung mit konstanten Koeffizienten

$$g(t, p(t), p(t+1)) = p(t+1) + \frac{b}{d} p(t) - \frac{c-a}{d} = 0 \,.$$

Für

$$\Delta t \neq 1 \quad \text{und} \quad \Delta p(t) = p(t + \Delta t) - p(t)$$

erhält man entsprechend

$$\Delta p(t) = p(t + \Delta t) - p(t) = \frac{c-a}{d} - \frac{b}{d} p(t) - p(t) = \frac{c-a}{d} - \frac{b+d}{d} p(t)$$

oder eine Differenzengleichung gleichen Typs mit

$$g(t, p, \Delta p(t)) = \Delta p(t) + \frac{b+d}{d} p(t) - \frac{c-a}{d} = 0 \,.$$

Wir diskutieren dieses Modell weiter in Beispiel 22.9 b.

Beispiel 22.4

a) Das klassische Wachstumsmodell für das Volkseinkommen von **R. F. Harrod** (1900–1978) basiert auf folgenden Beziehungen zwischen den Variablen Volkseinkommen $Y(t)$, der Sparsumme $S(t)$ und der Investition $I(t)$:

$$\begin{aligned} S(t) &= sY(t) \quad \text{mit} \quad s \in \langle 0, 1\rangle \\ I(t) &= a(Y(t) - Y(t-1)) \quad \text{mit} \quad a > 0 \quad \text{und} \quad a \neq s \\ I(t) &= S(t) \end{aligned}$$

Die Konstante $s \in \langle 0, 1\rangle$ beschreibt den Anteil des Volkseinkommens, der gespart wird. Die Investition ist proportional zur Änderung des Volkseinkommens und andererseits gleich der Sparsumme.

Durch Einsetzen erhalten wir eine homogene lineare Differenzengleichung erster Ordnung mit konstanten Koeffizienten:

$$\begin{aligned} &sY(t) = S(t) = I(t) = a(Y(t) - Y(t-1)) \\ \Rightarrow \quad &Y(t)(s-a) = -aY(t-1) \\ \Rightarrow \quad &Y(t) \qquad = \frac{a}{a-s} Y(t-1) \end{aligned}$$

Diese hat die Lösung (Beispiel 22.1)

$$Y(t) = Y(0)\left(\frac{a}{a-s}\right)^t .$$

Ersetzt man die Beziehung

$$I(t) = a(Y(t) - Y(t-1)) \quad \text{durch} \quad I(t) = aY'(t),$$

so erhält man eine kontinuierliche Version des Harrodmodells. Durch Einsetzen ergibt sich eine homogene lineare Differentialgleichung erster Ordnung mit konstanten Koeffizienten

$$\begin{aligned} &sY(t) = S(t) = I(t) = aY'(t) \\ \Rightarrow \quad &Y'(t) = \frac{s}{a} Y(t) . \end{aligned}$$

Diese hat die Lösung (Beispiel 22.1)

$$Y(t) = Y(0)e^{\frac{s}{a}t} .$$

b) Für die mittel- bis langfristige Entwicklung des bis zum Zeitpunkt t getätigten kumulierten Absatzes $y(t)$ in Abhängigkeit der Zeit $t \geq 0$ wird folgende Annahme getroffen: Der Absatzzuwachs $y'(t)$ im Zeitpunkt t ist sowohl proportional zum kumulierten Absatz $y(t)$ als auch zum Wert $a - y(t) > 0$. Beschreibt die Konstante a eine obere Grenze für $y(t)$, so kann man $a - y(t)$ als das nicht ausgeschöpfte Absatzpotential im Zeitpunkt t interpretieren. Im einfachsten Fall erhält man eine Differentialgleichung der Form

$$y'(t) = ky(t)(a - y(t)) \quad (k > 0)\,.$$

Die angegebene Art der Verknüpfung sichert, dass für $y(t) = 0$ (Absatz ist 0) bzw. $y(t) = a$ (Absatzpotential ist ausgeschöpft) kein Zuwachs auftreten kann. Dies wäre bei einer additiven Verknüpfung von $y(t)$ und $a - y(t)$ nicht der Fall.

In Beispiel 8.12 c gingen wir von einer logistischen Funktion für $y(t)$ aus und konnten durch Differenzieren eine Beziehung der angegebenen Art herleiten. Durch Lösen der Differentialgleichung (Beispiel 22.11 a) werden wir den umgekehrten Weg gehen.

Satz 22.5

Gegeben sei eine lineare Differenzen- bzw. Differentialgleichung erster Ordnung, also (Definition 22.2)

a) $y(x+1) = a(x)y(x) + b(x)$ bzw.

b) $y'(x) \quad = a(x)y(x) + b(x)\,.$

Ferner sei $y_H(x)$ die allgemeine Lösung der homogenen Gleichung mit $b(x) = 0$ und $y_I(x)$ eine spezielle Lösung der inhomogenen Gleichung mit $b(x) \neq 0$.

Dann ist $y(x) = y_H(x) + y_I(x)$ die allgemeine Lösung der inhomogenen Differenzen- bzw. Differentialgleichung.

Beweis:

a) $y_H(x+1) = a(x)y_H(x)\,, \quad y_I(x+1) = a(x)y_I(x) + b(x)$

$$\begin{aligned}\Rightarrow \quad y(x+1) = y_H(x+1) + y_I(x+1) &= a(x)(y_H(x) + y_I(x)) + b(x)\\ &= a(x)y(x) + b(x)\end{aligned}$$

b) $y'_H(x) = a(x)y_H(x)\,, \quad y'_I(x) = a(x)y_I(x) + b(x)$

$$\begin{aligned}\Rightarrow \quad y'(x) = y'_H(x) + y'_I(x) &= a(x)(y_H(x) + y_I(x)) + b(x)\\ &= a(x)y(x) + b(x)\end{aligned}$$

22.2 Lösung von Differenzengleichungen erster Ordnung

Satz 22.6

Die lineare Differenzengleichung erster Ordnung

$$y(x+1) = a(x)y(x) + b(x) \quad \text{mit} \quad x = 0, 1, 2, \ldots$$

besitzt die allgemeine Lösung

$$y(x) = \left(\prod_{k=0}^{x-1} a(k)\right) y(0) + \sum_{i=0}^{x-2} b(i) \prod_{k=i+1}^{x-1} a(k) + b(x-1) \quad \text{für alle} \quad x \in \mathbb{N}\,.$$

Wir erhalten speziell:

$$y(x) = \begin{cases} \left(\prod\limits_{k=0}^{x-1} a(k)\right) y(0) & \text{für } b(x) = 0 \\ a^x y(0) + \sum\limits_{i=0}^{x-1} b(i) a^{x-1-i} & \text{für } a(x) = a \\ a^x y(0) & \text{für } a(x) = a,\ b(x) = 0 \\ a^x y(0) + b\dfrac{a^x - 1}{a-1} = -\dfrac{b}{a-1} + \left(y(0) + \dfrac{b}{a-1}\right) a^x & \\ & \text{für } a(x) = a \neq 1,\ b(x) = b \\ y(0) + bx & \text{für } a(x) = a = 1,\ b(x) = b \end{cases}$$

Beweisidee:

Die Bestätigung der allgemeinen Lösung kann mit Hilfe vollständiger Induktion nach $x \in \mathbb{N}$ erfolgen (Satz 2.23, Beispiel 2.24). Die nachfolgenden Spezialfälle erhält man durch Einsetzen der vorgegebenen Werte für $a(x)$, $b(x)$ sowie in Abhängigkeit von $y(0)$.

Damit ist das Lösungsverhalten der linearen Differenzengleichung erster Ordnung vollständig beschrieben. Die Lösung $y(x)$ hängt ab von den Funktionen a und b, sowie von einer Anfangsbedingung $y(0)$. Ist $y(0)$ vorgegeben, so spricht man von einer **speziellen Lösung**, andernfalls von der **allgemeinen Lösung** der Differenzengleichung.

Beispiel 22.7

a) Wir lösen die Differenzengleichung

$$y(x+1) = (x+1)y(x) + (x+1)! \quad \text{mit} \quad x = 0, 1, 2, \dots, \; y(0) = 2\,.$$

Dann gilt:

$$\begin{aligned} y(x) &= \left(\prod_{k=0}^{x-1}(k+1)\right) y(0) + \sum_{i=0}^{x-2}(i+1)! \prod_{k=i+1}^{x-1}(k+1) + x! \\ &= 2x! + 1!(2 \cdot \ldots \cdot x) + 2!(3 \cdot \ldots \cdot x) + \ldots + (x-1)!x + x! \\ &= x!(2+x) \end{aligned}$$

Ausgehend von dieser Lösung finden wir mit

$$\begin{aligned} y(x+1) - (x+1)y(x) &= (x+1)!\,(2+x+1) - (x+1)x!\,(2+x) \\ &= (x+1)!\,(2+x+1-2-x) = (x+1)! \end{aligned}$$

die ursprüngliche Differenzengleichung.

Für den wichtigen Fall, dass a und b konstant sind, geben wir einige Hinweise auf den Kurvenverlauf von y.

Beispiel 22.8

Für die lineare Differenzengleichung

$$y(x+1) = ay(x) + 1 \quad \text{mit} \quad a \in \mathbb{R},\; y(0) = 1$$

erhalten wir nach Satz 22.6 die Lösung (Figur 22.1)

$$y(x) = \begin{cases} -\dfrac{1}{a+1} + \left(1 + \dfrac{1}{a-1}\right)a^x = -\dfrac{1}{a-1} + \dfrac{a}{a-1}\,a^x & \text{für } a \neq 1 \\ 1 + x & \text{für } a = 1 \end{cases}.$$

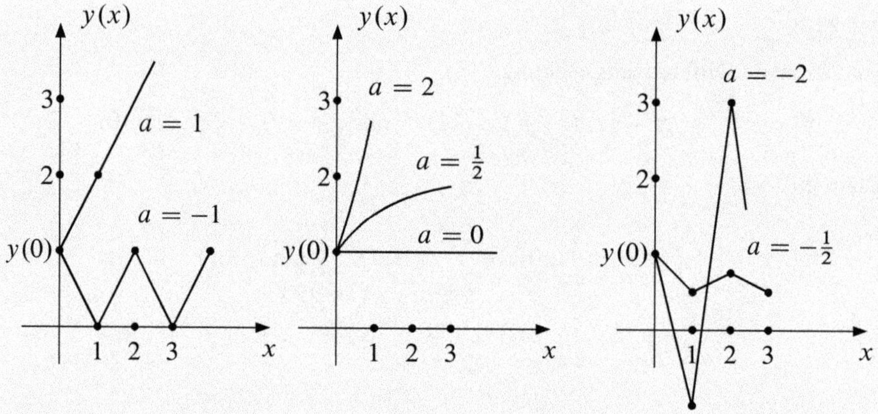

Figur 22.1: Graphen der Lösung von $y(x+1) = ay(x) + 1$ für $y(0) = 1$

Für $a = 1$ ergibt sich eine Gerade mit der Steigung $b = 1$ und dem Achsenabschnitt $y(0) = 1$. Für $a = -1$ oszilliert die Lösung $y(x) = \frac{1}{2} + \frac{1}{2}(-1)^x$ gleichförmig zwischen $y(0) = 1$ für geradzahliges x und 0 für ungeradzahliges x.

Für $a > 1$ wächst die Lösung $y(x) = \frac{a}{a-1}a^x - \frac{1}{a-1}$ streng monoton und konvex, für $a \in \langle 0, 1\rangle$ streng monoton und konkav.

Für $a < -1$ verhält sich die Lösung oszillierend mit zunehmenden Amplituden und divergiert für $x \to \infty$, für $a \in \langle -1, 0\rangle$ oszillierend mit abnehmenden Amplituden und

$$y(x) \to \frac{1}{1-a} \text{ für } x \to \infty\,.$$

Für $y(x+1) = ay(x) - 1$ mit $a \in \mathbb{R}$, $y(0) = 1$ hat die Lösungsfunktion dagegen die Form (Figur 22.2)

$$y(x) = \frac{1}{a-1} + \left(1 - \frac{1}{a-1}\right)a^x = \frac{1}{a-1} + \frac{a-2}{a-1}a^x \quad \text{für} \quad a \neq 1\,,$$

$$y(x) = 1 - x \quad \text{für} \quad a = 1\,.$$

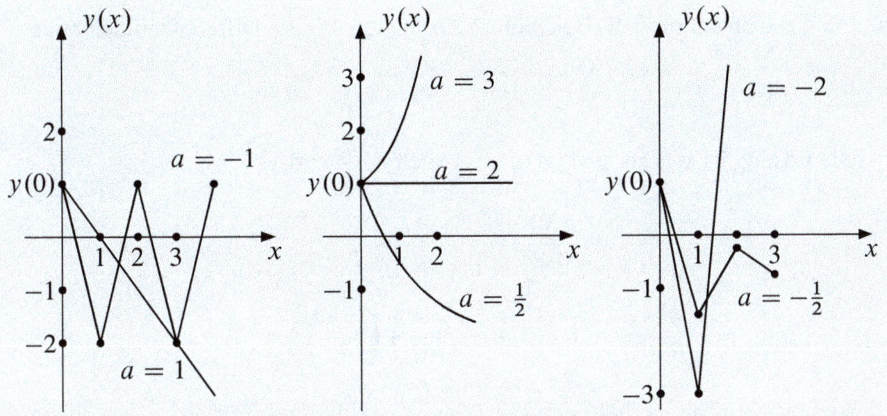

Figur 22.2: Graphen der Lösung von $y(x+1) = ay(x) - 1$ für $y(0) = 1$

Ohne die Verläufe im Einzelnen zu diskutieren, weisen wir darauf hin, dass die Veränderung von $b = 1$ in $b = -1$ insbesondere in den Graphen für $a = \frac{1}{2}, 1, 2$ einige Veränderungen bewirkt hat. Soll eine Lösung graphisch veranschaulicht werden, so ist daher von den jeweils gegebenen Zahlenwerten für a, b und $y(0)$ auszugehen.

Nachfolgend greifen wir das Beispiel 22.3 wieder auf.

Beispiel 22.9

a) Für das Wachstumsmodell von Boulding (Beispiel 22.3 a) ergab sich die lineare Differenzengleichung

$$Y(t+1) = (1 + b - ab)Y(t) - bc \quad \text{mit} \quad a \in \langle 0, 1\rangle,\ b > 0,\ c \geq 0\,.$$

Wegen $1 + b - ab = 1 + b(1-a) > 1$ hat die Lösung die Form (Satz 22.6)

$$\begin{aligned} Y(t) &= \frac{bc}{b-ab} + \left(Y(0) - \frac{bc}{b-ab}\right)(1+b-ab)^t \\ &= \frac{c}{1-a} + \left(Y(0) - \frac{c}{1-a}\right)(1+b(1-a))^t\,. \end{aligned}$$

Mit der sinnvollen Annahme $Y(0) > C(0)$ gilt wegen $C(0) = c + aY(0)$ auch $Y(0) > c + aY(0)$ oder $Y(0) > \dfrac{c}{1-a}$. Wegen $1 + b(1-a) > 1$ wächst damit die Lösungsfunktion streng monoton und konvex (Figur 22.1).

b) Für das Cobwebmodell (Beispiel 22.3 b) hatten wir die Differenzengleichung

$$p(t+1) = -\frac{b}{d}p(t) + \frac{c-a}{d} \quad \text{mit} \quad a,b,c,d > 0\,.$$

Die Lösung ist wegen $b, d > 0$, also auch $-\frac{b}{d} < 0$

$$\begin{aligned} p(t) &= \frac{-\frac{c-a}{d}}{-\frac{b}{d}-1} + \frac{p(0)+\frac{c-a}{d}}{-\frac{b}{d}-1} \cdot \left(-\frac{b}{d}\right)^t \\ &= -\frac{a-c}{b+d} + \left(p(0) + \frac{a-c}{b+d}\right)\left(-\frac{b}{d}\right)^t . \end{aligned}$$

Wegen $\frac{b}{d} > 0$ verhält sich die Lösung oszillierend. Für $b \geq d$ divergiert die Lösung, für $b < d$ konvergiert sie, und es ist in diesem Fall

$$\lim_{t\to\infty} p(t) = p^* = \frac{c-a}{b+d}\,.$$

In Figur 22.3 veranschaulichen wir die beiden Fälle:

a) $b < d$ mit $a = b = 1,\ c = 9,\ d = 2,\ p(0) = 4$

$\Rightarrow$ Angebot $y(t+1) = 1 + p(t)$, Nachfrage $x(t) = 9 - 2p(t)$

$\Rightarrow$ Differenzengleichung $p(t+1) = -\frac{1}{2}p(t) + 4$

$\Rightarrow$ Lösung $p(t) = \frac{8}{3} + \frac{4}{3}\left(-\frac{1}{2}\right)^t$

b) $b > d$ mit $a = d = 1$, $b = 2$, $c = 9$, $p(0) = 3$

$\Rightarrow$ Angebot $y(t+1) = 1 + 2p(t)$, Nachfrage $x(t) = 9 - p(t)$

$\Rightarrow$ Differenzengleichung $p(t+1) = -2p(t) + 8$

$\Rightarrow$ Lösung $p(t) = \frac{8}{3} + \frac{1}{3}(-2)^t$

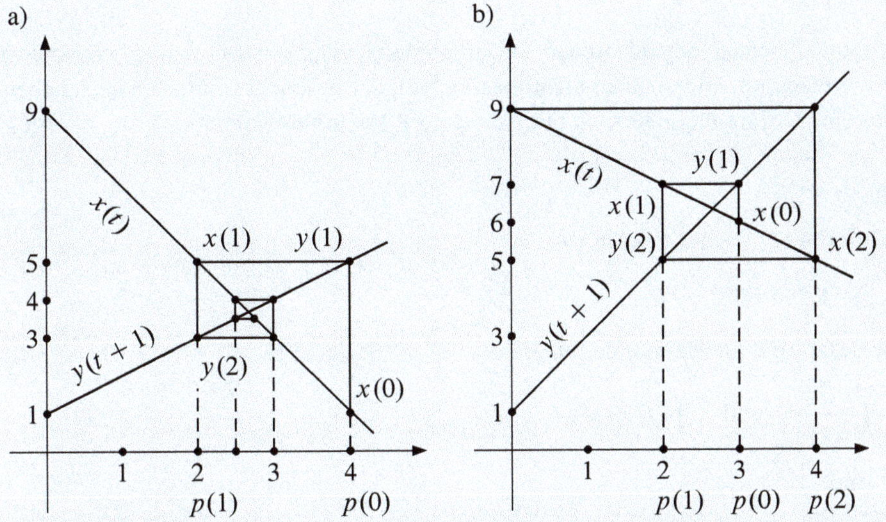

Figur 22.3: Konvergenz und Divergenz beim Cobwebmodell (Spinnwebmodell)

a) Ausgehend von $p(0) = 4$ finden wir die Nachfrage $x(0) = 1$ und das Angebot $y(1) = 5$. Damit ergibt sich mit der Nachfrage $x(1) = 5$ zum Preis $p(1) = 2$ das neue Angebot $y(2) = 3$. Mit der Nachfrage $x(2) = y(2) = 3$ zum Preis $p(2) = 3$ erhalten wir ein neues Angebot $y(3) = 4$, mit der Nachfrage $x(3) = y(3) = 4$ zum Preis 2.5 das Angebot $y(4) = 3.5$ usw.

b) Ausgehend von $p(0) = 3$ finden wir die Nachfrage $x(0) = 6$ und das Angebot $y(1) = 7$. Damit ergibt sich mit der Nachfrage $x(1) = 7$ zum Preis $p(1) = 2$ das neue Angebot $y(2) = 5$. Mit der Nachfrage $x(2) = y(2) = 5$ zum Preis $p(2) = 4$ erhalten wir ein neues Angebot $y(3) = 9$, mit der Nachfrage $x(3) = y(3) = 9$ den Preis $p(3) = 0$.

Im ersten Fall konvergiert die Lösung gegen den „Gleichgewichtspreis"

$$p^* = \frac{c - a}{b + d} = \frac{8}{3} \quad (\text{Angebot } y(t + 1) = \text{ Nachfrage } x(t)),$$

im zweiten Fall bewegt sich die Lösung vom „Gleichgewichtspreis" weg. Die graphische Darstellung hat dem **Cobwebmodell** seinen Namen gegeben.

22.3 Lösung von Differentialgleichungen erster Ordnung

Bevor wir nun die entsprechende lineare Differentialgleichung erster Ordnung behandeln, diskutieren wir einen im Allgemeinen nichtlinearen Fall, der besonders einfach handzuhaben ist. Es ist dies eine Differentialgleichung mit **trennbaren Variablen** vom Typ $y' = f(x)g(y)$.

Satz 22.10

Eine Differentialgleichung der Form

$$y'(x) = f(x)\, g(y)$$

ist lösbar, falls die unbestimmten Integrale

$$\int \frac{dy}{g(y)} \quad \text{und} \quad \int f(x)\, dx$$

lösbar sind.

Der Beweis folgt direkt aus

$$y' = \frac{dy}{dx} = f(x)\, g(y) \quad \Rightarrow \quad \frac{dy}{g(y)} = f(x)\, dx\,.$$

Beispiel 22.11

a) Die nichtlineare Differentialgleichung erster Ordnung

$$y' = 2e^{-y}(x+1)$$

ist trennbar. Es gilt mit $e^y dy = 2(x+1)dx$

$$\int e^y\, dy = 2\int (x+1)\, dx \Rightarrow e^y = (x+1)^2 + c$$
$$\Rightarrow y(x) = \ln\left[(x+1)^2 + c\right].$$

Für $y(0) = 1 = \ln(1+c)$ folgt $e = 1 + c$ bzw. $c = e - 1$.
Wir erhalten die spezielle Lösung

$$y_1(x) = \ln\left[(x+1)^2 + e - 1\right].$$

Durch Differenzieren der allgemeinen Lösung erhalten wir mit

$$y' = \frac{2(x+1)}{(x+1)^2 + c} = \frac{2(x+1)}{e^y} = 2(x+1)e^{-y}$$

wieder die Ausgangsgleichung.

b) Für den Verlauf des Absatzes eines Produktes in Abhängigkeit der Zeit $t \geq 0$ wird die folgende Beziehung angenommen (Beispiel 22.4 b)

$$y'(t) = \frac{c}{a}y(t)(a - y(t)) = cy(t) - \frac{c}{a}(y(t))^2 .$$

Dabei ist $y(t)$ der bis zum Zeitpunkt t getätigte Absatz, $a > 0$ eine obere Grenze für den Absatz $y(t)$, $y'(t)$ der Absatz zum Zeitpunkt t und $c > 0$ eine Proportionalitätskonstante.

Wir lösen diese Differentialgleichung durch Trennung der Variablen:

$$y' = \frac{c}{a}y(a - y) \quad \Rightarrow \int \frac{a\,dy}{y(a - y)} = \int c\,dt$$

Mit Hilfe einer Partialbruchzerlegung (Satz 6.7) erhalten wir

$$\frac{a}{y(a - y)} = \frac{1}{y} + \frac{1}{a - y} .$$

Daraus folgt:

$$\int \frac{a\,dy}{y(a - y)} = \int \frac{dy}{y} + \int \frac{dy}{a - y} = \int c\,dt$$

$$\Rightarrow \; (\ln|y| - \ln|a - y|) = \ln\frac{|y|}{|a - y|} = ct + c_1$$

$$\Rightarrow \; \left|\frac{y}{a - y}\right| = e^{ct+c_1} = e^{ct}e^{c_1} = c_2 e^{ct} \quad \text{mit} \quad c_2 = e^{c_1} > 0$$

$$\Rightarrow \; \frac{y}{a - y} = c_2 e^{ct} \quad \text{mit} \quad c_2 \in \mathbb{R}$$

$$\Rightarrow \; y{c_2}^{-1}e^{-ct} = a - y$$

$$\Rightarrow \; y\left({c_2}^{-1}e^{-ct} + 1\right) = a$$

$$\Rightarrow \; y(t) = a\left(1 + be^{-ct}\right)^{-1} \quad \text{für} \quad b = {c_2}^{-1} \in \mathbb{R} \qquad \text{(Beispiel 8.12 c)}$$

Zur Lösung von linearen Differentialgleichungen erster Ordnung gehen wir wieder von Definition 22.2 aus.

Satz 22.12

Die lineare Differentialgleichung erster Ordnung

$$y'(x) = a(x)y(x) + b(x) \quad \text{mit} \quad a, b \ \text{als stetige Funktionen}$$

besitzt die allgemeine Lösung

$$y(x) = e^{A(x)}\left(c_1 + \int b(x)e^{-A(x)}\,dx\right) \quad \text{mit} \quad c_1 \in \mathbb{R},$$

wobei A mit $A(x) = \int a(x)\,dx$ eine Stammfunktion von a ist.

Wir erhalten speziell:

$$y(x) = \begin{cases} c_1 e^{A(x)} & \text{für } b(x) = 0 \\ e^{ax}\left(c_1 + \int b(x)e^{-ax}\,dx\right) & \text{für } a(x) = a \\ c_1 e^{ax} - \frac{b}{a} & \text{für } a(x) = a \neq 0,\ b(x) = b \\ c_1 + bx & \text{für } a(x) = 0,\ b(x) = b \end{cases}$$

Ist eine Anfangsbedingung $y(0)$ vorgegeben, so lässt sich die Konstante c_1 in allen Fällen bestimmen.

Beweis:

Wir diskutieren zunächst die homogene Differentialgleichung mit $b(x) = 0$ und erhalten (Satz 22.12)

$$y' = \frac{dy}{dx} = a(x)y \ \Rightarrow \ \int \frac{dy}{y} = \int a(x)\,dx$$

$$\Rightarrow \ \ln|y| = A(x) + c \ \Rightarrow \ |y| = e^{A(x)+c} = e^{A(x)}e^{c} = c_1 e^{A(x)}$$

$$\text{mit} \quad c_1 = e^{c} > 0\,.$$

Die allgemeine Lösung der homogenen Gleichung ist

$$y_H(x) = c_1 e^{A(x)} \quad \text{mit} \quad c_1 \in \mathbb{R}\,.$$

Gelingt es nun, eine spezielle Lösung $y_I(x)$ der inhomogenen Differentialgleichung anzugeben, so ist y mit $y(x) = y_H(x) + y_I(x)$ die allgemeine Lösung des Problems (Satz 22.5). Wir diskutieren dazu die Methode der **Variation der Konstanten**. Dieses Vorgehen beruht auf der Annahme, dass die inhomogene Gleichung eine spezielle Lösung der Form

$$y_I(x) = c_1(x)e^{A(x)}$$

besitzt. Diese Lösung entsteht aus y_H, indem man die Konstante c_1 als Funktion von x behandelt. Diese zunächst willkürlich erscheinende Annahme kann verifiziert werden. Differenziert man y_I, so ergibt sich

$$y_I'(x) = c_1'(x)e^{A(x)} + c_1(x)a(x)e^{A(x)} \qquad (\text{wegen } A'(x) = a(x))\,.$$

Setzt man y_I' und y_I in die Ausgangsgleichung ein, so erhalten wir:

$$\begin{aligned}
& c_1'(x)e^{A(x)} + c_1(x)a(x)e^{A(x)} &&= a(x)c_1(x)e^{A(x)} + b(x)\\
\Longleftrightarrow\ & c_1'(x)e^{A(x)} &&= b(x)\\
\Longleftrightarrow\ & c_1'(x) &&= b(x)e^{-A(x)}\\
\Longleftrightarrow\ & c_1(x) &&= \int b(x)e^{-A(x)}\,dx + c
\end{aligned}$$

Die gesuchte inhomogene Lösung hat nun beispielsweise für $c = 0$ die Form

$$y_I(x) = c_1(x)e^{A(x)} = e^{A(x)} \int b(x)e^{-A(x)}\,dx\,.$$

Daraus resultiert die allgemeine Lösung:

$$\begin{aligned}
y(x) = y_H(x) + y_I(x) &= c_1 e^{A(x)} + e^{A(x)} \int b(x)e^{-A(x)}\,dx\\
&= e^{A(x)}\left(c_1 + \int b(x)e^{-A(x)}\,dx\right) \quad \text{mit} \quad c_1 \in \mathbb{R}
\end{aligned}$$

Aus diesem Ergebnis erhalten wir alle angegebenen Spezialfälle.

a) Für $b(x) = 0$ ergibt sich die homogene Lösung.

b) Für $a(x) = a$ gilt wegen $A(x) = \int a\,dx = ax$

$$y(x) = e^{ax}\left(c_1 + \int b(x)e^{-ax}\,dx\right).$$

c) Schließlich erhalten wir für $a(x) = a, \quad b(x) = b$

$$y(x) = \begin{cases} e^{ax}\left(c_1 - \dfrac{b}{a}e^{-ax}\right) = c_1 e^{ax} - \dfrac{b}{a} & \text{für } a \neq 0\\ 1\left(c_1 + \int b\,dx\right) = c_1 + bx & \text{für } a = 0 \end{cases}.$$

d) Mit der Anfangsbedingung, z. B. $y(0) = 0, \quad a(x) = a, \quad b(x) = b$ gilt

$$\text{für } a \neq 0: \quad y(0) = c_1 e^0 - \frac{b}{a} = 0 \Rightarrow c_1 = \frac{b}{a}$$

$$\Rightarrow y(x) = \frac{b}{a}e^{ax} - \frac{b}{a} = \frac{b}{a}(e^{ax} - 1)\,,$$

$$\text{für } a = 0: \quad y(0) = c_1 = 0 \Rightarrow y(x) = bx\,.$$

Für den wichtigen Fall, dass a und b konstant sind, geben wir in Beispiel 22.13 einige Hinweise auf den Kurvenverlauf von y.

Beispiel 22.13

Für die lineare Differentialgleichung

$$y'(x) = ay(x) + 3 \quad \text{mit} \quad a \in \mathbb{R}\,, y(0) = 0$$

erhalten wir die Lösung (Figur 22.4)

$$y(x) = \begin{cases} \dfrac{3}{a}(e^{ax} - 1) & \text{für } a \neq 0 \\ 3x & \text{für } a = 0 \end{cases}.$$

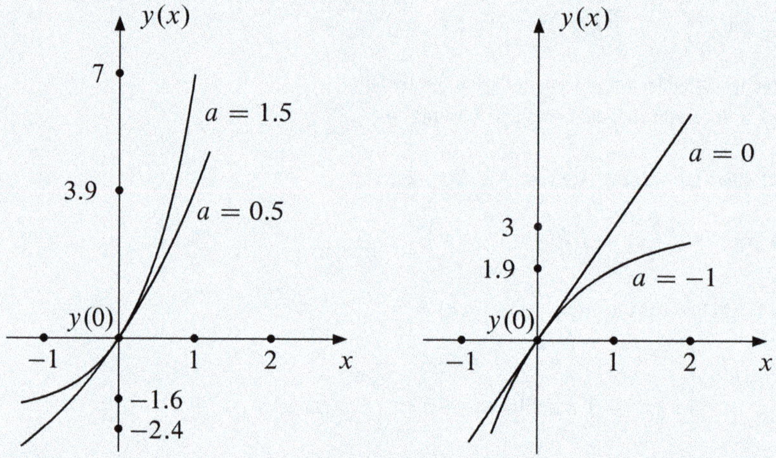

Figur 22.4: Graphen der Lösung von $y'(x) = ay(x) + 3$ für $y(0) = 0$

Wegen $y'(x) = 3e^{ax}$, $y'' = 3ae^{ax}$ ist die Lösungsfunktion $y(x)$ für alle $a \neq 0$ streng monoton wachsend sowie für $a > 0$ streng konvex und für $a < 0$ streng konkav.

Für $a = 0$ ergibt sich eine Gerade durch den Nullpunkt mit der Steigung 3.

Für $y(0) = 0$, $b = -3$ hat die Lösungsfunktion die Form

$$y(x) = \begin{cases} -\dfrac{3}{a}(e^{ax} - 1) & \text{für } a \neq 0 \\ -3x & \text{für } a = 0 \end{cases}.$$

Wir erhalten die entsprechenden Graphen für $a = 1.5, 0.5, 0, -1$, wenn wir die Graphen der Figur 22.4 an der x-Achse spiegeln.

Damit ist auch das Lösungsverhalten der linearen Differentialgleichung erster Ordnung vollständig beschrieben.

Beispiel 22.14

a) Wir lösen die Differentialgleichung

$$(x^2+1)y' + 2xy = 3x^2 \quad \text{bzw.} \quad y' = -\frac{2x}{x^2+1}y + \frac{3x^2}{x^2+1}$$

mit der speziellen Lösung $y(1) = 2$.

Wir setzen

$$a(x) = -\frac{2x}{x^2+1} \quad \Rightarrow \quad A(x) = -\int \frac{2x\,dx}{x^2+1} = -\ln(x^2+1)\,.$$

$$b(x) = \frac{3x^2}{x^2+1}\,.$$

Dann hat die Lösungsfunktion die Form (Satz 22.12):

$$y(x) = e^{-\ln(x^2+1)}\left(c_1 + \int \frac{3x^2}{x^2+1}e^{\ln(x^2+1)}\,dx\right)$$
$$= (x^2+1)^{-1}\left(c_1 + \int 3x^2\,dx\right) = \frac{c_1+x^3}{x^2+1}$$

Andererseits ist

$$y(1) = \frac{c_1+1}{2} = 2 \quad \Rightarrow \quad c_1 = 3\,.$$

Daraus folgt die spezielle Lösung:

$$y(x) = \frac{3+x^3}{1+x^2} \quad \text{mit} \quad y(1) = 2$$

b) Die zeitliche Wachstumsrate a des Lohnniveaus sei konstant.

Wir bestimmen den zeitlichen Verlauf $y(t)$ des Lohnniveaus sowie den Lohnzuwachs für $a = 0.05$ und $y(0) = 100$ im Zeitintervall $[0, 10]$.

Mit $\frac{y'(t)}{y(t)} = a$ (Definition 8.20) erhalten wir eine homogene lineare Differentialgleichung erster Ordnung

$$y'(t) = ay(t)$$

mit der Lösung

$$y(t) = y(0)e^{at} = 100e^{0.05t}\,.$$

Daraus folgt

$$y(10) - y(0) = 100e^{0.5} - 100 \approx 64.87\,.$$

Geht man von $y(0) = 100$ aus, so beträgt der Lohnzuwachs nach 10 Zeitperioden 64.87 %.

c) Für die Preiselastizität der Nachfrage nach einem Produkt sei der konstante Wert ε geschätzt worden. Wir bestimmen alle Nachfragefunktionen der Form $x = f(p)$ mit dieser Elastizität. Mit $\frac{f'(p)}{f(p)} p = \varepsilon$ (Definition 8.20) erhalten wir eine homogene lineare Differentialgleichung erster Ordnung

$$f'(p) = \frac{\varepsilon}{p} f(p)$$

mit der Lösung

$$f(p) = ce^{\int \frac{\varepsilon}{p} dp} = ce^{\varepsilon \ln|p|} = cp^{\varepsilon}\,.$$

Abschließend vergleichen wir die Lösungen der behandelten linearen Differenzen- und Differentialgleichungen erster Ordnung mit konstanten Koeffizienten:

Differenzengleichung	Differentialgleichung
$y(x+1) - y(x) = ay(x) + b$ bzw. $y(x+1) = (1+a)y(x) + b$	$y'(x) = ay(x) + b$
Lösung (Satz 22.6): $y(x) = y(0) + bx$ für $a = 0$ $y(x) = -\frac{b}{a} + \left(y(0) + \frac{b}{a}\right)(1+a)^x$ für $a \neq 0$	Lösung (Satz 22.12): $y(x) = y(0) + bx$ für $a = 0$ $y(x) = -\frac{b}{a} + \left(y(0) + \frac{b}{a}\right)e^{ax}$ für $a \neq 0$

Figur 22.5: Lineare Differenzen- und Differentialgleichungen erster Ordnung und ihre Lösung für den Fall, dass a und b konstant sind

23 Differenzen- und Differentialgleichungen höherer Ordnung

Bei der Behandlung von **Differenzen-** und **Differentialgleichungen höherer Ordnung** konzentrieren wir uns auf den linearen Fall mit konstanten Koeffizienten. Nach grundsätzlichen Überlegungen, wie eine allgemeine Lösung der entsprechenden Gleichung aufgebaut ist, befassen wir uns mit Lösungsansätzen im Einzelnen. Die in Abschnitt 22.1 dargestellten Ähnlichkeiten von Differenzen- und Differentialgleichungen sind auf höhere Ordnungen übertragbar. Nach grundsätzlichen Überlegungen zu linearen Differenzen- und Differentialgleichungen n-ter Ordnung mit konstanten Koeffizienten (Abschnitt 23.1) diskutieren wir schrittweise die Lösung homogener und inhomogener Gleichungen (Abschnitte 23.2, 23.3).

23.1 Grundlagen und Beispiele

In Anlehnung an die Überlegungen für Differenzen- und Differentialgleichungen erster Ordnung (Abschnitt 22.1) schreibt man

$$g(x, y(x), y(x+1), \ldots, y(x+n)) = 0$$

für eine **Differenzengleichung n-ter Ordnung** und

$$g(x, y, y', \ldots, y^{(n)}) = 0$$

für eine **Differentialgleichung n-ter Ordnung**.

Wir beschränken uns im Folgenden auf den linearen Fall mit konstanten Koeffizienten (Definition 22.2).

Definition 23.1

Eine Gleichung der Form

$$y(x+n) + a_{n-1}y(x+n-1) + \ldots + a_1 y(x+1) + a_0 y(x) = b(x)$$

heißt eine **lineare Differenzengleichung n-ter Ordnung mit konstanten Koeffizienten** und

$$y^{(n)}(x) + a_{n-1}y^{(n-1)}(x) + \ldots + a_1 y'(x) + a_0 y(x) = b(x)$$

heißt eine **lineare Differentialgleichung n-ter Ordnung mit konstanten Koeffizienten**. Beide Gleichungen nennt man **homogen** für $b(x) = 0$, andernfalls **inhomogen**. Eine Funktion y, die die jeweilige Gleichung erfüllt, heißt **Lösung** oder **Lösungsfunktion**.

Definition 23.1 sowie daraus resultierende Aussagen sind natürlich auch für $n = 1$ gültig.

Beispiel 23.2

a) **P. A. Samuelson** geht in seinem **Multiplikator-Akzelerator-Modell** für das Wachstum des Volkseinkommens von folgenden Beziehungen zwischen den zeitabhängigen Größen Volkseinkommen $Y(t)$, Konsum $C(t)$ und Investitionen $I(t)$ sowie den zeitunabhängigen Staatsausgaben S aus:

$$\begin{aligned} Y(t) &= C(t) + I(t) + S \\ C(t) &= aY(t-1) && \text{mit} \quad a \in \langle 0, 1 \rangle \\ I(t) &= b(C(t) - C(t-1)) && \text{mit} \quad b > 0 \end{aligned}$$

Der Konsum $C(t)$ entwickelt sich dabei proportional zum Volkseinkommen der Vorperiode, man bezeichnet die Konstante $a \in \langle 0, 1 \rangle$ als den **Multiplikator** des Modells. Die Investition $I(t)$ wird proportional zur Konsumveränderung von Periode $t - 1$ zur Periode t angenommen, man nennt die Konstante $b > 0$ den **Akzelerator** des Modells. Die Investition ist also genau dann positiv, wenn auch der Konsum wächst. Andernfalls kommt es zu einer Desinvestition. Durch Einsetzen erhalten wir mit

$$\begin{aligned} Y(t) &= C(t) + I(t) + S \\ &= aY(t-1) + b(C(t) - C(t-1)) + S \\ &= aY(t-1) + b(aY(t-1) - aY(t-2)) + S \\ &= (a + ab)Y(t-1) - abY(t-2) + S \end{aligned}$$

eine inhomogene lineare Differenzengleichung zweiter Ordnung.

Wir diskutieren dieses Modell weiter in Beispiel 23.13 a.

b) Für den Zusammenhang von Angebot $x(t)$, Nachfrage $y(t)$ und Preis $p(t)$ eines Gutes unterstellen wir die Beziehungen:

$$x(t) = a_0 + a_1 p(t) + a_2 p'(t) + a_3 p''(t) \quad \text{mit} \quad a_0, a_1, a_2, a_3 \geq 0$$
$$y(t) = b_0 - b_1 p(t) - b_2 p'(t) - b_3 p''(t) \quad \text{mit} \quad b_0, b_1, b_2, b_3 \geq 0$$

Angebot und Nachfrage hängen damit direkt vom Preis $p(t)$, dessen Veränderung $p'(t)$ sowie der Änderung $p''(t)$ von $p'(t)$ ab. Im Marktgleichgewicht (Angebot=Nachfrage) erhalten wir mit

$$(a_3 + b_3)p''(t) + (a_2 + b_2)p'(t) + (a_1 + b_1)p(t) + a_0 - b_0 = 0$$

oder mit $a_3 + b_3 > 0$

$$p''(t) + \frac{a_2 + b_2}{a_3 + b_3} p'(t) + \frac{a_1 + b_1}{a_3 + b_3} p(t) = \frac{b_0 - a_0}{a_3 + b_3}$$

eine inhomogene lineare Differentialgleichung zweiter Ordnung. Wir diskutieren dieses Modell weiter in Beispiel 23.13 b.

23.2 Homogene lineare Differenzen- und Differentialgleichungen

Wir diskutieren zunächst die Struktur der allgemeinen Lösung homogener Gleichungen mit konstanten Koeffizienten und formulieren anschließend ein Lösungsverfahren insbesondere für die Ordnung $n = 2$.

Satz 23.3

Die **homogene lineare Differenzengleichung**

$$\text{(A)} \quad y(x+n) + a_{n-1} y(x+n-1) + \ldots + a_1 y(x+1) + a_0 y(x) = 0$$

bzw. die **homogene lineare Differentialgleichung**

$$\text{(B)} \quad y^{(n)}(x) + a_{n-1} y^{(n-1)}(x) + \ldots + a_1 y'(x) + a_0 y(x) = 0$$

besitzen jeweils spezielle Lösungen der Form $y_1(x), \ldots, y_n(x)$.

Dann gilt:

a) Sind für jede Lösung $y_i(x)$ $(i = 1, \ldots, n)$ genau n Anfangswerte der Form

$$\begin{aligned} &y_i(0), y_i(1), \ldots, y_i(n-1) \quad \text{im Fall (A)} \quad \text{bzw.} \\ &y_i(0), y_i'(0), \ldots, y_i^{(n-1)}(0) \quad \text{im Fall (B)} \end{aligned}$$

gegeben, dann sind die Lösungen $y_i(x)$ für alle x eindeutig bestimmt. Ferner löst jede Linearkombination $c_1 y_1(x) + \ldots + c_n y_n(x)$ die Gleichung (A) bzw. (B).

b) Bildet man in beiden Fällen (A) und (B) die **Wronskimatrizen**

$$\boldsymbol{W} = \begin{pmatrix} y_1(0) & \cdots & y_n(0) \\ \vdots & & \vdots \\ y_1(n-1) & \cdots & y_n(n-1) \end{pmatrix} \text{ bzw.}$$

$$\boldsymbol{W}(x) = \begin{pmatrix} y_1(x) & \cdots & y_n(x) \\ \vdots & & \vdots \\ y_1^{(n-1)}(x) & \cdots & y_n^{(n-1)}(x) \end{pmatrix},$$

so gilt $\det \boldsymbol{W} \neq 0$ bzw. $\det \boldsymbol{W}(x) \neq 0$ für alle x genau dann, wenn die entsprechenden Zeilen bzw. Spalten der Matrix linear unabhängig sind (Definition 13.17, Satz 17.14).

Dann sind auch die speziellen Lösungen $y_1(x), \ldots, y_n(x)$ in beiden Fällen (A) und (B) linear unabhängig und die allgemeine Lösung hat in beiden Fällen die Form

$$y(x) = c_1 y_1(x) + \ldots + c_n y_n(x) \text{ mit } c_1, \ldots, c_n \in \mathbb{R} \text{ beliebig}.$$

Zum Beweis verweisen wir für den Fall (A) auf [Mickens, S. 88–100] bzw. für den Fall (B) auf [Erwe, S. 94, 95].

Satz 23.4

Gegeben sei die **homogene lineare Differenzengleichung zweiter Ordnung**

$$\text{(A)} \quad y(x+2) + a_1 y(x+1) + a_0 y(x) = 0 \quad \text{mit} \quad a_0 \neq 0$$

sowie die **homogene lineare Differentialgleichung zweiter Ordnung**

$$\text{(B)} \quad y''(x) + a_1 y'(x) + a_0 y(x) = 0 \quad \text{mit} \quad a_0 \neq 0\,.$$

Mit dem **Lösungsansatz**

$$y(x) = \lambda^x \quad (\lambda \neq 0) \qquad \text{für (A)}$$
bzw. $$y(x) = e^{\lambda x} \qquad \text{für (B)}$$

ergibt sich durch Einsetzen in (A) bzw. (B) die **charakteristische Gleichung**

$$\lambda^2 + a_1\lambda + a_0 = 0$$

mit den Lösungen

$$\lambda_1 = -\tfrac{1}{2}\left(a_1 + \sqrt{a_1^2 - 4a_0}\right), \quad \lambda_2 = -\tfrac{1}{2}\left(a_1 - \sqrt{a_1^2 - 4a_0}\right).$$

a) Im Fall $a_1^2 - 4a_0 > 0$ erhalten wir die allgemeine Lösung (Satz 23.3)

$$y(x) = c_1\lambda_1^x + c_2\lambda_2^x \qquad \text{für (A)}$$
bzw. $$y(x) = c_1 e^{\lambda_1 x} + c_2 e^{\lambda_2 x} \qquad \text{für (B)}.$$

b) Im Fall $a_1^2 - 4a_0 = 0$, also $\lambda_1 = \lambda_2 = \lambda$ gilt für die allgemeine Lösung

$$y(x) = c_1\lambda^x + c_2 x\lambda^x \qquad \text{für (A)}$$
bzw. $$y(x) = c_1 e^{\lambda x} + c_2 x e^{\lambda x} \qquad \text{für (B)}.$$

c) Im Fall $a_1^2 - 4a_0 < 0$ erhalten wir konjugiert komplexe λ-Werte. Die allgemeine Lösung hat dann die Form

$$y(x) = c_1 r^x \cos x\varphi + c_2 r^x \sin x\varphi \qquad \text{für (A)}$$
$$\text{mit } \alpha = -\tfrac{a_1}{2},\ \beta = \tfrac{1}{2}\sqrt{4a_0 - a_1^2},\ r = \sqrt{\alpha^2 + \beta^2} = \sqrt{a_0},$$
$$\cos\varphi = \tfrac{\alpha}{r} = -\tfrac{a_1}{2\sqrt{a_0}},\ \sin\varphi = \tfrac{\beta}{r} = \tfrac{\sqrt{4a_0 - a_1^2}}{2\sqrt{a_0}}$$
bzw. $$y(x) = c_1 e^{\alpha x}\cos\beta x + c_2 e^{\alpha x}\sin\beta x \qquad \text{für (B)}$$
$$\text{mit } \alpha = -\tfrac{a_1}{2},\ \beta = \tfrac{1}{2}\sqrt{4a_0 - a_1^2}.$$

Mit Hilfe von zwei Anfangsbedingungen

$$y(0) = y_0, \quad y(1) = y_1 \qquad \text{für (A)}$$
$$y(0) = y_0, \quad y'(0) = y_1 \qquad \text{für (B)}$$

sind die Konstanten in beiden Fällen berechenbar.

Beweis:

Fall (A): Für $y(x) = \lambda^x$ gilt:

$$y(x+2) + a_1 y(x+1) + a_0 y(x) = \lambda^{x+2} + a_1\lambda^{x+1} + a_0\lambda^x$$
$$= \lambda^x(\lambda^2 + a_1\lambda + a_0) = 0 \quad \Rightarrow \lambda^2 + a_1\lambda + a_0 = 0$$

Fall (B): Für $y(x) = e^{\lambda x}$ gilt:

$$y''(x) + a_1 y'(x) + a_0 y(x) = \lambda^2 e^{\lambda x} + a_1\lambda e^{\lambda x} + a_0 e^{\lambda x}$$
$$= e^{\lambda x}(\lambda^2 + a_1\lambda + a_0) = 0 \quad \Rightarrow \lambda^2 + a_1\lambda + a_0 = 0$$

In beiden Fällen erhalten wir

$$\lambda = \tfrac{1}{2}\left(-a_1 \pm \sqrt{a_1^2 - 4a_0}\right)$$

a) $a_1^2 - 4a_0 > 0 \Rightarrow \lambda_1 = \frac{1}{2}\left(-a_1 + \sqrt{a_1^2 - 4a_0}\right) \in \mathbb{R}$

$\lambda_1 = \frac{1}{2}\left(-a_1 - \sqrt{a_1^2 - 4a_0}\right) \in \mathbb{R}$

Fall (A): Für $y_1(x) = \lambda_1^x$, $y_2(x) = \lambda_2^x$ berechnen wir die Wronskideterminante:

$$\det\begin{pmatrix} y_1(0) & y_2(0) \\ y_1(1) & y_2(1) \end{pmatrix} = \det\begin{pmatrix} 1 & 1 \\ \lambda_1 & \lambda_2 \end{pmatrix} = \lambda_2 - \lambda_1 \neq 0$$

$\Rightarrow$ Allgemeine Lösung: $y(x) = c_1\lambda_1^x + c_2\lambda_2^x$ mit $c_1, c_2 \in \mathbb{R}$

Fall (B): Analog zu Fall (A) gilt für $y_1(x) = e^{\lambda_1 x}$, $y_2(x) = e^{\lambda_2 x}$:

$$\det\begin{pmatrix} y_1(x) & y_2(x) \\ y_1'(x) & y_2'(x) \end{pmatrix} = \det\begin{pmatrix} e^{\lambda_1 x} & e^{\lambda_2 x} \\ \lambda_1 e^{\lambda_1 x} & \lambda_2 e^{\lambda_2 x} \end{pmatrix} = e^{\lambda_1 x}e^{\lambda_2 x}(\lambda_2 - \lambda_1) \neq 0$$

$\Rightarrow$ Allgemeine Lösung: $y(x) = c_1 e^{\lambda_1 x} + c_2 e^{\lambda_2 x}$ mit $c_1, c_2 \in \mathbb{R}$

b) $a_1^2 - 4a_0 = 0 \Rightarrow \lambda_1 = \lambda_2 = \lambda = -\frac{a_1}{2} \in \mathbb{R}$:

Fall (A): Für $y(x) = x\lambda^x$ gilt:

$$(x+2)\lambda^{x+2} + a_1(x+1)\lambda^{x+1} + a_0 x\lambda^x = 0 \qquad \big| : \lambda^x$$
$$\iff (x+2)\lambda^2 + a_1(x+1)\lambda + a_0 x = 0 \qquad \Big| \; \lambda = -\tfrac{a_1}{2},\ a_0 = \tfrac{a_1^2}{4}$$
$$\iff (x+2)\frac{a_1^2}{4} - \frac{a_1^2}{2}(x+1) + \frac{a_1^2}{4}x = 0$$
$$\iff x\frac{a_1^2}{4} + \frac{a_1^2}{2} - \frac{a_1^2}{2}x - \frac{a_1^2}{2} + \frac{a_1^2}{4}x = 0$$

Damit erhalten wir die speziellen Lösungen $y_1(x) = \lambda^x$, $y_2(x) = x\lambda^x$ und die Wronskideterminante

$$\det\begin{pmatrix} y_1(0) & y_2(0) \\ y_1(1) & y_2(1) \end{pmatrix} = \det\begin{pmatrix} 1 & 0 \\ \lambda & \lambda \end{pmatrix} = \lambda \neq 0$$

$\Rightarrow$ Allgemeine Lösung: $y(x) = c_1\lambda^x + c_2 x\lambda^x$ mit $c_1, c_2 \in \mathbb{R}$

Fall (B): Für $y(x) = xe^{\lambda x}$ gilt:

$y'(x) = e^{\lambda x} + \lambda x e^{\lambda x}$, $y''(x) = 2\lambda e^{\lambda x} + \lambda^2 x e^{\lambda x}$ und damit

$$2\lambda e^{\lambda x} + \lambda^2 x e^{\lambda x} + a_1(e^{\lambda x} + \lambda x e^{\lambda x}) + a_0 x e^{\lambda x} = 0 \quad \Big| : e^{\lambda x}$$

$$\Longleftrightarrow 2\lambda + \lambda^2 x + a_1 + a_1\lambda x + a_0 x = 0 \quad \Big| \ \lambda = -\tfrac{a_1}{2},\ a_0 = \tfrac{a_1^2}{4}$$

$$\Longleftrightarrow -a_1 + \tfrac{a_1^2}{4}x + a_1 - \tfrac{a_1^2}{2}x + \tfrac{a_1^2}{4}x = 0$$

Wir erhalten die speziellen Lösungen $y_1(x) = e^{\lambda x}, y_2(x) = xe^{\lambda x}$ und die Wronskideterminante

$$\Rightarrow \det\begin{pmatrix} y_1(x) & y_2(x) \\ y_1'(x) & y_2'(x)\end{pmatrix} = \det\begin{pmatrix} e^{\lambda x} & xe^{\lambda x} \\ \lambda e^{\lambda x} & e^{\lambda x} + \lambda x e^{\lambda x}\end{pmatrix} = e^{2\lambda x}\det\begin{pmatrix} 1 & x \\ \lambda & 1 + x\lambda\end{pmatrix}$$

$$= e^{2\lambda x}(1 + \lambda x - \lambda x) \neq 0$$

$\Rightarrow$ Allgemeine Lösung: $y(x) = c_1 e^{\lambda x} + c_2 x e^{\lambda x}$ mit $c_1, c_2 \in \mathbb{R}$

c) $a_1^2 - 4a_0 < 0$

$$\Rightarrow \left.\begin{aligned} \lambda_1 &= \tfrac{1}{2}\left(-a_1 + \sqrt{a_1^2 - 4a_0}\right) = \alpha + i\beta \\ \lambda_2 &= \tfrac{1}{2}\left(-a_1 - \sqrt{a_1^2 - 4a_0}\right) = \alpha - i\beta \end{aligned}\right\} \text{ mit } \lambda = -\tfrac{a_1}{2},\ i\beta = \tfrac{i}{2}\sqrt{4a_0 - a_1^2} \neq 0$$

Fall (A): Für $y_1(x) = \lambda_1^x = (\alpha + i\beta)^x$ bzw. $y_2(x) = \lambda_2^x = (\alpha - i\beta)^x$ erhält man nach den Formeln von Moivre:

$(\alpha \pm i\beta)^x = r^x(\cos(x\varphi) \pm i\sin(x\varphi)) = u(x) \pm iv(x)$

mit $u(x) = r^x\cos(x\varphi)$, $v(x) = r^x\sin(x\varphi)$, $r = \sqrt{\alpha^2 + \beta^2}$, $\cos\varphi = \frac{\alpha}{r}$, $\sin\varphi = \frac{\beta}{r}$

Also löst $y_1(x) = (\alpha + i\beta)^x = u(x) + iv(x)$ die Gleichung (A)

$$u(x+2) + iv(x+2) + a_1(u(x+1) + iv(x+1) + a_0[u(x) + iv(x)]$$

$$u(x+2) + a_1u(x+1) + a_0u(x) + i[v(x+2) + a_1v(x+1) + a_0v(x)] = 0$$

Damit sind der Realteil und der Imaginärteil der Gleichung gleich Null und wir haben die reellen Funktionen $u(x), v(x)$ als spezielle Lösungen der Gleichung (A) identifiziert.

Wegen $\det\begin{pmatrix} u(0) & v(0) \\ u(1) & v(1)\end{pmatrix} = \det\begin{pmatrix} 1 & 0 \\ r\cos\varphi & r\sin\varphi\end{pmatrix} = r\sin\varphi = r\frac{\beta}{r} \neq 0$

sind $u(x)$ und $v(x)$ auch linear unabhängig.

$\Rightarrow$ Allgemeine Lösung: $y(x) = c_1 r^x\cos(x\varphi) + c_2 r^x\sin(x\varphi)$ mit $c_1, c_2 \in \mathbb{R}$

Fall (B): Für $y_1(x) = e^{(\alpha + i\beta)x}$ bzw. $y_2(x) = e^{(\alpha - i\beta)x}$ erhält man nach der Euler-Formel

$e^{(\alpha \pm i\beta)x} = e^{\alpha x}(\cos(\beta x) \pm i\sin(\beta x)) = u(x) \pm iv(x)$

$\Rightarrow u(x) = e^{\alpha x}\cos(\beta x)$, $v(x) = e^{\alpha x}\sin(\beta x)$

Durch analoge Überlegungen zu Fall (A) stellen wir auch hier fest, dass die reellen Funktionen $u(x)$ und $v(x)$ spezielle Lösungen der Gleichung (B) darstellen:

Wegen $\det\begin{pmatrix} u(x) & v(x) \\ u'(x) & v'(x) \end{pmatrix}$

$= \det\begin{pmatrix} e^{\alpha x}\cos(\beta x) & e^{\alpha x}\sin(\beta x) \\ \alpha e^{\alpha x}\cos(\beta x) - e^{\alpha x}\beta\sin(\beta x) & \alpha e^{\alpha x}\sin(\beta x) + e^{\alpha x}\beta\cos(\beta x) \end{pmatrix}$

$= e^{2\alpha x}(\alpha\cos(\beta x)\sin(\beta x) + \beta(\cos(\beta x))^2 - \alpha\cos(\beta x)\sin(\beta x) + \beta(\sin(\beta x))^2)$

$= e^{2\alpha x}\beta((\cos(\beta x))^2 + (\sin(\beta x))^2) = e^{2\alpha x}\beta \cdot 1 \neq 0$

sind $u(x)$ und $v(x)$ wieder linear unabhängig.

$\Rightarrow$ Allgemeine reelle Lösung: $y(x) = c_1 e^{\alpha x}\cos(\beta x) + c_2 e^{\alpha x}\sin(\beta x)$ mit $c_1, c_2 \in \mathbb{R}$

Wir weisen noch einmal darauf hin, dass dieser Satz 23.4 für alle auftretenden Fälle die allgemeine Lösung homogener linearer Differenzen- und Differentialgleichungen zweiter Ordnung mit konstanten Koeffizienten explizit liefert. Der Lösungsansatz führt in beiden Fällen auf die quadratische Gleichung $\lambda^2 + a_1\lambda + a_0 = 0$. Mit der Fallunterscheidung $a_1^2 - 4a_0 \gtreqless 0$ lässt sich die jeweilige Lösung angeben.

Nachfolgend behandeln wir Beispiele für die Fälle (A) und (B).

Beispiel 23.5

a) Differenzengleichung:

$$y(x+2) - \frac{1}{2}y(x+1) - \frac{1}{2}y(x) = 0$$

Charakteristische Gleichung:

$$\lambda^2 - \frac{1}{2}\lambda - \frac{1}{2} = 0 \;\Rightarrow\; \lambda_1 = 1,\; \lambda_2 = -\frac{1}{2}$$

Allgemeine Lösung:

$$y(x) = c_1 \cdot 1^x + c_2\left(-\frac{1}{2}\right)^x = c_1 + c_2\left(-\frac{1}{2}\right)^x$$

Anfangsbedingungen:

$$\left.\begin{aligned} y(0) &= 0 = c_1 + c_2 \\ y(1) &= 1 = c_1 - \frac{1}{2}c_2 \end{aligned}\right\} \;\Rightarrow\; c_1 = \frac{2}{3},\; c_2 = -\frac{2}{3}$$

Spezielle Lösung:

$$y(x) = \frac{2}{3} - \frac{2}{3}\left(-\frac{1}{2}\right)^x$$

b) Differenzengleichung:

$$y(x+2) - 4y(x+1) + 4y(x) = 0$$

Charakteristische Gleichung:

$$\lambda^2 - 4\lambda + 4 = 0 \;\Rightarrow\; \lambda_1 = \lambda_2 = 2$$

Allgemeine Lösung:

$$y(x) = c_1 2^x + c_2 x 2^x$$

Anfangsbedingungen:

$$\left.\begin{aligned} y(0) = 0 &= \;\; c_1 + 0c_2 \\ y(1) = 1 &= 2c_1 + 2c_2 \end{aligned}\right\} \;\Rightarrow\; c_1 = 0,\; c_2 = \frac{1}{2}$$

Spezielle Lösung:

$$y(x) = \frac{1}{2} x 2^x = x 2^{x-1}$$

c) Differenzengleichung:

$$y(x+2) - y(x+1) + y(x) = 0$$

Charakteristische Gleichung:

$$\lambda^2 - \lambda + 1 = 0 \;\Rightarrow\; \lambda = -\frac{1}{2}\left(-1 \pm \sqrt{1-4}\right) = \frac{1}{2} \pm \frac{i}{2}\sqrt{3}$$

Allgemeine Lösung:

$$y(x) = c_1 r^x \cos x\varphi + c_2 r^x \sin x\varphi$$

$$\text{mit} \quad r = \sqrt{\frac{1}{4} + \frac{3}{4}} = 1\,, \quad \cos\varphi = \frac{1}{2}\,, \quad \sin\varphi = \frac{\sqrt{3}}{2} \text{ also } \varphi = \frac{\pi}{3}$$

$$\Rightarrow\; y(x) = c_1 \cos\frac{x\pi}{3} + c_2 \sin\frac{x\pi}{3}$$

Anfangsbedingungen:

$$\left.\begin{aligned} y(0) = 0 &= \;\; c_1 + \; 0 \\ y(1) = 1 &= \frac{1}{2}c_1 + \frac{\sqrt{3}}{2}c_2 \end{aligned}\right\} \;\Rightarrow\; c_1 = 0,\; c_2 = \frac{2}{\sqrt{3}}$$

Spezielle Lösung:

$$y(x) = \frac{2}{\sqrt{3}} \sin \frac{x\pi}{3}$$

Wir stellen die speziellen Lösungen aller drei Beispiele graphisch dar (Figur 23.1).

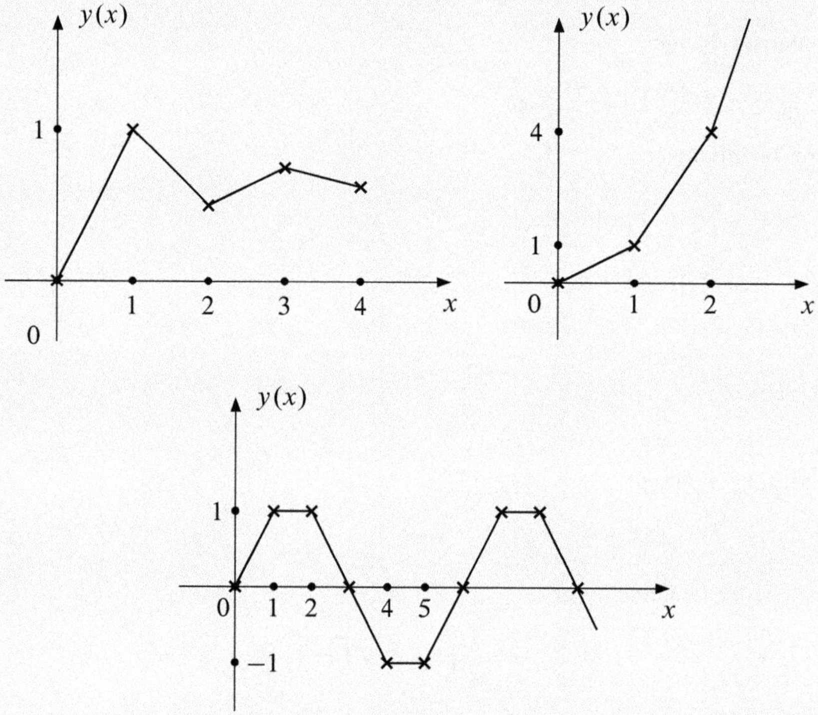

Figur 23.1: Graphen der speziellen Lösungen aus Beispiel 23.5

In Fall a) mit $y(x) = \frac{2}{3} - \frac{2}{3}\left(-\frac{1}{2}\right)^x$ erhalten wir wegen des Terms $\left(-\frac{1}{2}\right)^x$ eine Schwingung mit abnehmenden Amplituden und $y(x) \to \frac{2}{3}$ für $x \to \infty$. Dagegen würde eine Lösung $y(x) = \frac{2}{3} - \frac{2}{3}(-2)^x$ eine Schwingung mit zunehmenden Amplituden und divergierender Lösung bedeuten.

In Fall b) mit $y(x) = x2^{x-1}$ nimmt die Lösungsfunktion exponentiell zu.

In Fall c) mit $y(x) = \frac{2}{\sqrt{3}} \sin \frac{x\pi}{3}$ ergibt sich eine sinusförmige Schwingung mit gleichbleibenden Amplituden. Dies liegt am Koeffizienten $a_0 = 1$ der Differenzengleichung. Für $a_0 > 1$ würden die Amplituden zunehmen, für $a_0 < 1$ dagegen abnehmen.

Beispiel 23.6

a) Differentialgleichung:

$$y'' + y' - 2y = 0$$

Charakteristische Gleichung:

$$\lambda^2 + \lambda - 2 = (\lambda - 1)(\lambda + 2) = 0 \;\Rightarrow\; \lambda_1 = 1,\ \lambda_2 = -2$$

Allgemeine Lösung:

$$y(x) = c_1 e^x + c_2 e^{-2x}$$

Anfangsbedingungen:

$$\left.\begin{aligned} y(0) &= 1 = c_1 + c_2 \\ y'(0) &= 0 = c_1 - 2c_2 \end{aligned}\right\} \Rightarrow c_1 = \frac{2}{3},\ c_2 = \frac{1}{3}$$

Spezielle Lösung:

$$y(x) = \frac{2}{3}e^x + \frac{1}{3}e^{-2x}$$

b) Differentialgleichung:

$$y'' + 2y' + y = 0$$

Charakteristische Gleichung:

$$\lambda^2 + 2\lambda + 1 = (\lambda + 1)^2 = 0 \;\Rightarrow\; \lambda_1 = \lambda_2 = -1$$

Allgemeine Lösung:

$$y(x) = c_1 e^{-x} + c_2 x e^{-x}$$

Anfangsbedingungen:

$$\left.\begin{aligned} y(0) &= 2 = c_1 + 0 \\ y'(0) &= 0 = -c_1 + c_2 \end{aligned}\right\} \Rightarrow c_1 = c_2 = 2$$

Spezielle Lösung:

$$y(x) = 2e^{-x} + 2xe^{-x} = (2 + 2x)e^{-x}$$

c) Differentialgleichung:

$$y'' + \frac{1}{5}y' + \frac{101}{100}y = 0$$

Charakteristische Gleichung:

$$\lambda^2 + \frac{1}{5}\lambda + \frac{101}{100} = 0 \;\Rightarrow\; \lambda = -\frac{1}{2}\left(\frac{1}{5} \pm \sqrt{\frac{1}{25} - \frac{101}{25}}\right) = -\frac{1}{10} \pm i$$

Allgemeine Lösung:

$$y(x) = c_1 e^{-\frac{1}{10}x} \cos x + c_2 e^{-\frac{1}{10}x} \sin x = e^{-\frac{x}{10}} (c_1 \cos x + c_2 \sin x)$$

$$y'(x) = e^{-\frac{x}{10}} \left[-\tfrac{1}{10} (c_1 \cos x + c_2 \sin x) + (-c_1 \sin x + c_2 \cos x)\right]$$

Anfangsbedingungen:

$$\left.\begin{aligned} y(0) &= 1 = c_1 + 0 \\ y'(0) &= 0 = -\tfrac{1}{10}c_1 + c_2 \end{aligned}\right\} \Rightarrow c_1 = 1,\; c_2 = \frac{1}{10}$$

Spezielle Lösung:

$$y(x) = e^{-\frac{x}{10}} \left(\cos x + \frac{1}{10} \sin x\right)$$

Wir stellen die speziellen Lösungen der Beispiele für $x \geq 0$ graphisch dar (Figur 23.2).

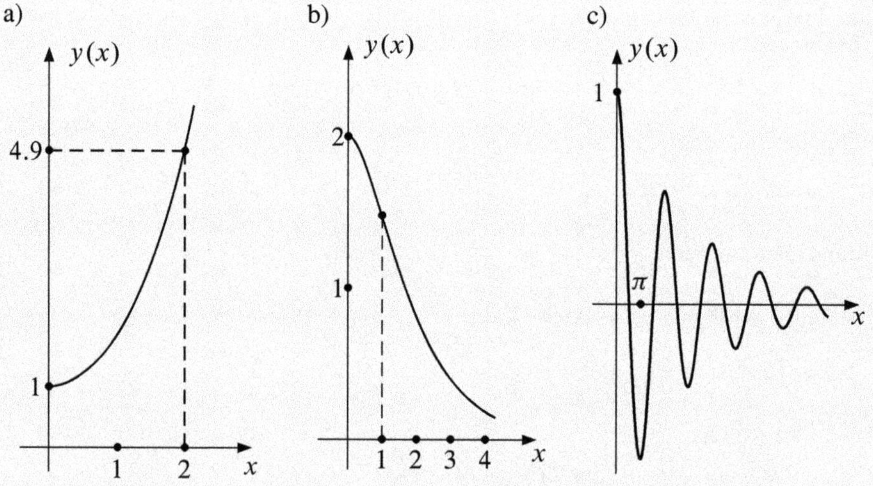

Figur 23.2: Graphen der speziellen Lösungen aus Beispiel 23.6

In Fall a) mit der Lösungsfunktion $y(x) = \frac{2}{3}e^x + \frac{1}{3}e^{-2x}$ überwiegt der Term e^x. Die Lösung wächst für $x \geq 0$ streng konvex gegen ∞.

In Fall b) mit $y(x) = (2 + 2x)e^{-x}$ überwiegt der Term e^{-x}. Die Lösungsfunktion fällt für $x \geq 1$ streng konvex und geht gegen 0.

In Fall c) mit $y(x) = e^{-\frac{1}{10}x}\left(\cos x + \frac{1}{10}\sin x\right)$ erhalten wir eine Schwingung mit abnehmenden Amplituden wegen des Terms $e^{-\frac{1}{10}x}$ und die Lösungsfunktion strebt gegen 0.

Das Vorgehen lässt sich auf homogene lineare Differenzen- und Differentialgleichungen höherer Ordnung übertragen. Mit dem Lösungsansatz $y(x) = \lambda^x$ bzw. $y(x) = e^{\lambda x}$ ist dann eine charakteristische Gleichung höherer Ordnung zu lösen (Abschnitt 1.9). Wir demonstrieren das Vorgehen mit Hilfe zweier einfacher Beispiele.

Beispiel 23.7

Differenzengleichung:

$$y(x + 3) - 3y(x + 1) - 2y(x) = 0$$

Charakteristische Gleichung:

$$\lambda^3 - 3\lambda - 2 = 0 \quad \Rightarrow \quad \lambda_1 = 2,\ \lambda_2 = \lambda_3 = -1$$

Allgemeine Lösung:

$$y(x) = c_1\,2^x + c_2(-1)^x + c_3\,x(-1)^x$$

Beispiel 23.8

Differentialgleichung:

$$y''''(x) + y'''(x) - y''(x) + y' - 2y = 0$$

Charakteristische Gleichung:

$$\lambda^4 + \lambda^3 - \lambda^2 + \lambda - 2 = (\lambda + 2)(\lambda - 1)(\lambda + i)(\lambda - i) = 0$$

Allgemeine Lösung:

$$y(x) = c_1\,e^{-2x} + c_2\,e^x + c_3\cos x + c_4\sin x$$

Abschließend stellen wir in Figur 23.3 zusammen, wie man zu speziellen Lösungen von homogenen linearen Differenzen- bzw. Differentialgleichungen n-ter Ordnung in Abhängigkeit der Nullstellen der charakteristischen Gleichung kommt.

Nullstellen der charakteristischen Gleichung	unabhängige spezielle Lösungen der homogenen Differenzengleichung	unabhängige spezielle Lösungen der homogenen Differentialgleichung
Nullstelle λ_0 einfach, reell	$y(x) = \lambda_0^x$	$y(x) = e^{\lambda_0 x}$
Nullstelle λ_0 k-fach, reell	$y_j(x) = x^{j-1}\lambda_0^x$ $(j = 1, \ldots, k)$	$y_j(x) = x^{j-1}e^{\lambda_0 x}$ $(j = 1, \ldots, k)$
Nullstellen λ_1, λ_2 einfach, konjugiert komplex mit $\lambda_1 = \alpha + i\beta$ $\lambda_2 = \alpha - i\beta$	$y_1(x) = r^x \cos x\varphi$ $y_2(x) = r^x \sin x\varphi$ $r = \sqrt{\alpha^2 + \beta^2}$ $\cos\varphi = \frac{\alpha}{r}$, $\sin\varphi = \frac{\beta}{r}$	$y_1(x) = e^{\alpha x} \cos \beta x$ $y_2(x) = e^{\alpha x} \sin \beta x$
Nullstellen λ_1, λ_2 k-fach, konjugiert komplex mit $\lambda_1 = \alpha + i\beta$ $\lambda_2 = \alpha - i\beta$	$y_{1j}(x) = x^{j-1} r^x \cos x\varphi$ $y_{2j}(x) = x^{j-1} r^x \sin x\varphi$ $(j = 1, \ldots, k)$ $r = \sqrt{\alpha^2 + \beta^2}$ $\cos\varphi = \frac{\alpha}{r}$, $\sin\varphi = \frac{\beta}{r}$	$y_{1j}(x) = x^{j-1} e^{\alpha x} \cos \beta x$ $y_{2j}(x) = x^{j-1} e^{\alpha x} \sin \beta x$ $(j = 1, \ldots, k)$

Figur 23.3: Spezielle Lösungen homogener linearer Differenzen- und Differentialgleichungen mit konstanten Koeffizienten

Die Fälle $n = 1, 2$ sind in Figur 23.3 enthalten. Für $n = 1$ kommt nur der erste Fall mit $y(x) = \lambda_0^x$ oder $y(x) = e^{\lambda_0 x}$ in Frage. Für $n = 2$ können drei Fälle auftreten (Satz 23.4): zwei einfache reelle Nullstellen, eine zweifache reelle Nullstelle oder zwei einfache konjugiert komplexe Nullstellen (Abschnitt 1.9).

Die allgemeine Lösung homogener linearer Differenzen- und Differentialgleichungen n-ter Ordnung mit konstanten Koeffizienten hat in allen Fällen die Form (Satz 23.3)

$$y(x) = c_1 y_1(x) + \ldots + c_n y_n(x) \quad \text{mit} \quad c_1, \ldots, c_n \in \mathbb{R} \text{ beliebig}.$$

Mit Hilfe von n Anfangsbedingungen

$$y(0), y(1), \ldots, y(n-1) \quad \text{bzw.} \quad y(0), y'(0), \ldots, y^{(n-1)}(0)$$

kann man die Konstanten $c_1, \ldots, c_n$ festlegen.

23.3 Inhomogene lineare Differenzen- und Differentialgleichungen

Zunächst erweitern wir den für Differenzen- und Differentialgleichungen erster Ordnung bewiesenen Satz 22.5 auf höhere Ordnungen.

Satz 23.9

Gegeben sei die inhomogene lineare Differenzen- bzw. Differentialgleichung (Definition 23.1)

$$\text{(A)} \quad y(x+n) + a_{n-1}y(x+n-1) + \ldots + a_1 y(x+1) + a_0 y(x) = b(x\,,)$$

$$\text{(B)} \quad y^{(n)}(x) + a_{n-1}y^{(n-1)}(x) + \ldots + a_1 y'(x) + a_0 y(x) = b(x)\,.$$

Ferner sei $y_H(x)$ die allgemeine Lösung der homogenen Gleichung $(b(x) = 0)$ und $y_I(x)$ eine spezielle Lösung der inhomogenen Gleichung $(b(x) \neq 0)$. Dann ist $y(x) = y_H(x) + y_I(x)$ die allgemeine Lösung von (A) bzw. (B).

Der Beweis ergibt sich durch Einsetzen entsprechend zu Satz 22.5.

Nach Abschnitt 23.2 reicht es damit aus, spezielle Lösungen der inhomogenen Gleichung zu suchen. Dazu diskutieren wir ein Verfahren, das den Funktionstyp von $b(x)$ einbezieht. Da der Term $b(x)$ gelegentlich auch als **Störglied** der vorliegenden Differenzen- bzw. Differentialgleichung angesehen wird, spricht man von einem **Störgliedansatz**.

Satz 23.10

Gegeben seien die Gleichungen der Form (A) bzw. (B) aus Satz 23.9. Bleibt der Funktionstyp von $b(x)$ bei Differenzbildung bzw. beim Differenzieren erhalten (z. B. für Polynome, Exponentialfunktionen, trigonometrische Funktionen), so ist dies im Ansatz eines speziellen $y_I(x)$ zu berücksichtigen. Im Einzelnen gilt:

Form von $b(x)$		Ansatz für inhomogene Lösung $y_I(x)$	
ba^x	bei Form (A)	za^x	bei Form (A)
be^{ax}	bei Form (B)	ze^{ax}	bei Form (B)
$b_1 \sin ax + b_2 \cos ax$	bei (A) und (B)	$z_1 \sin ax + z_2 \cos ax$	bei (A) und (B)
$b_0 + b_1 x + \ldots + b_m x^m$	bei (A) und (B)	$z_0 + z_1 x + \ldots + z_m x^m$	bei (A) und (B)
mit $a, b, b_0, b_1, \ldots, b_m$ gegeben		mit a gegeben, $z, z_0, \ldots, z_m$ unbekannt	

Figur 23.4: Spezialfälle für einen Störgliedansatz

Je nach Ansatz berechnen wir

$$y_I(x+1),\ y_I(x+2),\ \ldots,\ y_I(x+n) \quad \text{bzw.}$$

$$y_I'(x),\ y_I''(x),\ \ldots, y_I^{(n)}(x)$$

und setzen in die jeweilige Gleichung ein. Dann stehen auf beiden Seiten der Gleichung Funktionen gleichen Typs. Mit Hilfe eines Koeffizientenvergleichs findet man entweder die gesuchten z-Werte oder man ersetzt den Ansatz $y_I(x)$ durch $xy_I(x)$ bzw. $xy_I(x)$ durch $x^2 y_I(x)$ usw.

Wir demonstrieren das Vorgehen exemplarisch.

Beispiel 23.11

a) Differenzengleichung:

$$y(x+2) - y(x+1) + y(x) = x2^x$$

Allgemeine homogene Lösung (Beispiel 23.5 c):

$$y_H(x) = c_1 \cos\frac{x\pi}{3} + c_2 \sin\frac{x\pi}{3}$$

Störgliedansatz (Satz 23.10):

$$\begin{aligned} y_I(x) \quad\ &= (z_0 + z_1 x)2^x \\ y_I(x+1) &= (z_0 + z_1 x + z_1)2^{x+1} \\ y_I(x+2) &= (z_0 + z_1 x + 2z_1)2^{x+2} \end{aligned}$$

Differenzengleichung für $y_I(x)$:

$$y_I(x+2) - y_I(x+1) + y_I(x) = x2^x$$

$$(z_0 + z_1 x + 2z_1)2^x \cdot 4 - (z_0 + z_1 x + z_1)2^x \cdot 2 + (z_0 + z_1 x)2^x = x2^x$$

Koeffizientenvergleich:

$$\left.\begin{aligned} 2^x:&\ \ 4z_0 + 8z_1 - 2z_0 - 2z_1 + z_0 = 0 \\ x2^x:&\ 4z_1 - 2z_1 + z_1 \qquad\qquad\quad\ = 1 \end{aligned}\right\} \Rightarrow\ z_0 = -\frac{2}{3},\ z_1 = \frac{1}{3}$$

Spezielle Lösung der inhomogenen Differenzengleichung:

$$y_I(x) = \left(-\frac{2}{3} + \frac{1}{3}x\right)2^x = \left(\frac{x}{3} - \frac{2}{3}\right)2^x$$

Allgemeine Lösung der inhomogenen Differenzengleichung:

$$y(x) = y_H(x) + y_I(x) = c_1 \cos\frac{x\pi}{3} + c_2 \sin\frac{x\pi}{3} + \left(\frac{x}{3} - \frac{2}{3}\right) 2^x$$

b) Differenzengleichung:

$$y(x+2) - \frac{1}{2}y(x+1) - \frac{1}{2}y(x) = \frac{3}{2}$$

Allgemeine homogene Lösung (Beispiel 23.5 a):

$$y_H(x) = c_1 + c_2\left(-\frac{1}{2}\right)^x$$

Störgliedansatz (Satz 23.10):

$$y_I(x) = z_0 = y_I(x+1) = y_I(x+2)$$

Differenzengleichung für $y_I(x)$:

$$y_I(x+2) - \frac{1}{2}y_I(x+1) - \frac{1}{2}y_I(x) = z_0 - \frac{1}{2}z_0 - \frac{1}{2}z_0 \neq \frac{3}{2}$$

2. Störgliedansatz:

$$y_I(x) = z_0 x \quad \Rightarrow \quad \begin{aligned} y_I(x+1) &= z_0 x + z_0 \\ y_I(x+2) &= z_0 x + 2z_0 \end{aligned}$$

Differenzengleichung für $y_I(x)$:

$$z_0 x + 2z_0 - \frac{1}{2}(z_0 x + z_0) - \frac{1}{2}z_0 x = \frac{3}{2}$$

Koeffizientenvergleich:

$$\left.\begin{aligned} x^0 &: 2z_0 - \frac{1}{2}z_0 && = \frac{3}{2} \\ x^1 &: z_0 - \frac{1}{2}z_0 - \frac{1}{2}z_0 && = 0 \end{aligned}\right\} \Rightarrow z_0 = 1$$

Spezielle Lösung der inhomogenen Differenzengleichung:

$$y_I(x) = x$$

Allgemeine Lösung der inhomogenen Differenzengleichung:

$$y(x) = y_H(x) + y_I(x) = c_1 + c_2\left(-\frac{1}{2}\right)^x + x$$

Im letzten Beispiel stellten wir fest, dass der erste Störgliedansatz $y_I(x) = z_0$ nicht zum Ziel führt. Man multipliziert dann in einem zweiten Versuch den ursprünglichen Ansatz mit x, also $y_I(x) = z_0 x$. Führt auch dieser Ansatz nicht zum Ziel, wählt man der Reihe nach $z_0 x^2,\ z_0 x^3, \ldots,$ bis ein Koeffizientenvergleich durchführbar ist.

Beispiel 23.12

Differentialgleichung:

$$y''(x) - y(x) = e^x \sin x$$

Charakteristische Gleichung:

$$\lambda^2 - 1 = 0 \ \Rightarrow\ \lambda_1 = 1,\ \lambda_2 = -1$$

Allgemeine homogene Lösung:

$$y_H(x) = c_1 e^x + c_2 e^{-x}$$

Störgliedansatz (Satz 23.10):

$$\begin{aligned}
y_I(x) &= e^x(z_1 \sin x + z_2 \cos x)\\
y_I'(x) &= e^x(z_1 \sin x + z_2 \cos x) + e^x(z_1 \cos x - z_2 \sin x)\\
&= e^x((z_1 - z_2)\sin x + (z_1 + z_2)\cos x)\\
y_I''(x) &= e^x((z_1 - z_2)\sin x + (z_1 + z_2)\cos x)\\
&\quad + e^x((z_1 - z_2)\cos x - (z_1 + z_2)\sin x)\\
&= e^x(2z_1 \cos x - 2z_2 \sin x)
\end{aligned}$$

Differentialgleichung für $y_I(x)$:

$$y_I''(x) - y_I(x) = e^x \sin x$$

$$e^x(2z_1 \cos x - 2z_2 \sin x) - e^x(z_1 \sin x + z_2 \cos x) = e^x \sin x$$

Koeffizientenvergleich:

$$\left.\begin{aligned}
e^x \sin x:&\quad -2z_2 - z_1 = 1\\
e^x \cos x:&\quad -z_2 + 2z_1 = 0
\end{aligned}\right\} \Rightarrow\ z_1 = -\frac{1}{5},\ z_2 = -\frac{2}{5}$$

Spezielle Lösung der inhomogenen Differentialgleichung:

$$y_I(x) = -\frac{1}{5} e^x(\sin x + 2\cos x)$$

Allgemeine Lösung der inhomogenen Differentialgleichung:

$$y(x) = y_H(x) + y_I(x) = c_1\,e^x + c_2\,e^{-x} - \frac{1}{5}e^x(\sin x + 2\cos x)$$

Beispiel 23.13

a) In Beispiel 23.2 a hatten wir für das **Multiplikator-Akzelerator-Modell** von Samuelson die Differenzengleichung für das Volkseinkommen

$$Y(t) - (a + ab)Y(t-1) + abY(t-2) = S$$

mit dem Multiplikator a und dem Akzelerator b ermittelt. Die Konstante S bezeichnete die zeitunabhängigen Staatsausgaben. Mit $a = 0.5$, $b = 1$, $S = 20$ erhalten wir nachfolgende Resultate.

Differenzengleichung:

$$Y(t+2) - Y(t+1) + \frac{1}{2}Y(t) = 20$$

Charakteristische Gleichung der homogenen Gleichung:

$$\lambda^2 - \lambda + \frac{1}{2} = 0 \;\Rightarrow\; \lambda = -\frac{1}{2}\left(-1 \pm \sqrt{1-2}\right) = \frac{1}{2}(1 \pm i)$$

Allgemeine homogene Lösung:

$$Y_H(t) = c_1 r^t \cos t\varphi + c_2 r^t \sin t\varphi$$

$$\text{mit} \quad r = \sqrt{\frac{1}{4} + \frac{1}{4}} = \frac{1}{\sqrt{2}}, \; \cos\varphi = \frac{\sqrt{2}}{2}, \; \sin\varphi = \frac{\sqrt{2}}{2}, \quad \text{also} \quad \varphi = \frac{\pi}{4}$$

(Satz 23.4)

$$\Rightarrow Y_H(t) = c_1\left(\frac{1}{\sqrt{2}}\right)^t \cos\frac{t\pi}{4} + c_2\left(\frac{1}{\sqrt{2}}\right)^t \sin\frac{t\pi}{4}$$

Störgliedansatz (Satz 23.10):

$$Y_I(t) = z_0 = Y_I(t+1) = Y_I(t+2)$$

Differenzengleichung für $Y_I(t)$:

$$z_0 - z_0 + \frac{1}{2}z_0 = 20 \;\Rightarrow\; z_0 = 40$$

Spezielle inhomogene Lösung:

$$Y_I(t) = 40$$

Allgemeine Lösung der inhomogenen Differenzengleichung:

$$\begin{aligned} Y(t) &= Y_H(t) + Y_I(t) \\ &= c_1\left(\frac{1}{\sqrt{2}}\right)^t \cos\frac{t\pi}{4} + c_2\left(\frac{1}{\sqrt{2}}\right)^t \sin\frac{t\pi}{4} + 40 \end{aligned}$$

Anfangsbedingungen:

$$Y(0) = 36\,, \quad Y(1) = 32$$

$$\begin{aligned} \Rightarrow\ & Y(0) = c_1 \cdot 1 + c_2 \cdot 0 + 40 = 36 \quad \Rightarrow \quad c_1 = -4 \\ & Y(1) = c_1 \frac{1}{\sqrt{2}}\frac{1}{\sqrt{2}} + c_2 \frac{1}{\sqrt{2}}\frac{1}{\sqrt{2}} + 40 = 32 \quad \Rightarrow \quad c_2 = -12 \end{aligned}$$

Spezielle Lösung:

$$Y(t) = -4\left(\frac{1}{\sqrt{2}}\right)^t \cos\frac{t\pi}{4} - 12\left(\frac{1}{\sqrt{2}}\right)^t \sin\frac{t\pi}{4} + 40$$

Wir erhalten den in Figur 23.5 dargestellten Verlauf. Wegen der trigonometrischen Ausdrücke sowie des Terms $\left(\frac{1}{\sqrt{2}}\right)^t$ ergibt sich eine Schwingung mit abnehmenden Amplituden und es gilt $Y(t) \to 40$ für $t \to \infty$.

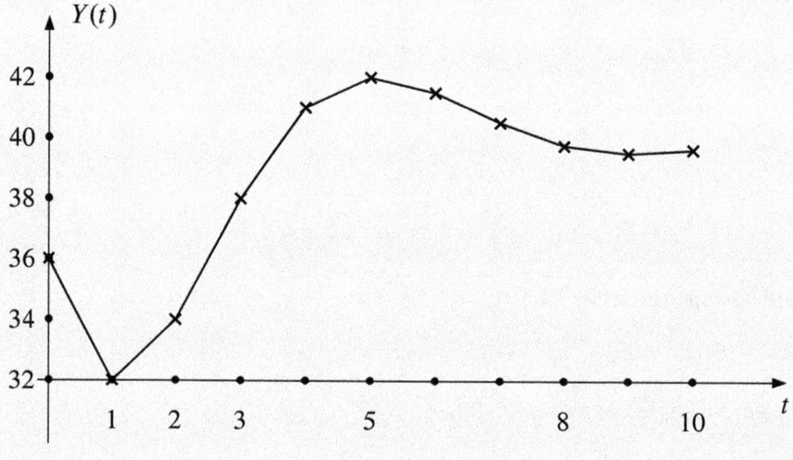

Figur 23.5: Graph der Lösung von $Y(t) - Y(t-1) + \frac{1}{2}Y(t) = 20$ mit $Y(0) = 36,\ Y(1) = 32$

Nehmen wir alternativ $a = 0.8,\ b = 2$ an, so ist die charakteristische Gleichung der homogenen Gleichung

$$\lambda^2 - 2.4\lambda + 1.6 = 0 \ \Rightarrow\ \lambda = -\frac{1}{2}\left(-2.4 \pm \sqrt{5.76 - 6.4}\right) = 1.2 \pm 0.4i\,.$$

Die allgemeine Lösung der homogenen Gleichung ist damit vom Typ

$$Y(t) = c_1 r^t \cos t\varphi + c_2 r^t \sin t\varphi \quad \text{mit} \quad r = \sqrt{1.2^2 + 0.4^2} = \sqrt{1.6}\,.$$

Wegen des Terms $r^t = (\sqrt{1.6})^t$ erhalten wir eine Schwingung mit zunehmenden Amplituden

b) In Beispiel 23.2 b hatten wir ausgehend von den Annahmen

für das Angebot $x(t) = a_0 + a_1 p(t) + a_2 p'(t) + a_3 p''(t)$

für die Nachfrage $y(t) = b_0 - b_1 p(t) - b_2 p'(t) - b_3 p''(t)$

im Marktgleichgewicht die Gleichung

$$p''(t) + \frac{a_2 + b_2}{a_3 + b_3} p'(t) + \frac{a_1 + b_1}{a_3 + b_3} p(t) = \frac{b_0 - a_0}{a_3 + b_3}$$

gefunden.

Mit den Daten $a_0 = 20,\ b_0 = 40,\ a_1 = 0,\ b_1 = b_2 = b_3 = a_3 = 0.5,\ a_2 = 1$ erhalten wir nachfolgende Ergebnisse.

Differentialgleichung:

$$p''(t) + 1.5p'(t) + 0.5p(t) = 20$$

Charakteristische Gleichung der homogenen Differentialgleichung:

$$\lambda^2 + 1.5\lambda + 0.5 = 0$$

$$\Rightarrow\ \lambda = -\frac{1}{2}\left(1.5 \pm \sqrt{2.25 - 2}\right) \ \Rightarrow\ \lambda_1 = -1,\ \lambda_2 = -0.5$$

Allgemeine homogene Lösung:

$$p(t) = c_1 e^{-t} + c_2 e^{-0.5t}$$

Störgliedansatz (Satz 23.10):

$$p_I(t) = z_0 \ \Rightarrow\ p_I'(t) = p_I''(t) = 0$$

Differentialgleichung für p_I :

$$0.5z_0 = 20 \ \Rightarrow\ z_0 = p_I(t) = 40$$

Allgemeine Lösung der inhomogenen Differentialgleichung:

$$p(t) = c_1 e^{-t} + c_2 e^{-0.5t} + 40$$

Anfangsbedingungen:

$$\left.\begin{aligned} p(0) &= 36 = c_1 + c_2 + 40 \\ p'(0) &= 4 = -c_1 - 0.5c_2 \end{aligned}\right\} \Rightarrow c_1 = -4,\ c_2 = 0$$

Spezielle inhomogene Lösung:

$$p(t) = -4e^{-t} + 40$$

Die Lösungsfunktion $p(t)$ wächst streng monoton und konkav, sie strebt für $t \to \infty$ gegen den Wert 40 (Figur 23.6).

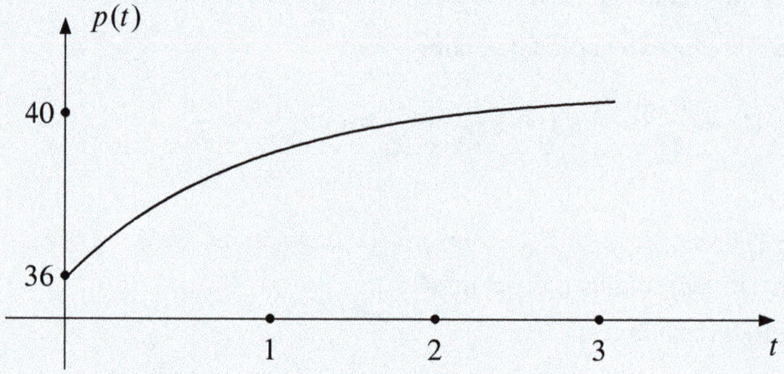

Figur 23.6: Graph der Lösung von $p'' + 1.5p' + 0.5p = 20$ mit $p(0) = 36,\ p'(0) = 4$

Abschließend betrachten wir noch je eine inhomogene Erweiterung der Beispiele 23.7, 23.8.

Beispiel 23.14

a) Differenzengleichung:

$$y(x+3) - 3y(x+1) - 2y(x) = 1$$

Allgemeine homogene Lösung (Beispiel 23.7):

$$y_H(x) = c_1 2^x + c_2(-1)^x + c_3 x(-1)^x$$

Störgliedansatz:

$$y_I(x) = z_0 = y_I(x+1) = y_I(x+2) = y_I(x+3)$$

Differenzengleichung für $y_I(x)$:

$$z_0 - 3z_0 - 2z_0 = 1 \quad \Rightarrow \quad z_0 = -\frac{1}{4}$$

Allgemeine Lösung der inhomogenen Differenzengleichung:

$$y(x) = y_H(x) + y_I(x) = c_1 2^x + c_2(-1)^x + c_3 x(-1)^x - \frac{1}{4}$$

b) Differentialgleichung:

$$y'''' + y''' - y'' + y' - 2y = x$$

Allgemeine homogene Lösung (Beispiel 23.8):

$$y_H(x) = c_1 e^{-2x} + c_2 e^x + c_3 \cos x + c_4 \sin x$$

Störgliedansatz:

$$y_I(x) = z_0 + z_1 x\,, \quad y_I'(x) = z_1\,, \quad y_I''(x) = y_I'''(x) = y_I''''(x) = 0$$

Differentialgleichung für y_I:

$$z_1 - 2(z_0 + z_1 x) = x$$

Koeffizientenvergleich:

$$\left.\begin{array}{ll} x^0: & z_1 - 2z_0 = 0 \\ x^1: & -2z_1 \qquad = 1 \end{array}\right\} \Rightarrow \quad z_0 = -\frac{1}{4}, \; z_1 = -\frac{1}{2}$$

Spezielle inhomogene Lösung:

$$y_I(x) = -\left(\frac{1}{4} + \frac{1}{2}x\right)$$

Allgemeine Lösung der inhomogenen Differentialgleichung:

$$\begin{aligned} y(x) &= y_H(x) + y_I(x) \\ &= c_1 e^{-2x} + c_2 e^x + c_3 \cos x + c_4 \sin x - \left(\frac{1}{4} + \frac{1}{2}x\right) \end{aligned}$$

24 Differenzen- und Differentialgleichungssysteme erster Ordnung

In zahlreichen Anwendungen genügen mehrere Funktionen $y_1, \ldots, y_n$ einem System von Gleichungen, das einen Zusammenhang zwischen der unabhängigen Variablen x, sowie den gesuchten Funktionen $y_1, \ldots, y_n$ und ihren Ableitungen $y_1', \ldots, y_n'$ bzw. einen Zusammenhang zwischen x und den gesuchten Funktionen $y_1, \ldots, y_n$ an den Stellen x und $x+1$ beschreibt. Wir beschränken uns auf den Fall linearer Systeme erster Ordnung mit konstanten Koeffizienten.

Nach grundsätzlichen Überlegungen und Beispielen (Abschnitt 24.1) diskutieren wir auch hier die Lösung homogener und inhomogener Gleichungssysteme (Abschnitte 24.2, 24.3).

24.1 Grundlagen und Beispiele

Definition 24.1

Ein Gleichungssystem der Form

$$\begin{aligned} y_1(x+1) &= a_{11}y_1(x) + \ldots + a_{1n}y_n(x) + b_1(x)\,, \\ &\vdots \\ y_n(x+1) &= a_{n1}y_1(x) + \ldots + a_{nn}y_n(x) + b_n(x) \end{aligned}$$

oder in matrizieller Form

$$\boldsymbol{y}(x+1) = \boldsymbol{A} \cdot \boldsymbol{y}(x) + \boldsymbol{b}(x) \quad \text{mit}$$

$$\boldsymbol{A} = \begin{pmatrix} a_{11} & \ldots & a_{1n} \\ \vdots & & \vdots \\ a_{n1} & \ldots & a_{nn} \end{pmatrix}, \quad \boldsymbol{b}(x) = \begin{pmatrix} b_1(x) \\ \vdots \\ b_n(x) \end{pmatrix}, \quad \boldsymbol{y}(x) = \begin{pmatrix} y_1(x) \\ \vdots \\ y_n(x) \end{pmatrix}$$

heißt **lineares Differenzengleichungssystem erster Ordnung mit konstanten Koeffizienten**.

Entsprechend bezeichnet man das Gleichungssystem

$$\begin{aligned} y_1'(x) &= a_{11}y_1(x) + \ldots + a_{1n}y_n(x) + b_1(x) \\ &\vdots \\ y_n'(x) &= a_{n1}y_1(x) + \ldots + a_{nn}y_n(x) + b_n(x) \end{aligned}$$

oder in matrizieller Form

$$\boldsymbol{y}'(x) = \boldsymbol{A} \cdot \boldsymbol{y}(x) + \boldsymbol{b}(x) \quad \text{mit}$$

$$\boldsymbol{y}'(x) = \begin{pmatrix} y_1'(x) \\ \vdots \\ y_n'(x) \end{pmatrix}$$

als **lineares Differentialgleichungssystem erster Ordnung mit konstanten Koeffizienten**. Für $\boldsymbol{b}(x) = \boldsymbol{o}$ nennt man die Systeme **homogen**, andernfalls **inhomogen**. Ein Vektor $\boldsymbol{y}(x)$ von Funktionen, der das jeweilige System erfüllt, heißt **Lösung** oder **Lösungsfunktion**.

Beispiel 24.2

Auf einem Markt konkurrieren zwei Produkte A_1, A_2. Die Matrix

$$\boldsymbol{P} = \begin{array}{c|cc} & A_1 & A_2 \\ \hline A_1 & p & 1-p \\ A_2 & 1-q & q \end{array} \quad \text{mit} \quad p, q \in \langle 0, 1 \rangle$$

beschreibe die durchschnittlichen anteiligen Kaufübergänge zwischen den Produkten in zwei aufeinander folgenden Zeitperioden t und $t+1$ (Beispiel 11.23 b, 14.11). Bezeichnen wir mit $y_i(t)$ $(i = 1, 2)$ den Absatz des Produktes A_i in der Zeitperiode $t = 0, 1, 2, \ldots$, so wird die Absatzentwicklung beider Produkte durch das Differenzengleichungssystem

$$\begin{aligned} y_1(t+1) &= \phantom{(1-p)y_1(t) +{}} p y_1(t) + (1-q) y_2(t), \\ y_2(t+1) &= (1-p) y_1(t) + q y_2(t) \end{aligned}$$

wiedergegeben. Der Absatz für Produkt A_1 zum Zeitpunkt $t+1$ setzt sich additiv zusammen aus dem Anteil $py_1(t)$ des Absatzes von A_1, der in der Folgeperiode $t+1$ gegenüber t für A_1 erhalten bleibt, und dem Anteil $(1-q)y_2(t)$ des Absatzes von A_2, der dem Produkt A_1 zu Ungunsten von Produkt A_2 zufließt. Entsprechend interpretiert man die zweite Gleichung.

Nach geringfügiger Umformung erhalten wir

$$y_1(t+1) - y_1(t) = -(1-p)y_1(t) + (1-q)y_2(t),$$
$$y_2(t+1) - y_2(t) = (1-p)y_1(t) - (1-q)y_2(t)$$

und können nun das dazu passende differentielle Modell formulieren. Es hat die Form

$$y_1'(t) = -(1-p)y_1(t) + (1-q)y_2(t),$$
$$y_2'(t) = (1-p)y_1(t) - (1-q)y_2(t).$$

Die Absatzsteigerung $y_1(t+1) - y_1(t)$ bzw. $y_1'(t)$ für Produkt A_1 setzt sich zusammen aus dem Anteil $(1-q)y_2(t)$ des Absatzes von A_2, der auf A_1 übergeht, abzüglich des Anteils $(1-p)y_1(t)$ des Absatzes von A_1, der auf A_2 übergeht. Entsprechendes gilt für die zweite Gleichung.

Beispiel 24.3

In einer Volkswirtschaft sind drei produzierende Sektoren zu jedem Zeitpunkt t durch wertmäßige Lieferungen verbunden (Beispiel 15.18). Gilt für den Sektor i $(i = 1, 2, 3)$ zum Zeitpunkt t $(t = 0, 1, \ldots)$

$$y_i(t) = y_{i1}(t) + y_{i2}(t) + y_{i3}(t),$$

so wird der Gesamtoutput $y_i(t)$ von Sektor i additiv auf die drei Sektoren aufgeteilt. Wird ferner der wertmäßige Bedarf $y_{ij}(t+1)$ von Sektor j an Produkten von i im Zeitpunkt $t+1$ als lineare Funktion von $y_j(t)$ angenommen, so gilt ferner:

$$y_{ij}(t+1) = b_{ij} + a_{ij}y_j(t) \quad (i, j = 1, 2, 3)$$

Dabei bedeutet

- b_{ij} den Bedarf von Sektor j an Produkten von i im Zeitpunkt $t+1$, wenn Sektor j im Zeitpunkt t nicht produziert hat,
- a_{ij} den zusätzlichen Bedarf von Sektor j an Produkten von i im Zeitpunkt $t+1$ für jede Einheit, die Sektor j im Zeitpunkt t produziert hat.

Für den Gesamtoutput $y_i(t+1)$ gilt dann:

$$\begin{aligned} y_i(t+1) &= b_{i1} + b_{i2} + b_{i3} + a_{i1}y_1(t) + a_{i2}y_2(t) + a_{i3}y_3(t) \\ &= b_i + a_{i1}y_1(t) + a_{i2}y_2(t) + a_{i3}y_3(t) \\ &\text{mit } b_i = b_{i1} + b_{i2} + b_{i3} \quad (i = 1, 2, 3) \end{aligned}$$

Mit $\boldsymbol{y}(t) = \begin{pmatrix} y_1(t) \\ y_2(t) \\ y_3(t) \end{pmatrix}$, $\boldsymbol{A} = \begin{pmatrix} a_{11} & a_{12} & a_{13} \\ a_{21} & a_{22} & a_{23} \\ a_{31} & a_{32} & a_{33} \end{pmatrix}$, $\boldsymbol{b} = \begin{pmatrix} b_1 \\ b_2 \\ b_3 \end{pmatrix}$ ergibt sich in Matrixform

$$\boldsymbol{y}(t+1) = \boldsymbol{A}\boldsymbol{y}(t) + \boldsymbol{b} \quad \text{bzw.} \quad \boldsymbol{y}(t+1) - \boldsymbol{y}(t) = (\boldsymbol{A} - \boldsymbol{E})\boldsymbol{y}(t) + \boldsymbol{b}\,.$$

Damit erhalten wir das entsprechende differentielle Modell

$$\boldsymbol{y}'(t) = (\boldsymbol{A} - \boldsymbol{E})\boldsymbol{y}(t) + \boldsymbol{b}\,.$$

24.2 Homogene lineare Differenzen- und Differentialgleichungssysteme

Entsprechend zu Abschnitt 23.2 (Satz 23.3, 23.4) analysieren wir zunächst die Struktur der allgemeinen Lösung homogener Systeme mit konstanten Koeffizienten und formulieren anschließend ein Lösungsverfahren für Systeme erster Ordnung.

Satz 24.4

$\boldsymbol{A}$ sei eine $n \times n$-Matrix. Das homogene lineare Differenzengleichungssystem

$$\text{(C)} \quad \boldsymbol{y}(x+1) = \boldsymbol{A}\boldsymbol{y}(x)$$

bzw. das homogene lineare Differentialgleichungssystem

$$\text{(D)} \quad \boldsymbol{y}'(x) = \boldsymbol{A}\boldsymbol{y}(x)$$

besitze jeweils spezielle Lösungen der Form $\boldsymbol{y}_1(x), \ldots, \boldsymbol{y}_n(x)$.
Bildet man in beiden Fällen (C) und (D) die **Wronskimatrizen**

$$\boldsymbol{W} = (\boldsymbol{y}_1(0), \ldots, \boldsymbol{y}_n(0)) \quad \text{bzw.} \quad \boldsymbol{W}(x) = (\boldsymbol{y}_1(x), \ldots, \boldsymbol{y}_n(x))\,,$$

so gilt $\det \boldsymbol{W} \neq 0$ bzw. $\det \boldsymbol{W}(x) \neq 0$ für alle x genau dann, wenn die entsprechenden Zeilen bzw. Spalten der Matrix linear unabhängig sind (Definition 13.17, Satz 17.14).
Dann sind auch die speziellen Lösungen $\boldsymbol{y}_1(x), \ldots, \boldsymbol{y}_n(x)$ in beiden Fällen (C) und (D) linear unabhängig und die allgemeine Lösung hat in beiden Fällen die Form

$$\boldsymbol{y}(x) = c_1\boldsymbol{y}_1(x) + \ldots + c_n\boldsymbol{y}_n(x) \quad \text{mit} \quad c_1, \ldots, c_n \in \mathbb{R} \text{ beliebig}\,.$$

Zum Beweis verweisen wir für den Fall (C) auf [Mickens, S. 173–176] bzw. für den Fall (D) auf [Erwe, S. 75, 76].

Satz 24.5

Gegeben sei das **homogene lineare Differenzengleichungssystem erster Ordnung**

$$\text{(C)} \quad \boldsymbol{y}(x+1) = \boldsymbol{A}\boldsymbol{y}(x)$$

sowie das **homogene lineare Differentialgleichungssystem erster Ordnung**

$$\text{(D)} \quad \boldsymbol{y}'(x) = \boldsymbol{A}\boldsymbol{y}(x)\,.$$

Mit dem **Lösungsansatz**

$$\begin{aligned} &\boldsymbol{y}(x) = \lambda^x \boldsymbol{d} \quad \text{mit} \quad \lambda \neq 0, \boldsymbol{d} \neq \boldsymbol{o} \quad \text{für (C)} \\ \text{bzw.}\quad &\boldsymbol{y}(x) = e^{\lambda x} \boldsymbol{d} \quad \text{mit} \quad \boldsymbol{d} \neq \boldsymbol{o} \quad \text{für (D)} \end{aligned}$$

ergibt sich das lineare Gleichungssystem $(\boldsymbol{A} - \lambda \boldsymbol{E})\boldsymbol{d} = \boldsymbol{o},\ \boldsymbol{d} \neq \boldsymbol{o}$ durch Einsetzen in (C) bzw. (D). Wir erhalten ein **Eigenwertproblem** der Matrix $\boldsymbol{A}$ (Definition 18.3) mit dem **Eigenwert** λ und dem **Eigenvektor** $\boldsymbol{d}$.

Aus der **charakteristischen Gleichung** (Definition 18.8) $\det(\boldsymbol{A} - \lambda \boldsymbol{E}) = 0$ ergeben sich n reelle bzw. komplexe Eigenwerte $\lambda_1, \ldots, \lambda_n$ (Abschnitt 1.9, (1.53), (1.54)) und aus der Lösung der Gleichungssysteme $(\boldsymbol{A} - \lambda_\nu \boldsymbol{E})\boldsymbol{d}_\nu = \boldsymbol{o}$ $(\nu = 1, \ldots, n)$ anschließend n linear unabhängige Eigenvektoren (Satz 18.12), die ebenfalls reell oder komplex sind.

a) Für paarweise verschiedene reelle Eigenwerte erhalten wir n spezielle linear unabhängige Lösungen

$$\begin{aligned} &\boldsymbol{y}_\nu(x) = \lambda_\nu^x \boldsymbol{d}_\nu \quad (\nu = 1. \ldots, n) \quad \text{für (C)} \\ \text{bzw.}\quad &\boldsymbol{y}_\nu(x) = e^{\lambda_\nu x} \boldsymbol{d}_\nu \quad (\nu = 1. \ldots, n) \quad \text{für (D)}, \end{aligned}$$

die das jeweilige Ausgangssystem erfüllen.

b) Bei konjugiert komplexen Eigenwerten und Eigenvektoren können wir die Moivre-Formeln wie in Satz 23.4 c bzw. die Eulersche Formel (Satz 9.16) anwenden, also gilt

$$\begin{aligned} &\boldsymbol{y}_\nu(x) = (\alpha \pm i\beta)^x \boldsymbol{d}_\nu = r^x(\cos x\varphi \pm i \sin x\varphi)\boldsymbol{d}_\nu \quad \text{für (C)} \\ \text{bzw.}\quad &\boldsymbol{y}_\nu(x) = e^{(\alpha \pm i\beta)x} \boldsymbol{d}_\nu = e^{\alpha x}(\cos \beta x \pm i \sin \beta x)\boldsymbol{d}_\nu \quad \text{für (D)}. \end{aligned}$$

Da die Eigenvektoren $\boldsymbol{d}_1, \ldots, \boldsymbol{d}_n$ bis auf eine multiplikative Konstante bestimmbar sind, hat die allgemeine Lösung in den Fällen a) und b) die Form

$$\boldsymbol{y}(x) = \boldsymbol{y}_1(x) + \ldots + \boldsymbol{y}_n(x)\,.$$

c) Tritt mindestens ein Eigenwert mehrfach auf, so ist der Lösungsansatz zu modifizieren. Für den k-fachen Eigenwert $\lambda = \lambda_1 = \ldots = \lambda_k$ und die entsprechenden linear unabhängigen Eigenvektoren $\boldsymbol{d}_1, \ldots, \boldsymbol{d}_k$ setzt man

$$\boldsymbol{y}(x) = \lambda^x(\boldsymbol{d}_1 + x\boldsymbol{d}_2 + \ldots + x^{k-1}\boldsymbol{d}_k) \quad \text{für (C)}$$

$$\text{bzw.} \quad \boldsymbol{y}(x) = e^{\lambda x}(\boldsymbol{d}_1 + x\boldsymbol{d}_2 + \ldots + x^{k-1}\boldsymbol{d}_k) \quad \text{für (D)}$$

und erhält damit spezielle Lösungen von (C) bzw. (D).

Führt man einen Koeffizientenvergleich für alle $x^0, x^1, \ldots, x^{k-1}$ durch, so ergibt sich ein Gleichungssystem mit $n \cdot k$ Gleichungen und den Unbekannten $\boldsymbol{d}_1, \ldots, \boldsymbol{d}_k \in \mathbb{R}^n$. Daraus lassen sich die Vektoren $\boldsymbol{d}_1, \ldots, \boldsymbol{d}_k$ eindeutig bis auf eine multiplikative Konstante bestimmen.

Schließlich erhält man auch hier die allgemeine Lösung des homogenen Systems aus der Summe aller speziellen Lösungen.

Für alle behandelten Fälle geben wir wieder Rechenbeispiele an.

Beispiel 24.6

a) Homogenes Differenzengleichungssystem:

$$\begin{aligned} y_1(x+1) &= 3y_1(x) + y_2(x) \\ y_2(x+1) &= -y_1(x) + y_2(x) \end{aligned}$$

Eigenwerte von $\boldsymbol{A}$:

$$\det\begin{pmatrix} 3-\lambda & 1 \\ -1 & 1-\lambda \end{pmatrix} = (3-\lambda)(1-\lambda) + 1 = 4 - 4\lambda + \lambda^2 = 0$$

$$\Rightarrow \lambda_1 = \lambda_2 = 2$$

Lösungsansatz:

$$\boldsymbol{y}(x) = \boldsymbol{d}_1 2^x + \boldsymbol{d}_2 x 2^x = \begin{pmatrix} d_{11} \\ d_{12} \end{pmatrix} 2^x + \begin{pmatrix} d_{21} \\ d_{22} \end{pmatrix} x 2^x$$

Differenzengleichungssystem für $\boldsymbol{y}(x)$:

$$\begin{pmatrix} d_{11} \\ d_{12} \end{pmatrix} 2^{x+1} + \begin{pmatrix} d_{21} \\ d_{22} \end{pmatrix} (x+1)2^{x+1}$$

$$= 2 \cdot 2^x \left[\begin{pmatrix} d_{11} \\ d_{12} \end{pmatrix} + \begin{pmatrix} d_{21} \\ d_{22} \end{pmatrix} (x+1) \right]$$

$$= \begin{pmatrix} 3 & 1 \\ -1 & 1 \end{pmatrix} \left[\begin{pmatrix} d_{11} \\ d_{12} \end{pmatrix} 2^x + \begin{pmatrix} d_{21} \\ d_{22} \end{pmatrix} x2^x \right]$$

$$= 2^x \left[\begin{pmatrix} 3 & 1 \\ -1 & 1 \end{pmatrix} \left[\begin{pmatrix} d_{11} \\ d_{12} \end{pmatrix} + \begin{pmatrix} d_{21} \\ d_{22} \end{pmatrix} x \right] \right]$$

Koeffizientenvergleich:

$$x2^x: \quad \left. \begin{aligned} 2d_{21} &= 3d_{21} + d_{22} \\ 2d_{22} &= -d_{21} + d_{22} \end{aligned} \right\} \Rightarrow d_{22} = -d_{21}$$

$$2^x: \quad \left. \begin{aligned} 2(d_{11} + d_{21}) &= 3d_{11} + d_{12} \\ 2(d_{12} + d_{22}) &= -d_{11} + d_{12} \end{aligned} \right\} \Rightarrow \begin{aligned} &d_{12} = 2d_{21} - d_{11}, \\ &\text{wegen } d_{22} = -d_{21} \end{aligned}$$

Allgemeine Lösung:

$$\boldsymbol{y}(x) = \boldsymbol{d}_1 2^x + \boldsymbol{d}_2 x 2^x = \begin{pmatrix} d_{11} \\ 2d_{21} - d_{11} \end{pmatrix} 2^x + \begin{pmatrix} d_{21} \\ -d_{21} \end{pmatrix} x2^x$$

$$\text{mit} \quad d_{11}, d_{21} \in \mathbb{R} \text{ beliebig}$$

Anfangsbedingungen beispielsweise:

$$\left. \begin{aligned} y_1(0) &= 1 = d_{11} \\ y_2(0) &= 3 = 2d_{21} - d_{11} \end{aligned} \right\} \Rightarrow d_{11} = 1, \ d_{21} = 2$$

Spezielle Lösung des Systems:

$$\boldsymbol{y}(x) = \begin{pmatrix} 1 \\ 3 \end{pmatrix} 2^x + \begin{pmatrix} 2 \\ -2 \end{pmatrix} x2^x$$

b) Homogenes Differenzengleichungssystem:

$$y_1(x+1) = y_1(x) + y_2(x)$$
$$y_2(x+1) = -y_1(x)$$

Eigenwerte von $\boldsymbol{A}$:

$$\det\begin{pmatrix} 1-\lambda & 1 \\ -1 & -\lambda \end{pmatrix} = -\lambda(1-\lambda) + 1 = 1 - \lambda + \lambda^2 = 0$$

$$\Rightarrow \lambda_1 = \frac{1}{2} + \frac{i}{2}\sqrt{3},\ \lambda_2 = \frac{1}{2} - \frac{i}{2}\sqrt{3}$$

Eigenvektoren:

$$\begin{pmatrix} \frac{1}{2} - \frac{i}{2}\sqrt{3} & 1 \\ -1 & -\frac{1}{2} - \frac{i}{2}\sqrt{3} \end{pmatrix}\begin{pmatrix} d_{11} \\ d_{12} \end{pmatrix} = \begin{pmatrix} 0 \\ 0 \end{pmatrix} \Rightarrow \boldsymbol{d}_1 = d_{11}\begin{pmatrix} 1 \\ -\frac{1}{2} + \frac{i}{2}\sqrt{3} \end{pmatrix}$$

$$\begin{pmatrix} \frac{1}{2} + \frac{i}{2}\sqrt{3} & 1 \\ -1 & -\frac{1}{2} + \frac{i}{2}\sqrt{3} \end{pmatrix}\begin{pmatrix} d_{21} \\ d_{22} \end{pmatrix} = \begin{pmatrix} 0 \\ 0 \end{pmatrix} \Rightarrow \boldsymbol{d}_2 = d_{21}\begin{pmatrix} 1 \\ -\frac{1}{2} - \frac{i}{2}\sqrt{3} \end{pmatrix}$$

Moivre-Formeln:

$$\lambda_1^x = \left(\frac{1}{2} + \frac{i}{2}\sqrt{3}\right)^x = 1 \cdot \left(\cos\frac{\pi}{3} + i\sin\frac{\pi}{3}\right)^x = \cos\frac{x\pi}{3} + i\sin\frac{x\pi}{3}$$

Spezielle Lösung:

$$\boldsymbol{y}^1(x) = \lambda_1^x \boldsymbol{d}_1 = \left(\cos\frac{x\pi}{3} + i\sin\frac{x\pi}{3}\right)\begin{pmatrix} 1 \\ -\frac{1}{2} + \frac{i}{2}\sqrt{3} \end{pmatrix} d_{11}$$

$$= \begin{pmatrix} \cos\frac{x\pi}{3} + i\sin\frac{x\pi}{3} \\ -\frac{1}{2}\cos\frac{x\pi}{3} - \frac{\sqrt{3}}{2}\sin\frac{x\pi}{3} + i\left(-\frac{1}{2}\sin\frac{x\pi}{3} + \frac{\sqrt{3}}{2}\cos\frac{x\pi}{3}\right) \end{pmatrix} d_{11}$$

Allgemeine Lösung:

$$\boldsymbol{y}(x) = d_{11}\begin{pmatrix} \cos\frac{x\pi}{3} \\ -\frac{1}{2}\cos\frac{x\pi}{3} - \frac{\sqrt{3}}{2}\sin\frac{x\pi}{3} \end{pmatrix} + d_{21}\begin{pmatrix} \sin\frac{x\pi}{3} \\ -\frac{1}{2}\sin\frac{x\pi}{3} + \frac{\sqrt{3}}{2}\cos\frac{x\pi}{3} \end{pmatrix}$$

mit $d_{11}, d_{21} \in \mathbb{R}$ beliebig

Beispiel 24.7

a) Homogenes Differentialgleichungssystem:

$$\begin{aligned} y_1'(x) &= \qquad\qquad y_2(x) \\ y_2'(x) &= -5y_1(x) - 4y_2(x) \end{aligned}$$

Eigenwerte:

$$\det\begin{pmatrix} 0-\lambda & 1 \\ -5 & -4-\lambda \end{pmatrix} = -\lambda(-4-\lambda) + 5 = 5 + 4\lambda + \lambda^2 = 0$$

$$\Rightarrow \lambda = -\frac{1}{2}\left(4 \pm \sqrt{16-20}\right) \Rightarrow \lambda_1 = -2-i,\ \lambda_2 = -2+i$$

Eigenvektoren:

$$\begin{pmatrix} 2+i & 1 \\ -5 & -2+i \end{pmatrix}\begin{pmatrix} d_{11} \\ d_{12} \end{pmatrix} = \begin{pmatrix} 0 \\ 0 \end{pmatrix} \Rightarrow \boldsymbol{d}_1 = d_{11}\begin{pmatrix} 1 \\ -2-i \end{pmatrix}$$

$$\begin{pmatrix} 2-i & 1 \\ -5 & -2-i \end{pmatrix}\begin{pmatrix} d_{21} \\ d_{22} \end{pmatrix} = \begin{pmatrix} 0 \\ 0 \end{pmatrix} \Rightarrow \boldsymbol{d}_2 = d_{21}\begin{pmatrix} 1 \\ -2+i \end{pmatrix}$$

Eulersche Formel:

$$e^{\lambda_1 x} = e^{(-2-i)x} = e^{-2x}\left(\cos(-x) + i\sin(-x)\right) = e^{-2x}\left(\cos x - i\sin x\right)$$

Spezielle Lösung:

$$\begin{aligned} \boldsymbol{y}^1(x) &= e^{\lambda_1 x}\boldsymbol{d}_1 = e^{-2x}(\cos x - i\sin x)\begin{pmatrix} 1 \\ -2-i \end{pmatrix} d_{11} \\ &= d_{11}e^{-2x}\begin{pmatrix} \cos x - i\sin x \\ (-2\cos x - \sin x) + i(2\sin x - \cos x) \end{pmatrix} \end{aligned}$$

Allgemeine Lösung:

$$\boldsymbol{y}(x) = d_{11}e^{-2x}\begin{pmatrix} \cos x \\ -2\cos x - \sin x \end{pmatrix} + d_{21}e^{-2x}\begin{pmatrix} -\sin x \\ 2\sin x - \cos x \end{pmatrix}$$

$$\text{mit} \quad d_{11}, d_{21} \in \mathbb{R} \text{ beliebig}$$

Anfangsbedingungen beispielsweise:

$$\left.\begin{aligned} y_1(0) &= 1 = d_{11} \\ y_2(0) &= 0 = -2d_{11} - d_{21} \end{aligned}\right\} \Rightarrow \begin{aligned} d_{11} &= 1 \\ d_{21} &= -2 \end{aligned}$$

Spezielle Lösung des Systems:

$$y(x) = e^{-2x}\begin{pmatrix} \cos x \\ -2\cos x - \sin x \end{pmatrix} - 2e^{-2x}\begin{pmatrix} -\sin x \\ 2\sin x - \cos x \end{pmatrix}$$

b) Homogenes Differentialgleichungssystem (Beispiel 24.6 a):

$$y_1'(x) = 3y_1(x) + y_2(x)$$
$$y_2'(x) = -y_1(x) + y_2(x)$$

Eigenwerte:

$$\det\begin{pmatrix} 3-\lambda & 1 \\ -1 & 1-\lambda \end{pmatrix} = (3-\lambda)(1-\lambda) + 1 = 4 - 4\lambda + \lambda^2 = (\lambda-2)^2 = 0$$

$$\Rightarrow \lambda_1 = \lambda_2 = 2$$

Lösungsansatz:

$$y(x) = d_1 e^{2x} + d_2 x e^{2x} \quad \Rightarrow \quad y'(x) = 2d_1 e^{2x} + d_2 e^{2x} + 2d_2 x e^{2x}$$

Differentialgleichungssystem für $y(x)$:

$$2\begin{pmatrix} d_{11} \\ d_{12} \end{pmatrix} e^{2x} + (1+2x)\begin{pmatrix} d_{21} \\ d_{22} \end{pmatrix} e^{2x}$$
$$= \left[2\begin{pmatrix} d_{11} \\ d_{12} \end{pmatrix} + (1+2x)\begin{pmatrix} d_{21} \\ d_{22} \end{pmatrix}\right] e^{2x}$$
$$= \begin{pmatrix} 3 & 1 \\ -1 & 1 \end{pmatrix}\left[\begin{pmatrix} d_{11} \\ d_{12} \end{pmatrix} e^{2x} + \begin{pmatrix} d_{21} \\ d_{22} \end{pmatrix} x e^{2x}\right]$$
$$= \begin{pmatrix} 3 & 1 \\ -1 & 1 \end{pmatrix}\left[\begin{pmatrix} d_{11} \\ d_{12} \end{pmatrix} + \begin{pmatrix} d_{21} \\ d_{22} \end{pmatrix} x\right] e^{2x}$$

Koeffizientenvergleich:

$$xe^{2x}: \quad \left.\begin{aligned} 2d_{21} &= 3d_{21} + d_{22} \\ 2d_{22} &= -d_{21} + d_{22} \end{aligned}\right\} \quad \Rightarrow \quad d_{22} = -d_{21}$$

$$e^{2x}: \quad \left.\begin{aligned} 2d_{11} + d_{21} &= 3d_{11} + d_{12} \\ 2d_{12} + d_{22} &= -d_{11} + d_{12} \end{aligned}\right\} \quad \Rightarrow \quad d_{12} = d_{21} - d_{11}$$

Allgemeine Lösung des Systems:

$$\boldsymbol{y}(x) = \boldsymbol{d}_1 e^{2x} + \boldsymbol{d}_2 x e^{2x} = \begin{pmatrix} d_{11} \\ d_{21} - d_{11} \end{pmatrix} e^{2x} + \begin{pmatrix} d_{21} \\ -d_{21} \end{pmatrix} x e^{2x}$$

$$\text{mit} \quad d_{11}, d_{21} \in \mathbb{R} \text{ beliebig}$$

Beispiel 24.8

a) Wir behandeln nun nochmals die Aufgabenstellung von Beispiel 24.2 mit der Matrix

$\boldsymbol{P} = \begin{pmatrix} 0.8 & 0.2 \\ 0.5 & 0.5 \end{pmatrix}$ und den Anfangsbedingungen $y_1(0) = 60,\ y_2(0) = 80.$

Im Einzelnen erhalten wir damit nachfolgende Ergebnisse.

Differenzengleichungssystem:

$$y_1(t+1) = 0.8y_1(t) + 0.5y_2(t)$$
$$y_2(t+1) = 0.2y_1(t) + 0.5y_2(t)$$

Eigenwerte:

$$\left.\begin{aligned} \det\begin{pmatrix} 0.8-\lambda & 0.5 \\ 0.2 & 0.5-\lambda \end{pmatrix} &= (0.8-\lambda)(0.5-\lambda) - 0.1 \\ &= 0.3 - 1.3\lambda + \lambda^2 = 0 \end{aligned}\right\} \Rightarrow \begin{aligned} \lambda_1 &= 1, \\ \lambda_2 &= 0.3 \end{aligned}$$

Eigenvektoren:

$$\begin{pmatrix} -0.2 & 0.5 \\ 0.2 & -0.5 \end{pmatrix}\begin{pmatrix} d_{11} \\ d_{12} \end{pmatrix} = \begin{pmatrix} 0 \\ 0 \end{pmatrix} \Rightarrow \boldsymbol{d}_1 = \begin{pmatrix} d_{11} \\ \frac{2}{5}d_{11} \end{pmatrix}$$

$$\begin{pmatrix} 0.5 & 0.5 \\ 0.2 & 0.2 \end{pmatrix}\begin{pmatrix} d_{21} \\ d_{22} \end{pmatrix} = \begin{pmatrix} 0 \\ 0 \end{pmatrix} \Rightarrow \boldsymbol{d}_2 = \begin{pmatrix} d_{21} \\ -d_{21} \end{pmatrix}$$

Allgemeine Lösung:

$$\begin{aligned} \boldsymbol{y}(t) &= 1^t \boldsymbol{d}_1 + 0.3^t \boldsymbol{d}_2 \\ &= d_{11} \begin{pmatrix} 1 \\ \frac{2}{5} \end{pmatrix} + d_{21} 0.3^t \begin{pmatrix} 1 \\ -1 \end{pmatrix} \quad \text{mit} \quad d_{11}, d_{21} \in \mathbb{R} \text{ beliebig} \end{aligned}$$

Anfangsbedingungen:

$$\left. \begin{aligned} y_1(0) &= 60 = d_{11} + d_{21} \\ y_2(0) &= 80 = \frac{2}{5} d_{11} - d_{21} \end{aligned} \right\} \Rightarrow \quad d_{11} = 100, \ d_{21} = -40$$

Spezielle Lösung:

$$\begin{aligned} y_1(t) &= 100 - 40 \cdot 0.3^t \\ y_2(t) &= \ \ 40 + 40 \cdot 0.3^t \end{aligned}$$

Wertetabelle:

t	0	1	2	$\to \infty$
$y_1(t)$	60	88	96.4	100
$y_2(t)$	80	52	43.6	40

Das Ergebnis erklärt sich aus der Übergangsmatrix $\boldsymbol{P}$. Obwohl die Ausgangssituation für Produkt 2 günstiger ist als für Produkt 1, verändert sich dies schon nach einer Periode. Die Absatzfunktionen nähern sich rasch ihren Grenzwerten

$$\lim_{t \to \infty} y_1(t) = 100 \,, \qquad \lim_{t \to \infty} y_2(t) = 40 \,.$$

b) Betrachten wir das entsprechende differentielle Modell, so erhalten wir bei Übernahme der gegebenen Daten ähnliche Resultate.
Differentialgleichungssystem:

$$\begin{aligned} y_1'(t) &= -0.2 y_1(t) + 0.5 y_2(t) \\ y_2'(t) &= \ \ 0.2 y_1(t) - 0.5 y_2(t) \end{aligned}$$

Eigenwerte:

$$\det \begin{pmatrix} -0.2 - \lambda & 0.5 \\ 0.2 & -0.5 - \lambda \end{pmatrix} = (0.2 + \lambda)(0.5 + \lambda) - 0.1 = 0.7\lambda + \lambda^2 = 0$$

$$\Rightarrow \lambda_1 = 0, \ \lambda_2 = -0.7$$

Eigenvektoren:

$$\begin{pmatrix} -0.2 & 0.5 \\ 0.2 & -0.5 \end{pmatrix} \begin{pmatrix} d_{11} \\ d_{12} \end{pmatrix} = \begin{pmatrix} 0 \\ 0 \end{pmatrix} \Rightarrow \boldsymbol{d}_1 = \begin{pmatrix} d_{11} \\ \frac{2}{5} d_{11} \end{pmatrix}$$

$$\begin{pmatrix} 0.5 & 0.5 \\ 0.2 & 0.2 \end{pmatrix} \begin{pmatrix} d_{21} \\ d_{22} \end{pmatrix} = \begin{pmatrix} 0 \\ 0 \end{pmatrix} \Rightarrow \boldsymbol{d}_2 = \begin{pmatrix} d_{21} \\ -d_{21} \end{pmatrix}$$

Allgemeine Lösung:

$$\begin{aligned} \boldsymbol{y}(t) &= e^0 \boldsymbol{d}_1 + e^{-0.7t} \boldsymbol{d}_2 \\ &= d_{11} \begin{pmatrix} 1 \\ \frac{2}{5} \end{pmatrix} + d_{21} \begin{pmatrix} 1 \\ -1 \end{pmatrix} e^{-0.7t} \quad \text{mit} \quad d_{11},\ d_{21} \in \mathbb{R} \text{ beliebig} \end{aligned}$$

Anfangsbedingungen:

$$\left.\begin{aligned} y_1(0) &= 60 = d_{11} + d_{21} \\ y_2(0) &= 80 = \tfrac{2}{5} d_{11} - d_{21} \end{aligned}\right\} \Rightarrow \quad d_{11} = 100,\ d_{21} = -40$$

Spezielle Lösung:

$$\begin{aligned} y_1(t) &= 100 - 40e^{-0.7t} \\ y_2(t) &= \ \ 40 + 40e^{-0.7t} \end{aligned}$$

Wertetabelle:

t	0	1	2	$\to \infty$
$y_1(t)$	60	80.1	90.1	100
$y_2(t)$	80	59.9	49.9	40

Die Lösung des Differenzenmodells (Beispiel 24.8 a) konvergiert schneller gegen die Werte 100 bzw. 40 als die Lösung des Differentialmodells. Dies ist damit zu begründen, dass im ersten Fall die Zeit diskret, im zweiten Fall kontinuierlich betrachtet wird.

24.3 Inhomogene lineare Differenzen- und Differentialgleichungssysteme

Entsprechend zu Abschnitt 23.3 erweitern wir den für Differenzen- und Differentialgleichungen erster Ordnung bewiesenen Satz 22.5 auf Differenzen- und Differentialgleichungssysteme erster Ordnung.

Satz 24.9

Gegeben sei das inhomogene lineare Differenzen- und Differentialgleichungssystem (Definition 24.1)

$$\begin{aligned} &(\mathrm{C}) \quad \boldsymbol{y}(x+1) = \boldsymbol{A}\boldsymbol{y}(x) + \boldsymbol{b}(x)\,, \\ &(\mathrm{D}) \quad \boldsymbol{y}'(x) \qquad = \boldsymbol{A}\boldsymbol{y}(x) + \boldsymbol{b}(x)\,. \end{aligned}$$

Ferner sei $\boldsymbol{y}_H(x)$ die allgemeine Lösung des homogenen Systems $(\boldsymbol{b}(x) = \boldsymbol{o})$ und $\boldsymbol{y}_I(x)$ eine spezielle Lösung des inhomogenen Systems $(\boldsymbol{b}(x) \neq \boldsymbol{o})$. Die allgemeine Lösung von (C) und (D) ist dann $\boldsymbol{y}(x) = \boldsymbol{y}_H(x) + \boldsymbol{y}_I(x)$.

Der Beweis ergibt sich durch Einsetzen entsprechend zu Satz 22.5.

Nach Abschnitt 23.3 reicht es auch hier aus, eine spezielle Lösung des inhomogenen Systems zu suchen. Dazu modifizieren wir den Störgliedansatz 23.10 für Differenzen- und Differentialgleichungen höherer Ordnung geringfügig.

Satz 24.10

Gegeben seien die Systeme der Form (C) und (D) aus Satz 24.9. Ferner unterstellen wir für jede Komponente des Störvektors $\boldsymbol{b}(x)$ eine der Formen aus Figur 23.4. Verknüpft man alle vorkommenden Komponenten von $\boldsymbol{b}(x)$ additiv, so erhält man daraus den Ansatz für jede Komponente der inhomogenen Lösung $\boldsymbol{y}_I(x)$ nach Figur 23.4. Je nach Ansatz berechnet man $\boldsymbol{y}_I(x+1)$ im Fall (C) bzw. $\boldsymbol{y}_I'(x)$ im Fall (D), setzt in das entsprechende System ein und führt einen Koeffizientenvergleich durch.

Beispiel 24.11

Inhomogenes Differenzengleichungssystem:

$$\begin{aligned} y_1(x+1) &= \ \ y_1(x) + 2y_2(x) + 4 \\ y_2(x+1) &= 3y_1(x) + 2y_2(x) + 2^x \end{aligned}$$

Eigenwerte von $\boldsymbol{A}$:

$$\left.\begin{aligned}\det\begin{pmatrix}1-\lambda & 2\\ 3 & 2-\lambda\end{pmatrix} &= (1-\lambda)(2-\lambda)-6\\ &= -4-3\lambda+\lambda^2 = 0\end{aligned}\right\} \Rightarrow \lambda_1=-1,\ \lambda_2=4$$

Eigenvektoren:

$$\begin{pmatrix}2 & 2\\ 3 & 3\end{pmatrix}\begin{pmatrix}d_{11}\\ d_{12}\end{pmatrix}=\begin{pmatrix}0\\ 0\end{pmatrix} \Rightarrow \boldsymbol{d}_1=\begin{pmatrix}d_{11}\\ -d_{11}\end{pmatrix}$$

$$\begin{pmatrix}-3 & 2\\ 3 & -2\end{pmatrix}\begin{pmatrix}d_{21}\\ d_{22}\end{pmatrix}=\begin{pmatrix}0\\ 0\end{pmatrix} \Rightarrow \boldsymbol{d}_2=\begin{pmatrix}d_{21}\\ \frac{3}{2}d_{21}\end{pmatrix}$$

Allgemeine Lösung des homogenen Systems:

$$\boldsymbol{y}_H(x)=\boldsymbol{d}_1(-1)^x+\boldsymbol{d}_2 4^x = d_{11}\begin{pmatrix}1\\ -1\end{pmatrix}(-1)^x + d_{21}\begin{pmatrix}1\\ \frac{3}{2}\end{pmatrix}4^x$$

$$\text{mit}\quad d_{11},\ d_{21}\in\mathbb{R}\ \text{beliebig}$$

Störgliedansatz unter Berücksichtigung beider Störterme $4, 2^x$ (Satz 24.10):

$$\boldsymbol{y}_I(x)=\begin{pmatrix}z_{10}+z_{11}2^x\\ z_{20}+z_{21}2^x\end{pmatrix} \Rightarrow \boldsymbol{y}_I(x+1)=\begin{pmatrix}z_{10}+z_{11}2^{x+1}\\ z_{20}+z_{21}2^{x+1}\end{pmatrix}$$

Differenzengleichungssystem für $\boldsymbol{y}_I(x)$:

$$\begin{pmatrix}z_{10}+z_{11}2^{x+1}\\ z_{20}+z_{21}2^{x+1}\end{pmatrix}=\begin{pmatrix}z_{10}+z_{11}2^x+2(z_{20}+z_{21}2^x)+4\\ 3(z_{10}+z_{11}2^x)+2(z_{20}+z_{21}2^x)+2^x\end{pmatrix}$$

Koeffizientenvergleich:

$$x^0:\quad \left.\begin{aligned}z_{10} &= z_{10}+2z_{20}+4\\ z_{20} &= 3z_{10}+2z_{20}\end{aligned}\right\} \Rightarrow z_{20}=-2,\ z_{10}=\frac{2}{3}$$

$$2^x:\quad \left.\begin{aligned}2z_{11} &= z_{11}+2z_{21}\\ 2z_{21} &= 3z_{11}+2z_{21}+1\end{aligned}\right\} \Rightarrow z_{11}=-\frac{1}{3},\ z_{21}=-\frac{1}{6}$$

Spezielle Lösung des inhomogenen Systems:

$$\boldsymbol{y}_I(x) = \begin{pmatrix} \frac{2}{3} - \frac{1}{3} \cdot 2^x \\ -2 - \frac{1}{6} \cdot 2^x \end{pmatrix}$$

Allgemeine Lösung des inhomogenen Systems:

$$\boldsymbol{y}(x) = \boldsymbol{y}_H(x) + \boldsymbol{y}_I(x) = c_1 \begin{pmatrix} 1 \\ -1 \end{pmatrix} (-1)^x + c_2 \begin{pmatrix} 1 \\ \frac{3}{2} \end{pmatrix} 4^x + \begin{pmatrix} \frac{2}{3} - \frac{1}{3} \cdot 2^x \\ -2 - \frac{1}{6} \cdot 2^x \end{pmatrix}$$

Beispiel 24.12

Differentialgleichungssystem:

$$\begin{aligned} y_1'(x) &= y_1(x) + y_2(x) - 4e^x \\ y_2'(x) &= 4y_1(x) - 2y_2(x) + 6x - 1 \end{aligned}$$

Eigenwerte von $\boldsymbol{A}$:

$$\begin{aligned} \det \begin{pmatrix} 1-\lambda & 1 \\ 4 & -2-\lambda \end{pmatrix} &= (1-\lambda)(-2-\lambda) - 4 \\ &= -6 + \lambda + \lambda^2 = (\lambda - 2)(\lambda + 3) = 0 \end{aligned}$$

$$\Rightarrow \lambda_1 = 2,\ \lambda_2 = -3$$

Eigenvektoren:

$$\begin{pmatrix} -1 & 1 \\ 4 & -4 \end{pmatrix} \begin{pmatrix} d_{11} \\ d_{12} \end{pmatrix} = \begin{pmatrix} 0 \\ 0 \end{pmatrix} \Rightarrow \boldsymbol{d}_1 = \begin{pmatrix} d_{11} \\ d_{11} \end{pmatrix}$$

$$\begin{pmatrix} 4 & 1 \\ 4 & 1 \end{pmatrix} \begin{pmatrix} d_{21} \\ d_{22} \end{pmatrix} = \begin{pmatrix} 0 \\ 0 \end{pmatrix} \Rightarrow \boldsymbol{d}_2 = \begin{pmatrix} d_{21} \\ -4d_{21} \end{pmatrix}$$

Allgemeine Lösung des homogenen Systems:

$$\boldsymbol{y}(x) = \boldsymbol{d}_1 e^{2x} + \boldsymbol{d}_2 e^{-3x} = d_{11} \begin{pmatrix} 1 \\ 1 \end{pmatrix} e^{2x} + d_{21} \begin{pmatrix} 1 \\ -4 \end{pmatrix} e^{-3x}$$

mit $d_{11}, d_{21} \in \mathbb{R}$ beliebig

Störgliedansatz unter Berücksichtigung beider Störterme $4e^x, 6x-1$ (Satz 24.10):

$$\boldsymbol{y}_I(x) = \begin{pmatrix} z_{10} + z_{11}x + z_{12}e^x \\ z_{20} + z_{21}x + z_{22}e^x \end{pmatrix} \Rightarrow \boldsymbol{y}_I'(x) = \begin{pmatrix} z_{11} + z_{12}e^x \\ z_{21} + z_{22}e^x \end{pmatrix}$$

Differentialgleichungssystem für $\boldsymbol{y}_I(x)$:

$$\begin{pmatrix} z_{11} + z_{12}e^x \\ z_{21} + z_{22}e^x \end{pmatrix}$$

$$= \begin{pmatrix} z_{10} + z_{20} + (z_{11} + z_{21})x + (z_{12} + z_{22})e^x - 4e^x \\ 4z_{10} - 2z_{20} + (4z_{11} - 2z_{21})x + (4z_{12} - 2z_{22})e^x + 6x - 1 \end{pmatrix}$$

Koeffizientenvergleich:

$$e^x: \quad \left.\begin{aligned} z_{12} &= z_{12} + z_{22} - 4 \\ z_{22} &= 4z_{12} - 2z_{22} \end{aligned}\right\} \Rightarrow z_{22} = 4,\ z_{12} = 3$$

$$x^1: \quad \left.\begin{aligned} 0 &= z_{11} + z_{21} \\ 0 &= 4z_{11} - 2z_{21} + 6 \end{aligned}\right\} \Rightarrow z_{11} = -1,\ z_{21} = 1$$

$$x^0: \quad \left.\begin{aligned} z_{11} &= z_{10} + z_{20} \\ z_{21} &= 4z_{10} - 2z_{20} - 1 \end{aligned}\right\} \Rightarrow z_{10} = 0,\ z_{20} = -1$$

Spezielle Lösung des inhomogenen Systems:

$$\boldsymbol{y}_I(x) = \begin{pmatrix} -x + 3e^x \\ -1 + x + 4e^x \end{pmatrix}$$

Allgemeine Lösung des inhomogenen Systems:

$$\boldsymbol{y}(x) = \boldsymbol{y}_H(x) + \boldsymbol{y}_I(x)$$

$$= c_1 \begin{pmatrix} 1 \\ 1 \end{pmatrix} e^{2x} + c_2 \begin{pmatrix} 1 \\ -4 \end{pmatrix} e^{-3x} + \begin{pmatrix} -x + 3e^x \\ -1 + x + 4e^x \end{pmatrix}$$

Beispiel 24.13

a) Wir behandeln nochmals die Aufgabenstellung von Beispiel 24.3 mit der Matrix $\boldsymbol{A}$ und dem Endverbrauch $\boldsymbol{b}(t)$ mit

$$\boldsymbol{A} = \begin{pmatrix} 0.3 & 0.2 & 0.1 \\ 0 & 0.3 & 0.2 \\ 0 & 0 & 0.5 \end{pmatrix}, \quad \boldsymbol{b}(t) = \begin{pmatrix} 1 \\ 0.3 \\ 1 \end{pmatrix}$$

und den Anfangsbedingungen $y_1(0) = y_2(0) = y_3(0) = 0$.

Differenzengleichungssystem:

$$\begin{aligned} y_1(t+1) &= 0.3y_1(t) + 0.2y_2(t) + 0.1y_3(t) + 1 \\ y_2(t+1) &= \phantom{0.3y_1(t) + {}} 0.3y_2(t) + 0.2y_3(t) + 0.3 \\ y_3(t+1) &= \phantom{0.3y_1(t) + 0.2y_2(t) + {}} 0.5y_3(t) + 1 \end{aligned}$$

Eigenwerte von $\boldsymbol{A}$:

$$\det \begin{pmatrix} 0.3-\lambda & 0.2 & 0.1 \\ 0 & 0.3-\lambda & 0.2 \\ 0 & 0 & 0.5-\lambda \end{pmatrix} = (0.3-\lambda)^2(0.5-\lambda) = 0$$

$$\Rightarrow \lambda_1 = 0.5,\ \lambda_2 = \lambda_3 = 0.3$$

Eigenvektor zu $\lambda_1 = 0.5$:

$$\begin{pmatrix} -0.2 & 0.2 & 0.1 \\ 0 & -0.2 & 0.2 \\ 0 & 0 & 0 \end{pmatrix} \begin{pmatrix} d_{11} \\ d_{12} \\ d_{13} \end{pmatrix} = \boldsymbol{o} \quad \Rightarrow \quad \boldsymbol{d}_1 = \begin{pmatrix} \frac{3}{2}d_{13} \\ d_{13} \\ d_{13} \end{pmatrix}$$

Neuer Lösungsansatz für $\lambda_2 = \lambda_3 = 0.3$:

$$\begin{aligned} \boldsymbol{y}(t) \quad &= 0.3^t\boldsymbol{d}_2 + 0.3^t t\boldsymbol{d}_3 \\ \Rightarrow \boldsymbol{y}(t+1) &= 0.3 \cdot 0.3^t\boldsymbol{d}_2 + 0.3 \cdot 0.3^t(t+1)\boldsymbol{d}_3 \end{aligned}$$

Differenzengleichungssystem für $\boldsymbol{y}(t)$:

$$\boldsymbol{y}(t+1) = 0.3 \cdot 0.3^t \begin{pmatrix} d_{21} \\ d_{22} \\ d_{23} \end{pmatrix} + 0.3 \cdot 0.3^t (t+1) \begin{pmatrix} d_{31} \\ d_{32} \\ d_{33} \end{pmatrix}$$

$$= \begin{pmatrix} 0.3 & 0.2 & 0.1 \\ 0 & 0.3 & 0.2 \\ 0 & 0 & 0.5 \end{pmatrix} \left(\begin{pmatrix} d_{21} \\ d_{22} \\ d_{23} \end{pmatrix} + t \begin{pmatrix} d_{31} \\ d_{32} \\ d_{33} \end{pmatrix} \right) 0.3^t$$

Koeffizientenvergleich:

$$0.3^t t: \quad \left.\begin{aligned} 0.3d_{31} &= 0.3d_{31} + 0.2d_{32} + 0.1d_{33} \\ 0.3d_{32} &= 0.3d_{32} + 0.2d_{33} \\ 0.3d_{33} &= 0.5d_{33} \end{aligned}\right\} \Rightarrow \begin{aligned} &d_{33} = 0, \\ &d_{32} = 0, \\ &d_{31} \in \mathbb{R} \end{aligned}$$

$$0.3^t: \quad \left.\begin{aligned} 0.3d_{21} + 0.3d_{31} &= 0.3d_{21} + 0.2d_{22} + 0.1d_{23} \\ 0.3d_{22} + 0.3d_{32} &= 0.3d_{22} + 0.2d_{23} \\ 0.3d_{23} + 0.3d_{33} &= 0.5d_{23} \end{aligned}\right\} \Rightarrow \begin{aligned} &d_{23} = 0, \\ &d_{22} = \frac{3}{2}d_{31}, \\ &d_{21} \in \mathbb{R} \end{aligned}$$

Allgemeine Lösung des homogenen Systems:

$$\boldsymbol{y}_H(t) = 0.5^t \boldsymbol{d}_1 + 0.3^t \boldsymbol{d}_2 + 0.3^t t \boldsymbol{d}_3$$

$$= 0.5^t \begin{pmatrix} \frac{3}{2}d_{13} \\ d_{13} \\ d_{13} \end{pmatrix} + 0.3^t \begin{pmatrix} d_{21} \\ \frac{3}{2}d_{31} \\ 0 \end{pmatrix} + 0.3^t t \begin{pmatrix} d_{31} \\ 0 \\ 0 \end{pmatrix}$$

Störgliedansatz:

$$\boldsymbol{y}_I(t) = \begin{pmatrix} z_{10} \\ z_{20} \\ z_{30} \end{pmatrix}$$

Differenzengleichungssystem für $\boldsymbol{y}_I(t)$:

$$\boldsymbol{y}_I(t+1) = \begin{pmatrix} z_{10} \\ z_{20} \\ z_{30} \end{pmatrix} = \boldsymbol{A}\boldsymbol{y}_I(t) + \boldsymbol{b}(t)$$

$$= \begin{pmatrix} 0.3 & 0.2 & 0.1 \\ 0 & 0.3 & 0.2 \\ 0 & 0 & 0.5 \end{pmatrix} \begin{pmatrix} z_{10} \\ z_{20} \\ z_{30} \end{pmatrix} + \begin{pmatrix} 1 \\ 0.3 \\ 1 \end{pmatrix}$$

$$\Rightarrow \; z_{30} = 2, \; z_{20} = 1, \; z_{10} = 2$$

Spezielle Lösung des inhomogenen Systems:

$$\boldsymbol{y}_I(t) = \begin{pmatrix} 2 \\ 1 \\ 2 \end{pmatrix}$$

Allgemeine Lösung des inhomogenen Systems:

$$\boldsymbol{y}(t) = \boldsymbol{y}_H(t) + \boldsymbol{y}_I(t)$$

$$= 0.5^t \begin{pmatrix} \frac{3}{2}d_{13} \\ d_{13} \\ d_{13} \end{pmatrix} + 0.3^t \begin{pmatrix} d_{21} \\ \frac{3}{2}d_{31} \\ 0 \end{pmatrix} + 0.3^t t \begin{pmatrix} d_{31} \\ 0 \\ 0 \end{pmatrix} + \begin{pmatrix} 2 \\ 1 \\ 2 \end{pmatrix}$$

Anfangsbedingungen:

$$\left.\begin{aligned} y_1(0) &= 0 = \frac{3}{2}d_{13} + d_{21} + 2 \\ y_2(0) &= 0 = d_{13} + \frac{3}{2}d_{31} + 1 \\ y_3(0) &= 0 = d_{13} + 2 \end{aligned}\right\} \Rightarrow \; d_{13} = -2, \; d_{31} = \frac{2}{3}, \; d_{21} = 1$$

Spezielle Lösung des inhomogenen Systems:

$$\boldsymbol{y}(t) = 0.5^t \begin{pmatrix} -3 \\ -2 \\ -2 \end{pmatrix} + 0.3^t \begin{pmatrix} 1 \\ 1 \\ 0 \end{pmatrix} + 0.3^t t \begin{pmatrix} \frac{2}{3} \\ 0 \\ 0 \end{pmatrix} + \begin{pmatrix} 2 \\ 1 \\ 2 \end{pmatrix}$$

Wertetabelle:

t	0	1	2	$\to \infty$
$y_1(t)$	0	1	1.46	2
$y_2(t)$	0	0.3	0.59	1
$y_3(t)$	0	1	1.5	2

Bedingt durch den gegebenen Endverbrauch wächst die Produktion streng monoton mit

$$\lim_{t\to\infty} y_1(t) = 2\,, \quad \lim_{t\to\infty} y_2(t) = 1\,, \quad \lim_{t\to\infty} y_3(t) = 2\,.$$

b) Zur Lösung des entsprechenden differentiellen Modells wählen wir einen anderen Weg. Da mit dem Differenzengleichungssystem auch das korrespondierende Differentialgleichungssystem:

$$\begin{aligned} y_1'(t) &= -0.7y_1(t) + 0.2y_2(t) + 0.1y_3(t) + 1 \\ y_2'(t) &= - 0.7y_2(t) + 0.2y_3(t) + 0.3 \\ y_3'(t) &= - 0.5y_3(t) + 1 \end{aligned}$$

Dreiecksgestalt besitzt, kann man die drei Gleichungen auch sukzessive lösen. Man beginnt mit der dritten Gleichung, setzt die Lösungen in die zweite Gleichung und deren Lösung in die erste Gleichung ein. Damit hat man drei separate lineare Differenzen- bzw. Differentialgleichungen erster Ordnung mit konstanten Koeffizienten. Wir erhalten nach Satz 22.12 bzw. Figur 22.5:

$$\begin{aligned} y_3'(t) &= -0.5y_3(t) + 1 \\ y_3(t) &= 2 + (y_3(0) - 2)e^{-0.5t} = 2\left(1 - e^{-0.5t}\right) \text{ für } y_3(0) = 0 \end{aligned}$$

$$\begin{aligned} y_2'(t) &= -0.7y_2(t) + 0.4\left(1 - e^{-0.5t}\right) + 0.3 \\ y_2(t) &= e^{-0.7t}\left(c_1 + \int \left(0.7 - 0.4e^{-0.5t}\right) e^{0.7t}\, dt\right) \\ &= e^{-0.7t}\left(c_1 + \int \left(0.7e^{0.7t} - 0.4e^{0.2t}\right) dt\right) \\ &= c_1 e^{-0.7t} + 1 - 2e^{-0.5t} \end{aligned}$$

Mit $y_2(0) = c_1 + 1 - 2 = 0$ bzw. $c_1 = 1$ folgt

$$y_2(t) = 1 - 2e^{-0.5t} + e^{-0.7t}\,.$$

$$\begin{aligned}
y_1'(t) &= -0.7y_1(t) + 0.2\left(1 + e^{-0.7t} - 2e^{-0.5t}\right) + 0.1 \cdot 2\left(1 - e^{-0.5t}\right) + 1 \\
&= -0.7y_1(t) + 0.2e^{-0.7t} - 0.6e^{-0.5t} + 1.4 \\
y_1(t) &= e^{-0.7t}\left(c_1 + \int \left(0.2e^{-0.7t} - 0.6e^{-0.5t} + 1.4\right) e^{0.7t}\, dt\right) \\
&= e^{-0.7t}\left(c_1 + \int \left(0.2 - 0.6e^{0.2t} + 1.4e^{0.7t}\right) dt\right) \\
&= c_1 e^{-0.7t} + 0.2te^{-0.7t} - 3e^{-0.5t} + 2
\end{aligned}$$

Mit $y_1(0) = c_1 - 3 + 2 = 0$ bzw. $c_1 = 1$ folgt

$$y_1(t) = 2 - 3e^{-0.5t} + (1 + 0.2t)e^{-0.7t}\,.$$

Wir erhalten die Lösung

$$\mathbf{y}(t) = \begin{pmatrix} y_1(t) \\ y_2(t) \\ y_3(t) \end{pmatrix} = \begin{pmatrix} -3 \\ -2 \\ -2 \end{pmatrix} e^{-0.5t} + \begin{pmatrix} 1 + 0.2t \\ 1 \\ 0 \end{pmatrix} e^{-0.7t} + \begin{pmatrix} 2 \\ 1 \\ 2 \end{pmatrix}.$$

Wertetabelle:

t	0	1	2	$\to \infty$
$y_1(t)$	0	0.78	1.24	2
$y_2(t)$	0	0.28	0.51	1
$y_3(t)$	0	0.79	1.26	2

Man kann nun selbstverständlich auch lineare Differenzen- und Differentialgleichungssysteme höherer Ordnung behandeln. Da aber jede einzelne Differenzen- bzw. Differentialgleichung höherer Ordnung in ein System erster Ordnung übergeführt werden kann, lässt sich bei jeder Aufgabenstellung der genannten Art ein – wenn auch umfangreiches – System erster Ordnung erreichen. Diese Überlegungen sollen nicht weiter vertieft werden.

Stichwortverzeichnis

A

B

C

H

I

K

T

U

V

W

Z

Symbolverzeichnis

Symbol	Bedeutung	Seite
$a + b, a - b$	Summe bzw. Differenz zweier Zahlen a, b	2, 7
$a \cdot b, \frac{a}{b}$ $(a/b, a : b)$	Produkt bzw. Quotient zweier Zahlen a, b	2, 7
$\mathbb{N}$	Menge der natürlichen Zahlen	2, 109
$\mathbb{N}_0$	Menge der natürlichen Zahlen einschließlich 0	2, 199
$\mathbb{Z}$	Menge der ganzen Zahlen	3, 109
$\mathbb{Q}$	Menge der rationalen Zahlen	4, 109
$\mathbb{R}$	Menge der reellen Zahlen	6, 109
$e = 2.71828\ldots$	Eulersche Zahl	6, 15
$\pi = 3.14159\ldots$	Kreiszahl	6
$a \leq b$	a kleiner oder gleich b	9
$a \geq b$	a größer oder gleich b	9
$\lvert a\rvert, \ldots, \lvert x\rvert, \ldots$	Betrag einer reellen Zahl oder Variablen	10
$[a]$	ganzzahliger Anteil von a	11
$\max\{a, b, \ldots\}$	größte der Zahlen $a, b, \ldots$	11
$\min\{a, b, \ldots\}$	kleinste der Zahlen $a, b, \ldots$	11
a^n	n-te Potenz von a mit $a \in \mathbb{R}$ als Basis, $n \in \mathbb{R}$ als Exponent	12
$a^{\frac{1}{n}} = \sqrt[n]{a}$	n-te Wurzel von a mit $a \in \mathbb{R}$ als Radikand, $n \in \mathbb{N}$ als Wurzelexponent	13

Symbol	Bedeutung	Seite
$\log_a b$	Logarithmus der Zahl $b > 0$ zur Basis $a > 0$	14
$\log_e b = \ln b$	natürlicher Logarithmus von $b > 0$	15
$\log_{10} b = \lg b$	dekadischer Logarithmus von $b > 0$	15
$i, j, k, m, n, \ldots$	natürliche Zahlen	17
$\sum_{i=k}^{n} a_i$	Summe der Zahlen $a_k, a_{k+1}, \ldots, a_n$	17
$\prod_{i=k}^{n} a_i$	Produkt der Zahlen $a_k, a_{k+1}, \ldots, a_n$	22
$n! = 1 \cdot 2 \cdot \ldots \cdot n$	n-Fakultät	23
$\binom{n}{k} = \frac{n!}{k!\,(n-k)!}$	Binomialkoeffizient n über k	25, 27
$a, b, \ldots, x, y$	reelle Zahlen oder Variablen	31
$[a, b]$	abgeschlossenes Intervall zwischen a und b	33
$\langle a, b \rangle$	offenes Intervall zwischen a und b	33
$[a, b\rangle, \langle a, b]$	halboffene Intervalle zwischen a und b	33
$\sin \alpha$	Sinus des Winkels α	55
$\cos \alpha$	Kosinus des Winkels α	55
$\tan \alpha$	Tangens des Winkels α	55
$\cot \alpha$	Kotangens des Winkels α	55
$\mathbb{C}$	Menge der komplexen Zahlen	62, 109
$z = a + ib$	komplexe Zahl mit Realteil a und Imaginärteil b	62
$z = a + ib$, $\overline{z} = a - ib$	konjugiert komplexe Zahlen	63
$\mathbf{A}, \mathbf{B}, \ldots$	Aussagen	83
w, f	Wahrheitsgehalt von Aussagen: w entspricht wahr, f entspricht falsch	82

Symbol	Bedeutung	Seite
$\overline{\mathbf{A}}, \overline{\mathbf{B}}, \ldots$	Negation von Aussagen: nicht **A**, nicht **B**, ...	83
$\mathbf{A} \wedge \mathbf{B}$	Konjunktion von Aussagen: **A** und **B**	84
$\mathbf{A} \vee \mathbf{B}$	Disjunktion von Aussagen: **A** oder **B**	85
$\mathbf{A} \Rightarrow \mathbf{B}$	Implikation von Aussagen: Wenn **A**, dann **B**	86
$\mathbf{A} \Longleftrightarrow \mathbf{B}$	Äquivalenz von Aussagen: **A** gleichwertig zu **B**	88
$\bigwedge_x \mathbf{A}(x)$, $\forall x : \mathbf{A}(x)$	Aussage $\mathbf{A}(x)$ für alle x	94, 95
$\bigvee_x \mathbf{A}(x)$, $\exists x : \mathbf{A}(x)$	Aussage $\mathbf{A}(x)$ für mindestens ein x	94, 95
$A, B, \ldots$	Mengen	108
$a \in A$	a ist Element der Menge A, a aus A	108
$a \notin A$	a ist nicht Element der Menge A, a nicht aus A	108
$\mathbb{R}_+$	Menge der nichtnegativen reellen Zahlen	109
$\mathbb{R}_-$	Menge der nichtpositiven reellen Zahlen	109
$A = B$	Mengengleichheit: A ist gleich B	110
$A \neq B$	Mengenungleichheit: A ist ungleich B	110
$A \subseteq B$	A ist Teilmenge von B oder beide Mengen sind gleich	110
$A \subset B$	A ist echte Teilmenge von B	110
$A \not\subseteq B$	A ist nicht Teilmenge von B	110
$\|A\|$	Anzahl der Elemente der Menge A	111
$\emptyset$	leere Menge, enthält kein Element	112
$\mathrm{P}(A)$	Potenzmenge: Menge aller Teilmengen von A	113
$A \cap B$	Schnittmenge, Durchschnitt, enthält alle Elemente von A und B	114

Symbol	Bedeutung	Seite
$A \cup B$	Vereinigungsmenge, Vereinigung enthält alle Elemente von A oder B	115
$\bigcap_x A_x$	Durchschnitt der Mengen A_x für alle x	118
$\bigcup_x A_x$	Vereinigung der Mengen A_x für alle x	118
$B \setminus A$	Differenzmenge, enthält alle Elemente von B ohne A	119
$\overline{A}_B$	Komplementärmenge, enthält alle Elemente von B ohne A, wobei A Teilmenge von B ist	119
$A \times B$	kartesisches Mengenprodukt, alle Elementpaare mit a aus A und b aus B	125
$(a, b) \in A \times B$	geordnetes Elementpaar mit $a \in A, b \in B$	125
$\bigtimes_i A_i$	kartesisches Produkt der Mengen A_i für alle i	127
$\mathbb{R}^n$	Menge aller n-Tupel $(a_1, \ldots, a_n)$ reeller Zahlen, alle n-dimensionalen reellen Vektoren	127
$R, S \subset A \times B$	binäre Relationen von A in B	127
R^{-1}	inverse Relation, Umkehrrelation	130
$S \circ R$	zusammengesetzte Relation, Komposition	132
$f : A \to B$	Abbildung oder Funktion f von A in B mit A als Definitionsbereich, B als Wertebereich und $f(A)$ als Bildbereich von f	151
$y = f(x)$	Funktionsgleichung: x ist Urbild, y ist Bild bzgl. f	151, 161
$g \circ f$	zusammengesetzte Abbildung oder Funktion, Komposition	154, 163
f^{-1}	inverse Abbildung oder Funktion, Umkehrabbildung	157, 163
$\max\{f(\boldsymbol{x}) : \boldsymbol{x} \in D\}$ $= f(\boldsymbol{x}_{\max})$	Maximum der Funktion für alle $\boldsymbol{x}$ aus D	166

Symbol	Bedeutung	Seite
$\min\{f(\boldsymbol{x}) : \boldsymbol{x} \in D\} = f(\boldsymbol{x}_{\min})$	Minimum der Funktion für alle $\boldsymbol{x}$ aus D	166
$f(x) = x^a$ mit $x > 0$ reell, a reell	Funktionsgleichung einer Potenzfunktion	186
$f(x) = a^x$ mit $a > 0$, x reell	Funktionsgleichung einer Exponentialfunktion zur Basis a	188
$f(x) = \log_a x$ mit $a > 1$, $x > 0$ reell	Funktionsgleichung einer Logarithmusfunktion zur Basis a	190
$f(x) = \sin x, \cos x, \tan x, \cot x$, x reell	Funktionsgleichungen der trigonometrischen Funktionen Sinus, Kosinus, Tangens, Kotangens	193, 197
(a_n)	Folge der reellen Zahlen $a_0, a_1, a_2, a_3, \ldots$	199
$\lim\limits_{n\to\infty} a_n = a$ $a_n \to a \; (n \to \infty)$	Grenzwert der Folge (a_n) für n gegen ∞ ist gleich a oder Folge (a_n) strebt gegen a	202
$\lim\limits_{x\to x_0} f(\boldsymbol{x}) = f(x_0)$	Grenzwert der Funktion f für $x \to x_0$	210
$\lim\limits_{x\searrow x_0} f(\boldsymbol{x}) = f(x_0)$	Grenzwert von f von oben gegen $f(x_0)$	210
$\lim\limits_{x\nearrow x_0} f(\boldsymbol{x}) = f(x_0)$	Grenzwert von f von unten gegen $f(x_0)$	210
$\triangle x = (x + \triangle x) - x$	Differenz der Variablen x	227
$\triangle f(x) = f(x + \triangle x) - f(x)$	Differenz der Funktionswerte bei Übergang von x zu $x + \triangle x$	227
$\dfrac{\triangle f(x)}{\triangle x}$	Differenzenquotient von f in x	227
$f'(x) = \lim\limits_{\triangle x\to 0} \dfrac{\triangle f(x)}{\triangle x}$	Differentialquotient von f in x Steigung von f in x erste Ableitung von f in x	227

Symbol	Bedeutung	Seite
$f''(x)$	zweite Ableitung von f in x erste Ableitung von f' in x	239
$f^{(n)}(x)$	n-te Ableitung von f in x	239
$\int f(x)\,dx = F(x) + c$	Stammfunktion F von f, unbestimmtes Integral	281
$\int_a^b f(x)\,dx = F(b) - F(a)$	bestimmtes Integral von f im Intervall zwischen a und b	293, 300
$\boldsymbol{A} = \begin{pmatrix} a_{11} & \cdots & a_{1n} \\ \vdots & & \vdots \\ a_{m1} & \cdots & a_{mn} \end{pmatrix} = (a_{ij})_{mn}$	Matrix mit m Zeilen und n Spalten, $m \times n$-Matrix mit $m \cdot n$ (reellen) Zahlen	316
$\boldsymbol{A}^T$	transponierte Matrix von $\boldsymbol{A}$	317
$\boldsymbol{a} = \begin{pmatrix} a_1 \\ \vdots \\ a_n \end{pmatrix}, \boldsymbol{x} = \begin{pmatrix} x_1 \\ \vdots \\ x_n \end{pmatrix}$	n-dimensionale Spaltenvektoren, $n \times 1$-Matrizen	318
$\boldsymbol{a}^T = (a_1, \ldots, a_n)$, $\boldsymbol{x}^T = (x_1, \ldots, x_n)$	n-dimensionale Zeilenvektoren, $1 \times n$-Matrizen	318
$\boldsymbol{A} = \boldsymbol{B}$	Matrix $\boldsymbol{A}$ ist gleich Matrix $\boldsymbol{B}$	321
$\boldsymbol{A} \neq \boldsymbol{B}$	Matrix $\boldsymbol{A}$ ist ungleich Matrix $\boldsymbol{B}$	321
$\boldsymbol{A} < \boldsymbol{B}$	Matrix $\boldsymbol{A}$ ist kleiner als Matrix $\boldsymbol{B}$	321
$\boldsymbol{A} \leq \boldsymbol{B}$	Matrix $\boldsymbol{A}$ ist kleiner oder gleich Matrix $\boldsymbol{B}$	321
$\boldsymbol{E} = \begin{pmatrix} 1 & \cdots & 0 \\ \vdots & \ddots & \vdots \\ 0 & \cdots & 1 \end{pmatrix}, \boldsymbol{O} = \begin{pmatrix} 0 & \ldots & 0 \\ \vdots & \ddots & \vdots \\ 0 & \ldots & 0 \end{pmatrix}$	Einheitsmatrix, Nullmatrix	323, 323
$\boldsymbol{e}_1 = \begin{pmatrix} 1 \\ 0 \\ \vdots \\ 0 \end{pmatrix}, \ldots, \boldsymbol{e}_n = \begin{pmatrix} 0 \\ \vdots \\ 0 \\ 1 \end{pmatrix}$	n-dimensionale Einheitsvektoren	323

Symbol	Bedeutung	Seite
$\boldsymbol{o} = \begin{pmatrix} 0 \\ \vdots \\ 0 \end{pmatrix}$	Nullvektor	323
$\Vert \boldsymbol{a} \Vert$	Länge oder Norm des n-dimensionalen Vektors $\boldsymbol{a}$	341
$[\boldsymbol{a}, \boldsymbol{b}]$, $\langle \boldsymbol{a}, \boldsymbol{b} \rangle$	n-dimensionales abgeschlossenes bzw. offenes Intervall	349
Rg $\boldsymbol{A}$	Rang der Matrix $\boldsymbol{A}$	378
$\boldsymbol{A}^{-1}$	inverse Matrix von $\boldsymbol{A}$	428
det $\boldsymbol{A}$	Determinante der Matrix $\boldsymbol{A}$	476
$f : D \to W$ $D \subseteq \mathbb{R}^n, W \subseteq \mathbb{R}$	reelle Funktion mehrerer reeller Variablen $x_1, \ldots, x_n$ mit $y = f(x_1, \ldots, x_n) = f(\boldsymbol{x})$	521
$f^i(\boldsymbol{x}) = f_{x_i}(\boldsymbol{x}) = \dfrac{\partial f(\boldsymbol{x})}{\partial x_i}$	erste partielle Ableitung von f in $\boldsymbol{x}$ aus $\mathbb{R}^n$ in Richtung der x_i-Achse	531
grad $f(\boldsymbol{x})$	Vektor der ersten partiellen Ableitungen	533
$f^{ij}(\boldsymbol{x}) = f_{x_i x_j}(\boldsymbol{x}) = \dfrac{\partial^2 f(\boldsymbol{x})}{\partial x_j \, \partial x_i}$	partielle Ableitung zweiter Ordnung in $\boldsymbol{x}$ aus $\mathbb{R}^n$ zunächst in x_i-Richtung, anschließend in x_j-Richtung	544
$f(\boldsymbol{x}) \to \max$	Maximiere die Funktion f	442, 566
$f(\boldsymbol{x}) \to \min$	Minimiere die Funktion f	442, 566
$\int \ldots \int f(x_1, \ldots, x_n)\, dx_n \ldots dx_1$	Mehrfachintegral	587, 591

Griechisches Alphabet

α	A	Alpha
β	B	Beta
γ	Γ	Gamma
δ	Δ	Delta
ε	E	Epsilon
ζ	Z	Zeta
η	H	Eta
ϑ	Θ	Theta
ι	I	Iota
κ	K	Kappa
λ	Λ	Lambda
μ	M	Mü
ν	N	Nü
ξ	Ξ	Xi
o	O	Omikron
π	Π	Pi
ρ	R	Rho
σ	Σ	Sigma
τ	T	Tau
υ	Υ	Ypsilon
φ	Φ	Phi
χ	X	Chi
ψ	Ψ	Psi
ω	Ω	Omega

Literaturverzeichnis

Mathematik für Wirtschaftswissenschaftler

Bosch, K.:
Brückenkurs Mathematik
Oldenbourg, München, Wien, 14. Auflage, 2010

Bosch, K.:
Mathematik für Wirtschaftswissenschaftler
Oldenbourg, München, Wien, 2003

Böhme, G.:
Anwendungsorientierte Mathematik
Springer, Berlin, Heidelberg, 1992

Bradtke, T.:
Mathematische Grundlagen für Ökonomen
Oldenbourg, München, Wien, 2. Auflage, 2003

Bronstein, I.N.; Semendjajew, K.A.; Musiol, G.; Mühlig, H.:
Taschenbuch der Mathematik
Harri Deutsch, Frankfurt/Main, 9. Auflage, 2013

Chiang, A.C.; Wainwright, K.; Nitsch, H.:
Mathematik für Ökonomen
Vahlen, München, 2011

Cramer, E.; Nešlehová, J.:
Vorkurs Mathematik
Springer, Berlin, Heidelberg, 5. Auflage, 2012

Dietz, H.M.:
Mathematik für Wirtschaftswissenschaftler
Springer, Berlin, Heidelberg, 2. Auflage, 2012

Dörsam, P.:
Mathematik anschaulich dargestellt
PD, Heidenau, 15. Auflage, 2010

Dück, W.; Körth, H.; Runge, W.; Wunderlich, L.:
Mathematik für Ökonomen 1, 2
Harri Deutsch, Frankfurt/Main, 1989, 1987

Gamerith, W.; Leopold-Wildburger, U.; Steindl, W.:
Einführung in die Wirtschaftsmathematik
Springer, Berlin, Heidelberg, 5. Auflage, 2010

Gohout, W.:
Mathematik für Wirtschaft und Technik
Oldenbourg, München, 2. Auflage, 2012

Hackl, P.; Katzenbeisser W.:
Mathematik für Sozial- und Wirtschaftswissenschaften
Oldenbourg, München, Wien, 2000

Hettich, G.; Jüttler, H.; Luderer, B.:
Mathematik für Wirtschaftswissenschaftler und Finanzmathematik
Oldenbourg, München, 11. Auflage, 2012

Huang, D.S.; Schulz, W.:
Einführung in die Mathematik für Wirtschaftswissenschaftler
Oldenbourg, München, Wien, 2002

Karmann, A.:
Mathematik für Wirtschaftswissenschaftler
Oldenbourg, München, Wien, 6. Auflage, 2008

Kneis, G.:
Mathematik für Wirtschaftswissenschaftler
Oldenbourg, München, Wien, 2. Auflage, 2005

Körth, H.; Otto, C.; Runge, W.; Schoch, M.:
Lehrbuch der Mathematik für Wirtschaftswissenschaften
Westdeutscher Verlag, Opladen, 3. Auflage, 1975

Leydold, J.:
Mathematik für Ökonomen
Oldenbourg, München, Wien, 3. Auflage, 2003

Luderer, B.; Würker, U.:
Einstieg in die Wirtschaftsmathematik
Vieweg + Teubner, Wiesbaden, 8. Auflage, 2013

Luh, W.; Stadtmüller, K.:
Mathematik für Wirtschaftswissenschaftler
Oldenbourg, München, Wien, 7. Auflage, 2004

Merz, M.; Wüthrich, M.V.:
Mathematik für Wirtschaftswissenschaftler
Vahlen, München, 2013

Mosler, K.; Dyckerhoff, R.; Scheicher, C.:
Mathematische Methoden für Ökonomen
Springer, Berlin, Heidelberg, 2. auflage, 2011

Nollau, V.:
Mathematik für Wirtschaftswissenschaftler
Teubner, Stuttgart, 2003

Pampel, T.:
Mathematik für Wirtschaftswissenschaftler
Springer, Berlin, Heidelberg, 2010

Pfuff, F.:
Mathematik für Wirtschaftswissenschaftler 1, 2
Vieweg + Teubner, Wiesbaden, 2009

Purkert, W.:
Brückenkurs Mathematik für Wirtschaftswissenschaftler
Vieweg + Teubner, Wiesbaden, 7. Auflage, 2011

Riedel, F.; Wichardt, P.C.:
Mathematik für Ökonomen
Springer, Berlin, Heidelberg, 2. Auflage, 2009

Rommelfanger, H.:
Mathematik 1, 2, 3 für Wirtschaftswissenschaftler
Spektrum Akademischer Verlag, Heidelberg, 2004, 2002, 2006

Schwarze, J.:
Elementare Grundlagen der Mathematik für Wirtschaftswissenschaftler
NWB Verlag, Herne, Berlin, 8. Auflage, 2011

Schwarze, J.:
Mathematik für Wirtschaftswissenschaftler 1, 2, 3
NWB Verlag, Herne, Berlin, 13. Auflage, 2011

Senger, J.:
Mathematik: Grundlagen für Ökonomen
Oldenbourg, München, Wien, 3. Auflage, 2009

Sydsaeter, K.; Hammond P.:
Mathematik für Wirtschaftswissenschaftler
Pearson Studium, München, 4. Auflage, 2013

Tietze, J.:
Einführung in die angewandte Wirtschaftsmathematik
Springer, Wiesbaden, 17. Auflage, 2013

Walter, L.:
Mathematik in der Betriebswirtschaft
Oldenbourg, München, 4. Auflage, 2013

Aufgabensammlungen

Arens, T.; Hettlich, F.; Karpfinger, C.; Kockelkorn, U.; Lichtenegger, K., Stachel, H.:
Arbeitsbuch Mathematik –
Aufgaben , Hinweise, Lösungen und Lösungswege zu Arens et al., Mathematik
Springer, Berlin, Heidelberg, 2. Auflage, 2012

Böker, F.:
Mathematik für Wirtschaftswissenschaftler – Das Übungsbuch
Pearson Studium, München, 2. Auflage, 2013

Bosch, K.:
Übungs- und Arbeitsbuch Mathematik für Ökonomen
Oldenbourg, München, Wien, 8. Auflage, 2012

Bradtke, T.:
Übungen und Klausuren in Mathematik für Ökonomen
Oldenbourg, München, Wien, 2000

Clermont, S.; Cramer, E.; Jochems, B.; Kamps, U.:
Wirtschaftsmathematik – Mathematik-Training zum Studienstart
Oldenbourg, München, 4. Auflage, 2012

Dörsam, P.:
Mathematik in den Wirtschaftswissenschaften – Aufgabensammlung mit Lösungen
PD, Heidenau, 10. Auflage, 2014

Gerlach, S.; Schelten, A.; Steuer, C.:
Rechentrainer – Schlag auf Schlag, Rechnen bis ich's mag
Studeo, Berlin, 3. Auflage, 2011

Merz, M.:
Übungsbuch zur Mathematik für Wirtschaftswissenschaftler
Vahlen, München, 2013

Opitz, O.; Klein, R.; Burkart, W.R.:
Mathematik – Übungsbuch für das Studium der Wirtschaftswissenschaften
De Gruyter Oldenbourg, München, Wien, 8. Auflage, 2014

Riedel, F.; Wichardt, P.C.; Matzke, C.:
Arbeitsbuch zur Mathematik für Ökonomen
Springer, Berlin, Heidelberg, 2. Auflage, 2009

Rommelfanger, H.:
Übungsbuch Mathematik für Wirtschaftswissenschaftler
Spektrum Akademischer Verlag, Heidelberg, 2004

Schwarze, J.:
Aufgabensammlung zur Mathematik für Wirtschaftswissenschaftler
NWB Verlag, Herne, Berlin, 6. Auflage, 2008

Walter, L.:
Mathematik in der Betriebswirtschaft – Aufgabensammlung mit Lösungen
Oldenbourg, München, 2012

Lehrbücher, auf die im Text verwiesen wird

Arens, T.; Hettlich, F.; Karpfinger, C.; Kockelkorn, U.; Lichtenegger, K., Stachel, H.:
[Arens et al.] (s.S. 70)
Mathematik
Spektrum Akademischer Verlag, Heidelberg, 2. Auflage, 2012

Bamberg, G.; Baur, F.; Krapp, M.: [Bamberg/Baur/Krapp] (s.S. 561)
Statistik
Oldenbourg, München, Wien, 15. Auflage, 2009

Domschke, W.; Drexl, A.: [Domschke/Drexl] (s.S. 441)
Einführung in Operations Research
Springer, Berlin, Heidelberg, 7. Auflage, 2007

Erwe, F.: [Erwe] (s.S. 593, 616, 640)
Gewöhnliche Differentialgleichungen
Bibliographisches Institut, Mannheim, Wien, Zürich, 1964

Fischer, G.: [Fischer] (s.S. 479, 486, 517)
Lineare Algebra
Vieweg + Teubner, Wiesbaden, 17. Auflage, 2010

Forster, O.: [Forster 1] (s.S. 221, 222, 241, 251, 254, 269, 292, 295, 301)
Analysis 1
Vieweg, Wiesbaden, 8. Auflage, 2006

Forster, O.: [Forster 2] (s.S. 538, 545, 547, 549, 583, 588)
Analysis 2
Vieweg, Wiesbaden, 7. Auflage, 2007

Heuser, H.: [Heuser] (s.S. 593)
Gewöhnliche Differentialgleichungen
Vieweg + Teubner, Wiesbaden, 6. Auflage, 2009

Kall, P.: [Kall] (s.S. 553)
Mathematische Methoden des Operations Research
Teubner, Stuttgart, 1976

Kosmol, P.: [Kosmol] (s.S. 569, 573)
Methoden zur numerischen Behandlung
nichtlinearer Gleichungen und Optimierungsaufgaben
Teubner, Stuttgart, 1989

Mickens, R.E.: [Mickens] (s.S. 593, 616, 640)
Difference Equations
Chapman & Hall, New York, London, 2. Auflage, 1990

Neumann, K.: [Neumann] (s.S. 454)
Operations Research Verfahren, Band 1
Carl Hanser Verlag, München, Wien, 1975

Zimmermann, H.-J.: [Zimmermann] (s.S. 465, 469)
Operations Research
Vieweg, Wiesbaden, 2005

Lightning Source UK Ltd.
Milton Keynes UK
UKHW021034100522
402731UK00003B/81

9 783110 364712